Hoffmann/Kremer

Zahlentafeln für den Baubetrieb

Herausgegeben von
Prof. Dipl.-Ing. Manfred Hoffmann

Bearbeitet von
Prof. Dipl.-Ing. Manfred Hoffmann
Prof. Dr.-Ing. Ulrich Olk
Prof. Dr.-Ing. Jürgen Pick
Prof. Dipl.-Ing. Oskar M. Schmitt
Prof. Dr.-Ing. Norbert Winkler

5., neubearbeitete und erweiterte Auflage
Mit 637 Bildern und 62 Beispielen

1999
B. G. Teubner Stuttgart · Leipzig

Die Deutsche Bibliothek — CIP-Einheitsaufnahme

Hoffmann, Manfred:
Zahlentafeln für den Baubetrieb : mit 62 Beispielen / Hoffmann/
Kremer. — 5., neubearb. und erw. Aufl. — Stuttgart; Leipzig: Teubner, 1999
    ISBN 3–519–45220–0

© 1999 B.G. Teubner Stuttgart · Leipzig

Printed in Germany
Gesamtherstellung: Universitätsdruckerei H. Stürtz AG, Würzburg
Einbandgestaltung: Peter Pfitz, Stuttgart

Vorwort

Bei den Aufgaben im Bereich des Bauwesens sind grundsätzlich die Phasen
— Bauplanung/Konstruktion
— Baubetrieb/Bauausführung
zu unterscheiden.

In beiden Arbeitsbereichen benötigen die Beteiligten jeweils ein unterschiedliches Präsenzwissen, das handlich und in konzentrierter Form für den täglichen Gebrauch verfügbar sein sollte.

Für den Bereich Bauplanung/Konstruktion erfüllt diesen Zweck seit Jahrzehnten das bewährte Tafelwerk ,,Wendehorst, Bautechnische Zahlentafeln''.

Den Bereich Baubetrieb/Bauausführung umfaßt das nun in 5. Auflage vorliegende Werk ,,Zahlentafeln für den Baubetrieb''. Dieses Buch ist auf dem deutschen Markt das einzige, das den Bereich des Baubetriebs in Form des Nachschlagewerkes umfassend behandelt; es hat sich durch vier Auflagen beim Studium des Bauingenieurwesens bzw. der Architektur und gleichermaßen auch bei den bauausführenden Praktikern bewährt.

Für die 5. Auflage wurde das Werk nach dem neuesten Stand der DIN-Normen, der Technischen Vorschriften und der einschlägigen deutschen Rechtsnormen vollständig neubearbeitet und wesentlich um nahezu 90 Druckseiten erweitert. Soweit es sinnvoll ist, wurden auch europäische Normen und Vergabe-Richtlinien berücksichtigt.

Im Abschnitt ,,Kalkulation'' wurden die neuesten gesetzlichen und tariflichen Regelungen eingearbeitet, im Abschnitt ,,Baumaschinen'' wurde die Leistungsberechnung aktualisiert. Eine Ergänzung dazu stellt das ausführliche und komplette Kalkulationsbeispiel dar, das über Internet (http://www.teubner.de/cgi-bin/teubner-anzeige.sh?buch_no=506) abgerufen und über das Tabellenkalkulationsprogramm Excel mit eigenen Werten weiterbearbeitet werden kann.

Der Teil des Buches, den ursprünglich mein verstorbener Kollege Prof. Dipl.-Ing. Peter Kremer übernommen hatte, wurde wieder in bewährter Zusammenarbeit von meinen Professoren-Kollegen Olk, Pick, Schmitt und Winkler bearbeitet.

Für die vielen uns zugegangenen Anregungen sind wir dankbar. Vieles davon hat seinen Niederschlag in der neuen Auflage gefunden. Wir hoffen auch weiterhin auf eine kritische Resonanz. Fachkollegen, Verbänden und Fachverlagen danken wir für die Überlassung der Unterlagen aus dem im Literaturverzeichnis des Buches aufgeführten Schrifttum.

Mein besonderer Dank gilt dem Verlag für die wieder überaus gute Zusammenarbeit bei der Gestaltung des Werkes.

Aachen, im Juni 1999   Manfred Hoffmann

DIN-Normen sind entsprechend dem Entwicklungsstand ausgewertet worden, den sie bei Abschluß des Manuskriptes erreicht hatten. Maßgebend sind die jeweils neuesten Ausgaben der Normblätter des DIN Deutsches Institut für Normung e.V., Berlin, im Format A4, die durch den Beuth-Verlag Berlin Wien Zürich zu beziehen sind. Sinngemäß gilt das Gleiche für alle in diesem Buch angezogenen amtlichen Richtlinien, Bestimmungen, Verordnungen usw.

Maßeinheiten: Verwendet werden die durch das „Gesetz über Einheiten im Meßwesen" vom 2.7.1969 und seine „Ausführungsverordnung" vom 26.6.1970 für einige technische Größen eingeführten neuen Einheiten.

Größen, Formeln, Bemessung[1])

Bearbeitet von Prof. Dipl.-Ing. Manfred Hoffmann

Inhalt Seite

1 Größen, Einheiten, Zeichen

Das „Gesetz über Einheiten im Meßwesen" (2.7.69), die zugehörige Durchführungsverordnung (26.6.70) und das Änderungsgesetz (6.7.73) bestimmen, daß ab 1.1.1978 nur noch die „neuen" Einheiten im geschäftlichen und amtlichen Verkehr verwendet werden dürfen. In diesem Buch werden nur die „neuen" Einheiten verwendet. Die Beziehung zwischen „alten" und „neuen" Einheiten sind nachfolgend, soweit diese für das Bauwesen von Bedeutung sind, angegeben.

SI-System. SI-Einheiten heißen nur die 7 Basiseinheiten und die aus ihnen mit dem Faktor 1 abgeleiteten Einheiten.

Basisgröße	Basiseinheit		Beispiele für abgeleitete
	Name	Zeichen	Einheiten mit eigenem Namen:
Länge	das Meter	m	
Masse	das Kilogramm	kg	1 m Weg/1 s Zeit =
Zeit	die Sekunde	s	1 m/s Geschwindigkeit
Elt. Stromstärke	das Ampere	A	$1 \text{ kg Masse} \cdot 1 \text{ m/s}^2 =$
Temperatur	das Kelvin	K	Beschleunigung =
Lichtstärke	die Candela	cd	$1 \text{ kg} \cdot \text{m/s}^2 = 1 \text{ N (Newton)}$
Stoffmenge	das Mol	mol	Kraft

Dezimale Vielfache oder Teile von Einheiten erhalten folgende Vorsätze:

T	Tera	$=10^{12}$	h	Hekto	$=10^2$	m	Milli	$=10^{-3}$	f Femto $=10^{-15}$
G	Giga	$=10^9$	da	Deka	$=10^1$	μ	Mikro	$=10^{-6}$	a Atto $=10^{-18}$
M	Mega	$=10^6$	d	Dezi	$=10^{-1}$	n	Nano	$=10^{-9}$	
k	Kilo	$=10^3$	c	Zenti	$=10^{-2}$	p	Piko	$=10^{-12}$	

Um Mißverständnisse zu vermeiden, ist das Einheitszeichen m (Meter) in abgeleiteten Einheiten **hinter** andere Einheitenzeichen zu setzen: mN bedeutet Millinewton, Nm bedeutet Newtonmeter.

kg ist die einzige Basiseinheit, die bereits mit einem Vorsatz versehen ist.

---

[1]) s. auch Wendehorst, Bautechnische Zahlentafeln, 28. Aufl. Stuttgart: B.G. Teubner 1998

Einheiten technischer Größen (Auswahl aus DIN 1301 (2.78) und anderen DIN-Normen)

Größe Name und (Zeichen)	SI-Einheiten Name und (Zeichen)	andere Einheiten Name und (Zeichen)	Beziehungen
Länge (1)	Meter (m)	Zoll ('')	$1'' = 25{,}4$ mm; 1 mm $= 0{,}0394''$
Fläche (A)	Quadratmeter (m²)	Ar (a); Hektar (ha)	1 a $= 10^2$ m²; 1 ha $= 10^4$ m²
Volumen (V)	Kubikmeter (m³)	Liter (L)	1 L $= 10^{-3}$ m³ $= 1$ dm³
Dehnung (ε)	m/m		m/m (einheitenlos)
Gefälle (J)	m/m		cm/m $= \%$; mm/m $= ‰$
Winkel ($\alpha, \beta, \dots$)	Radiant (rad)	Gon (gon); Grad ('); Minute ('); Sekunde ('')	1 rad $= 1$ m/m; 1 gon $= (\pi/200)$ rad; $1° = 60' = 3600'' = (\pi/180)$ rad
Masse (m)	Kilogramm (kg)	Gramm (g); Tonne (t)	1 g $= 10^{-3}$ kg; 1 t $= 10^3$ kg
Dichte (ϱ)	(kg/m³)	(kg/dm³); g/cm³	Rohdichte = Volumen einschl. Hohlräume
Zeit (t)	Sekunde (s)	Minute (min); Stunde (h); Tag (d); Jahr (a)	1 min $= 60$ s; 1 h $= 60$ min; 1 d $= 24$ h; 1 a $= 365$ d; Angabe von Zeitpunkt: z.B. $3^h\,36^m\,12^s$
Drehzahl (n)	(1/s)	(1/min) auch U/min	$1/\text{min} = 1/60$ s
Geschwindigkeit (v)	(m/s)	(km/h); km = Kilometer	1 m/s $= 3{,}6$ km/h
Beschleunigung (a)	(m/s²)		
Kraft (F)	Newton (N)	Kilonewton (kN); Meganewton (MN)	1 N $= 1$ kg m/s²; 1 kp $= 9{,}81$ N $\cong 10$ N; 1 kN $= 10^3$ N; 1 MN $= 10^6$ N
Moment (M)	Newtonmeter (Nm); Joule (J)		1 Nm $= 1$ J $= 1$ Ws; 1 kpm $= 9{,}81$ Nm $\cong 10$ Nm
Spannung (σ, τ)	(N/m²) oder Pascal (Pa)		1 N/m² $= 1$ Pa; 1 N/cm² $= 0{,}1$ mN/m² $= 0{,}1$ mPa
Druck (p)	Pascal (Pa)	Bar (bar); Phys. Atmosphäre (atm); techn. Atmosphäre (at); Torr (T) = mm Hg	1 bar $= 10^5$ Pa $= 0{,}1$ MPa; 1 atm $= 101{,}3 \cdot 10^3$ Pa $= 1{,}013$ bar $= 760$ Torr; 1 at $= 1$ kp/cm² $= 9{,}81 \cdot 10^4$ Pa $= 0{,}981$ bar; 1 Torr $= 1$ mm Hg $= 1{,}36 \cdot 10^{-3}$ kp/cm² $= 133$ pa
Arbeit, Energie (W)	Joule (J)		1 J $= 1$ Nm $= 1$ Ws $= 1$ kg m²/s²
Wärmemenge (Q)		kWh	1 kWh $= 860$ kcal; 1 kWh $= 3600$ kJ
Leistung (P)	Watt (W)	Pferdestärken (PS)	1 W $= 1$ J/s $= 1$ Nm/s $= 0{,}1$ kpm/s; 1 PS $= 736$ W $= 75$ kpm/s
el. Stromstärke (J)	Ampere (A)		1 V $= 1$ W/A
el. Spannung (U)	Volt (V)		$1\,\Omega = 1$ V/A
el. Widerstand (R)	Ohm (Ω)		1 J $= 1$ Ws; 1 kWh $= 3{,}6$ MJ
el. Arbeit (P)	Joule (J)		1 W $= 1$ V$\cdot$A $= 1$ J/s $= 1$ Nm/s
el. Leistung (W)	Watt (W)		
Temperatur (ϑ)	Kelvin (K)	Grad Celsius (°C)	1 K $= 1$ °C; 0 °C $= 273{,}15$ K

Umrechnung von deutschen und englischen (bzw. amerikanischen) Maßeinheiten nach [28]

Längen

inch (Zoll)	foot (ft)	yard (yrd)	mile (engl.)	m	km
1	0,083	0,028	–	0,0254	–
12	1	0,333	–	0,305	–
36	3	1	–	0,914	–
–	–	1760	1	–	1,609
39,37	3,281	1,094	–	1	–
–	–	–	0,621	–	1

Flächen

inch^2	ft^2	yrd^2	cm^2	m^2
1	–	–	6,451	–
144	1	0,111	–	0,093
1296	9	1	–	0,836
0,155	–	–	1	–
1550	10,764	1,196	–	1

ha	a	Morgen	km^2	m^2
1	100	4	0,01	10000
0,01	1	0,04	–	100
0,25	25	1	–	2500
100	10000	400	1	–

Raummaße

inch^3	ft^3	yrd^3	Pint (engl.)	Gallon (engl.)	Gallon (am.)	Barrel (engl.)	Barrel (am.)	cm^3	m^3	Liter (auch engl.)
1	–	–	–	–	–	–	–	16,387	–	–
1728,0	1	0,037	–	–	–	–	–	–	0,0283	28,317
–	27,0	1	–	–	–	–	–	–	0,765	764,55
34,682	0,02	–	1	0,125	–	–	–	568,3	–	0,568
–	–	–	8,0	1	1,2	–	–	–	–	4,546
–	–	–	–	0,833	1	–	–	–	–	3,785
–	5,77	0,215	288,0	36,0	–	1	1,028	–	–	163,566
–	5,62	0,208	–	–	42,0	0,972	1	–	–	158,98
0,061	–	–	–	–	–	–	–	1	–	–
–	35,315	1,308	–	–	–	–	–	–	1	–
–	–	–	1,760	0,22	0,264	–	–	–	–	1

Bezugsmaße auf Flächeneinheiten

lbs/inch^2	lbs/ft^2	lbs/yrd^2	kg/cm^2	kg/m^2
1	144	–	0,0703	–
–	1	9	–	4,882
–	0,111	1	–	0,542
14,226	–	–	1	–
–	0,205	1,844	–	1

gall/ft^2 (engl.)	gall/yrd^2 (engl.)	gall/ft^2 (amer.)	gall/yrd^2 (amer.)	Liter/m^2	
1	9	–	–	48,94	–
0,111	1	–	–	5,44	–
–	–	1	9	40,77	–
–	–	0,111	1	4,53	–
0,020	0,184	0,025	0,221	1	–

Liter/ft^2	Liter/yrd^2			Liter/m^2	
1	9	–	–	9,18	–
0,111	1	–	–	1,02	–
0,093	0,836	–	–	1	–

Massen

Ounce	Engl. Pfund (lb)	long ton	short ton	kg	g
1	0,063	–	–	–	28,35
16	1	–	–	0,454	453,6
–	2240	1	1,120	1016,05	–
–	2000	0,893	1	907,19	–

Temperatur

Celsius in Fahrenheit	$°F = 32 + \frac{9}{5} °C$
Fahrenheit in Celsius	$°C = \frac{5}{9}(°F - 32)$

Geschwindigkeiten

mile/Stunde (engl.)	yard/Sek	km/Stunde	m/Sek
1	0,489	1,609	0,447
2,040	1	3,292	0,915
0,622	0,304	1	0,278
2,237	1,093	3,600	1

Größen, Formeln, Bemessung

Bei Statischen Berechnungen empfiehlt der Fachnormenausschuß die „neuen"
Einheiten für Kraftgrößen nur in beschränkter Auswahl anzuwenden:

Kräfte: Regeleinheit $kN = 1000\ N = 0,001\ MN$ **Moment:** kNm

Belastungen: kN/m, kN/m^2, kN/m^3 **Spannungen:** $MN/m^2 = N/mm^2$

Bei den üblichen Sicherheiten im Bauwesen genügt es, die Fallbeschleunigung bei
der Umrechnung von alten in neue Krafteinheiten mit $g \cong 10\ m/s^2$ anzusetzen.
Dann gilt folgende

Umrechnungstafel

Bezeichnungen	neu	alt
Kräfte, Belastungen	1 N 10 N 1 kN 10 kN 1 MN	0,1 kp 1 kp 100 kp 1 Mp 100 Mp
Momente	1 Nm 10 Nm 1 kNm 10 kNm 1 Mpm	0,1 kpm 1 kpm 100 kpm 1 Mpm 100 Mpm
Spannungen, Moduli, Festigkeiten	$0,1\ N/mm^2$ $1\ N/mm^2 = 1\ MN/m^2$ $100\ N/mm^2$ $10\ kN/m^2$	$1\ kp/cm^2$ $10\ kp/cm^2$ $1\ Mp/cm^2$ $0,1\ kp/cm^2$

Umrechnung von Grad in Gon ($\pi \cong 3,1416$)

	Grad	Gon	Radiant
1 pla $=1$ Vollwinkel$=2\pi$ rad	360	400	6,28318...
1° $=1$ Grad	1	$1,\overline{11}$	$17,45329...\ 10^{-3}$
1 g $=1$ Gon	0,9	1	$15,70796...\ 10^{-3}$
1 rad $=1$ Radiant$=180°\ /\pi$	$\dfrac{180}{\pi}=57,2955$	$\dfrac{200}{\pi}=63,6620$	1

Bauzeichnungen: Kennzeichnung der Schnittflächen von geschnittenen Stoffen nach DIN 1356 (2.95)

Zeile	Anwendungs- bereich	Kennzeichnung	Zeile	Anwendungs- bereich	Kennzeichnung
1	Boden		7	Holz, quer zur Faser geschnitten	
2	Kies		8	Holz, längs zur Faser geschnitten	
3	Sand		9	Metall	
4	Beton (unbewehrt)		10	Mörtel, Putz	
5	Beton (bewehrt)		11	Dämmstoffe	
			12	Abdichtungen	
6	Mauerwerk		13	Dichtstoffe	

2 Winkelfunktionen

Winkelfunktionen, Grad-Teilung

$\dfrac{x}{\text{Grad}}$	sin x	tan x	
0	0,00000	0,00000	90
1	0,01745	0,01746	89
2	0,03490	0,03492	88
3	0,05234	0,05241	87
4	0,06976	0,06993	86
5	0,08716	0,08749	85
6	0,10453	0,10510	84
7	0,12187	0,12278	83
8	0,13917	0,14054	82
9	0,15643	0,15838	81
10	0,17365	0,17633	80
11	0,19081	0,19438	79
12	0,20791	0,21256	78
13	0,22495	0,23087	77
14	0,24192	0,24933	76
15	0,25882	0,26795	75
16	0,27564	0,28675	74
17	0,29237	0,30573	73
18	0,30902	0,32492	72
19	0,32557	0,34433	71
20	0,34202	0,36397	70
21	0,35837	0,38386	69
22	0,37461	0,40403	68
23	0,39073	0,42447	67
24	0,40674	0,44523	66
25	0,42262	0,46631	65
26	0,43837	0,48773	64
27	0,45399	0,50953	63
28	0,46947	0,53171	62
29	0,48481	0,55431	61
30	0,50000	0,57735	60
31	0,51504	0,60086	59
32	0,52992	0,62487	58
33	0,54464	0,64941	57
34	0,55919	0,67451	56
35	0,57358	0,70021	55
36	0,58779	0,72654	54
37	0,60182	0,75355	53
38	0,61566	0,78129	52
39	0,62932	0,80978	51
40	0,64279	0,83910	50
41	0,65606	0,86929	49
42	0,66913	0,90040	48
43	0,68200	0,93252	47
44	0,69466	0,96569	46
45	0,70711	1,00000	45
	cos x	cot x	$\dfrac{x}{\text{Grad}}$

$\dfrac{x}{\text{Grad}}$	sin x	tan x	
45	0,70711	1,00000	45
46	0,71934	1,03553	44
47	0,73135	1,07237	43
48	0,74314	1,11061	42
49	0,75471	1,15037	41
50	0,76604	1,19175	40
51	0,77715	1,23490	39
52	0,78801	1,27994	38
53	0,79864	1,32704	37
54	0,80902	1,37638	36
55	0,81915	1,42815	35
56	0,82904	1,48256	34
57	0,83867	1,53986	33
58	0,84805	1,60033	32
59	0,85717	1,66428	31
60	0,86603	1,73205	30
61	0,87462	1,80405	29
62	0,88295	1,88073	28
63	0,89101	1,96261	27
64	0,89879	2,05030	26
65	0,90631	2,14451	25
66	0,91355	2,24604	24
67	0,92050	2,35585	23
68	0,92718	2,47509	22
69	0,93358	2,60509	21
70	0,93969	2,74748	20
71	0,94552	2,90421	19
72	0,95106	3,07768	18
73	0,95630	3,27085	17
74	0,96126	3,48741	16
75	0,96593	3,73205	15
76	0,97030	4,01078	14
77	0,97437	4,33148	13
78	0,97815	4,70463	12
79	0,98163	5,14455	11
80	0,98481	5,67128	10
81	0,98769	6,31375	9
82	0,99027	7,11537	8
83	0,99255	8,14435	7
84	0,99452	9,51436	6
85	0,99619	11,43005	5
86	0,99756	14,30067	4
87	0,99863	19,08114	3
88	0,99939	28,63625	2
89	0,99985	57,28996	1
90	1,00000	∞	0
	cos x	cot x	$\dfrac{x}{\text{Grad}}$

$1 \text{ grad} = \dfrac{10}{9} \text{ gon}$

3 Potenzen, Wurzeln, Logarithmen

Potenzen

$p \cdot a^n \pm q \cdot a^n = (p \pm q) \, a^n$

$a^m \cdot a^n = a^{m+n}$

$a^n \cdot b^n = (a \cdot b)^n$

$\dfrac{a^m}{b^n} = a^{m-n}$

$a^0 = 1$

$a^{-n} = \dfrac{1}{a^n}$

$\dfrac{a^n}{b^n} = \left(\dfrac{a}{b}\right)^n$

$(a^m)^n = a^{m \cdot n}$

Wurzeln

aus $a^n = b$ folgt $\sqrt[n]{b} = a$

$p \cdot \sqrt[n]{b} \pm q \cdot \sqrt[n]{b} = (p \pm q) \cdot \sqrt[n]{b}$

$\sqrt[m]{b} \cdot \sqrt[n]{b} = \sqrt[m \cdot n]{b^{m+n}}$

$\sqrt[n]{a} \cdot \sqrt[n]{b} = \sqrt[n]{a \cdot b}$

$\dfrac{\sqrt[m]{b}}{\sqrt[n]{b}} = \sqrt[m \cdot n]{b^{n-m}}$

$\dfrac{\sqrt[n]{a}}{\sqrt[n]{b}} = \sqrt[n]{\dfrac{a}{b}}$

$(\sqrt[m]{b})^n = \sqrt[m]{b^n} = b^{\frac{n}{m}}$

Logarithmen

aus $a^n = b$ folgt $\log_a b = n$; $\quad a = $ Basis; $\quad b = $ Numerus; $\quad n = $ Logarithmus

$\log_{10} = \lg$ heißen dekadische oder Briggsche Logarithmen

$\log_e = \ln$ heißen natürliche oder Nepersche Logarithmen $e = \lim\limits_{n \to \infty} \left(1 + \dfrac{1}{n}\right)^n \approx 2{,}7183$

Rechenregeln für Basis 10 (dekadisch) gelten für alle anderen Basiszahlen ebenfalls:

$\lg (a \cdot b) = \lg a + \lg b$

$\lg \left(\dfrac{a}{b}\right) = \lg a - \lg b$

$\lg (a^n) = n \cdot \lg a$

$\lg \sqrt[n]{a^m} = \dfrac{m}{n} \cdot \lg a$

$\ln b \cong 2{,}3026 \cdot \lg b; \quad \lg b \cong 0{,}4343 \cdot \ln b$

Binome

$(a \pm b)^2 = a^2 \pm 2 \cdot a b + b^2$

$a^2 - b^2 = (a + b) \, (a - b)$

Quadratische Gleichung $\quad x^2 + p x + q = 0 \quad x_{1,2} = \dfrac{p}{2} \pm \sqrt{\left(\dfrac{p}{2}\right)^2 - q}$

Reihen

Arithmetische Reihe: Differenz zwischen 2 benachbarten Gliedern ist konstant:

$$a_1 + (a_1 + d) + (a_1 + 2d) + \ldots$$

arithmetisches Mittel: $\quad a_i = \dfrac{a_{i-1} + a_{i+1}}{2}$

geometrische Reihe: Quotient zwischen 2 benachbarten Gliedern ist konstant:

$$a_1 + a_1 \cdot q + a_1 \cdot q^2 + a_1 \cdot q^3 \ldots$$

geometrisches Mittel: $\quad a_i = \sqrt{a_{i-1} \cdot a_{i+1}}$

4 Zinseszins- und Rentenrechnung

Es gibt 6 Grundfälle; in den Formeln werden folgende Bezeichnungen verwendet:

p = Zinsfuß in %; $q = 1 + p/100$ = Zinsfaktor; $i = p/100$.

K_0 = Anfangskapital $\hat{=}$ Barwert, wenn man von einem künftigen Zeitpunkt auf die Gegenwart zurückrechnet.

K_n = Kapital nach n Jahren $\hat{=}$ Endwert einer Rente.

r = Einzelbetrag einer Reihe gleich großer Zahlungen.

n = Anzahl der Verzinsungszeiträume, i.d.R. in Jahren.

gegeben	gesucht	Formel	Bezeichnung	Darstellung
K_0 $r=0$	K_n	$K_n = K_0 \cdot q^n$	Aufzinsung einer einmaligen Einlage (Aufzinsung)	
K_n $r=0$	K_0	$K_0 = K_n \cdot q^{-n}$	Barwert bei Zinseszins (Abzinsung)	
K_n $K_0=0$	r	$r = K_n \cdot \dfrac{i}{q^n - 1}$	Annuität bei bekanntem Rentenendwert (Rentenabzinsung)	
K_0 $K_n=0$	r	$r = K_0 \cdot \dfrac{i \cdot q^n}{q^n - 1}$	Tilgungsrate (Kapitaltilgung)	
r $K_0=0$	K_n	$K_n = r \cdot \dfrac{q^n - 1}{i}$	Rentenendwert	
r $K_n=0$	K_0	$K_0 = r \cdot \dfrac{q^n - 1}{i \cdot q^n}$	Barwert einer Rente	

Aufzinsungsfaktoren $q^n = (1 + P/100)^n$

$p\%$	$n=$ 5	10	15	20	25	30	35	40	45	50	60	70	75	80	90	100
3,00	1,159	1,344	1,558	1,806	2,094	2,427	2,814	3,262	3,782	4,384	5,892	7,918	9,179	10,64	14,30	19,22
3,25	1,173	1,377	1,616	1,896	2,225	2,610	3,063	3,594	4,217	4,949	6,814	9,382	11,01	12,92	17,79	24,49
3,50	1,188	1,411	1,675	1,990	2,363	2,807	3,334	3,959	4,702	5,585	7,878	11,11	13,20	15,68	22,11	31,19
3,75	1,202	1,445	1,737	2,088	2,510	3,017	3,627	4,360	5,242	6,301	9,105	13,16	15,82	19,01	27,47	39,70
4,00	1,217	1,480	1,801	2,191	2,666	3,243	3,946	4,801	5,841	7,107	10,52	15,57	18,95	23,05	34,12	50,50
4,25	1,231	1,516	1,867	2,299	2,831	3,486	4,292	5,285	6,508	8,013	12,15	18,42	22,68	27,93	42,35	64,21
4,50	1,246	1,553	1,935	2,412	3,005	3,745	4,667	5,816	7,248	9,033	14,03	21,78	27,15	33,83	52,54	81,59
5,00	1,276	1,629	2,079	2,653	3,386	4,322	5,516	7,040	8,985	11,47	18,68	30,43	38,83	49,56	80,73	131,5
5,50	1,307	1,708	2,232	2,918	3,813	4,984	6,514	8,513	11,13	14,54	24,84	42,43	55,45	72,48	123,8	211,5
6,00	1,338	1,791	2,397	3,207	4,292	5,743	7,686	10,29	13,76	18,42	32,99	59,08	79,06	105,8	189,5	339,3
7	1,403	1,967	2,759	3,870	5,427	7,612	10,68	14,97	21,00	29,46	57,95	114,0	159,9	224,2	441,1	867,7
8	1,469	2,159	3,172	4,661	6,848	10,06	14,79	21,72	31,92	46,90	101,3	218,6	321,2	472,0	1019	2200
9	1,539	2,367	3,642	5,604	8,623	13,27	20,41	31,41	48,33	74,36	176,0	416,7	641,2	986,6	2336	5529
10	1,611	2,594	4,177	6,727	10,83	17,45	28,10	45,26	72,89	117,4	304,5	789,7	1272	2048	5313	13781

5 Trigonometrie

Rechtwinkliges Dreieck

$$\sin \alpha = \frac{a}{c} \quad \cos \alpha = \frac{b}{c} \quad \tan \alpha = \frac{a}{b} \quad \cot \alpha = \frac{b}{a}$$

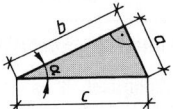

Schiefwinkliges Dreieck

$R\,(r) = $ Radius des Um-(In-)Kreises; $\quad s = \frac{1}{2}\,(a+b+c)$

Sinussatz

$$a:b:c = \sin \alpha : \sin \beta : \sin \gamma \quad \frac{a}{\sin \alpha} = \frac{b}{\sin \beta} = \frac{c}{\sin \gamma} = 2R$$

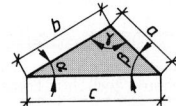

Cosinussatz

$$a^2 = b^2 + c^2 - 2bc \cos \alpha \quad \text{(zyklische Vertauschung)}$$

Tangenssatz

$$\frac{a+b}{a-b} = \frac{\tan \dfrac{\alpha+\beta}{2}}{\tan \dfrac{\alpha-\beta}{2}}$$

Cotangenssatz

$$\cot \frac{\alpha}{2} = \sqrt{\frac{s\,(s-a)}{(s-b)\,(s-c)}} = \frac{s-a}{r}$$

Halbwinkelsatz

$$\tan \frac{\alpha}{2} = \sqrt{\frac{(s-b)\,(s-c)}{s\,(s-a)}} \qquad \tan \frac{\beta}{2} = \sqrt{\frac{(s-a)\,(s-c)}{s\,(s-b)}} \qquad \tan \frac{\gamma}{2} = \sqrt{\frac{(s-a)\,(s-b)}{s\,(s-c)}}$$

Flächensatz

$$2\,A = ab \sin \gamma = bc \sin \alpha = ac \sin \beta = 4\,R^2 \sin \alpha \sin \beta \sin \gamma = \frac{abc}{2\,R}$$

Neigungsangaben

$$\tan \alpha = 1 : n = \frac{p\,[\%]}{100} = \frac{h}{l}$$

z.B.: $\tan 45° = \tan 50\,g = 1:1 = 100\%$

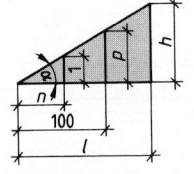

Die Winkelfunktionen in den 4 Quadranten und ihre Bestimmung mit dem Taschenrechner

Quadrant zwischen	I $0-100$ gon	II $100-200$ gon	III $200-300$ gon	IV $300-400$ gon
$\sin \alpha$	+	+	−	−
$\cos \alpha$	+	−	−	+
$\tan \alpha = \dfrac{\sin \alpha}{\cos \alpha}$	+	−	+	−

Winkel α im Taschenrechner

aus $\sin \alpha$: Anzeige	positv	positiv	negativ	negativ
Zuschlag	keiner	200-Anz.	200-Anz.	400+Anz.
aus $\cos \alpha$: Anzeige	positv	positiv	positiv	positiv
Zuschlag	keiner	keiner	400-Anz.	400−Anz.
aus $\tan \alpha$: Anzeige	positv	negativ	positiv	negativ
Zuschlag	keiner	+200	+200	+400

Die Vorzeichen von 2 der o. a. 3 Winkelfunktionen müssen bekannt sein, um den richtigen Quadranten zu erhalten.

6 Flächenberechnung

Rechteck, Parallelogramm

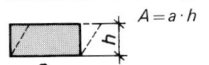

$A = a \cdot h$

Trapez

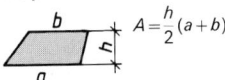

$A = \dfrac{h}{2}(a+b)$

Dreieck

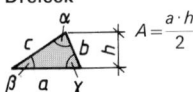

$A = \dfrac{a \cdot h}{2}$

Heronische Formel

$s = \frac{1}{2}(a+b+c)$

$A = \sqrt{s(s-a)(s-b)(s-c)}$

mittels Winkel

$A = \frac{1}{2} \cdot a \cdot b \cdot \sin \gamma$

$ = \frac{1}{2} \cdot a \cdot c \cdot \sin \beta$

$ = \frac{1}{2} \cdot b \cdot c \cdot \sin \alpha$

Kreis

$A = R^2 \cdot \pi$

Ellipse

$A = a \cdot b \cdot \pi$

Kreisabschnitt (Segment)

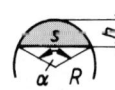

$A = \dfrac{R^2 \cdot \pi \cdot \alpha}{400} - \dfrac{s}{2}(R-h)$

$A_{\text{flach}} \approx \frac{2}{3} s \cdot h; \quad A_{\text{steil}} \approx \frac{3}{4} s \cdot h$

Kreisausschnitt (Sektor)

$A = \dfrac{R^2 \cdot \pi}{400} \cdot \alpha = \dfrac{R \cdot \hat{b}}{2}$

Kreisringstück

$A = \dfrac{(R^2 - r^2) \cdot \pi \cdot \alpha}{400}$

$A = \dfrac{\hat{B} + \hat{b}}{2}(R-r)$

Klothoidenabschnitt im Straßenbau

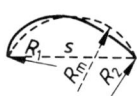

$R_m = \dfrac{2}{1/R_1 + 1/R_2}; \quad \alpha = 2 \arcsin \dfrac{s}{2R_m};$

$A = \dfrac{R_m^2 \cdot \pi \cdot \alpha}{400} - \dfrac{s}{2}\sqrt{R_m^2 - \left(\dfrac{s}{2}\right)^2}$

Regelmäßige Vielecke (n-Ecke)

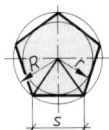

$A = n\,\dfrac{s \cdot r}{2} = a \cdot s^2$

$ = b \cdot R^2 = c \cdot r^2$

n	a	b	c
3	0,4330	1,2990	5,1962
4	1,0000	2,0000	4,0000
5	1,7205	2,3776	3,6327
6	2,5981	2,5981	3,4641
8	4,8284	2,8284	3,3137
10	7,6942	2,9389	3,2492
12	11,1960	3,0000	3,2154

Quadratische Parabel

$A_1 = \frac{2}{3} a \cdot h; \quad A_2 = \frac{1}{3} a \cdot h$

Kubische Parabel

$A_1 = \frac{3}{4} a \cdot h; \quad A_2 = \frac{1}{4} a \cdot h$

Fortsetzung s. nächste Seite

Flächenberechnung, Fortsetzung

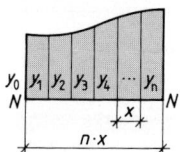

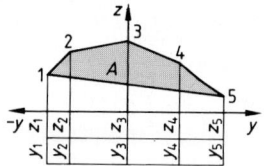

Beliebige Fläche. Fläche von beliebiger Achse NN aus in gerade Anzahl gleichbreiter Streifen zerlegen.

y_0 bis $y_n \perp$ NN

$$A = \frac{x}{3}[y_0 + y_n + 2(y_2 + y_4 + \ldots) + 4(y_1 + y_3 + \ldots)]$$

Näherungsformel für Erdmassen usw.

$$A = x \cdot \left[\frac{y_0 + y_n}{2} + \sum(y_1 + \ldots y_{n-1}) \right]$$

Gaußsche Flächenformeln im Querprofil

Dreiecksformeln:

$$2A = -\sum y_n (z_{n+1} - z_{n-1})$$
$$2A = \sum z_n (y_{n+1} - y_{n-1})$$

günstiger für programmierbare Taschenrechner sind Trapezformeln:

$$2A = \sum(y_n + y_{n+1})(z_n - z_{n+1})$$
$$2A = \sum(y_{n+1} - y_n)(z_n + z_{n+1})$$

7 Volumenberechnung

Quader

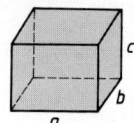

$$V = a \cdot b \cdot c$$

Zylinderhuf

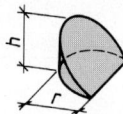

$$V = \frac{2 \cdot r^2 \cdot h}{3}$$

Prisma (gerade und schief)

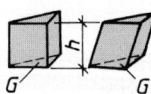

$$V = G \cdot h$$

Pyramide (gerade und schief)

$$V = G \frac{h}{3}$$

Prisma (gerade, schief abgeschnitten)

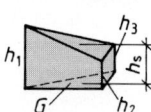

$$V = G \cdot h_s;$$

h_s = Höhe im Schwerpunkt

$$h_s = \frac{h_1 + h_2 + h_3}{3}$$

Pyramidenstumpf (gerade und schief)

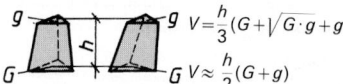

$$V = \frac{h}{3}(G + \sqrt{G \cdot g} + g);$$
$$V \approx \frac{h}{2}(G + g)$$

Zylinder

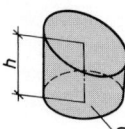

$$V = G \cdot h$$

Kegel (gerade und schief)

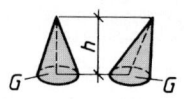

$$V = G \frac{h}{3}$$

Fortsetzung s. nächste Seite

Volumenberechnung, Fortsetzung

Kegelstumpf (gerade und schief)

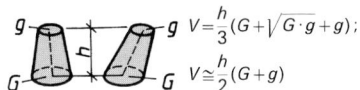

$$V = \frac{h}{3}(G + \sqrt{G \cdot g} + g);$$

$$V \cong \frac{h}{2}(G + g)$$

Kugelabschnitt, Segment

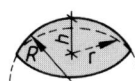

$$V = \frac{\pi \, h^2}{3}(3R - h)$$

$$V = \frac{\pi \, h}{6}(3r^2 + h^2)$$

Keil, Dach

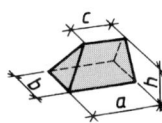

$$V = \frac{h \cdot b}{6}(2a + c)$$

Kugelschicht

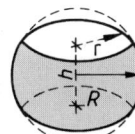

$$V = \frac{1}{6}\pi \, h$$
$$\cdot(3r^2 + 3R^2 + h^2)$$

Prismatoid

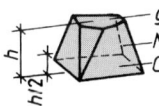

(Die beliebig geformten Grundflächen liegen in parallelen Ebenen.

M ist der zur Grundfläche parallele Querschnitt in halber Höhe.)

$$V = \frac{h}{6}(G + 4M + g)$$

Elliptischer Kübel

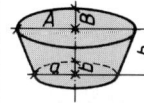

$$V = \frac{\pi \, h}{6}[(2A + a)B + (2a + A)b]$$

Rampe

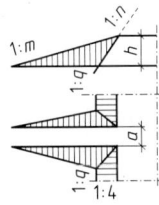

$$V = \frac{h^2}{6} \cdot (m - n)$$
$$\cdot\left(3 \cdot a + 2 \cdot q \cdot h \cdot \frac{m - n}{m}\right)$$

Faß

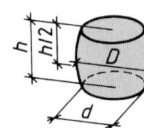

$$V = \frac{\pi \, h}{12}(2D^2 + d^2)$$

Kugel

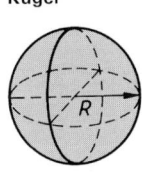

$$V = \frac{4}{3}R^3 \cdot \pi$$

Drehkörper (Guldins Regel)

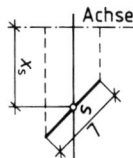

Achse

$V =$ erzeugende Fläche mal Weg des Schwerpunkts der Fläche

$$O = L \cdot 2\pi \cdot x_s$$

8 Lastannahmen

8.1 Eigenlasten von Stoffen, Baustoffen und Bauteilen

Auswahl nach DIN 1055-1 (7.78)

Nr	Gegenstand	Rechenwert kN/m³	Nr	Gegenstand	Rechenwert kN/m³
	6.3 Flüssigkeiten		2	Leichtbeton mit geschlossenem Gefüge Rohdichte: 1,0 bis 2,0 kg/dm³	10,5 bis 20,5
3	Benzin	8			
8	Erdöl, Dieselöl, Heizöl	10			
19	Teer, flüssig	12			
21	Wasser	10	3	Stahlleichtbeton mit geschlossenem Gefüge Rohdichte: 1,0 bis 2,0 kg/dm³	11,5 bis 21,5
	7.1 Lagerstoffe				
1	Bentonit, lose (gerüttelt)	8 (11)			
2	Blähton, maximal	15			
4	Gips, gemahlen	15	4	Normalbeton nach DIN 1045, bis B 10	23
5	Glas in Tafeln	25		ab B 15	24
8	Hochofenstückschlacke	18	5	Stahlbeton nach DIN 1045, ab B 15	25
9	Hochofenschlacke granuliert, Kesselschlacke	11			
10	Hüttenbims erdfeucht, Naturbims	9			
12	Kalk gebrannt, gemahlen (Trockenhydrat)	13 (6)		**7.4.2 Mauer- und Putzmörtel** aus	
17	Kies und Sand trocken oder erdfeucht (naß)	18 (20)	1	Gips ohne Sand	12
22	Zement, gemahlen	16	2	Kalk oder Kalkgips	18
			3	Kalkzement oder Kalktraß	20
	7.2 Metalle		5	Zement oder Zementtraß	21
1	Aluminium	27			
3	Blei	114		**7.5.1 Mauerwerk aus natürlichen Steinen einschließlich Fugenmörtel, ohne Putz**	
5	Gußeisen	72,5			
10	Stahl, Schweißeisen	78,5			
11	Zink, gewalzt	72	1.1	Basalt, Melaphyr, Diorit, Gabbro	30
	7.3 Holz und Holzwerkstoffe		1.2	Basaltlava	24
	Werte so wählen, daß sie sich im ungünstigsten Sinne auf die Bemessungsgrößen des Tragwerkes auswirken.		1.4	Granit, Syenit, Porphyr	28
			2.1	Grauwacke, Sandstein	27
			2.2	dichter Kalkstein, Dolomit, Marmor	28
1	Nadelholz, allgemein	4 oder 6	2.3	Kalkkonglomerat, Travertin	26
3	Laubholz	6 oder 8	2.4	Vulkanischer Tuffstein	20
5	Spanplatten nach DIN 68761 und 68763	5 oder 7,5	3.1	Gneis, Granulit	30
7	Tischlerplatten nach DIN 68705-4	4,5 oder 6,5	3.2	Schiefer	28
8	Hartfaserplatten nach DIN 68754-1	9 oder 11		**7.5.2 Mauerwerk aus künstlichen Steinen**	
	7.4.1 Beton			Rohdichte der Steine: 0,5 bis 1,0 kg/dm³	7 bis 12
	Für Frischbeton sind die Werte um 1 kN/m³ zu erhöhen			1,2 kg/dm³	14
				1,4 kg/dm³	15
1	Porenbeton, bewehrt nach DIN 4223 Rohdichte: 0,5 bis 0,8 kg/dm³	6,2 bis 9,5		1,6 kg/dm³	17
				1,8 bis 2,5 kg/dm³	18 bis 25
				mit Leichtmauermörtel 1,0 kN/m³ weniger als mit Normalmörtel	

Fortsetzung s. nächste Seite

Eigenlasten von Stoffen, Baustoffen und Bauteilen, Fortsetzung

Nr	Gegenstand	Rechenwert je cm Dicke kN/m^2	Nr	Gegenstand	Rechenwert je cm Dicke kN/m^2
	7.7 Platten und Plattenwände, unverputzt		3	Zementestrich	0,22
1 a	Hohlwandplatten aus Leicht-beton nach DIN 18148 Plattenrohdichte: 0,6 bis 1,4 kg/dm^3	0,08 bis 0,15	6 7	Keramische Wandfliesen (Bodenfliesen) einschließ-lich Verlegemörtel Kunststoff-Fußböden	0,19 (0,22) 0,15
1 b	Wandbauplatten aus Leicht-beton nach DIN 18162 Plattenrohdichte: 0,8 bis 1,4 kg/dm^3	0,09 bis 0,15	3	**7.10.2 Platten, Matten, Bahnen** Faserdämmstoffe nach DIN 18165	0,01
2	Porenbeton-Bauplatten un-bewehrt nach DIN 4166 Rohdichte: 0,5 bis 0,8 kg/dm^3	0,06 bis 0,09	6	Holzwolleleichtbauplatten nach DIN 1101 bei 15 mm (100 mm) Plattendicke	0,06 (0,04)
3.1	Gips-Wandbauplatten nach DIN 18163			**7.10.3 Sperren gegen Feuchtigkeit** (ohne Bindemittel	Rechenwert je Lage kN/m^2
(3.2)	Plattenrohdichte 0,7 (0,9) kg/dm^3	0,07 (0,09)	3 4	Bituminöse Schweißbahnen Dichtungsbahnen für Bau-werksabdichtungen nach DIN 18190-1 bis -5	0,07 0,04
3.3	Gipskartonplatten nach DIN 18180		5	Glasvlies-Bitumen-Dach-bahnen nach DIN 52143 besandet (bekiest)	0,02 (0,05)
	7.9 Fußboden- und Wandbeläge		6	Kunststoffbahnen	0,02
1	Gußasphalt	0,23	7	Nackte Bitumen- und Teerpappen	0,02
2	Betonwerksteinplatten, Terrazzo	0,24			

8.2 Verkehrslasten s. DIN 1055 Bl. 3 (6.71)

Die nachstehenden Beispiele sollen nur die Größenordnung angeben; in jedem Falle sind die Definitionen und Einschränkungen der DIN 1055 zu beachten.
Unbelastete leichte Trennwände (Wand einschließlich Putz mit $g \leq 100$ kg/m^2) können durch einen gleichmäßigen Zuschlag von $\Delta p = 0{,}75$ kN/m^2 berücksichtigt werden; bei Verkehrslasten von 5 kN/m^2 und mehr kann dieser Zuschlag entfallen.

Gegenstand	lotrechte Verkehrslast kN/m^2
Decken unter	
Spitzböden (bedingt begehbar)	1,0
Wohnräumen (mit ausreichender Querverteilung)	1,5
Wohnräumen (ohne ausreichende Querverteilung)	2,0
Büros, Fluren	2,0
Balkonen >10 m^2 Grundfläche, Hörsälen	3,5
Garagen und Parkhäuser für Pkw	3,5
Balkonen $\leq$ 10 m^2 Grundfläche, Versammlungsräumen	5,0
Werkstätten, Fabriken, Lagerräumen	7,5
wie vor jedoch mit schwerem Betrieb bis zu	10,0
Treppen und Zugänge	
in Wohngebäuden	3,5
in öffentlichen Gebäuden	5,0

8.3 Windlast w (kN/m²)

Die Windrichtung kann im allgemeinen waagerecht angenommen werden.
Windlast je Flächeneinheit: $w = c \cdot q$ (kN/m²)

Höhe über Gelände	in m	0 bis 8	>8 bis 20	>20 bis 100	>100
Windgeschwindigkeit v	in m/s	28,3	35,8	42,0	45,6
Staudruck q	in kN/m²	0,5	0,8	1,1	1,3

Ist ein Bauwerk auf einer das umliegende Gelände steil und hoch überragenden Erhebung dem Windangriff besonders stark ausgesetzt, so ist mit $q \geq 1,1$ kN/m² zu rechnen.

Bei geschlossenen, von ebenen Flächen begrenzten Baukörpern ist der Beiwert $c = 1,3$ (im allgemeinen). Bei turmartigen Bauwerken ist die Schwingungsanfälligkeit zu überprüfen.

Genaueres s. DIN 1055-4. (6.87).

8.4 Schneelast s (kN/m²)

Gleichmäßig verteilt auf Grundrißprojektion der Dachfläche ansetzen.

Regelschneelast s_0 in kN/m²

Schneelastzone nach DIN 1055-5/A1	Geländehöhe des Bauwerkstandortes über NN in m ≤200	300	400	500	600	700	800	900	1000	>1000
I	0,75	0,75	0,75	0,75	0,85	1,05	1,25			im
II	0,75	0,75	0,75	0,90	1,15	1,50	1,85	2,30		Einzelfall
III	0,75	0,75	1,00	1,25	1,60	2,00	2,55	3,10	3,80	festlegen
IV	1,00	1,15	1,55	2,10	2,60	3,25	3,90	4,65	5,50	

Für Dachflächen mit der Neigung α gegen die Horizontale wird:
a) $s = s_0$ bei $\alpha \leq 30°$
b) $s = k_s \cdot s_0$ bei $\alpha > 30°$ (wenn Schnee ungehindert abgleiten kann)

$$k_s = 1 - \frac{\alpha - 30°}{40°}$$

Bei Dachneigungen bis 45° genügt es, die gleichzeitige Einwirkung von Wind und Schnee folgendermaßen zu berücksichtigen: $s + w/2$ oder $w + s/2$.
Weitere Einzelheiten s. DIN 1055-5 (4.94).

8.5 Hauptlasten für Straßen- und Wegebrücken

DIN 1072 (12.85)

Maße der Regelfahrzeuge, Achsabmessungen und Radaufstandsbreiten in m

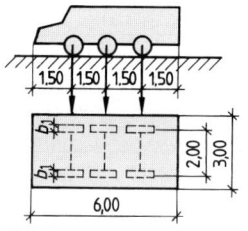

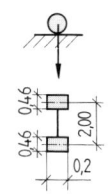

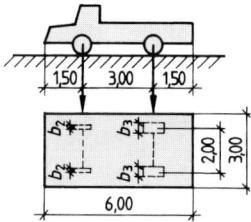

a) Schwerlastwagen (SLW)   b) Einzelachslast   c) Lastkraftwagen (LKW)

Lasten und Aufstandsbreiten der Regelfahrzeuge und der Einzellast

Schwerlastwagen (SLW)

SLW	Gesamtlast kN	Radlast kN	Aufstandsbreite b_1 m	Ersatzflächenlast p' kN/m²
60	600	100	0,60	33,3
30	300	50	0,40	16,7

Einzelachslast 130 kN

Lastkraftwagen (LKW) für das Nachrechnen bestehender Brücken

LKW	Gesamtlast	Vorderräder		Hinterräder	
		Radlast	Aufstandsbreite b_2	Radlast	Aufstandsbreite b_3
	kN	kN	m	kN	m
16	160	30	0,26	50	0,40
12	120	20	0,20	40	0,30
9	90	15	0,18	30	0,26
6	60	10	0,14	20	0,20
3	30	5	0,14	10	0,20

Aufstandslänge der Radlast in Fahrtrichtung = 0,20 m.

Aufstandsfläche jedes Rades in m² = 0,20 × Aufstandsbreite.

Zusätzlich zu den Einzellasten sind gleichmäßig verteilte Verkehrslasten nach DIN 1072 (12.85) zu berücksichtigen.

9 Statik

Trägheits- und Widerstandsmomente für die Schwerachse

Querschnitt		Schwerachsen-abstand e	Trägheits-moment I	Widerstands-moment $W = I/e$
1.	2.	1. $\dfrac{h}{2}$	1. $\dfrac{bh^3}{12}$	1. $\dfrac{bh^2}{6}$
		2. $\dfrac{H}{2}$	2. $\dfrac{b}{12}(H^3 - h^3)$	2. $\dfrac{b}{6H}(H^3 - h^3)$
3.	4.	3. $\dfrac{d}{2}$	3. $\dfrac{\pi\, d^4}{64} \approx 0{,}05\, d^4$	3. $\dfrac{\pi\, d^3}{32} \approx 0{,}1\, d^3$
		4. $\dfrac{D}{2}$	4. $\dfrac{\pi}{64}(D^4 - d^4)$	4. $\dfrac{\pi}{32} \cdot \dfrac{D^4 - d^4}{D}$

Satz von Steiner für Trägheitsmomente ‖ zur Schwerachse

Ist $a-a$ eine im Abstand e zur Schwerachse parallele Achse, so ist $I_a = I + A \cdot e^2$

Elastizitätsmoduln E in $N/mm^2 = MN/m^2$

Europäische Nadelhölzer parallel (senkrecht) zur Faser	10000 (300)
Eiche und Buche parallel (senkrecht) zur Faser	12500 (600)
Brettschichtholz parallel (senkrecht) zur Faser	11000 (300)
Furnierplatten = Sperrholz parallel (senkrecht) zum Deckfurnier	5500 (1500)
Baustahl, geschmiedeter Stahl, Stahlguß	210000
Grauguß, Gußeisen	100000
Aluminium	70000
Mauerwerk aus künstlichen Steinen	1000 bis 10000
Beton B 10 (B 15)	22000 (26000)
Beton B 25 (B 35)	30000 (34000)
Beton B 45 (B 55)	37000 (39000)

Durchbiegung bei häufigen Fällen

erf I_x (cm^4) $= k \cdot M \cdot L$ vorh f (cm) $= c \cdot$ vorh $\sigma \cdot L^2/h$

M in kNm, L in m,   vorh σ in N/mm^2, h in cm einsetzen

f	k für Baustahl			k für Nadelholz		
$l/200$	7,94	10,1	9,92	167	213	208
$l/300$	11,9	15,2	14,9	250	319	312
$l/400$	15,9	20,3	19,8	333	426	417
$l/500$	19,8	25,4	24,8	417	532	521
$l/700$	27,8	35,5	34,7	583	745	729
Faktoren c (gelten nur für symmetrische Querschnitte)	0,0079	0,0101	0,0099	0,167	0,213	0,208

Statisch bestimmte Träger

Belastungsfall	Auflagerkräfte	Biegemomente	Durchbiegung
1.	$B = P$	$M_x = -P \cdot x$ max $M = M_B = -P \cdot l$	$f = \dfrac{1}{3} \cdot \dfrac{P \cdot l^3}{E \cdot J}$
2.	$B = q \cdot l$	$M_x = -\dfrac{q \cdot x^2}{2}$ max $M = M_B = -\dfrac{q \cdot l^2}{2}$	$f = \dfrac{1}{8} \cdot \dfrac{q \cdot l^4}{E \cdot J}$
3.	$A = \dfrac{P \cdot b}{l}$ $B = \dfrac{P \cdot a}{l}$	max $M = \dfrac{P \cdot a \cdot b}{l}$	max $f = \dfrac{1}{8} \cdot \dfrac{P \cdot a^2 \cdot b^2}{E \cdot J \cdot l}$
4. $a = b = l/2$	$A = B = P/2$	max $M = \dfrac{P \cdot l}{4}$	max $f = \dfrac{l}{48} \cdot \dfrac{P \cdot l^3}{E \cdot J}$
5.	$A = B = \dfrac{n-l}{2} \cdot P$	max $M = m \cdot P \cdot l$	max $f = \dfrac{P \cdot l^2}{K \cdot E \cdot J}$
6.	$A = B = \dfrac{q \cdot l}{2}$	max $M = \dfrac{q \cdot l^2}{8}$	max $f = \dfrac{5}{384} \cdot \dfrac{q \cdot l^4}{EJ}$
7.	$A = \dfrac{q \cdot c}{2 \cdot l}(2l - c)$ $B = \dfrac{q \cdot c^2}{2l}$	max $M = \dfrac{q \cdot c^2}{8 \cdot l^2}(2l - c)^2$ bei $x = \dfrac{A}{q}$	$f = \dfrac{q \cdot b \cdot c^3}{24 EJ}\left(4 - 3 \cdot \dfrac{c}{l}\right)$ bei $x = c$
8.	$A = \dfrac{1}{6} \cdot q \cdot l$ $B = \dfrac{1}{3} \cdot q \cdot l$	max $M = \dfrac{q \cdot l^2}{15{,}6}$ bei $x = 0{,}577 \cdot l$	max $f = 0{,}00652 \cdot \dfrac{q \cdot l^4}{EJ}$ bei $x = 0{,}5193 \cdot l$
9.	$A = -\dfrac{P \cdot c}{l}$ $B = \dfrac{P \cdot (l+c)}{l}$	$M_B = -P \cdot c$	max $f = \dfrac{P \cdot l^2}{9EJ} \cdot \dfrac{c}{\sqrt{3}}$ bei $x = 0{,}577\,l$ $f_c = \dfrac{P \cdot c^2}{3\,EJ} \cdot (l+c)$
10.	$A = \dfrac{q}{2l}(l^2 - c^2)$ $B = \dfrac{q}{2l}(l+c)^2$	max $M_F = \dfrac{q}{8 \cdot l^2}(l^2 - c^2)^2$ $M_B = -\dfrac{q \cdot c^2}{2}$ max $M_F = |M_B|$ bei $c = l\,(\sqrt{2} - l)$	$f_F = \dfrac{q \cdot l^2}{384\,E_\lor J}(5 \cdot l^2 - 12\,c^2)$ bei $x = \dfrac{l}{2}$ $f_c = \dfrac{q \cdot c}{24\,EJ}[c^2(4l + 3c) - l^3]$
11.	$A = B = \dfrac{q}{2}(l + 2c)$	$M_A = M_B = -\dfrac{q \cdot c^2}{2}$ $M_F = \dfrac{q \cdot l^2}{2}\left(\dfrac{1}{4} - \dfrac{c^2}{l^2}\right)$ für $c = 0{,}3535 \cdot l$ wird $M_A = M_F = \pm \dfrac{q \cdot l^2}{16}$	$f_F = \dfrac{1}{16} \cdot \dfrac{q \cdot l^4}{EJ}\left(\dfrac{5}{25} - \dfrac{c^2}{l^2}\right)$ $f_c = \dfrac{1}{24} \cdot \dfrac{q \cdot l^4}{EJ}$ $\cdot \left(3 \cdot \dfrac{c^4}{l^4} + 6 \cdot \dfrac{c^3}{l^3} - \dfrac{c}{l}\right)$

Tabelle zu Belastungsfall 5:

$n =$	2	3	4	5	6	7
$m =$	1/4	1/3	1/2	3/5	3/4	6/7
K	48	28,17	20,21	15,87	13,09	11,15

Momentzahlen für Durchlaufträger und Platten
bei stetiger Belastung ohne Auflagerschrägen.

Diese Momentzahlen gelten bei gleichen Feldweiten oder wenn die kleinste Feldweite noch mindestens 80% der größten ist.

Bei ungleichen Feldweiten: für Stützmoment Mittelwert der benachbarten Feldweiten, für Feldmomente für alle Felder größte Stützweite annehmen.

z.B. $M_F = q \cdot l^2/11$ z.B. $M_C = -q \cdot l^2/10$

10 Mauerwerk (vereinfachtes Berechnungsverfahren) DIN 1053-1 (11.96)

Beim vereinfachten Verfahren wird die Druckfestigkeit des Mauerwerks durch die Grundwerte σ_0 der zulässigen Druckspannungen charakterisiert.

Der Standsicherheitsnachweis nach dem vereinfachten Verfahren ist zulässig für
— Gebäudehöhe über Gelände ≤ 20 m
— Deckenstützweiten $l \leq 6,0$ m (für zweiachsig gespannte Decken ist l die kürzere Stützweite)
— Keine größeren horizontalen Lasten oder Exzentrizitäten außer Wind und Erddruck
— Bedingungen der folgenden Tafel:

Voraussetzungen für die Anwendung des vereinfachten Verfahrens

	Innenwände		einschalige Außenwände		Tragschale zweischaliger Außenwände und zweischalige Haustrennwände		
Wanddicke d in mm	≥ 115 < 240	≥ 240	$\geq 175^1)$ < 240	≥ 240	$\geq 115^2)$ $< 175^2)$	≥ 175 < 240	≥ 240
lichte Wandhöhe in m	$\leq 2,75$	—	$\leq 2,75$	$\leq 12 \cdot d$	$\leq 2,75$		$\leq 12 \cdot d$
Verkehrslast in kN/m²	≤ 5				$\leq 3^3)$	≤ 5	

[1]) Bei eingeschossigen Garagen und vergleichbaren Bauwerken, die nicht zum dauernden Aufenthalt von Menschen vorgesehen sind, auch $d \geq 115$ mm zulässig.
[2]) Geschoßanzahl maximal zwei Vollgeschosse zuzüglich ausgebautes Dachgeschoß; aussteifende Querwände im Abstand $\leq 4,50$ m bzw. Randabstand von einer Öffnung $\leq 2,0$ m.
[3]) Einschließlich Zuschlag für nichttragende innere Trennwände.

Grundwerte der zulässigen Druckspannungen für Mauerwerk mit Normalmörtel

Mörtelgruppe	Grundwerte σ_0 bei Steinfestigkeitsklasse (MN/m²)									
	2	4	6	8	12	20	28	36	48	60
I	0,3	0,4	0,5	0,6	0,8	1,0	—	—	—	—
II II a	0,5 $0,5^1)$	0,7 0,8	0,9 1,0	1,0 1,2	1,2 1,6	1,6 1,9	1,8 2,3	— —	— —	— —
III III a	— —	0,9 —	1,2 —	1,4 —	1,8 1,9	2,4 3,0	3,0 3,5	3,5 4,0	4,0 4,5	4,5 5,0

[1]) $\sigma_D = 0,6$ MN/m² bei Außenwänden mit Dicken $d = 300$ mm. Diese Erhöhung gilt jedoch nicht für den Nachweis der Auflagerpressung.

Baustoffbedarf für Mauerwerk s. Abschnitt „Kalkulation", Kapitel 6.3

Mischungsverhältnisse für Normalmörtel in Raumteilen

	Mörtelgruppe	I				II			II a	III		III a[2]	
Luft- und Wasserkalk	Kalkteig	1				1,5							
	Kalkhydrat		1				2		1				
Hydraulischer Kalk				1				2					
Hochhydraulischer Kalk, PM-Binder					1					1	2		
Zement						1	1	1	1	1	1	1	1
Natursand[1]		4	3	3	4,5	8	8	8	3	6	8	4	4

[1]) Die Werte des Sandanteils beziehen sich auf den lagerfeuchten Zustand.
[2]) Die gegenüber der Gruppe III größere Festigkeit (s. Tafel 10) soll nicht durch mehr Bindemittel, sondern durch Auswahl geeigneter Sande erreicht werden.

Einschränkungen für den Einsatz der Mörtelgruppen:
MGr I ist nicht zulässig für
— Gewölbe, Kellermauerwerk (mit Ausnahme bei der Instandsetzung von altem Mauerwerk) und Außenschalen zweischaliger Außenwände
— mehr als zwei Vollgeschosse
— Wanddicken <240 mm (bei zweischaligen Außenwänden Innenschale maßgebend)
— Mauerwerk EM
MGr II und IIa nicht zulässig für Gewölbe
MGr III und IIIa nicht zulässig für das Vermauern von Außenschalen (Ausnahme bewehrte Bereiche und nachträgliches Verfugen).

Zulässige Druckspannung $\sigma_0\,\text{zul} = k \cdot \sigma_0$

Faktor k = Abminderungsfaktor:
— Wände als Zwischenauflager $k = k_1 \cdot k_2$
— Wände als Endaufleger $k = k_1 \cdot k_2$ oder $k = k_1 \cdot k_3$
(Der kleinere Wert ist maßgebend.)

Faktor k_1 $k_1 = 1,0$ für Wände,
$k_1 = 0,8$ für Kurze Wände
Als „Kurze Wände" gelten Wände oder Pfeiler, deren Querschnittsfläche kleiner als 1000 cm² sind.

Faktor k_2 $k_2 = 1,0$ für $h_k/d \le 10$

$$k_2 = \frac{25 - h_k/d}{15} \quad \text{für } 10 < h_k/d \le 25$$

h_k = Knicklänge, vereinfacht: lichte Geschoßhöhe
d = kleinste Wanddicke im Bereich h

Faktor k_3 $k_3 = 1,0$ für $l \le 4,20$ m
$k_3 = 1,7 - l/6$ für $4,20$ m $< l \le 6,00$ m

l = Deckenstützweite in m.
Bei zweiachsig gespannten Decken gilt der kleinere Wert.
Bei Decken über dem obersten Geschoß, insbesondere bei Dachdecken:
$k_3 = 0,5$ für alle Werte von l.

11 Holzbauwerke

DIN 1052-1, -2 (04.88) und DIN 1052-1/A1,-2/A1 (10.96)

Diese Norm gilt für alle tragenden Bauteile aus Holz und Holzwerkstoffen; sie gilt auch für fliegende Bauten (DIN 4112), Bau- und Lehrgerüste, Absteifungen und Schalungsunterstützungen (DIN 4420, DIN 4421) und für hölzerne Brücken (DIN 1074).
Bei bestimmten Lastzuständen und konstruktiven Gegebenheiten können die zul. Spannungen der folgenden Tabelle erhöht werden (s. DIN 1052).

Zulässige Spannungen für Vollholz in MN/m² im Lastfall H [6])

	Art der Beanspruchung	Fichte, Kiefer, Tanne, Lärche, Douglasie, Southern Pine, Western Hemlock					Laubhölzer aus		
							Eiche, Buche, Teak	Afzelia, Merbau, Angelique	Azobé, Bongassi, Greenheart
		Sortierklasse nach DIN 4074-1 [1])					A	B	C
		S7 bzw. MS7	S10 bzw. MS10	S13	MS13	MS17		mittlere Güte [2])	
1	Biegung zul σ_B	7	10	13	15	17	11	17	25
2	Zug zul $\sigma_{Z\parallel}$	0 [3])	7	9	10	12	10	10	15
3	Zug zul $\sigma_{Z\perp}$	0 [3])	0,05	0,05	0,05	0,05	0,05	0,05	0,05
4	Druck zul $\sigma_{D\parallel}$	6	8,5	11	11	12	10	13	20
5a 5b	Druck zul $\sigma_{D\perp}$	2 2,5 [4])	2 2,5 [4])	2 2,5 [4])	2,5 3 [4])	2,5 3 [4])	3 4 [4])	4 —	8 —
6	Abscheren zul τ_a	0,9	0,9	0,9	1	1	1	1,4	2
7	Schub aus Querkraft zul τ_Q	0,9	0,9	0,9	1	1	1	1,4	2
8	Torsion [5]) zul τ_T	0	1	1	1	1	1,6	1,6	2

[1]) Den Sortierklassen S7, S10 und S13 entsprechen die Güteklassen III, II bzw. I von DIN 4074-2.
[2]) Mindestens Sortierklasse S10 nach DIN 4074-1 bzw. Güteklasse II nach DIN 4074-2.
[3]) Für MS7 gilt: zul $\sigma_{Z\parallel} = 4$ MN/m²/zul $\sigma_{Z\perp} = 0,05$ MN/m².
[4]) Bei Anwendung dieser Werte ist mit größeren Eindrückungen zu rechnen, die erforderlichenfalls konstruktiv zu berücksichtigen sind. Bei Anschlüssen mit verschiedenen Verbindungsmitteln dürfen diese Werte nicht angewendet werden.
[5]) Für Kastenquerschnitte sind die Werte nach Zeile 7 einzuhalten.
[6]) Erhöhung der zulässigen Spannungen um 25% im Lastfall HZ.

Zul. Druckspannungen in MN/m² bei schrägem Kraftangriff, Lastfall H

Holzart	α: Winkel zwischen Kraft- und Faserrichtung in °									
	0	10	20	30	40	50	60	70	80	90
Nadelholz, S10/MS10	8,5	7,4	6,3	5,2	4,3	3,5	2,9	2,4	2,1	2,0
BS-Holz, BS11	8,5	7,5	6,4	5,5	4,6	3,9	3,3	2,9	2,6	2,5
BS-Holz, BS14	11	9,5	8,1	6,8	5,5	4,5	3,6	3,0	2,6	2,5

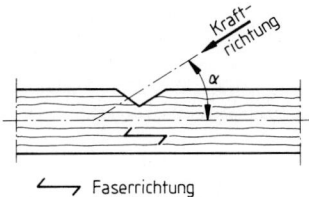

$$\text{zul } \sigma_D \measuredangle = \text{zul } \sigma_{D\parallel} - (\text{zul } \sigma_{D\parallel} - \text{zul } \sigma_{D\perp}) \sin \alpha$$

Faserrichtung

Zulässige Spannungen für Brettschichtholz in MN/m², Lastfall H

Art der Beanspruchung		Fichte, Kiefer, Tanne, Lärche, Douglasie, Southern Pine, Western Hemlock			
		Breitschichtholzklasse			
		BS11	BS14	BS16	BS18
		Sortierklassen der Lamellen nach DIN 4074-1			
		S10 bzw. MS10	S13	MS13	MS17
1	Biegung zul σ_B	11	14	16	18
2	Zug zul $\sigma_{Z\parallel}$	8,5	10,5	11	13
3	Zug zul $\sigma_{Z\perp}$	0,2	0,2	0,2	0,2
4	Druck zul $\sigma_{D\parallel}$	8,5	11	11,5	13
5a 5b	Druck zul $\sigma_{D\perp}$	2,5 3[1])	2,5 3[1])	2,5 3[1])	2,5 3[1])
6	Abscheren zul τ_a	0,9	0,9	1	1
7	Schub aus Querkraft zul τ_Q	1,2	1,2	1,3	13
8	Torsion[5]) zul τ_T	1,6	1,6	1,6	1,6

[1]) Bei Anwendung dieser Werte ist mit größeren Eindrücken zu rechnen, die erforderlichenfalls konstruktiv zu berücksichtigen sind. Bei Anschlüssen mit verschiedenen Verbindungsmitteln dürfen diese Werte nicht angewendet werden.
[2]) Für Kastenquerschnitte sind die Werte nach Zeile 7 einzuhalten.

Zulässige Spannungen für Holzwerkstoffe in MN/m², Lastfall H

Art der Beanspruchung		Bau-Furniersperrholz nach DIN 68705-3 und -5[1])				Flachpreßplatten nach DIN 68763					
		parallel		rechtwinklig		Plattennenndicke mm					
		zur Faserrichtung der Deckfurniere									
		Lagenanzahl		Lagenanzahl							
		3	≥5	3	≥5	bis 13	über 13 bis 20	über 20 bis 25	über 25 bis 32	über 32 bis 40	über 40 bis 50
1	Biegung rechtwinklig zur Plattenebene zul σ_{Bxy}	13		5		4,5	4,0	3,5	3,0	2,5	2,0
2	Biegung in Plattenebene zul σ_{Bxz}	9		6		3,4	3,0	2,5	2,0	1,6	1,4
3	Zug in Plattenebene zul σ_{Zx}	8		4		2,5	2,25	2,0	1,75	1,5	1,25
4	Druck in Plattenebene zul σ_{Dx}	8		4		3,0	2,75	2,5	2,25	2,0	1,75
5	Druck rechtwinklig zur Plattenebene zul σ_{Dz}	3(4,5)		3(4,5)		2,5	2,5	2,5	2,0	1,5	1,5
6	Abscheren in Plattenebene und in Leimfugen zul τ_{zx}[2])	0,9(1,2)		0,9(1,2)		0,4	0,4	0,4	0,3	0,3	0,3
7	Abscheren rechtwinklig zur Plattenebene zul τ_{yx}[2])	1,8(3)	3(4)	1,8(3)	3(4)	1,8	1,8	1,8	1,2	1,2	1,2
8	Lochleibungsdruck[3])[4]) zul σ_l	8		4		6,0	6,0	6,0	6,0	6,0	6,0

[1]) Die Werte in Klammern ( ) gelten für Bau-Furniersperrholz nach DIN 68705-5 und Beiblatt 1 zu DIN 68705-5. Die übrigen Werte für die zulässigen Spannungen dürfen aus den Festigkeitswerten in DIN 68705-5 mit dem Sicherheitsbeiwert 3 berechnet werden.
[2]) Werte gelten auch für Schub aus Querkraft.
[3]) Für Bolzen und Stabdübel.
[4]) Für Bau-Furniersperrholz nach DIN 68705-5 aus mindestens fünf Lagen ist zul $\sigma_l = 2 \cdot$ zul σ_{Dx}.

Spannungsermäßigungen infolge Feuchtigkeitseinwirkungen

Die entsprechenden Spannungen der vorstehenden Tafeln sind wie folgt zu ermäßigen:

Holzart	Bauliche Situation	Ermäßigung um
Vollholz, BSH (Brettschichtholz)	Bauteile, die der Witterung allseitig ausgesetzt sind oder bei denen mit einer Gleichgewichtsfeuchte >18% zu rechnen ist. Gilt nicht für Gerüste	1/6 *)
Vollholz, BSH (Brettschichtholz)	Bauteile und Gerüste, die dauernd im Wasser stehen, bei Gerüsten aus Hölzern, die zum Zeitpunkt der Belastung noch nicht halbtrocken sind (DIN 4074)	1/3 *)
Bau-Furniersperr- holzplatten BFU100G	Platten, in denen eine Feuchte >18% über mehrere Wochen zu erwarten ist	1/4
Flachpreßplatten V100G	Platten, in denen eine Feuchte >18% über mehrere Wochen zu erwarten ist	1/3

*) Gilt nicht für Laubholz, Gr. C und nicht für Fliegende Bauten mit Schutzanstrich (der ist in Abständen von höchstens 2 Jahren zu erneuern).

Rechenwerte für Elastizitäts- und Schubmoduln in MN/m² für Vollholz und Brettschichtholz BSH (Holzfeuchte <20%)

	Holzart	Sortierklasse nach DIN 4074-1 [2]	Elastizitätsmodul parallel zur Faserrichtung $E_\parallel$	Elastizitätsmodul rechtwinklig zur Faserrichtung $E_\perp$	Schubmodul G
1	Fichte, Kiefer, Tanne, Lärche, Douglasie, Southern Pine, Western Hemlock, Yellow Cedar[1]	S7 bzw. MS7	8000	250	500
		S10 bzw. MS10	10000[3][4]	300	500
		S13	10500[3][4]	350	500
		MS13	11500[3]	350	550
		MS17	12500[3]	400	600
2	Holzarten nach Zeile 1 bei Verwendung als Lamellen für Brettschichtholz	S10 bzw. MS10	11000	350	550
		S13	12000	400	600
		MS13	13000	400	650
		MS17	14000	450	700
	A Eiche, Buche, Teak, Keruing (Yang)	mittlere Güte[5]	12500	600	1000
	B Afzelia, Merbau, Angelique (Basralocus)	mittlere Güte[5]	13000	800	1000
	C Azobé (Bongossi), Greenheart	mittlere Güte[5]	17000[6]	1200[6]	1000[6]

[1]) Botanische Namen s. DIN 4076-1.
[2]) Den Sortierklassen S7, S10 und S13 entsprechen die Güteklassen III, II bzw. I von DIN 4074-2
[3]) Für Holz, das mit einer Holzfeuchte ≤15% eingebaut wird, dürfen die Werte um 10% für Durchbiegungsberechnungen erhöht werden.
[4]) Für Baurundholz: $E_\parallel = 12000$ MN/m².
[5]) Mindestens Sortierklasse S10 im Sinne von DIN 4074-1 bzw. Güteklasse II im Sinne von DIN 4074-2.
[6]) Diese Werte gelten unabhängig von der Holzfeuchte.

Kanthölzer und Dachlatten aus Nadelholz
nach DIN 4070 Bl. 1 (1.58) und Bl. 2 (10.63)

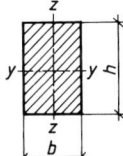

Auf Vorrat eingeschnittene Kanthölzer und Dachlatten nach DIN 4070 Bl. 1 sind durch * gekennzeichnet und bevorzugt zu verwenden.
Querschnitte mit guter statischer Ausnutzung haben $b/h = 1:2$.
Kanthölzer haben Querschnittsseiten ≥ 6 cm und $b/h < 1:3$. Mit Seiten ≥ 20 cm werden sie auch als Balken bezeichnet.
Dachlatten haben $A \leq 32$ cm^2 und $b/h \approx 1:2$.

Kanthölzer

b/h	A	G	W_y	I_y	W_z	I_z	i_y	i_z
cm/cm	cm^2	N/m	cm^3	cm^4	cm^3	cm^4	cm	cm
6/6*	36	21,6	36	108	36	108	1,73	1,73
6/8*	48	28,8	64	256	48	144	2,31	1,73
6/10	60	36,0	100	500	60	180	2,89	1,73
6/12*	72	43,2	144	864	72	216	3,46	1,73
6/14	84	50,4	196	1372	84	252	4,04	1,73
6/16	96	57,6	256	2044	96	288	4,62	1,73
6/18	108	64,8	324	2916	108	324	5,20	1,73
6/20	120	72,0	400	4000	120	360	5,77	1,73
6/22	132	79,2	484	5324	132	396	6,35	1,73
6/24	144	86,4	576	6910	144	432	6,93	1,73
6/26	156	93,6	676	8790	156	468	7,51	1,73
8/8*	64	38,4	85	341	85	341	2,31	2,31
8/10*	80	48,0	133	667	107	427	2,89	2,31
8/12*	96	57,6	192	1152	128	512	3,46	2,31
8/14	112	67,2	261	1829	149	597	4,04	2,31
8/16*	128	76,8	341	2731	171	683	4,62	2,31
8/18	144	86,4	432	3888	192	768	5,20	2,31
8/20	160	96,0	533	5333	213	853	5,77	2,31
8/22	176	105,6	645	7099	235	939	6,35	2,31
8/24	192	115,2	768	9216	256	1024	6,92	2,31
8/26	208	124,8	901	11715	277	1109	7,51	2,31
10/10*	100	60,0	167	833	167	833	2,89	2,89
10/12*	120	72,0	240	1440	200	1000	3,46	2,89
10/14	140	84,0	327	2287	233	1167	4,04	2,89
10/16	160	96,0	427	3413	267	1333	4,62	2,89
10/18	180	108,0	540	4860	300	1500	5,20	2,89
10/20*	200	120,0	667	6667	333	1667	5,77	2,89
10/22*	220	132,0	807	8873	367	1833	6,35	2,89
10/24	240	144,0	960	11520	400	2000	6,93	2,89
10/26	260	156,0	1127	14647	433	2167	7,51	2,89
12/12*	144	86,4	288	1728	288	1728	3,46	3,46
12/14*	168	100,8	392	2744	336	2016	4,04	3,46
12/16*	192	115,2	512	4096	384	2304	4,62	3,46
12/18	216	129,6	648	5832	432	2592	5,20	3,46
12/20*	240	144,0	800	8000	480	2880	5,77	3,46
12/22	264	158,4	968	10648	528	3168	6,35	3,46
12/24	288	172,8	1152	13824	576	3456	6,93	3,46
12/26	312	187,2	1352	17576	624	3744	7,51	3,46

Größen, Formeln, Bemessung

Kanthölzer, Fortsetzung

b/h	A	G	W_y	I_y	W_z	I_z	i_y	i_z
cm/cm	cm^2	N/m	cm^3	cm^4	cm^3	cm^4	cm	cm
14/14*	196	117,6	457	3201	457	3201	4,04	4,04
14/16*	224	134,4	597	4779	523	3659	4,62	4,04
14/18	252	151,2	756	6801	588	4116	5,20	4,04
14/20	280	168,0	933	9333	652	4573	5,77	4,04
14/22	308	184,8	1129	12422	719	5031	6,35	4,04
14/24	336	201,6	1344	16128	784	5488	6,93	4,04
14/26	364	218,4	1577	20505	849	5945	7,51	4,04
14/28	392	235,2	1829	25611	915	6403	8,08	4,04
16/16*	256	153,6	683	5461	683	5461	4,62	4,62
16/18*	288	172,8	864	7776	768	6144	5,20	4,62
16/20*	320	192,0	1067	10667	853	6827	5,77	4,62
16/22	352	211,2	1291	14197	939	7509	6,35	4,62
16/24	384	230,4	1536	18432	1024	8192	6,93	4,62
16/26	416	249,6	1803	23435	1109	8875	7,51	4,62
16/28	448	268,8	2091	29269	1185	9557	8,08	4,62
16/30	480	288,0	2400	36000	1280	10240	8,66	4,62
18/18	324	194,4	972	8748	972	8748	5,20	5,20
18/20	360	216,0	1200	12000	1080	9720	5,77	5,20
18/22*	396	237,6	1452	15972	1188	10692	6,35	5,20
18/24	432	259,2	1728	20736	1296	11664	6,93	5,20
18/26	468	280,8	2028	26364	1404	12636	7,51	5,20
18/28	504	302,4	2352	32928	1512	13608	8,08	5,20
18/30	540	324,0	2700	40500	1620	14580	8,66	5,20
20/20*	400	240,0	1333	13333	1333	13333	5,77	5,77
20/22	440	264,0	1613	17747	1467	14667	6,35	5,77
20/24*	480	288,0	1920	23040	1600	16000	6,93	5,77
20/26	520	312,0	2253	29293	1733	17333	7,51	5,77
20/28	560	336,0	2613	36587	1867	18667	8,08	6,77
20/30	600	360,0	3000	45000	2000	20000	8,66	5,77
22/22	484	290,4	1775	19520	1775	19520	6,35	6,35
22/24	528	316,8	2110	25340	1936	21296	6,93	6,35
22/26	572	343,2	2480	32223	2097	23071	7,51	6,35
22/28	616	369,6	2875	40245	2259	24845	8,08	6,35
22/30	660	396,0	3300	49500	2420	26620	8,66	6,35
24/24	576	345,6	2304	27648	2304	27648	6,93	6,93
24/26	624	374,4	2704	35152	2496	29952	7,51	6,93
24/28	672	403,2	3136	43904	2688	32256	8,08	6,93
24/30	720	432,0	3600	54000	2880	34560	8,66	6,93
26/26	676	405,6	2929	38081	2929	38081	7,51	7,51
26/28	728	436,8	3397	47563	3155	41011	8,08	7,51
26/30	780	468,0	3900	58500	3380	43940	8,66	7,51
28/28	784	470,4	3659	51221	3659	51221	8,08	8,08
28/30	840	504,0	4200	63000	3920	54880	8,66	8,08
30/30	900	540,0	4500	67500	4500	67500	8,66	8,66

Dachlatten b/h in mm/mm

24/48*	11,5	6,9	9,2	22,1	4,61	5,5	1,39	0,69
30/50	15,0	9,0	12,5	31,3	7,5	11,3	1,45	0,87
40/60*	24,0	14,4	24,0	72,0	16,0	32,0	1,73	1,16

Rundhölzer

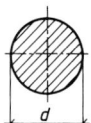

d ist in Stammitte bei entrindetem Holz gemessen. Die Eigenlast G gilt für halbtrockenes Kiefernholz ($\gamma = 6{,}5\,\text{kN/m}^3$). Es ist bei Tanne und Fichte mit 0,85, bei Buche mit 1,15, bei Eiche mit 1,3 zu vervielfachen.

$$U = \pi d \qquad W = \frac{\pi d^3}{32}$$

$$A = \frac{\pi d^2}{4} \qquad i = \sqrt{\frac{I}{A}} = \frac{d}{4}$$

$$I = \frac{\pi d^4}{64}$$

max s_K für max $\lambda = 150$

d	U	A	G	I	W	i	max s_K
cm	cm	cm²	N/m	cm⁴	cm³	cm	m
7	22,0	38,5	25,0	118	33,7	1,75	2,63
8	25,1	50,3	32,7	201	50,3	2,00	3,00
9	28,3	63,6	41,4	322	71,6	2,25	3,38
10	31,4	78,5	51,1	491	98,2	2,50	3,75
11	34,6	95,0	61,8	719	131	2,75	4,13
12	37,7	113	73,5	1020	170	3,00	4,50
13	40,8	133	86,2	1400	216	3,25	4,88
14	44,0	154	100	1890	269	3,50	5,25
15	47,1	177	115	2490	331	3,75	5,63
16	50,3	201	131	3220	402	4,00	6,00
17	53,4	227	148	4100	482	4,25	6,38
18	56,5	254	165	5150	573	4,50	6,75
19	59,7	284	184	6400	673	4,75	7,13
20	62,8	314	204	7850	785	5,00	7,50
21	66,0	346	225	9550	909	5,25	7,88
22	69,1	380	247	11500	1050	5,50	8,25
23	72,3	415	270	13740	1190	5,75	8,63
24	75,4	452	294	16290	1360	6,00	9,00
25	78,5	491	319	19180	1530	6,25	9,38
26	81,7	531	345	22430	1730	6,50	9,75
27	84,8	573	372	26090	1930	6,75	10,13
28	88,0	616	400	30170	2160	7,00	10,50
29	91,1	661	429	34720	2390	7,25	10,88
30	94,2	707	459	39760	2650	7,50	11,25
31	97,4	755	491	45330	2930	7,75	11,63
32	100,5	804	523	51470	3220	8,00	12,00
33	103,7	855	556	58210	3530	8,25	12,38
34	106,8	908	590	65600	3860	8,50	12,75
35	110,0	962	625	73660	4210	8,75	13,13
36	113,1	1018	662	82450	4580	9,00	13,50
37	116,2	1075	699	92000	4970	9,25	13,88
38	119,4	1134	737	102400	5390	9,50	14,25
39	122,5	1195	777	113600	5820	9,75	14,63

Tragfähigkeit von Holzstützen s. Abschnitt „Schalung und Gerüste".

Größen, Formeln, Bemessung

Einteilige Druckstäbe mit mittigem Kraftangriff

Knickzahlen ω (Die Spalten 4 und 6 gelten für Rundrohre und Rechteckrohre)

λ	Bauholz	Baustahl St 37		Baustahl St 52	
1	2	3	4	5	6
0	1,00				
10	1,04				
20	1,08	1,04	1,00	1,06	1,02
30	1,15	1,08	1,03	1,11	1,05
40	1,26	1,14	1,07	1,19	1,11
50	1,42	1,21	1,12	1,28	1,18
60	1,62	1,30	1,19	1,41	1,28
70	1,88	1,41	1,28	1,58	1,42
80	2,20	1,55	1,39	1,79	1,62
90	2,58	1,71	1,53	2,05	2,05
100	3,00	1,90	1,70	2,53	2,53
110	3,60	2,11	2,05	3,06	3,06
120	4,32	2,43	2,43	3,65	3,65
130	5,07	2,85	2,85	4,28	4,28
140	5,88	3,31	3,31	4,96	4,96
150	6,75	3,80	3,80	5,70	5,70
160	7,68	4,32	4,32	6,48	6,48
170	8,67	4,88	4,88	7,32	7,32
180	9,72	5,47	5,47	8,21	8,21
190	10,83	6,10	6,10	9,14	9,14
200	12,00	6,75	6,75	10,13	10,13
210	13,23	7,45	7,45	11,17	11,17
220	14,52	8,17	8,17	12,26	12,26
230	15,87	8,93	8,93	13,40	13,40
240	17,28	9,73	9,73	14,59	14,59
250	18,75	10,55	10,55	15,83	15,83

Nachweis der Knicksicherheit $\sigma = \omega \cdot N/A \leqq \sigma$ zul

N = Druckkraft, A = ungeschwächter Stabquerschnitt,
ω = Knickzahl (s. Tafel) abhängig von Baustoff und Schlankheitsgrad λ des Druckstabes.

$\lambda = s_k / i$;

i = Trägheitsradius

λ muß sein $\leqq$ 150 bei Bauholz
$\qquad\qquad\leqq$ 250 bei Bauholz und fliegenden Bauten
$\qquad\qquad\leqq$ 250 bei Stahl

Knickfiguren

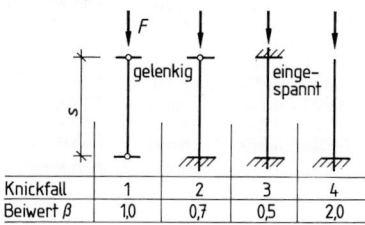

Knickfall	1	2	3	4
Beiwert β	1,0	0,7	0,5	2,0

Knicklänge $s_K = \beta \cdot s$ (m)

s = Systemlänge, Geschoßhöhe, Achsmaß
β = Beiwert

12 Stahl

Die folgenden Rechenwerte und zulässigen Spannungen aus der alten DIN 18800 (03.81) sind nur für überschlägige Berechnungen in einfachsten Fällen gedacht. Die Nachweise gemäß DIN 18800 (11.90) bzw. Eurocode 3 sind komplizierter und gehen weit über das Ziel dieses Buches hinaus. Bei den genaueren Berechnungen nach DIN 18800-1 (11.90) bzw. Eurocode 3 können die Querschnitte in vielen Fällen höher ausgenutzt werden.

DIN 18800-1 (11.90) bzw. Eurocode 3 verwenden ein neues Sicherheitskonzept. Hierbei wird die Sicherheit nicht pauschal über zulässige (abgeminderte) Spannungen berücksichtigt, sondern durch einzelne Teilsicherheitsbeiwerte sowohl auf der Lastseite ($\gamma_g = 1,35$ für ständige Einwirkungen, $\gamma_g = 1,5$ für veränderliche Einwirkungen) als auch auf der Materialseite ($\gamma_s = 1,1$ für Stahl) erfaßt.

Das dort vorgesehene Nachweisformat

$$\gamma_g \cdot G + \sum \gamma_q \cdot Q < \frac{R}{\gamma_s}$$

kann für einfache Überschlagsrechnungen vereinfacht werden zu

vorh $\sigma <$ zul σ.

Die zulässigen Spannungen unter Gebrauchslast für nicht stabilitätsgefährdete Bauteile unter Biegung mit Normalkraft (kein Kippen, Knicken oder Beulen) ergeben sich aus Streckgrenze/1,54, also zul $\sigma = f_{y,k}/1,54$.

Als charakteristische Werte für Walzstahl und Stahlguß festgelegte Werte DIN 18800-1 (11.90)

Stahl	Erzeugnis-dicke t*) mm	Streck-grenze $f_{y,k}$ N/mm²	Zugfestig-keit $f_{u,k}$ N/mm²	E-Modul E N/mm²	Schub-modul G N/mm²	Temperatur-dehnzahl α_T K^{-1}
Baustahl St37-2 USt37-2 RSt37-2 St37-3	$t \leq 40$	240	360			
	$40 < t \leq 80$	215				
Baustahl St52-3	$t \leq 40$	360	510			
	$40 < t \leq 80$	325				
Feinkornbaustahl StE355 WStE355 TStE355 EStE355	$t \leq 40$	360	510	210000	81000	$12 \cdot 10^{-6}$
	$40 < t \leq 80$	325				
Stahlguß GS-52		260	520			
GS-20Mn5	$t \leq 100$	260	500			
Vergütungsstahl C35N	$t \leq 16$	300	480			
	$16 < t \leq 80$	270				

*) Für die Erzeugnisdicke werden in Normen für Walzprofile auch andere Formelzeichen verwendet, z.B. in den Normen der Reihe DIN 1025 s für den Steg.

Größen, Formeln, Bemessung

Zulässige Spannungen für Bauteile in N/mm² nach DIN 18800-1 (3.81)

Spannungsart	Lastfall	Werkstoff	
		St 37 [2])	St 52-3
Druck und Biegedruck, wenn Nachweis auf Knicken und Kippen nach DIN 4114 erforderlich ist	H	140	210
	HZ	160	240
Zug und Biegung; Biegedruck, wenn Ausweichen der gedrückten Gurte nicht möglich ist	H	160	240
	HZ	180	270
Schub	H	92	139
	HZ	104	156
Lochleibungsdruck bei Verbindung durch Niete oder Paßschrauben	H	280	420
	HZ	320	470

Einteilung der Lasten nach DIN 18801 (9.83)

Hauptlasten H sind alle planmäßigen äußeren Lasten und Einwirkungen, die nicht nur kurzzeitig auftreten, z. b. ständige Last, planmäßige Verkehrslast, Schneelast, sonstige Massenkräfte, Einwirkungen aus wahrscheinlichen Baugrundbewegungen.

Zusatzlasten Z sind alle übrigen bei planmäßiger Nutzung auftretenden Lasten und Einwirkungen, z. B. Windlast, Lasten aus Bremsen und Seitenstoß von Kranen, andere kurzzeitig auftretende Massenkräfte, Wärmewirkungen.

Zur vergleichenden Information werden einige Bezeichnungen und einige charakteristische Werte für Baustähle nach DIN EN 10025 (03.94) und DIN EN 10113 (04.93) und DIN 18800 (11.90) angegeben.

Jetzige und frühere Bezeichnungen vergleichbarer Stähle

Stähle nach DIN EN	Bezeichnung der Stahlsorten			
	neu nach		früher nach	
	EN 10027-1 (9.92)	EN 10027-2 (9.92)	DIN 17100	EN 10025:1990
10025 (3.94)	S 235 JR	1.0037	St 37-2	Fe 360 B
	S 235 JRG 1	1.0036	USt 37-2	Fe 360 BFU
	S 235 JRG 2	1.0038	RSt 37-2	Fe 360 BFN
	S 235 JO	1.0114	St 37-3 U	Fe 360 C
	S 235 J2 G 3	1.0116	St 37-3 N	Fe 360 D 1
	S 275 JR	1.0044	St 44-2	Fe 430 B
	S 275 JO	1.0143	St 44-3 U	Fe 430 C
	S 275 J 2 G 3	1.0144	St 44-3 N	Fe 430 D 1
	S 355 JO	1.0553	St 52-3 U	Fe 510 C
	S 355 J 2 G 3	1.0570	St 52-3 N	Fe 510 D 1
10155 (8.93)	S 235 J 2 W	1.8961	WTSt 37-3	Fe 360 D KI
	S 355 J 2 G 1 W	1.8963	WTSt 52-3	Fe 519 D 2 KI
10113-2 (4.93)	S 335 N	1.0545	StE 355	FeE 355 KGN
	S 355 NL	1.0546	TStE 355	FeE 355 KTN

Tragfähigkeit F von Stahlstützen aus Rundrohren (Auswahl) in kN [22]
St 35/37 mit zul $\sigma = 140$ N/mm^2

Ø mm	Wanddicke mm	Knicklänge in m								
		2,00	2,50	3,00	3,50	4,00	4,50	5,00	6,00	7,00
38	4	13	8	6	–					
48,3	4,5	31	20	14	10	–				
70	4	80	60	42	30	23	19	15	–	
88,9	4	120	105	88	65	50	40	32	22	16
	6,3	182	157	130	96	72	57	46	32	24
108	3,6	144	131	118	103	84	66	53	37	27
	6,3	243	222	198	172	135	107	86	60	44
133	4	208	197	183	168	151	135	111	77	57
	7,1	361	339	315	289	257	227	186	128	95
159	4,5	291	277	265	250	233	216	196	149	110
	8	507	484	459	433	400	369	337	251	183
219,1	5,9	542	532	517	503	485	465	446	398	350
	12,5	1110	1090	1060	1020	990	950	900	805	697

s. Knickfiguren S. 30

Tragfähigkeit F von Stahlstützen aus Walzprofilen in kN [22]
$\lambda \leq 250$, zul $\sigma = 140$ N/mm^2

Profil h	Form	Knicklänge in m								
		2,00	2,50	3,00	3,50	4,00	4,50	5,00	6,00	7,00
100	[	60,6	38,7	26,9	19,7	–				
	I	25,1	16,0	–						
	IPE	32,9	20,9	14,6	–					
	IPB	194	194	152	113	86,3	68,0	55,0	38,4	–
120	[	88,8	57,2	39,5	29,1	–				
	I	44,6	28,5	19,8	–					
	IPE	57,4	37,0	25,5	18,8	–				
	IPB	353	301	256	215	164	130	106	73,3	53,7
140	[	129	82,8	57,8	42,3	32,2	–			
	I	74,3	47,4	33,1	24,3	–				
	IPE	93,0	58,9	41,1	30,3	23,2	–			
	IPB	478	427	374	324	279	225	182	126	92,8
160	[	166	114	78,7	58,1	44,3	35,1	–		
	I	114	72,9	50,2	37,0	–				
	IPE	135	90,2	62,7	46,1	35,4	27,8	–		
	IPB	634	576	521	464	404	355	298	205	151
180	[	209	151	105	77,6	59,2	46,7	37,7	–	
	I	169	108	75,6	55,0	42,2	–			
	IPE	180	133	92,9	67,7	52,1	41,0	33,3	–	
	IPB	788	731	672	609	544	492	437	315	231
200	[	256	195	136	99,3	76,3	60,5	44,5	–	
	I	229	155	109	79,4	60,7	47,8	–		
	IPE	236	185	132	97,1	73,8	58,5	47,5	–	
	IPB	968	911	848	781	715	647	582	465	340
220	[	315	251	184	134	102	80,7	65,9	–	
	I	295	213	148	110	83,7	66,0	53,4	–	
	IPE	300	244	189	139	107	84,6	67,9	47,3	–
	IPB	1150	1090	1030	958	885	817	754	621	483
240	[	372	302	228	167	129	101	81,8	57,0	–
	I	373	292	207	151	115	90,9	74,2	–	
	IPE	375	311	253	192	148	116	93,7	65,2	–
	IPB	1350	1300	1240	1160	1090	1020	939	789	665
260[1])	[	445	364	293	213	165	129	105	73,1	–
	I	456	361	266	194	150	118	94,9	–	
270	IPE	473	404	342	283	219	171	138	96,1	70,7
	IPB	1530	1460	1400	1340	1260	1190	1110	955	818
280[1])	[	515	431	357	269	207	164	133	92,1	–
	I	541	441	341	248	191	150	122	84,4	–
	IPE									
	IPB	1710	1650	1590	1530	1460	1380	1290	1130	976

[1]) Die Reihe IPE lautet 240, 270, 300.

s. Knickfiguren S. 30

Schmale I-Träger

mit geneigten inneren Flanschflächen
nach DIN 1025-1 (05.95)
und DIN EN 10024 (05.95)

Bezeichnung z. B. für einen I300
aus dem Werkstoff Nummer 1.0037:

I-Profil DIN 1025–1.0037–I300   oder
I-Profil DIN 1025–S 235 JR–I300

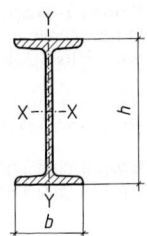

Kurz-zeichen	h	b	Quer-schnitt	Masse	Mantel-fläche	I_x	W_x	$i_{min} = i_y$
I	mm	mm	cm^2	kg/m	m^2/m	cm^4	cm^3	cm
80	80	42	7,57	5,94	0,304	77,8	19,5	0,91
100	100	50	10,6	8,34	0,370	171	34,2	1,07
120	120	58	14,2	11,1	0,439	328	54,7	1,23
140	140	66	18,2	14,3	0,502	573	81,9	1,40
160	160	74	22,8	17,9	0,575	935	117	1,55
180	180	82	27,9	21,9	0,640	1 450	161	1,71
200	200	90	33,4	26,2	0,709	2140	214	1,87
220	220	98	39,5	31,1	0,775	3060	278	2,02
240	240	106	46,1	36,2	0,844	4250	354	2,20
260	260	113	53,3	41,9	0,906	5740	442	2,32
280	280	119	61,0	47,9	0,966	7590	542	2,45
300	300	125	69,0	54,2	1,03	9800	653	2,56
320	320	131	77,7	61,0	1,09	12510	782	2,67
340	340	137	86,7	68,0	1,15	15700	923	2,80
360	360	143	97,0	76,1	1,21	19610	1090	2,90
380	380	149	107	84,0	1,27	24010	1260	3,02
400	400	155	118	92,4	1,33	29210	1460	3,13
450	450	170	147	115	1,48	45850	2040	3,43
500	500	185	179	141	1,63	68740	2750	3,72
550	550	200	212	166	1,80	99180	3610	4,02

Breite I-Träger, IPB-Reihe (I-Breitflanschträger)
mit parallelen Flanschflächen
nach DIN 1025-2 (03.94)

Bezeichnung z. B. für einen IPB 300
aus dem Werkstoff Nummer 1.0037:

I-Profil DIN 1025-1.0037-IPB 300   oder
I-Profil DIN 1025-S 235 JR-IPB 300

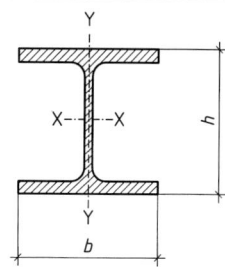

Kurz- zeichen*) IPB	h mm	b mm	Quer- schnitt cm²	Masse kg/m	Mantel- fläche m²/m	I_x cm⁴	W_x cm³	$i_{min} = i_y$ cm
100	100	100	26,0	20,4	0,567	450	89,9	2,53
120	120	120	34,0	26,7	0,686	864	144	3,06
140	140	140	43,0	33,7	0,805	1510	216	3,58
160	160	160	54,3	42,6	0,918	2490	311	4,05
180	180	180	65,3	51,2	1,04	3830	426	4,57
200	200	200	78,1	61,3	1,15	5700	570	5,07
220	220	220	91,0	71,5	1,27	8090	736	5,59
240	240	240	106	83,2	1,38	11260	938	6,08
260	260	260	118	93,0	1,50	14920	1150	6,58
280	280	280	131	103	1,62	19270	1380	7,09
300	300	300	149	117	1,73	25170	1680	7,58
320	320	300	161	127	1,77	30820	1930	7,57
340	340	300	171	134	1,81	36660	2160	7,53
360	360	300	181	142	1,85	43190	2400	7,49
400	400	300	198	155	1,93	57680	2880	7,40
450	450	300	218	171	2,03	79890	3550	7,33
500	500	300	239	187	2,12	107200	4290	7,27
550	550	300	254	199	2,22	136700	4970	7,17
600	600	300	270	212	2,32	171000	5700	7,08
650	650	300	286	225	2,42	210600	6480	6,99
700	700	300	306	241	2,52	256900	7340	6,87
800	800	300	334	262	2,71	359100	8980	6,68
900	900	300	371	291	2,91	494100	10980	6,53
1000	1000	300	400	314	3,11	644700	12890	6,38

*) In Euronorm 53-62 lautet das Kurzzeichen für breite I-Träger dieser Reihe HE...B, wobei die
Kennzahl die gleiche ist wie im DIN-Kurzzeichen, z. B. HE 300 B entspricht IPB 300.

Größen, Formeln, Bemessung

Breite I-Träger, leichte Ausführung
IPBl-Reihe nach DIN 1025-3 (03.94)

Bezeichnung z. B. für einen IPBl 300
aus dem Werkstoff Nummer 1.0037:

I-Profil DIN 1025-1.0037-IPBl 300 oder
I-Profil DIN 1025-S 235 JR-IPBl 300

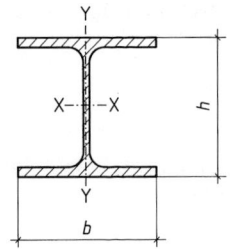

Kurz-zeichen*) IPBl	h mm	b mm	Quer-schnitt cm²	Masse kg/m	Mantel-fläche m²/m	I_x cm⁴	W_x cm³	$i_{min} = i_y$ cm
100	96	100	21,2	16,7	0,561	349	72,8	2,51
120	114	120	25,3	19,9	0,677	606	106	3,02
140	133	140	31,4	24,7	0,794	1030	155	3,52
160	152	160	38,8	30,4	0,906	1670	220	3,98
180	171	180	45,3	35,5	1,02	2510	294	4,52
200	190	200	53,8	42,3	1,14	3690	389	4,98
220	210	220	64,3	50,5	1,26	5410	515	5,51
240	230	240	76,8	60,3	1,37	7760	675	6,00
260	250	260	86,8	68,2	1,48	10450	836	6,50
280	270	280	97,3	76,4	1,60	13670	1010	7,00
300	290	300	112	88,3	1,72	18260	1260	7,49
320	310	300	124	97,6	1,76	22930	1480	7,49
340	330	300	133	105	1,79	27690	1680	7,46
360	350	300	143	112	1,83	33090	1890	7,43
400	390	300	159	125	1,91	45070	2310	7,34
450	440	300	178	140	2,01	63720	2900	7,29
500	490	300	198	155	2,11	86970	3550	7,24
550	540	300	212	166	2,21	111900	4150	7,15
600	590	300	226	178	2,31	141200	4790	7,05
650	640	300	242	190	2,41	175200	5470	6,97
700	690	300	260	204	2,50	215300	6240	6,84
800	790	300	286	224	2,70	303400	7680	6,65
900	890	320	320	252	2,90	422100	9480	6,50
1000	990	300	347	272	3,10	553800	11190	6,35

*) In Euronorm 53-62 lautet das Kurzzeichen für breite I-Träger dieser Reihe HE...A, wobei die
Kennzahl die gleiche ist wie im DIN-Kurzzeichen, z. B. HE 300 A entspricht IPBl 300.

Breite I-Träger, verstärkte Ausführung
IPBv-Reihe nach DIN 1025-4 (03.94)

Bezeichnung z. B. für einen IPBv 300
aus dem Werkstoff Nummer 1.0037:

I-Profil DIN 1025-1.0037-IPBv 300   oder
I-Profil DIN 1025-S 235 JR-IPBv 300

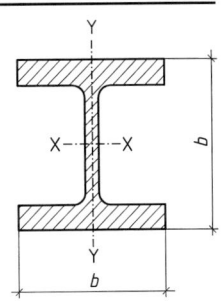

Kurz-zeichen*) IPBv	h mm	b mm	Quer-schnitt cm²	Masse kg/m	Mantel-fläche m²/m	I_x cm⁴	W_x cm³	$i_{min}=i_y$ cm
100	120	106	53,2	41,8	0,619	1140	190	2,74
120	140	126	66,4	52,1	0,738	2020	288	3,25
140	160	146	80,6	63,2	0,857	3290	411	3,77
160	180	166	97,1	76,2	0,970	5100	566	4,26
180	200	186	113	88,9	1,09	7480	748	4,77
200	220	206	131	103	1,20	10640	967	5,27
220	240	226	149	117	1,32	14600	1220	5,79
240	270	248	200	157	1,46	24290	1800	6,39
260	290	268	220	172	1,57	31310	2160	6,90
280	310	288	240	189	1,69	39550	2550	7,40
300	340	310	303	238	1,83	59200	3480	8,00
320/305	320	305	225	177	1,78	40950	2560	7,81
320	359	309	312	245	1,87	68130	3800	7,95
340	377	309	316	248	1,90	76370	4050	7,90
360	395	308	319	250	1,93	84870	4300	7,83
400	432	307	326	256	2,00	104100	4820	7,70
450	478	307	335	263	2,10	131500	5550	7,59
500	524	306	344	270	2,18	161900	6180	7,46
550	572	306	354	278	2,28	198000	6920	7,35
600	620	305	364	285	2,37	237400	7660	7,22
650	668	305	374	293	2,47	281700	8430	7,13
700	716	304	383	301	2,56	329300	9200	7,01
800	814	303	404	317	2,75	442600	10870	6,79
900	910	302	424	333	2,93	570400	12540	6,60
1000	1008	302	444	349	3,13	722300	14330	6,45

*) In Euronorm 53-62 lautet das Kurzzeichen für breite I-Träger dieser Reihe HE...M, wobei die
Kennzahl die gleiche ist wie im DIN-Kurzzeichen, z.B. HE400M entspricht IPBv400. Für
IPBv320/305 lautet das Kurzzeichen nach Euronorm 53-62: HE300C.

Größen, Formeln, Bemessung

Mittelbreite I-Träger, IPE-Reihe
nach DIN 1025-5 (03.94)

Bezeichnung z. B. für einen IPE 300
aus dem Werkstoff Nummer 1.0037:

I-Profil DIN 1025-1.0037-IPE 300   oder
I-Profil DIN 1025-S 235 JR-IPE 300

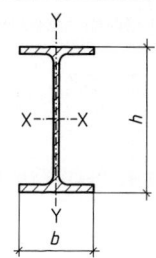

Kurz-zeichen IPB	h mm	b mm	Quer-schnitt cm²	Masse kg/m	Mantel-fläche m²/m	I_x cm⁴	W_x cm³	$i_{min}=i_y$ cm
80	80	46	7,64	6,0	0,328	80,1	20,0	1,05
100	100	55	10,3	8,1	0,400	171	34,2	1,24
120	120	64	13,2	10,4	0,475	318	53,0	1,45
140	140	73	16,4	12,9	0,551	541	77,3	1,65
160	160	82	20,1	15,8	0,623	869	109	1,84
180	180	91	23,9	18,8	0,698	1320	146	2,05
200	200	100	28,5	22,4	0,768	1940	194	2,24
220	220	110	33,4	26,2	0,848	2770	252	2,48
240	240	120	39,1	30,7	0,922	3890	324	2,69
270	270	135	45,9	36,1	1,04	5790	429	3,02
300	300	150	53,8	42,2	1,16	8360	557	3,35
330	330	160	62,6	49,1	1,25	11770	713	3,55
360	360	170	72,7	57,1	1,35	16270	904	3,79
400	400	180	84,5	66,3	1,47	23130	1160	3,95
450	450	190	98,8	77,6	1,61	33740	1500	4,12
500	500	200	116	90,7	1,74	48200	1930	4,31
550	550	210	134	106	1,88	67120	2440	4,45
600	600	220	156	122	2,01	92080	3070	4,66

[-**Stahl** nach DIN 1026 (10.63)

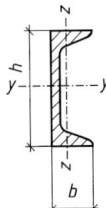

Kurz-zeichen [	h	b	Quer-schnitt	Masse	I_y	W_y	$i_z = i_1$ $= \min i$
	mm	mm	cm²	kg/m	cm⁴	cm³	cm
30 × 15	30	15	2,21	1,74	2,53	1,69	0,42
30	30	33	5,44	4,27	6,39	4,26	0,99
40 × 20	40	20	3,66	2,87	7,58	3,79	0,56
40	40	35	6,21	4,87	14,1	7,05	1,04
50 × 25	50	25	4,92	3,86	16,8	6,73	0,71
50	50	38	7,12	5,59	26,4	10,6	1,13
60	60	30	6,46	5,07	31,6	10,5	0,84
65	65	42	9,03	7,09	57,5	17,7	1,25
80	80	45	11,0	8,64	106	26,5	1,33
100	100	50	13,5	10,6	206	41,2	1,47
120	120	55	17,0	13,4	364	60,7	1,59
140	140	60	20,4	16,0	605	86,4	1,75
160	160	65	24,0	18,8	925	116	1,89
180	180	70	28,0	22,0	1350	150	2,02
200	200	75	32,2	25,3	1910	191	2,14
220	220	80	37,4	29,4	2690	245	2,30
240	240	85	42,3	33,2	3600	300	2,42
260	260	90	48,3	37,9	4820	371	2,56
280	280	95	53,3	41,8	6280	448	2,74
300	300	100	58,8	46,2	8030	535	2,90
320	320	100	75,8	59,5	10870	679	2,81
350	350	100	77,3	60,6	12840	734	2,72
380	380	102	80,4	63,1	15760	829	2,77
400	400	110	91,5	71,8	20350	1020	3,04

Bezeichnung
z. B. eines U-Stahls
mit $h = 200$ mm aus
S 235 JR nach
EN 10025:

U 200
DIN 1026-S 235 JR
oder
U 200 DIN 1026-1.0037

Gleichschenkliger L-Stahl
(Auswahl nach DIN 1028 (03.94)

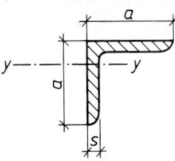

Kurzzeichen L $a \times s$	Quer-schnitt cm²	Masse kg/m	Mantel-fläche m²/m	I_y cm⁴	W_y cm³
20 × 3	1,12	0,88	0,077	0,39	0,28
30 × 3	1,74	1,36	0,116	1,41	0,65
40 × 4	3,08	2,42	0,155	4,48	1,55
50 × 5	4,8	3,77	0,194	11,0	3,05
60 × 6	6,91	5,42	0,233	22,8	5,29
70 × 7	9,4	7,38	0,272	42,4	8,43
80 × 8	12,3	9,66	0,311	72,3	12,6
90 × 9	15,5	12,2	0,351	116	18,0
100 × 10	19,2	15,1	0,390	177	24,7
110 × 10	21,2	16,6	0,430	239	30,1
120 × 12	27,5	21,6	0,469	368	42,7
150 × 15	43	33,8	0,586	898	83,5
200 × 20	76,4	59,9	0,785	2850	199

Bezeichnung
z. B. eines gleich-
schenkligen Winkels
aus S 235 JO nach
DIN EN 10025:

Winkel
DIN 1028-S 235 JO-
70 × 7 oder Winkel
DIN 1028-1.0114-70 × 7

Ungleichschenkliger L-Stahl
(Auswahl) nach DIN 1029 (03.94)

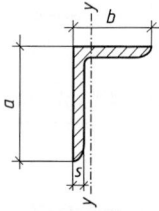

Bezeichnung
z. B. eines ungleich-
schenkligen Winkels
aus S 235 JO nach
DIN EN 10025:

Winkel
DIN 1029-S 235 JO-
80 × 60 × 7 oder
Winkel DIN 1029-
1.0114-80 × 60 × 7

Kurzzeichen La × b × s	Quer-schnitt cm²	Masse kg/m	Mantel-fläche m²/m	I_y cm⁴	W_y cm³
30 × 20 × 4	1,85	1,45	0,097	1,59	0,81
50 × 30 × 5	3,78	2,96	0,156	9,41	2,88
60 × 40 × 6	5,68	4,46	0,195	20,1	5,03
70 × 50 × 6	6,88	5,40	0,235	33,5	7,04
75 × 50 × 7	8,30	6,51	0,244	46,4	9,24
75 × 55 × 7	8,66	6,80	0,254	47,9	9,39
80 × 60 × 7	9,38	7,36	0,274	59,0	10,7
90 × 60 × 6	8,69	6,82	0,294	71,7	11,7
100 × 50 × 8	11,5	8,99	0,292	116	18,0
100 × 75 × 9	15,1	11,8	0,341	148	21,5
120 × 80 × 12	22,7	17,8	0,391	323	40,4
130 × 65 × 10	18,6	14,6	0,381	321	38,4
150 × 100 × 12	28,7	22,6	0,489	650	62,4
180 × 90 × 10	26,2	20,6	0,528	880	75,1
200 × 100 × 12	34,8	27,3	0,587	1440	111

Stahlrohre (Auswahl)
nach DIN 2448 (02.81): Nahtlose Stahlrohre
nach DIN 2458 (02.81): Geschweißte Stahlrohre

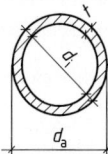

Bezeichnung
z. B. eines geschweißten
Stahlrohres von
114,3 mm Außen-
durchmesser und
3,6 mm Wanddicke
aus Stahl S 355 JOH:

Rohr DIN 2458-
S 355 JOH-114,3 × 3,6
oder Rohr DIN 2458-
1.0553-114,3 × 3,6

Kurz-zeichen Ro d_a × t	d_i mm	Quer-schnitt cm²	Masse kg/m	I cm⁴	W cm³	i cm
42,4 × 2,3	37,8	2,90	2,27	5,84	2,76	1,42
42,4 × 2,6	37,2	3,25	2,57	6,46	3,05	1,41
48,3 × 2,3	43,7	3,32	2,61	8,81	3,65	1,63
48,3 × 2,6	43,1	3,73	2,93	9,78	4,05	1,62
60,3 × 2,3	55,7	4,19	3,29	17,7	5,85	2,05
60,3 × 2,9	54,5	5,23	4,11	21,6	7,16	2,03
76,1 × 2,6	70,9	6,00	4,71	40,6	10,7	2,60
76,1 × 2,9	70,3	6,67	5,24	44,7	11,8	2,59
88,9 × 2,9	83,1	7,84	6,15	72,5	16,3	3,04
88,9 × 3,2	82,5	8,62	6,76	79,2	17,8	3,03
101,6 × 2,9	95,8	8,99	7,06	110	21,6	3,49
101,6 × 3,6	94,4	11,1	8,70	133	26,2	3,47
114,3 × 3,2	107,9	11,2	8,77	172	30,2	3,93
114,3 × 3,6	107,1	12,5	9,83	192	33,6	3,92
139,7 × 3,6	132,5	15,4	12,1	357	51,1	4,81
139,7 × 4	131,7	17,1	13,4	393	56,2	4,80
168,3 × 4	160,3	20,6	16,2	697	82,8	5,81
168,3 × 4,5	159,3	23,2	18,2	777	92,4	5,79
219,1 × 4,5	210,1	30,3	23,8	1750	159	7,59
219,1 × 6,3	206,5	42,1	33,1	2390	218	7,53
273 × 5	263,0	42,1	33,0	3780	277	9,48
273 × 6,3	260,4	52,8	41,4	4700	344	9,43

Hohlprofile für den Stahlbau (Auswahl) nach DIN 59410 (5.74)

mit quadratischem Querschnitt

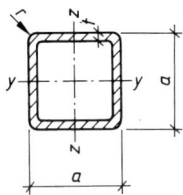

Profilmaße in mm		Quer-schnitt	Masse	für die Biegeachse $z-z=y-y$		
a	t	A cm²	kg/m	I cm⁴	W cm³	i cm
40	2,9	4,13	3,24	9,27	4,64	1,50
	4,0	5,49	4,31	11,6	5,80	1,45
50	2,9	5,29	4,15	19,2	7,69	1,91
	4,0	7,09	5,56	24,6	9,83	1,86
60	2,9	6,45	5,06	34,6	11,5	2,32
	4,0	8,69	6,82	44,8	14,9	2,27
70	3,2	8,36	6,57	61,5	17,6	2,71
	4,5	11,4	8,97	80,5	23,0	2,65
80	3,6	10,7	8,43	103	25,8	3,10
	4,5	13,2	10,4	124	31,0	3,06
90	4,0	13,5	10,6	165	36,6	3,49
	5,6	18,3	14,4	214	47,6	3,42
100	4,0	15,1	11,8	230	45,9	3,90
	6,0	21,9	17,2	319	63,8	3,81
110	4,0	16,5	13,0	306	55,6	4,30
	5,6	22,7	17,8	406	73,8	4,23
125	4,5	21,2	16,6	506	80,9	4,89
	6,3	29,0	22,7	669	107	4,81
140	6,0	30,6	24,0	889	127	5,39
	9,0	43,6	34,2	1188	170	5,21
180	6,0	40,2	31,5	1985	221	7,02
	9,0	58,0	45,5	2730	303	6,85
225	6,0	51,0	40,0	4010	356	8,86
	9,0	74,2	58,3	5621	500	8,69
265	6,0	60,6	47,5	6683	504	10,5
	9,0	88,6	69,6	9473	715	10,3

mit rechteckigem Querschnitt

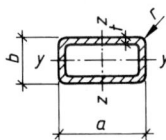

Profilmaße in mm		Quer-schnitt	Masse	für die Biegeachse					
				$y-y$			$z-z$		
$a \times b$	t	A cm²	kg m	I_y cm⁴	W_y cm³	i_y cm	I_z cm⁴	W_z cm³	i_z cm
50 × 30	2,9	4,13	3,24	12,8	5,11	1,76	5,67	3,78	1,17
	4,0	5,49	4,31	16,1	6,43	1,71	6,98	4,65	1,13
60 × 40	2,9	5,29	4,15	25,1	8,37	2,18	13,3	6,64	1,58
	4,0	7,09	5,56	32,2	10,7	2,13	16,8	8,40	1,54
70 × 30	2,9	5,29	4,15	30,3	8,66	2,39	7,80	5,20	1,21
	4,0	7,09	5,56	38,9	11,1	2,34	9,71	6,47	1,17
80 × 40	2,9	6,45	5,06	51,5	12,9	2,83	17,3	8,63	1,64
	4,0	8,69	6,82	66,9	16,7	2,78	22,0	11,0	1,59
90 × 50	3,2	8,36	6,57	87,8	19,5	3,24	34,9	14,0	2,04
	4,5	11,5	9,03	117	25,9	3,18	45,6	18,2	1,99
100 × 50	3,2	8,89	6,98	111	22,3	3,54	37,7	15,1	2,06
	4,5	12,2	9,55	147	29,3	3,47	48,9	19,5	2,00
100 × 60	3,6	10,7	8,38	141	28,1	3,63	63,4	21,1	2,44
	4,5	13,1	10,3	167	33,4	3,58	75,0	25,0	2,40
110 × 60	3,6	11,3	8,90	176	32,0	3,94	68,5	22,9	2,46
	4,5	13,9	10,9	210	38,2	3,89	81,2	27,1	2,42
125 × 60	4,0	13,7	10,8	267	42,7	4,41	84,4	28,1	2,48
	5,6	18,8	14,7	351	56,2	4,33	109	36,4	2,41
140 × 70	4,0	15,7	12,3	389	55,6	4,98	132	37,8	2,91
	5,6	21,6	16,9	521	74,4	4,91	174	49,7	2,84
140 × 80	4,0	16,5	12,9	426	60,8	5,09	179	44,8	3,30
	5,6	22,7	17,8	572	81,6	5,02	237	59,3	3,23
180 × 80	4,5	22,1	17,3	888	98,7	6,34	250	62,5	3,37

13 Stahlbeton

Lagermatten

Matten-bezeich-nung	Quer-schnitte längs quer	Länge Breite	Ge-wichte je Matte	Stab-ab-stände	Stabdurchmesser Innen-bereich	Rand-bereich	Anzahl der Längsrandstäbe (Randeinsparung) links	rechts	Überstände Anfang/ Ende links/rechts
	cm²/m	m	kg	mm	mm		links	rechts	mm
Q 131	1,31 / 1,31		22,5	150 · / 150 ·	5,0 / 5,0				100 / 25
Q 188	1,88 / 1,88	5,00 / 2,15	32,4	150 · / 150 ·	6,0 / 6,0				100 / 25
Q 221	2,21 / 2,21		33,7	150 · / 150 ·	6,5 / 6,5	5,0	− 4	4	100 / 25
Q 295	2,95 / 2,95		44,2	150 · / 150 ·	7,5 / 7,5	5,5	− 4	4	100 / 25
Q 378[1])	3,78 / 3,78		66,7	150 · / 150 ·	8,5 / 8,5	6,0	− 4	4	150 / 25
Q 443	4,43 / 4,42	6,00 / 2,15	78,3	150 · / 100 ·	6,5 d / 7,5	6,5	− 4	4	100 / 25
Q 513	5,13 / 5,03		90,0	150 · / 100 ·	7,0 d / 8,0	7,0	− 4	4	100 / 25
Q 670	6,70 / 6,36		115,4	150 · / 100 ·	8,0 d / 9,0	8,0	− 4	4	100 / 25
R 188	1,88 / 0,78	5,00 / 2,15	23,3	150 · / 250 ·	6,0 / 5,0				125 / 25
R 221	2,21 / 0,78		26,1	150 · / 250 ·	6,5 / 5,0				125 / 25
R 295	2,95 / 0,78		29,4	150 · / 250 ·	7,5 / 5,0	5,5	− 2	2	125 / 25
R 378[1])	3,78 / 0,78		42,6	150 · / 250 ·	8,5 / 5,0	6,0	− 2	2	125 / 25
R 443	4,43 / 0,95		50,2	150 · / 250 ·	6,5 d / 5,5	6,5	− 2	2	125 / 25
R 513	5,13 / 1,13	6,00 / 2,15	58,6	150 · / 250 ·	7,0 d / 6,0	7,0	− 2	2	125 / 25
R 589	5,89 / 1,33		67,5	150 · / 250 ·	7,5 d / 6,5	7,5	− 2	2	125 / 25
K 664	6,64 / 1,33		69,6	100 · / 250 ·	6,5 d / 6,5	6,5	− 4	4	125 / 25
K 770	7,70 / 1,54		80,8	100 · / 250 ·	7,0 d / 7,0	7,0	− 4	4	125 / 25
K 884	8,84 / 1,77		92,9	100 · / 250 ·	7,5 d / 7,5	7,5	− 4	4	125 / 25
N 94	0,94 / 0,94	5,00 / 2,15	15,9	75 · / 75 ·	3,0 / 3,0	◆ Kein Betonstahl nach DIN 488			
N 141	1,41 / 1,41		23,7	50 · / 50 ·	3,0 / 3,0	◆ Nur für nicht-statische Zwecke ◆ Glatte Drähte			

[1]) Wird zu Q 377 bzw. R 377, falls $d_s = 8,5$ mm durch $d_s = 6,0$ d (Doppelstab) ersetzt wird.

Folgende Lagermatten werden als Randsparmatten ausgebildet:

mit Dick/Dünn-Stäben

Q 221, Q 257

R 221, R 257

mit Doppelstäben „d":

Q 377, Q 513, K 644, K 770, K 884

R 317, R 377, R 443, R 513, R 589

Abmessungen von Betonstahl nach DIN 488

	Nenndurchmesser d_S [mm]								
	6	8	10	12	14	16	20	25	28
Umfang u [cm]	1,88	2,51	3,14	3,77	4,40	5,03	6,28	7,85	8,80
Nennquerschnitt A_S [cm²]	0,283	0,503	0,785	1,13	1,54	2,01	3,14	4,91	6,16
Gewicht g [kg/m]	0,222	0,395	0,617	0,888	1,21	1,58	2,47	3,85	4,83

Querschnitte von Balkenbewehrungen (cm²)

Stabdurch-messer d_S [mm]	Stabanzahl n											
	1	2	3	4	5	6	7	8	9	10	11	12
6	0,28	0,57	0,85	1,13	1,41	1,70	1,98	2,26	2,54	2,83	3,11	3,39
8	0,50	1,01	1,51	2,01	2,51	3,02	3,52	4,02	4,52	5,03	5,53	6,03
10	0,79	1,57	2,36	3,14	3,93	4,71	5,50	6,28	7,07	7,85	8,64	9,42
12	1,13	2,26	3,39	4,52	5,65	6,79	7,92	9,05	10,18	11,31	12,44	13,57
14	1,54	3,08	4,62	6,16	7,70	9,24	10,78	12,32	13,85	15,39	16,93	18,47
16	2,01	4,02	6,03	8,04	10,05	12,06	14,07	16,08	18,10	20,11	22,12	24,13
20	3,14	6,28	9,42	12,57	15,71	18,85	21,99	25,13	28,27	31,42	34,56	37,70
25	4,91	9,82	14,37	19,63	24,54	29,45	34,36	39,27	44,18	49,09	54,00	58,90
28	6,16	12,32	18,47	24,63	30,79	36,95	43,10	49,26	55,42	61,58	67,73	73,89

Querschnitte von Deckenbewehrungen (cm²/m)

$s \leq 15$ cm bei $d \leq 15$ cm ⎫ dazwischen interpolieren ⎪ Querbewehrung: $a_{sq} \geq a_s/5$
$s \leq 25$ cm bei $d \geq 25$ cm ⎭ d: Plattendicke [cm] ⎪ Mindestens 3 IV $\varnothing$ 6/m

Stab-abstand s cm	Stabdurchmesser in mm									Stäbe je m
	6	8	10	12	14	16	20	25	28	
6	4,71	8,38	13,09	18,85	25,66	33,51	52,36	81,81	102,63	16,7
7	4,04	7,18	11,22	16,16	21,99	28,72	44,88	70,12	87,96	14,3
8	3,53	6,28	9,82	14,14	19,24	25,13	39,27	61,36	76,97	12,5
9	3,14	5,59	8,73	12,57	17,10	22,34	34,91	54,54	68,42	11,1
10	2,83	5,03	7,85	11,31	15,39	20,11	31,42	49,09	61,58	10,0
11	2,57	4,57	7,14	10,28	13,99	18,28	28,56	44,62	55,98	9,1
12	2,36	4,19	6,54	9,42	12,83	16,76	26,18	40,91	51,31	8,3
12,5	2,26	4,02	6,28	9,05	12,32	16,08	25,13	39,27	49,26	8,0
13	2,17	3,87	6,04	8,70	11,84	15,47	24,17	37,76	47,37	7,7
14	2,02	3,59	5,61	8,08	11,00	14,36	22,44	35,06	43,98	7,1
15	1,88	3,35	5,24	7,54	10,26	13,40	20,94	32,72	41,05	6,7
16	1,77	3,14	4,91	7,07	9,62	12,57	19,63	30,68	38,48	6,25
17	1,66	2,96	4,62	6,65	9,06	11,83	18,48	28,87	36,22	5,9
18	1,57	2,79	4,36	6,28	8,55	11,17	17,45	27,27	34,21	5,6
19	1,49	2,65	4,13	5,95	8,10	10,58	16,53	25,84	32,41	5,3
20	1,41	2,51	3,93	5,65	7,70	10,05	15,71	24,54	30,79	5,0
21	1,35	2,39	3,74	5,39	7,33	9,57	14,96	23,37	29,32	4,8
22	1,29	2,28	3,57	5,14	7,00	9,14	14,28	22,31	27,99	4,5
23	1,23	2,19	3,41	4,92	6,69	8,74	13,66	21,34	26,77	4,3
24	1,18	2,09	3,27	4,71	6,41	8,38	13,09	20,45	25,66	4,2
25	1,13	2,01	3,14	4,52	6,16	8,04	12,57	19,63	24,63	4,0

Größen, Formeln, Bemessung

Bemessung für Biegung (mit Längskraft)

Schnittkräfte	Querschnitt (Rechteck)	Dehnungen, Spannungen Kräfte im Bruchzustand	Querschnitt Plattenbalken
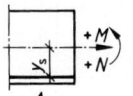	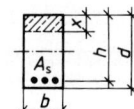		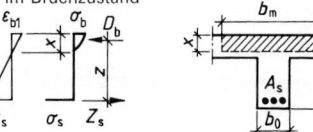

Nullinienlage: $x = k_x \cdot h$

Schnittkräfte: M, N

$M_s = M - N \cdot z_s$

Stahlspannungen:

Hebelarm der inneren Kräfte: $z = k_z \cdot h$

N ist als Druckkraft negativ einzusetzen!

Ohne Normalkraft N ist $M_s = M$

Betonstahl BSt	420 (III)	500 (IV)
$\sigma_s^* = \beta_s/\gamma$ [kN/cm²]	24,0	28,6

Gelten für Bruchzustand $\sigma_s = \beta_s$ (Streckgrenze) und für Sicherheitsbeiwert $\gamma = 1,75$

Bemessung von Rechteckquerschnitten

$$k_h = \frac{h\,[\text{cm}]}{\sqrt{\dfrac{M_s\,[\text{kNm}]}{b\,[\text{m}]}}} \rightarrow k_s$$

$$A_s\,[\text{cm}^2] = k_s \cdot \frac{M_s\,[\text{kNm}]}{h\,[\text{cm}]} + \frac{N\,[\text{kN}]}{\sigma_s^*\,[\text{kN/cm}^2]}$$

$\varepsilon_{b1}/\varepsilon_s$ des nächst niedrigeren k_h-Wertes anschreiben

k_s des angeschriebenen Dehnungsverhältnisses $\varepsilon_{b1}/\varepsilon_s$

Bemessung von Plattenbalken

Mitwirkende Breite b_m näherungsweise:

Kragträger: $\alpha = 1,5$

Einfeldträger: $\alpha = 1,0$

Durchlaufträger Endfeld: $\alpha = 0,8$

Durchlaufträger Innenfeld: $\alpha = 0,6$

$b_m = l_i/3 < b;\ l_i = \alpha \cdot l;$

$l = $ Balkenspannweite

(Bei einseitigen Plattenbalken: $b_m = l_i/6$)

$$k_h = \frac{h\,[\text{cm}]}{\sqrt{\dfrac{M_s\,[\text{kNm}]}{b_m\,[\text{m}]}}} \rightarrow k_x,\ k_s$$

$x = k_x \cdot h \leq d$?

Wenn ja: Bemessung wie Rechteckquerschnitt

Wenn nein: Bemessung als Plattenbalken

Beispiel Rechteckquerschnitt

$b/d = 30/55$ cm, B 25 BSt 500

$M = 200$ kNm; $h = 51,5$ cm

$k_h = 51,5/\sqrt{200/0,30} = 1,99 \rightarrow k_s = 4,2$

$A_s = 4,2 \cdot 200/51,5 = 16,3$ cm²

Beispiel Plattenbalken

$b_0/d_0 = 30/65$ cm, $b_m = 1,80$ m, $d = 18$ cm

$M = 336$ kNm $h = 61,5$ cm B 25 BSt 500

$k_h = 61,5/\sqrt{336/1,80} = 4,50 \rightarrow k_s = 3,7$

$x \approx 0,15 \cdot 61,5 = 9,2$ cm $< d = 18$ cm (Nullinie in der Platte)

$A_s = 3,7 \cdot 336/61,5 = 20,2$ cm²

Bemessungstafel für Biegung (Rechteckquerschnitte)

Richtwerte k_h					Bruchzustand			Beiwerte k_s bei		
Betonfestigkeitsklasse					$-\varepsilon_{b1}/\varepsilon_s$			BSt 220	BSt 420	BSt 500
B 15	B 25	B 35	B 45	B 55	[‰]	k_x	k_z	I	III	IV
9,09	7,04	6,14	5,67	5,38	0,5/5,0	0,09	0,97	8,2	4,3	3,6
5,49	4,25	3,71	3,43	3,25	0,9/5,0	0,15	0,95	8,4	4,4	3,7
4,14	3,21	2,80	2,58	2,45	1,3/5,0	0,21	0,93	8,6	4,5	3,8
3,33	2,58	2,25	2,08	1,97	1,8/5,0	0,26	0,90	8,8	4,6	3,9
2,98	2,31	2,01	1,86	1,76	2,2/5,0	0,31	0,88	9,0	4,7	4,0
2,75	2,13	1,86	1,72	1,63	2,6/5,0	0,34	0,87	9,2	4,8	4,1
2,60	2,01	1,75	1,62	1,54	3,0/5,0	0,38	0,85	9,4	4,9	4,1
2,51	1,94	1,69	1,56	1,48	3,3/5,0	0,40	0,84	9,5	5,0	4,2
2,46	1,90	1,66	1,53	1,45	3,5/5,0	0,41	0,83	9,6	5,0	4,2
2,40	1,86	1,62	1,50	1,42	3,5/4,5	0,44	0,82	9,7	5,1	4,3
2,34	1,81	1,58	1,46	1,38	3,5/4,0	0,47	0,81	9,9	5,2	4,4
2,28	1,77	1,54	1,42	1,35	3,5/3,5	0,50	0,79	10,0	5,3	4,4
k_h^* 2,22	1,72	1,50	1,38	1,31	3,5/3,0	0,54	0,78	10,2	5,4	4,5

Tragfähigkeit N von zentrisch belasteten Stützen

Bügelbewehrung, ohne Knickgefahr $\lambda < 45$ $\lambda = \dfrac{s_k}{i}$

s_k = Knicklänge s. Knickfiguren, S. 30 $i = \sqrt{\dfrac{I}{A}}$

bei Rechteckquerschnitt: $i = 0,289 \cdot b$ bzw. $i = 0,289 \cdot d$

Die zulässige Last N ist: $N = N_b + N_s$

Beispiel geg.: $b = 40$ cm, $d = 50$ cm, B 35, Bst 500 (IV), 8 φ 20
$N_{zul} = 1667 \times 1,31 + 502 = 2684$ kN $= 2,648$ MN.

zul. Lastanteil N_b in kN für den Betonquerschnitt $A_b = b \cdot d$

Betonfestig-keitsklasse	b in cm =	20	25	30	35	40	45	50	55	60
B 25						Bei anderen Betonfestigkeitsklassen				
β_R = 2,1	$d = 20$ cm	333				N_b = Tafelwert multipliziert mit k				
	25	417	521				B 15 $k = 0,6$			
8,33 MN/m² =	30	500	625	750			B 25 $k = 1,0$			
0,833 KN/cm²	35	583	729	875	1021		B 35 $k = 1,31$			
	40	667	833	1000	1167	1333	B 45 $k = 1,54$			
	45	750	938	1125	1312	1500	1688	B 55 $k = 1,71$		
	50	833	1042	1250	1458	1667	1875	2083		
	55	917	1146	1375	1604	1833	2062	2292	2521	
	60	1000	1250	1500	1750	2000	2250	2500	2750	3000
	65	1083	1354	1625	1896	2167	2438	2708	2979	3250
	70	1167	1458	1750	2042	2333	2625	2917	3208	3500

zul. Lastanteil N_s in kN für die Längsbewehrung A_s

Betonstahl	n	⌀12	⌀14	⌀16	⌀20	⌀25	⌀28
BSt 420 (III)	4	90	124	160	254	380	492
BSt 500 (IV)	6	136	184	242	376	590	738
$\dfrac{\sigma_{su}}{2,1} = 200$ MN/m²	8	182	246	322	502	786	986
	10	226	308	402	628	982	1232
$= 20,0$ KN/cm²	12	272	370	483	753	1180	1478

14 Dübel

14.1 Spreizdübel aus Metall (Betonankergrund) [22]

Zulassung verschiedener Hersteller (z.B. Liebig, Hilti, Upat, Fischer) vorhanden. Untenstehende Formeln dienen nur als Faustformel für grobe Anhaltswerte. Die Dübelbezeichnung M richtet sich nach der Schraubenbezeichnung M $\emptyset$, z.B. M 12 (Schrauben $\emptyset$ 12 mm).

Ankerkraft (M in cm)

max $Z = $ max $Q = 4 \cdot M^2$ [kN] in B 15
max $Z = $ max $Q = 5 \cdot M^2$ [kN] in B 25

Bedingungen bei Spreizdübeln
Mindest-Betonfestigkeitsklasse (M in mm):
B 15 (teilw. B 25)

Bohrlochdurchmesser:	1,5 ·	M [mm]
Bohrlochtiefe: (min 60)	8 ·	M [mm]
Randabstand:	3 ·	M [cm]
Eckabstand:	3 ·	M [cm]
Achsabstand:	4 bis 5 ·	M [cm]
Bauteilbreite:	6 ·	M [cm]
Bauteildicke:	2 ·	M [cm]

Beispiel

B 15, M 12:
max $Z = 4 \cdot 1,2 \cdot 1,2 = 5,76$ kN
gültig von M 6 bis M 16 (M 20)

Beispiel

Untergrund B 15, Spreizdübel M 12
$Z = Q = 4 \cdot 1,2 \cdot 1,2 = 5,76$ kN
Bauteildicke $= 2 \cdot 12 = 24$ cm
Bauteilbreite $= 6 \cdot 12 = 72$ cm
Achsabstand der Dübel untereinander
$= 5 \cdot 12 = 60$ cm
Bohrlochtiefe $= 8 \cdot 12 = 96$ mm
$= 9,6$ cm usw.

14.2 Kleindübel aus Nylon (in Mauerwerk) [22]

Nur zur Befestigung von Einrichtungsgegenständen und sonstigen kleinen Lasten an Mauerwerksuntergrund. Nicht zugelassen für Konstruktionsteile, an die bauaufsichtliche Anforderungen gestellt werden.

Bedingungen bei Kunststoffdübeln

Bohrlochdurchmesser:	= Dübeldurchmesser D	[mm]
Bohrlochtiefe:	$6 \cdot D$	[mm]
Schraubendurchmesser	$D - 2$ (bis 4)	[mm]
Schraubenlänge:	$5 \cdot D$	[mm]
Dübellänge:	$5 \cdot D$	[mm]
Rand-/Achsabstand:	$A = 10$	[cm]

Ankerkraft, abhängig vom Untergrund (D in cm)

Beton $\geq$ B 15	Z	$= 1,5 \cdot D^2$	[kN]
Vollstein (Mz, KSV 15):	Z	$= 1,0 \cdot D^2$	[kN]
Lochstein Hlz 15:	Z	$= 0,6 \cdot D^2$	[kN]
Bimsstein V 2,5:	Z	$= 0,5 \cdot D^2$	[kN]
Porenbeton G 3,5:	Z	$= 0,6 \cdot D^2$	[kN]

Beispiel

Vollstein Mz 15,
Schrauben $\emptyset$ 6 mm
Bohrloch = Dübel $\emptyset$ 8 mm $= D = 0,8$ cm
zul $Z = $ zul $Q = 1,0 \cdot 0,8^2 = 0,64$ kN

Bei der Befestigung von tragenden Bauteilen, wie z.B. Fassadenkonstruktionen und Verkleidungen gelten kleinere Ankerkräfte (nur der Fischer-Dübel ist bisher zugelassen; und zwar die Größen $D = 10, 12, 14$ mm).

Zugkräfte

Mz, KSV $\geq$ 15	zul $Z = 0,80$	[kN]	D in cm
Beton B 15	zul $Z = D - 0,20$	[kN]	D in cm

Abscheren

Mz, KSV $\geq$ 15	zul $Q = D^2$	[kN]	D in cm
Beton B 15	zul $Q = D^2 + 0,50$	[kN]	D in cm

Beispiel

Untergrund KSV 15,
Nylondübel D 12 ($\hat{=}$ 1,2 cm)
zul $Z = 0,80$ kN;
zul $Q = 1,2 \cdot 1,2 = 1,44$ kN
Untergrund B 15:
zul $Z = 1,2 - 0,20 = 1,0$ kN,
$Q = 1,2^2 + 0,50 = 1,94$ kN

Baustoffe

Bearbeitet von Professor Dipl.-Ing. Oskar M. Schmitt

2

Inhalt

Vorbemerkung. Im Abschnitt Baustoffe wird nur auf jene Baustoffe bzw. Baustoffgemische eingegangen, die auf Baustellen hergestellt werden oder zum Erreichen ihrer endgültigen Eigenschaften und verlangten Qualitäten zumindest einer fachgerechten und besonders verantwortungsvollen Verarbeitung bedürfen sowie der damit zusammenhängenden bauvertraglichen Randbedingungen. Weitere Angaben befinden sich

über Mauerwerk	im Abschnitt „Größen, Formeln, Bemessung" und Abschnitt „Kalkulation"	Abschnitt 10, Tafel 13.14
über Holz	im Abschnitt „Größen, Formeln, Bemessung"	Abschnitt 11
über Stahl und Stahlbeton	im Abschnitt „Größen, Formeln, Bemessung"	Abschnitt 12, 13

1 Bitumen und Zubereitungen aus Bitumen

1.1 Übersicht über Herkunft und Verwendungsformen von Bitumen (DIN 55946-1)

s. Bild 2.1 auf S. 49

1.2 Übersicht über einige der wichtigsten Normen, Vorschriften, Richtlinien und Merkblätter

1.2.1 Bindemittel

DIN 1995-1 (10.89)	Bitumen und Steinkohlenteerpech; Anforderungen an die Bindemittel; Straßenbaubitumen
DIN 1995-2 (10.89)	—; —; Fluxbitumen
DIN 1995-3 (10.89)	—; —; Bitumenemulsion
DIN 1995-4 (10.89)	—; —; Kaltbitumen
DIN 52000 (06.89)	Prüfung bituminöser Bindemittel/Allgemeines und Übersicht
DIN EN 58 (10.86)	Probenahme
DIN 52002 (06.89)	Kennzeichnung der äußeren Beschaffenheit
DIN 52003 (06.89)	Vorbereitung von Proben zur Prüfung des Bindemittels
DIN 52004 (06.89)	Bestimmung der Dichte der Bindemittel
DIN 52005 (12.80)	Bestimmung der Achse
DIN 52006 (12.80)	Wassereinwirkung auf Bindemittelüberzüge
DIN 52007 (12.80)	Bestimmung der Viskosität
DIN 52010 (12.83)	Bestimmung der Nadelpenetration
DIN 52011 (10.86)	Bestimmung des Erweichungspunktes Ring und Kugel
DIN 52012 (08.85)	Bestimmung des Brechpunktes nach Fraaß
DIN 52013 (07.85)	Bestimmung der Duktilität
DIN 52014 bis 52122	behandeln Prüfungen für Steinkohlenteerpech oder spezielle Bitumeneigenschaften; hier nicht weiter aufgeführt.

1.2.2 Mineralstoffe

a) Anfordungen

TL Min-StB 94	Technische Lieferbedingungen für Mineralstoffe im Straßenbau Forschungsges. für Straßen- und Verkehrswesen, Köln
DIN 4226	Zuschlag für Beton, vgl. Abschnitt 2.1.2
RG Min-StB 93	Richtlinien für die Güteüberwachung von Mineralstoffen im Straßenbau Forschungsges. für Straßen- und Verkehrswesen, Köln, 1983

b) Prüfungen

TPMin-StB	Technische Prüfvorschriften für Mineralstoffe im Straßenbau Teile 1 bis 6 Forschungsges. für Straßen- und Verkehrswesen, Köln

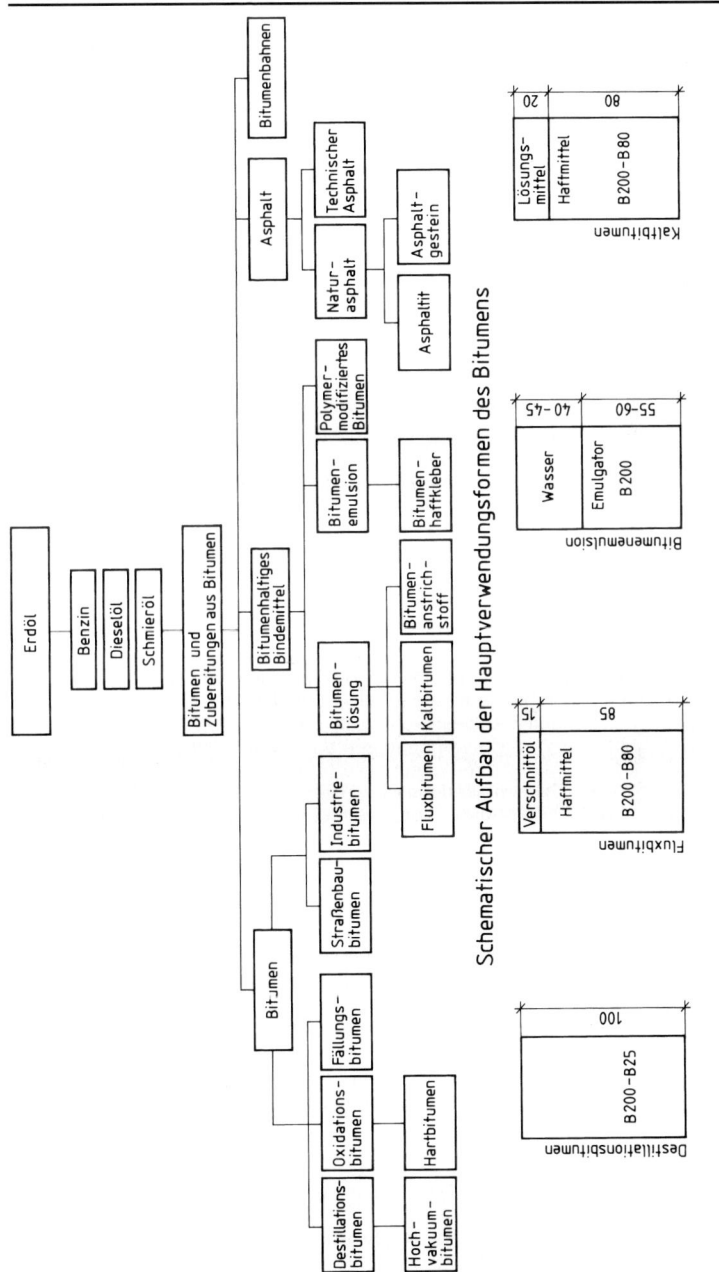

Schematischer Aufbau der Hauptverwendungsformen des Bitumens

Bild 2.1 Übersicht über Herkunft und Verwendungsformen von Bitumen (DIN 55 946-1 (12.83))

1.2.3 Asphalt im Straßenbau

a) Vorschriften über Beschaffenheit und Verarbeitung

DIN 18317	Verkehrswegebauarbeiten, Oberbauschichten aus Asphalt Allgemeine Technische Vertragsbedingung der Verdingungsordnung für Bauleistungen (ATV der VOB)
ZTV Asphalt-StB 98	Zusätzliche Technische Vertragsbedingungen und Richtlinien für den Bau von Fahrbahndecken aus Asphalt
ZTVT-StB 95	Zusätzliche Technische Vorschriften und Richtlinien für Tragschichten im Straßenbau; Bundesverkehrsministerium
ZTV BEA-StB 98	Zusätzliche Technische Vertragsbedingungen und Richtlinien für die bauliche Erhaltung von Verkehrsflächen − Asphaltbauweisen
ZTV-LW 87	Zusätzliche Technische Vorschriften und Richtlinien für die Befestigung ländlicher Wege; Forschungsges.
TLG Asphalt-StB 89	Technische Lieferbedingungen für Asphalt im Straßenbau; Bundesverkehrsministerium 1989
TLbitFug 82	Technische Lieferbedigungen für bituminöse Fugenvergußmassen; Forschungsges.
Parkflächen	Merkblatt für die Befestigung von Parkflächen; Forschungsges. 1977
Verdichten	Merkblatt für das Verdichten von Asphalt; Forschungsges. 1991 Merkblatt für gewalzten Gußasphalt; Bundesverkehrsministerium 1979
MNA	Merkblatt für das Herstellen von Nähten und Anschlüssen in Verkehrsflächen aus Asphalt; Forschungsgesellschaft 1989
Recycling	Merkblatt über die Verwendung von industriellen Nebenprodukten im Straßenbau; Forschungsgesellschaft 1985, mit den Teilen

- − Nebengestein der Steinkohle (1984)
- − Schmelzkammergranulat (1984)
- − Wiederverwendung von Baustoffen (1985)
- − Müllverbrennungsasche (1986)
- − Steinkohlenflugasche (1986)
- − Verfestigung von Steinkohlenflugasche mit hydraulischen Bindemitteln (1988)

Merkblatt für die Lieferung von Asphaltgranulat; Forschungsgesellschaft 1990

Merkblatt für die Verwendung von Asphaltgranulat, Forschungsgesellschaft 1993

Sonderregelungen der Bundesländer für die Zugabe an Ausbauasphalt bei der Herstellung von Asphaltmischgut, s.a. Abschn. 1.25

Grundsätze für die umweltverträgliche Verwendung und Wiederverwendung von Straßenbaustoffen „GuVWS"; Forschungsgesellschaft 1991

Merkblatt für die Wiederverwendung pechhaltiger Ausbaustoffe im Straßenbau unter Verwendung von Bitumenemulsionen mit den Teilen

- − Allgemeines
- − Begriffe
- − Planung der Baumaßnahmen
- − Zwischenlagerung
- − Baustoffe, Baustoffgemische
- − Herstellung

Recycling,	– Verwendungsbereich	– Prüfung
Fortsetzung	– Einbau	– Umweltrelevante Gesichtspunkte
	– Hinweise für die Anwendung	Forschungsgesellschaft 1993

Länderregelungen für die Behandlung von teerhaltigem (pechhaltigem) Straßenaufbruch, z. B.
- Baden-Württemberg: AZ 36-3945.24/25 vom 04.01.1993
- Niedersachsen: AZ 2-13-25 vom 13.06.1994
- Nordrhein-Westfalen: AZ 54.30-641-05/04(64) vom 22.02.1991
- Rheinland-Pfalz: AZ.L-XXIX-7a-II/B-Vz3 vom 05.07.1991

b) Prüfvorschriften

DIN 1996		Prüfung von Asphalt, Teile 1 bis 20; darunter:
DIN 1996-2	(10.71)	Probenahme
DIN 1996-4	(11.84)	Herstellen von Probekörpern
DIN 1996-6	(10.88)	Bestimmung des Bindemittelgehaltes und Rückgewinnung des Bindemittels
DIN 1996-7	(12.92)	Bestimmung von Dichte und Hohlraum
DIN 1996-11	(07.81)	Bestimmung von Marshall-Stabilität und -Fließwert
DIN 1996-13	(07.84)	Eindruckversuch mit ebenem Stempel. Merkblatt für Eignungsprüfungen an Asphalt. Forschungsgesellschaft 1991

1.2.4 Asphalt im Flugplatzbau

Richtlinien für den Oberbau mit bituminösen Decken auf Flugplätzen; Forschungsgesellschaft 1980

Richtlinien für Dränasphalt auf Flugplätzen; Forschungsgesellschaft 1983

1.2.5 Asphalt im Wasserbau und Deponiebau

EAAW 83/96	Empfehlungen für die Ausführung von Asphaltarbeiten im Wasserbau; Deutsche Gesellschaft für Geotechnik e.V., Essen
DVWK Merkblätter 223/1992	Asphaltdichtungen für Talsperren und Speicherbecken
DVWK Merkblätter 227/1996	Deponieabdichtungen in Asphaltbauweise
Deutsches Institut für Bautechnik (DIBt)	Merkblatt: Qualitätssicherung bei Asphaltdichtungen für Deponien
Deutsches Institut für Bautechnik (DIBt)	Merkblatt: Herstellung, Lagerung, Transport und Einbau von Deponieasphalt

1.2.6 Asphalt im Brückenbau und bei Parkdecks

ZTV-BEL-B 1/87	Vorläufige Zusätzliche Technische Vorschriften und Richtlinien für die Herstellung von Brückenbelägen auf Beton Dichtungsschicht aus einer Bitumenschweißbahn; Bundesverkehrsministerium
ZTV-BEL-B 87	TL-BEL-EP: Technische Lieferbedingungen für Reaktionsharze für Grundierungen, Versiegelungen und Kratzspachtelungen unter Asphaltbelägen auf Beton
ZTV-BEL-B 87	TP-BEL-EP: Technische Prüfvorschriften für Reaktionsharze für Grundierungen, Versiegelungen und Kratzspachtelungen unter Asphaltbelägen auf Beton
ZTV-BEL-B 2/87	Dichtungsschicht aus zweilagig aufgebrachten Bitumendichtungsbahnen
ZTV-BEL-B 3/87	Dichtungsschicht aus Flüssigkunststoff
ZTV-BEL-ST 92	Zusätzliche Technische Vertragsbedingungen und Richtlinien für die Herstellung von Brückenbelägen auf Stahl

1.2.7 Asphalt im Hoch- und Industriebau

DIN 18354 (06.96) Gußasphaltarbeiten; Allg. Technische Vertragsbedingung der Verdingungsordnung für Bauleistungen (ATV der VOB)

DIN 18560 (05.92) Estriche im Bauwesen, Teil 1 bis 7

1.2.8 Bitumen und Zubereitungen aus Bitumen im Bautenschutz

a) Material- und Prüfnormen

DIN 18190-4 (10.92) Dichtungsbahnen für Bauwerksabdichtungen
DIN 52123 (08.85) Prüfung von Bitumen- und Polymerbitumenbahnen
DIN 52128 (03.77) Bitumendachbahnen mit Rohfilzeinlage
DIN 52129 (11.93) Nackte Bitumenbahnen
DIN 52130 (11.95) Bitumen-Dachdichtungsbahnen
DIN 52131 (11.95) Bitumen-Schweißbahnen
DIN 52132 (05.96) Polymerbitumen-Dachdichtungsbahnen
DIN 52133 (11.95) Polymerbitumen-Schweißbahnen
DIN 52143 (08.85) Glasvlies-Bitumendachbahnen

b) Planungs- und Verarbeitungsnormen

DIN 18195 Bauwerksabdichtungen
DIN 18195-1[1] (08.83) Allgemeines, Begriffe
DIN 18195-2[1] (08.83) Stoffe
DIN 18195-3[1] (08.83) Verarbeitung der Stoffe
DIN 18195-4[1] (08.83) Abdichtungen gegen Bodenfeuchtigkeit, Bemessung, Ausführung
DIN 18195-5[1] (02.84) − gegen nichtdr. Wasser, Bemessung und Ausführung
DIN 18195-6[1] (08.83) − gegen von außen drückendes Wasser, Bemessung und Ausführung
DIN 18195-7 (06.89) − gegen von innen drückendes Wasser, Bemessung und Ausführung
DIN 18195-8 (08.83) − über Bewegungsfugen
DIN 18195-9 (12.86) Durchdringungen, Übergänge, Abschlüsse
DIN 18195-10 (08.83) Schutzschichten und Schutzmaßnahmen

DIN 18336 (06.96) Abdichtungsarbeiten; Allgemeine Technische Vertragsbedingung der Verdingungsordnung für Bauleistungen (ATV der VOB)

DIN 18338 (05.98) Dachdeckungs- und Dachabdichtungsarbeiten; Allgemeine Technische Vertragsbedingung der Verdingungsordnung für Bauleistungen (ATV der VOB)

AIB Anweisung für die Abdichtung von Ingenieurbauwerken; Deutsche Bundesbahn, DS 835, Ausgabe 82

abc der Bitumen-Bahnen, Techn. Regeln, 1997, hrsg. vom „Industrieverband bituminöse Dach- und Dichtungsbahnen e.V.", Karlstraße 21, 60329 Frankfurt/Main

Richtlinien für die Planung und Ausführung von Dächern mit Abdichtungen (Flachdachrichtlinien), hrsg. vom Zentralverband des Deutschen Dachdeckerhandwerks und Hauptverband der Deutschen Bauindustrie, Bundesfachabteilung Bauwerksabdichtung. Bezug Fachverlag Helmut Gros, Ambosstr. 10, 13437 Berlin

Technische Regeln für die Planung und Ausführung von dehnfähigen Bauwerksabdichtungen und

Technische Regeln für die Planung und Ausführung von Dachabdichtungen,

beide hrsg. vom Hauptverband der „Deutsche Bauindustrie, Bundesfachabteilung Bauwerksabdichtung", Kurfürstenstraße 129, 10785 Berlin

---

[1] Eine Neufassung wird voraussichtlich 1999 erscheinen.

1.3 Bitumenmengen, Umrechnungstabelle: Gewichtsteile/Gewichtsprozent [28]

2

Gebrauchsanweisung. Man sucht in der Spalte „Ausgangswert" die gegebene Größe, die man umwandeln will. Liegt sie in M.-% vor, so findet man die zugehörigen Gew.-Teile auf 100 G.T. Mineral in der linken Spalte. Liegt sie in Gew.-Teilen auf 100 G.T. Mineral vor, dann findet man in der rechten Spalte die entsprechenden M.-%.

Gew.-Teile auf 100 G.T. Mineral	Ausgangs-wert	M.-% in der Gesamt-Mischung	Gew.-Teile auf 100 G.T. Mineral	Ausgangs-wert	M.-% in der Gesamt-Mischung
3,09	3,0	2,91	9,89	9,0	8,26
3,20	3,1	3,01	10,00	9,1	8,34
3,31	3,2	3,10	10,13	9,2	8,42
3,41	3,3	3,19	10,25	9,3	8,51
3,52	3,4	3,29	10,37	9,4	8,59
3,63	3,5	3,38	10,50	9,5	8,68
3,74	3,6	3,48	10,62	9,6	8,76
3,84	3,7	3,57	10,74	9,7	8,84
3,95	3,8	3,66	10,86	9,8	8,92
4,06	3,9	3,75	10,99	9,9	9,01
4,17	4,0	3,84	11,11	10,0	9,09
4,28	4,1	3,94	11,23	10,1	9,17
4,39	4,2	4,03	11,36	10,2	9,26
4,49	4,3	4,12	11,48	10,3	9,34
4,60	4,4	4,22	11,61	10,4	9,42
4,71	4,5	4,31	11,73	10,5	9,50
4,82	4,6	4,40	11,86	10,6	9,59
4,93	4,7	4,49	11,98	10,7	9,67
5,04	4,8	4,58	12,11	10,8	9,75
5,15	4,9	4,67	12,23	10,9	9,83
5,26	5,0	4,76	12,36	11,0	9,91
5,37	5,1	4,85	12,49	11,1	9,99
5,48	5,2	4,94	12,61	11,2	10,07
5,60	5,3	5,03	12,74	11,3	10,15
5,71	5,4	5,12	12,86	11,4	10,23
5,82	5,5	5,21	12,99	11,5	10,31
5,93	5,6	5,30	13,12	11,6	10,39
6,04	5,7	5,39	13,25	11,7	10,47
6,16	5,8	5,48	13,38	11,8	10,55
6,27	5,9	5,57	13,51	11,9	10,63
6,38	6,0	5,66	13,64	12,0	10,71
6,50	6,1	5,75	13,77	12,1	10,79
6,61	6,2	5,84	13,90	12,2	10,87
6,72	6,3	5,93	14,03	12,3	10,95
6,84	6,4	6,02	14,16	12,4	11,03
6,95	6,5	6,10	14,29	12,5	11,11
7,07	6,6	6,19	14,42	12,6	11,19
7,18	6,7	6,28	14,55	12,7	11,27
7,30	6,8	6,37	14,68	12,8	11,35
7,41	6,9	6,45	14,81	12,9	11,43
7,53	7,0	6,54	14,94	13,0	11,50
7,64	7,1	6,63	15,07	13,1	11,58
7,76	7,2	6,72	15,21	13,2	11,66
7,87	7,3	6,80	15,34	13,3	11,74
7,99	7,4	6,89	15,47	13,4	11,82
8,11	7,5	6,98	15,61	13,5	11,89
8,23	7,6	7,06	15,74	13,6	11,97
8,34	7,7	7,15	15,87	13,7	12,05
8,46	7,8	7,23	16,01	13,8	12,13
8,58	7,9	7,32	16,14	13,9	12,20
8,70	8,0	7,41	16,28	14,0	12,28
8,81	8,1	7,49	17,65	15,0	13,04
8,93	8,2	7,58	19,05	16,0	13,79
9,05	8,3	7,66	20,48	17,0	14,53
9,17	8,4	7,75	21,95	18,0	15,25
9,29	8,5	7,84	23,46	19,0	15,97
9,41	8,6	7,92	25,00	20,0	16,67
9,53	8,7	8,00	26,58	21,0	17,36
9,65	8,8	8,09	28,21	22,0	18,03
9,77	8,9	8,17	33,33	25,0	20,00

1.4 Anforderungen an Straßenbaubitumen nach DIN 1995, Hartbitumen, Oxidationsbitumen und polymermodifizierte Bitumen

Eigenschaft		Straßenbaubitumen					Polymermodifizierte Bit.			Hartbitumen	Oxidationsbitumen		
		B200	B80	B65	B45	B25	PmB80*)	PmB65	PmB45	HVB 85/95	85/25	95/35	120/15
Nadelpenetration (100 g, 5 s, 25 °C)	0,1 mm	160 bis 210	70 bis 100	50 bis 70	35 bis 50	20 bis 30	>120	>50	>20	5 bis 10	20 bis 30	33 bis 42	10 bis 20
Erweichungspunkt Ring und Kugel	°C	37,0 bis 44,0	44,0 bis 49,0	49,0 bis 54,0	54,0 bis 59,0	59,0 bis 67,0	40,0 bis 48,0	48,0 bis 55,0	55,0 bis 63,0	85 bis 95	91 bis 97	91 bis	115 bis 125
Brechpunkt nach *Fraaß* ≤	°C	−15	−10	−8	−6	−2	−20	−15	−10	–	−10	−25	−8
Asche ≤	%			0,50						0,5		0,5	
Gehalt an Trichlorethen-Unlöslichem ≤	%			0,50									
Gehalt an Cyclohexan-Unlöslichem abzügl. Asche ≤	%			0,50						0,5			2
Duktilität bei 7 °C ≥	cm	–	5	–	–	–	100[1]	100[1]	40[1]	–			
bei 13 °C ≥	cm	–	–	8	–	–					3	2	2
bei 25 °C ≥	cm		–	–	40	15							
Paraffin ≤	%			2,0						2,0		2,0	
Dichte bei 25 °C ≥	g/cm³			1,0000				1,0 – 1,1		1,00		1,0	
Elast. Rückstellung ≥	%			–				50*)					
Homogenität nach Heißlagerung ΔEPRuK ≤	°C							2,0					
Relative Gewichtsveränderung durch thermische Beanspruchung ≤	%	1,50	1,00		0,80			1,0		0,5		0,5	
Anstieg d. Erweichungspunktes Ring und Kugel durch therm. Beanspruchung ≤	°C	8,0		6,5			−2,0 bis +6,5			6,5			
Verminderung der Nadelpenetration durch thermische Beanspruchung ≤	%	50		40			−10 bis +40						
Duktilität nach therm. Beanspruchung bei 7 °C ≥	cm	–	2	–	–	–	50[2]	50[2]	20[2]				
bei 13 °C ≥	cm	–	–	2	–	–							
bei 25 °C ≥	cm	–	–	–	15	5							

Anwendungsgebiet		B200	B80	B65	B45	B25	PmB80	PmB65	PmB45	HBV 85/95	85/25	95/35	120/15
Asphalt-Straßenbau / Asphalt-Wasserbau	Asphaltbinder		■	■	■		■	■	■				
	Asphaltbeton Straßenbau	■	■	■	■	■	■	■	■				
	Asphaltbeton Wasserbau		■	■			■	■					
	Splittmastixasphalt			■	■		■	■	■				
	Gußasphalt		■			■	■	■	■	■			
	Asphaltmastix					■	■						
	Tragdeckschicht		■				■						
Dach- u. Dichtungs-bahnen, Industrie	Oberflächen-behandlungen	■					■	■					
	Tränkmassen	■					■						
	Deckmassen						■	■	■	■	■	■	■
	Klebemassen						■	■	■	■	■	■	■
Sonstiger Verbrauch	Anstrich- und Lack-industrie	■											
	Gußasphaltestrich Asphaltplatten						■	■	■				■
	Fugenvergußmassen Spachtelmassen u. Kitte	■											■

1) Werte nur für PmBA!
   entspr. Werte für PmBB: 50; 30; 20
   entspr. Werte für PmBC: —; 15; 10

2) Werte nur für PmBA!
   entspr. Werte für PmBB: 40; 20; 20
   entspr. Werte für PmBC: —; 8; 5

*) nur PmBA und PmBB

1.5 Beständigkeit von Bitumen gegenüber Chemikalien [64]

Zeichenerklärung: es bedeuten
+ beständig,   − unbeständig
○ Nicht in jedem Fall beständig; muß geprüft werden

	Konzentration	Temperatur bis etwa			Konzentration	Temperatur bis etwa	
		30 °C	65 °C			30 °C	65 °C
Anorganische Säuren				**Anorganische Laugen**			
Schwefelsäure	≤ 25	+	+	Kalilauge		+	○
	> 25	+	○	Natronlauge		+	○
	> 95	−	−	Ammoniakwasser		+	+
rauchende Schwefelsäure (Oleum)		−	−	**Organische Laugen**			
Salpetersäure	< 10	+	○	Triäthanolamin		+	
	> 10	○	○	Anilin		−	−
	65	−	−	Pyridin und Homologe		−	−
Salzsäure	< 25	+	+				
	> 25	+	○	**Salzlösungen**			
	36	○	−	Sulfate		+	+
Organische Säuren				Chloride		+	+
Milchsäure		+	+	Nitrate		+	+
Zitronensäure		+	+	**Verschiedenes**			
Gerbsäure	< 25	+	+	Trinkwasser		+	
	> 25	+		Seifenlösung		+	+
Weinsäure	< 25	+	+	Perhydrol	30	○	−
	> 25	+		Formalin		+	+
Ameisensäure	40	+	○	Glycerin		+	+
Essigsäure	25	+	+	Glykol		+	+
Buttersäure		−	−	Melasse		+	+
Ölsäure		−	−	Zucker		+	+
Oxalsäure		+	+	Bier		+	
Benzoesäure		+		Jauche		+	
Phthalsäure		+ .		Abwässer		○	○
Phenole		−	−				

Allgemeine Hinweise

− Generell ist die Beständigkeit von Bitumen gegenüber Wasser und vielen chemischen Substanzen (Säuren, Laugen, Salzen etc.) sehr hoch.

− Die Beständigkeit nimmt mit der Härte des Bitumens zu.

− Oxidbitumen ist beständiger als Destillationsbitumen.

− Der Angriff auf das Bitumen verstärkt sich mit der Temperatur, der Einwirkungszeit und der vorliegenden Konzentration der Chemikalien.

− Chemikalien in flüssiger Form greifen Bitumen stärker an als die gleichen Chemikalien in fester oder gasförmiger Form.

− Durch die Zugabe von ca. 5% hartem Paraffinwachs (Schmelzpunkt ca. 60 °C) kann die Säurebeständigkeit erhöht werden.

− Bitumen ist nicht beständig gegenüber Fetten, Ölen, Kraftstoffen (Benzin, Diesel) und vielen organischen Lösemitteln, die Bitumen je nach Art mehr oder weniger gut lösen.

1.6 Verarbeitungstemperaturen von Bitumen und Asphalt im Straßenbau

2

1.6.1 Zulässige Höchsttemperatur des Bindemittels im Behälter nach ZTV Asphalt-StB98

Bindemittel	Bezeichnung	Zulässige Höchsttemperatur in °C
Straßenbaubitumen[1])	B 25 B 45 B 65 B 80 B 200	200 190 180 180 170
Fluxbitumen (bisher hochviskoses Verschnittbitumen mit Verschnittmitteln aus Erdölfraktionen)	FB 500	140
Unstabile Bitumenemulsion	U 60, U 70 U 60 K, U 70 K	70
Naturasphalt, flüssig		190

[1]) Bei polymermodifiziertem Straßenbaubitumen (PmB) entsprechen die zulässigen Höchsttemperaturen den jeweiligen Grenzwerten der Straßenbaubitumen.

1.6.2 Niedrigste und höchste zulässige Temperaturen des Mischgutes in °C nach ZTV Asphalt-StB 98

(Die unteren Temperaturwerte gelten für das abgeladene Mischgut beim Einbau; die oberen Temperaturwerte gelten für das Mischgut beim Verlassen des Mischers bzw. des Silos)

Mischgutart	Art und Sorte des Bindemittels im Mischgut					
	FB 500	B 200	B 80	B 65	B 45	B 25
Asphalt-Binder			120 bis 180	120 bis 180	130 bis 190	
Asphalt-Beton		120 bis 170	130 bis 180	130 bis 180	140 bis 190	
Splittmastixasphalt		120 bis 170	150 bis 180	150 bis 180		
Gußasphalt				200 bis 250	200 bis 250	200 bis 250
Asphalt-Mastix		170 bis 210	180 bis 220	180 bis 220	180 bis 220	
Tragdeckschicht-mischgut			100 bis 170	120 bis 180		
Asphalt-Beton (Warmeinbau)	60 bis 130					

1.7 Gesteinskörnungen im Straßenbau

Nach dem Stand vom September 1998 verlieren alle nationalen Prüfnormen und Anforderungsnormen für Gesteinskörnungen bis zum 1.12.1999 ihre Gültigkeit und sollen durch europäische Normen ersetzt werden. Aus diesem Grund werden nachstehend auszugsweise sowohl die Anforderungen der noch gültigen TL Min-StB 94 als auch des entsprechenden europäischen Normentwurfes aufgeführt.

1.7.1 Auszüge aus „Technische Lieferbedingungen für Mineralstoffe im Straßenbau" (TL-Min-StB 94) der Forschungsges. für Straßen- und Verkehrswesen e.V.

Natursand, Kies

Benennung und Bezeichnung der Lieferkörnungen	Prüfkorngrößen in mm		zulässige Höchstwerte für Unterkorn in Gew.-%	Überkorn in Gew.-%
Natursand 0/2 (DIN 4226)	–	2	–	10 bis 4 mm
Natursand 0/2	–	2	*)	25 bis 8 mm
Kies 2/4	2	4	15	10 bis 8 mm
Kies 4/8	4	8	15	10 bis 16 mm
Kies 8/16	8	16	15	10 bis 31,5 mm
Kies 16/32	16	31,5	15	10 bis 63 mm
Kies 32/63	31,5	63	15	10 bis 90 mm

*) Der Kornanteil < 0,09 mm ist anzugeben.

Brechsand, Splitt, Schotter

Benennung und Bezeichnung der Lieferkörnungen	Prüfkorngrößen in mm		zulässige Höchstwerte für Unterkorn in Gew.-%	Überkorn in Gew.-%
Brechsand-Splitt-Gemisch 0/5	–	5	*)	20 bis 8 mm
Splitt 5/11	5	11.2	20	10 bis 22,4 mm
Splitt 4/8	22,4	31,5	20	10 bis 31,5 mm
Splitt 8/16	31,5	45	20	10 bis 45 mm
Schotter 16/32	45,5	56	20	10 bis 56 mm
Schotter 32/63	45	56	20	10 bis 63 mm

*) Der Kornanteil < 0,09 mm ist anzugeben

Füller, Edelbrechsand, Edelsplitt

Benennung und Bezeichnung der Lieferkörnungen	zulässige Höchstwerte für Unterkorn in Gew.-%	Überkorn in Gew.-%
Füller	–	20 bis 2 mm
Edelbrechsand 0/2	*)	15 bis 5 mm
Edelbrechsand 0/2 F	*)	15 bis 5 mm
Edelsplitt 2/5	10	10 bis 8 mm
Edelsplitt 5/8	15 jedoch höchstens 5% < 2 mm	10 bis 11,2 mm
Edelsplitt 8/11	15 jedoch höchstens 5% < 5 mm	10 bis 16 mm
Edelsplitt 11/16	15 jedoch höchstens 5% < 8 mm	10 bis 22,4 mm
Edelsplitt 16/22	15 jedoch höchstens 5% < 11,2 mm	10 bis 31,5 mm

*) Der Kornanteil < 0,09 mm ist anzugeben.

1.7.2 Auszüge aus dem europäischen Normentwurf für Gesteinskörnungen für Asphalte und Oberflächenbehandlungen für Straßen, Flugplätze und andere Verkehrsflächen

2

Nenngrößen			Bevorzugte Korngruppen (Lieferkörnungen)	
Grundsiebsatz (mm)	Grundsiebsatz + Ergänzungssiebsatz 1 (mm)	Grundsiebsatz + Ergänzungssiebsatz 2 (mm)	Grundsiebsatz oder Grundsiebsatz + Ergänzungssatz 1	Grundsiebsatz oder Grundsiebsatz + Ergänzungssatz 2
0	0	0	0/1	0/1
1	1	1	0/2	0/2
2	2	2	2/4	2/4
4	4	4	–	4/6
	5,6 (5)		4/8	–
		6,3 (6)	–	6/10
8	8	8	8/11	–
		10	–	10/14
	11,2 (11)		11/16	–
		12,5 (12)	–	14/20
		14	16/22	–
16	16	16	–	20/32
		20	22/32	–
	22,4 (22)		32/45	–
31,5 (31)	31,5	31,5 (31)	45/63	32/63
		40		
	45			
63	63	63		

Anmerkung: Die in Klammern gesetzten gerundeten Größen werden zur Bezeichnung der Gesteinskörnungen verwendet.

Anmerkung: Im Grundsiebsatz + Ergänzungssatz 2 ist die Lieferkörnung 32/45 zulässig.

Anforderungen an die Kornzusammensetzung (einschl. Unter- und Überkorn)

Korngröße (mm)	Durchgang (M.-%)					Kategorie
	2 D	1,4 D[1])	D[2])	d	$d/2$[1])	
	100	100	90 bis 100	0 bis 10	0 bis 2	A
$D > 2$	100	98 bis 100	90 bis 100	0 bis 15	0 bis 5	B
	100	98 bis 100	85 bis 100	0 bis 20	0 bis 5	C
$D \leq 2$	100		85 bis 100	–	–	A

[1]) Wenn die aus 1,4 D und $d/2$ errechneten Siebgrößen nicht mit der ISO 565/R 20-Reihe übereinstimmen, ist statt dessen die nächstgrößere bzw. nächstkleinere Siebgröße heranzuziehen.

[2]) Wenn der Siebrückstand auf $D < 1$ M.-% ist, muß der Lieferant die typische Kornzusammensetzung aufzeichnen und angeben, wobei die Siebgrößen D, d, $d/2$ und die zwischen d und D liegenden Siebe des Grundsiebsatzes + Ergänzungssiebsatz 1 oder des Grundsiebsatzes + Ergänzungssiebsatz 2 enthalten sein müssen.

1.8 Gegenüberstellung von Normsieben verschiedener Länder [28] [52]

USA		Holland		England		Deutschland		Frankreich	
ASTM E 11-70		NEN 2560		BS 410:1976		DIN 4187/88		AFNOR	
Drahtgewebe		Draht-gewebe	■-Loch-bleche	Draht-gewebe	■-Loch-bleche	Draht-gewebe	■-Loch-bleche		
W in mm	No. in	W in mm	W in mm	W in mm	W in mm	W in mm	W in mm	W in mm	N_0
		0,045		0,045					
		0,063		0,063		0,063			
0,075	200								
		0,09		0,09		0,09¹)		0,08	20
		0,125		0,125		0,125			
0,15	100							0,16	23
		0,18		0,18					
		0,25		0,25		0,25¹)			
0,3	50								
								0,315	26
		0,355		0,355					
								0,4	27
		0,5		0,5					
0,6	30								
		0,71		0,71		0,71¹)		0,8	30
		1,0	1,0	1,0		1,0			
1,18	16								
		1,4		1,4					
		2,0	2,0	2,0		2,0¹)		2,0	34
2,36	8								
		2,8	2,8	2,8					
			4,0	4,0	4,0		4,0		
4,75	4								
							5,0¹)	5,0	38
			5,6	5,6	5,6				
			8,0	8,0	8,0		8,0¹)	8,0	40
9,5	3/8								
			11,2	11,2	11,2		11,2¹)		
12,5	1/2							12,5	42
			16,0	16,0	16,0		16,0¹)	16,0	43
19,0	3/4								
25,0	1		22,4	22,4			22,4¹)		
			31,5	31,5			31,5¹)	40	46
			45,0	45,0			45,0		
50,0	2							50	47
							56,0		
63,0	2 1/2		63,0	63,0				80	49
			90,0	90,0			90,0		
			125,0	125,0				100	50

¹) Prüfkorngrößen für den Asphaltstraßenbau

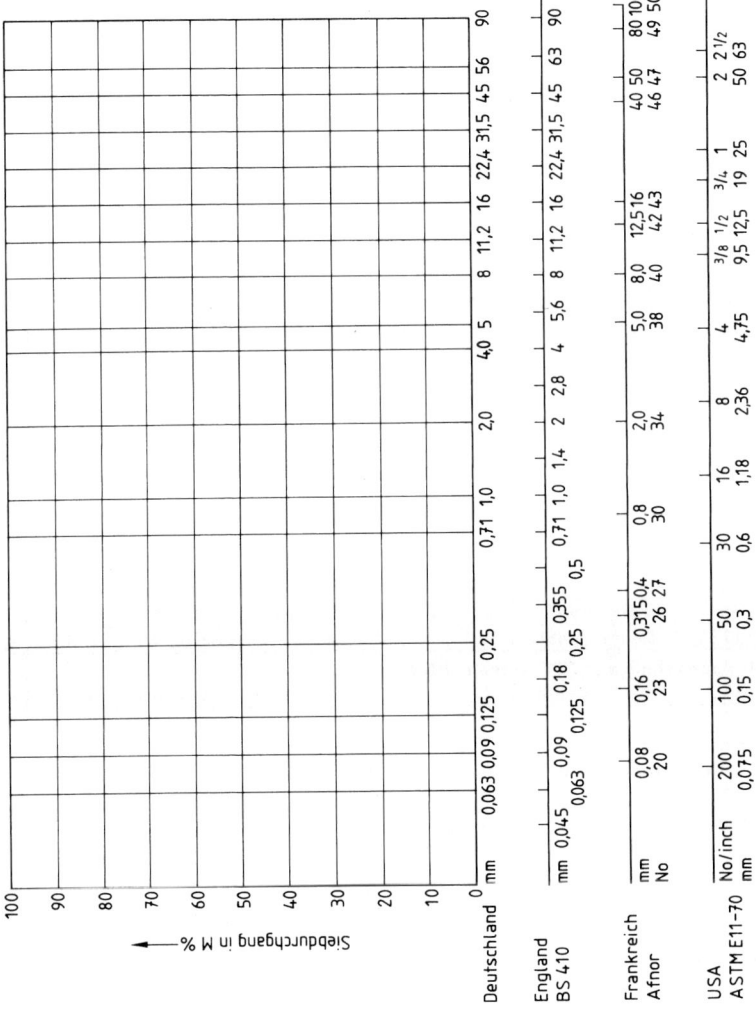

Bild 2.2 Vergleich deutscher und ausländischer Siebe in halblogarithmischem Maßstab

1.9 Zweckmäßige Mischgutarten und Mischgutsorten für den Straßen- und Wegebau

Sorte	Bindemittel ( ) = nur in Ausnahmefällen	Verwendung Bauklasse/Flächenart ( ) = nur in Ausnahmefällen	Dicke [cm]	Einbau- gewicht [kg/m²]
Mischgut im Heißeinbau				

1. Asphaltbeton − ZTV Asphalt-StB 98

Sorte	Bindemittel	Verwendung	Dicke	Gewicht
0,5	B 80, (B 200)	StLLW /Rad- und Gehwege	2,0 bis 3,0	45 bis 75
0,8	B 80 (B 65)	StLLW /Rad- und Gehwege V + VI (III + IV)	3,0 bis 4,0	75 bis 100
0/11	B 80 (B 65)	StLLW /Rad- und Gehwege V + VI III + IV	3,5 bis 4,5	85 bis 115
0/11 S	B 65	II	4,0 bis 5,0	95 bis 125
0/16 S	(B 80)	III + StSLW	5,0 bis 6,0	120 bis 150

2. Gußasphalt − ZTV Asphalt-StB 98

Sorte	Bindemittel	Verwendung	Dicke	Gewicht
0,5	B 45 (B 65)	(StLLW /Rad- und Gehwege)	2,0 bis 3,0	45 bis 75
0/8	B 45 (B 65)	(StLLW /Rad- und Gehwege III + IV + V + VI)	2,5 bis 3,5	65 bis 85
0/11	B 45 (B 65)	(III + IV + V + VI)	3,5 bis 4,0	80 bis 100
0/11	B 45 (B 25)	SV; I + II III + StSLW	3,5 bis 4,0	80 bis 100

3. Splittmastixasphalt − ZTV Asphalt-StB 98

Sorte	Bindemittel	Verwendung	Dicke	Gewicht
0/5	B 80 (B 200)	StLLW /Rad- und Gehwege V + VI; (III + IV)	1,5 bis 3,0	35 bis 75
0/8	B 80	StLLW /Rad- und Gehwege V + VI III + IV	2,0 bis 4,0	45 bis 100
0/8 S	B 65 (PmB 45)	III + StSLW	3,0 bis 4,0	70 bis 100
0/11 S	B 65 (PmB 45)	SV, I + II + III + StSLW	3,5 bis 4,0	85 bis 100

4. Asphaltbinder − ZTV Asphalt-StB 98

Sorte	Bindemittel	Verwendung	Dicke	Gewicht
0/16	B 65, B 80, (B 45)	III + IV	4,0 bis 8,5	95 bis 210
0/16 S	(B 65),	SV; I + II; III + StSLW	5,0 bis 8,5	125 bis 210
0/22 S	B 45, PmB 45	SV; I + II; (III + StSLW)	7,0 bis 10,0	170 bis 250

5. Tragdeckschichten − ZTV Asphalt-StB 98

Sorte	Bindemittel	Verwendung	Dicke	Gewicht
0/16	B 80, B 200	Rad-, Gehwege, ländliche Wege	5,0 bis 10,0	120 bis 150

6. Asphalttragschichten − ZTVT-StB 95

Sorte	Bindemittel	Verwendung	Dicke	Gewicht
A	B 80, B 65	I (nur untere Schicht)	≥ 8,0	−
B	B 80, B 65	I bis VI, (SV nur untere Schicht)	≥ 8,0	−
C	B 80, B 65	SV, I bis VI	≥ 8,0	−
CS	B 80, B 65	SV, I bis VI	≥ 8,0	−

| **Mischgut im Warmeinbau** | | | | |

1. Asphaltbeton (W) − ZTV Asphalt-StB 98

Sorte	Bindemittel	Verwendung	Dicke	Gewicht
0/5	FB 500	Wege und andere Verkehrsflä- chen; in Ausnahmefällen auch Fahrbahnen der Klassen IV bis VI	−	25 bis 35
0/8	FB 500		−	35 bis 45
0/11	FB 500		−	45 bis 55

Walzasphalt im Kalteinbau

ist nach den Richtlinien für Kaltbauweisen mit Bitumenemulsionen und Kaltbitumen im Straßen- und Wegebau herzustellen.

1.10 Asphalttragschichten nach ZTVT-StB 95

Anforderungen an Mineralstoffgemische und Mischgut

Mischgut-art	Körnung	Körnung >2 mm im Mineral-stoff-gemisch	Körnung <0,09 mm im Mineral-stoff-gemisch	gröbste Körnung minde-stens	Überkorn höchstens	Mindest-Bitumengehalt für den Regelfall Straßenbau-bitumen B 80; B 65	Marshall Stabilität bei 60°C mind.	Marshall Fließwert	Hohlraum-gehalt[**] (berechnet am Marshall-Probekörper)
—	in mm	in Gew.-%	in Gew.-%	in Gew.-%	in Gew.-%	in Gew.-%	in kN	in mm	in Vol.-%
(1)	(2)	(3)	(4)	(5)	(6)	(7)	(8)	(9)	(10)
AO	0/2 bis 0/32	0 bis 80	2 bis 20	10	20	3,3	2,0	1,5 bis 4,0	4,0 bis 20,0
A	0/2 bis 0/32	0 bis 35	4 bis 20	10	10	4,3	3,0	1,5 bis 4,0	4,0 bis 14,0
B	0/22; 0/32 0/16[*])	über 35 bis 60	3 bis 12	10	10	3,9	4,0	1,5 bis 4,0	4,0 bis 12,0
C	0/22; 0/32 0/16[*])	über 60 bis 80	3 bis 10	10	10	3,6	5,0	1,5 bis 4,0	4,0 bis 10,0
CS	0/22; 0/32 0/16[*])	über 60 bis 80	3 bis 10	10	10	3,6	8,0	1,5 bis 5,0	5,0 bis 10,0

[*]) Nur für Ausgleichsschichten
[**]) Werden mehr als 20 Gew.-% Hochofenstück- oder Metallhüttenstückschlacke im Mineralstoffgemisch verwendet, gelten die o.a. Werte für die Wasseraufnahme nach DIN 1996 Teil 8

Baustoffe

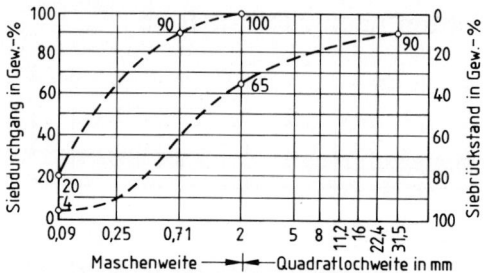

Bild 2.3
Sieblinienbereich für
bituminöse Tragschicht
der Mischgutart A

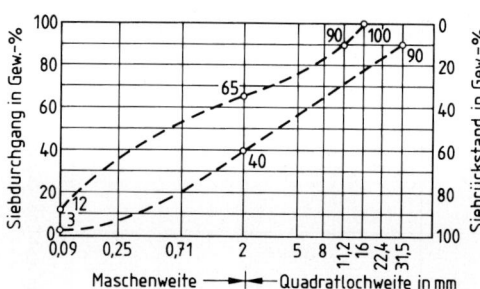

Bild 2.4
Sieblinienbereich für
bituminöse Tragschicht
der Mischgutart B

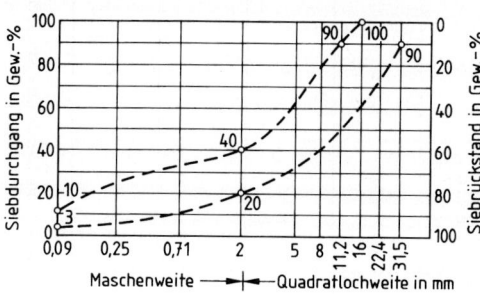

Bild 2.5
Sieblinienbereich für
bituminöse Tragschichten
der Mischgutart C und CS

Zuordnung der Mischgutarten zu den Bauklassen und zu der Einbauart

Einbauart			Bauklasse		SV oder besondere
		I	II bis IV	V und VI	Beanspruchungen
(1)		(2)	(3)	(4)	(5)
einschichtig		B, C, CS	B[1]), C, CS	B, C, CS	CS
mehr-schichtig	obere Schicht	B[2]), C, CS	(B[1]), C, CS)[3])	(B, C, CS)[3])	CS
	untere Schicht	A, B, C, CS (AO)[3])	(AO, A, B, C, CS)[3])		B, C, CS (AO, A)[3])

[1]) bei einer Dicke der darüberliegenden Decke von mindestens 8 cm.
[2]) nicht vorzusehen, wenn untere Schicht aus AO oder A besteht.
[3]) nur beim Asphaltoberbau.

1.11 Asphaltbinder nach ZTV Asphalt-StB 98

Asphaltbinder		0/22 S	0/16 S	0/16	0/11
1. Mineralstoffe		Edelsplitt, Edelbrechsand, Gesteinsmehl		Edelsplitt, Edelbrechsand, Natursand, Gesteinsmehl	
Körnung	mm	0/22	0/16	0/16	0/11
Kornanteil < 0,09 mm	Gew.-%	4 bis 8	4 bis 8	3 bis 9	3 bis 9
Kornanteil > 2 mm	Gew.-%	70 bis 80	70 bis 75	60 bis 75	50 bis 70
Kornanteil > 8 mm	Gew.-%	–	–	–	≥20
Kornanteil >11,2 mm	Gew.-%	–	≥25	≥20	≤10
Kornanteil >16 mm	Gew.-%	≥25	≤10	≤10	–
Kornanteil >22,4 mm	Gew.-%	≤10	–	–	–
Brechsand-Natursand-Verhältnis		1:0[1])	1:0[1])	≥1:1	≥1:1
2. Bindemittel					
Bindemittelsorte		(B 65)[2]); B 45 PmB 45	(B 65)[2]); B 45 PmB 45	B 65; B 80 (B 45)[2])	B 65; B 80
Bindemittelgehalt	Gew.-%	4,0 bis 5,0	4,2 bis 5,5	4,0 bis 6,0	4,5 bis 6,5
3. Mischgut					
Hohlraumgehalt[3]) am Marshall-Probekörper[4])	Vol.-%	5,0 bis 7,0	4,0 bis 7,0	3,0 bis 7,0	3,0 bis 7,0
4. Schicht					
Einbaudicke	cm	*7,0 bis 10,0*	*5,0 bis 8,5*	*4,0 bis 8,5*	*nur zum Profilausgleich, nicht für Bauklassen SV, I–III und Straßen mit besonderen Beanspruchungen*
oder Einbaugewicht	kg/m²	*170 bis 250*	*125 bis 210*	*95 bis 210*	
Verdichtungsgrad	%	≥ 97	≥ 97	≥ 97	≥ 96 bei Dicken ≥ 3 cm

[1]) Bei Zugabe von Fräsasphalt aus Decken darf der Natursandanteil im resultierenden Mischgut höchstens 5 Gew.-% betragen.
[2]) Nur in besonderen Fällen.
[3]) Bei > 20 Gew.-% Hochofen- oder Metallhüttenschlacke im Mineralstoffgemisch ist statt der Berechnung des Hohlraumgehaltes die Bestimmung der Wasseraufnahme durchzuführen. Es gelten dieselben Grenzwerte.
[4]) Die Marshall-Probekörper sind bei Verwendung von PmB 45 bei 145 ± 5 °C herzustellen.

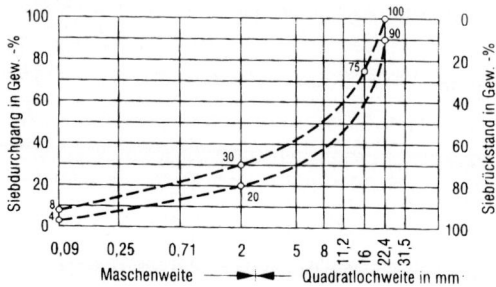

Bild 2.6
Asphaltbinder 0/22 S

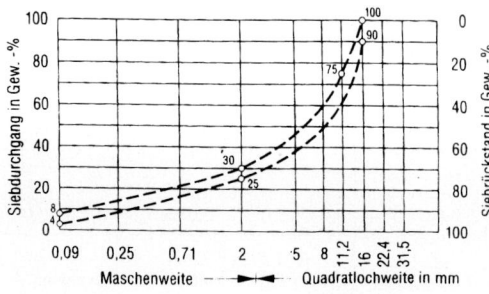

Bild 2.7
Asphaltbinder 0/16 S

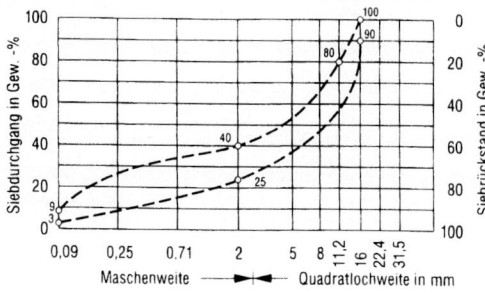

Bild 2.8
Asphaltbinder 0/16

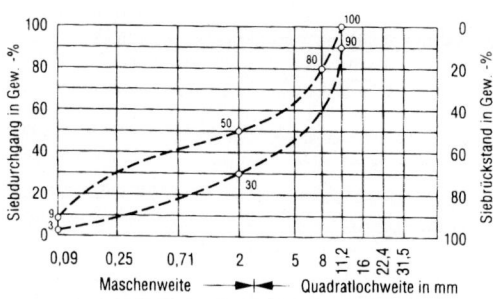

Bild 2.9
Asphaltbinder 0/11

1.12 Asphaltbeton (Heißeinbau) nach ZTV Asphalt-StB 98

2

Asphaltbeton (H)	0/16 S	0/11 S	0/11	0/8	0/5
1. Mineralstoffe	Edelsplitt, Edelbrechsand und/oder Natursand, Gesteinsmehl				
Körnung in mm	0/16	0/11	0/11	0/8	0/5
Kornanteil					
< 0,09 mm in Gew.-%	6 bis 10	6 bis 10	7 bis 13	7 bis 13	8 bis 15
> 2 mm in Gew.-%	55 bis 65	50 bis 60	40 bis 60	35 bis 60	30 bis 50
> 5 mm in Gew.-%	–	–	–	$\geq$ 15	$\leq$ 10
> 8 mm in Gew.-%	25 bis 40	15 bis 30	$\geq$ 15	$\leq$ 10	–
>11,2 mm in Gew.-%	$\geq$ 15	$\leq$ 10	$\leq$ 10	–	–
>16 mm in Gew.-%	$\leq$ 10	–	–	–	–
Brechsand-Natursand-Verhältnis	$\geq$ 1:1	$\geq$ 1:1	$\geq$ 1:1[3]	$\geq$ 1:1[3]	–
2. Bindemittel					
Bindemittelsorte	B 65, (B 80)[1]	B 65, (B 80)[1]	B 80, (B 65)[1]	B 80, (B 65)[1]	B 80, (B 200)[1]
Bindemittelgehalt in Gew.-%	5,2 bis 6,5	5,9 bis 7,2	6,2 bis 7,5	6,4 bis 7,7	6,8 bis 8,0
3. Mischgut					
Hohlraumgehalt[2] am Marshall-Probekörper: in Vol.-%					
a) Bauklasse I, II, III S u. StSLW	3,0 bis 5,0	3,0 bis 5,0			
b) Bauklasse III u. IV			2,0 bis 4,0	2,0 bis 4,0	
c) Bauklasse V, VI, StLLW und Wege			1,0 bis 3,0	1,0 bis 3,0	1,0 bis 3,0
4. Schicht					
Einbaudicke in cm	5,0 bis 6,0	4,0 bis 5,0	3,5 bis 4,5	3,0 bis 4,0	2,0 bis 3,0
oder					
Einbaugewicht in kg/m²	120 bis 150	95 bis 125	85 bis 115	75 bis 100	45 bis 75
Verdichtungsgrad in %	$\geq$ 97	$\geq$ 97	$\geq$ 97	$\geq$ 97	$\geq$ 96
Hohlraumgehalt in Vol.-%	$\leq$ 7,0	$\leq$ 7,0	$\leq$ 6,0	$\leq$ 6,0	$\leq$ 6,0

[1] nur in besonderen Fällen
[2] Bei >20 Gew.-% Hochofen- oder Metallhüttenschlacke ist statt der Berechnung des Hohlraumgehaltes die Bestimmung der Wasseraufnahme durchzuführen. Es gelten dieselben Grenzwerte.
[3] nur bei Bauklasse III

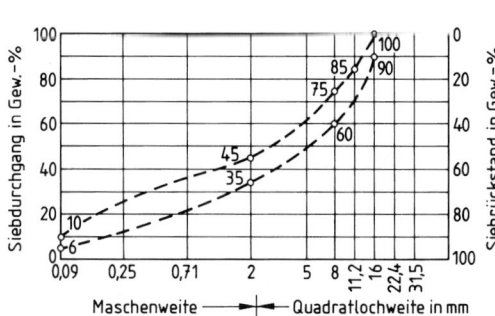

Bild 2.10
Asphaltbeton 0/16 S

Maschenweite ——►◄—— Quadratlochweite in mm

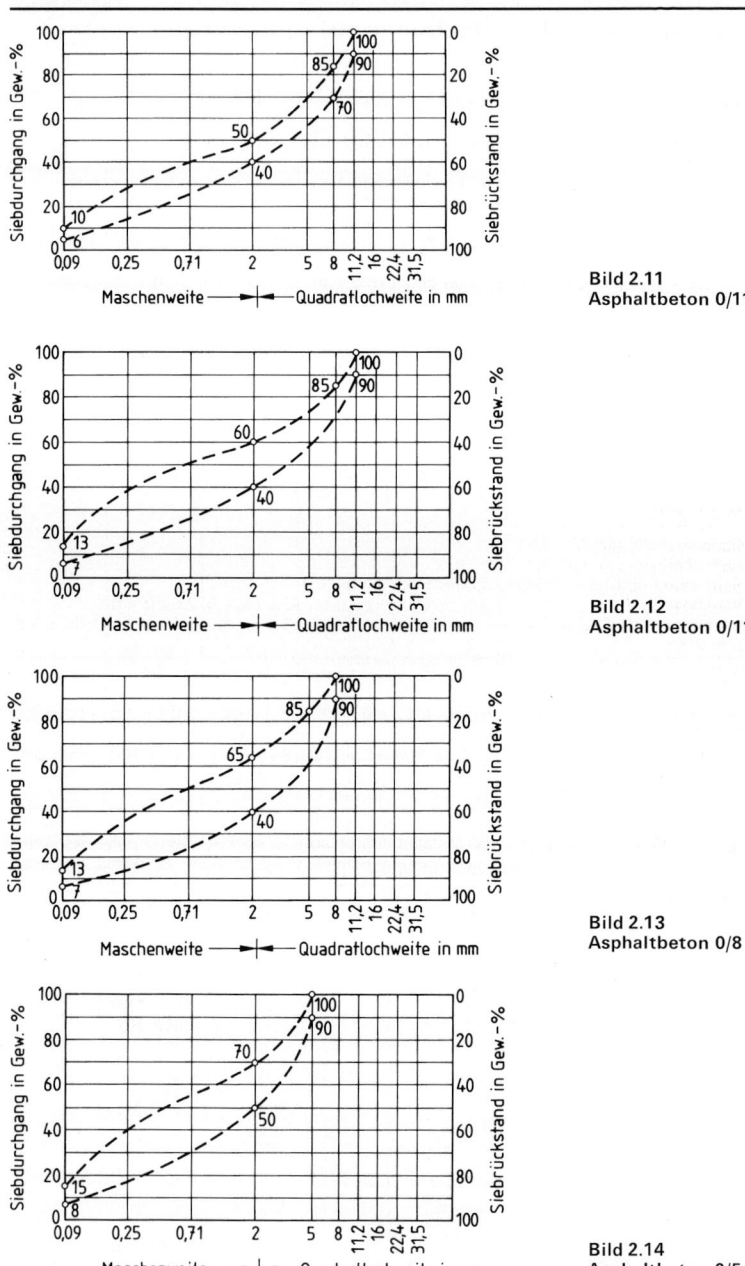

Bild 2.11
Asphaltbeton 0/11 S

Bild 2.12
Asphaltbeton 0/11

Bild 2.13
Asphaltbeton 0/8

Bild 2.14
Asphaltbeton 0/5

1.13 Splittmastixasphalt nach ZTV Asphalt-StB 98

Splittmastixasphalt	0/11 S	0/8 S	0/8	0/5
1. Mineralstoffe	Edelsplitt, Edelbrechsand, Gesteinsmehl		Edelsplitt, Edelbrechsand, Natursand, Gesteinsmehl	
Körnung mm	0/11	0/8	0/8	0/5
Kornanteil $<$ 0,09 mm Gew.-%	9 bis 13	10 bis 13	8 bis 13	8 bis 13
Kornanteil $>$ 2,0 mm Gew.-%	75 bis 80	75 bis 80	70 bis 80	60 bis 70
Kornanteil $>$ 5,0 mm Gew.-%	60 bis 70	$\geq$55	45 bis 70	$\leq$10
Kornanteil $>$ 8,0 mm Gew.-%	$\geq$40	$\leq$10	$\leq$10	–
Kornanteil $>$11,2 mm Gew.-%	$\leq$10	–	–	–
Brechsand-Natursand-Verhältnis	1:0	1:0	$\geq$1:1	$\geq$1:1
2. Bindemittel				
Bindemittelsorte	B 65 (PmB 45)[1]	B 65 (PmB 45)[1]	B 80	B 80 (B 200)[1]
Bindemittelgehalt Gew.-%	$\geq$6,5	$\geq$7,0	$\geq$7,0	$\geq$7,2
3. Stabilisierende Zusätze				
Gehalt im Mischgut Gew.-%	0,3 bis 1,5			
4 Mischgut				
Marshall-Probekörper;[2]				
Verdichtungstemperatur °C	135 ± 5			
Hohlraumgehalt Vol.-%	3,0 bis 4,0	3,0 bis 4,0	2,0 bis 4,0	2,0 bis 4,0
5. Schicht				
Einbaudicke cm	*3,0 bis 4,0*	*3,0 bis 4,0*	*2,0* bis 4,0	*1,5 bis 3,0*
oder				
Einbaugewicht kg/m²	85 *bis* 100	70 *bis* 100	45 *bis* 100	35 *bis* 75
in Ausnahmefällen, z.B. bei unebener Unterlage				
Einbaudicke cm	2,5 *bis* 5,0	2,0 *bis* 4,0	–	–
oder				
Einbaugewicht kg/m²	*60 bis 125*	*45 bis 100*	–	–
Verdichtungsgrad %	$\geq$97			
Hohlraumgehalt Vol.-%	$\leq$ 6,0			

[1] Nur in besonderen Fällen.
[2] Die Marshall-Probekörper sind bei Verwendung von PmB 45 bei 145 ± 5 °C herzustellen.

Baustoffe

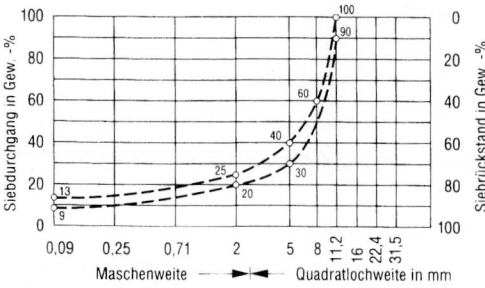

Bild 2.15
Splittmastixasphalt 0/11 S

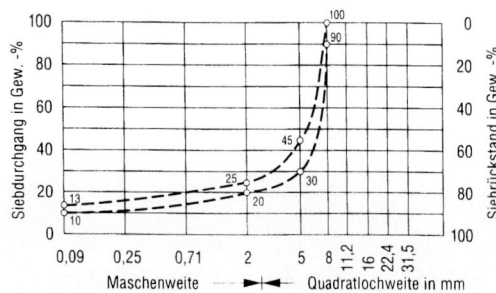

Bild 2.16a
Splittmastixasphalt 0/8 S

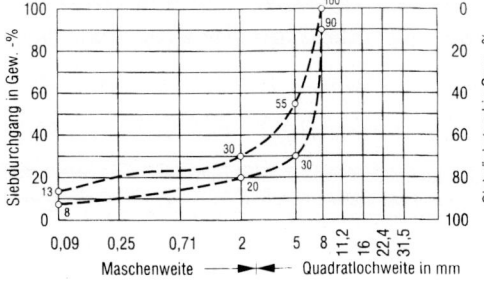

Bild 2.16b
Splittmastixasphalt 0/8

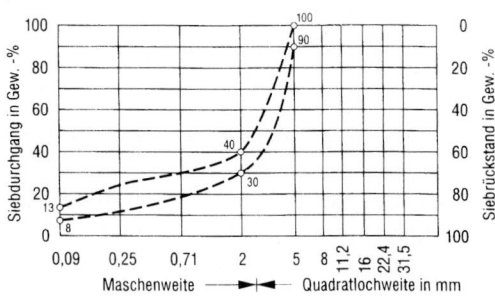

Bild 2.17
Splittmastixasphalt 0/5

1.14 Asphaltmastix für Deckschichten

nach ZTV Asphalt-StB 98

Asphaltmastix		0/2
1. Mineralstoffe		Natursand oder Natursand und Edelbrechsand, Gesteinsmehl
Körnung	in mm	0/2
Kornanteil <0,09 mm	in Gew.-%	30 bis 60
Kornanteil >2 mm	in Gew.-%	≤ 15
2. Bindemittel		
Bindemittelsorte		B 65, B 80, (B 45, B 200)[1]
Bindemittelgehalt	in Gew.-%	13,0 bis 18,0
3. Mischgut		
Erweichungspunkt Wilhelmi	in ° C	ist festzustellen
4. Schicht		
Einbaugewicht des Asphaltmastix	in kg/m²	15 bis 25
Abstreumaterial		Edelsplitt 5/8, 8/11 oder 11/16 mm
Abstreumenge	in kg/m²	15 bis 25

[1]) nur in besonderen Fällen

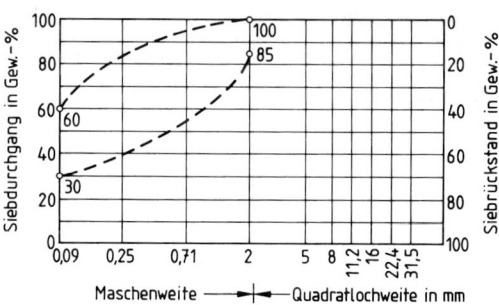

2.18 Asphaltmastix   Maschenweite ——►|◄——Quadratlochweite in mm

1.15 Tragdeckschichten nach ZTV Asphalt-StB 98

Tragdeckschicht		0/16
1. Mineralstoffe		Splitt und/oder Kies, Brechsand und/oder Natursand, Gesteinsmehl
Körnung	in mm	0/16
Kornanteil < 0,09 mm	in Gew.-%	7 bis 12
Kornanteil > 2 mm	in Gew.-%	50 bis 70
Kornanteil >11,2 mm	in Gew.-%	10 bis 20
Kornanteil >16 mm	in Gew.-%	≤ 10
2. Bindemittel		
Bindemittelsorte		B 80, B 200
Bindemittelgehalt	in Gew.-%	≥ 5.2
3. Mischgut		
Hohlraumgehalt[1] am		
Marshall-Probekörper	in Vol.-%	1,0 bis 3,0
Marshall-Stabilität	in kN	$\geq 4,0$
Marshall-Fließwert	in mm	2,0 bis 5,0
4. Schicht		
Einbaudicke	in cm	5,0 bis 10,0
oder		
Einbaugewicht	in kg/m²	120 bis 250
Verdichtungsgrad	in %	≥ 96
Hohlraumgehalt	in Vol.-%	$\leq 7,0$

[1] Bei >20 Gew.-% Hochofen- oder Metallhüttenschlacke im Mineralstoffgemisch ist statt der Berechnung des Hohlraumgehaltes die Bestimmung der Wasseraufnahme durchzuführen. Es gelten dieselben Werte.

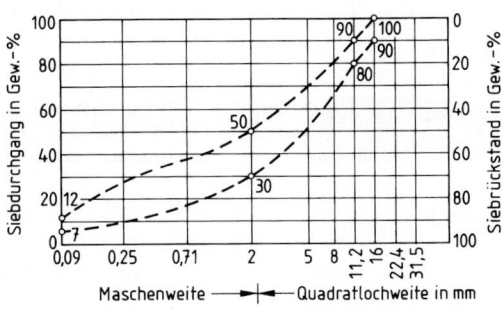

2.19
Tragdeckschichtmaterial
0/16

1.16 Gußasphalt nach ZTV Asphalt-StB 98

2

Gußasphalt	0/11 S	0/11	0/8	0/5
1. Mineralstoffe	Edelsplitt, Edelbrechsand, Natursand, Gesteinsmehl			
Körnung in mm	0/11		0/8	0/5
Kornanteil				
< 0,09 mm in Gew.-%	20 bis 30		22 bis 32	24 bis 34
> 2 mm in Gew.-%	45 bis 55		40 bis 50	35 bis 45
> 5 mm in Gew.-%	–		$\geq$ 15	$\leq$ 10
> 8 mm in Gew.-%	$\geq$ 15		$\leq$ 10	–
>11,2 mm in Gew.-%	$\leq$ 10		–	–
Brechsand-Natursand-Verhältnis	$\geq$ 1:2	–	–	–
2. Bindemittel				
Bindemittelsorte	B 45 (B 25)[1]	B 45 (B 65)[1]		
Bindemittelgehalt in Gew.-%	6,5 bis 8,0		6,8 bis 8,0	7,0 bis 8,5
Erweichungspunkt RuK nach der Extraktion in °C	$\leq$ 70[2]	$\leq$ 70	$\leq$ 70	$\leq$ 70
3. Mischgut				
Eindringtiefe 5 cm² bei 40 °C am Probewürfel				
nach 30 min. in mm	1,0 bis 3,5	1,0 bis 5,0	1,0 bis 5,0	1,0 bis 5,0[3]
Zunahme in weiteren 30 min. in mm	$\leq$ 0,4	$\leq$ 0,6	$\leq$ 0,6	$\leq$ 0,6
4. Schicht				
Einbaudicke (einschl.) Abstreumaterial) in cm	3,5 bis 4,0		2,5 bis 3,5	2,0 bis 3,0
oder				
Einbaugewicht (einschl. Abstreumaterial) in kg/m²	80 bis 100		65 bis 85	45 bis 75
5. Abstreumaterial/-menge				
nach Abschnitt 5.5.1	Edelsplitt 2/5 mm		5 bis 8 kg/m²	
nach Abschnitt 5.5.2	Edelsplitt 2/5 und/oder 5/8 mm		15 bis 18 kg/m²	
nach Abschnitt 5.5.3	Edelbrechsand oder Natursand		2 bis 3 kg/m²	

[1]) Nur in besonderen Fällen
[2]) Bei Verwendung von B 25 EP $\leq$ 75 °C
[3]) bei Rad- und Gehwegen $\leq$ 10 mm

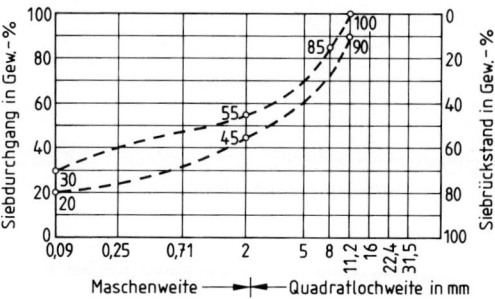

**Bild 2.20
Gußasphalt 0/11 S
und 0/11**

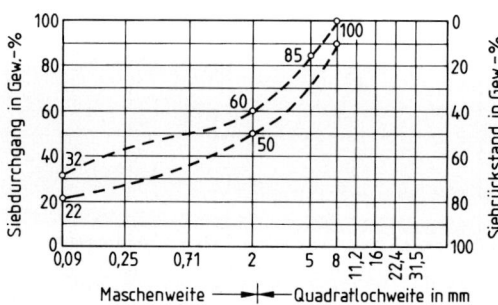

**Bild 2.21
Gußasphalt 0/8**

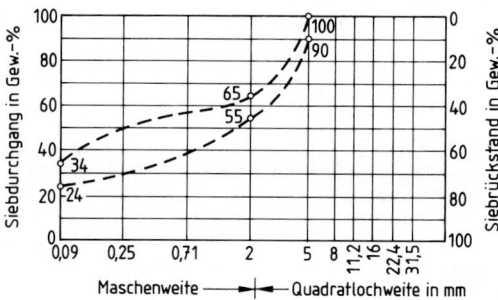

**Bild 2.22
Gußasphalt 0/5**

2

1.17 Bauliche Erhaltung von Verkehrsflächen nach ZTV BEA-StB 98

Zuordnung von Schäden und geeigneten baulichen Erhaltungsmaßnahmen nach ZTV BEA-StB 98

Merkmals-gruppe	Zustands-merkmal	Erscheinungs-bild/Ursache	Instandhaltungsverfahren³)						Instandsetzungsverfahren³)				
			An-spritzen und Ab-splitten	Aufbringen von bit. Schlämmen und Poren-füllmassen	Aus-bessern mit Asphalt-mischgut	Verfül-len und Vergießen	Auf-rauhen	Abfräsen von Uneben-heiten¹)	OB	DSK	DSH	RF	ED
Ebenheit	Ebenheit im Längsprofil	Verformung	–	–	O	–	–	+	–	–	–	+	+
		Tragfähigkeit	–	O	+	–	–	–	–	–	–	–	–
	Ebenheit im Querprofil	Verformung	–	–	O	–	–	+	–	+	+	+	+
		Tragfähigkeit	–	O	+	–	–	–	–	–	–	–	–
Griffigkeit	Gleitbeiwert	Bindemittel-anreicherung	+	–	+	–	+	–	+	+	+	+	+
		Polierte Korn-oberfläche	+	–	–	–	+	–	+	+	+	+	+
Substanz-mängel		Netzrisse	+	O	–	–	–	–	+	+	+	+	+
		Ausmagerung	+	+*)	+	–	–	–	+	+	+	+	+
		Flickstellen	–	–	+	–	–	–	–	+	+	–	+
		Kornausbrüche	–	–	+	–	–	–	–	+	+	+	+
		Einzelrisse	–	–	–	+	–	–	–	–	–	–	+²)

Erläuterungen:
+ geeignet, O bedingt geeignet, – nicht geeignet
*) Für das Fahrbahnzustandsbild „Ausmagerung durch Abrieb" ist das Instandhaltungsverfahren „Aufbringen von Porenfüllmassen" nicht geeignet.
¹) Abfräsen ist hier nicht als Instandhaltungsverfahren aufgeführt, aber geeignet, verkehrsgefährdende Unebenheiten an Asphalt- oder Betonbefestigungen kurzfristig zu beseitigen.
²) bei Häufung von Einzelrissen.
³) Definitionen s. Seite 76.

Baustoffe

Die bauliche Erhaltung wird unterschieden nach

Instandhaltung. Bauliche Maßnahmen kleineren Umfangs zur Substanzerhaltung von Verkehrsflächen, die mit geringem Aufwand in der Regel sofort nach dem Auftreten eines örtlich begrenzten Schadens von Hand oder maschinell ausgeführt werden. (Beispiel: Verfüllen von Schlaglöchern oder einzelner Risse, Verguß offener Fugen u.a.m.)

Instandsetzung. Bauliche Maßnahmen zur Substanzerhaltung oder zur Verbesserung von Oberflächeneigenschaften von Verkehrsflächen, die auf zusammenhängenden Flächen in der Regel in Fahrstreifenbreite bis zu einer Dicke von 4 cm ausgeführt werden. Hierzu zählen z.B. Oberflächenbehandlungen (OB), Aufbringen dünner Schichten im Kalteinbau (DSK) oder Heißeinbau (DSH), Rückformen (Reshape, Remix), Erneuerung der Deckschicht (ED).

Erneuerung. Vollständige Wiederherstellung einer Verkehrsflächenbefestigung oder Teilen davon, sofern mehr als die Deckschicht betroffen ist. Dieses kann durch Aufbringen neuer Schichten auf die vorhandene Befestigung im Hocheinbau oder durch Ersatz entsprechender Schichten im Tiefeinbau oder durch eine Kombination von Hoch- und Tiefeinbau erfolgen.

Verbrauchsmengen und Einbaudicken bei Erhaltungsmaßnahmen nach ZTV BEA-StB 98

Verbrauchsmengen für das Anspritzen und Absplitten

Bindemittelsorte	Bindemittelmenge [kg/m^2]	Edelsplitt-körnung	Edelsplitt-menge [kg/m^2]
U 60 K, PmOB (C/D) U 60 K*)	1,4 bis 1,8 1,6 bis 2,2	2/5 5/8	9 bis 14 11 bis 17
U 70 K, PmOB (C/D) U 70 K*)	1,2 bis 1,6 1,5 bis 2,0	2/5 5/8	9 bis 14 11 bis 17

*) nur bei Reparaturzügen

Verbrauchsmengen für bitumenhaltige Schlämmen und Porenfüllmassen

Baustoff	Baustoffmenge [kg/m^2]
Bitumenhaltige Schlämmen Porenfüllmassen	2,0 bis 4,0 0,5 bis 1,5

Mindest- und Höchsteinbaudicken in Abhängigkeit von Mischgutart und Mischgutsorte bei Instandsetzungen

Mischgutart	Mischgutsorte	Einbaudicken min. [cm]	max. [cm]
Gußasphalt	0/8	2,0	4,0
	0/11 S, 0/11	2,5	5,0
Asphaltbeton	0/8	2,5	4,5
	0/11 S, 0/11	3,0	6,0
Splittmastixasphalt	0/8 S, 0/8	2,0	5,5
	0/11 S	2,5	7,0
Tragdeckschicht	0/16	4,0	10,0
Asphaltbinder	0/16 S, 0/16	4,0	8,0
	0/22 S	5,0	12,0
Asphalttragschicht C, CS	0/16	6,0	10,0
	0/22	6,0	14,0
	0/32	6,0	18,0

Anwendung und Verbrauchsmengen für Oberflächenbehandlungen
nach ZTV BEA-StB 98

2

Art der Oberflächenbehandlung in Abhängigkeit vom Erscheinungsbild der Unterlage

Erscheinungsbild	OB mit einfacher Splittabstreuung	OB mit doppelter Splittabstreuung	OB mit Splittvorlage
Bindemittelanreicherung	−	−	+
Polierte Kornoberfläche	+	+	+
Ausmagerung	+	+	−
Netzrisse	+	+	−

Erläuterungen:
+ geeignet
− nicht geeignet

Baustoffe für Oberflächenbehandlungen

Bindemittelart und -sorte	Lage bzw. Schicht	Bindemittel- menge [kg/m²]	Edelsplittmenge in [kg/m²] bei Körnung		
			8/11	5/8	2/5

1. Oberflächenbehandlung mit einfacher Splittabstreuung

Bindemittelart und -sorte	Lage bzw. Schicht	Bindemittel- menge [kg/m²]	8/11	5/8	2/5
Unstabile Bitumenemulsion U70 K		1,5 bis 2,0	−	11 bis 17	−
Polymermodifizierte unstabile Bitumenemulsion PmOB (C/D) U70 K		1,2 bis 1,6	−	−	9 bis 14
Polymermodifiziertes Heißbitumen PmOB (A/B)		1,0 bis 1,4	−	9 bis 15	−
		0,9 bis 1,1	−	−	8 bis 12

2. Oberflächenbehandlung mit doppelter Splittabstreuung

Bindemittelart und -sorte	Lage bzw. Schicht	Bindemittel- menge [kg/m²]	8/11	5/8	2/5
Unstabile Bitumenemulsion U70 K	1. Lage	1,6 bis 2,2	10 bis 13	−	−
	2. Lage	−	−	−	3 bis 6
Polymermodifizierte unstabile Bitumenemulsion PmOB (C/D) U70 K	1. Lage	1,4 bis 1,8	−	10 bis 12	−
	2. Lage	−	−	−	3 bis 6
Polymermodifiziertes Heißbitumen PmOB (A/B)	1. Lage	1,2 bis 1,3	10 bis 13	−	−
	2. Lage	−	−	−	2 bis 5
	1. Lage	1,1 bis 1,2	−	9 bis 12	−
	2. Lage	−	−	−	2 bis 5

3. Oberflächenbehandlung mit Splittvorlage

Bindemittelart und -sorte	Lage bzw. Schicht	Bindemittel- menge [kg/m²]	8/11	5/8	2/5
Polymermodifizierte unstabile Bitumenemulsion PmOB (C/D) U70 K	1. Schicht	−	10 bis 13	−	−
	2. Schicht	1,8 bis 2,3	−	(10 bis 15)*)	10 bis 13
	1. Schicht	−	−	9 bis 12	−
	2. Schicht	1,7 bis 2,1	−	−	10 bis 13
Polymermodifiziertes Heißbitumen PmOB (A/B)	1. Schicht	−	10 bis 13	−	−
	2. Schicht	1,3 bis 1,6	−	(10 bis 12)*)	10 bis 13
	1. Schicht	−	−	9 bis 12	−
	2. Schicht	1,2 bis 1,5	−	−	10 bis 13

Erläuterungen: − nicht geeignet   *) alternativ möglich

Anwendung und Einbaumengen für dünne Schichten im Kalteinbau nach ZTV BEA-StB 98

Mischgutsorten — Einbaugewichte (Trockenmasse in kg/m²) in Abhängigkeit vom Erscheinungsbild der Unterlage

Zustands-merkmal	Erscheinungs-bild	Dünne Schichten im Kalteinbau — DSK		
		Mischgutsorte 0/3	Mischgutsorte 0/5	Mischgutsorte 0/8
Ebenheit i. Querprofil	Verformung	—	20 bis 25	25 bis 30
Gleitbeiwert	Bindemittel-anreicherung	—	14 bis 22	18 bis 25
	Polierte Kornoberfläche	—	14 bis 22	18 bis 25
Kornausbrüche		—	16 bis 25	18 bis 30
Ausmagerung		10 bis 15	14 bis 22	—
Netzrisse		10 bis 15	14 bis 22	—
Flickstellen		10 bis 15	14 bis 22	—

Anwendung und Einbaumengen für dünne Schichten im Heißeinbau nach ZTV BEA-StB 98

Mischgutarten und Mischgutsorten in Abhängigkeit vom Erscheinungsbild der Unterlage

Zustands-merkmal	Erscheinungs-bild	Dünne Schichten im Heißeinbau — DSH Mischgutart und Mischgutsorten				
		AB 0/5	SMA 0/5	SMA 0/8, 0/8S	GA 0/5	GA 0/8
Ebenheit im Querprofil	Verformung	—	—	+	—	+
Gleitbeiwert	Bindemittel-anreicherung	—	+	+	+	+
	Polierte Kornoberfläche	—	+	+	+	+
Kornausbrüche		+	+	+	+	+
Ausmagerung		+	+	+	+	+
Netzrisse		+	+	+	+	+
Flickstellen		—	—	+	—	+

Erläuterungen: + geeignet   — nicht geeignet

Einbaugewichte für Dünne Schichten im Heißeinbau

Mischgut nach den ZTV Asphalt-StB	Einbaugewicht [kg/m²]
Asphaltbeton 0/5	30 bis 50
Splittmastixasphalt 0/5	30 bis 50
Splittmastixasphalt 0/8 und 0/8 S	40 bis 50
Gußasphalt 0/5	30 bis 50*)
Gußasphalt 0/8	40 bis 50*) *) ohne Abstreumaterial

Grenzwerte und Toleranzen für Einbaudicken und Einbaugewichte bei Erhaltungsmaßnahmen nach ZTV BEA-StB 98

Die im Bauvertrag vorgeschriebenen Einbaudicken oder Einbaugewichte dürfen höchstens um die in Tabelle auf Seite 82 angegebenen Grenzwerte unterschritten werden. Die dort für die Deckschicht angegebenen Grenzwerte gelten auch für Dünne Schichten im Kalteinbau, für Dünne Schichten im Heißeinbau und beim Rückformen nur für den Einbau einer neuen Asphaltschicht.

Mehreinbaugewichte werden bei Oberflächenbehandlungen, Dünnen Schichten im Kalteinbau und Dünnen Schichten im Heißeinbau auf nicht neu hergestelltem

Unterlage sowie beim Rückformen nur bis zu 10% des im Bauvertrag vorgeschriebenen flächenbezogenen Einbaugewichtes beziehungsweise des Ergänzungs- und/oder Neumischgutes vergütet.

Auf einer Unterlage mit Unebenheiten >10 mm wird bei einer neuen Asphaltschicht im Heißeinbau (bei mehreren Schichten nur die unterste Lage) ein über das vereinbarte Einbaugewicht hinausgehender Mehreinbau gemäß nachstehender Tabelle abgerechnet. Der Mehreinbau ist über Lieferscheine nachzuweisen.

Zulässiger Mehreinbau auf vorhandener oder gefräster Unterlage mit Unebenheiten >10 mm

Vereinbartes Einbaugewicht [kg/m²]	zul. Mehreinbaugewicht [kg/m²]
≤75	bis 25
>75	bis 15

Grenzwerte und Toleranzen für Unebenheiten der Oberfläche bei Erhaltungsmaßnahmen nach ZTV BEA-StB 98

Für Unebenheiten der Oberfläche innerhalb einer 4 m langen Meßstrecke in Längs- und Querrichtung gelten die Grenzwerte und Toleranzen der ZTV Asphalt-StB, sofern nachfolgend keine anderen Regelungen getroffen werden (s. Tabelle auf Seite 84).

Für Dünne Schichten im Kalteinbau und für Dünne Schichten im Heißeinbau dürfen die nachstehend angegebenen Grenzwerte für Unebenheiten der fertigen Schicht innerhalb einer 4 m langen Meßstrecke nicht überschritten werden.

Grenzwerte der Unebenheit für Dünne Schichten im Kalteinbau und Dünne Schichten im Heißeinbau

	Unebenheiten in mm innerhalb einer 4 m langen Meßstrecke		
Unterlage	>10	>6 bis ≤10	≤6
fertige Schicht	keine Anforderung	≤6	≤4

Bei Anwendung der Instandsetzungsverfahren Rückformen dürfen Unebenheiten der Oberfläche innerhalb einer 4 m langen Meßstrecke in Längs- und Querrichtung 4 mm nicht überschreiten.

Abfüll-, Lager- und Verarbeitungstemperaturen für bei Erhaltungsmaßnahmen einzusetzende Bindemittel

Zeile	Bindemittelart	Bindemittel-sorte	Abfüll-temperatur °C min.	max.	Lager-temperatur °C min.	max.	Verarbeitungs-temperatur °C min.	max.
1	Bitumenemulsion	U 60 K	5	70	5	70	20	70
	Bitumenemulsion	U 70 K	20	70	5	70	50	75
2	Polymermodifizierte Bitumenemulsion	PmOB U 60 K	5	70	5	70	20	70
		PmOB U 70 K (C und D)	20	70	5	70	50	75
3	Polymermodifiziertes Bitumen für Oberflächenbehandlungen	PmOB (A und B)	140	160	130	160	160	175
4	Polymermodifizierte Bitumenemulsionen für Dünne Schichten im Kalteinbau	PmBE-DSK	20	70	5	70	5	60

Entsprechende Angaben für Straßenbaubitumen, polymermodifizierte Straßenbaubitumen und Fluxbitumen s. Tab. 1.6.1 auf Seite 57

1.18 Prüfungen der Vertragsleistung nach ZTV Asphalt

Die Prüfungen werden unterschieden nach Eignungsprüfungen, Eigenüberwachungsprüfungen und Kontrollprüfungen.

Eignungsprüfungen sind Prüfungen zum Nachweis der Eignung der Baustoffe und der Baustoffgemische für den vorgesehenen Verwendungszweck entsprechend den Anforderungen des Bauvertrages. Der Auftragnehmer hat die Eignung der vorgesehenen Baustoffe und der Baustoffgemische nachzuweisen.

Der Auftragnehmer hat die im Rahmen der Eignungsprüfung ermittelten Untersuchungsergebnisse dem Auftraggeber vorzulegen. Aufgrund dieser Untersuchungsergebnisse hat der Auftragnehmer die zur Verwendung vorgesehenen Baustoffe und die beabsichtigte Zusammensetzung der Baustoffgemische festzulegen und dem Auftraggeber rechtzeitig vor Beginn der Bauausführung anzugeben.

Eigenüberwachungsprüfungen sind Prüfungen des Auftragnehmers oder dessen Beauftragten, um festzustellen, ob die Güteeigenschaften der Baustoffe, der Baustoffgemische und der fertigen Leistung den vertraglichen Anforderungen entsprechen. Der Auftragnehmer hat die Eigenüberwachungsprüfungen während der Ausführung mit der erforderlichen Sorgfalt und im erforderlichen Umfang durchzuführen. Die Ergebnisse sind zu protokollieren. Werden Abweichungen von den vertraglichen Anforderungen festgestellt, sind deren Ursachen unverzüglich zu beseitigen.

Die Ergebnisse der Eigenüberwachungsprüfungen sind dem Auftraggeber auf Verlangen vorzulegen.

Kontrollprüfungen sind Prüfungen des Auftraggebers, um festzustellen, ob die Güteeigenschaften der Baustoffe, der Baustoffgemische und der fertigen Leistung den vertraglichen Anforderungen entsprechen; ihre Ergebnisse werden der Abnahme zugrunde gelegt. Die Probenahme sowie die Prüfungen, die auf der Baustelle erfolgen, führt der Auftraggeber in Anwesenheit des Auftragnehmers durch; sie finden auch in Abwesenheit des Auftragnehmers statt, wenn er den rechtzeitig bekanntgegebenen Termin nicht wahrnimmt.

Zusätzliche Kontrollprüfungen. Wenn anzunehmen ist, daß das Ergebnis einer Kontrollprüfung nicht kennzeichnend für die ganze zugeordnete Fläche ist, ist der Auftragnehmer berechtigt, die Durchführung zusätzlicher Kontrollprüfungen zu verlangen. Die Orte der Entnahme und die zuzuordnenden Teilflächen bestimmen Auftraggeber und Auftragnehmer gemeinsam. Wenn die der ursprünglichen Prüfung zuzuordnende Teilfläche nicht eindeutig und einvernehmlich, z. B. nach Augenschein, abgegrenzt werden kann, soll sie nicht kleiner als 20% der ursprünglichen Fläche sein.

Das Recht des Auftraggebers, nach seinem Ermessen zusätzliche Kontrollprüfungen durchzuführen, bleibt unberührt.

Für die Abnahme sind die Ergebnisse der ursprünglichen und der zusätzlichen Kontrollprüfungen für die ihnen nunmehr zugeordneten Teilflächen maßgebend.

Die Kosten für die vom Auftragnehmer beantragten zusätzlichen Kontrollprüfungen trägt der Auftragnehmer.

Schiedsuntersuchungen. Eine Schiedsuntersuchung ist die Wiederholung einer Kontrollprüfung, an deren sachgerechter Durchführung begründete Zweifel des Auftraggebers oder Auftragnehmers (z. B. aufgrund eigener Untersuchungen) bestehen. Sie ist auf Antrag eines Vertragspartners durch eine anerkannte Prüfstelle, die nicht die Kontrollprüfung durchgeführt hat, vorzunehmen. Ihr Ergebnis tritt an die Stelle des ursprünglichen Prüfergebnisses. Die Kosten der Schiedsuntersuchung zuzüglich aller Nebenkosten trägt derjenige, zu dessen Ungunsten das Ergebnis ausfällt.

Art und Umfang der Kontrollprüfungen nach ZTV Asphalt-StB 98 und ZTVT-StB 95

Bauweise / Art der Prüfung	Asphalt-binder	Asphalt-beton (Heiß-einbau), Splitt-mastix-asphalt	Guß-asphalt	Asphalt-mastix	Trag-deck-schicht	Asphalt- und Teer-asphalt-beton (Warm-einbau)	Ober-flächen-behand-lung	Schlämme	Asphalt-Trag-schicht
1. Baustoffe									
1.1 Lieferkörnung	—	—	—	—	—	—	×	—	—
2. Mischgut[1][2]									
2.1 Korngrößenverteilung	×	×	×	×	×	×	—	×	×
2.2 Bindemittelgehalt	×	×	×	×	×	×	—	×	×
2.3 Erweichungspunkt RuK des zurückgewonnenen Bindemittels	×	×	×	×	×	—	—	—	×
2.4 Raumdichte und Hohlraumgehalt am Probekörper	×	×	×	—	×	—	—	—	×
2.5 Stabilität und Fließwert nach Marshall	×	×	—	—	×	—	—	—	×
2.6 Eindringtiefe (einschl. Zunahme nach weiteren 30 Minuten Prüfzeit)	—	—	×	—	—	—	—	—	—
2.7 Erweichungspunkt nach Wilhelmi	—	—	—	×	—	—	—	—	—
3. Eingebaute Schicht									
3.1 Verdichtungsgrad[1]	×	×	—	—	×	—	—	—	×
3.2 Profilgerechte Lage (Querneigung)	×	×	×	×	×	—	—	—	×
3.3 Ebenheit	×	×	×	×	×	×	—	—	×
3.4 Einbaugewicht bzw. Einbaudicke	×	×	×	×	×	×	×	×	×
3.5 Hohlraumgehalt[1]	—	×	—	—	×	×	—	—	—

[1] Für jede Schicht und je angefangene 6000 m² Einbaufläche eine Probe; bei Bedarf kann die Anzahl der Proben erhöht werden (z.B. im Stadtstraßenbau, bei Brückenbelägen).

[2] ggf. besondere Zuschlagstoffe und Zusätze

1.19 Grenzwerte für Einbaugewicht und Einbaudicke
nach ZTV Asphalt-StB 98 und ZTVT-StB 95

	Unterschreitung des Einbaugewichtes bzw. der Einbaudicke						
	Deckschicht¹), Binderschicht und bit. Tragschicht zusammen	Deckschicht¹) und Asphalttragschicht zusammen	Deckschicht¹) und Binderschicht zusammen	Deckschicht¹)	Tragdeckschicht	Oberflächenschutzschicht	Asphalt-Tragschicht
a) für den Mittelwert von Einbaugewicht/-dicke							
1. bei großen Baulosen über 6000 m² oder bei kommunalen Straßen mit Randbefestigungen über 1000 m² sowie bei Deckschichten mit mehr als 50 kg/m²	–	–	$\leq$10%	$\leq$10%	$\leq$10%	–	$\leq$10%
2. bei kleinen Baulosen sowie bei Deckschichten bis zu 50 kg/m²	–	–	$\leq$15%	$\leq$15%	$\leq$15%	–	
b) für die Einzelwerte der Einbaudicke	$\leq$10%	$\leq$15%	$\leq$15%	$\leq$25%	$\leq$25%	–	$\leq$2,5 cm
c) für das Einbaugewicht							
1. für Schlämmen						$\leq\pm$15%	
2. für Oberflächenbehandlungen a) für Bindemittel						$\leq\pm$10%	
b) für Splitt mit Bindemittel umhüllt						$\leq$10%²)	
c) für Rohsplitt						$\leq$20%²)	

¹) Bei zweistufigem Aufbau, d.h. wenn die endgültige Decke (Binder- und Deckschicht allein) erst später aufgebracht wird, gelten vorgenannte Werte der Zeile b) sinngemäß; demnach gilt in der 1. Baustufe für die oberste Schicht der vorläufigen Decke der Wert von 25%, für die vorläufige Decke und die bit. Tragschicht zusammen 15%.

²) Nicht gebundener Splitt rechnet nicht zum Einbaugewicht.

1.20 Abzüge bei Nichteinhaltung von Anforderungen
nach ZTV Asphalt-StB 98 und ZTVT-StB 95

Vorbemerkung. Wenn der Auftraggeber wegen festgestellter Mängel bei dem Einbaugewicht, der Einbaudicke, dem Bindemittelgehalt, dem Verdichtungsgrad oder der Ebenheit Abzüge vornimmt, so bemißt sich deren Höhe nach den nachfolgend angegebenen Abzugsformeln. Werden bei einer Maßnahme mehrere Mängel festgestellt, für die Abzüge vorzunehmen sind, so werden diese Abzüge addiert.

Abzüge

Unterschreitung des vereinbarten Einbaugewichtes. Hierbei wird unabhängig von der bei Mindereinbau durchzuführenden Änderung des Einheitspreises ein Abzug nach folgender Formel vorgenommen:

Bitumen und Zubereitungen aus Bitumen

Bei Deck- und Binderschichten nach ZTV Asphalt-StB98	Bei Asphalttragschichten nach ZTVT 95
$A = \dfrac{p}{100} \cdot 3{,}75 \cdot EP \cdot F$	$A = \dfrac{p^2}{100} \cdot 3 \cdot EP \cdot F$

A = Abzug in DM
p = über den Grenzwert von 10%, 15% bzw. 20% hinausgehende Unterschreitung des im Bauvertrag vorgeschriebenen Einbaugewichtes in %
EP = Abrechnungs-Einheitspreis in DM/m^2
F = dem Nachweis zugehörige Fläche in m^2.

Unterschreitung der Einbaudicke

Die Ermittlung des Abzugs wird sowohl aufgrund des Mittelwertes aus sämtlichen Einzelwerten als auch der Summe der Teilabzüge aus den Einzelwerten vorgenommen. Der sich hieraus ergebende höhere Wert ist für den Abzug maßgebend.

Unterschreitet die Einbaudicke (Mittelwert) die im Bauvertrag vorgeschriebene Einbaudicke um mehr als den jeweiligen Grenzwert nach der Tabelle unter 1.21, so wird unabhängig von der bei einer Minder-Einbaudicke im Rahmen der Abrechnung durchzuführenden Änderung des Einheitspreises (Abrechnungspreis) ein Abzug nach derselben Formel wie vorstehend berechnet. Unterschreiten Einzelwerte der Einbaudicke die im Bauvertrag vorgeschriebene Einbaudicke um mehr als den jeweiligen Grenzwert nach Tabelle 1.21, so werden Teilabzüge für die zugehörigen Flächen nach obiger Formel berechnet. Anstelle des Grenzwertes von 10% bzw. 15% für den Mittelwert tritt dann bei *Deck- und Binderschichten* der Grenzwert von 10%, 15% bzw. 25% für die Einzelwerte.

Bei *Asphalttragschichten* bedeutet dann p die über die Grenzwerte von 2,5 cm, 3,0 cm oder 3,5 cm hinausgehende Unterschreitung der im Bauvertrag vorgeschriebenen Einbaudicke umgerechnet in Prozent dieser Einbaudicke.

Bei der Ermittlung der Einzelwerte wie auch der Mittelwerte der Einbaudicke werden bei *Deck- und Binderschichten* im Rahmen der Abzugsberechnung an den Meßstellen Mehreinbaudicken jeweils darüberliegender Schichten unbegrenzt zum Ausgleich von Minderdicken der jeweils darunterliegenden Schicht berücksichtigt.

Unterschreitung des Bindemittelgehaltes

Unterschreitet der Bindemittelgehalt den aufgrund der Eignungsprüfung angegebenen Bindemittelgehalt um mehr als 0,5 M.-%, (bei Asphaltmastix um mehr als 1,0 M.-%, bei Asphalttragschichten um mehr als 0,6 M.-%), bzw. bei Baulosen die Werte der Tabelle 1.23a, oder, sofern keine Angaben aufgrund einer Eignungsprüfung vorliegen, die in den Tabellen der Abschnitte 1.10 bis 1.16 angegebenen Mindestbindemittelgehalte, so wird ein Abzug nach den nachstehend angegebenen Formeln vorgenommen:

Darin bedeuten:
A = Abzug in DM
p = über die Grenzwerte und Toleranzen hinausgehende Unterschreitung des aufgrund der Eignungsprüfung angegebenen Bindemittelgehaltes oder bei fehlenden Angaben Unterschreitung des in den Tabellen 1.10 bis 1.16 angegebenen Mindestbindemittelgehaltes (absolut) in M.-%.
EP = Abrechnungseinheitspreis in DM/m^2 oder DM/t
F = der Probe zugehörige Einbaufläche in m^2 oder zugehöriges Einbaugewicht in t.

Unterschreitung des Bindemittelgehaltes beim Einzelwert und für Mittelwerte aus 2 bis 4 Proben

Bis zu einer Unterschreitung des Bindemittelgehaltes von $p \le 0{,}3\%$ gilt:	Bei einer Unterschreitung von $p > 0{,}3\%$ gilt:
$A = \dfrac{p}{100} \cdot 30 \cdot EP \cdot F$	$A = \dfrac{1}{100} \cdot (p \cdot 130 - 30) \cdot EP \cdot F$

Unterschreitung des Bindemittelgehaltes bei Mittelwerten aus 5 und mehr Proben

$$A = \frac{p}{100} \cdot 100 \cdot EP \cdot F$$

Unterschreitung des Verdichtungsgrades

a) Mindestwerte für den Verdichtungsgrad

Mischgutart	Verdichtungsgrad
Asphalt-Tragschicht A0; A B; C; CS	96% (94%)[1] 97% (95%)[1]
Asphalt-Binder 0/11	96%
Asphalt-Beton 0/5	96%
Tragdeckschicht	96%
Alle Übrigen	97%

[1]) Werte in Klammern gelten für Einbaudicken unter 8 cm bei Ausgleichsschichten bzw. unter 10 cm bei Asphaltoberbau, sofern die Unterlage ohne Bindemittel hergestellt oder nicht verfestigt worden ist.

b) Abzüge bei Unterschreitung des Verdichtungsgrades. Unterschreitet der Verdichtungsgrad den jeweils in Frage kommenden Grenzwert der vorstehenden Tabelle, so wird ein Abzug nach folgender Formel vorgenommen:

$$A = \frac{p^2}{100} \cdot 3 \cdot EP \cdot F$$

Darin bedeuten:
A = Abzug in DM
p = über den Grenzwert hinausgehende Unterschreitung des geforderten Verdichtungsgrades in %
EP = der sich aus der Abrechnung ergebende Einheitspreis in DM/m^2 oder DM/t.
F = der Probe zugehörige Einbaufläche in m^2 oder zugehöriges Einbaugewicht in t.

Überschreitung des Grenzwertes für die Unebenheit der obersten Schicht

Überschreitet die Unebenheit den Grenzwert der nachstehenden Tabelle, so wird ein Abzug nach folgender Formel vorgenommen:

$$A = 0{,}6 \cdot EP \cdot B \cdot \sum p_i^2$$

A = Abzug in DM
p_i = gemessene Unebenheit in mm, über den festgelegten Grenzwert hinaus
EP = Abrechnungseinheitspreis in DM/m^2
B = zu jeder Meßstelle gehörige Breite des Streifens in m
Für die Auswertung werden die abgelesenen Überschreitungen p_i zunächst einzeln quadriert und aus diesen Werten die Summen gebildet.

Beispiel Maschineller Einbau des befestigten Seitenstreifens einer BAB, Bauklasse 1
Zulässige Unebenheit: 4 mm   Gemessene Unebenheit: u_i in mm

Meßstelle	1	5	11	13	14	22	30	
u_i [mm]	10	8	7	9	7	7	10	
p_i [mm]	6	4	3	5	3	3	6	
p_i^2 [mm]	36	16	9	25	9	9	36	$140 = \sum p_i^2$

Deckschicht aus Asphaltbeton
$EP = 8{,}-$ DM/m^2 $B = 2{,}5$ m
A [DM] $= 0{,}6 \cdot 8{,}-$ [DM/m^2] $\cdot 2{,}5$ [m] $\cdot 140$ [mm^2] $= 1680{,}-$ DM

Grenzwerte für die Unebenheit bei maschinellem Einbau auf Straßen der Bauklassen SV, I bis VI

		Unebenheit in mm innerhalb einer 4 m langen Meßstrecke		
		Tragdeck-schichten	Binder-schichten	Deck-schichten
a)	auf nicht mit Bindemittel gebundener Unterlage	≤10	≤10	−
b)	auf mit Bindemittel gebundener Unterlage mit zulässiger Unebenheit über 6 mm	≤10	≤6	≤6
c)	auf Asphaltunterlage mit zulässiger Unebenheit von höchstens 6 mm	−	−	≤4

1.21 Wiederverwendung von Asphalt und anderen Baustoffen

2

Wiederverwendungsmöglichkeiten von Baustoffen [29]

Stoffgruppen / Verwendungsbereich	A Lärmschutzwälle	B Ungeb. Verkehrsfl. und Wegebau	C1 Unterbau	C2 Hinterfüllung und Überschüttung	D1 Verfüllung von Leitungsgräben	D2 Bodenverfestigung und Untergrundverbesserung	E Tragschichten ohne Bindemittel	F Hyraulisch gebundene Tragschichten	G1 Tragschichten mit bitumin. Bindemitteln (Oberbau)	G2 Bit. Deck- u. Binderschichten	H Betontragschichten
1 Asphalt	●	●	○	○	○	○	○	○[1]	●[2]	●[2]	
2 Beton, Betonwerksteine	●	●	●	●	●	●	●	●	○		●
3 sonst. hydr. geb. Materialien	●	●	●	●	●	●	●	●	○		●
4 Naturwerksteine, gebr. ungebr. Materialien, Gleisschotter	●	●	●	●	●	●	●	●	●	●	●
5 Kies, Sand	●	●	●	●	●	●	●	●	●	○	●
6 sonst. mineralische Massen (z.B. bindige und verwitterungsempfindliche Stoffe)	●	○	●	○	○	○	○	○			
7 Ziegel, Mauerwerk, Steinzeug	●	●	●	○	●	●	○	○			○[1]

● Verwendung möglich
○ Verwendung bedingt möglich
[1] Als Beimengung zu den Stoffgruppen 2 bis 5 je nach Laboruntersuchung oder aufgrund von Praxiserfahrungen.
[2] S. „Merkblatt für die Erhaltung von Asphaltstraßen – Teil: Bauliche Maßnahmen – Wiederverwenden von Asphalt" und „Merkblatt für die Lieferung von Asphaltgranulat"

Zu prüfende Eigenschaften

zu prüfende Eigenschaften	A Lärmschutzwälle	B Ungeb. Verkehrsfl. und Wegebau	C1 Unterbau	C2 Hinterfüllung und Überschüttung	D1 Verfüllung von Leitungsgräben	D2 Bodenverfestigung und Untergrundverbesserung	E Tragschichten ohne Bindemittel	F Hyraulisch gebundene Tragschichten	G1 Tragschichten mit bitumin. Bindemitteln	G2 Bit. Deck u. Binderschichten	H Betontragschichten
								Oberbau			
1 Stoffliche Zusammensetzung	●	●	●	●	●	●					
2 Widerstand gegen Verwitterung (DIN 52106)		●					●	●	●	●	●
3 Widerstand gegen Frost		●					●	○	●	●	●
4 Raumbeständigkeit	○		○	○	●	●	●	○	●	●	●
5 Korn-, Rohdichte		●	●	●	●	●	●	●	●	●	●
6 Korngrößenverteilung	○	●	●	●	●	●	●	●	●	●	●
7 Kornform			●	○	○		●	●	●	●	●
8 Anteil an gebrochenen Körnern		○					○		●	●	●
9 Kornfestigkeit		●					●	○	●	●	●
10 Schädliche Bestandteile nach DIN 4226								●			●
11 Affinität zu bit. Bindemitteln									●	●	
12 Verhalten in der Trockentrommel									●	●	
13 Proctordichte	○	●	●	●	●	●	●	●			
14 Verformungsmodul, Standfestigkeit Haufwerksfestigkeit, Scherfestigkeit	○	○	●	●	○	○					
15 Zeit-Setzungsverhalten	○		●	●	○		○	●			
16 Frostempfindlichkeit				●			●				
17 Begrünbarkeit	○										
18 Chemisch-physikalische Einwirkung auf Bauteile	○	○	○	○	○	○	○	○	○	○	○
19 Einwirkung auf Umwelt	○	○	○	○	○	○	○	○	○	○	○

● zu prüfen
○ Unter bestimmten Umständen zu prüfen

1.22 Asphaltrecycling im Straßenbau [30]

Begriffe

Asphalt ist ein natürlich vorkommendes oder technisch hergestelltes Gemisch aus Bitumen oder bitumenhaltigen Bindemitteln und Mineralstoffen sowie gegebenenfalls weiteren Zuschlägen und/oder Zusätzen (DIN 55946-1).

Ausbauasphalt ist der durch lagenweises Fräsen kleinstückig oder durch Aufbrechen eines Schichtenpaketes in Schollen gewonnene Asphalt.
– Fräsasphalt ist der durch lagenweises Fräsen kleinstückig gewonnene Asphalt.
– Aufbruchasphalt ist der durch Aufbrechen eines Schichtenpaketes in Schollen gewonnene Asphalt.
– Asphaltgranulat ist der ausgebaute Asphalt, der durch Fräsen oder durch Aufbrechen mit anschließender Zerkleinerung in Stücken gewonnen wurde.

Nachweis der Merkmale für Asphaltgranulat

Nachweise für Asphaltgranulat bei Verwendung in:
Tragschichten ohne Bindemittel (Frostschutzschicht, Kies- + Schottertragschicht) · Tragschichten mit hydraulischen Bindemitteln (Hydraulisch gebundene Tragschicht, Betontragschicht, Verfestigung) · Schichten mit Bitumen als Bindemittel (Asphaltfundationsschicht, Asphalttragschicht, Asphaltbinder, Asphalttragdeckschicht, Asphaltdeckschicht)

Merkmale	Prüfverfahren	Frostschutzschicht ZTVT-StB	Kies- + Schottertragschicht ZTVT-StB	Hydraulisch gebundene Tragschicht ZTVT-StB	Betontragschicht ZTVT-StB	Verfestigung ZTVV-StB	Asphaltfundationsschicht	Asphalttragschicht ZTVT-StB	Asphaltbinder ZTV Asphalt-StB	Asphalttragdeckschicht ZTV Asphalt-StB	Asphaltdeckschicht ZTV Asphalt-StB
Asphaltgranulat aus		allen mit Bitumen gebundenen Schichten							Decken		Deckschichten
Granulat											
Stückgrößenverteilung	TP Min 6.3.1/2/3	+	+	+	+	–	–	–	–	–	–
Max. Stückgröße	DIN 4226 Teil 3	+	+	+	+	+	+	+	+	+	+
Umweltverträglichkeit	z.B. DIN 38414 Teil 4	[+]	[+]	–	–	–	–	–	–	–	–
Gleichmäßigkeit	-	Stückgrößenverteilung		Stückgrößenverteilung			Korngrößenverteilung, Bindemittelgehalt, Erweichungspunkt Ring und Kugel				
Mineralstoffe											
Art der Mineralstoffe	TP Min 1.2.1 / 3.1.1								+	+	+
Verwitterungsbeständigkeit	TP Min 3.3.1 / 4.2 / 4.3.1	–					–	△	△	△	△
Widerstandsfähigkeit gegen Schlag	TP Min 5.2.1.4	–					–		△		△
Korngrößenverteilung	DIN 1996 Teil 14	–					+	+	+	+	+
Kornform	TP Min 6.1.1.2	–							△	△	△
Bruchflächigkeit	TP Min 6.2.1	–							△	△	△
Reinheit und schädliche Bestandteile	TP Min 6.6	–					–	–	(+)	(+)	(+)
	DIN 4226 Teil 3	–	–	+	+	–	–	–	–	–	–
Widerstand gegen Hitzebeanspruchung	TP Min 4.5.1	–					–	△	△	△	△
Affinität zu Bindemitteln	DIN 1996 Teil 10	–					–	△	△	△	△
Bindemittel											
Art des Bindemittels		(+)	(+)	(+)	(+)	(+)	(+)	(+)	(+)	(+)	(+)
Gehalt	DIN 1996 Teil 6	(+)	(+)	(+)	(+)	(+)	+	+	+	+	+
Erweichungspunkt R u. K	DIN 52011	–	–	–	–	–	–	+	+	+	+

+   Nachweis durch Prüfung erforderlich
(+)   Nachweis nur zu erbringen bei Zweifel an der Eignung aufgrund Augenschein oder Vorinformation
–   Nachweis nicht erforderlich
△   Nachweis durch Vorinformation, wenn diese fehlt durch Prüfung
[+]   Nachweis bei Verdacht auf umweltgefährdende Inhaltsstoffe und/oder bei Einsatz in Wassergewinnungsgebieten

Baustoffe

Sonderregelungen für die Zugabe an Ausbauasphalt bei der Herstellung von Asphaltmischgut in den alten Bundesländern (Stand März 1993)

Maximal erlaubte Zugabemengen von Ausbauasphalt zu neuem Mischgut

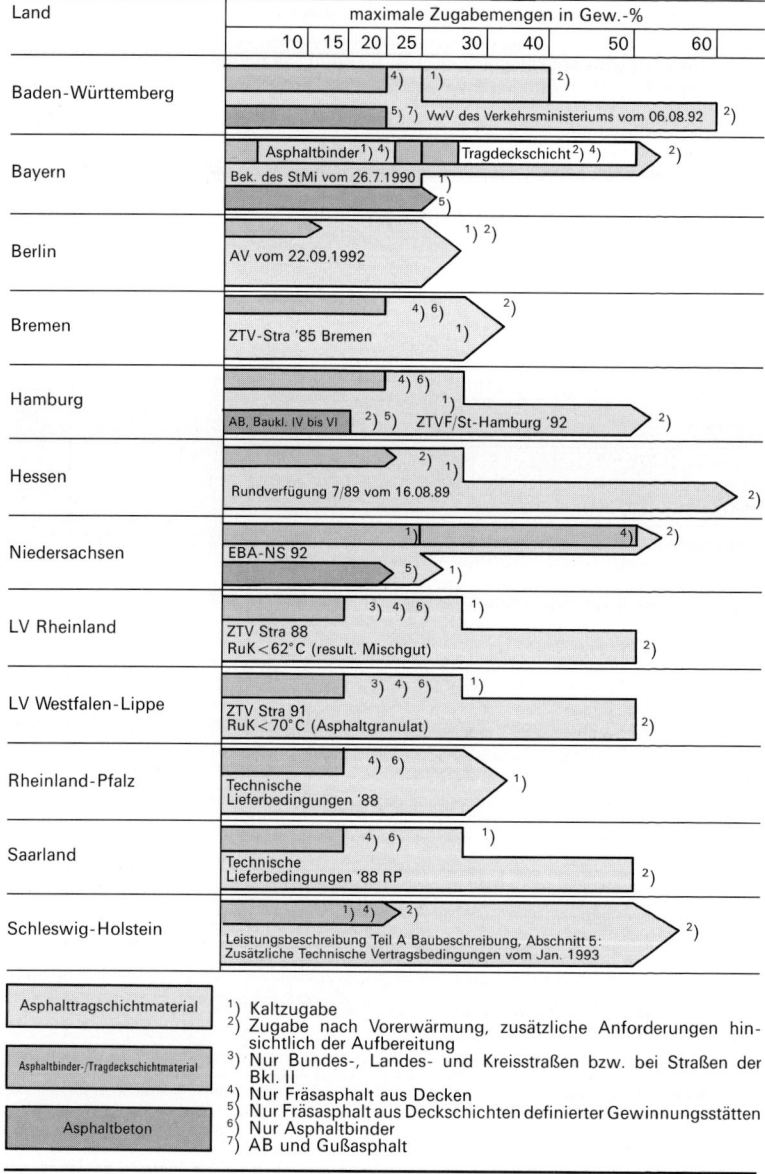

Die **Stückgröße** des Granulates entspricht der Nennweite der Prüfsieböffnung, durch die das Stück eben noch hindurchgeht.

Die **Stückgrößenverteilung** ist die nach Kornklassen aufgegliederte Zusammensetzung des Asphaltgranulates; sie beschreibt nicht die Korngrößenverteilung der im Granulat enthaltenen Mineralstoffe.

Sonderregelungen für die Zugabe an Ausbauasphalt bei der Herstellung von Asphaltmischgut in den neuen Bundesländern (Stand März 1993)

Land	maximale Zugabemengen in Gew.-%							
	10	15	20	25	30	40	50	60
Brandenburg	In Bearbeitung							
Mecklenburg-Vorpommern	In Bearbeitung							
Sachsen	Erlass vom 24.03.1992							
Sachsen-Anhalt	Verfügung 4/4/92 vom 03.12.1992 RuK < 62°C (result. Mischgut)							
Thüringen	Rundverfügung „Straßenbau" Nr. 01/1993 vom 21.12.1992 RuK < 70°C (Asphaltgranulat)							

1.23   Asphalt im Wasserbau [32]

Zusammensetzung und Eigenschaften

	Asphalt-mastix	Asphalt-beton	Sand-asphalt	Guß-asphalt	Asphalt-binder
Bitumenart	B80; B65; B45; (B200)	B200; B80; B65; B45	B80; B65; B45	B65; B45; B25	B200; B80; B65; B45
Bitumenmenge (M%)	14 bis 20	6,5 bis 10[1]) 5 bis 8[2])	8 bis 12	7 bis 13	4 bis 6[3]) 3,8 bis 5,5[4])
Kornzusammen-setzung (M%)	auf S. 92 entsprechendes Sieblinienbereichsdiagramm				55 bis 75% >2 mm[3]) 60 bis 80% >2 mm[4]) >3% <0,09 mm
Wasseraufnahme im Vakuum (DIN 1996-8)	–	≤2 Vol.-%	≤2 Vol.-%	<1 Vol.-%	–
Hohlraumgehalt berechnet (DIN 1996-7)	–	≤3 Vol.-%	≤3 Vol.-%	–	ist fest-zustellen

[1]) Für Korngemische mit Größtkorn bis 11 mm
[2]) Für Korngemische mit Größtkorn bis 32 mm
[3]) Für Korngemische mit Größtkorn bis 16 mm; die Bitumenmenge ist so zu bemessen, daß der Hohlraumgehalt der verdichteten Mischung ausreichend hoch ist, um die Bildung wachsender Blasen zwischen Binderschicht und Deckwerk/Dichtungsschicht zu verhindern
[4]) Für Korngemische mit Größtkorn bis 22 mm; die Bitumenmenge ist so zu bemessen, daß der Hohlraumgehalt der verdichteten Mischung ausreichend hoch ist, um die Bildung wachsender Blasen zwischen Binderschicht und Deckwerk/Dichtungsschicht zu verhindern

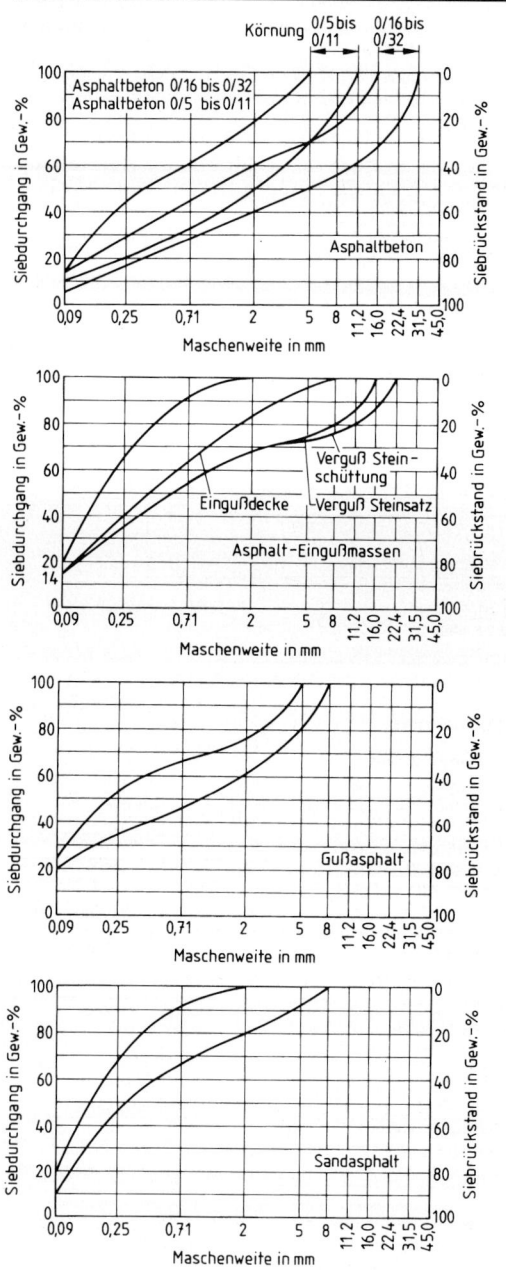

**Bild. 2.23
Sieblinienbereiche
für Asphaltbeton
im Wasserbau**

**Bild 2.24
Sieblinienbereiche
für Asphalt-Einguß-
massen im Wasserbau**

**Bild 2.25
Sieblinienbereich
für Gußasphalt
im Wasserbau**

**Bild 2.26
Sieblinienbereich
für Sandasphalt
im Wasserbau**

2 Beton

2.1 Übersicht über wichtige Normen, Richtlinien und Merkblätter

2.1.1 Zement

DIN 1164		Zement
DIN 1164-1	(10.94)	Zusammensetzung, Anforderungen
DIN 1164-2	(11.96)	Übereinstimmungsnachweis
EN 196		Prüfverfahren für Zement
EN 196-1	(05.95)	Bestimmung der Festigkeit
EN 196-2	(05.95)	Chemische Analyse von Zement
EN 196-3	(05.95)	Bestimmung der Erstarrungszeiten und der Raumbeständigkeit
ENV 197	(12.92)	Zement; Zusammensetzung, Anforderungen und Konformitätskriterien; Allgemein gebräuchlicher Zement

2.1.2 Zuschlag

DIN 1100	(10.89)	Hartstoffe für zementgebundene Hartstoffestriche
DIN 4226		Zuschlag für Beton
DIN 4226-1	(04.83)	Zuschlag mit dichtem Gefüge; Begriffe, Bezeichnung und Anforderungen
DIN 4226-2	(04.83)	Zuschlag mit porigem Gefüge (Leichtzuschlag); Begriffe, Bezeichnung und Anforderungen
DIN 4226-3	(04.83)	Prüfung von Zuschlag mit dichtem oder porigem Gefüge
DIN 4226-4	(04.83)	Überwachung (Güteüberwachung)
TL Min-StB 94		Technische Lieferbedingungen für Mineralstoffe im Straßenbau; wird voraussichtlich ab Dezember 1999 ersetzt durch:
DIN EN 13242		Gesteinskörnungen für ungebundene und hydraulisch gebundene Gemische für Ingenieur- und Straßenbau

2.1.3 Beton

DIN 1045	(07.88)	Beton und Stahlbeton; Bemessung und Ausführung
DIN 1048		Prüfverfahren für Beton
DIN 1048-1	(06.91)	Frischbeton
DIN 1048-2	(06.91)	Festbeton in Bauwerken und Bauteilen
DIN 1048-4	(06.91)	Bestimmung der Druckfestigkeit in Bauwerken und Bauteilen; Anwendung von Bezugsgeraden und Auswertung mit besonderen Verfahren
DIN 1048-5	(06.91)	Festbeton, gesondert hergestellte Probekörper
DIN 1084		Güteüberwachung im Beton- und Stahlbetonbau
DIN 1084-1	(12.78)	Beton B II auf Baustellen
DIN 1084-2	(12.78)	Fertigteile
DIN 1084-3	(12.78)	Transportbeton
DIN 4030		Beurteilung betonangreifender Wässer, Böden und Gase
DIN 4030-1	(06.91)	Grundlagen und Grenzwerte
DIN 4030-2	(06.91)	Entnahme und Analyse von Wasser- und Betonproben
DIN 4219		Leichtbeton und Stahlleichtbeton mit geschlossenem Gefüge
DIN 4219-1	(12.79)	Anforderungen an den Beton, Herstellung und Überwachung
DIN 4219-2	(12.79)	Bemessung und Ausführung

DIN 4235		Verdichten von Beton durch Rütteln
DIN 4235-1	(12.78)	Rüttelgeräte und Rüttelmechanik
DIN 4235-2	(12.78)	Verdichten mit Innenrüttlern
DIN 4235-3	(12.78)	Verdichten bei der Herstellung von Fertigteilen mit Außenrüttlern
DIN 4235-4	(12.78)	Verdichten von Ortbeton mit Schalungsrüttlern
DIN 4235-5	(12.78)	Verdichten mit Oberflächenrüttlern
DIN 18217	(12.81)	Betonflächen und Schalungshaut; Begriffe und Anforderungen
DIN 18331	(05.98)	VOB, Teil C: Beton- und Stahlbetonarbeiten
DIN 18560		Estriche im Bauwesen
DIN 18560-1	(05.92)	Begriffe, Allgemeine Anforderungen, Prüfung
DIN 18560-2	(05.92)	Estriche und Heizestriche auf Dämmschichten (Schwimmende Estriche)
DIN 18560-3	(05.92)	Verbundestriche
DIN 18560-4	(05.92)	Estriche auf Trennschicht
DIN 18560-7	(05.92)	Hochbeanspruchbare Estriche (Industrieestriche)
ENV 206	(10.90)	Beton; Eigenschaften, Herstellung, Verarbeitung und Gütenachweis
EN 450	(01.95)	Flugasche für Beton; Definitionen, Anforderungen und Güteüberwachung
ENV 1992	(06.92)	EC 2: Planung von Stahlbeton- und Spannbetontragwerken; Teil 1-1: Grundlagen und Anwendungsregeln für den Hochbau
ZTV Beton-StB 93		Zusätzliche Technische Vertragsbedingungen und Richtlinien für den Bau von Fahrbahndecken aus Beton
ZTV-K 96		Zusätzliche Technische Vertragsbedingungen für Kunstbauten

Richtlinen des Deutschen Ausschusses für Stahlbeton (DAfStb)

— Nachbehandlung von Beton (02.84)
— Alkalireaktion im Beton (12.86)
— Schutz und Instandsetzung von Betonbauteilen (08.90)
— Anwendung von ENV 206 (04.93)
— Fließbeton (08.95)
— Herstellung von Beton unter Verwendung von Restwasser; Restbeton und Restmörtel (08.95)
— Beton mit verlängerter Verarbeitungszeit (08.95)
— Hochfester Beton (08.95)
— Verwendung von Flugasche nach DIN EN 450 im Betonbau (09.96)
— Betonbau beim Umgang mit wassergefährdenden Stoffen (09.96)

Merkblätter des Deutschen Betonvereins (DBV), Wiesbaden, mit Bezügen auf die Bauausführung

— Fugendichtungen im Hochbau (01.76)
— Verpreßte Injektionsschläuche für Arbeitsfugen (06.96)
— Begrenzung der Rißbildung im Stahlbeton- und Spannbetonbau (09.96)
— Wasserundurchlässige Baukörper aus Beton (06.96)
— Beschränkung von Temperaturrissen im Beton (10.96)
— Betondeckung und Bewehrung (01.97)
— Abstandhalter (02.97)
— Rückbiegen von Betonstahl und Anforderungen an Verwahrkästen (10.96)
— Betonierbarkeit von Bauteilen aus Beton und Stahlbeton (11.96)

- Betonoberfläche − Betonrandzone (11.96)
- Nicht geschalte Betonoberfläche (08.96)
- Sichtbeton (03.97)
- Trennmittel für Beton − Teil A: Hinweise zur Auswahl und Anwendung (03.97)
- Strahlenschutzbeton (1978/1996)
- Gleitbauverfahren (1978/1996)
- Massenbeton für Staumauern (10.96)
- Beton für massige Bauteile (10.96)

2.2 Ausgangsstoffe, Begriffe

Zement

hydraulisches Bindemittel nach DIN 1164 oder mit amtlicher Zulassung.

Zuschlag

natürliche oder künstliche, dichte oder porige mineralische Stoffe, gebrochen oder ungebrochen, nach DIN 4226.

Wasser

Oberflächenfeuchte + Zugabwasser = Wassergehalt

Wassergehalt + Kern-(Poren-)feuchte = Gesamtwassermenge

Oberflächenfeuchte + Kernfeuchte = Eigenfeuchte

Wasserzementwert w/z

Gewichtsverhältnis von Wassergehalt zu Zementgewicht

Betonzusatzmittel

Flüssige oder pulverförmige Stoffe, die dem Beton in geringer Menge zugegeben werden, um durch chemische und/oder physikalische Wirkung Eigenschaften des Frisch- oder Festbetons zu ändern. Sie müssen ein Prüfzeichen haben.

Baustoff	Kurzzeichen	Farbkennzeichen
Betonverflüssiger	BV	gelb
Fließmittel	FM	grau
Luftporenbildner	LP	blau
Betondichtungsmittel	DM	braun
Erstarrungsverzögerer	VZ	rot
Erstarrungsbeschleuniger	BE	grün
Einpreßhilfen	EH	weiß
Stabilisierer	ST	violett

Betonzusatzstoffe

Fein aufgeteilte Stoffe (z.B. latent hydraulische Stoffe, Gesteinsmehl, Flugasche, Silikastaub, Pigmente), die dem Beton in größerer Menge zugegeben werden, um bestimmte Eigenschaften zu beeinflussen. Sie müssen DIN 4226 oder DIN 51043 (Traß) entsprechen oder eine Zulassung bzw. ein Prüfzeichen haben.

Dichte von Betonzusatzstoffen	in kg/dm³
Steinkohlenflugasche	2,20 bis 2,70
Traß	2,30 bis 2,50
Quarzmehl	2,65
Kalksteinmehl	2,70 bis 2,90
Silikastaub	2,10 bis 2,16

2.3 Zement

2.3.1 a) Zemente nach DIN 1164-1 (10.94)

Zementarten und Zusammensetzung

Massenanteil in Prozent[1]

Zement-art	Benennung	Kurzzeichen	Hauptbestandteile						Nebenbestandteile[2]
			Portlandzementklinker K	Hüttensand S	natürliches Puzzolan P	kieselsäurereiche Flugasche V	gebrannter Schiefer T	Kalkstein L	
CEM I	Portlandzement	CEM I	95 bis 100	–	–	–	–	–	0 bis 5
CEM II	Portlandhüttenzement	CEM II/A-S	80 bis 94	6 bis 20	–	–	–	–	0 bis 5
		CEM II/B-S	65 bis 79	21 bis 35	–	–	–	–	0 bis 5
	Portlandpuzzolanzement	CEM II/A-P	80 bis 94	–	6 bis 20	–	–	–	0 bis 5
		CEM II/B-P	65 bis 79	–	21 bis 35	–	–	–	0 bis 5
	Portlandflugaschezement	CEM II/A-V	80 bis 94	–	–	6 bis 20	–	–	0 bis 5
	Portlandölschieferzement	CEM II/A-T	80 bis 94	–	–	–	6 bis 20	–	0 bis 5
		CEM II/B-T	65 bis 79	–	–	–	21 bis 35	–	0 bis 5
	Portlandkalksteinzement	CEM II/A-L	80 bis 94	–	–	–	–	6 bis 20	0 bis 5
	Portlandflugaschehüttenzement	CEM II/B-SV	65 bis 79	10 bis 20	–	10 bis 20	–	–	0 bis 5
CEM III	Hochofenzement	CEM III/A	35 bis 64	36 bis 65	–	–	–	–	0 bis 5
		CEM III/B	20 bis 34	66 bis 80	–	–	–	–	0 bis 5

[1] Die in der Tabelle angegebenen Werte beziehen sich auf die aufgeführten Haupt- und Nebenbestandteile des Zements ohne Calciumsulfat und Zementzusatzmittel.

[2] Nebenbestandteile können Füller sein oder eine oder mehrere Hauptbestandteile, soweit sie nicht Hauptbestandteile des Zements sind.

2.3.1 b) Mechanische und physikalische Anforderungen

2

Festig-keits-klasse	Druckfestigkeit in N/mm²			Erstar-rungs-beginn in min	Erstar-rungs-ende in h	Deh-nungs-maß in mm
	Anfangsfestigkeit		Normfestigkeit			
	2 Tage	7 Tage	28 Tage			
32,5	–	≥16	≥32,5 ≤52,5	≥60	≤12	≤10
32,5 R	≥10	–				
42,5	≥10	–	≥42,5 ≤62,5			
42,5 R	≥20	–				
52,5	≥20	–	≥52,5 –	≥45		
52,5 R	≥30	–				

Normbezeichnung

Zemente sind mindestens nach der Angabe der Norm, der Zementart (Kurzzeichen siehe Tabelle 2.3.1 a) und dem Zahlenwert für die Normfestigkeitsklasse (s. Tabelle 2.3.1 b) zu kennzeichnen. Wenn angegeben werden soll, daß der Zement eine hohe Anfangsfestigkeit aufweist, ist der Buchstabe R anzufügen.

Zemente mit besonderen Eigenschaften erhalten zusätzlich die folgenden Kennbuchstaben:

- Zement mit niedriger Hydratationswärme   NW
- Zement mit hohem Sulfatwiderstand   HS
- Zement mit niedrigem wirksamen Alkaligehalt   NA

Beispiel 1   Bezeichnung eines Portlandzementes (CEM I), der Festigkeitsklasse 42,5 mit hoher Anfangsfestigkeit (R) nach Norm:

Portlandzement **DIN 1164 – CEM I 42,5 R**

Beispiel 2   Bezeichnung eines Portlandhüttenzementes, mit 6% bis 20% Hüttensand (CEM II/A-S), der Festigkeitsklasse 32,5 mit üblicher Anfangsfestigkeit nach Norm:

Portlandhüttenzement **DIN 1164 – CEM II/A-S 32,5**

Beispiel 3   Bezeichnung eines Hochofenzementes, mit 66% bis 80% Hüttensand (CEM III/B), der Festigkeitsklasse 32,5 mit üblicher Anfangsfestigkeit, niedriger Hydratationswärme (NW) und hohem Sulfatwiderstand (HS) nach Norm:

Hochofenzement **DIN 1164 – CEM III/B 32,5 – NW/HS**

2.3.2   Kennfarben für die Festigkeitsklassen

Festigkeitsklasse	Kennfarbe	Farbe des Aufdrucks
32,5	hellbraun	schwarz
32,5 R		rot
42,5	grün	schwarz
42,5 R		rot
52,5	rot	schwarz
52,5 R		weiß

2.3.3 Gegenüberstellung neuer und alter Zementbezeichnungen

neu	alt
Portlandzement (CEM I)	Portlandzement (PZ)
Portlandhüttenzement (CEM II/A-S, CEM II/B-S)	Eisenportlandzement (EPZ)
Portlandpuzzolanzement (CEM II/A-P, CEM II/B-P)	Traßzement (TrZ)
Portlandflugaschezement (CEM II/A-V)	Flugaschezement (FAZ)
Portlandölschieferzement (CEM II/A-T, CEM II/B-T)	Portlandölschieferzement (PÖZ)
Portlandkalksteinzement (CEM II/A-L)	Portlandkalksteinzement (PKZ)
Portlandflugaschehüttenzement (CEM II/B-SV)	Flugaschehüttenzement (FAHZ)
Hochofenzement (CEM III/A, CEM III/B)	Hochofenzement (HOZ)

2.3.4 Gegenüberstellung neuer und alter Festigkeitsklassen

neu	alt
32,5	Z 35 L
32,5 R	Z 35 F
42,5	Z 45 L
42,5 R	Z 45 F
52,5	Z 55 L
52,5 R	Z 55

2.3.5 Richtwerte für die Dichte der Zemente in kg/dm³

Portlandzement (CEM I)	3,1
Hochofen- und Portlandhüttenzement (CEM III und CEM II/A-S, CEM II/B-S)	3,0
Portlandpuzzolanzement (CEM II/A-P, CEM II/B-P)	2,9
Portlandzement HS (CEM I)	3,2

2.3.6 Richtwerte für die Festigkeitsentwicklung von Beton aus verschiedenen Zementen bei Lagerung von +20 °C [46]

Zementfestigkeits-klasse	Festigkeit in % der 28-Tage-Druckfestigkeit nach				
	3 Tagen	7 Tagen	28 Tagen	90 Tagen	180 Tagen
52,5 R; 42,5 R (Z 55, Z 45 F)	70 bis 80	80 bis 90	100	100 bis 105	105 bis 110
42,5; 32,5 R (Z 45, Z 35 F)	50 bis 60	65 bis 80	100	105 bis 115	110 bis 120
32,5 (Z 35 L)	30 bis 40	50 bis 65	100	110 bis 125	115 bis 130

2.3.7 Richtwerte für die Druckfestigkeit von Beton aus verschiedenen Zementen bei Lagerung von +5 °C [46]

Zementfestigkeitsklasse	Betondruckfestigkeit bei 5 °C-Lagerung in % der Werte bei 20 °C-Lagerung nach		
	3 Tagen	7 Tagen	28 Tagen
52,5 R; 42,5 R (Z 55, Z 45 F)	60 bis 75	75 bis 90	90 bis 105
42,5; 32,5 R (Z 45 L, Z 35 F)	45 bis 60	60 bis 75	75 bis 90
32,5 (Z 35 L)	30 bis 45	45 bis 60	60 bis 75

2.4 Zuschläge

2.4.1 Bezeichnung des Zuschlags

Zuschlag mit		Zusätzliche Bezeichnung für	
Kleinstkorn in mm	Größtkorn in mm	ungebrochenen Zuschlag	gebrochenen Zuschlag[1])
0	4	Sand	Brech-, Edelbrechsand
4	32	Kies	Splitt, Edelsplitt
32	63	Grobkies	Schotter

[1]) Für gebrochene Zuschläge nach den „Technischen Lieferbedingungen für Mineralstoffe im Straßenbau (TL Min)" gelten andere Begrenzungen der Korngruppen, s. 1.7.

2.4.2 Anforderungen an das Zuschlaggemisch nach DIN 1045

	Beton B I				Beton B II
	ohne Eignungsprüfung		mit Eignungsprüfung		
	B 5 B 10	B 15 B 25	B 5 B 10	B 15 B 25	
Sieblinienbereiche nach DIN 1045	③ oder ④	③ oder ④	×	×	×
werkgemischter Beton- zuschlag bis 31,5 mm	+	+	+	+	−
ungetrennter Betonzuschlag	+	−	+	−	−
Ausfallkörnungen	−	−	+	+	+
Zuschlag mit verminderten Anforderungen	−	−	+	+	+
Mindestzahl der Korngruppen bei Größtkorn 8 und 16 mm	×	2	×	2	2 bzw. 3
32 mm	×	2	×	2	3
Ausfallkörnungen	−	−	×	2	2
eine Korngruppe im Bereich von	×	0/4	×	0/4	0/2[1])

× keine Anforderungen
+ möglich
− nicht möglich

[1]) örtlich unter bestimmten Bedingungen auch 0/4 zulässig.

2.4.3 Anforderungen an die Lieferkörnungen nach DIN 4226-1
(maximal zulässiger Gehalt an Über- und Unterkorn)

Korngruppe/ Lieferkörnung	Durchgang in Gew.-% durch das Prüfsieb										
	nach DIN 4188-1					nach DIN 4187-2					
	in mm										
	0,125	0,25	0,5	1	2	4	8	16	31,5	63	90
0/1	[1]	[1]	[1]	≥ 85	100						
0/2 a	[1]	≤25 [1]	≤ 60 [1]		≥ 90	100					
0/2 b	[1]	[1]	≤ 75 [1]		≥ 90	100					
0/4 a	[1]	[1]	≤ 60 [1]		55 bis 85 [2]	≥ 90	100				
0/4 b	[1]	[1]	≤ 60 [1]			≥ 90	100				
0/8		[1]				61 bis 85	≥90	100			
0/16		[1]				36 bis 74		≥90	100		
0/32		[1]				23 bis 65			≥90	100	
0/63		[1]				19 bis 59				≥90	100
1/2		≤5		≤15 [4]	≥90	100					
1/4		≤5		≤15 [4]		≥90	100				
2/4		≤3			≤ 15 [4]	≥90	100				
2/8		≤3			≤ 15 [4]	10 bis 65 [3]	≥90	100			
2/16		≤3			≤ 15 [4]		25 bis 65 [3]	≥90	100		
4/8		≤3				≤15 [4]	≥90	100			
4/16		≤3				≤15 [4]	25 bis 65 [3]	≥90	100		
4/32		≤3				≤15 [4]	15 bis 55 [3]		≥90	100	
8/16		≤3					≤15 [4]	≥90	100		
8/32		≤3					≤15 [4]	30 bis 60	≥90	100	—
16/32		≤3						≤15 [4]	≥90	100	
32/63		≤3							≤15 [4]	≥90	100

[1] Auf Anfrage hat das Herstellwerk dem Verwender den vom Fremdüberwacher bestimmten bzw. bestätigten Durchgang durch das Sieb 0,125 mm sowie Mittelwert und Streubereich des Durchgangs durch die Siebe 0,25 und 0,5 mm bekanntzugeben.

[2] Der Streubereich eines Herstellwerkes darf 20 Gew.-% nicht überschreiten. Die Lage des Streubereiches eines Herstellwerks ist im Einvernehmen mit dem Fremdüberwacher vom Herstellwerk möglichst für einen längeren Zeitraum festzulegen und ins Sortenverzeichnis aufzunehmen. Auf Anfrage hat der Hersteller dem Verbraucher diesen Wert mitzuteilen.

[3] Der Streubereich eines Herstellwerkes darf 30 Gew.-% nicht überschreiten. Die Lage des Streubereiches eines Herstellwerks ist im Einvernehmen mit dem Fremdüberwacher vom Herstellwerk möglichst für einen längeren Zeitraum festzulegen und ins Sortenverzeichnis aufzunehmen. Auf Anfrage hat der Hersteller dem Verbraucher diesen Wert mitzuteilen.

[4] Für Brechsand, Splitt und Schotter darf der Anteil an Unterkorn höchstens 20 Gew.-% betragen. Unterschiede im Anteil an Unterkorn bei Lieferung eines bestimmten Zuschlags aus einem Herstellwerk müssen jedoch innerhalb eines Streubereichs von 15 Gew.-% liegen.

2.4.4 Mehlkorngehalt

a) nach DIN 1045

Der Mehlkorngehalt setzt sich zusammen aus dem Zement, dem im Betonzuschlag enthaltenen Kornanteil $<0{,}125$ mm und gegebenenfalls dem Betonzusatzstoff.

Er ist auf die nachstehenden Werte zu begrenzen bei

— Beton für Außenbauteile

— Beton mit besonderen Eigenschaften

Zementgehalt in kg/m^3	Höchstzulässiger Gehalt in kg/m^3 an	
	Mehlkorn	Mehlkorn und Feinstsand
	bei einer Prüfkorngröße von	
	0,125 mm	0,250 mm
≤ 300	350	450
350	400	500

Die Werte dürfen erhöht werden

— bei Zementgehalten >350 kg/m^3 um den über 350 kg/m^3 hinausgehenden Zementgehalt, jedoch höchstens um 50 kg/m^3

und/oder

— bei Zugabe von puzzolanischen Zusatzstoffen (z.B. Traß, Steinkohlenflugasche) um den Gehalt an puzzolanischem Zusatzstoff, jedoch höchstens um 50 kg/m^3, wobei die Erhöhung insgesamt 50 kg/m^3 nicht überschreiten darf.

— falls das Größtkorn des Betonzuschlaggemisches 8 mm beträgt, um 50 kg/m^3.

b) nach ZTV-Beton-StB 93

Der Gesamtanteil an Mehlkorn (Zement + Feinstsand 0/0,25 mm + ggf. Zusatzstoffe) ist auf das mindesterforderliche Maß zu beschränken. Er darf 450 kg/m^3 verdichteten Frischbeton nicht überschreiten.

2.4.5 Richtwerte für die Rohdichte des Zuschlags in kg/dm^3

Naturbims	0,4 bis 0,7
Hüttenbims	0,5 bis 1,5
Blähschiefer	0,4 bis 1,9
Kiessand	2,6 bis 2,7
Dichter Kalkstein	2,7 bis 2,8
Basalt	2,9 bis 3,1
Baryt	4,0 bis 4,3

2.4.6 Richtwerte für den mittleren Wasseranspruch in kg/m^3 Frischbeton

abhängig von Mehlkorngehalt, Kornform, Rauhigkeit der Kornoberfläche

Sieblinie	K-Wert	D-Summe	Konsistenzbereich		
			KS	KP	KR
A 32	5,48	352	130	150	170
A 16	4,61	439	140	160	180
B 32	4,20	480	150	170	190
B 16	3,66	534	160	180	200
C 32	3,30	570	170	190	210
C 16	2,75	625	190	210	230

2.4.7 Sieblinien für Betonzuschläge nach DIN 1045

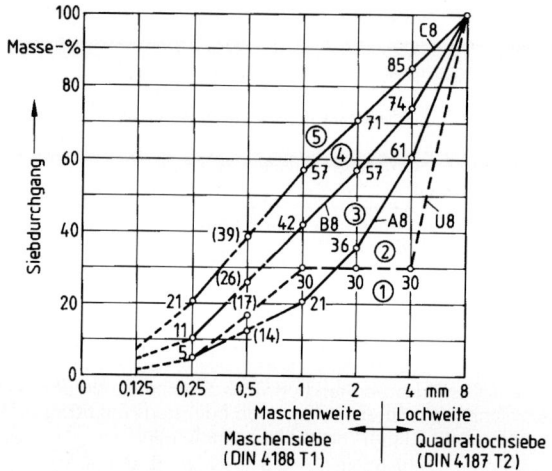

Maschenweite | Lochweite
Maschensiebe (DIN 4188 T1) | Quadratlochsiebe (DIN 4187 T2)

Bild 2.27

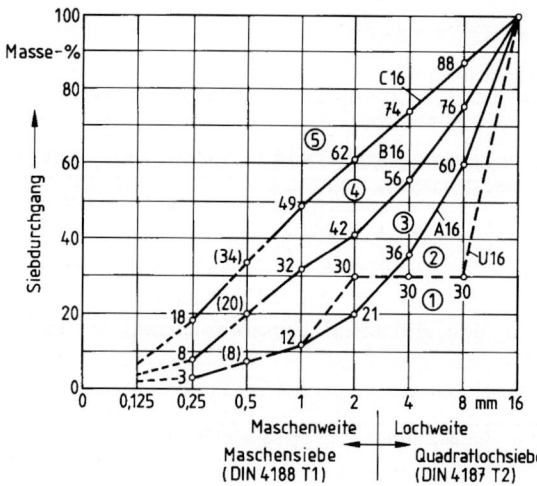

Maschenweite | Lochweite
Maschensiebe (DIN 4188 T1) | Quadratlochsiebe (DIN 4187 T2)

Bild 2.28

Fortsetzung s. nächste Seite

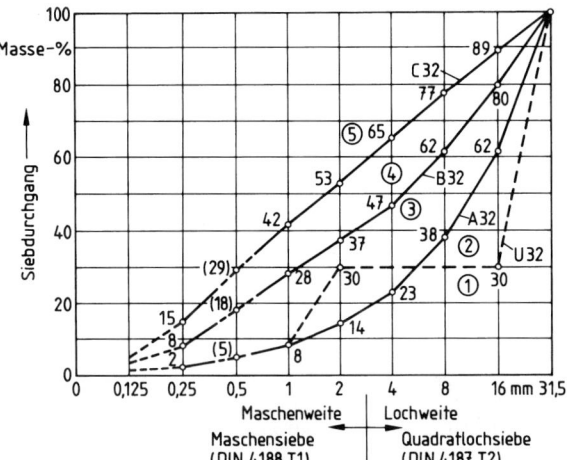

Bild 2.29

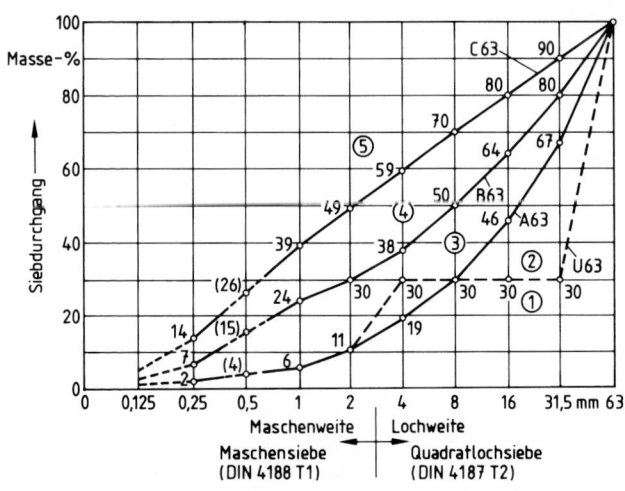

Bild 2.30

2.4.8 Anforderungen an den Zuschlag

Entweder erfüllt der Zuschlag die Regelanforderungen der DIN 4226 „Zuschlag für Beton" hinsichtlich seiner Kornzusammensetzung, Kornform, Festigkeit, Widerstand gegen Frost bei mäßiger Durchfeuchtung und Gehalt an schädlichen Bestandteilen oder die Anforderungen sind erhöht oder vermindert. Erhöhte oder verminderte Anforderungen müssen im Sortenverzeichnis des Lieferanten gekennzeichnet sein.

Eigenschaft	erhöhte (e...)	verminderte (v...)
	Anforderungen	
Kornform	eK	vK
Druckfestigkeit	–	vD
Widerstand gegen Frost	eF	vF
Widerstand gegen Frost und Taumittel	eFT	–
Gehalt an abschlämmbaren Stoffen	–	vA
Gehalt an Stoffen organischen Ursprungs	–	vO
Gehalt an quellfähigen Bestandteilen organischen Ursprungs	eQ	–
Gehalt an Sulfaten	–	vS
Gehalt an wasserlöslichem Chlorid	eCl	vCl

2.5 Betone

2.5.1 Festigkeitsklassen des Betons

2.5.1.1 nach DIN 1045

Betongruppe	Festigkeits-klasse	Nennfestigkeit β_{WN} (N/mm²)	Serienfestigkeit β_{WS} (N/mm²)	Anwendung
Beton	B 5 B 10	5,0 10	8,0 15	nur für unbewehrten Beton
B I	B 15 B 25	15 25	20 30	
Beton	B 35 B 45	35 45	40 50	für unbewehrten und bewehrten Beton
B II	B 55	55	60	

Zusätzliche Unterscheidungen beim Beton nach:

Rohdichte   in Leichtbeton $(\varrho \leq 2,0 \text{ kg/dm}^3)$
                            (Normal-)Beton $(\varrho > 2,0 \text{ bis } 2,8 \text{ kg/dm}^3)$
                            Schwerbeton $(\varrho > 2,8 \text{ kg/dm}^3)$

Herstellungsort   in Baustellenbeton, Transportbeton

Erhärtungszustand   in Frischbeton, junger Beton, Festbeton

Einbringungsort   in Ortbeton, Betonfertigteile

Bewehrung   in unbewehrtem Beton, Stahl- und Spannbeton

2.5.1.2 nach ZTV-Beton-StB 93

Anforderungen an den Beton

1	2	3	4	5	6	7
Bau-klasse	Mindestwerte des Betons im Alter von 28 Tagen			Mindestens erf. Korngruppen nach DIN 4426	Mindestluftgehalt des Frischbetons[2])	
	Druckfestigkeit am Würfel von 20 cm Kantenlänge[1])		Biegezug-festigkeit		im Tages-mittel	Einzelwerte
	in N/mm²		in N/mm²	in mm	in Vol.-%	in Vol.-%
SV, I–IV	35	40	5,5	0/2, 2/8, >8 oder 0/4, 4/8, >8	4,0[3]) (5,0)[4])	3,5[3]) (4,5)[4])
V–VI	25	30	4,0	0/4, >4		

[1]) Spalte 2: Druckfestigkeit β_{WN} jedes Probekörpers
Spalte 3: Mittlere Druckfestigkeit β_{WS} jeder Serie gemäß DIN 1045 bei der Eigenüberwachungsprüfung bzw. mittlere Druckfestigkeit der Bauteile gleicher Fertigungsbreite bei der Kontrollprüfung.

[2]) Bei Zuschlaggemischen von 16 mm Größtkorn ist der Mindestluftgehalt des Frischbetons um 0,5 Vol.-% höher.

[3]) Gilt für Beton ohne BV oder FM.

[4]) Werte in Klammern gelten für Beton mit BV und/oder FM. Werden bei der Eignungsprüfung die Luftporenkennwerte bestimmt und werden hierbei der Abstandsfaktor 0,20 mm nicht überschritten und der Mikro-Luftporengehalt L 300 von 1,8 Vol.-% nicht unterschritten, ist ein Mindestluftporengehalt wie bei den Werten mit Fußnote [3]) ausreichend.

2.5.1.3 nach Euro-Normen s. 2.12.4

2.5.2 Konsistenzbereiche des Frischbetons nach DIN 1045

Konsistenzbereich	KS: steif	KP: plastisch	KR: weich	KF: fließfähig[1])
Verdichtungsmaß v [−]	≧1,20	1,19 bis 1,08	1,07 bis 1,02	−
Ausbreitmaß a [cm]	−	35 bis 41	42 bis 48	49 bis 60
Eigenschaften des Feinmörtels	etwas nasser als erdfeucht	weich	flüssig	sehr flüssig
Eigenschaften des Frischbetons beim Schütten	noch lose	schollig bis knapp zusam-menhängend	schwach fließend	gut fließend
Verdichtungsart	kräftig wir-kende Rüttler und/oder kräftiges Stampfen bei dünner Schüttlage	Rütteln und/oder Stochern oder Stampfen	Stochern und/oder leichtes Rütteln u.ä.	„Entlüften" durch Stochern und/oder durch leichtes Rütteln

[1]) Konsistenz darf nur durch Zugabe eines Fließmittels eingestellt werden.

2.5.3 Mindestzementgehalte für BI ohne Eignungsprüfung

,,Rezeptbeton'' mit CEM 32,5 (Z 35) und Zuschlag Größtkorn 32 mm
nach DIN 1045, Tabelle 4

Festigkeits-klasse des Betons	Sieblinienbereiche des Zuschlags	Mindestzementgehalt kg je m³ ver-dichteten Betons		
		KS	KP	KR
B 5	③	140	160	–
	④	160	180	–
B 10	③	190	210	230
	④	210	230	260
B 15	③	240	270	300
	④	270	300	330
B 25				
Allgemein	③	280	310	340
	④	310	340	380
Für Außenbauteile	③	300	320	350
	④	320	350	380

☐ für Stahlbeton

Der Zementgehalt muß vergrößert werden bei:
Größtkorn des Zuschlags
16 mm um 10%
 8 mm um 20%

Er darf verringert werden bei:
– Zement der Festigkeitsklasse CEM 42,5 (Z 45) um max. 10%
– Größtkorn des Zuschlags von 63 mm um max. 10%
– Bei Stahlbeton darf er nicht unter 240 kg/m³ liegen bei CEM 32,5 (Z 35) und höheren Zement-festigkeitsklassen

2.5.4 Grenzwerte für den Zementgehalt und Wasserzementwert
(w/z-Wert)

Art des Betons	Festigkeits-klasse des Zements	Festigkeits-klasse des Betons	Zement-gehalt in kg/m³	w/z-Wert Einzel-wert[1])
unbewehrter Beton	–	–	≥ 100	–
Stahlbeton allgemein	$\geq 32,5$ (Z 35)	–	≥ 240	$\leq 0,75$
Stahlbeton für Außenbauteile	$\leq 32,5$ (Z 35)	$\geq$ B 25	$\geq 300^2)$	$\leq 0,65$
	$\geq 42,5$ (Z 45)		≥ 270	

[1]) Zur Berücksichtigung der Streuungen bei der Bauausführung ist bei der Eignungsprüfung der w/z-Wert um 0,05 niedriger einzustellen.
[2]) Bei Herstellung und Einbau unter Bedingung B II ≥ 270 kg/m³.

2.6 Vorschläge für Betonrezepturen für 1 m³ unbewehrten Beton [50]

2

Annahme für alle Rezepte

— Kornrohdichte des Zuschlags 2,60 kg/dm³
— Oberflächenfeuchte des Zuschlags im Sieblinienbereich ③ 3,5%, im Sieblinienbereich ④ 4,5%

Zement-festigkeits-klasse	Größt-korn in mm	Sieblinien-bereich	Konsistenz	Zement in kg	Zugabe-wasser in l	Zuschläge — feucht in kg
B 5						
	16	③	KS	154	90	2069
			KP	176	113	1994
		④	KS	176	104	1987
32,5			KP	198	128	1912
32,5 R	32	③	KS	140	79	2107
			KP	160	101	2037
		④	KS	160	81	2057
			KP	180	104	1984
B 10						
		③	KS	209	92	2018
			KP	231	114	1946
32,5			KR	253	137	1873
32,5 R	16	④	KS	231	107	1937
			KP	253	130	1864
			KR	286	153	1780
		③	KS	190	80	2064
			KP	210	103	1991
32,5			KR	230	125	1919
32,5 R	32	④	KS	210	83	2011
			KP	230	107	1937
			KR	260	130	1856

2.7 Vorschläge für Betonrezepturen für 1 m³ unbewehrten und bewehrten Beton [50]

Zement-festigkeits-klasse	Größt-korn in mm	Sieblinien-bereich	Konsistenz¹⁾	Zement in kg	Zugabe-wasser in l	Zuschläge — feucht in kg
B 15						
		③	KS	264	93	1970
			KP	297	116	1887
	16		KR	330	139	1803
		④	KS	297	109	1878
			KP	330	133	1793
32,5 (Z 35 L)			KR	363	156	1709
32,5 R (Z 35 F)		③	KS	240	82	2018
			KP	270	104	1938
	32		KR	300	127	1857
		④	KS	270	86	1956
			KP	300	109	1875
			KR	330	133	1793
		③	KS	240	93	1991
			KP	270	115	1911
	16		KR	300	138	1830
		④	KS	270	108	1902
			KP	300	132	1820
42,5 (Z 45 L)			KR	330	155	1739
42,5 R (Z 45 F)		③	KS	216	81	2040
			KP	243	104	1961
	32		KR	270	126	1884
		④	KS	243	85	1980
			KP	270	108	1902
			KR	297	131	1824
B 25						
		③	KS	308	95	1929
			KP	341	118	1846
32,5 (Z 35 L)	16		KR	374	140	1763
32,5 R (Z 35 F)		④	KS	341	111	1837
			KP	374	135	1752
			KR	418	159	1660

¹⁾ Rezeptbeton im Konsistenzbereich KS nur für unbewehrten Beton.

Fortsetzung s. nächste Seite

2

Vorschläge für Betonrezepturen, Fortsetzung

Zement-festigkeits-klasse	Größt-korn in mm	Sieblinien-bereich	Konsistenz[1])	Zement in kg	Zugabe-wasser in l	Zuschläge − feucht in kg
B 25						
		③	KS	280	83	1983
			KP	310	106	1902
32,5 (Z 35 L)	32		KR	340	128	1822
32,5 R (Z 35 F)			KS	310	87	1921
		④	KP	340	111	1839
			KR	380	135	1747
		③	KS	280	94	1956
			KP	310	117	1875
	16		KR	340	139	1795
			KS	310	110	1866
		④	KP	340	133	1785
42,5 (Z 45 L)			KR	380	157	1693
42,5 R (Z 45 F)		③	KS	252	82	2008
			KP	279	105	1929
	32		KR	306	127	1852
			KS	279	86	1948
		④	KP	306	109	1870
			KR	342	133	1783

[1]) Rezeptbeton im Konsistenzbereich KS nur für unbewehrten Beton.

2.8 Beton mit Eignungsprüfung

Beton B I muß aufgrund einer Eignungsprüfung zusammengesetzt werden wenn:
— er nicht den Anforderungen von 2.5.3 entspricht
— Betonzusatzmittel verwendet werden
— Beton mit besonderen Eigenschaften verlangt wird, z.b. mit
  — hohem Frostwiderstand
  — hohem Frost- und Tausalzwiderstand
  — hohem Widerstand gegen chemische Angriffe
  — u.a.m.

Ausnahme:
Wasserundurchlässiger Beton geringerer Festigkeit als B 35
— mit Mindestzementgehalt von 370 kg/m^3 bei Größtkorn 16 mm oder
— mit Mindestzementgehalt von 350 kg/m^3 bei Größtkorn 32 mm und
  Kornzusammensetzung im Sieblinienbereich 3 darf auch ohne Eignungsprüfung
  hergestellt werden.

B II und Straßenbeton nach ZTV-Beton-StB 93 müssen stets aufgrund einer
Eignungsprüfung zusammengesetzt werden. Mindestzementgehalt bei Straßenbeton für Decken der Bauklassen SV, I bis III 340 kg/m^3 verdichteten Frischbetons.

2.8.1 Anforderungen an den Beton bei der Eignungsprüfung

Beton-gruppe	Beton-festig-keits-klasse	Erforderliche Druckfestigkeit[1])[2]) bei der Eignungs-prüfung in N/mm²	Erforderliche Konsistenzmaße[2]) a (cm) oder v (cm) bei der Eignungs-prüfung
Beton B I	B 5	$\geqq 11$	
	B 10	$\geqq 20$	KS: $v = 1,20$
	B 15	$\geqq 25$	KP: $a = 41$ $v = 1,08$
	B 25	$\geqq 35$	KR: $a = 48$ $v = 1,02$
Beton B II	B 35	$35 + $Vorhaltemaß[3])	von der Baustelle
	B 45	$45 + $Vorhaltemaß[3])	verlangte Konsistenz
	B 55	$55 + $Vorhaltemaß[3])	$+$ Vorhaltemaß

[1]) mittlere Druckfestigkeit von 3 Würfeln aus einer Mischung.
[2]) nur für Baustellen- und Transportbeton, nicht für Beton in Fertigteilen.
[3]) Vorhaltemaß nach Erfahrung, andernfalls 10 N/mm² zweckmäßig.

2.8.2 Zusammenhang zwischen Betondruckfestigkeit, Normen-festigkeit des Zements und Wasserzementwert nach Walz

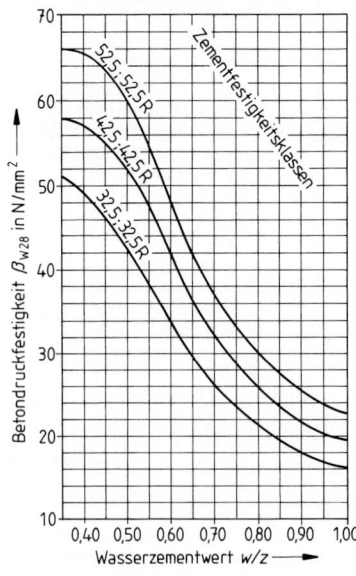

Bild 2.31

2.9 Mindestmaße für Betonüberdeckung, (DIN 1045) Abstandhalter

2

Umweltbedingungen	Stab-durch-messer d_s in mm	Mindestmaße für B 15 | ≥ B 25¹) min c		Nennmaße für B 15 | ≥ B 25¹) nom c	
	in mm	in cm	in cm	in cm	in cm
Bauteile in geschlossenen Räumen, z.B. in Wohnungen (einschließlich Küche, Bad und Waschküche), Büroräumen, Schulen, Krankenhäusern, Verkaufsstätten — soweit nicht im folgenden etwas anderes gesagt ist.	bis 12 14, 16 20 25	1,5 1,5 2,0 2,5	1,0 1,5 2,0 2,5	2,5 2,5 3,0 3,5	2,0 2,5 3,0 3,5
Bauteile, die ständig trocken sind.	28	3,0	3,0	4,0	4,0
Bauteile, zu denen die Außenluft häufig oder ständig Zugang hat, z.B. offene Hallen und Garagen. Bauteile, die ständig unter Wasser oder im Boden verbleiben, soweit nicht Zeile 3 oder Zeile 4 oder andere Gründe maßgebend sind. Dächer mit einer wasserdichten Dachhaut für die Seite, auf der die Dachhaut liegt.	bis 20 25 28		2,0 2,5 3,0		3,0 3,5 4,0
Bauteile im Freien. **Bauteile in geschlossenen Räumen mit oft auftretender, sehr hoher Luftfeuchte bei üblicher Raumtemperatur,** z.B. in gewerblichen Küchen, Bädern, Wäschereien, in Feuchträumen von Hallenbädern und in Viehställen.	bis 25		2,5		3,5
Bauteile, die wechselnder Durchfeuchtung ausgesetzt sind, z.B. durch häufige starke Tauwasserbildung oder in der Wasserwechselzone. Bauteile, die „schwachem" chemischem Angriff nach DIN 4030 ausgesetzt sind.	28		3,0		4,0
Bauteile, die besonders korrosionsfördernden Einflüssen auf Stahl oder Beton ausgesetzt sind, z.B. durch häufige Einwirkung angreifender Gase oder Tausalze (Sprühnebel- oder Spritzwasserbereich) oder durch „starken" chemischen Angriff nach DIN 4030 (s.a. Abschn. 13.3).	bis 28		4,0		5,0

¹) Mindestmaße und Nennmaße dürfen bei ≥ B 35 um 0,5 cm verringert werden, sie müssen jedoch ≥ 1,0 cm bzw. ≥ d_s sein.

Baustoffe

Erläuterungen zu Begriffen der Betondeckung, vgl. auch Ziffer 2.9

$\min c$ = Mindestmaß der Betondeckung
Δc = Vorhaltemaß der Betondeckung
$\text{nom } c$ = Nennmaß der Betondeckung = $\min c + \Delta c$
$\text{nom } c_v$ = gewähltes Verlegemaß der Bewehrung (Istmaß); weitere Begriffe s. Skizze

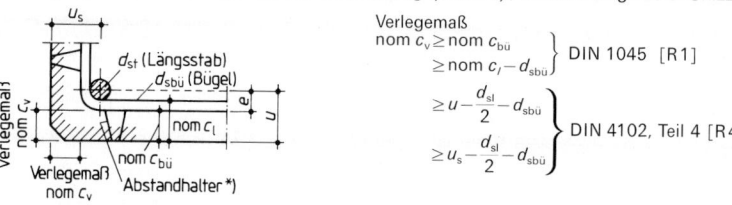

$$\text{Verlegemaß}$$
$$\text{nom } c_v \geq \text{nom } c_{bü}$$
$$\geq \text{nom } c_l - d_{sbü} \Big\} \quad \text{DIN 1045} \quad [\text{R1}]$$

$$\geq u - \frac{d_{sl}}{2} - d_{sbü}$$
$$\geq u_s - \frac{d_{sl}}{2} - d_{sbü} \Big\} \quad \text{DIN 4102, Teil 4} \quad [\text{R4}]$$

e = Abstand Achse Längsbewehrung von der Außenkante der äußeren Bewehrung

Abstandhalter; Richtwerte für Anzahl und Anordnung
(nach Merkblatt „Betondeckung und Bewehrung" 01.97" des Dt. Betonvereins, Wiesbaden)

Abstandhalter	punktförmig		z.B. Klötzchen, Rädchen
	linienförmig und flächig		z.B. Dreikantprofile, U-Profile, Ringe
Unterstützungen			z.B. Unterstützungskörbe Unterstützungsböcke, U-Profile, Ringe
Lagesicherungen			z.B. S-Haken, U-Haken

Platten, Unterstützungen für die obere Bewehrung
z.B. Unterstützungskörbe auf der unteren Bewehrung stehend

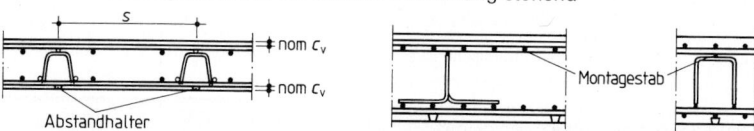

z.B. Unterstützungskörbe auf der Schalung stehend

Abstände s der Abstandhalter/Unterstützungen

Durchmesser der Tragstäbe	Abstandhalter punktförmig		linienförmig flächig	Unterstützungen
	max s	Stck/m²	max s	max s
bis 14 mm	50 cm	4	50 cm	50 cm
über 14 mm	70 cm	2	70 cm	70 cm

Stützen, Balken

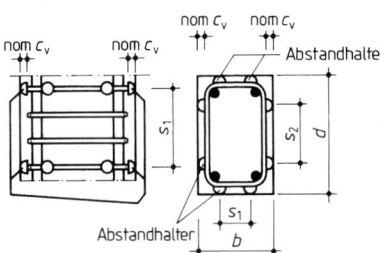

Bild 2.32

Abstände der Abstandhalter max s_1 in Längsrichtung

∅ Längsstäbe	Stützen	Balken
bis 10 mm	50 cm	25 cm
12 bis 20 mm	100 cm	50 cm
über 20 mm	125 cm	75 cm

Abstände der Abstandhalter max s_2 in Querrichtung

	Anzahl, Abstände	
b bzw. d	Stützen	Balken
bis 100 cm	2	2
über 100 cm	≥ 3	≥ 3
max	75 cm	50 cm

Wände

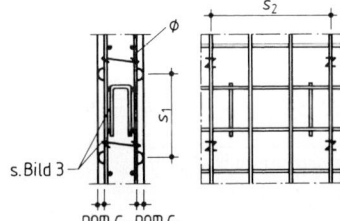

Bild 2.33

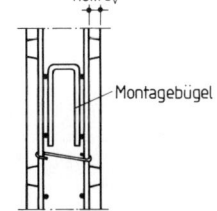

*) Punktförmige geringfügige Unterschreitungen der Betondeckung, z.B. durch S-Haken, brauchen bei der Ermittlung von nom c_v nicht berücksichtigt werden.

Abstände und Anzahl

∅ Tragstäbe	Abstandhalter		S-Haken	Lagesicherung U-Bügel
	max s_1	Stück je m² Wand [1]	Stück je m² Wand	Stück je m² Wand
bis 8 mm	70 cm	4	1	1
10 bis 16 mm	100 cm	2		
über 16 mm			4	

[1] und je Wandseite

2.10 Prüfungen

2.10.1 Umfang der Güteprüfung für Ortbeton

Zementgehalt	B I	je Betonsorte	beim ersten Einbringen, dann in angemessenen Zeitabständen	
Wasserzementwert	B II	je Betonsorte	beim ersten Einbringen, dann einmal je Betoniertag	
Konsistenz	B I B II	je Betonsorte	beim ersten Einbringen, beim Herstellen der Probekörper	
	B II		zusätzlich in angemessenen Zeitabständen	
Druckfestigkeit	B I	trag. Wände und Stützen aus B 5, B 10	3 Würfel	je 500 m³ Beton oder jedes Geschoß oder je 7 Betoniertage[2])
		B 15, B 25		
	B II	B 35, B 45, B 55	6 Würfel[1])	

[1]) Die Hälfte der geforderten Würfelprüfungen kann durch zusätzliche w/z-Wert-Bestimmungen ersetzt werden. Zwei w/z-Werte ersetzen einen Würfel.

[2]) Die Forderung, die die größte Anzahl von Würfeln ergibt, ist maßgebend.

2.10.2 Nachbehandeln des Betons (s. auch 2.12.8.3)

Schutz gegen Austrocknen und Abkühlen. Nachbehandlung durch Besprühen mit Wasser, Folienabdeckung, Aufsprühen von Nachbehandlungsmitteln oder Belassen in der Schalung.

2.10.2.1 Nach Richtlinie DAfStb [51]

Mindestnachbehandlung in Tagen (1 Tag zu 24 Stunden) für Außenbauteile bei Betontemperaturen über $+10\,°C$[1])

Umgebungsbedingungen	Festigkeitsentwicklung des Betons		
	schnell	mittel	langsam
	Beton mit: $w/z < 0,50$ und Zement 52,5 R bis 42,5 R	Beton mit: $w/z = 0,50$ bis 0,60 und Zement 52,5 R bis 32,5 R **oder** $w/z < 0,50$ und Zement 32,5	Beton mit: $w/z = 0,50$ bis 0,60 und Zement 32,5 **oder** $w/z < 0,50$ und Zement 32,5-NW/HS
I Relative Luftfeuchtigkeit mind. 80% und vor Sonne und Wind geschützt	1	2	2
II Relative Luftfeuchtigkeit 50 bis 80% und/oder mittlere Sonneneinstrahlung und/oder mittlere Windeinwirkung	1	3	4
III Relative Luftfeuchtigkeit < 50% und/oder starke Sonneneinstrahlung und/oder starke Windeinwirkung	2	4	5

[1]) Bei Betontemperaturen unter 10 °C ist die Nachbehandlungsdauer zu verdoppeln.

2.10.2.2 Nach ZTV-Beton-StB 93

Nachbehandlung

Der Beton muß nachbehandelt werden. Die „Richtlinie zur Nachbehandlung von Beton"[1]) ist zu beachten.

Die Art der Nachbehandlung des Betons ist in der Leistungsbeschreibung anzugeben.

a) Naßnachbehandlung. Die Decke ist auf die Dauer von mindestens 3 Tagen auf der gesamten Oberfläche einschließlich der Seitenflächen ständig feucht zu halten. Der Beton ist flächendeckend zu besprühen; ein sehr rasches Abkühlen der Betonoberfläche ist dabei zu vermeiden.

b) Aufbringen von Nachbehandlungsmitteln. Nach dem Fertigstellen der Oberfläche ist ein Nachbehandlungsmittel nach den TL NMB-StB gleichmäßig aufzubringen. Die aufzubringende Menge ist in Abhängigkeit vom verwendeten Nachbehandlungsmittel und der Rauheit der Oberfläche so festzulegen, daß beim Aufbringen ein geschlossener Film mit einem Sperrkoeffizienten S von mindestens 75% erzielt wird.

Eine zu große Menge kann die Abwitterung verzögern und die Anfangsgriffigkeit herabsetzen. In der Regel sind für einen Nachbehandlungsfilm mit ausreichendem Sperrkoeffizienten bei der Strukturierung der Oberfläche mit einem Jutetuch die im Zulassungsbescheid angegebene Auftragsmenge und bei der Strukturierung mit dem Stahlbesen mindestens das 1,5fache dieser Auftragsmenge vorzusehen.

Die Verwendung hellpigmentierter Nachbehandlungsmittel ist zweckmäßig.

Mit Nachbehandlungsmittel behandelte Flächen dürfen erst befahren werden, wenn eine dadurch mögliche Beschädigung des Nachbehandlungsfilmes mit vorzeitigem Austrocknen des Betons nicht mehr zu befürchten ist.

Bei Lufttemperaturen über 30 °C, starker Sonneneinstrahlung, starker Windeinwirkung oder einer relativen Luftfeuchte unter 50% muß die Decke stets zusätzlich naß nachbehandelt werden.

c) Abdecken mit Folien. Nach dem Fertigstellen der Oberfläche sind auf die Decke Folien aufzulegen, die gegen Verschieben durch Windeinwirkung in ihrer Lage zu sichern sind.

d) Aufbringen wasserhaltender Abdeckungen. Nach dem Fertigstellen der Oberfläche ist die Decke mit wasserhaltenden Abdeckungen, wie z. B. einem Jutetuch oder einem Geotextil, abzudecken. Die Abdeckungen sind mindestens 3 Tage lang feucht zu halten.

e) Imprägnierung

Bei im Herbst hergestellten Decken, die noch keinen ausreichenden Widerstand gegen Frost und Tausalz erreicht haben, kann es zweckmäßig sein, die Betonoberfläche zu imprägnieren, wenn im darauffolgenden Winter Auftaustoffe ausgebracht werden sollen. Dabei ist das „Merkblatt für die Erhaltung von Betonstraßen (MEB) Teil: Imprägnieren" zu beachten.

2.10.3 Anhaltswerte für Ausschalfristen s. Abschn. „Schalung u. Gerüste"

2.10.4 Betonprüfstellen

Betonprüfstelle E. Ständige Betonprüfstelle für Eigenüberwachung von
— Beton B II auf Baustellen
— Beton- und Stahlbetonfertigteilen
— Transportbeton.

Betonprüfstelle F. Anerkannte Prüfstelle, welche die im Rahmen der Güteüberwachung vorgesehene Fremdüberwachung an Stelle einer anerkannten Überwachungs- bzw. Güteschutzgemeinschaft durchführt von
— Beton B II auf Baustellen
— Beton- und Stahlbetonfertigteilen
— Transportbeton.

[1]) hrsg. vom Deutschen Ausschuß für Stahlbeton (DAfStb).

Betonprüfstelle W prüft Druckfestigkeit, Biegezugfestigkeit und Wasserundurchlässigkeit an in Formen hergestellten Probekörpern sowie Druckfestigkeit an Bohrkernen.

2.10.5 Prüfungsarten

Eignungsprüfung. Vor der Verwendung des Betons wird festgestellt, ob mit der vorgesehenen Betonzusammensetzung und unter den zu erwartenden Verhältnissen an der Einbaustelle die geforderten Frisch- und Festbetoneigenschaften sicher erreicht werden.

Güteprüfung. Während der Bauausführung muß nachgewiesen werden, daß der Beton die geforderten Frisch- und Festbetoneigenschaften erreicht hat.

Erhärtungsprüfung gibt einen Anhalt über die Festigkeit des Betons im Bauteil zu bestimmten Zeitpunkten.

2.10.6 Umfang der Prüfungen

2.10.6.1 nach DIN 1045

Prüfungen im Rahmen der Eigen- bzw. Güteüberwachung

Gegenstand der Prüfung	Prüfungen	Häufigkeit
Zement	Lieferschein, Verpackungsaufdruck, Silozettel (Art, Festigkeitsklasse, Nachweis der Güteüberwachung)	jede Lieferung
	Rückstellprobe	zweckmäßig, Sackzement: jede Lieferung Silozement: jede Lieferung, bei größeren Lieferungen je 250 t zusätzlich eine Probe
Betonzuschlag	Lieferschein (Bezeichnung, Nachweis der Güteüberwachung)	jede Lieferung
	Nach Augenschein: Zuschlagart, Kornzusammensetzung, Gesteinsbeschaffenheit, schädliche Bestandteile (z.B. Ton, Kreide, Kohle)	jede Lieferung
	Kornzusammensetzung	Bei der ersten Lieferung, in angemessenen Zeitabständen, bei Wechsel des Herstellwerkes
Betonzusatzmittel	Lieferschein, Verpackungsaufdruck (Bezeichnung, gültiges Prüfzeichen, Nachweis der Güteüberwachung)	jede Lieferung
Betonzusatzstoffe	Lieferschein, Verpackungsaufdruck (Bezeichnung, ggf. Prüfzeichen oder Zulassung, Nachweis der Güteüberwachung)	jede Lieferung
Zugabewasser	Auf erstarrungs- und erhärtungsstörende Stoffe	Immer dann, wenn kein Leitungswasser verwendet wird und Verdacht auf störende Verunreinigungen besteht
Beton	Eignungsprüfung	**Beton B I** s. 2.8
		Beton B II s. 2.8
		Neue Eignungsprüfungen sind durchzuführen, wenn sich die Ausgangsstoffe des Betons oder die Verhältnisse der Baustelle wesentlich ändern.

Prüfungen im Rahmen der Eigen- bzw. Güteüberwachung, Fortsetzung

Gegenstand der Prüfung	Prüfungen	Häufigkeit
Frischbeton	Konsistenz nach Augenschein	laufend während des Betonierens
	Konsistenzmaß nach DIN 1048	Beim ersten Einbringen und jedesmal bei der Herstellung der Probekörper für die Güteprüfung (gilt für alle Betonsorten) Zusätzlich in angemessenen Abständen bei Beton B II und bei Beton mit besonderen Eigenschaften
	Zementgehalt nach DIN 1048	**Nur bei Beton B I** Beim ersten Einbringen und in angemessenen (regelmäßigen) Zeitabständen. Bei Verwendung von Transportbeton kann der Zementgehalt aus dem Lieferschein bzw. aus dem mit dem Lieferschein übergegebenen Betonsortenverzeichnis entnommen werden
	Wasserzementwert nach DIN 1048	**Nur bei Beton B II und B I für Außenbauteile** Beim ersten Einbringen bzw. vor der ersten Lieferung jeder Betonsorte und einmal je Betonier- bzw. Herstelltag. Bei Verwendung von Transportbeton dürfen die w/z-Werte dem Lieferschein oder dem Betonsortenverzeichnis entnommen werden, jedoch nicht im Fall der Anrechnung von w/z-Prüfungen als Ersatz für Festigkeitsprüfungen nach DIN 1045, Abschnitt 7.4.3.5.1, wo bis zu 3 Probekörper durch je 2 zusätzliche w/z-Wert-Bestimmungen ersetzt werden dürfen
Festbeton	Druckfestigkeit nach DIN 1048	**Beton B I** Für jede Betonsorte eine Serie von 3 Probekörpern
		Beton B II Für jede Betonsorte zwei Serien von je 3 Probekörpern
		Auf Baustellen s. Abschn. 2.10.1 Zeile 4
	ggf. besondere Eigenschaften	Nach Vereinbarung

Betonstähle, Baustahlgewebe s. Abschn. „Größen, Formeln, Bemessung"

2.10.6.2 Prüfungen nach ZTV Beton-StB 93

	Eignungsprüfung	Eigenüberwachungsprüfung	Kontrollprüfung
1	2	3	4
1 Zement Übereinstimmung zwischen Lieferschein und Eignungsprüfung		jede Lieferung	
2 Zuschlag a) Kornzusammensetzung	in jedem Fall	einmal je Tag[1]) für Zuschläge ≤ 2 mm, einmal je Woche für Zuschläge > 2 mm und stets, wenn nach Augenschein Zweifel bestehen, fallweise durch Vergleich des Lieferscheines	

[1]) nur bei Bauklassen SV, I bis III.

Baustoffe

Prüfungen nach ZTV-Beton-StB 93, Fortsetzung

	Eignungs-prüfung	Eigenüber-wachungsprüfung	Kontrollprüfung
1	2	3	4
2 Zuschlag, Forts.			
b) Gesteinseigen-schaften	nach Augenschein, im Zweifelsfall nach DIN 4226 oder TL Min	jede Lieferung nach Augenschein, im Zweifelsfall nach DIN 4226 oder TL Min, fallweise durch Vergleich des Lieferscheines	
c) schädliche Bestandteile	$-_{,,}-$	$-_{,,}-$	
d) Eigenfeuchte	in jedem Fall	fallweise festzustellen	
3 Frischbeton			
a) Konsistenz	in jedem Fall	einmal täglich[1])	
b) W/Z-Wert	ist anzugeben	einmal täglich[1])	
c) Zusammensetzung	ist anzugeben	einmal täglich[1])	
d) Rohdichte	in jedem Fall	bei jeder Prüfkörper-herstellung[1])	
e) LP-Gehalt[4]) und Lufttemperatur	in jedem Fall	stündl. für Oberbeton[2]), täglich für Unterbeton	stündl. für Oberbeton[1]), täglich für Unterbeton
f) LP-Gehalt, Mikro-Luft-porengehalt	ggf. bei Verwen-dung von BV- und LP-Mittel, s. Tabelle 3 ZTV-Beton-StB 93		
g) Betontemperatur	in jedem Fall	alle 2 Stunden bei Luft-temperaturen unter +5 °C und über +25 °C	
4 Festbeton			
a) Rohdichte und Druckfestigkeit	in jedem Fall	zu Anfang und alle 1000 m², jedoch nicht öfter als einmal am Tag[1])	alle 1000 m² je Ferti-gungsbahn 1 Bohrkern
b) LP-Gehalt, Mikro-Luftporen-gehalt und Abstands-faktor (bei zwei-schichtigen Decken nur am Oberbeton)		an einem Bohrkern aus der ersten Tagesleistung und wenn Zweifel bestehen	
c) Biegezugfestigkeit	in jedem Fall		
d) Dicke der Decke		mindestens alle 200 m durch Abschnüren über die Schalung oder andere geeignete Messungen	alle 1000 m² je Ferti-gungsbahn 1 Bohrkern (für die Dickenmessung werden die für a) ent-nommenen Bohrkerne verwendet)
e) Ebenheit		je Fertigungsbahn und nach jedem Umsetzen der Geräte sind die erste und zweite Tages-leistung sobald wie möglich eingehend auf ihre Ebenheit in jeder Richtung zu unter-suchen[1])	in Längsrichtung eine durchgehende Messung je Fahrstreifen, Stand-streifen sowie bei getrennt hergestellten Seitenstreifen, in Quer-richtung eine durch-gehende Messung an zweifelhaften Stellen
f) Profilgerechte Lage		Einmessung der Schalung bzw. Leit-einrichtungen der Fertiger im Abstand von 20 bis 25 m[3])	Bestimmung der Lage der Fahrbahnränder in Abständen von in der Regel 100 m[3]), Nivellement in einem Ab-stand von 20 bis 25 m[1])

[1]) nur bei Bauklassen SV, I bis III.
[2]) nur für Bauklassen SV, I bis III, bei Bauklassen IV bis VI jedoch mind. einmal täglich.
[3]) nur für Bauklassen SV, I bis III, bei Bauklassen IV bis VI im Abstand von 50 m.
[4]) die Ergebnisse, die im Rahmen der Eigenüberwachung im Beisein des Auftraggebers ermittelt wer-den, können als Kontrollprüfung anerkannt werden.

Die für die Erhärtungsprüfung hergestellten Probekörper sind neben oder auf der Decke zu lagern und wie diese nachzubehandeln. Dabei ist dafür zu sorgen, daß die Probekörper nach der Seite möglichst wenig Wärme abgeben. Die Anzahl der Probekörper für diese Prüfung ist je nach Bedarf festzulegen.

Im Rahmen der Kontrollprüfung werden Bohrkerne mit einem Durchmesser von 15 cm, die in regelmäßigen Abständen aus der fertigen Decke entnommen werden, frühestens im Alter von 60 Tagen auf Druckfestigkeit geprüft.

Für die Entnahme der Bohrkerne und die Durchführung der Prüfung gilt DIN 1048, soweit nachfolgend nichts anderes bestimmt ist.

Bricht ein Bohrkern bei der Entnahme, so ist sofort in 1 m Abstand von der ersten Bohrung ein weiterer zu entnehmen. Der Bruch des Bohrkerns ist im Bohrbericht zu vermerken.

Die Bohrkerne sind dauerhaft zu bezeichnen und bis zur Prüfung bei Temperaturen von +15 bis +22 °C in geschlossenen Räumen an der Luft zu lagern.

2.10.6.3 Prüfungen nach Euro-Normen s. Abschn. 2.12.

2.11 Abzüge bei Über- oder Unterschreitung von Grenzwerten der ZTV Beton-StB 93

a) Vorbemerkungen

Wenn der Auftraggeber wegen festgestellter Mängel bei der Betondruckfestigkeit, der Dicke der Decke und der Ebenheit der Deckenoberfläche Abzüge vornimmt, so bemißt sich deren Höhe nach den in Abschnitt b) angegebenen Abzugsformeln.

Werden bei einer Maßnahme mehrere Mängel festgestellt, für die Abzüge vorzunehmen sind, so werden diese Abzüge addiert.

b) Abzüge

Unterschreitung der vereinbarten Betondruckfestigkeit

Bei Unterschreitung der vereinbarten Betondruckfestigkeit gemäß Abschn. 2.5.1.2 wird ein Abzug nach folgender Formel vorgenommen:

$$A = \frac{P}{100} \times 3 \times EP \times F$$

Hierin bedeuten:

A = Abzug [DM]

$$p = \frac{\text{Mindestdruckfestigkeit } [\text{N/mm}^2] - \text{Istdruckfestigkeit } [\text{N/mm}^2]}{\text{Mindestdruckfestigkeit } [\text{N/mm}^2]} \times 100 \ [\%]$$

Istdruckfestigkeit < Mindestdruckfestigkeit

EP = der sich aus der Abrechnung ergebende Einheitspreis [DM/m²]

F = die dem Nachweis zugehörige Fläche [m²]

Die Ermittlung des Abzuges wird aufgrund des Mittelwertes der Istdruckfestigkeit aller Probekörper (Mindestdruckfestigkeit β_{WS} nach Tabelle 2.5.1.2, Spalte 3) oder aufgrund der Summe der Teilabzüge bei jedem einzelnen Probekörper (Mindestdruckfestigkeit β_{WN} nach Tabelle 2.5.1.2, Spalte 2) vorgenommen; der höhere Wert des Abzuges ist maßgebend.

Baustoffe

Beispiel Anzahl der Probekörper: 4

$EP = 30, - DM/m^2$

$F_n = 1000 \, m^2, \; F = 4000 \, m^2$

Mindestdruckfestigkeit β_{WS} im Mittel $= 40{,}0 \, N/mm^2$

Mindestdruckfestigkeit β_{WN} am Einzelprobekörper $= 35{,}0 \, N/mm^2$

Istdruckfestigkeit der Einzelprobekörper:

$\beta_{w1} = 32{,}9 \, N/mm^2$
$\beta_{w2} = 33{,}8 \, N/mm^2$
$\beta_{w3} = 38{,}8 \, N/mm^2$
$\beta_{w4} = 50{,}9 \, N/mm^2$

Mittelwert der Istdruckfestigkeit aller Einzelprobekörper:

$$\beta_{wm} = \frac{156{,}4}{4} = 39{,}1 \, N/mm^2$$

$$p_1 = \frac{35{,}0 - 32{,}9}{35{,}0} \times 100 = 6{,}0\%$$

$$A_1 = \frac{6}{100} \times 3 \times 30{,}00 \times 1\,000 = 5\,400, - \; DM$$

$$p_2 = \frac{35{,}0 - 33{,}8}{35{,}0} \times 100 = 3{,}4\%$$

$$A_2 = \frac{3{,}4}{100} \times 3 \times 30{,}00 \times 1\,000 = 3\,060, - \; DM$$

$p_3 = p_4 = 0$, da Istdruckfestigkeit $>$ Mindestdruckfestigkeit

$A_3 = A_4 = 0{,}00 \, DM$

Summe $A_N = 5\,400 + 3\,060, - \; + 0{,}00 + 0{,}00 = 8\,460, - \; DM$

$$p_m = \frac{40{,}0 - 39{,}1}{40{,}0} \times 100 = 2{,}3\%$$

$$A_M = \frac{2{,}3}{100} \times 3 \times 30{,}00 \times 4\,000 = 8\,280, - \; DM$$

Summe $A_N > A_M$

$A = 8\,460, - \; DM$

Unterschreitung der Einbaudicke

Unterschreitet die Einbaudicke des Einzelwertes (Istdicke) die im Bauvertrag vereinbarte Einbaudicke (Solldicke) um mehr als 0,5 cm, wird unabhängig von der bei einer Mindereinbaudicke im Rahmen der Abrechnung durchzuführenden Änderung des Einheitspreises ein Abzug nach folgender Formel vorgenommen:

$A = f \times EP \times F$

Darin bedeuten:

A = Abzug in DM

f = Abzugsfaktor in Abhängigkeit von p

$p = \dfrac{\text{Solldicke (cm)} - = 0{,}5 \; \text{(cm)} - \text{Istdicke (cm)}}{\text{Solldicke (cm)}} \times 100 \; (\%)$

Istdicke $<$ Solldicke $- 0{,}5$

EP = der sich aus der Abrechnung ergebende Einheitspreis **in DM/m²**

F = die dem Probekörper zugehörige Fläche in **m²**.

Die Ermittlung des Abzuges wird nur aufgrund der Einzelwerte der Einbaudicke vorgenommen.

Tabellarische Darstellung des Abzugsfaktors f

p (%)	0,5	1	2	3	4	5	6	7	8	9	10	11	12	13	14	15	16	17	18
f	0,03	0,06	0,10	0,15	0,18	0,24	0,27	0,31	0,34	0,38	0,42	0,45	0,48	0,51	0,54	0,57	0,59	0,62	0,64

118

Beispiel $EP = 30,00$ DM/m²

$F = 1000$ m²

Solldicke: 24,0 cm   Istdicke: 22,7 cm

$p = \dfrac{24,0 - 0,5 - 22,7}{24,0} \times 100 = 3,3\%$

$f = 0,16$ (aus obenstehender Tabelle)

$A = 0,16 \times 30,00 \times 1000 = 4800,- $ DM

Überschreitung des Grenzwertes für die Ebenheit der Deckenoberfläche

Überschreitet die Unebenheit den festgelegten Grenzwert, wird ein Abzug nach folgender Formel vorgenommen:

$$A = 0,3 \times \sum p^2 \times EP \times B$$

Darin bedeuten:

A = Abzug in DM

p = gemessene Unebenheit in mm, über den festgelegten Grenzwert hinaus

EP = der sich aus der Abrechnung ergebende Einheitspreis in DM/m²

B = die zu jeder Messung gehörige Breite des Fahrstreifens in m.
    Die Fahrstreifenbreite schließt zugehörige, gleichzeitig hergestellte Randstreifen mit ein.

Für die Auswertung werden die abgelesenen Überschreitungen (p) zunächst einzeln quadriert und aus diesen Werten die Summe gebildet.

Beispiel $EP = 30,00$ DM/m²

$B = 4,25$ m

Zulässige Abweichung: 4 mm.

Planografen-Aufzeichnung (vergrößert)

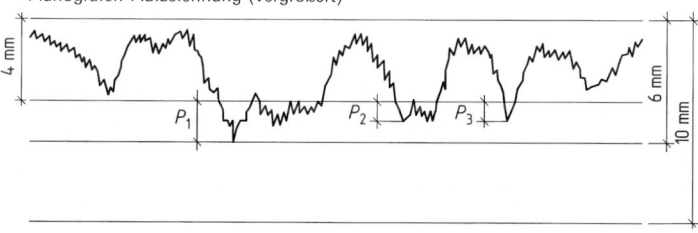

Bild 2.34

$p_1 = 2$ mm	$p_1^2 = 4$	$A = 0,3 \cdot 6 \cdot 30,00 \cdot 4,25 = 229,50$ DM
$p_2 = 1$ mm	$p_2^2 = 1$	
$p_3 = 1$ mm	$p_3^2 = 1$	
	$\sum p_n^2 = 6$	

2.12 Beton nach europäischer Norm

2.12.1 Allgemeines

Aufgrund des schleppenden Fortgangs der europäischen Normung hat der Vorstand des Deutschen Ausschusses für Stahlbeton als Lenkungsgremium des Fachbereichs 07 ,,Beton- und Stahlbeton'' im DIN die Einführung einer neuen deutschen Normengeneration für den Beton-, Stahlbeton- und Spannbetonbau gemäß dem in der nachfolgenden Tabelle angegebenen Zeitplan beschlossen. Dieses zukünftige deutsche Normenwerk wird in drei Teilen die ,,Bemessung und Konstruktion'', die ,,Betontechnik'' und die ,,Bauausführung'' behandeln und baut auf den vorliegenden europäischen Normentwürfen auf.

Die neuen deutschen Normen sollen 1999 zur Verfügung stehen und die veralteten Normen DIN 1045 (1988) und DIN 4227 (1988) ablösen. Die in Europa erarbeiteten Vornormen und Normentwürfe werden damit in Deutschland schneller verbindlich umgesetzt. Wegen der engen Anbindung an das europäische Normenkonzept ist bei einer späteren Einführung der europäischen Normen der Umstellungsaufwand gering.

Entsprechend der Dreiteilung im europäischen Normenwerk ist folgende Gliederung des neuen deutschen Normenpakets vorgesehen:

DIN 1045-1: Tragwerke aus Beton, Stahlbeton und Spannbeton;
Teil 1: Bemessung und Konstruktion
(beruht auf ENV 1992-1 von 1991)

DIN 1045-2: Tragwerke aus Beton, Stahlbeton und Spannbeton;
Teil 2: Betontechnik
(beruht auf prEN 206 von 1997)

DIN 1045-3: Tragwerke aus Beton, Stahlbeton und Spannbeton;
Teil 3: Bauausführung
(noch keine europäische Vornorm vorhanden)

Da die sowohl die Betontechnik als auch die Bauausführung betreffende ENV 206 (1990) derzeit und möglicherweise auch noch in den nächsten Jahren als mitgeltende Norm alternativ angewandt werden darf, sind nachfolgend nochmals die wesentlichen Inhalte dieser Vornorm abgedruckt.

Es sei jedoch bereits jetzt darauf hingewiesen, daß sich nach dem vorliegenden Normentwurf prEN 206 (1997) die darauf beruhende DIN 1045-2 sowie die spätere EN 206 wesentlich von der bisherigen Vornorm ENV 206 (1990) unterscheiden werden.

Zeitplan für die Einführung einer neuen deutschen Normengeneration im Betonbau

Termin	Bauaufsichtlich eingeführte Normen	Während einer Übergangszeit mitgeltende Normen	Möglicherweise mitgeltende europäische Vornormen
derzeit	DIN 1045 (1988) DIN 4227 (1988)	ENV 1992-1 (1991) ENV 206 (1990)	
1999 (Zielvorgabe)	DIN 1045-1 (neu) DIN 1045-2 (neu) DIN 1045-3 (neu)	DIN 1045 (1988) DIN 4227 (1988)	ENV 1992-1 (1991) ENV 206 (1990)
2003 (Zielvorgabe)	DIN 1045-1 DIN 1045-2 DIN 1045-3		ENV 1992-1 (1991) ENV 206 (1990)
2003 + x[1])	EN 1992 EN 206 EN ... (Bauausführung)	DIN 1045-1[2]) DIN 1045-2[2]) DIN 1045-3[2])	
2003 + x + y	EN 1992 EN 206 EN ... (Bauausführung)		

[1]) x = abhängig vom Fortgang der europäischen Normung.
[2]) bei ausreichender Übereinstimmung des europäischen Normenwerks mit der neuen deutschen Normengeneration ist eine Übergangsregelung u. U. entbehrlich.

2.12.2 Anforderungen an die Dauerhaftigkeit

a) Umweltklassen in Abhängigkeit von den Umweltbedingungen nach DIN V ENV 206

Umweltklassen		Beispiele für Umweltbedingungen
1 Trockene Umgebung		– Innenräume von Wohn- oder Bürogebäuden[1])
2 Feuchte Umgebung	a ohne Frost	– Gebäudeinnenräume mit hoher Feuchte (z. B. Wäschereien) – Außenbauteile – Bauteile in nichtangreifendem Boden und/oder Wasser
	b mit Frost	– Außenbauteile, die Frost ausgesetzt sind – Bauteile in nichtangreifendem Boden und/oder Wasser, die Frost ausgesetzt sind – Innenbauteile bei hoher Luftfeuchte, die Frost ausgesetzt sind
3 Feuchte Umgebung mit Frost- und Taumittel-einwirkung		– Außenbauteile, die Frost und Taumitteln ausgesetzt sind
4 Meerwasser-umgebung	a ohne Frost	– Bauteile im Spritzwasserbereich oder die ganz oder nur teilweise in Meerwasser eingetaucht sind – Bauteile in salzgesättigter Luft (unmittelbarer Küstenbereich)
	b mit Frost	– Bauteile im Spritzwasserbereich oder die nur teilweise in Meerwasser eingetaucht sind und Frost ausgesetzt sind – Bauteile, die salzgesättigter Luft und Frost ausgesetzt sind

Die folgenden Klassen können einzeln oder in Kombination mit den oben genannten Klassen vorliegen:

5 Chemisch angreifende Umgebung[2])	a	Schwach chemisch angreifende Umgebung (gasförmig, flüssig fest) Aggressive industrielle Atmosphäre
	b	Mäßig chemisch angreifende Umgebung (gasförmig, flüssig oder fest
	c	Stark chemisch angreifende Umgebung (gasförmig, flüssig oder fest)

[1]) Diese Umweltklasse gilt nur dann, wenn das Bauwerk oder einige dessen Bauteile während der Bauausführung über einen längeren Zeitraum hinweg keinen schlechteren Bedingungen ausgesetzt wird.

[2]) Chemisch angreifende Umgebungen werden in ISO 9690 klassifiziert. Folgende gleichwertige Umweltklassen dürfen ebenfalls angegeben werden:
Umweltklasse 5a: ISO-Klassifizierung A1G, A1L, A1S
Umweltklasse 5b: ISO-Klassifizierung A2G, A2L, A2S
Umweltklasse 5c: ISO-Klassifizierung A3G, A3L, A3S

b) Zuordnung der Umweltklassen der Tabelle a) zu den Angriffsgraden nach DIN 4030-1 gemäß DAfStB-Anwendungsrichtlinie

ENV 206		Angriffsgrad		
		DIN 4030-1		
		Wässer	Böden	Gase
chemisch angreifende Umgebung	5a	schwach	schwach	schwach
	5b	stark	stark	*)
	5c	sehr stark	*)	*)

*) Keine Regelung in DIN 4030-1.

c) **Anforderungen hinsichtlich der Dauerhaftigkeit in Abhängigkeit von den Umweltbedingungen nach DIN V ENV 206 und DAfStB-Anwendungsrichtlinie**

Anforderung	Umweltklasse nach Tabelle 2.12.2a								
	1	2a	2b	3	4a	4b	5a	5b	5c[1])
Maximaler Wasserzement-wert für									
– unbewehrten Beton	–	0,70							
– Stahlbeton	0,65	0,60	0,55	0,50	0,55	0,50	0,55	0,50	0,45
– Spannbeton	0,60	0,60							
Mindestzementgehalt in kg/m³ für									
– unbewehrten Beton	150	200	200				200		
– Stahlbeton	260	280	280	300	300	300	280	300	300
– Spannbeton	300	300	300				300		
Mindestluftporengehalt von Frischbeton in % für den Nennwert des Zuschlaggrößtkorns[2])									
– 32 mm	–	–	3) 4	3) 4	–	3) 4	–	–	–
– 16 mm	–	–	5	5	–	5	–	–	–
– 8 mm	–	–	6	6	–	6	–	–	–
Frostbeständige Zuschläge[5])	–	–	ja	ja	–	ja	–	–	–
Wasserundurchlässiger Beton nach 7.3.1.5	–	–	ja	ja	ja	ja	ja	ja	ja
Für unbewehrten Beton und Stahlbeton erforderliche Zementarten nach EN 197							Zement mit hohem Sulfatwiderstand, wenn der Sulfatgehalt[4]) > 500/mg/kg im Wasser >3000 mg/kg im Beton		

Für die Gültigkeitsdauer dieser Vornorm sollten insbesondere für die Umweltklassen 2b, 3, 4b bei der Wahl der Zementart und ihrer Zusammensetzung die am Verwendungsort des Betons geltenden nationalen Normen oder Regelungen zugrunde gelegt werden. Die Eignung der Zemente kann auch durch Prüfung des Betons unter herrschenden Bedingungen beim beabsichtigten Gebrauch nachgewiesen werden.

Zusätzlich kann der Zement CEM I allgemein für Spannbeton verwendet werden. Es können auch andere Zementarten verwendet werden, wenn mit diesen Zementen Erfahrungen gesammelt worden sind und deren Anwendung nach den am Verwendungsort des Betons geltenden nationalen Normen oder Regelungen zulässig ist.

[1]) Zusätzlich muß der Beton durch Beschichtungen vor direkter Berührung mit dem angreifenden Medium geschützt werden, ausgenommen in den Fällen, in denen ein derartiger Schutz nicht für erforderlich gehalten wird.

[2]) Mit einem Abstandsfaktor des Luftporenbildners ≤0,20 mm, gemessen am Festbeton.

Fortsetzung der Fußnoten s. nächste Seite

[3]) Sofern ein hoher Sättigungsgrad über längere Zeiträume hinweg vorliegt. Für die Umwelt-klasse 3 ist stets ein hoher Sättigungswert des Betons anzunehmen. Die Bedingungen der Tabelle 3 sind für die Umweltklassen 2 b und 4 b im Fall eines hohen Sättigungsgrades einzu-halten. Ein hoher Sättigungsgrad ist zu erwarten, wenn ein Bauteil über mehrere Tage mit Wasser unmittelbar in Kontakt steht, z. B. bei Teilen von Schleusenbauwerken, Kläranlagen, Bauteilen in Wasserwechselzonen und waagerechten Betonflächen (s. DIN 1045/07.88, Ab-schnitte 6.5.7.3 und 6.5.7.4). Für Außenbauteile nach DIN 1045/07.88, Abschnitt 2.1.1, ist ein hoher Sättigungsgrad dagegen generell nicht zu erwarten; bei ihnen kann von einem entsprechenden Frostwiderstand in der Regel auch ohne den geforderten Mindestluftporen-gehalt ausgegangen werden.

[4]) Der Sulfatwiderstand des Zementes muß nach den nationalen Normen und dem am Verwen-dungsort geltenden nationalen Normen oder Regelungen beurteilt werden. Für die Definition von HS-Zementen gilt DIN 1164 Teil 1/03.90, Abschnitt 4.6.

[5]) Anhand der am Verwendungsort des Betons geltenden nationalen Normen oder Regelungen nachzuweisen. Für die Umweltklasse 2 b ist bei hohem Sättigungsgrad Betonzuschlag eF, für die Umweltklassen 3 und 4 b ist Betonzuschlag eFT nach DIN 4226 Teil 1/04.83, Abschn. 7.5, zu verwenden.

d) Zulässige Zemente in Abhängigkeit von den Umweltklassen und den Anwendungsbereichen gemäß DAfStB-Anwendungsrichtlinie

Anwendungs-bereiche	Umweltklassen nach DIN V ENV 206/10.90, Tabelle 2								
	1	2a	2b	3	4a	4b	5a	5b	5c
	trok-ken	feucht ohne Frost	feucht mit Frost	feucht mit Frost und Tausalz	Meerwasser ohne Frost	mit Frost	chemischer Angriff		
							schwach	mäßig	stark
1 Für unbewehr-ten Beton und Stahlbeton-zulässige Zementarten	Alle DIN-Zemente und bauaufsichtlich zugelassenen Zemente[*])			Alle Zemente n. DIN 1045, Abschn. 6.5.7.4 (1) und bauauf-sichtlich zu-gelassene Zemente[*]) Bei sehr star-kem Frost- und Tausalz-angriff die Zemente nach DIN 1045/ 07.88, Ab-schn. 6.5.7.4 (4) und bau-aufsichtlich zugelassene Zemente[*])	wie 1, 2a, 2b		Alle DIN-Zemente und bauaufsichtlich zugelassenen Zemente[*]), wenn nicht HS-Zement in ENV 206, Abschnitt 6.2.2., Tabelle 3 ge-fordert wird		
2 Spannbeton mit nachträg-lichem Ver-bund (ver-preßtes Hüll-rohr) oder Vorspannung ohne Verbund	Alle DIN- und bauaufsichtlich zugelassenen Zemente[*]), soweit nicht Einschränkungen nach Zeile 1 gelten								
3 Spannbeton mit sofortigem Verbund	Folgende DIN-Zemente dürfen verwendet werden:[1]) PZ 35 F; PZ 45; PZ 55; EPZ 35 F; EPZ 45; HOZ 45; PÖZ 45 F, PÖZ 55; bauaufsichtlich zugelassene Zemente[*])								

[*]) Für zugelassene Zemente je nach Zulassungsbescheid.
[1]) Anmerkung des Verfassers: eine Gegenüberstellung alter und neuer Zementbezeichnungen findet sich in den Tabellen 2.3.3 und 2.3.4

2.12.3 Frischbetonkonsistenz

Die Konsistenz des Betons ist entweder anhand
- der Slump-Prüfung nach ISO 4109 oder
- der Vebe-Prüfung nach ISO 4110 oder
- der Verdichtungsprüfung nach ISO 4111 oder
- des Ausbreitversuches nach ISO 9812

zu bestimmen. Bei Beton mit hoher Verarbeitbarkeit, z. B. beim Einsatz von Fließmitteln, ist der Ausbreitversuch anzuwenden. Wenn nicht anderes vereinbart wird, ist die Konsistenz in Deutschland nach DIN 1048 Teil 1 zu prüfen.

Slump-Klassen

Klasse	Slump in mm
S1	10 bis 40
S2	50 bis 90
S3	100 bis 150
S4	≥ 160

Die Slump-Maße sind auf 10 mm gerundet anzugeben.

Vebe-Klassen

Klasse	Vebe in Sekunden
V0	≥ 31
V1	30 bis 21
V2	20 bis 11
V3	10 bis 5
V4	≤ 4

Ausbreitklassen

Klasse	Ausbreitmaß (Durchmesser) in mm	Bezeichnung nach DIN 1045
F1	≤ 340	–
F2	350 bis 410	KP
F3	420 bis 480	KR
F4	490 bis 600	KF

Verdichtungsmaß-Klassen

Klasse	Verdichtungsmaße	Bezeichnung nach DIN 1045	v nach DIN 1045
C0	$\geq 1,46$		
C1	1,45 bis 1,26	KS	$\geq 1,20$
C2	1,25 bis 1,11	KP	1,19 bis 1,08
C3	1,10 bis 1,04	KR	1,07 bis 1,02

2.12.4 Festigkeitsklassen für Beton

Druckfestigkeit

Die Druckfestigkeit des Betons wird als charakteristische Festigkeit ausgedrückt und als der Festigkeitswert definiert, unter dem erwartungsgemäß 5% der Grundgesamtheit aller möglichen Festigkeitsmessungen des angegebenen Betons liegen werden. Die Festigkeit wird hierbei nach ISO 4012 an Probekörpern, die nach ISO 1920 in Formen — entweder als Würfel mit der Kantenlänge 150 mm oder als Zylinder mit den Maßen $d = 150$ mm und $h = 300$ mm — hergestellt sind nach ISO 2736 nachbehandelt wurden, im Alter von 28 Tagen bestimmt. Die am Würfel bestimmte Festigkeit wird mit $f_{ck_{cube}}$, die am Zylinder bestimmte Festigkeit mit $f_{ck_{cyl}}$ angegeben.

Vor Beginn der Bauarbeiten ist anzugeben oder zu vereinbaren, ob die Druckfestigkeit anhand von Würfeln oder Zylindern zu bestimmen ist.

Nach der DAfStB-Anwendungsrichtlinie ist die Druckfestigkeit am Probewürfel mit 150 mm Kantenlänge und unter den Lagerungsbedingungen nach DIN 1048-2 — also abweichend von ISO 2736 — nachzuweisen. Die hierbei erzielten Druckfestigkeiten dürfen wie folgt umgerechnet werden:

$$f_{c(ISO)} = 0{,}92 \cdot \beta_{WN(150\,mm)}$$

wobei

$f_{c(ISO)}$ = Druckfestigkeit bei Lagerung nach ISO 2736-2
$\beta_{WN(150\,mm)}$ = Druckfestigkeit bei Lagerung nach DIN 1048-1

Der Beton wird entsprechend seiner in der nachstehenden Tabelle angegebenen Druckfestigkeit klassifiziert. Die Tabelle basiert auf der Klassifikation der Zylinderfestigkeit nach dem Eurocode 2 für Bemessung.

Festigkeitsklassen für Beton

Festigkeitsklasse	**C12/15**	C16/20	**C20/25**	C25/30	**C30/37**	C35/45	**C40/50**	C45/55	**C50/60**
$f_{ck\,cyl}$[1]) in N/mm²	12	16	20	25	30	35	40	45	50
$f_{ck\,cube}$ in N/mm²	15	20	25	30	37	45	50	55	60

[1]) $f_{ck\,cyl}$ ist mit der in den Eurocodes verwendeten Festigkeitsklasse f_{ck} identisch.

Aus Gründen der Produktions- und Qualitätskontrolle werden die fett gedruckten Werte für die Bestimmung des Betons empfohlen.

Für Leichtbeton gelten die gleichen Festigkeitsklassen; sie werden durch das Symbol LC gekennzeichnet, das vor der Angabe der Festigkeitsklasse steht.

Die Festigkeitsentwicklung ist anhand von Druckfestigkeitsprüfungen zu bestimmen, die in zu tolerierenden Zeitabständen am Beton durchgeführt werden. Falls der Einfluß der Baustellenbedingungen auf die Festigkeitsentwicklung berücksichtigt werden soll, müssen für die Nachbehandlung der Probekörper besondere Bedingungen eigens vereinbart werden.

2.12.5 Wasserundurchlässigkeit

Die Betonzusammensetzung gilt für die Herstellung von wasserundurchlässigem Beton als geeignet, wenn die maximale Eindringtiefe in den Beton nach ISO 7031 weniger als 50 mm und der Mittelwert der mittleren Wassereindringtiefe weniger als 20 mm beträgt. Der Wasserzementwert darf 0,55 nicht überschreiten.

2.12.6 Rohdichte

Hinsichtlich der Trockenrohdichte des Betons wird zwischen Normalbeton (Symbol C), Leichtbeton (Symbol LC) und Schwerbeton (Symbol HC) unterschieden.

Die Klassifizierung von Leichtbeton hinsichtlich dessen Rohdichte wird in nachfolgender Tabelle angegeben.

Klassifizierung von Leichtbeton

Roh-dichte-Klasse in kg/m³	1,0	1,2	1,4	1,6	1,8	2,0
	901 bis 1000	1001 bis 1200	1201 bis 1400	1401 bis 1600	1601 bis 1800	1801 bis 2000

Die Rohdichte ist nach ISO 6275 zu bestimmen. Ist das Verhältnis zwischen Trockenrohdichte und tatsächlich vorhandener Rohdichte des Festbetons bekannt, kann die tatsächlich vorhandene Rohdichte nach ISO 4012 bestimmt werden.

2.12.7 Festlegung des Betons

2.12.7.1 Allgemeines

Beton darf als Entwurfsmischung[1]) mit Angabe der geforderten Eigenschaften oder als vorgeschriebene Mischung[2]) unter Vorgabe der Zusammensetzung auf der Grundlage von Eignungsprüfungsergebnissen oder langzeitigen Erfahrungen mit vergleichbarem Beton beschrieben werden.

Vom Entwerfenden oder vom Bauausführenden bereitzustellende Angaben sind
— für die Entwurfsmischungen in 2.12.7.2 und
— für die vorgeschriebenen Mischungen in 2.12.7.3 aufgeführt.

2.12.7.2 Angaben bei der Festlegung von Entwurfsmischungen

Mindestangaben

a) Festigkeitsklasse

b) Nennwert des Zuschlaggrößtkorns

c) Mindestanforderungen an die Zusammensetzung je nach Verwendungszweck des Betons (z. B. Umweltklassen, unbewehrter Beton, Stahlbeton oder Spannbeton).

Bei Transportbeton (vom Bauausführenden vorgegeben):

d) Konsistenz-Klasse

Zusätzliche Angaben bei besonderen Bedingungen

Wenn möglich, sind für a) und b) festgelegte Eigenschaften und Prüfverfahren anzugeben:

a) Eigenschaften des Festbetons, z. B.
  — Betonrohdichte, z. B. bei Leicht- oder Schwerbeton
  — Widerstand gegen eindringendes Wasser
  — Frost-Tauwechselwiderstand
  — Frost-Taumittelwiderstand
  — Widerstand gegen chemischen Angriff
  — Verschleißwiderstand
  — Widerstand gegen hohe Temperaturen
  — andere zusätzliche technische Anforderungen.

b) Eigenschaften der Mischung, z. B.
  — Zementart
  — Konsistenzklasse
  — Luftgehalt
  — beschleunigte Festigkeitsentwicklung
  — Wärmeentwicklung während der Hydratation
  — verzögerte Hydratation
  — besondere Anforderungen an die Zuschläge
  — besondere Anforderungen bezüglich Alkali-Kieselsäure-Reaktion
  — besondere Anforderungen an die Temperatur des Frischbetons
  — andere zusätzliche technische Anforderungen.

---

[1]) Entwurfsmischung: Mischung, bei der die Verantwortung für die Festlegung der erforderlichen Betoneigenschaften und zusätzlichen Anforderungen beim Bauausführenden (Verwender des Betons) liegt und bei der der Betonhersteller dafür verantwortlich ist, daß die gelieferte Mischung die festgelegten Eigenschaften und zusätzlichen Anforderungen erfüllt.

[2]) Vorgeschriebene Mischung: Mischung, bei der die Ausgangsstoffe und deren Zusammensetzung vom Bauausführenden (Verwender des Betons) festgelegt werden. Der Betonhersteller ist dafür verantwortlich, daß die gelieferte Mischung diesen Angaben entspricht, übernimmt aber keine Verantwortung für die Eigenschaften des Betons.

c) Bei Transportbeton folgende zusätzliche Bedingungen hinsichtlich des Transports sowie der Förder- und Einbauverfahren auf der Baustelle (vom Bauausführenden vorgegeben):
— Lieferzeit und -menge
— Förderung auf der Baustelle
   ...Pumpen
   ...Förderband
— Beschränkung der Fahrzeugart (Fahrzeug mit oder ohne Rührwerk), der Größe, der Höhe oder des Gewichts des Fahrzeugs.

2.12.7.3 Angaben für eine vorgeschriebene Mischung

Allgemeines

Bei der Festlegung von vorgeschriebenen Mischungen sind in jedem Fall die Mindestangaben und, wenn besondere Bedingungen dies erfordern, zusätzliche Angaben zu machen.

Mindestangaben

a) Zementgehalt je Kubikmeter verdichteten Betons
b) Art- und Konsistenzklasse des Zements
c) Konsistenzbereich des Frischbetons oder Wasserzementwert
d) Art der Zuschläge
e) Größtkorn und Sieblinie des Zuschlags
f) gegebenenfalls Art und Menge von Zusatzmitteln oder Zusatzstoffen
g) Herkunft und Ausgangsstoffe des Betons, wenn Zusatzmittel oder Zusatzstoffe verwendet werden.

Zusätzliche Angaben

a) Eigenschaften der Betonzusammensetzung, z. B.
— Herkunft der Ausgangsstoffe
— zusätzliche Anforderungen an Zuschläge, gegebenenfalls einschließlich besonderer Sieblinien
— besondere Anforderungen hinsichtlich der Temperatur des Frischbetons bei der Lieferung
— andere zusätzliche technische Anforderungen.

b) Bei Transportbeton zusätzliche Bedingungen hinsichtlich des Transports sowie der Förderverfahren und der Verarbeitung auf der Baustelle, z. B.
— Lieferzeit und Menge
— Beschränkung der Fahrzeugart (Fahrzeug mit oder ohne Rührwerk), der Größe, der Höhe oder des Gewichts des Fahrzeugs.

2.12.8 Transport, Verarbeitung und Nachbehandlung von Frischbeton auf der Baustelle

2.12.8.1 Lieferschein bei Transportbeton

Der mit der Lieferung des Betons Beauftragte hat dem Abnehmer für jede Lieferung vor dem Entladen einen Lieferschein auszuhändigen, der gedruckt, gestempelt oder geschrieben die folgenden Mindestangaben enthalten muß:
— Name des Transportbetonwerks
— lfd. Nummer des Lieferscheins
— Datum und Uhrzeit des Beladens, d. h. Zeitpunkt des ersten Kontakts zwischen Zement und Wasser
— Fahrzeugnummer
— Name des Abnehmers

- Bezeichnung und Lage der Baustelle
- Angabe, Einzelheiten oder Verweis auf die Angaben bei der Bestellung, z. B. Nummer des Betonsortenverzeichnisses, Bestellnummer
- Betonmenge in Kubikmetern
- Name oder Kennzeichen des Zertifizierungsinstituts, sofern erforderlich.

Zusätzlich sind auf dem Lieferschein folgende Einzelheiten anzugeben:

Bei einer Entwurfsmischung:
- Betonfestigkeitsklasse
- Umweltklasse oder die entsprechende Einschränkung bezüglich der Zusammensetzung des Betons
- Konsistenzklasse
- Art und Festigkeitsklasse des Zements
- gegebenenfalls Art der Zusatzmittel und Zusatzstoffe
- besondere Eigenschaften

Bei einer vorgeschriebenen Mischung:
- Einzelheiten der Zusammensetzung, z. B. Zementgehalt, gegebenenfalls Art des Zusatzmittels
- Konsistenzklasse

2.12.8.2 Konsistenz bei der Lieferung

Wenn die Konsistenz des Betons zum Zeitpunkt der Übergabe der festgelegten Konsistenz nicht entspricht, ist der Beton zurückzuweisen. Ist jedoch die Konsistenz des Betons steifer als festgelegt und befindet sich der Beton noch in einem Mischfahrzeug, so dürfen zur Einstellung der festgelegten Konsistenz Wasser und Zusatzmittel zugegeben werden, jedoch nur in dem Maße, wie die Zugabe von Zusatzmitteln lt. Mischanweisung zulässig ist und der vorgegebene höchstzulässige Wasserzementwert nicht überschritten wird.[1])

2.12.8.3 Nachbehandlung und Schutz des Betons

Allgemeines

Um die vom Beton erwarteten Eigenschaften insbesondere in den Oberflächenbereichen zu erhalten, sind eine sorgfältige Nachbehandlung und Schutzmaßnahmen für den Beton über einen angemessenen Zeitraum erforderlich.

Nachbehandlung und Schutz sollten so bald wie möglich nach dem Verdichten des Betons beginnen.

Die Nachbehandlung verhindert:
- vorzeitiges Austrocknen, vor allem durch Sonneneinstrahlung und Wind

Der Schutz verhindert:
- Auswaschen durch Regen und fließendes Wasser
- rasches Abkühlen in den ersten Tagen nach dem Betonieren
- hohes inneres Temperaturgefälle
- niedrige Temperaturen oder Frost
- Erschütterungen oder Stöße, die zur Rißbildung des Betons führen und die Verbundwirkung zwischen Bewehrung und Beton beeinträchtigen können.

---

[1]) Für den Fall, daß bei der Lieferung mit einem Mischfahrzeug auf der Baustelle mehr Wasser zugegeben wird als für die festgelegte Konsistenz bzw. den höchstzulässigen Wasserzementwert vorgesehen, trägt die Verantwortung für die Änderung der Mischanweisung und etwaige bautechnische Folgen derjenige, auf dessen Entscheidung hin das zusätzliche Wasser zugegeben wird.

2

Maßnahmen zur Nachbehandlung

Die Maßnahme zur Nachbehandlung ist vor Beginn der Arbeiten auf der Baustelle festzulegen. Die bevorzugten Maßnahmen zur Nachbehandlung von Beton sind:

— Belassen der Schalung
— Abdecken mit Kunststoff-Folien
— Aufbringen feuchter Abdeckungen
— Besprühen mit Wasser
— Auftragen von schutzfilmbildenden Nachbehandlungsmitteln.

Diese Maßnahmen können einzeln oder zusammen angewendet werden.

Dauer der Nachbehandlung

Die erforderliche Dauer der Nachbehandlung hängt von der Geschwindigkeit, mit der eine bestimmte Undurchlässigkeit (Widerstand gegen das Eindringen von Gasen oder Flüssigkeiten) des Oberflächenbereiches (Betondeckung) erreicht wird. Die Dauer der Nachbehandlung ist daher anhand eines der folgenden Kriterien festzulegen:

— nach Kriterien, die auf den Reifegrad des Betons aufbauen, d.h., die auf dem Hydratationsgrad der betreffenden Betonmischung und den Umgebungsbedingungen basieren
— nach den örtlichen Anforderungen
— nach der in der nachfolgenden Tabelle angegebenen Mindestdauer.

In Fällen, in denen der Beton starkem Verschleiß oder stark angreifenden Umweltbedingungen (Umweltklassen 3, 4, 5b oder 5c) ausgesetzt wird, soll die in der Tabelle angegebene Dauer der Nachbehandlung erheblich verlängert werden.

Je nach Art der Nutzung des Bauteils (z.B. vorgesehene Oberflächenbeschaffenheit) soll die in der Tabelle angegebene Mindestdauer der Nachbehandlung auch auf Umweltklasse 1 angewandt werden.

Mindestdauer der Nachbehandlung für Umweltklassen 2 und 5a, in Tagen

Festigkeitsentwicklung des Betons	schnell WZ <0,5 CE 42,5R			mittel WZ 0,5 bis 0,6 CE 42,5R WZ <0,5 CE 32,5R und CE 42,5			langsam alle anderen Fälle		
Betontemperaturen über 0°C während der Nachbehandlung / Umgebungsbedingungen während der Nachbehandlung	5	10	15	5	10	15	5	10	15
I Keine direkte Sonneneinstrahlung und Wind, relative Feuchte der Umgebungsluft nicht unter 80%	2	2	1	3	3	2	3	3	2
II Mittlere Sonneneinstrahlung oder mittlere Windgeschwindigkeit oder relative Luftfeuchte nicht unter 50%	4	3	2	6	4	3	8	5	4
III Starke Sonneneinstrahlung oder hohe Windgeschwindigkeit oder relative Luftfeuchte unter 50%	4	3	2	8	6	5	10	8	5

2.12.9 Schutz vor Frost

Die Dauer des Schutzes kann anhand von Konzepten, die auf dem Reifegrad des Betons aufbauen, ermittelt werden. Andernfalls ist der Schutz vor Frost so lange erforderlich, bis der Beton eine Druckfestigkeit von 5 N/mm^2 erreicht hat.

2.12.10 Ausschalen

Das Ausschalen darf erst erfolgen, wenn eine ausreichende Betonfestigkeit hinsichtlich der Tragfähigkeit und der Verformungen des Bauteils erreicht wurde und wenn die Schalung zur Nachbehandlung nicht mehr benötigt wird.

2.12.11 Güteüberwachung

2.12.11.1 Allgemeines

Die Güteüberwachung umfaßt die Teile
— Eigenüberwachung (Fertigungskontrolle)
— Gütenachweis

2.12.11.2 Eigenüberwachung (Fertigungskontrolle)

Die Eigenüberwachung (Fertigungskontrolle) umfaßt alle Maßnahmen, die notwendig sind, um eine Betonqualität zu erzielen, die in Übereinstimmung mit den festgelegten Anforderungen steht. Sie umfaßt Kontrollen und Prüfungen und bezieht die Auswertung von Prüfergebnissen hinsichtlich der Geräte und Einrichtungen, der Ausgangsstoffe, des Frischbetons und des Festbetons mit ein.

Sie umfaßt auch eine Kontrolle vor dem Betonieren und eine Kontrolle des Transports, Einbringens, Verdichtens und der Nachbehandlung des Frischbetons.

Die Eigenüberwachung (Fertigungskontrolle) ist durch den Bauausführenden, die Subunternehmer und Zulieferer durchzuführen, von jedem innerhalb seines speziellen Aufgabenbereichs im Rahmen der Herstellung, Verarbeitung und Nachbehandlung des Betons.

Alle Ergebnisse der Eigenüberwachung (Fertigungskontrolle) — auf der Baustelle, im Transportbetonwerk oder im Betonfertigteilwerk — sind in ein Tagebuch oder ein anderes Dokument einzutragen, z. B.:
— zeitlicher Ablauf der einzelnen Arbeitsvorgänge während der Verarbeitung und Nachbehandlung des Betons
— Temperatur und Witterung während der Verarbeitung und Nachbehandlung des Betons
— Bauteil, für das die jeweilige Charge verwendet wurde.

Zusätzliche Informationen bei Transportbeton:
— Name des Zulieferers
— Nummer des Lieferscheins

Die im Rahmen der Eigenüberwachung (Fertigungskontrolle) durchgeführten Prüfungen dürfen, wenn dies zuvor vereinbart wurde oder entsprechend den am Verwendungsort des Betons geltenden nationalen Normen oder Regelungen, auch für den Gütenachweis angerechnet werden, sofern ein solcher Nachweis erforderlich ist.

Nach DAfStb-Richtlinie dürfen bei Verwendung von Transportbeton die Versuchsergebnisse der Eigenüberwachung auf die im Rahmen der Güteprüfung erforderlichen Versuche in Anlehnung an DIN 1045/07.88, Abschnitt 7.4.3.5.1 (3) angerechnet werden.

Überprüfen vor dem Betonieren

Vor Beginn des Betonierens sind wenigstens die folgenden Punkte durch Inspektion zu überprüfen:

- Geometrie der Schalung und Lage der Bewehrung
- Entfernung von Staub, Sägemehl, Schnee und Eis sowie Resten des an der Schalung oder am Untergrund haftenden Bindedrahts
- Behandlung der erhärteten Oberflächen der Arbeitsfugen
- Benetzen der Schalung und/oder des Untergrunds
- Festigkeit und Steifigkeit der Schalung
- Inspektionsöffnungen
- Dichtigkeit der Fugen zwischen den einzelnen Schalungsteilen, um ein Auslaufen des Zementleims zu verhindern
- Vorbereitung der Oberfläche der Schaltung
- Sauberkeit der Bewehrung, die frei von Oberflächenablagerungen (z. B. Öl, Eis, Farbe, loser Rost), welche die Verbundeigenschaften beeinträchtigen können, sein soll
- Befestigungen (Anordnung, Festigkeit und Steifigkeit, Sauberkeit)
- Verfügbarkeit leistungsfähiger Transportmittel, sowie Geräte und Einrichtungen zum Verdichten und zur Nachbehandlung entsprechend der festgelegten Konsistenz des Betons
- Verfügbarkeit fachkundigen Personals.

Kontrollen während des Transports, Einbringens sowie während der Verdichtung und Nachbehandlung des Frischbetons

- Gleichmäßigkeit der Verteilung des Betons in der Schalung
- maximale Freifallhöhe des Betons
- Tiefe der Schichten
- Geschwindigkeit des Betonierens und des Anstiegs des Betons in der Schalung im Verhältnis zum festgelegten Schalungsdruck
- Zeitraum zwischen dem Mischen bzw. der Lieferung des Betons und dem Betonieren im Verhältnis zum festgelegten Zeitraum
- Arbeitsfugen
- Behandlung der Arbeitsfugen vor dem Erhärten
- Vermeiden von Schwingungen oder Erschütterungen, die Schäden des gerade eingebrachten Betons verursachen können
- Prüfung des Betons entsprechend der nachfolgenden Tabelle.

Prüfung des Betons durch den Bauausführenden bei Verwendung von Transportbeton

	Gegenstand	Prüfung	Zweck	Mindesthäufigkeit
1	Lieferschein	Augenscheinprüfung	Um sicherzustellen, daß die Lieferung der Bestellung entspricht	Jede Lieferung
2	Konsistenz des Betons	Augenscheinprüfung	Um Aussehen mit üblichem Aussehen zu vergleichen	Jede Lieferung
3		Konsistenzprüfung nach ISO 4109 oder ISO 4110 oder ISO 4111 oder ISO 9812	Um Übereinstimmung mit der geforderten Konsistenzklasse zu beurteilen	i) Bei der Herstellung von Probekörpern zur Prüfung von Festbeton ii) in Zweifelsfällen nach der Augenscheinprüfung
4	Homogenität des Betons	Augenscheinprüfung	Um Aussehen mit üblichem Aussehen zu vergleichen	Jede Lieferung
5		Vergleichende Prüfungen der Eigenschaften von Teilproben von unterschiedlichen Stellen einer Mischerfüllung	Um die Homogenität einer Mischung nachzuweisen	In Zweifelsfällen nach der Augenscheinprüfung
6	Aussehen des Betons im allgemeinen	Augenscheinprüfung	Um Aussehen mit üblichem Aussehen zu vergleichen, z. B. Farbe	Jede Lieferung
7	Eigenüberwachung (Fertigungskontrolle) des Betonherstellers	Kontrolle der Zertifikationsbescheinigung oder Inspektion des Transportwerkes	Um sich zu vergewissern, daß eine Fertigungskontrolle durchgeführt wird	i) Bei erstem Vertrag mit neuem Lieferanten ii) in Zweifelsfällen
8	Druckfestigkeit der auf der Baustelle entnommenen Betonprobe	Prüfung nach ISO 4012	Um die Festigkeitseigenschaften der Michung nachzuweisen	So häufig wie für den Gütenachweis erforderlich
9	Luftgehalt von Frischbetonmischungen mit festgelegtem Luftgehalt	Prüfung nach ISO 4848 auf der Baustelle	Um die Übereinstimmung mit dem geforderten Luftgehalt zu beurteilen	i) So häufig wie für den Gütenachweis erforlich ii) Mindestens täglich und je nach den Umwelteinflüssen häufiger iii) in Zweifelsfällen
10	Weitere Eigenschaften	Nach den einschlägigen Normen oder nach Vereinbarung	Um die Übereinstimmung mit den geforderten Eigenschaften nachzuweisen	Nach Vereinbarung

2.12.11.3 Gütenachweis

Vorbemerkung

Die umfangreichen Bestimmungen der DIN V ENV 206 über den Gütenachweis können an dieser Stelle nur stark verkürzt wiedergegeben werden. Schwerpunktmäßig wird auf die wichtigsten Punkte eingegangen, die ein Bauleiter auf einer Baustelle, bei der mit Transportbeton gearbeitet wird, zu beachten hat.

Unter Gütenachweis ist eine Kombination von Maßnahmen und Entscheidungen anhand von im voraus festgelegten Konformitätsregeln zu verstehen, die dazu dienen, die Konformität eines im voraus definierten Loses mit den festgelegten Anforderungen zu überprüfen.

Konformitätskriterien

Über Konformität oder Nichtkonformität wird auf der Grundlage der Konformitätskriterien entschieden. Die Konformität führt zur Abnahme, die Nichtkonformität kann weitere Maßnahmen erforderlich machen.

Werden die Konformitätsanforderungen durch die Ergebnisse von Prüfungen an Probekörpern, die in Formen hergestellt sind, nicht erfüllt, oder wenn derartige Ergebnisse nicht vorliegen bzw. wenn Mängel bei Ausführung oder extreme klimatische Bedingungen (z.B. Frost) Zweifel an der Festigkeit, Dauerhaftigkeit und Sicherheit des Bauwerkes aufkommen lassen, können zusätzliche Prüfungen nach ISO 7034 an Bohrkernen, die aus dem fertigen Bauwerk entnommen werden, erforderlich sein bzw. kann eine Kombination aus Bohrkernprüfungen und zerstörungsfreien Prüfungen am fertigen Bauwerk — z.B. nach ISO 8045, ISO 8046 oder ISO 8047 — durchgeführt werden.

Gütenachweissysteme

Der Gütenachweis für Transportbetonwerke, Betonfertigteilwerke und Baustellen wird nach einem der folgenden Systeme durchgeführt.

Fall 1 — Nachweis durch Zertifizierungsstelle. Der Gütenachweis wird von einer zugelassenen Zertifizierungsstelle — wie z.B. in EN 45011 definiert — durchgeführt, um nachzuweisen, daß die Fertigung einer Fertigungskontrolle unterliegt und daß die Ergebnisse der Fertigungskontrolle mit den geforderten Eigenschaften des Betons übereinstimmen.

Als Teil dieses Nachweisverfahrens darf die zertifizierende Stelle Prüfungen an Proben, die sie selbst aus der laufenden Produktion entnommen hat, durchführen, um die Ergebnisse der Fertigungskontrolle zu überprüfen.

Nach DAfStb-Richtlinie gilt diese Art des Gütenachweises für Transportbetonwerke und für Baustellenbeton der Festigkeitsklassen $\geq$ C 25/30 und Betonarten für Umweltklassen 3, 4, 5b und 5c.

Fall 2 — Nachweis durch den Auftraggeber. In den Fällen, in denen kein zugelassenes Zertifizierungssystem existiert, ist der Nachweis im Auftrag vom Auftraggeber oder von seinem Vertreter durch qualifiziertes Personal durchzuführen. Es ist nachzuweisen, daß die Ergebnisse der Fertigungskontrolle mit den geforderten Eigenschaften des Betons übereinstimmen. Als Teil dieses Nachweisverfahrens darf der Auftraggeber Prüfungen an Proben, die er selbst aus der Produktion entnommen hat, durchführen, um die Ergebnisse der Fertigungskontrolle zu überprüfen. Dieser Fall kann auch für Baustellenbeton bei Bauten mit geringen oder vernachlässigbaren sicherheitsbezogenen und wirtschaftlichen Risiken und für Beton mit einer Festigkeitsklasse bis C 20/25 gelten — obwohl ein zugelassenes Zertifizierungssystem existiert, das jedoch nicht auf den in Frage kommenden Beton angewandt wird.

Verantwortung für die Probenahme

Die Verantwortung für die Probenahme (d. h., ob diese beim Hersteller, beim Bauausführenden, beim Auftraggeber oder bei einer Zertifizierungsstelle liegt) hängt von den nationalen Normen oder den am Verwendungsort des Betons geltenden Regelungen ab.

Nach DAfStb-Richtlinie trägt die Verantwortung für die Probenahme der für den Gütenachweis Zuständige.

Probenahmeplan und Konformitätskriterien für die Druckfestigkeit von Beton für eine einzelne Baustelle

Zur Beurteilung der Konformität der Betondruckfestigkeit wird die für ein Gebäude, Bauwerk, Bauteil usw. verwendete Betonmenge in Lose unterteilt, deren Konformität beurteilt wird. Das Gesamtvolumen eines Loses muß unter den Bedingungen, die als gleich angesehen werden[1]), hergestellt worden sein. Als Los gilt:

— die gelieferte Betonmenge für jedes Geschoß eines Gebäudes oder Gruppen von Balken/Platten oder Stützen/Wänden eines Geschosses, eines Gebäudes oder vergleichbare Teile anderer Bauwerke;

— jedoch in keinem Fall mehr als 450 m³ bzw. mehr als die Menge, die in einer Woche verarbeitet werden kann, wobei die geringere Menge maßgebend ist.

Im Falle der Abnahmeprüfung durch den Auftraggeber muß das Los durch diesen festgelegt werden.

Probenahmeplan und Konformitätskriterien für auf der Baustelle verwendeten Transportbeton

Für die Verwendung von Transportbeton (auf der Baustelle) bestehen für den Probenahmeplan und die Konformitätskriterien zwei Wahlmöglichkeiten. Die Wahl der jeweiligen Möglichkeit hängt von den am Verwendungsort des Betons geltenden nationalen Normen oder Regelungen ab oder wird vereinbart, wenn keine entsprechenden Regelungen vorliegen.

Möglichkeit 1. Konformität aufgrund einer Probenahme durch Lose (darf nach DAfStb-Anwendungsrichtlinie stets angewendet werden).

Für jedes Los sind mindestens 6 unabhängige (getrennt entnommene) Proben zu entnehmen. Sollen mehr als 6 Proben für jedes Los entnommen werden, so ist dies vor Beginn der Betonherstellung zu vereinbaren.

In Fällen, in denen Beton geringerer Festigkeit bis zu einer Betonfestigkeitsklasse von C 20/25 und Lose bis 150 m³ zu beurteilen sind, können drei unabhängige (getrennt entnommene) Proben entnommen werden. Die Probenahme ist stets auf der Baustelle durchzuführen.

Die Konformität gilt als erwiesen, wenn die Prüfergebnisse eines der folgenden Kriterien erfüllen:

Kriterium 1 bei 6 oder mehr Proben

Als Festigkeit einer Probe gilt das Prüfergebnis, wenn die Prüfung an nur einem Probekörper durchgeführt wird, oder der Mittelwert der Prüfergebnisse, wenn die Prüfung an mindestens zwei aus einer einzelnen Probe hergestellten Probekörpern durchgeführt wird.

---

[1]) Betonsorten gelten der gleichen Familie zugehörig, wenn sie aus Zement der gleichen Art, der gleichen Festigkeitsklasse und mit der gleichen Herkunft sowie aus Zuschlägen mit der gleichen geologischen Herkunft und Art (z. B. gebrochen oder ungebrochen) hergestellt werden. Bei der Zugabe von Zusatzmitteln oder Zusatzstoffen können Betonsorten verschiedene Familien bilden.

Die Druckfestigkeit muß folgende Bedingungen erfüllen:

$$\overline{x}_n \geq f_{ck} + \lambda \cdot s_n$$

$$x_{min} \geq f_{ck} - k$$

wobei

x_{min}	niedrigster Einzelwert der Probenreihe
$\overline{x}_n$	mittlere Festigkeit der Probenreihe
s_n	Standardabweichung der Reihe der Prüfergebnisse für die Festigkeit
f_{ck}	festgelegte charakteristische Betonfestigkeit
λ und k	Koeffizienten, die, entsprechend der Anzahl der Proben, s. nachfolgende Tabelle, entnommen werden.

n	λ	k	n	λ	k
6	1,87	3	10	1,62	4
7	1,77	3	11	1,58	4
8	1,72	3	12	1,55	4
9	1,67	3	13	1,52	4
			14	1,50	4
			15	1,48	4

Kriterium 2 bei 3 Proben

Dieses Kriterium gilt in Fällen, bei denen die Konformität anhand der Ergebnisse von drei aufeinanderfolgenden Proben mit den Festigkeiten x_1, x_2 und x_3 überprüft wird.

Als Festigkeit einer Probe gilt das Prüfergebnis, wenn die Prüfung an nur einem Probekörper durchgeführt wird, oder der Mittelwert der Prüfergebnisse, wenn die Prüfung an mindestens zwei aus einer einzelnen Probe hergestellten Probekörpern durchgeführt wird.

Die Druckfestigkeit muß folgende Bedingungen erfüllen:

$$\overline{x}_3 \geq f_{ck} + 5$$

$$x_{min} \geq f_{ck} - 1$$

wobei

$\overline{x}_3$ mittlere Festigkeit der drei Proben.

Wurde die Konformität des gelieferten Transportbetons bereits durch eine Zertifizierungsstelle nachgewiesen − sofern der Nachweis auf der Grundlage von mindestens 15 Prüfergebnissen erfolgte − so gilt für den Konformitätsnachweis auf der Baustelle

− im Falle einer beliebigen Anzahl von Proben $n \geq 6$ bei Anwendung des Kriteriums 1 der Wert $\lambda = 1,48$;

− im Falle von drei Proben das Kriterium 2, wobei für die Festigkeit folgende Bedingungen gelten:

$$\overline{x}_3 \geq f_{ck} + 3$$

$$x_{min} \geq f_{ck} - 1$$

Möglichkeit 2. Konformität aufgrund einer anerkannten Zertifizierung des Betons (darf nach DAfStb-Anwendungsrichtlinie angewandt werden, wenn die Stichprobe aus einer Betonmenge von höchstens 150 m^3 Beton der Festigkeitsklasse $\leq C\,20/25$ gezogen wird).

Auf einer Baustelle ist eine Probenahme und Prüfung der Konformität nicht erforderlich, unter der Voraussetzung, daß

− die Konformität des gelieferten Transportbetons von einer zugelassenen zertifizierenden Stelle nachgewiesen wurde,

— der Lieferer des Transportbetons zufriedenstellende Prüfergebnisse vorlegen kann, die nicht älter als 7 Tage sind; die zugehörigen Proben müssen entweder der laufenden Produktion oder auf einer Baustelle einem Beton der gleichen Familie[1]) entnommen sein.

Probenahmeplan und Konformitätskriterien für die Wasserundurchlässigkeit

Die Häufigkeit der Probenahme und Prüfung ist zu vereinbaren.

Die Konformität gilt als erwiesen, wenn der Höchstwert und der Mittelwert der Wassereindringtiefe jedes Probekörpers gleich oder kleiner als die in Abschnitt 2.12.5 angegebenen Werte sind. Ergebnisse der Fertigungskontrolle können anerkannt werden.

Probenahmeplan und Konformitätskriterien für den Luftgehalt von Frischbeton

Es sind Proben mindestens einmal täglich oder einmal pro 150 m³ Frischbeton zu entnehmen, wobei die häufigere Entnahme maßgebend ist. Sofern nicht anders angegeben, gilt die Konformität als erwiesen, wenn die einzelnen Prüfergebnisse den festgelegten Wert überschreiten, jedoch nicht mehr als 3% über diesem liegen.

Weitere Probeentnahmepläne und Konformitätskriterien (hier nicht abgedruckt) enthalten die DIN V ENV 206 für

— die Betonkonsistenz
— die Rohdichte von Leichtbeton
— den Wasserzementwert
— den Zementgehalt
— den Chloridgehalt.

---

[1]) Siehe Fußnote S. 134

Vermessung

Bearbeitet von Prof. Dr.-Ing. Norbert Winkler

Inhalt

1 Vermessungsleistungen am Bauwerk

1.1 Vermarkung

Kriterien für dauerhafte Vermarkungen

— frostsichere Gründung,
— dauerhafte Ausführung,
— gut definiertes Zentrum.

dauerhaft	nicht dauerhaft
bodengleicher Ortbetonpfeiler mit einbetonierter Meßmarke	Schnurgerüst mit Nagel oder Kerbe Bleistiftriß, Holzpflock mit Nagel
oberirdischer Betonpfeiler mit Zwangszentrierungseinrichtung	Meißelzeichen Vermessungsnagel, Nagel, Eisenrohr Armierungseisen mit Bohrung eingeschossener Bolzen

1.2 Absteckung

1.2.1 Arbeitsgang

— Vorbereitung: Sammeln der Unterlagen, Absprachen auf der Baustelle über die Definition der abzusteckenden Punkte, die erforderliche Genauigkeit, den Zeitrahmen; Überprüfung der Sichten,
— Absteckungsberechnungen (s. unter 3) mit eventueller graphischer Darstellung,
— Durchführung der Absteckung einschließlich von Kontrollmessungen,
— Auswertung der Kontrollmessungen, ob die erforderliche Absteckungsgenauigkeit eingehalten wurde,
— Übergabe der abgesteckten Punkte an die Bauausführung durch Vorzeigen in der Örtlichkeit, ggf. mit zu unterzeichnendem Übergabeprotokoll, das die abgesteckten Punkte gegenüber dem letztgültigen Ausführungsplan eindeutig definiert.

137

Vermessung

1.2.2 Instrumente für Lageabsteckungen

Mit zunehmender Genauigkeit

Instrument	Einsatzgebiet
Prismeninstrumente und Stahlmeßband	Baufeld, Baugrube
Theodolit mit Stahlmeßband	Absteckungen aller Art Genauigkeit ca. $\pm$ (1 bis 2 cm) möglich
Theodolit mit elektrooptischem Enfernungsmesser	Absteckungen aller Art Genauigkeit je nach Geräteausrüstung zwischen $\pm$ (0,1 bis 1) cm

1.2.3 Instrumente für Höhenabsteckungen

Instrument	Einsatzgebiet
Schlauchwaage	Angabe von ebenen Flächen, Meterrissen; Genauigkeit je nach Gerät zwischen $\pm$ (0,1 bis 1,0) cm
Rotationslaser	Einmann-Gerät! Angabe von ebenen oder geneigten Ebenen; Genauigkeit ca. $\pm$ (5 bis 10 mm)/100 m
Nivellierinstrument	Höhenabsteckungen aller Art, Höhenübertragung, Genauigkeit: mm-Bereich, abhängig von der Länge des Nivellementweges

1.2.4 Abstecken von Profilen

Schnittpunktberechnung

Punkt des Kunstprofils, an dem die Böschung ansetzt: P_1,

nächstgelegener linker und rechter Geländepunkt: P_2, P_3

Schnittpunkt Gelände/Böschung: S

$y_i =$ Achsabstand; $z_i =$ Höhe

$$z_s - z_1 = \frac{y_2 - y_1 - a_2 (z_2 - z_1)}{a_1 - a_2} \tag{1}$$

$$y_s - y_1 = a_1 (z_s - z_1) \text{ mit } a_2 = \frac{y_3 - y_2}{z_3 - z_2} \text{ und } a_1: \text{s. Bild 3.1} \tag{2} \quad (3)$$

Hinweise:

Für Punkte links der Achse sind die y-Werte negativ einzuführen.
s. Neigungsangaben auf S. 12.

Liegen keine Höheninformationen entlang des Profils vor, lassen sich die Schnittpunkte der Böschungen mit dem Gelände durch allmähliche Annäherung abstecken.

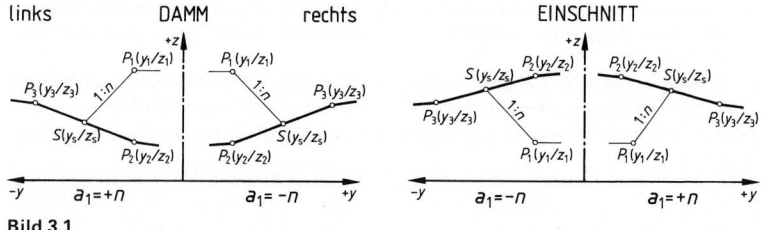

Bild 3.1

138

1.3 Sonderleistungen

Deformationsmessungen [53], [54]. Erfassung von Lage- und Formänderungen von Bauwerken insgesamt oder von Bauteilen. Es lassen sich bestimmen:

Veränderungen des gesamten Baukörpers:

— Verschiebung,
— Verdrehung,
— Setzung, Hebung,
— Schiefstellung.

Verformung eines Bauteiles:

— Dehnung,
— Scherung,
— Durchbiegung,
— Torsion.

Aus den nachfolgenden Meßverfahren lassen sich die Aussagen zu den o.a. Kriterien zusammensetzen. Hinzu kommen noch photogrammetrische Methoden.

Verschiebungen. Für absolute Verschiebungen, ohne Vorgabe einer ausgewählten Richtung, sind die Messungen auf unveränderliche Stützpunkte (Lagefestpunkte außerhalb des Baugeschehens) bezogen; bei Relativmessungen werden lediglich die Lageänderungen zwischen den zu kontrollierenden Punkten betrachtet. In jedem Fall werden Überwachungsnetze eingerichtet.

Die Lagegenauigkeit der Punkte im Überwachungsnetz kann mit bestenfalls $\pm (1$ bis 2) mm abgeschätzt werden.

Abstände. Messungen bezogen auf eine unveränderliche Bezugsstrecke (Alignement) oder auf Längenänderungen gegenüber vorhergehenden Messungen.

Neben den Distanzmeßgeräten für absolute Längenmessungen kommen die Geräte für Messungen von Längenänderungen hinzu.

Automatische Meßanlagen dienen dazu

— Objektdeformationen, die mit sehr hoher Geschwindigkeit ablaufen und
— Verschiebungen vieler Objektpunkte, möglichst gleichzeitig in einer Messungsperiode

zu bestimmen. Es handelt sich dabei zumeist um permanente Meßanlagen mit automatisierter Registrierung der Meßdaten und rechnergestützter Auswertung. Die Längenänderungen werden als Signale nach verschiedenen physikalischen Gesetzmäßigkeiten erfaßt, die Geräte werden als „Wegaufnehmer" bezeichnet.

Setzung, Hebung. Punktweise Höhenmessung oder Flächennivellement, bezogen auf mindestens einen unveränderlichen Ausgangspunkt (absolut oder relativ), verglichen mit vorhergehenden Messungen.

Ebenheits- und Neigungsmessung von Flächen. Feststellung der Abweichung von der Ebenheit und/oder der Neigung einer Fläche gegenüber Sollwerten; s. auch DIN 18201 und DIN 18202 und Abschnitt „Bauabrechnung und Mengenermittlung."

Lotung. Festlegen oder Kontrollieren von Punkten in der Lotrechten oberhalb oder unterhalb eines Bezugspunktes, Bestimmen von Größe und Richtung der Abweichung von Punkten aus der Lotrechten.

Vermessung

Deformationsmessungen

Meßverfahren	Meßbereich	bestenfalls erreichbare Meßgenauigkeit
Verschiebungen		
elektrooptische Präzisions-distanzmessung	50 bis 2000 m	$\pm(0,2+2D\cdot10^{-7})$ mm D in km
Distanzmessung mit Invarmeßbändern	Bandlängen	$\pm(0,1+D\cdot10^{-6})$ mm D in km
Distanzmessung mit Basislatte und Theodolit	bis ca. 15 m	$<\pm1$ mm
Winkelmessung mit Theodolit		abhängig von zugrundeliegender Genauigkeit mindestens einer Basis-strecke und von der Netzgeometrie
Abstände		
Alignement mit optischer Zielung, Maßstäben oder Meßschlitten; Länge der Alignementslinie $<$ca. 400 m	bis ca. 10 cm	±3 mm
Alignement mittels gespanntem Draht, Abstandsmessung mit be-rührungslosem Abgriff; Länge der Alignementslinie bis zu mehreren 100 m	bis ca. 20 mm	$\pm0,1$ mm
Messung von Längenänderungen mittels Theodolit, planparalleler Platte und Maßstab; Abstand Theodolit-Maßstab maximal 30 m	abhängig von der Länge des Maßstabes	$\pm0,2$ mm
Drahtextensometermessung Länge des Extensometers: $<=100$ m		$\pm(0,1$ bis $1)$ mm
Stangenextensometermessung Länge des Extensometers: $<=200$ m		$\pm(0,01$ bis $0,1)$ mm
Messung von Längenänderungen mittels Dehnungsmeßstreifen	0,3 bis 100 mm	$\pm5\%$ der gemessenen Dehnung
Neigungsmessung mittels Inklino-meter, Längenänderung ableitbar	25'' bis 1°	$\pm(0,1$ bis $1)\%$ des Meßbereiches
Messung von Abstandsänderungen senkrecht zur Bohrlochachse mittels Bohrlochdeflektometer Länge des Deflektometers: $<=60$ m	±10 mm/m	$\pm(0,01$ bis $0,1)$ mm in Abhängigkeit von der Länge des Meßgliedes
Setzung, Hebung		
Feinnivellement mit Invarlatte: Weglängen: $<=20$ m >20 m		$\pm0,1$ mm $\pm(0,1$ bis $1)$ mm
Messungen mit der Präzisions-schlauchwaage: Weglängen bis 100 m	ca. 10 cm	$\pm0,02$ mm
Ebenheits- und Neigungsmessung von Flächen		
Abstandsmessung mittels Richtlatte und Meßkeil	bis ca. 14 mm	$\pm0,2$ mm
Flächennivellement mittels Feinnivellement		$\pm(0,1$ bis $1)$ mm
Rotationslasernivellement bei Entfernung Laser-Latte bis ca. 100 m (auch für vertikale Ebenen nutzbar)		$\pm(2,5$ bis $5)$ mm
Abstandsmessung mittels Theodolit und Maßstab bei Entfernungen Theodolit-Maßstab bis ca. 100 m (auch für vertikale Ebenen nutzbar)		$\pm(2,5$ bis $5)$ mm

140

Deformationsmessungen, Fortsetzung

Meßverfahren	Meßbereich	bestenfalls erreichbare Meßgenauigkeit
Lotung		
mechanische Lotung mit:		
a) Schnurlot Bauwerkshöhe bis ca. 100 m		$\pm(1$ bis 2) cm
b) Draht, spezielle Aufhängungs- und Dämpfungseinrichtung Drahtlänge bis ca. 100 m		± 1 mm
optische Lotung mit:		
a) Theodolit: Schnittlinie zweier senkrecht zueinander stehender Vertikalebenen Bauwerkshöhe bis ca. 100 m		ca. $\pm(3$ bis 5) mm
b) Zenit- oder Nadirlot Laserlot Theodolit, bzw. Nivellier und aufgesetztem Objektivprisma Theodolit und Zenitokular Bauwerkshöhe bis ca. 600 m		± 1 mm

2 Geländeaufnahmen [55], [21]

2.1 Aufnahme von Geländeflächen

Art	Messungselemente	Geräte	Flächenbestimmung
Orthogonal- aufnahme	rechtwinklige Koordinaten	Prismengeräte Meßband	nach den Gaußschen Flächenformeln
Einbindeverfahren	Geradenschnitte reine Strecken- messung	Meßband	erst nach Umwandlung in rechtwinklige Koordinaten
Polarverfahren	Horizontalwinkel und Strecken	Theodolit mit Entfernungsmesser (Meßband, elektro- optischer Ent- fernungsmesser)	am besten nach Umwandlung in rechtwinklige Koordinaten

2.2 Aufnahme von Geländequerprofilen

Zur Flächenberechnung kommen stets die Gaußschen Flächenformeln zum Einsatz.

Art	Messungselemente	Geräte	Besonderheiten
Direktaufnahme	Strecken und Höhen	Nivellier und ggf. Meßband	Höhenunterschiede $<\approx 2{,}50$ m pro Standpunkt
Direktaufnahme	Strecken und Höhen	Reduktionstachymeter oder elektronischer Tachymeter	Reduktionstachymeter: Genauigkeiten: Strecken: $<\pm 3$ dm Höhen: $<\pm 1$ dm elektronischer Tachymeter: Genauigkeiten: Strecken und Höhen: ca. ± 1 cm
Instrument außerhalb des Profils	Horizontalwinkel, Strecken, Höhen	Reduktionstachymeter oder elektronischer Tachymeter	Vorteile der elektronischen Tachymeter gegenüber Reduktionstachymetern: schneller, größere Reichweite, genauer, ggf. automatische Registrierung der Meßdaten; Nachteile: empfindlicher, teurer.

141

2.3 Allgemeine Geländeaufnahme

Mengenermittlung. Abgesehen von der Rostaufnahme setzen alle anderen Methoden spezielle Programme („Digitales Geländemodell") voraus, da die Berechnung der Mengen aus Dreiecksprismen per Hand sehr mühsam ist. Die speziellen Programme benötigen mindestens einen Personalcomputer (PC).

Art	Messungselemente	Geräte	Besonderheiten
Rostaufnahme	Höhen nach Absteckung eines regelmäßigen Rostes	Nivellier, Meßband	zeitraubend, einfache Mengenermittlung; Geländeknickpunkte sind besonders zu behandeln
Flächennivellement	Horizontalwinkel, Strecken, Höhen	Nivellier, ggf. Meßband	Nivellier benötigt Horizontalkreis, Punktverteilung an die Geländeknickpunkte angepaßt; Höhenunterschiede: $< \approx 2{,}50\,\mathrm{m}$ pro Standpunkt
Tachymetrie	Horizontalwinkel, Strecken, Höhen	Reduktionstachymeter oder elektronischer Tachymeter	Vorteile und Nachteile: s. unter 2.2 Punktverteilung an die Geländeknickpunkte angepaßt

3 Absteckungsberechnung [55], [21], [56]

3.1 Koordinatentransformation

Altes System: y, x **neues System:** y', x' Beide Systeme sind rechtsdrehend. Es werden zwei identische Punkte A und E mit Koordinaten in beiden Systemen benötigt.

mit $\Delta y = y_E - y_A$ $\Delta x = x_E - x_A$ $\qquad(4)$

und $\Delta y' = y'_E - y'_A$ $\Delta x = x_E - x_A$ gilt $\qquad(5)$

$$m \sin \varphi = \frac{\Delta x \, \Delta y' - \Delta y \, \Delta x'}{\Delta x^2 + \Delta y^2} \qquad(6)$$

$$m \cos \varphi = \frac{\Delta y \, \Delta y' + \Delta x \, \Delta x'}{\Delta x^2 + \Delta y^2} \qquad(7)$$

m Maßstabsfaktor; er ist 1 falls keine Streckenmessung vorliegt.
φ Drehwinkel vom neuen zum alten System (rechtsdrehend)

$$y'_n = y'_A + (x_n - x_A) \, m \cdot \sin \varphi + (y_n - y_A) \, m \cdot \cos \varphi \qquad(8)$$

$$x'_n = x'_A + (x_n - x_A) \, m \cdot \cos \varphi - (y_n - y_A) \, m \cdot \sin \varphi \qquad(9)$$

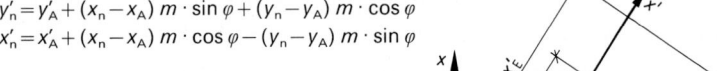

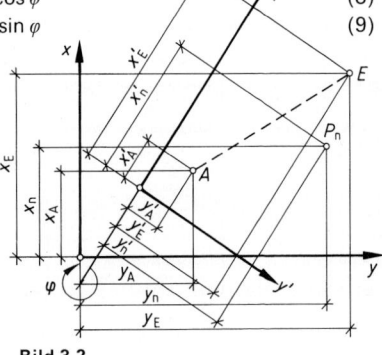

Vereinfachung falls im neuen System gilt:

$y'_A = 0$ $x'_A = 0$ $y'_E = 0$;

$x'_E = \sqrt{(x_E - x_A)^2 + (y_E - y_A)^2}$

(oder gemessen)

$$m \sin \varphi = \frac{-\Delta y \, \Delta x'}{\Delta x^2 + \Delta y^2} \qquad(6\,\mathrm{a})$$

$$m \cos \varphi = \frac{+\Delta x \, \Delta x'}{\Delta x^2 + \Delta y^2} \qquad(7\,\mathrm{a})$$

Bild 3.2

3.2 Kreisbogen

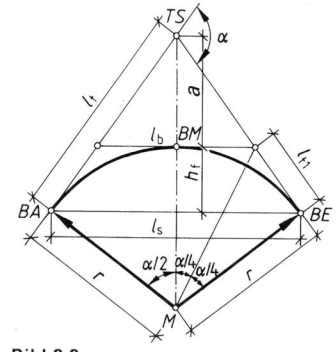

3.2.1 Allgemeine Formeln

Sind von einem Kreisbogen der Tangentenaußenwinkel α und der Kreisradius r gegeben, lassen sich alle Längen und Winkel am Kreisbogen ableiten.

Die Bogenhauptpunkte sind:
— Bogenanfang: BA
— Bogenmitte: BM
— Bogenende: BE

Bild 3.3

Bogenlänge $\qquad l_b = \dfrac{r \cdot \alpha}{1 \text{ rad}}$ $\qquad\qquad$ (10)

mit $1 \text{ rad} = \dfrac{200}{\pi} \text{ gon} = 63,6620 \text{ gon}$

Tangente $\qquad l_t = r \cdot \tan \dfrac{\alpha}{2}$ $\qquad\qquad$ (11)

Scheiteltangente $\quad l_{t_1} = r \cdot \tan \dfrac{\alpha}{4}$ $\qquad\qquad$ (12)

Sehne $\qquad l_s = 2 \cdot r \cdot \sin \dfrac{\alpha}{2}$ $\qquad\qquad$ (13)

Pfeilhöhe $\qquad h_f = r\left(1 - \cos \dfrac{\alpha}{2}\right) = r - \sqrt{r^2 - \dfrac{l_s^2}{4}}$ $\qquad\qquad$ (14)

Scheitelabstand $\quad a = r \cdot \tan \dfrac{\alpha}{2} \cdot \tan \dfrac{\alpha}{4}$ $\qquad\qquad$ (15)

Werden die Winkel aus den Formeln (10) bis (15) halbiert, ergeben sich die entsprechenden Formeln für den halben Bogen usw.

3.2.2 Bestimmung des Tangentenschnittwinkels ohne Theodolit

Tangentenaußenwinkel $\alpha < 100$ gon
Tangentenschnittpunkt zugänglich: auf beiden Tangenten vom TS aus gleiche Strecken s_a abtragen. Einen dieser beiden Punkte auf die andere Tangente aufwinkeln.

gemessene Größen: s_a, s_b, s_c

$\tan \dfrac{\alpha}{2} = \dfrac{s_c}{s_a + s_b}$ $\qquad\qquad$ (16)

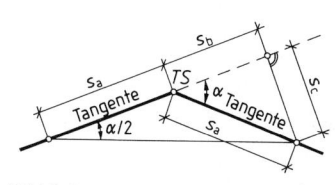

Bild 3.4

Vermessung

Tangentenaußenwinkel
$\alpha = > 100$ gon

Tangentenschnittpunkt zugänglich: an beiden Tangenten vom TS aus gleiche Strecken s_a abtragen

gemessene Größen: s_a, s_b

$$\cos\frac{\alpha}{2} = \frac{s_b}{2s_a} \tag{17}$$

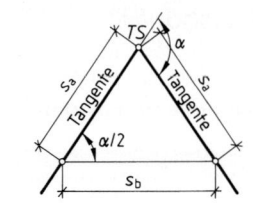

Bild 3.5

Tangentenschnittpunkt unzugänglich: beliebige Hilfsgerade zum Schnitt mit beiden Tangenten bringen (Punkte C und D); jeweils einen Punkt jeder Tangente auf diese Gerade aufwinkeln.

gemessene Größen: s_a, s_b, s_c, s_d

$$\sin\beta = \frac{s_a}{s_b} \qquad \sin\delta = \frac{s_c}{s_d} \tag{18}$$

$$\alpha = \beta + \delta \tag{19}$$

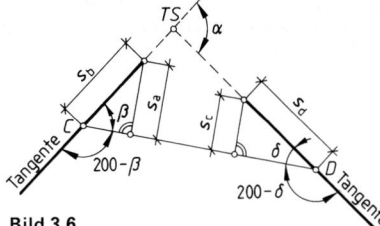

Bild 3.6

Weitere Möglichkeit: mit Theodolit die Winkel in C $(200 - \beta)$ und D $(200 - \delta)$ messen:

$$\alpha = 400 - (200 - \beta) - (200 - \delta) \tag{20}$$

3.2.3 Abstecken von Kreispunkten von der Tangente aus

a) bezogen auf die Bogenlängen

$$\omega_1 = \frac{l_{b1}}{r} \cdot 1\ \text{rad} \tag{21}$$

$$\omega_2 = \frac{l_{b1} + l_{b2}}{r} \cdot 1\ \text{rad} \tag{22}$$

$$\omega_n = \frac{l_{b1} + l_{b2} \cdots + l_{bn}}{r} \cdot 1\ \text{rad} \tag{23}$$

$$x_1 = r \cdot \sin\omega_1 \tag{24}$$
$$y_1 = r(1 - \cos\omega_1) \tag{25}$$
$$x_2 = r \sin\omega_2 \tag{26}$$
$$y_2 = r(1 - \cos\omega_2) \tag{27}$$
$$x_n = r \cdot \sin\omega_n \tag{28}$$
$$y_n = r(1 - \cos\omega_n) \tag{29}$$

Rechenproben:

$$x_n = 2r \cdot \sin\frac{\omega_n}{2}\cos\frac{\omega_n}{2} \tag{30}$$

$$y_n = 2r \cdot \sin^2\frac{\omega_n}{2} \tag{31}$$

bei gleichen Bogenlängen
$\bar{l}_b = l_{b1} = l_{b2} = \cdots l_{bn}$:

$$\omega_1 = \omega = \frac{\bar{l}_b}{r} \cdot 1\ \text{rad} \tag{32}$$

$$\omega_2 = 2 \cdot \omega \tag{33}$$

$$\omega_n = n \cdot \omega \tag{34}$$

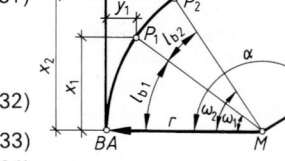

Bild 3.7

144

b) bezogen auf gleiche Abszissenunterschiede Δx

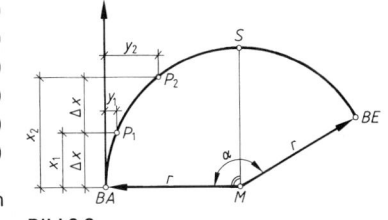

$$x_1 = \Delta x \qquad (35)$$

$$y_1 = r - \sqrt{r^2 - (\Delta x)^2} \qquad (36)$$

$$x_2 = 2\Delta x \qquad (37)$$

$$y_2 = r - \sqrt{r^2 - (2\Delta x)^2} \qquad (38)$$

$$x_n = n\Delta x \qquad (39)$$

$$y_n = r - \sqrt{r^2 - (n\Delta x)^2} \qquad (40)$$

gültig nur bis $n \cdot \Delta x = r$, d.h. bis zum Scheitelpunkt S.

Bild 3.8

3.2.4 Abstecken von Kreispunkten von der Sehne aus

a) bezogen auf die Bogenlängen

$b = $ Bogenlänge zwischen BA und BE

Die Gln. (10), (13), (14), (21), (22) und (23) werden nachfolgend benutzt. Liegen gleiche Bogenlängen vor, ergeben sich die Vereinfachungen nach den Gln. (32), (33) und (34).

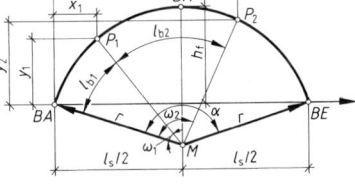

$$x_1 = r\left[\sin\frac{\alpha}{2} + \sin\left(\omega_1 - \frac{\alpha}{2}\right)\right] \qquad (41)$$

$$y_1 = h_f - r\left[1 - \cos\left(\omega_1 - \frac{\alpha}{2}\right)\right] \qquad (42)$$

$$x_2 = r\left[\sin\frac{\alpha}{2} + \sin\left(\omega_2 - \frac{\alpha}{2}\right)\right] \qquad (43)$$

$$y_2 = h_f - r\left[1 - \cos\left(\omega_2 - \frac{\alpha}{2}\right)\right] \qquad (44)$$

$$x_n = r\left[\sin\frac{\alpha}{2} + \sin\left(\omega_n - \frac{\alpha}{2}\right)\right] \qquad (45)$$

$$y_n = h_f - r\left[1 - \cos\left(\omega_n - \frac{\alpha}{2}\right)\right] \qquad (46)$$

Bild 3.9

b) bezogen auf gleiche Abszissenunterschiede Δx. Unter Verwendung der Gln. (13) und (14) gilt:

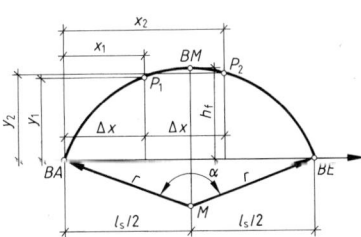

$$x_1 = \Delta x \qquad (47)$$

$$y_1 = h_f + \sqrt{r^2 - \left(\frac{l_s}{2} - \Delta x\right)^2} - r \qquad (48a)$$

$$= \sqrt{r^2 - \left(\frac{l_s}{2} - \Delta x\right)^2} - \sqrt{r^2 - \frac{l_s^2}{4}} \qquad (48b)$$

$$x_2 = 2\Delta x \qquad (49)$$

$$y_2 = h_f + \sqrt{r^2 - \left(\frac{l_s}{2} - 2\cdot\Delta x\right)^2} - r \qquad (50a)$$

$$= \sqrt{r^2 - \left(\frac{l_s}{2} - 2\cdot\Delta x\right)^2} - \sqrt{r^2 - \frac{l_s^2}{4}} \qquad (50b)$$

Bild 3.10

$$x_n = n\cdot\Delta x \qquad (51)$$

$$y_n = h_f + \sqrt{r^2 - \left(\frac{l_s}{2} - n\cdot\Delta x\right)^2} - r \qquad (52a)$$

$$= \sqrt{r^2 - \left(\frac{l_s}{2} - n\cdot\Delta x\right)^2} - \sqrt{r^2 - \frac{l_s^2}{4}} \qquad (52b)$$

3.2.5 Abstecken von Kreispunkten nach dem Polarverfahren und der Sehnen-Tangenten-Methode

Die Gln. (10), (13), (21), (22) und (23) werden nachfolgend benutzt. Liegen gleiche Bogenlängen vor, ergeben sich die Vereinfachungen nach den Gln. (32), (33) und (34) (Bild 3.11).

Polarverfahren. Geeignet für Theodolit und elektrooptischem Entfernungsmesser.

$$\varphi_1 = \frac{\alpha}{2} - \frac{\omega_1}{2} \tag{53}$$

$$l_1 = 2r \cdot \sin \frac{\omega_1}{2} \tag{54}$$

$$\varphi_2 = \frac{\alpha}{2} - \frac{\omega_2}{2} \tag{55}$$

$$l_2 = 2r \cdot \sin \frac{\omega_2}{2} \tag{56}$$

$$\varphi_n = \frac{\alpha}{2} - \frac{\omega_n}{2} \tag{57}$$

$$l_n = 2r \cdot \sin \frac{\omega_n}{2} \tag{58}$$

Sehnen-Tangenten-Methode. Mit Theodolit und Stahlmeßband; als Standpunkt des Theodolites ist der *BA* zu wählen; die Absteckung mittels der Kleinsehnen Δs erfolgt von *BE* ausgehend in Richtung *BA*. Die letzte Strecke Δl_{s_1} stellt eine Kontrolle der abgetragenen Längen dar.

$$\varphi_1 = \frac{\alpha}{2} - \frac{\omega_1}{2} \tag{59}$$

$$\Delta l_{s_1} = 2r \cdot \sin \frac{\omega_1}{2} \tag{60}$$

$$\varphi_2 = \frac{\alpha}{2} - \frac{\omega_2}{2} \tag{61}$$

$$\Delta l_{s_2} = 2r \cdot \sin \frac{\omega_2 - \omega_1}{2} \tag{62}$$

$$\varphi_n = \frac{\alpha}{2} - \frac{\omega_n}{2} \tag{63}$$

$$\Delta l_{s_n} = 2r \cdot \sin \frac{\omega_n - \omega_{n-1}}{2} \tag{64}$$

$$\varphi_{BE} = 0 \tag{65}$$

$$\Delta l_{s_{BE}} = 2r \cdot \sin \frac{\alpha - \omega_n}{2} \tag{66}$$

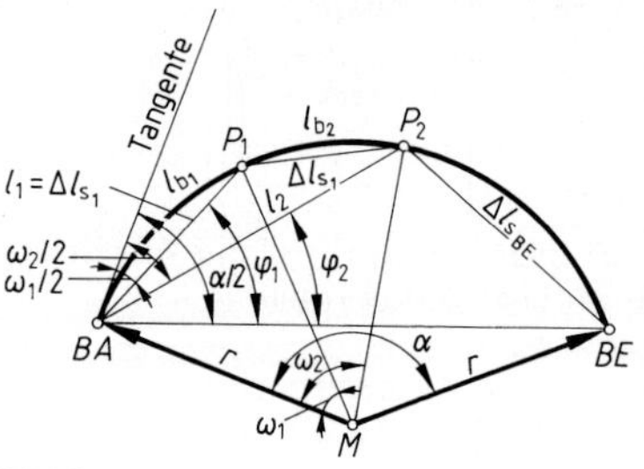

Bild 3.11

Kontrollberechnungen mittels Formeln für das Abstecken von der Sehne aus (Abschn. 3.2.4).

3.2.6 Prüfung der Absteckung des Kreisbogens

Strenge Lösungen nach 3.2.4 b) oder mittels Pfeilhöhenberechnung und vergleichende Messung nach 3.2.1

Näherungslösungen. Sie sind nur gültig falls $l_s < \dfrac{r}{5}$

a) Pfeilhöhen

$$h_{f_p} \approx \frac{s_a \cdot s_b}{2r} \tag{67}$$

$$\text{falls } s_a = s_b: \; h_f \approx \frac{l_s^2}{8r} \tag{68}$$

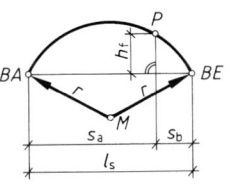

Bild 3.12

b) Viertelsmethode

$$h_f \approx \frac{l_s^2}{8r} \tag{69}$$

$$h_{f_1} \approx \frac{1}{4} h_f, \quad h_{f_2} \approx \frac{1}{4} h_{f_1} \text{ usw.} \tag{70}$$

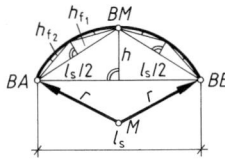

Bild 3.13

3.2.7 Abstecken von Profilrichtungen am Kreisbogen

Winkel zwischen Sehne zu einem Kreispunkt und der Profilrichtung

Profilrichtung			
zum Kreismittelpunkt		zur Außenseite des Kreisbogens	
$100 - \dfrac{\alpha_1}{2}$	$100 - \dfrac{\alpha_2}{2}$	$100 + \dfrac{\alpha_1}{2}$	$100 + \dfrac{\alpha_2}{2}$	(71)

α_1, α_2 nach Gl. (10)

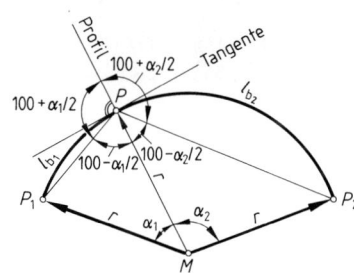

Bild 3.14

Bei gleichen Bogenlängen l_{b_1} und l_{b_2} ist die Profilrichtung die Winkelhalbierende zwischen den Sehnen.

3.3 Klothoide

3.3.1 Allgemeine Formeln

A = Parameter L_n = Bogenlänge bis P_n
R_n = Radius des Krümmungskreises in P_n

$$A^2 = L_n \cdot R_n \tag{72}$$

$$\tau_n = \frac{L_n^2}{2A^2}\, 1\text{ rad} = \frac{L_n}{2R_n}\, 1\text{ rad} = \frac{A^2}{2R_n^2}\, 1\text{ rad} \tag{73}$$

Klothoidenkoordinaten

$$l_n = \frac{L_n}{A} \tag{74}$$

$$X_n = x_n \cdot A \quad Y_n = y_n \cdot A \tag{75}$$

$$x_n = l_n - \frac{l_n^5}{40} + \frac{l_n^9}{3456} - \frac{l_n^{13}}{599040} + - \ldots \tag{76}$$

$$y_n = \frac{l_n^3}{6} - \frac{l_n^7}{336} + \frac{l_n^{11}}{42251} - \frac{l_n^{15}}{9676800} + - \ldots \tag{77}$$

Taschenrechnerformel, mit Abbruch obiger Reihen nach dem 3. Glied, ausreichend genau (cm) für alle praktischen Fälle:

$$U_n = \left(\frac{L_n}{A}\right)^4 \tag{78}$$

$$X_n = L_n \left[1 - \frac{U_n}{40}\left(1 - \frac{U_n}{86,4}\right)\right] \tag{79}$$

$$Y_n = \frac{L_n^3}{6A^2}\left[1 - \frac{U_n}{56}\left(1 - \frac{7U_n}{880}\right)\right] \tag{80}$$

Weitere Formeln

$$X_{M,n} = X_n - R_n \cdot \sin \tau_n \tag{81}$$

$$Y_{M,n} = Y_n + R_n \cdot \cos \tau_n \tag{82}$$

$$\Delta R_n = Y_{M,n} - R_n = Y_n - R_n(1 - \cos \tau_n) \tag{83}$$

$$T_{L,n} = X_n - \frac{Y_n}{\tan \tau_n} \tag{84}$$

$$T_{K,n} = \frac{Y_n}{\sin \tau_n} \tag{85}$$

$$S_n = \sqrt{X_n^2 + Y_n^2} \tag{86}$$

$$\tan \sigma_n = \frac{Y_n}{X_n} \tag{87}$$

$$\Delta S_n = \sqrt{(X_{KE} - X_n)^2 + (Y_{KE} - Y_n)^2} \tag{88}$$

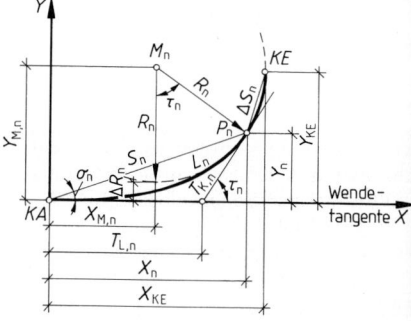

Bild 3.15

3.3.2 Abstecken von Klothoidenpunkten

Jeweils mit bekannten Bogenlängen und errechneten Klothoidenkoordinaten.

Verfahren	Absteckungsdaten	Bemerkungen
von der Wende-tangente aus	rechtwinklig: Y_n, X_n	
von einer Klothoi-densehne aus	Koordinatentransformation auf Klothoidensehne; rechtwinklig: y'_n, x'_n	s. 3.1 Vorzeichen der y-Koordinaten negativ setzen in den Fällen der nachfolgenden Skizze
polar	σ_n, S_n	Differenz der σ_n zu σ_{KE} bilden
Sehnen-Tangenten	$\sigma_n, \Delta S_n$	Differenz der σ_n zu σ_{KE} bilden; $\Delta S_n=$ Sehne zwischen be-nachbarten Klothoidenpunkten

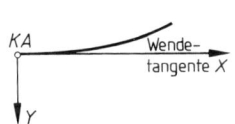 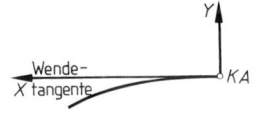

Bild 3.16

3.3.3 Abstecken von Profilrichtungen an der Klothoide

a) bezogen auf den Klothoiden-ursprung KA in Richtung Krüm-mungsmittelpunkt M_P

$$\alpha_P = 100 + \sigma_P - \tau_P \text{ gon} \qquad (89)$$

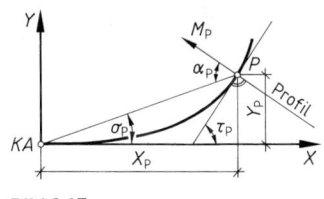

Bild 3.17

b) bezogen auf andere Klothoiden-punkte in Richtung Krümmungs-mittelpunkt

	Bezugspunkt liegt	
	näher am Klothoiden-ursprung	weiter vom Klothoiden-ursprung entfernt
	$\tan \beta_1 = \dfrac{Y_P - Y_1}{X_P - X_1}$	$\tan \beta_2 = \dfrac{Y_2 - Y_P}{X_2 - X_P}$ (90)
	$\alpha_1 = 100 + \beta_1 - \tau_P$	$\alpha_2 = 100 - \beta_2 + \tau_P$ (91)

jeweils in gon

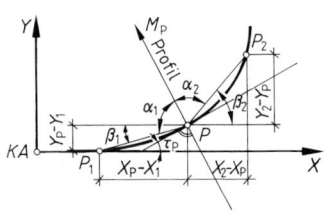

Bild 3.18

3.3.4 Prüfung der Absteckung der Klothoide

„**Zweiachtelmethode"** 4 gleichab-
ständige Klothoidenpunkte vorhanden.
Die Pfeilhöhen h_{f_1} und h_{f_2} sind zu messen. Für die Pfeilhöhe h_f in der Bogenmitte P zwischen P_2 und P_3 gilt:

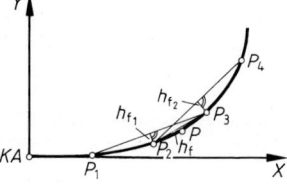

$$h_f \approx \frac{h_{f_1}}{8} + \frac{h_{f_2}}{8} \qquad (92)$$

Bild 3.19

Bauwirtschaft und Baurecht

Bearbeitet von Prof. Dipl.-Ing. Manfred Hoffmann

Inhalt

4

1 Die Bauwirtschaft in Deutschland

1.1 Begriffe und Einteilung

Nicht zur Bauwirtschaft zählt:
— Baustoffproduktion
— Baubehörden, Bauforschungsinstitute
— Bauträgergesellschaften jeder Art.

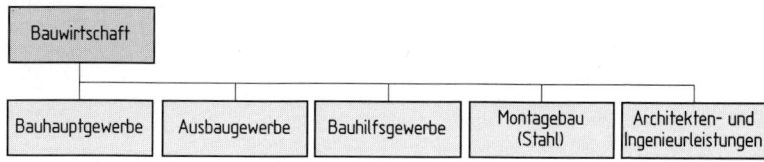

Bild 4.1 Einteilung der Bauwirtschaft

Die in diesem Kapitel verwendeten statistischen Zahlen basieren z.T. noch auf der bisherigen Systematik der amtlichen Statistik.

Die amtliche Statistik teilte bisher ein:

Bauhauptgewerbe (entspricht etwa dem Rohbau und Tiefbau):
— Hoch- und Tiefbau
— Fertigteilbau im Hochbau
— Erdbewegungsarbeiten, Landeskulturbau, Wasser- und Wasserspezialbau
— Straßenbau
— Brunnenbau, Tiefbohrung u.a. (ohne Erdölbohrung)
— Gerüstbau, Fassadenreinigung
— Spezialbau (Schornstein-, Feuerungs- und Industriebau, Gebäudetrocknung, Abdichtung gegen Wasser und Feuchtigkeit, Abdämmung gegen Kälte, Wärme, Schall u.a., Abbruch-, Spreng- und Enttrümmerungsgewerbe)
— Stukkateurgewerbe, Gipserei, Verputzerei
— Zimmerei, Ingenieurholzbau
— Dachdeckerei.

Ausbaugewerbe, z.B.
— Klempner
— Sanitärinstallation
— Elektroinstallation
— Heizung und Lüftung
— Aufzugsbau

— Schreinerei, Fensterbau,
— Glaserei
— Bauschlosser
— Plattenleger, Bodenbeläge
— Maler und Tapezierer

Bauhilfsgewerbe, z.B.
— Gerüstbau
— Bautransporte
— Baureinigung

Ab 1993 ist durch EG-Verordnung eine neue Systematik der Wirtschaftszweige in der Europäischen Gemeinschaft vorgeschrieben (NACE). Ab 1996 sollen die deutschen Statistiken nach und nach auf NACE umgestellt werden. Der Stahlbau wird dann dem Verarbeitenden Gewerbe zugerechnet. NACE-Bau hat 5 Abteilungen:

Tafel 4.1   EU-Systematik der Bauwirtschaft

1	Vorbereitende Baustellenarbeiten
1.1	Abbruch-, Spreng- und Enttrümmerungsgewerbe, Erdbewegungsarbeiten
1.1.1	Abbruch-, Spreng- und Enttrümmerungsgewerbe
1.1.2	Erdbewegungsarbeiten
1.1.3	Landeskulturbau und Renaturierung von Gewässern
1.1.4	Bodensanierung und Rekultivierung von geschädigten Flächen
1.1.5	Aufschließung von Lagerstätten
1.2	Test- und Suchbohrungen
2	Hoch- und Tiefbau
2.1	Hochbau, Brücken- und Tunnelbau u.ä.
2.1.1	Hoch- und Tiefbau ohne ausgeprägten Schwerpunkt
2.1.2	Hochbau (ohne Fertigteile)
2.1.3	Fertigteilbauten aus Beton im Hochbau aus selbsthergestellten Fertigbauteilen
2.1.4	Fertigteilbauten aus Beton im Hochbau aus fremdbezogenen Fertigteilen
2.1.5	Fertigbauten aus Holz im Hochbau aus fremdbezogenen Fertigteilen
2.1.6	Brücken- und Tunnelbau u.ä.
2.2	Dachdeckerei, Abdichtung und Zimmerei
2.2.1	Dachdeckerei
2.2.2	Abdichtung gegen Wasser und Feuchtigkeit
2.2.3	Zimmerei
2.3	Straßenbau, Eisenbahnoberbau und Sportanlagenbau
2.3.1	Straßenbau
2.3.2	Eisenbahnoberbau
2.3.3	Sportanlagenbau
2.4	Wasserbau
2.5	Spezialbau und sonstiger Tiefbau
2.5.1	Brunnenbau
2.5.2	Schachtbau
2.5.3	Kabelleitungstiefbau
2.5.4	Schornstein-, Feuerungs- und Industrieofenbau
2.5.5	Gerüstbau
2.5.6	Gebäudetrocknung
2.5.7	Sonstiger Tiefbau
3	Bauinstallation
3.1	Elektroinstallation
3.2	Dämmung gegen Kälte, Wärme, Feuer, Schall und Erschütterungen
3.3	Klempnerei, Gas-, Wasser-, Heizungs- und Lüftungsinstallation
3.3.1	Klempnerei, Gas- und Wasserinstallation
3.3.2	Installation von Heizungs-, Lüftungs-, Klima- und gesundheitstechnischen Anlagen
3.4	Montage von elektrischen Anlagen (soweit anderweitig nicht genannt)
4	Sonstiges Baugewerbe
4.1	Stukkateurgewerbe, Gipserei und Verputzerei
4.2	Bautischlerei
4.3	Fußboden-, Fliesen- und Plattenlegerei, Tapetenkleberei und Raumausstattung
4.3.1	Parkettlegerei
4.3.2	Fliesen-, Platten- und Mosaiklegerei
4.3.3	Estrichlegerei
4.3.4	Sonstige Fußbodenlegerei und -kleberei
4.3.5	Tapetenkleberei
4.3.6	Raumausstattung
4.4	Maler- und Glasergewerbe
4.4.1	Maler- und Lackiergewerbe
4.4.2	Glasergewerbe
4.5	Baugewerbe (soweit anderweitig nicht genannt)
4.5.1	Fassadenreinigung
4.5.2	Ofen- und Herdsetzerei
4.5.3	Ausbaugewerbe (soweit anderweitig nicht genannt)
5	Vermietung von Baumaschinen und -geräten mit Bedienungspersonal

4

Bauwirtschaft und Baurecht

Tafel 4.2 Bauverbände

Organisation	Industrie	Handwerk	Gewerkschaften
Zentralorgan	Bundesverband der Deutschen Industrie (BDI), Köln	Zentralverband des Deutschen Hand- werks e.V. (ZDH), Bonn	Deutscher Gewerk- schaftsbund (DGB), Düsseldorf
	Bundesvereinigung der Deutschen Arbeit- geberverbände, Köln		
Spitzenverbände	Hauptverband[1]) der Deutschen Bau- industrie e.V., Berlin	Zentralverband[1]) des Deutschen Bau- gewerbes e.V., Bonn	Industriegewerk- schaft[1]) Bauen − Agrar − Umwelt, Frankfurt a.M.
Vereinigungen auf Landes- oder Bezirksebene	Bauindustrielle Landesvereinigungen e.V.	Baugewerbliche Landesvereinigungen e.V.	Bezirksstellen der IG BAU
Mitglieder	Industrielle Bauunternehmen	Handwerkliche Bauunternehmen	Abhängige Bau- schaffende

[1]) sind Tarifpartner, die allgemein verbindliche Tarifverträge (z.B. Rahmentarifvertrag, Lohntarif- vertrag) abschließen. Die Angestelltengewerkschaft ist ebenfalls Tarifpartner.

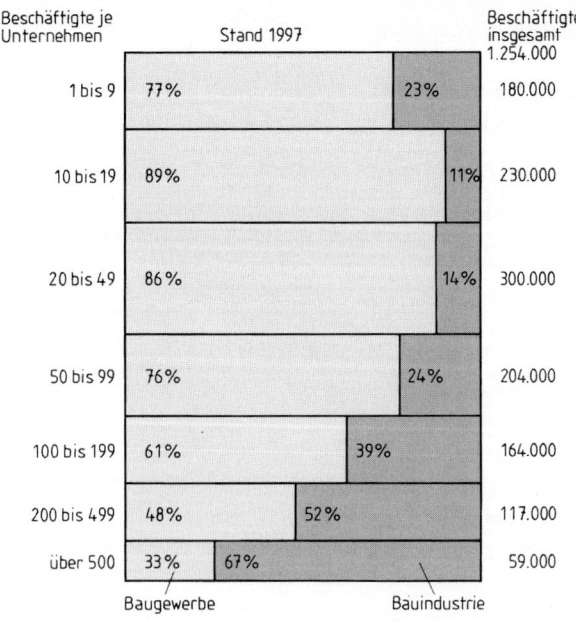

Bild 4.2 Struktur der Mitgliedsunternehmen der Bauverbände

Begriffsbestimmungen nach [7]

— **Bauindustrie:** Unternehmen der Bauindustrie sind vorwiegend nur im Bauhauptgewerbe (Erstellung des Rohbaus) tätig und der Industrie- und Handelskammer angeschlossen.

— **Bauhandwerk:** Unternehmen des Bauhandwerks sind sowohl im Bauhauptgewerbe als auch im Ausbaugewerbe tätig und in der Handwerksrolle eingetragen.

— **Umsatz:** Der statistisch ausgewiesene Umsatz entspricht den vereinnahmten Entgelten, so daß in einer kürzeren periodischen Abgrenzung der Umsatz mit der Bauleistung gleichgesetzt werden kann.
Der Umsatz enthält keine innerbetrieblichen Leistungen (selbsterstellte Anlagen) und auch nicht den Wert der vom Bauherrn beigestellten Materialien.

— **Bauvolumen:** Alle Bauleistungen einschließlich Reparaturen, Fertigteilbau, Montagebau, Eigenleistungen des Bauherrn sowie Architektenleistungen.

— **Bauinvestitionen:** Bauvolumen abzüglich Militärbauten sowie kleinerer Reparaturen, die zu keiner wesentlichen Steigerung des Anlagewertes führen.

— **Wirtschaftsbau:** Gewerblicher + industrieller + landwirtschaftlicher Hoch- und Tiefbau.

— **Fertigteilbau:** Ein Bauwerk gilt als Fertigteilbau, wenn für Außen- und Innenwände geschoßhohe oder raumbreite Fertigteile verwendet werden. Dabei sind als Fertigteile alle nicht an der Einbaustelle hergestellten tragenden oder nichttragenden Bauteile anzusehen, die mit Anschlußmitteln versehen sein müssen, mit deren Hilfe sie ohne weitere Bearbeitung zum Bauwerk zusammengefügt oder mit örtlich (am Bau) hergestellten Bauteilen fest verbunden werden können.

— **Baupreise** (Indizes): Ermittelt werden die Preise für einzelne Bauleistungen aus Abschlüssen zwischen Bauherren und Bauunternehmen. Daraus werden Preismeßziffern für die sogenannten Regelbauleistungen sowie Preisindizes für Bauarbeiten, Bauabschnitte und Bauwerke errechnet, mit deren Hilfe die Entwicklung der Baupreise (nicht der Baukosten!) beobachtet werden soll. Gemäß den Ausführungsrichtlinien der amtlichen Statistik sind Marktpreise zu melden; vielfach dürften jedoch marktbedingte Abweichungen von den kalkulierten Preisen unberücksichtigt bleiben.

Volkswirtschaftliche Zusammenhänge

Bruttoproduktionswert (aus Summe der Einzelbetriebe)[1])
— Vorleistungen (Materialverbrauch, Einsatz von Handelsware, Kosten für Fremdlöhne und Nachunternehmer)

= Bruttowertschöpfung
+ Einfuhrabgaben

= Bruttoinlandsprodukt
+ Einkommen der Inländer aus Erwerbstätigkeit oder Vermögen im Ausland
— Einkommen der Ausländer aus Erwerbstätigkeit oder Vermögen im Inland

= Bruttosozialprodukt
— Abschreibungen

= Nettosozialprodukt zu Marktpreisen
— Indirekte Steuern (Produktionssteuern, nichtabzugsfähige Umsatzsteuer, Einfuhrabgaben)
+ Subventionen

= Nettosozialprodukt zu Faktorkosten = Volkseinkommen

---

[1]) Bruttoproduktionswert
= Umsatz ohne MwSt.
+/— Bestandsveränderungen an unfertigen und fertigen Erzeugnissen aus eigener Produktion
+ erstellte Anlagen für den eigenen Betrieb.

1.2 Bauvolumen

Das „Bauvolumen" in Deutschland betrug 576 Mrd. DM im Jahre 1997; die „Bauinvestitionen" nach der volkswirtschaftlichen Gesamtrechnung betrugen 452 Mrd. DM. Die Differenz zum Bauvolumen ergibt sich u.a. dadurch, daß Instandsetzungsleistungen und militärische Bauten statistisch nicht unter Bauinvestitionen gezählt werden.

Tafel 4.3 Verteilung des Bauvolumens nach Art der Bauten und Produzenten 1997

Art der Bauten	in %	Art der Produzenten	in %
Wohnbauten	55,9	Bauhauptgewerbe[1])	36,0
Wirtschaftsbauten	28,6	Ausbaugewerbe[2])	38,2
Öffentlicher Hochbau	6,6	Sonstige Bereiche[3])	25,8
Öffentlicher Tiefbau	8,9		
	100		100

[1]) Umfaßt die Bereiche „vorbereitende Baustellenarbeiten" sowie „Hoch- und Tiefbau" nach der neuen EU-Systematik.

[2]) Nach der neuen EU-Systematik: Klempnerei; Gas- und Wasserinstallation; Heizungs-, Sanitär- und Elektroinstallationen, Malergewerbe: Tischlerei; Fliesenlegerei; Dämmung gegen Wärme, Kälte, Schall und Erschütterungen; Stukkateurgewerbe.

[3]) Sonstige Bereiche:
 — Verarbeitendes Gewerbe (Ausbau und Montagebau): Fertigteilbauten und Montagen; Stahl- und Leichtmetallbau; Bauschlosserei; elektrotechnische Einbauten (Aufzüge, Rolltreppen); Verkehrssignalanlagen.
 — Architektenleistungen und Gebühren: Architekten- und Ingenieurleistungen; Gebühren für Makler, Notare, Grundbucheintragungen; Grunderwerbssteuer.
 — Sonstige Bauleistungen: Außenanlagen; Eigenleistungen der Bauherren.

1.3 Struktur des Bauhauptgewerbes

Tafel 4.4 Betriebe und Beschäftigte am 30.6.1997 und Umsatz 1996 im Bauhauptgewerbe in Deutschland

Betriebsgrößenklassen nach der Beschäftigtenzahl	Betriebe, davon			Beschäftigte, davon			Umsatz[1]) Kalenderjahr 1996 in Mio. DM
	insgesamt	Handwerk	Industrie	insgesamt	Handwerk	Industrie	
1 bis 9	45635	29448	16187	179827	138500	41327	23277,2
10 bis 19	16761	14938	1823	230317	205391	24926	30723.5
20 bis 49	10001	8695	1306	299834	259084	40750	46409,1
50 bis 99	2957	2265	692	203566	154648	48918	38101,6
100 bis 199	1220	759	461	164309	100812	63497	35894,7
200 bis 499	410	202	208	117258	56400	60858	27403,0
500 und mehr	71	26	45	59458	19661	39797	15752,7
	77055	56333	20722	1254569	934496	320073	217561,9

[1]) Ohne Umsatzsteuer.

Quelle: Statistisches Bundesamt

Tafel 4.5 Umsatz im Bauhauptgewerbe in Deutschland (1996) in 1000 DM¹) nach [14]

Wirtschaftszweig	Insgesamt	in Betrieben mit … bis … Beschäftigten						
		1 bis 9	10 bis 19	20 bis 49	50 bis 99	100 bis 199	200 bis 499	500 und mehr
Vorbereitende Baustellenarbeiter/ Hoch- u. Tiefbau	217561949	23277166	30723544	46409119	38101643	35894745	27403031	15752700
Vorbereitende Baustellenarbeiter	6429525	1310880	1049968	1465066	832788	551226	350127	869470
Hoch- u. Tiefbau	211132423	21966286	29673576	44944052	37268855	35343519	27052904	14883230
Hochbau, Brücken- u. Tunnelbau u.ä.	137053948	10405177	15408765	28736806	24599920	25098209	20709550	12095522
Hoch- u. Tiefbau o.a.S.	49128062	1295358	1883294	5514606	8178688	11203216	11403107	9649791
Hochbau (ohne Fertigteilbau)	74218098	8488560	12506765	19885875	13504381	10523520	9308995	—
Fertigteilbau im Hochbau	3364101	254678	203622	451527	2454274 (50–499)			—
Brücken- u. Tunnelbau u.ä.	1106892	98086	24059	279080	705666 (50–499)			—
Kabelleitungstiefbau	9236796	268494	791024	2605718	2233496	2006520	1331545	—
Dachdeckerei, Abdichtung u. Zimmerei	28691971	8337292	9866909	7287683	2229435	737312	233339	—
Dachdeckerei	15444912	3518565	5564456	4576859	1404860	380173	—	—
Abdichtung gegen Wasser u. Feuchtigkeit	3064704	1394689	546075	524442	387382	212117	—	—
Zimmerei u. Ingenieurholzbau	10182355	3424039	3756379	2186383	437193	378361	—	—
Straßenbau u. Eisenbahnoberbau	22119777	938533	1486392	3857920	5163421	4937069	4122947	1613495
Straßenbau	19741628	761012	1434154	3449847	4571975	4609530	4915109	—
Eisenbahnoberbau	2378149	177521	52238	408073	591446	327538	821333	—
Wasserbau	657445	70612	75107	123943	165007	222776	—	—
Spezialbau u. sonst. Tiefbau	22609283	2214672	2836404	4937700	5111071	4348154	1987069	1174213
darunter Gerüstbau	2670036	641328	701683	737327	377342	212354		
Baugewerbl. Umsatz aus Nachunternehmertätigkeit (darunter von insgesamt)	10616595	1284894	1510915	2003156	1775227	1852146	1671857	518401

¹) Baugewerblicher Umsatz — ohne Umsatzsteuer.
Quelle: Statistisches Bundesamt.

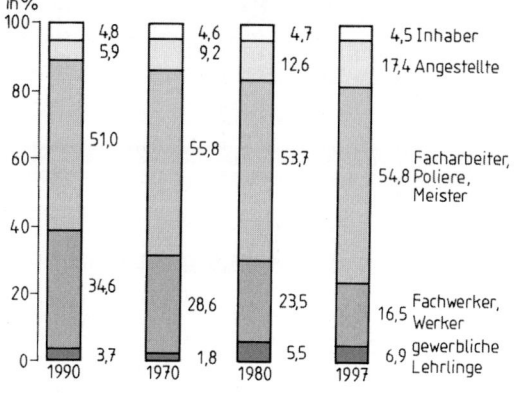

Bild 4.3
Veränderung der Belegschaften im Bauhauptgewerbe 1997 für Deutschland, sonst alte Bundesländer

Anzahl in 1000			Anteil in %
61,1	Inhaber [1]		4,0
240,1	Angestellte	kaufmännische	8,8
		technische	6,8
144,5	Poliere, Werkpoliere, Vorarbeiter	Poliere	2,6
		Werkpoliere, Vorarbeiter	8,8
745,0	Facharbeiter	Maurer	17,4
		Zimmerer	5,4
		Betonbauer	2,4
		sonstige Baufacharbeiter	16,0
		Baumaschinenführer [3]	7,4
269,3	Facharbeiter und Werker		17,5
73,7	gewerbliche Lehrlinge		4,8
1533,7	zusammen		100,0

Bild 4.4
Beschäftigtenstruktur des Bauhauptgewerbes in Deutschland 1994 nach [7]

[1] einschl. unbezahlt mithelfende Familienangehörige
[2] einschl. Lehrlinge
[3] sowie Berufskraftfahrer, Kfz.-Mechaniker u. a.

1.4 Bauleistung und Kosten

Tafel 4.6 Arbeitsstunden und Umsatz (ohne MwSt) im Bauhauptgewerbe nach Art der Bauten 1997
Auswertung von Angaben des Statistischen Bundesamtes

Art der Bauten	Umsatz Mio. DM	Arbeitsstunden 1000 Std.	Umsatz/Stunde DM/Std.
Wohnungsbau	78703	629648	125,00
Gewerblicher/Industrieller Hochbau	50370	283441	177,71
Gewerblicher/Industrieller Tiefbau	23394	169085	138,36
Öffentlicher Hochbau	13719	90411	151,74
Öffentlicher Straßenbau	21080	142516	147,91
Sonstiger öffentlicher Tiefbau	23088	164577	140,29
Insgesamt	210354	1479678	142,16

Tafel 4.7 Ausgewählte Kosten im Baugewerbe (Anteile am Bruttoproduktionswert) 1995 nach Beschäftigtengrößenklassen in Prozent

Früheres Bundesgebiet

Beschäftigte von ... bis ...	Materialverbrauch, Einsatz an Handelsware zu Anschaffungskosten, Kosten für Lohnarbeiten[1]					Personalkosten						Kosten für sonst. ind. handw. Dienstleistungen	Kostensteuern	Mieten und Pachten	sonstige Kosten	Abschreibungen	Fremdkapitalzinsen
	insgesamt	Materialverbrauch insgesamt	darunter Energieverbrauch	Einsatz an Handelsware[2]	Kosten für Lohnarbeiten[3]	insgesamt	Brutto-Lohn- und Brutto-Gehalts-Summe zusammen	Brutto-lohnsumme	Brutto-gehaltsumme	Sozialkosten gesetzliche	Sozialkosten sonstige						
45 Baugewerbe																	
20 bis 49	42,6	30,9	1,1	1,5	10,3	41,1	31,8	25,5	6,3	7,1	2,2	1,0	0,9	2,3	4,6	2,4	1,2
50 bis 99	45,7	27,9	1,3	2,0	15,8	39,2	29,6	23,2	6,4	6,7	2,9	1,4	0,9	2,2	4,6	2,4	1,0
100 bis 199	47,1	24,3	1,4	1,2	21,5	36,5	27,3	20,7	6,7	6,3	2,8	1,5	0,8	2,2	4,4	2,6	1,0
200 bis 499	49,7	22,6	1,3	0,6	26,5	34,7	25,9	18,6	7,3	6,0	2,7	1,5	0,6	2,5	5,3	3,0	1,0
500 bis 999	54,5	24,0	1,2	0,5	30,1	31,4	23,8	16,1	7,7	5,3	2,3	1,7	0,5	2,3	5,7	3,2	0,9
1000 und mehr	55,3	17,1	0,9	0,5	37,7	30,1	22,8	13,3	9,5	4,8	2,4	1,8	0,4	2,0	5,0	2,2	0,6
insgesamt	48,2	25,0	1,2	1,1	22,1	36,3	27,6	20,3	7,3	6,2	2,5	1,4	0,7	2,3	4,8	2,5	1,0
45/1+45/2 Vorbereitende Baustellenarbeiten, Hoch- und Tiefbau																	
20 bis 49	41,8	28,2	1,3	0,5	13,0	42,5	31,9	26,3	5,6	7,6	3,0	1,3	0,9	2,5	4,6	3,0	1,3
50 bis 99	44,4	25,5	1,5	0,7	18,2	39,7	29,2	23,4	5,9	7,0	3,5	1,6	0,9	2,4	4,2	2,8	1,1
100 bis 199	47,2	22,3	1,6	0,8	24,1	35,9	26,4	20,3	6,0	6,3	3,2	1,5	0,8	2,9	4,2	2,9	1,1
200 bis 499	50,5	20,8	1,4	0,4	29,2	33,9	24,9	18,1	6,8	5,9	2,6	1,5	0,6	2,6	5,0	3,2	1,0
500 bis 999	55,5	19,4	1,4	0,5	35,5	32,1	24,0	16,4	7,6	5,5	2,4	1,2	0,5	2,6	5,4	3,6	1,0
1000 und mehr	56,7	14,9	0,9	0,5	41,3	28,6	21,6	12,6	9,0	4,6	2,9	1,7	0,4	2,2	4,7	2,2	0,7
insgesamt	49,1	21,8	1,3	0,6	26,7	35,5	26,4	19,5	6,9	6,1	2,9	1,5	0,7	2,5	4,6	2,8	1,0
45/1 Vorbereitende Baustellenarbeiten																	
20 bis 49	37,1	18,0	4,3	0,2	18,9	40,6	31,2	25,2	6,0	7,1	2,3	3,2	1,1	3,8	7,8	5,7	1,5
50 bis 99	37,2	21,9	3,3	0,2	15,1	33,3	25,4	19,9	5,4	5,7	2,3	2,8	1,2	3,7	8,0	5,3	1,2
100 und mehr	36,0	10,2	1,3	0,2	25,6	49,4	37,3	26,4	10,9	9,9	2,3	2,3	0,8	2,8	6,8	4,0	0,5
insgesamt	36,5	14,5	2,7	0,2	21,8	43,9	33,3	24,8	8,5	8,3	2,3	2,7	0,9	3,3	7,3	4,7	0,9

Fortsetzung s. nächste Seite; Fußnoten s. S. 162

Tafel 4.7, Fortsetzung

Beschäftigte von ... bis ...	Materialverbrauch, Einsatz an Handelsware zu Anschaffungskosten, Kosten für Lohnarbeiten[1]					Personalkosten							Kosten für sonst. ind./handw. Dienstleistungen	Ko-sten-steuern	Mieten und Pachten	sonstige Kosten	Ab-schreibungen	Fremd-kapital-zinsen
	ins-ge-samt	Material-verbrauch		Einsatz an Handels-ware[2]	Kosten für Lohn-arbei-ten[3]	ins-ge-samt	Brutto-Lohn und Brutto-Gehalts-Summe			Sozial-kosten								
		ins-ge-samt	dar-unter Ener-gie-ver-brauch				zu-sam-men	Brutto-lohn-summe	Brutto-gehalt-summe	ge-setz-liche	son-stige							
45/2.1.2 Hochbau (ohne Fertigteilbau)																		
20 bis 49	45,3	28,2	0,8	0,6	16,5	41,3	30,7	25,8	4,9	7,5	3,1	0,9	0,8	1,7	3,7	2,5	1,4
50 bis 99	49,4	25,5	0,8	1,4	22,4	37,4	27,3	22,1	5,2	6,6	3,5	1,2	0,8	1,7	3,3	1,9	1,0
100 bis 199	55,0	20,9	0,7	0,4	33,7	30,9	22,6	17,2	5,4	5,4	2,8	0,8	0,8	2,1	3,6	2,1	1,2
200 und mehr	61,8	18,2	0,8	0,2	43,5	27,9	20,7	14,4	6,3	4,7	2,4	0,8	0,5	1,8	4,6	2,2	1,0
insgesamt	51,5	24,1	0,8	0,7	26,7	35,6	26,3	21,0	5,4	6,3	3,0	0,9	0,8	1,8	3,8	2,2	1,2
45/2.1.3+45/2.1.4+45/2.1.5 Fertigteilbau im Hochbau																		
20 bis 49	44,6	26,2	1,3	1,4	17,1	31,4	24,3	17,4	7,0	5,5	1,8	2,2	1,2	1,3	6,7	3,9	1,2
50 bis 99	63,9	19,5	0,6	0,7	43,7	27,7	21,6	15,3	6,3	4,5	1,5	0,6	0,5	1,6	5,1	1,8	0,8
100 und mehr	64,5	15,6	0,7	0,0	48,9	22,7	17,0	9,8	7,2	3,6	2,1	0,8	0,5	1,0	4,7	2,4	1,4
insgesamt	62,5	17,2	0,8	0,2	45,0	24,3	18,3	11,3	7,1	3,9	2,0	0,9	0,6	1,1	5,0	2,5	1,3
45/2.1.6+45/2.1.7 Brücken- und Tunnelbau u.ä., Kabelleitungstiefbau																		
20 bis 49	30,5	19,4	2,2	0,7	10,4	48,5	36,7	30,0	6,7	8,4	3,4	2,4	1,0	3,7	5,8	5,0	1,6
50 bis 99	34,1	22,8	2,2	0,1	11,3	48,8	35,1	28,4	6,7	8,7	5,0	2,0	0,7	3,3	4,7	4,2	1,0
100 bis 199	35,1	20,4	1,9	0,1	14,7	48,3	32,7	25,5	7,2	7,7	2,9	2,1	1,1	3,7	4,7	3,9	0,5
200 und mehr	46,1	18,2	1,7	0,1	27,8	38,8	28,6	20,0	8,6	7,2	3,0	2,6	0,4	4,4	5,2	3,6	0,8
insgesamt	38,1	19,8	2,0	0,2	18,0	44,0	32,6	25,1	7,5	7,9	3,5	2,3	0,7	3,9	5,2	4,1	1,0
45/2.2.3 Zimmerei und Ingenieurholzbau																		
20 bis 49	41,3	36,0	1,0	0,8	4,4	40,8	31,4	26,3	5,1	7,2	2,2	1,1	0,8	2,8	4,1	2,8	1,3
50 und mehr	53,0	34,9	1,0	1,4	16,7	34,7	26,3	20,7	5,6	6,1	2,3	1,4	1,1	1,7	6,3	1,9	0,9
insgesamt	45,1	35,7	1,0	1,0	8,4	38,8	29,4	24,4	5,3	6,8	2,3	1,2	0,9	2,4	4,9	2,5	1,2

Fortsetzung s. nächste Seite; Fußnoten s. S. 162

Tafel 4.7, Fortsetzung

Beschäftigte von ... bis ...	Materialverbrauch, Einsatz an Handelsware zu Anschaffungskosten, Kosten für Lohnarbeiten[1]					Personalkosten						Kosten für sonst. ind./handw. Dienstleistungen	Kostensteuern	Mieten und Pachten	sonstige Kosten	Abschreibungen	Fremdkapitalzinsen
	insgesamt	Materialverbrauch		Einsatz an Handelsware[2]	Kosten für Lohnarbeiten[3]	insgesamt	Brutto-Lohn und Brutto-Gehalts-Summe			Sozialkosten							
		insgesamt	darunter Energieverbrauch				zusammen	Bruttolohnsumme	Bruttogehaltsumme	gesetzliche	sonstige						
45/2.3.1 Straßenbau																	
20 bis 49	37,2	26,1	2,2	0,2	10,9	45,8	33,9	27,3	6,6	8,1	3,8	2,4	1,0	2,6	4,7	3,7	0,9
50 bis 99	42,2	28,0	2,9	0,2	13,9	43,6	32,0	25,5	6,5	7,4	4,2	2,1	0,9	3,1	4,3	3,6	1,2
100 bis 199	43,3	26,9	3,3	1,0	15,4	40,6	29,7	22,9	6,8	7,2	3,8	2,4	0,9	4,7	4,6	3,9	1,6
200 bis 499	46,7	28,5	2,3	0,4	17,8	34,8	25,6	19,1	6,5	6,1	3,2	1,7	0,5	2,8	4,6	4,0	1,0
500 und mehr	48,0	25,5	1,7	0,5	22,0	32,4	23,5	15,6	7,9	5,5	3,4	1,2	0,3	3,2	6,7	3,4	1,1
insgesamt	44,2	27,1	2,4	0,5	16,7	38,6	28,2	21,3	6,9	6,7	3,7	1,9	0,7	3,3	5,1	3,7	1,2
45/2.5 Spezialbau und sonstiger Tiefbau																	
20 bis 49	35,1	25,0	2,3	0,4	9,7	44,4	33,3	26,2	7,2	7,7	3,4	1,9	1,0	4,4	6,6	4,4	1,4
50 bis 99	35,2	21,4	1,9	0,5	13,2	44,0	32,6	25,8	6,8	7,6	3,8	2,0	0,9	3,9	5,2	3,8	1,3
100 bis 199	39,8	20,9	1,6	2,2	16,7	38,4	28,0	21,5	6,5	6,9	3,4	1,8	0,9	3,2	5,7	3,3	0,8
200 und mehr	42,9	16,3	1,3	0,8	25,8	35,8	27,6	18,2	9,4	5,6	2,6	1,9	0,6	3,6	7,1	3,9	0,8
insgesamt	39,4	19,8	1,7	1,0	18,6	39,5	29,7	21,8	7,9	6,6	3,2	1,9	0,8	3,7	6,4	3,8	1,0
45/3+45/5 Bauinstallation und sonstiges Baugewerbe																	
20 bis 49	43,7	34,2	0,9	2,6	6,9	39,5	31,7	24,4	7,2	6,5	1,3	0,7	1,0	2,0	4,7	1,7	1,0
50 bis 99	48,6	33,3	0,8	4,8	10,5	37,9	30,4	22,7	7,7	6,1	1,3	0,8	0,8	1,8	5,6	1,7	1,0
100 bis 199	46,6	31,4	0,7	2,6	12,6	38,4	30,7	21,9	8,8	6,3	1,4	1,3	0,8	1,6	4,9	1,5	0,9
200 bis 499	46,3	31,0	0,7	1,2	14,0	38,3	30,5	20,7	9,9	6,3	1,5	1,8	0,6	1,9	6,7	1,9	0,9
500 und mehr	47,4	35,3	0,6	0,1	12,0	36,6	28,6	17,3	11,3	5,9	2,1	3,1	0,4	1,3	7,1	2,1	0,5
insgesamt	45,8	33,6	0,8	2,6	9,7	38,5	30,8	22,4	8,3	6,3	1,5	1,2	0,8	1,8	5,4	1,8	0,9

Fortsetzung s. nächste Seite; Fußnoten s. S. 162

Tafel 4.7. Fortsetzung

Beschäftigte von ... bis ...	Materialverbrauch, Einsatz an Handelsware zu Anschaffungskosten, Kosten für Lohnarbeiten[1]					Personalkosten						Kosten für sonst. ind./handw. Dienstleistungen	Kosten-steuern	Mieten und Pachten	sonstige Kosten	Ab-schreibungen	Fremd-kapital-zinsen
	ins-ge-samt	Material-verbrauch ins-ge-samt	dar-unter Ener-giever-brauch	Einsatz an Han-dels-ware[2]	Kosten für Lohn-arbei-ten[3]	ins-ge-samt	Brutto-Lohn- und Brutto-Gehalts-Summe zu-sam-men	Brutto-lohn-summe	Brutto-gehalt-summe	Sozial-kosten ge-setz-liche	son-stige						
45/3.2 Dämmung gegen Kälte, Wärme, Schall, Erschütterung																	
20 bis 49	44,9	29,4	0,8	0,2	15,4	39,4	30,6	23,0	7,6	6,6	2,2	1,0	0,8	2,3	6,0	1,5	1,2
50 bis 99	56,2	30,0	0,6	0,2	26,0	33,5	25,2	18,7	6,5	5,7	2,6	0,7	0,9	1,3	6,9	1,4	0,9
100 und mehr	49,6	22,9	0,3	0,2	26,5	37,5	28,8	18,8	10,0	6,3	2,4	0,4	0,2	1,1	9,3	1,1	1,0
insgesamt	49,6	25,5	0,5	0,2	24,0	37,3	28,7	19,8	8,9	6,3	2,4	0,6	0,4	1,4	8,2	1,3	1,0
45/4.1 Stukkateurgewerbe, Gipserei und Verputzerei																	
20 bis 49	35,5	24,8	0,9	0,4	10,2	48,2	36,2	30,2	6,0	8,4	3,6	1,1	1,2	1,7	4,0	2,3	0,8
50 bis 99	37,3	20,7	0,8	0,1	16,5	46,7	34,7	28,6	6,1	7,8	4,1	1,7	1,0	1,8	4,9	2,5	1,1
100 und mehr	54,6	32,2	0,7	0,1	22,3	32,5	25,2	19,3	5,9	5,1	2,2	0,7	0,7	1,3	3,8	1,7	0,4
insgesamt	40,2	25,5	0,9	0,3	14,4	44,3	33,3	27,3	6,0	7,5	3,4	1,1	1,0	1,6	4,2	2,2	0,8
45/4.3 Fußboden-, Fliesen- und Plattenlegerei, Raumausstattung																	
20 bis 49	48,7	32,1	0,8	5,3	11,3	31,2	24,1	18,4	5,7	5,1	2,0	0,7	0,9	1,7	4,7	1,8	1,0
50 bis 99	49,8	33,2	0,8	3,8	12,8	33,9	26,5	20,1	6,4	5,6	1,7	0,7	0,8	1,6	6,9	1,2	0,9
100 und mehr	47,1	25,1	0,9	6,1	15,9	33,3	26,0	17,6	8,4	5,5	1,8	0,8	0,8	1,9	6,4	1,7	0,9
insgesamt	48,7	31,4	0,8	5,1	12,3	32,0	24,8	18,6	6,2	5,3	1,9	0,7	0,9	1,7	5,4	1,7	1,0

[1] Ohne Umsatzsteuer (Vorsteuer).
[2] Zu Anschaffungskosten.
[3] Bauhauptgewerbe: Kosten für Fremd- und Nachunternehmerleistungen.
Quelle: Statistisches Bundesamt

Tafel 4.8 Richtsätze der Finanzverwaltung für Gewerbetreibende (1996)

Gewerbeklassen Bezeichnung	Roh-gewinn I	Roh-gewinn II	Halbrein-gewinn	Rein-gewinn
	in Prozent des wirtschaftlichen Umsatzes			
Bauunternehmung Umsatz mit Materiallieferung:				
bis 400 000 DM	78	44 bis 79 60	18 bis 54 35	11 bis 48 29
400 000 bis 1 000 000 DM		32 bis 56 69	9 bis 30 42	6 bis 24 19
über 1 000 000 DM	63	25 bis 45 35	6 bis 22 14	4 bis 16 9
Dachdeckerhandwerk Umsatz:				
bis 500 000 DM	65	36 bis 62 48	17 bis 41 26	11 bis 35 21
über 500 000 DM	65	31 bis 51 41	11 bis 30 21	7 bis 24 16
Fliesen- und Plattenleger Umsatz mit Materiallieferung:				
bis 200 000 DM	75	56 bis 88 71	33 bis 66 48	27 bis 60 43
200 000 bis 400 000 DM	68	42 bis 70 55	22 bis 50 35	15 bis 43 28
400 000 bis 1 000 000 DM	66	32 bis 53 43	12 bis 34 23	8 bis 28 18
über 1 000 000 DM	65	29 bis 44 37	10 bis 24 18	6 bis 20 12
Stukkateure, Gipser und Verputzer Umsatz:				
bis 200 000 DM	86	58 bis 97 78	32 bis 68 51	29 bis 66 46
200 000 bis 500 000 DM	80	43 bis 67 54	17 bis 44 29	12 bis 38 25
über 500 000 DM	77	34 bis 53 43	11 bis 32 19	5 bis 24 14
Zimmererhandwerk Umsatz mit Materiallieferung:				
bis 400 000 DM	69	38 bis 74 54	14 bis 44 28	9 bis 37 23
400 000 bis 500 000 DM	62	29 bis 48 38	10 bis 27 17	6 bis 21 12
über 500 000 DM	62	29 bis 46 37	11 bis 29 19	7 bis 21 14

Hinweise zur vorstehenden Tafel 4.8:

Für das Kalenderjahr 1996 ist vom Bundesministerium der Finanzen eine Richtwertsammlung herausgegeben worden, die der Finanzverwaltung Anhaltspunkte über Umsätze und Gewinne der Gewerbetreibenden gibt. Ein Anspruch darauf, nach den Richtsätzen besteuert zu werden, besteht nicht, formal und ordnungsgemäß ermittelte Buchführungsergebnisse gelten vorrangig.

Für die Richtsätze gilt:

— Sie stammen aus den Betriebsergebnissen geprüfter Unternehmen.
— Sie gelten nicht für Großbetriebe.
— Sie können bei Einzelunternehmen, Personengesellschaften und Körperschaften angewendet werden.
— Sie bestehen aus einem unteren, einem oberen und einem mittleren Rahmen-satz; der Mittelsatz ist das gewogene Mittel aus den Einzelergebnissen der ge-prüften Betriebe.
— Sie sind hilfreich zur generellen Bestimmung der eigenen Unternehmerposition im Verhältnis zum amtlich festgestellten Branchendurchschnitt.

Der Aufbau der Richtsätze der Tafel 4.8 erfolgt nach folgendem Schema:

Wirtschaftlicher Umsatz ./. Waren-/Materialeinsatz
= Rohgewinn I ./. Einsatz an Fertigungslöhnen
= Rohgewinn II ./. allgemeine sachliche Betriebsaufwendungen
= Halbreingewinn ./. besondere sachliche und personelle Betriebsaufwendungen
= Reingewinn

1.5 Das Bauvorhaben als Projekt (Baumanagement)

1.5.1 Am Bau Beteiligte

— Bauherr (Auftraggeber)   BH
— Entwurfsverfasser (Planer)   E
— Fachplaner (Sonderfachleute)   F
— Unternehmer (Ausführende)   U

außerdem
— Behörden (Bauaufsichtsbehörde)

Grundsatz nach § 56 BauO NW

Bei der Errichtung, Änderung, Instandhaltung, Nutzungsänderung oder dem Abbruch baulicher Anlagen sowie anderer Anlagen und Einrichtungen sind die Bauherren und im Rahmen ihres Wirkungskreises die anderen am Bau Beteiligten dafür verantwortlich, daß die öffentlich-rechtlichen Vorschriften eingehalten werden.

Rechtsbeziehungen der Beteiligten

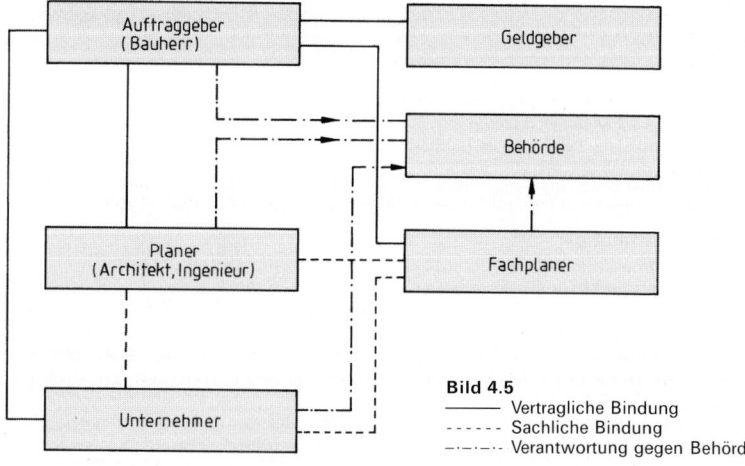

Bild 4.5
——— Vertragliche Bindung
- - - - - Sachliche Bindung
—·—·—· Verantwortung gegen Behörde

1.5.2 Bauherr (BH)

BH ist derjenige, für dessen Rechnung und auf dessen Verantwortung ein Bauvorhaben durchgeführt wird. VOB/A und VOB/B nennen ihn Auftraggeber, BGB (Werkvertragsrecht) nennt ihn Besteller.

BH kann natürliche oder juristische Person sein. Zur Risiko-Abgrenzung wird oft für die Durchführung großer Bauvorhaben eine besondere Gesellschaft (z. B. GmbH) gegründet.

BH ist fast immer auch Grundstückseigentümer. Ein BAUTRÄGER trägt (verwirklicht) das Bauvorhaben und übereignet es nach Fertigstellung dem Eigentümer, der bis dahin Käufer oder Erwerber ist.

4

Aufgaben und Verantwortung des BH nach § 57 BauO NW

(1) BH hat zur Vorbereitung und Ausführung eines genehmigungsbedürftigen Bauvorhabens einen Entwurfsverfasser und Unternehmer zu beauftragen. BH hat gegenüber der Bauaufsichtsbehörde die nach den öffentlich-rechtlichen Vorschriften erforderlichen Anzeigen und Nachweise zu erbringen.

(2) Bei technisch einfachen baulichen Anlagen und anderen Anlagen und Einrichtungen im Sinne des § 1 Abs. 1 Satz 2 BauO NW kann die Bauaufsichtsbehörde darauf verzichten, daß ein Entwurfsverfasser beauftragt wird.

Bei Bauarbeiten, die in Selbst- oder Nachbarschaftshilfe ausgeführt werden, ist die Beauftragung von Unternehmern nicht erforderlich, wenn dabei genügend Fachkräfte mit der nötigen Sachkunde, Erfahrung und Zuverlässigkeit mitwirken. Genehmigungsbedürftige Abbrucharbeiten dürfen nicht in Selbst- oder Nachbarschaftshilfe ausgeführt werden.

(3) Sind die vom BH beauftragten Personen für ihre Aufgabe nach Sachkunde und Erfahrung nicht geeignet, so kann die Bauaufsichtsbehörde vor und während der Bauausführung verlangen, daß ungeeignete Beauftragte durch geeignete ersetzt oder Sachverständige beauftragt werden. Die Bauaufsichtsbehörde kann die Bauarbeiten einstellen lassen, bis geeignete Beauftragte oder Sachverständige beauftragt sind.

(4) Absatz 1 Satz 1 gilt auch für Bauvorhaben, die gemäß § 67 von der Genehmigungspflicht freigestellt sind.

(5) Die Bauaufsichtsbehörde kann verlangen, daß für bestimmte Arbeiten der Unternehmer namhaft gemacht wird. Wechselt der BH, so hat der neue BH dies der Bauaufsichtsbehörde unverzüglich schriftlich mitzuteilen.

(6) BH trägt die Kosten für
– Die Entnahme von Proben und deren Prüfung (§ 81 Abs. 3),
– die Tätigkeit von Sachverständigen oder sachverständigen Stellen aufgrund von § 61 Abs. 3 sowie von Rechtsverordnungen nach § 85 Abs. 1 Nr. 3.

1.5.3 Entwurfsverfasser (E)

E wird auch Planverfasser oder Planer genannt, ist i. d. R. Architekt oder Bauingenieur. E kann ein Selbständiger in freier Berufsausübung oder auch die staatliche Bauverwaltung sein.

Aufgabe und Verantwortung des E nach § 58 BauO NW

(1) E muß nach Sachkunde und Erfahrung zur Vorbereitung des jeweiligen Bauvorhabens geeignet sein. Er ist für die Vollständigkeit und Brauchbarkeit seines Entwurfs verantwortlich. E hat dafür zu sorgen, daß die für die Ausführung notwendigen Einzelzeichnungen, Einzelberechnungen und Anweisungen geliefert werden und dem genehmigten Entwurf und den öffentlich-rechtlichen Vorschriften entsprechen.

(2) Besitzt E auf einzelnen Fachgebieten nicht die erforderliche Sachkunde und Erfahrung, so hat E dafür zu sorgen, daß geeignete Fachplaner herangezogen werden. Diese sind für die von ihnen gelieferten Unterlagen verantwortlich. Für das ordnungsgemäße Ineinandergreifen aller Fachentwürfe bleibt E verantwortlich.

1.5.4 Fachplaner (F)

Werden hinzugezogen, wenn Entwurfsverfasser nicht die notwendige Spezialkenntnis hat.

Meistens vom BH im Einvernehmen mit dem Planer oder Koordinator ausgewählt und beauftragt, z. B.:

1.5.4.1 Tragwerksplaner („Statiker")

Leistungsbild und Honorierung nach HOAI, s. Abschnitt „Baukosten und Finanzierung", unter 3.2.

1.5.4.2 Betreuer

Ist im § 37 des 2. Wohnungsbaugesetzes (1985) definiert und im öffentlich geförderten Wohnungsbau notwendig. Betreuer erbringt Verwaltungsleistungen im Zuge einer Bauabwicklung; es geht dabei um die wirtschaftliche Betreuung eines Bauvorhabens.

Aufgaben des Betreuers

— Wirtschaftlichkeitsberechnung aufstellen
— Finanzierungsmittel beschaffen und sie dinglich sichern lassen
— Versicherungen für das Bauwerk veranlassen
— Baugeldkonto verwalten und BH über Stand informieren
— Baubuch führen, Schlußabrechnung anfertigen
— Rechnungs- und Zahlungsbelege ordnen und aufbewahren.

Als Betreuer können beauftragt werden

— Gemeinnützige Wohnungsunternehmen
— freie Wohnungsunternehmen, die durch Landesminister zugelassen
— Organe staatlicher Wohnungspolitik
— Einzelpersonen (z. B. Architekt), wenn Eignung und Zuverlässigkeit.

Gebühr für Betreuungsleistungen nach § 8 der 2. Berechnungsverordnung (1992) s. Abschnitt „Baukosten und Finanzierung", unter 4.2 „Gebühr für Verwaltungsleistung während der Bauzeit".

1.5.4.3 Bauleiter

Gemeint ist nicht der Unternehmer-Bauleiter, sondern die Gesamtbauleitung (HOAI: „Objektüberwachung"), die die Bauherren-Interessen auf der Baustelle vertritt. Früher auch: „Bauoberleitung" oder „Oberbauleitung".

Für die Objektüberwachung sieht die HOAI 31% des Gesamthonorars des Entwurfsverfassers vor (Maß für den Umfang der Tätigkeit!).

Tendenz

Trennung von Planung und Objektüberwachung, da dies ganz verschiedene Tätigkeiten sind, die unterschiedliche Kenntnisse und unterschiedliche Menschentypen voraussetzen.

Tätigkeitsfeld des Bauleiters entspricht „Objektüberwachung" nach HOAI § 15; s. Abschnitt „Baukosten und Baufinanzierung", Abschn. 3.1.4.

Hinweis „Verantwortlicher Bauleiter" nach BauO NW § 56 (1984) ist in neuer BauO NW (1995) nicht mehr definiert.

1.5.4.4 Sonstige Fachplaner

Bei einem größeren Bauvorhaben können sehr viele Sonderfachleute mitwirken. Sie erbringen nicht in jedem Falle konstruktive oder planerische Leistungen, oft erfolgt nur Erstattung eines Gutachtens (z. B. Geologe).

1.5.5 Unternehmer (U)

Bezeichnungen

BauO NW, § 59 :   Unternehmerin, Unternehmer
BGB, § 631 :   Unternehmer (Werkvertragsrecht)
VOB :   Auftragnehmer

Einteilung der bauausführenden Unternehmer (Baugewerbe): s. Abschn. 1.1.

Zusammenarbeit privatrechtlicher Unternehmungen: s. Abschn. 2.5.

Unternehmer (U) nach § 59 BauO NW

(1) Jeder U ist für die ordnungsgemäße, den allgemein anerkannten Regeln der Technik und den Bauvorlagen entsprechende Ausführung der von ihm übernommenen Arbeiten und insoweit für die ordnungsgemäße Einrichtung und den sicheren bautechnischen Betrieb der Baustelle sowie für die Einhaltung der Arbeitsschutzbestimmungen verantwortlich. U hat die erforderlichen Nachweise über die Verwendbarkeit der verwendeten Bauprodukte und Bauarten zu erbringen und auf der Baustelle bereitzuhalten. U darf, unbeschadet der Vorschriften des § 75, Arbeiten nicht ausführen oder ausführen lassen, bevor nicht die dafür notwendigen Unterlagen und Anweisungen an der Baustelle vorliegen.

(2) U hat auf Verlangen der Bauaufsichtsbehörde für Bauarbeiten, bei denen die Sicherheit der baulichen Anlagen sowie anderer Anlagen und Einrichtungen in außergewöhnlichem Maße von der besonderen Sachkenntnis und Erfahrung des U oder von einer Ausstattung des U mit besonderen Vorrichtungen abhängt, nachzuweisen, daß U für diese Bauarbeiten geeignet ist und über die erforderlichen Vorrichtungen verfügt.

(3) Besitzt U für einzelne Arbeiten nicht die erforderliche Sachkunde und Erfahrung, so hat U dafür zu sorgen, daß Fachunternehmer oder Fachleute herangezogen werden. Diese sind für ihre Arbeiten verantwortlich. Für das ordnungsgemäße Ineinandergreifen der Arbeiten des U mit denen der Fachunternehmer oder Fachleute ist der U verantwortlich.

1.5.6 Bauaufsichtsbehörden

Aufgaben
— Gefahrenabwehr
— Überwachen, daß die öffentlich-rechtlichen Vorschriften eingehalten werden
— Zur Prüfung können Sachverständige (z. B. Prüfingenieure) hinzugezogen werden

Zuständigkeit: s. Abschn. 4.2 bis 4.4.

1.5.7 Projektentwicklung

Zunehmend engagieren sich Bauunternehmer über die traditionelle Tätigkeit als nur ausführende Unternehmen hinaus am Projektgeschäft.

VOB/A §32 „Baukonzessionen" trägt für den öffentlichen Bereich einem solchen Unternehmer-Engagement Rechnung:

„Baukonzessionen sind Bauaufträge zwischen einem Auftraggeber und einem Unternehmer (Baukonzessionär), bei denen die Gegenleistung für die Bauarbeiten statt in einer Vergütung in dem Recht auf Nutzung der baulichen Anlage, ggf. zuzüglich in der Zahlung eines Preises besteht."

Die Projektentwicklung kann z.B. in der Schaffung von Bauland bestehen:
— der Projektentwickler erwirbt größere Flächen oder Industriebrachen,
— erstellt in Abstimmung mit den Behörden Bebauungspläne,
— führt die notwendigen Erschließungen durch und
— verkauft so entstandenes Bauland an Einzelbauherren, Bauträger, Investoren.

Projektentwicklung kann noch mehr umfassen:
— Grundstückserwerb
— Erschließung des Grundstückes
— Projektplanung
— Finanzierung
— Ausführung der Baumaßnahmen
— Nutzung und Betreiben des fertigen Bauobjektes.

Folgende Tabelle stellt in etwa die Unterschiede zwischen der traditionellen Arbeitsteilung der am Bau Beteiligten und den neueren Unternehmereinsatzformen dar.

Tabelle 4.9 Traditionelle und neue Unternehmereinsatzformen

Grund-legung	Bauprogramm					Konstruktion			Bauausführung			Nutzung			
Grundstückbeschaffung	Bedarfsfeststellung	Funktionale Ansprüche	Planungsgrundlagen	Gesamtkonzeption	Gestaltung, Qualitätsansprüche	Wahl des Bausystems	Material, Dimensionierung	Leistungsbeschreibung	Angebotsbearbeitung	Fertigungsplanung	Fertigung	Vermittlung an Nutzer	Verwaltung	Betrieb, Unterhaltung	Nutzungsänderung, Abbruch
Bauherr															
	Planer														
						Fachplaner									
									Rohbauunternehmer						
									Ausbauunternehmer						
									Generalunternehmer*)						
		Generalplaner													
						mitplanender Generalunternehmer*)									
		Totalunternehmer*)													
	investierender Totalunternehmer*) ≙ Projektentwickler														

*) Wenn „Unternehmer" keine Bauleistungen mit eigenen Kapazitäten erbringen, werden sie zum „Übernehmer"

2 Unternehmensformen

2.1 Formen des Unternehmer-Einsatzes am Bau

Grundsätzliche Möglichkeiten
(s. Tafel 4.10):

- gewerkeweise Vergabe
- schlüsselfertige Vergabe an:
  - General**unter**nehmer
    auch: General**über**nehmer
  - Total**unter**nehmer
    auch: Total**über**nehmer.

Generalunternehmer liefert einen schlüsselfertigen Bau.

Wenn von ihm auch die Planung übernommen wird, dann ist er „Totalunternehmer".

Übernehmer hat keine eigene Fertigung, sondern läßt alles durch Nachunternehmer ausführen

Unternehmer führt zumindest einen Teil des Objektes mit eigenen Kapazitäten aus.

Wenn General**unter**nehmer bzw. Total**unter**nehmer keine eigenen Bauleistungen erbringen, heißen sie General**über**nehmer bzw. Total**über**nehmer.

Siehe auch Abschn. 1.5.7.

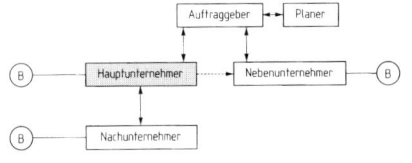

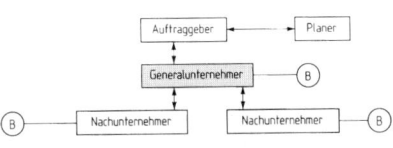

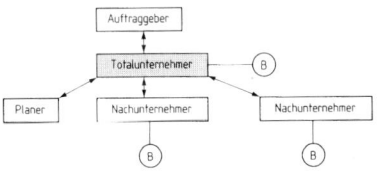

Bild 4.6
Unternehmer-Einsatzformen am Bau

Tafel 4.10   Vor- und Nachteile der Vergabearten

Vergabe	Vorteile für Bauherrn	Nachteile für Bauherrn
Gewerkeweise	– Direkte Einflußnahme auf Qualität und Termin. – Kosten durchschaubarer. – i. d. R. etwas billiger.	– Muß alle Einzelunternehmer koordinieren. – Risiko an den Nahtstellen der Gewerke.
Schlüsselfertig	– Alles in einer Hand. – Gewährleistung und Haftung hat nur ein Unternehmer. – Keine Koordinierung der Einzelgewerke. – Keine Detailausschreibung und Einzelabrechnung. – Meistens Preisgarantie (Festpreis!) – Insgesamt weniger Bauleitungsaufwand.	– Schon bei der Vergabe müssen alle Einzelheiten festliegen. – Bei Änderungen gibt es lästige Preiskorrekturen und Vertragsunsicherheiten. – Kaum Eingriffe in das Baugeschehen möglich, ohne zusätzliche Kostenforderungen. – Generalunternehmerzuschlag (5 bis 10%) muß Bauherr tragen. Wird aber durch geringeren Bauleitungsaufwand z. T. ausgeglichen.

2.2 Rechtsformen privatrechtlicher Unternehmungen

Tafel 4.11 Rechtsformen privatrechtlicher Unternehmungen

Beurtei-lungs-kriterien	Einzel-betrieb „Kaufmann"	Personengesellschaften			
		BGB-Gesell-schaft	OHG Offene Handels-gesellschaft	KG Kommandit-gesellschaft	Stille Gesellschaft
gesetzl. Grundlage	HGB[3]) §§ 1 bis 104	BGB §§ 705 bis 740	HGB[3]) §§ 105 bis 160	HGB[1]) §§ 161 bis 177	HGB[3]) §§ 230 bis 237
Gründung	allein	Vertrag mehre-rer Personen oder Firmen	2 und mehr Personen	2 und mehr Personen, dabei mindestens ein Vollhafter	Inhaber schließt mit stillem Ge-sellschafter Vertrag
Firma[3]) (HR = Handels-register)	Personen-firma, HR-Eintragung erforderlich: „e. K.", „e. Km.", „e. Kfr."	HR-Eintragung möglich (e. K.), aber nicht notwendig	HR-Eintragung erforderlich: „OHG". Bisher: Zusatz, der auf Gesellschaft hin-weist, z. B. „Gebr. Müller & Co."	HR-Eintragung erforderlich: „KG". Bisher: Name des Vollhafters erforderlich, z. B. „Müller KG"	Bisherige Firma wird unverändert fortgeführt
Beteiligung	keine	nach Vertrag	Beteiligungshöhe nach Vertrag (in versch. Höhe möglich)	Vollhafter (Komplementär), Teilhafter mit Kommanditist-einlage	Stiller Gesell-schafter mit Kapitaleinlage
Haftung	allein in un-beschränkter Höhe mit Geschäfts- und Privat-vermögen	Jeder Gesell-schafter un-mittelbar, unbeschränkt, gesamt-schuldnerisch	Jeder Gesellschafter unmittelbar, unbe-schränkt, solidarisch, gesamtschuld-nerisch	Vollhafter wie OHG, Teilhafter nur mit Einlage	Inhaber haftet, Stiller Gesell-schafter nur mit Höhe der Einlage
Geschäfts-führung und Vertretung	allein	von allen Ge-sellschaftern gemeinsam oder entspre-chend Gesell-schaftsvertrag	Jeder Gesellschafter grundsätzlich dazu berechtigt und ver-pflichtet	Nur Vollhafter, Kommanditist nur, wenn Pro-kurist oder Be-vollmächtigter	Geschäftsin-haber, stiller Gesellschafter nur, wenn Pro-kurist oder Be-vollmächtigter
Gewinn	allein	nach Vertrag: Gesellschaft wird nicht be-steuert, sondern nur die einzel-nen Gesell-schafter	4% v. d. Kapitalein-lage, Rest nach Köpfen oder nach Vertrag	4% der Kapital-einlage, Rest in angemessener Höhe der Antei-le oder nach Vertrag	„angemessene Beteiligung" oder nach Vertrag
Verlust	allein		nach Köpfen	Kommanditist höchstens bis zur Höhe seiner Einlage	Verlustanteil nach Verein-barung

[1]) Außerdem Ergänzungen des Handelsrechtsreformgesetzes (HRefG) vom 01.08.98 beachten. Siehe Abschn. 6.2.

Kapitalgesellschaften		Mischgesellschaften[2])		
AG Aktiengesell- schaft	GmbH Ges. mit beschr. Haftung	KGaA[3]) KG auf Aktien	Genossen- schaften	GmbH & Co. KG
Aktiengesetz	GmbH-Gesetz	Aktiengesetz	Genossenschafts- gesetz	
5 Gründer, Sach- oder Bargrün- dung, Mindest- grundkapital 100 000 DM	1 Gesellschafter und mehr, Mindeststamm- kapital 50 000 DM	Wie bei AG sowie sämtl. pers. haftenden Gesellschafter	7 Personen	wie KG, Vollhafter ist jedoch eine GmbH
Personen- oder Sachfirma mit Zu- satz AG. Handels- registereintragung	Sach- oder Personen- firmen mit Zusatz GmbH	Wie bei AG Zusatz KGaA	nur Sachfirma mit Zusatz e.G. Eintragung ins Genossenschafts- register	wie KG Zusatz „GmbH & Co. KG"
Inhaber-, Namens-, Stamm-, Vorzugs-, Stimmrechtsaktie, Beteiligung richtet sich nach Aktien- betrag	bemißt sich nach Stamm- einlage (Ge- schäftsanteil)	Vollhafter, Teilhafter als Aktionäre (Kommandit- aktionäre)	Geschäftsanteil, Geschäftsguthaben	wie KG
mit Aktienbetrag	Jeder Gesell- schafter bis zur Höhe der Stammeinlage	Vollhafter mit Gesamtbetrag, Teilhafter mit Aktienbeträgen	Entweder mit be- schränkter Haft- pflicht oder unbe- schränkter Haft- pflicht je nach Ge- sellschaftsart	Vollhafter nur bis zur Höhe des Gesell- schaftsvermögens der GmbH, Teil- hafter wie bei KG
Vorstand (Auf- sichtsrat, Haupt- versammlung)	Geschäfts- führer (Auf- sichtsrat, Ge- sellschafter- versammlung)	Vorstand, be- stehend aus Vollhafter	Vorstand in Ver- bindung mit Auf- sichtsrat und Ge- nossen-Versamm- lung (müssen Genossen sein)	wie KG
Dividende, Haupt- versammlung be- schließt	Anteilmäßiger Gewinnbetrag	Vollhafter: angemessene Anteile; Teilhafter: Dividondo	im Verhältnis ihres Geschäfts- guthabens	wie KG
Wirkt sich aus durch Abwer- tung der Aktie und Wegfall der Dividenden	Im Verhältnis der Geschäfts- anteile	Vollhafter un- beschränkt, Teilhafter maxi- mal mit Aktien- betrag	wie bei Gewinn oder bis Haftungs- summe nach Satzung	wie KG

[2]) außerdem: Bergrechtliche Gewerkschaft (Pr. Allg. Berggesetz), Reederei (HGB, § 484)
[3]) heute unbedeutend

Partnerschaftsgesellschaft

Am 1.7.1995 ist das Gesetz über Partnerschaftsgesellschaften Angehöriger Freier Berufe (PartGG) in Kraft getreten.

- Die Partnerschaft ist eine Gesellschaft, in der sich Angehörige Freier Berufe zur Ausübung ihrer Berufe zusammenschließen. Sie übt kein Handelsgewerbe aus. Angehörige einer Partnerschaft können nur natürliche Personen sein.
- Ausübung eines Freien Berufes im Sinne dieses Gesetzes ist die selbständige Berufstätigkeit, z. B. der Ärzte, Rechtsanwälte, Ingenieure, Architekten …
- Auf die Gesellschaft finden, soweit im PartGG nichts anderes bestimmt ist, die Vorschriften über die Gesellschaft im BGB Anwendung.
- Der Name der Partnerschaft muß den Namen mindestens eines Partners, den Zusatz „und Partner" oder „Partnerschaft" sowie die Berufsbezeichnungen aller in der Partnerschaft vertretenen Berufe enthalten.
- Der Partnerschaftsvertrag bedarf der Schriftform. Die Partnerschaft wird im Handelsregister eingetragen.
- Für die Verbindlichkeiten der Partnerschaft haften den Gläubigern neben dem Vermögen der Partnerschaft die Partner als Gesamtschuldner.
- Die Beteiligung an einer Partnerschaft ist nicht vererblich.
- Den Zusatz „Partnerschaft" oder „und Partner" dürfen ab 1.7.1997 nur noch Partnerschaften nach diesem Gesetz führen.

Am 1.8.1998 trat als Novellierung eine zusätzliche Regelung in Kraft. Danach haftet künftig nur der Partner mit seinem persönlichen Vermögen, der mit der Bearbeitung eines Auftrages befaßt war; die übrigen Partner sind dabei von der persönlichen Haftung kraft Gesetzes frei.

Mit dieser Neuregelung hat diese Gesellschaftsform für Freiberufe (die übrigens in § 1 Abs. 2 zum ersten Mal in einem Gesetz definiert sind) eine einfache gesetzliche Haftungsregelung bekommen. Als Personengesellschaft für Freiberufler hat diese Gesellschaftsform außerdem den Vorteil, daß sie nicht der Gewerbesteuer unterliegt und daß sie keine kaufmännische Rechnungslegung mit der Pflicht zur Offenlegung von Bilanzen erfordert.

Kleine Aktiengesellschaft

Im August 1994 ist das Gesetz für „Kleine Aktiengesellschaften und zur Deregulierung des Aktienrechts" in Kraft getreten. Die „Kleine Aktiengesellschaft" soll in mittelständischen Unternehmen

- den vielfach anstehenden Generationswechsel erleichtern und
- der typischen Eigenkapitalschwäche abhelfen.

Ab einem Jahresumsatz von 3 bis 5 Mio DM ist eine Umwandlung einer GmbH, GmbH & Co. KG oder anderer Rechtsformen in eine „Kleine AG" überlegenswert. Mitbestimmungsrechtlich ist die „Kleine AG" weitgehend der GmbH gleichgestellt. Ohne den geregelten Börsenhandel können Aktien der „Kleinen AG" im Freiverkehr gehandelt werden. Will die „Kleine AG" später an die Börse gehen, dann gelten für sie die Regeln des Aktienrechts für Publikumsgesellschaften.

2.3 Kriterien für die Wahl der Rechtsform einer Gesellschaft

Haftung ist einer der wichtigsten Gesichtspunkte, s. 2.2

Risikoübernahme hängt entscheidend von Haftung ab. Bestimmt i.d.R. die Gewinnverteilung, s. 2.2

Leitungsbefugnis umfaßt die Geschäftsführungsbefugnis (Innenverhältnis) und die Vertretungsbefugnis (Außenverhältnis), s. 2.2

Finanzierung wichtig: Beschaffung von Eigen- und Fremdkapital

— **Personengesellschaft und Einzelunternehmer**
Eigenkapitalbasis ist durch Vermögen der Unternehmer begrenzt. Eigenkapitalerweiterung durch Nichtentnahme von Gewinnen oder Aufnahme neuer (evtl. „stiller") Gesellschafter.
Kreditwürdigkeit i.d.R. am geringsten bei Einzelunternehmen, da nur eine Person haftet. Hängt grundsätzlich immer von Eigenkapitalbasis, Haftungsverhältnissen, Sicherheiten für Gläubiger ab.

— **Aktiengesellschaft**
hat als Eigenkapitalbasis die besten Möglichkeiten, durch Zutritt zum Kapitalmarkt (Aktien) und
größte Kreditwürdigkeit durch Rücklagenbildung und zahlreiche Gläubigerschutzbestimmungen.

Steuerbelastung ist nur durch Vergleich im Einzelfall genau bestimmbar.
Laufende Besteuerung der Gewinne, der Betriebsvermögen, des Gewerbeertrages, außerdem einmalige Besteuerungsunterschiede bei der Gründung.

— **Personengesellschaft und Einzelunternehmen.** Gewinne unterliegen der progressiven Einkommensteuer, ob sie entnommen werden oder nicht.

— **Kapitalgesellschaften.** Gewinne unterliegen der Körperschaftssteuer mit einem festen Prozentsatz, der für ausgeschüttete Gewinne wesentlich günstiger ist als für nicht ausgeschüttete. Früher: Doppelbesteuerung (ausgeschüttete Gewinne unterlagen nochmals der persönlichen Einkommensbesteuerung).

Aufwendungen, einmalige bei der Gründung und laufende Aufwendungen.

— **Personengesellschaft und Einzelunternehmen.** Im allgemeinen nur einmalige A.: z.B. Beurkundung der Verträge, Eintragung ins Handelsregister.

— **Aktiengesellschaft**
bei Gründung zusätzlich: Druck und Ausgabe der Aktien, Prospekte, Gründungsprüfung. Laufende A: Pflichtprüfungen und Veröffentlichungen des Jahresabschlusses und Geschäftsberichtes, Aufsichtsratssitzungen und Hauptversammlungen.

Publizitätspflicht (Jahresabschluß und Geschäftsbericht müssen nach Prüfung veröffentlicht werden), abhängig von Rechtsform und Größenordnung der Firma.

— **Aktiengesellschaft.** Publizitätspflicht in jedem Fall, ohne Rücksicht auf die Firmengröße.

— **Andere Rechtsformen.** Publizitätspflicht, wenn zwei der drei folgenden Kriterien erfüllt sind:

  — Bilanzsumme größer als 125 Mio DM

  — Umsatzerlös höher als 250 Mio DM

  — mehr als 5000 Arbeitnehmer.

Allgemeine Kriterien

— **Gesetzliche Bestimmungen.** Grundsätzlich stehen einem Betrieb alle Rechtsformen offen. Nur in Ausnahmefällen ist eine bestimmte Rechtsform zwingend vorgeschrieben, z.B.:
AG oder KGaA: bei Hypothekenbanken und Schiffspfandbriefbanken
AG oder VVaG: Lebens-, Feuer-, Unfall-, Haftpflicht- und Hagelversicherungen
AG oder GmbH: Kapitalanlagegesellschaften.

— **Dauer der Geschäftstätigkeit.** Soll der Betrieb nur vorübergehend tätig sein, dann Rechtsform wählen, die ohne große Aufwendungen errichtet und einfach wieder gelöscht werden kann (z.B. GbR = Gesellschaft Bürgerlichen Rechts = BGB-Gesellschaft).

— **Eine allgemeine Aussage,** welche Rechtsform die günstigste ist, läßt sich nicht machen. Die individuellen Gegebenheiten des Betriebes sind entscheidend.

Kriterien sind nicht nur bei Gründung von Bedeutung, sondern auch bei Umwandlung (Überführung in eine andere Rechtsform), wenn sich Kriterien, die für die Gründung entscheidend waren, geändert haben.

2.4 Öffentlich-rechtliche Gesellschaften

In der Organisationsform des Privatrechts (AG, GmbH, eG., Bergrechtl. Ges.) Werden nach privatwirtschaftlichen Gesichtspunkten (z.B. Gewinnstreben) geführt. Kapitalbeteiligung der öffentlichen Hand ermöglicht Kontrolle.

z.B. Salzgitter AG, Stadtwerke AG.

Selbständige Betriebe (mit eigener Rechtspersönlichkeit)
Körperschaften öffentlichen Rechts nehmen öffentliche Aufgaben unter staatlicher Aufsicht, jedoch außerhalb der unmittelbaren Staatsverwaltung wahr. Werden durch Gesetz errichtet.

Mitglieder (natürliche oder juristische Personen) sind erforderlich, z.B. Sparkassen, Berufsgenossenschaften, Industrie- und Handelskammern.

Anstalten des öffentlichen Rechts. Zusammenfassung von öffentlichem Vermögen und Verwaltungsbediensteten zur Wahrnehmung öffentlicher Interessen. Keine Mitglieder, z.B. Wohnungsbauförderungsanstalt.

Unselbständige Betriebe (ohne eigene Rechtsperson)
Eigenbetriebe sind organisatorisch und wirtschaftlich selbständig, eigenes Rechnungswesen, im öffentlichen Haushalt erscheint nur das wirtschaftliche Ergebnis, z.B. Städtische Wasserwerke.

Sonderformen: Deutsche Bundesbahn, Deutsche Bundespost.

Regiebetriebe sind Verwaltungsbetriebe innerhalb des öffentlichen Haushalts, z.B. Städtische Feuerwehr, Müllabfuhr, Grünflächenamt.

2.5 Zusammenarbeit privatrechtlicher Unternehmungen (s. auch 2.1)

Nachunternehmer (Subunternehmer)

Der vom Auftraggeber beauftragte Hauptunternehmer kann ggf. Teile des Auftrages an Nachunternehmer weitergeben. Zwischen Nachunternehmer und Auftraggeber entsteht dann kein Vertragsverhältnis, sondern nur zwischen Nachunternehmer und Hauptunternehmer.

Nebenunternehmer

Vom Hauptunternehmer bzw. vom Auftraggeber kann (allerdings nur im gegenseitigen Einvernehmen) ein Nebenunternehmer zur Ausführung von Teilen des Gesamtauftrages herangezogen werden.

Der Nebenunternehmer wird im Namen und für Rechnung des Auftraggebers tätig; es entsteht ein unmittelbares Vertragsverhältnis zwischen Auftraggeber und Nebenunternehmer.

Der Hauptunternehmer kann Weisungs- und Aufsichtsbefugnis gegenüber dem Nebenunternehmer erhalten; ggf. haftet er auch gegenüber dem Auftraggeber für Leistungen des Nebenunternehmers.

Der Generalunternehmer

übernimmt die Ausführung eines gesamten Bauobjektes in allen seinen Gewerken und übergibt das Bauwerk schlüsselfertig an den Auftraggeber.

Übernimmt der Generalunternehmer zusätzlich auch die Planung, dann wird er Totalunternehmer genannt.

Die Beihilfegemeinschaft

ist eine interne Zusammenarbeit zwischen Unternehmern, die im Innenverhältnis wie eine ARGE ablaufen kann. Im Rechtsverhältnis zwischen Auftraggeber und Auftragnehmer tritt Beihilfegemeinschaft nicht in Erscheinung.

Die Arbeitsgemeinschaft (ARGE)

kurzfristiger, zeitlich begrenzter Zusammenschluß von Unternehmen, der auf die Ausführung i.d.R. eines Bauauftrages gerichtet ist. Durch ARGE-Vertrag (meistens nach Vordruck des Hauptverbandes der Deutschen Bauindustrie e.V. bzw. des Zentralverbandes des Deutschen Baugewerbes e.V.) wird eine BGB-Gesellschaft gegründet.

Die Mitglieder der ARGE haften im Außenverhältnis gesamtschuldnerisch; im Innenverhältnis nach Arge-Vertrag.

Organe nach ARGE-Vertrag:

— Aufsichtsstelle (Versammlung aller Gesellschafter)

— technische Geschäftsführung (wird federführendem Gesellschafter übertragen, der die ARGE nach außen vertritt)

— kaufmännische Geschäftsführung (die kaufmännische Verwaltung wird einem Gesellschafter übertragen)

— Bauleitung
Aufgabe: örtliche Durchführung des Bauauftrages nach Weisung der technischen und kaufmännischen Geschäftsführung.

ARGE endigt i.d.R., wenn der vereinbarte Zweck erfüllt ist.

Das Konsortium

kurzfristiger, zeitlich begrenzter Zusammenschluß von Unternehmern, der auf die Ausführung eines Objektes gerichtet ist. Konsortialvertrag legt Leistungen, Rechte und Pflichten der Konsorten fest (BGB-Gesellschaft).

Konsorten haften dem Auftraggeber gegenüber gesamtschuldnerisch. Im Innenverhältnis übernimmt jeder Konsorte einen Teil der Gesamtleistung auf eigene Rechnung und Gefahr.

Langfristige Zusammenschlüsse

Das Kartell: Zusammenschluß von Unternehmern gleicher Branche, die ihre rechtliche und wirtschaftliche Selbständigkeit behalten. Nur im Rahmen der Kartellgesetze zulässig. Wird zum Monopol, wenn es etwa 80% der Produktion einer Branche vereint.

Der Konzern: Zusammenschluß rechtlich selbständiger Unternehmungen unter einheitlicher Leitung. Durch kapitalmäßige oder sonstige Verflechtung entsteht gegenseitiges Beherrschungs- und Abhängigkeitsverhältnis.

Der Trust: Verschmelzung (Fusion) der zusammengeschlossenen Unternehmen, die dadurch ihre wirtschaftliche und rechtliche Selbständigkeit verlieren.

3 Versicherungen im Bauwesen

3.1 Grundlagen

3.1.1 Einführung und Übersicht

Nachstehend werden folgende Abkürzungen gebraucht:

V = Versicherer
VN = Versicherungsnehmer
P = Planer = Architekt oder Ingenieur
U = ausführender Unternehmer
AG, BH = Auftraggeber, Bauherr

Man unterscheidet:

a) **Individualversicherung**
   Grundsätzlich freiwillig, Bedarfsdeckungsprinzip, Prämie entspricht dem Risiko.
   Träger: Aktiengesellschaften, Versicherungsvereine auf Gegenseitigkeit und öffentliche Versicherer.

b) **Sozialversicherung**
   Teilweise Versicherungszwang. Träger: öffentliche Körperschaften, z. B. Kranken-, Renten-, Unfallversicherung.

Nachfolgend wird nur a) behandelt.

Versicherbar sind nur unvorhersehbare, zufällige Ereignisse, keine unabwendbaren oder mit Sicherheit eintretenden Schäden.

Das Risiko muß jedoch für den Versicherer „kalkulierbar", das heißt es muß versicherungsmathematischen Berechnungen zugänglich sein. Es gehören immer viele gleichartige Risikoobjekte dazu, wenn das Risiko versicherungsmathematisch „kalkulierbar" sein soll.

Versicherung ist die Deckung eines im einzelnen ungewissen, insgesamt aber schätzbaren Geldbedarfs auf der Grundlage eines wirtschaftlichen Risikoausgleichs.

Versicherer bilden gelegentlich zur Streuung des Risikos einen Pool, z.B. Atompool (für Atomkraftwerke), Pharmapool (Versicherung für Haftpflichtansprüche an die Pharmaindustrie). Dabei beteiligen sich viele Versicherer mit unterschiedlichen Anteilen an diesem Pool.

Rückversicherung ist die Versicherung für Versicherer. Ziel: Risikoteilung bzw. Risikostreuung.

Hermes-Versicherung

Deckt speziell das Auslandsrisiko ab, meist in Form einer Ausfallbürgschaft, die einspringt, wenn infolge politischer oder staatswirtschaftlicher Umstände Zahlungen ausfallen. Sie wird von der Allianz verwaltet. Rückversicherung beim Bund.

„at Lloyds"

In London lassen sich angeblich alle Arten von Risiken versichern, tatsächlich aber läßt sich auch dort nicht alles versichern. Lloyds ist der führende Versicherungsmarkt in der Welt (organisiert wie eine Börse); Lloyds ist keine Versicherungsgesellschaft.

3.1.2 Begriffe

Sachversicherungen

Versichert ist der finanzielle Schaden, den der VN infolge des Verlustes oder einer Beschädigung bzw. Zerstörung des versicherten Gegenstandes erleidet.

Der zu versichernde Gegenstand ist Teil des Vermögens des Versicherten. Durch den Versicherungsschutz kann zwar der versicherte Gegenstand nicht erhalten werden, die Vermögenseinbuße des Versicherten kann jedoch vermieden werden.

Die Versicherungssumme wird durch den Wert der versicherten Gegenstände (Versicherungswert) gebildet. Eine Anpassung der Versicherungssumme ist vorzunehmen, wenn sich dieser Wert erhöht oder ermäßigt.

Zeitwertversicherung

Im Schadensfall wird der Zustandswert der versicherten Sache am Schadenstag festgestellt; dieser wird der Entschädigung zugrunde gelegt.

Neuwertversicherung

(z. B. Hausratsversicherung, Gebäude-Feuerversicherung). Neuwert ist der Wert der Wiederbeschaffung eines neuen gleichwertigen, unbeschädigten Gegenstandes.

Konsequenz: Da der Neuwert infolge von Preissteigerungen sich laufend ändert, wird die Versicherungssumme (und damit die Prämie) jährlich angepaßt („gleitende Neuwertversicherung" bzw. Summenanpassungsklausel).

Unterversicherung

Wenn der Versicherungswert höher als die Versicherungssumme ist. Die Ersatzleistung wird entsprechend dem Grad der Unterversicherung gekürzt.

Beispiel   Feuerversicherungssumme eines Gebäudes angegeben mit 420000 DM
Der Versicherungswert des Gebäudes am Schadenstag ist 600000 DM
= Wiederbeschaffungswert.
Es ist also nur 420000/600000 = 70% des Gebäudewertes versichert.
Auch im Falle eines Teilschadens (z. B. 100000 DM) wird dann nur 70% der Schadenshöhe entschädigt (also hier 70000 DM bei 100000 DM Schaden).

V bietet immer häufiger die Möglichkeit des Unterversicherungsverzichts.

3.1.3 Einteilung der Versicherungszweige

Tafel 4.12

Schadensversicherung			Summen-versicherung
Sachversicherung	Vermögensversicherung	Personenversicherung	
Feuer-	Haftpflicht-		Lebens-
Sturm-	Kfz-Haftpflicht-		Renten-
Bauwesen-	Rechtschutz-		Ausbildungs-
Maschinen-	Betriebsunterbrechungs-		
Montage-		Krankenversicherung	
Transport-		Heilkosten-	Tagegeld-
Hausrats-			Sterbegeld-
Leitungswasserschaden-		Unfallversicherung	
Glas-			
Beraubungs-/Vandalismus-		Heilkosten-	Todesfall-
Einbruchdiebstahl-			Invaliditäts-
Kfz-Kasko-			Tagegeld-

3.1.4 Das Versicherungsvertragsgesetz VVG von 1908

ist in dieser Form in anderen Ländern nicht vorhanden. Es ist in den meisten §§ ein Schutzgesetz für den Versicherten. Die Bedingungen können nicht zu Ungunsten des Versicherten geändert werden. Das VVG ist zwingende Grundlage aller Versicherungsverträge.

Stichwortartige Inhaltsauswahl

§ 16 Anzeige von Gefahrenumständen: VN hat bei Vertragsabschluß alle ihm bekannten Umstände, die für die Übernahme der Gefahr erheblich sind, dem V anzuzeigen. Ein Umstand, nach dem V fragt, ist immer erheblich. Bei Zuwiderhandlung kann V zurücktreten.

§ 17 V kann auch dann zurücktreten, wenn VN unrichtige Angaben gemacht hat.

§ 18 Wenn VN schriftlichen Fragebogen des V beantwortet, dann nur bei arglistiger Verschweigung Rücktritt des V.

§ 23 Gefahrenerhöhung. Nach Vertragsabschluß darf VN Erhöhung der Gefahr ohne Genehmigung des V nicht vornehmen. Unverzügliche Anzeige des VN.

§ 35 Die erste Prämie ist sofort nach dem Abschluß des Vertrages gegen Aushändigung des Versicherungsscheines zu zahlen.

§ 38 Prämie. Solange die rechtzeitige Zahlung der 1. Prämie nicht erfolgt ist, kann V zurücktreten. Es gilt als Rücktritt, wenn V nicht innerhalb von 3 Monaten nach Fälligkeit Prämie gerichtlich geltend macht. Wenn Prämie bei Eintritt des Versicherungsfalles noch nicht bezahlt ist, braucht V nicht zu leisten.

§ 39 Folgeprämien. Wenn Folgeprämien nicht rechtzeitig gezahlt, kann V Zahlungsfrist von mind. 2 Wochen setzen. Tritt Versicherungsfall ein nach Ablauf der Frist, und ist VN mit Prämie (einschl. Zinsen und Kosten) noch in Verzug, braucht V nicht zu leisten.

§ 51 Überversicherung. Schließt VN den Vertrag ab mit der Absicht, sich rechtswidrigen Vermögensvorteil zu verschaffen, so ist der Vertrag nichtig.

§ 59 Doppelversicherung. Ist ein Interesse gegen dieselbe Gefahr bei mehreren V versichert und übersteigen die Versicherungssummen zusammen den Versicherungswert, so erhält VN insgesamt nicht mehr als den Betrag des Schadens.

§ 62 Rettungspflicht. VN ist verpflichtet, bei Eintritt des Schadensfalles nach Möglichkeit für die Abwendung und Minderung des Schadens zu sorgen und dabei Weisungen des V zu befolgen.

§ 67 Übergang von Ersatzansprüchen. Steht VN Anspruch auf Schadensersatz auch von Dritten zu, so geht der Anspruch auf den V über, soweit dieser dem VN den Schaden ersetzt.

§ 69 Bei Veräußerung der versicherten Sache tritt an Stelle des Veräußerers (bis dahin VN) der Erwerber in die Rechte und Pflichten des VN ein. Dem V muß Veräußerung zur Kenntnis gebracht werden.

3.1.5 Allgemeine, zusätzliche und besondere Versicherungs-bedingungen

gibt es für jeden Versicherungszweig; sie gelten nur neben dem VVG, wenn sie im Versicherungsvertrag ausdrücklich vereinbart wurden. Sie enthalten zwingende und abdingbare Bedingungen. Diesbezüglich ist bei den folgenden Versicherungsarten jeweils ausgeführt.

Hinweis: Seit der Einführung des „deregulierten Marktes" in der deutschen Versicherungswirtschaft hat sich der Versicherungsmarkt verändert. „Dereguliert" heißt, der Markt ist seinen natürlichen Wettbewerbszyklen ausgesetzt, es gibt weniger Einflußnahme des Staates oder anderer Institutionen. Versicherungsbedingungen können jetzt individuell ausgehandelt werden. VVG gilt nach wie vor als Grundlage (Verbraucherschutz!). Konsequenz: mehr Wettbewerb unter den V, dadurch uneinheitliche Versicherungsbedingungen und Druck auf die Versicherungsprämien.

3.2   Haftpflichtversicherungen

4

Allgemeines

— Haftpflichtversicherungen gewähren Versicherungsschutz, für den Fall, daß VN von einem Dritten in Anspruch genommen wird aufgrund

— gesetzlicher Haftpflichtbestimmungen[1])

— privatrechtlichen Inhalts (nicht: Strafrecht, Verwaltungsrecht usw.)

— Eine Begrenzung der Haftung des VN der Höhe nach gibt es nicht, wenn die Haftung aufgrund § 823 BGB gegeben ist, auch nicht, wie manche glauben: „nur bis zur Höhe des Auftragswertes".
Wenn V die Haftungssumme begrenzt, kann für den VN bei hohen Schadenssummen ein ungedeckter, von ihm selbst abzudeckender Schaden übrigbleiben.

— In Deutschland gibt es keine gesetzliche „Verursachungshaftung"; nur „schuldhafte Verursachung" führt aufgrund § 823 BGB zur Haftung.

Beispiel   Ein Bauunternehmer verursacht einen Kabelschaden beim Aushub. Verursacher ist klar: Unternehmer bzw. dessen Erfüllungsgehilfe.

Aber: Lag ein Kabelplan vor, in dem das Kabel richtig eingetragen war? Gab es andere Auskünfte über die Lage der Kabel?

Nur wenn Unternehmer schuldhaft, also fahrlässig oder vorsätzlich gehandelt hat, haftet er.

— 5 Verschuldensgrade

Bereich der Sachversicherung	{	a) leichte Fahrlässigkeit b) Fahrlässigkeit c) grobe Fahrlässigkeit	}	Bereich der Haftpflichtversicherung
		d) bedingter Vorsatz e) Vorsatz	}	nicht versicherbar

1. Beispiel Vorsatz: Wenn ein Bauarbeiter aus Ärger über den Bauleiter die Baracke in Brand setzt, dann ist das zweifelsfrei Vorsatz des Arbeiters.

Aber nicht Vorsatz des versicherten Bauunternehmers: deshalb versicherbar.

2. Beispiel Vorsatz: An der Fassade eines fertiggestellten Gebäudes müssen Gewährleistungsarbeiten ausgeführt werden. Dabei werden die fertigen Grünanlagen zwangsläufig durch das Gerüst beschädigt.

Das ist Vorsatz: nicht versicherbar.

Theoriestreit über Abgrenzung zwischen „grober Fahrlässigkeit" und „bedingtem Vorsatz". In der Praxis aber nicht so bedeutend, da Vorsatz meistens erkennbar ist.

---

[1])   Vor allem wegen „unerlaubter Handlungen" nach § 823 BGB (Derjenige, der einem anderen widerrechtlich einen Schaden zufügt, ist schadenersatzpflichtig). Widerrechtlichkeit kann sich aus verschiedenen Gesetzen ergeben, auch bei „positiver Vertragsverletzung" (schuldhafte Verletzung von vertraglichen Nebenpflichten; Mangelfolgeschäden). Keine Versicherung bei Haftung, die sich (nicht aus Gesetzen, sondern) aus Verträgen ergibt (z.B. für Gewährleistungsschäden, Freistellungserklärungen, Terminzusagen).

— **Deckungssummen**

sind oft unterschieden nach

- Sachschaden   z. B. 100000 DM ⎫
- Personenschaden   z. B. 500000 DM ⎬ häufig 2 Mio DM pauschal
- Vermögensschaden   z. B. 20000 DM ⎭

— **Vermögensschaden**

- Echter Vermögensschaden ist ein Schaden, der weder direkt noch indirekt aus einem Sachschaden oder Personenschaden resultiert.

  Beispiel Architekt vergißt das WC bei der Planung eines Hauses.

  Beispiel Statiker bemißt Maschinenfundament falsch.

- Unechter Vermögensschaden ist ein Folgeschaden, der aus einem Sachschaden oder Personenschaden entstanden ist.

  Beispiel Verdienstausfall (evtl. Rente) des verletzten Geschädigten.

  Beispiel Stromausfall als Folge eines Kabelschadens am Elt-Kabel.

  Sachschaden: Reparatur am Kabel selbst

  Folgeschaden des Sachschadens: Geschäftsausfall wegen fehlender Beleuchtung. Wird von der Rechtsprechung zunehmend ausgehöhlt, d.h. Folgeschaden wird oft als Vermögensschaden angesehen. (Problem: Die Versicherungssummen für Vermögensschäden sind meistens wesentlich niedriger als für Sach- oder Personenschäden.)

Tafel 4.13   Typischer Ablauf eines Betriebshaftpflicht-Schadens

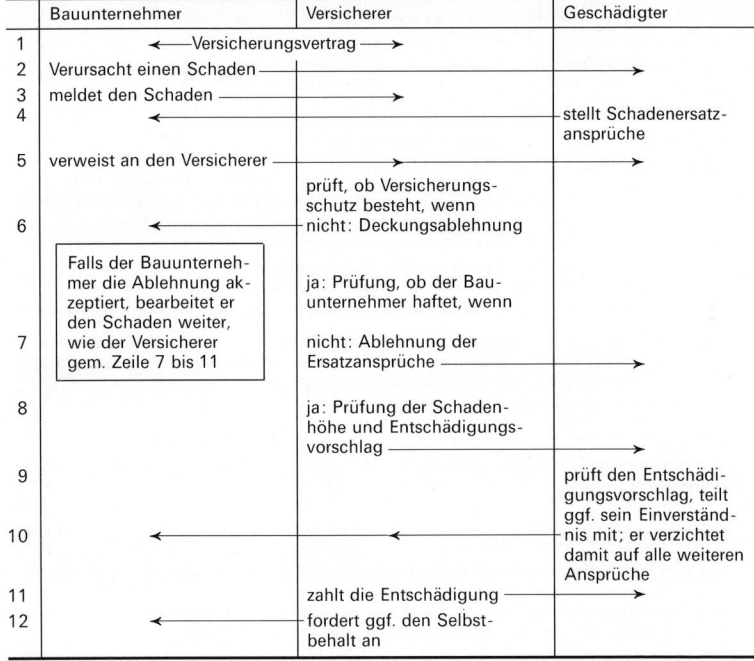

	Bauunternehmer	Versicherer	Geschädigter
1	←——Versicherungsvertrag ——→		
2	Verursacht einen Schaden —————————————————————→		
3	meldet den Schaden —————————→		
4	←————————————————		stellt Schadenersatzansprüche
5	verweist an den Versicherer —————→		
6	←———————	prüft, ob Versicherungsschutz besteht, wenn nicht: Deckungsablehnung	
7	Falls der Bauunternehmer die Ablehnung akzeptiert, bearbeitet er den Schaden weiter, wie der Versicherer gem. Zeile 7 bis 11	ja: Prüfung, ob der Bauunternehmer haftet, wenn nicht: Ablehnung der Ersatzansprüche ————→	
8		ja: Prüfung der Schadenhöhe und Entschädigungsvorschlag ——————→	
9			prüft den Entschädigungsvorschlag, teilt ggf. sein Einverständnis mit; er verzichtet damit auf alle weiteren Ansprüche
10	←———————	←———————	
11		zahlt die Entschädigung ——————→	
12	←———————	fordert ggf. den Selbstbehalt an	

Allgemeine Bedingungen für die Haftpflichtversicherung AHB

§ 1 Gegenstand der Versicherung

Versicherungsschutz bei

— Tod, Verletzung oder Gesundheitsschädigung von Menschen (Personenschäden)
— Beschädigung, Vernichtung und Abhandenkommen von Sachen (Sachschäden)
— kann durch besondere Vereinbarung ausgedehnt werden auf: Vermögensschäden und auf
— Risiken, die für den VN nach Versicherungsabschluß neu entstehen (Vorsorge-Versicherung).

§ 3 Beginn und Umfang des Versicherungsschutzes

Beginn: bei Einlösung des Versicherungsscheines (Prämienzahlung).

Die Leistungspflicht des V umfaßt: Prüfung der Haftpflichtfrage, Abwehr unbegründeter Ansprüche sowie Ersatz der Entschädigung zu welcher der VN verpflichtet ist u.a. auch der Kosten der Verteidigung bei Strafverfahren bzw. Rechtsstreit.

Höchstgrenze der Leistung des V ist die Versicherungssumme je Schadensfall (auch wenn mehrere Geschädigte).

Mehrere zeitlich zusammenhängende Schäden aus derselben Ursache gelten als ein Schadensereignis (z.B. Schäden an mehreren Gebäuden durch Lieferung mangelhafter Ware).

Es kann vereinbart werden: Selbstbeteiligung mit bestimmter Summe oder Höchstgrenze aller Schadenssummen eines Jahres.

Falls im Versicherungsschein nicht ausdrücklich etwas anderes bestimmt ist, bezieht sich der Versicherungsschutz nicht auf:

— Haftpflichtansprüche, die über den Umfang der gesetzlichen Haftpflicht des VN hinausgehen,
— Haftpflichtansprüche aus im Ausland vorkommenden Schadenereignissen,
— Ansprüche auf Gehalt, Ruhegehalt, Lohn, ärztliche Behandlung im Falle der Dienstbehinderung, Fürsorgeansprüche,
— Ansprüche aus Schäden infolge Teilnahme an Pferde-, Rad- oder Kraftfahrzeugrennen, Box- und Ringkämpfen (auch das Training hierfür),
— Haftpflichtansprüche aus Sachschäden, welche entstehen durch allmähliche Einwirkung der Temperatur, von Gasen, Dämpfen oder Feuchtigkeit, Niederschlägen etc.,
— Schäden an fremden Sachen, die vom VN gemietet, gepachtet, geliehen oder Gegenstand eines besonderen Verwahrungsvertrages sind,
— fremde Sachen, die durch eine gewerbliche oder berufliche Tätigkeit des VN an oder mit dieser Sache entstanden sind,
— Haftpflichtansprüche wegen Schäden durch Umwelteinwirkung auf Boden, Luft oder Wasser und alle sich daraus ergebenden weiteren Schäden.

Ausgeschlossen bleiben jedenfalls:

— vorsätzlich herbeigeführte Schäden
— Schäden von Angehörigen und gesetzlichen Vertretern des VN
— Übertragung von Krankheiten
— Erfüllungsansprüche

§ 5 Versicherungsfall

Versicherungsfall ist vom VN innerhalb von 1 Woche schriftlich anzuzeigen. VN muß nach Möglichkeit für Abwendung und Minderung des Schadens sorgen, sofern ihm dabei nichts Unbilliges zugemutet wird.

Gegen Zahlungsbefehle soll VN fristgemäß Widerspruch einlegen.

VN ist nicht berechtigt, Haftpflichtansprüche Dritter anzuerkennen. Bei Zuwiderhandlung ist V von Leistung frei.

§ 8 Prämienzahlung, Prämienregulierung, Prämienangleichung

Prämienzahlung: die Folgeprämie ist rechtzeitig an den V zu zahlen, Verzug bewirkt, das V von der Verpflichtung zur Leistung frei ist, solange die Prämie nicht gezahlt ist.

Prämienregulierung: VN ist verpflichtet Änderungen des Risikos dem V mitzuteilen; eventuell erfolgt Prämienanpassung.

Prämienangleichung: Prämie erhöht oder ermäßigt sich von Jahr zu Jahr je nach Durchschnitt der Schadenzahlungen eines Jahres aller Versicherer. Prozentsatz wird von einem unabhängigen Treuhänder ermittelt.

§ 9 Vertragsdauer, Kündigung

Für festgesetzte Zeit, dann Verlängerung um jeweils ein Jahr. Kündigung 3 Monate vor Ablauf per Einschreiben.

VN kann auch kündigen, wenn V die Leistung der fälligen Entschädigung verweigert hat. Wenn die Prämie aufgrund einer Prämienangleichung erhöht wird, ohne daß sich der Umfang des Versicherungsschutzes ändert, kann VN innerhalb eines Monats nach Eingang der Mitteilung kündigen.

Kündigung durch V und VN möglich, wenn V Schadensersatzleistung gezahlt hat.

Kündigung, wenn versichertes Risiko vollständig und dauernd in Wegfall kommt.

3.2.1 Gewässerschaden-Haftpflichtversicherung

Wasserhaushaltsgesetz § 22: Haftpflicht für Schäden aus dem Besitz von Anlagen zur Lagerung gewässerschädlicher Stoffe.

Insbesondere: Öltanks (Korrosion, Reißen einer Schweißnaht)
Lebensdauer schwer zu beurteilen, daher Haftungsrisiko erheblich.

Im Schadensfall ergeben sich meistens hohe Kosten.

Tafel 4.14 Beispiel für Prämienhöhe 1998 bei 3 Mio DM Deckungssumme für Personen-/Sach-/Vermögensschäden

Behälterart		Prämie in DM/Jahr
Oberirdischer Behälter	bis 10 000 L Fassungsvermögen	70,—
	bis 50 000 L	500,—
Unterirdischer Behälter	bis 10 000 L Fassungsvermögen	100,—
	bis 50 000 L	800,—

3.2.2 Grundbesitzer-, Bauherren- und Gebäudehaftpflichtversicherung

Eigentümer hat Verkehrssicherungspflicht: er haftet für Schäden gegenüber Dritten, die von Gefahren auf dem Grundstück ausgehen.

Nachstehende Angaben zur Prämienhöhe je Jahr beziehen sich auf folgende übliche Deckungssummen:

für Personenschäden   2 Mio DM
für Sachschäden   1 Mio DM (oder 2 Mio DM pauschal)

Tafel 4.15 Grundbesitzer-, Bauherren- und Gebäudehaftpflichtversicherung

Nr.	Situation	Typische Risiken	Maßgeblich für Prämie	Größenordnung der Prämie (1998)
1	Unbebautes Grundstück	− Verletzungen am schadhaften Zaun − Glatteis auf dem Gehweg − Baum fällt bei Sturm	Grundstücksgröße und je Grundstück	1,10 DM/100 m² mindestens 130 DM
2	Während der Bauzeit	Durch Bauarbeiten können Nachbarn, Passanten, Kinder oder Baubeteiligte verletzt, getötet oder geschädigt werden	Bausumme in DM bis 0,5 Mio bis 2,0 Mio bis 5,0 Mio	 0,90 DM je TDM 0,70 DM je TDM 0,50 DM je TDM
3	Nach Bezugsfertigstellung bei Wohn- und Geschäftshäusern	− Wie beim unbebauten Grundstück − Unterlassene Beleuchtung − Herabfallender Dachziegel	Bruttojahresmietwert bis 50 000 DM bis 100 000 DM bis 200 000 DM bis 500 000 DM	 7,70 DM je TDM 6,30 DM je TDM 4,80 DM je TDM 3,80 DM je TDM

Zu 2. Voraussetzung ist, daß Bauherr die Planung, Bauleitung und Bauausführung an Fachleute vergeben hat.

Bei Bauen in eigener Regie: Prämienaufschlag.

Versicherungsschutz nur während der Bauzeit, endet mit der Bauabnahme.

Meist ist das Grundstücks-Haftpflichtrisiko bis zur Abnahme prämienfrei mitgedeckt.

Nicht versichert sind Schäden durch Veränderung der Grundwasserverhältnisse.

Zu 3. Sicherung gegen Schäden, die entstehen durch:

Verstoß gegen die Pflichten, die VN als Eigentümer, Nießbraucher, Pächter, Mieter, Verwalter des bezeichneten Grundstückes hat.

Eingeschlossen auch Schäden aus kleinen Bauarbeiten (bis 20000,− DM im Einzelfall) und

Schäden, die durch Personen entstehen, die durch Arbeitsvertrag mit der Betreuung des Grundstückes beauftragt sind (Verwalter, Putzfrau usw.).

Für Einfamilienhausbesitzer ist eine besondere Haus-Haftpflichtversicherung nicht notwendig, wenn Besitzer eine Privathaftpflichtversicherung hat.

3.2.3 Betriebshaftpflichtversicherung des Bauunternehmers

Zusätzlich zu den AHB gibt es Besondere Bedingungen, Klauseln, Risikobeschreibungen und Einzelvereinbarungen. Gedeckt ist im allgemeinen die gesetzliche Haftungspflicht aus Unternehmertätigkeit.

Besonderheit bei Teilnahme an Arbeitsgemeinschaften (ARGE):

− Ersatzpflicht des V bleibt auf die Quote der ARGE-Beteiligung des VN beschränkt,

− Schäden an den von den ARGE-Partnern eingebrachten Sachen oder an von der ARGE beschafften Sachen sind nicht versichert,

− Ansprüche der ARGE-Partner untereinander und gegenseitige Ansprüche zwischen ARGE und ARGE-Partner sind ausgeschlossen.

Größenordnung der Prämienhöhe: 1,5% bis 2,5% der Lohn- und Gehaltssumme des Bauunternehmens.

Bauwirtschaft und Baurecht

Tafel 4.16 Besondere Bedingungen und Risikobeschreibungen für Hochbau-, Tiefbau-, Straßenbau- und Abbruchbetriebe

Auswahl typischer Haftpflicht-Risiken	In Betriebs-haftpflicht üblicher-weise[1])
Personenschäden infolge Arbeitsunfall im Betrieb des VN gemäß Reichsversicherungsordnung	A
persönliche gesetzliche Haftpflicht der gesetzlichen Vertreter des VN und Leitender Angestellter	E
Von Erfüllungsgehilfen verursachte Schäden	E
Sachschaden durch Sackungen eines Grundstückes. Erschütterungen infolge Rammarbeiten oder Erdrutschungen an Grundstücken, Gebäuden und Anlagen, soweit es sich nicht um das Baugrundstück selbst handelt	E
Schäden durch Unterfangungen und Unterfahrungen	E
Sachschaden an den zu unterfangenden und zu unterfahrenden Grundstücken, Gebäuden oder Anlagen gemäß § 4, Ziff. l5 und l6 b der AHB	A/e
Schäden durch Stollen-, Tunnel- und U-Bahn-Bau	A/e
Planungs- und Bauleitungstätigkeit, soweit das Bauvorhaben nicht vom VN ausgeführt wird	A
Feuer- und Explosions-Sachschäden bei Schweiß-, Schneide- und Lötarbeiten	E/E
Ansprüche aus Anlaß von Abbrucharbeiten an Bauwerken sowie von Sprengungen	A/e, S
Sachschäden bei Abbrucharbeiten in einem Umkreis, dessen Radius der Höhe des einzureißenden Bauwerkes entspricht	A
Sachschaden bei Sprengungen an Immobilien in einem Umkreis von weniger als 150 m	A
Schäden an Erdleitungen, elektrischen Frei- und Oberleitungen einschl. Folgeschäden und Bearbeitungsschäden an solchen Leitungen	A/e, S
Schäden durch nicht zulassungs- und nicht versicherungspflichtige Kraftfahrzeuge	E
Haftpflicht für Kraft-, Luft- und Wasserfahrzeuge	A/e
Überlassen von selbstfahrenden Arbeitsmaschinen an Betriebsfremde	A/e
Verändern von Grundwasserverhältnissen	A/e
Bergschäden	A
unvermeidbare Folgen aus der Anlage und Unterhaltung von Hoch- und Niederspannungsleitungen (z.B. Flurschäden bei Reparatur)	A
Sachschäden beim Baumfällen in einem Umkreis mit R = Baumhöhe	A
Gewährleistung für eigene Arbeiten	A

[1]) A = generell ausgeschlossen
A/e = ausgeschlossen, kann jedoch besonders versichert werden
E = eingeschlossen
E/E = eingeschlossen mit Einschränkungen
S = Selbstbeteiligung des VN erforderlich

3.2.4   Berufs-Haftpflichtversicherung für Architekten und Bauingenieure

Besondere Bedingungen (zusätzlich zu AHB)

Versicherungsschutz wird für den Fall gewährt, daß der VN wegen eines bei der Ausübung seiner beruflichen Tätigkeit begangenen Verstoßes, für die Folgen dieses Verstoßes auf Grund gesetzlicher Haftpflichtbestimmungen von einem Dritten auf Schadensersatz in Anspruch genommen wird.

Eingeschlossen ist die gesetzliche Haftpflicht wegen Schäden durch Umwelteinwirkung auf Boden, Luft oder Wasser durch vom VN erbrachte Arbeiten oder sonstigen Leistungen.

Ausschlüsse. Ausgeschlossen sind Ansprüche wegen Schäden

— aus der Überschreitung der Bauzeit sowie von Fristen und Terminen,

— aus der Überschreitung ermittelter Massen oder Kosten,

— aus der Verletzung von gewerblichen Schutzrechten und Urheberrechten,

— aus der Vergabe von Lizenzen,

— aus dem Abhandenkommen von Sachen einschließlich Geld, Wertpapieren und -sachen,

— die als Folge eines im Inland oder Ausland begangenen Verstoßes im Ausland eingetreten sind,

— aus der Vermittlung von Geld-, Kredit-, Grundstücks- oder ähnlichen Geschäften sowie aus der Vertretung bei solchen Geschäften,

— aus Zahlungsvorgängen aller Art, aus der Kassenführung sowie wegen Untreue und Unterschlagung von juristischen oder natürlichen Personen, die am Versicherungsnehmer beteiligt sind.

Die Berufs-Haftpflicht ist nicht versichert, wenn der Versicherungsnehmer Verpflichtungen übernimmt, die über das Berufsbild eines Architekten/Bauingenieurs/Beratenden Ingenieurs hinausgehen.

Dies ist insbesondere der Fall, wenn der Versicherungsnehmer

a) Bauten ganz oder teilweise im eigenen Namen und für eigene Rechnung
   im eigenen Namen für fremde Rechnung
   im fremden Namen für eigene Rechnung erstellen läßt;

b) selbst Bauleistungen erbringt oder Baustoffe liefert.

Beispiel   Fehler in Statik: Nicht versichert ist die Statische Berechnung selbst, die muß Statiker neu bearbeiten (Gewährleistungshaftung ist nicht versicherbar).
Versichert sind jedoch die Schäden am Bauwerk, die durch Fehler in der Statik entstanden sind; ggf. auch Personen- oder Vermögensschäden.

Versicherte Deckungssumme oft zu niedrig:

häufig: 1 000 000 DM für Personenschäden, 150 000 DM für Sach- und Vermögensschäden.

Mitversichert sind die Dienstleistungen der Mitarbeiter. Außerdem ist der wesentliche Teil der Privat-Haftpflichtrisiken mitgedeckt.

Prämie richtet sich nach der Tätigkeit des Büros, dem Jahreshonorar und/oder der Lohn- und Gehaltssumme des Architektur- oder Ingenieurbüros; es gibt zahlreiche Sonderregelungen. Entscheidend ist, welche Ingenieurtätigkeit ausgeübt wird.

Auch eine Objektversicherung ist möglich; dabei sind die im einzelnen aufzuführenden Objekte, die das Ingenieurbüro bzw. der Architekt ausführt, versichert.

Beispiel Prämie für eine Objektversicherung 1998
Versicherungssumme 3 Mio pauschal für Personen-, Sach- und Vermögensschäden
bis 0,5 Mio Bausumme 1,3‰ der Bausumme
bis 2,0 Mio Bausumme 1,0‰ der Bausumme
bis 5,0 Mio Bausumme 0,6‰ der Bausumme

3.3 Sachversicherungen

3.3.1 Bauwesenversicherung = Bauleistungsversicherung

Tafel 4.17 Abgrenzung der unterschiedlichen Versicherungsbedingungen

Versicherung der	Versicherungsnehmer = VN	geltende Versicherungs-bedingungen*)
Bauleistung (= Ergebnis der Bau-tätigkeit = Sache)	Bauunternehmer	ABU
	Bauherr oder Generalunternehmer	ABN oder ABU + Klausel 64
	Tiefbau-Auftraggeber	ABU + Klausel 65

*) ABU (95): Allgemeine Bedingungen für die Bauwesenversicherung von Unternehmerleistungen
ABN (95): Allgemeine Bedingungen für die Bauwesenversicherung von Gebäudeneubauten durch Auftraggeber

— Versichert wird üblicherweise jedes Einzel-Bauobjekt getrennt. Bauherr und Unternehmer können jedoch auch „Jahresvertrag" abschließen, der alle Neubauten, die VN während der Vertragsdauer anmeldet, versichert.
  Größenordnung der Prämienhöhe: 2 bis 3‰ der Versicherungssumme (Baukosten). Abhängig von vielen Einzelfaktoren.
— Es muß immer der ganze Auftragswert versichert werden, Teilversicherung von Gebäuden oder Gebäudeteilen geht nicht.
— Versicherungssumme
  ist die höchste Leistung des Versicherers,
  ist Grundlage zur Prämienberechnung,
  ist Maßstab für Errechnung einer evtl. Unterversicherung.[1]
— Leistungsmangel ist bisher nicht versichert, auch wenn er zu einem Bauunfall führte.

Objektversicherung

— schließt alle Risiken ein: Bauwesenversicherung, Gebäudeversicherung, Haftpflichtversicherung aller am Bau Beteiligten.
— Prämie: 3 bis 4‰ der Bausumme.

---

[1] Nachaufträge müssen angegeben werden (evtl. auch Risikoerhöhungen). Wenn sich Baukosten nachträglich durch Mehrungen ergeben, dann keine Unterversicherung, ggf. jedoch nachträgliche Erhöhung der Prämie.

Tafel 4.18 Kurzfassung der wichtigsten Merkmale der Bauwesenversicherung

	Allgemeine Bedingungen für die Bauwesenversicherung von	
	Unternehmerleistungen (ABU)	Gebäudeneubauten durch **Auftraggeber** (ABN)
versicherte Sachen	Bauleistungen mit zugehörigen Baustoffen, Bauteilen, Hilfsbauten und Hilfsbaustoffen	Alle Bauleistungen, Baustoffe, Bauteile für den Roh- und Ausbau
		Einrichtungsgegenstände, soweit sie wesentliche Bestandteile sind
		Außenanlagen mit Ausnahme von Gartenanlagen und Pflanzungen
Sachen, für die Versicherung besonders vereinbart werden kann	Baugrund und Bodenmassen, die nicht Bestandteil der Bauleistung sind	
		medizinisch-techn. Einrichtungen, u.ä. Stromerzeugungsanlagen, selbständige elektronische Anlagen, Bestandteile mit hohem Kunstwert, Hilfsbauten u. Bauhilfsstoffe
nicht versicherte Sachen	— Baugeräte, Kleingeräte, Handwerkzeuge, Fahrzeuge aller Art Vermessungs-, Werkstatt-, Prüf-, Labor- und Funkgeräte, Signal- und Sicherungsanlagen — Akten, Zeichnungen und Pläne — Sonstige Sachen, für die eine Kaskoversicherung von Baugeräten (ABG) abgeschlossen werden kann (Gerüste, Stahlschalungen, Baubüros Baubaracken, Werkstätten, Magazine, Labors, Gerätewagen)	
		— maschinelle Einrichtungen für Produktionszwecke, — Einrichtungsgegenstände, die nicht wesentl. Bestandteile sind
versicherte Gefahren	unvorhergesehen eintretende Schäden an versicherten Sachen	
	die gemäß VOB/B zu Lasten des Unternehmens gehen	die zu Lasten des Auftraggebers oder eines von ihm beauftragten Unternehmens gehen
nur nach besonderer Vereinbarung versicherte Gefahren	— Brand, Blitzschlag oder Explosion — Hochwasser und dadurch ansteigendes Grundwasser	
	Risiken aus Bauvertragsbedingungen, die von der VOB/B abweichen. Auftraggeberrisiko (Klausel 64)	Diebstahl festeingebauter Bestandteile
nicht versicherte Gefahren	— Mängel der versicherten Bauleistungen und Sachen, — Oberflächenschäden durch Arbeit an Glas, Metall, Kunststoff, Vorhangfassaden, — Verstöße gegen anerkannte Regeln der Technik bei Frost, Gründungen, Wasserhaltung und Arbeitsunterbrechung — normale Witterungseinflüsse, — Krieg, Bürgerkrieg, innere Unruhen, Streik, Aussperrung, hoheitliche Eingriffe, — Kernenergie	
	Diebstahl und Abhandenkommen	Diebstahl von nicht fest eingebauten Bestandteilen

Fortsetzung s. nächste Seite

Tafel 4.18 Kurzfassung der wichtigsten Merkmale der Bauwesenversicherung, Fortsetzung

	Allgemeine Bedingungen für die Bauwesenversicherung von	
	Unternehmerleistungen (ABU)	Gebäudeneubauten durch **Auftraggeber** (ABN)
Versicherungssumme	vertragliche Bausumme + Neuwert beigestellter Baustoffe + Neuwert der Hilfsbauten u. Bauhilfsstoffe	Herstellkosten der gesamten Bauleistungen + Neuwert beigestellter Baustoffe (+ Neuwert für versicherte Hilfsbauten und Bauhilfsstoffe) nicht einbeziehen: – Grundstücks- u. Erschließungskosten – Baunebenkosten
Versicherungsdauer	vereinbarte Zeit, Haftung endet spätestens:	
	bei Abnahme nach VOB/B § 12 (5)	– mit der Bezugsfertigstellung oder – 6 Tage nach Beginn der Nutzung – oder bei behördlicher Gebrauchsabnahme. Maßgebend ist der früheste dieser Zeitpunkte
Umfang der Entschädigung	**Selbstkosten**[1]) für Aufräumung und Wiederherstellung des Zustandes vor Eintritt des Schadens [1]) z.B.: bei Wiederherstellung in Regie des versicherten Unternehmens: keine Zuschläge für Baustellengemeinkosten, Geschäftskosten, Wagnis u. Gewinn (= 90% der Bauvertragspreise) Stundenlohnarbeiten } Höhe der Zuschläge ist Vorhalten der Baugeräte } detailliert geregelt Transportkosten Fremdleistungen	
Selbstbehalt des VN	20% der „Selbstkosten", mindestens 500 DM	10% der „Selbstkosten", mindestens 500 DM
unverzügliche Anzeigen des VN an V	Wenn: – nachträgliche Erweiterung des Bauvorhabens – wesentliche Änderung der Bauweise, des Bauzeitplanes, des Bauvertrages – Unterbrechung der Bauarbeiten – sonstige Gefahrenerhöhung	
bei Eintritt des Schadensfalles muß VN	– den Schaden dem V unverzüglich schriftlich, möglichst telegrafisch, anzeigen – Schaden nach Möglichkeit mindern (nach Weisung des V) – Schadensbild durch Lichtbildaufnahme festhalten – V alle Auskünfte erteilen – Kostenaufstellung u. Belege beibringen.	

3.3.2 Versicherung für Baumaschinen und Baugeräte

Die Kasko-Versicherung für Baumaschinen und Baugeräte ist nicht mehr in der Bauwesenversicherung enthalten. Die Versicherungsbedingungen

— ABG (95) „Allgemeine Bedingungen für die Kaskoversicherung von Baugeräten"
  und
— ABGMG (95) „Allgemeine Bedingungen für die Maschinen- und Kaskoversicherung von fahrbaren oder transportablen Geräten"

sind mit den Bedingungen ABU (95) und ABN (95) der Bauwesenversicherung abgestimmt.

Von der Baumaschinen- und Baugeräteversicherung zu unterscheiden (hier aber nicht behandelt) sind die

— Maschinenversicherung (vor allem für Maschinen in stationären Betrieben)
— Sachversicherung der Kraftfahrzeuge
— Transportversicherung (für Transportmittel und/oder für transportierte Sachen).

Die Baugeräte-Versicherung wird weitgehend wie eine Kfz-Versicherung gehandhabt.

Größenordnung für die Prämienhöhe je Jahr: 1,4 bis 3,5 % des jeweiligen Neuwertes der versicherten Sachen.

4

Tafel 4.19 Kurzfassung der wichtigsten Merkmale der Versicherung für Baumaschinen und Baugeräte

	ABG (95) Baugeräte	ABGM (95) Maschinen und Geräte
versicherte Sachen	Nur, soweit sie in einem Verzeichnis oder im Versicherungsschein aufgeführt sind. Es können versichert werden: Baugeräte, Zusatzgeräte, Zubehör und Ersatzteile.	
	Außerdem:	
	— Stahlrohr- und Spezialgerüste, Stahlschalungen, Schalwagen Vorbaugeräte — Vermessungs-, Werkstatt-, Prüf-, Labor- und Funkgeräte Signal- und Sicherungsanlagen — Baubüros, Baubuden, Baubaracken, Werkstätten, Magazine, Labors, Gerätewagen	— sonstige fahrbare und transportable Sachen mit wechselndem Einsatzort — Datenträger, wenn sie vom Benutzer nicht auswechselbar sind — Daten, wenn sie für die Grundfunktion der versicherten Sache notwendig sind
nicht versicherte Sachen	— Fahrzeuge, die ausschließlich der gewerblichen Güterbeförderung oder Personenbeförderung dienen — Wasser-, Luftfahrzeuge, schwimmende Geräte — Betriebs- und Hilfsstoffe — Einrichtungen von Baubüros, Baubuden, Baubaracken, Werkstätten, Magazinen, Labors und Gerätewagen — Eigentum der Arbeitnehmer	
nur nach besonderer Vereinbarung versicherte Gefahren	besondere Gefahren des Einsatzes — auf Wasserbaustellen — im Bereich von Gewässern — auf schwimmenden Fahrzeugen — bei Tunnelarbeiten oder bei Arbeiten unter Tage	

Fortsetzung s. nächste Seite

Tafel 4.19, Fortsetzung

	ABG (95) Baugeräte	ABGM (95) Maschinen und Geräte
versicherte Gefahren	**Unfallschäden** durch Naturgewalten durch Brand, Blitzschlag, Explosion[1]) bei Montage, Demontage, Verladen außerdem:	
	Unfallschäden als Folgeereignis von inneren Betriebsschäden	**Sachschäden** an versicherten Sachen durch: — Bedienungsfehler, Ungeschicklichkeit, Fahrlässigkeit, Böswilligkeit — Konstruktions-, Material- oder Ausführungsfehler — Versagen von Meß-, Regel- oder Sicherheitseinrichtungen — Wasser-, Öl- oder Schmiermittelmangel — Kurzschluß, Überstrom oder Überspannung — Brand, Blitzschlag, Explosion (mit Einschränkungen) — Sturm, Frost, Eisgang, Erdbeben, Überschwemmung, Hochwasser — während des Transportes (außer Seetransport)
nicht versicherte Gefahren	— bei Abschluß der Versicherung bekannte Mängel — Einsatz einer erkennbar reparaturbedürftigen Sache — Diebstahl (kann bei ABMG mitversichert werden) — Krieg, Bürgerkrieg, innere Unruhen, Streik, Aussperrung, hoheitliche Eingriffe — Kernenergie — Seetransporte	
	— Schäden durch Brand, Blitzschlag, Explosion an Baubüros, Baubuden, Baubaracken, Werkstätten, Magazinen, Labors und Gerätewagen	— Schäden durch korrosive Angriffe oder Abnutzung, durch übermäßigen Ansatz von Kesselstein, Schlamm oder sonstigen Ablagerungen
	innere Betriebsschäden als Folge von — zwangsläufigem Einfluß des bestimmungsgemäßen Einsatzes — Frost — Wasser-, Öl-, Schmiermittelmangel	innere Betriebsschäden, soweit sie Folge der dauernden Einflüsse des Betriebes sind
Versicherungssumme	— Ergibt sich aus dem jeweiligen Neuwert (Listenpreis) jeder versicherten Sache. — Für Bergungs- und Aufräumungsarbeiten kann zusätzlich eine Versicherungssumme abgeschlossen werden.	
Umfang der Entschädigung	— nach „Berechnungsgrundlagen für die Wiederherstellungs- und Aufräumungskosten bei Baugeräten" — bei Teilschaden: Kosten, die zur Wiederherstellung des früheren, betriebsfähigen Zustandes erforderlich sind — bei Totalschaden: Zeitwert nach Baugeräteliste (BGL)	
Selbstbehalt	10 % des „Entschädigungsbetrages", mindestens 500 DM je Schaden	
Prämie und Versicherungssumme	werden jährlich unter Berücksichtigung der Preis- und Lohnentwicklung in der Investitionsgüterindustrie angeglichen	

[1]) s. „nicht versicherte Gefahren"

3.3.3 Gleitende Neuwertversicherung von Wohngebäuden

gegen Feuer-, Leitungswasser-, Sturm- und Hagelschäden. Die Allgemeine Feuerversicherung von Sachen, Gebäuden und gewerblichen Anlagen wird hier nicht behandelt. Grundlage für die Neuwertversicherung von Wohngebäuden sind die VGB 88.

Für gewerbliche Bauten gibt es die „Dynamische Gebäudeversicherung des Gewerbes und Freier Berufe".

Gleitende bzw. Dynamische Neuwertversicherung heißt, daß die Versicherungssumme und Prämie sich jährlich den geänderten Bauwerten anpaßt. Die Versicherungssumme erhöht sich entsprechend dem „Baukostenindex", die Prämie entsprechend dem „Prämienfaktor".

Grundprämiensatz zur Feuerversicherung liegt bei ca. 0,25‰. In der Sturm- und Leitungswasserversicherung ist nach Tarifzonen gegliedert; diese Prämien liegen zwischen 0,25‰ und 0,55‰.

Grundlage für die Ermittlung der Versicherungssumme ist der Wert des Gebäudes 1914.

Beispiel 1998 Neubauwert des Gebäudes 1 000 000 DM
Baukostenindex 2 030 (geschätzt)
Prämienfaktor   2 530
Gebäudewert 1914 = 1 000 000 × 100/2 030   = 49 261 DM
Prämie 1998   =   49 261 × 0,90‰ × 2 530/100 = 1 122 DM/Jahr.

Allgemeine Wohngebäude-Versicherungsbedingungen (VGB 88) (Auszug in Stichworten)

§ 1 Versicherte Sachen

— Versichert sind die im Versicherungsvertrag bezeichneten Gebäude mit ihren Bestandteilen.
— Zubehör[1]), das der Instandhaltung eines versicherten Gebäudes oder dessen Nutzung zu Wohnzwecken dient, ist mitversichert, soweit es sich in dem Gebäude befindet oder außen an dem Gebäude angebracht ist.
— Weiteres Zubehör sowie sonstige Grundstücksbestandteile auf dem im Versicherungsvertrag bezeichneten Grundstück sind nur aufgrund besonderer Vereinbarung versichert.

§ 4 Versicherte Gefahren und Schäden

Entschädigt werden versicherte Sachen, die durch

— Brand, Blitzschlag, Explosion, Anprall oder Absturz eines bemannten Flugkörpers, seiner Teile oder seiner Ladung,
— Leitungswasser,
— Sturm, Hagel

zerstört oder beschädigt werden oder infolge eines solchen Ereignisses abhanden kommen.

§ 6 Leitungswasser

Leitungswasser ist Wasser, das aus den Zu- oder Ableitungsrohren der Wasserversorgung, mit dem Rohrsystem verbundenen sonstigen Einrichtungen oder Schläu-

---

[1]) z.B.: Gemeinschaftswaschanlagen, Brennstoffvorräte für Sammelheizungen, Ersatzteile für Gebäude; Einbauküchen und Badeeinrichtungen soweit dafür der Versicherungsnehmer die Gefahr trägt; die im fremden Eigentum stehenden Wasser-, Gas-, Elektrizitäts- und Wärmezähler.

chen der Wasserversorgung, Anlagen der Warmwasser- oder Dampfheizung, Sprinkler- oder Berieselungsanlagen bestimmungswidrig ausgetreten ist.

§ 7 Rohrbruch, Frost

Innerhalb des versicherten Gebäudes sind auch die Anlagen die im § 6 genannt wurden gegen Schäden durch Rohrbruch und Frost versichert. Darüber hinaus sind innerhalb versicherter Gebäude auch versichert: Frostschäden an Badeeinrichtungen, Waschbecken, Spülklosetts, Heizkörper, etc.

§ 8 Sturm, Hagel

Sturm ist eine wetterbedingte Luftbewegung von mindestens Windstärke 8. Versichert sind nur Schäden die durch unmittelbare Einwirkung des Sturmes oder dadurch entstehen, daß der Sturm Gebäudeteile, Bäume oder andere Gegenstände auf die versicherte Sache wirft.

§ 9 Nicht versicherte Sachen und Schäden

Nicht versichert[1]):

— Vorsatz und grobe Fahrlässigkeit

— Krieg, Innere Unruhen, Erdbeben oder Kernenergie

— Gebäude, die noch nicht bezugsfertig sind

— speziell in der Leitungswasserversicherung:
  — Schäden durch Erdsenkung oder Erdrutsch, es sei denn sie sind die Folge von Leitungswasser
  — Schäden durch Plansch- oder Reinigungswasser
  — Schäden durch Grundwasser, stehendes oder fließendes Gewässer, Hochwasser oder Witterungsniederschläge oder Rückstau
  — Schäden durch Schwamm

— speziell in der Sturm- und Hagelversicherung:
  — Schäden durch Sturmflut, Lawinen, durch Eindringen von Regen, Schnee oder Schmutz, durch nicht ordnungsgemäß geschlossene Öffnungen, Laden- und Schaufensterscheiben.

§ 13 Gleitende Neuwertversicherung

Grundlage der Gleitenden Neuwertversicherung ist die Versicherungssumme 1914, die dem Versicherungswert 1914 entsprechen soll.

Versicherungswert 1914 ist der ortsübliche Neubauwert des Gebäudes, entsprechend seiner Größe und Ausstattung, sowie seines Ausbaues nach Preisen des Jahres 1914, zzgl. Architektengebühren sowie sonstiger Konstruktions- und Planungskosten.

§ 15 Entschädigungsberechnung

Ersetzt wird bei zerstörten Gebäuden der Neuwert unmittelbar vor Eintritt des Versicherungsfalles; bei beschädigten Sachen die notwendigen Reparaturkosten zur Zeit des Eintrittes des Versicherungsfalles zuzüglich einer Wertminderung, die durch die Reparatur nicht auszugleichen ist.

---

[1]) Seit 1990 auch Elementarschadendeckung möglich (Erdbeben, Erdsenkung, Erdrutsch, Hochwasser, Überschwemmung, Schneedruck, Lawinen).

4 Öffentliches Baurecht

4.1 Einige Grundlagen

Nachfolgend werden folgende Abkürzungen verwendet:

BGB	= Bürgerliches Gesetzbuch	AG/AN	=	Auftraggeber/Auftragnehmer
HGB	= Handelsgesetzbuch	A/I	=	Architekt/Ingenieur
GG	= Grundgesetz	BH/BU	=	Bauherr/Bauunternehmer
ZPO	= Zivilprozeßordnung	B	=	Besteller
StGB	= Strafgesetzbuch	VOB	=	Verdingungsordnung für Bauleistungen

4

Tafel 4.20   Schema der Rechtsordnung in Deutschland

	Privatrecht	öffentliches Recht [1])
Einteilung	Bürgerliches Recht (z.B. BGB) Handelsrecht (z.B. HGB)	Verfassungsrecht, z.B. GG Verfahrensrecht, z.B. ZPO Strafrecht, z.B. StGB
Rechtsbeziehung zwischen	Bürger und Bürger	Staat und Bürger
Verhältnis der Parteien	Gleichberechtigung	Über- und Unterordnung
Durchsetzung der Ansprüche	durch Zivilprozeß	durch staatlichen Zwang
zuständige Gerichte	ordentliche Zivilgerichte	Verfassungs-, Verwaltungs-, Finanz-, Strafgerichte
Beispiel	– Bauvertrag zwischen AG und AN – Arbeitgeber kündigt seinem Angestellten	– Baugenehmigung durch Bauamt – Sozialversicherungspflicht für Arbeitnehmer

[1]) In den Bereich des öffentlichen Rechts gehört auch das Rechtsverhältnis der öffentlichen Gemeinschaften untereinander.

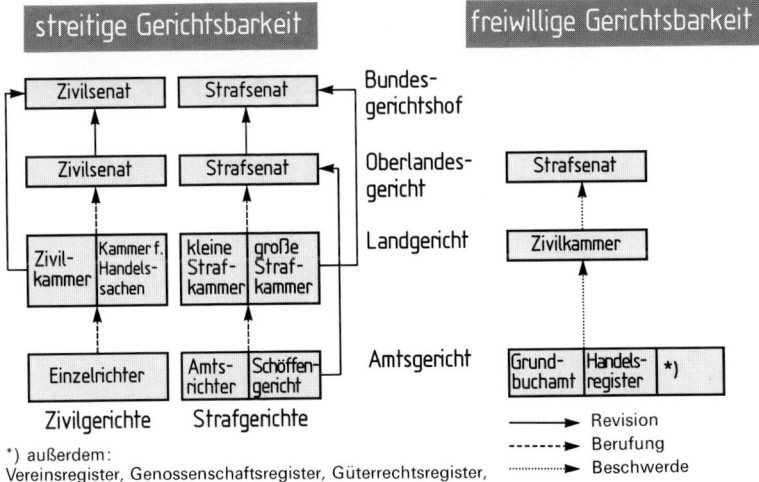

*) außerdem:
Vereinsregister, Genossenschaftsregister, Güterrechtsregister, Familiengericht, Nachlaßgericht u.a.

Bild 4.7   Gerichtsbarkeit in Deutschland

Bauwirtschaft und Baurecht

Tafel 4.21 Allgemeine Rechtsgrundsätze, die Behörden (auch Bauaufsichtsbehörden) bei ihren Entscheidungen, Verfügungen, Anordnungen und dgl. beachten müssen

Gesetzmäßigkeit der Verwaltung	Jeder Verwaltungsakt, der einen Eingriff in Rechte enthält, muß durch ein Gesetz, eine Rechtsverordnung und dgl. gedeckt sein.
Verhältnismäßigkeit	Zwischen dem Vorteil, der der Allgemeinheit durch die behördliche Maßnahme entsteht, und dem Nachteil des Betroffenen muß ein angemessenes Verhältnis bestehen.
Gleichheit	Gleiche Sachverhalte dürfen nicht willkürlich ungleich behandelt werden.
Mittelabwägung	Von den möglichen und geeigneten Maßnahmen sind nach pflichtgemäßem Ermessen nur diejenigen anzuwenden, die den Einzelnen und die Allgemeinheit am wenigsten beeinträchtigen.
Bestimmtheit der Anordnung	Der Betroffene muß eindeutig erkennen können, welche Maßnahmen von ihm gefordert werden.

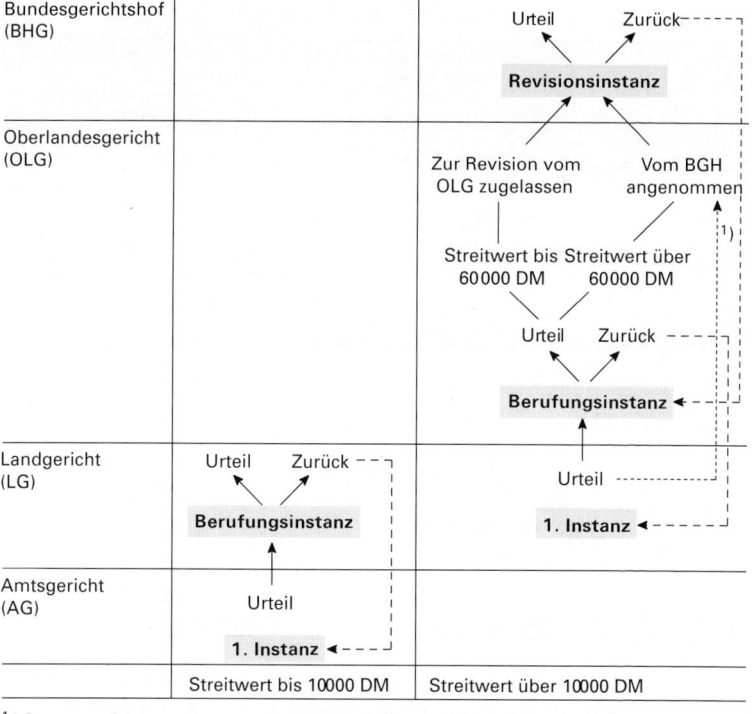

¹) Sprungrevision

Bild 4.8 Vermögensrechtliche Streitigkeiten im Zivilrecht

194

Tafel 4.20 Wichtige Gesetze und Rechtsvorschriften des Bundes und der Länder
(hier am Beispiel NW)

Die angegebenen Jahreszahlen beziehen sich auf die jeweils letzte Änderung (Stand 1998).

	Gesetz bzw. Rechtsvorschrift	Stichworte zum Inhalt
1	Baugesetzbuch (08.97)	Flächennutzungsplan, Bebauungsplan, Veränderungssperre, Bodenverkehrsgenehmigung Vorkaufsrecht der Gemeinde. Zulässigkeit von Bauvorhaben: — im Geltungsbereich eines Bebauungsplanes (§ 30) — innerhalb im Zusammenhang bebauter Ortsteile (§ 34) — im Außenbereich (§ 35). Umlegung, Grenzregelung, Enteignung, Entschädigung. Erschließungsbeitrag, Wertermittlung von Grundstücken. Entwicklung neuer Siedlungen, Sanierung bebauter Gebiete. Eingriffsmöglichkeiten der sanierenden Gemeinde.
2	Baunutzungs-VO (04.93)	Art und Maß baulicher Nutzung von Grundstücken. Baugebiete, Bauweise. Grundflächenzahl, Geschoßflächenzahl, Baumassenzahl. Darstellung nach Planzeichen-VO (1990)
3	Wertermittlungs-VO (11.88)	Grundsätze für die Ermittlung des Verkehrswertes von Grundstücken.
4	Landesbauordnung BauO NW (03.95)	Anforderungen an Baugrundstücke und Bauliche Anlagen. Die am Bau Beteiligten. Das Bauaufsichtliche Verfahren. Bauaufsichtliche Zulassung neuer Bauprodukte und Bauarten. Baulasten, Baulastverzeichnis.
5	Verwaltungsvorschrift zu BauO NW (01.97)	Detailvorschriften zu einzelnen §§ der BauO NW.
6	VO über bautechnische Prüfung BauPrüfVO (12.95)	Inhalt und Form der Bauvorlagen. Prüfämter, Prüfingenieure. Bautechnische Prüfung und Überwachung. Prüfzeichen für Baustoffe, Bauteile, Einrichtungen und Bauarten.
7	Feuerungs-VO FeuVO (02.84)	Anforderungen an Feuerungsanlagen, Schornsteine, Installationen, Heizräume, Brennstofflagerung.
8	Heizungsanlagen-VO HeizAnlVO (03.94)	Energiesparende Anforderungen an heizungstechnische Anlagen und Brauchwasseranlagen.
9	Energieeinsparungsgesetz EnEG (06.80)	Energiesparender Wärmeschutz bei Gebäuden. Anforderungen an heizungstechnische Anlagen sowie Brauchwasseranlagen. Verteilung der Betriebskosten auf die Benutzer.
10	Wärmeschutz-VO (08.94)	Anforderungen zur Begrenzung des Wärmeverlustes bei Gebäuden. Wärmedurchgangskoeffizienten.
11	Wärmeschutzüberwachungs-VO (07.96)	Zuständigkeit der unteren Bauaufsichtsbehörden. Nachweis des Wärmeschutzes.
12	Hochhaus-VO (06.86)	Vorschriften für den Bau und Betrieb von Hochhäusern.
13	Versammlungsstätten-VO (12.95)	Vorschriften für den Bau und Betrieb von Versammlungsstätten.
14	Gaststättenbau-VO (12.83)	Vorschriften für den Bau und Betrieb von Gaststätten.
15	Geschäftshausbau-VO (12.95)	Vorschriften für den Bau und Betrieb von Geschäftshäusern.
16	Krankenhausbau-VO (12.95)	Vorschriften für den Bau und Betrieb von Krankenhäusern.
17	Garagen-VO (12.95)	Vorschriften für den Bau und Betrieb von Garagen.

Fortsetzung s. nächste Seite

4

Tafel 4.20, Fortsetzung

	Gesetz bzw. Rechtsvorschrift	Stichworte zum Inhalt
18	Landschaftsgesetz (05.95)	Sicherung des Naturhaushaltes und Entwicklung der Landschaft. Naturschutz und Landschaftspflege.
19	Denkmalschutzgesetz DSchG NW (06.89)	Schutz und Pflege der Denkmäler. Denkmalliste. Enteignung, Entschädigung.
20	Bundesfernstraßengesetz FStrG (06.97)	Einteilung der Bundesstraßen. Straßenanlieger. Veränderungssperre. Bauliche Anlagen an Bundesfernstraßen.
21	Straßen- und Wegegesetz NW StrWG NW (09.95)	Öffentliche Straßen, Ortsdurchfahrten, Widmung. Gemeingebrauch. Sondernutzungen. Bauliche Anlagen an Straßen. Straßenaufsichtsbehörden, Straßenbaubehörden.
22	Wasserhaushaltsgesetz WHG (11.96) und Landeswassergesetz LWG NW (06.95)	Ziel: Gewässer vor vermeidbaren Beeinträchtigungen schützen und sparsame Verwendung von Wasser. Anforderungen an das Einleiten von Abwasser. Pflicht zur Abwasserbeseitigung. Umgang mit wassergefährdenden Stoffen. Genehmigung von Abwasseranlagen.
23	Bundes-Immissionsschutzgesetz (10.96)	Schutz vor schädlichen Umwelteinwirkungen durch Luftverunreinigung, Geräusche, Erschütterungen, und ähnliche Vorgänge.
24	Raumordnungsgesetz ROG (08.97)	Raumordnung im Bund und in den Ländern, Leitvorstellungen, Verfahren, Raumordnungsplan, Bindungswirkungen.
25	Bundesnaturschutzgesetz BNatSchG (08.97)	Schutz-, Pflege-, Entwicklungsmaßnahmen, Verhältnis zum Baurecht.

4.2 Zuständigkeit der Bauaufsichtsbehörden in NW
nach BauO NW (1995)

Tafel 4.21   Bauaufsichtsbehörden und ihre Zuständigkeit

Bauaufsichtsbehörde	Zuständigkeit (Beispiele)
Oberste das für die Bauaufsicht zuständige Ministerium	— Erlaß von Rechtsverordnungen und Verwaltungsvorschriften — Einführung technischer Baubestimmungen — Zulassung neuer Bauprodukte und Bauarten — Erteilung von Typengenehmigung — Anerkennung von Prüf-, Zertifizierungs- und Überwachungsstellen — Staatliche Anerkennung von Sachverständigen — Regelungen zur Übertragung von Prüfaufgaben auf Sachverständige — Erteilung von Forschungsaufträgen

Obere
Bezirksregierungen für die
kreisfreien Städte und Kreis,
im übrigen die Landräte
	— Fachaufsicht und Weisungsrecht gegenüber der unteren Bauaufsichtsbehörde
	— Genehmigung für örtliche Bauvorschriften aufgrund von Ortssatzungen der Gemeinden
	— Zustimmung bei Bauten des Bundes und der Länder
	— Zustimmung nach Baugesetzbuch bei:
	  § 19 : Teilung eines Grundstückes
	  § 31 : Befreiung von Festsetzungen eines Bebauungsplanes
	  § 33 : Bauvorhaben im Bereich eines künftigen Bebauungsplanes
	  § 35 : Nichtprivilegierte Bauvorhaben im Außenbereich
	— Entscheidung bei Widersprüchen gegen Entscheidungen der unteren Bauaufsichtsbehörde

Untere kreisfreie Städte, die großen und mittleren kreisangehöri- gen Städte, die Kreise	— Vollzug der öffentlich-rechtlichen Vorschriften für die Errichtung, die Änderung, die Nutzungsänderung, die Instandhaltung und den Abbruch baulicher Anlagen und Einrichtungen, an die die BauO NW Anforderungen stellt — Baugenehmigung und Überwachung, daß die öffentlich-rechtlichen Vorschriften eingehalten werden

Die untere Bauaufsichtsbehörde holt von sich aus Zustimmungen bzw. Genehmigungen anderer Behörden ein.

Außer der immer beteiligten Gemeinde, können z.B. folgende Behörden bei der Prüfung und Genehmigung mitwirken:

— Höhere Verwaltungsbehörde (z.B. Obere Bauaufsichtsbehörde)

— Oberste Straßenbaubehörde (Grundlage: Fernstraßengesetz)

— Straßenbaubehörde (Grundlage: Landesstraßengesetz)

— Luftfahrtbehörde (Grundlage: Luftverkehrsgesetz)

— Staatliches Gewerbeaufsichtsamt[1]) (Grundlage: Immissionsschutzgesetz, Sprengstoffgesetz)

— Wasserbehörde[1]) (Grundlage: Wasserhaushaltsgesetz, Landeswassergesetz)

— Naturschutzbehörde (Grundlage: Naturschutzgesetz)

— Forstbehörde (Grundlage: Landesforstgesetz)

---

[1]) in NW: Staatliches Umweltamt und Staatliches Amt für Arbeitsschutz

4.3 Das bauaufsichtliche Verfahren nach BauO NW
(1995)

Genehmigungsfreie Vorhaben, Anlagen und Wohngebäude sind in §§ 65, 66 und 67 der BauO NW aufgelistet. Alle übrigen Bauvorhaben sind genehmigungsbedürftig. Für bestimmte Fälle kann das vereinfachte Genehmigungsverfahren nach § 68 BauO NW angewendet werden.

Vereinfachungen gibt es insbesondere für Wohngebäude mittlerer Höhe und bei Wohngebäuden geringer Höhe mit mehr als 2 Wohnungen (nachfolgend „mittlere Wohngebäude" genannt): Sie sind im Geltungsbereich eines Bebauungsplans genehmigungsfrei, vor Baubeginn sind von staatlich anerkannten Sachverständigen Nachweise über Standsicherheit, Schallschutz, Wärmeschutz und Brandschutz (nur bei Wohngebäuden mittlerer Höhe) vorzulegen.

Tafel 4.22   **Das bauaufsichtliche Verfahren nach BauO NW**

	Normales Genehmigungsverfahren[1])	**Vereinfachtes Genehmigungsverfahren**[1])
Bauvorhaben	für alle, die nicht in §§ 65, 66, 67 BauO NW ausdrücklich ausgenommen sind	für alle, die in § 68 BauO NW aufgezählt sind
Zuständige Behörde	untere Bauaufsichtsbehörde	untere Bauaufsichtsbehörde
erforderliche Bauvorlagen	— „Alle für die Beurteilung des Bauvorhabens erforderlichen Bauvorlagen" z.B.: — Lageplan, Bauzeichnungen, Nachweis der Standsicherheit, des Wärme-, Schall- und Brandschutzes, Darstellung der Grundstücksentwässerung. — Einzelheiten siehe BauPrüf-VO.	— Wie bei normalem Genehmigungsverfahren. — Nachweis der Standsicherheit, des Schall- und Wärmeschutzes müssen erst bei Baubeginn eingereicht werden (müssen bei mittleren Wohngebäuden von Sachverständigen geprüft sein). — Bei Wohngebäuden geringer Höhe ist Nachweis des Entwurfsverfassers über ausreichenden Brandschutz beizufügen
Umfang der Prüfung	— Einhaltung aller Vorschriften der BauO NW und sonstiger öffentlich-rechtlicher Vorschriften. — Beachtung der technischen Regeln, die als „Technische Baubestimmungen" eingeführt sind. — Wenn von einem staatlich anerkannten Sachverständigen Bescheinigung über die Prüfung bautechnischer Nachweise vorgelegt werden, dann wird vermutet daß die bauaufsichtlichen Anforderungen erfüllt sind.	Vereinbarkeit des Vorhabens — mit folgenden §§ der BauO NW: 4 (Erschließung), 6 und 7 (Abstandsflächen), 9(2) (Spielplatz 12 (Verunstaltung), 13 (Außenwerbung), 16(1) (Eignung des Grundstückes), 51 (Stellplätze). — den örtlichen Vorschriften nach § 86. — bei Wohngebäuden mittlerer Höhe und bei Garagen (bei Nutzfläche von 100 bis 1000 m^2) mit § 17 (Brandschutz). Es wird **nicht** geprüft: — Vereinbarkeit des Vorhabens mit den sonstigen Vorschriften der BauO NW — Nachweise über Standsicherheit, Schallschutz und Wärmeschutz.

[1]) Fußnote s. S. 199

Tafel 4.22, Fortsetzung

	Normales Genehmigungsverfahren[1])	Vereinfachtes Genehmigungsverfahren[1])
Baubeginn	Erst nach Zugang der Baugenehmigung	Wenn Bauvorhaben im Geltungsbereich eines Bebauungsplanes liegt oder wenn Vorbescheid erteilt wurde, dann hat Bauaufsichtsbehörde über den Bauantrag innerhalb von 6 Wochen zu entscheiden. Verlängerung der Frist um bis zu 6 Wochen bei wichtigem Grund möglich.
Bauüberwachung	Stichprobenartig: — Genehmigte Bauvorlagen eingehalten? — Verwendung nur zugelassener Bauprodukte? — Ordnungsgemäße Pflichterfüllung der am Bau Beteiligten?	— Beschränkt sich auf den bei der Genehmigung geprüften Umfang. — Bei Fertigstellung ist bei „mittleren Wohngebäuden" die Bescheinigung eines Sachverständigen über stichprobenartige Kontrolle der Bauausführung beizubringen.
Bauzustandsberichte	— Rohbaufertigstellung und abschließende Fertigstellung sind der Bauaufsichtsbehörde mitzuteilen. — Umfang der Besichtigung liegt im Ermessen der Bauaufsichtsbehörde.	Beschränkt sich auf den bei der Genehmigung geprüften Umfang.
Benutzung	— Frühstens 1 Woche nach Anzeige der Fertigstellung — Bedingung: ordnungsgemäß fertiggestellt und sicher benutzbar. — Ausnahmegenehmigung für frühere Benutzung möglich.	Wie bei normalem Genehmigungsverfahren.

[1]) Durch eine „Bauvoranfrage" kann Bauherr einen schriftlichen „Vorbescheid" zu einzelnen Fragen des Bauvorhabens einholen. Dazu sind nur solche Bauvorlagen einzureichen, die zur Beurteilung der zu entscheidenden Fragen erforderlich sind (z.B. Lageplan, Nachbarbebauung, Skizzen des Bauvorhabens, beabsichtigte Nutzung).

4.4   Genehmigungen nach anderen Gesetzen

Bundes-Immissionsschutzgesetz BImSchG (10.96)

Immissionen im Sinne dieses Gesetzes sind auf Menschen, Tiere, Pflanzen oder andere Sachen einwirkende Luftverunreinigungen, Geräusche, Erschütterungen, Licht, Wärme, Strahlen und ähnliche Umwelteinwirkungen.

Anlagen, die geeignet sind, schädliche Umwelteinwirkungen hervorzurufen oder die Allgemeinheit oder die Nachbarschaft zu gefährden oder erheblich zu benachteiligen oder erheblich zu belästigen, bedürfen einer Genehmigung.

Die „Verordnung über genehmigungsbedürftigen Anlagen…" vom 19.3.1987 enthält einen Katalog der Anlagen, die nach dem BImSchG einer besonderen Genehmigung bedürfen.

Atomgesetz AtomG (07.94)

Ortsfeste Anlagen zur Erzeugung oder zur Spaltung von Kernbrennstoffen oder zur Aufarbeitung bestrahlter Kernbrennstoffe bedürfen der Genehmigung.
Zuständige Genehmigungsbehörde in NW: Arbeitsminister gemeinsam mit Wirtschaftsminister. Die untere Bauaufsichtsbehörde prüft die Bauvorlagen und gibt sie mit Prüfvermerk und Stellungnahme an oberste Bauaufsichtsbehörde, die sie nach Prüfung an die Genehmigungsbehörde weiterleitet.

Landeswassergesetz LWG (06.95), Wasserhaushaltsgesetz WHG (11.96)

Wasserbehörden sind für wasserrechtliche Genehmigungen zuständig. Solche Genehmigungen berücksichtigen auch die Vorschriften der Landesbauordnung (untere Bauaufsichtsbehörde wirkt nur intern mit).
Bei baulichen Anlagen der Gewässerbenutzung (z.B. Rückhaltebecken, Umschlagstellen) findet nur ein wasserrechtliches Verfahren statt; eine Baugenehmigung entfällt.

Abgrabungsgesetz AgrG (06.94)

Genehmigungspflicht für Abgrabungen zur oberirdischen Gewinnung von Bodenschätzen (z.B. Kies, Ton, Gestein)
Genehmigungsbehörde sind die Regierungspräsidenten bzw. die Landesbaubehörde Ruhr; Bauaufsichtsbehörde wirkt nicht mit.

4.5 Baugesetzbuch (Fassung 08.97)

Gekürzte, unvollständige Inhaltsauswahl, bei Hervorhebung wichtiger Bestimmungen.

1 Allgemeines Städtebaurecht

1.1 Bauleitplanung
1.1.1 Allgemeine Vorschriften

§ 1   Aufgabe der Bauleitplanung ist es, die bauliche und sonstige Nutzung der Grundstücke in der Gemeinde vorzubereiten und zu leiten.
Bauleitpläne sind: der Flächennutzungsplan (vorbereitender Bauleitplan)
der Bebauungsplan (verbindlicher Bauleitplan).

§ 1 a   Mit Grund und Boden soll sparsam und schonend umgegangen werden, dabei sind Bodenversiegelungen auf das notwendige Maß zu begrenzen.

§ 2   Die Bauleitpläne sind von der Gemeinde in eigener Verantwortung aufzustellen. Der Beschluß, einen Bauleitplan aufzustellen, ist ortsüblich bekanntzumachen.

§ 3   Die Bürger sind möglichst frühzeitig zu unterrichten; ihnen ist Gelegenheit zur Äußerung und Erörterung zu geben.
Die Entwürfe der Bauleitplanung sind auf die Dauer eines Monats öffentlich auszulegen. Ort und Dauer der Auslegung sind mindestens eine Woche vorher ortsüblich bekanntzugeben. Die fristgemäß vorgebrachten Bedenken und Anregungen sind zu prüfen.

1.1.2 Flächennutzungsplan

§ 5   Im Flächennutzungsplan ist für das ganze Gemeindegebiet die beabsichtigte Bodennutzung nach den voraussehbaren Bedürfnissen der Gemeinde in den Grundzügen darzustellen. Insbesondere können dargestellt werden:
    — Bauflächen und Baugebiete mit Art und Maß ihrer baulichen Nutzung
    — der Allgemeinheit dienende bauliche Anlagen und Einrichtungen des Gemeinbedarfs (Schulen, Kirchen, Sportanlagen usw.)
    — Flächen für Verkehr, Versorgungsanlagen, Abfallentsorgung und Abwasserbeseitigung
    — Grünflächen, Wasserflächen
    — Flächen für Aufschüttungen und Abgrabungen
    — Wald und Flächen für die Landwirtschaft und den Naturschutz

§ 6   Der Flächennutzungsplan bedarf der Genehmigung der höheren Verwaltungsbehörde. Die Erteilung der Genehmigung ist ortsüblich bekanntzugeben. Mit der Bekanntmachung wird der Flächennutzungsplan wirksam. Jedermann kann den Flächennutzungsplan und den Erläuterungsbericht einsehen.

1.1.3 Bebauungsplan

§ 8 Der Bebauungsplan enthält die rechtsverbindlichen Festsetzungen für die städtebauliche Ordnung.
Bebauungspläne sind aus dem Flächennutzungsplan zu entwickeln.

§ 9 Im Bebauungsplan können festgesetzt werden:
- Art und Maß der baulichen Nutzung
- Bauweise, überbaubare und nicht überbaubare Grundstückflächen, Stellung der baulichen Anlagen
- Größe, Breite, Tiefe der Baugrundstücke
- Nebenanlagen wie Spiel- und Erholungsflächen sowie Flächen für Stellplätze und Garagen mit Einfahrten
- Flächen für den Gemeinbedarf
- Höchstzulässige Zahl der Wohnungen in Wohngebäuden, Flächen für sozialen Wohnungsbau
- Flächen, die von der Bebauung freizuhalten sind
- Verkehrsflächen, Versorgungsflächen, Entsorgungsflächen
- usw.

§ 10 Die Gemeinde beschließt den Bebauungsplan als Satzung.
Bebauungspläne bedürfen der Genehmigung der höheren Verwaltungsbehörde.
Die Erteilung der Genehmigung ist ortsüblich bekanntzumachen. Der Bebauungsplan ist zu jedermanns Einsicht bereitzuhalten. Mit der Bekanntmachung tritt der Bebauungsplan in Kraft.

1.1.4 Zusammenarbeit mit Privaten; vereinfachtes Verfahren

§ 11 Die Gemeinde kann städtebauliche Verträge schließen; z. B. für die Vorbereitung oder Durchführung städtebaulicher Maßnahmen durch den Vertragspartner auf dessen Kosten.

§ 12 Vorhaben- und Erschließungsplan: Die Gemeinde kann durch einen vorhabenbezogenen Bebauungsplan die Zulässigkeit von Bauvorhaben bestimmen, wenn sich der Vorhabenträger entsprechend verpflichtet.

§ 13 Werden durch Änderungen oder Ergänzungen eines Bauleitplanes die Grundzüge der Planung nicht berührt kann ein vereinfachtes Verfahren durchgeführt werden.

1.2 Sicherung der Bauleitplanung

1.2.1 Veränderungssperre und Zurückstellung von Baugesuchen

§ 14 Ist ein Beschluß über die Aufstellung eines Bebauungsplans gefaßt, kann die Gemeinde zur Sicherung der Planung eine Veränderungssperre beschließen:
- Vorhaben dürfen nicht durchgeführt oder bauliche Anlagen nicht beseitigt werden
- wesentliche wertsteigernde Veränderungen von Grundstücken und baulichen Anlagen dürfen nicht vorgenommen werden.

§ 15 Anstelle einer Veränderungssperre kann die Entscheidung über die Zulässigkeit von Bauvorhaben im Einzelfall für einen Zeitraum bis zu 12 Monaten ausgesetzt werden.

§ 16 Die Veränderungssperre wird von der Gemeinde als Satzung beschlossen. Die Gemeinde hat die Veränderungssperre ortsüblich bekanntzumachen.

§ 17 Die Veränderungssperre tritt nach Ablauf von 2 Jahren außer Kraft (kann verlängert werden).

§ 18 Dauert die Veränderungssperre länger als 4 Jahre ist den Betroffenen für dadurch entstandene Vermögensnachteile durch die Gemeinde Entschädigung zu leisten.

1.2.2 Teilungsgenehmigung

§ 19 Die Gemeinde kann im Geltungsbereich eines Bebauungsplanes durch Satzung bestimmen, daß die Teilung eines Grundstückes zu ihrer Wirksamkeit der Genehmigung bedarf.
Die Genehmigung wird durch die Gemeinde erteilt. Über die Genehmigung ist innerhalb eines Monats zu entscheiden.

1.2.3 Gesetzliche Vorkaufsrechte der Gemeinde

§ 24 Der Gemeinde steht ein Vorkaufsrecht zu beim Kauf von Grundstücken:
- für die im Bebauungsplan eine Nutzung für öffentliche Zwecke festgesetzt ist
- in einem Umlegungsgebiet
- in einem Sanierungsgebiet oder städtebaulichen Entwicklungsbereich
- im Geltungsbereich einer Erhaltungssatzung

 — im Geltungsbereich eines Flächennutzungsplanes, soweit es sich um unbebaute Flächen im Außenbereich handelt, die als Wohnbaufläche dargestellt sind.

 — in Gebieten, die nach den §§ 30, 33 oder 34 (2) vorwiegend mit Wohngebäuden bebaut werden können, soweit die Grundstücke unbebaut sind.

Das Vorkaufsrecht darf nur ausgeübt werden, wenn das Wohl der Allgemeinheit dies rechtfertigt.

§ 28   Der Verkäufer hat der Gemeinde den Inhalt des Kaufvertrages unverzüglich mitzuteilen.

Das Grundbuchamt darf den Käufer als Eigentümer in das Grundbuch nur eintragen, wenn ihm die Nichtausübung des Vorkaufsrechts nachgewiesen ist.

Das Vorkaufsrecht kann nur binnen 2 Monaten nach Mitteilung des Kaufvertrages ausgeübt werden.

Sind einem Dritten durch die Ausübung des Vorkaufsrechts Vermögensnachteile entstanden, hat die Gemeinde dafür Entschädigung zu leisten, maximal in Höhe des Verkehrswertes nach § 194.

1.3 Regelung der baulichen und sonstigen Nutzung; Entschädigung

1.3.1 Zulässigkeit von Vorhaben

§ 30   **Im Geltungsbereich eines Bebauungsplans** ist ein Vorhaben zulässig, wenn es diesen Festsetzungen nicht widerspricht und die Erschließung gesichert ist.

§ 31   Von den Festsetzungen des Bebauungsplans kann im Einzelfall befreit werden, wenn
 — Gründe des Wohls der Allgemeinheit die Befreiung erfordern
 — die Abweichung städtebaulich vertretbar ist
 — die Durchführung des Bebauungsplans zu einer offenbar nicht beabsichtigten Härte führen würde
und wenn die Abweichung mit nachbarlichen Interessen und öffentlichen Belangen vereinbar ist.

§ 34   **Innerhalb der im Zusammenhang bebauten Ortsteile** ist ein Vorhaben zulässig, wenn es sich in die Eigenart der näheren Umgebung einfügt und die Erschließung gesichert ist.

Die Gemeinde kann durch Satzung
 — die Grenzen für im Zusammenhang bebaute Ortsteile festlegen,
 — bebaute Bereiche im Außenbereich als im Zusammenhang bebaute Ortsteile festlegen,
 — einzelne Außenbereichsflächen in die im Zusammenhang bebauten Ortsteile einbeziehen.

§ 35   **Im Außenbereich** ist ein Vorhaben nur zulässig, wenn öffentliche Belange nicht entgegenstehen, die ausreichende Erschließung gesichert ist und wenn es
 — einem land- oder forstwirtschaftlichen Betrieb dient,
 — einem Betrieb der gartenbaulichen Erzeugung dient,
 — der öffentlichen Versorgung mit Elektrizität, Gas, Telekommunikationsdienstleistungen, Wärme uns Wasser, der Abwasserwirtschaft oder einem ortsgebundenen gewerblichen Betrieb dient,
 — wegen seiner Besonderheiten nur im Außenbereich ausgeführt werden soll,
 — der Kernenergie zu friedlichen Zwecken oder der Entsorgung radioaktiver Abfälle dient,
 — Nutzung der Wind- oder Wasserenergie dient.

Sonderregelungen für bestehende Gebäude.

1.3.2 Entschädigung

§ 40   Sind im Bebauungsplan Flächen so bestimmt, daß dem Eigentümer dadurch Vermögens-
—42   nachteile entstehen, so ist der Eigentümer zu entschädigen.

Der Eigentümer kann unter bestimmten Umständen die Übernahme der Flächen verlangen.

1.4 Bodenordnung

1.4.1 Umlegung

§ 45   Im Geltungsbereich eines Bebauungsplanes können bebaute und unbebaute Grundstücke durch Umlegung in der Weise neugeordnet werden, daß nach Lage, Form und Größe für die bauliche und sonstige Nutzung zweckmäßig gestaltete Grundstücke entstehen.

§ 46   Die Umlegung ist von der Gemeinde (Umlegungsstelle) durchzuführen.

§ 47   Im Umlegungsbeschluß ist das Umlegungsgebiet zu bezeichnen und die betroffenen Grundstücke einzeln aufzuführen.

§ 48 Im Umlegungsverfahren sind beteiligt:
- Eigentümer der im Umlegungsgebiet gelegenen Grundstücke
- Inhaber eines im Grundbuch eingetragenen Rechtes
- Inhaber anderer Rechte an den betroffenen Grundstücken
- die Gemeinde
- die Bedarfsträger
- die Erschließungsträger.

§ 50 Der Umlegungsbeschluß ist in der Gemeinde ortsüblich bekanntzumachen.

§ 51 Von der Bekanntmachung des Umlegungsbeschlusses bis zur Bekanntmachung des Umlegungsplanes unterliegen die betroffenen Grundstücke einer Verfügungs- und Veränderungssperre.

§ 55 Die im Umlegungsgebiet gelegenen Grundstücke werden nach ihrer Fläche rechnerisch zu einer Masse vereinigt (Umlegungsmasse).

§ 56 Die den beteiligten Grundeigentümern zustehenden Anteile an der Verteilungsmasse errechnet sich im Verhältnis der Flächen.

§ 59 Soweit es nicht möglich ist, die errechneten Anteile tatsächlich zuzuteilen, findet ein Ausgleich in Geld statt.

§ 67 Die Umlegungskarte stellt den künftigen Zustand des Umlegungsgebietes dar.

§ 69 Den Umlegungsplan kann jeder einsehen, der ein berechtigtes Interesse darlegt.

§ 78 Die Gemeinde trägt die Verfahrenskosten.

1.4.2 Grenzregelung

§ 80 Zur Herbeiführung einer ordnungsgemäßen Bebauung einschließlich Erschließung oder zur Beseitigung baurechtswidriger Zustände kann die Gemeinde durch Grenzregelung
- benachbarte Grundstücke oder Teile davon gegeneinander austauschen, wenn dies dem überwiegenden öffentlichen Interesse dient
- benachbarte Grundstücke, insbesondere Splittergrundstücke oder Teile davon einseitig zuteilen, wenn dies im öffentlichen Interesse geboten ist.

§ 81 Wertänderungen sind in Geld auszugleichen.

§ 82 Die Gemeinde setzt durch Beschluß die neuen Grenzen sowie die Geldleistungen fest.

1.5 Enteignung
1.5.1 Zulässigkeit der Enteignung

§ 85 Nach diesem Gesetz kann nur enteignet werden, um
- entsprechend den Festsetzungen des Bebauungsplanes ein Grundstück zu nutzen
- Grundstücke innerhalb im Zusammenhang bebauter Ortsteile einer baulichen Nutzung zuzuführen (z.B. Schließung von Baulücken)
- Grundstücke für die Entschädigung in Land zu beschaffen
- durch Enteignung entzogene Rechte durch neue Rechte zu ersetzen
- Grundstücke einer baulichen Nutzung zuzuführen, wenn Eigentümer dem Baugebot nach § 176 nicht nachkommen
- um eine bauliche Anlage im Geltungsbereich einer Unterhaltungssatzung (§ 172) zu erhalten.

§ 86 Durch Enteignung können
- das Eigentum an Grundstücken entzogen oder belastet werden
- andere Rechte an Grundstücken entzogen oder belastet werden
- Rechte entzogen werden, die die Benutzung von Grundstücken beschränken.

§ 87 Die Enteignung ist im einzelnen Fall nur zulässig, wenn das Wohl der Allgemeinheit sie erfordert und der Enteignungszweck auf andere zumutbare Weise nicht erreicht werden kann.

§ 89 Die Gemeinde hat Grundstücke zu veräußern,
a) die sie durch die Ausübung des Vorkaufsrechtes erlangt hat
b) die zu ihren Gunsten enteignet worden sind, um sie der baulichen Nutzung zuzuführen. Dabei sind bei a) die ehemaligen Käufer und bei b) die ehemaligen Eigentümer vorrangig zu berücksichtigen.

1.5.2 Entschädigung

§ 93 Für die Enteignung ist Entschädigung zu leisten. Die Entschädigung wird gewährt für durch die Enteignung eingetretenen Rechtsverluste und Vermögensnachteile.

§ 95 Die Entschädigung des Rechtsverlustes bemißt sich nach dem Verkehrswert (§ 194) des zu enteignenden Grundstücks.

§ 99 Entschädigung in Geld. Einmalige Entschädigungsbeträge sind mit 2% über dem Diskontsatz der Deutschen Bundesbank jährlich zu verzinsen, von der Entscheidung über den Enteignungsantrag gerechnet.

§ 100 Entschädigung in Land
§ 101 Entschädigung durch Gewährung anderer Rechte
§ 102 Der enteignete frühere Eigentümer kann Rückenteignung verlangen, wenn das enteignete Grundstück nicht fristgerecht zu dem Enteignungszweck verwendet worden ist.

1.5.3 Enteignungsverfahren

§ 104 Die Enteignung wird von der höheren Verwaltungsbehörde durchgeführt (Enteignungsbehörde).
§ 105 Der Enteignungsantrag ist zunächst der Gemeinde, in deren Gemarkung das zu enteignende Grundstück liegt, einzureichen.
§ 106 In dem Enteignungsverfahren sind Beteiligte
- der Antragsteller
- Eigentümer und Rechtsinhaber am zu enteignenden Grundstück
- Eigentümer und Rechtsinhaber am Ersatzland (falls solches bereitgestellt werden soll)
- die Gemeinde.

1.6 Erschließung

1.6.1 Allgemeine Vorschriften

§ 123 Die Erschließung ist in der Regel Aufgabe der Gemeinde. Ein Rechtsanspruch auf Erschließung besteht nicht.
§ 125 Die Herstellung der Erschließungsanlagen gemäß § 127 (2) setzt einen Bebauungsplan voraus.
§ 126 Der Eigentümer hat zu dulden
- Haltevorrichtungen und Leitungen für Straßenbeleuchtung
- Hinweisschilder für Erschließungsanlagen.
Der Eigentümer hat sein Grundstück mit der von der Gemeinde festgesetzten Nummer zu versehen.

1.6.2 Erschließungsbeitrag

§ 127 Erschließungsanlagen im Sinne dieses Abschnittes sind
- öffentliche zum Anbau bestimmte Straßen, Wege und Plätze
- öffentliche nicht mit Kfz befahrbare Verkehrsanlagen im Baugebiet (z.B. Fußwege)
- Sammelstraßen innerhalb der Baugebiete (nicht zum Anbau bestimmt, aber zur Erschließung erforderlich
- Parkflächen und Grünanlagen, soweit sie Bestandteil der vorgenannten Anlagen sind,
- Anlagen zum Schutz von Baugebieten gegen schädliche Umwelteinwirkungen.
Das Recht, Abgaben für Anlagen zu erheben, die nicht Erschließungsanlagen im Sinne dieses Abschnittes sind, bleibt unberührt. Dies gilt insbesondere für Anlagen zur Ableitung von Abwasser sowie zur Versorgung mit Elektrizität, Gas, Wärme und Wasser.
§ 128 Der Erschließungsaufwand nach § 127 umfaßt die Kosten für
- Erwerb und Freilegung der Flächen für die Erschließungsanlagen
- ihre erstmalige Herstellung einschließlich der Einrichtungen für ihre Entwässerung und Beleuchtung
- die Übernahme von Anlagen als gemeindliche Erschließungsanlagen.
§ 129 Die Gemeinden tragen mindestens 10% des beitragsfähigen Erschließungsaufwandes.
§ 130 Der beitragsfähige Erschließungsaufwand kann nach den tatsächlich entstandenen Kosten oder nach Einheitssätzen ermittelt werden.
§ 131 Der ermittelte beitragsfähige Erschließungsaufwand ist auf die durch die Anlage erschlossenen Grundstücke zu verteilen.
Verteilungsmaßstäbe sind
- Art und Maß der baulichen oder sonstigen Nutzung
- die Grundstücksflächen
- die Grundstücksbreite an der Erschließungsanlage.
Die Verteilungsmaßstäbe können miteinander verbunden werden.
§ 132 Die Gemeinden regeln die Erschließungsmaßnahmen durch Satzung.
§ 133 Der Beitragspflicht unterliegen Grundstücke, sobald sie bebaut oder gewerblich genutzt werden dürfen. Vorausleistungen können verlangt werden.
§ 134 Beitragspflichtig ist derjenige, der zum Zeitpunkt der Bekanntgabe des Beitragsbescheides Eigentümer des Grundstückes ist.

1.7 Maßnahmen für den Naturschutz

§ 135 a Festgesetzte Ausgleichsmaßnahmen im Zuge einer Umweltverträglichkeitsprüfung sind vom Vorhabenträger auszuführen.

§ 135 b Soweit die Gemeinde Ausgleichsmaßnahmen nach § 135 a durchführt, sind die Kosten auf die zugeordneten Grundstücke zu verteilen. Verteilungsmaßstäbe sind:
- die überbaubare Grundstückfläche,
- die zulässige Grundfläche,
- die zu erwartende Versiegelung oder
- die Schwere der zu erwartenden Eingriffe.

Die Verteilungsmaßstäbe können miteinander verbunden werden.

2 Besonderes Städtebaurecht

2.1 Städtebauliche Sanierungsmaßnahmen

2.1.1 Allgemeine Vorschriften

§ 136 Städtebauliche Sanierungsmaßnahmen in Stadt und Land, die im öffentlichen Interesse liegen, werden nach den Vorschriften dieses Teils vorbereitet und durchgeführt.

Bei der Beurteilung, ob in einem städtischen oder ländlichen Gebiet städtebauliche Miß-stände vorliegen, sind besonders zu berücksichtigen:
- Wohn- und Arbeitsverhältnisse oder die Sicherheit der in dem Gebiet wohnenden oder arbeitenden Menschen:
  - Belichtung, Besonnung, Belüftung der Wohnungen und Arbeitsstätten
  - bauliche Beschaffenheit von Gebäuden, Wohnungen und Arbeitsstätten
  - Zugänglichkeit der Grundstücke
  - Auswirkungen einer vorhandenen Mischung von Wohn- und Arbeitsstätten
  - Nutzung von bebauten und unbebauten Flächen nach Art, Maß und Zustand
  - Einwirkungen, die von Grundstücken, Betrieben, Einrichtungen oder Verkehrsanla-gen ausgehen (Lärm, Verunreinigungen, Erschütterungen)
  - vorhandene Erschließung
- Funktionsfähigkeit des Gebietes in bezug auf
  - fließenden und ruhenden Verkehr
  - wirtschaftliche Situation und Entwicklungsfähigkeit des Gebietes
  - infrastrukturelle Erschließung des Gebietes (Grünflächen, Spiel- und Sportplätze, Anlagen für den Gemeinbedarf)

Sanierungsmaßnahmen dienen dem Wohl der Allgemeinheit. Die öffentlichen und pri-vaten Belange sind gegeneinander und untereinander gerecht abzuwägen.

§ 137 Die Sanierung soll mit den Eigentümern, Mietern, Pächtern und sonstigen Betroffenen möglichst frühzeitig erörtert werden.

§ 138 Es besteht eine Auskunftspflicht für Eigentümer, Mieter, Pächter und sonstige Nutzungs-berechtigte.

2.1.2 Vorbereitung und Durchführung

§ 140 Die Vorbereitung der Sanierung ist Sache der Gemeinde, sie umfaßt
- vorbereitende Untersuchungen
- förmliche Festlegung des Sanierungsgebietes
- Bestimmung der Ziele und Zwecke der Sanierung
- städtebauliche Planung (Bauleitplanung)
- Erörterung der beabsichtigten Sanierung
- Erarbeitung des Sozialplanes
- einzelne Ordnungs- und Baumaßnahmen, die vor einer förmlichen Festlegung des Sanierungsgebietes durchgeführt werden.

§ 142 Die Gemeinde beschließt die förmliche Festlegung des Sanierungsgebietes als Satzung (Sanierungssatzung). In der Satzung ist das Sanierungsgebiet zu bezeichnen.

§ 143 Die Sanierungssatzung ist ortsüblich bekanntzumachen.

Das Grundbuchamt hat in die Grundbücher der betroffenen Grundstücke einen Sanie-rungsvermerk einzutragen.

§ 144 Bestimmte Rechtsgeschäfte mit betroffenen Grundstücken bedürfen der Genehmigung der Gemeinde.

§ 147 **Ordnungsmaßnahmen,** die von der Gemeinde durchzuführen sind:
- Bodenordnung einschließlich Erwerb von Grundstücken
- Umzug von Bewohnern und Betrieben
- Freilegung von Grundstücken
- Erschließungsanlagen
- sonstige Maßnahmen, die notwendig sind, damit die Baumaßnahmen durchgeführt werden können.

Bauwirtschaft und Baurecht

§ 148 Die Durchführung der **Baumaßnahmen** bleibt den Eigentümern überlassen, soweit die zügige und zweckmäßige Durchführung durch sie gewährleistet ist; der Gemeinde obliegt es jedoch die Gemeinbedarfseinrichtungen zu schaffen.

Zu den Baumaßnahmen gehören
- Modernisierung und Instandsetzung
- Neubebauung und Ersatzbauten
- Errichtung und Änderung von Gemeinbedarfs- und Folgeeinrichtungen
- Verlagerung oder Änderung von Betrieben.

§ 149 Die Gemeinde hat eine Kosten- und Finanzierungsübersicht aufzustellen und der höheren Verwaltungsbehörde vorzulegen.

2.1.3 Besondere Sanierungsrechtliche Vorschriften

§ 153 Bemessung von Ausgleichs- und Entschädigungsleistungen, Kaufpreise.

2.1.4 Sanierungsträger und andere Beauftragte

§ 157 Die Gemeinde kann sich eines geeigneten Beauftragten bei der Vorbereitung und Durchführung der Sanierungsmaßnahmen bedienen (Sanierungsträger).

§ 158 Ein Sanierungsträger bedarf der Bestätigung durch die nach Landesrecht zuständige Behörde.

§ 160 Dem Sanierungsträger kann Treuhandvermögen übertragen werden. Der als Treuhänder tätige Sanierungsträger hat der Gemeinde nach Beendigung seiner Tätigkeit Rechenschaft abzulegen.

2.1.5 Abschluß der Sanierung

§ 162 Die Sanierungssatzung ist aufzuheben, wenn die Sanierung durchgeführt ist oder aufgegeben wurde.

Die Gemeinde ersucht das Grundbuchamt, die Sanierungsvermerke zu löschen.

2.1.6 Städtebauförderung

§ 164a Städtebauförderungsmittel werden in den jeweiligen Haushaltsgesetzen zur Verfügung gestellt; sie können eingesetzt werden für
- die Vorbereitung von Sanierungsmaßnahmen (§ 140),
- die Durchführung von Ordnungsmaßnahmen (§ 147),
- die Durchführung von Baumaßnahmen (§ 148),
- die angemessene Vergütung beauftragter Dritter,
- die Verwirklichung des Sozialplanes (§ 180, § 181),
- Modernisierungs- und Instandsetzungsmaßnahmen (§ 177).

§ 165 Die Gemeinde kann einen Bereich durch Beschluß förmlich als städtebaulichen Entwicklungsbereich festlegen.

2.2 Städtebauliche Entwicklungsmaßnahmen

§ 166 Die Entwicklungsmaßnahme wird von der Gemeinde vorbereitet und durchgeführt. Unter Umständen kann die Landesregierung durch Rechtsverordnung bestimmen, daß ein Verband die Aufgabe wahrnimmt.

Die Gemeinde hat Bebauungspläne aufzustellen und die Voraussetzungen dafür zu schaffen, daß ein lebensfähiges örtliches Gemeinwesen entsteht.

Die Gemeinde soll die Grundstücke im städtebaulichen Entwicklungsgebiet erwerben.

§ 167 Die Gemeinde kann einen Entwicklungsträger beauftragen (Sinngemäß wie Sanierungsträger).

§ 168 Der Eigentümer eines im Entwicklungsbereich gelegenen Grundstückes kann von der Gemeinde u.U. die Übernahme des Grundstückes verlangen.

§ 169 Es gelten die Verfahrensvorschriften über Sanierungsmaßnahmen sinngemäß auch bei den Entwicklungsmaßnahmen.

Im städtebaulichen Entwicklungsbereich ist jedoch Enteignung ohne Bebauungsplan möglich. Die Grundstücke sind nach der Neuordnung und Erschließung an Bauwillige zu veräußern, dabei sind zunächst die früheren Eigentümer zu berücksichtigen (Verkehrswert).

2.3 Erhaltungssatzung und städtebauliche Gebote

2.3.1 Erhaltungssatzung

§ 172 Die Gemeinde kann in einem Bebauungsplan oder durch sonstige Satzung (Erhaltungssatzung) Gebiete bezeichnen, in denen

- zur Erhaltung der städtebaulichen Eigenart des Gebietes
- zur Erhaltung der Zusammensetzung der Wohnbevölkerung
- bei städtebaulichen Umstrukturierungen

der Rückbau, die Änderung oder die Nutzungsänderung baulicher Anlagen der Genehmigung bedürfen.

Die Genehmigung wird durch die Gemeinde erteilt.

2.3.2 Städtebauliche Gebote

§ 175 Beabsichtigt die Gemeinde,
- ein Baugebot (§ 176),
- ein Modernisierungs- oder Instandsetzungsgebot (§ 177),
- ein Pflanzgebot (§ 178) oder
- ein Rückbau- oder Entriegelungsgebot (§ 179)

zu erlassen, soll sie diese Maßnahmen vorher mit den Betroffenen
- Eigentümern
- Mietern, Pächtern
- Nutzungsberechtigten

erörtern. Diese haben die Durchführung der Maßnahmen jedoch zu dulden.

§ 176 **Baugebot** verlangt, daß der Eigentümer in bestimmter Frist
- sein Grundstück entsprechend dem Bebauungsplan bebaut oder
- eine vorhandene bauliche Anlage dem Bebauungsplan anpaßt.

Gemeinde kann außerdem auch ohne Bebauungsplan innerhalb im Zusammenhang bebauter Ortsteile Baugebot aussprechen, insbesondere zur Schließung von Baulücken.

Der Eigentümer kann von der Gemeinde die Übernahme des Grundstückes verlangen, wenn ihm aus wirtschaftlichen Gründen die Durchführung nicht zuzumuten ist.

§ 177 Beseitigung von Mißständen durch **Modernisierungsgebot**, Beseitigung von Mängeln durch **Instandsetzungsgebot**.

Mißstände: Anforderungen an gesunde Wohn- und Arbeitsverhältnisse sind nicht erfüllt.

Mängel: durch Abnutzung, Alterung, Witterungseinflüsse oder Einwirkungen Dritter; sie beeinträchtigen Nutzung und Ortsbild.

Der vom Eigentümer zu tragende Kostenanteil wird nach der Durchführung der Maßnahmen unter Berücksichtigung der Erträge ermittelt, die danach nachhaltig bei ordentlicher Bewirtschaftung erzielt werden können.

§ 178 **Pflanzgebot:** Die Gemeinde kann den Eigentümer durch Bescheid verpflichten, sein Grundstück entsprechend den Festsetzungen im Bebauungsplan zu bepflanzen.

§ 179 **Rückbau- und Entsiegelungsgebot:** Die Gemeinde kann den Eigentümer verpflichten zu dulden, daß eine bauliche Anlage beseitigt wird, wenn sie
- den Festsetzungen des Bebauungsplans nicht entspricht oder
- Mißstände oder Mängel durch Modernisierung oder Instandsetzung nicht behoben werden können.

Entstehen dem Eigentümer, Mieter, Pächter oder sonstigen Nutzungsberechtigten Vermögensnachteile, hat die Gemeinde angemessene Entschädigung in Geld zu leisten.

2.4 Sozialplan und Härteausgleich

§ 180 Wirken sich Bebauungspläne oder städtebauliche Sanierungsmaßnahmen nachteilig auf die **persönlichen Lebensumstände** der in dem Gebiet wohnenden oder arbeitenden Menschen aus, soll die Gemeinde Vorstellungen entwickeln und mit den Betroffenen erörtern, wie nachteilige Auswirkungen möglichst vermieden oder gemildert werden können. Ergebnis der Erörterungen und Prüfungen sind schriftlich darzustellen (Sozialplan).

§ 181 Soweit es die Billigkeit erfordert, soll die Gemeinde zum Ausgleich wirtschaftlicher Nachteile – auch im sozialen Bereich – einen Härteausgleich in Geld gewähren.

2.5 Miet- und Pachtverhältnisse

§ 182 Die Gemeinde kann im Sanierungsgebiet Miet- und Pachtverhältnisse mit einer Frist von mindestens 6 Monaten aufheben.

Bei Aufhebung von Mietverhältnissen über Wohnraum ist Ersatzwohnraum zu schaffen.

§ 184 Die Gemeinde kann im Sanierungsgebiet auch andere schuldrechtliche Verhältnisse aufheben, die zum Gebrauch oder zur Nutzung eines Grundstückes oder einer baulichen Anlage berechtigen.

§ 185 Wird ein Rechtsverhältnis aufgehoben, ist den Betroffenen eine Entschädigung in Geld zu leisten.

2.6 Städtebauliche Maßnahmen im Zusammenhang mit Maßnahmen zur Verbesserung der Agrarstruktur (Flurbereinigung)

3 Sonstige Vorschriften

3.1 Wertermittlung

§ 192 Zur Ermittlung von Grundstückswerten und für sonstige Wertermittlungen werden selbständige, unabhängige Gutachterausschüsse gebildet.

Die Gutachterausschüsse bestehen aus einem Vorsitzenden und ehrenamtlichen weiteren Gutachtern.

Die Gutachterausschüsse bedienen sich einer Geschäftsstelle.

§ 193 Der Gutachterausschuß erstattet Gutachten über den Verkehrswert von bebauten und unbebauten Grundstücken sowie Rechten an Grundstücken
— für die zuständigen Behörden zur Erfüllung der Aufgaben dieses Gesetzes
— für aufgrund anderer gesetzlicher Vorschriften zuständige Behörden
— für Eigentümer und Inhaber anderer Rechte am Grundstück
— für Gerichte und Justizbehörden.

Der Gutachterausschuß führt eine Kaufpreissammlung, wertet sie aus und ermittelt Bodenrichtwerte.

Die Gutachten haben von sich aus keine bindende Wirkung.

§ 194 **Der Verkehrswert** wird durch den Preis bestimmt, der in dem Zeitpunkt, auf den sich die Ermittlung bezieht, im gewöhnlichen Geschäftsverkehr nach den rechtlichen Gegebenheiten und tatsächlichen Eigenschaften, der sonstigen Beschaffenheit und der Lage des Grundstücks oder des sonstigen Gegenstandes der Wertermittlung ohne Rücksicht auf ungewöhnliche oder persönliche Verhältnisse zu erzielen wäre.

§ 195 Zur Führung der Kaufpreissammlungen ist jeder Vertrag, durch den sich jemand verpflichtet, Eigentum an einem Grundstück gegen Entgelt zu übertragen (auch Erbbaurecht) von der beurkundenden Stelle in Abschrift dem Gutachterausschuß zu übersenden.

Die Kaufpreissammlung darf nur dem zuständigen Finanzamt für Zwecke der Besteuerung übermittelt werden.

§ 196 Aufgrund der Kaufpreissammlung sind für jedes Gemeindegebiet durchschnittliche Lagewerte für den Boden zu ermitteln (Bodenrichtwerte).

Jedermann kann von der Geschäftsstelle Auskunft über die Bodenwerte verlangen.

§ 199 Die Bundesregierung wird ermächtigt, mit Zustimmung des Bundesrates durch Rechtsverordnung Vorschriften über die Anwendung gleicher Grundsätze
— bei der Ermittlung der Verkehrswerte
— bei der Ableitung der für die Wertermittlung erforderlichen Daten zu erlassen.

Die Landesregierungen werden ermächtigt, durch Rechtsverordnung die Bildung von Gutachterausschüssen, deren Aufgaben und Organisation zu regeln.

3.2 Allgemeine Vorschriften, Zuständigkeiten, Verwaltungsverfahren, Planerhaltung

3.2.1 Allgemeine Vorschriften

§ 201 Begriff der Landwirtschaft.

§ 202 **Mutterboden** ist in nutzbarem Zustand zu erhalten und vor Vernichtung und Vergeudung zu schützen.

3.2.2 Zuständigkeiten

§ 203 Die Landesregierung kann im Einvernehmen mit der Gemeinde die nach diesem Gesetz der Gemeinde obliegenden Aufgaben auf Gebietskörperschaften oder einen Verband übertragen.

§ 204 Gemeinsamer Flächennutzungsplan benachbarter Gemeinden.

§ 205 Gemeinden und sonstige öffentliche Planungsträger können sich zu einem Planungsverband zusammenschließen.

3.2.3 Verwaltungsverfahren

§ 207 Ist ein Vertreter nicht vorhanden, so hat das Vormundschaftsgericht auf Ersuchen der zuständigen Behörde einen rechts- und sachkundigen Vertreter zu bestellen.

§ 208 Die Behörden können zur Erforschung des Sachverhaltes anordnen
— das persönliche Erscheinen
— die Vorlage von Unterlagen.

§ 209 Eigentümer und Besitzer haben zu dulden, daß Grundstücke betreten, Vermessungen und Bodenuntersuchungen o.ä. durchgeführt werden, um Maßnahmen nach diesem Gesetz vorzubereiten oder durchzuführen.

§ 212a — Widerspruch und Anfechtungsklage eines Dritten gegen die bauaufsichtliche Zulassung eines Vorhabens haben keine aufschiebende Wirkung.
— Widerspruch und Anfechtungsklage gegen die Geltendmachung des Kostenerstattungsbetrages nach § 135 (Erschließungskosten) sowie des Ausgleichbetrages nach § 154 (Sanierung) durch die Gemeinde haben keine aufschiebende Wirkung.

3.2.4 Planerhaltung

§ 214 Eine Verletzung von Verfahrens- und Formvorschriften dieses Gesetzes ist für die Rechtswirksamkeit des Flächennutzungsplanes und der Satzungen nach diesem Gesetzbuch unter Umständen unbeachtlich.

§ 213 Ordnungswidrigkeiten können mit einer Geldbuße bis zu 50000 DM geahndet werden.

3.3 Verfahren vor den Kammern (Senaten) für Baulandsachen

§ 219 Örtlich zuständig ist das Landgericht, in dessen Bezirk die Stelle, die den Verwaltungsakt erlassen hat, ihren Sitz hat.

§ 220 Bei den Landgerichten werden Kammern für Baulandsachen gebildet.

§ 226 Über den Antrag auf gerichtliche Entscheidung wird durch Urteil entschieden.

§ 229 Über die Berufung und die Beschwerde entscheidet das Oberlandesgericht, Senat für Baulandsachen.

§ 230 Über die Revision entscheidet der Bundesgerichtshof.

4 Überleitungs- und Schlußvorschriften

4.6 Landesbauordnung NW (1995), BauO NW

Gekürzte, unvollständige Inhaltsauswahl als Übersicht.

1. Allgemeine Vorschriften

§ 1 **Anwendungsbereich**
Dieses Gesetz gilt für bauliche Anlagen und Bauprodukte. Es gilt auch für Grundstücke, andere Anlagen und Einrichtungen, an die aufgrund dieses Gesetzes Anforderungen gestellt werden.
Diese Gesetz gilt nicht für:
— Anlagen des öffentlichen Verkehrs (Ausnahme: Gebäude)
— Anlagen, die der Bergaufsicht unterliegen (Ausnahme: Gebäude)
— Leitungen für öffentliche Versorgung, Abwasserbeseitigung, Fernmeldewesen
— Rohrleitungen für den Ferntransport von Stoffen
— Krane (Ausnahme: Kranbahnen und deren Unterstützungen).

§ 2 **Begriffe**
— **Bauliche Anlagen** sind mit dem Erdboden verbundene (auch durch eigene Schwere auf dem Erdboden ruhende), aus Bauprodukten hergestellte Anlagen. Auch z.B.: Aufschüttungen, Abgrabungen, Lagerplätze, Campingplätze, Sportflächen, Stellplätze, Gerüste.
— **Gebäude:** selbständig benutzbare, überdachte bauliche Anlagen, die geeignet sind, dem Schutz von Menschen, Tieren oder Sachen zu dienen.
— **Gebäude geringer Höhe:** Fußboden in Geschoß mit Aufenthaltsräumen nicht höher als 7 m über Geländeoberfläche.
— **Gebäude mittlerer Höhe:** Fußboden mindestens eines Aufenthaltsraumes höher als 7 und niedriger als 22 m über Geländeoberfläche.
— **Hochhäuser:** Fußboden mindestens eines Aufenthaltsraumes höher als 22 m.
— **Geländeoberfläche:** ergibt sich aus Baugenehmigung, Bebauungsplan, sonst natürliche Geländeoberfläche.
— **Vollgeschosse:** Vollgeschosse sind Geschosse, deren Deckenoberkante im Mittel mehr als 1,60 m über die Geländeoberfläche hinausragt und die eine Höhe von mindestens 2,30 m haben. Ein gegenüber den Außenwänden des Gebäudes zurückgesetztes oberstes Geschoß (Staffelgeschoß) ist nur dann ein Vollgeschoß, wenn es diese Höhe über mehr als zwei Drittel der Grundfläche des darunter liegenden Geschosses hat. Ein Geschoß mit geneigten Dachflächen ist ein Vollgeschoß, wenn es diese Höhe über mehr als drei Viertel seiner Grundfläche hat. Die Höhe der Geschosse wird von Oberkante Fußboden bis Oberkante Fußboden der darüberliegenden Decke, bei Geschossen mit Dachflächen bis Oberkante Dachhaut gemessen.

- **Aufenthaltsräume:** nicht nur zum vorübergehenden Aufenthalt von Menschen bestimmt oder geeignet.
- **Stellplätze:** Flächen, die dem Abstellen von Kraftfahrzeugen außerhalb der öffentlichen Verkehrsflächen dienen.
- **Bauprodukte sind:**
  - Baustoffe, Bauteile und Anlagen, die hergestellt werden, um dauerhaft in bauliche Anlagen eingebaut zu werden,
  - aus Baustoffen und Bauteilen vorgefertigte Anlagen, die hergestellt werden, um mit dem Erdreich verbunden zu werden, wie Fertighäuser, Fertiggaragen und Silos.
- **Bauart** ist das Zusammenfügen von Bauprodukten zu baulichen Anlagen oder Teilen von baulichen Anlagen.

§ 3 **Allgemeine Anforderungen**
- Die öffentliche Sicherheit und Ordnung, Leben, Gesundheit oder die natürlichen Lebensgrundlagen dürfen nicht gefährdet werden.
- Die allgemein anerkannten Regeln der Technik (= als Technische Baubestimmung von der obersten Bauaufsichtsbehörde eingeführt) sind zu beachten.
- Bauprodukte dürfen nur verwendet werden, wenn sie dauerhaft und gebrauchstauglich sind.
- Gilt auch für Abbruch und Änderung der Benutzung der Anlagen.

2. Das Grundstück und seine Bebauung

§ 4 **Bebauung von Grundstücken mit Gebäuden**
Gebäude dürfen nur errichtet werden, wenn bis zum Beginn ihrer Nutzung die Zufahrt zu einer öffentlichen Verkehrsfläche, die Wasserversorgung und die Abwasserentsorgung sichergestellt ist.

§ 5 **Zugänge und Zufahrten auf den Grundstücken**
Von öffentlichen Flächen ist insbesondere für die Feuerwehr ein geradliniger Zu- und Durchgang zu schaffen.

§ 6 **Abstandflächen**
(1) Vor Außenwänden von Gebäuden sind Flächen von oberirdischen Gebäuden freizuhalten (Abstandflächen). Innerhalb der überbaubaren Grundstücksfläche ist eine Abstandfläche nicht erforderlich vor Außenwänden, die an der Nachbargrenze errichtet werden, wenn nach planungsrechtlichen Vorschriften
a) das Gebäude ohne Grenzabstand gebaut werden muß oder
b) das Gebäude ohne Grenzabstand gebaut werden darf und öffentlich-rechtlich gesichert ist, daß auf dem Nachbargrundstück ebenfalls ohne Grenzabstand gebaut wird.
Muß nach planungsrechtlichen Vorschriften mit Grenzabstand gebaut werden, ist aber auf dem Nachbargrundstück innerhalb der überbaubaren Grundstücksfläche ein Gebäude ohne Grenzabstand vorhanden, so kann gestattet oder verlangt werden, daß ebenfalls ohne Grenzabstand gebaut wird. Muß nach planungsrechtlichen Vorschriften ohne Grenzabstand gebaut werden, ist aber auf dem Nachbargrundstück innerhalb der überbaubaren Grundstücksfläche ein Gebäude mit Grenzabstand vorhanden, so kann gestattet oder verlangt werden, daß eine Abstandfläche eingehalten wird.
(2) Die Abstandflächen müssen auf dem Grundstück selbst liegen. Die Abstandflächen dürfen auch auf öffentlichen Verkehrsflächen, öffentlichen Grünflächen und öffentlichen Wasserflächen liegen, jedoch nur bis zu deren Mitte.
(3) Die Abstandflächen dürfen sich nicht überdecken; dies gilt nicht für
1. Außenwände, die in einem Winkel von mehr als 75° zueinander stehen,
2. Außenwände zu einem fremder Sicht entzogenen Gartenhof bei Wohngebäuden mit nicht mehr als zwei Wohnungen und
3. Gebäude und andere bauliche Anlagen, die in den Abstandflächen zulässig sind oder gestattet werden.
(4) Die Tiefe der Abstandfläche bemißt sich nach der Wandhöhe; sie wird senkrecht zur Wand gemessen. Als Wandhöhe gilt das Maß von der Geländeoberfläche bis zur Schnittlinie der Wand mit der Dachhaut oder bis zum oberen Abschluß der Wand. Bei geneigter Geländeoberfläche ist die im Mittel gemessene Wandhöhe maßgebend; bei gestaffelten Wänden gilt dies für den jeweiligen Wandabschnitt. Zur Wandhöhe werden hinzugerechnet:
1. voll die Höhe von
   - Dächern und Dachteilen mit einer Dachneigung von mehr als 70°,
   - Giebelflächen im Bereich dieser Dächer und Dachteile, wenn beide Seiten eine Dachneigung von mehr als 70° haben,

2. zu einem Drittel die Höhe von
   - Dächern und Dachteilen mit einer Dachneigung von mehr als 45°,
   - Dächern mit Dachgauben oder Dachaufbauten, deren Gesamtbreite je Dachfläche mehr als die Hälfte der darunter liegenden Gebäudewand beträgt,
   - Giebelflächen im Bereich von Dächern und Dachteilen, wenn nicht beide Seiten eine Dachneigung von mehr als 70° haben.

Das sich ergebende Maß ist H.

(5) Die Tiefe der Abstandflächen beträgt
   - 0,8 H,
   - 0,5 H in Kerngebieten, Gewerbegebieten und Industriegebieten,
   - 0,25 H in Gewerbegebieten und Industriegebieten vor Außenwänden von Gebäuden, die überwiegend der Produktion oder Lagerung dienen.

In Sondergebieten können geringere Tiefen der Abstandflächen als 0,8 H gestattet werden, wenn die Nutzung des Sondergebietes dies rechtfertigt. Zu angrenzenden anderen Baugebieten gilt die jeweils größere Tiefe der Abstandfläche. In allen Fällen muß die Tiefe der Abstandflächen mindestens 3,0 m betragen. Die Absätze 15 bis 17 bleiben unberührt.

(6) Vor zwei Außenwänden eines Gebäudes genügt als Tiefe der Abstandfläche auf einer Länge von nicht mehr als 16 m die Hälfte der nach Absatz 5 Satz 1 erforderlichen Tiefe, mindestens jedoch 3,0 m (Schmalseitenprivileg). Wird ein Gebäude mit einer Außenwand an ein anderes Gebäude oder an eine Nachbargrenze gebaut, gilt das Schmalseitenprivileg nur noch für eine andere Außenwand; wird ein Gebäude mit zwei Außenwänden an andere Gebäude oder an Nachbargrenzen gebaut, so ist das Schmalseitenprivileg nicht anzuwenden. Eine in sich gegliederte Wand gilt als eine Außenwand im Sinne des Satzes 1. Gegenüber einem Gebäude oder einer Grundstücksgrenze kann das Schmalseitenprivileg für ein Gebäude nur einmal in Anspruch genommen werden. Rechtmäßig bestehende Wandteile, die einen geringeren Abstand zur Nachbargrenze aufweisen, als er nach Absatz 5 erforderlich ist, stehen dem Schmalseitenprivileg nicht entgegen.

(7) Vor die Außenwand vortretende Bauteile wie Gesimse, Dachvorsprünge, Blumenfenster, Hauseingangstreppen und deren Überdachungen sowie Vorbauten wie Erker und Balkone bleiben bei der Bemessung außer Betracht, wenn sie nicht mehr als 1,50 m vortreten. Von gegenüberliegenden Nachbargrenzen müssen sie mindestens 2,0 m entfernt bleiben; das Erdgeschoß erschließende Hauseingangstreppen und deren Überdachungen müssen 1,50 m entfernt bleiben.

(8) Vor Wänden, deren Oberfläche aus normalentflammbaren Baustoffen (B 2) besteht oder die überwiegend eine Bekleidung aus normalentflammbaren Baustoffen haben, darf die Tiefe der Abstandfläche 5,0 m nicht unterschreiten. Dies gilt nicht für Gebäude mit nicht mehr als zwei Geschossen über der Geländeoberfläche.

(9) Abweichend vom Absatz 5 genügen in Gewerbe- und Industriegebieten vor Wänden ohne Öffnungen als Tiefe der Abstandfläche
1. 1,50 m, wenn die Wände einer Feuerwiderstandsklasse entsprechen und einschließlich ihrer Bekleidung aus nichtbrennbaren Baustoffen bestehen,
2. 3,0 m, wenn die Wände einer Feuerwiderstandsklasse entsprechen oder einschließlich ihrer Bekleidung aus nichtbrennbaren Baustoffen bestehen.

Dies gilt nicht für Abstandflächen gegenüber Grundstücksgrenzen.

(10) Für bauliche Anlagen und andere Anlagen und Einrichtungen, von denen Wirkungen wie von Gebäuden ausgehen, gelten die Absätze 1 bis 9 gegenüber Gebäuden und Nachbargrenzen sinngemäß.

(11) In den Abstandflächen eines Gebäudes sowie ohne eigene Abstandfläche sind zulässig
1. an der Nachbargrenze gebaute überdachte Stellplätze und Garagen bis zu einer Länge von 9,0 m sowie Gebäude mit Abstellräumen und Gewächshäuser mit einer Grundfläche von nicht mehr als 7,5 m^2; die mittlere Wandhöhe dieser Gebäude darf nicht mehr als 3,0 m über der Geländeoberfläche an der Grenze betragen, die Grenzbebauung darf entlang einer Nachbargrenze 9,0 m und insgesamt 15,0 m nicht überschreiten,
2. Stützmauern und geschlossene Einfriedungen bis zu einer Höhe von 2,0 m über der Geländeoberfläche an der Grenze, in Gewerbe- und Industriegebieten ohne Begrenzung der Höhe.

(12) In den Abstandflächen eines Gebäudes und zu diesem ohne eigene Abstandfläche sind, wenn die Beleuchtung der Räume des Gebäudes nicht wesentlich beeinträchtigt wird, zulässig

1. Garagen,
2. eingeschossige Gebäude ohne Fenster zu diesem Gebäude,
3. bauliche Anlagen und andere Anlagen und Einrichtungen, von denen Wirkungen wie von Gebäuden ausgehen (Absatz 10).

(13) Liegen sich Wände desselben Gebäudes gegenüber, so können geringere Tiefen der Abstandflächen als nach Absatz 5 gestattet werden, wenn die Beleuchtung der Räume des Gebäudes nicht wesentlich beeinträchtigt wird.

(14) Bei der nachträglichen Bekleidung von Außenwänden bestehender Gebäude können geringere Tiefen der Abstandflächen als nach Absatz 5 gestattet werden, wenn die Baumaßnahmen der Verbesserung des Wärmeschutzes dienen.

(15) In überwiegend bebauten Gebieten können geringere Tiefen der Abstandflächen gestattet oder verlangt werden, wenn die Gestaltung des Straßenbildes oder besondere städtebauliche Verhältnisse dies auch unter Würdigung nachbarlicher Belange rechtfertigen und wenn Gründe des Brandschutzes nicht entgegenstehen.

(16) Ergeben sich durch zwingende Festsetzungen eines Bebauungsplanes oder einer Satzung nach § 7 des Maßnahmengesetzes zum Baugesetzbuch geringere Tiefen der Abstandflächen, so gelten diese Tiefen.

(17) Für Wohngebäude geringer Höhe können in einem abgegrenzten Gebiet unter Berücksichtigung nachbarlicher Belange geringere Tiefen der Abstandflächen gestattet werden, wenn
1. die Gebäude unter einheitlicher Entwurfs- und Ausführungsleitung geplant und errichtet werden,
2. zu angrenzenden Gebieten als Tiefe der Abstandfläche 0,8 H eingehalten wird,
3. Gründe des Brandschutzes nicht entgegenstehen und
4. die Gemeinde der Planung zugestimmt hat.

§ 7   **Übernahme von Abstandflächen auf andere Grundstücke**
Abstandflächen dürfen sich auf andere Grundstücke erstrecken, wenn durch Baulast gesichert ist, daß sie auf die auf diese Grundstücke erforderlichen Abstandflächen nicht angerechnet werden.

§ 8   **Teilung von Grundstücken**
Die Teilung eines Grundstückes, das bebaut oder dessen Bebauung genehmigt ist, bedarf der Genehmigung der Bauaufsichtsbehörde. Siehe § 19 Baugesetzbuch.

§ 9   **Nicht überbaute Flächen, Spielflächen, Geländeoberflächen**

§ 10 **Einfriedung von Grundstücken**

§ 11 **Gemeinschaftsanlagen**
Grundstückseigentümer müssen herstellen, instandhalten und betreiben: Kinderspielflächen, Plätze für Abfallbehälter, Stellplätze.

3. Bauliche Anlagen

3.1 Allgemeine Anforderungen an die Bauausführung

§ 12 **Gestaltung**
— so, daß die nicht verunstaltet wirken
— mit ihrer Umgebung in Einklang bringen
— Orts-, Straßen-, Landschaftsbild nicht verunstalten und stören.

§ 13 **Anlagen der Außenwerbung und Warenautomaten**
— Werbeanlagen sind ortsfeste Einrichtungen, die vom öffentlichen Verkehrsraum aus sichtbar sind.
— Sie dürfen nicht verunstalten und die Sicherheit und Ordnung des Verkehrs stören.
— Außerhalb der im Zusammenhang bebauten Ortsteile sind sie unzulässig. (Ausnahmen: an der Stätte der Leistung, zusammengefaßte Hinweisschilder, u.a.)

§ 14 **Baustellen**
— Baustellen sind so einzurichten, daß bauliche Anlagen ordnungsgemäß errichtet, geändert oder abgebrochen werden können und Gefahren oder vermeidbare Belästigungen nicht entstehen.
— Bei Bauarbeiten, durch die unbeteiligte Personen gefährdet werden können, ist die Gefahrenzone abzugrenzen oder durch Warnzeichen zu kennzeichnen. Soweit erforderlich, sind Baustellen mit einem Bauzaun abzugrenzen, mit Schutzvorrichtungen gegen herabfallende Gegenstände zu versehen und zu beleuchten.

— Bei der Ausführung genehmigungsbedürftiger Bauvorhaben hat der Bauherr an der Baustelle ein Schild dauerhaft und von der öffentlichen Verkehrsfläche aus sichtbar anzubringen:
  — Bezeichnung des Bauvorhabens
  — Name und Anschrift des Entwurfsverfassers
  — Name und Anschrift des Unternehmers für den Rohbau.

§ 15 **Standsicherheit**
Jede bauliche Anlage muß für sich allein standsicher sein. Die Standsicherheit anderer baulicher Anlagen und die Tragfähigkeit des Baugrundes des Nachbargrundstückes dürfen nicht gefährdet sein.

§ 16 **Schutz gegen schädliche Einflüsse**
— Bauliche Anlagen müssen so gebrauchstüchtig sein, daß durch Wasser, Feuchtigkeit, pflanzliche oder tierische Schädlinge sowie andere chemische, physikalische oder biologische Einflüsse Gefahren oder unzumutbare Belästigungen nicht entstehen.
— Werden in Gebäuden Bauteile aus Holz oder anderen organischen Stoffen vom Hausbock, vom Echten Hausschwamm oder von Termiten befallen, so haben die für den ordnungsgemäßen Zustand des Gebäudes Verantwortlichen der Bauaufsichtsbehörde unverzüglich Anzeige zu erstatten.

§ 17 **Brandschutz**

§ 18 **Wärmeschutz, Schallschutz, Erschütterungsschutz**

§ 19 **Verkehrssicherheit**
Bauliche Anlagen und die dem Verkehr dienenden nicht überbauten Flächen von bebauten Grundstücken müssen verkehrssicher sein.

3.2 Bauprodukte und Bauarten

§ 20 **Bauprodukte**
(1) Bauprodukte dürfen für die Errichtung, Änderung und Instandhaltung baulicher Anlagen nur verwendet werden, wenn sie für den Verwendungszweck
— von den nach (2) bekanntgemachten technischen Regeln nicht oder nicht wesentlich abweichen (geregelte Bauprodukte) oder nach (3) zulässig sind und wenn sie das Übereinstimmungszeichen gemäß § 25 (Ü-Zeichen) tragen oder
— nach den Vorschriften des Bauproduktengesetzes oder den Vorschriften der Bauproduktenrichtlinie durch andere EG-Staaten oder
— zur Umsetzung sonstiger Richtlinien der EG
in den Verkehr gebracht oder gehandelt werden dürfen und die Konformitätsbezeichnung der EG (CE-Kennzeichnung) tragen.
(2) Das Deutsche Institut für Bautechnik macht für Bauprodukte in der Bauregelliste A die technischen Regeln bekannt, die zur Erfüllung der an bauliche Anlagen gestellten Anforderungen erforderlich sind. Gelten als allgemein anerkannte Regeln der Technik.
(3) Bauprodukte, die von den Regeln der Bauregelliste A wesentlich abweichen, müssen
— eine allgemeine bauaufsichtliche Zulassung (§ 21)
— ein allgemeines bauaufsichtliches Prüfzeugnis (§ 22) oder
— eine Zustimmung im Einzelfalle (§ 23) haben.

§ 21 **Allgemeine bauaufsichtliche Zulassung**
Wird vom Deutschen Institut für Bautechnik auf Antrag für nicht geregelte Bauprodukte erteilt.

§ 22 **Allgemeines bauaufsichtliches Prüfzeugnis**
Bauprodukte, deren Verwendung nicht der Erfüllung erheblicher Anforderungen an die Sicherheit baulicher Anlagen dient oder die nach allgemein anerkannten Prüfverfahren beurteilt werden, bedürfen nur eines allgemeinen bauaufsichtlichen Prüfzeugnisses.

§ 23 **Nachweis der Verwendbarkeit von Bauprodukten im Einzelfalle**
Wenn deren Verwendbarkeit nachgewiesen ist, dürfen
— Bauprodukte, die die Anforderungen des Bauproduktengesetzes nicht erfüllen oder
— nicht geregelte Bauprodukte
mit Zustimmung der obersten Bauaufsichtsbehörde im Einzelfalle verwendet werden.

§ 24 **Bauarten**
— die von Technischen Baubestimmungen wesentlich abweichen oder
— für die es allgemein anerkannte Regeln der Technik nicht gibt (nicht geregelte Bauarten)

Bauwirtschaft und Baurecht

dürfen nur angewendet werden, wenn für sie vorliegt
- eine allgemein bauaufsichtliche Zulassung oder
- eine Zustimmung im Einzelfall.

§ 25 **Übereinstimmungsnachweis**
Bauprodukte bedürfen einer Bestätigung ihrer Übereinstimmung mit den
- technischen Regeln nach § 20 (2)
- allgemeinen bauaufsichtlichen Zulassungen
- allgemeinen bauaufsichtlichen Prüfzeugnissen oder
- den Zustimmungen im Einzelfall.
Die Bestätigung der Übereinstimmung erfolgt durch
- Übereinstimmungserklärung des Herstellers (§ 26) oder
- Übereinstimmungszertifikat (§ 27).
Das Übereinstimmungszeichen (Ü-Zeichen) ist auf dem Bauprodukt oder der Verpackung oder, wenn das nicht möglich ist, auf dem Lieferschein anzubringen.

§ 26 **Übereinstimmungserklärung des Herstellers**
Werkseigene Produktionskontrolle erforderlich. Eventuell auch Prüfung der Bauprodukte durch eine externe Prüfstelle.

§ 27 **Übereinstimmungszertifikat**
Wird von einer Zertifizierungsstelle nach § 28 erteilt.

§ 28 **Prüf-, Zertifizierungs- und Überwachungsstellen**
Die oberste Bauaufsichtsbehörde kann eine Person, Stelle oder Überwachungsgemeinschaft als
- Prüfstelle für die Erteilung allgemeiner bauaufsichtlicher Prüfzeugnisse (§ 22 (2))
- Prüfstelle für die Überprüfung von Bauprodukten vor Bestätigung der Übereinstimmung (§ 26 (2))
- Zertifizierungsstelle (§ 27 (1))
- Überwachungsstelle für die Fremdüberwachung (§ 27 (2))
- Überwachungsstelle für die Überwachung nach § 20 (6))
anerkennen.

3.3 Wände, Decken, Dächer
§ 29 bis § 35: Detailbestimmungen, insbesondere Brandschutz.

3.4 Treppen, Rettungswege, Aufzüge, Öffnungen
§ 36 bis § 41: Detailbestimmungen, insbesondere für die Planung.

3.5 Haustechnische Anlagen
§ 42 bis § 47: Vorschriften über Lüftungsanlagen, Installationsschächte, Feuerungsanlagen, Wärme- und Brennstoffversorgungsanlagen, Wasserversorgungsanlagen, Abwasseranlagen, Abfallschächte, Anlagen für feste Abfälle.

3.6 Aufenthaltsräume und Wohnungen
§ 48 bis § 50: Vorschriften für die Planung.

3.7 Besondere Anlagen
§ 51 **Stellplätze, Garagen, Abstellplätze für Fahrräder**
§ 52 **Ställe, Dungstätten, Gärfutterbehälter**
§ 53 **Behelfsbauten und untergeordnete Gebäude**
§ 54 **Bauliche Anlagen und Räume besonderer Art oder Nutzung**
Anforderungen und Erleichterungen im Einzelfalle, insbesondere für Hochhäuser, Versammlungsstätten, Verwaltungsgebäude, Krankenhäuser, Schulen, Bauten für gewerbliche Betriebe, Fliegende Bauten, Campingplätze u.a.
§ 55 **Bauliche Maßnahmen für besondere Personengruppen**
Bauliche Anlagen und Einrichtungen mit allgemeinem Besucherverkehr sollen für Behinderte, alte Menschen und Personen mit Kleinkindern barrierefrei erreicht werden können.

4. Die am Bau Beteiligten

§ 56 **Grundsatz**
Der Bauherr und im Rahmen ihres Wirkungskreises die anderen am Bau Beteiligten sind dafür verantwortlich, daß die öffentlich-rechtlichen Vorschriften eingehalten werden.

§ 57 **Bauherr**
- Hat Entwurfsverfasser und Unternehmer zu beauftragen und hat die erforderlichen Anzeigen und Nachweise zu erbringen. Gilt für genehmigungsbedürftige und genehmigungsfreie Vorhaben.

- Bei technisch einfachen Anlagen kann Bauaufsichtsbehörde auf Beauftragung eines Entwurfsverfassers verzichten.
- Bei Bauarbeiten in Selbst- und Nachbarschaftshilfe ist Unternehmer nicht erforderlich, wenn dabei genügend Fachkräfte mitwirken. Genehmigungsbedürftige Abbrucharbeiten dürfen nicht in Selbst- und Nachbarschaftshilfe ausgeführt werden.
- Bauherr trägt die Kosten für Probenahme, deren Prüfung und Tätigkeit von Sachverständigen.

§ 58 Entwurfsverfasser
- Muß Sachkunde und Erfahrung zur Vorbereitung des Bauvorhabens besitzen. Ist für Vollständigkeit und Brauchbarkeit des Entwurfs verantwortlich. Ausführungszeichnungen müssen dem genehmigten Entwurf und den öffentlich-rechtlichen Vorschriften entsprechen.
- Kann geeignete Fachplaner hinzuziehen. Diese sind für die von ihnen gelieferten Unterlagen verantwortlich. Für das ordnungsgemäße Ineinandergreifen aller Fachentwürfe bleibt der Entwurfsverfasser verantwortlich.

§ 59 Unternehmer
- Verantwortlich für:
  - Ausführung nach den allgemein anerkannten Regeln der Technik
  - ordnungsgemäße Einrichtung und sicheren bautechnischen Betrieb der Baustelle
  - Einhaltung der Arbeitsschutzbestimmungen
  - Nachweis der Verwendbarkeit verwendeter Bauprodukte und Bauarten.
- Darf Arbeiten nicht ausführen, bevor nicht die dafür notwendigen Unterlagen an der Baustelle vorliegen.
- Kann geeignete Fachunternehmer hinzuziehen, diese sind für ihre Arbeiten verantwortlich. Für das ordnungsgemäße Ineinandergreifen seiner Arbeiten mit denen der Fachunternehmer ist der Unternehmer verantwortlich.

5. Bauaufsichtsbehörden und Verwaltungsverfahren

§ 60 Bauaufsichtsbehörden
als Ordnungsbehörden zur Gefahrenabwehr.
Siehe 4.2, S. 188.

§ 61 Aufgaben und Befugnisse der Bauaufsichtsbehörden
Siehe 4.2, S. 188.

§ 62 Sachliche Zuständigkeit
Zuständig für den Vollzug der Landesbauordnung ist die untere Bauaufsichtsbehörde.

§ 63 Genehmigungsbedürftige Vorhaben
Errichtung, Änderung, Nutzungsänderung und Abbruch baulicher Anlagen bedürfen der Baugenehmigung, soweit in §§ 64, 65, 66, 67, 79 und 80 nichts anderes bestimmt ist.

§ 64 Besondere bauliche Anlagen
bedürfen der Genehmigung nach § 63 nicht, wenn sie der Aufsicht nach anderen Rechtsvorschriften unterliegen; z.B. Wasserbauten, Wasserversorgung, Atomanlagen.

§ 65 Genehmigungsfreie Vorhaben
Katalog der betroffenen Vorhaben.

§ 66 Genehmigungsfreie Anlagen
Katalog der betroffenen Anlagen.

§ 67 Genehmigungsfreie Wohngebäude, Stellplätze und Garagen
- Wohngebäude geringer und mittlerer Höhe im Geltungsbereich eines Bebauungsplanes, wenn Erschließung gesichert ist.
- Entwurfsverfasser muß den Bauvorlagen eine Erklärung beifügen, daß Brandschutzanforderungen eingehalten sind.
- Bei Wohngebäuden geringer und mittlerer Höhe mit mehr als 2 Wohnungen ist vor Baubeginn von einem Sachverständigen aufgestellt oder geprüft der Nachweis der Standsicherheit, des Schallschutzes und des Wärmeschutzes vorzulegen.
- Bei Wohngebäuden mittlerer Höhe zusätzlich geprüfter Brandschutznachweis erforderlich.
- Bauherr hat den Angrenzern vor Baubeginn mitzuteilen, daß ein genehmigungsfreies Bauvorhaben durchgeführt werden soll.
- Bei Fertigstellung müssen Bescheinigungen von Sachverständigen vorliegen, wonach sie sich durch stichprobenhafte Kontrollen während der Bauausführung davon überzeugt haben, daß die baulichen Anlagen entsprechend den Nachweisen ausgeführt worden sind.

Bauwirtschaft und Baurecht

- Bauherr hat die Bauvorlagen, Nachweise und Bescheinigungen aufzubewahren.
- Sinngemäßes Vorgehen bei Garagen.

§ 68 Vereinfachtes Genehmigungsverfahren
Soweit sie nicht genehmigungsfrei sind, wird für die Errichtung und Änderung von folgenden Vorhaben das vereinfachte Genehmigungsverfahren durchgeführt:
- Wohngebäude geringer und mittlerer Höhe, einschließlich ihrer Nebengebäude und Nebenanlagen
- freistehende landwirtschaftliche Betriebsgebäude, auch mit Wohnteil, bis zu 2 Geschossen über der Geländeoberfläche, ausgenommen Anlagen Jauche und Flüssigmist
- eingeschossige Gebäude, auch mit Aufenthaltsräumen, bis 200 m² Grundfläche, soweit sie nicht von besonderer Art und Nutzung gemäß § 54 sind
- Gewächshäuser mit bis 4,0 m Firsthöhe
- Garagen und überdachte Stellplätze bis zu 1000 m² Nutzfläche; Garagen mit einer Nutzfläche über 100 m² nur, wenn sie im Zusammenhang mit Wohngebäuden geringer oder mittlerer Höhe errichtet werden
- überdachte und nicht überdachte Fahrradabstellplätze von mehr als 100 m²
- Behelfsbauten und untergeordnete Gebäude (§ 53)
- Wasserbecken bis 100 m³, einschließlich ihrer Überdachung
- Verkaufs- und Ausstellungsstände
- Ausstellungsplätze, Abstellplätze, Lagerplätze
- Einfriedungen
- Aufschüttungen und Abgrabungen
- Werbeanlagen und Warenautomaten.
Siehe 4.3, Seite 189.

§ 69 Bauantrag

§ 70 Bauvorlageberechtigung

§ 71 Vorbescheid
kann beantragt werden, gilt 2 Jahre.

§ 72 Behandlung des Bauantrages

§ 73 Abweichungen

§ 74 Beteiligung der Angrenzer
Bauaufsichtsbehörden sollen Angrenzer benachrichtigen, wenn öffentlich-rechtlich geschützte nachbarliche Belange berührt werden. Benachrichtigung entfällt, wenn Angrenzer die Lagepläne und Bauzeichnungen unterschrieben hat.

§ 75 Baugenehmigung und Baubeginn
Siehe 4.3, Seite 189

§ 76 Teilbaugenehmigung

§ 77 Geltungsdauer der Baugenehmigung
Baugenehmigung erlischt, wenn nicht innerhalb von 2 Jahren mit der Ausführung begonnen wird.

§ 78 Typenbaugenehmigung

§ 79 Fliegende Bauten

§ 80 Öffentliche Bauherren

§ 81 Bauüberwachung

§ 82 Bauzustandsbesichtigung

§ 83 Baulast und Baulastenverzeichnis
- Durch Erklärung gegenüber der Bauaufsichtsbehörde kann der Grundstückseigentümer öffentlich-rechtliche Verpflichtungen zu einem sein Grundstück betreffendes Tun, Dulden oder Unterlassen übernehmen (Baulast).
  Baulasten werden unbeschadet der Rechte Dritter mit der Eintragung in das Baulastenverzeichnis wirksam und wirken auch gegenüber dem Rechtsnachfolger.
- Die Baulast geht nur durch Verzicht der Bauaufsichtsbehörde unter.
- Das Baulastenverzeichnis wird von der Bauaufsichtsbehörde geführt.

6. Bußgeldvorschriften, Rechtsvorschriften, bestehende Anlagen und Einrichtungen

§ 84 Bußgeldvorschriften
Katalog der Ordnungswidrigkeiten.
Ordnungswidrigkeit kann mit einer Geldbuße bis zu 100 000 DM geahndet werden.

§ 85 **Rechtsverordnungen und Verwaltungsvorschriften**
Oberste Bauaufsichtsbehörde wird ermächtigt, Rechtsverordnungen zu bestimmten allgemeinen Anforderungen der BauO zu erlassen.

§ 86 **Örtliche Bauvorschriften**
Gemeinden können bestimmte örtliche Bauvorschriften als Satzung erlassen.

§ 87 **Bestehende Anlagen und Einrichtungen**
Entsprechen rechtmäßig bestehende bauliche Anlagen und Einrichtungen nicht den Vorschriften dieser BauO, so kann verlangt werden, daß die Anlagen der BauO angepaßt werden, wenn dies im Einzelfall wegen der Sicherheit für Leben oder Gesundheit erforderlich ist.

7. Übergangs-, Änderungs- und Schlußvorschriften
§ 90 Dieses Gesetz tritt am 1. Januar 1996 in Kraft.

4.7 Auszug aus der Baunutzungsverordnung (BauNVO 1993)

Die BauNVO ist vor allem als Maßgabe für das Aufstellen von Flächennutzungsplänen und Bebauungsplänen vorgesehen. Ausnahmsweise wird sie auch im Rahmen des § 34 (2) BauGB (Zulässigkeit von Vorhaben innerhalb der im Zusammenhang bebauten Ortsteile) herangezogen.

§ 2 bis § 11   Zulässigkeit von Bauvorhaben abhängig vom Baugebiet

Tafel 4.23   Zusammenstellung aus §§ 2 bis 11

Art des Bauvorhabens nach § 2 bis § 11 BauNVO	Baugebiet									
	WS	WR	WA	WB	MD	MI	MK	GE	GI	SO
Wohngebäude	○¹)	●	●	●	●	●				
Wohnungen für Aufsichts- und Bereitschaftspersonen sowie für Betriebsinhaber und Betriebsleiter							●	○¹¹)	○	
Sonstige Wohnungen						●⁹) ○				
Kleinsiedlungen einschl. Wohngebäude mit entsprechenden Nutzgärten, landwirtschaftliche Nebenerwerbsstellen	●			●						
Der Versorgung des Gebiets dienende Läden, Schank- und Speisewirtschaften sowie nicht störende Handwerksbetriebe	●		●							
Läden und nicht störende Handwerksbetriebe, die zur Deckung des täglichen Bedarfs für die Bewohner des Gebiets dienen		○								
Läden				●						
Betriebe des Beherbergungsgewerbes		○³)	○	●	●	●	●			
Handwerksbetriebe zur Versorgung des Gebietes				●						
Anlagen für soziale Zwecke		○								
Anlagen für kirchliche, kulturelle, soziale und gesundheitliche Zwecke	○	○²)	●	●	●	●	●	○	○	
Anlagen für sportliche Zwecke	○	○²)	●	●	●	●	●	●	○	
Gartenbaubetriebe	●		○		●	●				
Fußnoten s. folgende Seite										

Tafel 4.23, Fortsetzung

Art des Bauvorhabens nach § 2 bis § 11 BauNVO	WS	WR	WA	WB	MD	MI	MK	GE	GI	SO
Tankstellen	O		O	O	●	●	●[4] / O	●	●	
nicht störende Gewerbebetriebe	O		O	●	●		●			
nicht wesentlich störende Gewerbebetriebe							●	●		
sonstige Gewerbebetriebe					●	●	●			
Schank- und Speisewirtschaften				●	●	●	●			
Geschäfts- und Bürogebäude					●		●	●	●	
Anlagen für Verwaltungen				O	O[10]	●[5]	●			
Verwaltungsgebäude								●	●	
Einzelhandelsbetriebe					●	●	●			
Wirtschaftsstellen land- und forstwirtschaftlicher Betriebe, Betriebe zur Verarbeitung und Sammlung land- und forstwirtschaftlicher Erzeugnisse					●					
Vergnügungsstätten				O[7]	O[7]	O[7]	●		O	
Gewerbebetriebe aller Art, Lagerhäuser, Lagerplätze und öffentliche Betriebe								●[6]	●	

● im Baugebiet zulässig
O ausnahmsweise im Baugebiet zulässig

1) nur Wohngebäude mit nicht mehr als zwei Wohnungen
2) wenn sie den Bedürfnissen der Bewohner der Gebiete dienen
3) nur kleine Betriebe
4) im Zusammenhang mit Parkhäusern und Großgaragen
5) nur für örtliche Verwaltungen
6) soweit diese Anlagen für die Umgebung keine erheblichen Nachteile oder Belästigungen zur Folge haben können.
7) soweit sie nicht ausschließlich in Kerngebieten allgemein zulässig sind
8) nur in den Teilen der Gebiete mit überwiegend gewerblicher Nutzung
9) nach Maßgabe des Bebauungsplanes
10) für zentrale Einrichtungen der Verwaltung
11) wenn von untergeordneter Größe und dem Gewerbebetrieb zugeordnet

§ 17 Obergrenzen für die Bestimmung des Maßes der baulichen Nutzung

Tafel 4.21   Zusammenstellung aus § 17

Baugebiete	Grundflächenzahl (GRZ)	Geschoßflächenzahl (GFZ)	Baumassenzahl (BMZ)
WS: Kleinsiedlungsgebiete	0,2	0,4	–
WR: reine Wohngebiete WA: allgemeine Wohngebiete Ferienhausgebiete	0,4	1,2	–
WB: besondere Wohngebieten	0,6	1,6	–
MD: Dorfgebiete MI: Mischgebiete	0,6	1,2	–
MK: Kerngebiete	1,0	3,0	–
GE: Gewerbegebiete GI: Industriegebiete SO: sonstige Sondergebiete	0,8	2,4	10,0
Wochenendhausgebiete	0,2	0,2	–

Die Obergrenzen können überschritten werden, wenn besondere städtebauliche Gründe dies erfordern.

§ 18 Höhe baulicher Anlagen

(1) Bei Festsetzung der Höhe baulicher Anlagen sind die erforderlichen Bezugspunkte zu bestimmen.

(2) Ist die Höhe baulicher Anlagen als zwingend festgesetzt (§ 16 Abs. 4 Satz 2), können geringfügige Abweichungen zugelassen werden.

§ 19 Grundflächenzahl (GRZ), zulässige Grundfläche

(1) Die Grundflächenzahl gibt an, wieviel Quadratmeter Grundfläche je Quadratmeter Grundstücksfläche im Sinne des Absatzes 3 zulässig sind.

(2) Zulässige Grundfläche ist der nach Absatz 1 errechnete Anteil des Baugrundstücks, der von baulichen Anlagen überdeckt werden darf.

(3) Für die Ermittlung der zulässigen Grundfläche ist die Fläche des Baugrundstücks maßgebend, die im Bauland und hinter der im Bebauungsplan festgesetzten Straßenbegrenzungslinie liegt. Ist eine Straßenbegrenzungslinie nicht festgesetzt, so ist die Fläche des Baugrundstücks maßgebend, die hinter der tatsächlichen Straßengrenze liegt oder die im Bebauungsplan als maßgebend für die Ermittlung der zulässigen Grundfläche festgesetzt ist.

(4) Bei der Ermittlung der Grundfläche sind die Grundflächen von

1. Garagen und Stellplätzen mit ihren Zufahrten,
2. Nebenanlagen im Sinne des § 14,
3. baulichen Anlagen unterhalb der Geländeoberfläche, durch die das Baugrundstück lediglich unterbaut wird,

mitzurechnen. Die zulässige Grundfläche darf durch die Grundflächen der in Satz 1 bezeichneten Anlagen bis zu 50 vom Hundert überschritten werden, höchstens jedoch bis zu einer Grundflächenzahl von 0,8; weitere Überschreitungen in geringfügigem Ausmaß können zugelassen werden. Im Bebauungsplan können von Satz 2 abweichende Bestimmungen getroffen werden. Soweit der Bebauungsplan nichts anderes festsetzt, kann im Einzelfall von der Einhaltung der sich aus Satz 2 ergebenden Grenzen abgesehen werden

1. bei Überschreitungen mit geringfügigen Auswirkungen auf die natürlichen Funktionen des Bodens oder
2. wenn die Einhaltung der Grenzen zu einer wesentlichen Erschwerung der zweckentsprechenden Grundstücksnutzung führen würde.

§ 20 Vollgeschosse, Geschoßflächenzahl (GFZ), Geschoßfläche

(1) Als Vollgeschosse gelten Geschosse, die nach landesrechtlichen Vorschriften Vollgeschosse sind oder auf ihre Zahl angerechnet werden.

(2) Die Geschoßflächenzahl gibt an, wieviel Quadratmeter Geschoßfläche je Quadratmeter Grundstücksfläche im Sinne des § 19 Abs. 3 zulässig sind.

(3) Die Geschoßfläche ist nach den Außenmaßen der Gebäude in allen Vollgeschossen zu ermitteln. Im Bebauungsplan kann festgesetzt werden, daß die Flächen von Aufenthaltsräumen in anderen Geschossen einschließlich der zu ihnen gehörenden Treppenräume und einschließlich ihrer Umfassungswände ganz oder teilweise mitzurechnen oder ausnahmsweise nicht mitzurechnen sind.

(4) Bei der Ermittlung der Geschoßfläche bleiben Nebenanlagen im Sinne des § 14, Balkone, Loggien, Terrassen sowie bauliche Anlagen, soweit sie nach Landesrecht in den Abstandsflächen (seitlicher Grenzabstand und sonstige Abstandsflächen) zulässig sind oder zugelassen werden können, unberücksichtigt.

§ 21 Baumassenzahl (BMZ), Baumasse

(1) Die Baumassenzahl gibt an, wieviel Kubikmeter Baumasse je Quadratmeter Grundstücksfläche im Sinne des § 19 Abs. 3 zulässig sind.

(2) Die Baumasse ist nach den Außenmaßen der Gebäude vom Fußboden des untersten Vollgeschosses bis zur Decke des obersten Vollgeschosses zu ermitteln. Die Baumassen von Aufenthaltsräumen in anderen Geschossen einschließlich der zu ihnen gehörenden Treppenräume und einschließlich ihrer Umfassungswände und Decken sind mitzurechnen. Bei baulichen Anlagen, bei denen eine Berechnung der Baumasse nach Satz 1 nicht möglich ist, ist die tatsächliche Baumasse zu ermitteln.

(3) Bauliche Anlagen und Gebäudeteile im Sinne des § 20 Abs. 4 bleiben bei der Ermittlung der Baumasse unberücksichtigt.

(4) Ist im Bebauungsplan die Höhe baulicher Anlagen oder die Baumassenzahl nicht festgesetzt, darf bei Gebäuden, die Geschosse von mehr als 3,50 m Höhe haben, eine Baumassenzahl, die das Dreieinhalbfache der zulässigen Geschoßflächenzahl beträgt, nicht überschritten werden.

§ 23 Überbaubare Grundstücksfläche
(2) Ist eine Baulinie festgesetzt, so muß auf diese Linie gebaut werden.
(3) Ist eine Baugrenze festgesetzt, so dürfen Gebäude dies nicht überschreiten.

5 Privates Baurecht (s.a. Abschn. „Leistungsbeschreibung und Bauvertrag")

5.1 Auswahl wichtiger Rechtsbegriffe

Anerkannte Regeln der Technik (auch „der Baukunst") (a.R.d.T.)
Strafgesetzbuch § 330; VOB/B § 4 (2); Landesbauordnungen (z.b. NW § 3)
Regeln, die durchweg in Kreisen der betreffenden Techniker bekannt und als richtig anerkannt und praktisch erprobt sind (Reichsgericht). Neben ungeschriebenen Regeln gehören u.a. dazu: DIN-Vorschriften, DAS (Verbandsbestimmungen des Deutschen Ausschusses für Stahlbeton), VDE-Vorschriften, Unfallverhütungsvorschriften der Berufsgenossenschaften.
Nicht gemeint ist: die letzte wissenschaftliche Erkenntnis oder unbekannte, wenn auch richtige, Veröffentlichungen.
Technische Normen können jedoch technisch überholt sein, dann sind sie nicht mehr a.R.d.T.
In einem Urteil vom 17. Februar 1998 − 7 U 5/96 (IBR 1998, 295) − hat sich das Oberlandesgericht Hamm mit der rechtlichen Einordnung von DIN-Normen befaßt. Der Entscheidung sind folgende **Leitsätze** zu entnehmen:
● Eine allgemein anerkannte Regel der Technik muß nicht nur in der Wissenschaft anerkannt sein, sondern sie muß sich auch in der Praxis restlos durchgesetzt haben.
● Auch die in einer neuen DIN-Norm enthaltenen Ausführungsanweisungen (hier: Fliesenarbeiten) gehören nicht zu den allgemein anerkannten Regeln der Technik, wenn sie von den Baufachleuten nicht angewandt bzw. nicht hinreichend akzeptiert werden.

Amtshaftung, Amtspflichtverletzung
§ 839 BGB: „Verletzt ein Beamter vorsätzlich oder fahrlässig die ihm einem Dritten gegenüber obliegende Amtspflicht, so hat er dem Dritten den daraus entstehenden Schaden zu ersetzen…"
Nach Art. 34 Grundgesetz haftet der Staat oder die zuständige öffentliche Körperschaft für Amtspflichtverletzung der Bediensteten (Subsidiärhaftung).

Anfechtung
bewirkt, daß das angefochtene Rechtsgeschäft als von Anfang an als nichtig anzusehen ist (§ 142 BGB).
Anfechtungsgründe: § 119 BGB A. wegen Irrtum (nicht: Irrtum im Beweggrund)
§ 123 BGB A. wegen Täuschung und Drohung.

Annahmeverzug
§ 293 BGB: „Der Gläubiger kommt in Verzug, wenn er die ihm angebotene Leistung nicht annimmt." In A. gerät auch ein Bauherr, der Abnahme der Bauleistung versagt oder Mitwirkungspflichten (z.B. Baugrundstück für BU verfügbar machen, Übergabe der Ausführungsunterlagen, Beschaffung der Baugenehmigung) unterläßt.

Arglist, arglistige Täuschung
liegt vor, wenn einem anderen falsche Tatsachen als wahr dargestellt werden, um ihn dadurch zum Abschluß eines Rechtsgeschäftes zu bewegen. Verschweigen kann auch A. sein. A. kann zur Anfechtbarkeit eines Rechtsgeschäftes führen (§ 123, 318 BGB).

Beratungspflicht
ist eine Nebenpflicht, insbesondere der A.u.I. gegenüber dem BH. (BGH-Urteil v. 6.5.1965). Nach dem Grundsatz von „Treu und Glauben" (§ 242 BGB) läßt sich die B. unter Umständen auch für den BU aus einem Bauvertrag herleiten.

Bereicherung, ungerechtfertigte

§ 812, BGB: „Wer durch die Leistung eines anderen oder in sonstiger Weise auf dessen Kosten etwas ohne rechtlichen Grund erreicht, ist ihm zur Herausgabe verpflichtet…"

Besitz

ist die tatsächliche Gewalt über eine Sache. B. ist nicht Eigentum. Beispiel: Der Mieter „besitzt" die vom Eigentümer gemietete Wohnung. Der BU besitzt die Bauleistung, obwohl sie als wesentlicher Bestandteil des Grundstückes ins Eigentum des Grundstückseigentümers (i.d.R. = BH) übergegangen ist. Rechte des Besitzers s. § 854 ff. BGB.

Bestandteile, wesentliche

Bestandteile einer Sache, die voneinander nicht getrennt werden können, ohne daß der eine oder der andere zerstört oder in seinem Wesen verändert wird (wesentliche Bestandteile), können nicht Gegenstand besonderer Rechte sein (§ 93 BGB).

Zu den wesentlichen Bestandteilen eines Grundstückes gehören die mit dem Grund und Boden festverbundenen Sachen, insbesondere Gebäude, sowie die Erzeugnisse des Grundstückes, solange sie mit dem Boden zusammenhängen. Samen wird mit dem Aussäen, eine Pflanze wird mit dem Einpflanzen wesentlicher Bestandteil des Grundstückes.

Zu den wesentlichen Bestandteilen eines Gebäudes gehören die zur Herstellung des Gebäudes eingefügten Sachen (§ 94 BGB).

Rechte und Belastungen sind ebenfalls Bestandteil eines Grundstückes.

Kein Bestandteil des Grundstückes werden:
— Aufbauten für vorübergehende Zwecke (z. B. Ausstellungsbauten)
— Aufbauten, die nur auf dem Boden aufgesetzt sind und ohne Zerstörung an anderer Stelle wieder aufgebaut werden können (z. B. transportable Hütten, Fertiggaragen)
— Bauten auf der Grundlage des Erbbaurechtes.

Bewegliche Sachen

sind alle körperlichen Sachen, die nicht unbeweglich sind. Unbewegliche Sachen sind Grundstücke (Immobilien) und deren wesentliche Bestandteile. Baustoffe (b.S.) werden mit dem Einbau in ein Gebäude Bestandteil des Grundstücks und damit zur unbeweglichen Sache. Das Eigentum an der b.S. geht von BU auf den Grundstückseigentümer über.

Beweislast

Derjenige, der Ansprüche geltend macht, muß die zugrunde liegenden Tatsachen beweisen; er trägt die B. Unter Bezug auf § 282 BGB nimmt Rechtsprechung u.U. Umkehr der Beweislast zugunsten des Geschädigten an. Bei behaupteten Mängeln einer Bauleistung geht bei der Abnahme die B. von BU auf BH über.

Beweissicherung

durch Augenscheinnahme oder Vernehmung von Zeugen und Sachverständigen zur Sicherung des Beweises. Entsprechender Antrag an Amtsgericht ist zulässig, wenn
— Gegenpartei einverstanden oder wenn
— Beweismittel verloren gehen kann, seine Benutzung später erschwert ist
— oder wenn Antragsteller ein rechtliches Interesse an der Feststellung eines gegenwärtigen Zustandes hat.
Verfahren in § 485 ZPO geregelt.

Bürgschaft

Bürge verpflichtet sich gegenüber dem Gläubiger eines Dritten, für die Erfüllung der Verbindlichkeit des Dritten einzustehen (§ 765 ff. BGB). Bürge kann durch „Einrede der Vorausklage" die Befriedigung des Gläubigers verweigern, solange nicht der Gläubiger eine Zwangsvollstreckung gegen den Hauptschuldner (Dritter) ohne Erfolg versucht hat.

4

Die Einrede der Vorausklage ist ausgeschlossen, wenn der Bürge auf die Einrede verzichtet, insbesondere wenn er sich als „Selbstschuldner" verbürgt hat.

Duldung

Grundsätzlich kann Eigentümer von einem Störer die Beseitigung der Beeinträchtigung verlangen, wenn er nicht zu D. verpflichtet ist (§ 1004 BGB).

Grundstückseigentümer müssen dulden:
- bestimmte Einwirkungen vom Nachbargrundstück (§ 906 BGB)
- Vertiefung des Nachbargrundstückes (§ 909 BGB)
- Überbauung der Grenze, wenn sie nicht vorsätzlich oder grob fahrlässig erfolgte (§ 912 BGB).

Eigentum

Der Eigentümer einer Sache kann grundsätzlich mit der Sache nach Belieben verfahren (§ 903 BGB). Allerdings gibt es Einschränkungen durch Gesetze oder durch Rechte Dritter (z.B. Bundesbaugesetz, Nachbarrechtsgesetze, nachbarrechtliche Vorschriften der § 906 ff BGB). Das Grundgesetz gestattet Enteignung nur gegen Entschädigung.

Eigentumsübergang

bei beweglichen Sachen: durch Einigung und Übergabe (§ 929 BGB)

bei Grundstücken: durch Auflassung und Grundbucheintragung, wozu Mitwirken des Notars erforderlich ist (§§ 873, 925 BGB).

Einstweilige Anordnung

wird vom zuständigen Gericht auf Antrag (glaubhafte Begründung) in zeitlich dringenden Fällen zur vorläufigen Sicherung von Rechten erlassen (§ 935 ff. ZPO).

Beispiel Eintragung einer Bauwerkssicherungshypothek gemäß § 648 BGB, zugunsten BU. Weigert sich der Grundstückseigentümer, dann kann BU eine E.A. auf Eintragung einer Vormerkung ins Grundbuch erwirken (§ 885 BGB). Endgültige Eintragung der Sicherung der Hypothek kann dann durch Klage und Urteil erzwungen werden.

Erfüllungsgehilfe

ist eine Person, derer sich ein Schuldner zur Erfüllung seiner Verbindlichkeiten bedient (§ 278 BGB). Bei Erfüllung von Verträgen haben die Beteiligten das Verschulden ihrer E. in gleichem Umfang zu vertreten wie eigenes Verschulden. E. des BU sind z.B. seine Arbeiter, Angestellten, Bauleiter, ggf. auch andere Personen und Firmen, die für ihn zur Vertragserfüllung tätig werden.

Fahrlässigkeit

ist durch verschiedene Reichsgerichtsurteile definiert: Als F. gilt, wenn der Schädiger die schädigende Handlung vornimmt, obwohl er bei gehöriger Sorgfalt die Gewißheit oder Möglichkeit des schädigenden Erfolgs seiner Handlungsweise hätte erkennen müssen und können. Grobe F. liegt vor, wenn die im Verkehr erforderliche Sorgfalt besonders schwer verletzt wird, wenn einfachste, naheliegende Überlegungen nicht angestellt werden, wenn Maßnahmen nicht ergriffen werden, die jedem einleuchten müssen (BGH 1953, 1959).

Formvorschriften

§ 125 BGB: Ein Rechtsgeschäft, welches der durch Gesetz vorgeschriebenen Form ermangelt, ist nichtig.
- **formlos** (also auch mündlich vereinbart) können sein: z.B. Bauverträge, Ingenieurverträge, Kaufverträge. Schriftform als Beweismittel jedoch sinnvoll.
- **Schriftform** ist erforderlich: z.B. Miet- u. Pachtvertrag eines Grundstückes für länger als ein Jahr (§ 566 BGB), Abtretung einer Hypothek (§ 1154 BGB), Bürgschaftsversprechen (§ 766 BGB), Schuldversprechen und Schuldanerkenntnis (§§ 780, 781 BGB).
  Nach VOB/B ist Schriftform erforderlich bei Anzeigen des BU und Kündigung [§§ 4 (3), 6 (1), 13 (3), 8 (5)].

— **Öffentliche Beglaubigung** (durch Notar, Gericht, Behörde mit Dienstsiegel)
Beglaubigt wird nur die Unterschrift, der Inhalt der Erklärung wird davon nicht
berührt. Erforderlich z.b. bei Eintragungen zum Vereins- oder Handelsregister,
Erklärungen zur Eintragung ins Grundbuch.

— **Notarielle oder gerichtliche Beurkundung** ist erforderlich z.b. bei Verträ-
gen über Grundstücksübertragungen, Schenkungsversprechen.
Die beurkundete Erklärung genießt auch bezüglich ihres Inhalts „öffentlichen
Glauben".

Garantie

ist im allgemeinen weitergehender als Gewährleistung. Bei einem selbständigen
Garantievertrag haftet der Garantierende ohne Rücksicht auf Verschulden.

Gerichtsstand

Örtliche Zuständigkeit eines Gerichtes (§ 12ff. ZPO). G. kann im allgemeinen von
Vertragsparteien vereinbart werden (Ausnahme § 40 ZPO). Nach § 18 VOB/B ist G.
der Sitz der für die Prozeßvertretung des AG zuständigen Stelle.

Gesamtschuldverhältnis

entsteht in der Regel immer schon dann, wenn sich mehrere Personen durch ge-
meinschaftlichen Vertragsschluß zu einer Leistung verpflichten (§ 427 BGB).
Die Gesamtschuldner sind jeder für sich zur vollen Leistung verpflichtet, jedoch so,
daß der Gläubiger die Leistung insgesamt nur einmal verlangen kann (§ 421 BGB).
Vorteilhaft für Gläubiger: er kann sich wegen seiner Ansprüche an denjenigen
Schuldner halten, den er am besten erreichen kann oder an den, den er für am
leistungsfähigsten hält.

Gesetzliche Haftpflicht

entsteht ohne den Willen der Betroffenen, allein aufgrund gesetzlicher Bestimmungen (insbesondere § 823 BGB). Darüber hinaus geht die durch besondere Ver-
tragsvereinbarung übernommene Haftung. Haftpflichtversicherungen decken normalerweise nur Schadensersatzansprüche Dritter aus G.H.

Gesetzliche Vertreter

sind berechtigte Personen, die juristische Personen vertreten, z.B.: Geschäftsführer
einer GmbH, Vorstand einer AG. Die juristische Person haftet für Handlungen der
G.V., bei Ausübung der ihm zustehenden Verrichtungen.

Gute Sitten

entsprechend dem Anstandsgefühl aller billig und gerecht Denkenden (Reichsgericht 1901). Ein Rechtsgeschäft, das gegen die guten Sitten verstößt, ist nichtig
(§ 138 BGB). Wer in einer gegen die guten Sitten verstoßenden Weise einem anderen vorsätzlich Schaden zufügt, ist dem anderen zum Ersatze des Schadens verpflichtet (§ 826 BGB).
Als sittenwidrig wird angesehen, z.B.:
Ein Vertrag, durch den der wirtschaftlich Stärkere seine Stellung zu Lasten des
wirtschaftlich Schwächeren übermäßig ausnutzt.
Ausnutzung Abhängiger
Wucher (s. § 138 (2) BGB).

Hemmung der Verjährung (Unterbrechung der V.)

§ 205 BGB: Der Zeitraum, währenddessen die Verjährung gehemmt ist, wird in die
Verjährungsfrist nicht eingerechnet. Für Bauverträge, auch wenn VOB gilt, ist § 639

(2) BGB wichtig: Unterzieht sich der BU im Einverständnis mit dem B. der Prüfung des Vorhandenseins des Mangels oder der Beseitigung des Mangels, so ist die Verjährung so lange gehemmt, bis der BU das Ergebnis der Prüfung dem B. mitteilt oder ihm gegenüber den Mangel für beseitigt erklärt oder die Fortsetzung der Beseitigung verweigert.

Andere Hemmungsgründe: §§ 202, 203 (2) BGB.

Zu unterscheiden ist die **Unterbrechung der Verjährung,** bei der die bis zur Unterbrechung verstrichene Zeit nicht in Betracht kommt und eine neue Verjährung nach Beendigung der Unterbrechung beginnt (§ 217 BGB). Für Bauverträge ist § 639 (1) BGB von Bedeutung: Unterbrechung der V. der Gewährleistungsansprüche (Wandlung, Minderung, Schadensersatz) des B. erfolgt durch Antrag auf das selbständige Beweisverfahren nach ZPO zur Mängelfeststellung.

Nach § 13 (5) VOB/B bewirkt die schriftliche Aufforderung des AG zur Mängelbeseitigung eine Unterbrechung der Verjährung, gleichzeitig beginnt die Verjährungsfrist (2 Jahre nach VOB bei Bauwerken) erneut zu laufen. Eine weitere Fristverlängerung ist dann nur noch durch gerichtliches Vorgehen (dadurch Verjährungsunterbrechung) vor Fristablauf möglich. Andere Unterbrechungen der V.: §§ 208, 209 BGB (z. B. Klage, Mahnbescheid).

Höhere Gewalt

Äußeres, betriebsfremdes Ereignis, dessen Eintritt unvorhersehbar war, und das auch bei Anwendung größter Sorgfalt und aller zumutbaren Vorkehrungen nicht verhütet oder in seinen Folgen unschädlich gemacht werden konnte (Rechtsprechung zu § 1 Reichshaftpflichtgesetz), z.B.: Sturmflut, Blitzschlag, Erdbeben, sonstige Naturkatastrophen. Selbst extreme Witterungsverhältnisse erfüllen selten den Begriff der höheren Gewalt.

Nach § 7 VOB/B trägt der AG das Risiko aus H.G.

Mahnung (Verzug)

§ 284 BGB: Leistet der Schuldner auf eine Mahnung des Gläubigers nicht, die nach dem Eintritt der Fälligkeit erfolgt, so kommt er **durch die Mahnung in Verzug.**

Ist für die Leistung eine Zeit nach dem Kalender bestimmt, so kommt der Schuldner auch ohne Mahnung in Verzug.

Nach § 285 BGB ist außerdem Verschulden des Schuldners Voraussetzung für den Verzug.

Nach § 326 BGB ist Schadenersatz wegen Nichterfüllung oder Rücktritt vom Vertrag nur möglich, wenn dem Schuldner vorher eine angemessene Frist zur Bewirkung der Leistung gesetzt ist und erklärt wird, daß nach Ablauf der Frist die Annahme der Leistung abgelehnt wird. S. auch § 4 (7), 5 (4) VOB/B.

Minderung

bedeutet: Herabsetzen der Vergütung (z.B. wegen nicht beseitigter Mängel).
§§ 634, 472 BGB, § 13 (6) VOB/B.

Nebenpflichten (ungeschriebene)

Jeder Vertragspartner eines Werkvertrages hat die N., dafür zu sorgen, daß der andere Partner bei der Abwicklung des Vertragsverhältnisses keinen Schaden (Personen- oder Sachschaden) erleidet (BGH 1959) und möglichst auch nicht mit Schadenersatzansprüchen Dritter belastet wird. Außerdem besteht, insbesondere bei Bau-, Architekten- und Ingenieurverträgen, die N. zur Beratung des AG. Schuldhafte Verletzung solcher N. ist „Positive Vertragsverletzung"; der AN haftet dann auf Schadenersatz.

Nichtigkeit

bedeutet, daß die gewollte Rechtswirkung von Anfang an nicht eintritt. Wichtige Nichtigkeitsgründe:

— Mangel der vorgeschriebenen Form (§ 125 BGB)
— Verstoß gegen gesetzliches Verbot (§ 135 ff. BGB)
— Sittenwidrigkeit, insbesondere Wucher (§ 138 BGB)
— Anfechtung wegen Irrtums, arglistiger Täuschung oder Drohung (§§ 119, 123 BGB)
— Ein auf eine unmögliche Leistung gerichteter Vertrag (§ 306 BGB)

Der Vertragspartner, der N. verschuldet hat, ist dem anderen Partner schadenersatzpflichtig; d.h., der ist so zu stellen, als ob es zum Vertragsabschluß nicht gekommen wäre (sog. Vertrauensinteresse) (§§ 122, 307 BGB).

Positive Vertragsverletzung

ist nicht direkt gesetzlich definiert. Meistens ergibt sie sich durch die Verletzung von Nebenpflichten aus einem Vertrag.

Rechtsbehelf/Rechtsmittel

Rechtsbehelf: prozessuales Mittel zur Verwirklichung eines Rechtes (z.B. Erinnerung, Klage, Einspruch, Widerspruch)

Rechtsmittel: Berufung und Revision im Zivilprozeß (§§ 511, 545 ZPO)

Rücktritt

ist die Auflösung eines Vertrages durch einseitige Erklärung eines Vertragspartners mit rückwirkender Kraft. Die Vertragspartner müssen sich dann einander die empfangenen Leistungen zurückgewähren (§ 346 BGB).

Wichtige gesetzliche Rücktrittsgründe sind: Unmöglichwerden der Leistung und Verzug (§§ 325, 326 BGB).

Bei Dienstverträgen nach § 620 BGB und bei Bauverträgen nach der VOB/B gibt es kein Rücktrittsrecht (rückwirkend), sondern stattdessen die Kündigung, die zur Auflösung des Vertrages für die Zukunft führt.

Schiedsgericht

Vertragsparteien können durch einen besonderen schriftlichen Schiedsvertrag vereinbaren, daß alle Rechtsstreitigkeiten aus dem Vertrag unter Ausschluß der ordentlichen Gerichte (Amts-, Land-, Oberlandesgericht, Bundesgerichtshof) durch ein Schiedsgericht (nach der Maßgabe einer bestimmten Schiedsgerichtsordnung) entschieden werden sollen (§ 1025 ff. ZPO). Der Schiedsspruch wird bei der Geschäftsstelle des zuständigen Gerichtes hinterlegt; er hat die Wirkung eines rechtskräftigen Gerichtsurteils (keine Berufung).

Subsidiärhaftung

wird in Muster-Architektenverträgen oft wie folgt geregelt: „Wird der Architekt wegen ungenügender Aufsicht und Prüfung für fehlerhafte Bauausführung in Anspruch genommen, so haftet er nur im Falle des Unvermögens des oder der ausführenden Unternehmer". Diese S. ergibt sich nicht aus dem Gesetz; ohne vertragliche Regelung der S. könnte sich der BH entweder an den A. oder an den BU halten. Bei der Amtspflichtverletzung des Beamten ist S. in § 839 (2) BGB geregelt.

Treu und Glauben

§ 242 BGB: Der Schuldner ist verpflichtet, die Leistung so zu bewirken, wie Treu und Glauben mit Rücksicht auf die Verkehrssitte es erfordern.

Die Rechtsprechung hat in sehr vielen Urteilen den Grundsatz entwickelt, daß praktisch jedermann in Ausübung seiner Rechte und Pflichten nach Treu und Glauben zu behandeln ist.

Unerlaubte Handlungen

ergeben sich aus § 823 ff. BGB und aus Haftungsvorschriften anderer Gesetze (z.b. Reichshaftpflichtgesetz, Straßenverkehrsgesetz).

§ 823 BGB: Wer vorsätzlich oder fahrlässig das Leben, den Körper, die Gesundheit, die Freiheit, das Eigentum oder ein sonstiges Recht eines anderen widerrechtlich verletzt, ist dem anderen zum Schadenersatz verpflichtet (Gesetzliche Haftpflicht). Hieraus wird die „Verkehrssicherheitspflicht" (z.b. des Grundstückseigentümers oder des BU) abgeleitet.

§ 836 ff. BGB regelt die Haftung bei Einsturz eines Gebäudes.

Verjährungsfristen

Nach Ablauf der V. tritt die Verjährung ein (§ 194 ff. BGB). Die regelmäßige V. beträgt 30 Jahre (§ 195 BGB). Für viele Ansprüche gelten jedoch kürzere gesetzliche V.

Tafel 4.25   Verjährungsfristen

Grund des Anspruchs	Verjährungs-frist nach BGB (VOB)	Beginn der Verjährungsfrist
Vergütungsanspruch des BU gegen BH, der Nichtkaufmann ist	2 Jahre	
Vergütungsanspruch des BU gegen Gewerbebetrieb	4 Jahre	Ende des Kalenderjahres, in dem der Anspruch entsteht
Vergütungsanspruch des A aus Dienstvertrag mit BH	2 Jahre	
Gewährleistungsanspruch des BH gegen BU oder A — bei Bauwerken, — bei Arbeiten an Grundstücken, — bei sonstigen Werken (z.B. Reparatur)	5 Jahre (2 J.) 1 Jahr (1 J.) 6 Monate	Abnahme des Werkes
Schadenersatzansprüche des BH wegen positiver Vertragsverletzung, die nicht aus Leistungsmangel resultieren	30 Jahre	bei Entstehen des Anspruches
Garantieverträge	30 Jahre	
Unerlaubte Handlungen nach § 823 BGB	3 Jahre	Zeitpunkt, zu dem der Geschädigte von Schaden und Person des Ersatzpflichtigen Kenntnis erhält
	30 Jahre	von Begehen der Handlung an, ohne Rücksicht auf diese Kenntnis
Haftung nach Straßenverkehrsgesetz (StVG)	2 Jahre	Zeitpunkt, zu dem der Geschädigte von Schaden und Person des Ersatzpflichtigen Kenntnis erhält
	30 Jahre	Unfallzeitpunkt, ohne Rücksicht auf diese Kenntnis

Durch Vertrag können gesetzliche V. verkürzt, dürfen aber nicht verlängert oder ausgeschlossen werden (§ 225 BGB).

Ausnahme: V. für Gewährleistungsansprüche aus Werkvertrag nach § 638 (2) BGB dürfen verlängert werden.

Verkehrssicherungspflicht

Grundlage ist § 823 BGB (unerlaubte Handlungen).

Wer auf einem Grundstück einen Verkehr eröffnet und die tatsächliche Verfügungsgewalt über das Grundstück ausübt, muß auch die für die Sicherung des Verkehrs erforderlichen Maßnahmen durchführen (BGH 1953).

V. kann Bauherrn, Unternehmer und verantwortlichen Bauleiter treffen. Bei Baustellen wird der BU in der Regel die V. haben.

Verkehrssitte

§ 157 BGB: Verträge sind so auszulegen, wie Treu und Glauben mit Rücksicht auf die Verkehrssitte es erfordern.

§ 2 (1) VOB/B: Durch die vereinbarten Preise werden Leistungen abgegolten, die nach ... der gewerblichen Verkehrssitte zur vertraglichen Leistung gehören.

§ 632 (2) BGB: Ist bei einem Werkvertrag eine Vergütung nicht bestimmt..., so ist die übliche Vergütung als vereinbart anzusehen.

V. ist die übliche, regelmäßige Praxis (im Verkehr) der beteiligten Kreise.

Vollmacht

berechtigt den Bevollmächtigten (Vertreter), im Namen des Vollmachtgebers (Vertretener), mit Wirkung für und gegen diesen, Erklärungen abzugeben. Wer als **Vertreter ohne Vertretungsmacht** handelt, haftet persönlich nach § 179 BGB.

— **Duldungsvollmacht:** Wer das Handeln eines anderen, nicht zu seiner Vertretung Bevollmächtigten, kennt und duldet... haftet.

— **Anscheinsvollmacht:** Der Vertretene haftet, wenn er das Handeln des Vertreters in seinem Namen zwar nicht gekannt hat, es aber hätte kennen müssen und verhindern können (BGH 1957).

Die Erteilung der Vollmacht erfolgt (Form nicht vorgeschrieben) durch Erklärung gegenüber dem Bevollmächtigten oder dem Dritten, dem gegenüber die Vertretung stattfinden soll (§ 167 BGB).

Wandlung

ist Rückgängigmachung eines Vertrages (§ 634 BGB). Beide Vertragsparteien müssen dann die empfangenen Leistungen einander zurückgewähren (§ 346 BGB). Da dieses bei begonnenen Bauarbeiten praktisch nicht möglich ist, hat W. bei Bauverträgen keine große Bedeutung.

Zubehör

Zubehör sind bewegliche Sachen, die, ohne Bestandteile der Hauptsache zu sein, dem wirtschaftlichen Zweck der Hauptsache zu dienen bestimmt sind und zu ihr in einem dieser Bestimmung entsprechenden räumlichen Verhältnis stehen (z. B. transportable Öfen, Inventar einer Werkstatt).

Die vorübergehende Trennung eines Zubehörstücks von der Hauptsache hebt die Zubehöreigenschaft nicht auf (§ 97 BGB).

Siehe auch „Bestandteile, wesentliche".

5.2 Das gerichtliche Mahnverfahren

Mahnbescheid

— wird auf Antrag des Gläubigers (Antragstellers) vom Amtsgericht erlassen.

— Das Mahnverfahren soll die kostspielige Zivilklage ersetzen, wenn erwartet werden kann, daß der Schuldner (Antragsgegner) seine Zahlungsverpflichtung nicht bestreitet.

— Der Gläubiger soll auf diese Weise schnell und billig seine Forderung eintreiben können. Er muß nur angeben, wieviel er verlangt und worauf er seine Forderung stützt.

— Ob ihm der geltend gemachte Anspruch zusteht, prüft das Amtsgericht im Mahnverfahren nicht.

— Der Mahnbescheid ist also nicht mehr als eine Aufforderung, entweder zu zahlen oder sich zu verteidigen.

Widerspruch

— Wenn der Schuldner den Anspruch nicht anerkennen will, muß er schriftlich Widerspruch erheben (oder mündlich gegenüber dem Beamten der Mahnabteilung), innerhalb von 2 Wochen.

— Erhebt der Schuldner allerdings keinen Widerspruch und zahlt er auch nicht, so erläßt das Gericht auf Antrag des Gläubigers einen Vollstreckungsbescheid.

Vollstreckungsbescheid

— wirkt wie ein Urteil.

— Er gibt dem Gläubiger die Möglichkeit, die Zwangsvollstreckung zu betreiben:

  — Lohn- und Gehaltspfändung vornehmen zu lassen

  — durch den Gerichtsvollzieher die Pfändung und Versteigerung von Sachen des Schuldners betreiben zu lassen.

— Gegen den Vollstreckungsbescheid kann der Schuldner innerhalb von 2 Wochen Einspruch einlegen. Einspruch ist mündlich oder schriftlich an das Amtsgericht zu richten, das den Vollstreckungsbescheid erlassen hat.

— Es kommt dann zum Prozeß, in dem das Gericht prüft, ob die geltend gemachte Forderung tatsächlich besteht.

Zwangsvollstreckung

— Bis zur Entscheidung dieses Prozesses behält der Gläubiger die Möglichkeit, auf Grund des Vollstreckungsbescheides die Zwangsvollstreckung gegen den Schuldner zu betreiben.

— Das Gericht kann die Vollstreckung auf Antrag des Schuldners einstweilen einstellen.

— Einem solchen Antrag wird das Gericht im allgemeinen nur mit der Einschränkung stattgeben, daß die Vollstreckung gegen Leistung einer Sicherheit eingestellt wird.

— Deshalb empfiehlt es sich, schon gegen den Mahnbescheid Widerspruch zu erheben, wenn man die geltend gemachte Forderung bestreiten will, damit es nicht erst zum Vollstreckungsbescheid mit seinen nachteiligen Folgen kommt.

5.3 Verträge nach dem Bürgerlichen Gesetzbuch (BGB)

Tafel 4.26 Einteilung des BGB

Bezeichnung	Inhaltsübersicht
1. Buch Allgemeiner Teil §§ 1 bis 240	Normen, die für das gesamte Privatrecht gelten: — Natürliche Personen (Rechtsträger) — Juristische Personen — Sachen (Rechtsobjekte) — Rechtsgeschäfte (Rechte und Pflichten) — Vertretung und Vollmacht — Fristen und Termine (Verjährung) — Sicherheitsleistung
2. Buch Schuldverhältnisse §§ 241 bis 853	Rechte und Pflichten aus Schuldverhältnissen

	mit Willen der Beteiligten (Sch. aus Verträgen)	ohne Willen der Beteiligten (Gesetzliche Sch.)
	— Kaufvertrag § 433 — Werkvertrag § 631 — Werklieferungsv. § 651 — Dienstvertrag § 611 — Mietvertrag § 535 — u.a.	— Unerlaubte Handlungen § 823 — Ungerechtfertigte Bereicherung § 812 — Geschäftsführung ohne Auftrag § 677

Bezeichnung	Inhaltsübersicht
3. Buch Sachenrecht §§ 854 bis 1296	Recht an Sachen (bewegliche, unbewegliche): — Besitz — Eigentum — Nutzungsrecht (Pfandrecht, Nießbrauch) — Grundpfandrechte (Hypothek, Grundschuld, Rentenschuld)
4. Buch Familienrecht §§ 1297 bis 1921	— Verlöbnis, Ehe — Güterrecht — Ehescheidung — Verwandtschaft, Unterhaltungspflicht — Kinder, Adoption — Vormundschaft
5. Buch Erbrecht §§ 1922 bis 2385	Rechts- und Vermögensnachfolge des verstorbenen Menschen

Tafel 4.27 Kaufvertrag nach §§ 433 bis 515 BGB

Wesen	Gegenseitigkeitsvertrag, der beiden Parteien Pflichten auferlegt, die gleichzeitig Rechte des anderen Vertragspartners sind
Formvorschriften	nur bei Grundstückskauf (notarielle oder gerichtliche Beurkundung)
Pflichten des Verkäufers	Übergabe (Verschaffung des Besitzes) Übereignung frei von Rechten Dritter (Verschaffung des Eigentums) Nebenpflichten: — Unterhaltspflicht bei vereinbarter späterer Lieferung — Übernahme der Kosten der Übergabe — Unterlassen aller Handlungen, die eine Erledigung der Hauptpflichten erschweren könnten
Pflichten des Käufers	— Entrichten des Kaufpreises — Abnahme der Kaufsache — Übernahme der Kosten, die durch Versand an einen Ort entstehen, der nicht Erfüllungsort ist.
Haftung des Verkäufers bei Rechtsmangel (z.B. Pfandrecht, Vorkaufsrecht, Nießbrauch)	Käufer kann: — Erfüllung verlangen — wegen Nichterfüllung die Gegenleistung verweigern — Schadenersatz wegen Unmöglichkeit oder Verzug fordern

Fortsetzung s. nächste Seite

Tafel 4.27 Kaufvertrag, Fortsetzung

Haftung des Verkäufers bei Sachmangel (Fehlen der zugesicherten Eigenschaft)	Käufer kann folgende Rechte ausüben und verlangen: — Wandlung, bei erheblichen Fehlern — Minderung, wenn Fehler weniger bedeutend — Ersatzlieferung bei Gattungssachen (z.B. Ziegelsteine) — Schadenersatz statt Wandlung oder Minderung
Lieferverzug durch Verkäufer	Käufer kann folgende Rechte ausüben: — Vertragsrücktritt (§§ 320 bis 327 BGB) — Schadenersatz wegen Nichterfüllung — Bestehen auf Lieferung mit/ohne Schadenersatz
Annahmeverzug durch Käufer	Verkäufer kann vornehmen: — Vertragsrücktritt — Bestehen auf Abnahme — Lagerung auf Kosten des Käufers (HGB) — Selbsthilfeverkauf nach Androhung (HGB) — Notverkauf bei leichtverderblichen Sachen (HGB)
Zahlungsverzug des Käufers	Verkäufer kann bestehen auf: — Zahlung der Rechnungssumme — Verzugszinsen (§ 288 BGB = 4%; § 352 HGB = 5%) — Ersatz der Mahnkosten
Verjährung der Sachmängelhaftung	— 6 Monate nach Übergabe bei beweglichen Sachen — 1 Jahr bei Grundstücken Die Verjährungsfrist kann durch Vertrag verlängert werden (§ 477 BGB)

Tafel 4.28 Mietvertrag nach §§ 535 ff. BGB

Das besondere Mietrecht bei Wohnraum wird hier nicht behandelt.

Pflichten des Vermieters	Übergabe der Mietsache (Besitzverschaffung) dauernde Gebrauchsüberlassung während der Mietzeit Übernahme der Instandhaltungskosten Tragen der auf der Mietsache ruhenden Lasten
Pflichten des Mieters	Zahlung des Mietzinses sorgfältige Behandlung der Mietsache Anzeige von Mängeln Unterlassung von Untervermietung Rückgabe der Mietsache nach Ende des Mietverhältnisses
Haftung des Vermieters bei Rechts- und Sachmängeln	Mieter kann: — Beseitigung der Mängel verlangen — Mietzins mindern — Schadenersatz verlangen — kündigen
Vermieterpfandrecht besteht	an den eingebrachten Sachen des Mieters zur Sicherung der Forderungen des Vermieters aus dem Mietvertrag
Kündigungsfristen bei Grundstücken und Räumen	bei Bemessung des Mietzinses nach: — Tagen: 1 Tag — Wochen: spätestens am 1. Werktag einer Woche für den Ablauf des folgenden Sonnabends — Monaten: 3 Monate bei Wohnraum: abhängig von Dauer des Mietverhältnisses
Verkauf des vermieteten Grundstücks an Dritte	Erwerber übernimmt Rechte und Pflichten des Vermieters Vermieter sollte dem Mieter den Eigentumsübergang mitteilen (sonst haftet er weiter) (§ 571 BGB)
Schriftform des Mietvertrages	wird nur verlangt bei Grundstücksvermietung für länger als 1 Jahr

Pachtvertrag nach § 581 BGB

die Vorschriften über Mietverträge gelten mit Ausnahmen.

Tafel 4.29 Wichtige Unterschiede von Pacht- gegenüber Mietverträgen:

„Genuß der Früchte" durch Pächter	d.h. Nutzung des wirtschaftlichen Ertrages aus dem gepachteten Gegenstand steht dem Pächter zu
Ausbesserungskosten	bei einem landwirtschaftlichen Grundstück trägt der Pächter
Verpachtung eines Grundstückes mit Inventar	Pächter muß das Inventar erhalten und die Gefahr dafür tragen (Untergang, Verschlechterung) Pächter darf über Inventar ordnungsgemäß verfügen

Dienstvertrag nach §§ 611 ff. BGB

Die weitergehenden Vorschriften des Arbeits- und Beamtenrechts werden hier nicht behandelt.

Tafel 4.30 Dienstvertrag nach §§ 611 ff. BGB

Pflichten des Dienstherrn	Zahlung der vereinbarten Vergütung Fürsorgepflicht Pflicht zur Zeugniserteilung Beurlaubungspflicht
Pflichten des Dienstverpflichteten	persönliche Leistung von Diensten Gehorsams- und Treuepflicht Unterlassung von den Dienstherrn schädigenden Handlungen
Ende des Dienstverhältnisses	nach Vertrag nach Kündigungsfristen der §§ 621 ff. BGB
Unterschied zum Werkvertrag	Der Dienstverpflichtete haftet nicht für Erfolg seiner Dienste; er hat keine Gewährleistungspflicht. Bei schuldhafter Dienstpflichtverletzung haftet er jedoch ggf. wegen positiver Vertragsverletzung auf Schadenersatz.

Werkvertrag nach §§ 631 ff. BGB s. Abschn. „Leistungsbeschreibung und Bauvertrag"

Architekten- und Ingenieurvertrag

sind im BGB nicht ausdrücklich geregelt; sie sind entweder Dienstverträge oder Werkverträge, je nach Festlegung im Vertrag. Fehlt es an dieser vertraglichen Festlegung, dann ist A bzw. I in jedem Falle auf Grund eines Werkvertrages tätig (BGH VII ZR 310/79).

Vertragsart	Art und Umfang der Vertragstätigkeit
a) Werkvertrag	Objektüberwachung nach HOAI („Bauleitung")
b) Werkvertrag	Planung, Berechnung, Konstruktion
c) Werkvertrag	wenn a) und b) gleichzeitig beauftragt

Bei a) und c) schulden A bzw. I nicht das Bauwerk als körperliche Sache, sondern das mangelfreie Entstehenlassen des Bauwerks.

Bei b) werden nur die Planungs-, Berechnungs-, Konstruktionsunterlagen als Werke geschuldet. Je nachdem, wie weit A oder I auch mit der Bauvorbereitung beauftragt ist, kann auch hier das planungsmäßige, einwandfreie Entstehenlassen des Bauwerks geschuldet werden.

Die „Einheits-Architektenverträge" der Architektenkammern schränken z.T. die Rechte des Bauherrn gegenüber dem Werkvertragsrecht des BGB ein. „Einheits-Architektenverträge" sind jedoch nicht allgemeinverbindlich.

6 Hinweise auf andere Rechtsgebiete, die das Baurecht berühren

6.1 Strafgesetzbuch (StGB), Ordnungswidrigkeitengesetz (OWiG)

Tafel 4.31   Auszüge aus StGB und OWiG

Fahrlässige Tötung § 222 StGB	Wer durch Fahrlässigkeit den Tod eines Menschen verursacht, wird mit Gefängnis bestraft
Fahrlässige Körperverletzung § 230 StGB	Wer durch Fahrlässigkeit die Körperverletzung eines anderen verursacht, wird mit Geldstrafe oder mit Gefängnis bis zu 3 Jahren bestraft.
Baugefährdung § 330 StGB	(1) Wer bei der Planung, Leitung oder Ausführung eines Baues oder des Abbruchs eines Bauwerks gegen die allgemein anerkannten Regeln der Technik verstößt und dadurch Leib oder Leben eines anderen gefährdet, wird mit einer Freiheitsstrafe bis zu 5 Jahren oder mit Geldstrafe bestraft. (2) Ebenso … bei Einbau oder Änderung technischer Einrichtungen in Bauwerken. (3) (4) (5) befassen sich mit dem Strafmaß.
Ab 1.1.75 in Ordnungswidrigkeitengesetz; vorher § 367 StGB:	Mit Geldstrafe bis zu 500,-DM oder mit Haft wird bestraft …
12.	wer auf öffentlichen Straßen, Wegen oder Plätzen, auf Höfen, in Häusern und überhaupt an Orten, an welchen Menschen verkehren, Brunnen, Keller, Gruben, Öffnungen oder Abgänge dergestalt unverdeckt oder unverwahrt läßt, daß daraus **Gefahr für andere entstehen kann.**
13.	wer trotz polizeilicher Aufforderung es unterläßt, Gebäude, welchen der Einsturz droht, auszubessern oder niederzureißen.
14.	wer Bauten oder Ausbesserungen von Gebäuden, Brunnen, Brücken, Schleusen oder anderen Bauwerken vornimmt, ohne die von der Polizei angeordneten oder sonst erforderlichen Sicherungsmaßnahmen zu treffen.
15.	wer als Bauherr, Baumeister oder Bauhandwerker einen Bau oder eine Ausbesserung, wozu die polizeiliche Genehmigung erforderlich ist, ohne diese Genehmigung oder mit eigenmächtiger Abweichung von dem durch die Behörde genehmigten Bauplan ausführt oder ausführen läßt.
vorher § 368 StGB. 3.	wer ohne polizeiliche Erlaubnis eine neue Feuerstätte errichtet oder eine bereits vorhandene an einen anderen Ort verlegt.
5.	wer es unterläßt, dafür zu sorgen, daß die Feuerstätten in seinem Hause in brandsicherem Zustande unterhalten sind, oder daß die Schornsteine zur rechten Zeit gereinigt werden.
8.	wer die polizeilich vorgeschriebenen Feuerlöschgeräte nicht oder nicht mehr in brauchbarem Zustande hält oder andere feuerpolizeiliche Anordnungen nicht befolgt.

6.2 Handelsgesetzbuch (HGB)

Das HGB enthält Sonderrechte des Kaufmannsstandes, es entspricht den Grundsätzen des BGB, das auch ergänzend anzuwenden ist.

Ob man ,,Kaufmann'' im Sinne des HGB ist hängt nicht von irgend einer kaufmännischen Ausbildung ab, sondern nur von der Art der geschäftlichen Betätigung oder von der handelsrechtlichen Firmierung. Natürliche und juristische Personen können ,,Kaufmann'' sein.

Hinweise auf andere Rechtsgebiete, die das Baurecht berühren

Tafel 4.32 Einteilung des HGB

Bezeichnung	Inhaltsübersicht
1. Buch Handelsstand	— Personen des Handelsrechts und ihre Rechtsstellung — Entstehung der Kaufmannseigenschaft
2. Buch Handelsrecht, Stille Gesellschaft	Personengesellschaften: OHG, KG, Einzelunternehmung (Für Kapitalgesellschaften gibt es Sondergesetze: AktG, GmbHG, GenG)
3. Buch Handelsgeschäfte	— Sonderbestimmungen für den Handelskauf — Geschäfte der Kommissionäre, Spediteure, Lagerhalter, Frachtführer
4. Buch Seehandel	Alles, was beim Erwerb durch die Seefahrt zu beachten ist.

Handelsrechtsreformgesetz (HRefG)

Durch das Handelsrechtsreformgesetz (HRefG), das ab 01.08.98 in Kraft ist, wurde im wesentlichen

— der Kaufmannsbegriff an die gewandelten Wirtschaftsverhältnisse angepaßt

— das Handels- und Firmenrecht dereguliert

— das Handelsregisterverfahren beschleunigt

— das Recht der Firmennamen und der Personengesellschaften neu geregelt.

Die Legaldefinition des „Kaufmanns" im Handelsgesetzbuch lautet nunmehr:
„§ 1 (1) Kaufmann im Sinne dieses Gesetzes ist, wer ein Handelsgewerbe betreibt.
(2) Handelsgewerbe ist jeder Gewerbebetrieb, es sei denn, daß das Unternehmen nach Art oder Umfang einen in kaufmännischer Weise eingerichteten Geschäftsbetrieb nicht erfordert."

Die diesem Kaufmannsbegriff nicht unterliegenden Kleingewerbetreibenden haben die Möglichkeit, durch Herbeiführung der Eintragung ihres Unternehmens in das Handelsregister die Kaufmannseigenschaft zu erwerben.

Außerdem ist solchen Kleingewerbetreibenden auch der Zugang zur Gründung einer OHG oder KG eröffnet.

Das Firmenrecht ist um folgende Regelungen ergänzt worden:
— Auch der Einzelkaufmann muß in seiner Firma und auf den Geschäftspapieren den Rechtsformzusatz „Eingetragener Kaufmann" bzw. „Eingetragene Kauffrau" (e. K., e. Kfm. oder e. Kfr.) führen.
— Die Firma muß zur Kennzeichnung des Kaufmanns geeignet sein und Unterscheidungskraft besitzen.

Tafel 4.33 Besonderheiten gegenüber dem BGB bei Verträgen zwischen „Vollkaufleuten"

Formerleichterungen[1]	formfrei ist: Bürgschaft, Schuldanerkenntnis, Schuldversprechen
Schweigen bei Vertragsabschluß	— BGB: regelmäßig als Ablehnung gewertet (Ausnahme: §§ 151, 416 BGB) — nach § 362 HGB: gilt bei bestehender Rechtsverbindung als Annahme
Bestätigungsschreiben über mündliche Vereinbarungen	Schweigen gilt als Billigung des Inhaltes des Bestätigungsschreibens (§ 346 HGB)
Zurückbehaltungsrecht	— § 273 BGB: nur, wenn Verpflichtungen aus dem gleichen Rechtsgeschäft aufgerechnet werden. — § 369 HGB: Zusammengehörigkeit der Ansprüche nicht Voraussetzung
Kauf nach HGB	— Bei Verzug: Erschwerung für Käufer (§§ 373, 376 HGB) — Mängelrüge muß unverzüglich (BGB: 6 Monate) erfolgen.

[1]) Formvorschriften sind Schutzvorschriften; Vollkaufleute benötigen diesen Schutz nicht.

6.3 Nachbarrecht

Nachbarschutz und Baugenehmigung

- Die Baugenehmigung wirkt sich i.d.R. für den BH begünstigend und für den Nachbarn*) u.U. belastend aus. Gegen eine rechtswidrige Baugenehmigung steht dem Nachbarn ein Abwehrrecht zu.
- Eine Baugenehmigung verletzt keine Nachbarrechte, wenn die diesbezüglichen rechtlichen Bestimmungen berücksichtigt worden sind.
  Das gilt auch bei rechtmäßigen Ausnahmen oder Befreiungen (Dispens).
- Ein Nachbar ist in seinen Rechten betroffen,
  - wenn die Baugenehmigung rechtswidrig ist (Verstoß gegen gesetzliche Vorschriften) und
  - wenn die verletzte Vorschrift nachbarschützenden Charakter hat und
  - der Nachbar durch die Verletzung tatsächlich beeinträchtigt wird.

Nachbarschützende Bestimmungen

Die nachbarschützenden Bestimmungen sind in den gesetzlichen Vorschriften selten als solche zweifelsfrei bezeichnet. Muß im Einzelfall geklärt werden, Rechtsprechung ist oft nicht einheitlich. Nachstehend werden beispielhaft einige Bestimmungen genannt, die als solche mit nachbarschützendem Charakter gelten.

- Bebauungspläne
  Nachbarschützende Bestimmungen:
  - Art der baulichen Nutzung (z.B. reines Wohngebiet, Gewerbegebiet)
  - Offene Bauweise
  - Grenzabstände durch Baulinien oder Baugrenzen
  - Hinterer Grenzabstand
  - niedrige Bebauung, die die Aussicht anderer Grundstücke (auch solche außerhalb des Plangebietes) sichern soll.

  Die Zahl der Vollgeschosse hat i.d.R. keinen nachbarschützenden Charakter.

- Bauordnungen.
  Die nachbarschützende Funktion einer Bestimmung läßt sich i.a. nicht dem Wortlaut entnehmen. Kommentierungen zu Hilfe nehmen!
  Allgemein gilt eine Bestimmung als nachbarschützend, wenn sie dem Schutz von Leben, Körper und Gesundheit des Nachbarn dient, insbesondere wenn freier Zutritt von Licht, Luft und Sonne sichergestellt werden soll.
  z.B. Bauwich, Brandschutz, Brandwände.

- Baugesetzbuch, § 34.
  Innerhalb der im Zusammenhang bebauten Ortsteile ist ein Vorhaben zulässig, wenn es sich ... in die Eigenart der näheren Umgebung einfügt ...
  ... ; das Ortsbild darf nicht beeinträchtigt werden.
  Bisher: grundsätzlich keine nachbarschützende Funktion,
  aber: ist in der Diskussion.

- Art. 14 G G.
  „Das Eigentum und das Erbrecht werden gewährleistet".
  Abwehrrecht des Nachbarn evtl. gegeben, wenn durch die Baugenehmigung die vorhandene Grundstückssituation nachhaltig verändert und dadurch der Nachbar **schwer** und **unerträglich** getroffen wird.

- Zusage der Baugenehmigungsbehörde
  z.B.: Behörde erklärt dem Nachbarn verbindlich, daß die Baugenehmigung nur unter Beachtung aller öffentlichen und nachbarrechtlichen Belange erteilt wird.

---

*) Die Landesbauordnungen nennen neuerdings die Eigentümer angrenzender Grundstücke „Angrenzer".

Wird bei der Baugenehmigung diese Zusage verletzt, dann Widerspruch des Nachbarn und Verpflichtungsklage gegen die Baugenehmigungsbehörde möglich.

Nachbarrecht im BGB

§ 906 Zuführen von Gasen, Dämpfen, Gerüchen, Rauch, Ruß, Wärme, Geräusch, Erschütterungen u.ä. von einem anderen Grundstück nur erlaubt, wenn die Benutzung des Nachbargrundstückes nur unwesentlich beeinträchtigt. Ist die Beeinträchtigung wesentlich, dann muß sie nur geduldet werden, wenn
— die Benutzung des anderen Grundstückes ortsüblich ist und
— die Beeinträchtigung nicht durch wirtschaftlich zumutbare Maßnahmen verhindert werden kann.

Geldausgleich, wenn unzumutbares Maß erreicht wird. Eine Zuführung durch eine besondere Leitung ist in jedem Falle unzulässig.

§ 907 Gefahrdrohende Anlagen auf dem Nachbargrundstück müssen nicht hingenommen werden.

§ 908 Nachbar hat Anspruch auf Gefahrenabwehr, wenn seinem Grundstück Gefahr durch Einsturz eines Gebäude(-teils) auf dem anderen Grundstück droht.

§ 909 Vertiefung eines Grundstückes ist verboten, wenn dadurch der Boden des Nachbargrundstückes die erforderliche Stütze verliert.

§ 910 Wenn dadurch die Benutzung des Grundstückes beeinträchtigt ist, dürfen Wurzeln und Zweige von Bäumen und Sträuchern des Nachbargrundstücks abgeschnitten werden. Vorher dem Nachbarn Frist zur Beseitigung setzen.

§ 911 Früchte eines Baumes oder Strauches, die auf das Nachbargrundstück fallen, darf der Nachbar behalten. Nicht pflücken oder schütteln!

§ 912 Hat der Eigentümer eines Grundstückes bei der Errichtung eines Gebäudes über die Grenze gebaut (ohne Vorsatz, ohne grobe Fahrlässigkeit), so hat der Nachbar den Überbau zu dulden. Der Nachbar ist durch eine Grundrente zu entschädigen.

Nachbarrechtsgesetz NW (1969)

Öffentlich-rechtliche Vorschriften werden durch dieses Gesetz nicht berührt; es regelt nur privatrechtliche Verhältnisse der Nachbarn.

Unvollständige und stark vereinfachte Hinweise zum Inhalt.
N = Nachbar = Eigentümer des Nachbargrundstückes
E = Eigentümer eines Grundstückes, das neben dem Nachbargrundstück liegt

I. Grenzabstände für Gebäude

§ 1   Mit Außenwänden von Gebäuden ist ein Mindestabstand von 2 m von der Grenze einzuhalten. In einem geringeren Abstand darf nur mit schriftlicher Einwilligung des N gebaut werden.

§ 2   § 1 gilt nicht
a) soweit nach öffentl.-rechtl. Vorschriften an die Grenze gebaut werden muß
b) bei Garagen, überdachten Stell- und Sitzplätzen usw.
c) soweit nach öffentlich-rechtlichen Vorschriften anders gebaut werden muß.

§ 3   Der Anspruch auf Beseitigung eines Gebäudeteils mit zu geringem Abstand ist ausgeschlossen, wenn
a) N nicht binnen 3 Monaten nach Kenntnis der Baupläne Einspruch einlegt
b) E weder vorsätzlich noch grob fahrlässig handelte
c) das Gebäude länger als 3 Jahre in Gebrauch ist.
E hat dem N jedoch Schaden zu ersetzen.

II. Fenster- und Lichtrecht

III. Nachbarwand

§ 7   Nachbarwand ist die auf der Grenze zweier Grundstücke errichtete Wand.

§ 8   E darf Nachbarwand errichten, wenn
  a) die Bebauung seines und des benachbarten Grundstückes bis an die Grenze vorgeschrieben oder zugelassen ist und
  b) N schriftlich einwilligt.

§ 12 N ist berechtigt, an die Nachbarwand anzubauen und diese mitzubenutzen. N ist zur Zahlung einer Vergütung in Höhe des halben Wertes der Nachbarwand verpflichtet, soweit sie durch den Anbau genutzt wird.

IV. Grenzwand

§ 19 Grenzwand ist die unmittelbar an der Grenze zum Nachbargrundstück auf dem Grundstück des E errichtete Wand.

§ 20 N darf Grenzwand nutzen, wenn E schriftlich einwilligt.
  N hat dann eine Vergütung zu zahlen:
  — in halber Höhe des Wertes der Grenzwand
  — für den ersparten Baugrund, im Vergleich mit einer eigenen Wand.

§ 22 Errichtet N eine 2. Grenzwand, so muß er auf seine Kosten den entstehenden Zwischenraum schließen. Muß N seine Grenzwand tiefer gründen, dann muß E die Unterfangung seiner Wand dulden.

V. Hammerschlags- und Leiterrecht

§ 24 E darf Grundstück des N betreten und nutzen zum Zwecke von Bau- und Instandsetzungsarbeiten auf dem Grundstück des E, soweit
  a) Arbeit nicht anders zweckmäßig oder nur mit unverhältnismäßig hohen Kosten durchführbar
  b) Belästigungen des N nicht außer Verhältnis zum Nutzen des E sind.
  Das Recht ist so schonend wie möglich auszuüben. Es darf nicht zur Unzeit geltend gemacht werden.

§ 25 Wer ein Grundstück länger als 1 Monat gemäß § 24 nutzt, hat für die darüber hinausgehende Zeit der Benutzung eine Entschädigung in Höhe der ortsüblichen Miete des benutzten Grundstückteils zu zahlen.

VI. Höherführen von Schornsteinen, Lüftungsleitungen und Antennenanlagen

§ 26 N muß dulden, daß auf seinem höheren Gebäude der N die o. a. Einrichtungen befestigt.

VII. Dachtraufe

§ 27 Bauliche Anlagen sind so einzurichten, daß Niederschlagswasser nicht auf das Nachbargrundstück tropft, auf dieses abgeleitet wird oder übertritt.

VIII. Abwässer

§ 29 Bauliche Anlagen sind so einzurichten, daß Abwässer und andere Flüssigkeiten nicht auf das Nachbargrundstück übertreten.

IX. Bodenerhöhungen, Aufschichtungen und sonstige Anlagen

§ 30 Wer den Boden seines Grundstückes über die Oberfläche des Nachbargrundstückes erhöht, muß einen solchen Grenzabstand einhalten und solche Vorkehrungen treffen, daß eine Schädigung des Nachbargrundstückes ausgeschlossen ist.

§ 31 Aufschichtungen (Holz, Steine, Stroh usw.) müssen Mindestabstand von 0,50 m bei bis zu 2 m Höhe einhalten. Sind sie höher, so muß der Abstand um so viel höher als 0,50 m sein, als ihre Höhe 2 m übersteigt. Ausnahmen möglich.

X. Einfriedigungen

§ 32 Innerhalb eines im Zusammenhang bebauten Ortsteils ist E eines bebauten oder gewerblich genutzten Grundstückes auf Verlangen des N verpflichtet, sein Grundstück an der gemeinsamen Grenze einzufriedigen. Kosten trägt E allein. Sind beide Grundstücke bebaut oder gewerblich genutzt, so sind deren E verpflichtet, die Einfriedigung gemeinsam zu errichten.

Wirkt der N nicht binnen 2 Monaten nach schriftlicher Aufforderung mit, so kann E die Einfriedigung allein errichten. Kostentragung: E und N je zur Hälfte.

§ 35 Die Einfriedigung muß ortsüblich sein. Läßt sich ortsübliche Einfriedigung nicht feststellen, so ist eine etwa 1,20 m hohe Einfriedigung zu errichten.

§ 36 Die Einfriedigung ist auf der Grenze zu errichten, wenn sie zwischen bebauten oder gewerblich genutzten Grundstücken liegt. In allen übrigen Fällen ist sie entlang der Grenze zu errichten.

Wenn Grundstück außerhalb eines im Zusammenhang bebauten Ortsteils liegt und nicht in einem Bebauungsplan als Bauland ausgewiesen ist, muß Einfriedigung 0,50 m von der Grenze zurückbleiben.

§ 37 Kosten der Einrichtung: Einzelheiten zur Kostentragung

§ 38 Die Kosten der Unterhaltung einer Einfriedigung tagen E und N je zur Hälfte, wenn und sobald für sie die Verpflichtung zur Tragung der Errichtungskosten begründet worden ist.

XI. Grenzabstände für Pflanzen

§ 40 Grenzabstände für Wald

§ 41 Grenzabstände für bestimmte Bäume, Sträucher und Rebstöcke, z. B.:

- stark wachsende Bäume
  (Rotbuche, Linde, Platane, Eiche, Pappel) .... 4,0 m
- alle übrigen Bäume .... 2,0 m
- stark wachsende Ziersträucher (Feldahorn, Flieder,
  Goldglöckchen, Pfeifensträucher, falscher Jasmin, Haselnuß) .... 1,0 m
- alle übrigen Ziersträucher .... 0,5 m
- Kernobstbäume, je nach Art .... 1,0 bis 2,0 m

§ 42 Grenzabstände für Hecken:
- über 2 m Höhe .... 1,0 m
- bis 2 m Höhe .... 0,5 m

§ 46 Der Abstand wird von der Mitte des Baumstammes oder des Strauches waagerecht und rechtwinklig zur Grenze gemessen, in Bodenhöhe. Bei Hecken ist von der Seitenfläche aus zu messen.

§ 47 Der Anspruch auf Beseitigung einer Anpflanzung mit einem geringeren als dem vorgeschriebenen Abstand ist ausgeschlossen, wenn N nicht binnen 6 Jahren nach dem Anpflanzen Klage auf Beseitigung erhoben hat.

XII. Allgemeine Vorschriften

§ 49 Öffentlich-rechtliche Vorschriften werden durch dieses Gesetz nicht berührt.

§ 50 Werden Vorschriften dieses Gesetzes verletzt, so kann N — sofern dieses Gesetz keine Regelung trifft — Ansprüche nach BGB geltend machen.

6.4 Grundstücksrecht

Strenge gesetzliche Vorschriften (BGB, Grundbuchordnung) sind zu beachten, insbesondere bei Kauf, Eigentumsübertragung und Belastung.

6.5 Baupreisrecht für öffentliche Aufträge*)

Es gelten:

- „Verordnung PR Nr. 1/84 über die Preise für Bauleistungen bei öffentlichen oder mit öffentlichen Mitteln finanzierte Aufträge" (VO PR 1/84 in Änderung der VO PR 1/72),

- „Leitsätze für die Ermittlung von Preisen für Bauleistungen aufgrund von Selbstkosten" (LSP Bau 72),

- für NW: Gemeinsamer Erlaß vom 29.7.87 des Ministers für Stadtentwicklung, Wohnen und Verkehr, des Finanzministers, des Ministers für Wirtschaft, Mittelstand und Technologie und des Ministers für Umwelt, Raumordnung und Landwirtschaft (Gem.RdErl. v. 29.7.87).

- Hinweis: Die Bekanntmachung des BMWF vom 15.5.70 über Zuschläge für Gemeinkosten und Gewinn bei Stundenlohnarbeiten ist per 1.7.88 aufgehoben worden.

Tafel 4.34 LSP Bau 72: Schema für die Ermittlung des Selbstkostenpreises und des Selbstkostenerstattungspreises

Selbstkostenfestpreis (Vorkalkulation)	Selbstkostenerstattungspreis (Nachkalkulation)
a) Einzellohn- und Einzelgehaltskosten	a) Lohn- und Gehaltskosten der Baustelle
b) + Einzelstoffkosten	b) + Stoffkosten der Baustelle
c) + Kosten der Einrichtungen, Geräte, Maschinen und maschinellen Anlagen der Baustelle, soweit sie nicht als Gemeinkosten der Baustelle verrechnet werden	c) + Kosten der Einrichtungen, Geräte, Maschinen und maschinellen Anlagen der Baustelle
d) + Gemeinkosten der Baustelle	d) + Sonstige Baustellenkosten
= **Herstellkosten**	= **Herstellkosten**
e) + Allgemeine Geschäftskosten	e) + Allgemeine Geschäftskosten
f) + Sonderkosten	f) + Sonderkosten
= **Selbstkosten** (ohne Umsatzsteuer)	= **Selbstkosten** (ohne Umsatzsteuer)
g) + Kalkulatorischer Gewinn[1]	g) + Kalkulatorischer Gewinn[1]
= Zwischensumme	= Zwischensumme
h) + Umsatzsteuer	h) + Umsatzsteuer
= **Selbstkostenfestpreis**	= **Selbstkostenerstattungspreis**

[1] einschließlich Wagnis nach LSP Nr. 42 u. 43:
Das allgemeine Unternehmerwagnis beträgt − soweit nicht Abweichendes vereinbart worden ist − bei Selbstkostenfestpreisen 6 vH und bei Selbstkostenerstattungspreisen 4 vH der Selbstkosten ohne Umsatzsteuer. Ein zusätzlicher Leistungsgewinn darf nur angesetzt werden, wenn und soweit dies zwischen Auftraggeber und Auftragnehmer vereinbart worden ist.

Wegen der weitreichenden Bedeutung wird nachfolgend der Wortlaut des o.a. Gem.RdErl. v. 29.7.87 wörtlich zitiert. Dieser Gem.RdErl. regelt die Zusammenarbeit zwischen den Behörden der Bauverwaltung und der Wirtschafts-(Preis-)Verwaltung in sehr grundsätzlicher Weise.

1. Die Erste Verordnung zur Änderung der Verordnung PR Nr. 1/72 über die Preise für Bauleistungen bei öffentlichen oder mit öffentlichen Mitteln finanzierten Aufträgen (Verordnung PR Nr. 1/84 vom 23.2.1984 (BGBl. IS. 375), die am 16.4.1984 in Kraft getreten ist) macht es erforderlich, die Zusammenarbeit zwischen den Bauämtern und den Preisüberwachungsstellen des Landes Nordrhein-Westfalen neu zu regeln.

---

*) wenn Anteil öffentl. Mittel größer als 50% der Mittel zur Durchführung des Bauvorhabens ist.

2. Mit der Änderung der VO PR Nr. 1/72 verfolgt der Bundesminister für Wirtschaft das Ziel, verstärkt marktwirtschaftliche Grundsätze im Bereich des Preisrechts bei öffentlichen Aufträgen für Bauleistungen durchzusetzen.

3. Nach der VO PR Nr. 1/72 sind folgende Preistypen zulässig:
   — Wettbewerbspreise (§ 5)
   — Listenpreise (§ 6)
   — Selbstkostenpreise (§ 8); das sind
   — Selbstkostenfestpreise (§ 9)
   — Selbstkostenerstattungspreise (§ 10)
   — Stundenlohnabrechnungspreise (§ 11)
   — Frei vereinbarte Preise (§ 12).

4. Die marktwirtschaftliche Preisbildung hat Vorrang vor der Vereinbarung von Selbstkostenpreisen. Deshalb sind Wettbewerbspreise, Listenpreise und frei vereinbarte Preise als Preistypen uneingeschränkt zulässig.

5. Wettbewerbspreise

Wettbewerbspreise sind Preise, die bei einer Öffentlichen oder Beschränkten Ausschreibung zustandekommen oder bei Freihändiger Vergabe, wenn mehrere Unternehmen zur Angebotsabgabe aufgefordert worden sind. Wettbewerbspreise unterliegen keiner preisrechtlichen Begrenzung und Kontrolle (s. VHB NW, Nr. 5.1 der Richtlinie zu § 25 VOB/A). Sie sind bei voll wirksamem Wettbewerb preisrechtlich in voller Höhe zulässig.

6. Listenpreise

Listenpreise sind Preise, die in einer Preisliste des Auftragnehmers stehen und die der Auftragnehmer seinen anderen Auftraggebern regelmäßig berechnet. Sie spielen in der Bauwirtschaft nur eine geringe Rolle, können aber z.B. als Stundenverrechnungssätze vorkommen.
Listenpreise sind preisrechtlich nicht begrenzt. Die Preisüberwachungsstelle kann prüfen, ob die in § 6 VO PR Nr. 1/72 genannten Voraussetzungen vorliegen.
Maßnahmen zur Prüfung von Listenpreisen sind auch nach der Zuschlagserteilung zulässig.

7. Wettbewerbs- und Listenpreise bei Wettbewerbsbeschränkungen

Ist bei Wettbewerbs- oder Listenpreisen der Wettbewerb auf der Anbieterseite beschränkt und wird die Preisbildung hierdurch beeinflußt, so ist höchstens ein Selbstkostenfestpreis zulässig. Der Wettbewerb ist auf der Anbieterseite insbesondere dann beschränkt, wenn
   — die Anbieter eine marktbeherrschende Stellung einnehmen oder
   — die Anbieter wettbewerbsbeschränkende Abreden getroffen haben und der Preis hierdurch beeinflußt wird.
Eine Wettbewerbsbeschränkung im Sinne des Baupreisrechts liegt nicht vor, wenn der Auftraggeber auf eine an sich mögliche Veranstaltung eines Wettbewerbs verzichtet oder wenn eine unausgeglichene Marktlage starke Preiserhöhungstendenzen auslöst.
Maßnahmen zur Prüfung von Wettbewerbs- und Listenpreisen bei Wettbewerbsbeschränkungen sind auch nach der Zuschlagserteilung zulässig.

8. Selbstkostenpreise

Selbstkostenpreise sind Preise, die nicht marktwirtschaftlich gebildet werden. Werden sie vereinbart, sind die der VO PR Nr. 1/72 als Anlage beigefügten „Leitsätze für die Ermittlung von Preisen für Bauleistungen aufgrund von Selbstkosten (LSP-Bau)" anzuwenden (§ 14 VO PR Nr. 1/72).
Selbstkostenpreise dürfen vereinbart werden, wenn die Bildung von Wettbewerbs- oder Listenpreisen nicht möglich oder der Wettbewerb im Sinne des § 7 VO PR Nr. 1/72 beschränkt ist. Ein rechtlicher Zwang zur Vereinbarung von Selbstkostenpreisen besteht jedoch nicht.
Nach § 5 Nr. VOB/A dürfen Bauleistungen nur ausnahmsweise nach Selbstkosten vergeben werden. Die Vergabe bedarf in diesem Fall der vorherigen Zustimmung der Technischen Aufsichtsbehörde in der Mittelinstanz (VHB NW, Richtlinie Nr. 3 und § 5 VOB/A).

9. Stundenlohnabrechnungspreise

Stundenlohnabrechnungspreise sind Preise für Bauleistungen geringen Umfangs, die überwiegend Lohnkosten verursachen (§ 11 Abs. 1 VO PR Nr. 1/72).
Stundenlohnabrechnungspreise dürfen nur vereinbart werden, wenn
   — eine marktwirtschaftliche Preisbildung nicht möglich ist
   — ein Selbstkostenerstattungspreis vereinbart werden dürfte, weil die Voraussetzungen für einen Selbstkostenfestpreis nicht vorliegen (§ 10 Abs. 1 VO PR Nr. 1/72).

Nach der VOB/A soll die Vergabe von Stundenlohnarbeiten dem Wettbewerb unterstellt werden. In diesem Fall sind die Bieter aufzufordern, Verrechnungssätze (DM/Stunde) anzubieten. Im Wettbewerb zustandegekommene Verrechnungssätze können baupreisrechtlich Wettbewerbspreise, Listenpreise oder Bestandteile dieser Preistypen sein. Wird auf einen Wettbewerb verzichtet, können Verrechnungssätze frei vereinbart werden. Stundenlohnabrechnungspreise sind möglichst nicht zu vereinbaren (vgl. Nrn. 3, 4, 7 und 8 des RdErl. d. Finanzministers betreffend Stundenlohnarbeiten v. 4.12.1975 − SMBl.NW.233 −).

10. Frei vereinbarte Preise

Frei vereinbarte Preise sind Preise, die anstelle von Wettbewerbs-, Listen- oder Selbstkostenpreisen frei vereinbart werden, z.B. anstelle von Wettbewerbspreisen bei freihändiger Vergabe ohne Wettbewerb.

Die Preisüberwachungsstelle kann prüfen, inwieweit frei vereinbarte Preise einen Selbstkostenfestpreis so erheblich überschreiten, daß sie in einem auffälligen Mißverhältnis zur Leistung stehen.

Maßnahmen zur Prüfung frei vereinbarter Preise sind nur bis zur Zuschlagserteilung zulässig.

11. Preise für zusätzliche Leistungen (§ 13 VO PR Nr. 1/72)

Zusätzliche Leistungen sind Bauleistungen, die im Vertrag nicht vorgesehen sind, zur Erfüllung des Vertragszwecks erforderlich sind und mit der Vertragsleistung in unmittelbarem Zusammenhang stehen (§ 1 Nr. 4 Satz 1, § 2 Nr. 6 VOB/B, Nr. 2.3 des Leitfadens für die Berechnung der Vergütung bei Nachtragsvereinbarungen nach § 2 VOB/B-Teil VI des VHB NW −).

Für zusätzliche Leistungen dürfen nach § 13 Abs. 1 VO PR Nr. 1/72 Selbstkostenpreise vereinbart werden. Ein rechtlicher Zwang zur Vereinbarung von Selbstkostenpreisen besteht jedoch nicht.

Handelt es sich bei dem Angebotspreis des Hauptauftrages um einen Wettbewerbspreis nach § 5 VO PR Nr. 1/72 und wird die Vergütung für zusätzliche Leistungen nach § 2 Nr. 6 Abs. 2 Satz 1 VOB/B unmittelbar hieraus abgeleitet, muß die für Wettbewerbspreise geltende Regelung der VO PR Nr. 1/72 auch für die Nachtragsvereinbarungen gelten.

Eine preisrechtliche Prüfung kommt daher insoweit nicht in Betracht.

Dasselbe gilt, wenn die Vergütung für geänderte Leistungen nach § 2 Nr. 5 VOB/B zu vereinbaren ist.

Es ist daher künftig wie folgt zu verfahren:

12. Sollen − bei Vorliegen der vergaberechtlichen Voraussetzungen − Bauleistungen zu Listenpreisen (Nr. 6), nach Selbstkosten (Nrn. 8 und 9) oder zu frei vereinbarten Preisen (Nr. 10) vergeben werden oder ist bei Wettbewerbs- oder Listenpreisen der Wettbewerb auf der Anbieterseite beschränkt (Nr. 7), ist die zuständige Preisüberwachungsstelle beim Regierungspräsidenten so früh wie möglich zu unterrichten, wenn die Auftragssumme voraussichtlich 50 000 DM übersteigt.

Für die Unterrichtung der Preisüberwachungsstelle ist das als Anlage beigefügte Formblatt zu verwenden.

Sollen Bauleistungen zu frei vereinbarten Preisen (Nr. 10) vergeben werden, muß das ausgefüllte Formblatt so rechtzeitig übersandt werden, daß noch vor der Auftragserteilung eine preisrechtliche Prüfung durchgeführt werden kann.

13. Wenn bei der Prüfung und Wertung der Angebote durch das Bauamt der Verdacht entsteht, daß der geforderte Preis gegen die VO PR Nr. 1/72 verstößt, ist unabhängig von der Höhe des Angebotspreises die Preisüberwachungsstelle vom Bauamt unverzüglich einzuschalten.

14. Die Preisüberwachungsstelle prüft das für die Auftragserteilung vorgesehene Angebot hauptsächlich in den Geschäftsräumen des Bieters. Das Bauamt hat die Preisüberwachungsstelle durch Auskünfte sowie durch Hergabe erforderlicher Unterlagen zu unterstützen.

15. Die Preisüberwachungsstelle teilt dem Bauamt − erforderlichenfalls mündlich − das Ergebnis der Preisprüfung mit. Die schriftliche Mitteilung über das Ergebnis der Prüfung muß so gehalten sein, daß danach eine einwandfreie Abrechnung des Vertrages gewährleistet ist.

16. Das Bauamt ist für die Angemessenheit eines frei vereinbarten Preises auch dann verantwortlich, wenn die Preisüberwachungsstelle die preisrechtliche Zulässigkeit des Preises festgestellt hat.

Die obersten Landesbehörden können sicherstellen, daß die vorstehenden Bestimmungen bei mit Landesmitteln geförderten Baumaßnahmen durch geeignete Auflagen sinngemäß angewendet werden.

Den Gemeinden und Gemeindeverbänden wird empfohlen, in den Fällen nach Nr. 13 unter Inanspruchnahme der Preisüberwachungsstellen des Landes entsprechend zu verfahren.

Dieser RdErl. ergeht im Einvernehmen mit dem Innenminister.

Der Gem.RdErl. v. 23.7.1974 (SMBl.NW.233) wird aufgehoben.

7 Arbeitsrecht

- befaßt sich mit der Gruppe der unselbständigen Arbeitnehmer (Arbeiter, Angestellte, Beamte),
- legt Regeln für die Ausübung abhängiger Arbeit fest.

7.1 Arbeitsvertrag und Arbeitsverhältnis

Im Arbeitsvertrag verpflichtet sich der Arbeitnehmer (AN), dem Arbeitgeber (AG) weisungsgebundene, abhängige Arbeit gegen Entgelt zu leisten.

Pflichten des AN
- Arbeitspflicht
- Treuepflicht (Verschwiegenheitspflicht, Schmiergeldverbot, Unterlassung von Wettbewerb)

Pflichten des AG
- Lohnzahlungspflicht
- Fürsorgepflicht (Leben, Gesundheit, Gleichbehandlung).

7.2 Tarifvertragsrecht

- **Tarifvertrag (TV)** regelt die Rechte und Pflichten der Tarifvertragsparteien aufgrund des Tarifvertragsgesetzes. Er wird zwischen tariffähigen Parteien abgeschlossen und hat folgenden Inhalt:
  - Abschluß und Beendigung des Arbeitsverhältnisses,
  - betriebliche und betriebsverfassungsrechtliche Fragen.

- **Tarifvertragsparteien (TVP)** sind Gewerkschaften, Arbeitgeberverbände und einzelne Arbeitgeber (s. Abschn. 1.1).

- **Die Gewerkschaften** sind Zusammenschlüsse von AN zur Wahrung und Förderung der Arbeits- und Wirtschaftsbedingungen:
  - Deutscher Gewerkschaftsbund DGB   rd. 82%[1])
  - Deutsche Angestelltengewerkschaft DAG   rd. 5%
  - Deutscher Beamtenbund DBB   rd. 8%
  - Christlicher Gewerkschaftsbund CGB   rd. 3%
  - Gewerkschaft der Polizei GdP   rd. 2%

  alle Organisierten   100%.

Die im DGB zusammengeschlossenen Einzelgewerkschaften sind nach dem Industrieverbandssystem organisiert, d.h. eine Gewerkschaft ist für einen Industriezweig zuständig, unabhängig von den ausgeübten Berufen (z.B. die IG Bauen-Agrar-Umwelt ist auch für den Koch der Baufirma xy zuständig).

DAG und DBB sind nach dem Fachverbandsprinzip gegliedert, die Mitglieder sind nach fachlichen Gesichtspunkten zusammengefaßt.

Etwa 40% aller AN sind Mitglied einer Gewerkschaft.

- **Die Arbeitgeberverbände** sind Zusammenschlüsse der AG nach dem Industrieverbandsprinzip. Dachorganisation ist die Bundesvereinigung Deutscher Arbeitgeberverbände BDA, etwa 80% aller AG sind im BDA organisiert.

- **Tarifautonomie:** Vereinbarungen von AG und AN im Tarifvertrag sind autonomes Recht, der Staat darf erst eingreifen, wenn die Ziele des sozialen Rechtsstaates ernstlich gefährdet sind.

---

[1]) davon 28%: IG Metall (größte Gewerkschaft), 6%: frühere IG Bau-Steine-Erden

- **Tarifgebundenheit**: An den vereinbarten Tarif gebunden sind die Mitglieder der Tarifvertragsparteien; für Nichtmitglieder, sowohl auch der AG- als auch auf der AN-Seite, gilt der Tarifvertrag nicht.

- **Allgemeinverbindlichkeitserklärung**: Der Bundesarbeitsminister oder die Landesarbeitsminister können Teile von Tarifverträgen für allgemeinverbindlich erklären, wenn dies im öffentlichen Interesse liegt (z.B. Urlaubsregelung in der Bauindustrie).

- **Friedenspflicht**: Die Tarifvertragsparteien verpflichten sich für die Geltungsdauer eines Tarifvertrages keinen Arbeitskampf zu führen.

- **Durchführungspflicht**: Die Tarifvertragsparteien verpflichten sich, für die Durchführung der Vereinbarung zu sorgen.

- **Einzeltarifverträge** regeln die Vergütung im einzelnen: Stundenlohn, Gehalt, Vergütung für Auszubildende.

- **Rahmentarifverträge** legen Lohn- und Gehaltsgruppen sowie Entlohnungsgrundsätze fest.

- **Manteltarifverträge** enthalten Arbeitsbedingungen: Arbeitszeit, Urlaub, Entlohnung bei Arbeitsausfall usw.

- **Schlichtung**: Sind die Verhandlungen der TVP um den Anschluß eines neuen TV erfolglos geblieben, dann setzt i.d.R. ein Schlichtungsverfahren ein. Das Schlichtungsverfahren wird von den TVP in einem besonderen Schlichtungsabkommen vereinbart.

  Falls auch im Schlichtungsverfahren keine Einigung zwischen den TVP zustandekommt, ist die Friedenspflicht aufgehoben, der Arbeitskampf kann beginnen. In der BRD gibt es keine staatliche Zwangsschlichtung.

- **Streik** ist die planmäßige, gemeinschaftlich durchgeführte Arbeitsniederlegung als Arbeitskampfmaßnahme der AN.

- **Vollstreik**: Alle AG eines Wirtschaftszweiges werden von organisierten AN bestreikt.

- **Schwerpunktstreik**: Nur bestimmte Abteilungen eines Betriebes oder Schlüsselbetriebe eines Wirtschaftszweiges werden bestreikt.

- **Generalstreik**: Alle AN, organisiert oder nicht organisiert, legen die Arbeit nieder.

- **Aussperrung** ist das Arbeitskampfmittel der AG-Seite.

  Abwehraussperrung: nach begonnenem Streik, Angriffsaussperrung: vor einem Streik.

  Die AG dürfen aussperren (willkürliche Auswahl einzelner ist verboten):
  - alle AN eines Wirtschaftszweiges,
  - nur Streikende,
  - nur arbeitswillige AN.

- **Folge von Streik und Aussperrung**:
  - kein Lohnanspruch
  - kein Urlaubsanspruch
  - keine Lohnfortzahlung bei Erkrankung während des Streiks
  - kein Anspruch auf Arbeitslosenunterstützung
  - keine Unfallversicherung
  - keine Beiträge zur Arbeitslosen-, Kranken- und Rentenversicherung

7.3 Betriebsverfassungsgesetz (BetrVG)

Das BetrVG von 1952 ist die Grundordnung für die Zusammenarbeit zwischen AG und AN im Betrieb, insbesondere sind die Rechte und Pflichten der Betriebsräte (BR) geregelt. Es hat folgende Gliederung:

1. Allgemeine Vorschriften

2. Betriebsrat (BR), Betriebsversammlung
   - Zusammensetzung und Wahl des BR
   - Amtszeit und Geschäftsführung des BR
   - Betriebsversammlungen
   - Gesamt- und Konzernbetriebsrat

3. Jugendvertretung

4. Mitwirkung und Mitbestimmung
   - Mitwirkungs- und Beschwerderecht
   - Sozialangelegenheiten
   - Gestaltung von Arbeitsplatz, -ablauf, -umgebung
   - personelle und wirtschaftliche Angelegenheiten

5. Besondere Vorschriften für einzelne Betriebsarten

6. Straf- und Bußgeldvorschriften

7. Änderung von Gesetzen

8. Übergangs- und Schlußvorschriften.

Das BetrVG ist für alle Betriebe anzuwenden, bei denen
   - mindestens 5 ständig Wahlberechtigte AN sind,
   - von denen 3 wählbar sein müssen.

Die Zahl der Betriebsratsmitglieder ist abhängig von der Zahl der wahlberechtigten AN, z.B.:

5 bis 20 AN	1 Betriebsrat
21 bis 50 AN	3 Betriebsräte
⋮	
7001 bis 9000 AN	31 Betriebsräte

Für die Beteiligung des BR am betrieblichen Geschehen nennt das BetrVG 3 Formen:

   - **Unterrichtung des BR:** Der AG unterrichtet den BR einseitig über bestimmte vorgesehene Maßnahmen.
   - **Mitwirkung des BR:** Bedeutet Mitsprache des BR. Neben Unterrichtung und Anhörung ist Beratung wesentlicher Bestandteil der Mitwirkung; die Entscheidung fällt letztlich der AG allein.
   - **Mitbestimmung des BR:** Maßnahmen des AG, die der Mitbestimmung unterliegen, können nur mit Zustimmung des BR wirksam werden.

Aufgabenbereiche der Mitbestimmung:
   - Personelle Fragen: Einstellungen, Entlassungen, Beförderungen usw.
   - Soziale Fragen: Unfallverhütung, Pausenordnung, Urlaubsregelung usw.
   - Wirtschaftliche Fragen: Investitionen, Rationalisierung, Fabrikations- und Arbeitsmethoden usw.

7.4 Mitbestimmungsgesetz (1976)

Gilt für alle AGs, KGaAs, GmbHs, bergrechtliche Gewerkschaften, Erwerbs- und Wirtschaftsgenossenschaften mit mehr als 2000 AN.

Gilt nicht für KGs, OHGs und Betriebe, die der Montanmitbestimmung (1951) unterliegen.

In Betrieben, die dem Mitbestimmungsgesetz unterliegen, wird der Aufsichtsrat je zur Hälfte mit Vertretern der Anteilseigner und Vertretern der AN (Gewerkschaft, Arbeiter, Angestellte) besetzt. Im Aufsichtsrat wird mit Stimmenmehrheit entschieden, bei Stimmengleichheit hat der Aufsichtsratsvorsitzende eine zweite Stimme. Den Vorsitzenden bestimmen die Vertreter der Anteilseigner allein.

Kapitalgesellschaften mit weniger als 2000 AN unterliegen der Mitbestimmung nach dem Betriebsverfassungsgesetz von 1952. Danach stellen die AN 1/3 und die Anteilseigner 2/3 der Aufsichtsratsmitglieder.

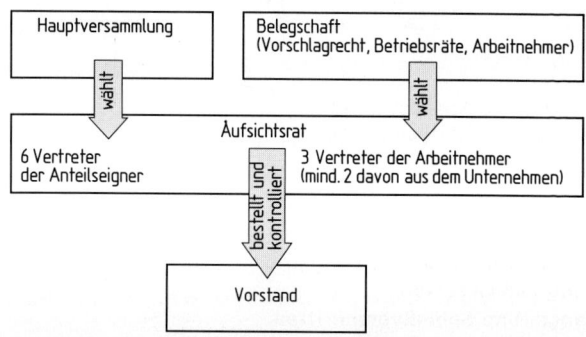

Bild 4.9 Beispiel für die Mitbestimmung nach dem Betriebsverfassungsgesetz von 1952 für einen Aufsichtsrat mit 9 Mitgliedern

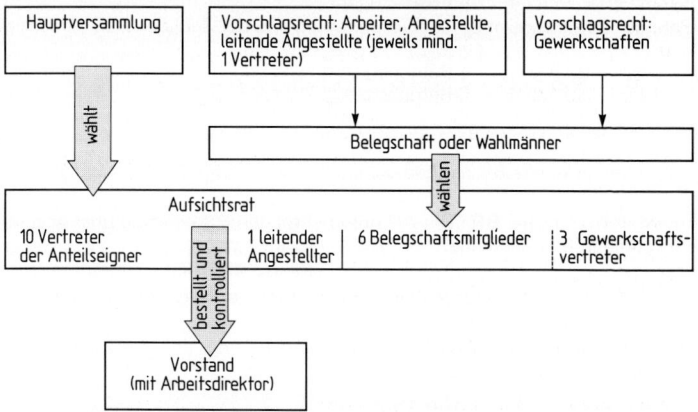

Bild 4.10 Beispiel für die Mitbestimmung nach dem Mitbestimmungsgesetz von 1976 für einen Aufsichtsrat mit 20 Mitgliedern

7.5 Arbeitsgerichtsbarkeit

Die Arbeitsgerichte befassen sich mit Streitigkeiten aus dem Arbeitsverhältnis zwischen AG und AN. Sie sind auch zuständig für Streitigkeiten der Tarifpartner und für Streitigkeiten bezüglich des BetrVG.

Drei Instanzen: Arbeitsgericht, Landesarbeitsgericht, Bundesarbeitsgericht.

Zwei Prozeßverfahren:
— Urteilsverfahren: Bei Rechtsstreitigkeiten zwischen AG und AN, sowie zwischen den Tarifparteien.
Verhandlungsgrundsatz: Der Richter stellt keine Nachforschungen an, die Parteien müssen vortragen, Verfahren wird durch Klage einer Partei eingeleitet.
— Beschlußverfahren: bei Klagen bezüglich des BetrVG.
Grundsatz: Das Gericht ermittelt den Sachverhalt, es gibt weder Beklagte noch Kläger, sondern nur Beteiligte.

4

7.6 Arbeitsschutz

— **Aufgaben des Arbeitsschutzes und der Sicherheitstechnik**:
  — innerbetrieblich: Zahl und Schwere der Arbeits- und Wegeunfälle, der Berufskrankheiten und Sachschäden mindern,
  — überbetrieblich: Die Bevölkerung und ihre Sachgüter vor Gefahren, Nachteilen und Belästigungen schützen.

— **Arbeitsunfall**: Meldepflicht an die Berufsgenossenschaft, bei Arbeitsunfähigkeit von mehr als 3 Tagen. Durchschrift der Unfallanzeige an das Gewerbeaufsichtsamt. Betriebsrat muß die Anzeige mitunterschreiben.

— **Wegeunfall**: Unfall auf einem mit der Arbeit zusammenhängenden Weg. Die Wege zwischen Wohnung und Arbeitsstätte gehören dazu.

— **Berufskrankheit**: Krankheit, die man durch berufliche Tätigkeit erleidet.

— **Gewerbeordnung**: Regelt Gefahrenabwehr und Sittlichkeitsschutz in den Betrieben. Bestimmungen über Arbeitsräume, Betriebsvorrichtungen, Maschinen, überwachungsbedürftige Anlagen.

— **Unfallverhütungsvorschriften (UVV)**: Berufsgenossenschaften erlassen UVVs. Die technischen Aufsichtsbeamten der Berufsgenossenschaften überwachen deren Einhaltung. Größere Unternehmen müssen eigene Sicherheitsbeauftragte stellen; s. Abschn. ,,Unfallverhütung''.

— **Arbeitsstättenverordnung**: Enthält Vorschriften für die Errichtung von Betriebsstätten. Anforderungen an Atemluft, Raumtemperatur, Sichtverbindung, Lärmschutz, Raumhöhe, Pausen- und Liegeräume, Sanitätsräume, Nichtraucherschutz usw.

— **Sonstige Gesetze und Verordnungen**:
  Arbeitszeitordnung (AZO 1938)
  Jugendarbeitsschutzgesetz (JArbSchG 1960)
  Gesetz über gesundheitsschädliche und feuergefährliche Arbeitsstoffe
  Strahlenschutzverordnung.

— **Umweltschutz**: Die Errichtung von Anlagen, die für die Nachbarschaft Gefahren, Belästigungen oder erhebliche Nachteile bringen, sind genehmigungspflichtig nach der Gewerbeordnung.
  Die Bundesregierung bestimmt die Anforderungen an solche Anlagen durch:
  — TA-Luft (Technische Anleitung Luft)
  — TA-Lärm
  — TA-Erschütterungen
  — Immissionsschutzgesetz (ImSchG) mit Landesverordnungen zum Schutz gegen Luftverunreinigung, Geräusche und Erschütterungen
  — Wasserhaushaltsgesetz: Schutz des Grundwassers vor häuslichem, gewerblichem oder industriellem Abwasser.

7.7 Die Baustellenverordnung vom 1.7.1998

Am 1. Juli 1998 trat die Verordnung über Sicherheit und Gesundheitsschutz auf Baustellen (Baustellenverordnung) in Kraft. Sie setzt die EG-Richtlinie 92/57/EWG vom 24. Juni 1992 in nationales Recht um.

Die Vorankündigung

Vor der Einrichtung einer Baustelle, bei der die voraussichtliche Dauer der Arbeiten mehr als 30 Arbeitstage beträgt und auf der mehr als 20 Beschäftigte gleichzeitig tätig werden oder der Umfang der Arbeiten voraussichtlich 500 Personentage überschreitet, ist dem Staatlichen Amt für Arbeitsschutz vom Bauherrn eine **Vorankündigung** mit folgendem Inhalt zu übermitteln:

— Ort der Baustelle, Name und Anschrift des Bauherrn/Auftraggeber
— Art des Bauvorhabens
— Name des ggf. Verantwortlichen, vom Bauherrn bestellten Dritten
— Name und Anschrift und Berufsbezeichnung des Koordinators
— Voraussichtlicher Beginn und Dauer der Baumaßnahme
— Voraussichtliche Höchstzahl der Beschäftigten auf der Baustelle
— Zahl der Arbeitgeber und Unternehmer ohne Beschäftigte, die voraussichtlich auf der Baustelle tätig werden
— Angabe der bereits bekannten und auserwählten Arbeitgeber und Unternehmer ohne Beschäftigte.

Der Koordinator

Um den Problemen für die Sicherheit und den Gesundheitsschutz der Beschäftigten, die sich insbesondere dadurch ergeben, daß auf größeren Baustellen mehrere der verschiedensten Gewerke teilweise zeitgleich auf verschiedenen Ebenen des Bauwerks tätig werden, zu begegnen, ist für die Planung der Ausführung und der Ausführung der Bauarbeiten ein **geeigneter Koordinator** zu bestellen.

Handlungsbedarf zeigt auch die Statistik, die besagt, daß 28% der Baustellenunfälle durch mangelhafte Organisation und 35% durch Planungsfehler entstehen.

Aufgaben des Koordinators sind:

— Bereits bei der Planung der Ausführung des Bauvorhabens die allgemeinen Grundsätze des Arbeitsschutzgesetzes zu berücksichtigen, z.B. die Bekämpfung möglicher Gefahren an der Quelle.
— Den Sicherheits- und Gesundheitsschutzplan auszuarbeiten oder ausarbeiten zu lassen.
— Eine Unterlage mit den erforderlichen Angaben zu Sicherheit und Gesundheitsschutz zusammenzustellen, die bei möglichen späteren Arbeiten an der baulichen Anlage zu berücksichtigen sind.
— Die Anwendung der o.a. allgemeinen Grundsätze des Arbeitsschutzgesetzes zu koordinieren.
— Darauf zu achten, daß die Arbeitgeber und die Unternehmer ohne Beschäftigte ihre Pflichten nach der Baustellenverordnung erfüllen.
— Den Sicherheits- und Gesundheitsschutzplan bei erheblichen Änderungen in der Ausführung des Bauvorhabens anzupassen oder anpassen zu lassen.
— Die Zusammenarbeit der Arbeitgeber zu organisieren.
— Die Überwachung der ordnungsgemäßen Anwendung der Arbeitsverfahren durch die Arbeitgeber zu koordinieren.

Der Sicherheits- und Gesundheitsschutzplan

Der Sicherheits- und Gesundheitsschutzplan muß die Arbeitsschutzbestimmungen erkennen lassen, die auf der Baustelle anzuwenden sind und die Schutzmaßnahmen für besonders gefährliche Arbeiten nach Anhang II der Baustellenverordnung enthalten. Ein Sicherheits- und Gesundheitsschutzplan ist zu erarbeiten, wenn

— Beschäftigte mehrerer Arbeitgeber auf der Baustelle tätig sind und besonders gefährliche Arbeiten, z.B. Tunnelbau, ausgeführt werden oder
— Beschäftigte mehrerer Arbeitgeber auf der Baustelle tätig sind und wenn größere Bauvorhaben, für die eine Vorankündigung erforderlich ist, ausgeführt werden.

Baukosten und Finanzierung

Bearbeitet von Prof. Dipl.-Ing. Manfred Hoffmann

Inhalt

5

1 Grundlagen

1.1 Arten der Kostenermittlung von Hochbauten
nach DIN 276 (6.93)

DIN 276 gilt für die Ermittlung und die Gliederung von Kosten im Hochbau. Sie erfaßt die Investitionskosten für Herstellung, Umbau und Modernisierung von Bauwerken.

Kosten im Hochbau sind Aufwendungen für Güter, Leistungen und Abgaben, die für Planung und Ausführung von Baumaßnahmen erforderlich sind. Es ist jeweils anzugeben, ob die Kosten die Umsatzsteuer enthalten oder nicht.

Je nach Genauigkeit der Kostenermittlung sieht die DIN 276 4 Arten der Kostenermittlung vor:

1. Kostenschätzung (überschlägige Ermittlung der Kosten)

Die Kostenschätzung dient als eine Grundlage für die Entscheidung über die Vorplanung.

Grundlagen für die Kostenschätzung sind:

— Ergebnisse der Vorplanung, insbesondere Planungsunterlagen, z.B. versuchsweise zeichnerische Darstellungen, Strichskizzen

— Berechnung der Mengen von Bezugseinheiten der Kostengruppen, z.B. Grundflächen und Rauminhalte nach DIN 277-1 und -2

— erläuternde Angaben zu den planerischen Zusammenhängen, Vorgängen und Bedingungen

— Angaben zum Baugrundstück und zur Erschließung.

In der Kostenschätzung sollen die Gesamtkosten nach Kostengruppen mindestens bis zur 1. Ebene der Kostengliederung ermittelt werden.

2. Kostenberechnung (angenäherte Ermittlung der Kosten)

Die Kostenberechnung dient als eine Grundlage für die Entscheidung über die Entwurfsplanung.

Grundlagen für die Kostenberechnung sind:

— Planungsunterlagen, z.B. durchgearbeitete, vollständige Vorentwurfs- und/oder Entwurfszeichnungen (Maßstab nach Art und Größe des Bauvorhabens), gegebenenfalls auch Detailpläne mehrfach wiederkehrender Raumgruppen

— Berechnung der Mengen von Bezugseinheiten der Kostengruppen

— Erläuterungen, z.B. Beschreibung der Einzelheiten in der Systematik der Kostengliederung, die aus den Zeichnungen und den Berechnungsunterlagen nicht zu ersehen, aber für die Berechnung und die Beurteilung der Kosten von Bedeutung sind.

In der Kostenberechnung sollen die Gesamtkosten nach Kostengruppen mindestens bis zur 2. Ebene der Kostengliederung ermittelt werden.

3. Kostenanschlag (möglichst genaue Ermittlung der Kosten)

Der Kostenanschlag dient als eine Grundlage für die Entscheidung über die Ausführungsplanung und die Vorbereitung der Vergabe.

Grundlagen für den Kostenanschlag sind:

— Planungsunterlagen, z.B. endgültige, vollständige Ausführungs-, Detail- und Konstruktionszeichnungen

— Berechnungen, z.B. für Standsicherheit, Wärmeschutz, technische Anlagen

— Berechnung der Mengen von Bezugseinheiten der Kostengruppen

— Erläuterungen zur Bauausführung, z. B. Leistungsbeschreibungen

— Zusammenstellungen von Angeboten, Aufträgen und bereits entstandenen Kosten.

Im Kostenanschlag sollen die Gesamtkosten nach Kostengruppen mindestens bis zur 3. Ebene der Kostengliederung ermittelt werden.

4. Kostenfeststellung (Ermittlung der tatsächlich entstandenen Kosten)

Die Kostenfeststellung dient zum Nachweis der entstandenen Kosten sowie gegebenenfalls zu Vergleichen und Dokumentationen.

Grundlagen für die Kostenfeststellung sind:

— geprüfte Abrechnungsbelege, z. B. Schlußrechnungen, Nachweise der Eigenleistungen

— Planungsunterlagen, z. B. Abrechnungszeichnungen

— Erläuterungen.

In der Kostenfeststellung sollen die Gesamtkosten nach Kostengruppen bis zur 2. Ebene der Kostengliederung unterteilt werden. Bei Baumaßnahmen, die für Vergleiche und Kostenkennwerte ausgewertet und dokumentiert werden, sollten die Gesamtkosten mindestens bis zur 3. Ebene der Kostengliederung unterteilt werden.

1.2 Kostengliederung von Hochbauten

1.2.1 Kostengliederung nach DIN 276 (6.93)

Die Kostengliederung sieht 3 Ebenen vor, die durch dreistellige Ordnungsziffern gekennzeichnet sind.

1. Gliederungsebene

Die Gesamtkosten werden in folgenden Kostengruppen gegliedert:

100 Grundstück
200 Herrichten und Erschließen
300 Bauwerk — Baukonstruktion
400 Bauwerk — Technische Anlagen
500 Außenanlagen
600 Ausstattung und Kunstwerke
700 Baunebenkosten.

2. Gliederungsebene

Kostengruppen	Erläuterungen und Beispiele
10 Grundstück	
11 Grundstückswert	
12 Grundstücksnebenkosten	Vermessung, Gerichts-, Notar- und Genehmigungsgebühren, Maklerprovision, Grunderwerbssteuer, Untersuchungen
13 Freimachen	Abfindungen für Nutzungsrechte, Ablösung von Lasten und Beschränkungen
20 Herrichten und Erschließen	
21 Herrichten	Sichern von Bewuchs, Oberboden und Anlagen, Abbruch, Altlastenbeseitigung, Roden, Planieren
22 Öffentliche Erschließung	Anschlußbeiträge und -kosten für Abwasserentsorgung, Wasser-, Gas-, Stromversorgung, Telekommunikation, Verkehrserschließung
23 Nichtöffentliche Erschließung	wie 22
24 Ausgleichsabgaben	Ablösen von Verpflichtungen aus öffentl. rechtl. Vorschriften, z. B. Stellplätze, Baumbestand

Fortsetzung s. nächste Seite

Baukosten und Finanzierung

2. Gliederungsebene, Fortsetzung

Kostengruppen	Erläuterungen und Beispiele
30 Bauwerk — Baukonstruktion	
31 Baugrube	Bodenabtrag, Aushub, Ab- und Anfuhr, Verbau, Wasserhaltung
32 Gründung	Fundamente und Sauberkeitsschichten, Tiefgründungen, Unterböden und Fundamentplatten, Abdichtungen, Dränagen
33 Außenwände	tragende und nichttragende Wände, Außentüren und -fenster, äußere Bekleidungen einschl. Putz-, Dämm- und Schutzschichten, Rolläden
34 Innenwände	tragende und nichttragende Wände und Wandelemente, Innenwandbekleidungen, Innentüren und -fenster
35 Decken	Konstruktionen von Decken, Treppen, Unterzüge, Deckenbeläge (Estrich, Dämm- und Nutzschichten), Bekleidungen (Putz- und Dämmschichten)
36 Dächer	Konstruktionen von Flachdächern und geneigten Dächern, Dachfenster, Dachbeläge, Dachbekleidungen, Dachzubehör (z. B. Laufbohlen)
37 Baukonstruktive Einbauten	Einbauten für allgemeine Zweckbestimmung (z. B. Einbaumöbel) und für besondere Zweckbestimmung (z. B. Labortische in Labor, Altar in Kirche)
39 Sonstige Maßnahmen für Baukosten	Baustelleneinrichtung, Gerüste, Abbruch, Unterfangungen, Recycling, Entsorgung, Schlechtwetterbau, Wasser-, Landschafts-, Lärmschutz
40 Bauwerk — Technische Anlagen	
41 Abwasser-, Wasser-, Gasanlagen	Rohrleitungen, Hebeanlagen, Aufbereitungsanlagen, dezentrale Wassererwärmer, Feuerlöschanlagen, Sanitärzellen
42 Wärmeversorgungsanlagen	Wärmeerzeugungsanlagen, Wärmeverteilnetze, Raumheizflächen
43 Lufttechnische Anlagen	Lüftungsanlagen, Teilklimaanlagen, Klimaanlagen, Kälteanlagen
44 Starkstromanlagen	Schaltanlagen, Transformatoren, Stromerzeugungsaggregate, Verteiler, Kabel, Leitungen, Blitzschutz
45 Informationstechnische Anlagen	Telekommunikationsanlagen, Rufanlagen, Klingeln, Fernsehen, Kontrollanlagen (z. B. Brand, Einbruch), Beschallungsanlagen
46 Förderanlagen	Aufzüge, Fahrtreppen, Krananlagen, Hebebühnen, Transportanlagen
47 Nutzungsspezifische Anlagen	Küchen, Wäsche, Medien, Labore, Schwimmbecken, Staubsaugeranlagen, Tankstellen, Bühnen
48 Gebäudeautomation	anlagenübergreifende Automation (z. B. Sensoren, Programmiereinrichtungen, Leitstellen)
49 Sonstige	etwa wie 39

Fortsetzung s. nächste Seite

2. Gliederungsebene, Fortsetzung

Kostengruppen	Erläuterungen und Beispiele
50 Außenanlagen	
51 Geländeflächen	Bodenabtrag, Bodenauftrag, Geotextilien, Pflanzen, Rasen, Wasserflächen
52 Befestigte Flächen	Wege, Straßen, Plätze, Höfe, Spiel- und Sportflächen, Gleisanlagen
53 Baukonstruktionen in Außenanlagen	Zäune, Mauern, Türen, Schranken, Schutzwände, Stützmauern, Überdachungen, Wasserbecken
54 Technische Anlagen in Außenanlagen	Abwasseranlagen, Kläranlagen, Wasseranlagen, Gasanlagen, Wärmeversorgung, Strom- und Medienversorgungsnetze
55 Einbauten in Außenanlagen	Wirtschaftsgegenstände (z. B. Fahrradständer, Schilder, Behälter)
59 Sonstige Maßnahmen für Außenanlagen	etwa wie 39
60 Ausstattung	
61 Ausstattung	allgemeine (z. B. Möbel, Textilien, Geräte) und besondere (z. B. wissenschaftliche, technische Geräte), Wegweiser, Werbeanlagen
62 Kunstwerke	künstlerische Ausstattung des Bauwerks und der Außenanlagen (z. B. Skulpturen, Malereien, Schmiedearbeiten)
70 Baunebenkosten	
71 Bauherrenaufgaben	Projektleitung, Projektsteuerung, Beratungskosten (z. B. für betriebliche Organisation, Raumprogramme, Qualitätssicherung)
72 Vorbereitung der Objektplanung	Untersuchungen, Wertermittlungen, Bebauungsstudien, Grünplanstudien, Wettbewerbe, Umweltverträglichkeitsprüfungen
73 Architekten- und Ingenieurleistungen	Honorare für Grundleistungen und Besondere Leistungen der HOAI oder nach vertraglicher Vereinbarung
74 Gutachten und Beratung	Thermische Bauphysik, Schallschutz, Raumakustik, Bodenmechanik, Grundbau, Vermessung, Lichttechnik
75 Kunst	Kunstwettbewerbe, Honorare für Kunstwerke
76 Finanzierung	Beschaffung der Dauerfinanzierungsmittel und Zwischenkredite, Zinsen bis zum Nutzungsbeginn
77 Allgemeine Baunebenkosten	Prüfungen, Genehmigungen und Abnahmen, Baustellenbewachung, Bauleitungsbüro, Vervielfältigungen, Postgebühren, Baufeiern (Richtfest)
79 Sonstige Baunebenkosten	

5

3. Gliederungsebene (Auszug aus Tabelle 1 der DIN 276 als Beispiel)

Kostengruppen	Anmerkungen
300 Bauwerk – Baukonstruktionen	Kosten von Bauleistungen und Lieferungen zur Herstellung des Bauwerks, jedoch ohne die Technischen Anlagen (Kostengruppe 400). Dazu gehören auch die mit dem Bauwerk fest verbundenen Einbauten, die der besonderen Zweckbestimmung dienen, sowie übergreifende Maßnahmen in Zusammenhang mit den Baukonstruktionen. Bei Umbauten und Modernisierungen zählen hierzu auch die Kosten von Teilabbruch-, Sicherungs- und Demontagearbeiten.

Fortsetzung s. nächste Seite

3. Gliederungsebene, Fortsetzung

Kostengruppen	Anmerkungen
310 Baugrube	Bodenabtrag, Aushub einschließlich Arbeitsräume und
311 Baugrubenherstellung	Böschungen, Lagern, Hinterfüllen, Ab- und Anfuhr
312 Baugruben-umschließung	Verbau, z. B. Schlitz-, Pfahl-, Spund-, Trägerbohl-, Injektions- und Spritzbetonwände einschließlich Verankerung, Absteifung
313 Wasserhaltung	Grund- und Schichtenwasserbeseitigung während der Bauzeit
319 Baugrube, sonstiges	
320 Gründung	Die Kostengruppen enthalten die zugehörigen Erdarbeiten und Sauberkeitsschichten.
321 Baugrundverbesserung	Bodenaustausch, Verdichtung, Einpressung
322 Flachgründungen[1])	Einzel-, Streifenfundamente, Fundamentplatten
323 Tiefgründungen[1])	Pfahlgründung einschließlich Roste, Brunnengründungen; Verankerungen
324 Unterböden und Bodenplatten	Unterböden und Bodenplatten, die nicht der Fundamentierung dienen
325 Bodenbeläge[2])	Beläge auf Boden- und Fundamentplatten, z. B. Estriche, Dichtungs-, Dämm-, Schutz-, Nutzschichten
326 Bauwerksabdichtungen	Abdichtungen des Bauwerks einschließlich Filter-, Trenn- und Schutzschichten
327 Dränagen	Leitungen, Schächte, Packungen
329 Gründung, sonstiges	
330 Außenwände	Wände und Stützen, die dem Außenklima ausgesetzt sind bzw. an das Erdreich oder an andere Bauwerke grenzen
331 Tragende Außenwände[3])	Tragende Außenwände einschließlich horizontaler Abdichtung
332 Nichttragende Außenwände[3])	Außenwände, Brüstungen, Ausfachungen, jedoch ohne Bekleidungen
333 Außenstützen[3])	Stützen und Pfeiler mit einem Querschnittsverhältnis ≤ 1 : 5
334 Außentüren und -fenster	Fenster und Schaufenster, Türen und Tore einschließlich Fensterbänken, Umrahmungen, Beschlägen, Antrieben, Lüftungseinbauten Elementen
335 Außenwandbekleidungen außen	Äußere Bekleidungen einschließlich Putz-, Dichtungs-, Dämm-, Schutzschichten an Außenwänden und -stützen
336 Außenwandbekleidungen innen[4])	Raumseitige Bekleidung, einschließlich Putz-, Dichtungs-, Dämm-, Schutzschichten an Außenwänden und -stützen
337 Elementierte Außenwände	Elementierte Wände, bestehend aus Außenwand, -fenster, -türen, -bekleidungen
338 Sonnenschutz	Rolläden, Markisen und Jalousien einschließlich Antrieben
339 Außenwände, sonstiges	Gitter, Geländer, Stoßabweiser und Handläufe
340 Innenwände	Innenwände und Innenstützen

[1]) Gegebenenfalls können die Kostengruppen 322 und 323 zusammengefaßt werden; die Zusammenfassung ist kenntlich zu machen.

[2]) Gegebenenfalls können die Kosten der Bodenbeläge (Kostengruppe KG 325) mit den Kosten der Deckenbeläge (KG 352) in einer Kostengruppe zusammengefaßt werden; die Zusammenfassung ist kenntlich zu machen.

[3]) Gegebenenfalls können die Kostengruppen 331, 332 und 333 bzw. 341, 342 und 343 zusammengefaßt werden; die Zusammenfassung ist kenntlich zu machen.

[4]) Gegebenenfalls können die Kosten der Außenwandbekleidungen innen (KG 336) mit den Kosten der Innenwandbekleidungen (KG 345) zusammengefaßt werden; die Zusammenfassung ist kenntlich zu machen.

1.2.2 Ausführungsorientierte Gliederung der Kosten

Soweit es die Umstände des Einzelfalles zulassen (z. B. im Wohnungsbau) oder erfordern (z. B. bei Modernisierungen), können die Kosten vorrangig ausführungsorientiert gegliedert werden. Die Kostengruppen der 1. Ebene können dann nach herstellungsmäßigen Gesichtspunkten unterteilt werden. Hierfür können Gliederungen verwendet werden z. B.

— in Gewerke entsprechend der Verdingungsordnung für Bauleistungen (VOB Teil C) oder
— in Leistungsbereiche entsprechend dem Standardleistungsbuch für das Bauwesen (StLB).

Dies entspricht formal der 2. Ebene der Kostengliederung.

Gliederung in Leistungsbereiche nach StLB

000 Baustelleneinrichtung
001 Gerüstarbeiten
002 Erdarbeiten
003 Landschaftsbauarbeiten
004 Landschaftsbauarbeiten, Pflanzen
005 Brunnenbauarbeiten und Aufschlußbohrungen
006 Verbau-, Ramm- und Einpreßarbeiten
007 Untertagebauarbeiten
008 Wasserhaltungsarbeiten
009 Entwässerungskanalarbeiten
010 Dränarbeiten
011 Abscheideranlagen, Kleinkläranlagen
012 Mauerarbeiten
013 Beton- und Stahlbetonarbeiten
014 Naturwersteinarbeiten, Betonwerksteinarbeiten
016 Zimmer- und Holzbauarbeiten
017 Stahlbauarbeiten
018 Abdichtungsarbeiten gegen Wasser
020 Dachdeckungsarbeiten
021 Dachabdichtungsarbeiten
022 Klempnerarbeiten
023 Putz- und Stuckarbeiten
024 Fliesen- und Plattenarbeiten
025 Estricharbeiten
027 Tischlerarbeiten
028 Parkettarbeiten, Holzpflasterarbeiten
029 Beschlagarbeiten
030 Rolladenarbeiten; Rollabschlüsse, Sonnenschutz- und Verdunkelungsanlagen
031 Metallbauarbeiten, Schlosserarbeiten
032 Verglasungsarbeiten
033 Gebäudereinigungsarbeiten
034 Maler- und Lackiererarbeiten
035 Korrosionsschutzarbeiten an Stahl- und Aluminiumbaukonstruktionen
036 Bodenbelagarbeiten
037 Tapezierarbeiten
039 Trockenbauarbeiten
040 Heizungs- und zentrale Brauchwassererwärmungsanlagen

042 Gas- und Wasserinstallationsarbeiten
 — Leitungen und Armaturen —
043 Druckrohrleitungen für Gas, Wasser und Abwasser
044 Abwasserinstallationsarbeiten
 — Leitungen, Abläufe —
045 Gas-, Wasser- und Abwasserinstallationsarbeiten
 — Einrichtungsgegenstände —
046 Gas-, Wasser- und Abwasserinstallationsarbeiten
 — Betriebseinrichtungen —
047 Wärme- und Kältedämmarbeiten an betriebstechnischen Anlagen
049 Feuerlöschanlagen, Feuerlöschgeräte
050 Blitzschutz- und Erdungsanlagen
051 Bauleistungen für Kabelanlagen
052 Mittelspannungsanlagen
053 Niederspannungsanlagen
055 Ersatzstromversorgungsanlagen
056 Batterien
058 Leuchten und Lampen
060 Elektroakustische Anlagen, Sprechanlagen, Personenrufanlagen
061 Fernmeldeleitungsanlagen
063 Meldeanlagen
065 Empfangsantennenanlagen
067 Zentrale Leittechnik für betriebstechnische Anlagen in Gebäuden (ZLT-G)
069 Aufzüge
070 Regelung und Steuerung für heiz-, raumluft- und sanitärtechnische Anlagen
074 Raumlufttechnische Anlagen
 — Zentralgeräte und deren Bauelemente —
075 Raumlufttechnische Anlagen
 — Luftverteilsysteme und deren Bauelemente —
076 Raumlufttechnische Anlagen
 — Einzelgeräte —
077 Raumlufttechnische Anlagen
 — Schutzräume —
078 Raumlufttechnische Anlagen
080 Straßen, Wege, Plätze

1.3 Wohnungen und Wohnflächen

Begriffe nach DIN 283-1 (03.51)

Eine Wohnung ist die Summe der Räume, die die Führung eines Haushaltes ermöglichen, darunter mindestens: eine Küche (oder Raum mit Kochgelegenheit), Wasserversorgung, Ausguß, Abort.

Baukosten und Finanzierung

Unterschieden werden:
- Wohn- und Schlafräume (mindestens 10 m² Wohnfläche)
- Küchen (Wohnküchen mindestens 12 m²)
- Nebenräume (Diele, Schrankraum, Windfang, Vorraum, Flur, Treppen einschl. Treppenabsätze, Besenkammer, Loggia, Balkon, gedeckter Freisitz)
- Wohn- und Schlafkammern haben Größen von 6 bis 10 m² (2/3 der Grundfläche mindestens mit LH = 2,10 m)

Berechnung der Wohnflächen und Nutzflächen nach DIN 283 Bl. 2 (02.62)

DIN 283, Bl. 2 (02.62) wurde ersatzlos zurückgezogen. Einzige amtliche Grundlage für die Wohnflächenberechnung ist nunmehr die „Verordnung über wohnungswirtschaftliche Berechnungen" in der Fassung vom 5.4.1984 (2. Berechnungsverordnung = 2. BV), die eigentlich nur für den öffentlich geförderten oder steuerbegünstigten Wohnungsbau gedacht ist.

Privatrechtlich können sich (Einvernehmen vorausgesetzt) die Mietparteien nach wie vor auf eine Wohnflächenberechnung auf der Grundlage der zurückgezogenen DIN 283 beziehen.

Wohnflächenberechnung nach den §§ 42 bis 44 der 2. BV (1990)

§ 42 Wohnfläche. Die Wohnfläche einer Wohnung ist die Summe der anrechenbaren Grundflächen der Räume, die ausschließlich zu der Wohnung gehören.

Zur Wohnfläche gehört nicht die Grundfläche von
- Zubehörräumen (z.B. Keller, Waschküche, Abstellräume außerhalb der Wohnung, Dachböden, Trockenräume, Schuppen, Garagen u. ähnliche Räume)
- Wirtschaftsräume (z.B. Futterküchen, Vorratsräume, Backstuben, Räucherkammern, Ställe, Scheunen, Abstellräume u. ähnliche Räume)
- Räumen, die den nach ihrer Nutzung zu stellenden Anforderungen des Bauordnungsrechtes nicht genügen
- Geschäftsräumen.

§ 43 Berechnung der Grundfläche. Die Grundfläche eines Raumes kann nach Wahl des Bauherrn ermittelt werden
- aus den Fertigmaßen (lichte Maße zwischen den Wänden ohne Berücksichtigung von Wandgliederungen, Wandbekleidungen, Scheuerleisten, Öfen, Heizkörpern, Herden und dgl.)
- aus den Rohbaumaßen (so errechnete Grundflächen um 3% kürzen).

Von den errechneten Grundflächen sind **abzuziehen** die Grundflächen von:
- Schornsteinen, Mauervorlagen, freistehenden Pfeilern und Säulen, wenn diese in der ganzen Raumhöhe durchgehen und ihre Grundfläche > 0,1 m² ist
- Treppen mit über 3 Steigungen und deren Treppenabsätze

Zu den errechneten Grundflächen sind **hinzuzurechnen** die Grundflächen von:
- Fenster- und offenen Wandnischen, die bis zum Fußboden herunterreichen und mehr als 0,13 m tief sind
- Erkern und Wandschränken, mit einer Grundfläche ≥ 0,5 m²
- Raumteilen unter Treppen, mit lichter Höhe ≥ 2 m.

Grundflächen von Türnischen sind **nicht hinzuzurechnen**.

§ 44 Anrechenbare Grundfläche. Zur Ermittlung der Wohnfläche **sind anzurechnen**:

voll:
- Grundflächen von Räumen und Raumteilen mit einer lichten Höhe ≥ 2 m

zur Hälfte:
- Grundflächen von Räumen oder Raumteilen mit lichter Höhe ≥ 1 m und < 2 m
- Grundflächen von Wintergärten, Schwimmbädern und ähnlichen, nach allen Seiten geschlossenen Räumen

nicht:
- Grundflächen von Räumen oder Raumteilen mit einer lichten Höhe < 1 m.

254

Bis zur Hälfte **können angerechnet** werden:
— Balkone, Loggien, Dachgärten, gedeckte Freisitze, wenn diese ausschließlich zum Wohnraum gehören.

Zur Ermittlung der Wohnfläche **können abgezogen** werden:
— bei einem Wohngebäude mit einer Wohnung bis zu 10% der ermittelten Grundfläche der Wohnung
— bei einem Wohngebäude mit zwei nicht abgeschlossenen Wohnungen bis zu 10% der ermittelten Grundfläche beider Wohnungen
— bei einem Wohngebäude mit einer abgeschlossenen und einer nicht abgeschlossenen Wohnung bis zu 10% der ermittelten Grundfläche der nicht abgeschlossenen Wohnung.

5

Hinweis: Bei Neubauten ist die Begünstigung bei der Grund- und Grunderwerbsteuer an die Einhaltung bestimmter Wohnflächengrößen gebunden (156 m^2 für Einfamilienhäuser, 216 m^2 für Zweifamilienhäuser). Bei der Ermittlung der Wohnfläche werden diesbezüglich u.a. Hobby- und Arbeitsräume im Keller oder auf dem Dachboden nicht erfaßt (§ 42 Abs. 4 der 2. BV). Die angeführten Räume dürfen allerdings nicht zum dauernden Aufenthalt geeignet sein.

1.4 Grundflächen und Rauminhalte von Bauwerken im Hochbau nach DIN 277 (06.87)

Grundflächen und Rauminhalte sind unter anderem maßgebend
— für die Ermittlung der Kosten von Hochbauten (300 bis 400 DIN 276)
— beim Vergleich von Bauwerken.

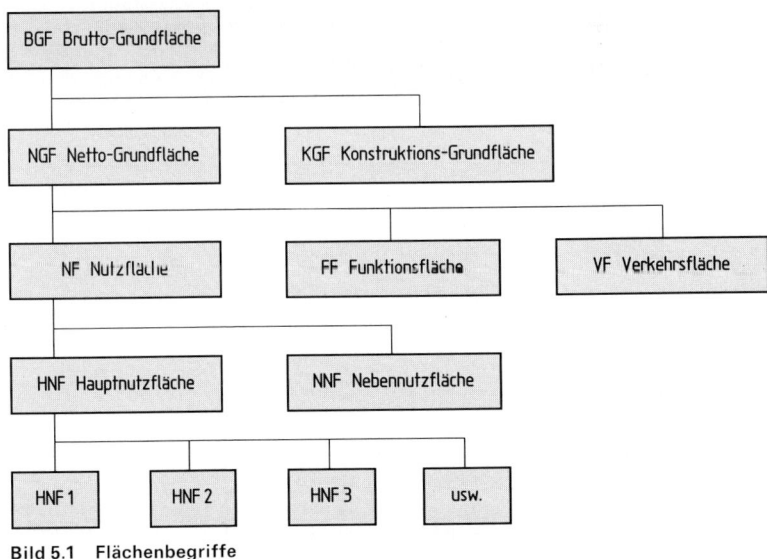

Bild 5.1 Flächenbegriffe

Baukosten und Finanzierung

Tafel 5.1 Zusammenstellung von Begriffen aus DIN 277

Begriffe	Definition nach DIN 277
BGF Brutto-Grundfläche	Summe der Grundflächen aller Grundrißebenen. Nicht zugehörig: — nicht nutzbare Dachflächen — konstruktiv bedingte Hohlräume (z. B. in belüfteten Dächern oder über abgehängten Decken).
KGF Konstruktions- Grundfläche	Grundflächen der aufgehenden Bauteile (z.B. von Wänden, Stützen und Pfeilern), auch Grundfläche von: — Schornsteinen, nicht begehbaren Schächten — Türöffnungen, Nischen, Schlitzen.
NGF Netto-Grundfläche	Grundflächen zwischen den aufgehenden Bauteilen; auch Grundflächen von: — freiliegenden Installationen — fest eingebauten Gegenständen (z.B. Heizkörper).
NF Nutzfläche	Der Teil der NGF, der der Nutzung des Bauwerks aufgrund seiner Zweckbestimmung dient.
FF Funktionsfläche	Der Teil der NGF, der der Unterbringung zentraler betriebstechnischer Anlagen in einem Bauwerk dient.
VF Verkehrsfläche	Der Teil der NGF, der dient: — dem Zugang zu den Räumen — dem Verkehr innerhalb des Bauwerkes — dem Verlassen im Notfall. Nicht zugehörig: Bewegungsflächen innerhalb von Räumen; sie gehören zur NF bzw. FF.

BRI
Brutto-Rauminhalt
	Rauminhalt des Baukörpers, der begrenzt wird:
	— unten von der Unterfläche der konstruktiven Bauwerkssohle
	— oben durch die Oberfläche des Dachbelages
	— im übrigen von den äußeren Begrenzungsflächen des Bauwerks.
	Nicht zugehörig Rauminhalt von:
	— Fundamenten
	— untergeordnete Bauteile (z.B. Kellerlichtschächte, Außentreppen,
	    Außenrampen, Eingangsüberdachungen, Dachgauben)
	— konstruktive und gestalterische Vor- und Rücksprünge
	    an den Außenflächen
	— auskragende Sonnenschutzanlagen
	— Lichtkuppeln, Schornsteinköpfe
	— Dachüberstände, soweit es nicht Überdeckungen sind.

NRI Netto-Rauminhalt	Summe der Rauminhalte aller Räume, deren Grundflächen zur NGF gehören.

Tafel 5.2 Gliederungsschema

Grundflächen und Rauminhalte nach DIN 277	Bereich a: überdeckt und allseitig in voller Höhe umschlossen in m²	Bereich b: überdeckt, je- doch nicht allsei- tig in voller Höhe umschlossen in m²	Bereich c: nicht überdeckt in m²	insgesamt in m²
NF Nutzfläche				
+ FF Funktionsfläche				
+ VF Verkehrsfläche				
= NGF Netto-Grundfläche				
+ KF Konstruktionsfläche				
= BGF Brutto-Grundfläche				

Aus BGF und zugehöriger Höhe H wird BRI ermittelt:

BRI Brutto-Rauminhalt	m³	m³	m³	m³

Berechnungsgrundlagen

– Die Gesamtgrundfläche ergibt sich aus der Summe der Grundflächen aller Grundrißebenen des Bauwerks.
– Die Grundflächen sind getrennt nach Grundrißebenen (z. B. Geschossen) und getrennt nach unterschiedlichen Höhen zu ermitteln.
– Schrägliegende Flächen sind aus ihrer senkrechten Projektion auf die waagerechte Ebene zu berechnen.
– Grundflächen und Rauminhalte sind nach ihrer Zugehörigkeit zu folgenden Bereichen getrennt zu ermitteln:
    – Bereich a: überdeckt und allseitig in voller Höhe umschlossen
    – Bereich b: überdeckt, jedoch nicht allseitig in voller Höhe umschlossen
    – Bereich c: nicht überdeckt.

Berechnung der BGF

– äußere Maße der Bauteile einschließlich Bekleidung (z. B. Putz)
– in Fußbodenhöhe messen
– konstruktive und gestalterische Vor- und Rücksprünge an Außenflächen nicht berücksichtigen
– Grundflächen des Bereiches b ergeben sich aus der senkrechten Projektion ihrer Überdeckung

Berechnung der KGF

– Fertigmaße der Bauteile in Fußbodenhöhe, einschließlich Putz oder Bekleidung
– nicht berücksichtigen:
    – Fuß-, Sockelleisten, Schrammborde
    – vorstehende Teile von Fenster- und Türbekleidungen
    – konstruktive und gestalterische Vor- und Rücksprünge an den Außenflächen, soweit sie die NGF nicht beeinflussen.
– Grundflächen von Bauteilen, die zwischen den Bereichen a und b liegen, werden zum Bereich a gerechnet.

Berechnung der NF, FF und VF

– Räume und Raumteile unter Schrägen getrennt ermitteln nach lichten Höhen
    – von 1,5 m und mehr
    – unter 1,5 m.
– Lichte Maße der Räume in Fußbodenhöhe messen
– Fuß-, Sockelleisten oder Schrammborde nicht berücksichtigen
– Aufzugsschächte und Installationsschächte in jeder Grundrißebene, durch die sie führen, berechnen.

Berechnung des BRI

– aus BGF und zugehörigen Höhen H errechnen
– das Maß H ergibt sich aus Bild 5.2:

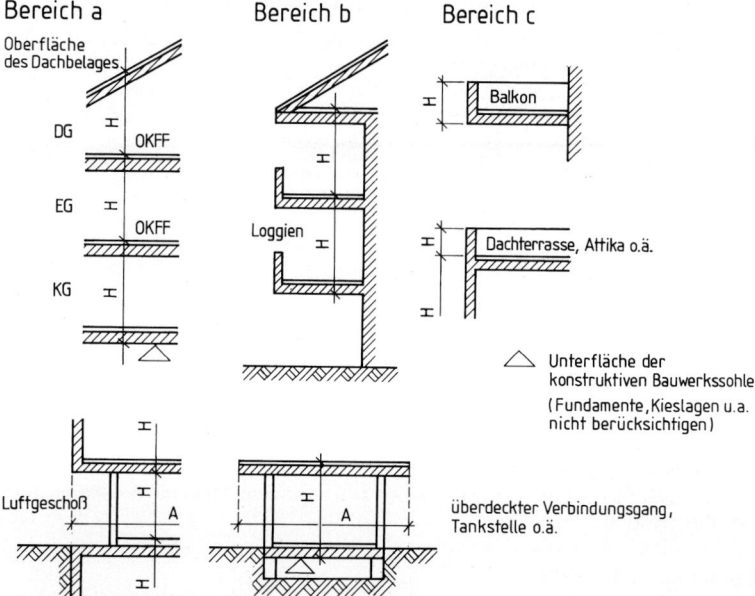

Bild 5.2 Höhenmaße zur Ermittlung des BRI

Unterschiede zwischen den Berechnungen
nach DIN 277 (1950) und DIN 277 (1987)

DIN 277 (ursprünglich von 1934) ist mehrfach geändert worden, und zwar 1936, 1940, 1950, 1973, 1987. Von andauernder praktischer Bedeutung ist der Unterschied zwischen der Fassung von 1950 und der von 1987:

— Der „umbaute Raum" nach DIN 277 (1950) und der „Rauminhalt" nach DIN 277 (1987) können in extremen Fällen erheblich voneinander abweichen, z.B. ist bei eingeschossigen, nicht unterkellerten Häusern mit Satteldach der Rauminhalt nach der Fassung von 1987 um bis zu 50% größer als der umbaute Raum gemäß Fassung von 1950.

— Der Rauminhalt eines Gebäudes ist die entscheidende Grundlage für die Kostenschätzung, wenn man wie üblich ansetzt: m³ Rauminhalt × DM/m³ = DM Gebäudekosten.

— Praktisch alle zur Verfügung stehenden Raummeterpreise (DM/m³) sind auf der Grundlage des umbauten Raumes nach DIN 277 (1950) ermittelt worden; sie sollten deshalb nicht gedankenlos auf den Rauminhalt nach DIN 277 (1987) angewendet werden. Das gilt auch für die in Abschn. 2.2, 2.3 und 2.7 angegebenen Normalherstellungskosten, die sich auf DIN 277 (1950) beziehen.

Tafel 5.3 zeigt die wesentlichen Abweichungen bei der Berechnung des Rauminhaltes nach DIN 277 (1987) gegenüber dem Umbauten Raum nach DIN 277 (1950).

Zahlenmäßig läßt sich die Größe der Abweichungen nicht allgemeingültig angeben, da die Gebäudeformen und -konstruktionen zu vielfältig sind.

Tafel 5.4 zeigt die Größenordnung der Abweichung bei der Berechnung des Rauminhaltes nach DIN 277 (1987) gegenüber dem Umbauten Raum nach DIN 277 (1950) für einige gängige Haustypen.

Tafel 5.3 Vergleich der Berechnung „Umbauter Raum" (DIN 277 von 1950) und „Rauminhalt" (DIN 277 von 1987)

Grund der Abweichung	DIN 277	
	Fassung 1950	Fassung 1987
A. Berechnungsmaße	Rohbaumaße	Fertigmaße, z.B. Außenmaß bei Fassadenverkleidung
B. Nicht ausgebaute Dachräume	nur 1/3 des tatsächlichen Rauminhaltes	tatsächlicher Rauminhalt
C. Unterster Fußboden unter Geländeoberfläche	ab Oberfläche des fertigen Fußbodens	Unterfläche des konstruktiven Bauwerkssohle
D. Nicht unterkellert, unterster Fußboden über Gelände	ab Geländeoberfläche	wie C
E. Oberstes Geschoß	bis Oberfläche der tragenden Decke	bis Oberfläche des Dachbelages
F. Dachkonstruktion	bis OK Dachkonstruktion (z.B. Sparren)	bis Oberfläche des Dachbelages
G. Balkonbrüstung, Attika	unberücksichtigt nur bis OK Rohdecke	bis OK Brüstung bzw. Attika

5

Tafel 5.4 Abweichung „Umbauter Raum" (DIN 277 von 1950) und „Rauminhalt" (DIN 277 von 1987)

Grund der Abweichung[1]	Haustyp	m^3 nach DIN 277 (1950) / m^3 nach DIN 277 (1987)
B	Satteldach nicht ausgebaut, eingeschossig, nicht unterkellert	0,65 bis 0,80
C	Flachdach, eingeschossig, ebenerdig, nicht unterkellert	0,90 bis 0,95
B, C	Satteldach nicht ausgebaut, 4geschossig, unterkellert	0,85 bis 0,95
C, E	Flachdach, 4geschossig, unterkellert	0,96 bis 0,98
A	Klinkerfassade	1,00
A	Vorhangfassade, 12 cm dick, 4geschossig, unterkellert	0,96 bis 0,98

[1] s. Tafel 5.3

Empirische Ermittlung

Nach *Gerardy* in [5] läßt sich der Rauminhalt eines Gebäudes mit einer Genauigkeit von etwa 5% aus dessen Geschoßzahl und Grundfläche ermitteln (man spart so das Aufmaß):

Tafel 5.5 Empirische Ermittlung des Gebäuderauminhalts nach Gerardy [5]

Geschoßzahl	I		II		III		IV	
Dachausbau	ohne	voll	ohne	voll	ohne	voll	ohne	voll
Baujahr: vor 1900	6,2	8,3	10	12	13,9	15,8	17,6	19,6
1900–1923	6,2	8,3	10	12	13,2	15,3	16,6	18,7
1924–1947	5,5	7,7	8,6	10,8	11,8	14,0	15,0	17,2
nach 1947	5,5	7,7	8,6	10,8	11,4	13,6	14,4	16,6

Die Tabellenwerte gelten für vollunterkellerte Gebäude. Bei nichtunterkellerten Gebäuden 1,7 abziehen. Mansardengeschosse wie Vollgeschosse behandeln.

Beispiel Haus Baujahr 1910, 2geschossig, voll unterkellert mit halbausgebautem Dachgeschoß. Bebaute Fläche (z.B. aus Lageplan) = 120 m²
Rauminhalt BRI ≅ 120 · (12+10)/2 ≅ 1.320 m³

2 Kostenrichtwerte

2.1 Preisindizes für Bauwerke und Bauprodukte

Detaillierte Veröffentlichungen s. Statistisches Bundesamt Wiesbaden und z.B. Landesamt für Datenverarbeitung und Statistik NW, Düsseldorf.

Tafel 5.6 Preisindex für **Wohngebäude** (Jahresdurchschnitt in Deutschland[2])), Bauleistungen am Bauwerk (Neubau in konventioneller Bauart) einschl. MwSt, Basis: 1913 = 100

Jahr	Wohn-gebäude	Jahr	Wohn-gebäude	Jahr	Wohn-gebäude
1913	100,0	1944	165,3	1975	944,6
1914	106,8	1945	170,7	1976	977,1
1915	119,7	1946	182,3	1977	1024,5
1916	132,0	1947	212,9	1978	1087,8
1917	163,9	1948	281,0	1979	1183,3
1918	227,2	1949	262,6	1980	1309,7
1919	373,5	1950	250,3	1981	1386,3
1920	1068,0	1951	289,8	1982	1426,3
1921	1803,0	1952	308,8	1983	1456,4
1922[1])	.	1953	298,6	1984	1492,4
1923	.	1954	300,0	1985	1498,7
1924	138,1	1955	316,3	1986	1519,3
1925	170,1	1956	324,5	1987	1548,2
1926	165,3	1957	336,1	1988	1581,1
1927	167,3	1958	346,9	1989	1638,9
1928	174,8	1959	365,3	1990	1744,5
1929	177,6	1960	392,5	1991	1865,6
1930	170,1	1961	422,4	1992	1985,0
1931	155,8	1962	457,1	1993	2083,0
1932	132,0	1963	481,0	1994	2132,9
1933	125,2	1964	503,4	1995	2182,9
1934	131,3	1965	524,5	1996	2179,1
1935	131,3	1966	541,5	1997	2162,7
1936	131,3	1967	529,9	1998	2155,0
1937	134,0	1968	552,4		
1938	135,4	1969	584,0		
1939	137,4	1970	680,3		
1940	139,5	1971	750,5		
1941	146,3	1972	801,2		
1942	158,5	1973	860,0		
1943	161,9	1974	922,6		

[1]) Aufgrund der sprunghaften Entwertung der Mark wurden keine Durchschnittsindizes veröffentlicht.
[2]) jeweiliger Gebietsstand

Tafel 5.7 Wägungsanteile

Leistungsart	Wägungsanteil[*])(Bezugsgröße:Wohngebäudeinsgesamt)‰	Leistungsart	Wägungsanteil[*])(Bezugsgröße:Wohngebäudeinsgesamt)‰
Wohngebäude insgesamt	**1000**		
Bauleistungen am Bauwerk	800,99	**Bauleistungen am Bauwerk**	**1000**
Rohbauarbeiten	397,87	Rohbauarbeiten	496,73
Ausbauarbeiten	403,12	Ausbauarbeiten	503,27
Ausstattung	4,20		
Außenanlagen	69,54		
Baunebenleistungen	125,27		
Architektenleistungen	73,55		
Ingenieurleistungen	29,85		
Verwaltungsleistungen	21,87		

[*]) berechnet aus den Anteilen der Bauleistungen an den gesamten Herstellungskosten

Berechnung der Indizes und Indexumstellungen

Die Indexwerte werden aus den regelmäßig ermittelten Baupreisen errechnet. Die Bauleistungen, deren Preise beobachtet werden, und ihre Anteile sind in einem bundeseinheitlichen Wägungsschema zusammengefaßt; es liegt den Indizes als feste Größe (von Basisjahr zu Basisjahr) zugrunde. Wenn die Bauverhältnisse sich wesentlich ändern, z.B. bei rückläufiger Marktbedeutung einzelner Bauleistungen oder bei Einführung neuer Bauweisen, müssen die Wägungsunterlagen aktualisiert werden. — Zuletzt wurde das Wägungsschema der Baupreisindizes auf die Bauverhältnisse des Jahres 1991 umgestellt.

Vom Umstellungsmonat an (August 1994) werden Baupreisindizes nur noch nach den Bauverhältnissen des neuen Basisjahres (1991) berechnet. Die vor dem Umstellungsmonat bereits veröffentlichten Indexwerte werden von Anfang des neuen Basisjahres an aktualisiert, d.h. durch neue Werte (die die aktuelleren Bauverhältnisse des neuen Basisjahres berücksichtigen) ersetzt; Indexwerte vor dem neuen Basisjahr 1991 bleiben unverändert.

Die bundeseinheitlich erforderliche Außerkraftsetzung von Indexreihen auf früheren Basisjahren bezieht sich also nur auf die Indexwerte des Zeitraumes vom ersten Monat des neuen Basisjahres (Februar 1991) bis zum letzten Monat, für den Indexwerte nach den Bauverhältnissen des alten Basisjahres veröffentlicht wurden (Mai 1994).

Indexwerte auf dem neuen Basisjahr werden für Zeiten vor 1991 nach der Entwicklung der Indizes auf früheren Basisjahren zurückgerechnet. Indexreihen früherer Basisjahre (1913, 1914, 1938, 1950, 1958, 1962, 1970, 1976, 1980, 1985) werden mit der Preisentwicklung des neuen Wägungsschemas fortgeschrieben.

Auf grundsätzlich gleiche Weise werden die Preisindizes für verschiedene Gebietsstände der Bundesrepublik Deutschland (ohne bzw. mit Saarland, Westberlin, neue Bundesländer) verkettet.

Rechnen mit Indexzahlen

Die Entwicklung der Indizes wird in Punkten oder Prozent gemessen.

Indexveränderung nach Punkten:
Differenz zwischen neuem und altem Indexstand (unterschiedliches Ergebnis je nach Wahl des Basisjahres).

Indexveränderung in Prozent: $\dfrac{\text{neuer Indexstand} \times 100}{\text{alter Indexstand}} - 100 = \pm\,\%$

Das Ergebnis ist unabhängig von der Wahl des Basisjahres (abgesehen von geringfügigen Rundungsdifferenzen).

Zahlenbeispiel Der Preisindex für Straßenbau auf der Basis 1991 lag 1989 bei 87,2 und 1994 bei 110,6.

Indexveränderung in Punkten:
110,6 − 87,2 = +23,4 Punkte

Indexveränderung in Prozent:
$\dfrac{110,6 \times 100}{87,2} - 100 = +26,8\%$

Baukosten und Finanzierung

Tafel 5.8 Preisindizes für Wohn- und Nichtwohngebäude (Bauleistungen am Bauwerk), Straßenbau und Ortskanäle in Deutschland,
Basis: 1995 = 100

Jahr	Wohngebäude gemischt-genutzt	Nichtwohngebäude		Sonstige Bauwerke	
		Bürogebäude	gewerbliche Betriebsgebäude	Straßenbau	Ortskanäle
1958	16,7	16,5	17,3	29,7	23,0
1959	17,5	17,4	18,0	31,4	24,7
1960	18,7	18,6	19,2	32,9	26,8
1961	19,9	19,9	20,3	34,6	28,7
1962	21,6	21,4	21,9	36,9	30,6
1963	22,7	22,5	22,9	38,2	32,0
1964	23,7	23,4	23,8	38,0	32,5
1965	24,7	24,3	24,7	36,0	31,8
1966	25,5	25,1	25,4	35,6	32,0
1967	24,8	24,5	24,2	33,8	30,6
1968	25,9	25,5	25,4	35,4	32,3
1969	27,5	27,1	27,7	37,0	33,9
1970	32,0	31,7	32,7	42,3	39,6
1971	35,2	34,9	36,3	45,7	43,0
1972	37,4	37,1	38,1	46,3	44,4
1973	40,1	39,8	40,3	47,7	46,2
1974	42,8	42,5	42,7	52,3	49,3
1975	43,8	43,4	43,9	53,6	50,2
1976	45,3	44,8	45,7	54,4	51,1
1977	47,5	46,9	47,6	55,9	52,9
1978	50,3	49,6	50,1	59,6	56,5
1979	54,6	53,6	54,1	65,8	62,4
1980	60,4	59,1	59,7	74,1	69,2
1981	63,9	62,7	63,4	76,1	71,2
1982	65,9	65,0	65,9	74,3	69,9
1983	67,3	66,5	67,4	73,7	69,9
1984	69,0	68,4	69,0	74,7	71,0
1985	69,3	69,1	69,6	76,1	71,2
1986	70,3	70,3	71,0	77,6	72,9
1987	71,7	71,9	72,6	78,5	74,1
1988	73,2	73,7	74,1	79,4	75,2
1989	75,8	76,4	76,7	81,1	77,4
1990	80,6	80,8	81,5	86,1	82,6
1991	86,0	86,0	86,6	91,9	88,7
1992	91,3	91,2	91,8	96,8	94,4
1993	95,6	95,5	95,8	99,0	98,0
1994	97,8	97,7	97,8	99,4	99,1
1995	100,0	100,0	100,0	100,0	100,0
1996	99,9	100,1	100,3	98,3	98,4
1997	99,1	99,6	99,8	96,6	96,6
1998	98,8	99,6	99,9	95,7	95,6
1999					

Tafel 5.9 Index der Erzeugerpreise ausgewählter gewerblicher Produkte ohne MwSt, früheres Bundesgebiet, Basis: 1991 = 100

Produkt	1992	1993	1994	1995	1996	1997	1998
Gewerbliche Erzeugnisse insgesamt	101,4	101,4	102,0	103,7	103,1	104,2	
Baumaschinen	103,4	106,5	107,0	108,5	109,6	109,9	
Naturstein unbearbeitet	103,6	106,8	108,4	110,1	111,8	112,2	
Sand und Kies	109,2	116,0	121,0	125,1	127,6	129,3	
Zement	104,6	107,5	109,8	111,0	112,5	113,2	
Grobkeramische Erzeugnisse	102,1	103,2	103,5	105,4	103,3	101,6	
Ziegeleierzeugnisse	104,8	108,6	112,0	116,0	110,0	106,9	
Bearbeiteter Kalk und Dolomitstein	102,2	103,3	104,1	104,4	105,9	106,5	
Erzeugnisse aus Gips	98,5	103,1	104,7	104,2	104,4	104,8	
Betonerzeugnisse, einschl. Kalksandsteine	105,0	107,7	108,8	109,3	107,8	107,5	
Transportbeton	105,4	108,7	111,0	112,5	113,0	113,9	
Dieselkraftstoff	98,4	99,3	104,3	102,4	110,4	111,7	
Bitumen	91,4	72,7	80,2	97,6	94,6	97,3	
Nadelschnittholz (Bauholz)	98,5	94,2	96,1	98,6	92,6	93,9	
Konstruktionen aus Stahl	100,2	98,7	97,7	100,0	101,0	100,4	
Betonstahl	92,2	95,4	95,5	88,4	80,8	86,2	
Lastkraftwagen	103,5	106,6	108,3	110,8	113,4	114,3	

Quelle: Statistisches Bundesamt, Ausgewählte Zahlen für die Bauwirtschaft

2.2 Normalherstellungskosten von Gebäuden

2.2.1 Normalherstellungskosten — NHK 95 —

Das Bundesministerium für Raumordnung, Bauwesen und Städtebau hat durch RdErl. vom 1.8.97 im Bereich des Bundes die „Normalherstellungskosten — NHK 95 —" eingeführt. Für eine Vielzahl von Gebäudetypen werden sehr differenzierte Baukosten angegeben (abgedruckt z. B. in [15]). Beispielhaft werden die Tafeln für den „Gebäudetyp 1.01 Einfamilien-Wohnhäuser, freistehend" und den Gebäudetyp „3.22 Mehrfamilien-Wohnhäuser, freistehend" nachstehend abgedruckt.

Hinweise zu den NHK 95:

— Es handelt sich um Normalherstellungskosten (NHK) von Gebäuden, ohne die Baunebenkosten nach Kostengruppe 700 der DIN 276 (1993), mit 15% Mehrwertsteuer, als Bundes-Mittelwerte auf der Preisbasis 1995. Durch den entsprechenden Preisbauindex kann auf die Verhältnisse zum Wertermittlungsstichtag umgerechnet werden.
— Die NHK beziehen sich auf die BGF, das ist die Brutto-Grundfläche nach DIN 277 (1987); es werden auch Raummeterpreise in DM/m^3 BRI nach DIN 277 (1987) angegeben. Die NHK 95 berücksichtigen nur die Bereiche a) und b) der DIN 277 (1987), falls die Bereiche c) kostenanteilmäßig bedeutsam sind, sind sie zusätzlich zu veranschlagen.
— Besondere Bauteile, die durch die BGF oder den BRI nicht erfaßt sind, müssen wertmäßig hinzugerechnet werden.
— Die Bundes-Mittelwerte der NHK 95 können durch Korrekturfaktoren an regionale Unterschiede, an ortsspezifische Unterschiede und an Konjunkturschwankungen angepaßt werden. Beim Zusammentreffen mehrerer Korrekturfaktoren sind diese miteinander zu multiplizieren (s. die folgenden Tafeln).

Tafel 5.10 Korrekturfaktoren für die NHK 95 zur Berücksichtigung des regionalen Einflusses

Land	Korrekturfaktor	Land	Korrekturfaktor
Baden-Württemberg	1,00 bis 1,10	Niedersachsen	0,75 bis 0,90
Bayern	1,05 bis 1,10	Nordrhein-Westfalen	0,90 bis 1,00
Berlin	1,25 bis 1,45	Rheinland-Pfalz	0,95 bis 1,00
Brandenburg	0,95 bis 1,10	Saarland	0,85 bis 1,00
Bremen	0,90 bis 1,00	Sachsen	1,00 bis 1,10
Hamburg	1,25 bis 1,30	Sachsen-Anhalt	0,90 bis 0,95
Hessen	0,95 bis 1,00	Schleswig-Holstein	0,90 bis 0,95
Mecklenburg-Vorpommern	0,95 bis 1,10	Thüringen	1,00 bis 1,05

Tafel 5.11 Korrekturfaktoren für die NHK 95 zur Berücksichtigung der Ortsgröße*)

Ortsgröße	Korrekturfaktor
Großstädte mit 500 000 bis 1 500 000 Einwohner*)	1,05 bis 1,15
Städte mit 50 000 bis 500 000 Einwohner	0,95 bis 1,05
Orte bis 50 000 Einwohner	0,90 bis 0,95

*) ausgenommen Berlin, Bremen und Hamburg

Tafel 5.12 Korrekturfaktoren für die NHK 95 zur Berücksichtigung von Konjunkturschwankungen

Konjunkturschwankung	Korrekturfaktor
sehr gute konjunkturelle Lage	1,05
gute konjunkturelle Lage	1,03
mittlere konjunkturelle Lage	1,00
schlechte konjunkturelle Lage	0,97
sehr schlechte konjunkturelle Lage	0,95

Tafel 5.13 Klassifikation des Ausstattungsstandards für Einfamilien-Wohnhäuser, freistehend, Typ 1.01

Kellergeschoß, Erdgeschoß, vollausgebautes Dachgeschoß

Kostengruppe	Ausstattungsstandard			
	einfach	mittel	gehoben	stark gehoben
Fassade	Mauerwerk mit Putz oder Fugenglattstrich und Anstrich	Wärmedämmputz, Wärmedämmverbundsystem, Sichtmauerwerk mit Fugenglattstrich, mittlerer Wärmedämmstandard	Verblendmauerwerk, Metallbekleidung, Vorhangfassade, hoher Wärmedämmstandard	Naturstein
Fenster	Holz, Einfachverglasung	Kunststoff, Rolladen, Isolierverglasung	Aluminium, Sprossenfenster Sonnenschutzvorrichtung, Wärmeschutzverglasung	raumhohe Verglasung, große Schiebeelemente, elektr. Rolladen, Schallschutzverglasung
Dächer	Betondachpfannen (untere Preisklasse), Bitumen-, Kunststofffolienabdichtung keine Wärmedämmung	Betondachpfannen (gehobene Preisklasse), mittlerer Wärmedämmstandard	Tondachpfannen, Schiefer-, Metalleindeckung, hoher Wärmedämmstandard	große Anzahl von Oberlichtern, Dachaus- und Dachaufbauten mit hohem Schwierigkeitsgrad, Dachausschnitte in Glas
Sanitär	1 Bad mit WC Installation auf Putz	1 Bad mit Dusche und Badewanne, Gäste-WC Installation unter Putz	1 bis 2 Bäder Gäste-Wc	mehrere großzügige Bäder, tlw. Bidet, Whirlpool, Gäste-WC
Innenwandbekleidung der Naßräume	Ölfarbanstrich, Fliesensockel (1,5 m)	Fliesen (2,00 m)	Fliesen raumhoch, großformatige Fliesen	Naturstein, aufwendige Verlegung
Bodenbeläge	Holzdielen, Nadelfilz, Linoleum, PVC (untere Preisklasse) Naßräume: PVC, Fliesen	Teppich, PVC, Fliesen, Linoleum (mittlere Preisklasse) Naßräume: Fliesen	Fliesen, Parkett, Betonwerkstein Naßräume: großformatige Fliesen	Naturstein, aufwendige Verlegung Naßräume: Naturstein
Innentüren	Füllungstüren, Türblätter und Zargen gestrichen, Stahlzargen	Kunststoff-/Holztürblätter, Holzzargen, Glastürausschnitte	Edelholz-furnierte Türblätter, Glastüren, Holzzargen	massive Ausführung, Einbruchschutz
Heizung	Einzelöfen, elektr. Speicherheizung, Boiler für Warmwasser	Mehrraum-Warmluftkachelofen, Zentralheizung mit Radiatoren (Schwerkraftheizung)	Zentralheizung/ Pumpenheizung mit Flachheizkörpern oder Fußbodenheizung, Warmwasserbereitung zentral	Zentralheizung und Fußbodenheizung, Klimaanlagen, Solaranlagen
Elektroinstallation	je Raum 1 Lichtauslaß und 1 bis 2 Steckdosen Installation tlw. auf Putz	je Raum 1 bis 2 Lichtauslässe und 2 bis 3 Steckdosen Installation unter Putz	je Raum mehrere Lichtauslässe und Steckdosen, informationstechnische Anlagen	aufwendige Installation, Sicherheitseinrichtungen

Tafel 5.14   Normalherstellungskosten für Einfamilien-Wohnhäuser, freistehend, Typ 1.01 gemäß Klassifikation von Tafel 5.13

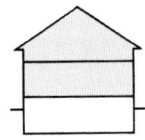

1. Normalherstellungskosten

(ohne Baunebenkosten) entsprechend Kostengruppe 300 und 400 DIN 276 einschl. 15% Mehrwertsteuer

Aus-stattungs-standard	Grundflächenpreis *Raummeterpreis*	vor 1925	1925 bis 1945	1946 bis 1959	1960 bis 1969	1970 bis 1984	1985 bis 1994	1995
einfach	BGF DM/m²	810 bis 845	850 bis 870	875 bis 940	945 bis 995	1000 bis 1055	1060 bis 1145	1150
	BRI DM/m³	*285 bis 290*	*295 bis 300*	*305 bis 325*	*330 bis 345*	*350 bis 365*	*370 bis 395*	*400*
mittel	BGF DM/m²	930 bis 965	970 bis 990	995 bis 1070	1075 bis 1135	1140 bis 1200	1205 bis 1305	1310
	BRI DM/m³	*330 bis 335*	*340 bis 345*	*350 bis 375*	*380 bis 395*	*400 bis 420*	*425 bis 455*	*460*
gehoben	BGF DM/m²	1070 bis 1110	1115 bis 1145	1150 bis 1235	1240 bis 1310	1315 bis 1385	1390 bis 1505	1510
	BRI DM/m³	*395 bis 405*	*410 bis 415*	*420 bis 450*	*455 bis 480*	*485 bis 505*	*510 bis 550*	*555*
stark gehoben	BGF DM/m²	1465 bis 1520	1525 bis 1560	1565 bis 1685	1690 bis 1785	1790 bis 1890	1895 bis 2055	2060
	BRI DM/m³	*500 bis 515*	*520 bis 530*	*535 bis 570*	*575 bis 605*	*610 bis 645*	*650 bis 700*	*705*

Kosten 1995 für Bauart in Gebäudebaujahrsklasse

2. Baunebenkosten

entsprechend Kostengruppe 700 DIN 276 +14%

3. Gesamtnutzungsdauer:

60 bis 100 Jahre

4. Umrechnungsfaktoren:

 − 1 m² BGF (DIN 277) erfordert im Mittel 2,85 m³ BRI (DIN 277)
 − 1 m² WF (DIN 283/II BV) erfordert im Mittel 1,50 m² BGF (DIN 277)
 − 1 m² HNF (DIN 277) erfordert im Mittel 1,80 m² BGF (DIN 277)

5

Tafel 5.15 Klassifikation des Ausstattungsstandards für Mehrfamilien-Wohnhäuser, freistehend, Typ 3.22

Kellergeschoß, Erdgeschoß, 2 Obergeschosse, nicht ausgebautes Dachgeschoß
Zweispänner (=2 WE je Geschoß)
Durchschnittliche Wohnungsgröße 70 m² BGF/WE (=ca. 50 m² WF/WE)

Kostengruppe	Ausstattungsstandard		
	einfach	mittel	gehoben
Fassade	Mauerwerk mit Putz oder Fugenglattstrich und Anstrich	Wärmedämmputz, Wärmedämmverbundsystem, Sichtmauerwerk mit Fugenglattstrich und Anstrich, mittlerer Wärmedämmstandard	Verblendmauerwerk, Metallbekleidung, Vorhangfassade, hoher Wärmedämmstandard
Fenster	Holz, Einfachverglasung	Kunststoff, Isolierverglasung	Aluminium, Rolladen, Sonnenschutzvorrichtungen, Wärmeschutzverglasung, aufwendige Fensterkonstruktionen
Dächer	Betondachpfannen (untere Preisklasse), Bitumen-, Kunststofffolienabdichtung	Betondachpfannen (gehobene Preisklasse), mittlerer Wärmedämmstandard	Tondachpfannen, Schiefer-, Metalleindeckung, hoher Wärmedämmstandard
Sanitär	1 Bad mit WC, Installation auf Putz	1 Bad mit WC, Gäste-WC, Installation unter Putz	1 Bad mit Dusche und Badewanne, Gäste-WC
Innenwandbekleidung der Naßräume	Ölfarbanstrich	Fliesensockel (1,50 m)	Fliesen raumhoch
Innentüren	Füllungstüren, Türblätter und Zargen gestrichen	Kunststoff-/Holztürblätter, Stahlzargen	edelholzfurnierte Türblätter, Glastüren, Holzzargen
Bodenbeläge	Holzdielen, Nadelfilz, Linoleum, PVC (untere Preisklasse) Naßräume: PVC, Fliesen	Teppich, PVC, Fliesen, Linoleum (mittlere Preisklasse) Naßräume: Fliesen	großformatige Fliesen, Parkett, Betonwerkstein Naßräume: großformatige Fliesen
Heizung	Einzelöfen, elektr. Speicherheizung, Boiler für Warmwasser	Mehrraum-Warmluftkachelofen, Zentralheizung mit Radiatoren (Schwerkraftheizung)	Zentralheizung/Pumpenheizung mit Flachheizkörpern, Warmwasserbereitung zentral
Elektroinstallation	je Raum 1 Lichtauslaß und 1 bis 2 Steckdosen Installation auf Putz	je Raum 1 bis 2 Lichtauslässe und 2 bis 3 Steckdosen Installation unter Putz	aufwendige Installation, informationstechnische Anlagen

Tafel 5.16 Normalherstellungskosten für Mehrfamilien-Wohnhäuser, freistehend, Typ 3.22 gemäß Klassifikation von Tafel 5.15

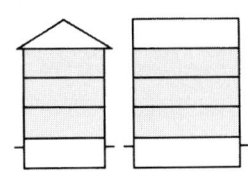

5

1. Normalherstellungskosten

(ohne Baunebenkosten) entsprechend Kostengruppe 300 und 400 DIN 276 einschl. 15% Mehrwertsteuer

Aus-stattungs-standard	Grundflächenpreis *Raummeterpreis*	vor 1925	1925 bis 1945	1946 bis 1959	1960 bis 1969	1970 bis 1984	1985 bis 1994	1995
freistehend einfach	BGF DM/m²	945 bis 995	1000 bis 1020	1025 bis 1100	1105 bis 1155	1160 bis 1235	1240 bis 1345	1350
	BRI DM/m³	*325 bis 340*	*345 bis 350*	*355 bis 375*	*380 bis 395*	*400 bis 425*	*430 bis 460*	*465*
freistehend mittel	BGF DM/m²	990 bis 1040	1045 bis 1070	1075 bis 1155	1160 bis 1210	1215 bis 1295	1300 bis 1410	1415
	BRI DM/m³	*340 bis 355*	*360 bis 365*	*370 bis 395*	*400 bis 415*	*420 bis 445*	*450 bis 485*	*490*
freistehend gehoben	BGF DM/m²	1075 bis 1130	1135 bis 1160	1165 bis 1255	1260 bis 1315	1320 bis 1405	1410 bis 1530	1535
	BRI DM/m³	*370 bis 385*	*390 bis 395*	*400 bis 430*	*435 bis 450*	*455 bis 480*	*485 bis 525*	*530*

Kosten 1995 für Bauart in Gebäudebaujahrsklasse

2. Korrekturverfahren

bezüglich Abweichungen der Grundrißart und der durchschnittlichen Wohnungsgrößen
Grundrißart
— Einspänner   1,05
— Dreispänner   0,97
— Vierspänner   0,95
Wohnungsgröße
— von   50 m² BGF/WE =   35 m² WF/WE: 1,10
— von 135 m² BGF/WE = 100 m² WF/WE: 0,85

3. Baunebenkosten

entsprechend Kostengruppe 700 DIN 276 +14%

4. Gesamtnutzungsdauer:

60 bis 80 Jahre

5. Umrechnungsfaktoren:

— 1 m² BGF (DIN 277) erfordert im Mittel 2,90 m³ BRI (DIN 277)
— 1 m² WF (DIN 283/II BV) erfordert im Mittel 1,80 m² BGF (DIN 277)
— 1 m² HNF (DIN 277) erfordert im Mittel 2,15 m² BGF (DIN 277)

2.2.2 Normalherstellungskosten von Gebäuden in DM/m³
ohne Nebenkosten, einschließlich MwSt,
Rauminhalt nach DIN 277 (1950), Basis 1913

Tafel 5.17

Art des Gebäudes	Lebensdauer	Ausführung und Ausstattung		
	Jahre	einfach	normal	(sehr) gut
Ein- und Zweifamilienhäuser				
Fachwerkhäuser	80 bis 100	9 bis 12	12 bis 16	
Siedlungshäuser	60 bis 80	12 bis 14	14 bis 18	18 bis 20
Freistehende bessere Häuser	80 bis 100	20 bis 22	22 bis 28	30 bis 32
Reihenhäuser	80 bis 100	20 bis 22	24 bis 28	30 bis 32
Fertighäuser	80	19 bis 22	22 bis 28	28 bis 31
Mehrfamilienhäuser				
Mietwohnhäuser	80 bis 100	16 bis 18	18 bis 20	20 bis 24
Mietwohnhäuser, Altbauten	100	14 bis 16	16 bis 18	18 bis 20
Wohnhochhäuser, Appartementhäuser	80 bis 100	22 bis 24	24 bis 26	26 bis 30
Büro- und Verwaltungsgebäude				
Konventionelle Bauweise	80	18 bis 20	20 bis 24	24 bis 30
Exklusive Bauten	80		30 bis 34	34 bis 40
(z. B. Banken, Versicherungen)				
Geschäftshäuser				
Kaufhäuser	60 bis 80	18 bis 22	22 bis 26	26 bis 34
Markthallen, Messehallen	60 bis 80	10 bis 12	12 bis 16	16 bis 20
Verbraucher-, SB-Märkte	40 bis 50	8 bis 10	10 bis 14	14 bis 16
Autohaus mit Büro, Werkstatt, Ausstellung	50 bis 60	10 bis 11	11 bis 13	13 bis 15
Garagen				
Einzelgaragen	40 bis 60	8 bis 10	10 bis 12	12 bis 14
Großgaragen	40 bis 60	10 bis 12	12 bis 14	14 bis 16
Parkhäuser	50	12 bis 14	14 bis 16	16 bis 18
Tiefgaragen	50	14 bis 16	16 bis 18	18 bis 20
Tankstelle mit Wasch- und Pflegehalle	40 bis 50	14 bis 16	16 bis 18	18 bis 24
Sonstige Gebäude				
Lichtspielhäuser	60 bis 80	12 bis 16	18 bis 22	24 bis 28
Hotels	80 bis 100	20 bis 24	24 bis 30	30 bis 38
Gasthöfe, Pensionen	100	15 bis 19	19 bis 22	22 bis 28
Kliniken, Sanatorien	80 bis 100	22 bis 26	26 bis 36	36 bis 42
Pflegeheime	100	16 bis 19	19 bis 21	21 bis 24
Schulen	80 bis 100	18 bis 22	22 bis 26	26 bis 30
Turnhallen	60 bis 80	10 bis 14	14 bis 16	16 bis 20
Hallenbäder	50 bis 60	24 bis 28	28 bis 34	34 bis 38
Landwirtschaftliche Bauten				
Bauernhäuser	100 bis 150	14 bis 18	18 bis 22	22 bis 24
Scheunengebäude	100	4 bis 5	5 bis 6	
Stallgebäude	80 bis 100	7 bis 9	9 bis 11	
Geräteschuppen	60 bis 80	4 bis 6	6 bis 8	
Fabrikgebäude, Werkstattgebäude				
aus Holz eingeschossig	60		5 bis 10	
mehrgeschossig	60		6 bis 14	
massiv eingeschossig	80		7 bis 16	
mehrgeschossig	80		10 bis 18	
Stahl-, Stahlbetonskelett eingeschossig	80		8 bis 17	
mehrgeschossig	80		13 bis 19	
Hallen				
Holz oder Holzfachwerk	60		5 bis 9	
Stahl- oder Stahlbeton	80		7 bis 13	
Shedbau, massiv	80		9 bis 12	

2.3 Durchschnittliche Baukosten neuerrichteter Gebäude

Tafel 5.18 Durchschnittliche Baukosten neuerrichteter Gebäude[1])

Jahr	Wohngebäude					
	insgesamt		darunter mit … Wohnungen			
			1 oder 2		3 oder mehr	
	DM/m³	DM/m²	DM/m³	DM/m²	DM/m³	DM/m²
Deutschland						
1993	407	2360	401	2450	413	2220
1994	425	2432	418	2520	433	2309
1995	443	2501	435	2579	451	2388
1996	447	2507	443	2573	453	2393
1997[2])	442	2467	438	2503	447	2372
Früheres Bundesgebiet						
1993	407	2376	400	2482	414	2221
1994	422	2443	414	2546	431	2307
1995	438	2518	429	2616	448	2380
1996	444	2552	438	2627	454	2406
1997[2])	440	2509	435	2561	450	2384
Neue Länder und Berlin-Ost						
1993	409	2257	405	2260	412	2212
1994	440	2378	437	2397	442	2318
1995	458	2453	457	2463	457	2408
1996	455	2395	459	2405	451	2367
1997[2])	448	2343	451	2311	442	2346

Jahr	Nichtwohngebäude							
	insgesamt		darunter					
			Anstalts-gebäude		Büro- und Ver-waltungsgebäude		Nichtlandwirtschaftl. Betriebsgebäude	
	DM/m³	DM/m²	DM/m³	DM/m²	DM/m³	DM/m²	DM/m³	DM/m²
Deutschland								
1993	272	1638	578	2886	436	2385	212	1335
1994	286	1693	671	3677	459	2488	223	1378
1995	283	1712	626	3159	472	2588	226	1438
1996	267	1596	626	3138	484	2578	214	1337
1997[2])	260	1543	673	3505	486	2663	206	1267
Früheres Bundesgebiet								
1993	276	1631	549	2768	439	2393	217	1337
1994	286	1665	671	3873	474	2520	225	1358
1995	280	1665	610	3143	488	2633	232	1445
1996	257	1520	596	2997	496	2588	211	1308
1997[2])	248	1462	648	3282	493	2687	205	1248
Neue Länder und Berlin-Ost								
1993	263	1652	646	3157	430	2369	203	1331
1994	285	1752	673	3394	434	2433	219	1415
1995	290	1818	640	3190	451	2524	213	1422
1996	291	1770	664	3310	466	2561	220	1404
1997[2])	292	1779	710	3840	473	2617	209	1317

[1]) Veranschlagte Kosten der Bauwerke je m³ Rauminhalt und je m² Wohnfläche im Wohnbau bzw. Nutzfläche im Nichtwohnbau.
[2]) Vorläufige Ergebnisse.
Quelle: Statistisches Bundesamt − Ausgewählte Zahlen für die Bauwirtschaft

Tafel 5.19 Landesdurchschnittliche Rohbaukosten in NW

Für die Berechnung der Gebühren in baurechtlichen Angelegenheiten werden in NW ab 1.1.95 folgende landesdurchschnittliche Rohbaukosten zugrundegelegt.
Die Rohbaukosten sind ein Anhalt über Kostenrelationen unterschiedlicher Gebäudearten.

Gebäudeart		Rohbauwerte je m³ umbauten Raumes in DM
1. Wohngebäude		196,–
2. Wochenendhäuser		158,–
3. Büro- und Verwaltungsgebäude, Banken		232,–
4. Schulen		229,–
5. Kindergärten		209,–
6. Hotels, Pensionen, Heime bis 60 Betten, Gaststätten		228,–
7. Hotels, Heime, Sanatorien mit mehr als 60 Betten		238,–
8. Krankenhäuser		258,–
9. Versammlungsstätten (Fest-, Mehrzweckhallen, Lichtspieltheater)		217,–
10. Kirchen		228,–
11. Leichenhallen, Friedhofskapellen		204,–
12. Turn- und Sporthallen, einfache Mehrzweckhallen		138,–
13. Hallenbäder		228,–
14. Sonstige nicht unter 1 bis 13 aufgeführte eingeschossige Gebäude		189,–
15. Läden (Geschäftshäuser) bis 2000 m² Verkaufsfläche		193,–
16. Eingeschossige Geschäftshäuser über 2000 m² Verkaufsfläche; Einkaufszentren		173,–
17. Mehrgeschossige Geschäftshäuser über 2000 m² Verkaufsfläche		215,–
18. Kleingaragen		138,–
19. Eingeschossige Mittel- und Großgaragen		171,–
20. Mehrgeschossige Mittel- und Großgaragen		203,–
21. Tiefgaragen		223,–
22. Hallenbauten (Fabrik-, Werkstatt-, Lager-, Sport-, Tennishallen) ohne oder mit geringen Einbauten		
a) bis 3000 m³ umbauter Raum;	Bauart leicht	64,–
	Bauart mittel	79,–
	Bauart schwer	98,–
b) der 3000 m³ übersteigende umbaute Raum;	Bauart leicht	49,–
	Bauart mittel	62,–
	Bauart schwer	73,–
23. Mehrgeschossige Fabrik-, Werkstatt-, Lagergebäude ohne Einbauten		160,–
24. Wie vor, jedoch mit Einbauten		184,–
25. Sonstige eingeschossige kleinere gewerbliche Bauten		115,–
26. Eingeschossige Stallgebäude		96,–
27. Mehrgeschossige Stallgebäude		114,–
28. Sonstige landwirtschaftliche Betriebsgebäude, Scheunen		78,–
29. Schuppen, offene Feldscheunen und ähnliche Gebäude		56,–
30. Erwerbsgärtnerische Betriebsgebäude (Gewächshäuser)		
a) bis 1500 m³ umbauter Raum		46,–
b) der 1500 m³ übersteigende umbaute Raum		27,–

Zuschläge

— 5% bei Gebäuden mit mehr als 5 Vollgeschossen

— 10% bei Hochhäusern

— 10% bei Gebäuden mit befahrbaren Decken (außer bei Nr. 19 bis 21)

— 67,– DM/m² bei Hallenbauten mit Kränen für den von Kranbahnen erfaßten Bereich.

— Die in der Tabelle angegebenen Werte berücksichtigen nur Flachgründungen mit Streifen- und Einzelfundamenten. Mehrkosten für andere Gründungen und Außenwandverkleidungen, für die ein Standsicherheitsnachweis geführt werden muß, sind gesondert zu ermitteln.

Abschläge

- 40% bei mehrgeschossigen Geschäftshäusern (Nr. 17) in einfacher Ausführung (leichte oder mittlere Bauart), deren Nutzfläche überwiegend nur Ausstellungszwecken dient
- 30% bei Gebäuden gemäß Nr. 23 und 24 in einfacher Ausführung (leichte oder mittlere Bauart).

2.4 Verteilung der Baukosten verschiedener Gebäudearten

Wegen der Verschiedenartigkeit der Gebäude können die folgenden Angaben nur ein grober Anhalt sein.

Tafel 5.20 Verteilung der Baukosten nach [6]

Bauleistungen	Alte massive Wohngebäude, Ziegeldach	Moderne massive Wohngebäude, Flachdach	Wohngebäude mit Läden, Ziegeldach	Bürogebäude massiv, Flachdach
Erdarbeiten	3,00	2,35	2,20	2,10
Maurerarbeiten und Kanal	42,00	14,90	15,20	5,00
Beton- und Stahlbeton	5,00	24,55	21,00	27,00
Zimmererarbeiten	6,20	0,35	3,30	0,25
Stahlbauarbeiten	–	–	–	0,70
Dachdeckerarbeiten	4,10	1,90	2,00	1,60
Klempnerarbeiten	0,90	1,00	0,50	1,40
Dichtungsarbeiten	0,30	0,45	0,50	0,45
Rohbau	61,50	45,30	44,70	38,50
Putzarbeiten	6,50	7,00	5,70	3,00
Fliesenarbeiten	–	3,45	3,90	1,05
Werksteinarbeiten	–	3,30	3,00	3,50
Estricharbeiten	–	2,75	3,60	1,60
Tischlerarbeiten	8,30	7,30	6,30	9,30
Schlosserarbeiten	1,60	4,10	6,10	11,80
Glaserarbeiten	1,10	1,30	1,70	4,35
Maler-, Tapezierarbeiten	5,70	3,95	3,50	1,90
Bodenbelegarbeiten	2,20	1,85	2,10	1,50
Heizung und Lüftung	5,20	3,75	5,80	9,50
Gas- und Wasserarbeiten	6,10	7,45	6,10	4,00
Elt. Arbeiten, Blitzschutz	1,80	5,80	4,00	7,50
Aufzüge	–	2,50	2,50	2,50
Ausbau	38,50	54,50	55,50	61,50

Bei luxuriös ausgestatteten Einfamilienhäusern kann sich das Verhältnis von Rohbaukosten/Ausbaukosten auf 30/70 verschieben. Bei durchschnittlich ausgestatteten Einfamilienhäusern ergibt sich etwa folgende Relation:

- Erd- und Rohbauarbeiten   47%
- Ausbauarbeiten   36%
- Haustechnische Anlagen   17%
- Reine Baukosten   100%.

Tafel 5.21   Wägungsanteile der Preisindizes für Wohngebäude in ‰

Bauleistung	‰	Bauleistung	‰
Erdarbeiten — Hochbau	29,35	Klempnerarbeiten	15,53
Verbauarbeiten	1,69	Fliesen- und Plattenarbeiten	32,90
Rammarbeiten	0,32	Estricharbeiten	18,77
Maurerarbeiten	152,97	Gußasphaltarbeiten	0,27
Beton- und Stahlbetonarbeiten	202,53	Tischlerarbeiten	78,91
Natursteinarbeiten	9,36	Parkettarbeiten	3,80
Betonwerksteinarbeiten	7,55	Rolladenarbeiten	7,71
Zimmerer- und Holzarbeiten	51,70	Metallbauarbeiten, Schlosser	38,42
Stahlbauarbeiten	0,19	Verglasungsarbeiten	2,96
Abdichtungsarbeiten	8,41	Maler- und Lackiererarbeiten	21,30
Dachdeckungs- u. -abdichtungsarb.	39,61	Bodenbelagsarbeiten	13,62
Gerüstarbeiten	4,90	Tapezierarbeiten	7,74
Putz- und Stuckarbeiten	82,89	Raumlufttechnische Anlagen	3,99
Entwässerungskanalarbeiten	10,83	Heiz- u. Wassererwärmungsanlagen	48,26
		Gas-, Wasser-, Abwasser-Installation	49,22
		Elektrische Kabel- u. Leitungsanlagen	41,33
		Blitzschutzanlagen	0,46
		Dämmarbeiten an techn. Anlagen	6,31
		Förderanlagen	6,20
Rohbauarbeiten	602,30	Ausbauarbeiten	397,70

Bauleistungen am Gebäude insgesamt 1000

Quelle: Statistisches Landesamt Düsseldorf 1998

2.5   Kostenrichtwerte für die Modernisierung von Altbauten nach [8]

Tafel 5.22   Unterschiede Grund-/Vollmodernisierung

Grundmodernisierung bei Mehrfamilienhäusern bedeutet:	Grundmodernisierung bei Einfamilienhäusern bedeutet:
1. Vorwiegend Erneuerung oder Neuausstattung im haustechnischen Bereich 2. Grundrißverbesserung 3. Ersatz der alten Fenster durch neue mit Isolierverglasung 4. Sonstige wohnungswirksame Maßnahmen	1. Grundrißverbesserung 2. Fassadenarbeiten, Schutz gegen aufsteigende Feuchtigkeit 3. Erneuerung von Fenstern und Türen 4. Sanitäre und Elektrogrundausstattung 5. Dacharbeiten 6. Innenputzarbeiten 7. Fußboden, Anstrich, Reparatur
Vollmodernisierung bedeutet zusätzlich:	Vollmodernisierung bedeutet zusätzlich:
5. Fassaden-, Dach-, Keller-, Treppenhausarbeiten 6. Ausstattungsanhebungen in den Bereichen: Fußböden, Türen, Anstrich und Tapeten, Fliesen, Haustechnik	8. Einbau einer Heizungsanlage 9. Einbau von Rolläden 10. Fliesenarbeiten 11. Neue Fußboden-Oberbeläge 12. Ausstattungsanhebungen im Ausbaubereich

Die nachstehenden Kosten sind Richtwerte auf der Preisbasis vom Mai 1981 (Index = 1353) für eine vereinfachte Kostenschätzung nach m² Wohnfläche. Abweichungen bis zu ±30% sind möglich. Eine größere Genauigkeit läßt sich nur über die Kostenermittlung nach Bauteilen erreichen.

Tafel 5.23 Richtwerte für Kosten des Bauwerks (Kostenart 3 nach DIN 276 (04.81))
DM/m² Wohnfläche, Basis: Index Mai 1981 = 1353

	vor 1919	Baujahr 1919 bis 1948	nach 1948
Grundmodernisierung:			
— Einfamilienhaus	700,—	500,—	520,—
— Stadthaus	850,—	750,—	600,—
Vollmodernisierung:			
— Einfamilienhaus	1000,—	950,—	850,—
— Stadthaus	1150,—	1010,—	930,—

Tafel 5.24 Richtwerte für Einzelkosten in DM/m² Wohnfläche
Basis: Index Mai 1981 = 1353

Beispiel Mehrgeschossiges Mietwohnhaus, Baujahr vor 1919 (Stadthaus)

		%	%	DM/m²
Wohntechnik	Grundrißverbesserung Mauer-, Beton-, Putzarbeiten	37	37	420,—
Haustechnik	Heizung Sanitäre Installation Elektroinstallation	11 10 5	26	295,—
Bautechnik	Fenster und Türen Malerarbeiten Fußbodenarbeiten	9 9 5	23	265,—
	Dacharbeiten Fassadenarbeiten Sonstiges	7 5 2	14	160,—
Kosten am Bauwerk (Kostenart 3 nach DIN 276 (04.81))		100	100	1140,—

2.6 Kostenschätzung von Ingenieurbauwerken

Die folgenden Angaben über Materialverbrauch und Kosten sind nur ein sehr grober Anhalt; sie werden in der Praxis nicht ausreichen.

Zur Kostenschätzung von i.d.R. individuellen Ingenieurbauten wird man die Hauptmengen der Bauleistungen ermitteln und diese mit Erfahrungswerten für die zugehörigen Kosten bewerten.

Ausführliche Aufwandswerte s. [3], [9], [10]

Tafel 5.25 Materialverbrauch je m³ Bruttorauminhalt BRI (Durchschnittswerte) nach [9] für Stahlbetonwerke

Bauwerk	m³ Beton je m³ BRI	m² Schalfläche je m³ BRI	kg Betonstahl[1] je m³ BRI
Bürobauten, Schulen	0,15	0,60	10
Parkhäuser	0,16	0,70	16
Tiefgaragen	0,18	0,80	18
Wassertürme	0,26	1,30	20
Wasserbehälter (10000 m³)	0,25	0,60	15

[1] Stahlbedarf für Decken im Wohnungsbau siehe Abschn. „Kalkulation" unter 5.3.2

Baukosten und Finanzierung

Tafel 5.26 **Materialverbrauch für Stahlbeton-Autobahnbrücken** nach [11]
Einfeldbrücken, Brückenklasse 60

Stützweite in m	m^3 Überbaubeton je m^2 Überbaugrundfläche	kg Betonstahl je m^3 Überbaubeton
5	0,4 bis 0,6	20 bis 110
10	0,6 bis 0,8	100 bis 170
15	0,7 bis 0,85	150 bis 210

Tafel 5.27 **Materialverbrauch für Spannbeton-Straßenbrücken** nach [11]
Mehrfeldbrücken, Brückenklassen 60 und 30

Stützweite in m	m^3 Überbaubeton je m^2 Überbaugrundfläche	kg Betonstahl je m^3 Überbaubeton	kg Spannstahl je m^3 Überbaubeton
20	0,4 bis 0,6	40 bis 75	30 bis 60
40	0,5 bis 0,7	50 bis 85	45 bis 80
60	0,6 bis 0,8	60 bis 90	60 bis 90

Tafel 5.28 **Materialverbrauch für Flachbauten und Hallen in Stahlbetonkonstruktion** nach [3]

Stützweite in m	10 bis 15	15 bis 20	über 20 m
Konstruktionsart	leicht*)	normal	schwer
Höhe in m	4 bis 6	6 bis 8	8 bis 20
Betonbedarf je m^2 [1])	0,10 bis 0,15 m^3	0,15 bis 0,20 m^3	0,20 bis 0,25 m^3
Stahlbedarf je m^2 [1])	9 bis 18 kg	14 bis 23 kg	18 bis 45 kg

*) auch Schalen
[1]) einschl. Dachplatte

Tafel 5.29 **Materialverbrauch für Stockwerkbauten in Stahlbetonkonstruktion** nach [3]

Stahlbetonskelett (mit Decken)	ohne Fundament	mit Fundament
Betonbedarf je m^3 umbauten Raum	0,05 bis 0,08 m^3	0,08 bis 0,10 m^3
Stahlbedarf je m^3 umbauten Raum	4 bis 7 kg*)	7 bis 12 kg**)

*) Bürobauten
**) Fabrikbauten

Tafel 5.30 **Materialverbrauch für Flachbauten und Hallen in Holzkonstruktion** nach [3]

Gebäudeart	Flachbauten*)	Werkhallen	Lagerhallen
Stützweite in m	8 bis 20	20 bis 35	25 bis 45
Höhe	4 bis 6 m	6 bis 8 m	10 bis 20 m
Holzbedarf ohne Schalung je m^2**)	0,03 bis 0,08 m^3	0,04 bis 0,08 m^3	0,08 bis 0,13 m^3

*) auch Shedhallen
**) bezogen auf den m^2 bebauter Fläche

Tafel 5.31   Anhaltswerte für Kostenschätzungen nach [9], Basis 1983

Bauwerk	DM je Bezugseinheit von … bis …	mittel
Ingenieurhochbauten (Rohbau)		
— je m^3 Bruttorauminhalt BRI	140 bis 240	200
— je m^3 Beton	1000 bis 1800	1350
— je t Betonstahl	13000 bis 20000	18000
Brückenbauten		
— je m^3 Bruttorauminhalt BRI[1])		
bei 50000 m^3 BRI	110 bis 180	150
bei 200000 m^3 BRI	75 bis 140	100
bei 500000 m^3 BRI	45 bis 100	70
— je m^2 Überbaugrundfläche	1100 bis 3100	1850
— je m^3 Beton (Überbau + Unterbau)	1000 bis 2100	1250
— je t Betonstahl + Spannstahl	10000 bis 21000	15000
U-Bahn-Bauten		
— je m^3 Ausbau	350 bis 700	500
— je m^3 Beton	1300 bis 2500	2000
— je t Betonstahl + Spannstahl	11000 bis 27000	17500

[1]) Die Angaben beziehen sich auf Straßenbrücken der Brückenklasse 60 in Stahl-, Spannbeton-oder Verbundbauweise; es sind Gesamtbaukosten.

2.7   Baunebenkosten nach Kostenart 7 der DIN 276

betragen im allgemeinen 10 bis 20% des Wertes der Gebäude und Außenanlagen. Eine genauere Ermittlung kann — wie unter 3, 4 und 6 beschrieben — erfolgen.

Für Neubauten werden in [12] die Baunebenkosten in Abhängigkeit von den Bausummen wie folgt angegeben:

Bausumme in DM	30000	100000	300000	500000	1 Mio	2 Mio
Nebenkosten in %	16 bis 22	14 bis 20	12 bis 17	11 bis 16	10 bis 15	8 bis 11

Für die Altbaumodernisierung werden in [8] die Baunebenkosten wie folgt eingeteilt:
— einfache Projekte oder solche größeren Umfangs   18 bis 23%
— Projekte mit durchschnittlicher Schwierigkeit (Normalfall)   26 bis 35%
— bei besonderen Entmietungsproblemen, Abfindungen usw.   39 bis 45%

3   Honorarordnung für Architekten und Ingenieure (HOAI 1996)

Regelt Honorare für folgende Leistungen des Auftragnehmers (AN):
— Leistungen bei Gebäuden, Freianlagen und raumbildenden Ausbauten
— Gutachten und Wertermittlungen
— Städtebauliche Leistungen
— Landschaftsplanerische Leistungen
— Leistungen bei Ingenieurbauwerken und Verkehrsanlagen
— Verkehrsplanerische Leistungen
— Leistungen bei der Tragwerksplanung
— Leistungen bei der Technischen Ausrüstung
— Leistungen für Thermische Bauphysik
— Leistungen für Schallschutz und Raumakustik
— Leistungen für Bodenmechanik, Erd- und Grundbau
— Vermessungstechnische Leistungen.

3.1 Honorar für Leistungen bei Gebäuden

Ergibt sich i. d. R. aus der Honorartafel zu § 16 (1), multipliziert mit dem Prozentsatz der vom AN zu leistenden Grundleistungen nach 3.1.3, abhängig von

— der Honorarzone gemäß 3.1.1
— den anrechenbaren Kosten gemäß 3.1.2
— zuzüglich MwSt.

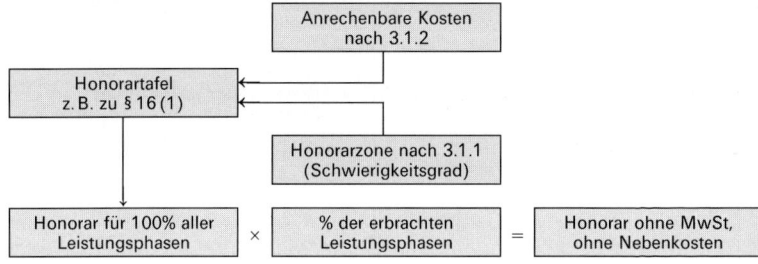

Bild 5.3

Verlängert sich die Planungs- und Bauzeit wesentlich durch Umstände, die der AN nicht zu vertreten hat, kann für die dadurch verursachten Mehraufwendungen ein zusätzliches Honorar vereinbart werden.

Für Besondere Leistungen, die unter Ausschöpfung der technisch-wirtschaftlichen Lösungsmöglichkeiten zu einer wesentlichen Kostensenkung ohne Verminderung des Standards führen, kann ein Erfolgshonorar zuvor schriftlich vereinbart werden, das bis zu 20% der vom AN durch seine Leistungen eingesparten Kosten betragen kann.

Werden Leistungen des AN oder seiner Mitarbeiter nach Zeitaufwand berechnet, so kann für jede Stunde folgender Betrag berechnet werden:

1. für den Auftragnehmer (AN)   75 bis 160 DM
2. für Mitarbeiter, die technische und wirtschaftliche Aufgaben
erfüllen, soweit sie nicht unter Nummer 3 fallen   65 bis 115 DM
3. für Techn. Zeichner und sonstige Mitarbeiter vergleichbarer
Qualifikation, die tech. und wirtschaftliche Aufgaben erfüllen   60 bis   86 DM

3.1.1 Honorarzonen

Tafel 5.32   Honorarzonen

Honorarzone	Planungsanforderung	Beispiel
I	sehr gering	Behelfsbauten, Feldscheunen, Einstellhallen
II	gering	einfache Wohnbauten, Garagen, Verkaufslager
III	durchschnittlich	Grundschulen, Druckereien, Ausstellungsgebäude
IV	überdurchschnittlich	aufwendige Einfamilienhäuser, Hochschulen, Kirchen
V	sehr hoch	Universitätskliniken, Theater

3.1.2 Anrechenbare Kosten

Bei der Honorarberechnung anrechenbar sind grundsätzlich die Baukosten der Kostengruppen nach DIN 276 (1981), deren Ausführung der AN plant und/oder fachlich überwacht. Die auf die Baukosten entfallende Umsatzsteuer ist nicht Bestandteil der anrechenbaren Kosten.

Anrechenbare Kosten sind unter Zugrundelegung der Kostenermittlungsarten nach DIN 276 (1981) zu ermitteln:

— für die Leistungsphasen 1 bis 4 nach der Kostenberechnung, solange diese nicht vorliegt, nach der Kostenschätzung;
— für die Leistungsphasen 5 bis 7 nach dem Kostenanschlag, solange dieser nicht vorliegt, nach der Kostenberechnung;
— für die Leistungsphasen 8 und 9 nach der Kostenfeststellung, solange diese nicht vorliegt, nach dem Kostenanschlag.

Es gelten die ortsüblichen Preise, wenn z.B. AG selbst Lieferungen oder Leistungen übernimmt, oder Vergünstigungen von Lieferanten oder Unternehmern erhält.

Vorhandene Bausubstanz, die technisch oder gestalterisch mitverarbeitet wird, ist bei den anrechenbaren Kosten angemessen zu berücksichtigen (schriftliche Vereinbarung erforderlich).

Sonderregelung für die Kostengruppen

3.2 und 3.5.2 Installationen
3.3 und 3.5.3 zentrale Betriebstechnik
3.4 und 3.5.4 betriebliche Einbauten:

a) Wenn für diese Kostengruppen der AN **nicht plant** und nicht fachlich überwacht, sind folgende Anteile der vorgenannten Kostengruppen anrechenbar:
   — vollständig, bis zu maximal 25% der sonstigen anrechenbaren Kosten und
   — zur Hälfte der Betrag, der 25% der sonstigen anrechenbaren Kosten übersteigt.

b) **Plant** und überwacht der AN für diese Kostengruppen, so kann für diese Leistungen ein Honorar neben dem Honorar nach a) vereinbart werden.

3.1.3 Bewertung der Grundleistungen*) in % der Honorare

Tafel 5.33 **Grundleistungen und ihre Honorierung**

Grundleistungen*) (Leistungsphasen)	Gebäude in %	Freianlagen in %	raumbildende Ausbauten in %
1. Grundlagenermittlung: Ermittlung der Voraussetzungen zur Lösung der Bauaufgabe durch die Planung	3	3	3
2. Vorplanung: Erarbeitung der wesentlichen Teile einer Lösung der Planungsaufgabe	7	10	7
3. Entwurfsplanung: Erarbeitung der endgültigen Lösung der Planungsaufgabe	11	15	14
4. Genehmigungsplanung: Erarbeiten und Einreichen der Vorlagen für die erforderlichen Genehmigungen oder Zustimmungen	6	6	2
5. Ausführungsplanung: Erarbeiten und Darstellen der ausführungsreifen Planungslösung	25	24	30
6. Vorbereiten der Vergabe: Ermitteln der Mengen und Aufstellen von Leistungsverzeichnissen	10	7	7
7. Mitwirken bei der Vergabe: Ermitteln der Kosten und Mitwirkung bei der Auftragsvergabe	4	3	3
8. Objektüberwachung (Bauüberwachung): Überwachung der Ausführung des Objekts	31	29	31
9. Objektbetreuung und Dokumentation: Überwachung der Beseitigung von Mängeln und Dokumentation des Gesamtergebnisses	3	3	3
Summe	100	100	100

*) § 15 der HOAI definiert außerdem „Besondere Leistungen", für die ein besonderes Honorar vereinbart werden kann.

3.1.4 Objektüberwachung (Bauüberwachung) nach HOAI § 15

Die Leistungsphase 8 der Grundleistungen beschreibt die Aufgaben der „Bauleitung" des Bauherrn wie folgt:

(1) **Überwachen der Ausführung des Objektes** auf Übereinstimmung mit der Baugenehmigung oder Zustimmung, den Ausführungsplänen und den Leistungsbeschreibungen mit den anerkannten Regeln der Technik und den einschlägigen Vorschriften.

(2) **Überwachen der Ausführung von Tragwerken** auf Übereinstimmung mit dem Standsicherheitsnachweis.

(3) **Koordinieren** der an der Objektüberwachung fachlich Beteiligten.

(4) Überwachen und Detailkorrektur von Fertigteilen.

(5) Aufstellen und Überwachen eines Zeitplanes **(Balkendiagramm)**.

(6) Führen eines **Bautagebuches.**

(7) **Gemeinsames Aufmaß** mit den bauausführenden Unternehmern.

(8) **Abnahme der Bauleistungen**…unter Feststellung von Mängeln.

(9) **Rechnungsprüfung.**

(10) **Kostenfeststellung** nach DIN 276 oder nach Wohnungsrecht.

(11) Antrag auf **behördliche Abnahme** und Teilnahme daran.

(12) **Übergabe des Objektes** einschließlich Zusammenstellung und Übergabe der erforderlichen Unterlagen.

(13) Auflisten der **Gewährleistungsfristen.**

(14) Überwachen der Beseitigung der **festgestellten Mängel.**

(15) **Kostenkontrolle** durch Überprüfung der Leistungsabrechnung der bauausführenden Unternehmen im Vergleich zu den Vertragspreisen und dem Kostenanschlag.

Tafel 5.34 Honorartafel zu § 16 (1): Grundleistungen bei Gebäuden

Anrechenbare Kosten DM	Zone I		Zone II		Zone III		Zone IV		Zone V	
	von DM	bis DM	von DM	bis DM	von DM	bis DM	von DM	bis DM	von DM	bis DM
50000	3880	4720	4720	5850	5850	7540	7540	8670	8670	9510
60000	4650	5650	5650	6990	6990	8990	8990	10330	10330	11330
70000	5440	6600	6600	8150	8150	10470	10470	12020	12020	13180
80000	6200	7520	7520	9290	9290	11930	11930	13700	13700	15020
90000	6990	8470	8470	10440	10440	13400	13400	15370	15370	16850
100000	7760	9390	9390	11550	11550	14810	14810	16970	16970	18600
200000	15510	18550	18550	22610	22610	28700	28700	32760	32760	35800
300000	23270	27490	27490	33120	33120	41570	41570	47200	47200	51420
400000	31020	36200	36200	43100	43100	53450	53450	60350	60350	65530
500000	38770	44720	44720	52650	52650	64540	64540	72470	72470	78420
600000	44770	51750	51750	61060	61060	75010	75010	84320	84320	91300
700000	49790	57930	57930	68790	68790	85070	85070	95930	95930	104070
800000	54100	63400	63400	75810	75810	94420	94420	106830	106830	116130
900000	57720	68200	68200	82160	82160	103120	103120	117080	117080	127560
1000000	60630	72260	72260	87770	87770	111030	111030	126540	126540	138170
2000000	110340	130760	130760	157990	157990	198840	198840	226070	226070	246490
3000000	160090	189300	189300	228240	228240	286660	286660	325600	325600	354810
4000000	209760	247750	247750	298400	298400	374380	374380	425030	425030	463020
5000000	259440	306230	306230	368610	368610	462180	462180	524560	524560	571340
6000000	311320	363970	363970	434160	434160	539450	539450	609640	609640	662290
7000000	363210	421710	421710	499720	499720	616730	616730	694740	694740	753240
8000000	415100	479460	479460	565280	565280	694000	694000	779820	779820	844180
9000000	466980	537200	537200	630830	630830	771280	771280	864910	864910	935130
10000000	518870	594950	594950	696390	696390	848560	848560	950000	950000	1026080
20000000	1037740	1179410	1179410	1368300	1368300	1651640	1651640	1840530	1840530	1982200
30000000	1556610	1753370	1753370	2015720	2015720	2409250	2409250	2671600	2671600	2868360
40000000	2075480	2316840	2316840	2638660	2638660	3121380	3121380	3443200	3443200	3684560
50000000	2594350	2882940	2882940	3267720	3267720	3844890	3844890	4229670	4229670	4518250

3.2 Honorar für Tragwerksplanung

Ergibt sich in der Regel aus Honorartafel zu § 65 (1), multipliziert mit dem Prozentsatz der Grundleistungen, abhängig von
— der Honorarzone gemäß 3.2.1
— den anrechenbaren Kosten gemäß 3.2.2
— zuzüglich MwSt.

3.2.1 Honorarzonen

Tafel 5.35 Honorarzonen zur Tragwerksplanung

Honorar- zone	Schwierigkeitsgrad des Tragwerkes	Beispiele
I	sehr gering	ebene, einfach statisch bestimmte Tragwerke aus Holz, Stahl, Stein, unbew. Beton
II	gering	Mauerwerksbau, Decken mit ruhenden Flächenlasten
III	durchschnittlich	ebene, statisch unbestimmte Tragwerke ohne Vorspannung
IV	überdurchschnittlich	schwierige Rahmen, Verbundkonstruktionen
V	sehr hoch	Flächentragwerke nach Elastizitätstheorie

3.2.2 Anrechenbare Kosten

Grundlage ist die Kostengliederung nach DIN 276 (s. unter 1.1). Je nach Bauwerksart gibt es verschiedene Berechnungsmöglichkeiten gemäß a) bis c).

a) Bei Gebäuden und zugehörigen Anlagen

Anrechenbare Kosten sind
— 55% der Kosten der Baukonstruktionen gemäß 3.1 und 3.5.1 der DIN 276 und
— 20% der Kosten der Installationen gemäß 3.2 und 3.5.2 der DIN 276.

Für die Leistungsphasen 1 bis 3 wird die Kostenberechnung zugrundegelegt, solange diese nicht vorliegt, die Kostenschätzung.
Für die Leistungsphasen 4 bis 6 wird die Kostenfeststellung zugrundegelegt, solange diese nicht vorliegt, der Kostenanschlag.
Eine andere Zuordnung der Leistungsphasen kann vereinbart werden.

b) Gebäude mit hohem Kostenanteil für Gründung und Tragkonstruktion sowie Umbauten

Die anrechenbaren Kosten können ermittelt werden, aus den vollständigen Kosten für

1. Erdarbeiten
2. Mauerarbeiten
3. Beton- und Stahlbetonarbeiten
4. Natursteinarbeiten
5. Betonwerksteinarbeiten
6. Zimmer- und Holzbauarbeiten
7. Stahlbauarbeiten
8. Tragwerke und Tragwerksteile aus Stoffen, die anstelle der in den vorgenannten Leistungen enthaltenen Stoffen verwendet werden
9. Abdichtungsarbeiten
10. Dachdeckungs- und Dachabdichtungsarbeiten
11. Klempnerarbeiten
12. Metallbau- und Schlosserarbeiten für tragende Konstruktionen.

c) Ingenieurbauwerke

Anrechenbare Kosten sind die vollständigen Kosten für:

    1. bis 12. gemäß b)
13. Bohrarbeiten, außer Bohrungen zur Baugrunduntersuchung
14. Verbauarbeiten für Baugruben
15. Rammarbeiten
16. Wasserhaltungsarbeiten, einschließlich der Kosten für Baustelleneinrichtungen. Absatz d) bleibt unberührt.

d) Nicht anrechenbar sind bei Anwendung von b) und c) die Kosten für

21. das Herrichten des Baugrundstücks
22. Oberbodenarbeiten
23. Mehrkosten für außergewöhnliche Ausschachtungsarbeiten
24. Rohrgräben ohne statischen Nachweis
25. nichttragendes Mauerwerk $<11,5$ cm
26. Bodenplatten ohne statischen Nachweis
27. Mehrkosten für Sonderausführungen, zum Beispiel von Dächern, Sichtbeton oder Fassadenverkleidungen
28. Maßnahmen für den Winterbau (Kostengruppe 6 der DIN 276)
29. Naturwerkstein-, Betonwerkstein-, Zimmer- und Holzbau-, Stahlbau- und Klempnerarbeiten, die in Verbindung mit dem Ausbau eines Gebäudes oder Ingenieurbauwerks ausgeführt werden
30. die Baunebenkosten.

e) Es kann vereinbart werden, daß

— Kosten von Arbeiten, die nicht gemäß a) bis c) erfaßt sind und
— Kosten gemäß 13. bis 16. und 27.

zu den anrechenbaren Kosten gehören, wenn AN wegen dieser Arbeiten Mehrleistungen für das Tragwerk erbringt.

3.2.3 Grundleistungen

Tafel 5.36 Grundleistungen in der Tragwerksplanung

Grundleistung (Leistungsphase)	Bewertung in %
1. Grundlagenermittlung Klären der Aufgabenstellung	3
2. Vorplanung statisch konstruktives Konzept	10
3. Entwurfsplanung Tragwerkslösung mit überschläglicher Statik	12
4. Genehmigungsplanung Statik und Positionspläne für die Prüfung	30
5. Ausführungsplanung*) Zeichnungen für die Tragwerksausführung	42*)
6. Vorbereitung der Vergabe Beitrag zur Mengenermittlung und zum LV	3
	100

*) 26% in folgenden Fällen:
    — im Stahlbetonbau, sofern keine Schalpläne in Auftrag gegeben sind
    — im Stahlbau, sofern der AN die Werkstattzeichnungen nicht auf Übereinstimmung mit der Genehmigungsplanung und den Ausführungszeichnungen überprüft
    — im Holzbau, sofern das Tragwerk in den Honorarzonen 1 oder 2 eingeordnet ist.

3.2.4 Honorartafel zu § 65 (1) für Tragwerksplanung

Tafel 5.37 Honorartafel für Tragwerksplanung

Anrechen-bare Kosten DM	Zone I		Zone II		Zone III		Zone IV		Zone V	
	von DM	bis DM	von DM	bis DM	von DM	bis DM	von DM	bis DM	von DM	bis DM
20000	1990	2320	2320	3130	3130	4100	4100	4920	4920	5240
30000	2790	3230	3230	4320	4320	5630	5630	6720	6720	7160
40000	3530	4070	4070	5430	5430	7050	7050	8410	8410	8950
50000	4230	4870	4870	6470	6470	8390	8390	9990	9900	10630
60000	4920	5650	5650	7480	7480	9680	9680	11510	11510	12240
70000	5590	6410	6410	8460	8460	10910	10910	12960	12960	13780
80000	6220	7130	7130	9390	9390	12120	12120	14380	14380	15290
90000	6870	7860	7860	10330	10330	13290	13290	15760	15760	16750
100000	7480	8550	8550	11220	11220	14420	14420	17090	17090	18160
150000	10440	11880	11880	15480	15480	19800	19800	23400	23400	24840
200000	13210	14990	14990	19440	19440	24790	24790	29240	29240	31020
300000	18420	20820	20820	26820	26820	34030	34030	40030	40030	42430
400000	23320	26290	26290	33700	33700	42600	42600	50010	50010	52980
500000	27990	31490	31490	40230	40230	50710	50710	59450	59450	62950
600000	32520	36520	36520	46510	46510	58490	58490	68480	68480	72480
700000	36890	41370	41370	52550	52550	65980	65980	77170	77170	81640
800000	41170	46100	46100	58440	58440	73240	73240	85580	85580	90510
900000	45350	50730	50730	64170	64170	80310	80310	93750	93750	99130
1000000	49440	55250	55250	69780	69780	87210	87210	101730	101730	107540
1500000	68930	76750	76750	96290	96290	119750	119750	139290	139290	147110
2000000	87260	96910	96910	121020	121020	149950	149950	174070	174070	183710
3000000	121700	134660	134660	167050	167050	205930	205930	238320	238320	251280
4000000	154060	170040	170040	209970	209970	257900	257900	297840	297840	313810
5000000	185000	203790	203790	250750	250750	307110	307110	354070	354070	372860
6000000	214840	236280	236280	289880	289880	354200	354200	407800	407800	429240
7000000	243780	267760	267760	327690	327690	399620	399620	459560	459560	483530
8000000	272000	298410	298410	364420	364420	443650	443650	509660	509660	536070
9000000	299570	328330	328330	400210	400210	486480	486480	558370	558370	587120
10000000	326600	357630	357630	435210	435210	528300	528300	605880	605880	636910
15000000	455420	497000	497000	600940	600940	725670	725670	829610	829610	871190
20000000	576590	627730	627730	755580	755580	909000	909000	1036850	1036850	1087990
30000000	804000	872420	872420	1043460	1043460	1248710	1248710	1419750	1419750	1488170

3.3 Nebenkosten bei Architekten- und Ingenieur-leistungen

können zusätzlich berechnet werden, z.B. für:
1. Post- und Fernmeldegebühren
2. Vervielfältigungen, Fotos
3. Kosten für ein Baustellenbüro
4. Fahrtkosten für Reisen über 15 km Entfernung vom Geschäftssitz des AN
5. Trennungsentschädigungen, Familienheimfahrten
6. Aufwand bei längeren Reisen.

4 Sonstige Gebühren für Bauangelegenheiten

4.1 Gebühr für Verwaltungsleistungen während der Bauphase

Nach § 8 der 2. Berechnungsverordnung (Fassung: 13.7.92). Bei Vorbereitung und Durchführung des Bauvorhabens, insbesondere für „Betreuung" im öffentlich geförderten Wohnungsbau. Maßgebend sind die Baukosten, ohne Baunebenkosten, zuzüglich Erschließungskosten, wenn Bauherr Erschließung auf eigene Rechnung durchführt.

In besonderen Fällen können sich die %-Sätze um 0,5 bis 2,0% erhöhen, z. B. bei Eigenheimen, Eigentumswohnungen, besonderen Maßnahmen zur Bodenordnung, besonderen Verwaltungsschwierigkeiten, Selbsthilfeleistungen >10% der Baukosten.

Tafel 5.38

Baukosten in DM	Gebühr in %
bis 250 000	3,4
bis 500 000	3,1
bis 1 000 000	2,6
bis 1 600 000	2,5
bis 2 500 000	2,2
bis 3 500 000	1,9
bis 5 000 000	1,6
bis 7 000 000	1,3
über 7 000 000	1,0

4.2 Gebühren der Notare und der Grundbuchämter (Amtsgericht)

Tafel 5.39 Hauptgebühr der Kostenordnung der Notare (KostO) (08.98)

Geschäfts-wert	Grundpfand-bestellung (Grundschuld/ Hypothek) mit ZV-Unterwerfung **10/10 = Volle Gebühr**	Kaufvertrag eines Grundstücks Hauses, Eigentumswohnung, Erbbaurecht 20/10 = Doppelte Gebühr
DM	DM	DM
10 000	80	160
20 000	100	200
30 000	120	240
40 000	140	280
60 000	180	360
80 000	220	440
100 000	260	520
500 000	860	1720
1 000 000	1610	3220
5 000 000	7610	15220
10 000 000	15116	30220
100 000 000	51510	103020

Tafel 5.40 Vollzugs- und Nebengebühren, die zur Hauptgebühr des Kaufvertrages und der Grundpfandrechtsbestellung noch anfallen können

Vorgang	Anteil an der Vollen Gebühr
Vollzugsgebühr (Einholung von Genehmigungen und Negativzeugnissen)	1/10 bzw. 5/10
Hebegebühr	prozentual vom Auszahlungs-betrag
Nebengebühren (Kaufpreisfälligkeitsmitteilung, Umschreibungsüberwachung)	5/10
Auflassung zum Kaufvertrag (wenn nicht gleichzeitig im Kaufvertrag erfolgt)	5/10
Rangbestätigung (Unterlage zur vorzeitigen Auszahlung)	1/4

Für die gleichzeitige Beurkundung des Kaufvertrages und der Auflassung entsteht nur eine Gebühr nach Tafel 5.39. Damit werden auch alle vorbereitenden Tätigkeiten (z. B. Beratung, Entwurfserstellung und Entwurfsänderungen, Grundbucheinsicht) und die allgemeinen Tätigkeiten (z. B. Anträge, behördliche Mitteilungen und Anzeigen) abgegolten.

Tafel 5.41 Sonstige Notargebühr

Vorgang	Anteil an der Vollen Gebühr
Grundpfandrecht ohne ZV-Unterwerfung	5/10
Löschungen	5/10
Kaufvertragsangebot	15/10
Angebotsannahme	5/10
Unterschrifts-beglaubigung	1/4, mindestens 20,– DM höchstens 250,– DM

Tafel 5.42 Gebühren der Gerichte (Grundbuchämter)

Für die Eintragungsgebühren beim Grundbuchamt gilt ebenfalls die Kostenordnung (KostO).

Gebührenbeispiele	Anteil an der Vollen Gebühr
Eigentumseintragung	10/10
Eigentumseintragung bei Ehegatte, Abkömmling	5/10
Eigentumsvormerkung, Eintragung	5/10
Eigentumsvormerkung, Löschung	1/4
Grundpfandrecht – Brieferteilung – Löschung	10/10 1/4 5/10
Grundbuchbenachrichtigung Erbfall: innerhalb von 2 Jahren	5/10 oder 10/10 gebührenfrei

4.3 Gebühren für Behördenleistungen

nach „Allgemeine Verwaltungsgebührenordnung" AGV für NW (Stand 01.01.1996)

Tafel 5.43 Gebühren für baurechtliche Angelegenheiten (Auszug)

Tarifstelle	Gegenstand	Gebühr DM
2.4	Grundgebühren	
2.4.1	Entscheidung über die Erteilung der Baugenehmigung für die Errichtung und Erweiterung	
	a) von Gebäuden, soweit sie nicht unter b) und c) fallen,	
	je angefangene 1000 DM der Rohbausumme[1])	8
	jedoch mindestens	60
	b) von Gebäuden besonderer Art oder Nutzung im Sinne von § 54 BauO NW, soweit sie nicht unter c) fallen, jedoch nicht Mittelgaragen (auch als Tiefgaragen), Lagerhallen, einfache Sport- und Tennishallen ohne oder mit geringfügigen Einbauten, sonstige eingeschossige gewerbliche Gebäude bis zu 1000 m³ Brutto-Rauminhalt, Stallgebäude, sonstige landwirtschaftliche Betriebsgebäude, Scheunen, Schuppen, offene Feldscheunen und ähnliche Gebäude, erwerbsgärtnerische Betriebsgebäude (Gewächshäuser)	
	je angefangene 1000 DM der Rohbausumme	13
	jedoch mindestens	60
	c) von Wohngebäuden mittlerer Höhe nach § 68 Abs. 1 Nr. 1 BauO NW und Garagen mit einer Nutzfläche über 100 m² bis 1000 m² nach § 68 Abs. 1 Nr. 5 BauO NW	
	je angefangene 1000 DM der Rohbausumme	7
	von Wohngebäuden geringer Höhe und anderen Gebäuden nach § 68 Abs. 1 BauO NW	
	je angefangene 1000 DM der Rohbausumme	6
	von übrigen baulichen Anlagen nach § 68 Abs. 1 BauO NW, ausgenommen Werbeanlagen und Warenautomaten	
	je angefangene 1000 DM der Herstellungssumme	6
	jedoch jeweils mindestens	60
	d) von baulichen Anlagen, die nicht Gebäude sind, nicht § 66 BauO NW unterliegen und im übrigen nicht im zeitlichen und konstruktiven Zusammenhang mit der Errichtung von unter a) bis c) genannten Gebäuden stehen	
	je angefangene 1000 DM der Herstellungssumme	8
	bei solchen besonderer Art oder Nutzung im Sinne von § 54 BauO NW	
	je angefangene 1000 DM der Herstellungssumme	13
	jedoch jeweils mindestens	60
	e) von Werbeanlagen und Warenautomaten	
	je angefangene 100 DM der Herstellungssumme	5
	jedoch mindestens	60
2.4.8	Bautechnische Nachweise	
2.4.8.1	Prüfung der rechnerischen Nachweise der Standsicherheit	1/1 der Gebühr nach Tarifstelle 2.1.5[2])
2.4.8.2	Prüfung der Nachweise über das Brandverhalten der Baustoffe und die Feuerwiderstandsklasse der tragenden Bauteile	1/20 der Gebühr nach Tarifstelle 2.4.8.1
	jedoch mindestens	100
2.4.8.3	Prüfung der Nachweise des Schallschutzes	1/20 der Gebühr nach Tarifstelle 2.4.8.1
	jedoch mindestens	100
2.4.8.4	Prüfung von Konstruktionszeichnungen in statischer und konstruktiver Hinsicht	1/2 der Gebühr nach Tarifstelle 2.4.8.1
	…	

Baukosten und Finanzierung

Tafel 5.32, Fortsetzung

Tarifstelle	Gegenstand	Gebühr DM
2.4.9	Genehmigungsfreie Gebäude und Nebenanlagen nach § 67 Abs. 1 und 7 BauO NW	
2.4.9.1	Vorzeitige Mitteilung der Gemeinde nach § 67 Abs. 2 Satz 3 BauO NW, daß kein Genehmigungsverfahren durchgeführt werden soll	100
2.4.9.2	Bestätigung der Gemeinde, daß sie keine Erklärung nach § 67 Abs. 1 Satz 1 Nr. 3 BauO NW abgegeben hat	100
2.4.10	Bauüberwachung, Bauzustandsbesichtigungen	
2.4.10.1	Bauüberwachung nach § 81 BauO NW auch der nach anderen Rechtsvorschriften genehmigten Bauvorhaben, wenn diese Genehmigung die Baugenehmigung einschließt a) für den 1. bis 3. Termin der Bauüberwachung je Termin	1/6 der Gebühr nach Tarifstellen 2.4.1, 2.4.2 oder 2.4.4
	b) für jeden weiteren Termin der Bauüberwachung je Termin	1/12 der Gebühr nach Tarifstellen 2.4.1, 2.4.2 oder 2.4.4
	jedoch mindestens je Termin der Bauüberwachung höchstens aber für alle Termine der Bauüberwachung	60 2faches der Gebühr nach Tarifstellen 2.4.1, 2.4.2 oder 2.4.4
	Die Gebühr wird für die – auch stichprobenhafte – Prüfung erhoben, ob entsprechend den genehmigten Bauvorlagen, ausgenommen bautechnische Nachweise (s. Tarifstelle 2.4.10.7), gebaut wird und die Nebenbestimmungen der Baugenehmigung eingehalten werden.	
2.4.10.2	Bauzustandsbesichtigung einschließlich Bescheinigung nach § 82 Abs. 3 Satz 3 BauO NW auch der nach anderen Rechtsvorschriften genehmigten Bauvorhaben, wenn diese Genehmigung die Baugenehmigung einschließt, nach Fertigstellung des Rohbaus	1/5 der Gebühr nach Tarifstellen 2.4.1 oder 2.4.2
	jedoch mindestens	60
2.4.10.3	Bauzustandsbesichtigung einschließlich Bescheinigung nach § 82 Abs. 3 Satz 3 BauO NW auch der nach anderen Rechtsvorschriften genehmigten Bauvorhaben, wenn diese Genehmigung die Baugenehmigung einschließt, nach abschließender Fertigstellung a) von Gebäuden und anderen baulichen Anlagen	1/5 der Gebühr nach Tarifstellen 2.4.1 oder 2.4.2
	b) von Werbeanlagen und Warenautomaten	1/3 der Gebühr nach Tarifstelle 2.4.1 e)
	c) des Abbruchs baulicher Anlagen	1/3 der Gebühr nach Tarifstelle 2.4.4
	jedoch jeweils mindestens Ergänzende Regelung zu den Tarifstellen 2.4.10.1 bis 2.4.10.3: Maßgeblich für die Berechnung der Gebühren nach den Tarifstellen 2.4.10.1 bis 2.4.10.3 ist die Rohbausumme oder Herstellungssumme, die Berechnung der Gebühren für die Genehmigung zugrunde lag.	60

[1]) Rohbausumme: Ergibt sich aus dem Bruttorauminhalt nach DIN 277 multipliziert mit den Rohbaukosten je m³ Rauminhalt; diese ergeben sich aus den landesdurchschnittlichen Rohbauwerten, die der zuständige Minister jährlich bekannt gibt (s. Tafel 5.19).

[2]) Tarifstelle 2.1.5: Die Gebühren werden in 1/1000 der Rohbausumme berechnet. Die Rohbausumme ist auf volle 1000 DM aufzurunden und mit mindestens 20000 DM anzusetzen. Die volle (1/1) Gebühr ergibt sich aus der Gebührentafel der Anlage 4 zum Gebührentarif. Die Bauwerksklassen 1 bis 5 entsprechen denen der HOAI (s. Tafel 5.35).

Tafel 5.44 Auszug aus Gebührentafel zu Tarifstelle 2.1.5 gemäß Anlage 4 zum Gebührentarif

Rohbausumme in DM	Tausendstel der Rohbausumme bei Bauwerksklasse				
	1	2	3	4	5
20000	8,239	12,359	16,478	20,598	25,816
50000	6,860	10,289	13,719	17,719	21,493
100000	5,972	8,957	11,943	14,929	18,711
500000	4,328	6,492	8,656	10,820	13,561
1000000	3,768	5,652	7,536	9,420	11,806
5000000	2,731	4,096	5,462	6,827	8,557
10000000	2,377	3,566	4,755	5,943	7,449
50000000 und mehr	1,723	2,585	3,446	4,308	5,399

5 Bodenwert unbebauter Grundstücke

5.1 Definition des Verkehrswertes nach Baugesetzbuch § 194

„Der Verkehrswert wird durch den Preis bestimmt, der in dem Zeitpunkt, auf den sich die Ermittlung bezieht, im gewöhnlichen Geschäftsverkehr nach den rechtlichen Gegebenheiten und tatsächlichen Eigenschaften, der sonstigen Beschaffenheit und der Lage des Grundstücks oder des sonstigen Gegenstandes der Wertermittlung ohne Rücksicht auf ungewöhnliche oder persönliche Verhältnisse zu erzielen wäre.''

5.2 Bodenrichtwerte

Die Gutachterausschüsse bei den Gemeinden ermitteln Bodenrichtwerte durch Auswertung der gezahlten Kaufpreise für Grundstücke. Jedermann kann über die Bodenrichtwerte Auskunft verlangen.

Bodenrichtwerte werden bezogen auf sogenannte „Richtwertgrundstücke'', für die ein normaler, rechtwinkliger Zuschnitt und wirtschaftliche bauliche Ausnutzbarkeit unterstellt wird. Abweichungen von diesen idealen Annahmen können durch Umrechnungsfaktoren berücksichtigt werden.

5.3 Umrechnungsfaktoren zur Berücksichtigung der Grundstücksgröße

Bei Gewerbe- bzw. Industriegrundstücken ist der Bodenwert häufig abhängig von der Grundstücksgröße. Bezogen auf ein Richtwertgrundstück von 5000 m² Größe haben sich beispielsweise die folgenden Umrechnungsfaktoren ergeben.

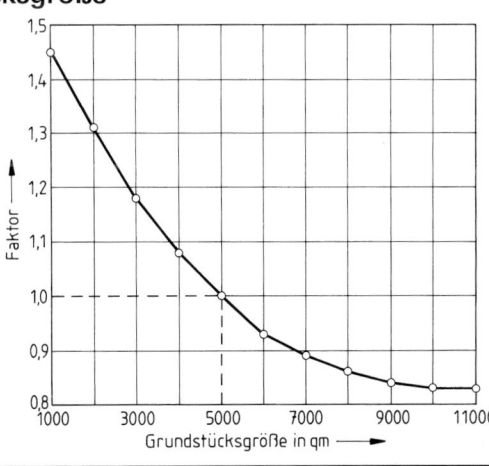

Bild 5.4

5.4 Umrechnungsfaktoren zur Berücksichtigung der Grundstückstiefe

Bei der Ermittlung der Bodenrichtwerte wird das Maß der baulichen Nutzung eines Grundstückes üblicherweise indirekt durch gebietstypische Norm-Grundstückstiefen berücksichtigt, z. B.

Tafel 5.45

Grundstücke für	Norm-Grundstückstiefe
Ein- und Zweifamilienhäuser, stadtnah	35 m
Randbereich	40 m
Mietwohnhaus oder gemischte Nutzung, 4- bis 5-geschossige, geschlossene Bauweise	30 m

Auf dieser Basis ergaben sich beispielsweise die folgenden Umrechnungsfaktoren.

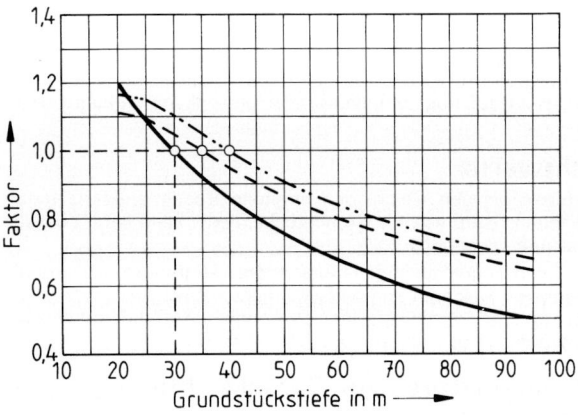

Bild 5.5
—— Bodenrichtwerte, bezogen auf 30 m Grundstückstiefe
– – – Bodenrichtwerte, bezogen auf 35 m Grundstückstiefe
—·– Bodenrichtwerte, bezogen auf 40 m Grundstückstiefe

Zu berücksichtigen ist hierbei, daß für das Richtwertgrundstück ein normaler, rechtwinkliger Zuschnitt und optimale (wirtschaftliche) bauliche Ausnutzbarkeit unterstellt wird. Dies bedeutet, daß bei unregelmäßig geformten Grundstücken oder Grundstücken mit Breiten, die auch unter Berücksichtigung der evtl. notwendigen seitlichen Grenzabstände nicht normal bebaubar sind, von theoretisch ermittelten Grundstückstiefen auszugehen ist.

Die maximale Grundstückstiefe, bis zu der im Einzelfall von Bauland auszugehen ist, ist an Hand der jeweiligen Situation in der Nachbarschaft (im Sinne von ortsüblich) zu beurteilen.

5.5 Umrechnungsfaktoren zur Berücksichtigung der zulässigen Geschoßflächenzahlen (GFZ)

Die Geschoßflächenzahl ist das Verhältnis aus der Summe der zul. Geschoßflächen zur Grundstücksgröße (s. Baunutzungsverordnung).

Wenn für Grundstücke in allgemeinen Wohngebieten mit mehr als 3-geschossiger Bebauung außerhalb des Stadtkernes die Bodenrichtwerte für ein Norm-Grundstück mit einer GFZ von 1,0 angegeben werden, ändern sich die Bodenwerte in Abhängigkeit von der GFZ, z. B. entsprechend dem folgenden Bild 5.6.

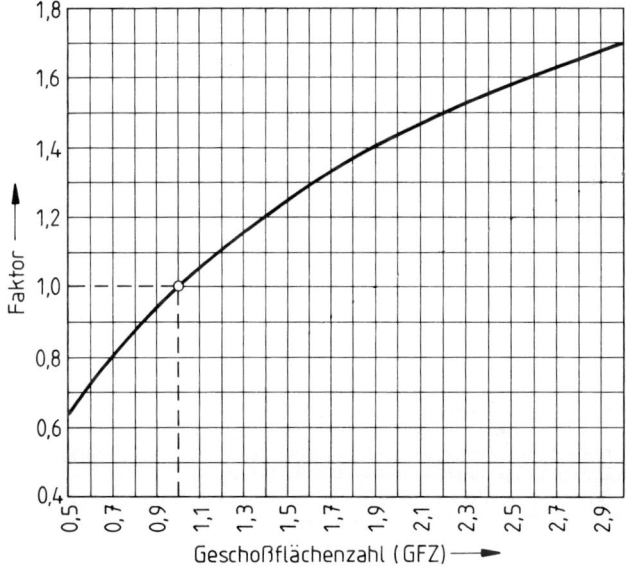

Bild 5.6

Anwendung der Bilder 5.4, 5.5 und 5.6

Für die Umrechnung gilt folgende Formel:

$$BW = \frac{RW \cdot WZ_{BW}}{WZ_{RW}}$$

Hierbei ist:

BW   gesuchter Bodenwert in DM/m²

RW   Bodenrichtwert, auch bekannter (umzurechnender) Vergleichswert in DM/m²

WZ_{BW} Wertzahl nach Tabelle entsprechend der Tiefe/Geschoßflächenzahl/ Grundstücksgröße des Grundstücks, dessen Wert gesucht wird

WZ_{RW} Wertzahl nach Tabelle, bei Bodenrichtwerten = 100, ansonsten entsprechend der Tiefe/ Geschoßflächenzahl/Grundstücksgröße des Grundstücks, für das ein Vergleichswert vorliegt

6 Finanzierung

6.1 Eigenmittel

Eigenfinanzierung bei Privatpersonen
— Bargeld (z.B. Bausparguthaben)
— Sachleistungen (z.B. Planung)
— Selbsthilfe (z.B. Gartenanlage)
— Wert vorhandener Gebäudeteile oder des vorhandenen Grundstücks.

Eigenfinanzierung bei Kapitalgesellschaften
— Gesellschaftskapital (Eigenkapital)
— Selbstfinanzierung durch Reservenbildung (z.B. Reingewinnvortrag, freie Rücklagen, Unterbewertung des Anlagevermögens).

Höhe der Eigenfinanzierung ergibt sich aus folgenden Gesichtspunkten:
— Beleihungsgrenze der Fremdfinanzierung (z.B. bis 80% der Kosten)
— Tragbare laufende Belastung durch Kapitaldienst
— Im öffentlich geförderten Wohnungsbau: mindestens 15% der Gesamtkosten
— Steuerliche Gesichtspunkte (Fremdkapitalkosten in Grenzen absetzbar)
— Liquidität des Betriebes (Zinsen für langfristige Grundschulden sind günstiger als für kurzfristiges Betriebskapital).

6.2 Fremdfinanzierung

meist als Hypothek (H) oder Grundschuld (G) mit unterschiedlichem Rang (Reihenfolge im Grundbuch). Grundstück mit seinen Bestandteilen dient als Sicherheit für Gläubiger. Zwischen Hypothek (BGB §§ 1113 ff.) und Grundschuld (BGB §§ 1191 ff.) gibt es nur folgende wesentliche Unterschiede

Tafel 5.46   Vergleich Hypothek — Grundschuld

Hypothek	Grundschuld
Ist akzessorisch: [1]) Vom Bestehen einer Forderung abhängig. Wird nach Tilgung der Forderung zur Eigentümerhypothek.	Ist nicht akzessorisch: Nicht vom Bestehen einer Forderung abhängig. Auch nach Tilgung bleibt G bestehen.
H und Forderung sind gekoppelt, die H kann nicht ohne Forderung und die Forderung nicht ohne H übertragen werden.	
Schuldner haftet zusätzlich zum Grundstück auch persönlich.	Nur das Grundstück haftet, nicht der Schuldner persönlich. (Schuldner wird aber meistens durch Darlehnsvertrag auch persönlich haftbar gemacht.)

[1]) akzessorisch (=hinzutretend): Ein Nebenrecht ist von dem zugehörigen Hauptrecht abhängig.

Höhe möglicher Fremdfinanzierung
Ist abhängig vom Beleihungswert, der nach bankinternen Richtlinien oder z.B. aus dem Mittel zwischen Sachwert und Ertragswert (s. unter 8) errechnet wird. Der

Beleihungswert ist häufig niedriger als die Höhe der tatsächlich aufgewendeten Baukosten.

Wenn der Beleihungswert z.B. 85% der Baukosten beträgt, wird sich die von den Gläubigern akzeptierte Höhe der Fremdfinanzierung etwa wie folgt ergeben:

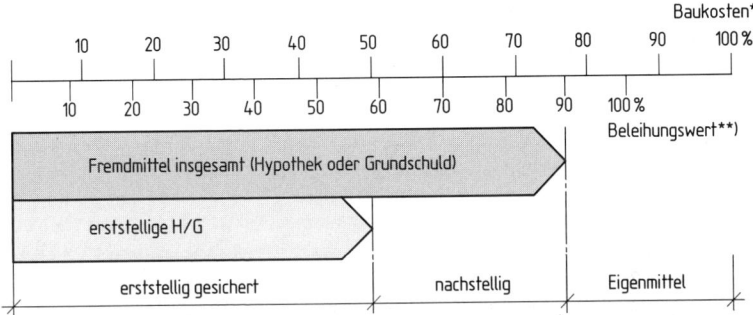

Bild 5.7   Beleihungsgrenzen

*)   Tatsächlich aufgewendete Baukosten
**)   Beleihungswert: hier Annahme 85% der Baukosten

Zinsen[1]) und Auszahlungsverlust hängen z.B. wie folgt zusammen:

Nominalbetrag des Darlehens	in %	100	100	100
Auszahlung	in %	98	96	94
Auszahlungsverlust[2])	in %	2	4	6
Zinsen[1])	in %	9,0	8,0	7,5
Effektivzinsen[3])	in %	9,18	8,33	7,98

[1]) Hier und nachfolgend sind immer Jahreszinsen gemeint; das ist der Normalfall (BGB § 608).
[2]) Auszahlungsverlust (= Disagio = Damnum) wird unter „Baunebenkosten" gemäß DIN 276 bei den Baukosten berücksichtigt. Auf der Finanzierungsseite wird der Nominalbetrag des Darlehens (100%) gebucht, auf den wird auch die Zinszahlung und die Tilgung bezogen.
[3]) Die Verordnung zur Regelung der Preisangaben (PAngV 1985) bestimmt, daß bei Krediten als Preis die Gesamtbelastung pro Jahr in % des Krediteises anzugeben ist; das ist der „effektive Jahreszins".
Bei dem o.a. Beispiel ist der Effektivzins einfach wie folgt errechnet worden:
$9,00 \cdot 100/0,98 = 9,18\%$ usw.
Im allgemeinen können sehr viel mehr Konditionen in den Effektivzins eingehen, z.B.:

— Nominalzinssatz
— Höhe des Disagios
— Berücksichtigung von unterjährigen Verrechnungen und Zahlungen[4])
— Tilgungsfreie Jahre
— Bereitstellungszinsen
— Laufzeit der Zinsbindung
— Maklerprovision

— Schätzungsgebühr
— Verwaltungskostenzuschläge
— Bearbeitungsgebühren
— Aufwand für Lebensversicherungen für die Restschuld
— Disagio und Zinsverrechnung bei Tilgungsstreckungsdarlehen
— usw.

Beispiel   Nominalzinsen   8%
Auszahlung   92%
Feste Zinskondition für   5 Jahre
Tilgung am Anfang   1%
Effektivzins: $8,0/0,92 + (100 - 92)/5$ Jahre $= 8,70 + 1,60 = 10,30\%$.

[4]) Die unterjährigen Ratenzahlungen sollen zunächst voll als Tilgung verrechnet werden und die sich aus den jeweiligen Kapitalständen ergebenden (effektiven) Zinsen am Ende eines Laufzeitjahres belastet, d.h. dem Restkapital zugeschlagen werden. Siehe auch Fußnote [1]).

Tilgung und Laufzeit

in der Regel: Tilgung bei erstrangigen G. oder H.: 1%
Tilgung bei zweitrangigen G. oder H.: 2%

Bei Tilgungsdarlehen werden für (Zinsen+Tilgung) feste, gleichbleibende Raten vereinbart, bezogen auf das Nominal-Anfangskapital.

„Annuität" = Zinsen + Tilgung = laufende Kosten aus Kapitaldienst.

Beispiel Darlehen: nominal 100000,– DM, Zi. = 8%, Ti. = 1%
Annuität bis zur restlosen Tilgung des Darlehens: 9000,– DM/J.

Durch die ratenweise Rückzahlung werden Zinsen in der Folge immer nur vom kleiner werdenden Restschuldbetrag fällig. Das Verhältnis Zinsen/Tilgung (anfangs 8/1) innerhalb der Annuität von 9000,– DM/J. ändert sich laufend, bis schließlich in der letzten Rate der Zinsanteil gegen Null geht.

Folge: Die Laufzeit (n) der Schuld verkürzt sich.

Tafel 5.47   Beispiele für Tilgungsdauer n

jährlicher Tilgungssatz in %	Tilgungsdauer n in Jahren bei einem jährlichen Zinssatz in %										
	2	3	4	5	6	7	8	9	10	11	12
1	55,48	46,90	41,04	36,73	33,40	30,74	28,56	26,73	25,17	23,82	22,65
2	35,00	31,00	28,01	25,68	23,80	22,24	20,92	19,79	18,81	17,94	17,18
3	25,80	23,45	21,61	20,11	18,86	17,80	16,89	16,09	15,40	14,77	14,21
4	20,48	18,93	17,68	16,63	15,73	14,95	14,28	13,69	13,15	12,68	12,24
5	16,99	15,90	14,99	14,21	13,54	12,94	12,42	11,95	11,54	11,15	10,81
6	14,53	13,72	13,02	12,43	11,90	11,44	11,01	10,64	10,30	9,98	9,71
7	12,69	12,07	11,53	11,05	10,63	10,25	9,91	9,60	9,32	9,05	8,82
8	11,27	10,78	10,34	9,95	9,61	9,30	9,01	8,75	8,52	8,30	8,09
9	10,13	9,74	9,38	9,06	8,77	8,51	8,27	8,05	7,85	7,66	7,49
10	9,21	8,88	8,58	8,32	8,07	7,85	7,65	7,46	7,28	7,11	6,96

$$n = \frac{\lg\left[\frac{S}{T_1}(q-1)+1\right]}{\lg q}$$

T_1 = Tilgungssumme in 1. Jahr (DM)

$q = 1 + \frac{p}{100}$; p = Jahres-Zinssatz

n = Tilgungsdauer = Laufzeit in Jahren bis zur Tilgung eines Darlehens bei gleichbleibenden Annuitätsbeträgen

S = Schuldsumme (i.d.R. = Nominalbetrag in DM)

Wenn Zinsen quartalsweise bzw. monatlich berechnet werden, dann muß T_1 ebenfalls auf das Quartal bzw. den Monat bezogen werden und für p ist $p/4$ bzw. $p/12$ einzusetzen. Das Ergebnis ist dann die Laufzeit in Quartalen bzw. in Monaten.

Beispiel Bauspardarlehen: S = 100000,– DM

$T_1 = 7\% \cdot 100000,- = 7000,- \text{DM/J.}$

$p = 5\%$; $q = 1 + \frac{5}{100} = 1,05$

$$n = \frac{\lg\left[\frac{100000}{7000} \cdot (1,05-1)+1\right]}{\lg 1,05} = \frac{\lg 1,7142}{\lg 1,05} = \frac{0,234}{0,0212} = 11,04 \text{ Jahre.}$$

6.3 Zinssätze für Hypothekarkredite auf Wohngrundstücke

Tafel 5.48 Effektivzinsen[1]) für Hypothekarkredite auf Wohngrundstücke

ausgewählte Beispiele.

Quelle: Monatsberichte der Deutschen Bundesbank

Jahr/ Monat	Festzinsen auf 2 Jahre		Festzinsen auf 5 Jahre		Gleitzinsen	
	Zinsdurchschnitt in %	Streubreite in %	Zinsdurchschnitt in %	Streubreite in %	Zinsdurchschnitt in %	Streubreite in %
1997 Jan.	5,26	4,49 bis 6,17	5,98	5,70 bis 6,49	6,34	5,25 bis 7,77
Febr.	5,16	4,49 bis 5,96	5,78	5,49 bis 6,49	6,27	5,16 bis 7,77
März	5,20	4,65 bis 5,91	5,80	5,38 bis 6,38	6,22	5,12 bis 7,77
April	5,24	4,65 bis 5,91	5,92	5,49 bis 6,43	6,23	5,12 bis 7,72
Mai	5,21	4,59 bis 5,91	5,88	5,54 bis 6,43	6,20	5,12 bis 7,61
Juni	5,17	4,59 bis 5,88	5,82	5,49 bis 6,43	6,19	5,12 bis 7,61
Juli	5,12	4,59 bis 5,72	5,72	5,43 bis 6,37	6,16	5,01 bis 7,61
Aug.	5,31	4,76 bis 5,89	5,84	5,46 bis 6,28	6,18	5,07 bis 7,61
Sept.	5,35	4,86 bis 5,91	5,88	5,49 bis 6,38	6,17	5,01 bis 7,61
Okt.	5,55	4,99 bis 6,17	5,96	5,54 bis 6,45	6,22	5,12 bis 7,61
Nov.	5,73	5,27 bis 6,33	6,15	5,74 bis 6,59	6,33	5,38 bis 7,72
Dez.	5,68	5,27 bis 6,22	6,08	5,80 bis 6,49	6,31	5,38 bis 7,50

[1]) Die Angaben beziehen sich auf den Zeitpunkt des Vertragsabschlusses und nicht auf die Gesamtlaufzeit der Verträge. Bei Errechnung der Effektivverzinsung wird von einer jährlichen Grundtilgung von 1% zuzüglich ersparter Zinsen ausgegangen unter Berücksichtigung der von den beteiligten Instituten jeweils vereinbarten Rückzahlungsmodalitäten (z.Zt. überwiegend monatliche Zahlung und Anrechnung).

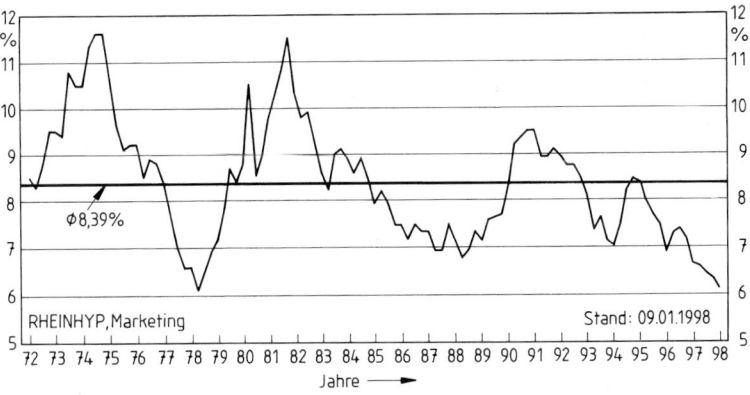

Bild 5.8 Zinsen für Hypothekendarlehen
(Nominalzinsen bei 100% Auszahlung, 10 Jahre fest)

6.4 Vergleich verschiedener Konditionen

Für 100000, – DM als ausbezahlte Dar-
lehenssumme ergibt sich: (Annahme:
gleichbleibende Konditionen für ganze
Laufzeit)

z.B.: Angebot der Bank	Zinssatz in % p.a.	Tilgung in % p.a.	Auszahlung in % p.a.
(1)	7,5	1	91,00
(2)	8,0	1	95,25
(3)	8,5	1	99,00

	erf. Nominal-kapital in DM	Zinsen in DM/Jahr	Tilgung in DM/Jahr	Annuität in DM/Jahr	Laufzeit in Jahre	Σ Kapitaldienst in DM
(1)	109890, –	8242, –	1099, –	9341, –	29,6	276483, –
(2)	104987, –	8399, –	1050, –	9449, –	28,6	270236, –
(3)	101010, –	8586, –	1010, –	9596, –	27,6	264848, –

Beurteilung: Unterschied, auf die ganze Laufzeit gesehen, ist gering.
(1) hat geringste Jahres-Annuität, aber erfordert insgesamt den größten Kapitaldienst.
Steuerliche Erwägungen geben oft den Ausschlag.

6.5 Auszahlungstermine für Baudarlehen

Meistens entsprechend Baufortschritt

Beispiel Wohnungsbaudarlehen.
  15% nach Fertigstellung der Kellerdecke
  30% nach Fertigstellung der letzten OG-Decke (ratenweise)
  15% nach Vorlage des Rohbauabnahmescheines
  15% nach Fertigstellung von Installation, Putz, Schreinerarbeiten

  15% nach Vorlage des Gebrauchsabnahmescheines ⎫ zusammen bei
  10% nach Vorlage des Schlußgutachtens ⎭ mängelfreier Abnahme

6.6 Bauzinsen (=Zinsen während der Bauzeit z_b)

Überschlägliche Ermittlung

(1) Der Berechnung
  zugrundegelegte
  Inanspruchnahme
  der Fremdmittel

(2) Tatsächliche
  Inanspruchnahme
  der Fremdmittel

$$z_b \cong \frac{F}{2} \times \frac{t}{12} \times \frac{p}{100}$$

Bild 5.9
Überschlägliche Ermittlung
der Bauzinsen

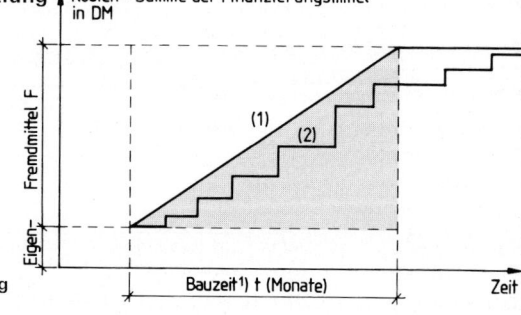

¹⁾ Bzw. Zeit, in der vor der Fertigstellung des Gebäudes Fremdmittel in Anspruch genommen
  werden.

Beispiel Fremdmittel 1 Mio. DM, Bauzeit 9 Monate, Zinssatz $p = 8\%$.

$$\text{Bauzinsen für Fremdmittel } z_b = \frac{1000000}{2} \cdot \frac{9}{12} \cdot \frac{8}{100} = 30000, - \text{DM}$$

genauere Ermittlung s. Abschn. 6.7

6.7 Kosten- und Finanzierungsplanung des Bauherrn

Wird nachfolgend am Beispiel einer Hochbaustelle dargestellt.
Dem Beispiel liegen folgende Annahmen zugrunde:

Tafel 5.49   Beispiel zur Rechnungslegung und Zahlung

	Abschlagsrechnung	Schlußrechnung
Höhe in DM	90% der jeweiligen Plankosten*)	100% der jeweiligen Plankosten
Rechnungslegung durch AN	alle 2 Wochen bzw. 2 Wochen nach Fertigstellung	2 Wochen nach Fertigstellung
Zahlungsausgang beim AG	2 Wochen nach Rechnungslegung	2 Monate rd. 9 Wochen nach Rechnungslegung

*) 10% Sicherheitseinbehalt

Tafel 5.50   Beispiel zum Zahlungsplan für Baustellenleistungen
(Kostenarten 300 bis 600 DIN 276 (06.93))

Arbeit/Firma	erbrachte Leistung		Abschlags- und Schlußrechnungen (A/S)				
			Art	Datum (Woche)		Betrag	
	bis Woche	in TDM	A/S	der Rechnung	der Zahlung	insgesamt in TDM	Auszahlung in TDM
1	2	3	4	5	6	7	8
Erdarbeiten	2	10	A	4	6	9	9
			S	4	13	10	1
Maurer/Stahlb.	4	70	A	4	6	63	63
	6	140	A	6	8	126	63
	8	210	A	8	10	189	63
	10	290	A	10	12	261	72
	12	380	A	12	14	342	81
	14	400	A	14	16	360	18
	15	410	A	17	19	369	9
			S	17	26	410	41
Zimmerer	13	16	A	15	17	14	14
			S	15	24	16	2
Dachdecker/Kl.	14	20	A	16	18	18	18
			S	16	25	20	2
usw.							

Termine beziehen sich jeweils auf das **Ende** der genannten Woche lt. Terminplan.
A = Abschlagszahlung, S = Schlußzahlung.

In den meisten praktischen Fällen ist eine derart detaillierte Kostenplanung nicht sinnvoll, da

— das Datum der Rechnungslegung durch den AN unsicher ist
— die Höhe der zugrunde liegenden Plankosten Schätzwerte sind
— der terminliche Ablauf der Bauarbeiten oft außerplanmäßig ist
— die Höhe der Abschlagsrechnungen nicht genau nach Plan sein wird
— Schlußrechnungen oft erst nach Abschluß der Restarbeiten gestellt werden, das ist meistens erst nach Bezugfertigstellung.

Vor allem bei Bauvorhaben mit kurzen bis mittleren Bauzeiten genügt es, wenn der AG seinen voraussichtlichen Zahlungsverpflichtungen folgende Annahmen zugrunde legt:

- Grundlage ist die Gesamtkostenkurve gemäß Bild 5.10.
- Wöchentlich werden Abschlagszahlungen in Höhe der jeweils erbrachten Leistungen durch die AN angefordert, einschließlich MwSt, jedoch abzüglich Sicherheitseinbehalt.
- Die Abschlagszahlungen sind 2 Wochen nach Rechnungsstellung für den AG fällig, das ist rd. 3 Wochen nach Leistungserstellung.
- Die Schlußzahlung in Höhe der einbehaltenen Sicherheitsbeträge, die im folgenden Beispiel 10% betragen, wird 2 Monate (rd. 9 Wochen) nach Bezugsfertigstellung fällig.

Damit vereinfacht sich der Zahlungsplan des AG wie folgt:

Tafel 5.51 Beispiel zum Zahlungsplan des AG

Termin: Woche des Terminplans	Bauleistungen auf der Baustelle					Sonstige Zahlungen (Grundstück, Erschließung, Baunebenko.)		Gesamtzahlungen (6) + (8)
	Bauleistung		Abschlags- und Schlußzahlungen					
	je Woche	insg. bis Ende der (1) Wo.	Summe der Rechnungsbeträge (3) × 0,90	Zahlungen			Summe	
				Differenzen der (4)	Summe			
	TDM	TDM	TDM	TDM	TDM	TDM	TDM	TDM
(1)	(2)	(3)	(4)	(5)	(6)	(7)	(8)	(9)
vor Baubeginn						143	143	143
1	5	5	4	—	—		143	143
2	5	10	9	—	—		143	143
3	35	45	41	—	—		143	143
4	35	80	72	4	4		143	147
5	35	115	104	5	9		143	152
6	35	150	135	32	41		143	184
7	35	185	167	31	72	5	148	220
8	35	220	198	32	104		148	252
9	35	255	230	31	135		148	283
10	45	300	270	32	167		148	315
11	45	345	311	31	198		148	346
12	45	390	351	32	230		148	378
13	45	435	392	40	270	12	160	430
14	54	489	440	41	311		160	471
15	82	571	514	40	351		160	511
16	49	620	558	41	392		160	552
17	35	655	590	48	440	20	180	620
18	25	680	612	74	514	5	185	699
19	25	705	635	44	558		185	743
20	40	745	671	32	590	2	187	777
21	29	774	697	22	612		187	799
22	8	782	704	23	635	5	192	827
23	—	782	704	36	671		192	863
24	20	802	722	26	697		192	889
25	20	822	740	7	704		192	896
26	10	832	749	—	704	10	202	906
27	8	840	756	18	722		202	924
28	21	861	775	18	740		202	942
29	21	882	794	9	749		202	951
Bauende								
30			882	7	756	28	230	986
31				19	775		230	1005
32				19	794		230	1024
38				88	882		230	1112

Tafel 5.52 Finanzierung (Beispiel)

Art	Nominal-betrag in TDM	Disagio in %	in DM	Zinsen in % p.a.	Tilgung in % p.a.
1. Hypothek	400	3	12000	8	1
2. Hypothek	460	5	23000	8	2
Eigenkapital	252	–	–	(4)	–
Summe	1112		35000		

Tafel 5.53 Früheste Auszahlungstermine der Fremdmittel (Beispiel)

Bautenstand fertige Leistung	Auszahlungs-schlüssel in %	in Woche	Nominalbeträge I.Hy. TDM	II.Hy. TDM	I+II. TDM	Summe TDM	Disagio I.Hy. TDM	II.Hy. TDM	Summe TDM	Auszahlung Einzel-betrag TDM	Summe effektiv TDM
Kellerdecke	15	7	60	69	129	129	1,8	3,45	5,25	124	124
Letzte Decke	30	13	120	138	258	387	3,6	6,90	10,50	247	371
Rohbau	15	18	60	69	129	516	1,8	3,45	5,25	124	495
Putz, Fliesen	15	22	60	69	129	645	1,8	3,45	5,25	124	619
Gebrauchs-abnahme	25	30	100	115	215	860	3,0	5,75	8,75	206	825
Summe	100		400	460	860		12	23	35	825	

Fälligkeit und Zahlung der Finanzierungsmittel

Annahmen zum Beispiel

— Disagiobeträge sind in **Kosten** enthalten, die Auszahlung der jeweiligen Hypothekenrate wird deshalb mit den Nominalbeträgen gebucht.

— Zinsen während der Bauzeit werden vierteljährlich (alle 13 Wochen) berechnet. Üblich ist quartalsweise Berechnung.

— Eigenkapital wird zuerst eingesetzt.

— Fremdmittel werden bei diesem Beispiel zum frühestmöglichen Termin in Anspruch genommen.

Tafel 5.54 Bauzinsen für Fremdmittel (hier 8% p.a.)

	Von Ende der ...Woche bis ...Woche	Wochen	Darlehens-betrag TDM	Bauzinsen $(2) \times (3) \times 0{,}08/52$ DM	DM	Quartals-betrag DM	fällig Ende der ...Woche
	(1)	(2)	(3)	(4)	(5)	(6)	(7)
Bauzeit	7 bis 13	6	129	1191		1191	13
	13 bis 18	5	387	2977		10121	26
	18 bis 22	4	516	3175			
	22 bis 26	4	645	3969			
	26 bis 30	4	645	3969			
	30 bis 39	6	860		7938	11907	39

15281 DM Bauzinsen während der Bauzeit

(4) während der Bauzeit
(5) nach der Bauzeit

Tafel 5.55 Baukostenplanung des Bauherren

Woche nach Baubeginn

Kostengruppe nach DIN 276	Kosten TDM	Vor Baubeginn	W1	W2	W3	W4	W5	W6	W7	W8	W9	W10	W11	W12	W13	W14	W15	W16	W17	W18	W19	W20	W21	W22	W23	W24	W25	W26	W27	W28	W29	W30
Baugrundstück	90	90																														
Erschließung	10	10																														
Erdarbeiten	10																															
Maurer-, Stahlbeton	410				35	35	35	35	35	35	35	35	45	45	10	10	10															
Zimmerer	16													16																		
Dachdecker, Klempner	20														20																	
Heizung, Sanitär	70												19	19	19	13																
Elektro	16															8	8															
Putz	45																		15	15	15											
Schreiner	65																45									10	10					
Glaser, Rolladen	18																10						8									
Fliesen-Naturstein	40																	10	10	10	10											
Estrich-Fußboden	41														5							30	4									
Bauschlosser	39																									5	5	5	5			
Anstreicher	30																		18	20												
Außenanlagen	62																	20					8			20	20	10				
Bauleistung			5	5	35	35	35	35	35	35	35	45	45	45	45	49	82	35	25	40	29		8			20	20	10				= 882
Architekt, Ingenieur	60	30																					2									
Prüfung, Genehmigung	10	8																			5											
Disagio[1]	35							5						11																		
Bauzinsen[2]	15												1														10					
Sonstiges	10	5																										10				
Gesamtkosten	1112	143	5	5	35	35	45	25	40	35	35	45	45	45	58	53	82	49	55	30	25	42	29	13	–	20	20	20	8	21	21	28 = 1112
Summe Gesamtkosten (kumuliert)		143	148	153	188	223	268	293	333	368	403	448	493	538	596	649	731	780	835	865	890	932	961	974	974	994	1014	1034	1042	1063	1084	1112

Baubeginn

Bauende = Bezugsfertigstellung

[1]
[2]

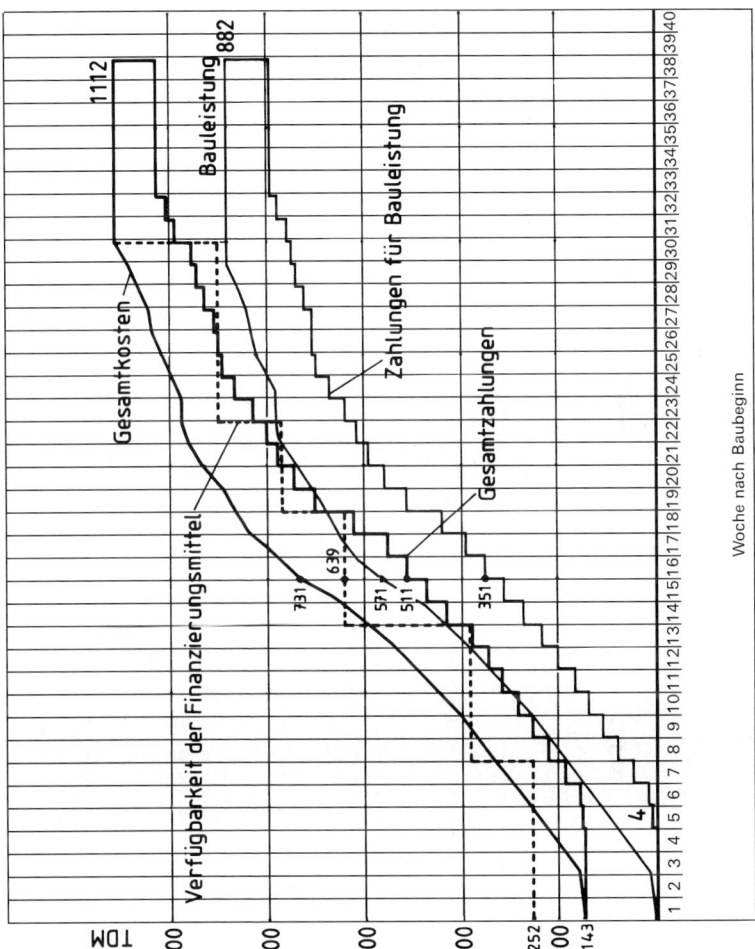

¹) Fällt jeweils bei Auszahlung der Fremdmittel an

²) Werden quartalsweise berechnet

○ Abschlagsrechnung

● Schlußrechnung

Bild 5.10

6.8 Private Finanzierung öffentlicher Bauvorhaben (PPP)

Dem öffentlichen Bauherrn (z. B. den Gemeinden) sind vom Haushaltsrecht enge Grenzen gesetzt, wenn (Bau)-Investitionen durch Kredite finanziert werden sollen. Eine „Public Private Partnership (PPP)" könnte die öffentlichen Haushalte entlasten, z. B. durch:

- Leasing-Finanzierung eines Flughafens
- Leasing eines Fernwärmenetzes oder einer Schule
- Geschlossener Immobilienfond zur Finanzierung eines Gerichtsgebäudes
- Kooperationsmodell für Abwasserentsorgung und/oder Trinkwasserversorgung
- Kooperations- und Betreibermodell bei Kläranlagen
- Gebühren-Factoring bei einer Mülldeponie
- Leasing- und Beteiligungsmodell eines Parkhauses
- Konzessionsmodell für privat finanzierte Straßenbaumaßnahme.

Vorteil. Öffentliche Haushalte werden zunächst entlastet, da Investitionssumme nicht sofort aufzubringen ist und da eigene Ressourcen (z. B. Planung, Bauleitung, Betrieb) nicht gebunden werden. Der staatliche Schuldenstand erhöht sich dadurch nicht.

Nachteil. Der öffentliche Haushalt wird laufend belastet durch die Entgelte und Kapitalkosten, die an die privaten Investoren zu zahlen sind. Vorteile in der Gegenwart werden in der Summe mit Nachteilen in der Zukunft erkauft.

Hinweis. Es sind außerdem zu beachten: Eigentumsfragen, steuerliche Abschreibungsfragen, umsatzsteuerrechtliche Fragen u. a.

Tafel 5.56   Vier Modelle für Public Private Partnership (PPP)

Modell	Beschreibung
Konzessionsmodell	Baukonzessionen sind Bauaufträge zwischen einem Auftraggeber und einem Unternehmer (Baukonzessionär), bei denen die Gegenleistung für die Bauarbeiten statt in einer Vergütung in dem Recht auf Nutzung der baulichen Anlage, ggfs. zuzüglich in der Zahlung eines Preises besteht (§ 32 VOB/A). Um das öffentliche Interesse zu wahren, müssen z. B. Preisvorgaben, Qualitätsstandards, Kontrollmöglichkeiten geregelt sein.
Betreibermodell	Das Projekt wird in privater Regie finanziert, errichtet und langfristig betrieben. Der eigenverantwortliche Investor erhält ein im voraus festgelegtes (aber veränderbares) Betreiberentgelt.
Kooperationsmodell	Soll die Nachteile des Betreibermodells (Verlust der Steuermöglichkeit der öffentlichen Körperschaft, schwierige Anpassung an veränderte Leistungsbedingungen) vermeiden. Privates Unternehmen und öffentliche Körperschaft gründen gemeinsam eine Gesellschaft, bei der die öffentliche Hand i.d.R. die Mehrheit hat.
Leasingmodell	Leasinggeber (privater Unternehmer) stellt Anlagekapital, operative Leistungen (z. B. Betrieb, Wartung, Service) und Dienstleistungen (Planung, Beratung, Finanzierung, Bauausführung) zur Verfügung. Leasinggeber hat Steuervorteile. Leasingnehmer (öffentliche Körperschaft) braucht sich nicht um Kapital und Betrieb zu kümmern.

7   Wirtschaftlichkeitsberechnung für Hochbauten

7.1   Grundlagen

Es wird in diesem Abschnitt auf folgende amtliche Texte Bezug genommen:
- WertV 98: Die Wertermittlungsverordnung 1998 ist anzuwenden bei der Ermittlung der Verkehrswerte von Grundstücken und bei der Ableitung der für die Wertermittlung erforderlichen Daten.
  Sie ist sowohl für amtliche als auch für private Fälle anzuwenden.

- WertR 96: Die Wertermittlungs-Richtlinien 1996 beinhalten bundesministerielle Verhaltensanweisungen, die auch in den Ländern durch Erlasse eingeführt sind.
- 2. BV: Die 2. Berechnungsverordnung (Fassung vom 1.8.1996) gilt nur für den öffentlich geförderten bzw. für den steuerbegünstigten Wohnungsbau; sie ist aber auch für wohnungswirtschaftliche Berechnungen freifinanzierter Bauten eine gute Grundlage (s. Anlage 3a WertR 76/97).

Die Wirtschaftlichkeit von Bauten ergibt sich aus der Gegenüberstellung von Aufwendungen und Erträgen. Auf die gesamte Lebensdauer eines Bauobjektes bezogen ergibt sich prinzipiell das folgende Bild.

Laufende Aufwendungen sind:

Kapitalkosten
- Eigenkapitalkosten
- Fremdkapitalkosten

Bewirtschaftungskosten
- Abschreibung
- Verwaltungskosten
- Betriebskosten
- Instandhaltungskosten
- Mietausfallwagnis

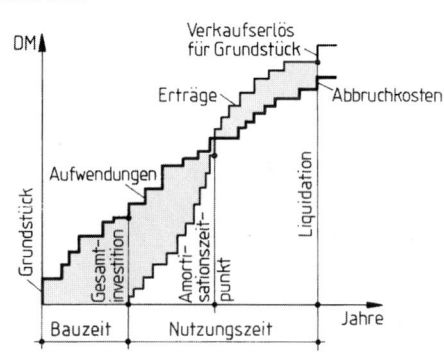

Bild 5.11
Aufwendungen und Erträge über die gesamte Lebensdauer eines Bauobjekts

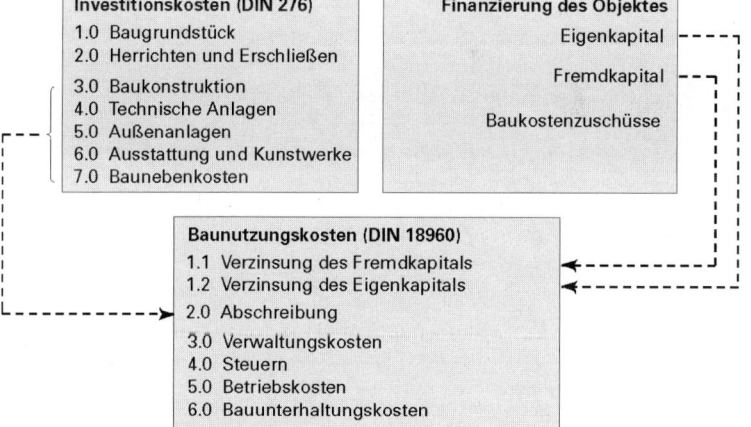

Bild 5.12   Zusammenhang zwischen Investitionskosten, Finanzierung, Baunutzungskosten

Bei den Aufwendungen sind zu unterscheiden:
- Kosten   (kostenwirksame Aufwendungen: Wirtschaftlichkeit)
- Ausgaben (ausgabenwirksame Aufwendungen: Liquidität).

Die Zusammenhänge gehen aus der folgenden tabellarischen Zusammenstellung „Wirtschaftlichkeit und Liquidität" am Beispiel eines kleinen Parkhauses hervor.

Tafel 5.57 Wirtschaftlichkeit und Liquidität

Beispiel: Parkhaus für 2 × 23 = 46 Pkw

Kostenschätzung			Finanzierungsplan			Wirtschaftlichkeitsberechnung				
Kosten nach DIN 276						Aufwendungen			Erträge	
						für	Ausgaben	Kosten	Einnahmen	Erlöse = Kostenmiete
1. Grundstück	127000	20,4%	1. Fremdmittel			1. Kapitalkosten			tatsächliche	
			– I. Hypothek	280000	45,0%	– Fremdkapital				
			– II. Hypothek	210000	33,8%	I. Hyp.: Zinsen	22400	22400	12 × 23 × 100	
2. Erschließung	13000	2,1%				Tilgung	2800	–	+	64804 / (12 × 46)
						II. Hyp.: Zinsen	18900	18900	12 × 23 × 70	
						Tilgung	4200	–	=46920	
3. Bauwerk – Baukonstruktion	360000	57,8%	2. Eigenmittel			– Eigenkapital	–	5280		117,40 DM je Monat und Stellplatz
			– Bargeld	20000	3,2%					
4. Bauwerk – Technische Anlagen	14000	2,3%	– Wert des Baugrundstückes	112000	18,0%	2. Bewirtschaftungskosten				
5. Außenanlagen	24000	3,9%				– Abschreibung	–	7680		
						– Verwaltung	1610	1610		
6. Ausstattung	2000	0,3%				– Betriebskosten	3540	3540		
						– Instandhaltung	3540 ¹⁾	3450		
7. Baunebenkosten	82000	13,2%				– Mietausfallwagnis	– ²⁾	1944		
Gesamtkosten	622000	100,0%		622000	100,0%		53450	64804	46920	64804

Investitionssumme

Wirtschaftlichkeit — Liquidität

¹) im 1. Jahr
²) Annahme

7.2 Kapitalkosten

Nur Zinsen (nicht Tilgung) ansetzen. Statt Tilgung wird Abschreibung verrechnet.

7.2.1 Eigenkapitalkosten

Marktüblicher Zinssatz, wie für 1. Hypothek. Nach 2. BV.: Der Teil der Eigenleistung, der 15% der Gesamtkosten ausmacht, darf nur mit 4% Zinsen angesetzt werden.

7.2.2 Fremdkapitalkosten

Maximal marktüblicher Zinssatz (keine Zinsmanipulation). Auch nach planmäßiger Tilgung bleiben die Zinsen bezogen auf die Höhe des Anfangskapitals in der Aufwandsrechnung voll enthalten. Gegebenenfalls Erbbauzinsen oder laufende Gebühren für Landesbürgschaften ansetzen.

7.3 Bewirtschaftungskosten

Die Miete im Wohnungswesen besteht aus den Kostenanteilen gemäß folgendem Bild:

| **Reinertrag** |
| (deckt die Kapitalkosten und Abschreibung |

+

| **Nicht umlagefähige Bewirtschaftungskosten** |
| — Verwaltungskosten
— Instandhaltungskosten
— Mietausfallwagnis
— nicht umlagefähige Betriebskosten |

=

| **Nettokaltmiete** |

+

| **Umlagefähige Bewirtschaftungskosten**
(Betriebskosten nach Anlage 3 zu § 27 der 2. BV) |
| — Laufende öffentliche Lasten des Grundstücks (insbesondere Grundsteuer)
— Wasserversorgung (Verbrauch, Grundgebühr, hauseigene Aufbereitung)
— Entwässerung
— Zentrale Heizungsanlage
— Betrieb der zentralen Brennstoffversorgungsanlage
— Versorgung mit Fernwärme
— Reinigung und Wartung von Etagenheizungen
— Zentrale Warmwasserversorgungsanlage
— Versorgung mit Fernwarmwasser
— Reinigung und Wartung von Warmwassergeräten
— Verbundene Heizungs- und Warmwasserversorgungsanlagen
— Betrieb des maschinellen Personen- und Lastenaufzuges
— Straßenreinigung und Müllabfuhr
— Hausreinigung und Ungezieferbekämpfung
— Gartenpflege
— Beleuchtung gemeinsam benutzter Gebäudeteile
— Schornsteinreinigung
— Sach- und Haftpflichtversicherung
— Hauswart (nicht für Instandhaltung, Schönheitsreparaturen, Hausverwaltung)
— Betrieb der Gemeinschafts-Antennenanlage
— Betrieb der Verteilanlage für Breitbandanschluß, einschl. Grundgebühr
— Betrieb der maschinellen Wascheinrichtung
— Sonstige Betriebskosten (z. B. Gemeinschaftssauna) |

=

| **Rohertrag** |

Bild 5.13 Zusammensetzung Miete

Anlage 3 der WertR 76/96 enthält für Mietwohngrundstücke mit 3 bis 8 Wohnungen als Mittel aller Ortsgrößen und bezogen auf die wirtschaftlichen Verhältnisse der Jahre 1977/78 die folgenden prozentualen Bewirtschaftungskosten.

Tafel 5.58 Durchschnittliche pauschalierte Bewirtschaftungskosten für Verwaltung, Instandhaltung und Mietausfallwagnis in % der Nettokaltmiete

Baujahr	Wohnungsausstattung ohne Bad oder ohne Zentralheizung %	Wohnungsausstattung mit Bad und mit Zentralheizung %
bis 1925	40	33
1926 bis 1948	35	29
1949 bis 1955	31	26
1956 bis 1968	27	22
ab 1969	22	15

Einen weiteren Anhalt über die Höhe der gesamten Bewirtschaftungskosten gibt der nachstehende Auszug aus den alten WertR 76, Anlage 3.

Tafel 5.59 Durchschnittliche Bewirtschaftungskosten (ohne Grundsteuer) in % des Rohertrages

Grundstücksart und Grundstücksgruppe		bis 2	2 bis 5	5 bis 10	10 bis 50	50 bis 100	100 bis 200	200 bis 500	über 500
		In Gemeinden (Tausend Einwohner)							
Einfamilienhäuser	Gruppe A[1]	24	26	29	31	31	31	31	31
	Gruppe B[2]	18	20	22	24	25	25	25	25
	Gruppe C[3]	14	16	18	19	19	19	19	19
Zweifamilienhäuser	Gruppe A	27	29	34	36	36	36	36	36
	Gruppe B	21	23	27	29	30	30	30	30
	Gruppe C	18	20	24	25	25	25	25	25
Mietwohngrundstücke	Gruppe A	28	30	36	39	41	42	43	44
	Gruppe B	21	24	29	31	33	34	35	36
	Gruppe C	21	23	27	29	31	31	31	31
Gemischtgenutzte Grundstücke gewerbl. Anteil bis 40 v.H.	Gruppe A	25	27	33	35	39	40	41	42
	Gruppe B	20	22	26	28	31	32	33	34
	Gruppe C	19	21	26	27	29	29	29	29
gewerbl. Anteil 40 bis 60 v.H.	Gruppe A	21	25	31	31	33	33	33	33
	Gruppe B	18	21	25	25	26	26	26	26
	Gruppe C	17	19	23	23	24	24	24	24
gewerbl. Anteil 60 bis 80 v.H.	Gruppe A	20	23	29	29	31	31	31	31
	Gruppe B	17	20	25	25	26	26	26	26
	Gruppe C	16	18	23	23	24	24	24	24
Geschäftsgrundstücke	Gruppe A	18	21	27	27	29	29	29	29
	Gruppe B	18	21	26	26	27	27	27	27
	Gruppe C	17	18	23	23	24	24	24	24

[1]) Gruppe A = Altbauten, bezugsfertig bis zum 31.3.1924.
[2]) Gruppe B = Neubauten, bezugsfertig vom 1.4.1924 bis zum 20.6.1948.
[3]) Gruppe C = Nachkriegsbauten, bezugsfertig nach dem 20.6.1948.
Die Angaben der 2. BV (s. 7.3.1 bis 7.3.5) kommen dem heutigen Stand der Bewirtschaftungskosten näher als die vorstehenden Angaben.

7.3.1 Abschreibung

deckt die verbrauchsbedingte Wertminderung der Gebäude, Anlagen und Einrichtungen je Jahr der Nutzung. Wird nach der mutmaßlichen Nutzungsdauer errechnet, Abschreibungssätze für wohnungswirtschaftliche Berechnungen (1% der Baukosten der Gebäude) stimmen nicht mit den steuerlichen Sätzen überein (2% oder höher nach § 7 b und § 11 e).

Höhere Abschreibungen für besondere Anlagen und Einrichtungen möglich sind (z.B. Heizung 3%, Gemeinschaftsantenne 9%).

7.3.2 Verwaltungskosten

sind die Kosten der zur Verwaltung des Grundstücks erforderlichen Arbeitskräfte und Einrichtungen, die Kosten der Aufsicht sowie die Prüfungen des Jahresabschlusses oder der Geschäftsführung des Eigentümers.

Die Verwaltungskosten können nach WertR 76/96, je nach den örtlichen Verhältnissen, 3 bis 5% des Rohertrags betragen.

Tafel 5.60   Anhaltswerte für Verwaltungskosten in % des Rohertrages nach [12]

Grundstücksart	Einwohnerzahl der Gemeinde	
	bis etwa 50 000	über 50 000
Einfamilienhäuser, Zweifamilienhäuser	2%	2%
Mietwohngrundstücke, gemischt genutzte Grundstücke	3%	4%
Geschäftsgrundstücke	4%	5%

Tafel 5.61   Jährliche Verwaltungskosten nach der 2. BV (Stand 1.8.96)

bis 420,— DM	je Wohnung, bei Eigenheimen, Kaufeigenheimen und Kleinsiedlungen je Wohngebäude
bis 500,— DM	je Eigentumswohnung, worunter auch Kaufeigentumswohnungen und Wohnungen in der Rechtsform des eigentumsähnlichen Dauerwohnrechts fallen
bis 55,— DM	für Garagen oder ähnliche Einstellplätze

7.3.3 Betriebskosten

sind die Kosten, die durch das Eigentum am Grundstück oder durch den bestimmungsgemäßen Gebrauch des Grundstückes sowie seiner baulichen und sonstigen Anlagen laufend entstehen. Bei der Grundstücksbewertung sind diese nur anzusetzen, soweit sie nicht durch besondere Umlagen neben der Miete erhoben werden.

Die Betriebskosten sind in Anlage 3 zu § 27 der 2. BV aufgelistet; s. Abschn. 7.3.

Baukosten und Finanzierung

Tafel 5.62 Durchschnittliche pauschalierte Betriebskosten in % der Nettokaltmiete (ohne Grundsteuer)
für Mietwohngrundstücke* (untere Zahlen der Tafel)
für gemischt genutzte Grundstücke** (obere Zahlen der Tafel)
nach [15], Quelle: GEWOS Gutachten im Auftrag des BMBau 1981

für Gebäude mit bis zu 8 Wohnungen . . . . A
für Gebäude mit 9 bis 25 Wohnungen . . . . B
für Gebäude mit 26 bis 100 Wohnungen C
für Gebäude mit über 100 Wohnungen . . . . D

Grundstückskategorien		Wohnungsausstattung: ohne Bad, ohne Zentralheizung, ohne Bad oder Zentralheizung					Wohnungsausstattung: mit Bad und Zentralheizung				
		Baujahr des Gebäudes					Baujahr des Gebäudes				
		bis 1925	1925 bis 1948	1949 bis 1955	1956 bis 1968	1969 und später	bis 1925	1925 bis 1948	1949 bis 1955	1956 bis 1968	1969 und später
Ortsgröße bis 10000 Einwohner	A	29* / 30**	31 / 33	29 / 28	25 / 27	23 / 26	27 / 31	29 / 33	27 / 36	24 / 30	22 / 28
	B	27 / 31	29 / 34	27 / 29	24 / 28	22 / 27	25 / 34	27 / 37	25 / 31	22 / 30	20 / 29
	C	29 / 29	32 / 32	29 / 27	27 / 26	24 / 25	29 / 31	31 / 34	29 / 29	26 / 28	23 / 27
	D	33 / 29	36 / 32	33 / 27	30 / 26	27 / 25	31 / 31	34 / 34	31 / 29	28 / 28	26 / 27
Ortsgröße 10000–100000 Einwohner	A	28 / 29	30 / 31	28 / 26	25 / 25	23 / 24	25 / 32	27 / 35	25 / 30	22 / 29	29 / 28
	B	26 / 29	28 / 32	26 / 27	23 / 26	21 / 25	24 / 33	26 / 36	24 / 31	22 / 30	20 / 28
	C	29 / 28	32 / 30	29 / 26	27 / 25	24 / 24	27 / 30	29 / 33	27 / 28	24 / 27	22 / 26
	D	32 / 28	35 / 30	32 / 26	29 / 25	26 / 24	29 / 30	32 / 33	29 / 28	27 / 27	24 / 26
Ortsgröße 100000–500000 Einwohner	A	29 / 30	31 / 33	29 / 28	26 / 27	23 / 26	27 / 33	29 / 36	27 / 31	24 / 30	22 / 28
	B	27 / 31	29 / 34	27 / 29	24 / 28	22 / 26	25 / 34	27 / 37	25 / 31	22 / 30	20 / 29
	C	29 / 29	32 / 32	29 / 27	27 / 26	24 / 25	29 / 31	31 / 34	29 / 29	26 / 28	23 / 27
	D	33 / 29	36 / 32	33 / 27	30 / 26	27 / 25	31 / 31	34 / 34	31 / 29	28 / 28	26 / 27
Ortsgröße über 500000 Einwohner	A	29 / 31	32 / 34	29 / 29	27 / 28	24 / 27	28 / 34	30 / 37	28 / 31	25 / 30	23 / 29
	B	28 / 32	30 / 35	28 / 30	25 / 29	23 / 28	26 / 36	28 / 39	26 / 33	23 / 32	21 / 31
	C	31 / 30	34 / 33	31 / 28	28 / 27	26 / 26	29 / 33	32 / 36	29 / 31	27 / 30	24 / 28
	D	35 / 30	38 / 33	35 / 28	32 / 27	29 / 26	32 / 33	35 / 36	32 / 31	29 / 30	29 / 28

7.3.4 Instandhaltungskosten

sind Kosten, die infolge Abnutzung, Alterung und Witterung zur Erhaltung des bestimmungsgemäßen Gebrauchs der baulichen Anlagen während ihrer Nutzungsdauer aufgewendet werden müssen.

Nach WertR 76/96 können die Instandhaltungskosten für Mietwohngrundstücke (ohne Aufwand der Schönheitsreparaturen) in etwa in % des Rohertrags betragen:

Tafel 5.63

20 bis 25%	Gebäude einfacher Ausstattung (ohne Bad, ohne Heizung), vor 1925 errichtet
15 bis 20%	Gebäude mittlerer und besserer Ausstattung, vor 1925 errichtet
10 bis 15%	Gebäude nach 1925 errichtet

Die Instandhaltungskosten gemäß 2. BV vom 23.7.96 betragen:

bis 21,— DM/m^2	Wohnfläche je Jahr für Wohnungen, die bis zum 31. Dezember 1969 bezugsfertig geworden sind,
bis 16,50 DM/m^2	Wohnfläche je Jahr für Wohnungen, die in der Zeit vom 1. Jan. 1970 bis 31. Dez. 1979 bezugsfertig geworden sind,
bis 13,— DM/m^2	Wohnfläche je Jahr für Wohnungen, die nach dem 31. Dez. 1979 bezugsfertig geworden sind oder bezugsfertig werden;
abzüglich 1,30 DM/m^2,	wenn in der Wohnung ein eingerichtetes Bad oder eine Dusche fehlt;
abzüglich 0,35 DM/m^2,	bei eigenständig gewerblicher Lieferung von Wärme i.S.d. § 1 Abs. 1 Nr. 2 Heizkosten V;
abzüglich 1,90 DM/m^2,	wenn der Mieter die Kosten für kleinere Instandhaltungen in der Wohnung trägt;
zuzüglich 1,85 DM/m^2,	wenn ein maschinell betriebener Aufzug vorhanden ist.

In den Instandhaltungskostenpauschalen sind die Kosten für Schönheitsreparaturen nicht enthalten. Trägt der Vermieter diese Schönheitsreparaturen, erhöhen sich die o.g. Pauschalen um bis 15,50 DM/m^2;

abzüglich 1,35 DM/m^2	wenn die Wohnung überwiegend nicht tapeziert ist;
abzüglich 1,05 DM/m^2	für Wohnungen, die überwiegend ohne Heizkörper;
abzüglich 1,10 DM/m^2	für Wohnungen, die überwiegend ohne Verbund- oder Doppelfenster sind.

Die Instandhaltungskosten, einschließlich Schönheitsreparaturen, für Garagen oder ähnliche Einstellplätze betragen bis 125,— DM je Garagen- oder Einstellplatz im Jahr.

Hiebei ist zu beachten, daß sich die Angaben der 2. BV auf Gebäude beziehen, die nach 1945 errichtet wurden und daß es sich hierbei um Höchstwerte handelt. Ältere Gebäude haben in der Regel einen höheren Instandhaltungsaufwand. Dies kann durch Zuschläge gemäß Tafel 5.64 auf die Sätze der 2. BV erfaßt werden.

Tafel 5.64		**Tafel 5.65**	
15%	vor 1925 errichtete Gebäude	2% des Rohertrages	bei Mietwohn- und gemischt genutzten Grundstücken
10%	zw. 1925 und 1934 errichtete Gebäude		
5%	zw. 1935 und 1945 errichtete Gebäude	4% des Rohertrages	bei Geschäftsgrundstücken

7.3.5 Mietausfallwagnis

Ertragsminderung durch rückständige Mieten oder Leerstehen von Mietwohnraum. Nach WertR 76/96 sind erfahrungsgemäß die Werte nach Tafel 5.65 anzusetzen (entspricht den Höchstsätzen der 2. BV).

7.4 Erträge

7.4.1 Rohertrag

Der Rohertrag umfaßt alle bei ordnungsgemäßer Bewirtschaftung nachhaltig erzielbaren Einnahmen aus dem Grundstück, insbesondere Mieten und Pachten einschließlich Vergütungen.

Beachte:

— Pachten können auch Entgelte für sonstige Leistungen enthalten, die mit der Wirtschaftlichkeit des Grundstücks evtl. nichts zu tun haben.

— Umlagen, die zur Deckung von Betriebskosten (s. 7.3.3) gezahlt werden, sind nicht zu berücksichtigen.

Bei der Ermittlung von Grundstückswerten nach dem Ertragswertverfahren sind die nachhaltig erzielbaren ortsüblichen Erträge zugrundezulegen, wenn diese von den tatsächlichen Erträgen abweichen. Für leerstehende, eigengenutzte oder aus persönlichen Gründen billiger vermietete Räume ist dann ebenfalls die ortsübliche nachhaltig erzielbare Miete anzusetzen.

7.4.2 Reinertrag

Reinertrag ist der um die Bewirtschaftungskosten (s. 7.3) verminderte Rohertrag. Beträge für Umlagen, die in den Bewirtschaftungskosten nicht enthalten sind, sind dann auch beim Rohertrag nicht mitzuzählen.

7.4.3 Kostenmiete

im öffentlich geförderten Wohnungsbau. Sie ergibt sich aus dem Grundsatz:
Aufwand = Ertrag, also ist die

$$\text{Kostenmiete} = \frac{\text{Aufwendungen je Jahr}}{12 \cdot \text{m}^2 \text{ Wohnfläche}} = \text{DM/m}^2 \text{ und Monat.}$$

7.5 Baunutzungskosten nach DIN 18960-1 (04.76)

DIN 18960 „Baunutzungskosten von Hochbauten" gibt eine von 7.2 und 7.3 etwas abweichende Kostengliederung als Grundlage zur Prüfung der Wirtschaftlichkeit von Hochbauten an:

1. Kapitalkosten
2. Abschreibung
3. Verwaltungskosten
4. Steuern
5. Betriebskosten
   5.1 Gebäudereinigung
   5.2 Abwasser und Wasser
   5.3 Wärme und Kälte
   5.4 Strom
   5.5 Bedienung
   5.6 Wartung und Inspektion
   5.7 Verkehrs- und Grünflächen
   5.8 Sonstiges
6. Bauunterhaltungskosten

8 Wertermittlung von Grundstücken mit vorhandenen Gebäuden

8.1 Rechtsgrundlage

§ 199 des Baugesetzbuches ermächtigt die Bundesregierung, Rechtsverordnungen zu erlassen, damit Gutachterausschüsse gleiche Grundsätze bei der Ermittlung der Verkehrswerte anwenden. Es entstanden:

— ,,Verordnung über Grundsätze für die Ermittlung der Verkehrswerte von Grundstücken'' (Wertermittlungsverordnung — Wert V), Fassung vom 6.12.88 anzuwenden bei Ermittlung von Grundstückswerten durch amtliche und private Stellen

— Richtlinien für die Ermittlung des Verkehrswertes von Grundstücken (Wertermittlungs-Richtlinien — Wert R 76/96), Fassung 1.8.96. (Ist nicht allgemeinverbindlich, dient als Grundlage für behördliche Wertermittlungen.)

Wertermittlungsverfahren

— Vergleichswertverfahren (vor allem für Bodenwert) }
— Ertragswertverfahren   daraus Verkehrswert
— Sachwertverfahren

Zur Definition des Verkehrswertes s. Abschnitt 5.1.

8.2 Vergleichswertverfahren

Es sind Vergleichsgrundstücke in ausreichender Zahl hinzuzuziehen, die übereinstimmen in: Lage, baulicher Nutzung, Bodenbeschaffenheit, Größe, Gestalt, Erschließung, Bauzustand, Alter.

Durchschnittliche Lagewerte: aus Richtwertsammlungen bei den Gutachterausschüssen der Gemeinden (s. Abschnitt 5).

Verkehrswert ergibt sich aus dem bekannten Wert der Vergleichsgrundstücke.

8.3 Sachwertverfahren

Schema für die Ermittlung (Erläuterungen s. Abschn. 5.1)

(1) Herstellungswert des Gebäudes 1913:
m^3 Rauminhalt $\times$ DM/m^3 = ... DM
Baunebenkosten   + ... DM
                              .... DM

(2) Technische Wertminderung wegen Alters ./. .... DM

(3) Restwert des Gebäudes 1913 = (1)./.(2) = ... DM
(4) Zeitwert am Bewertungsstichtag =
   (3) $\times$ Baupreisindex = ... DM
(5) Sonstige wertbeeinflussende Umstände
   (z.B. Bauschäden) = +/− .... DM

(6) Bauwert am Stichtag = ... DM
(7) Zeitwert der Außenanlagen + ... DM
(8) Bodenwert einschl. Erschließung + ... DM

   Sachwert des Grundstückes = ... DM

Baukosten und Finanzierung

Zu (1): Rauminhalt s. 1.4, Normalherstellkosten s. 2.2, Baunebenkosten s. 2.7
Zu (2): Die Technische Wertminderung (%) in Abhängigkeit vom Lebensalter und von der voraussichtlichen Nutzungsdauer des Gebäudes wird in den Wert R 76/96 (= Abschreibung nach Roß) wie folgt angegeben:

Tafel 5.66

Alter Jahre	\multicolumn{8}{c}{Nutzungsdauer in Jahren}								Alter Jahre	\multicolumn{3}{c}{Nutzungsdauer in Jahren}		
	10	20	30	40	50	60	80	100		60	80	100
1	5,5	2,6	1,7	1,3	1,0	0,8	0,6	0,5	51	78,6	52,2	38,5
2	12,0	5,5	3,6	2,6	2,1	1,7	1,3	1,0	52	80,9	53,6	39,5
3	19,5	8,6	5,5	4,0	3,2	2,6	1,9	1,5	53	83,2	55,1	40,5
4	28,0	12,0	7,6	5,5	4,3	3,6	2,6	2,1	54	85,5	56,5	41,6
5	37,5	15,6	9,7	7,0	5,5	4,5	3,3	2,6	55	87,8	58,0	42,6
6	48,0	19,5	12,0	8,6	6,7	5,5	4,0	3,2	56	90,2	59,5	43,7
7	59,5	23,6	14,4	10,3	8,0	6,5	4,8	3,7	57	92,6	61,0	44,7
8	72,0	28,0	16,9	12,0	9,3	7,6	5,5	4,3	58	95,1	62,5	45,8
9	85,5	32,6	19,5	13,8	10,6	8,6	6,3	4,9	59	97,5	64,1	46,9
10	100,0	37,5	22,2	15,6	12,0	9,7	7,0	5,5	60	100,0	65,6	48,0
11		42,6	25,1	17,5	13,4	10,8	7,8	6,1	61		67,2	49,1
12		48,0	28,0	19,5	14,9	12,0	8,6	6,7	62		68,8	50,2
13		53,6	31,1	21,5	16,4	13,2	9,4	7,3	63		70,4	51,3
14		59,5	34,2	23,6	17,9	14,4	10,3	8,0	64		72,0	52,5
15		65,6	37,5	25,8	19,5	15,6	11,1	8,6	65		73,6	53,6
16		72,0	40,9	28,0	21,1	16,9	12,0	9,3	66		75,3	54,8
17		78,6	44,4	30,3	22,8	18,2	12,9	9,9	67		76,9	55,9
18		85,5	48,0	32,6	24,5	19,5	13,8	10,6	68		78,6	57,1
19		92,6	51,7	35,0	26,2	20,8	14,7	11,3	69		80,3	58,3
20		100,0	55,6	37,5	28,0	22,2	15,6	12,0	70		82,0	59,5
21			59,5	40,0	29,8	23,6	16,6	12,7	71		83,8	60,7
22			63,6	42,6	31,7	25,1	17,5	13,4	72		85,5	61,9
23			67,7	45,3	33,6	26,5	18,5	14,1	73		87,3	63,1
24			72,0	48,0	35,5	28,0	19,5	14,9	74		89,0	64,4
25			76,4	50,8	37,5	29,5	20,5	15,6	75		90,8	65,6
26			80,9	53,6	39,5	31,1	21,5	16,4	76		92,6	66,9
27			85,5	56,5	41,6	32,6	22,6	17,1	77		94,4	68,1
28			90,2	59,5	43,7	34,2	23,6	17,9	78		96,3	69,4
29			95,1	62,5	45,8	35,8	24,7	18,7	79		98,1	70,7
30			100,0	65,6	48,0	37,5	25,8	19,5	80		100,0	72,0
31				68,8	50,2	39,2	26,9	20,3	81			73,3
32				72,0	52,5	40,9	28,0	21,1	82			74,6
33				75,3	54,8	42,6	29,1	21,9	83			75,9
34				78,6	57,1	44,4	30,3	22,8	84			77,3
35				82,0	59,5	46,2	31,4	23,6	85			78,6
36				85,5	61,9	48,0	32,6	24,5	86			80,0
37				89,0	64,4	49,8	33,8	25,3	87			81,3
38				92,6	66,9	51,7	35,0	26,2	88			82,7
39				96,3	69,4	53,6	36,3	27,1	89			84,1
40				100,0	72,0	55,6	37,5	28,0	90			85,5
41					74,6	57,5	38,8	28,9	91			86,9
42					77,3	59,5	40,0	29,8	92			88,3
43					80,0	61,5	41,3	30,7	93			89,7
44					82,7	63,6	42,6	31,7	94			91,2
45					85,5	65,6	43,9	32,6	95			92,6
46					88,3	67,7	45,3	33,6	96			94,1
47					91,2	69,8	46,6	34,5	97			95,5
48					94,1	72,0	48,0	35,5	98			97,0
49					97,0	74,2	49,4	36,5	99			98,5
50					100,0	76,4	50,8	37,5	100			100,0

Zu (2): (1) multipliziert mit dem Prozentsatz der vorstehenden Tabelle
Zu (4): Baupreisindex s. 2.1.
Zu (5): Minderung bei unterdurchschnittlich schlechtem Unterhaltungszustand, erforderlichen Reparaturen usw.
Erhöhung bei vorhandenen Erneuerungen, ausgeführten Sanierungen usw.
Zu (7): Außenanlagen können getrennt nach dem gleichen Schema der Zeilen (1) bis (6) ermittelt werden.
Zu (8): i.d.R. aus Vergleichswerten, s. 8.2.

8.4 Ertragswertverfahren

Schema für die Ermittlung

(1)	Jährlicher Rohertrag	.... DM
	Jährliche Bewirtschaftungskosten:	
	Betriebskosten .... DM	
	Instandhaltungskosten .... DM	
	Verwaltungskosten .... DM	
	Mietausfallwagnis .... DM	
(2)	Bewirtschaftungskosten insgesamt →	./. .... DM
(3)	Jährlicher Reinertrag	= .... DM
(4)	Reinertragsanteil des Bodens	./. .... DM
(5)	Reinertragsanteil des Gebäudes	= .... DM
(6)	Gebäudeertragswert = (5) × Vervielfältiger	= .... DM
(7)	Sonstige wertbeeinflussende Umstände	+/– .... DM
(8)	Bodenwert	+ .... DM
	Ertragswert des Grundstückes	= .... DM

zu (1): Jährlicher Rohertrag = alle nachhaltig erzielbaren Einnahmen (insbesondere Mieten und Pachten). Eigengenutzte oder ungenutzte Teile mit üblicherweise erzielbaren Einnahmen ansetzen.

zu (2): Bewirtschaftungskosten (s. 7.3)

zu (4): Reinertragsanteil des Bodens ist der Verzinsungsbetrag des Bodenwertes, also Bodenwert × Zinssatz.
Bodenwert ergibt sich aus Vergleichswerten einschl. Erschließung (s. 5).
Der Zinssatz ist der gleiche wie bei (6) $= z_S$.

zu (6): Der Reinertragsanteil des Gebäudes wird mit einem Vervielfältiger (V) kapitalisiert.

Gedankliche Annahme:

Zurückgelegte Beträge für Verzinsung und Abschreibung (r) einschließlich deren Verzinsung (q) sollen nach Ablauf der Nutzungsdauer (n) des Objektes die gleiche Höhe (Kn) erreichen, wie der investierte Kapitalwert (Ko), wenn dieser auf Zinseszins (q) angelegt würde.

(1) $Kn = Ko \cdot q^n =$ Endkapital = Anfangskapital mit Zinseszins angelegt

(2) $Kn = r \cdot (q^n - 1)/(q - 1)$ (Endwert einer nachschüssigen Rente, s. S. 11)

(1) = (2); $Ko \cdot q^n = r \cdot (q^n - 1)/(q - 1)$

$Ko = r \cdot (q^n - 1)/q^n (q - 1)$

$Ko = r \cdot V$; $V = (q^n - 1)/q^n (q - 1)$

n = Restnutzungsdauer des Gebäudes = Technische Lebensdauer ./. Alter
Technische Lebensdauer s. Tafel 5.17; weitere Angaben s. Anlage zu Wert V

q = Zinsfaktor: hier für $z_H = z_S = z =$ Liegenschaftszins

z_H = Habenzins, wird auch Abschreibungszins genannt. Der Habenzins ist von untergeordnetem Einfluß, in den Wert V wird deshalb $z_H = z_S$ gesetzt.

z_S = Sollzinssatz für die Verzinsung des jeweiligen Gebäudezeitwertes.

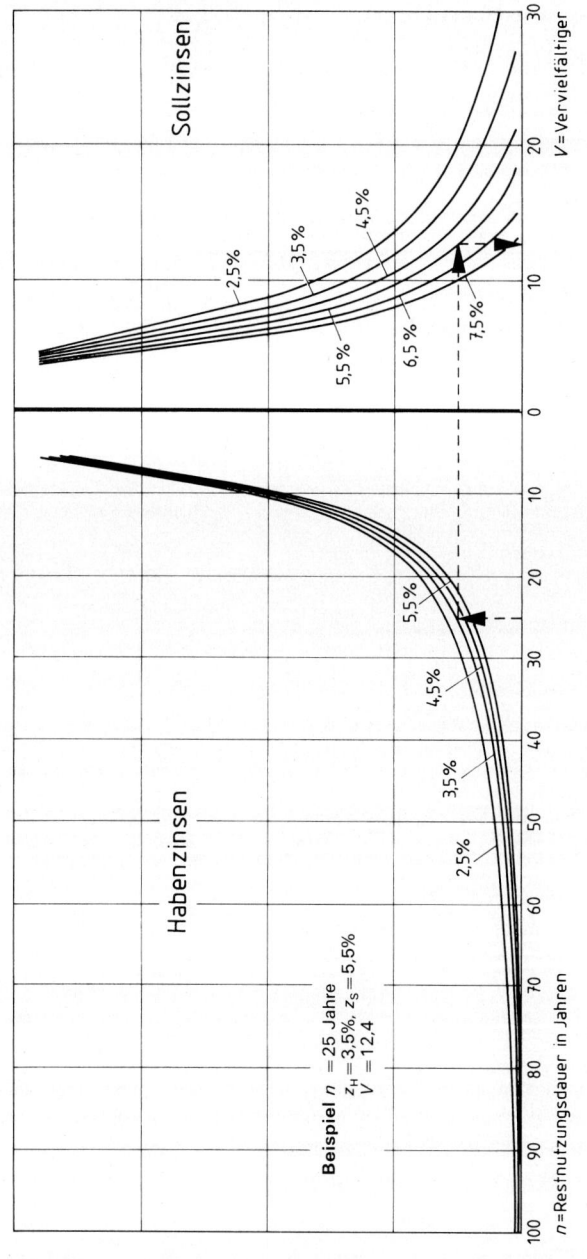

Bild 5.12 Vervielfältiger V für alle praktisch interessierenden Habenzinsen Z_H und Sollzinsen Z_S

Wertermittlung von Grundstücken mit vorhandenen Gebäuden

Ableitung des Liegenschaftszinses am Beispiel:

+ Eigenkapitalverzinsung bei 25% Anteil, 10% Rendite	2,50%
+ Fremdmittelverzinsung bei 75% Anteil, 8% Zinsen	6,00%
+ relative Wertminderung wegen Alters	2,00%
+ relative Ertragsminderung wegen Alters	1,00%
	11,50%
− absolute Ertragssteigerung wegen Inflation	−3,00%
− absolute Werterhöhung wegen Inflation	−2,50%
− Eigenkapitalzuwachs durch Tilgung der Fremdmittel	−1,00%
Liegenschaftszins	5,00%

5

Tafel 5.67   Liegenschaftszinssätze z in % im Ertragswertverfahren

Gebäudeart	WertR 76/96	Kleiber [15]	Brachmann [6]	Gerardy [5]
Einfamilienhäuser		2,0 bis 3,0	2,5 bis 3,5	
Zweifamilienhäuser		3,5		
Miethäuser sozialer Wohnungsbau			2,5 bis 3,5	
Mietwohnhäuser	5,0	4,0 bis 5,0	4,0 bis 4,5	3,5 bis 4,5
Eigentumswohnungen		3,5		
gemischt genutzte Grundstücke			5,0 bis 5,5	
<50% gewerblicher Anteil am Rohertrag	5,5	4,5 bis 5,0		5,0
>50% gewerblicher Anteil am Rohertrag	6,0	5,0 bis 5,5		5,5
Geschäftsgrundstücke außerhalb Citylagen Citylage in Großstädten	6,5 6,5 8,0	5,5 bis 6,5	5,5 bis 6,5	6,0
Einkaufszentren, Warenhäuser		6,5 bis 7,5	6,0 bis 6,5	
Industriegrundstücke		6,5 bis 9,0	6,0 bis 7,0	

Die vorstehenden, der Literatur entnommenen Liegenschaftszinsen sind nur Anhaltswerte. Die Gutachterausschüsse der Gemeinden versuchen aus den Kaufpreissammlungen über abgeschlossene Grundstückkäufe für die jeweilige Örtlichkeit eigene Liegenschaftszinssätze zu errechnen, etwa nach der Formel: Liegenschaftszinssatz = Reinertrag/Verkehrswert.

Hinweise:

− Je kleiner der Liegenschaftszins gewählt wird, desto größer wird der Ertragswert.

− In ländlichen Gebieten ist der Liegenschaftszins höher als in Städten.

− Mit zunehmender Restnutzungsdauer erhöht sich der Liegenschaftszins.

− In besonder guten Lagen und geringem wirtschaftlichen Nutzungsrisiko kann der Liegenschaftszins um bis zu 1% gemindert werden.

− In besonders schlechten Lagen und bei höherem wirtschaftlichen Nutzungsrisiko kann der Liegenschaftszins um bis zu 1% erhöht werden.

Baukosten und Finanzierung

Tafel 5.68 Auszug aus Vervielfältigertabelle (Anlage 1 der Wert V 1988)

Die Anlage 1 der Wert V geht von gleichen Sätzen für Soll- und Habenzinsen aus, also $z_H = z_S = z$.

Restnutzungs-dauer (Jahre)	V bei einem Liegenschaftszins z in %								
	3	3,5	4	4,5	5	5,5	6	6,5	7
1	0,97	0,97	0,96	0,96	0,95	0,95	0,94	0,94	0,93
5	4,58	4,52	4,45	4,39	4,33	4,27	4,21	4,16	4,10
10	8,53	8,32	8,11	7,91	7,72	7,54	7,36	7,19	7,02
15	11,94	11,52	11,12	10,74	10,38	10,04	9,71	9,40	9,11
20	14,88	14,21	13,59	13,01	12,46	11,95	11,47	11,02	10,59
25	17,41	16,48	15,62	14,83	14,09	13,41	12,78	12,20	11,65
30	19,60	18,39	17,29	16,29	15,37	14,53	13,76	13,06	12,41
35	21,49	20,00	18,66	17,46	16,37	15,39	14,50	13,69	12,95
40	23,11	21,36	19,79	18,40	17,16	16,05	15,05	14,15	13,33
45	24,52	22,50	20,72	19,16	17,77	16,55	15,46	14,48	13,61
50	25,73	23,46	21,48	19,76	18,26	16,93	15,76	14,72	13,80
55	26,77	24,26	22,11	20,25	18,63	17,23	15,99	14,90	13,94
60	27,68	24,94	22,62	20,64	18,93	17,45	16,16	15,03	14,04
65	28,45	25,52	23,05	20,95	19,16	17,62	16,29	15,13	14,11
70	29,12	26,00	23,39	21,20	19,34	17,75	16,38	15,20	14,16
75	29,70	26,41	23,68	21,40	19,48	17,85	16,46	15,25	14,20
80	30,20	26,75	23,92	21,57	19,60	17,93	16,51	15,28	14,22
85	30,63	27,04	24,11	21,70	19,68	17,99	16,55	15,31	14,24
90	31,00	27,28	24,27	21,80	19,75	18,03	16,58	15,33	14,25
95	31,32	27,48	24,40	21,88	19,81	18,07	16,60	15,35	14,26
100	31,60	27,66	24,50	21,95	19,85	18,10	16,62	15,36	14,27

Mietwerte bei gewerblichen Gebäuden nach [3]

Grobe Anhaltswerte. Besonderheiten der Gebäude sind zusätzlich zu berücksichtigen:
— Altbau oder Neubau
— großflächige Gebäude (über 10000 m²)
— normale Größe der Nutzflächen (1000 bis 10000 m²).

Tafel 5.69 Nutzungswerte gewerblicher Gebäude

	(1990) monatl. DM/m²
Produktionsflächen in Hallen	
Neubauten	5,00 bis 8,00
Altbauten	3,00 bis 5,00
Produktionsflächen in Werkstätten	
Neubauten	6,00 bis 10,00
Altbauten	4,00 bis 8,00
Produktionsflächen in Obergeschossen	
Neubauten	3,00 bis 4,50
Altbauten	2,00 bis 3,50
Arbeits- und Lagerflächen	3,00 bis 6,00
Büro- und Laborflächen	8,00 bis 14,00
Sozialräume (Aufenthalts-, Wasch- und Umkleideräume)	5,00 bis 9,00
Lager- und Nebenflächen	2,50 bis 5,00
Funktionsflächen (Kesselhaus, Energiezentralen usw.)	2,50 bis 3,50
Lagerflächen im Keller	1,50 bis 3,00
Freilagerplätze und Parkplätze	1,00 bis 2,00

Bei Neubau-Erstnutzung und in Ballungsgebieten sind die Mietwerte bis zu 40 bis 50% höher anzusetzen.

8.5 Verkehrswert

Sachwert und Ertragswert weichen oft erheblich voneinander ab; sie ergeben nicht ohne weiteres den Verkehrswert.

Sachwert und Ertragswert müssen der Marktlage angepaßt werden. Oft wird der Verkehrswert als Mittel zwischen Sach- und Ertragswert errechnet.

Bei Eigenheimen, Repräsentationsgebäuden u.ä. wird der Verkehrswert näher beim Sachwert liegen.

Bei Renditeobjekten wird der Verkehrswert näher beim Ertragswert liegen.

Überschlägige Ermittlung des Verkehrswertes

Für Mietwohnhäuser in Großstädten errechnen Immobilienmakler den Verkehrswert des Grundstückes (einschl. Gebäude) grob überschläglich aus dem Jahresrohertrag:

Tafel 5.70   Verkehrswert für Mietwohnhäuser

Art des Gebäudes	Verkehrswert
Sozialer Wohnungsbau	7- bis 9facher Jahresrohertrag
einfache Altbauten	8- bis 9facher Jahresrohertrag
gute Altbauten	9- bis 11facher Jahresrohertrag
Neubauten	12- bis 15facher Jahresrohertrag
sehr gute Objekte	14- bis 18facher Jahresrohertrag
gewerblich genutzte Objekte	10- bis 12facher Jahresrohertrag

Verkehrswert und Einheitswert

Die Finanzbehörden ermitteln nach dem Bewertungsgesetz den Einheitswert von Grundstücken zu steuerlichen Zwecken nach eigenen Regeln.

Dieser Einheitswert wird i.d.R. nicht mit dem Verkehrswert im Sinne des Baugesetzbuches übereinstimmen. *Vogels* zitiert in [48] das Handelsblatt vom 27.4.88; demzufolge hat eine Erhebung der Länderfinanzminister folgendes ergeben:

Tafel 5.71   Mittlerer prozentualer Anteil des Einheitswertes am Verkehrswert

Grundstücksart	Sachwertverfahren	Ertragswertverfahren
Geschäftsgrundstücke	30%	25%
Einfamilienhausgrundstücke	30%	16%
Mietwohnhausgrundstücke	18%	
unbebaute Grundstücke	14%	
landwirtschaftliche Grundstücke	5%	
forstwirtschaftliche Grundstücke	1%	

9 Bauunterhaltungskosten

Grundlage für die folgenden Angaben ist die Studie „Baustoffe und Bauunterhaltungsaufwand" des Instituts für Bauforschung Hannover.

Tafel 5.72   Anfallende Bauunterhaltungskosten

Bauwerksteile (Bauleistungen) Bauteil-Erstkosten jeweils 100%	Bauunterhaltungskosten innerhalb von 80 Jahren in % der jeweiligen Kosten der Bauwerksteile (Bauteil-Erstkosten)
Mauerwerk, Beton und Stahlbeton	10
Betonwerkstein und Naturstein	20
Fliesen	20
Innenputz	32
Außenwandverkleidung	32
Stahlbauteile	48
Holzwerk	48
Türen	80
Estrich und Bodenbelag	100
Außenputz	130
Verglasung	144
Elektr. Installation, Antennen und Blitzschutz	160
Dacheindeckung	176
Fenster	200
Heizung und Lüftung	200
Dachentwässerung und Blechabdeckung	240
Aufzüge	260
Sanitäre Installation	265
Anstriche	600

Tafel 5.73   Bauunterhaltungskosten von Wohngebäuden im Laufe einer 80jährigen Nutzungsdauer im Verhältnis zu den Erstellungskosten des Bauwerkes

Bauleistungs- gruppen[3])	Einfamilienhäuser 1- bis 2geschossig		Mehrfamilienhäuser 2- bis 4geschossig		Mehrfamilienhäuser 5- bis 9geschossig mit Aufzug	
	BAK[1])	BUK[2])	BAK[1])	BUK[2])	BAK[1])	BUK[2])
Rohbau	49,8	26,9	44,9	16,9	44,6	13,9
Ausbau	31,3	58,2	32,6	66,0	30,5	51,2
Haustechnik	16,8	42,9	18,0	50,5	20,2	57,8
Sonstiges	2,1	5,1	4,5	7,1	4,7	7,3
Summe in %	100,0	133,6	100,0	140,5	100,0	130,2

[1]) BAK = Baukostenanteile in % der Kosten des Bauwerkes
[2]) BUK = Bauunterhaltungskostenanteil nach 80 Jahren in % der Kosten des Bauwerkes

[3])
Rohbau	**Ausbau**	**Haustechnik**	**Sonstiges**

− Erdarbeiten
− Mauerwerk
− Beton und Stahlbeton
− Werk- und Naturstein
− Stahlbauteile
− Holzwerk
− Dacheindeckung
− Dachentwässerung
− Außenwandverkleidung
	− Fenster
	− Verglasung
	− Türen
	− Innenputz
	− Fliesen
	− Estrich und
	  Bodenbelag
	− Anstrich
		− Heizung und
		  Lüftung
		− Sanitäre Installa-
		  tion
		− Elektr. Installation
		− Antennen und
		  Blitzschutz
		− Aufzüge
			− Küchen-
			  einbauten u.a.

Leistungsbeschreibung und Bauvertrag

Bearbeitet von Prof. Dipl.-Ing. Manfred Hoffmann / Europäische Richtlinien und deutsches Vergaberecht bearbeitet von Dipl.-Ing. Helmut Zeller

Inhalt

6

1 Vergaberecht

1.1 Grundsätzliches

Der Bauvertrag (BV) regelt die Rechtsbeziehungen zwischen (1) und (2)

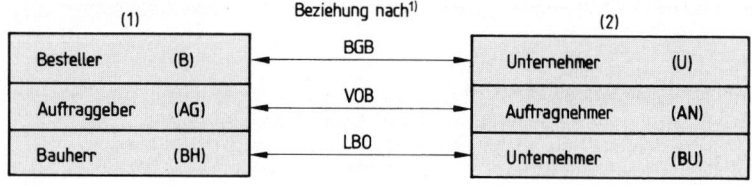

Bild 6.1 Rechtsbeziehungen im Bauvertrag

Grundsätzlich herrscht Vertragsfreiheit (Jeder kann mit jedem einen Vertrag jeden Inhalts abschließen, solange dieser Vertrag in Inhalt und Form nicht gegen Gesetze verstößt).

„Zur Begründung eines Schuldverhältnisses[2]) ... ist ein Vertrag[3]) zwischen den Beteiligten erforderlich." (BGB § 305)

Schriftform des BV erleichtert die Beweisführung im Streitfalle.

Wenn keine abweichenden Vereinbarungen getroffen wurden, gilt das Werkvertragsrecht des BGB (§§ 631 bis 650).

Es empfiehlt sich, grundsätzlich die Bedingungen der VOB/B und VOB/C zur Vertragsgrundlage zu machen.

1.2 VOB-Vertrag

Ein VOB-Vertrag kommt im allgemeinen folgendermaßen zustande:

(1) Ausschreibung durch den AG nach VOB/A mit folgenden

Vergabeunterlagen (VOB/A § 10 Nr. 1 (1)):

– **Anschreiben** (Aufforderung zur Angebotsabgabe)
– ggf. mit Bewerbungsbedingungen
– **Verdingungsunterlagen**

(2) Die Verdingungsunterlagen werden durch Preiseintragungen und Unterschrift des AN zum **Angebot.**

(3) Durch Annahme des unveränderten Angebots (Zuschlag) durch den AG wird das Angebot des AN zum **Bauvertrag.**

Ergeben sich Änderungen bzw. Ergänzungen am Angebot des AN, dann ist darüber zwischen AG und AN Einvernehmen herzustellen. In der Regel hält der AG in seinem **Auftragsschreiben** solche Änderungen gegenüber dem Angebot fest und fordert den AN auf, innerhalb bestimmter Frist (evtl. durch Unterschrift auf der Zweitschrift des Auftragsschreibens) sein Einverständnis zu erklären.

---

[1]) BGB = Bürgerliches Gesetzbuch; VOB = Verdingungsordnung für Bauleistungen; LBO = Landesbauordnung.
[2]) z.B. U schuldet Bauleistung, B schuldet Bezahlung.
[3]) Vertrag kann auch mündlich oder durch Duldung einer Erfüllung zustande kommen.

1.3 Vergabeunterlagen

1.3.1 Anschreiben (Aufforderung zur Angebotsabgabe)

Nachfolgend wird beispielhaft die Aufforderung zur Angebotsabgabe gemäß Vergabehandbuch der Straßenbauverwaltungen des Bundes und der Länder wiedergegeben, aus der die Inhalte eines solchen Anschreibens hervorgehen. Sinngemäß wird auch der private Bauherr verfahren.

HVA-StB-Aufforderung 1 (03/93)

Baudienststelle	A-Stadt	17.06.1992
Straßenbauamt A-Stadt	(Ort)	(Datum)
Bergstraße 3		
4711 A-Stadt	Az./Nr. 027/92	

An

Bauunternehmung
Ypsilon
Talweg 17

5150 X-Stadt

☐ Öffentliche Ausschreibung *)
☐ Beschränkte Ausschreibung *)
☐ Freihändige Vergabe *)

☒ Offenes Verfahren *)
☐ Nichtoffenes Verfahren *)
☐ Verhandlungsverfahren *)

Bek. im EG-Amtsblatt vom 10.06.92 / S 153 **)

Eröffnungs-/Einreichungstermin

Datum	Uhrzeit
23.Juli 1992	11.00

Aufforderung zur Angebotsabgabe

Bezeichnung der Bauleistung

B 75, Ortsumgehung B-Dorf, Neubau von Bau-km 3,5 bis 7,8,
Straßen- und Brückenbauarbeiten

Inhalt dieser **Heftung „Angebotsaufforderung"** (bleibt beim Bieter)
  – Aufforderung zur Angebotsabgabe
  – Vordruck „StB-Bewerbungsbedingungen/E"
  – Angebotsschreiben
  – Vordruck „StB-Nachunternehmer" ***)
  – Vordruck „StB-Arbeitsgemeinschaft" ***)
  – Besondere Vertragsbedingungen
  – Leistungsbeschreibung
  –

Anlage: **Heftung „Angebot"** (dem Auftraggeber einzureichen)
  Inhalt: – Angebotsschreiben
       – Vordruck „StB-Nachunternehmer" ***)
       – Vordruck „StB-Arbeitsgemeinschaft" ***)
       – Leistungsbeschreibung - Kurzfassung -
       –
       –

*) Zutreffendes ankreuzen
**) Angaben nur für Offenes Verfahren bzw. Verhandlungsverfahren
***) Ggf. streichen

HVA-StB-Aufforderung 2 (10/95)

1 Es ist beabsichtigt, die oben genannte Leistung im Namen und für Rechnung (Auftraggeber)
der Bundesrepublik Deutschland - Bundesstraßenverwaltung -

.... zu vergeben.

2 Auskünfte/Einsicht in nicht beigefügte Unterlagen bei (Ansprechpartner, Ort, Telefon-Nr. usw.):
Bauamtsrat Müller, Straßenbauamt A-Stadt,

Tel. 02431/72365 oder 721

3 Falls Sie bereit sind, die Leistung auszuführen, werden Sie gebeten, die anliegende
Heftung „Angebot" ausgefüllt mit rechtsverbindlich unterschriebenem Angebotsschreiben in verschlossenem Umschlag bis zum vorgenannten Termin an die Baudienststelle (siehe Briefkopf) *)

an ‾‾‾ ....*)

einzusenden oder dort abzugeben (Zimmer ....127........).

Der Umschlag ist außen mit Ihrem Namen (Firma), Ihrer Anschrift und der Angabe
„Angebot für B 75, Ortsumgehung B-Dorf .... " zu bezeichnen.

4 Ort des Eröffnungstermins (Anschrift, Zimmer-Nr.):
Straßenbauamt A-Stadt, Bergstraße 3, 4711 A-Stadt,

Zimmer-Nr. 128

5 Die anliegenden Bewerbungsbedingungen sind zu beachten.

6 Falls Sie nicht die Absicht haben, ein Angebot abzugeben, werden Sie gebeten, die
Baudienststelle davon umgehend zu unterrichten (entfällt bei Öffentlicher
Ausschreibung bzw. beim Offenen Verfahren).

7 Stelle, an die sich der Bewerber oder Bieter zur Nachprüfung behaupteter Verstöße
gegen die Vergabebestimmungen wenden kann:
Landesamt für Straßenbau, Ringstraße 11, 4500 C-Stadt

8 Maßgebende Kriterien für die Angebotswertung und Auftragserteilung:
– Annehmbarstes Angebot unter Berücksichtigung aller technischen und wirt-
schaftlichen Gesichtspunkte.
– Bei Nebenangeboten/Änderungsvorschlägen zusätzlich mindestens Gleichwer-
tigkeit mit der geforderten Leistung.
– Weitere Kriterien: ‾‾‾

9 Der Bieter hat zum Nachweis seiner Zuverlässigkeit auf Verlangen – bei Beschränkten
Ausschreibungen und Freihändigen Vergaben mit Abgabe seines Angebotes – einen
Auszug aus dem Gewerbezentralregister nach § 150 Abs. 1 Gewerbeordnung vorzulegen. Der Auszug darf nicht älter als drei Monate sein. Ausländische Bieter haben eine
gleichwertige Bescheinigung ihres Herkunftslandes vorzulegen. Ein Angebot kann von
der Wertung ausgeschlossen werden, wenn der Auszug nicht rechtzeitig vorgelegt wird.

10 ‾‾‾

gez. Schneider
(Baudirektor)

---

*) Nichtzutreffendes streichen

1.3.2 Bewerbungsbedingungen

Als Beispiel für Bewerbungsbedingungen wird nachstehend die einheitliche Fassung von 1995 der Bauverwaltungen des Bundes und der Länder wiedergegeben. Der private Bauherr kann diese sehr ausführlichen Bewerbungsbedingungen als Checkliste benutzen, um daraus die Bedingungen, die für sein konkretes Bauvorhaben gelten sollen, auszuwählen.

Der Auftraggeber verfährt nach der „Verdingungsordnung für Bauleistungen", Teil A Allgemeine Bestimmungen für die Vergabe von Bauleistungen (VOB/A). Die VOB/A wird nicht Vertragsbestandteil; ein Rechtsanspruch des Bieters auf die Anwendung besteht nicht.

1 Mitteilung von Unklarheiten in den Vergabeunterlagen

Enthalten die Vergabeunterlagen nach Auffassung des Bieters Unklarheiten, so hat der Bieter unverzüglich den Auftraggeber vor Angebotsabgabe schriftlich, fernschriftlich oder telegrafisch darauf hinzuweisen.

2 Unzulässige Wettbewerbsbeschränkungen

Angebote von Bietern, die sich im Zusammenhang mit diesem Vergabeverfahren an einer unzulässigen Wettbewerbsbeschränkung beteiligen, werden ausgeschlossen.

3 Angebot

3.1 Für das Angebot sind die vom Auftraggeber übersandten Vordrucke zu verwenden. Die Verwendung selbstgefertigter Vervielfältigungen, Abschriften und Kurzfassungen ist — ausgenommen beim Leistungsverzeichnis (vgl. Nr. 3.2) — unzulässig.

3.2 Anstelle der vom Auftraggeber übersandten Leistungsverzeichnisses können selbstgefertigte Abschriften oder Kurzfassungen verwendet werden, wenn der Bieter das vom Auftraggeber verfaßte Leistungsverzeichnis als allein verbindlich anerkennt. Kurzfassungen müssen die Ordnungszahlen (Positionen) des vom Auftraggeber übersandten Leistungsverzeichnisses vollzählig, in der gleichen Reihenfolge und mit den gleichen Nummern enthalten, sie müssen für jede Teilleistung nacheinander die Ordnungszahl, die Menge, die Einheit, den Einheitspreis und den Gesamtbetrag, darüber hinaus den jeweiligen Kurztext sowie die dem Leistungsverzeichnis entsprechenden Zwischensummen der Leistungsabschnitte, die Angebotssumme und alle vom Auftraggeber geforderten Textergänzungen enthalten. Angebote, die diesen Bedingungen nicht entsprechen, können ausgeschlossen werden.

Die Kurzfassung ist zusammen mit dem vom Auftraggeber übersandten Leistungsverzeichnis Bestandteil des Angebots. Der Bieter ist verpflichtet, auf Anforderung des Auftraggebers vor Auftragserteilung ein vollständig ausgefülltes Leistungsverzeichnis nachzureichen.

3.3 Das Angebot muß vollständig sein; unvollständige Angebote können ausgeschlossen werden.

Das Angebot muß die Preise und die in den Verdingungsunterlagen geforderten Erklärungen und Angaben enthalten. Alle Änderungen des Bieters an seinen Eintragungen müssen zweifelsfrei sein. Eintragungen müssen dokumentenecht sein. Änderungen an den Verdingungsunterlagen sind unzulässig. Muster und Proben müssen als zum Angebot gehörig gekennzeichnet sein.

Entspricht der Gesamtbetrag einer Ordnungszahl (Position) nicht dem Ergebnis der Multiplikation von Mengenansatz und Einheitspreis, so ist der Einheitspreis maßgebend.

3.4 Alle Preise sind in Deutscher Mark, Bruchteile in vollen Pfennigen anzugeben.

Die Preise (Einheitspreise, Pauschalpreise, Verrechnungssätze usw.) sind ohne Umsatzsteuer anzugeben. Der Umsatzsteuerbeitrag ist unter Zugrundelegung des geltenden Steuersatzes am Schluß des Angebots hinzuzufügen. Ein angebotenes Skonto wird nur gewertet, wenn die Zahlungsfrist eindeutig angegeben und diese angemessen ist und wenn das Skonto sich auf alle Zahlungen erstreckt.

3.5 Beabsichtigt der Bieter, Angaben aus seinem Angebot für die Anmeldung eines gewerblichen Schutzrechtes zu verwerten, hat er in seinem Angebot darauf hinzuweisen.

3.6 Wenn den Verdingungsunterlagen Formblätter für Preisaufgliederung beigefügt sind, hat der Bieter die seiner Kalkulationsmethode entsprechenden Formblätter ausgefüllt mit seinem Angebot abzugeben.

Die Nichtabgabe der ausgefüllten Formblätter kann dazu führen, daß das Angebot nicht berücksichtigt wird.

3.7 Das Angebot ist in deutscher Sprache abzufassen. Es muß mit rechtsverbindlicher Unterschrift versehen sein.

3.8 Auf elektronischem Wege übermittelte Angebote, wie Fernschreiben, Telegramm, Telebrief, Telex und Telefax, sind nicht zugelassen.

4 Angebote mit abweichenden technischen Spezifikationen

Eine Leistung, die von den vorgesehenen technischen Spezifikationen abweicht, darf angeboten werden, wenn sie mit dem geforderten Schutzniveau in bezug auf Sicherheit, Gesundheit und Gebrauchstauglichkeit gleichwertig ist. Die Abweichung muß im Angebot eindeutig bezeichnet sein. Die Gleichwertigkeit ist mit dem Angebot nachzuweisen.

5 Änderungsvorschläge oder Nebenangebote

5.1 Änderungsvorschläge oder Nebenangebote müssen auf besonderer Anlage gemacht und als solche deutlich gekennzeichnet sein.

5.2 Der Bieter hat die in Änderungsvorschlägen oder Nebenangeboten enthaltenen Leistungen eindeutig und erschöpfend zu beschreiben; die Gliederung des Leistungsverzeichnisses ist, soweit möglich, beizubehalten.

Änderungsvorschläge oder Nebenangebote müssen alle Leistungen umfassen, die zu einer einwandfreien Ausführung der Bauleistung erforderlich sind.

Soweit der Bieter eine Leistung anbietet, deren Ausführung nicht in Allgemeinen Technischen Vertragsbedingungen oder in den Verdingungsunterlagen geregelt ist, hat er im Angebot entsprechende Angaben über Ausführung und Beschaffenheit dieser Leistung zu machen.

5.3 Nebenangebote, die in technischer Hinsicht von der Leistungsbeschreibung abweichen, sind auch ohne Angabe eines Hauptangebots zugelassen. Andere Änderungsvorschläge oder Nebenangebote (z. B. abweichende Zahlungsbedingungen, Preisvorbehalte) sind nur in Verbindung mit einem Hauptangebot zugelassen.

5.4 Änderungsvorschläge oder Nebenangebote sind, soweit sie Teilleistungen (Positionen des Leistungsverzeichnisses beeinflussen (ändern, ersetzen, entfallen lassen, zusätzlich erfordern), nach Mengenansätzen und Einzelpreisen aufzugliedern (auch bei Vergütung durch Pauschalsumme).

5.5 Der Auftraggeber behält sich vor, Änderungsvorschläge oder Nebenangebote, die den Nrn. 5.1 bis 5.4 nicht entsprechen, von der Wertung auszuschließen.

6 Bietergemeinschaften

Die Bietergemeinschaft hat mit ihrem Angebot eine von allen Mitgliedern rechtsverbindlich unterschriebene Erklärung abzugeben,

— in der die Bildung einer Arbeitsgemeinschaft im Auftragsfall erklärt ist,
— in der alle Mitglieder aufgeführt sind und der für die Durchführung des Vertrags bevollmächtigte Vertreter bezeichnet ist,
— daß der bevollmächtigte Vertreter die Mitglieder gegenüber dem Auftraggeber rechtsverbindlich vertritt,
— daß alle Mitglieder als Gesamtschuldner haften.

7 Nachunternehmer

Beabsichtigt der Bieter, Teile der Leistung von Nachunternehmern ausführen zu lassen, muß er in seinem Angebot Art und Umfang der durch Nachunternehmer auszuführenden Leistungen angeben und auf Verlangen die vorgesehenen Nachunternehmer benennen.

8 Bevorzugte Bewerber

Bieter, die als „Bevorzugte Bewerber" berücksichtigt werden wollen, müssen dies im Angebot erklären und auf Verlangen den Nachweis für das Vorliegen der Voraussetzungen rechtzeitig vor Auftragserteilung führen. Wird der Nachweis nicht geführt, so wird das Angebot wie die Angebote nicht bevorzugter Bieter behandelt.

Bietergemeinschaften, denen bevorzugte Bewerber als Mitglieder angehören, haben zusätzlich den Anteil nachzuweisen, den die Leistungen dieser Mitglieder am Gesamtangebot haben.

9 Angebotsfrist, Eröffnungstermin

9.1 Die Angebotsfrist läuft ab, sobald der Verhandlungsleiter im Eröffnungstermin mit der Öffnung des ersten Angebots beginnt. Bis zum Ablauf der Angebotsfrist können Angebote schriftlich, fernschriftlich oder telegrafisch zurückgezogen werden.

9.2 An dem Eröffnungstermin dürfen nur die Bieter und ihre Bevollmächtigten teilnehmen.

10 Kosten

10.1 Der für die Verdingungsunterlagen bezahlte Betrag wird nicht erstattet.

10.2 Für das Bearbeiten und Einreichen des Angebots wird eine Entschädigung nur gewährt, wenn dies in der Aufforderung zur Angebotsabgabe ausdrücklich angegeben ist.

11 Eignungsnachweis

11.1 Auf Verlangen hat der Bieter zum Nachweis seiner Eignung (Fachkunde, Leistungsfähigkeit und Zuverlässigkeit) Angaben zu machen über

a) den Umsatz des Unternehmens in den letzten 3 abgeschlossenen Geschäftsjahren, soweit er Bauleistungen und andere Leistungen betrifft, die mit der zu vergebenden Leistung vergleichbar sind, unter Einschluß des Anteils bei gemeinsam mit anderen Unternehmern ausgeführten Aufträgen,
b) die Ausführung von Leistungen in den letzten 3 abgeschlossenen Geschäftsjahren, die mit der zu vergebenden Leistung vergleichbar sind,
c) die Zahl der in den letzten 3 abgeschlossenen Geschäftsjahren jahresdurchschnittlich beschäftigten Arbeitskräfte, gegliedert nach Berufsgruppen,
d) die für die Ausführung der zu vergebenden Leistung zur Verfügung stehende technische Ausführung,
e) das für die Leitung und Aufsicht vorgesehene technische Personal,
f) die Eintragung in das Berufsregister seines Sitzes oder Wohnsitzes,
g) andere, insbesondere für die Prüfung der Fachkunde geeignete Nachweise.

11.2 Auf Verlangen hat der Bieter eine Bescheinigung der Berufsgenossenschaft vorzulegen.
Ein Bieter, der seinen Sitz nicht in der Bundesrepublik Deutschland hat, hat eine Bescheinigung des für ihn zuständigen Versicherungsträgers vorzulegen.

12 Mitteilungen über das Ausschreibungsergebnis

Den Bietern werden auf Anforderung nach dem Eröffnungstermin die Anzahl der Angebote und deren Endbeträge sowie die Anzahl der Änderungsvorschläge und Nebenangebote nur schriftlich mitgeteilt. Den Bietern und ihren Bevollmächtigten steht die Einsichtnahme in die Niederschrift über den Eröffnungstermin frei.

1.3.3 Verdingungsunterlagen

Verdingungsunterlagen, die nach Zuschlag bzw. Auftragserteilung zu **Vertragsunterlagen** werden, haben folgende Gliederung:

(1) Leistungsbeschreibung (LB)[1])
(2) Besondere Vertragsbedingungen (BVB)
(3) Zusätzliche Vertragsbedingungen (ZVB)[2])
(4) Zusätzliche Technische Vertragsbedingungen (ZTV)[3])
(5) Allgemeine Technische Vertragsbedingungen (ATV = VOB/C)
(6) Allgemeine Vertragsbedingungen (AVB = VOB/B)

Bei Widersprüchen gelten die Vertragsunterlagen in der numerierten Reihenfolge.

1.3.4 Zusammenhang zwischen Vergabe- und Verdingungsunterlagen und Bauvertrag nach VOB

(1) bis (6) ist die Rangfolge der Verdingungsunterlagen nach VOB/B § 1 Nr. 2

Vergabeunterlagen (VOB/A § 10 Nr.1 (1))			
= Anschreiben (Aufforderung zur Angebotsabgabe) + Bewerbungsbedingungen	Verdingungsunterlagen (VOB/A § 10 Nr. 1–3; VOB/B § 1 Nr.2)		Bauvertrag = Angebot + Zuschlag (VOB/A § 28)
	Technischer Inhalt	Rechtlicher Inhalt	
	(1) Leistungsbeschreibung LB	(2) Bes. Vertragsbedingungen BVB	
	(4) Zusätzliche Technische Vertragsbedingungen ZTV	(3) Zusätzliche Vertragsbedingungen ZVB	
	(5) Allgemeine Technische Vertragsbedingungen VOB/C	(6) Allgemeine Vertragsbedingungen VOB/B	

Bild 6.2

1.4 Arten von Bauverträgen

Der Bauvertrag ist ein entgeltlicher, zweiseitiger Vertrag. Der AN hat eine Leistungspflicht, der AG eine Vergütungspflicht. Die Art der Vergütung bestimmt den Vertragstyp.

1.4.1 Stillschweigende Vereinbarung

BGB § 632. Ein Bauvertrag ist rechtsgültig, auch wenn keine ausdrückliche Vereinbarung über die Vergütung getroffen worden ist. Die Vergütung gilt dann als stillschweigend vereinbart.

Höhe der Vergütung: „Taxe", falls vorhanden, sonst „übliche Vergütung".

1.4.2 Einheitspreisvertrag

Ist nach VOB die Regel. Bauleistung wird in Einzelleistungen aufgegliedert (VOB/A § 9); für die Einheit (z.B. 1 m³) der Einzelleistung wird ein spezieller Preis vereinbart.

Zunächst liegt der endgültige, genaue Leistungsumfang und auch die endgültige Höhe der Gesamtvergütung nicht fest; sie ergibt sich erst nach Aufmaß und Abrechnung der Leistung.

---

[1]) Siehe unter 6.
[2]) Sind nur sinnvoll für AG's, die oft bauen und immer wiederkehrende Vertragsregelungen für alle gleichartigen Bauvorhaben vorformulieren können (Arbeitsersparnis).
[3]) Nur wenn ATV ergänzt werden sollen.

2.1.4 Dienstleistungskoordinierungsrichtlinie (DKR)

Richtlinie 92/50 EWG des Rates (06/92) zur Koordinierung der Verfahren zur Vergabe öffentlicher Dienstleistungsaufträge.

2.1.5 Sektorenkoordinierungsrichtlinie (SKR)

Richtlinie 93/38 EWG des Rates (06/93) zur Koordinierung der Auftragsvergabe durch Auftraggeber im Bereich der Wasser-, Energie- und Verkehrsversorgung sowie im Telekommunikationssektor.

2.1.6 Überwachungsrichtlinie (ÜR)

Richtlinie 89/665 EWG des Rates (12/89) zur Koordinierung der Rechts- und Verwaltungsvorschriften für die Anwendung der Nachprüfungsverfahren im Rahmen der Vergabe öffentlicher Liefer- und Bauaufträge.

Anmerkung: Die Umsetzung der ÜR wurde im VgRÄG verankert.

2.1.7 Informationsrichtlinie (Info-R)

Richtlinie 83/189 EWG des Rates (04/83), geändert durch Richtlinie 88/182 EWG des Rates (03/88), über ein Informationsverfahren auf dem Gebiet der Normen und Technischen Vorschriften.

Anmerkung: Die Info-R wirkt sich besonders auf die Vergabe öffentlicher Aufträge aus. So müssen einschlägige ZTV wie z.B. die „Zusätzlichen Vertragsbedingungen und Richtlinien für Erdarbeiten im Straßenbau" (ZTVE – StB) von der EG notifiziert werden, d.h. „genehmigt" werden.

2.2 Grundlagen und Gesetze zur Übernahme der EG-Richtlinien in deutsches Vergaberecht

Zur Übernahme der EG-Richtlinien in Deutsches Vergaberecht wurden nachfolgende Gesetze und Verordnungen erlassen:

2.2.1 Vergaberechtsänderungsgesetz (VgRÄG)

Das „Gesetz zur Änderung der Rechtsgrundlagen für die Vergabe öffentlicher Aufträge" (VgRÄG) dient als formalrechtliche Umsetzung der EG-Richtlinien im Bereich des öffentlichen Auftragwesens. Es ändert und ergänzt das „Gesetz gegen Wettbewerbsbestimmungen" (GWB) und regelt nur den Bereich der EU-weiten Vergaben.

Enthält:

— eine Anspruchgrundlage für Unternehmen auf Einhaltung der Bestimmungen der Vergabeverfahren (VOB, VOL, VOF) durch den AG.

— Regelungen zur Form und Durchführung eines zweistufigen Nachprüfungsverfahrens (Vergabekammer, Oberlandesgericht).

2.2.2 Vergabeverordnung (VgV)

Die Vergabeverordnung ist eine Rechtsordnung. Mit Hilfe eines „statischen" Verweises auf die einzelnen Verdingungsordnungen erhalten die Abschnitte 2 bis 4 der VOB/A bzw. VOL/A und die Regelungen der VOF insgesamt für EG-weite Vergaben Rechtsnormcharakter.

Enthält:

— Verpflichtung für EG-Vergaben auf Einhaltung der Bestimmungen der Verdingungsordnungen, soweit der AG von ihrem Geltungsbereich erfaßt wird.
— Definition der Geltungsbereiche.

2.2.3 Vergabevorschriften (Verdingungsordnungen)

Mit den Verdingungsordnungen wird die materielle Umsetzung der EG-Vergaberichtlinien vollzogen. Sie sind jedoch keine Rechtsverordnungen, die, wie z.B. die VgV, auf einer Gesetzesgrundlage beruhen.

Verdingungsordnungen werden gemeinsam von Vertretern der öffentlichen Verwaltungen und der Wirtschaft aufgestellt. Da diese vorformulierte Bedingungen enthalten, die sowohl die AN- als auch die AG-Interessen ausgewogen berücksichtigen, haben sie, soweit sie für die Vertragsabwicklung (VOB/B und VOL/B) spezielle Regelungen enthalten, einen besonderen Status im AGB-Gesetz, wenn sie als „Ganzes" vereinbart werden.

An welcher Stelle der Verdingungsordnungen die jeweilige Umsetzung erfolgt ist, zeigt die nachstehende Tabelle.

Tafel 6.2   Umsetzung der EG-Vergaberichtlinien in die Verdingungsordnungen

Art des Vertrages	betroffene EG-Richtlinie	Verdingungs- ordnung	Abschnitt
Bauvertrag	BKR	VOB/A	2
	SKR	VOB/A	3 + 4
Liefervertrag	LKR	VOL/A	2
	SKR	VOL/A	3 + 4
Dienstleistungsvertrag	DKR	VOL/A	2
	SKR	VOL/A	3 + 4
	DKR	VOF	Kapitel 1 + 2

2.3 VOB/A Allgemeine Bestimmungen für die Vergabe von Bauleistungen
(Ausgabe 1992 und Ergänzungsband 1998)

Die VOB ist kein Gesetz, keine Rechtsverordnung, kein Gewohnheitsrecht. Wenn die VOB als Vertragsbestandteil gelten soll, müssen das beide Vertragsparteien ausdrücklich, in der Regel in Schriftform, vereinbaren.

Dabei wird die VOB/A für das Vergabeverfahren im nationalen Bereich (maßgebend sind die Basis §§ im Abschnitt 1) in keinem Falle Vertragsbestandteil und es besteht in diesem Fall für den Bieter kein Rechtsanspruch auf Anwendung der VOB/A durch den AG.

Jedoch ist der öffentlichen Hand aus haushaltsrechtlichen Gründen vorgeschrieben, diese anzuwenden.

Anders verhält es sich bei EG-Vergaben (maßgebend sind die a-§§ der Abschnitte 2 bis 4), soweit der AG unter die Bestimmungen der Vergabeverordnung (VgV) fällt und somit unter die Regelungen in den einzelnen Verdingungsordnungen.

VOB/A enthält:

− Richtlinien für die Gestaltung und den Aufbau der Verdingungsunterlagen (die zusammen mit dem Angebot des BU und dem Zuschlag des BH zum Bauvertrag werden).
− Verfahren für Ausschreibung und Vergabe.
− Bestimmungen für EG-relevante Aufträge (Abschnitte 2 bis 4).

Hinweis: VOB/B und VOB/C werden im Abschnitt 3 abgehandelt.

Tafel 6.3 Vergabeverfahren nach VOB/A

unterhalb des EG-Schwellenwertes Anwendung des Basis-§§		oberhalb des EG-Schwellenwertes Anwendung der „a"/„b"/„SKR"-§§		
Art	Aufforderung zur Beteiligung	Art	Aufforderung zur Beteiligung	Bemerkungen
Öffentliche Ausschreibung	unbeschränkte Zahl von Bietern	Offenes Verfahren	unbeschränkte Zahl von Bewerbern/Bietern	Regelfall
Beschränkte Ausschreibung mit öffentlichem Teilnahmewettbewerb	unbeschränkte Zahl von Bewerbern, beschränkte Zahl von Bietern	Nicht offenes Verfahren	unbeschränkte Zahl von Bewerbern, beschränkte Zahl von Bietern	Regelfall
Beschränkte Ausschreibung ohne öffentlichen Teilnahmewettbewerb	beschränkte Zahl von Bietern			in begründeten Ausnahmefällen
		Verhandlungsverfahren mit Vergabebekanntmachung	unbeschränkte Zahl von Bewerbern, beschränkte Zahl von Bietern	Regelfall
		Verhandlungsverfahren ohne Vergabebekanntmachung	beschränkte Zahl von Bietern	in begründeten Ausnahmefällen
Freihändige Vergabe	beschränkte Zahl von Bietern			

2.4 VOL Verdingungsverordnung für Leistungen − ausgenommen Bauleistungen
(Ausgabe 1997)

Zu den Allgemeinen Bestimmungen für die Vergabe (s. Abschnitt 4.1) bzw. der Bedingungen für die Ausführung von Leistungen (s. Abschnitt 4.2) gelten die Erläuterungen zur VOB (Abschnitt 3) sinngemäß.

2.4.1 VOL/A Allgemeine Bestimmungen für die Vergabe von Leistungen

Enthält:

− Richtlinien für die Gestaltung und den Aufbau der Verdingungsunterlagen (die zusammen mit dem Angebot des BU bzw. den vom AN unterschriebenen Vertragsentwurf und dem Zuschlag des BH bzw. Gegenzeichnung des Vertrages durch den AG zum Liefer- bzw. Dienstleistungsvertrag werden).
− Verfahren für Ausschreibung und Vergabe bzw.
− Bestimmungen für EG-relevante Aufträge (Abschnitte 2 bis 4).

Tafel 6.4 Vergabeverfahren nach VOL/A

unterhalb des EG-Schwellenwertes Anwendung des Basis-§§		oberhalb des EG-Schwellenwertes Anwendung der „a"/„b"/„SKR"-§§		
Art	Aufforderung zur Beteiligung	Art	Aufforderung zur Beteiligung	Bemerkungen
Öffentliche Ausschreibung	unbeschränkte Zahl von Bietern	Offenes Verfahren	unbeschränkte Zahl von Bewerbern/Bietern	Regelfall
Beschränkte Ausschreibung mit öffentlichem Teilnahmewettbewerb	unbeschränkte Zahl von Bewerbern, beschränkte Zahl von Bietern	Nicht offenes Verfahren	unbeschränkte Zahl von Bewerbern, beschränkte Zahl von Bietern	Regelfall
Beschränkte Ausschreibung ohne öffentlichen Teilnahmewettbewerb	beschränkte Zahl von Bietern			in begründeten Ausnahmefällen
		Verhandlungsverfahren mit Vergabebekanntmachung	unbeschränkte Zahl von Bewerbern, beschränkte Zahl von Bietern	Regelfall
		Verhandlungsverfahren ohne Vergabebekanntmachung	beschränkte Zahl von Bietern	in begründeten Ausnahmefällen
Freihändige Vergabe	beschränkte Zahl von Bietern			in begründeten Ausnahmefällen

6

2.4.2 VOL/B Allgemeine Bedingungen für die Ausführung von Leistungen

Enthält speziell für Liefer- bzw. Dienstleistungsaufträge verfaßte Bedingungen, die die entsprechenden Regelungen des BGB außer Kraft setzen, wenn die VOL/B als Vertragsbestandteil vereinbart ist.

2.5 VOF Verdingungsordnung für freiberufliche Leistungen

Anders als die VOL oder VOB gilt die VOF nur oberhalb des EG-Schwellenwertes und nicht für den Bereich der „Sektorenauftraggeber". Die VOF enthält auch keine Vertragsbedingungen im Sinne von VOB/B bzw. VOL/B.

2.5.1 Allgemeine Vorschriften

Enthält:

— Regelungen zur Berechnung des Auftragwertes.
— Regelungen zur Vorbereitung und Durchführung eines Vergabeverfahrens im Verhandlungsverfahren.

Tafel 6.5 Vergabeverfahren nach VOF (oberhalb des EG-Schwellenwertes)

Verhandlungsverfahren	Aufforderung zur Beteiligung	Bemerkung
mit vorheriger Vergabebekanntmachung	unbeschränkte Zahl von Bewerbern, beschränkte Zahl von Bietern	Regelfall
ohne Vergabebekanntmachung	beschränkte Zahl von Bietern	in begründeten Ausnahmefällen

2.5.2 Besondere Vorschriften zur Vergabe von Architekten- und Ingenieurleistungen

Inhalt im Wortlaut:

§ 22 Anwendungsbereich

(1) Die Bestimmungen dieses Kapitels gelten zusätzlich für die Vergabe von Architekten- und Ingenieurleistungen.

(2) Architekten- und Ingenieurleistungen sind Leistungen, die von der Honorarordnung für Architekten und Ingenieure (HOAI) erfaßt werden sowie Leistungen, für die die berufliche Qualifikation des Architekten oder Ingenieurs erforderlich ist oder vom Auftraggeber gefordert wird.

§ 23 Qualifikation des Auftragnehmers

(1) Wird als Berufsqualifikation der Beruf des Architekten oder der einer seiner Fachrichtungen gefordert, so ist jeder zuzulassen, der nach den Architektengesetzen der Länder berechtigt ist, die Berufsbezeichnung Architekt zu tragen, oder nach den EG-Richtlinien (insbesondere der Richtlinie für die gegenseitige Anerkennung der Diplome auf dem Gebiet der Architektur) berechtigt ist, in der Bundesrepublik Deutschland als Architekt tätig zu werden.

(2) Wird als Berufsqualifikation der Beruf des Beratenden Ingenieurs oder Ingenieurs gefordert, so ist jeder zuzulassen, der nach den Gesetzen der Länder berechtigt ist, die Berufsbezeichnung „Beratender Ingenieur" oder „Ingenieur" zu tragen, oder nach der EG-Richtlinie über eine allgemeine Regelung zur Anerkennung der Hochschuldiplome in der Bundesrepublik Deutschland als „Beratender Ingenieur" oder „Ingenieur" tätig zu werden.

(3) Juristische Personen sind als Auftragnehmer zuzulassen, wenn sie für die Durchführung der Aufgabe einen verantwortlichen Berufsangehörigen gemäß den Absätzen 1 und 2 benennen.

§ 24 Auftragserteilung

(1) Die Auftragsverhandlungen mit den nach § 10 Abs. 1 ausgewählten Bewerbern dienen der Ermittlung des Bewerbers, der im Hinblick auf die gestellte Aufgabe am ehesten die Gewähr für eine sachgerechte und qualitätsvolle Leistungserfüllung bietet. Der Auftraggeber führt zu diesem Zweck Auftragsgespräche mit den ausgewählten Bewerbern durch und entscheidet über die Auftragsvergabe nach Abschluß dieser Gespräche.

(2) Die Präsentation von Referenzobjekten, die der Bewerber zum Nachweis seiner Leistungsfähigkeit vorlegt, ist zugelassen. Die Ausarbeitung von Lösungsvorschlägen der gestellten Planungsaufgabe kann vom Auftraggeber nur im Rahmen eines Verfahrens nach Absatz 3 oder eines Planungswettbewerbes gem. § 25 verlangt werden. Die Auswahl eines Bewerbers darf nicht dadurch beeinflußt werden, daß von Bewerbern zusätzlich unaufgefordert Lösungsvorschläge eingereicht wurden.

(3) Verlangt der Auftraggeber außerhalb eines Planungswettbewerbes Lösungsvorschläge für die Planungsaufgabe, so sind die Lösungsvorschläge der Bewerber nach den Honorarbestimmungen der HOAI zu vergüten.

§ 25 Planungswettbewerbe

(1) Wettbewerbe im Sinne des § 20, die dem Ziel dienen, alternative Vorschläge für Planungen auf dem Gebiet der Raumplanung, des Städtebaus und des Bauwesens auf der Grundlage veröffentlichter einheitlicher Richtlinien zu erhalten (Planungswettbewerbe), können jederzeit vor, während oder ohne Verhandlungsverfahren ausgelobt werden. In den einheitlichen Richtlinien wird auch die Mitwirkung von Architekten- und Ingenieurkammern an der Vorbereitung und Durchführung der Wettbewerbe geregelt.

(2) Der Auslober eines Planungswettbewerbes hat zu gewährleisten, daß jedem Teilnehmer die gleiche Chance eingeräumt wird. Er hat dazu mit der Bekanntmachung des Planungswettbewerbes die Verfahrensart festzulegen. Allen Teilnehmern sind Wettbewerbsunterlagen, Termine, Ergebnisse von Kolloquien und die Antworten auf Rückfragen jeweils zum gleichen Zeitpunkt bekannt zu geben.

(3) Mit der Auslobung sind Preise und gegebenenfalls Ankäufe auszusetzen, die der Bedeutung und Schwierigkeit der Bauaufgabe sowie dem Leistungsumfang nach dem Maßstab der Honorarordnung für Architekten und Ingenieure angemessen sind.

(4) Ausgeschlossen von der Teilnahme an Planungswettbewerben sind Personen, die infolge ihrer Beteiligung an der Auslobung oder Durchführung des Wettbewerbes bevorzugt sein oder Einfluß auf die Entscheidung des Preisgerichts nehmen können. Das gleiche gilt für Personen, die sich durch Angehörige oder ihnen wirtschaftlich verbundene Personen einen entsprechenden Vorteil oder Einfluß verschaffen können.

(5) Das Preisgericht muß sich in der Mehrzahl aus Preisrichtern zusammensetzen, die aufgrund ihrer beruflichen Qualifikation die fachlichen Anforderungen in hervorragendem Maße erfüllen, die nach Maßgabe der einheitlichen Grundsätze und Richtlinien im Sinne des Absatzes 1 zur Teilnahme am Wettbewerb berechtigen. Die Preisrichter haben ihr Amt persönlich und unabhängig allein nach fachlichen Gesichtspunkten auszuüben.

(6) Das Preisgericht hat in seinen Entscheidungen die in der Auslobung als bindend bezeichneten Vorgaben des Auslobers und die dort genannten Entscheidungskriterien zu beachten. Nicht zugelassene oder über das geforderte Maß hinausgehende Leistungen sollen von der Wertung ausgeschlossen werden. Das Preisgericht hat die für eine Preisverleihung in Betracht zu ziehenden Arbeiten in ausreichender Zahl schriftlich zu bewerten und eine Rangfolge unter ihnen festzulegen. Das Preisgericht kann nach Festlegung der Rangfolge einstimmig eine Wettbewerbsarbeit, die besonders bemerkenswerte Lösungen enthält, aber gegen die Vorgaben des Auslobers verstößt, mit einem Sonderpreis bedenken. Über den Verlauf der Preisgerichtssitzung ist eine Niederschrift zu fertigen, durch die der Gang des Auswahlverfahrens nachvollzogen werden kann.

(7) Jeder Teilnehmer ist über das Ergebnis des Wettbewerbes unter Versendung der Niederschrift der Preisgerichtssitzung unverzüglich zu unterrichten. Spätestens einen Monat nach der Entscheidung des Preisgerichts sind die Wettbewerbsarbeiten mit Namensangaben der Verfasser unter Auslegung der Niederschrift auszustellen.

(8) Soweit ein Preisträger wegen Verstoßes gegen Wettbewerbsregeln nicht berücksichtigt werden kann, rücken die übrigen Preisträger sowie sonstige Teilnehmer in der Rangfolge des Preisgerichts nach, soweit das Preisgericht ausweislich seiner Niederschrift nichts anderes bestimmt hat.

(9) Soweit und sobald die Wettbewerbsaufgabe realisiert werden soll, sind einem oder mehreren der Preisträger weitere Planungsleistungen nach Maßgabe der in Absatz 1 genannten einheitlichen Richtlinien zu übertragen, sofern mindestens einer der Preisträger eine einwandfreie Ausführung der zu übertragenden Leistungen gewährleistet und sonstige wichtige Gründe der Beauftragung nicht entgegenstehen.

(10) Urheberrechtlich und wettbewerbsrechtlich geschützte Teillösungen von Wettbewerbsteilnehmern, die bei der Auftragserteilung nicht berücksichtigt worden sind, dürfen nur gegen eine angemessene Vergütung genutzt werden.

§ 26 Unteraufträge

Der Auftragnehmer hat die Auftragsleistung selbständig mit seinem Büro zu erbringen. Dem Auftragnehmer kann mit Zustimmung des Auftraggebers gestattet werden, Auftragsleistungen im Wege von Unteraufträgen an Dritte mit entsprechender Qualifikation zu vergeben.

3 Verdingungsordnung für Bauleistungen VOB
(Ausgabe 1992 und Ergänzungsband 1998)

Die VOB ist kein Gesetz, keine Rechtsverordnung, kein Gewohnheitsrecht. Wenn die VOB als Vertragsbestandteil gelten soll, müssen das beide Vertragsseiten ausdrücklich vereinbaren. Dabei wird Teil A in keinem Falle Vertragsbestandteil, es besteht kein Rechtsanspruch auf Anwendung der VOB/A.

Die öffentliche Hand als BH ist durch Dienstanweisung gehalten, die VOB/A bei Ausschreibungen und die VOB/B und VOB/C bei Bauverträgen anzuwenden.

3.1 VOB/A (DIN 1960): Allgemeine Bestimmungen für die Vergabe von Bauleistungen

Enthält:
— Richtlinien für Gestaltung und Aufbau der Verdingungsunterlagen (die zusammen mit dem Angebot des BU und Zuschlag des BH zum Bauvertrag werden)
— Verfahren für Ausschreibung und Vergabe.

s. auch Kapitel „Europäische Richtlinien und deutsches Vergaberecht".

3.2 VOB/B (DIN 1961): Allgemeine Vertragsbedingungen für die Ausführung von Bauleistungen

Enthält speziell für Bauverträge verfaßte Bedingungen, die die entsprechenden Regelungen des BGB außer Kraft setzen, wenn VOB/B als Vertragsbestandteil vereinbart ist. Inhalt im Wortlaut:

§ 1 Art und Umfang der Leistung

1. Die auszuführende Leistung wird nach Art und Umfang durch den Vertrag bestimmt. Als Bestandteil des Vertrages gelten auch die Allgemeinen Technischen Vertragsbedingungen für Bauleistungen.
2. Bei Widersprüchen im Vertrag gelten nacheinander:
   a) die Leistungsbeschreibung
   b) die Besonderen Vertragsbedingungen
   c) etwaige Zusätzliche Vertragsbedingungen
   d) etwaige Zusätzliche Technische Vertragsbedingungen
   e) die Allgemeinen Technischen Vertragsbedingungen für Bauleistungen
   f) die Allgemeinen Vertragsbedingungen für die Ausführung von Bauleistungen
3. Änderungen des Bauentwurfs anzuordnen, bleibt dem Auftraggeber vorbehalten.
4. Nicht vereinbarte Leistungen, die zur Ausführung der vertraglichen Leistung erforderlich werden, hat der Auftragnehmer auf Verlangen des Auftraggebers mit auszuführen, außer wenn sein Betrieb auf derartige Leistungen nicht eingerichtet ist. Andere Leistungen können dem Auftragnehmer nur mit seiner Zustimmung übertragen werden.

§ 2 Vergütung

1. Durch die vereinbarten Preise werden alle Leistungen abgegolten, die nach der Leistungsbeschreibung, den Besonderen Vertragsbedingungen, den Zusätzlichen Vertragsbedingungen, den Zusätzlichen Technischen Vertragsbedingungen, den Allgemeinen Technischen Vertragsbedingungen für Bauleistungen und der gewerblichen Verkehrssitte zur vertraglichen Leistung gehören.
2. Die Vergütung wird nach den vertraglichen Einheitspreisen und den tatsächlich ausgeführten Leistungen berechnet, wenn keine andere Berechnungsart (z.B. durch Pauschalsumme, nach Stundenlohnsätzen, nach Selbstkosten) vereinbart ist.

3. (1) Weicht die ausgeführte Menge der unter einem Einheitspreis erfaßten Leistung oder Teilleistung um mehr als 10 v.H. von dem im Vertrag vorgesehenen Umfang ab, so gilt der vertragliche Einheitspreis.

(2) Für über 10 v.H. hinausgehende Überschreitung des Mengenansatzes ist auf Verlangen ein neuer Preis unter Berücksichtigung der Mehr- oder Minderkosten zu vereinbaren.

(3) Bei einer über 10 v.H. hinausgehenden Unterschreitung des Mengenansatzes ist auf Verlangen der Einheitspreis für die tatsächlich ausgeführte Menge der Leistung oder Teilleistung zu erhöhen, soweit der Auftragnehmer nicht durch Erhöhung der Mengen bei anderen Ordnungszahlen (Positionen) oder in anderer Weise einen Ausgleich erhält. Die Erhöhung des Einheitspreises soll im wesentlichen dem Mehrbetrag entsprechen, der sich durch Verteilung der Baustelleneinrichtungs- und Baustellengemeinkosten und der Allgemeinen Geschäftskosten auf die verringerte Menge ergibt. Die Umsatzsteuer wird entsprechend dem neuen Preis vergütet.

(4) Sind von der unter einem Einheitspreis erfaßten Leistung oder Teilleistung andere Leistungen abhängig, für die eine Pauschalsumme vereinbart ist, so kann mit der Änderung des Einheitspreises auch eine angemessene Änderung der Pauschalsumme gefordert werden.

4. Werden im Vertrag ausbedungene Leistungen des Auftragnehmers vom Auftraggeber selbst übernommen (z.B. Lieferung von Bau-, Bauhilfs- und Betriebsstoffen), so gilt, wenn nichts anderes vereinbart wird, § 8 Nr. 1 Absatz 2 entsprechend.

5. Werden durch Änderung des Bauentwurfs oder andere Anordnungen des Auftraggebers die Grundlagen des Preises für eine im Vertrag vorgesehene Leistung geändert, so ist ein neuer Preis unter Berücksichtigung der Mehr- oder Minderkosten zu vereinbaren. Die Vereinbarung soll vor der Ausführung getroffen werden.

6. (1) Wird eine im Vertrag nicht vorgesehene Leistung gefordert, so hat der Auftragnehmer Anspruch auf besondere Vergütung. Er muß jedoch den Anspruch dem Auftraggeber ankündigen, bevor er mit der Ausführung der Leistung beginnt.

(2) Die Vergütung bestimmt sich nach den Grundlagen der Preisermittlung für die vertragliche Leistung und den besonderen Kosten der geforderten Leistung. Sie ist möglichst vor Beginn der Ausführung zu vereinbaren.

7. (1) Ist als Vergütung der Leistung eine Pauschalsumme vereinbart, so bleibt die Vergütung unverändert. Weicht jedoch die ausgeführte Leistung von der vertraglich vorgesehenen Leistung so erheblich ab, daß ein Festhalten an der Pauschalsumme nicht zumutbar ist (§ 242 BGB), so ist auf Verlangen ein Ausgleich unter Berücksichtigung der Mehr- oder Minderkosten zu gewähren. Für die Bemessung des Ausgleichs ist von den Grundlagen der Preisermittlung auszugehen. Nrn. 4, 5 und 6 bleiben unberührt.

(2) Wenn nichts anderes vereinbart ist, gilt Absatz 1 auch für Pauschalsummen, die für Teile der Leistung vereinbart sind; Nr. 3 Absatz 4 bleibt unberührt.

8. (1) Leistungen, die der Auftragnehmer ohne Auftrag oder unter eigenmächtiger Abweichung vom Vertrag ausführt, werden nicht vergütet. Der Auftragnehmer hat sie auf Verlangen innerhalb einer angemessenen Frist zu beseitigen; sonst kann es auf seine Kosten geschehen. Er haftet außerdem für andere Schäden, die dem Auftraggeber hieraus entstehen.

(2) Eine Vergütung steht dem Auftragnehmer jedoch zu, wenn der Auftraggeber solche Leistungen nachträglich anerkennt. Eine Vergütung steht ihm auch zu, wenn die Leistungen für die Erfüllung des Vertrages notwendig waren, dem mutmaßlichen Willen des Auftraggebers entsprachen und ihm unverzüglich angezeigt wurden.

(3) Die Vorschriften des BGB über die Geschäftsführung ohne Auftrag (§§ 677 ff.) bleiben unberührt.

9. (1) Verlangt der Auftraggeber Zeichnungen, Berechnungen oder andere Unterlagen, die der Auftragnehmer nach dem Vertrag, besonders den Techn. Vertragsbedingungen oder der gewerblichen Verkehrssitte, nicht zu beschaffen hat, so hat er sie zu vergüten.

(2) Läßt er vom Auftragnehmer nicht aufgestellte technische Berechnungen durch den Auftragnehmer nachprüfen, so hat er die Kosten zu tragen.

10. Stundenlohnarbeiten werden nur vergütet, wenn sie als solche vor ihrem Beginn ausdrücklich vereinbart worden sind (§ 15).

§ 3 Ausführungsunterlagen

1. Die für die Ausführung nötigen Unterlagen sind dem Auftragnehmer unentgeltlich und rechtzeitig zu übergeben.

2. Das Abstecken der Hauptachsen der baulichen Anlagen, ebenso der Grenzen des Geländes, das dem Auftragnehmer zur Verfügung gestellt wird, und das Schaffen der notwendigen Höhenfestpunkte in unmittelbarer Nähe der baulichen Anlagen sind Sache des Auftraggebers.

3. Die vom Auftraggeber zur Verfügung gestellten Geländeaufnahmen und Absteckungen und die übrigen für die Ausführung übergebenen Unterlagen sind für den Auftragnehmer maßgebend. Jedoch hat er sie, soweit es zur ordnungsgemäßen Vertragserfüllung gehört, auf etwaige Unstimmigkeiten zu überprüfen und den Auftraggeber auf entdeckte oder vermutete Mängel hinzuweisen.

4. Vor Beginn der Arbeiten ist, soweit notwendig, der Zustand der Straßen und Geländeoberfläche, der Vorfluter und Vorflutleitungen, ferner der baulichen Anlagen im Baubereich in einer Niederschrift festzuhalten, die vom Auftraggeber und Auftragnehmer anzuerkennen ist.

5. Zeichnungen, Berechnungen, Nachprüfungen von Berechnungen oder andere Unterlagen, die der Auftragnehmer nach dem Vertrag, besonders den Technischen Vertragsbedingungen, oder der gewerblichen Verkehrssitte oder auf besonderes Verlangen des Auftraggebers (§ 2 Nr. 9) zu beschaffen hat, sind dem Auftraggeber nach Aufforderung rechtzeitig vorzulegen.

6. (1) Die in Nummer 5 genannten Unterlagen dürfen ohne Genehmigung ihres Urhebers nicht veröffentlicht, vervielfältigt, geändert oder für einen anderen als den vereinbarten Zweck benutzt werden.
(2) An DV-Programmen hat der Auftraggeber das Recht zur Nutzung mit den vereinbarten Leistungsmerkmalen in unveränderter Form auf den festgelegten Geräten. Der Auftraggeber darf zum Zwecke der Datensicherung zwei Kopien herstellen. Diese müssen alle Identifikationsmerkmale enthalten. Der Verbleib der Kopien ist auf Verlangen nachzuweisen.
(3) Der Auftragnehmer bleibt unbeschadet des Nutzungsrechts des Auftraggebers zur Nutzung der Unterlagen und der DV-Programme berechtigt.

§ 4 Ausführung

1. (1) Der Auftraggeber hat für die Aufrechterhaltung der allgemeinen Ordnung auf der Baustelle zu sorgen und das Zusammenwirken der verschiedenen Unternehmer zu regeln. Er hat die erforderlichen öffentlich-rechtlichen Genehmigungen und Erlaubnisse — z.B. nach dem Baurecht, dem Straßenverkehrsrecht, dem Wasserrecht, dem Gewerberecht — herbeizuführen.
(2) Der Auftraggeber hat das Recht, die vertragsgemäße Ausführung der Leistung zu überwachen. Hierzu hat er Zutritt zu den Arbeitsplätzen, Werkstätten und Lagerräumen, wo die vertragliche Leistung oder Teile von ihr hergestellt oder die hierfür bestimmten Stoffe und Bauteile gelagert werden. Auf Verlangen sind ihm die Werkzeichnungen oder andere Ausführungsunterlagen sowie die Ergebnisse von Güteprüfungen zur Einsicht vorzulegen und die erforderlichen Auskünfte zu erteilen, wenn hierdurch keine Geschäftsgeheimnisse preisgegeben werden. Als Geschäftsgeheimnis bezeichnete Auskünfte und Unterlagen sind vertraulich zu behandeln.
(3) Der Auftraggeber ist befugt, unter Wahrung der dem Auftragnehmer zustehenden Leistung (Nr 2) Anordnungen zu treffen, die zur vertragsgemäßen Ausführung der Leistung notwendig sind. Die Anordnungen sind grundsätzlich nur dem Auftragnehmer oder seinem für die Leitung der Ausführung bestellten Vertreter zu erteilen, außer wenn Gefahr im Verzug ist. Dem Auftraggeber ist mitzuteilen, wer jeweils als Vertreter des Auftragnehmers für die Leitung der Ausführung bestellt ist.

(4) Hält der Auftragnehmer die Anordnungen des Auftraggebers für unberechtigt oder unzweckmäßig, so hat er seine Bedenken geltend zu machen, die Anordnungen jedoch auf Verlangen auszuführen, wenn nicht gesetzliche oder behördliche Bestimmungen entgegenstehen. Wenn dadurch eine ungerechtfertigte Erschwerung verursacht wird, hat der Auftraggeber die Mehrkosten zu tragen.

2. (1) Der Auftragnehmer hat die Leistung unter eigener Verantwortung nach dem Vertrag auszuführen. Dabei hat er die anerkannten Regeln der Technik und gesetzlichen und behördlichen Bestimmungen zu beachten. Es ist seine Sache, die Ausführung seiner vertraglichen Leistung zu leiten und für Ordnung auf seiner Arbeitsstelle zu sorgen.

(2) Er ist für die Erfüllung der gesetzlichen, behördlichen und berufsgenossenschaftlichen Verpflichtungen gegenüber seinen Arbeitnehmern allein verantwortlich. Es ist ausschließlich seine Aufgabe, die Vereinbarungen und Maßnahmen zu treffen, die sein Verhältnis zu den Arbeitnehmern regeln.

3. Hat der Auftragnehmer Bedenken gegen die vorgesehene Art der Ausführung (auch wegen der Sicherung gegen Unfallgefahren), gegen die Güte der vom Auftraggeber gelieferten Stoffe oder Bauteile oder gegen die Leistungen anderer Unternehmer, so hat er sie dem Auftraggeber unverzüglich — möglichst schon vor Beginn der Arbeiten schriftlich mitzuteilen; der Auftraggeber bleibt jedoch für seine Angaben, Anordnungen oder Lieferungen verantwortlich.

4. Der Auftraggeber hat, wenn nichts anderes vereinbart ist, dem Auftragnehmer unentgeltlich zur Benutzung oder Mitbenutzung zu überlassen:

a) die notwendigen Lager- und Arbeitsplätze auf der Baustelle,
b) vorhandene Zufahrtswege und Anschlußgleise,
c) vorhandene Anschlüsse für Wasser und Energie. Kosten für Verbrauch und den Messer oder Zähler trägt der Auftragnehmer, mehrere Auftragnehmer tragen sie anteilig.

5. Der Auftragnehmer hat die von ihm ausgeführten Leistungen und die ihm für die Ausführung übergebenen Gegenstände bis zur Abnahme vor Beschädigung und Diebstahl zu schützen. Auf Verlangen des Auftraggebers hat er sie vor Winterschäden und Grundwasser zu schützen, ferner Schnee und Eis zu beseitigen. Obliegt ihm die Verpflichtung nach Satz 2 nicht schon nach dem Vertrag, so regelt sich die Vergütung nach § 2 Nr 6.

6. Stoffe oder Bauteile, die dem Vertrag oder den Proben nicht entsprechen, sind auf Anordnung des Auftraggebers innerhalb einer von ihm bestimmten Frist von der Baustelle zu entfernen. Geschieht es nicht, so können sie auf Kosten des Auftragnehmers entfernt oder für seine Rechnung veräußert werden.

7. Leistungen, die schon während der Ausführung als mangelhaft oder vertragswidrig erkannt werden, hat der Auftragnehmer auf eigene Kosten durch mangelfreie zu ersetzen. Hat der Auftragnehmer den Mangel oder die Vertragswidrigkeit zu vertreten, so hat er auch den daraus entstehenden Schaden zu ersetzen. Kommt der Auftragnehmer der Pflicht zur Beseitigung des Mangels nicht nach, so kann ihm der Auftraggeber eine angemessene Frist zur Beseitigung des Mangels setzen und erklären, daß er ihm nach fruchtlosem Ablauf der Frist den Auftrag entziehe (§ 8 Nr 3).

8. (1) Der Auftragnehmer hat die Leistung im eigenen Betrieb auszuführen. Mit schriftlicher Zustimmung des Auftraggebers darf er sie an Nachunternehmer übertragen. Die Zustimmung ist nicht notwendig bei Leistungen, auf die der Betrieb des Auftragnehmers nicht eingerichtet ist.

(2) Der Auftragnehmer hat bei der Weitervergabe von Bauleistungen an Nachunternehmer die Verdingungsordnung für Bauleistungen zugrunde zu legen.

(3) Der Auftragnehmer hat die Nachunternehmer dem Auftraggeber auf Verlangen bekanntzugeben.

9. Werden bei Ausführung der Leistung auf einem Grundstück Gegenstände von Altertums-, Kunst- oder wissenschaftlichem Wert entdeckt, so hat der Auftragnehmer vor jedem weiteren Aufdecken oder Ändern dem Auftraggeber den Fund anzuzeigen und ihm die Gegenstände nach näherer Weisung abzuliefern. Die

Vergütung etwaiger Mehrkosten regelt sich nach § 2 Nr 6. Die Rechte des Entdeckers (§ 984 BGB) hat der Auftraggeber.

§ 5 Ausführungsfristen

1. Die Ausführung ist nach den verbindlichen Fristen (Vertragsfristen) zu beginnen, angemessen zu fördern und zu vollenden. In einem Bauzeitenplan enthaltene Einzelfristen gelten nur dann als Vertragsfristen, wenn dies im Vertrag ausdrücklich vereinbart ist.

2. Ist für den Beginn der Ausführung keine Frist vereinbart, so hat der Auftraggeber dem Auftragnehmer auf Verlangen Auskunft über den voraussichtlichen Beginn zu erteilen. Der Auftragnehmer hat innerhalb von 12 Werktagen nach Aufforderung zu beginnen. Der Beginn der Ausführung ist dem Auftraggeber anzuzeigen.

3. Wenn Arbeitskräfte, Geräte, Gerüste, Stoffe oder Bauteile so unzureichend sind, daß die Ausführungsfristen offenbar nicht eingehalten werden können, muß der Auftragnehmer auf Verlangen unverzüglich Abhilfe schaffen.

4. Verzögert der Auftragnehmer den Beginn der Ausführung, gerät er mit der Vollendung in Verzug oder kommt er der in Nr 3 erwähnten Verpflichtung nicht nach, so kann der Auftraggeber bei Aufrechterhaltung des Vertrages Schadenersatz nach § 6 Nr 6 verlangen oder dem Auftragnehmer eine angemessene Frist zur Vertragserfüllung setzen und erklären, daß er ihm nach fruchtlosem Ablauf der Frist den Auftrag entziehe (§ 8 Nr 3).

§ 6 Behinderung und Unterbrechung der Ausführung

1. Glaubt sich der Auftragnehmer in der ordnungsgemäßen Ausführung der Leistung behindert, so hat er es dem Auftraggeber unverzüglich schriftlich anzuzeigen. Unterläßt er die Anzeige, so hat er nur dann Anspruch auf Berücksichtigung der hindernden Umstände, wenn dem Auftraggeber offenkundig die Tatsache und deren hindernde Wirkung bekannt werden.

2. (1) Ausführungsfristen werden verlängert, soweit die Behinderung verursacht ist:
a) durch einen vom Auftraggeber zu vertretenden Umstand,
b) durch Streik oder eine von der Berufsvertretung der Arbeitgeber angeordnete Aussperrung im Betrieb des Auftragnehmers oder in einem unmittelbar für ihn arbeitenden Betrieb,
c) durch höhere Gewalt oder andere für den Auftragnehmer unabwendbare Umstände.
(2) Witterungseinflüsse während der Ausführungszeit, mit denen bei Abgabe des Angebots normalerweise gerechnet werden mußte, gelten nicht als Behinderung.

3. Der Auftragnehmer hat alles zu tun, was ihm billigerweise zugemutet werden kann, um die Weiterführung der Arbeiten zu ermöglichen. Sobald die hindernden Umstände wegfallen, hat er ohne weiteres und unverzüglich die Arbeiten wiederaufzunehmen und den Auftraggeber davon zu benachrichtigen.

4. Die Fristverlängerung wird berechnet nach der Dauer der Behinderung mit einem Zuschlag für die Wiederaufnahme der Arbeiten und die etwaige Verschiebung in eine ungünstigere Jahreszeit.

5. Wird die Ausführung für voraussichtlich längere Dauer unterbrochen, ohne daß die Leistung dauernd unmöglich wird, so sind die ausgeführten Leistungen nach den Vertragspreisen abzurechnen und außerdem die Kosten zu vergüten, die dem Auftragnehmer bereits entstanden und in den Vertragspreisen des nicht ausgeführten Teiles der Leistung enthalten sind.

6. Sind die hindernden Umstände von einem Vertragsteil zu vertreten, so hat der andere Teil Anspruch auf Ersatz des nachweislich entstandenen Schadens, des entgangenen Gewinns aber nur bei Vorsatz oder grober Fahrlässigkeit.

7. Dauert eine Unterbrechung länger als 3 Monate, so kann jeder Teil nach Ablauf dieser Zeit den Vertrag schriftlich kündigen. Die Abrechnung regelt sich nach Nrn 5 und 6; wenn der Auftragnehmer die Unterbrechung nicht zu vertreten hat, sind auch die Kosten der Baustellenräumung zu vergüten, soweit sie nicht in der Vergütung für die bereits ausgeführten Leistungen enthalten sind.

§7 Verteilung der Gefahr

1. Wird die ganz oder teilweise ausgeführte Leistung vor der Abnahme durch höhere gewalt, Krieg, Aufruhr oder andere unabwendbare vom Auftragnehmer nicht zu vertretende Umstände beschädigt oder zerstört, so hat dieser für die ausgeführten Teiler der Leistung die Ansprüche nach §16 Nr. 5; für andere Schäden besteht keine gegenseitige Ersatzplicht.

2. Zu der ganz oder teilweise ausgeführten Leistung gehören alle mit der baulichen Anlage unmittelbar verbundenen, in ihrer Substanz eingegangenen Leistungen, unabhängig von deren Fertigstellungsgrad.

3. Zu der ganz oder teilweise ausgeführten Leistung gehören nicht die noch nicht eingebauten Stoffe und Bauteile sowie die Baustelleneinrichtung und Absteckungen. Zu der ganz oder teilweise ausgeführten Leistung gehören ebenfalls nicht Baubehelfe, z. B. Gerüste, auch wenn diese als Besondere Leistungen oder selbständig vergeben sind.

§8 Kündigung durch den Auftraggeber

1. (1) Der Auftraggeber kann bis zur Vollendung der Leistung jederzeit den Vertrag kündigen.
   (2) Dem Auftragnehmer steht die vereinbarte Vergütung zu. Er muß sich jedoch anrechnen lassen, was er infolge der Aufhebung des Vertrages an Kosten erspart oder durch anderweitige Verwendung seiner Arbeitskraft und seines Betriebes erwirbt oder zu erwerben böswillig unterläßt (§ 649 BGB).

2. (1) Der Auftraggeber kann den Vertrag kündigen, wenn der Auftragnehmer seine Zahlungen einstellt, das Vergleichsverfahren beantragt oder in Konkurs gerät.
   (2) Die ausgeführten Leistungen sind nach § 6 Nr 5 abzurechnen. Der Auftraggeber kann Schadenersatz wegen Nichterfüllung des Restes verlangen.

3. (1) Der Auftraggeber kann den Vertrag kündigen, wenn in den Fällen des § 4 Nr 7 und des § 5 Nr 4 die gesetzte Frist fruchtlos abgelaufen ist (Entziehung des Auftrags). Die Entziehung des Auftrags kann auf einen in sich abgeschlossenen Teil der vertraglichen Leistung beschränkt werden.
   (2) Nach der Entziehung des Auftrags ist der Auftraggeber berechtigt, den noch nicht vollendeten Teil der Leistung zu Lasten des Auftragnehmers durch einen Dritten ausführen zu lassen, doch bleiben seine Ansprüche auf Ersatz des etwa entstehenden weiteren Schadens bestehen. Er ist auch berechtigt, auf die weitere Ausführung zu verzichten und Schadenersatz wegen Nichterfüllung zu verlangen, wenn die Ausführung aus den Gründen, die zur Entziehung des Auftrags geführt haben, für ihn kein Interesse mehr hat.
   (3) Für die Weiterführung der Arbeiten kann der Auftraggeber Geräte, Gerüste, auf der Baustelle vorhandene andere Einrichtungen und angelieferte Stoffe und Bauteile gegen angemessene Vergütung in Anspruch nehmen.
   (4) Der Auftraggeber hat dem Auftragnehmer eine Aufstellung über die entstandenen Mehrkosten und über seine anderen Ansprüche spätestens binnen 12 Werktagen nach Abrechnung mit dem Dritten zuzusenden.

4. Der Auftraggeber kann den Auftrag entziehen, wenn der Auftragnehmer aus Anlaß der Vergabe eine Abrede getroffen hatte, die eine unzulässige Wettbewerbsbeschränkung darstellt. Die Kündigung ist innerhalb von 12 Werktagen nach Bekanntwerden des Kündigungsgrundes auszusprechen. Die Nr 3 gilt entsprechend.

5. Die Kündigung ist schriftlich zu erklären.

6. Der Auftragnehmer kann Aufmaß und Abnahme der von ihm ausgeführten Leistungen alsbald nach der Kündigung verlangen; er hat unverzüglich eine prüfbare Rechnung über die ausgeführten Leistungen vorzulegen.

7. Eine wegen Verzugs verwirkte, nach Zeit bemessene Vertragsstrafe kann nur für die Zeit bis zum Tag der Kündigung des Vertrages gefordert werden.

6

§ 9 Kündigung durch den Auftragnehmer

1. Der Auftragnehmer kann den Vertrag kündigen:
   a) wenn der Auftraggeber eine ihm obliegende Handlung unterläßt und dadurch den Auftragnehmer außerstand setzt, die Leistung auszuführen (Annahmeverzug nach §§ 293 ff. BGB),
   b) wenn der Auftraggeber eine fällige Zahlung nicht leistet oder sonst in Schuldnerverzug gerät.
2. Die Kündigung ist schriftlich zu erklären. Sie ist erst zulässig, wenn der Auftragnehmer dem Auftraggeber ohne Erfolg eine angemessene Frist zur Vertragserfüllung gesetzt und erklärt hat, daß er nach fruchtlosem Ablauf der Frist den Vertrag kündigen werde.
3. Die bisherigen Leistungen sind nach den Vertragspreisen abzurechnen. Außerdem hat der Auftragnehmer Anspruch auf angemessene Entschädigung nach § 642 BGB; etwaige weitergehende Ansprüche des Auftragnehmers bleiben unberührt.

§ 10 Haftung der Vertragsparteien

1. Die Vertragsparteien haften einander für eigenes Verschulden sowie für das Verschulden ihrer gesetzlichen Vertreter und der Personen, deren sie sich zur Erfüllung ihrer Verbindlichkeiten bedienen (§§ 276, 278 BGB).
2. (1) Entsteht einem Dritten im Zusammenhang mit der Leistung ein Schaden, für den auf Grund gesetzlicher Haftpflichtbestimmungen beide Vertragsparteien haften, so gelten für den Ausgleich zwischen den Vertragsparteien die allgemeinen gesetzlichen Bestimmungen, soweit im Einzelfall nichts anderes vereinbart ist. Soweit der Schaden des Dritten nur die Folge einer Maßnahme ist, die der Auftraggeber in dieser Form angeordnet hat, trägt er den Schaden allein, wenn ihn der Auftragnehmer auf die mit der angeordneten Ausführung verbundene Gefahr nach § 4 Nr 3 hingewiesen hat.
   (2) Der Auftragnehmer trägt den Schaden allein, soweit er ihn durch Versicherung seiner gesetzlichen Haftpflicht gedeckt hat oder innerhalb der von der Versicherungsaufsichtsbehörde genehmigten Allgemeinen Versicherungsbedingungen zu tarifmäßigen, nicht auf außergewöhnliche Verhältnisse abgestellten Prämien und Prämienzuschlägen bei einem im Inland zum Geschäftsbetrieb zugelassenen Versicherer hätte decken können.
3. Ist der Auftragnehmer einem Dritten nach §§ 823 ff. BGB zu Schadenersatz verpflichtet wegen unbefugten Betretens oder Beschädigung angrenzender Grundstücke, wegen Entnahme oder Auflagerung von Boden oder anderen Gegenständen außerhalb der vom Auftraggeber dazu angewiesenen Flächen oder wegen der Folgen eigenmächtiger Versperrung von Wegen oder Wasserläufen, so trägt er im Verhältnis zum Auftraggeber den Schaden allein.
4. Für die Verletzung gewerblicher Schutzrechte haftet im Verhältnis der Vertragsparteien zueinander der Auftragnehmer allein, wenn er selbst das geschützte Verfahren oder die Verwendung geschützter Gegenstände angeboten oder wenn der Auftraggeber die Verwendung vorgeschrieben und auf das Schutzrecht hingewiesen hat.
5. Ist eine Vertragspartei gegenüber der anderen nach Nummern 2, 3 oder 4 von der Ausgleichspflicht befreit, so gilt diese Befreiung auch zugunsten ihrer gesetzlichen Vertreter und Erfüllungsgehilfen, wenn sie nicht vorsätzlich oder grob fahrlässig gehandelt haben.
6. Soweit eine Vertragspartei von dem Dritten für einen Schaden in Anspruch genommen wird, den nach Nummern 2, 3 oder 4 die andere Vertragspartei zu tragen hat, kann sie verlangen, daß ihre Vertragspartei sie von der Verbindlichkeit gegenüber dem Dritten befreit. Sie darf den Anspruch des Dritten nicht anerkennen oder befriedigen, ohne der anderen Vertragspartei vorher Gelegenheit zur Äußerung gegeben zu haben.

§ 11 Vertragsstrafe

1. Wenn Vertragsstrafen vereinbart sind, gelten die §§ 339 bis 345 BGB.
2. Ist die Vertragsstrafe für den Fall vereinbart, daß der Auftragnehmer nicht in der vorgesehenen Frist erfüllt, so wird sie fällig, wenn der Auftragnehmer in Verzug gerät.

3. Ist die Vertragsstrafe nach Tagen bemessen, so zählen nur Werktage; ist sie nach Wochen bemessen, so wird jeder Werktag angefangener Wochen als $^1/_6$ Woche gerechnet.

4. Hat der Auftraggeber die Leistung abgenommen, so kann er die Strafe nur verlangen, wenn er dies bei der Abnahme vorbehalten hat.

§ 12 Abnahme

1. Verlangt der Auftragnehmer nach der Fertigstellung — gegebenenfalls auch vor Ablauf der vereinbarten Ausführungsfrist — die Abnahme der Leistung, so hat sie der Auftraggeber binnen 12 Werktagen durchzuführen; eine andere Frist kann vereinbart werden.

2. Besonders abzunehmen sind auf Verlangen:
   a) in sich abgeschlossene Teile der Leistung,
   b) andere Teile der Leistung, wenn sie durch die weitere Ausführung der Prüfung und Feststellung entzogen werden.

3. Wegen wesentlicher Mängel kann Abnahme bis zur Beseitigung verweigert werden.

4. (1) Eine förmliche Abnahme hat stattzufinden, wenn eine Vertragspartei es verlangt. Jede Partei kann auf ihre Kosten einen Sachverständigen zuziehen. Der Befund ist in gemeinsamer Verhandlung schriftlich niederzulegen. In die Niederschrift sind etwaige Vorbehalte wegen bekannter Mängel und wegen Vertragsstrafen aufzunehmen, ebenso etwaige Einwendungen des Auftragnehmers. Jede Partei erhält eine Ausfertigung.
   (2) Die förmliche Abnahme kann in Abwesenheit des Auftragnehmers stattfinden, wenn der Termin vereinbart war oder der Auftraggeber mit genügender Frist dazu eingeladen hatte. Das Ergebnis der Abnahme ist dem Auftragnehmer alsbald mitzuteilen.

5. (1) Wird keine Abnahme verlangt, so gilt die Leistung als abgenommen mit Ablauf von 12 Werktagen nach schriftlicher Mitteilung über die Fertigstellung der Leistung.
   (2) Hat der Auftraggeber die Leistung oder einen Teil der Leistung in Benutzung genommen, so gilt die Abnahme nach Ablauf von 6 Werktagen nach Beginn der Benutzung als erfolgt, wenn nichts anderes vereinbart ist. Die Benutzung von Teilen einer baulichen Anlage zur Weiterführung der Arbeiten gilt nicht als Abnahme.
   (3) Vorbehalte wegen bekannter Mängel oder wegen Vertragsstrafen hat der Auftraggeber spätestens zu den in den Absätzen 1 und 2 bezeichneten Zeitpunkten geltend zu machen.

6. Mit der Abnahme geht die Gefahr auf den Auftraggeber über, soweit er sie nicht schon nach § 7 trägt.

§ 13 Gewährleistung

1. Der Auftragnehmer übernimmt die Gewähr, daß seine Leistung zur Zeit der Abnahme die vertraglich zugesicherten Eigenschaften hat, den anerkannten Regeln der Technik entspricht und nicht mit Fehlern behaftet ist, die den Wert oder die Tauglichkeit zu dem gewöhnlichen oder dem nach dem Vertrag vorausgesetzten Gebrauch aufheben oder mindern.

2. Bei Leistungen nach Probe gelten die Eigenschaften der Probe als zugesichert, soweit nicht Abweichungen nach der Verkehrssitte als bedeutungslos anzusehen sind. Dies gilt auch für Proben, die erst nach Vertragsabschluß als solche anerkannt sind.

3. Ist ein Mangel zurückzuführen auf die Leistungsbeschreibung oder auf Anordnungen des Auftraggebers, auf die von diesem gelieferten oder vorgeschriebenen Stoffe oder Bauteile oder die Beschaffenheit der Vorleistung eines anderen Unternehmers, so ist der Auftragnehmer von der Gewährleistung für diese Mängel frei, außer wenn er die ihm nach § 4 Nr 3 obliegende Mitteilung über die zu befürchtenden Mängel unterlassen hat.

4. (1) Ist für die Gewährleistung keine Verjährungsfrist im Vertrag vereinbart, so beträgt sie für Bauwerke und für Holzerkrankungen 2 Jahre, für Arbeiten an einem Grundstück und für die vom Feuer berührten Teile von Feuerungsanlagen ein Jahr.

(2) Bei maschinellen und elektrotechnischen/elektronischen Anlagen oder Teilen davon, bei denen der Wartung Einfluß auf die Sicherheit und Funktionsfähigkeit hat, beträgt die Verjährungsfrist für die Gewährleistungsansprüche abweichend von Absatz 1 ein Jahr, wenn der Auftraggeber sich dafür entschieden hat, dem Auftragnehmer die Wartung für die Dauer der Verjährungsfrist nicht zu übertragen.

(3) Die Frist beginnt mit der Abnahme der gesamten Leistung; nur für in sich abgeschlossene Teile der Leistung beginnt sie mit der Teilabnahme (§ 12 Nr 2a).

5. (1) Der Auftragnehmer ist verpflichtet, alle während der Verjährungsfrist hervortretenden Mängel, die auf vertragswidrige Leistung zurückzuführen sind, auf seine Kosten zu beseitigen, wenn es der Auftraggeber vor Ablauf der Frist schriftlich verlangt. Der Anspruch auf Beseitigung der gerügten Mängel verjährt mit Ablauf der Regelfristen der Nr 4, gerechnet vom Zugang des schriftlichen Verlangens an, jedoch nicht vor Ablauf der vereinbarten Frist. Nach Abnahme der Mängelbeseitigungsleistung beginnen für diese Leistung die Regelfristen der Nr 4, wenn nichts anderes vereinbart ist.

(2) Kommt der Auftragnehmer der Aufforderung zur Mängelbeseitigung in einer vom Auftraggeber gesetzten angemessenen Frist nicht nach, so kann der Auftraggeber die Mängel auf Kosten des Auftragnehmers beseitigen lassen.

6. Ist die Beseitigung des Mangels unmöglich oder würde sie einen unverhältnismäßig hohen Aufwand erfordern und wird sie deshalb vom Auftragnehmer verweigert, so kann der Auftraggeber Minderung der Vergütung verlangen (§ 634 Absatz 4, § 472 BGB). Der Auftraggeber kann ausnahmsweise auch dann Minderung der Vergütung verlangen, wenn die Beseitigung des Mangels für ihn unzumutbar ist.

7. (1) Ist ein wesentlicher Mangel, der die Gebrauchsfähigkeit erheblich beeinträchtigt, auf ein Verschulden des Auftragnehmers oder seiner Erfüllungsgehilfen zurückzuführen, so ist der Auftragnehmer außerdem verpflichtet, dem Auftraggeber den Schaden an der baulichen Anlage zu ersetzen, zu deren Herstellung, Instandhaltung oder Änderung die Leistung dient.

(2) Den darüber hinausgehenden Schaden hat er nur dann zu ersetzen:
   a) wenn der Mangel auf Vorsatz oder grober Fahrlässigkeit beruht
   b) wenn der Mangel auf einem Verstoß gegen die anerkannten Regeln der Technik beruht
   c) wenn der Mangel in dem Fehlen einer vertraglich zugesicherten Eigenschaft besteht oder
   d) soweit der Auftragnehmer den Schaden durch Versicherung seiner gesetzlichen Haftpflicht gedeckt hat oder innerhalb der von der Versicherungsaufsichtsbehörde genehmigten Allgemeinen Versicherungsbedingungen zu tarifmäßigen, nicht auf außergewöhnliche Verhältnisse abgestellten Prämien und Prämienzuschlägen bei einem im Inland zum Geschäftsbetrieb zugelassenen Versicherer hätte decken können.

(3) Abweichend von Nr 4 gelten die gesetzlichen Verjährungsfristen, soweit sich der Auftragnehmer nach Absatz 2 durch Versicherung geschützt hat oder hätte schützen können oder soweit ein besonderer Versicherungsschutz vereinbart ist.

(4) Eine Einschränkung oder Erweiterung der Haftung kann in begründeten Sonderfällen vereinbart werden.

§ 14 Abrechnung

1. Der Auftragnehmer hat seine Leistungen prüfbar abzurechnen. Er hat die Rechnungen übersichtlich aufzustellen und dabei die Reihenfolge der Posten einzuhalten und die in den Vertragsbestandteilen enthaltenen Bezeichnungen zu verwenden. Die zum Nachweis von Art und Umfang der Leistung erforderlichen Mengenberechnungen, Zeichnungen und andere Belege sind beizufügen. Änderungen und Ergänzungen des Vertrages sind in der Rechnung besonders kenntlich zu machen; sie sind auf Verlangen getrennt abzurechnen.

2. Die für die Abrechnung notwendigen Feststellungen sind dem Fortgang der Leistung entsprechend möglichst gemeinsam vorzunehmen. Die Abrechnungsbestimmungen in den Technischen Vertragsbedingungen und den anderen Ver-

tragsunterlagen sind zu beachten. Für Leistungen, die bei Weiterführung der Arbeiten nur schwer feststellbar sind, hat der Auftragnehmer rechtzeitig gemeinsame Feststellungen zu beantragen.

3. Die Schlußrechnung muß bei Leistungen mit einer vertraglichen Ausführungsfrist von höchstens 3 Monaten spätestens 12 Werktage nach Fertigstellung eingereicht werden, wenn nichts anderes vereinbart ist; diese Frist wird um je 6 Werktage für je weitere 3 Monate Ausführungsfrist verlängert.

4. Reicht der Auftragnehmer eine prüfbare Rechnung nicht ein, obwohl ihm der Auftraggeber dafür eine angemessene Frist gesetzt hat, so kann sie der Auftraggeber selbst auf Kosten des Auftragnehmers aufstellen.

§ 15 Stundenlohnarbeiten

1. (1) Stundenlohnarbeiten werden nach den vertraglichen Vereinbarungen abgerechnet.
(2) Soweit für die Vergütung keine Vereinbarungen getroffen worden sind, gilt die ortsübliche Vergütung. Ist diese nicht zu ermitteln, so werden die Aufwendungen des Auftragnehmers für
Lohn- und Gehaltskosten der Baustelle, Lohn- und Gehaltsnebenkosten der Baustelle, Stoffkosten der Baustelle, Kosten der Einrichtungen, Geräte, Maschinen und maschinellen Anlagen der Baustelle, Fracht-, Fuhr- und Ladekosten, Sozialkassenbeiträge und Sonderkosten,
die bei wirtschaftlicher Betriebsführung entstehen, mit angemessenen Zuschlägen für Gemeinkosten und Gewinn (einschließlich allgemeinen Unternehmerwagnis) zuzüglich Umsatzsteuer vergütet.

2. Verlangt der Auftraggeber, daß die Stundenlohnarbeiten durch einen Polier oder eine andere Aufsichtsperson beaufsichtigt werden, oder ist die Aufsicht nach den einschlägigen Unfallverhütungsvorschriften notwendig, so gilt Nr 1 entsprechend.

3. Dem Auftraggeber ist die Ausführung von Stundenlohnarbeiten vor Beginn anzuzeigen. Über die geleisteten Arbeitsstunden und den dabei erforderlichen, besonders zu vergütenden Aufwand für den Verbrauch von Stoffen, für Vorhaltung von Einrichtungen, Geräten, Maschinen und maschinellen Anlagen, für Frachten, Fuhr- und Ladeleistungen sowie etwaige Sonderkosten sind, wenn nichts anderes vereinbart ist, je nach der Verkehrssitte werktäglich oder wöchentlich Listen (Stundenlohnzettel) einzureichen. Der Auftraggeber hat die von ihm bescheinigten Stundenlohnzettel unverzüglich, spätestens jedoch innerhalb von 6 Werktagen nach Zugang, zurückzugeben. Dabei kann er Einwendungen auf den Stundenlohnzetteln oder gesondert schriftlich erheben. Nicht fristgemäß zurückgegebene Stundenlohnzettel gelten als anerkannt.

4. Stundenlohnrechnungen sind alsbald nach Abschluß der Stundenlohnarbeiten, längstens jedoch in Abständen von 4 Wochen, einzureichen. Für die Zahlung gilt § 16.

5. Wenn Stundenlohnarbeiten zwar vereinbart waren, über den Umfang der Stundenlohnleistungen aber mangels rechtzeitiger Vorlage der Stundenlohnzettel Zweifel bestehen, so kann der Auftraggeber verlangen, daß für die nachweisbar ausgeführten Leistungen eine Vergütung vereinbart wird, die nach Maßgabe von Nr 1 Absatz 2 für einen wirtschaftlich vertretbaren Aufwand an Arbeitszeit und Verbrauch von Stoffen, für Vorhaltung von Einrichtungen, Geräten, Maschinen und maschinellen Anlagen, für Frachten, Fuhr- und Ladeleistungen sowie etwaige Sonderkosten ermittelt wird.

§ 16 Zahlung

1. (1) Abschlagszahlungen sind auf Antrag in Höhe des Wertes der jeweils nachgewiesenen vertragsmäßigen Leistungen einschließlich des ausgewiesenen, darauf entfallenden Umsatzsteuerbetrages in möglichst kurzen Zeitabständen zu gewähren. Die Leistungen sind durch eine prüfbare Aufstellung nachzuweisen, die eine rasche und sichere Beurteilung der Leistungen ermöglichen muß. Als Leistungen gelten hierbei auch die für die geforderte Leistung eigens angefertigten und bereitgestellten Bauteile sowie die auf der Baustelle angelieferten Stoffe und

Bauteile, wenn dem Auftraggeber nach seiner Wahl das Eigentum an ihnen übertragen ist oder entsprechende Sicherheit gegeben wird.

(2) Gegenforderungen können einbehalten werden. Andere Einbehalte sind nur in den im Vertrag und in den gesetzlichen Bestimmungen vorgesehenen Fällen zulässig.

(3) Abschlagszahlungen sind binnen 18 Werktagen nach Zugang der Aufstellung zu leisten.

(4) Die Abschlagszahlungen sind ohne Einfluß auf die Haftung und Gewährleistung des Auftragnehmers; sie gelten nicht als Abnahme von Teilen der Leistung.

2. (1) Vorauszahlungen können auch nach Vertragsabschluß vereinbart werden; hierfür ist auf Verlangen des Auftraggebers ausreichende Sicherheit zu leisten. Diese Vorauszahlungen sind, sofern nichts anderes vereinbart wird, mit 1 v.H. über dem Lombardsatz der Deutschen Bundesbank zu verzinsen.

(2) Vorauszahlungen sind auf die nächstfälligen Zahlungen anzurechnen, soweit damit Leistungen abzugelten sind, für welche die Vorauszahlungen gewährt worden sind.

3. (1) Die Schlußzahlung ist alsbald nach Prüfung und Feststellung der vom Auftragnehmer vorgelegten Schlußrechnung zu leisten, spätestens innerhalb von 2 Monaten nach Zugang. Die Prüfung der Schlußrechnung ist nach Möglichkeit zu beschleunigen. Verzögert sie sich, so ist das unbestrittene Guthaben als Abschlagszahlung sofort zu zahlen.

(2) Die vorbehaltlose Annahme der Schlußzahlung schließt Nachforderungen aus, wenn der Auftragnehmer über die Schlußzahlung schriftlich unterrichtet und auf die Ausschlußwirkung hingewiesen wurde.

(3) Einer Schlußzahlung steht es gleich, wenn der Auftraggeber unter Hinweis auf geleistete Zahlungen weitere Zahlungen endgültig und schriftlich ablehnt.

(4) Auch früher gestellte, aber unerledigte Forderungen werden ausgeschlossen, wenn sie nicht nochmals vorbehalten werden.

(5) Ein Vorbehalt ist innerhalb von 24 Werktagen nach Zugang der Mitteilung nach Abs. 2 und 3 über die Schlußzahlung zu erklären. Er wird hinfällig, wenn nicht innerhalb von weiteren 24 Werktagen eine prüfbare Rechnung über die vorbehaltenen Forderungen eingereicht oder, wenn das nicht möglich ist, der Vorbehalt eingehend begründet wird.

(6) Die Ausschlußfristen gelten nicht für ein Verlangen nach Richtigstellung der Schlußrechnung und -zahlung wegen Aufmaß-, Rechen- und Übertragungsfehlern.

4. In sich abgeschlossene Teile der Leistung können nach Teilabnahme ohne Rücksicht auf die Vollendung der übrigen Leistungen endgültig festgestellt und bezahlt werden.

5. (1) Alle Zahlungen sind aufs äußerste zu beschleunigen.

(2) Nicht vereinbarte Skontoabzüge sind unzulässig.

(3) Zahlt der Auftraggeber bei Fälligkeit nicht, so kann ihm der Auftragnehmer eine angemessene Nachfrist setzen. Zahlt er auch innerhalb der Nachfrist nicht, so hat der Auftragnehmer vom Ende der Nachfrist an Anspruch auf Zinsen in Höhe von 1 v.H. über dem Lombardsatz der Deutschen Bundesbank, wenn er nicht einen höheren Verzugsschaden nachweist. Außerdem darf er die Arbeiten bis zur Zahlung einstellen.

6. Der Auftraggeber ist berechtigt, zur Erfüllung seiner Verpflichtungen aus Nrn 1 bis 5 Zahlungen an Gläubiger des Auftragnehmers zu leisten, soweit sie an der Ausführung der vertraglichen Leistung des Auftragnehmers auf Grund eines mit diesem abgeschlossenen Dienst- oder Werkvertrags beteiligt sind und der Auftragnehmer in Zahlungsverzug gekommen ist. Der Auftragnehmer ist verpflichtet, sich auf Verlangen des Auftraggebers innerhalb einer von diesem gesetzten Frist darüber zu erklären, ob und inwieweit er die Forderungen seiner Gläubiger anerkennt; wird diese Erklärung nicht rechtzeitig abgegeben, so gelten die Forderungen als anerkannt und der Zahlungsverzug als bestätigt.

§ 17 Sicherheitsleistung

1. (1) Wenn Sicherheitsleistung vereinbart ist, gelten die §§ 232 bis 240 BGB, soweit sich aus den nachstehenden Bestimmungen nichts anderes ergibt.
   (2) Die Sicherheit dient dazu, die vertragsgemäße Ausführung der Leistung und die Gewährleistung sicherzustellen.

2. Wenn im Vertrag nichts anderes vereinbart ist, kann Sicherheit durch Einbehalt oder Hinterlegung von Geld oder durch Bürgschaft eines Kreditinstituts oder Kreditversicherers geleistet werden, sofern das Kreditinstitut oder der Kreditversicherer
   — in der Europäischen Gemeinschaft oder
   — in einem Staat der Vetragsparteien des Abkommens über den Europäischen Wirtschaftsraum oder
   — in einem Staat der Vertragsparteien des WTO-Übereinkommens über das öffentliche Beschaffungswesen
   zugelassen ist.

3. Der Auftragnehmer hat die Wahl unter den verschiedenen Arten der Sicherheit; er kann eine Sicherheit durch eine andere ersetzen.

4. Bei Sicherheitsleistung durch Bürgschaft ist Voraussetzung, daß der Auftraggeber den Bürgen als tauglich anerkannt hat. Die Bürgschaftserklärung ist schriftlich unter Verzicht auf die Einrede der Vorausklage abzugeben (§ 771 BGB); sie darf nicht auf bestimmte Zeit begrenzt und muß nach Vorschrift des Auftraggebers ausgestellt sein.

5. Wird Sicherheit durch Hinterlegung von Geld geleistet, so hat der Auftragnehmer den Betrag bei einem zu vereinbarenden Geldinstitut auf ein Sperrkonto einzuzahlen, über das beide Parteien nur gemeinsam verfügen können. Etwaige Zinsen stehen dem Auftragnehmer zu.

6. (1) Soll der Auftraggeber vereinbarungsgemäß die Sicherheit in Teilbeträgen von seinen Zahlungen einbehalten, so darf er jeweils die Zahlung um höchstens 10 v.H. kürzen, bis die vereinbarte Sicherheitssumme erreicht ist. Den jeweils einbehaltenen Betrag hat er dem Auftragnehmer mitzuteilen und binnen 18 Werktagen nach dieser Mitteilung auf Sperrkonto bei dem vereinbarten Geldinstitut einzuzahlen. Gleichzeitig muß er veranlassen, daß dieses Geldinstitut den Auftragnehmer von der Einzahlung des Sicherheitsbetrages benachrichtigt Nr 5 gilt entsprechend.
   (2) Bei kleineren oder kurzfristigen Aufträgen ist es zulässig, daß der Auftraggeber den einbehaltenen Sicherheitsbetrag erst bei der Schlußzahlung auf Sperrkonto einzahlt.
   (3) Zahlt der Auftraggeber den einbehaltenen Betrag nicht rechtzeitig ein, so kann ihm der Auftragnehmer hierfür eine angemessene Nachfrist setzen. Läßt der Auftraggeber auch diese verstreichen, so kann der Auftragnehmer die sofortige Auszahlung des einbehaltenen Betrages verlangen und braucht dann keine Sicherheit mehr zu leisten.
   (4) Öffentliche Auftraggeber sind berechtigt, den als Sicherheit einbehaltenen Betrag auf eigenes Verwahrgeldkonto zu nehmen; der Betrag wird nicht verzinst.

7. Der Auftragnehmer hat die Sicherheit binnen 18 Werktagen nach Vertragsabschluß zu leisten, wenn nichts anderes vereinbart ist. Soweit er diese Verpflichtung nicht erfüllt hat, ist der Auftraggeber berechtigt, vom Guthaben des Auftragnehmers einen Betrag in Höhe der vereinbarten Sicherheit einzubehalten. Im übrigen gelten Nummern 5 und 6 außer Absatz 1 Satz 1 entsprechend.

8. Der Auftraggeber hat eine nicht verwertete Sicherheit zum vereinbarten Zeitpunkt, spätestens nach Ablauf der Verjährungsfrist für die Gewährleistung, zurückzugeben. Soweit jedoch zu dieser Zeit seine Ansprüche noch nicht erfüllt sind, darf er einen entsprechenden Teil der Sicherheit zurückhalten.

§ 18 Streitigkeiten

1. Liegen die Voraussetzungen für eine Gerichtsstandsvereinbarung nach § 38 Zivilprozeßordnung vor, richtet sich der Gerichtsstand für Streitigkeiten aus dem Vertrag nach dem Sitz der für die Prozeßvertretung des Auftraggebers zuständigen Stelle, wenn nichts anderes vereinbart ist. Sie ist dem Auftragnehmer auf Verlangen mitzuteilen.

2. Entstehen bei Verträgen mit Behörden Meinungsverschiedenheiten, so soll der Auftragnehmer zunächst die der auftraggebenden Stelle unmittelbar vorgesetzte Stelle anrufen. Diese soll dem Auftragnehmer Gelegenheit zur mündlichen Aussprache geben und ihn möglichst innerhalb von 2 Monaten nach der Anrufung schriftlich bescheiden und dabei auf die Rechtsfolgen des Satzes 3 hinweisen. Die Entscheidung gilt als anerkannt, wenn der Auftragnehmer nicht innerhalb von 2 Monaten nach Eingang des Bescheides schriftlich Einspruch beim Auftraggeber erhebt und dieser ihn auf die Ausschlußfrist hingewiesen hat.

3. Bei Meinungsverschiedenheiten über die Eigenschaft von Stoffen und Bauteilen, für die allgemeingültige Prüfungsverfahren bestehen, und über die Zulässigkeit oder Zuverlässigkeit der bei der Prüfung verwendeten Maschinen oder angewendeten Prüfungsverfahren kann jede Vertragspartei nach vorheriger Benachrichtigung der anderen Vertragspartei die materialtechnische Untersuchung durch eine staatliche oder staatlich anerkannte Materialprüfungsstelle vornehmen lassen; deren Feststellungen sind verbindlich. Die Kosten trägt der unterliegende Teil.

4. Streitfälle berechtigen den Auftragnehmer nicht, die Arbeiten einzustellen.

3.3 VOB/C Allgemeine Technische Vertragsbedingungen für Bauleistungen (ATV DIN 18299, 18300 bis 18451)

Enthält Regelungen für Bauarbeiten jeder Art (ATV DIN 18299) sowie fachspezifische Ergänzungen der in den ATV DIN 18300 ff. aufgeführten Gewerke, die Vorrang vor den Regelungen der ATV DIN 18299 haben.
Die Geltung der VOB/C für den Bauvertrag muß jeweils ausdrücklich schriftlich vereinbart werden.

Alle ATV sind nach einheitlicher Gliederung aufgestellt.

Tafel 6.6 Gliederung ATV

Abschnitte der ATV der VOB Teil C	Stichwort zum Inhalt	Bemerkungen
0. *Hinweise für das Aufstellen der Leistungsbeschreibung*	*werden nicht Vertragsbestandteil, sollen vom AG beachtet werden (Checkliste)*	Je nach den Erfordernissen der Leistungsbeschreibung: — Angaben zur Baustelle — Angaben zur Ausführung — Einzelangaben bei Abweichungen von ATV — Einzelangaben zu Nebenleistungen und Besonderen Leistungen — Abrechnungseinheiten
1. Geltungsbereich	Abgrenzung des Geltungsbereichs innerhalb der ATV und zwischen der jeweiligen ATV	Die ATV DIN 18299 gilt für alle Bauleistungen, soweit keine fachspezifische ATV vorhanden ist
2. Stoffe, Bauteile[1]	Qualität und Art, Einbeziehung der einschlägigen DIN-Normen „Öffnungsklausel" für EU-Produkte	Leistungen umfassen im allgemeinen auch die Lieferung der dazugehörigen Stoffe und Bauteile, wenn nichts anderes vorgeschrieben ist
3. Ausführung	Anforderung an die Normalbeschreibung einer VOB-Leistung	Wahl des Bauverfahrens und -ablaufs sowie Wahl und Einsatz der Baugeräte sind Sache des AN
4.1 Nebenleistungen	Katalog der nicht besonders vergüteten (Neben)-Leistungen	Gehören auch ohne Erwähnung zur vertraglichen Leistung
4.2 Besondere Leistungen	nicht abschließend formulierter Katalog besonders zu vergütender Leistungen	Gehören nur dann zur Leistung, wenn sie ausdrücklich vertraglich vereinbart werden
5. Abrechnung	Regeln für die Ermittlung der ausgeführten Leistungsmengen	

[1]) Bei einigen ATV zusätzlich: Boden und Fels

Tafel 6.7 Nebenleistungen wichtiger Gewerke nach VOB/C, Abschnitt 4

Folgende Leistungen sind Nebenleistungen, sie gehören auch ohne Erwähnung zur vertraglichen Leistung. Die Ziffern sind die lfd. Nummern des Abschnittes 4.1. „A" stammt aus DIN 18299.	DIN 18330 Maurerarbeiten	DIN 18331 Beton- und Stahlbetonarbeiten	DIN 18334 Zimmer- und Holzarbeiten	DIN 18300 Erdarbeiten	DIN 18316 Straßenbauarbeiten, hydraulisch	DIN 18317 Straßenbauarbeiten, bituminös
Einrichten und Räumen der Baustelle	A 1	A 1	A 1	A 1	A 1	A 1
Vorhalten der Baustelleneinrichtung	A 2	A 2	A 2	A 2	A 2	A 2
Messungen für das Ausführen und Abrechnen	A 3	A 3	A 3	A 3	A 3	A 3
Sicherungsmaßnahmen nach Unfallverhütungsvorschriften	A 4	A 4	A 4	A 4	A 4	A 4
Unterhalten der Aufenthalts- und Sanitärräume für Beschäftigte des AN	A 5	A 5	A 5	A 5	A 5	A 5
Heranbringen von Wasser und Energie von vom AG gestellten Anschlußstellen	A 6	A 6	A 6	A 6	A 6	A 6
Lieferung der Betriebsstoffe	A 7	A 7	A 7	A 7	A 7	A 7
Vorhalten der Kleingeräte und Werkzeuge	A 8	A 8	A 8	A 8	A 8	A 8
Befördern der Stoffe und Bauteile	A 9	A 9	A 9	A 9	A 9	A 9
Sichern der Arbeiten gegen Niederschlagswasser	A 10	A 10	A 10	A 10	A 10	A 10
Entsorgen von Abfall und Beseitigen aller Verunreinigungen aus dem Bereich des AN	A 11	A 11	A 11	A 11	A 11	A 11
Entsorgen von Abfall aus dem Bereich des AG bis zu 1 m³, soweit nicht schadstoffbelastet	A 12	A 12	A 12	A 12	A 12	A 12
Statische Berechnungen und Zeichnungen für Baubehelfe	1	5				
Arbeits- und Schutzgerüste für die eigene Leistung	2	4	1[1])			
Herstellen der Abdeckungen und Umwehrungen von Öffnungen und Belassen zum Mitbenutzen durch andere Unternehmer über die eigene Benutzungsdauer hinaus	3	6				
Aussparen und Vermauern aller für die Ausführung der eigenen Leistung erforderlichen Rüstlöcher	4					

Fortsetzung und Fußnote s. nächste Seite

Tafel 6.7, Fortsetzung

Folgende Leistungen sind Nebenleistungen, sie gehören auch ohne Erwähnung zur vertraglichen Leistung. Die Ziffern sind die lfd. Nummern des Abschnittes 4.1. „A" stammt aus DIN 18299.	DIN 18330 Maurerarbeiten	DIN 18331 Beton- und Stahlbetonarbeiten	DIN 18334 Zimmer- und Holzarbeiten	DIN 18300 Erdarbeiten	DIN 18316 Straßenbauarbeiten, hydraulisch	DIN 18317 Straßenbauarbeiten, bituminös
Aussparen von Öffnungen in gemauerten Schornsteinen	5					
Ummauern und Vergießen von Träger- und Balkenköpfen und anderen Konstruktionsgliedern, ausgenommen das Vergießen bei Stahlbauarbeiten	6					
Zubereiten des Mörtels und Vorhalten der hierzu erforderlichen Einrichtungen	7					
Verbindungen beim Einbau von Betonfertigteilen, die zur Leistung des AN gehören		1				
Schutz des jungen Betons gegen Witterungseinflüsse		2				
Nachweis der Güte der Stoffe, Bauteile und des Betons		3				
Liefern und Einbauen von Zubehör zur Spannbewehrung, z.B. Hüllrohre, Spannköpfe, Kupplungsstücke, Einpreßmörtel, sowie Spannen und Verpressen		7				
Vorlegen erforderlicher Muster			2			
Liefern von Drahtstiften und Holzschrauben bis 6 mm Durchmesser			3			
Auffüttern bis zu 2 cm Dicke zur Herstellung einer ebenen Fläche, z. B. an Wänden, Böden			4			
Feststellen des Zustandes der Straßen, der Geländeoberfläche, der Vorfluter usw.				1	1	1
Beseitigen einzelner Sträucher und Bäume bis 0,1 m Durchmesser (1 m über Erdboden)				2		
Beseitigen einzelner Steine und Mauerreste bis zu 0,1 m³ (=60 cm Durchmesser) [2])				3		
Treppen oder Wege in Böschungen zur Durchführung der Leistungen des AN				4		
Behelfsmäßige Zugänge und Zufahrten außer zur Aufrechterhaltung des öffentlichen und des Anlieger-Verkehrs					2	2
Probenahme und Eignungsprüfung von Stoffen und Beton, die AN liefert und herstellt					3	3
Eigenüberwachungsprüfung, sonst wie vor					4	4

[1]) wenn Arbeitsbühnen nicht höher als 2 m über Gelände oder Fußboden liegen
[2]) ausgenommen Hindernisse in Gräben bis 0,80 m Sohlenbreite (siehe Abschnitt 4.2.4 der Din 18.300)

4 Werkverträge nach BGB und VOB

4.1 BGB §§ 631 bis 651

§ 631 [Wesen des Werkvertrags]

(1) Durch den Werkvertrag wird der Unternehmer zur Herstellung des versprochenen Werkes, der Besteller zur Entrichtung der vereinbarten Vergütung verpflichtet.

(2) Gegenstand des Werkvertrags kann sowohl die Herstellung oder Veränderung einer Sache als ein anderer durch Arbeit oder Dienstleistung herbeizuführender Erfolg sein.

§ 632 [Vergütung]

(1) Eine Vergütung gilt als stillschweigend vereinbart, wenn die Herstellung des Werkes den Umständen nach nur gegen eine Vergütung zu erwarten ist.

(2) Ist die Höhe der Vergütung nicht bestimmt, so ist bei dem Bestehen einer Taxe die taxmäßige Vergütung, in Ermangelung einer Taxe die übliche Vergütung als vereinbart anzusehen.

§ 633 [Gewährleistungspflicht des Unternehmers; Mängelbeseitigung]

(1) Der Unternehmer ist verpflichtet, das Werk so herzustellen, daß es die zugesicherten Eigenschaften hat und nicht mit Fehlern behaftet ist, die den Wert oder die Tauglichkeit zu dem gewöhnlichen oder dem nach dem Vertrage vorausgesetzten Gebrauch aufheben oder mindern.

(2) Ist das Werk nicht von dieser Beschaffenheit, so kann der Besteller die Beseitigung des Mangels verlangen. Der Unternehmer ist berechtigt, die Beseitigung zu verweigern, wenn sie einen unverhältnismäßigen Aufwand erfordert.

(3) Ist der Unternehmer mit der Beseitigung des Mangels im Verzuge, so kann der Besteller den Mangel selbst beseitigen und Ersatz der erforderlichen Aufwendungen verlangen.

§ 634 [Fristsetzung mit Ablehnungsandrohung; Wandelung; Minderung]

(1) Zur Beseitigung eines Mangels der im § 633 bezeichneten Art kann der Besteller dem Unternehmer eine angemessene Frist mit der Erklärung bestimmen, daß er die Beseitigung des Mangels nach dem Ablaufe der Frist ablehne. Zeigt sich schon vor der Ablieferung des Werkes ein Mangel, so kann der Besteller die Frist sofort bestimmen; die Frist muß so bemessen werden, daß sie nicht vor der für die Ablieferung bestimmten Frist abläuft. Nach dem Ablaufe der Frist kann der Besteller Rückgängigmachung des Vertrages (Wandelung) oder Herabsetzung der Vergütung (Minderung) verlangen, wenn nicht der Mangel rechtzeitig beseitigt worden ist; der Anspruch auf Beseitigung des Mangels ist ausgeschlossen.

(2) Der Bestimmung einer Frist bedarf es nicht, wenn die Beseitigung des Mangels unmöglich ist oder von dem Unternehmer verweigert wird oder wenn die sofortige Geltendmachung des Anspruchs auf Wandelung oder auf Minderung durch ein besonderes Interesse des Bestellers gerechtfertigt wird.

(3) Die Wandelung ist ausgeschlossen, wenn der Mangel den Wert oder die Tauglichkeit des Werkes nur unerheblich mindert.

(4) Auf die Wandelung und die Minderung finden die für den Kauf geltenden Vorschriften der §§ 465 bis 467, 469 bis 475 entsprechende Anwendung.

§ 635 [Schadensersatz wegen Nichterfüllung]

Beruht der Mangel des Werkes auf einem Umstande, den der Unternehmer zu vertreten hat, so kann der Besteller statt der Wandelung oder der Minderung Schadensersatz wegen Nichterfüllung verlangen.

§ 636 [Verspätete Herstellung]

(1) Wird das Werk ganz oder zum Teil nicht rechtzeitig hergestellt, so finden die für die Wandelung geltenden Vorschriften des § 634 Abs. 1 bis 3 entsprechende Anwendung; an die Stelle des Anspruchs auf Wandlung tritt das Recht des Bestellers, nach § 327 von dem Vertrage zurückzutreten. Die im Falle des Verzugs des Unternehmers dem Besteller zustehenden Rechte bleiben unberührt.

(2) Bestreitet der Unternehmer die Zulässigkeit des erklärten Rücktritts, weil er das Werk rechtzeitig hergestellt habe, so trifft ihn die Beweislast.

§ 637 [Vertraglicher Ausschluß der Haftung]

Eine Vereinbarung, durch welche die Verpflichtung des Unternehmers, einen Mangel des Werkes zu vertreten erlassen oder beschränkt wird, ist nichtig, wenn der Unternehmer den Mangel arglistig verschweigt.

§ 638 [Kurze Verjährung]

(1) Der Anspruch des Bestellers auf Beseitigung eines Mangels des Werkes sowie die wegen des Mangels dem Besteller zustehenden Ansprüche auf Wandlung, Minderung oder Schadensersatz verjähren, sofern nicht der Unternehmer den Mangel arglistig verschwiegen hat, in sechs Monaten, bei Arbeiten an einem Grundstück in einem Jahre, bei Bauwerken in fünf Jahren. Die Verjährung beginnt mit der Abnahme des Werkes.

(2) Die Verjährungsfrist kann durch Vertrag verlängert werden.

§ 639 [Unterbrechung und Hemmung der Verjährung]

(1) Auf die Verjährung der im § 638 bezeichneten Ansprüche des Bestellers finden die für die Verjährung der Ansprüche des Käufers geltenden Vorschriften des § 477 Abs. 2, 3 und der §§ 478, 479 entsprechende Anwendung.

(2) Unterzieht sich der Unternehmer im Einverständnisse mit dem Besteller der Prüfung des Vorhandenseins des Mangels oder der Beseitigung des Mangels, so ist die Verjährung so lange gehemmt, bis der Unternehmer das Ergebnis der Prüfung dem Besteller mitteilt oder ihm gegenüber den Mangel für beseitigt erklärt oder die Fortsetzung der Beseitigung verweigert.

§ 640 [Abnahmepflicht des Bestellers]

(1) Der Besteller ist verpflichtet, das vertragsmäßig hergestellte Werk abzunehmen, sofern nicht nach der Beschaffenheit des Werkes die Abnahme ausgeschlossen ist.

(2) Nimmt der Besteller ein mangelhaftes Werk ab, obschon er den Mangel kennt, so stehen ihm die in den §§ 633, 634 bestimmten Ansprüche nur zu, wenn er sich seine Rechte wegen des Mangels bei der Abnahme vorbehält.

§ 641 [Fälligkeit der Vergütung]

(1) Die Vergütung ist bei der Abnahme des Werkes zu entrichten. Ist das Werk in Teilen abzunehmen, und die Vergütung für die einzelnen Teile bestimmt, so ist die Vergütung für jeden Teil bei dessen Abnahme zu entrichten.

(2) Eine in Geld festgesetzte Vergütung hat der Besteller von der Abnahme des Werkes an zu verzinsen, sofern nicht die Vergütung gestundet ist.

§ 642 [Mitwirkung des Bestellers]

(1) Ist bei der Herstellung des Werkes eine Handlung des Bestellers erforderlich, so kann der Unternehmer, wenn der Besteller durch das Unterlassen der Handlung in Verzug der Annahme kommt, eine angemessene Entschädigung verlangen.

(2) Die Höhe der Entschädigung bestimmt sich einerseits nach der Dauer des Verzugs und der Höhe der vereinbarten Vergütung, andererseits nach demjenigen, was der Unternehmer infolge des Verzugs an Aufwendungen erspart oder durch anderweitige Verwendung seiner Arbeitskraft erwerben kann.

§ 643 [Kündigung durch Unternehmer]

Der Unternehmer ist im Fall des § 642 berechtigt, dem Besteller zur Nachholung der Handlung eine angemessene Frist mit der Erklärung zu bestimmen, daß er den Vertrag kündige, wenn die Handlung nicht bis zum Ablauf der Frist vorgenommen werde. Der Vertrag gilt als aufgehoben, wenn nicht die Nachholung bis zum Ablaufe der Frist erfolgt.

§ 644 [Gefahrtragung]

(1) Der Unternehmer trägt die Gefahr bis zur Abnahme des Werkes. Kommt der Besteller in Verzug der Annahme, so geht die Gefahr auf ihn über. Für den zufälligen Untergang und eine zufällige Verschlechterung der von dem Besteller gelieferten Stoffen ist der Unternehmer nicht verantwortlich.

(2) Versendet der Unternehmer das Werk auf Verlangen des Bestellers nach einem anderen Orte als dem Erfüllungsorte, so finden die für den Kauf geltenden Vorschriften des § 447 entsprechende Anwendung.

§ 645 [Haftung des Bestellers]

(1) Ist das Werk vor der Abnahme infolge eines Mangels des von dem Besteller gelieferten Stoffes oder infolge einer von dem Besteller für die Ausführung erteilten Anweisung untergegangen, verschlechtert oder unausführbar geworden, ohne daß ein Umstand mitbewirkt hat, den der Unternehmer zu vertreten hat, so kann der Unternehmer einen der geleisteten Arbeit entsprechenden Teil der Vergütung und Ersatz der in der Vergütung nicht inbegriffenen Auslagen verlangen. Das gleiche gilt, wenn der Vertrag in Gemäßheit des § 643 aufgehoben wird.

(2) Eine weitergehende Haftung des Bestellers wegen Verschuldens bleibt unberührt.

§ 646 [Vollendung statt Abnahme]

Ist nach der Beschaffenheit des Werkes die Abnahme ausgeschlossen, so tritt in den Fällen der §§ 638, 641, 644, 645 an die Stelle der Abnahme die Vollendung des Werkes.

§ 647 [Unternehmerpfandrecht]

Der Unternehmer hat für seine Forderungen aus dem Vertrag ein Pfandrecht an den von ihm hergestellten oder ausgebesserten beweglichen Sachen des Bestellers, wenn sie bei der Herstellung oder zum Zwecke der Ausbesserung in seinen Besitz gelangt sind.

§ 648 [Sicherungshypothek am Baugrundstück]

(1) Der Unternehmer eines Bauwerkes oder eines einzelnen Teiles eines Bauwerkes kann für seine Forderungen aus dem Vertrage die Einräumung einer Sicherungshypothek an dem Baugrundstücke des Bestellers verlangen. Ist das Werk noch nicht vollendet, so kann er die Einräumung der Sicherungshypothek für einen der geleisteten Arbeit entsprechenden Teil der Vergütung und für die in der Vergütung nicht inbegriffenen Auslagen verlangen.

Gilt nur für Schiffshypotheken.

§648a [Bauhandwerkersicherung]

(1) Der Unternehmer eines Bauwerkes, einer Außenanlage oder eines Teils davon kann vom Besteller Sicherheit für die von ihm zu erbringenden Vorleistungen in der Weise verlangen, daß er dem Besteller zur Leistung der Sicherheit eine angemessene Frist mit der Erklärung bestimmt, daß er nach dem Ablauf der Frist seine Leistung verweigere. Sicherheit kann bis zur Höhe des voraussichtlichen Vergütungsanspruchs verlangt werden, wie er sich aus dem Vertrag oder einem nachträglichen Zusatzauftrag ergibt. Sie ist auch dann als ausreichend anzusehen, wenn sich der Sicherungsgeber das Recht vorbehält, sein Versprechen im Falle einer wesentlichen Verschlechterung der Vermögensverhältnisse des Bestellers mit Wirkung für Vergütungsansprüche aus Bauleistungen zu widerrufen, die der Unternehmer bei Zugang der Widerrufserklärung noch nicht erbracht hat.

(2) Die Sicherheit kann auch durch eine Garantie oder ein sonstiges Zahlungsversprechen eines im Geltungsbereich dieses Gesetzes zum Geschäftsbetrieb befugten Kreditinstituts oder Kreditversicherer geleistet werden. Das Kreditinstitut oder der Kreditversicherer darf Zahlungen an den Unternehmer nur leisten, soweit der Besteller den Vergütungsanspruch des Unternehmers anerkennt oder durch vorläufig vollstreckbares Urteil zur Zahlung der Vergütung verurteilt worden ist und die Voraussetzungen vorliegen, unter denen die Zwangsvollstreckung begonnen werden darf.

(3) Der Unternehmer hat dem Besteller die üblichen Kosten der Sicherheitsleistung bis zu einem Höchstsatz von 2 vom Hundert für das Jahr zu erstatten. Dies gilt nicht, soweit eine Sicherheit wegen Einwendungen des Bestellers gegen den Vergütungsanspruch des Unternehmers aufrechterhalten werden muß und die Einwendungen sich als unbegründet erweisen.

(4) Soweit der Unternehmer für seinen Vergütungsanspruch eine Sicherheit nach den Absätzen 1 oder 2 erlangt hat, ist der Anspruch auf Einräumung einer Sicherungshypothek nach § 648 Abs. 1 ausgeschlossen.

(5) Leistet der Besteller die Sicherheit nicht fristgemäß, so bestimmen sich die Rechte des Unternehmers nach den §§ 643 und 645 Abs. 1. Gilt der Vertrag danach als aufgehoben, kann der Unternehmer auch Ersatz des Schadens verlangen, den er dadurch erleidet, daß er auf die Gültigkeit des Vertrags vertraut hat.

(6) Die Vorschriften der Absätze 1 bis 5 finden keine Anwendung, wenn der Besteller

1. eine juristische Person des öffentlichen Rechts oder ein öffentlich-rechtliches Sondervermögen ist oder

2. eine natürliche Person ist und die Bauarbeiten zur Herstellung oder Instandsetzung eines Einfamilienhauses mit oder ohne Einliegerwohnung ausführen läßt; dies gilt nicht bei Betreuung des Bauvorhabens durch einen zur Verfügung über die Finanzierungsmittel des Bestellers ermächtigten Baubetreuer.

(7) Eine von den Vorschriften der Absätze 1 bis 5 abweichende Vereinbarung ist unwirksam.

§ 649 [Kündigungsrecht des Bestellers]

Der Besteller kann bis zur Vollendung des Werkes jederzeit den Vertrag kündigen. Kündigt der Besteller, so ist der Unternehmer berechtigt, die vereinbarte Vergütung zu verlangen; er muß sich jedoch dasjenige anrechnen lassen, was er infolge der Aufhebung des Vertrags an Aufwendungen erspart oder durch anderweitige Verwendung seiner Arbeitskraft erwirbt oder zu erwerben böswillig unterläßt.

§ 650 [Kostenanschlag]

(1) Ist dem Vertrag ein Kostenanschlag zugrunde gelegt worden, ohne daß der Unternehmer die Gewähr für die Richtigkeit des Anschlags übernommen hat, und ergibt sich, daß das Werk nicht ohne eine wesentliche Überschreitung des Anschlags ausführbar ist, so steht dem Unternehmer, wenn der Besteller den Vertrag aus diesem Grunde kündigt, nur der im § 645 Abs. 1 bestimmte Anspruch zu.

(2) Ist eine solche Überschreitung des Anschlags zu erwarten, so hat der Unternehmer dem Besteller unverzüglich Anzeige zu machen.

§ 651 [Werklieferungsvertrag]

(1) Verpflichtet sich der Unternehmer, das Werk aus einem von ihm zu beschaffenden Stoffe herzustellen, so hat er dem Besteller die hergestellte Sache zu übergeben und das Eigentum an der Sache zu verschaffen. Auf einen solchen Vertrag finden die Vorschriften über den Kauf Anwendung; ist eine nicht vertretbare Sache herzustellen, so treten an die Stelle des § 433, des § 446 Abs. 1 Satz 1 und der §§ 447, 459, 460, 462 bis 464, 477 bis 479 die Vorschriften über den Werkvertrag mit Ausnahme der §§ 647, 648a.

(2) Verpflichtet sich der Unternehmer nur zur Beschaffung von Zutaten oder sonstigen Nebensachen, so finden ausschließlich die Vorschriften über den Werkvertrag Anwendung.

4.2 Vergleich wichtiger Regelungen nach BGB und VOB

Tafel 6.8 Vergleich von Regelungen nach BGB und VOB

Vertragspunkt	BGB	VOB/B
Verjährungsfrist für Gewährleistung	5 Jahre bei Bauwerken (§ 638)	2 Jahre bei Bauwerken (§ 13)
Gefahrtragung während der Bauzeit	AN trägt jede Gefahr bis zur Abnahme. (§ 644)	AG muß dem AN Vegütung bezahlen, wenn vor der Abnahme die ausgeführte Leistung durch höhere Gewalt, Krieg, Aufruhr oder andere unabwendbare, vom AN nicht zu vertretende Umstände beschädigt oder zerstört wird. (§ 7)
Bei mangelhafter Leistung	AG kann Rückgängigmachung des Vertrages (Wandlung) oder Herabsetzung des Preises (Minderung) verlangen. Folgen der Wandlung: (BGB § 346) beide Parteien sind verpflichtet, einander die empfangenen Leistungen zurückzugewähren (bei Bauleistung kaum möglich). (§ 462)	AG kann nur den Vertrag kündigen = Auftrag entziehen. (§ 4 Nr. 7) Kündigung ist auf die Zukunft gerichtet. Wandlung ist nicht vorgesehen. (§ 8 Nr. 3)
Kündigungsrecht des AG	AG kann den Vertrag jederzeit, ohne Angabe von Gründen kündigen. AG muß dann die gesamte (auch nicht ausgeführte) Leistung dem AN vergüten. AN muß sich Ersparnisse durch Nichtausführung anrechnen lassen. Für Höhe der Ermäßigung des Entgelts ist AG beweispflichtig. (§ 649)	Sinngemäß wie BGB. (§ 8 Nr. 1)
Verzug durch AN	AG kann nach §§ 326 und 327 vom Vertrag zurücktreten. AN hat Beweislast, wenn er behauptet, nicht in Verzug zu sein. (§ 636)	Entweder Vertrag aufrechterhalten und Schadensersatzpflicht des AN oder Vertrag kündigen und Schadensersatz wegen Nichterfüllung nach § 8 Nr. 3 durch AN
Verzug durch AG	Bei Annahmeverzug des AG kann AN kündigen u. Entschädigung verlangen. (§§ 642, 643)	Bei Annahmeverzug des AG (nimmt Leistung nicht ab, unterläßt Handlung), oder Schuldnerverzug des AG (zahlt nicht) kann AN kündigen und Entschädigung verlangen. (§ 9 Nr. 1)
Beweislast = Verpflichtung, den Beweis für einen bestimmten Sachverhalt erbringen Grundsatz: Wer behauptet muß beweisen	Regelt für spezielle Fälle, wer Beweislast zu tragen hat. (§§ 282, 345, 358, 636 u.a.)	Keine über das allg. BGB-Recht hinausgehende Beweislastregelung.
Abnahme[1] = Anerkennung der Vertragserfüllung	Pflicht des AG zur Abnahme. Ansprüche aus erkennbaren Mängeln müssen bei der Abnahme vorbehalten werden. (§ 640)	Entspricht dem BGB, regelt außerdem fiktive Abnahme: – 12 Werktage nach Mitteilung des AN über Fertigstellung der Leistung – 6 Werktage nach Inbenutzungnahme (§ 12)

Fortsetzung s. nächste Seite

6

Tafel 6.8 Fortsetzung

Vertragspunkt	BGB	VOB/B
Gewährleistung: – für die vertrags- mäßige Beschaf- fenheit des Werkes zum Zeitpunkt der Abnahme, – für nach der Abnahme, innerhalb der Verjährungsfrist, auftretende Mängel	Mängelbeseitigung (Nachbesserung) durch AN oder falls AN dem nicht nachkommt, durch AG. AG kann Vergütung einstellen (Zurückbehaltungsrecht). AN kann Mängelbeseitigung verweigern, wenn das nur mit unverhältnismäßig hohem Aufwand möglich ist. AG hat Anspruch auf Wandlung, Minderung oder Schadenersatz, wenn AN Mängel nicht selbst beseitigt. (§§ 633, 634, 635).	AG hat im wesentlichen dieselben Rechte wie nach BGB, sie werden jedoch wie folgt eingeschränkt: – kein Recht auf Wandlung – nach BGB muß AN jeden Mangel beseitigen, nach VOB/B § 13 ist er von Geleistung frei, wenn der Mangel – auf die Leistungsbeschreibung – auf Anordnung oder Stofflieferung des AG – auf Vorleistungen anderer Unternehmer zurückzuführen ist. AN muß allerdings Bedenken, falls er soche hat oder hätte haben müssen, vor der Ausführung dem AG melden. (§ 4 Nr. 3, § 13)
Haftung gegenüber Dritten	Schadensersatzpflichtig ist der, der (bzw. dessen Erfüllungsgehilfe) vorsätzlich oder fahrlässig einen anderen („Dritten") schädigt. (§§ 823, 831) AG und AN können als Gesamtschuldner haften. (§ 840) Ausgleich im Innenverhältnis, z.B. nach §§ 426, 254, 840.	AN trägt Schulden allein, wenn er eine übliche Haftpflichtversicherung abgeschlossen hat oder hätte abschließen können. Für Schäden, die nicht durch die Versicherung übernommen werden, gilt der Ausgleich zwischen AG und AN nach den „gesetzlichen Bestimmungen" (vor allem nach BGB).
Vergütung	wird fällig bei der Abnahme (§ 641)	Abschlagszahlungen sind binnen 18 Werktagen nach Zugang der Aufstellung, Schlußzahlung ist innerhalb von 2 Monaten nach Zugang der Schlußrechnung zu leisten.

[1]) **Zu Abnahme**
Abnahme hat folgende rechtliche Wirkung:
– Gefahr geht von AN auf AG über (VOB/B § 12 Nr. 6, BGB § 644).
– Mit der Abnahme tritt eine Verschiebung der Beweislast ein: Bis zur Abnahme muß der AN die Vertragsmäßigkeit seiner Leistung beweisen, nach der Abnahme muß der AG den Vertragsverstoß (z.B. Mangel) beweisen (s. BGB 363).
– Mit der Abnahme beginnt die Verjährung der Gewährleistungsansprüche (VOV/B § 13 Nr. 4, BGB 638).
– Nach der Abnahme kann AG Ansprüche wegen Mängel, die ihm bei der Abnahme schon bekannt waren, nur geltend machen, wenn er sich dies schon bei der Abnahme vorbehalten hat (VOB/B § 12 Nr. 5, BGB § 640).
– Nach der Abnahme kann eine fällige Vertragsstrafe nur dann verlangt werden, wenn dies bei der Abnahme vorbehalten wurde (VOB/B § 12 Nr. 5, BGB § 341).

4.3 AGB-Gesetz (AGBG)

Gesetz zur Regelung des Rechts der Allgemeinen Geschäftsbedingungen (12.76)

4.3.1 Begriffsbestimmung

§ 1 (1): „Allgemeine Geschäftsbedingungen sind alle für eine Vielzahl von Verträgen vorformulierten Vertragsbedingungen, die eine Vertragspartei (Verwender) der anderen Vertragspartei bei Abschluß eines Vertrages stellt."

Eine Voraussetzung für die Anwendung dieses Gesetzes ist, daß der Verwender die Vertragsbedingungen „stellt", d.h. mit Erfolg auf Einhaltung und Bedingungen besteht.

Bei der Definition der „Vielzahl" geht der Bundesgerichtshof (BGH) von einer mindestens zweifachen Verwendung vorformulierter Vetragsbedingungen aus. Maßgebend ist dabei nicht die tatsächliche Verwendung, sondern schon die Absicht dazu. Von einer Vielzahl der Verwendung im Sinne des § 1 (1) ist auch dann auszugehen, wenn ein bereits bestehendes und zum mehrmaligen Gebrauch erstelltes Vertragswerk (z.B. VOB) nur ein einziges Mal verwendet wird. Das geschieht z.B. bei einem privaten Bauherrn, der nur ein einziges Mal baut und dem Bauvertrag die VOB/B zugrunde legt.

Das AGBG will die Position des wirtschaftlich Schwächeren stärken, wenn die andere Partei Allgemeine Geschäftsbedingungen verwendet. Der wirtschaftlich Schwächere im Sinne des Gesetzes ist derjenige, der keinen Einfluß auf die AGB hat, der sie also entweder akzeptieren kann oder auf den Vertrag verzichten muß.

Privatpersonen haben keine Möglichkeit gegen bestehende AGB juristisch vorzugehen. Nach § 13 haben dazu nur z.B. Verbraucherschutzverbände, Handwerkskammern, Industrie- und Handelskammern („Verbandsklage") die Möglichkeit.

6

4.3.2 AGB und Individualabreden

§ 1 (2): „Allgemeine Geschäftsbedingungen liegen nicht vor, soweit die Vertragsbedingungen zwischen den beiden Vertragsparteien ausgehandelt worden sind."

§ 4: „Individuelle Vertragsabreden haben Vorrang vor Allgemeinen Geschäftsbedingungen."

Individuell ausgehandelte Bedingungen unterliegen also nicht der Kontrolle des AGBG. Zum Aushandeln von Vertragsbedingungen ist es nicht nötig, die Klauseln auch tatsächlich zu ändern oder zu ergänzen, sie müssen nur inhaltlich zur Diskussion gestellt werden. Der Verwender hat im Zweifel die Beweislast dafür, daß es sich um Individualabreden handelt.

4.3.3 Geltungsbereich des AGBG

§ 2: „Allgemeine Geschäftsbedingungen werden nur dann Bestandteil eines Vertrages, wenn der Verwender bei Vertragsabschluß

1. die andere Vertragspartei ausdrücklich oder, wenn ein ausdrücklicher Hinweis wegen der Art des Vertragsabschlusses nur unter unverhältnismäßigen Schwierigkeiten möglich ist, durch deutlich sichtbaren Aushang am Ort des Vertragsabschlusses auf sie hinweist und

2. der anderen Vertragspartei die Möglichkeit verschafft, in zumutbarer Weise von ihrem Inhalt Kenntnis zu nehmen."

Sind die AGB dem Vertrag beigefügt, dann ist die Voraussetzung des § 2 immer erfüllt. Liegt die VOB dem Vertrag zugrunde, so reicht es bei Geschäften zwischen Baugewerbetreibenden aus, die VOB als Vertragsbestandteil anzuführen.

Soll die VOB Bestandteil eines Vertrages mit einer Person werden, die erkennbar nicht über die Gepflogenheit am Bau Bescheid weiß, muß darauf hingewiesen werden, daß die VOB beim Verwender eingesehen werden kann oder im Buchhandel zu kaufen ist. Nach Meinung des OLG München (Urteil vom 15.10.91) genügt ein solcher Hinweis jedoch nicht; die VOB wäre dann dem Vertrag beizufügen.

Eine Einschränkung des Geltungsbereiches des AGBG enthält § 24. Danach finden die §§ 2, 10, 11 und 12 keine Anwendung, wenn sie gegenüber einem Kaufmann verwendet werden und wenn der Vertrag zum Betriebe seines Handelsgewerbes gehört. Das Handelsrechtsreformgesetz (Stand 07.98) ändert das AGBG: Nach dieser Neuregelung kommen diese Schutzvorschriften des AGBG auch nicht zur Anwendung im Verhältnis zu allen Personen, die bei Abschluß von Verträgen in Ausübung ihrer gewerblichen oder selbständigen beruflichen Tätigkeit handeln (Unternehmer), also auch nicht im Verhältnis zu Kleingewerbetreibenden.

4.3.4 Überraschende Klauseln

§ 3: „Bestimmungen in AGB, die nach den Umständen, insbesondere nach dem äußeren Erscheinungsbild des Vertrages, so ungewöhnlich sind, daß der Vertragspartner des Verwenders mit ihnen nicht zu rechnen braucht, werden nicht Vertragsbestandteil."

Beispiele für überraschende Klauseln:

— Vom Rohbauunternehmer wird aufgrund der AGB die Wartung der Aufzugsanlagen verlangt.
— Rohbauunternehmer wird durch AGB verpflichtet, jahrelang die Pflege der Pflanzen der Außenanlagen zu übernehmen.
— Vertragspartner versichert gemäß AGB des Verwenders, daß er Vollkaufmann sei.

4.3.5 Unzulässige Klauseln

§ 9: „Generalklausel: Bestimmungen in AGB sind unwirksam, wenn sie den Vertragspartner des Verwenders entgegen den Geboten von Treu und Glauben unangemessen benachteiligen."

Das ist immer dann der Fall, wenn der Verwender von AGB versucht, einseitig seine Risiken aus dem Vertrag auf den Vertragspartner zu übertragen.

In den §§ 10 und 11 zählt das AGBG konkret unwirksame Vertragsklauseln auf, dabei sind die Besonderheiten des Bauvertrages nicht angemessen berücksichtigt. Über unwirksame Bauvertragsklauseln gibt es inzwischen eine umfangreiche Rechtsprechung.

4.4 Die VOB und das AGBG

4.4.1 Allgemeines

§ 23 (5) AGBG: „Keine Anwendung finden ... § 10 (5) und § 11 (10f) AGBG für Leistungen, für die die VOB Vertragsgrundlage ist."

§ 10 (5) meint „fingierte Erklärungen"; eine solche Erklärung ist die sogenannte fiktive Abnahme gemäß § 12 (5) VOB/B.

§ 11 (10f) meint „Verkürzung von Gewährleistungsfristen"; das sieht § 13 (4) VOB/B vor.

Aus der Tatsache, daß die VOB ausdrücklich im AGBG genannt ist, läßt sich folgern, daß der Gesetzgeber die VOB als AGB im Sinne des AGBG ansieht.

4.4.2 VOB/A

Die VOB/A enthält „Allgemeine Bestimmungen über die Vergabe von Bauleistungen", sie regelt also den vorvertraglichen Bereich. Da die VOB/A bestimmungsgemäß nicht Vertragsbestandteil wird, ist sie keine AGB im Sinne des AGBG; die VOB/A unterliegt also nicht der Inhaltskontrolle des AGBG.

4.4.3 VOB/C

Die VOB/C enthält „Allgemeine Technische Vertragsbedingungen für Bauleistungen"; sie werden kaum mit dem AGBG in Konflikt geraten. Das gilt auch für etwaige „Zusätzliche Technische Vertragsbedingungen".

4.4.4 VOB/B

Die VOB/B enthält „**Allgemeine Vertragsbedingungen** für die Ausführung von Bauleistungen"; es handelt sich um AGB im Sinne des AGBG. Die VOB/B gilt in ihrer Gesamtregelung als ausgewogen; sie verstößt nicht gegen das AGBG, wenn die VOB/B als Ganzes vereinbart wird.

„**Zusätzliche Vertragsbedingungen**" sind Ergänzungen der VOB/B und unterliegen i.d.R. der Mehrfachverwendung; sie sind grundsätzlich der Kontrolle des AGBG unterworfen. Darüber hinaus kann es sein, daß aufgrund zusätzlicher Vertragsbedingungen die Ausgewogenheit der VOB/B verlorengeht. Dann würde auch in diesem Zusammenhang die VOB/B der Inhaltskontrolle des AGBG unterliegen. Zusätzliche Vertragsbedingungen sollten deshalb auf ein Mindestmaß reduziert werden.

„**Besondere Vertragsbedingungen**" werden für den Einzelfall aufgestellt; sie unterliegen dann nicht der Kontrolle des AGBG. Es kommt nicht auf die Bezeichnung „Besondere Vertragsbedingung" an, sondern allein auf die ordnungsgemäße Anwendung. Wenn ein Generalunternehmer für ein einziges Bauvorhaben „Besondere Vertragsbedingungen" für eine Vielzahl von Nachunternehmern aufstellt, dann werden diese zur AGB und müssen dem AGBG genügen. Wenn die besonderen Vertragsbedingungen die VOB/B so abändern, daß die Ausgewogenheit im Interessenausgleich der Vertragspartner verlorengeht, dann wird auch die VOB/B in diesem Zusammenhang der Kontrolle des AGBG unterworfen.

4.5 Bauvertragliche Übersichten

Tafel 6.9 Abnahme von Bauleistungen nach dem BGB und nach der VOB

Tatsächliche Abnahme	Fiktive Abnahme	
Förmliche Abnahme	12 Werktage nach schriftlicher Mitteilung[1]) des AN über Fertigstellung der Vertragsleistung	6 Werktage nach Inbenutzungnahme der Leistung durch den AG
VOB/B § 12, Nr. 4 = BGB § 640	VOB/B § 12 Nr. 5 Abs. 1	VOB/B § 12 Nr. 5 Abs. 2

[1]) Die Übersendung der Schlußrechnung ist eine solche Mitteilung.
Rechtliche Wirkung der Abnahme: s. unter 4, Fußnote [1])

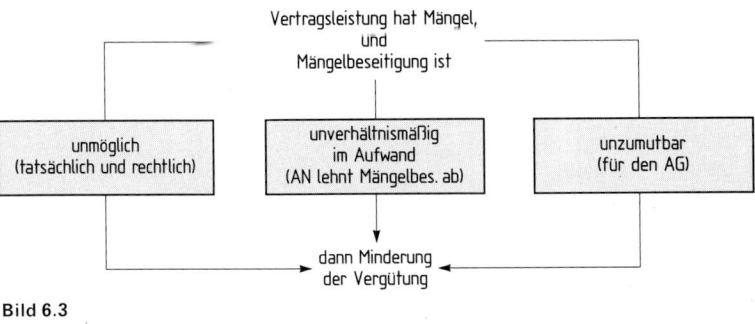

Bild 6.3

Leistungsbeschreibung und Bauvertrag

Niederschrift über die förmliche Abnahme[1])

1. Baumaßnahme: _____

2. Gebäude/Bauwerk: _____

3. Auftragnehmer: _____

   Vertrag Nr.: _____ vom: _____ Auftragsschreiben vom: _____

   Vertrag Nr.: (Nachtrag) _____ vom: _____ Auftragsschreiben vom: _____

4. Die Ausführung der Leistungen wurde   begonnen am _____

                                            beendet am _____

5. Mängel:

   Es wurden bei der Abnahme folgende Mängel festgestellt: _____

   _____

   _____

   _____

   _____

   Diese Mängel sind unverzüglich, spätestens bis _____, zu beseitigen.

   Sofern dies nicht geschieht, ist der Auftraggeber berechtigt, auf Kosten
   des Auftragnehmers die Mängelbeseitigung vornehmen zu lassen.

6. Einwendungen des Auftragnehmers: _____

   _____

   _____

   _____

   Alle Ansprüche des Auftraggebers auf Gewährleistung und Schadenersatz
   bleiben unberührt.

   Der Auftraggeber behält sich vor, die vereinbarte Vertragsstrafe geltend zu machen.

   _____, den _____ 19 _____

   Der Auftragnehmer: Für den Auftraggeber:

   _____   _____

[1]) Nach Vergabehandbuch für die Durchführung von kommunalen Bauaufgaben NW 1995

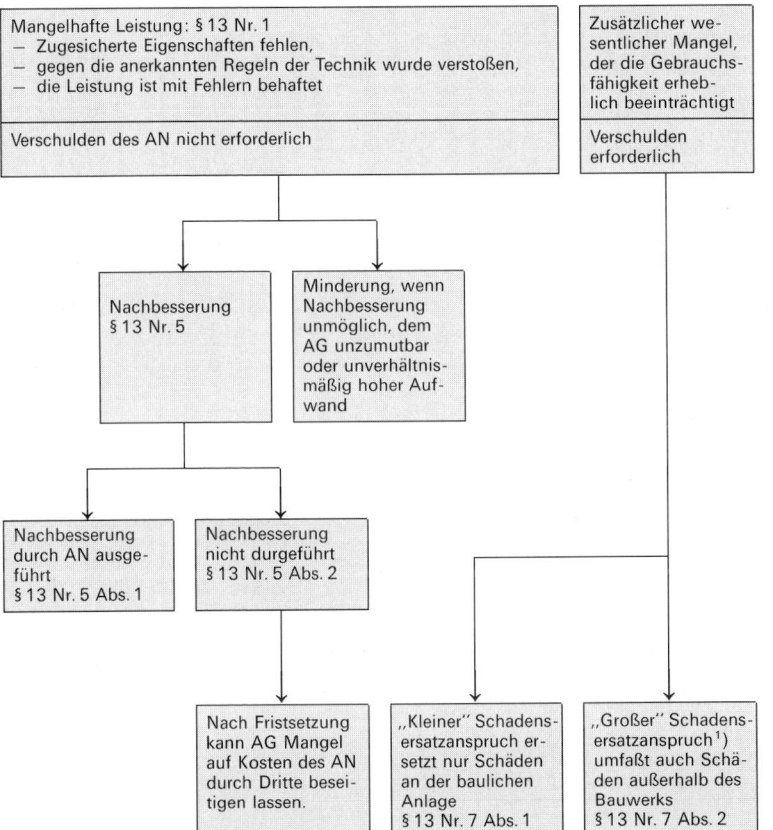

Bild 6.4 Gewährleistungsregelung nach der VOB/B § 13 nach [27]

[1]) AN hat den über den „kleinen" Schadenersatz hinausgehenden Schaden nur zu ersetzen,
   — wenn der Mangel auf Vorsatz oder grober Fahrlässigkeit beruht,
   — wenn der Mangel auf einem Verstoß gegen die anerkannten Regeln der Technik beruht,
   — wenn der Mangel in dem Fehlen einer vertraglich zugesicherten Eigenschaft besteht
   — oder wenn AN den Schaden durch Versicherung seiner gesetzlichen Haftpflicht gedeckt
     hat oder zu tarifgemäßen, nicht auf außergewöhnliche Verhältnisse abgestellten Prämien
     bei einem im Inland zugelassenen Versicherer hätte decken können.

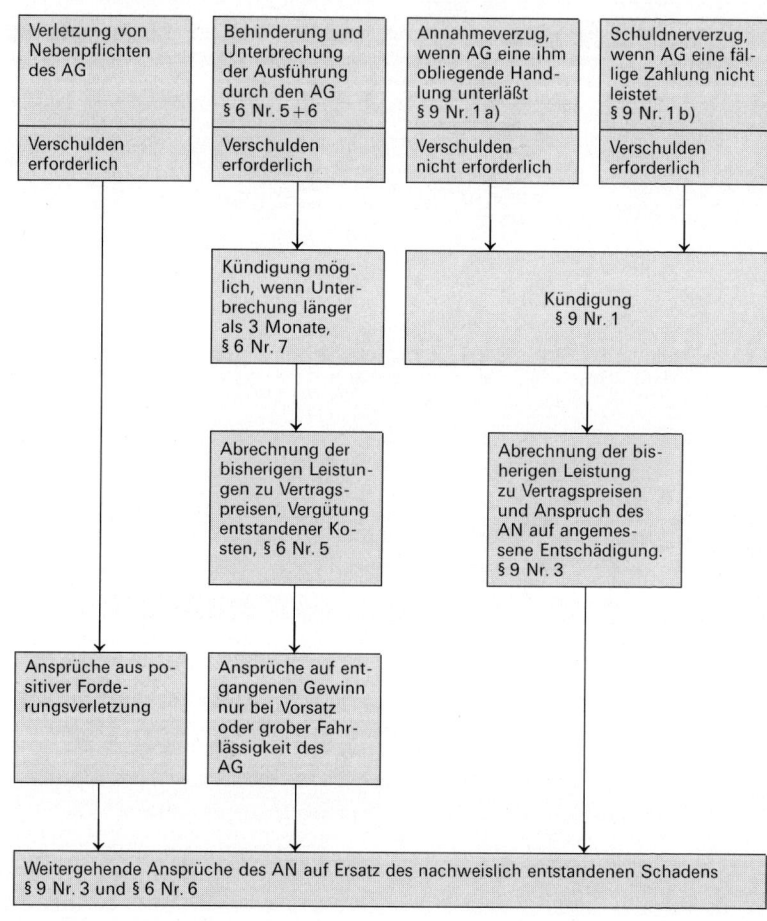

Bild 6.5 **Rechte des Auftragnehmers nach VOB/B bei Vertragsverletzung durch den Auftraggeber** nach [27]

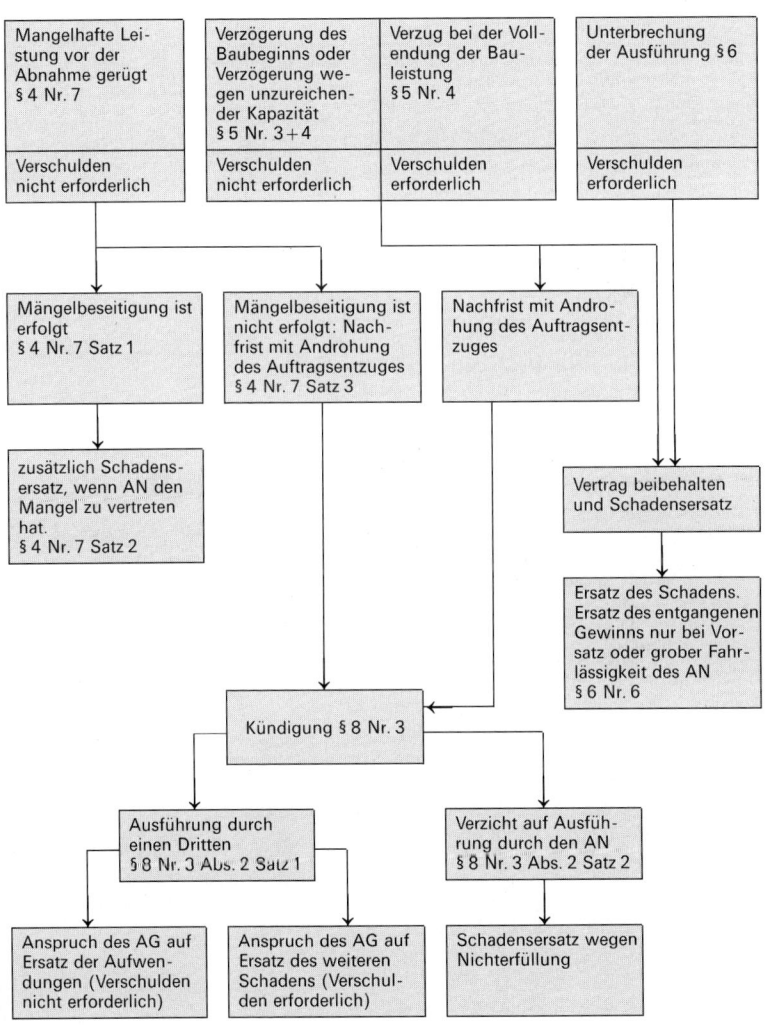

Bild 6.6 Rechte des Auftraggebers nach VOB/B bei Vertragsverletzung durch den Auftragnehmer nach [27]

Leistungsbeschreibung und Bauvertrag

Tafel 6.10 Fristen nach VOB/B nach [18]

Grund	Frist	VOB/B
Bedenken gegen die Art der Ausführung	unverzüglich	§ 4 Nr. 3
Beginn der Ausführung nach Aufforderung durch den Auftraggeber ohne Fristvereinbarung	12 Werktage	§ 5 Nr. 2
Abhilfe bei Aufforderung des AG, Arbeitskräfte, Geräte usw. in ausreichendem Umfang zu stellen	unverzüglich	§ 5 Nr. 3
Behinderungsanzeige	unverzüglich	§ 6 Nr. 1
Aufnahme der Arbeit nach Wegfall der Behinderung	unverzüglich	§ 6 Nr. 3
Recht zur Kündigung bei längerer Unterbrechung	3 Monate	§ 6 Nr. 7
Aufstellung von Mehrkosten wegen Geräte- und Materialstellung nach Kündigung durch den Auftraggeber	12 Werktage	§ 8 Nr. 3 (4)
Kündigung wegen Preisabsprache	12 Werktage	§ 8 Nr. 4
Vorlage einer prüfbaren Rechnung nach Kündigung durch den Auftraggeber	unverzüglich	§ 8 Nr. 6
Abnahmeverlangen des Auftragnehmers, falls formelle Abnahme nicht vereinbart	12 Werktage	§ 12 Nr. 1
Eintritt der Abnahme nach Mitteilung über die Fertigstellung der Bauleistung, falls keine formelle Abnahme vereinbart	12 Werktage	§ 12 Nr. 5 (1)
Eintritt d. Abnahme durch Benutzung d. Bauleistung	6 Werktage	§ 12 Nr. 5 (2)
Verjährungsfrist für Arbeiten an einem Grundstück und für die von Feuer berührten Teile einer Feuerungsanlage	1 Jahr	§ 13 Nr. 4
Verjährungsfrist für Bauwerke und Holzerkrankungen, falls nichts anderes vereinbart ist	2 Jahre	§ 13 Nr. 4
Verjährungsfrist für Mängel, die AN verschuldet und die die Gebrauchsfähigkeit beeinträchtigen u. versicherbar sind	5 Jahre	§ 13 Nr. 7
Einreichen der Schlußrechnung bei Ausführungsfrist bis zu 3 Monaten	12 Werktage	§ 14 Nr. 3
Verlängerung der vorstehenden Frist für je 3 Monate	6 Werktage	§ 14 Nr. 3
Rückgabe der Stundenlohnzettel durch Auftraggeber	6 Werktage	§ 15 Nr. 3
Einreichen von Stundenlohnzetteln durch den Auftragnehmer	4 Wochen	§ 15 Nr. 4
Fälligkeit der Abschlagszahlung nach Zugang der prüfbaren Leistungsaufstellung	18 Werktage	§ 16 Nr. 1 (3)
Fälligkeit der Schlußzahlung nach Zugang der Schlußrechnung	2 Monate	§ 16 Nr. 3 (1)
Geltendmachen eines Vorbehaltes gegen die Schlußzahlung	24 Werktage	§ 16 Nr. 3 (5)
Begründung des vorgenannten Vorbehaltes	24 Werktage	§ 16 Nr. 3 (5)
Einzahlung von einbehaltenen Sicherheitsleistungen auf Sperrkonto nach Mitteilung (nur für Abschlagszahlungen)	18 Werktage	§ 17 Nr. 6 (1)
Erbringen der Sicherheitsleistung nach Vertragsabschluß	18 Werktage	§ 17 Nr. 7
Schriftliche Entscheidung bei Klärung von Streitigkeiten bei öffentlichen Aufträgen durch vorgesetzte Behörde	2 Monate	§ 18 Nr. 2
Einspruchsfrist gegen Entscheidung der vorgesetzten Behörde	2 Monate	§ 18 Nr. 2

Tafel 6.11 Vergütungsanspruch des AN nach VOB/B bei Vertragsänderungen

Grund	Vergütung nach VOB/B	Voraussetzungen und Maßgabe
Leistungsänderung durch AG	Vertragsleistungen werden vom AG selbst übernommen: § 2 Nr. 4 mit § 8 Nr. 1 (2)	— nach Vereinbarung, sonst: — Vergütung wie bei Kündigung durch AG.
	Änderung des Bauentwurfs durch AG § 2 Nr. 5	— Preisgrundlage für eine im Vertrag vorgesehene Leistung ist geändert. — Neuer Preis unter Berücksichtigung der Mehr- oder Minderkosten. — Vereinbarung vor Ausführungsbeginn.
	Zusätzliche Leistungen (auch im LV nicht enthaltene besondere Leistungen nach Abschnitt 4.2 VOB/C): § 2 Nr. 6	— Anspruch vor Ausführungsbeginn dem AG ankündigen. — Preisgrundlage ist die Preisermittlung für die vertragliche Leistung. — Vereinbarung möglichst vor Ausführung.
Leistungsänderung durch AN	Leistungen ohne Auftrag: § 2 Nr. 8	Leistung wird vom AG nachträglich anerkannt oder: — Leistung war notwendig — entsprach dem mutmaßlichen Willen des AG — wurde unverzüglich angezeigt.
Mengenänderungen einer Position um mehr als 10%	Mengenüberschreitung: § 2 Nr. 3 (2)	— Neuer Preis muß Mehr- und Minderkosten berücksichtigen. — Preis gilt nur für die über 10% hinausgehende Mehrmenge.
	Mengenunterschreitung: § 2 Nr. 3 (3)	— Es geht nur um Erhöhung der Preise. — Höherer Preis nur, wenn kein Ausgleich durch Mehrmengen o.ä. anderer Positionen. — Mehrbetrag entspricht der Verteilung der Baustelleneinrichtungskosten, Baustellengemeinkosten und Allgemeinen Geschäftskosten auf die verringerte Menge.
Kündigung	durch AG: § 8 Nr. 1 (2)	AN erhält vereinbarte Vergütung, muß sich jedoch anrechnen lassen: — ersparte Kosten durch Vertragsaufhebung — ersparte Kosten durch mögliche anderweitige Verwendung seines Betriebes.
	durch AN: § 9 Nr. 3	Bisherige Leistungen nach Vertragspreisen abrechnen, außerdem Entschädigung weitergehender Ansprüche. Voraussetzung: — Annahmeverzug des AG oder — Schuldnerverzug des AG.
Behinderung bzw. Unterbrechung von längerer Dauer	durch AG zu vertreten: § 6 Nr. 5 bis 7	— Hindernde Umstände unverzüglich anzeigen. — ausgeführte Leistungen nach Vertrag abrechnen, außerdem: — Vergütung der entstandenen Kosten, die in Preisen des nichtausgeführten Teiles enthalten sind.

6

5 Zusätzliche oder Besondere Vertragsbedingungen

Werden dann verfaßt, wenn Bestimmungen des BGB oder der VOB/B ergänzt werden sollen oder müssen. Dabei sollte die VOB/B grundsätzlich nicht verändert werden (VOB/A § 10).
In der Praxis wird gegen diesen Grundsatz jedoch häufig verstoßen.

Zusätzliche Vertragsbedingungen
werden in der Regel nur AG verfassen, die wiederholt vergleichbare Bauwerke errichten (z.b.: öffentliche Bauverwaltungen, Industriewerke, Wohnungsbaugesellschaften).

Besondere Vertragsbedingungen
sollen nur die besonderen Verhältnisse eines speziellen Bauwerkes regeln, sie haben demnach nur Bedeutung für das einzelne Bauwerk.
(z.B.: Zufahrtswege, Wasseranschluß, Ausführungsfristen)
Zusätzliche oder Besondere Vertragsbedingungen werden sinnvoll von einem AG, der nur einmal baut (z.B. Einfamilienhaus), zusammengefaßt. Eine Unterscheidung ist dann sinnlos, da sich beide Vertragsbedingungen auf eine einmalige (besondere!) Baumaßnahme beziehen.

5.1 Katalog wichtiger Vertragspunkte

In Besonderen oder Zusätzlichen Vertragsbedingungen sind folgende Punkte zu regeln: Die §§ beziehen sich auf VOB/A bzw. VOB/B.

(1) Unterlagen (A § 20 Nr. 3; B § 3 Nr. 5)

x   Wenn AG Angebotsunterlagen des AN für andere Zwecke (außerhalb des angebotenen Objektes) verwenden will.
Wenn AG Zeichnungen, Berechnungen oder andere Unterlagen vom AN verlangt.

(2) Plätze, Wege, Anschlüsse (B § 4 Nr. 4)

xxx Der AG hat dem AN unentgeltlich zur Benutzung zu überlassen:
     — die notwendigen Lager- und Arbeitsplätze auf der Baustelle
     — vorh. Zufahrtswege und Anschlußgleise (falls vorhanden)
     — vorh. Anschlüsse für Wasser und Energie (falls vorhanden)
Wenn das nicht möglich ist, muß es gesagt werden.

(3) Nachunternehmer (B § 4 Nr. 8)

x   Der AN hat die Leistung, auf die sein Betrieb eingerichtet ist, im eigenen Betrieb auszuführen (Nachunternehmer nicht zulässig!)
Wenn AG auf diese Einschränkung keinen Wert legt (AN könnte durch mehr Handlungsspielraum evtl. günstiger anbieten) sollte das im BV gesagt werden.

(4) Ausführungsfristen (A § 11, B § 5)

xxx festlegen:
     — Beginn der Ausführung oder
     — Frist innerhalb der die Aufforderung zum Beginn der Ausführung ausgesprochen wird.
Einzelfristen eines Bauzeitenplanes (falls vorh.), die Vertragsfristen werden sollen.

(5) Haftung (B § 10 Nr. 2)

x   Entsteht einem Dritten im Zusammenhang mit der Leistung ein Schaden, für den auf Grund gesetzlicher Haftpflichtbestimmungen beide Vertragsparteien haften, so gelten für den Ausgleich zwischen den Vertragsparteien die allgemeinen gesetzlichen Bestimmungen. Andere Regelungen müssen im Einzelfall vereinbart werden.

---

xxx Wichtigste Regelungen (Mindestinhalt der „Besonderen Vertragsbedingungen")
xx   Sollte geregelt werden
x   Regelung nur bei Bedarf

(6) Vertragsstrafe (A § 12, B § 11)

x   für Überschreitung der Vertragsfristen kann vereinbart werden. Bei von ihm zu vertretenden Verzug haftet AN zwar immer mindestens auf Schadenersatz, es ist jedoch für AG oft problematisch, die Höhe des Schadens nachzuweisen.
Deshalb ist eine pauschale Vertragsstrafe (DM je Tag der Fristüberschreitung) für die Verrechnung einfacher; Schaden braucht dann nicht nachgewiesen werden. Vertragsstrafe muß bei Abnahme ausdrücklich vorbehalten werden, wenn AG sie geltend machen will. Dieser Vorbehalt kann im Vertrag von vornherein ausgeschlossen werden, dann ist das Geltendmachen der Vertragsstrafe vom Vorbehalt bei der Abnahme unabhängig.

(7) Abnahme (B § 12)

xx   Verlangt AN die Abnahme, so hat sie der AG binnen 12 Werktagen durchzuführen, eine andere Frist kann vereinbart werden.
Hat AG die Leistung in Benutzung genommen, so gilt die Abnahme nach Ablauf von 6 Werktagen nach Beginn der Benutzung als erfolgt, wenn nichts anderes vereinbart ist. Wird keine Abnahme verlangt, so gilt die Leistung als abgenommen, mit Ablauf von 12 Werktagen nach schriftlicher Mitteilung (auch Schlußrechnung gilt als solche) über die Fertigstellung der Leistung.
Es empfiehlt sich die Vereinbarung einer „förmlichen Abnahme". Dann ist eine „fiktive Abnahme" (Inbenutzungnahme, Mitteilung über Fertigstellung) ausgeschlossen, es sei denn, beide Parteien lassen durch schlüssiges Verhalten erkennen, daß eine Abnahme tatsächlich stattfand.

(8) Vertragsart (A § 5)

xxx   festlegen:

z.B. Einheitspreis- (ist die Regel), Pauschal-, Stundenlohn-, Selbstkostenerstattungsvertrag.

(9) Abrechnung (B § 14 Nr. 3)

x   Termine für die Vorlage der Schlußrechnung können vereinbart werden, sonst gilt B § 14.

(10) Stundenlohnarbeiten (B § 15)

xxx   sollten vertraglich geregelt werden.
Soweit für die Vergütung der Stundenlohnarbeiten keine Vereinbarung getroffen worden ist, gilt die ortsübliche Vergütung, oder AN berechnet seine Aufwendungen.

(11) Zahlung (B § 16)

xx   Abschlagszahlungen können entweder in der Mindesthöhe oder Häufigkeit beschränkt werden.
z.B.: „In Abständen von mindestens 2 Wochen" oder
„Mindesthöhe der einzelnen Abschlagszahlung ist DM 10.000, —."
Einbehalte müssen vereinbart sein, wenn sie vorgesehen sind.

(12) Sicherheitsleistung (A § 14, B § 17)

xxx   Wenn Sicherheitsleistungen oder -einbehalte für vertragsmäßige Ausführung und Gewährleistung vorgesehen sind, muß deren Höhe festgelegt werden.

Der AN hat die Wahl, ob er Sicherheiten durch Hinterlegen von Geld oder Bürgschaft eines Kreditinstitutes bieten will, wenn nichts anderes vereinbart ist.

Sicherheitseinbehalte sind auf ein Sperrkonto einzuzahlen. Zinsen daraus stehen dem AN zu (bei privaten Bauherren). Anderes müßte vereinbart werden.

(13) Gerichtsstand (B § 18 Nr. 1)

x   ist die für den Sitz des AG zuständige Stelle, wenn nichts anderes vereinbart ist.

(14) Lohn- und Gehaltsnebenkosten (A § 9 Nr. 8 Abs. 3)

x   (z.B. Wegegeld, Fahrtkosten, Auslösungen). Sollen sie gesondert vergütet werden, so ist die Art der Vergütung (z.B. Pauschalsumme oder auf Nachweis) in den Verdingungsunterlagen zu bestimmen.

Umkehrschluß: Wenn nichts anderes bestimmt ist, sind Lohn- und Gehaltsnebenkosten mit den übrigen Vertragsparteien abgegolten.

(15) Änderung der Vertragspreise (A § 15)[1])

xx können vereinbart werden für den Fall, daß sich die Preisermittlungsgrundlagen (Löhne, Materialpreise, Steuern usw.) wesentlich ändern.
Dann ist eine Preis- oder Lohngleitklausel vertraglich eindeutig festzulegen. Bei länger laufenden Bauvorhaben ist die Vereinbarung einer Lohngleitklausel für den AG oft günstig, da AN dann nicht von vornherein überhöhte Preise kalkulieren muß.

Anmerkung:
Ein Leistungsvertrag oder Pauschalvertrag nach VOB ist grundsätzlich ein Festpreisvertrag, wenn in ihm keinerlei Vorbehalte über eventuelle Preisänderungen enthalten sind.
Da die VOB den Begriff „Festpreis" nicht ausdrücklich nennt, wird vielfach ausdrücklich vereinbart, daß die Einheitspreise oder Pauschalpreise „Festpreise" sind.
Änderungen der Preisermittlungsgrundlagen gehören zum Wagnis des AN, auch wenn das nicht ausdrücklich gesagt ist.
Ein Abgehen von einem ausdrücklich oder stillschweigend vereinbarten Festpreis kommt nur ausnahmsweise in Betracht, wenn solche außergewöhnlichen Änderungen vorliegen, daß man von einem Wegfall der Geschäftsgrundlage sprechen kann und ein Festhalten an dem vereinbarten Festpreis für den AN unzumutbar ist.
Wegen der hohen Anforderungen, die die Rechtsprechung an die sog. „Opfergrenze des AN" stellt, kommt das Argument (Wegfall der Geschäftsgrundlage) nur sehr selten zum Tragen.

(16) Verjährungsfrist für Gewährleistung (B § 13 Nr. 4)

x ist für Bauwerke 2 Jahre, falls nichts anderes vereinbart wird.

(17) Besonderer Versicherungsschutz

x Wenn ein besonderes Risiko abzudecken ist, sind Vereinbarungen über einen besonderen Versicherungsschutz (Haftpflicht-, Bauwesen-Versicherung) notwendig.

(18) Verteilung der Gefahr (B § 7)

x regeln, falls AG bei vom AN nicht zu vertretende, unabwendbare Umstände (z.B. Hochwasser, Sturmflut, Grundwasser, Wind, Schnee, Eis und dergleichen)
das Risiko nicht allein tragen will.

(19) Schiedsverfahren (A § 10 Nr. 5)

xx Sollen Streitigkeiten aus dem Vertrag unter Ausschluß des ordentlichen Rechtsweges im schiedsrichterlichen Verfahren ausgetragen werden, so ist es in besonderer, nur das Schiedsverfahren betreffender Urkunde, zu vereinbaren.

(20) Vertretung des AG

xx rechtsverbindliche Vertretung des AG durch Architekt, Ingenieur oder Bauleiter festlegen.

(21) Allgemeine Geschäftsbedingungen des AN

xxx Bestimmen, daß „Allgemeine Lieferungs- und Zahlungsbedingungen" des AN außer Kraft treten. (Vorsorglich, falls AN diese irgendwo in das Angebot eingebracht hat.)

(22) Unfallverhütung (B § 4 Nr. 2)

xx Die Bauberufsgenossenschaft schlägt folgenden Text vor:
…Bei der Ausführung aller Arbeiten sind die einschlägigen Unfallverhütungsvorschriften zu beachten. Die Beschäftigten sind über die in Frage kommenden Unfallverhütungsvorschriften und über besondere Gefahren zu belehren.

…Die Unternehmer sind verpflichtet, alle Einrichtungen zu beschaffen und alle Vorkehrungen zu treffen, die zur Durchführung der Unfallverhütungsvorschriften oder sonst nach Lage der Verhältnisse zum Schutz der Beschäftigten erforderlich sind.

…Für die betriebssichere Herstellung, Instandhaltung und Benutzung der Arbeitsplätze, Verkehrswege, Gerüste, Betriebseinrichtungen, Schutzvorrichtungen usw. ist unbeschadet der zivil- und strafrechtlichen Verantwortlichkeit des Besitzers, Herstellers und Lieferers derjenige Unternehmer verantwortlich, dessen Beschäftigte die Arbeitsplätze, Verkehrswege, Gerüste, Betriebseinrichtungen usw. benutzen.

---

[1]) Beispiele für Lohngleitklausel und Stoffpreisgleitklausel s. unter 5.4

... Der Auftragnehmer hat zur Überwachung der ordnungsgemäßen Durchführung der Arbeiten und die Sicherheitsmaßnahmen einen verantwortlichen örtlichen Aufsichtsführenden zu benennen.

... Fehlende Einrichtungen bzw. Mängel an Gerüsten, Betriebseinrichtungen, an Arbeitsplätzen und Verkehrswegen sowie an Schutzvorrichtungen sind von Seiten des Auftragnehmers, soweit diese nicht durch ihn selbst errichtet bzw. instandgehalten werden müssen, unverzüglich der Bauleitung des Bauherrn zu melden.

... Auf Anordnung des Auftraggebers sind vom Auftragnehmer geeignete Personen (möglichst Facharbeiter), als Sicherheitsbeauftragte für die Dauer der Bauzeit zu benennen.

... Die für die Durchführung besonderer Arbeiten erforderlichen Körperschutzmittel (zum Beispiel Atem-, Fuß-, Hand- und Kopfschutz) sind vom Auftragnehmer den Beschäftigten zur Verfügung zu stellen; die Beschäftigten sind zur Benutzung anzuhalten.

... Die Baustelle darf nur mit Schutzhelm betreten werden.

5.2 Beispiel für Besondere Vertragsbedingungen[1])

Die §§ beziehen sich auf die VOB/B — DIN 1961.

6

1. Objekt-/Bauüberwachung (§ 4 Nr. 1)
Die Objekt-/Bauüberwachung obliegt dem Auftraggeber.
Dieser hat den Architekten/Ingenieur

....

mit der Wahrnehmung beauftragt. Anordnungen Dritter dürfen nicht befolgt werden.

2. Dem Auftragnehmer werden unentgeltlich zur Benutzung überlassen (§ 4 Nr. 4):
2.1 Lager und Arbeitsplätze:

....

Etwa darüber hinaus erforderliche Lager- und Arbeitsplätze hat der Auftragnehmer zu beschaffen; die Kosten sind durch die Vertragspreise abgegolten.

2.2 Verkehrswege innerhalb des Baugeländes:

....

2.3 Wasseranschlüsse:[2])

....

2.4 Stromanschlüsse:[2])

....

2.5 Sonstige Anschlüsse:[2])

....

Kosten des Verbrauchs (zu den Nrn. 2.3 bis 2.5):

Die vom Auftragnehmer zu erstattenden Kosten des Verbrauchs (§ 4 Nr. 4c Satz 2) werden durch Messungen ermittelt, soweit nicht etwas anderes vereinbart ist.

3. Ausführungsfristen (§ 5)
3.1 Mit der Ausführung ist zu beginnen
 ☐ unverzüglich nach Erteilung des Auftrages.
 ☐ nach besonderer schriftlicher Aufforderung durch den Auftraggeber, die spätestens .... Werktage nach Auftragserteilung erfolgt.
 ☐ ....

---

[1]) In Anlehnung an „Einheitliche Verdingungsmuster" EVM (B) BVB der Finanzbauverwaltungen und an K-EVM (B) BVB der Vergabehandbücher für die Durchführung kommunaler Bauaufgaben in Nordrhein-Westfalen
[2]) z.B.: Durchmesser, Leistung (zu 2.5 auch Art)

3.2 Die Leistung ist fertigzustellen
innerhalb von .... Werktagen nach dem vereinbarten Beginn der Ausführung.

3.3 Folgende Einzelfristen sind Vertragsfristen:
....

3.4 Der Auftraggeber behält sich vor, im Auftragsschreiben das Ende der Ausführungsfrist und etwaiger Einzelfristen datumsmäßig festzulegen.

4. Vertragsstrafen (§ 11)
Der Auftragnehmer hat als Vertragsstrafe für jeden Werktag der Verspätung zu zahlen:

4.1 bei Überschreitung der Fertigstellungsfrist
☐ .... Deutsche Mark-
☐ .... vom Hundert-
des Endbetrages der Abrechnungssumme

4.2 bei Überschreitung von Einzelfristen
....

4.3 Die Vertragsstrafe wird auf insgesamt .... v.H. der Abrechnungssumme begrenzt.

5. Rechnungen (§ 14)

5.1 Alle Rechnungen sind .... fach einzureichen.

5.2 Die notwendigen Rechnungsunterlagen (z.B. Mengenberechnungen, Abrechnungszeichnungen, Handskizzen) sind .... fach einzureichen.

6. Sicherheitsleistungen (§ 17)

6.1 Als Sicherheit für die Vertragserfüllung hat der Auftragnehmer eine Bürgschaft in Höhe von .... v.H. der Auftragssumme einschl. der Nachträge zu stellen.

Leistet der Auftragnehmer die Sicherheit nicht binnen 18 Werktagen nach Vertragsabschluß (Zugang des Auftragsschreibens bzw. Nachtragsvereinbarung), so ist der Auftraggeber berechtigt, die Abschlagszahlungen einzubehalten, bis der Sicherheitsbetrag erreicht ist.

Nach Empfang der Schlußzahlung und Erfüllung aller bis dahin erhobenen Ansprüche kann der Auftragnehmer verlangen, daß die Bürgschaft in eine Gewährleistungsbürgschaft in Höhe von .... v.H. der Abrechnungssumme umgewandelt wird.

6.2 Als Sicherheit für die Gewährleistung werden .... v.H. der Auftragssumme einschl. der Nachträge einbehalten, nach Feststellung der Abrechnungssumme ist diese maßgebend.

Der Auftragnehmer kann statt dessen eine Gewährleistungsbürgschaft stellen.

5.3 Beispiel für Zusätzliche Vertragsbedingungen[1])

Die §§ beziehen sich auf die VOB/B — DIN 1961

1. Leistungsverzeichnis (§ 1)

1.1 Wenn der Auftragnehmer für sein Angebot eine selbstgefertigte Abschrift oder Kurzfassung benutzt hat, ist allein der Wortlaut des vom Auftraggeber verfaßten Leistungsverzeichnisses verbindlich.

---

[1]) Einheitliche Fassung ZVB/E (Aufgestellt von den Bauverwaltungen des Bundes und der Länder), Fassung 1/95.

1.2 Ist im Leistungsverzeichnis bei einer Teilleistung eine Bezeichnung für ein bestimmtes Fabrikat mit dem Zusatz „oder gleichwertiger Art" verwendet worden, und fehlt die für das Angebot geforderte Bieterangabe, gilt das im Leistungsverzeichnis genannte Fabrikat als vereinbart.

2. Wahlpositionen, Bedarfspositionen (§1)

Sind im Leistungsverzeichnis für die wahlweise Ausführung einer Leistung Wahlpositionen (Alternativpositionen) oder für die Ausführung einer nur im Bedarfsfall erforderlichen Leistung Bedarfspositionen (Eventualpositionen) vorgesehen, ist der Auftragnehmer verpflichtet, die in diesen Positionen beschriebenen Leistungen nach Aufforderung durch den Auftraggeber auszuführen. Die Entscheidung über die Ausführung von Wahlpositionen trifft der Auftraggeber in der Regel bei Auftragserteilung, über die Ausführung von Bedarfspositionen nach Auftragserteilung.

3. Technische Regelwerke (§1 Nr. 2)

3.1 In den Verdingungsunterlagen genannte technische Regelwerke sind Zusätzliche Technische Vertragsbedingungen im Sinne von §1 Nr.2.

3.2 Die in den Allgemeinen Technischen Vertragsbedingungen und den übrigen Verdingungsunterlagen genannten DIN-Normen sind in der drei Monate vor dem Eröffnungs-/Einreichungstermin des Angebotes gültigen Fassung maßgebend.

4. Preisermittlungen (§2)

4.1 Der Auftragnehmer hat auf Verlangen die Preisermittlung für die vertragliche Leistung dem Auftraggeber verschlossen zur Aufbewahrung zu übergeben.
Der Auftraggeber darf die Preisermittlung bei Vereinbarung neuer Preise oder zur Prüfung von sonstigen vertraglichen Ansprüchen öffnen und einsehen, nachdem der Auftragnehmer davon rechtzeitig verständigt und ihm freigestellt wurde, bei der Einsichtnahme anwesend zu sein. Die Preisermittlung wird danach wieder verschlossen.
Die Preisermittlung wird nach vorbehaltloser Annahme der Schlußzahlung zurückgegeben.

4.2 Sind nach §2 Nrn.3, 5, 6, 7 oder 8 Abs.2 Preise zu vereinbaren, hat der Auftragnehmer auf Verlangen seine Preisermittlungen für diese Preise und für die vertragliche Leistung vorzulegen sowie die erforderlichen Auskünfte zu erteilen.

5. Vergütung bei Änderungsvorschlägen oder Nebenangeboten (§2)

Ist der Auftrag auf einen Änderungsvorschlag oder ein Nebenangebot erteilt worden, dann sind mit der vereinbarten Vergütung alle von dem Änderungsvorschlag oder dem Nebenangebot beeinflußten Leistungen abgegolten, die zur vollständigen Ausführung der vertraglichen Leistung erforderlich werden.

6. Einheitspreise (§2 Nr.1)

Der Einheitspreis ist der vertragliche Preis, auch wenn im Angebot der Gesamtbetrag einer Ordnungszahl (Position) nicht dem Produkt aus Einheitspreis und Mengenansatz entspricht.

7. Änderung des Mengenansatzes bei Bedarfspositionen und Stundenlohnarbeiten (§2 Nr.3)

7.1 Wird die Ausführung von Bedarfspositionen beauftragt, gilt bei einer Über- bzw. Unterschreitung des Mengenansatzes §2 Nr.3.

7.2 Bei Stundenlohnarbeiten gelten die vereinbarten Verrechnungssätze unabhängig von der Anzahl der geleisteten Stunden.

8. Ankündigung von Mehrkosten (§2 Nr.3)

Ist für den Auftragnehmer erkennbar, daß durch eine über 10 v.H. hinausgehende Überschreitung des Mengenansatzes Mehrkosten entstehen, die ausnahmsweise zu einem höheren Einheitspreis führen können, hat er dies dem Auftraggeber unverzüglich schriftlich mitzuteilen. Unterläßt er schuldhaft diese Mitteilung, hat er den dem Auftraggeber daraus entstehenden Schaden zu ersetzen.

9. Ausführungsunterlagen (§ 3)

9.1 Der Auftragnehmer hat — entsprechend dem Baufortschritt — dem Auftraggeber den Zeitpunkt, zu dem er die nach dem Vertrag vom Auftraggeber zu liefernden Unterlagen benötigt, so frühzeitig anzugeben, daß die Übergabe durch den Auftraggeber rechtzeitig erfolgen kann.

9.2 Der Ausführung dürfen nur Unterlagen zugrunde gelegt werden, die vom Auftraggeber als zur Ausführung bestimmt gekennzeichnet sind.

10. Veröffentlichungen, Vervielfältigungen (§ 3)

10.1 Der Auftragnehmer darf Veröffentlichungen über die Leistung nur mit vorheriger schriftlicher Zustimmung des Auftraggebers vornehmen.

10.2 Der Auftraggeber darf die vom Auftragnehmer beschafften Ausführungsunterlagen für die Durchführung der Lestung und ihre Erhaltung vervielfältigen und verwenden, für andere Zwecke nur mit Zustimmung des Auftragnehmers.

11. Baustelle, Baubereich (§ 4)

Die Bezeichnungen „Baustelle und Baubereich" werden in folgendem Sinne verwendet:

11.1 Baustelle: Flächen, die der Auftraggeber zur Ausführung der Leistung, für die Baustelleneinrichtung und zur vorübergehenden Lagerung von Stoffen und Bauteilen zur Verfügung stellt, zuzüglich der Flächen, die der Auftragnehmer darüber hinaus in Anspruch nimmt.

11.2 Baubereich: Baustelle und die Umgebung, die durch die Ausführung der Bauarbeiten beeinträchtigt werden kann.

12. Bautagesberichte (§ 4)

Der Auftragnehmer hat auf Verlangen Bautagesberichte zu führen und dem Auftraggeber täglich zu übergeben. Sie müssen alle Angaben enthalten, die für die Ausführung und Abrechnung des Auftrages von Bedeutung sein können.

13. Baustellenräumung (§ 4)

Vom Auftraggeber zur Verfügung gestellte Lagerplätze, Arbeitsplätze und Zufahrtswege sind dem früheren Zustand entsprechend instandzusetzen.

14. Kontrollprüfungen (§ 4 Nr. 1)

Der Auftragnehmer hat Kontrollprüfungen des Auftraggebers zu ermöglichen.

15. Werbung (§ 4 Nr. 1)

Werbung auf der Baustelle ist nur nach vorheriger Zustimmung des Auftraggebers zulässig.

16. Anlagen im Baubereich (§ 4 Nr. 2)

Sind bestehende Anlagen zu ändern oder zu beseitigen, so hat der Auftragnehmer die Zustimmung des Auftraggebers einzuholen; daneben hat der Auftragnehmer den Eigentümer bzw. Besitzer der Anlage rechtzeitig von dem Zeitpunkt der Änderung oder Beseitigung zu verständigen.

17. Umweltschutz (§ 4 Nrn. 2 und 3)

Zum Schutz der Umwelt, der Landschaft und der Gewässer hat der Auftragnehmer die durch die Arbeiten hervorgerufenen Beeinträchtigungen auf das unvermeidbare Maß einzuschränken.

Behördliche Anordnungen oder Ansprüche Dritter wegen der Auswirkungen der Arbeiten hat der Auftragnehmer dem Auftraggeber unverzüglich schriftlich mitzuteilen.

18. Nachunternehmer (§ 4 Nr. 8)

18.1 Der Auftragnehmer darf Leistungen nur an Nachunternehmer übertragen, die fachkundig, leistungsfähig und zuverlässig sind; dazu gehört auch, daß sie ihren gesetzlichen Verpflichtungen zur Zahlung von Steuern und Sozialabgaben nachgekommen sind und die gewerberechtlichen Voraussetzungen erfüllen.
Er hat die Nachunternehmer bei Anforderung eines Angebotes davon in Kenntnis zu setzen, daß es sich um einen öffentlichen Auftrag handelt. Er darf den Nachunternehmern keine ungünstigeren Bedingungen − insbesondere hinsichtlich der Zahlungsweise und der Sicherheitsleistungen − auferlegen, als zwischen ihm und dem Auftraggeber vereinbart sind; auf Verlangen des Auftraggebers hat er dies nachzuweisen. Die Vereinbarung der Preise bleibt hiervon unberührt.

18.2 Der Auftragnehmer hat vor der beabsichtigten Übertragung Art und Umfang der Leistungen sowie Name, Anschrift und Berufsgenossenschaft (einschließlich Mitgliedsnummer) des hierfür vorgesehenen Nachunternehmers schriftlich bekanntzugeben. Beabsichtigt der Auftragnehmer Leistungen zu übertragen, auf die sein Betrieb eingerichtet ist, hat er vorher die schriftliche Zustimmung gemäß § 4 Nr. 8 Abs. 1 Satz 2 einzuholen.

18.3 Der Auftragnehmer muß sicherstellen, daß der Nachunternehmer die ihm übertragenen Leistungen nicht weitervergibt, es sei denn, der Auftraggeber hat zuvor schriftlich zugestimmt: die Nummern 18.1 und 18.2 gelten entsprechend.

19. Behinderung und Unterbrechung der Ausführung (§ 6)

Ist erkennbar, daß sich durch eine Behinderung oder Unterbrechung Auswirkungen ergeben, hat der Auftragnehmer diese dem Auftraggeber unverzüglich schriftlich mitzuteilen. Unterläßt er schuldhaft diese Mitteilung, hat er den dem Auftraggeber daraus entstehenden Schaden zu ersetzen.

20. Kündigung aus wichtigem Grund (§ 8 Nrn. 3 ff.)

Der Auftraggeber ist berechtigt, den Vertrag aus wichtigem Grund fristlos zu kündigen. Ein wichtiger Grund liegt insbesondere vor, wenn der Auftragnehmer
− gegen seine Verpflichtungen aus § 4 Nr. 8 verstößt,
− Personen, die auf Seiten des Auftraggebers mit der Vorbereitung, dem Abschluß oder der Durchführung des Vertrages befaßt sind oder ihnen nahestehenden Personen Vorteile anbietet, verspricht oder gewährt. Solchen Handlungen des Auftragnehmers selbst stehen Handlungen von Personen gleich, die von ihm beauftragt oder für ihn tätig sind. Dabei ist es gleichgültig, ob die Vorteile den vorgenannten Personen oder in ihrem Interesse einem Dritten angeboten, versprochen oder gewährt werden. In diesen Fällen gilt § 8 Nrn. 3, 5, 6 und 7 entsprechend.

21. Wettbewerbsbeschränkungen (§ 8 Nr. 4)

Wenn der Auftragnehmer aus Anlaß der Vergabe nachweislich eine Abrede getroffen hat, die eine unzulässige Wettbewerbsbeschränkung darstellt, hat er 3 v. H. der Auftragssumme an den Auftraggeber zu zahlen, es sei denn, daß ein Schaden in anderer Höhe nachgewiesen wird. Dies gilt auch, wenn der Vertrag gekündigt wird oder bereits erfüllt ist.
Sonstige vertragliche oder gesetzliche Ansprüche des Auftraggebers, insbesondere solche aus § 8 Nr. 4, bleiben unberührt.

22. Bewachung und Verwahrung, Mitteilung von Bauunfällen (§ 10)

22.1 Bewachung und Verwahrung der Bauunterkünfte, Arbeitsgeräte, Arbeitskleider usw. des Auftragnehmers oder seiner Erfüllungsgehilfen − auch während der Arbeitsruhe − ist Sache des Auftragnehmers; der Auftraggeber ist dafür nicht verantwortlich, auch wenn sich diese Gegenstände auf seinen Grundstücken befinden.

22.2 Der Auftragnehmer hat Bauunfälle, bei denen Personen- oder Sachschaden entstanden ist, dem Auftraggeber unverzüglich mitzuteilen.

23. Abnahme (§12)

23.1 Die Leistung wird förmlich abgenommen; der Auftragnehmer hat die Abnahme, ggf. auch Teilabnahme (§12 Nr. 2), rechtzeitig schriftlich zu beantragen; §12 Nr. 5 gilt nicht.

23.2 Der Auftragnehmer hat bei der Abnahme mitzuwirken und die erforderlichen Arbeitskräfte und Meßgeräte zu stellen.

24. Gewährleistung (§13)

24.1 Nach einer Mängelrüge hat der Auftragnehmer die Mängelbeseitigung und deren Zeitpunkt rechtzeitig mit dem Auftraggeber abzustimmen.

24.2 Die Verjährungsfrist der Gewährleistungsansprüche für Mängelbeseitigungsleistungen endet nicht vor Ablauf der für die Vertragsleistung vereinbarten Verjährungsfrist.

25. Abrechnung (§14)

25.1 Sind für die Abrechnung Feststellungen auf der Baustelle notwendig, sind sie gemeinsam vorzunehmen; der Auftragnehmer hat sie rechtzeitig zu beantragen.

25.2 Aus Abrechnungszeichnungen oder anderen Aufmaßunterlagen müssen alle Maße, die zur Prüfung der Rechnung nötig sind, unmittelbar zu ersehen sein.

25.3 In den für die gemeinsamen Feststellungen zu verwendenden Aufmaßblättern müssen mindestens folgende Angaben gemacht werden:

- Auftragnehmer
- Auftraggeber
- Nummer des Aufmaßblattes
- Bezeichnung der Bauleistung
- Ordnungszahl (OZ).

Unmittelbar über den Unterschriften und dem Datum muß das Aufmaßblatt den Text enthalten: ,,Aufgestellt''.

25.4 Die Originale der Aufmaßblätter, Wiegescheine und ähnliche Abrechnungsbelege erhält der Auftraggeber, die Durchschriften der Auftragnehmer.

25.5 Bei Aufmaß und Abrechnung sind Längen und Flächen auf zwei Stellen nach dem Komma, Rauminhalte und Gewichte auf drei Stellen nach dem Komma zu runden. Geldbeträge sind in DM auf zwei Stellen nach dem Komma zu runden.

25.6 Für fertiggestellte Teile der Leistung oder der Teilleistungen hat der Auftragnehmer — unabhängig von den Aufstellungen nach §16 Nr. 1 Abs. 1 Satz 2 — endgültige Mengenberechnungen aufgrund von Zeichnungen oder gemeinsamen Feststellungen vorzulegen.

26. Preisnachlässe (§§14 und 16)

Soweit nicht ausdrücklich etwas anderes vereinbart ist, wird ein als v. H.-Satz angebotener Preisnachlaß bei der Abrechnung und den Zahlungen von den Einheits- und Pauschalpreisen abgezogen, auch von denen der Nachträge, deren Preise auf der Grundlage der Preisermittlung für die vertragliche Leistung zu bilden sind. Dies gilt auch, wenn der Preisnachlaß auf die Angebots- oder Auftragssumme bezogen ist.

Änderungssätze bei vereinbarter Lohngleitklausel sowie Erstattungsbeträge bei vereinbarter Stoffpreisgleitklausel werden durch den Preisnachlaß nicht verringert.

27. Rechnungen (§§14 und 16)

27.1 Rechnungen sind ihrem Zweck nach als Abschlags-, Teilschluß- oder Schlußrechnung zu bezeichnen; die Abschlags- und Teilschlußrechnungen sind durchlaufend zu numerieren.

27.2 In jeder Rechnung sind die Teilleistungen in der Reihenfolge, mit der Ordnungszahl (Position) und der Bezeichnung — ggf. abgekürzt — wie im Leistungsverzeichnis aufzuführen.

27.3 Die Rechnungen sind mit den Vertragspreisen ohne Umsatzsteuer (Netto-preise) aufzustellen; der Umsatzsteuerbetrag ist am Schluß der Rechnung mit dem Steuersatz einzusetzen, der zum Zeitpunkt des Entstehens der Steuer, bei Schluß-rechnungen zum Zeitpunkt des Bewirkens der Leistung gilt.

Beim Überschreiten von Vertragsfristen, die der Auftragnehmer zu vertreten hat, gilt der bei Fristablauf maßgebende Steuersatz.

27.4 In jeder Rechnung sind Umfang und Wert aller bisherigen Leistungen und die bereits erhaltenen Zahlungen mit gesondertem Ausweis der darin enthaltenen Umsatzsteuerbeträge anzugeben.

28. Stundenlohnarbeiten (§ 15)

28.1 Der Auftragnehmer hat über Stundenlohnarbeiten arbeitstäglich Stunden-lohnzettel in zweifacher Ausfertigung einzureichen. Diese müssen außer den Anga-ben nach § 15 Nr. 3

— das Datum
— die Bezeichnung der Baustelle
— die genaue Bezeichnung des Ausführungsortes innerhalb der Baustelle
— die Art der Leistung
— die Namen der Arbeitskräfte und deren Berufs-, Lohn- oder Gehaltsgruppe
— die geleisteten Arbeitsstunden je Arbeitskraft, ggf. aufgegliedert nach Mehr-, Nacht-, Sonntags- und Feiertagsarbeit, sowie nach im Verrechnungssatz nicht enthaltenen Erschwernissen und
— die Gerätekenngrößen

enthalten.

Stundenlohnrechnungen müssen entsprechend den Stundenlohnzetteln aufgeglie-dert werden. Die Bescheinigung des Auftraggebers auf dem Stundenlohnzettel be-gründet keinen Vergütungsanspruch. Die Originale der Stundenlohnzettel behält der Auftraggeber, die bescheinigten Durchschriften erhält der Auftragnehmer.

28.2 Sind Stundenlohnarbeiten mit anderen Leistungen verbunden, so sind keine getrennten Rechnungen aufzustellen.

29. Zahlungen (§ 16)

29.1 Alle Zahlungen werden bargeldlos in Deutscher Mark geleistet.

29.2 Als Tag der Zahlung gilt bei Überweisung von einem Konto der Tag der Hingabe oder Absendung des Auftrags an die Post oder Geldanstalt.

29.3 Bei Abschlagszahlungen nach § 16 Nr. 1 Abs. 1 Satz 3 ist Sicherheit durch Bürgschaft nach Nr. 35 zu leisten.

29.4 Bei Arbeitsgemeinschaften werden Zahlungen mit befreiender Wirkung für den Auftraggeber an den für die Durchführung des Vertrages bevollmächtigten Ver-treter der Arbeitsgemeinschaft oder nach dessen schriftlicher Weisung geleistet. Dies gilt auch nach Auflösung der Arbeitsgemeinschaft.

29.5 Ein angebotenes Skonto wird bei jeder einzelnen Zahlung (Abschlags/-Vor-aus-/Teilschluß-/Schlußzahlung) abgezogen, bei der die angebotene Zahlungsfrist eingehalten wird.

30. Überzahlungen (§ 16)

30.1 Bei Rückforderungen des Auftraggebers aus Überzahlungen (§§ 812 ff. BGB) kann sich der Auftragnehmer nicht auf Wegfall der Bereicherung (§ 818 Abs. 3 BGB) berufen.

30.2 Im Falle einer Überzahlung hat der Auftragnehmer den zu erstattenden Be-trag — ohne Umsatzsteuer — vom Empfang der Zahlung an mit 4 v. H. für das Jahr zu verzinsen, es sei denn, es werden höhere oder geringere gezogene Nutzungen nachgewiesen. § 197 BGB findet Anwendung.

31. Abtretung (§16)

31.1 Forderungen des Auftragnehmers gegen den Auftraggeber können ohne Zustimmung des Auftraggebers nur abgetreten werden, wenn die Abtretung sich auf alle Forderungen in voller Höhe aus dem genau bezeichneten Auftrag einschließlich aller etwaiger Nachträger erstreckt.
Teilabtretungen sind nur mit schriftlicher Zustimmung des Auftraggebers gegen ihn wirksam.

31.2 Eine Abtretung wirkt gegenüber dem Auftraggeber erst,
— wenn sie ihm vom alten Gläubiger (Auftragnehmer) und vom neuen Gläubiger unter genauer Bezeichnung der auftraggebenden Stelle und des Auftrags unter Verwendung des vorgegebenen Formblattes des Auftraggebers schriftlich angezeigt worden ist und
— wenn der neue Gläubiger dabei folgende Erklärung abgegeben hat:
,,Ich erkenne an,
a) daß die Erfüllung der Forderung nur nach Maßgabe der vertraglichen Bestimmungen beansprucht werden **kann**,
b) daß mir gemäß § 404 BGB die Einwendungen entgegengesetzt werden **können**, die zur Zeit der Abtretung gegen den bisherigen Gläubiger begründet waren,
c) daß die Aufrechnung mit Gegenforderungen in den Grenzen des § 406 BGB zulässig ist,
d) daß eine durch mich vorgenommene weitere Abtretung gegenüber dem Auftraggeber nicht wirksam **ist**. Zahlungen, die der Auftraggeber nach der Abtretung an den Auftragnehmer leistet, lasse ich gegen mich gelten, wenn vom Zugang der Abtretungsanzeige beim Auftraggeber bis zum Tag der Zahlung (Tag der Hingabe oder Absendung des Überweisungsauftrags an die Post oder Geldanstalt) noch nicht 6 Werktage verstrichen **sind**. Dies gilt nicht, wenn der die Zahlung bearbeitende Kassenbeamte schon vor Ablauf dieser Frist von der Abtretungsanzeige Kenntnis **hatte**.''

31.3 Abtretungen aus mehreren Aufträgen sind für jeden Auftrag gesondert anzuzeigen.

32. Sicherheitsleistungen (§17)

32.1 Die Sicherheit für Vertragserfüllung erstreckt sich auf die Erfüllung sämtlicher Verpflichtungen aus dem Vertrag, insbesondere für die vertragsgemäße Ausführung der Leistung einschließlich Abrechnung, Gewährleistung und Schadensersatz, sowie auf die Erstattung von Überzahlungen einschließlich der Zinsen.

32.2 Die Sicherheit für Gewährleistung erstreckt sich auf die Erfüllung der Ansprüche auf Gewährleistung einschließlich Schadensersatz sowie auf die Erstattung von Überzahlungen einschließlich der Zinsen.

33. Bürgschaft (§§16 und 17)

33.1 Ist Sicherheit durch Bürgschaft zu leisten, sind die Formblätter der öffentlichen Auftraggeber zu verwenden.

33.2 Die Bürgschaft ist von einem in den Europäischen Gemeinschaften zugelassenen Kreditinstitut oder Kreditversicherer zu stellen.

33.3 Die Bürgschaftsurkunden enthalten folgende Erklärung des Bürgen:
— ,,Der Bürge übernimmt für den Auftragnehmer die selbstschuldnerische Bürgschaft nach deutschem Recht''.
— Auf die Einreden der Aufrechnung sowie der Vorausklage gemäß §§ 770, 771 BGB wird verzichtet.
— Die Bürgschaft ist unbefristet; sie erlischt mit der Rückgabe dieser Bürgschaftsurkunde.
— Gerichtsstand ist der Sitz der zur Prozeßvertretung des Auftragsgebers zuständigen Stelle.

33.4 Der Bürge hat auf erstes Anfordern zu zahlen, außer wenn die Bürgschaft für Gewährleistung in Anspruch genommen wird.

33.5 Die Bürgschaft ist über den Gesamtbetrag der Sicherheit in nur einer Urkunde zu stellen.

33.6 Die Urkunde über die Vertragerfüllungsbürgschaft wird nach vorbehaltloser Annahme der Schlußzahlung zurückgegeben, wenn der Auftragnehmer

— die Leistung vertragsgemäß erfüllt hat,
— etwaige erhobene Ansprüche (einschl. Ansprüche Dritter) befriedigt hat und
— eine vereinbarte Sicherheit für Gewährleistung geleistet hat.

33.7 Die Urkunde über die Gewährleistungsbürgschaft wird auf Verlangen zurückgegeben, wenn die Verjährungsfristen für Gewährleistungen abgelaufen und die bis dahin erhobenen Ansprüche erfüllt sind.

33.8 Die Urkunde über die Abschlagszahlungsbürgschaft wird auf Verlangen zurückgegeben, wenn die Stoffe und Bauteile, für die Sicherheit geleistet worden ist, eingebaut sind.

33.9 Die Urkunde über die Vorauszahlungsbürgschaft wird auf Verlangen zurückgegeben, wenn die Vorauszahlung auf fällige Zahlungen angerechnet worden ist.

34. Verträge mit ausländischen Auftragnehmern (§ 18)

Bei Auslegung des Vertrages ist ausschließlich der in deutscher Sprache abgefaßte Vertragswortlaut verbindlich. Erklärungen und Verhandlungen erfolgen in deutscher Sprache. Für die Regelung der vertraglichen und außervertraglichen Beziehungen zwischen den Vertragspartnern gilt ausschließlich das Recht der Bundesrepublik Deutschland.

6

5.4 Gleitklauseln als Ergänzung der Besonderen Vertragsbedingungen (Beispiele)

Achtung: Im Leistungsverzeichnis sind entsprechende Positionen für Gleitklauseln vorzusehen.

5.4.1 Lohngleitklausel (zu § 2 VOB/B)

1. Die Klausel gilt nur, wenn ihre Anwendung in den Besonderen Vertragsbedingungen vorgesehen und in der Leistungsbeschreibung ein Änderungssatz für die Erstattung von Lohn- und Gehaltsmehr- oder -minderaufwendungen angegeben worden ist. Sie gilt auch für die Abrechnung von Nachträgen.

2. Mehr- oder Minderaufwendungen des Auftragnehmers für Löhne und Gehälter werden nur erstattet, wenn sich der maßgebende Lohn durch Änderungen der Tarife oder bei einem tariflosen Zustand durch Änderungen aufgrund von orts- und gewerbeüblichen Betriebsvereinbarungen erhöht oder vermindert hat.

   Maßgebender Lohn ist der Gesamttarifstundenlohn (Tarifstundenlohn und Bauzuschlag) des Spezialbaufacharbeiters gemäß Berufsgruppe III 2, wenn der Auftraggeber in der Leistungsbeschreibung nichts anderes angegeben hat.

   Mehr- oder Minderaufwendungen aufgrund solcher Tarifverträge, die am Tag vor Ablauf der Angebotsfrist abgeschlossen waren (Unterzeichnung des Tarifvertrages durch die Tarifpartner), werden nicht erstattet; das gleiche gilt für Betriebsvereinbarungen bei einem tariflosen Zustand.

3. Bei Änderung des maßgebenden Lohns um jeweils 1 Pfennig/Stunde wird die Vergütung für die nach dem Wirksamwerden der Änderung zu erbringenden Leistungen um den in der Leistungsbeschreibung vereinbarten Änderungssatz erhöht oder vermindert. Dabei werden die aufgrund einer Stoffpreisgleitklausel zu erstattenden Beträge nicht in Ansatz gebracht.

Satz 1 findet auf Nachträge insoweit keine Anwendung, als in deren Preisen Lohnänderungen bereits berücksichtigt sind.

Durch die Änderung der Vergütung sind alle unmittelbaren und mittelbaren Mehr- oder Minderaufwendungen einschließlich derjenigen, die durch Änderungen der gesetzlichen oder tariflichen Sozialaufwendungen entstehen, abgegolten.

Der vereinbarte Änderungssatz gilt unabhängig davon, ob sich Art und Umfang der Leistungen ändern.

Ist der Auftrag auf einen Änderungsvorschlag oder ein Nebenangebot erteilt worden, so gelten die in der Leistungsbeschreibung des Hauptangebots vorgesehenen Änderungssätze, wenn nicht aufgrund des Änderungsvorschlags oder Nebenangebots andere Vereinbarungen getroffen worden sind.

4. Der Wert der bis zum Tage der Änderung des maßgebenden Lohns erbrachten Leistungen (Leistungsstand) ist unverzüglich durch ein gemeinsames Aufmaß oder auf andere geeignete Weise — zumindest mit dem Genauigkeitsgrad einer geprüften Abschlagsrechnung — festzustellen. Dabei sind alle bis zu diesem Zeitpunkt auf der Baustelle oder in Werk- oder sonstigen Betriebsstätten — ggf. auch nur teilweise — erbrachten Leistungen zu berücksichtigen.

   Der Auftragnehmer hat dem Auftraggeber die Lohnänderung rechtzeitig schriftlich anzuzeigen und alle zur Prüfung des Leistungsstandes erforderlichen Nachweise rechtzeitig zu liefern.

5. Vermeidbare Mehraufwendungen werden nicht erstattet. Vermeidbar sind insbesondere Mehraufwendungen, die dadurch entstehen, daß der Auftragnehmer Vertragsfristen überschritten oder die Bauausführung nicht angemessen gefördert hat.

6. Von dem nach den Nrn. 3 bis 5 ermittelten Mehr- oder Minderbetrag wird nur der über 0,5 v. H. der Abrechnungssumme (Vergütung für die insgesamt erbrachte Leistung) hinausgehende Teilbetrag erstattet (Bagatell- und Selbstbeteiligungsklausel).

   Dabei sind Mehr- oder Minderbetrag ohne Umsatzsteuer, die Abrechnungssumme ohne die aufgrund von Gleitklauseln zu erstattenden Beträge und ohne Umsatzsteuer anzusetzen.

   Ein Mehr- oder Minderbetrag kann erst geltend gemacht werden, wenn der Bagatell- und Selbstbeteiligungsbetrag überschritten ist; bis zur Feststellung der Abrechnungssumme wird 0,5 v. H. der Auftragssumme zugrunde gelegt.

5.4.2 Stoffpreisgleitklausel (zu § 2 VOB/B)

1. Die Klausel gilt nur, wenn ihre Anwendung in den Besonderen Vertragsbedingungen vereinbart ist und zwar für diejenigen Stoffe, die der Auftraggeber in der Ergänzung des Leistungsverzeichnisses vorgesehen und zu denen der Auftragnehmer Preise angegeben hat.

   Sie gilt insoweit auch für die Abrechnung von Nachträgen.

   Mehr- oder Minderaufwendungen werden nach den folgenden Regelungen abgerechnet.

2. Der Auftragnehmer hat dem Auftraggeber über die Verwendung der Stoffe nach Nr. 1 prüfbare Aufzeichnungen vorzulegen, wenn Mehr- oder Minderaufwendungen abzurechnen sind. Aus den Aufzeichnungen müssen die Menge des Stoffes und der Zeitpunkt des Einbaus bzw. der Verwendung hervorgehen.

3. Der Ermittlung der Mehr- oder Minderaufwendungen werden nur die Baustoffmengen zugrunde gelegt, für deren Verwendung nach dem Vertrag eine Vergütung zu gewähren ist.

   Bei vereinbarter Pauschalierung oder Limitierung der Vergütung werden die tatsächlich eingebauten Baustoffmengen der Ermittlung der Mehr- oder Minderaufwendungen zugrunde gelegt.

Mehr- oder Minderaufwendungen bei den für die Baustelleneinrichtung sowie für Baubehelfe verwendeten Stoffe bleiben unberücksichtigt.

Vermeidbare Mehraufwendungen werden nicht erstattet; vermeidbar sind insbesondere Mehraufwendungen, die dadurch entstanden sind, daß der Auftragnehmer

— Vertragsfristen überschritten
— die rechtzeitige Beschaffung der Stoffe versäumt oder
— die Möglichkeit fester Preisvereinbarungen nicht genutzt hat.

4. An den ermittelten Mehraufwendungen wird der Auftragnehmer beteiligt; seine Selbstbeteiligung beträgt 10 v. H. der Mehraufwendungen, mindestens aber 0,5 v. H. der Abrechnungssumme (Vergütung für die insgesamt erbrachte Leistung).

Dabei sind der Mehrbetrag ohne Umsatzsteuer, die Abrechnungssumme ohne die aufgrund von Gleitklauseln zu erstattenden Beträge und ohne Umsatzsteuer anzusetzen.

Ein Mehr- oder Minderbetrag kann erst geltend gemacht werden, wenn der Selbstbeteiligungsbetrag überschritten ist; bis zur Feststellung der Abrechnungssumme wird 0,5 v. H. der Auftragssumme zugrunde gelegt.

5. Bei Stoffpreissenkungen ist der Auftragnehmer verpflichtet, die ersparten (= Minder-)Aufwendungen von seinem Vergütungsanspruch abzusetzen. Er ist berechtigt, 10 v. H. der ersparten Aufwendungen, mindestens aber 0,5 v. H. der Abrechnungssumme (vgl. Nr. 4) einzubehalten.

6. Sind sowohl Mehraufwendungen als auch Minderaufwendungen zu erstatten, so werden diese getrennt ermittelt und gegeneinander aufgerechnet; auf die sich ergebende Differenz wird Nr. 4 bzw. 5 angewendet.

7. Mehr- oder Minderaufwendungen werden nach den Regelungen der Nrn. 8 bis 10 abgerechnet, es sei denn, es ist etwas anderes, z. B. „Abrechnung nach Marktpreisen", vereinbart.

Weichen die nach Nrn. 8 bis 10 ermittelten Mehr- oder Minderaufwendungen nachweisbar von der Marktentwicklung ab, behält sich der Auftraggeber vor, eine „Abrechnung nach Marktpreisen" entsprechend Nr. 11 zu verlangen.

Abrechnung auf Nachweis

8. Abgerechnet wird auf der Grundlage der Bezugspreise frei Verwendungsstelle (ohne Baustellenlöhne), ohne Umsatzsteuer. Mengen-, Umsatz- und Jahresrabatte sowie sonstige Preisnachlässe — mit Ausnahme der Skonti — sind von den Preisen abzusetzen.

9. Der Auftragnehmer hat nachzuweisen, daß er die Stoffe zu den von ihm eingetragenen Preisen hätte beschaffen können und er diese Preise seiner Kalkulation zugrunde gelegt hat.

10. Beabsichtigt der Auftragnehmer, dieser Klausel unterworfene Stoffe zu höheren als den eingetragenen Preisen zu beschaffen, so hat er dies dem Auftraggeber unverzüglich schriftlich anzuzeigen. Mehraufwendungen werden nicht erstattet, wenn der Auftraggeber dieser Absicht des Auftragnehmers unverzüglich widersprochen und nachgewiesen hat, daß die Mehraufwendungen ganz oder teilweise hätten vermieden werden können.

Der Auftragnehmer ist verpflichtet, den Auftraggeber unaufgefordert schriftlich zu unterrichten, wenn für die dieser Klausel unterworfenen Stoffe die eingetragenen Preise unterschritten werden.

Abrechnung nach Marktpreisen

11. Mehr- oder Minderaufwendungen werden für den einzelnen Stoff aus dem Unterschied zwischen den Mittelpreisen aus Angeboten einschlägiger Lieferer (Marktpreise) zum Zeitpunkt der Angebotsabgabe und zum Zeitpunkt des Einbaues bzw. der Verwendung errechnet.

5.5 Nachunternehmervertrag über Bauleistungen

Der Zentralverband des Deutschen Baugewerbes e.V. empfiehlt den nachstehenden Nachunternehmervertrag zur Anwendung [47].

Name und Anschrift des Bieters

_____

_____

Eröffnungstermin

am _____ Uhrzeit _____

Ort _____

Ablauf der Zuschlagsfrist

am _____

1 Angebot

Betreff: Baumaßnahme _____

_____ in _____

Angebot für (Art der Arbeiten) _____

Anlagen: a) Leistungsbeschreibung

b) _____ (Anzahl) Pläne/Zeichnungen Nr. _____

c) Besondere Vertragsbedingungen

Sehr geehrte Damen und Herren!

1. Ich/Wir biete(n) die Ausführung der beschriebenen Leistungen zu den von mir/uns eingesetzten Einheitspreisen zuzüglich der bei Vertragsabschluß geltenden Mehrwertsteuer an.
   An mein/unser Angebot halte ich mich/halten wir uns bis zum Ablauf der Zuschlagsfrist (siehe oben) gebunden.

2. Meinem/Unserem Angebot liegen folgende Bedingungen zugrunde:
2.1 die Leistungsbeschreibung
2.2 die Besonderen Vertragsbedingungen
2.3 die in der Leistungsbeschreibung angegebenen Zusätzlichen Technischen Vertragsbedingungen
2.4 die Allgemeinen Technischen Vertragsbedingungen für Bauleistungen (VOB/C-DIN 18299 ff.) in der bei Vertragsschluß neuesten Fassung
2.5 die Allgemeinen Vertragsbedingungen für die Ausführung von Bauleistungen (VOB/B-DIN 1961) in der bei Vertragsschluß neuesten Fassung.

3. Ich bin/Wir sind Mitglied der Berufsgenossenschaft

   Anschrift: _____

   Mitgliedsnummer: _____

   Eine Bescheinigung der Berufsgenossenschaft ist dem Angebot beizufügen. Die Bescheinigung darf nicht älter als einen Monat sein.

4. Ich habe/Wir haben bei der _____

   eine Betriebshaftpflichtversicherung mit einer Mindestdeckungssumme

   von DM _____ abgeschlossen.

   Die Versicherungsscheinnummer lautet: _____

5. Raum für weitere Erklärungen:

_____
Ort, Datum

Stempel und rechtsverbindliche Unterschrift des Nachunternehmers

Betreff: Baumaßnahme _____

Angebot für _____

2 Besondere Vertragsbedingungen
für Nachunternehmerverträge über Bauleistungen

1. Im Sinne der Allgemeinen Vertragsbedingungen für die Ausführung von Bauleistungen (VOB/B — DIN 1961) wird

   a) der Auftraggeber als „Hauptunternehmer" und
   b) der Auftragnehmer als „Nachunternehmer"

   bezeichnet.

2. Die Baustelle liegt im Gebiet der Gemeinde/des Landkreises

   _____

3. Für die **Zugangswege** wird unverbindlich auf folgendes hingewiesen:

   _____

6

4. Dem Nachunternehmer werden zur Verfügung gestellt

4.1 **Lager- und Arbeitsplätze**

   _____

   Etwa darüber hinaus erforderliche Lager- und Arbeitsplätze hat der Nachunternehmer zu beschaffen; die Kosten sind durch die Vertragspreise abgegolten.

4.2 **Wasseranschlüsse**

   Lage _____

   Durchmesser _____ /Leistung _____

   Druck _____

4.3 **Stromanschlüsse**

   Lage _____

   Stromart _____ /Spannung _____

   Stromstärke _____

4.4 **Sonstige Anschlüsse**

   _____

4.5 **Kosten der Einrichtung und des Verbrauchs**
   (zu vorstehenden Ziff. 4.2 bis 4.4)

   Für die Kosten hat der Nachunternehmer _____ v.H. seiner Abrechnungssumme zu bezahlen. Verlangt der Nachunternehmer Abrechnung nach tatsächlichem Verbrauch, hat er auf eigene Kosten einen Verbrauchsmengenzähler anzubringen.

5. **Fachbauleiter**
   Die Fachbauleitung obliegt dem Nachunternehmer. Der beauftragte Fachbauleiter ist zu benennen.

6. **Bauschild**
6.1 Der Hauptunternehmer stellt eine Tafel mit dem Verzeichnis aller beteiligten Nachunternehmer auf.
6.2 Der Nachunternehmer beteiligt sich an den Kosten dieser Tafel mit einem einmaligen Betrag von DM _____, der von der ersten Zahlung an den Nachunternehmer abgesetzt wird.

Leistungsbeschreibung und Bauvertrag

Betreff: Baumaßnahme _____

Angebot für _____

7. **Ausführungsfristen**

7.1 Die Ausführung ist zu beginnen:

am _____

7.2 Die Arbeiten sind innerhalb von ____ Werktagen nach Beginn der Ausführung fertigzustellen.

7.3 Folgende Einzelfristen sind Vertragsfristen:

7.3.1 Einzelfrist für _____ : ____ Werktage

7.3.2 Einzelfrist für _____ : ____ Werktage

7.3.3 Einzelfrist für _____ : ____ Werktage

8. **Gewährleistung**

8.1 Die Verjährungsfrist für die Gewährleistung des Nachunternehmers beträgt gemäß § 13 Nr. 4 VOB/B zwei Jahre.

8.2 Sollte in begründeten Einzelfällen eine von Ziffer 8.1 abweichende Verjährungsfrist erforderlich sein, so darf diese Frist fünf Jahre nicht überschreiten, gerechnet vom Tage der Abnahme der Nachunternehmerleistung.

Ein begründeter Einzelfall ist insbesondere gegeben, wenn die Abnahme der Hauptunternehmerleistung später erfolgt als die Abnahme der Nachunternehmerleistung.

Abweichend von Ziffer 8.1 beträgt die Gewährleistungsfrist:

_____ Jahre _____ Monate

9. **Zahlungen**

Abschlagszahlungen werden wie folgt geleistet:

1. Abschlagszahlung: _____

2. Abschlagszahlung: _____

3. Abschlagszahlung: _____

10. **Sicherheitsleistung**

Als Sicherheit für die Erfüllung der Gewährleistungsansprüche des Hauptunternehmers werden

_____ v.H.

der geprüften Schlußrechnungssumme vereinbart. Der Hauptunternehmer darf die Abschlagszahlungen um den genannten v.H.-Satz kürzen.

Der Nachunternehmer kann zur Ablösung des Einbehalts eine Gewährleistungsbürgschaft nach § 17 Nr. 4 VOB/B stellen.

11. **Bauwesenversicherung**

Hat der Bauherr oder der Hauptunternehmer für die Nachunternehmerleistungen eine Bauwesenversicherung abgeschlossen, werden deren Kosten in Höhe von ____ v.H. der geprüften Schlußrechnungssumme dem Nachunternehmer in Rechnung gestellt.

Zusätzliche oder Besondere Vertragsbedingungen

Betreff: Baumaßnahme _____

               Angebot für _____

12.   **Räumung und Reinigung der Baustelle**

12.1   Die Baustelle ist so bald als möglich zu räumen. Befolgt der Nachunternehmer eine dahingehende Aufforderung nicht innerhalb einer vom Hauptunternehmer zu setzenden angemessenen Frist, so kann der Hauptunternehmer die Baustelle auf Kosten des Nachunternehmers räumen lassen.

12.2   Der Hauptunternehmer veranlaßt die Baustellenreinigung. Die entstandenen Kosten werden in Höhe von ____ v.H. der geprüften Schlußrechnungssumme dem Nachunternehmer in Rechnung gestellt.

13.   **Sonstige Vereinbarungen**

_____

_____

3   Auftrag

Hiermit erteilen wir Ihnen den Auftrag auf Ihr Angebot

vom _____ betreffend Baumaßnahme _____

in _____

_____	_____
Ort, Datum	Stempel und rechtsverbindliche Unterschrift des Hauptunternehmers

4   Empfangsbestätigung

Ich/Wir bestätige(n) den Empfang Ihres Auftragsschreibens

vom _____ betreffend das Bauvorhaben _____

_____	_____
Ort, Datum	Stempel und rechtsverbindliche Unterschrift des Nachunternehmers

5.6 Vertrag für schlüsselfertiges Bauen

Der Zentralverband des Deutschen Baugewerbes e.V. empfiehlt den nachstehenden Vertrag für Schlüsselfertiges Bauen einschließlich Schiedsgerichtsvereinbarung zur Anwendung [47].

Vertrag für Schlüsselfertiges Bauen

1 Vertragspartner

1.1 Auftraggeber _____

Name, Vorname, Beruf, Anschrift _____

_____

Bei mehreren Auftraggebern, z.B. Eheleuten, Bauherrengemeinschaften etc., wird als Vertreter der übrigen Auftraggeber benannt: _____

_____

1.2 Auftragnehmer _____

Ansprechpartner für Auftraggeber _____

2 Vertragsgegenstand

2.1 Der Auftragnehmer verpflichtet sich zur Genehmigungs-, Ausführungsplanung und Errichtung eines Neubaus gemäß beigefügter Baubeschreibung auf dem Grundstück

des Auftraggebers in _____

Gemarkung _____ Flur _____ Flurstück _____

2.2 Bei Eigenleistungen obliegen dem Auftragnehmer keine Beratungs- und Überwachungspflichten, Art und Umfang von Eigenleistungen sowie ihre zeitliche Eingliederung in den Bauablauf und ihre Bewertung im Hinblick auf eine Änderung des Festpreises werden in einer gesonderten Vereinbarung festgelegt, die Vertragsbestandteil wird.

2.3 Das Risiko der Erteilung der Baugenehmigung trägt der Auftraggeber, es sei denn, die Versagung der Erteilung der Baugenehmigung ist auf eine mangelhafte Planungsleistung des Auftragnehmers zurückzuführen.

3 Vergütung

3.1 Für die Leistungen gemäß Ziffer 2.1 wird ein Festpreis von

DM _____ (in Worten _____) vereinbart.

Voraussetzung der Festpreisvereinbarung ist die Erteilung der Baugenehmigung

innerhalb einer Frist von _____ Wochen nach Vertragsschluß.

3.2 Nachträgliche Sonderwünsche sind im Festpreis nicht enthalten. Sie sind gesondert schriftlich zu vereinbaren.

3.3 Der Festpreis ist nach folgendem Zahlungsplan zu entrichten:

1. Zahlung _____ v.H. nach _____

2. Zahlung _____ v.H. nach _____

Die Zahlungen sind fällig innerhalb einer Frist von 2 Wochen nach Zugang der entsprechenden Fertigstellungsmitteilung des Auftragnehmers. Diese Regelung gilt entsprechend für die Vergütung von Sonderwünschen.

4 Sicherheitsleistung

Der Auftraggeber verpflichtet sich, die Finanzierung des Festpreises gemäß Ziffer 3.1 durch eine selbstschuldnerische Bürgschaft zugunsten des Auftragnehmers innerhalb einer Frist von _____ Wochen nach Vertragsabschluß sicherzustellen.

Die Sicherstellung der Finanzierung kann auch in der Weise erfolgen, daß sich der Auftraggeber verpflichtet, sein Finanzierungsinstitut unwiderruflich anzuweisen, Zahlungen aus dem Finanzierungsvertrag nach Vorlage geprüfter Rechnungen unmittelbar an den Auftragnehmer zu leisten.

---

5 Bauzeit

5.1 Arbeitsbeginn ⸺⸺⸺⸺⸺

5.2 Bezugsfertigkeit ⸺⸺⸺⸺⸺

5.3 Die vorgenannten Termine können nur eingehalten werden, wenn Baugenehmigung und Bürgschaft rechtzeitig vorliegen.

6 Gewährleistung

Der Auftragnehmer übernimmt die Gewähr für eine fehlerfreie, den anerkannten Regeln der Technik entsprechende Planung und Bauausführung.

Die Gewährleistungsfrist für die Planung richtet sich nach BGB, für die Bauausführung nach VOB.

Gegen eine gesonderte Vergütung von ⸺⸺ v.H. des in Ziffer 3.1 genannten Festpreises übernimmt der Auftragnehmer abweichend von der VOB eine Gewährleistung für die Bauausführung von insgesamt fünf Jahren.

7 Kündigung

7.1 Kündigt eine Vertragspartei den Vertrag nach § 6 Nr. 7 VOB/B, hat die andere Partei Anspruch auf Zahlung einer pauschalierten Entschädigung in Höhe von 10 v.H. des Wertes der nicht ausgeführten Restleistung.

7.2 Kündigt der Auftraggeber den Vertrag nach § 8 Nr. 1 VOB/B, hat der Auftragnehmer Anspruch auf Zahlung einer pauschalierten Entschädigung in Höhe von 20 v.H. des Wertes der nicht ausgeführten Restleistung.

7.3 Kündigt der Auftragnehmer den Vertrag nach § 9 VOB/B, hat er Anspruch auf Zahlung einer pauschalierten Entschädigung von 15 v.H. des Wertes der nicht ausgeführten Restleistung.

7.4 In allen Fällen ist die erbrachte Leistung nach dem Vertragspreis anteilig abzurechnen; der Nachweis eines geringeren Schadens ist zulässig.

8 Bauwesenversicherung

Der Auftraggeber verpflichtet sich, eine Bauherren-Bauwesenversicherung abzuschließen.

9 Vertragsgrundlage

Die Verdingungsordnung für Bauleistungen (VOB/B) ist in der bei Vertragsschluß geltenden Fassung Vertragsbestandteil, soweit dieser Vertrag keine entgegenstehenden Regelungen enthält. Der Wortlaut der VOB/B kann in den Geschäftsräumen des Auftragnehmers während der Geschäftszeit eingesehen werden. Auf Wunsch wird der Wortlaut dem Auftraggeber übersandt.

10 Schiedsklausel

Sollen Streitigkeiten aus diesem Vertrag unter Ausschluß des ordentlichen Rechtsweges von einem Schiedsgericht entschieden werden, ist eine Schiedsgerichtsvereinbarung auf gesonderter Anlage zu treffen. Wird eine solche Vereinbarung nicht getroffen, steht den Vertragspartnern der ordentliche Rechtsweg offen.

⸺⸺⸺⸺⸺⸺⸺⸺⸺⸺   ⸺⸺⸺⸺⸺⸺⸺⸺⸺⸺

Ort und Datum   Ort und Datum

⸺⸺⸺⸺⸺⸺⸺⸺⸺⸺   ⸺⸺⸺⸺⸺⸺⸺⸺⸺⸺

rechtsverbindliche Unterschrift   rechtsverbindliche Unterschrift

Schiedsgerichtsvereinbarung

1. Zwischen

   _____

   und

   _____

   wird hiermit vereinbart, daß alle Streitigkeiten aus oder im Zusammenhang mit dem

   Vertrag vom _____

   betreffend _____

   und über die Rechtswirksamkeit dieses Vertrages unter Ausschluß des ordentlichen Rechtsweges durch ein Schiedsgericht nach Maßgabe der nachfolgenden Schiedsgerichtsordnung in der bei Erhebung der Schiedsklage gültigen Fassung erledigt werden:

   ☐ Schiedsgerichtsordnung für das Bauwesen,
     Herausgeber: Deutscher Betonverein e.V. und
       Deutsche Gesellschaft für Baurecht e.V.[1])

   ☐ Schiedsgerichtsordnung der Bau-Schlichtungsstelle bei der
     Handwerkskammer Rhein-Main[1])

   ☐ Schiedsgerichtsordnung[1]) _____

2. Wird eine Gegenforderung, für die ein Schiedsgericht vereinbart ist, zur Aufrechnung gestellt, so entscheidet das Schiedsgericht zugleich über Forderung und Gegenforderung.

   _____   _____
   Ort und Datum   Ort und Datum

   _____   _____
   rechtsverbindliche Unterschrift   rechtsverbindliche Unterschrift

   _____
   [1]) Nichtzutreffendes streichen

6 Leistungsbeschreibung mit Leistungsverzeichnis

6.1 Gliederung der Leistungsbeschreibung (LB) nach § 9 VOB/A

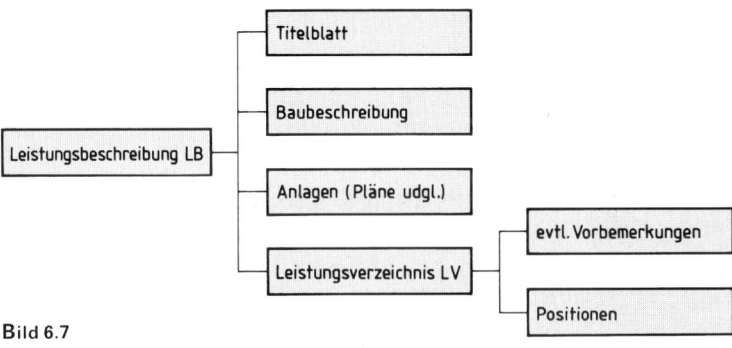

Bild 6.7

6.2 Baubeschreibung

ist eine allgemeine Darstellung der Bauaufgabe als Überblick; sie beinhaltet:

— Zweck, Gliederung, Größe des Bauwerks
— Bauart und Bauweise: z.B. Stahlbetonskelettbau, Ortbeton
— Hinweis auf Bauzeichnungen, Lageplan
— Art der geforderten Bauleistung: z.B. Stahlbetonarbeiten, Estricharbeiten.

Hinweis: Keine Details beschreiben, die aus der Leistungsbeschreibung und den zitierten Zeichnungen sowieso hervorgehen!

6.3 Gliederung Leistungsverzeichnis (LV)

Die einzelnen Teilleistungen (Positionen) eines LV sind durch Ordnungszahlen (OZ) gekennzeichnet. Gliederungsmerkmale einer OZ sind die Gliederungsstufen:

— Los
— Hauptabschnitt
— Abschnitt
— Unterabschnitt
— Titel
— Positionszähler
— ggf. ein Index (z.B. für Nachtragspositionen).

Unter einem Los werden Beschreibungen von Bauleistungen zusammengefaßt und zugeordnet, dabei wird begrifflich wie folgt unterschieden:

— Teillos bei örtlicher Abgrenzung
— Fachlos bei fachlicher Abgrenzung.

Numerische Kennzeichnung einer Teilleistung (Position) ist die Ordnungszahl OZ. Die OZ besteht nach Festlegung des GAEB[1]) aus max. 14 Stellen:

Los	Haupt-Abschnitt		Abschnitt		Unter-Abschnitt		Titel		Positions-Zähler				Index
1	0	1	0	1	0	1	0	1	0	0	0	0	a

Das Los wird mit „1'' und jedes weitere Gliederungsmerkmal wird mit „1'' oder „01'' beginnend aufsteigend numeriert.

Der Positionszähler kann 2-, 3- oder 4-stellig sein. Zweckmäßigerweise wird die Nummerung in Schrittweiten von „5'' aufsteigend vorgenommen, beginnend mit 0000.

Für jedes Bauvorhaben können je nach Umfang der Bauleistung die Gliederungsmerkmale, außer dem Los, innerhalb der vorgegebenen Zuordnung der OZ neu festgelegt werden.

Beispiel OZ der 2. Position im LV von Los 1, im Abschnitt 3: **1.3.005**.

Dabei wurde gewählt:
Abschnittsnumerierung 1-stellig, Positionszähler 3-stellig, 1. Position „0000''.

Die OZ setzt sich also entsprechend der gewählten Anzahl der Gliederungsmerkmale zusammen und dient somit der eindeutigen Zuordnung einer Position innerhalb eines LV.

6.4 Grundsätze

1. Beschreibungen müssen von allen im gleichen Sinn verwendet werden können.
2. Aufgrund der Beschreibung müssen die Preise ohne umfangreiche Vorarbeiten kalkuliert werden können.
3. Dem Bieter keine ungewöhnlichen Wagnisse aufbürden.
4. Unnötige Texte vermeiden, dennoch Leistung eindeutig und erschöpfend beschreiben.
5. Keine Beschreibungen, die in VOB/B oder VOB/C bereits enthalten sind.
6. Hinweise im „Titel 0'' der jeweiligen ATV (VOB/C) beachten.
7. Leistungen, die keiner besonderer Ansätze bedürfen, sind in VOB/C als Nebenleistungen angeführt.
8. VOB/C zählt unter 4.2 „Besondere Leistungen'' auf, die keine Nebenleistungen sind, für die also in der Leistungsbeschreibung eine Vergütungs-Regelung zu treffen ist.
9. Baustelleneinrichtungen bei größeren Baumaßnahmen in besonderen Positionen erfassen.
10. Nur solche Leistungen unter einer Nummer zusammenfassen, die nach ihrer technischen Beschaffenheit und für die Preisbildung als in sich gleichartig anzusehen sind.
11. Sich häufig wiederholende Beschreibungen verschiedener Positionen in „Vorbemerkungen'' zusammenfassen.

---

[1]) GAEB s. unter 6.9.

6.5 Vorbemerkungen

— Ersetzen keine Besonderen oder Zusätzlichen Vertragsbedingungen.
— Sollen nur im Leistungsverzeichnis und in unmittelbarem Zusammenhang mit den Positionen (wenn überhaupt erforderlich) vorkommen.

Beispiel „Vorbemerkung zu Pos. 411 bis 418:

Die Schalung für den Sichtbeton besteht aus einseitig gehobelten, 10 cm breiten Brettern mit Spundung. Die Stöße der Bretter sind regelmäßig zu versetzen."

6.6 Positionsarten

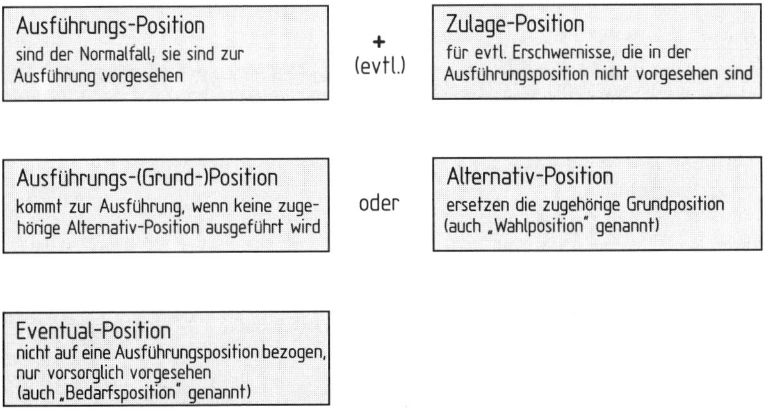

Ausführungs-Position sind der Normalfall, sie sind zur Ausführung vorgesehen	**+** (evtl.)	Zulage-Position für evtl. Erschwernisse, die in der Ausführungsposition nicht vorgesehen sind
Ausführungs-(Grund-)Position kommt zur Ausführung, wenn keine zugehörige Alternativ-Position ausgeführt wird	oder	Alternativ-Position ersetzen die zugehörige Grundposition (auch „Wahlposition" genannt)

Eventual-Position
nicht auf eine Ausführungsposition bezogen, nur vorsorglich vorgesehen
(auch „Bedarfsposition" genannt)

Bild 6.8

6.7 Grundsätzlicher Aufbau einer Positionsbeschreibung

Für einfache Leistungen genügt:

— **Art:** Bezeichnung der fertigen Leistung, z.B.: „Ortbeton der Wand". Erforderlichenfalls Tätigkeiten, z.B.: „Betonstahl schneiden, biegen, ..."
— **Ort:** Bauteil, Geschoß, Achse. Nicht erforderlich, wenn das aus der Gesamtgliederung des LV hervorgeht, z.B.: „Trakt 1, Erdgeschoß"
— **Qualität:** Material, Eigenschaft, Gestaltung, Oberflächen, Abmessungen, z.B.: „aus Stahlbeton B 25 als Normalbeton, wasserundurchlässig, Dicke 10 cm"
— **Menge:** z.B.: „10 m³".

Für besondere Situationen sind Ergänzungen sinnvoll, beispielsweise:

— **Zweck:** z.B.: „für Pumpensumpf"
— **Hinweis für Abrechnung:** z.B.: „Baugrube wird mit senkrechter Böschung abgerechnet."
— **Rechtlicher Hinweis:** z.B.: „Bodenaushub wird mit dem Laden Eigentum des AN."
— **Hinweis auf Ausführungstechnik:** z.B.: „Bodeneinbau lagenweise, Dicke der Lagen max. 0,30 m".

6.8 Textformulierungen für die Positionen des LV

6.8.1 Frei formulierte Texte

Beispiel

Pos.	Menge	Gegenstand	Einheits-preis DM	Betrag DM
3.01	25	m² Sauberkeitsschicht für Stahlbeton-fundamente, 8 cm dick, aus B 5 auf vorbereitetem Untergrund herstellen		

besser: Mengenspalte neben Einheitspreisspalte

6.8.2 Standardleistungstexte

Standardleistungstexte sind in den verschiedenen Standardleistungsbüchern (z. B. StLB, STLK) bzw. als standardisierte Texte in einer Datenbank (z. B. STLB-Bau Dynamische BauDaten) enthalten. Sie bieten eine Formulierungshilfe für die Bereiche des Hoch-, Tief-, Wasser-, Straßen- und Brückenbaus auf der Grundlage der VOB und der Technischen Regelwerke (z. B. DIN-Normen, ZTV).

Leider sind StLB und STLK in ihrer DV-Systematik (Zusammensetzung der Textbausteine) nicht identisch und haben für die DV-Anwendung eine unterschiedliche Verschlüsselung. STLB-BauDaten werden auf einer modernen Benutzeroberfläche per „Mausklick" zusammengesetzt.

6.8.3 Standardleistungsbuch für das Bauwesen (StLB)

Das StLB enthält Standardtexte für die Leistungsbereiche des Hochbaus (Abgrenzung etwa entsprechend den Gewerken der VOB/C), die sich aus 5 Textteilen (T_1 bis T_5) zusammensetzen können.

Vorteil: technisch einwandfreie, straff formulierte Texte.

Die Textteile sind verschlüsselt, die Ziffern der einzelnen Textteile ergeben zusammen mit der Leistungsbereichsnummer die Standardleistungsnummer (für Anwendung der EDV wichtig).

Beispiel Langtext

Ordnungs-zahl (OZ)	Standardleistungsnummer Leistungsbeschreibung	Menge	Einheit	EP	GP
3.01	94 013 033 11 11 10 25 Ortbeton der Sauberkeitsschicht, Untergrund waagerecht, obere Betonfläche waagerecht, aus unbewehrtem Beton als Normalbeton DIN 1045 B 5, Dicke über 5 bis 10 cm	25	m²		

Der Kurztext zur gleichen Standardleistungsnummer heißt:
„Sauberkeitssch., Beton, B 5, D 5 – 10 cm."

Text und Textteil-Nummer hängen wie folgt zusammen:

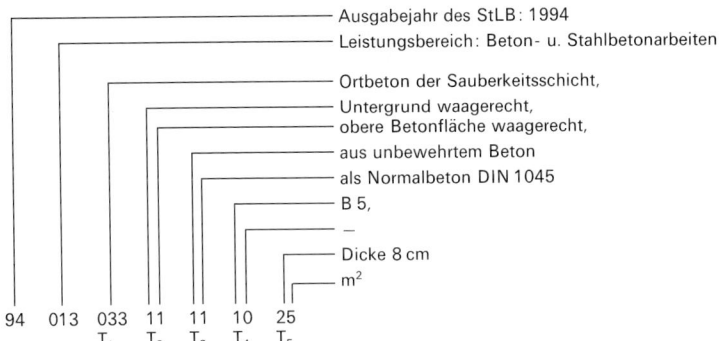

94	013	033	11	11	10	25
		T_1	T_2	T_3	T_4	T_5

Ausgabejahr des StLB: 1994
Leistungsbereich: Beton- u. Stahlbetonarbeiten
Ortbeton der Sauberkeitsschicht,
Untergrund waagerecht,
obere Betonfläche waagerecht,
aus unbewehrtem Beton
als Normalbeton DIN 1045
B 5,
—
Dicke 8 cm
m^2

6.8.4 STLB-Bau (Dynamische BauDaten) DBD

STLB-Bau ist ein „intelligentes" Textspeichersystem (Datenbank). Das Experten-system wird zusammen mit einem Ergänzungsmodul zu AVA-Software angeboten und unterstützt die Arbeit am PC bei Ausschreibungen.

Der Einstieg in die Textbildung kann erfolgen über

— Auswahl von Leistungsbereichen
— Schlagworte.

Die damit gefundenen Teilleistungsgruppen werden durch die Auswahl von Be-schreibungsmerkmalen (z.B. Farbe), sowie den fachlich dazugehörigen Ausprä-gungen mit konkreten Eigenschaften (z.B. rot) zur Beschreibung einer Teilleistung ergänzt.

Vorteil gegenüber dem StLB:

Unterstützung in der Bildung fachlich stimmiger Beschreibung von Teilleistungen. Falsche Textkombinationen werden durch DV-technische Ausschlüsse weitgehend vermieden.

Die STLB Bau-Texte lösen derzeit Zug um Zug das bisherige StLB ab, d.h. zukünftig wird es für den Bereich des Hochbaus keine Buchform mehr geben.

STLB-Bau wird gemeinsam vom GAEB / DIN / Beuth-Verlag und der Dr. Schiller & Partner GmbH auf CD-ROM vertrieben.

6.8.5 Standardleistungskatalog für den Straßen- und Brückenbau (STLK) und Standardleistungskatalog für den Wasserbau (STLK)

Beide Kataloge sind eine Sammlung von Standardleistungstexten zur Beschreibung von Bauleistungen im Straßen- und Brückenbau (nachfolgend abgekürzt: STLK S-B) sowie Wasserbau (STLK-W), aufgeteilt in fachspezifische Leistungsbereiche z. B. LB 106 Erdbau, LB 215 Wasserbauwerke aus Beton und Stahlbeton.

Die 100er-Reihe ist dem STLK S-B und die 200er-Reihe dem STLK-W vorbehalten.

Die Beschreibung einer Teilleistung ist bei beiden identisch und setzt sich zusammen beim LV-Langtext aus dem Grundtext (GT), und einer Kombination von bis zu 8 Folgetexten (FT), die aus bis zu 8 Folgetextgruppen (FTG) ausgewählt werden können. Eine FTG kann wiederum aus bis zu 9 FT bestehen mit gleichartigen Beschreibungsmerkmalen.

Falls Beschreibungsmerkmale bei einer Teilleistungsbeschreibung im Einzelfall nicht notwendig sind, kann durch die Auswahl der entsprechenden FT-Nr. ... 0 bzw. ... 00 dies „ausgelassen" werden.

Das gesamte System des STLK beruht wie beim StLB auf einer Verschlüsselung.

Es besteht aus Schlüsselzahlen:

— Ausgabedatum des LB,
— LB-Nr.,
— GT-Nr.,
— FT-Nr.
(Nummer der gewählten FTG mit FT z. B. 7.3 bzw. 7.00).

Neuere Leistungsbereiche des STLK für den Straßen- und Brückenbau ab Ausgabedatum 1993, bieten als Besonderheit eine „teilfreie" Textergänzung.

Für den Aufsteller einer Positionsbeschreibung ergibt sich die Möglichkeit durch Voranstellung eines anwenderorientierten Beschreibungsmerkmals, den Standardtext durch freien Text sinnvoll zu ergänzen.

Auch für das Kurztext-LV sind im STLK eigene Texte formuliert. Anstelle des Grundtext tritt der Kurzgrundtext (KGT); die Folgetexte werden durch Kurzfolgetexte (KFT) ersetzt.

Zum leichteren Auffinden einer Standardteilleistung bildet der KGT gleichzeitig das Inhaltsverzeichnis für jeden LB unterteilt in bis zu 9 Abschnitte.

Beispiel Zusammensetzung eines Standardleistungstextes nach dem STLK-W und die Zuordnung einer Standardleistungsnummer (STL)

Zeile	Bezeichnung	Schlüssel-Nr.	Langtextbeschreibung bzw. Titel des LB		Kurztext-beschreibung
1	Ausgabedatum des LB	08/98			
2	LB-NR	209	Baugrubenverbau, Baugrundverbesserung		
3	GT-Nr.	212	Bohrpfahlwand nach Zeichnung herstellen, freigelegte Wandflächen …	KGT	Bohrpfahlwand herstellen
4	FT-Nr.	1.2	Statische Berechnungen und Ausführungsbezeichnungen werden gesondert vergütet	KFT	Statik ges.
5	FT-Nr.	2.1	Bewehrung wird gesondert vergütet	KFT	Bewehrung gesondert
6	FT-Nr.	3.9	Bohrgut *auf der Baustelle in vom AG bereitgestellten Containern zwischenlagern*	KFT	… Freitext …
7	FT-Nr.	4.1	Ausführung = überschnittene Bohrpfahlwand	KFT	Pfähle überschnitten
8	FT-Nr.	5.4	Material = Beton B 35	KFT	B 35
9	FT-Nr.	6.7	Pfahldurchmesser über 95 bis 110 cm	KFT	DU 95 – 110 cm
10	FT-Nr.	7.4	Pfahllänge über 8 bis 10	KFT	Länge 8 – 10 m
11	FT-Nr.	8.0	*„Leerbohrung"*	KFT	

Entsprechend der tabellarischen Aufstellung ergibt sich folgende

STL-Nr.: **08/98 209 212 21 91 47 40**.

Erläuterung: In Zeile 6 wurde die „teilfreie" Textergänzung gewählt (kursiv). In Zeile 11 ist das Beschreibungsmerkmal „Leerbohrung" zur Beschreibung der Position nicht verwendet worden.

Beide STLK werden als Buch- und Diskettenausgabe vertrieben:

— der STLK S-B vom FGSV-Verlag der Forschungsgesellschaft für das Straßen- und Verkehrswesen e.V. (FGSV) in Köln,

— der STLK-W von der Wasser- und Schiffahrtsdirektion Mitte in Hannover.

6.9 DV-Anwendung der Standardleistungstexte

Der „Gemeinsame Ausschuß Elektronik im Bauwesen" (GAEB) fördert die Datenverarbeitung im Bauwesen. Im GAEB sind die öffentlichen und privaten Auftraggeber, die Architekten, Ingenieure, die Bauwirtschaft sowie Softwarehäuser durch ihre jeweiligen Spitzenorganisationen vertreten. Vom GAEB wurden StLB und STLB-Bau entwickelt und Festlegungen für andere Standardleistungstexte getroffen. Somit kann z.B. der STLK auch im „GAEB bzw. StLB-Format" verarbeitet werden.

DV-Programme, die eine automatisierte Vergabe und Abrechnung (AVA) von Bauleistungen gewährleisten, werden als „AVA-Programme" bezeichnet. Zur Erstellung dieser Programme und zur Beschreibung der Datenaustauschphasen (Schnittstellen) gibt der GAEB Richtlinien[1]) heraus.

Die meisten AVA-Programme enthalten als DV-Schnittstelle die „GAEB-Schnittstelle". Damit können folgende Standardleistungstexte verarbeitet werden:

— StLB
— StLB-Bau (Dynamische BauDaten)
— STLK im „StLB-Format".

Speziell für den STLK gibt es die „ASTRA"-Schnittstelle. Die Beschreibung dieser Schnittstelle befindet sich in den „STLK/ASTRA-Richtlinien", die beim FGSV-Verlag erhältlich sind. Hierbei ist sichergestellt, daß der STLK im Original-„STLK-Format" verarbeitet werden kann.

Bei AVA-Programmen ist vorgesehen, das LV in zwei unterschiedlichen Fassungen aufzubereiten, nämlich als:

— Langtext-LV mit ausführlicher Beschreibung der Bauleistung (ohne Preiseintrag). Das Langtext-LV beinhaltet den Vertragstext einer Leistungsbeschreibung.
— Kurztext-LV mit stichwortartiger Beschreibung der Bauleistung (mit Preiseintrag).

Das Kurztext-LV dient zur Vereinfachung bei der Angebotsabgabe und zur Rechnungslegung (Kurzansprache der Positionen (OZ)).

Das bisher durch den AG erstellte Kurztext-LV wird immer mehr durch vom AN selbstgefertigte Kurzfassung des LV verdrängt.

7 Leistungsbeschreibung mit Leistungsprogramm
(Funktionale Leistungsbeschreibung FLP)

Die „Leistungsbeschreibung mit Leistungsprogramm" gemäß VOB/A § 9 wird auch FLP genannt.

Dabei wird nicht nur der Preis dem Wettbewerb unterstellt, sondern auch der Entwurf des Objektes.

Die Beschreibung der Bauaufgabe durch eine FLP umfaßt:

— alle für den Entwurf und das Angebot maßgebenden Bedingungen und Umstände,
— den Zweck der fertigen Leistung und alle an sie gestellten technischen, wirtschaftlichen, gestalterischen und funktionalen Anforderungen,
— evtl. Musterleistungsverzeichnis ohne Mengenangaben.

Das Objekt muß aufgrund einer Rahmenplanung beschreibbar sein, ohne daß Planungs- und Konstruktionseinzelheiten festlegen; es werden i.d.R. keine Materialien oder Bauverfahren definiert.

Es sind nicht alle Bauobjekte (schätzungsweise nur 25% des Hochbauvolumens) für eine FLP geeignet.

---

[1]) „Regelungen für Informationen im Bauvertrag
— Aufbau Leistungsverzeichnis
— GAEB-Datenaustausch (GAEB 2000)".

7.1 Rahmenplanung

Sollte nicht zu detailliert sein, möglichst viel Spielraum lassen. Unverzichtbares muß jedoch deutlich werden.

Alternativ zur Rahmenplanung könnte auch ein Hinweis auf vergleichbare Referenzobjekte erfolgen; das schränkt jedoch möglicherweise die Innovation und Angebotsvielfalt ein.

Die Rahmenplanung enthält und ermöglicht:

— Angaben über die Nutzungsanforderungen,

— eine erste Übersicht über Qualitäten und Mengen für den Auftraggeber (auch als Grundlage für ein Bewertungssystem),

— Orientierungsrahmen für Bieter zur Erleichterung beim Angebot,

— Vorbereitung für die behördliche Genehmigung (Voranfrage).

7.2 Angaben des Auftraggebers für die Ausführung

6

In [16] wird folgende Checkliste für den Inhalt einer FLP genannt:

— Beschreibung des Bauwerks / der Teile des Bauwerks;

— Allgemeine Beschreibung des Gegenstandes der Leistung nach Art, Zweck und Lage;

— Beschreibung der örtlichen Gegebenheiten, wie z.B. Klimazone, Baugrund, Zufahrtswege, Anschlüsse, Versorgungseinrichtungen;

— Beschreibung der Anforderungen an die Leistung;

— Flächen- und Raumprogramm, z.B. Größenangaben, Nutz- und Nebenflächen, Zuordnungen, Orientierung;

— Art der Nutzung, z.B. Funktion, Betriebsabläufe, Beanspruchung;

— Konstruktion: ggf. bestimmte grundsätzliche Forderungen, z.B. Stahl oder Stahlbeton, statisches System.

— Einzelangaben zur Ausführung, z.B. Rastermaße, zulässige Toleranzen, Flexibilität;

— Tragfähigkeit, Belastbarkeit;

— Akustik (Schallerzeugung, -dämmung, -dämpfung);

— Klima (Wärmedämmung, Heizung, Lüftungs- und Klimatechnik);

— Licht- und Installationstechnik, Aufzüge;

— hygienische Anforderungen;

— allgemeine physikalische Eigenschaften (Elastizität, Rutschfestigkeit, elektrostatisches Verhalten);

— sonstige Eigenschaften und Qualitätsmerkmale;

— vorgeschriebene Baustoffe und Bauteile;

— Anforderungen an die Gestaltung, z.B. Dachform, Fassadengestaltung, Farbgebung, Formgebung;

— Abgrenzung zu Vor- und Folgeleistungen;

— Normen oder etwaige Richtlinien des Nutznießers, die zusätzlich zu beachten sind;

— öffentlich-rechtliche Anforderungen, z.B. spezielle planungsrechtliche, bauordnungsrechtliche, wasser- oder gewerberechtliche Bestimmungen oder Auflagen.

Bauabrechnung und Bauvertrag

In [17] sind Angaben zu einem Raumbuch und zur grundsätzlichen Gliederung einer FLP veröffentlicht worden; daher stammt der nachfolgende Auszug.

Raumtyp A

Erste Projektgliederung, dabei kann ein wenig strukturiertes Bauwerk aus nur einem Raum vom Typ A bestehen.

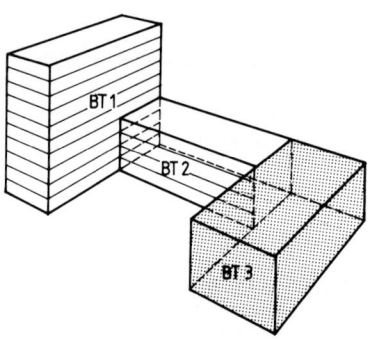

Zugeordnete Raumbuch-Angaben:
- Hauptnutzung, Gesamtbelegung
- Bauwerksgröße, Raumstruktur
- ,,Umfassende'' und ,,tragende'' Raumeigenschaften (z.B. Wärmedurchgangszahl der Fassade, Bodenpressung der Fundamente)

sowie
- Merkmale der Versorgungssysteme
- Umweltbedingungen

Bild 6.9
Gliederung des abgebildeten Bauwerks in drei Räume des Typs A: Bauteile BT 1, BT 2 und BT 3.

Raumtyp B

Untergliederung des Raumtyps A in Geschosse, Zonen, Segmente, Achsabschnitte, Treppen- und Schachtanlagen, Abteilungen usw.

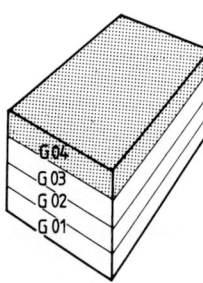

Zugeordnete Raumbuch-Angaben:

Grundsätzlich alle dokumentationswürdigen Merkmale und Elementbeschreibungen, die nicht besser den Räumen des Typs A oder C zugeordnet werden, wie
- Raumgruppennutzung
- Bereichsfunktionen (z.B. Merkmale einer klimatisierten Zone)
- Elemente der Leitungsnetze u.a.
- Elemente der Gründung, bestimmter Tragkonstruktionen, der Außenhaut, des Daches und der Technikzentralen

Bild 6.10
Gliederung des Bauteiles BT 3 in vier Räume des Typs B: Geschosse G 01 bis G 04.

Raumtyp C

Untergliederung des Bauwerks in kleinste Raumeinheiten, wie Zimmer, Module, Zellen und sonstige Einzelräume.

Zugeordnete Raumbuch-Angaben:

— Einzelnutzung

— entsprechend differenzierte Raumeigenschaften und Einflußfaktoren (z.B. Einflüsse von Nebenräumen mit besonderer Nutzung, wie Trafo, Röntgen)

sowie

— Raumbildende Elemente (ohne „tragenden Kern")

— Elemente der technischen Ausrüstung (ohne besondere Betriebseinrichtungen und ohne „durchlaufende Leitung")

— Elemente des baulichen Ausbaues, z.B. Glaser-, Tischler- und Schlosserarbeiten betreffend

— Elemente der Ausstattung mit beweglichen Geräten, Mobiliar usw.

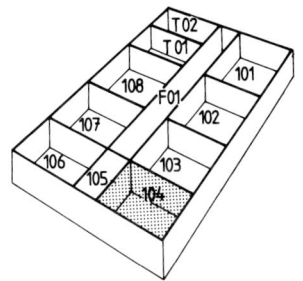

Bild 6.11
Gliederung des Geschosses G 04 in elf Räume des Types C:
F 01, T 01 und T 02 sowie 101 bis 108.
Der markierte Raum hat hiernach folgende Raumnummer: 3-04-104

6

Tafel 6.12 IGR Raumbuch-Kurzform (Beispiel)
Raumeigenschaften — Wohnungs-Typ 1 D — Modellangaben   Raumtyp C

A2 Raumbezeichnung			B2 Raumgrößen			B4 Haustechn. Anschlüsse für						B5 Haustechn. Werte		
1.	2.	3.	1.	2.	3.	1.	2.	3.	4.	5.	6.	1.	3.	6.
Prov Raumnr	Nutzung	Nutzer (Abt.)	Art — Fläche M2	Art — Höhe M	Inhalt M3	Heizung	Lüftung	Sanitär	Elt./St.	Elt./Schw.	Ford-Tech.	Temp. C	Lw Fch	Licht Lux
A B C														
W 104	Diele	N	6,02 L	2,47 N	14,87	—	—	—	SCH DB WVT	TAD SPA	—	20	1	
W 204	Bad/WC	N	3,47 L	2,475 N	8,588	WWH	ZWE	WA WB WC	WB STD PA	—	—	24	7	
W 304	Kochen	N	6,09 L	2,47 N	15,04	WWH	ZWE	SP	SCH STD WRS GAD DB	—	—	20	4	
W 404	Loggia	N	1,69 L	2,365 N	4,000	—	—	—	—	—	—	—	—	
W 504	W-E-S	N	19,77 L	2,47 N	48,83	WWH	—	—	SCH STD DB	AAD	—	22	1	
W V04	Lue.+ Inst.	F	0,36 L	2,475 N	0,891	—	—	—	—	—	—	—	—	

AAD — Antennenanschlußdose	SP — Spüle	WB — Waschbecken (B.4.3)	WVT — Wohnungsverteiler
DB — Deckenbrennstelle	SPA — Sprechanlage	WB — Wandbrennstelle ohne SCH (B.4.4)	WWH — Warmwasserheizung
GAD — Geräteanschlußdose	STD — Steckdose		ZWE — Zwangsentlüftung
PA — Potentialausgleich	TAD — Telefonanschlußdose	WBS — dto. mit SCH	
SCH — Schalter	WA — Wanne	WC — WC	

7.3 Angebot und Angebotsbewertung

Das Angebot soll enthalten:

— Planung.

— Qualitätsnachweis aufgrund des vom Auftraggeber vorgegebenen Nachweissystems. Beim Angebot genügt die Angabe „entspricht DIN ...", wenn später baubegleitende Qualitätsnachweise erfolgen.

— Überschlägliche Statik: nur überschlägliche Dimensionierung der Hauptelemente.

— Preisgliederung: ein einziger Pauschalpreis genügt i.d.R. nicht, mindestens Gliederung nach DIN 276 erforderlich. Für evtl. spätere Änderungen ist eine zusätzliche Liste der Einheitspreise nützlich.

— Terminplan.

Für die Bewertung der Angebote gilt folgendes:

— Die Bewertungsgrundsätze sind den Bietern vorher bekanntzumachen.

— Zweckmäßigerweise werden nur die Unterschiede bewertet.

— Gleiche Leistungen aller Bieter (Standards oder Basisqualitäten) aus dem Vergleich herauslassen.

— Unabhängige Prüfung des Mindest-Qualitätsniveaus.

— Kosten und Nutzen wichten.

— Punkte und Gewichte verteilen auf folgende Kriterien:

    — Gestaltung
    — Qualität
    — Kosten
    — Nutzungskosten.

7.4 Schlüsselfertiges Bauen (SF-Bau)

Beim SFB-Bau werden Baumaßnahmen vom ersten Spatenstich bis zur betriebsbereiten Fertigstellung vom Auftragnehmer erstellt und „schlüsselfertig" dem Auftraggeber übergeben. Der Auftragnehmer wird so zum Generalunternehmer oder auch zum Totalunternehmer, wenn er auch noch Planungsleistungen übernimmt.

Aus Platzgründen werden hier nur Hinweise auf Stellen in diesem Buch gegeben, die zum Thema „SF-Bau" etwas aussagen.

Tafel 6.13

Thema	Abschnitt	Kapitel	Seite
Projektentwicklung, Unternehmer-Einsatzformen	Baurecht und Bauwirtschaft	1.5.7	
Unternehmer-Einsatzformen, Vor- und Nachteile	Baurecht und Bauwirtschaft	2.1	
Leistungsbereiche für Hochbauten	Baukosten und Finanzierung	1.2.2	
Grundflächen und Rauminhalte von Hochbauten	Baukosten und Finanzierung	1.4	
Anteile der Leistungsarten bei Hochbauten	Baukosten und Finanzierung	2.1	
Preisindizes für Bauwerke	Baukosten und Finanzierung	2.1	
Normalherstellungskosten von Gebäuden	Baukosten und Finanzierung	2.2	
Durchschnittliche Baukosten neu errichteter Gebäude	Baukosten und Finanzierung	2.3	
Verteilung der Baukosten verschiedener Gebäudearten	Baukosten und Finanzierung	2.4	
Auszahlungstermine für Baudarlehen	Baukosten und Finanzierung	6.5	
Baukostenplanung, Finanzierungsplan	Baukosten und Finanzierung	6.7	
Private Finanzierung öffentlicher Bauvorhaben	Baukosten und Finanzierung	6.8	
Wirtschaftlichkeitsberechnung für Bauten	Baukosten und Finanzierung	7	
Bauunterhaltungskosten	Baukosten und Finanzierung	8	
Pauschalvertrag, Festpreisvertrag	Leistungsb. und Bauvertrag	1.4	
Nachunternehmervertrag über Bauleistungen	Leistungsb. und Bauvertrag	5.5	
Vertrag für schlüsselfertiges Bauen	Leistungsb. und Bauvertrag	5.6	
Leistungsbeschreibung mit Leistungsprogramm	Leistungsb. und Bauvertrag	7	
Aufwand für gewerkeweise Bauabrechnung	Bauabrechnung und Mengenermittlung	1.1	
Auswahl des optimalen Bauverfahrens	AV, Ablaufplanung	2	
Bau-Ablaufplanung, Netzplantechnik	AV, Ablaufplanung	3	
Soll-Ist-Vergleich Bauablauf	AV, Ablaufplanung	6	
Aufbauorganisation	Betriebsorganisation	2.1	
Koordinierung von Planungsabläufen	Betriebsorganisation	2.2.2	
Projektorganisation	Betriebsorganisation	2.3	
Kapazitäts- und Kostenplanung	Betriebsorganisation	2.4	
Organisation auf der Baustelle	Betriebsorganisation	3	
Qualitätsmanagement	Betriebsorganisation	5	
Kostenarten nach KLR-Bau, Nachunternehmerleistungen	Kalkulation	1.5.1	
Kalkulation von Fremdleistungen (Nachunternehmer)	Kalkulation	3.5	
Erfolgskontrolle der Baustelle	Kalkulation	4	
Sicherheitstechnische Maßnahmen bei Planung, Vergabe und Bauleitung	Unfallverhütung	1.1	
Koordinator, Sicherheits- und Gesundheitsplan (Baustellensicherheits-VO)	Unfallverhütung	1.2	

Raum für Notizen

Bauabrechnung und Mengenermittlung

Bearbeitet von Prof. Dipl.-Ing. Manfred Hoffmann

Inhalt

1 Allgemeines

1.1 Grundlagen

Die VOB, Teil C „Allgemeine Technische Vertragsbedingungen für Bauleistungen" (ATV) Ausgabe 1998 enthält Abrechnungsvorschriften für insgesamt 58 Gewerke. Im Folgenden werden die Abrechnungsvorschriften wichtiger ATV kurz, aber umfassend zusammengestellt. Einige Abrechnungsbestimmungen für Einzelleistungen, die keine Nebenleistungen sind, (s. DIN 18299 und Abschn. 4 der jeweiligen ATV), sind mit aufgenommen worden; die ATV enthalten jedoch weitergehende Festlegungen über Nebenleistungen und Besondere Leistungen.

Die Mengenermittlung wird i.d.R. vom AN aufgestellt und vom BH geprüft. Die Abrechnung von Bauleistungen ist aufwendig; die Kosten kann man mit 1 bis 3% der zugehörigen Bausummen schätzen. 70 bis 80% dieser Kosten fallen auf der AN-Seite an. EDV-Unterstützung kann hier evtl. Zeit und Kosten sparen. Freie Ingenieurbüros erhalten z.B. etwa 0,8% der abgerechneten Beträge als Honorar für Mengenermittlungen; bei Wiederholungen z.B. jedoch nur 0,4%.

Bauabrechnung und Mengenermittlung

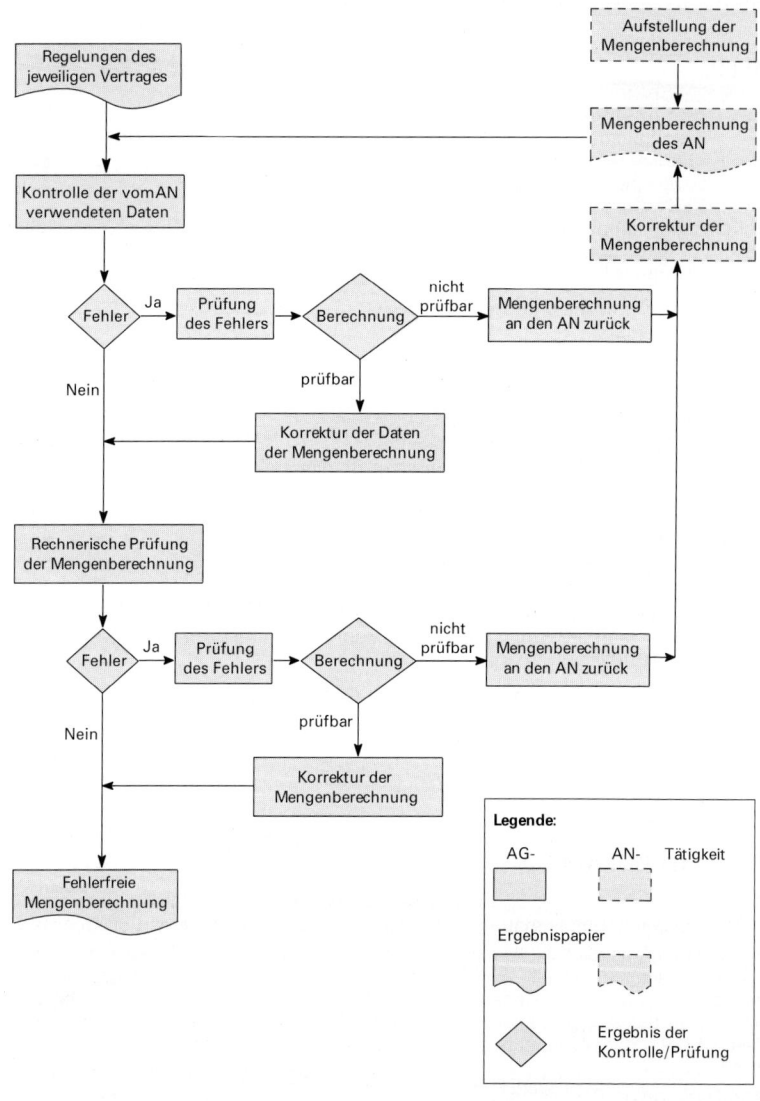

Bild 7.1 Ablaufschema für die Prüfung der Mengenermittlung
Quelle: Bundesminister für Verkehr, Vergabehandbuch HVA-StB, Ausgabe 10.95

1.2 Kriterien für die Prüfbarkeit einer Bauabrechnung

VOB/B § 14: Der AN hat seine Leistungen prüfbar abzurechnen:

— Rechnungen müssen übersichtlich sein.

— Reihenfolge und Bezeichnungen der Posten des Vertrages einhalten.

— Nachweise von Art und Umfang der Leistungen durch
  — Zeichnungen
  — Mengenberechnungen
  — andere Belege (z.B. gemeinsame Aufmaße).

— Änderungen und Ergänzungen des Vertrages besonders kenntlich machen.

— Für Leistungen, die bei Weiterführung der Arbeiten nur schwer feststellbar sind, hat AN rechtzeitig gemeinsame Feststellungen zu beantragen.

Reicht der AN eine prüfbare Rechnung nicht ein, so kann der AG selbst die Kosten des AN aufstellen; d.h. der AG wird dann in seinem Sinne abrechnen.

Weitere Kriterien für Prüfbarkeit einer Bauabrechnung:

— Jede Zahl in der Abrechnung muß direkt (ohne Zwischenrechnungen) aus den Abrechnungszeichnungen oder Skizzen hervorgehen.

— Addition von Maßketten entweder als Summe in Zeichnung eintragen oder Einzelzahlen in die Abrechnung übernehmen und dort addieren.

— Möglichst einheitliches System wählen:
  z.B.: 1. Spalte ist immer die horizontale Maßkette der Zeichnung,
       2. Spalte ist dann die senkrechte Maßkette der Zeichnung.

— Möglichst Formblätter verwenden, Objektbezeichnung, Seitennumerierung.

— Eindeutiger Bezug auf zugrundeliegende Zeichnung, Aufmaß usw.

— Bauteil möglichst als Stichwort angeben: z.B.: „Fenstersturz, EG, Westseite".

1.3 Genauigkeit der Abrechnung

BGB-Vertrag

Im allgemeinen sind die Abrechnungsmengen mit mathematischer Genauigkeit zu ermitteln. Dabei werden üblicherweise ermittelt:

— m^3-Mengen   auf 3 Stellen hinter dem Komma,

— m^2-Mengen   auf 2 Stellen hinter dem Komma,

— t-Mengen   auf 3 Stellen hinter dem Komma,

— kg-Mengen   auf 0 Stellen hinter dem Komma,

— m-Mengen   auf 2 Stellen hinter dem Komma,

wenn im Vertrag nichts anderes geregelt ist.

VOB-Vertrag

— Im Teil C der VOB sind in jedem Leistungsbereich jeweils im Abschn. 5 besondere Abrechnungsregeln verfaßt.

— Sinn dieser Regelungen, soweit sie von mathematischer Exaktheit abweichen, ist, die Abrechnung zu vereinfachen.

— Die VOB-Abrechnungsregeln sind sprachlich sehr (oft zu) kurz gefaßt; sie sind in vielen Fällen auslegungsbedürftig.

— Bei Erdarbeiten sind „übliche Näherungsverfahren" zulässig (siehe dort).

1.4 REB = Sammlung der Regelungen für die Elektronische Bauabrechnung [57]

Herausgeber: Forschungsgesellschaft für das Straßenwesen

Anlaß: Abrechnungen sind aufwendig, deshalb ist Rationalisierung angesagt. Bearbeitung erfolgte durch Fachleute der AG- und AN-Seite.

Das Bundesministerium für Verkehr hat die Anwendung der REB und der „DV-Abrechnungs-Richtlinien 79"[1]) für den Bereich des Bundesfernstraßenbaus eingeführt und allen Straßenbauverwaltungen zur Anwendung empfohlen.

Im Bereich des Hochbaus ist die Anwendung der REB im „Vergabehandbuch für die Durchführung von Bauaufgaben des Bundes im Zuständigkeitsbereich der Finanzbauverwaltungen (VHB)" geregelt. Im Straßen- und Brückenbau sind die Bedingungen für die Bauabrechnung mit Datenverarbeitungsanlagen in den „Zusätzlichen Vertragsbedingungen für die Ausführung von Bauleistungen im Straßen- und Brückenbau, Ausgabe 1995 (ZVB/E-StB 95)" enthalten. Die REB gilt nur als verbindlich, wenn ihre Anwendung im Bauvertrag vereinbart worden ist.

Sinn der REB war und ist:

— die Aufstellung der Mengenermittlung auf der AN-Seite zu rationalisieren,
— die Prüfung auf der AG-Seite zu vereinfachen.

Deswegen war die Vereinbarung von organisatorischen Einzelheiten und Verfahrensbeschreibungen für Bauabrechnungen zwischen AG- und AN-Seite erforderlich. Genau das leistet die Sammlung REB.

Die Prüfprogramme der öffentlichen Bauauftraggeber und die Berechnungsprogramme der Bauauftragnehmer sind bei Einhaltung der REB-Regeln aufeinander abgestimmt. Die AN-Seite hat dabei Bedenken,

a) daß bei Abweichungen zwischen Abrechnungs- und Prüfberechnungssumme die Ergebnisse des AGs gelten sollen und

b) daß die zulässige Rechnertoleranz zwischen Abrechnungs- und Prüfberechnung so extrem eng festgelegt ist, daß es zu oft zu Toleranzüberschreitung und damit zu oft zur Korrekturberechnung bzw. zur Anwendung von a) kommt.

Die Sammlung REB (Ausgabe 1997) gliedert sich wie folgt:

— „Allgemeine Bedingungen für die Anwendung der REB-Verfahrensbeschreibungen (REB-Allg.)" und
— „REB-Verfahrensbeschreibungen (REB-VB)", Stand 1997: 14 REB-VB.

Folgende REB-Verfahrensbeschreibungen (REB-VB) waren 1998 erhältlich:

REB-Allg.	Allgemeine Bedingungen für die Anwendung der REB-Verfahrensbeschreibungen, Ausgabe 1997
REB-VB 20.003	Querprofilbestimmung durch Interpolation, Ausgabe 1979
REB-VB 20.073	Bestimmung von Begrenzungslinien in Querprofilen, Ausgabe 1979
REB-VB 20.103	Auswertung von Nivellements, Ausgabe 1979
REB-VB 20.203	Auswertung von Tachymeteraufnahmen, Ausgabe 1979
REB-VB 20.214	Auswertung elektrooptischer Tachymeteraufnahmen, Ausgabe 1997
REB-VB 20.303	Terrestrische Querprofilaufnahme, Ausgabe 1979
REB-VB 20.314	Auswertung elektrooptischer Querprofilaufnahmen, Ausgabe 1988
REB-VB 21.003	Massenberechnung aus Querprofilen (Elling), Ausgabe 1979
REB-VB 21.013	Massenberechnung zwischen Begrenzungslinien, Ausgabe 1979
REB-VB 21.033	Oberflächenberechnung aus Querprofilen, Ausgabe 1979
REB-VB 22.013	Massen und Oberflächen aus Prismen, Ausgabe 1979
REB-VB 23.003	Allgemeine Bauabrechnung, Ausgabe 1979
REB-VB 25.003	Gewichtsberechnung von Bewehrungsstahl, Ausgabe 1979
REB-VB 27.003	Massen- und Böschungsflächen aus Grabenaushub, Ausgabe 1979
REB-VB 29.004	Berechnung von Kanaloberflächen lüftungstechnischer Anlagen, Ausgabe 1981

[1]) Von den Straßenbauverwaltungen der Länder aufgestellte „Richtlinien für die Bauabrechnung mit DV-Anlagen im Straßen- und Brückenbau, Ausg. 1979".

1.5 Aufmaß- und Abrechnungstechnik

1.5.1 Formulare

Es gibt eine Vielzahl von Formularen; bewährt hat sich das folgende Formular. Die Outputs der EDV-Programme setzen eigene, oft unbefriedigende Maßstäbe.

Mengenermittlung									Seite: 3
									Zeichnung:
Projekt: Südstraße									LV-Pos.: 103, 106, 107
Bauteil: Garage									
Skizzen und Beschreibungen	Stück +/−	Maß 1 m	Maß 2 m	Maß 3 m	Zwischen-aufmaß	Abzug einzeln	Abzug gesamt	Endaufmaß	
	Übertrag:								
Pos. 103 Mauerwerk									
5,74 − 2 × 0,125 = 5,49	2	5,49	0,24	2,64	6,956				
	2	2,51	0,24	2,64	3,180				
Fenster: h = 0,125 + 0,61 + ⅔ × 0,06 + 0,125 = 0,90	1	1,01	0,24	1,01		0,218 <0,25			
Nische:	1	1,01	0,125	1,075		0,130 <0,25			
Tor: b = 1,885 + 2 × 0,0625 h = 1,96 + 0,06	1	2,01	0,24	2,02			0,974		
					10,136		0,974	9,162	m³
Pos. 106: Sichtbeton-Zulage		5,74							
		3,24							
		5,49							
		3,24							
	1	17,71	0,30					5,31	m²
Pos. 107: Eckschutz-Schienen									
2,70 + 3,10 + 1,20 + 1,70 + 3,25 + 6,74 + 0,90 + 1,34 + 1,66 + 3 × 0,50 + 1,00 =								25,09	m
	Summe / Übertrag:								
Aufgestellt: von Maier am 10.06.96					Geprüft: von .... am 24.06.96				

Bild 7.2

BB / 22 · 11.94

399

1.5.2 Abrechnungszeichnungen

Das sind meistens die Ausführungspläne, die durch

— Änderungen
— Hinweise, Erläuterungen
— sonstige Maße (z.B. zusätzlich addierte Maßketten)

ergänzt sind.

In den Abrechnungszeichnungen sollen sämtliche Einzelmaße, die in den Mengenermittlungsansätzen verwendet werden, enthalten bzw. nachgetragen sein.

1.5.3 Örtliches Aufmaß von Innenräumen

Grundsätzlich 2 Möglichkeiten für das raumweise Aufmaß.

a) Maße für Menge, die zu einzelnen Positionen gehören, direkt nehmen und daraus die Mengen ausrechnen. Zweckmäßig erfolgt dieses Aufmaß gemeinsam zwischen Auftraggeber und Auftragnehmer und wird dann als Aufmaßprotokoll auch von beiden Seiten durch Unterschrift anerkannt.

Für das örtliche Aufmaß kann auch das Formular gemäß Bild 7.2 verwendet werden.

Beispiel ohne Formular:

Pos. 5: Wandputz auf KS-Stein
$(0,12+0,11+0,49+0,54+0,43+2,05+0,12+0,48) \times 2,50 =$
Pos. 8: Abgehängte Decke
$2,22 \times 1,35 + 0,98 \times 1,03 + 2,72 \times 1,90 =$
Pos. 9: Gewebestreifen
$2,40 + 2,40 + 1,20 =$

b) Raum insgesamt aufmessen und daraus am Schreibtisch die Leistungsmengen der Positionen errechnen.

Beispiel

B = Brüstungshöhe
LH = lichte Raumhöhe
b = lichte Öffnungsbreite
h = lichte Öffnungshöhe

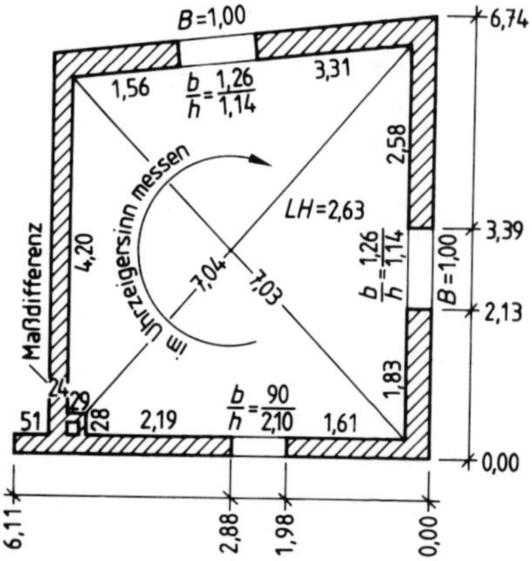

Bild 7.3

Eine gleichbleibende prinzipielle Vorgehensweise ist empfehlenswert:

— Raumhauptmaße

— Diagonalmaße (zur Kontrolle, insbesondere bei Schiefwinkligkeit)

— Lichte Raumhöhe LH

— Umfassungsmaße von Wandteilen und Öffnungen im Uhrzeigersinn

— Türen: Breite, Höhe (evtl. Anschlagsrichtung, Wanddicke)

— Fenster: Breite, Höhe, Brüstungshöhe BH (evtl. Sturzhöhe SH)

— Bodenhöhen evtl. mit Schlauchwaage über Meterrisse.

Insgesamt genauer ist ein Aufmaß, das die Ablesung am Bandmaß direkt (ohne Differenzbildung auf der Baustelle) laufend festhält. Siehe Außenmaße in Bild 7.3.

1.5.4 Aufmaße im Tiefbau

Form und Inhalt werden durch die angewendeten vermessungstechnischen Verfahren bestimmt (s. „Vermessung").

Orthogonales Aufmaß einer Baugrube (Beispiel)

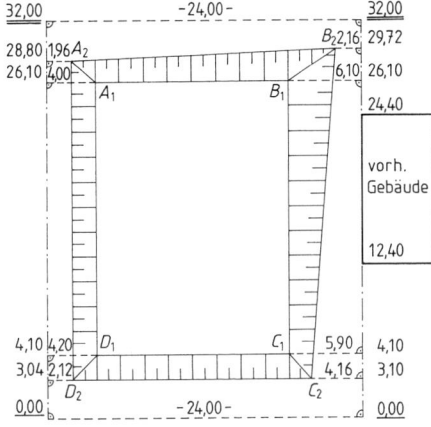

Koten =
Ablesung am Nivelliergerät
./. Gerätehöhe:

$A_1 = 3,85$	$C_1 = 3,83$
$A_2 = 0,95$	$C_2 = 1,23$
$B_1 = 3,87$	$D_1 = 3,83$
$B_2 = 0,00$	$D_2 = 1,46$

Die parallele 2. Bezugslinie (in 24 m Entfernung) kann man evtl. sparen. Bei Entfernungen bis rd. 30 m kann man mit dem Winkelspiegel von einer Seite aus arbeiten.

Bild 7.4

Aufmaß für Anwendung der Prismenmethode (Beispiel)

Punkt	x	y	z
1	20,01	33,65	1,13
2	33,52	21,85	1,17
3	50,34	10,59	1,05
4	9,10	11,91	1,21
5	11,40	46,41	0,99
6	36,85	49,15	0,95
7	46,29	23,98	1,01

Punkt	x	y	z
11	36,92	45,18	3,26
12	14,76	42,20	3,28
13	38,88	30,16	3,25
14	26,61	29,53	3,29
15	12,95	15,51	3,29
16	30,10	13,89	3,29
17	45,25	15,02	3,24
18	50,34	10,59	1,05
19	9,10	11,91	1,21
20	11,40	46,41	0,99
21	36,85	49,15	0,95
22	46,29	23,98	1,01

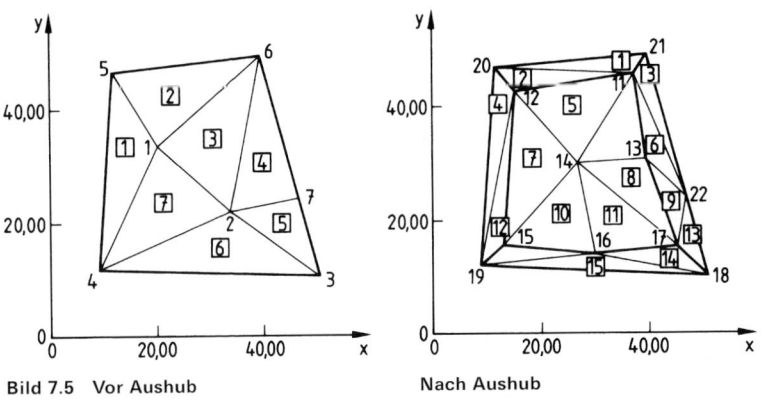

Bild 7.5   Vor Aushub   Nach Aushub

401

Straßeneinmündung (Beispiel). Parabelsegment und Diagonalviereck für Flächenermittlung im Straßenbau s. unter 1.6.

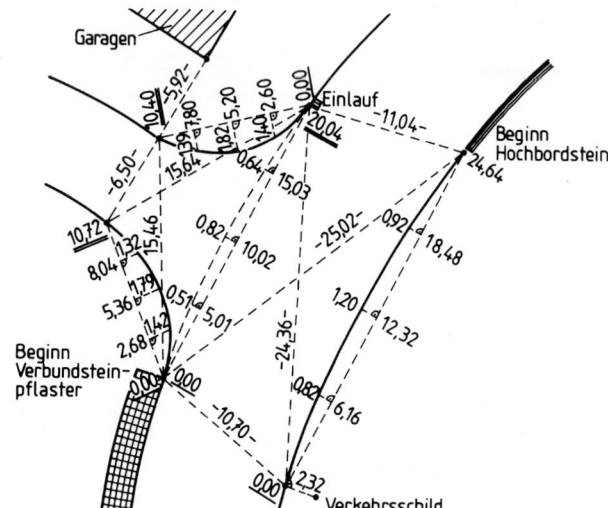

Bild 7.6

1.6 Übliche Näherungsverfahren bei der Abrechnung von Erdarbeiten

Die Genauigkeit von Erdmengen-Ermittlungen wird durch die mögliche Aufmaßgenauigkeit (Vermessung) und die häufig sehr komplizierte, und damit für die mathematische Auswertung aufwendige, Form der Erdkörper begrenzt. Dem trägt die VOB/C in DIN 18300 unter 5.1.1 Rechnung:

„Bei der Mengenermittlung sind die *üblichen Näherungsverfahren* zulässig."

Leider sind diese „üblichen Näherungsverfahren" nirgends definiert, so daß hier Ermessensspielräume und Ansätze für Streitigkeiten gegeben sind.

Dazu zwei Hinweise:

— Der Bundesminister für Verkehr hat in der Ausgabe 1980 der ZVB-StB 80 folgende Toleranzregelung aufgenommen:

„Wird die vom Auftragnehmer aufgestellte Abrechnung vom Auftraggeber mittels DV-Anlagen geprüft und werden dabei Unterschiede zwischen den jeweiligen Ergebnissen festgestellt, dann gelten bei Abweichungen vom Ergebnis der Prüfberechnung bis zu 2‰ *bei jeder Position* eines Berechnungsabschnittes die vom Auftragnehmer berechneten Werte." Außerhalb dieser Toleranz von 2‰ ist Aufklärung erforderlich oder es gelten die niedrigeren Ergebnisse des Auftraggebers.

— *Osterloh* macht in [19] den Vorschlag, bei der rechnerischen Prüfung von Erdmengenermittlungen folgende Fehlergrenzen ΔV zu akzeptieren.

Wenn die Abweichungen aufgrund derselben Urmessung sich ergeben:

$$\Delta V = \pm (0,05 \sqrt{V} + 0,005\, V + 0,05).$$

Wenn sich die Abweichungen aufgrund verschiedener Messungen ergeben:

$$\Delta V = \pm (0,1 \sqrt{V} + 0,01\, V + 0,1).$$

Auswertung des Osterloh-Vorschlages

Abrechnungs-volumen	Fehlergrenze ΔV in % von V	
V (m³)	Formel a)	Formel b)
1	10,50	21,00
10	2,58	5,16
100	1,05	2,10
1 000	0,66	1,32
10 000	0,55	1,11
100 000	0,52	1,04

1.6.1 Häufig gebrauchte Grundformeln

Allgemeine Formeln zur Flächen- und Volumenberechnung s. Abschn. „Größen, Formeln, Bemessung''.

Einfache geometrische Flächen und Querschnitte

a) Einfache geometrische Flächen

$$A = h \cdot (b + n \cdot h) + \Delta A$$

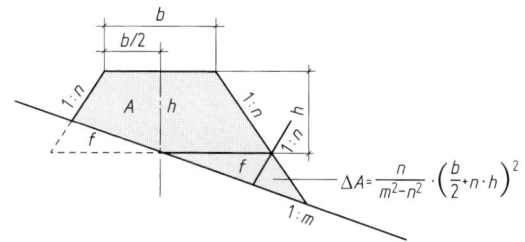

Bild 7.7

b) Gaußsche Flächenformel („Elling'') für allgemeine Flächen

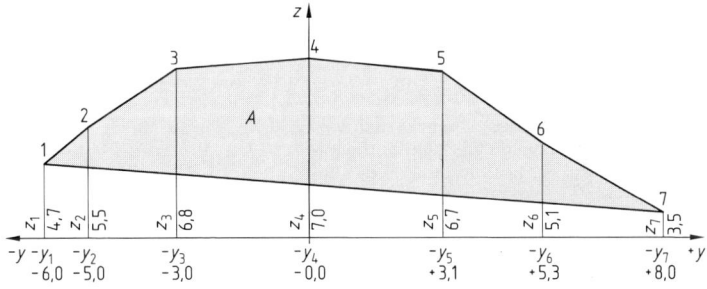

$$2A = z_1(y_2 - y_7) + z_2(y_3 - y_1) + z_3(y_4 - y_2) + z_4(y_5 - y_3) \ldots$$

$$2A = \Sigma z_n(y_{n+1} - y_{n-1}) \quad \text{oder} \quad 2A = \Sigma y_n(z_{n-1} - z_{n+1})$$

Bild 7.8

Beispiel (nur zur Erläuterung)

Punkt	y	z
(7)		$+3,5$
1	$-6,0$	$+4,7$
2	$-5,0$	$+5,5$
3	$-3,0$	$+6,8$
4	$-0,0$	$+7,0$
5	$+3,1$	$+6,7$
6	$+5,3$	$+5,1$
7	$+8,0$	$+3,5$
(1)		$+4,7$

Bei etwas Übung können die Koordinaten direkt in den Rechner eingegeben werden; das Ergebnis A wird dann direkt ohne Aufschreibung von Zwischenwerten ausgeworfen.

$$2A = -6,0 \cdot 3,5 - 5,0 \cdot 4,7 - 3,0 \cdot 5,5 + 0,0 \cdot 6,8$$
$$+ 3,1 \cdot 7,0 + 5,3 \cdot 6,7 + 8,0 \cdot 5,1$$
$$- (-6,0 \cdot 5,5 - 5,0 \cdot 6,8 - 3,0 \cdot 7,0 - 0,0 \cdot 6,7$$
$$+ 3,1 \cdot 5,1 + 5,3 \cdot 3,5 + 8,0 \cdot 4,7)$$
$$2A = 53,05 \text{ m}^2$$
$$A = 26,525 \text{ m}^2$$

c) Flächeninhalt beliebiger Dreiecke und Vierecke

Flächeninhalt eines beliebigen Vierecks

$$A_{1-4} = \frac{L}{2} \cdot (h_1 + h_2) \quad (m^2)$$

Flächeninhalt eines beliebigen Dreiecks
aus den Seitenlängen:

$$A_{1-3} = \sqrt{s\,(s-a)\,(s-b)\,(s-c)} \quad (m^2)$$

$$s = \frac{a+b+c}{2}$$

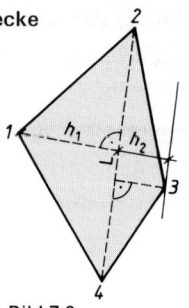

Bild 7.9

Flächeninhalt eines beliebigen Dreiecks
aus den Koordinaten der Eckpunkte:

$$A_{1-3} = [x_1\,(y_3 - y_2) + x_2\,(y_1 - y_3) + x_3\,(y_2 - y_1)] \cdot \frac{1}{2}$$

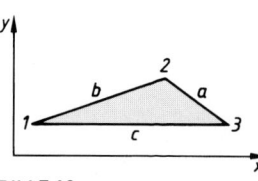

Bild 7.10

d) Schwerpunkte von Profilen

Schwerpunkte beliebiger, gradlinig begrenzter Flächen, deren Eckpunkt-Koordinaten bekannt sind:

— Fläche aufteilen in Dreiecke I, II usw.

— Die Ordinaten der Dreiecks-Schwerpunkte ergeben sich aus dem arithmetischen Mittel der Eckkoordinaten des betreffenden Dreiecks:

$$y_I = \frac{y_4 + y_2 + y_3}{3} \qquad y_{II} = \frac{y_1 + y_2 + y_4}{3}$$

Wenn die Ordinaten der x-Richtung ebenfalls benötigt werden, erfolgt die Berechnung sinngemäß.

— Der Abstand des Gesamtschwerpunktes ist

$$y_S = \frac{\Sigma\,(y_n \cdot A_n)}{\Sigma A_n}$$

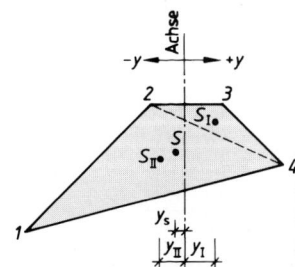

y_n Abstand des Schwerpunktes des Dreiecks
    n von der Bezugsachse

A_n Flächeninhalt des Einzeldreiecks n

Bild 7.11

z.B.: nach „Elling"

$$A_{II} = \frac{x_1\,(y_4 - y_2) + x_2\,(y_1 - y_4) + x_4\,(y_2 - y_1)}{2}$$

Schwerpunkt eines allgemeinen Dreiecks

— ist der Schnittpunkt der Seitenhalbierenden

— liegt bei 1/3 der Höhe der jeweiligen Seite.

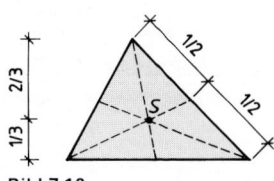

Bild 7.12

e) Berechnung von Böschungsanschnitten

(s. auch Schnittpunktberechnung im Abschn. „Vermessung", unter 1.2.4).

Gegeben ist jeweils: H_0, h_0, $\tan\alpha$, $\tan\beta$

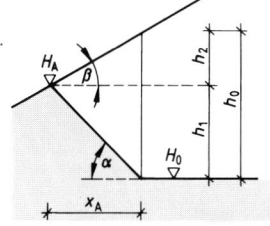

Fall A: Fallendes Gelände

— Bezogen auf den Böschungsfuß:

$$x_A = \frac{h_0}{\tan\alpha + \tan\beta}$$

$$H_A = H_0 + h_1$$

$$H_A = H_0 + x_A \cdot \tan\alpha$$

— Bezogen auf eine beliebige Achse:

$$S_A = \frac{h_0 - B \cdot \tan\beta}{\tan\alpha + \tan\beta} + B$$

$$H_A = H_0 + \tan\alpha\,(S_A - B)$$

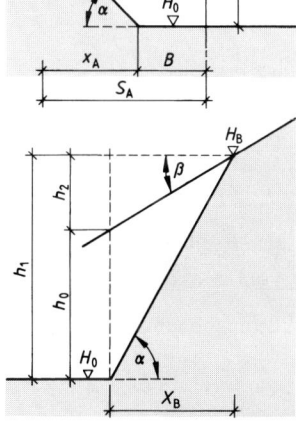

7

Fall B: Steigendes Gelände

— Bezogen auf den Böschungsfuß:

$$X_B = \frac{h_0}{\tan\alpha - \tan\beta}$$

$$H_B = H_0 + h_1$$

$$H_B = H_0 + X_B \cdot \tan\alpha$$

— Bezogen auf eine beliebige Achse:

$$S_B = \frac{h_0 + B \cdot \tan\beta}{\tan\alpha - \tan\beta} + B$$

$$H_B = H_0 + \tan\alpha\,(S_B - B)$$

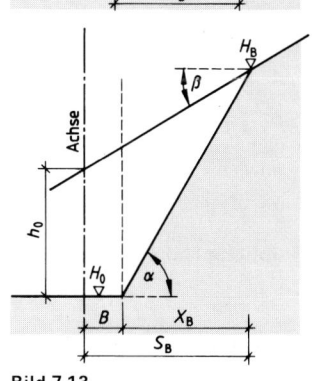

Durch Umformung der Gleichungen kann jedes andere Strecken- oder Höhenelement berechnet werden.

Bild 7.13

f) Bogensegment und Diagonalviereck kommen insbesondere bei Flächenermittlungen im Straßenbau vor (s. Bild 7.6).

A_1 = Fläche des Diagonalvierecks

$$A_1 = \frac{1}{4} \cdot \sqrt{(2 \cdot e \cdot f)^2 - (a^2 + c^2 - b^2 - d^2)^2}$$

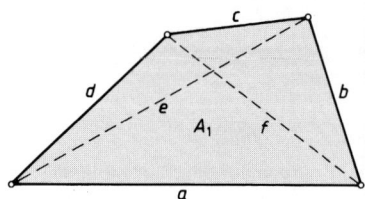

Bild 7.14

A_2 = Fläche des Bogensegmentes

$$A_2 \cong \frac{s}{6} (h + 2 \cdot h_1 + 2 \cdot h_2)$$

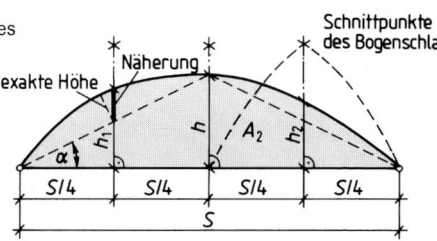

Bild 7.15

1.6.2 Einfache Baugruben

a) Mathematisch exakte Formel

$$V = a \cdot b \cdot t + t^2 (a \cdot nb + b \cdot na) + \frac{4}{3} \cdot t^3 \cdot na \cdot nb$$

für $na = nb = n$

$$V = a \cdot b \cdot t + t^2 \cdot n (a + b) + \frac{4}{3} \cdot t^3 \cdot n^3$$

b) Simpsonsche Formel (ist hier auch exakt, da Baugrube ein Prismatoid ist)

$$V = \frac{t}{6} \cdot (A_u + 4 \cdot A_m + A_o)$$

A_m ist die Fläche in der Mitte des Abstandes zwischen A_o und A_u.
A_m ist nicht $\frac{A_o + A_u}{2}$.

c) Pyramidenstumpf (im allgemeinen nicht exakt; die Ergebnisse sind grundsätzlich zu klein)

$$V \cong \frac{t}{3} \cdot (A_u + \sqrt{A_u \cdot A_o} + A_o)$$

d) übliche Näherungsformel

$$V \cong \frac{A_u + A_o}{2} \cdot t$$

Achtung: $\frac{A_u + A_o}{2} \neq A_m$

s. Hinweise auf S. 407

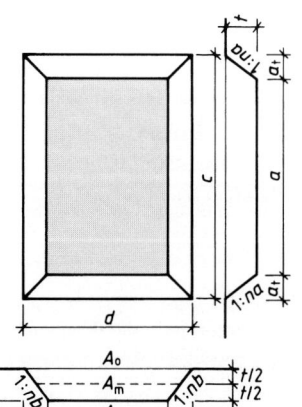

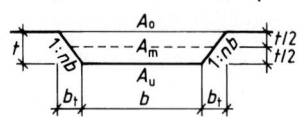

Bild 7.16

Hinweise

- Die Formel d) ergibt immer um ΔV größere Aushubmassen, als die exakte Berechnung.

$$\Delta V = \frac{2}{3} \cdot t^3 \cdot na \cdot nb \quad \text{für } na = nb = n: \quad \Delta V = \frac{2}{3} \cdot t^3 \cdot n^2$$

- ΔV ist unabhängig von Baugrubenmaßen a und b.
- Der Fehler wächst mit der dritten Potenz der Tiefe; bei flachen Baugruben ist die Abweichung klein, bei tiefen Baugruben beträchtlich.
- Der Fehler wächst quadratisch mit flacher werdenden Böschungen; bei steilen Böschungen ist die Abweichung klein.
- Die Einflüsse der Tiefe und Böschungsneigung überlagern sich.
- Der prozentuale Fehler (ΔV bezogen auf exaktes Volumen) ist besonders groß beim Verfüllvolumen der Arbeitsräume, wenn diese aus dem Aushubvolumen, abzüglich des durch das Bauwerk verdrängten Volumens, ermittelt wird.

Zu groß berechnetes Volumen bei Anwendung der Näherungsformel d)

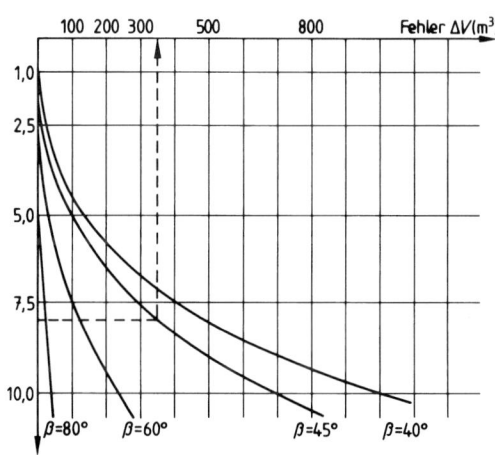

Beispiel
Baugrubentiefe 8,0 m
Böschungsneigungen $\beta = 45°$
zuviel berechnetes Aushubvolumen
$\Delta V = 343$ m³

Bild 7.17   Tiefe der Baugrube in m

1.6.3 Unregelmäßige Baugruben

(Unregelmäßige Grundrisse, unterschiedliche Tiefen, Geländeneigung usw.)
Unterschiedliche Methoden, je nach Grad der Unregelmäßigkeiten:

a) Zerlegen in mathematisch berechenbare Körper
   Exakte Ergebnisse erfordern oft großen Arbeitsaufwand.

b) Näherung durch Mittelbildung
- *Bei sehr unregelmäßigem Gelände* ist Gitternetz (mit Höhen der Netzpunkte) erforderlich.
   Je unregelmäßiger die Geländehöhen, desto dichter die Maschenweite.

Bauabrechnung und Mengenermittlung

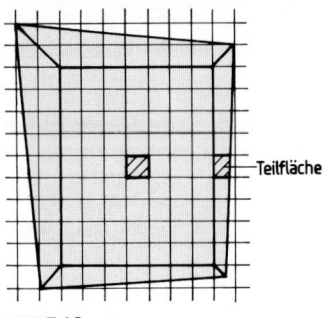

Teilfläche

Bild 7.18

$$V \cong A_m \cdot (G_m - S_m)$$

$$A_m \cong \frac{A_o + A_u}{2} = \text{mittlere Fläche der Baugrube}$$

G_m mittlere Geländehöhe vor Aushub
S_m mittlere Höhe der Baugrubensohle

Höhen am Baugrubenrand durch Interpolation: Für jede **gleichgroße** Teilfläche nur **eine** Höhe: (um Wichtung zu berücksichtigen) Anzahl der Randhöhen entsprechend reduzieren.

$$G_m = \frac{\Sigma G_n}{n} \quad \begin{array}{l} G_n \text{ Höhen der Netzpunkte} \\ n \text{ Anzahl der berücksichtigten} \\ \text{Höhen} \end{array}$$

— *Bei gleichmäßigem Geländeverlauf* und bei kleinen Baugruben:

$$V \cong A_m \cdot h_m; \quad A_m \cong \frac{A_o + A_u}{2}; \quad h_m = \frac{\Sigma \text{ Eckhöhen}}{\text{Anzahl der Ecken}}$$

Dieses Verfahren führt schnell zu erheblichen Fehlern; s. unter e).

c) Genauere Näherungsverfahren

erfordern meist großen Arbeitsaufwand oder Computerprogramm.

— *Berechnung mit Gitternetz*

Baugrubentiefe an jedem Netzpunkt errechnen

Teilflächen am Rand der Baugrube im Grundriß errechnen

Volumen aller Teilkörper errechnen und summieren.

Genauigkeit läßt sich beliebig steigern durch Verdichten der Maschenweite

— *Prismenmethode* (Bild 7.19)

Bei ausgedehnten Baugruben nur mit Computereinsatz sinnvoll.

Baugrube wird in schief abgeschnittene, beliebige Dreieckprismen zerlegt. (Eckpunkte sollten möglichst repräsentativ für umgebende Geländehöhe sein)

$$2A = X_1(Y_3 - Y_2) + X_2(Y_1 - Y_3) + X_3(Y_2 - Y_1)$$

$$h_s = \frac{Z_1 + Z_2 + Z_3}{3}$$

$$V_n = A \cdot h_s \quad V = \Sigma V_n$$

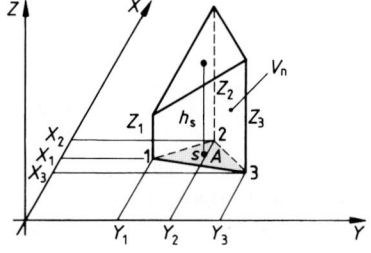

Die drei Koordinaten (x, y, z) von jedem Eckpunkt ermitteln.

Rauminhalt V_n aller Dreieckprismen errechnen und summieren.

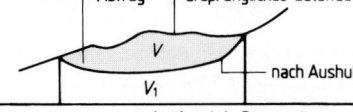

Bild 7.19 **Bild 7.20**

Im allgemeinen werden 2 Geländeaufnahmen erforderlich (vor und nach den Erdarbeiten). Dann empfiehlt sich zur Volumenberechnung eine horizontale (gedachte) Bezugsebene einzuführen und V_1 und $(V_1 + V)$ getrennt zu ermitteln (Bild 7.20).

$$V = (V_1 + V) - V_1$$

d) Umwandlung einer unregelmäßigen Baugrube in Pyramidenstumpf

Bei flachen Baugruben liefert die folgende Methode gute Näherungsergebnisse. Gedanklich wird dabei die unregelmäßige Grundfläche der Baugrube in ein Quadrat verwandelt. Der sich ergebende Körper ist ein Pyramidenstumpf, der sich (ohne Ermittlung der Fläche in halber Baugrubentiefe) leicht berechnen läßt.

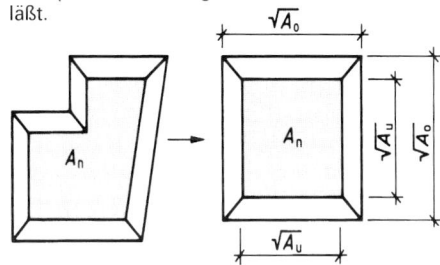

$$V = (A_o + A_u + \sqrt{A_o \cdot A_u}) \cdot t/3$$

A_u Fläche der Baugrubensohle
A_o obere Fläche der Baugrube
t Baugrubentiefe

Bild 7.21

e) Beispiel für eine einfache unregelmäßige Baugrube

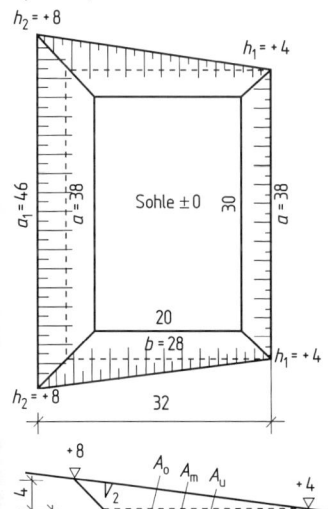

Grobe Näherung: $V \cong \dfrac{A_o + A_u}{2} \cdot h_m$

$$\frac{A_o + A_u}{2} = \frac{20 \cdot 30 + \dfrac{46 + 38}{2} \cdot 32}{2} = 972 \ \text{m}^2$$

$$h_m = \frac{h_1 + h_2}{2} = \frac{4 + 8}{2} = 6 \ \text{m}$$

$$V = 972 \cdot 6 = 5832{,}000 \ \text{m}^3$$

$\cong 5\%$ größer als exaktes Volumen

Exakte Rechnung 1 (Bild 7.22):
Zerlegung in berechenbare Körper

$$V_1 = \text{Prismatoid} = \frac{h_1}{6}(A_u + 4 \cdot A_m + A_o)$$

$$V_1 = \frac{4}{6}(20 \cdot 30 + 4 \cdot 24 \cdot 34 + 28 \cdot 38)$$
$$= 2285{,}333 \ \text{m}^3$$

$$V_2 = \text{Keil} = \frac{h \cdot b}{6}(2a + a_1)$$

$$V_2 = \frac{4 \cdot 28}{6}(2 \cdot 38 + 46) = 2277{,}333 \ \text{m}^3$$

$$V = V_1 + V_2 = 5562{,}667 \ \text{m}^3 \ (\text{exakt!})$$

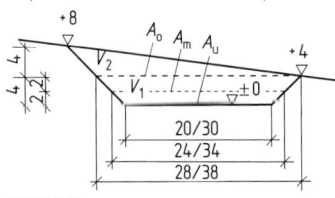

Bild 7.22

Exakte Rechnung 2 (Bild 7.23): Berechnung als liegende, schräg abgeschnittene Dreieckprismen. Aufteilung des Querschnittes in 3 Prismen;
$l =$ Kantenlängen senkrecht zur Querschnittsfläche.

$$A_1 = 28 \cdot 4/2 = 56 \ \text{m}^2$$
$$V_1 = (38 + 46 + 38) \cdot 56/3 = 2{,}277{,}333 \ \text{m}^3$$
$$A_2 = 28 \cdot 4/2 = 56 \ \text{m}^2$$
$$V_2 = (38 + 38 + 30) \cdot 56/3 = 1{,}978{,}667 \ \text{m}^3$$
$$A_3 = 20 \cdot 4/2 = 40 \ \text{m}^2$$
$$V_3 = (30 + 38 + 30) \cdot 40/3 = 1{,}306{,}667 \ \text{m}^3$$

exaktes Volumen $5{,}562{,}667 \ \text{m}^3$

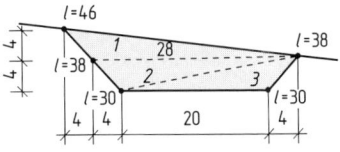

Bild 7.23

1.6.4 Auftragsvolumen aus Querprofilen
(z.B. Damm in der Geraden)

a) exakte Formel (im allgemeinen: Prismatoid)

$$V = \frac{L}{6}(A_1 + 4 \cdot A_m + A_2)$$

Ermittlung von A_m ist mühsam.

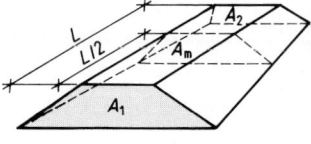

b) Näherungsformel: Pyramidenstumpf

$$V \cong \frac{L}{3}(A_1 + \sqrt{A_1 \cdot A_2} + A_2)$$

Bild 7.24

wird exakt, wenn A_1 und A_2 ähnlich sind, sonst Ergebnisse grundsätzlich etwas zu klein (meistens geringfügig).

c) übliche Näherungsformel

$$V \cong \frac{L}{2}(A_1 + A_2)$$

Ergibt im allgemeinen zu große Ergebnisse.

d) Fehlergröße beim Vergleich der Formel c) mit der Formel b)

Der Fehler ist abhängig vom Verhältnis $A_1 : A_2$. Größter Fehler (50%), wenn ein $A = 0$ wird (z.B. am Übergang vom Damm zum Einschnitt).

Beispiel

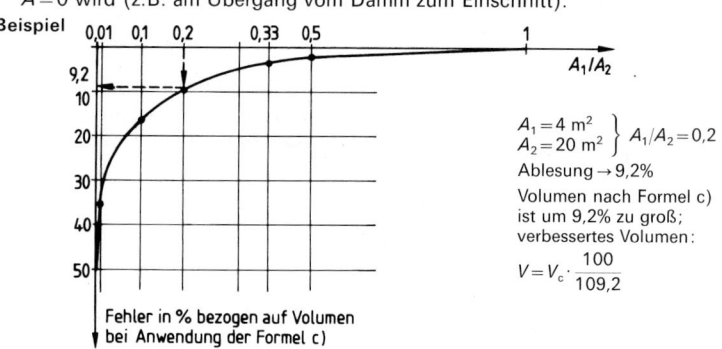

$\left.\begin{array}{l} A_1 = 4 \text{ m}^2 \\ A_2 = 20 \text{ m}^2 \end{array}\right\} A_1/A_2 = 0{,}2$

Ablesung → 9,2%

Volumen nach Formel c) ist um 9,2% zu groß; verbessertes Volumen:

$$V = V_c \cdot \frac{100}{109{,}2}$$

Fehler in % bezogen auf Volumen bei Anwendung der Formel c)

Bild 7.25

e) Fehlergröße ΔV beim Vergleich der Formel c) mit der exakten Formel a)

Beispiel Damm- oder Grabenstrecke mit den Endprofilen A_1 und A_2, zwischen denen alle Kanten geradlinig verlaufen. Böschungsneigung überall konstant $1 : n$.

Die exakte Simpsonformel $V = \frac{L}{6}(A_1 + 4A_m + A_2)$ wird angenähert zu

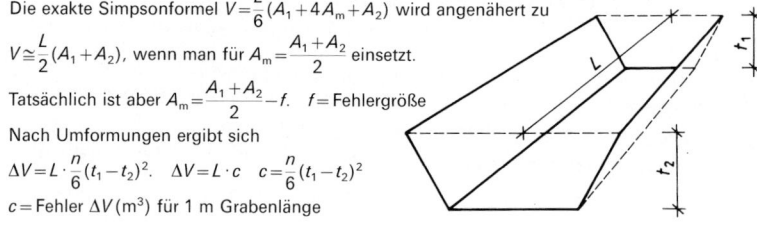

$V \cong \frac{L}{2}(A_1 + A_2)$, wenn man für $A_m = \frac{A_1 + A_2}{2}$ einsetzt.

Tatsächlich ist aber $A_m = \frac{A_1 + A_2}{2} - f$. f = Fehlergröße

Nach Umformungen ergibt sich

$$\Delta V = L \cdot \frac{n}{6}(t_1 - t_2)^2. \quad \Delta V = L \cdot c \quad c = \frac{n}{6}(t_1 - t_2)^2$$

c = Fehler $\Delta V (\text{m}^3)$ für 1 m Grabenlänge

Bild 7.26

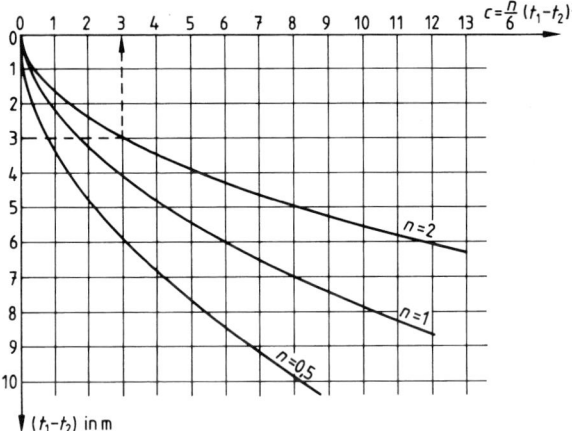

Bild 7.27

Beispiel Kanalstrecke mit $L = 100$ m,
$t_1 = 5$ m, $t_2 = 8$ m, $n = 2$, $t_1 - t_2 = |-3|$ (hier immer + setzen)
Ablesung → $c = 3$ m^2
Fehler bei Volumenberechnung nach Formel c) gegenüber der exakten Berechnung:
$\Delta V = L \cdot c = 100 \cdot 3 = 300$ m^3

Ergebnis Der Fehler ΔV ist immer positiv, also ergibt die Näherungsformel immer zu große Werte.
Der Fehler ΔV ist nur abhängig von der Böschungsneigung n und der Differenz der Grabentiefen bzw. Dammhöhen an den Endprofilen A_1 und A_2.
Der Fehler wächst linear mit n und quadratisch mit $(t_1 - t_2)$.
Bei $n = 0$ (senkrechte „Böschung") oder $t_1 = t_2$ wird der Fehler = 0 und damit das Ergebnis der „üblichen Näherungsformel" exakt.

f) Nullprofile

Der Körper zwischen dem Nullprofil (Endprofil) und dem davor liegenden Profil hat Keilform; das Nullprofil ist die Schneide (c).

Mit den Bezeichnungen der Skizze ist das Volumen des Keils, abgeleitet aus der Formel eines dreiseitigen, schief abgeschnittenen Prismas:

$$V = \frac{L \cdot h}{2} \cdot \frac{(a+b+c)}{3} = \frac{L \cdot h}{6}(a+b+c)$$

oder bezogen auf die Profilfläche A

$$V = \frac{A \cdot L}{3}\left(1 + \frac{c}{a+b}\right)$$

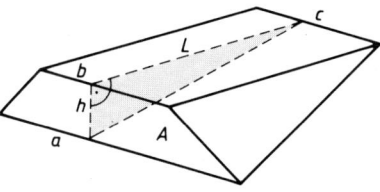

Bild 7.28

1.6.5 Volumen aus Querprofilen bei Krümmungen im Grundriß

z.B. Straßendamm in Kurve

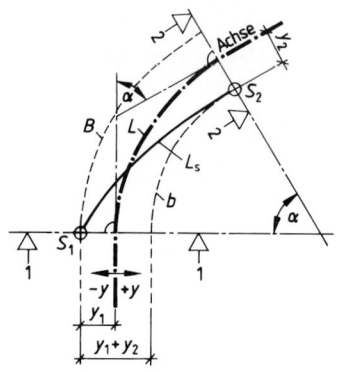

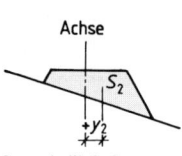

Querschnitt 1-1

Querschnitt 2-2

Bild 7.29

L Bogenlänge in Straßenachse
L_s Schwerpunktsweg (Guldinformel)
S_1 und S_2 Schwerpunkte der Querschnittsflächen
y_1 und y_2 Schwerpunktsabstände von der Achse

$$L_s = L - \frac{y_1 + y_2}{2} \cdot \frac{\alpha}{\varrho}; \quad \varrho = \frac{200^g}{\pi}$$

y_1 und y_2 mit richtigem Vorzeichen einsetzen!
L_s gilt für Kreisbogen, kubische Parabel, Klothoide und Gerade.

$$A \cong \frac{A_1 + \sqrt{A_1 \cdot A_2} + A_2}{3} \quad \text{oder} \quad A \cong \frac{A_1 + A_2}{2}$$

a) Guldin-Formel für Umdrehungskörper

$$V = A \cdot L_s$$

Das Ergebnis ist nur exakt, wenn Querschnitt und Krümmung gleichbleibend (Kreisbogen) sind.

b) gute Näherungsformel

$$V = \frac{L}{3}(A_1 + \sqrt{A_1 \cdot A_2} + A_2)$$

c) mögliche Näherungsformel

nur wenn A_1 nicht zu sehr verschieden von A_2 ist.

$$V = \frac{L}{2}(A_1 + A_2)$$

In Normalfällen führt das Rechnen mit L statt mit L_s zu einem Massenfehler, der unterhalb 1% liegt.

Fehlergröße infolge unterschiedlicher Querschnittsflächen A_1 und A_2 sinngemäß wie unter 1.6.4 c) und d).

2 Abrechnungsregeln nach VOB/C

2.1 Erdarbeiten

Abrechnungsregeln nach ATV DIN 18300 (06.96) gelten nicht für Erdarbeiten nach
- ATV DIN 18301 „Bohrarbeiten"
- ATV DIN 18308 „Dränarbeiten"
- ATV DIN 18311 „Naßbaggerarbeiten"
- ATV DIN 18312 „Untertagebauarbeiten"
- ATV DIN 18319 „Rohrvortriebsarbeiten"

und auch nicht für Bodenarbeiten nach

- ATV DIN 18320 „Landschaftsbauarbeiten".

Ergänzend gelten die Abschnitte 1 bis 5 der ATV DIN 18299 „Allgemeine Regelungen für Bauarbeiten jeder Art". Bei Widersprüchen gehen die Regelungen der ATV DIN 18300 vor.

Tafel 7.1   Abrechnungsregeln für Erdarbeiten nach ATV DIN 18300 (06.96)

VOB/C	Leistung	Maßgabe für die Abrechnung
4.1.2	Einzelne Sträucher und Bäume beseitigen, samt zugehörigen Wurzeln und Baumstümpfen	nicht abrechnen, wenn Durchmesser kleiner als 0,10 m (gemessen 1 m über Erdboden)
4.2.3	Sonstigen Aufwuchs roden und beseitigen	abrechnen
4.2.4	Einzelne Steine und Mauerreste in Gräben bis 0,8 m Sohlenbreite	über 0,01 m³ Rauminhalt abrechnen (0,01 m³ entspricht einer Kugel von rund 0,3 m Durchmesser)
4.1.3	an anderen Stellen	nur abrechnen, wenn Rauminhalt größer als 0,1 m³ (Kugel von rund 0,6 m Durchmesser)
3.6.1 5.1.3	Fördern des Bodens	— bis 50 m im Preis des Bodens enthalten — Länge des Förderweges ist die kürzeste zumutbare Entfernung zwischen den Schwerpunkten der Auftrags- und Abtragskörper (nicht Luftlinie) — bei Fördern innerhalb der Baustelle längs der Bauachse wird Neigung der Weglänge berücksichtigt
5.2	**Baugruben und Gräben**	
5.2.1 3.10.2	Aushubtiefe T	— von Oberfläche der auszuhebenden Baugrube oder des auszuhebenden Grabens bis zu deren Sohle — bei einer zu belassenen Schutzschicht bis zu deren Oberfläche (Entfernen der Schutzschicht ist Besondere Leistung) — wenn T nicht im LV angegeben, gilt Leistung bei Baugruben nur für T bis 1,75 m, bei Gräben für Fundamente oder Leitungen nur für T bis 1,25 m
5.2.2	Breite B der Baugrubensohle	$B = K + A + S + V$ K = Außenmaße des Baukörpers A = Mindestbreite des betretbaren Arbeitsraumes nach DIN 4124 S = erforderliche Maße der Schalungskonstruktion oder der Abdichtungs-, Vorsatz- oder Schutzschichten des Bauwerks (jeweils größere Breite ist maßgebend) V = erforderliche Maße der Verbaukonstruktion
	Arbeitsräume A für Baugruben	Mindestbreiten nach DIN 4124 s. S. 415
	Grabenbreiten B	Mindestbreiten b nach DIN 4124 (s. S. 415 u. 416), zuzüglich ggf. S und V (s. oben)

Fortsetzung s. nächste Seite

7

Bauabrechnung und Mengenermittlung

Tafel 7.1 Erdarbeiten, Fortsetzung

VOB/C	Leistung	Maßgabe für die Abrechnung
5.2.3	Böschungswinkel	40° für Bodenklasse 3 und 4 60° für Bodenklasse 5 80° für Bodenklasse 6 und 7 oder entsprechend Standsicherheitsnachweis, wenn dieser erforderlich ist (s. DIN 4124 Abschn. 4.2.5), z.B. wenn — Böschung höher als 5 m oder — Gefahr für bauliche Anlagen oder — besondere Einflüsse
	Bermen, soweit erforderlich und ausgeführt	Bermen sind anzuordnen, falls dies zum Auffangen von abrutschenden Steinen, Felsbrocken, Findlingen, Bauwerksresten und dergleichen oder zum Einrichten von Wasserhaltungsanlagen erforderlich ist (s. DIN 4124 Abschn. 4.2.6). Bermen zum Auffangen abrutschender Teile:
	Bermen gemäß Standsicherheitsnachweis DIN 4124, Abschn. 4.2.5	abrechnen entsprechend den Abmessungen dieses Nachweises
5.3	**Hinterfüllen und Überschütten**	abziehen: — Raummaß der Baukörper — Raummaß jeder Leitung mit einem äußeren Querschnitt von mehr als 0,1 m² (etwa 36,5 cm äußerer Durchmesser)
5.4	**Abtrag und Aushub**	Mengen an der Entnahmestelle im Abtrag ermitteln
5.5	**Einbau**	Mengen im fertigen Zustand ermitteln Abziehen: — Raummaß von Baukörpern — Raummaß jeder Leitung, von Sickerkörpern, Steinpackungen und dgl. mit einem äußeren Querschnitt von mehr als 0,1 m²
5.6	**Verdichten**	— von Boden in Gründungssohlen nach der Fläche der Gründungssohle — Verdichten von eingebautem Boden nach 5.5

Tafel 7.2 Arbeitsraumbreite *A* für Baugruben nach DIN 4124 (08.81)

DIN 4124	Leistung	Maßgabe für Abrechnung
5.1.1	Arbeitsräume, die betreten werden müssen	mindestens 0,50 m breit
5.1.2	Baugruben mit **Verbau** und Außenwand des Baukörpers aus	

Mauerwerk	Beton

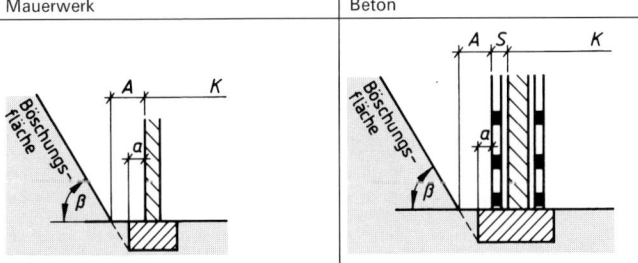

H = Höhe der untersten waagerechten Gurtung (Behinderung!)
$H \leq$ als 1,75 m, dann $A = A_1 = 0,50$ m maßgebend [1])
$H >$ als 1,75 m, dann $A = A_2 = 0,50$ m maßgebend
Wenn $a > A_1$ bzw. A_2, dann ist $a = A$ = Arbeitsraumbreite.

[1]) Bei rückverankerten Baugrubenwänden wird der lichte Abstand vom
freien Ende des Stahlzuggliedes bzw. von der Abdeckhaube aus gemessen,
wenn der waagerechte Achsabstand der Anker < 1,50 m ist.

5.1.3	Baugruben mit **Böschung** und Außenwand des Baukörpers aus

Mauerwerk	Beton

Fundamente und Sohlplatten sind gegen den anstehenden Boden betoniert
(nicht eingeschalt):
– *A* muß mindestens 0,50 m sein
– wenn $a > 0,50$ m ist, dann ist $a = A$ = Arbeitsraumbreite, wobei die
Verlängerung der Böschungsfläche das Fundament nicht schneiden darf.

5.1.4	Bei rechteckigen Baugruben für runde Schächte bis 1,50 m Außendurchmesser sowie bei kreisförmigen Baugruben für rechteckige Schächte muß an den engsten Stellen ein lichter Abstand von mindestens 0,35 m (anstelle der üblichen 0,50 m) vorhanden sein. Abschn. 5.1.2 gilt sinngemäß.

Tafel 7.3   Lichte Grabenbreiten b (Arbeitsraum) bei Gräben für Leitungen
und Kanäle nach DIN 4124 (08.81)

$b =$ lichte erforderliche Mindest-Grabenbreite (Arbeitsraum)
$B =$ Grabenbreite, die für die Abrechnung der Erdarbeiten maßgebend ist

DIN 4124	Leistung	Maßgabe für die Abrechnung		
5.2.1	Gräben mit betretbarem Arbeitsraum zum Verlegen und Prüfen von Leitungen	Als lichte Grabenbreite b gilt, sofern nicht 5.2.2 maßgebend ist: – bei geböschten Gräben die Sohlbreite in der Rohrschaftunterkante – bei unverkleideten, mit senkrechten Wänden ausgehobenen Gräben der lichte Abstand der Erdwände – bei waagerechtem Verbau der lichte Abstand der Holzbohlen (Sonderfall s. 5.2.2) – bei senkrechtem Verbau der lichte Abstand der Holzbohlen oder Kanaldielen (Sonderfall s. 5.2.2) – bei gepfändertem Verbau der mittlere lichte Abstand der Holzbohlen oder Kanaldielen – bei großflächigen Stahlverbauplatten der lichte Abstand der Platten – bei Spundwandverbau der lichte Abstand der baugrubenseitigen Bohlenrücken – bei Trägerbohlwänden der lichte Abstand der Verbohlung. Bei gestaffeltem Verbau wird die Grabenbreite im Bereich der untersten Staffel gemessen.		
5.2.2	Einschränkungen zu 5.2.1 	Die Festlegungen gemäß 5.2.1 gelten nur, soweit nicht folgende Einschränkungen maßgebend sind:		
		Senkrechter Verbau		
		allgemein		$B = b + 2 \cdot V$
		Sonderfall: äußerer Rohrdurchmesser	und Lage der waagerechten Gurtung	
		$d \geqq 0{,}60$ m $d \geqq 0{,}30$ m	$H < 1{,}75$ m $h < 0{,}50$ m	$B = b_1 + 2 \cdot V_1$ $B = b_1 + 2 \cdot V_1$
		Waagerechter Verbau Wenn der planmäßige Achsstand von Brusthölzern oder stählernen Aufrichtern im fertig verbauten Graben innerhalb einer Bohlenlänge kleiner als 1,50 m ist, dann ist $B = b_2 + 2 \cdot V_2$. Hilfskonstruktionen zum Umsteifen und zusätzliche Konstruktionen zur Abstützung der untersten Bohle (z.B. Verstärkung der Brusthölzer oder Einbau von Verbauträgern mit Zug- und Druckgliedern) zählen hierbei nicht mit, wenn sie unmittelbar neben den planmäßigen Brusthölzern bzw. Aufrichtern angeordnet sind.		
5.2.3	Gräben bis 1,25 m Tiefe, ohne erforderlichen Arbeitsraum zum Verlegen und Prüfen von Leitungen z.B.: Erdkabelgräben, Drängräben	Mindestgrabenbreiten:		
		Regelverlegetiefe[1])		lichte Grabenbreite b
		bis 0,70 m über 0,70 bis 0,90 m über 0,90 bis 1,00 m über 1,00 bis 1,25 m		0,30 m 0,40 m 0,50 m 0,60 m
		[1]) Geländeoberfläche bis UK Leitung oder Kabel		

Fortsetzung s. nächste Seite

Tafel 7.3, Fortsetzung

DIN 4124	Leistung	Maßgabe für die Abrechnung			

5.2.4 Lichte Grabenbreiten b für Gräben mit betretbarem Arbeitsraum

Äußerer Leitungs- bzw. Rohrschaft- durchmesser[1]) d in m	lichte Grabenbreite b in m bei				
	verbautem Graben		nicht verbautem Graben[3])	
	Regelfall	Umsteifung[2])	$\beta \leq 60°$	$\beta > 60°$
bis 0,40	$b = d + 0,40$	$b = d + 0,70$	$b = d + 0,40$	
über 0,40 bis 0,80	$b = d + 0,70$			
über 0,80 bis 1,40	$b = d + 0,85$		$b = d + 0,40$	$b = d + 0,70$
über 1,40	$b = d + 1,00$			

[1]) Bei nicht kreisförmigen Querschnittsformen ist d die größte Außenbreite des Rohrschaftes.
[2]) Gilt nur, wenn während des Herablassens von langen Rohren planmäßig Umsteifarbeiten erforderlich sind.
[3]) Nach 5.2.1 gilt als lichte Grabenbreite b bei geböschten Gräben die Sohlenbreite in der Rohrschaftunterkante.

5.2.5 4.2.1	Unverbaute Gräben, betretbarer Arbeitsraum

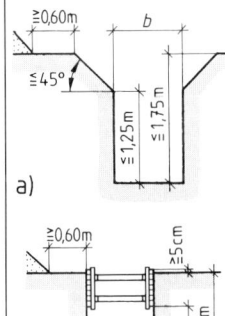

a)

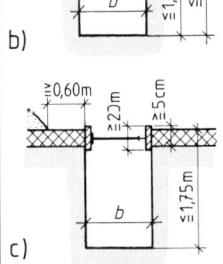

b)

c)

bis $T = 1,25$ m:
zulässig, wenn die anschließende Geländeoberfläche bei
— nichtbindigen Böden nicht stärker als $1:10$
— bindigen Böden nicht stärker als $1:2$
geneigt ist.

bis $T = 1,75$ m:
Ausführung gemäß Bild a) und b) nur zulässig bei:
— mindestens steifen, bindigen Böden
— Neigung der Geländeoberfläche höchstens $1:10$
Bei einem festen Straßenoberbau ist eine Sicherung gemäß Bild c) zulässig.

Mindestgrabenbreite bei Gräben mit senkrechten Wänden[4]) (unabhängig vom Rohrdurchmesser):

Grabenart	lichte Mindestbreite b in m
Bild a) und c)	0,60 m
Bild b)	0,70 m
$T = 1,75$ bis 4,00 m	0,80 m
$T > 4,00$ m	1,00 m

[4]) Wird der planmäßig vorgesehene Graben oberhalb der Leitung oder des Kanals auf einer Länge von mehr als 5 m durch ein **längs verlaufendes Hindernis** eingeengt, so muß die lichte Grabenbreite zwischen dem Hindernis und der gegenüberliegenden Graben- wand mindestens 0,60 m betragen.
Außerdem sind im Bereich der Leitung bzw. des Kanals die unter 5.2.4 genannten Grabenbreiten einzuhalten, wobei das längsverlaufende Hindernis wie ein Gurt zu berücksichtigen ist.

Kommentar zu Bild a), b), c): Nach DIN 4124 Abs. 4.2.1 **dürfen** nicht verbaute Baugruben und Gräben entsprechend den Bildern hergestellt werden. Das ist streng genommen nur eine Ausführungsbestimmung, keine Abrechnungsregelung.

Bei vielen Böden (z. B. Kies, Sand) und Baustellenverhältnissen (z. B. Erschütterungen) ist eine Ausführung mit senkrechten Wänden ohne besondere Sicherung nicht möglich. Dann gelten die **Regelungen für Verbau oder Böschungen** bei Baugruben und Gräben.

2.2 Verbauarbeiten

Abrechnungsregeln nach ATV DIN 18303 (05.98)

Gilt für die Herstellung von vorübergehendem Verbau (wenn der AG dem AN die Ausführung überläßt).

Gelten nicht für

— die bei Verbauarbeiten auszuführenden Erdarbeiten (s. ATV DIN 18300)
— Lebendverbau
— Verbau an unterirdischen Hohlräumen.

Ergänzend gelten die Abschnitte 1 bis 5 der ATV DIN 18299.
Bei Widersprüchen haben die Regeln der ATV DIN 18303 Vorrang.

Tafel 7.4   Abrechnungsregeln für vorübergehende Verbauarten nach ATV DIN 18303 (05.98)

Abschnitt der VOB Teil C	Bauteil	Einheit[1]	Maßgabe für die Abrechnung
0.5	vorübergehender Verbau Herstellen, Vorhalten und Beseitigen des Verbaus (einschl. Verkleidung, Aussteifung, Verbände, Verbindungen und dgl.)	m^2/m	Fläche nach 5.1 Länge nach 5.2
5.1	Verbaufläche	m^2	Fläche = Länge × Tiefe
	Länge	m	in der Achse des Verbaus der Wand messen Träger u.ä. übermessen
	Tiefe	m	von 5 cm über Gelände oder Schutz- streifen oder von der vorgeschriebenen Oberkante des Verbaus bis zur plan- mäßigen Baugruben- oder Graben- sohle am Verbau
5.3	Aussparungen für Leitungen u.ä.		übermessen

[1]) Hinweise auf im Leistungsverzeichnis vorzusehende Abrechnungseinheiten; diese werden nur durch ausdrückliche Vereinbarung zu Vertragsbestandteilen.

2.3 Ramm-, Rüttel- und Preßarbeiten

Abrechnungsregeln nach ATV DIN 18304 (05.98)

Gilt für das Einbringen und Ziehen von Bauelementen[1]) durch Rammen, Rütteln (Vibrieren) und Pressen.

Gilt nicht für

— das Verfüllen von Hohlräumen, verursacht durch das Ziehen von Pfählen, Trä- gern, Bohlen und Mantelrohren.

Ergänzend gelten die Abschnitte 1 bis 5 der ATV DIN 188299. Bei Widersprüchen haben die Regeln der ATV DIN 18304 Vorrang.

[1]) Bauelemente sind Pfähle, Träger, Bohlen und Mantelrohre für Ortbetonpfähle.

Tafel 7.5 Abrechnungsregeln für das Einbringen und Ziehen von Bauelementen nach ATV DIN 18304 (05.98)

Abschnitt der VOB Teil C	Bauteil	Einheit[1]	Maßgabe für die Abrechnung
0.5.1	Liefern der Pfähle, Träger, Mantelrohre aus **Holz oder Stahlbeton**	Stück	getrennt nach Querschnittsmaßen und Längen
	Liefern der Pfähle, Träger, Mantelrohre aus **Stahl**	t, Stück	getrennt nach Profilen, Längen und Stahlgüten
0.5.2	Liefern der Bohlen aus **Holz** (ohne Feder) **oder Stahlbeton**	m^2	getrennt nach Dicken
	Liefern der Bohlen aus **Stahl**	t, Stück, m^2	getrennt nach Profilen (Längen) und Stahlgüten
0.5.3	Vorhalten der Pfähle, Träger	t	
	Vorhalten der Bohlen aus Stahl	m^2, t	
0.5.4	Einbringen der Pfähle oder Träger	Stück	getrennt nach Querschnittsmaßen oder Profilen, Längen oder Einbringtiefen
	Einbringen der Bohlen	m^2	getrennt nach Querschnittsmaßen oder Profilen und Einbringtiefen
0.5.5	Ziehen der Pfähle, Träger und Bohlen	Stück, m^2	entsprechend 0.5.4
0.5.6	Stoßverbindungen für Pfähle, Träger und Bohlen	Stück	
4.2.4	Einbringen von Paß- und Keilbohlen		abrechnen, soweit dies nicht eine Folge unsachgemäßen Einbringens ist
4.2.5	Abschneiden, Kappen und Bearbeiten der Köpfe von Bauelementen nach dem Einbringen		abrechnen
5.1	Liefern und Vorhalten der Bauelemente	m	abrechnen nach vorgegebenen Längen
	Einbringen der Bauelemente	m	abrechnen nach vereinbarten Einbringtiefen
5.2	Ziehen der Bauelemente	m	abrechnen nach vorgegebenen Längen
5.3	Liefern oder Verhalten	t	das errechnete Gewicht, bei genormten Profilen nach den DIN-Normen (Nenngewichte), bei anderen Profilen nach dem Profilbuch des Herstellers
5.4	bei Bohlwänden		Maße in der Wandachse

[1] Hinweise auf im Leistungsverzeichnis vorzusehende Abrechnungseinheiten; diese werden nur durch ausdrückliche Vereinbarung zum Vertragsbestandteil.

2.4 Entwässerungskanalarbeiten

Abrechnungsregeln nach ATV DIN 18306 (05.98)

Gelten nicht für:
- die bei der Herstellung der Kanäle, Leitungen und Schächte auszuführenden Erdarbeiten
- Verbauarbeiten
- Rohrvortriebsarbeiten
- Herstellen von Entwässerungsleitungen innerhalb von Gebäuden (s. ATV DIN 18381)
- Rohrleitungen in Schutzrohren und Rohrkanälen.

Tafel 7.6 Abrechnungsregeln für Entwässerungskanalarbeiten nach ATV DIN 18306 (12.92)

Abschnitt der VOB/C	Bauteil	Ein-heit[1])	Maßgabe für die Abrechnung
0.5[1])	Entwässerungskanäle und -leitungen	m	
	Schutz- und Dichtungsanstriche, Beschichtungen	m²	
	Formstücke, z.B. Abzweige, angeformte Schachtaufsätze, Krümmer	Stück	
	Fertigteile wie Schachtunterteile, Schachtringe, Übergangsringe und Platten, Schachthälse usw., Einzelteile wie Schachtabdeckungen, Schmutzfänger, Steighilfen	Stück	
	Schächte nach Raummaß der Wandungen	m³	
	Schächte nach Längenmaß	m	
	Schächte nach Anzahl	Stück	
	Sohlschalen, Platten	m, m²	

1 Schachtabdeckung
2 Ausgleichsring
3 Konus
4 Steigeisen 4 St/m
5 Schachtring
6 Betonsockel
7 Mauerwerk
8 Stahlbetonabdeckplatte
8a Deckenbewehrung
9 Schachtboden m. Klinker
10 Schachtsohle mit Gerinne
11 Auflager der Sohle
12 Steinzeugrohr
13 Rohrummantelung
14 Sohlschalen, Platten
T = Schachttiefe
= Rinnsohle bis UK Schachtabdeckung

Abschnitt der VOB/C	Bauteil	Einheit	Maßgabe für die Abrechnung
5.1	Entwässerungskanäle und -leitungen aus vorgefertigten Rohren	m	in Achse messen. Lichte Weite von Schächten abziehen. Formstücke übermessen
	Entwässerungskanäle aus vorgefertigten Rohren mit Schachtaufsätzen; gemauerte oder betonierte Entwässerungskanäle	m	in Achse messen. Lichte Weite der Schächte übermessen
5.2	Schachttiefe T	m	Von Auflagerfläche der Schachtabdeckung bis zum tiefsten Punkt der Rinnensohle rechnen

[1]) Hinweise auf im Leistungsverzeichnis vorzusehende Abrechnungseinheiten; diese werden nur durch ausdrückliche Vereinbarung zu Vertragsbestandteilen.

2.5 Verkehrswegebauarbeiten

Abgrenzung der Abrechnungsregeln nach ATV:

DIN 18315: Oberschichten ohne Bindemittel
DIN 18316: Oberschichten mit hydraulischen Bindemitteln
DIN 18317: Oberschichten aus Asphalt
DIN 18318: Pflasterdecken, Plattenbeläge, Einfassungen

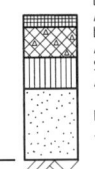

Deckschicht aus Asphaltbeton
Abrechnung nach DIN 18317
bituminöse Tragschicht
Abrechnung nach DIN 18317
Schottertragschicht mit hydraulischen Bindemitteln
Abrechnung nach DIN 18316

Frostschutzschicht
Abrechnung nach DIN 18315

Bild 7.38

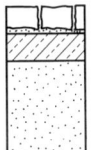

Pflaster in Zementmörtel
Abrechnung nach DIN 18318
Betontragschicht
Abrechnung nach DIN 18316

Frostschutzschicht
Abrechnung nach DIN 18315

Bild 7.39

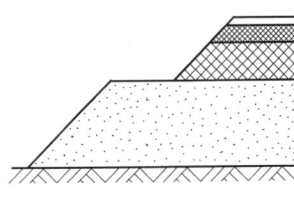

Deckschicht, Abrechnung nach DIN 18317
Binder, Abrechnung nach DIN 18317

bituminöse Tragschicht, Abrechnung nach DIN 18317

Frostschutzschicht, Abrechnung nach DIN 18315

Rohplanum, Abrechnung nach DIN 18300

Bild 7.40

Tafel 7.7 Geltungsbereiche der ATVs für Verkehrswegebauarbeiten

ATV	Gilt für	Gilt nicht für
DIN 18315	Befestigen von Straßen, Wegen aller Art, Plätzen, Höfen, Flugbetriebsflächen, Bahnsteigen und Gleisanlagen mit — Trag- und Deckschichten im Straßenbau — Frostschutz- und Planumschutzschichten für Gleisanlagen	— Verbessern und Verfestigen des Unterbaus und des Untergrundes — Herstellen von Gleisbettungen (s. DIN 18325 „Gleisbauarbeiten")
DIN 18316	Befestigen von Straßen, Wegen aller Art, Plätzen, Höfen, Flugbetriebsflächen, Bahnsteigen und Gleisanlagen mit — Tragschichten und Decken	Verbessern und Verfestigen des Unterbaus und des Untergrundes
DIN 18317	Befestigen von Straßen, Wegen aller Art, Plätzen, Höfen, Flugbetriebsflächen, Bahnsteigen und Gleisanlagen mit — Tragschichten — Tragdeckschichten — Binderschichten — Deckschichten oder Oberflächenschutz — Deckschichten auf Brücken	— Verbessern und Verfestigen des Unterbaus und des Untergrundes — Herstellen von Asphaltbelägen nach DIN 18354 „Gußasphaltarbeiten"
DIN 18318	Befestigen von Straßen, Wegen aller Art, Plätzen, Höfen, Flugbetriebsflächen, Bahnsteigen und Gleisanlagen mit Pflaster und Platten — Herstellen von Einfassungen und Rinnen — Befestigen solcher Flächen mit Naturwerkstein, Betonwerkstein und Klinkerplatten	

2.5.1 Verkehrswegebauarbeiten, Oberschichten ohne Bindemittel

Tafel 7.8 Abrechnungsregeln ATV nach DIN 18315 (06.96)

Abschnitt der VOB/C	Bauteil	Einheit[1])	Maßgabe für die Abrechnung
0.5[1])	Nachverdichten der Unterlage	m^2	„Oberbauschichten" können Tragschichten und/oder Deckschichten sein. Zur Definition der Begriffe s. auch Bild 7.38, 7.39, 7.40.
	Herstellen der planmäßigen Höhenlage, Neigung und Ebenheit	m^2	
	Planumschutzschichten für Gleisanlagen	m^2, m^3, t	
	Tragschichten	m^2, m^3, t	
	Deckschichten	m^2	
	Oberbauschichten aus unsortierten Mineralstoffen	m^2, m^3, t	
	Probenahmen für Kontrollprüfungen	Stück	
4.2.3	Vorbereiten der Unterlage, z.B. – Nachverdichten – Herstellen der planmäßigen Höhenlage, – Beseitigen von schädlichen Verschmutzungen	m^2	abrechnen, soweit die Notwendigkeit solcher Leistungen nicht vom AN verursacht ist
4.2.4	Befestigungen zur Aufrechterhaltung des öffentlichen und Anlieger-Verkehrs		abrechnen
4.2.5	Herstellen von Aussparungen		abrechnen, wenn diese nach Art, Größe und Anzahl nicht im LV angegeben
4.2.6	– Schließen von Aussparungen – Einsetzen von Dübeln		abrechnen
4.2.7	Kontrollprüfungen einschließlich der Probenahmen	Stück	abrechnen
4.2.8	Räumen von Schnee und Abstumpfen bei Glätte zur Aufrechterhaltung des Verkehrs		abrechnen
5.1	– Aussparungen oder Einbauten bis 1 m^2 Einzelgröße – Schienen	m^2	übermessen, d.h. nicht abziehen
5.2	– Raum von Aussparungen oder Einbauten mit einer mittleren Durchdringungsfläche bis zu 1 m^2 – Leitungen	m^3	nicht abziehen

[1]) Hinweise auf im Leistungsverzeichnis vorzusehende Abrechnungseinheiten; diese werden nur durch ausdrückliche Vereinbarung zu Vertragsbestandteilen.

2.5.2 Verkehrswegebauarbeiten, Oberschichten mit hydraulischen Bindemitteln

Tafel 7.9 Abrechnungsregeln nach ATV DIN 18316 (06.96)

Abschnitt der VOB/C	Bauteil	Einheit[1])	Maßgabe für die Abrechnung
0.5[1])	Nachverdichten der Unterlage	m²	Betondecke
	Herstellen der planmäßigen Höhenlage, Neigung und Ebenheit	m²	
	Reinigen	m²	
	Schichten zum Angleichen oder Ausgleichen der Höhenlage	m³, t	
	Tragschichten und Betondecken	m²	**Beispiel** für Fahrbahnaufbau
	Bewehrung	m², t	entsprechend den Bewehrungsplänen
	Fugenherstellung und -verguß	m	einschl. Verdübelung und Verankerung
	Verdübelungen und Verankerungen	m, Stück	wenn gesonderte Abrechnung vorgesehen ist
	Nachbehandlung der Oberfläche von Betondecken	m²	
	Probenahmen für Kontrollprüfungen	Stück	
4.2.3	Vorbereiten der Unterlage, z. B. – Nachverdichten – Entspannen von Tragschichten, – Herstellen der planmäßigen Höhenlage, – Beseitigen von schädlichen Verschmutzungen	m²	abrechnen, soweit die Notwendigkeit solcher Leistungen nicht vom AN verursacht ist
4.2.4	Befestigungen zur Aufrechterhaltung des öffentlichen und Anlieger-Verkehrs		abrechnen
4.2.5	Herstellen von Aussparungen		abrechnen, wenn diese nach Art, Größe und Anzahl nicht im LV angegeben
4.2.6	– Schließen von Aussparungen – Einsetzen von Fertigteilen		abrechnen
4.2.7	Kontrollprüfungen einschließlich der Probenahmen	Stück	abrechnen
4.2.8	Räumen von Schnee und Abstumpfen bei Glätte zur Aufrechterhaltung des Verkehrs		abrechnen
5.1	– Aussparungen oder Einbauten bis 1 m² Einzelgröße – Fugen und Schienen	m²	übermessen, d.h. nicht abziehen
5.2	Bewehrung	m²	Überdeckungen werden nicht berücksichtigt
5.3	Fugen	m	Durchdringungen der Fugen werden übermessen

Bildbeschriftung (rechte Spalte, Beispiel für Fahrbahnaufbau):
Betondecke
Betondecke
Tragschicht aus Beton / mit hydr. Bindemittel
Frostschutzschicht
Unterlage, verdichtet

[1]) Hinweise auf im Leistungsverzeichnis vorzusehende Abrechnungseinheiten; diese werden nur durch ausdrückliche Vereinbarung zu Vertragsbestandteilen.

2.5.3 Verkehrswegebauarbeiten; Oberschichten aus Asphalt

Tafel 7.10 Abrechnungsregeln nach ATV DIN 18317 (06.96)

Abschnitt VOB/C	Bauteil	Einheit[1]	Maßgabe für die Abrechnung
0.5[1]	Nachverdichten der Unterlage	m²	
	Herstellen der planmäßigen Höhenlage, Neigung und Ebenheit der Unterlage aus Asphalt	t	
	Reinigen	m²	
	Einsprühen mit bitumenhaltigem Bindemittel	m², t	
	Schichten zum Angleichen oder Ausgleichen der Höhenlage	t	
	Tragschichten, Tragdeckschichten, Binderschichten, Deckschichten, Oberflächenschutzschichten	m², t	
	Behandlung der Oberflächen von Deckschichten	m²	
	Fugenherstellung und Fugenverguß	m	
	Probenahmen für Kontrollprüfungen	Stück	
4.2.1	Vorbereiten der Unterlage, z. B. – Nachverdichten – Herstellen der planmäßigen Höhenlage, – Beseitigen von schädlichen Verschmutzungen – Vorspritzen mit Bindemitteln	m²	abrechnen, soweit die Notwendigkeit solcher Leistungen nicht vom AN verursacht ist
4.2.2	Befestigungen zur Aufrechterhaltung des öffentlichen und Anlieger-Verkehrs		Herstellen, Vorhalten und Beseitigen abrechnen
4.2.3	– Maßnahmen zum Verbund der Schichten – Besondere Ausführung und Vorbehandlung von Längsnähten		abrechnen, soweit die Notwendigkeit solcher Leistungen nicht vom AN verursacht ist
4.2.4	Maßnahmen zum Abstumpfen oder Aufrauhen von Deckschichten		abrechnen, soweit die Notwendigkeit solcher Leistungen nicht vom AN verursacht ist
4.2.5	Herstellen von Aussparungen		abrechnen, wenn diese nach Art, Größe und Anzahl nicht im LV angegeben
4.2.6	– Schließen von Aussparungen – Einsetzen von Einbauteilen		abrechnen

Beispiel für Fahrbahnaufbau (Schichten von oben nach unten): Gußasphalt-Deckschicht, Asphaltbinder, bituminöse Tragschicht, verfestigte Tragschicht, Frostschutzschicht, Unterlage, verdichtet

Fortsetzung s. nächste Seite

1) Hinweise auf im Leistungsverzeichnis vorzusehende Abrechnungseinheiten; diese werden nur durch ausdrückliche Vereinbarung zu Vertragsbestandteilen.

Tafel 7.10, Fortsetzung

4.2.7	Herstellen von Anschlüssen an bestehende Bauteile und Ober-bauschichten – durch Schneiden, Fräsen – durch Ausbilden von Fugen – oder sonstige besondere Konstruktionen und Aus-führungen		abrechnen
4.2.8	Umweltrelevante Untersuchun-gen bei Eignungsprüfungen und Eigenüberwachungs-prüfungen		abrechnen, soweit sie über 4.1.3 hinaus verlangt werden oder die Stoffe vom AG gestellt oder vorgeschrieben werden
4.2.9	Kontrollprüfungen einschließ-lich der Probenahmen	Stück	abrechnen
4.2.10	Räumen von Schnee und Ab-stumpfen bei Glätte zur Auf-rechterhaltung des Verkehrs		abrechnen
5	– Aussparungen oder Ein-bauten bis zu 1 m² Einzel-größe – Fugen und Schienen	m²	übermessen, d. h. nicht abziehen

2.5.4 Verkehrswegebauarbeiten, Pflasterdecken, Plattenbeläge, Einfassungen

Tafel 7.11 Abrechnungsregeln nach ATV DIN 18318 (6.96)

Abschn. VOB/C	Bauteil	Einheit[1]	Maßgabe für die Abrechnung
0.5.1[1]	Nachverdichten der Unterlage	m²	
0.5.2[1]	Herstellen der planmäßigen Höhenlage, Neigung und Ebenheit der Unterlage	m²	
0.5.3[1]	Pflasterdecken und Plattenbeläge		
	Pflasterdecken und Platten-beläge	m²	Getrennt nach Ausführungsarten (z.B. im Bogen, nach Muster), nach Arten und Maßen der Pflaster-decken oder der Platten
	Abputzen aufgenommener Pflasterdecken und Platten-beläge	m²	Getrennt nach Arten der Fugenfüllung und der Unterlage, nach Arten und Maßen der Pflasterdecken und Platten-beläge
	Zuarbeiten oder Schneiden von Platten und Pflaster	m	Für Verlegen und Versetzen an Kanten und Einfassungen
		Stück	Für Verlegen und Versetzen an Einbau-ten und Aussparungen
	Zuarbeiten oder Schneiden von Platten aus Naturstein	Stück	

Fortsetzung s. nächste Seite

[1] Hinweise auf im Leistungsverzeichnis vorzusehende Abrechnungseinheiten; diese werden nur durch ausdrückliche Vereinbarung zu Vertragsbestandteilen.

Tafel 7.11, Fortsetzung

Abschn. VOB/C	Bauteil	Einheit[1]	Maßgabe für die Abrechnung
0.5.4[1]	Fugenverguß oder Fugenverfüllung		
	Fugenverguß oder Fugenverfüllung von Pflasterdecken und Pflasterbelägen	m^2	getrennt nach Befestigungsarten und Arten des Fugenvergusses oder der Fugenfüllung
	Fugenverguß von Dehnungs- und Randfugen	m	getrennt nach Fugenmaßen und Arten des Fugenvergusses
0.5.5[1]	Einfassungen		
	Bord- oder Einfassungssteine	m	getrennt nach Arten und Maßen
	Fundamente mit oder ohne Rückenstütze von Einfassungen	m^3	
		m	getrennt nach Maßen
	Bearbeiten von Köpfen der Bord- und Einfassungssteine	Stück	getrennt nach Arten und Maßen
	Nacharbeiten der Schnurkante, Nacharbeiten oder Aufarbeiten eines vorhandenen Anlaufs (Fase) oder der Trittflächen an Bordsteinen	m	getrennt nach Arten und Maßen
5.1	Einzelflächen unter 0,5 m²	m^2	werden als 0,5 m² abgerechnet
5.2	Abputzen aufgenommener Pflasterdecken und Plattenbeläge	m^2	Maß der aufgenommenen Fläche abrechnen
5.3	Zuarbeiten oder Schneiden von Platten und Pflaster an Kanten und Einfassungen	m	abrechnen nach der Länge der Fuge zwischen Belag und Kante oder Einfassung
5.4	Fugenverguß und Fugenfüllung von Pflasterdecken und Plattenbelägen	m^2	nach der Fläche des Belages abrechnen
5.5	Einfassungen, Fundamente mit oder ohne Rückenstütze	m	an der Vorderseite der Bord- oder Einfassungssteine messen
5.6	Nacharbeiten der Schnurkante, Nacharbeiten oder Aufarbeiten eines vorhandenen Anlaufs (Fase) oder der Trittflächen von Bordsteinen	m	nach der Länge der bearbeiteten Bordsteine abrechnen
5.8	Aussparungen oder Einbauten über 1 m² Einzelgröße		abziehen; wenn sie in verschiedenen Befestigungsarten liegen, werden sie anteilig abgezogen
5.7	Bei der Abrechnung werden übermessen:		

5.7 (Fortsetzung)

— Randfugen zwischen Pflasterdecke oder Plattenbelag und Einfassung, z.B. Bordstein, Schiene,

— Fugen innerhalb der Pflasterdecke oder des Plattenbelags und Stoßfugen zwischen den einzelnen Bordsteinen oder Einfassungssteinen,

— Schienen, wenn beidseitig die gleiche Befestigungsart an die Schiene herangeführt ist,

— in der befestigten Fläche liegende oder in sie hineinreichende Aussparungen oder Einbauten bis einschließlich 1 m² Einzelgröße, z.B. Schächte, Schieber, Maste, Stufen.

Fußnote s. S. 425

2.6 Maurerarbeiten

Tafel 7.12 Abrechnungsregeln nach ATV DIN 18330 (05.98)
Gelten nicht für Quadermauerwerk und Versetzen von Betonwerksteinen
(s. ATV DIN 18332 und ATV DIN 18333).

VOB/C	Leistung	Einheit[1])	Maßgabe für die Abrechnung
4.1.4	Aussparen und Vermauern von Rüstlöchern, die für die eigenen Leistungen erforderlich sind		nicht abrechnen, da Nebenleistung
4.2.4 4.2.5	Sonstige Aussparungen (z. B. Öffnungen, Nischen, Schlitze, Kanäle) herstellen und schließen		abrechnen
4.1.5	Reinigungsöffnungen und Rohröffnungen in gemauerten Schornsteinen aussparen		nicht abrechnen, da Nebenleistung
4.1.6	Trägerköpfe, Balkenköpfe und andere Konstruktionsglieder ummauern und vergießen, ausgenommen Vergießen bei Stahlbauarbeiten		nicht abrechnen, da Nebenleistung Vergießen bei Stahlbauarbeiten: abrechnen
4.2.6	Dübel, Dübelsteine, Schornsteinreinigungstüren, Tür- und Fensterzargen und dergleichen liefern und einsetzen		abrechnen
4.2.7	Herstellen von Bewegungsfugen		abrechnen
4.2.8	Überdecken von Öffnungen und Nischen durch gemauerte Stürze, Überwölbungen und Entlastungsbögen		abrechnen
4.2.9	Schließen des Zwischenraumes im zweischaligen Mauerwerk an Öffnungen		abrechnen
4.2.10	Abfangen der Außenschalen bei zweischaligen Außenwänden		abrechnen
4.2.12	Leibungen bei Sicht- und Verblendmauerwerk, Sohlbänke, Gesimse, Bänder einschl. etwaiger Auskragungen herstellen		abrechnen
4.2.13	Schneiden von Vormauersteinen mit in der Ansichtsfläche sichtbaren Schnittkanten oder Schnittflächen		abrechnen
5.1.1	Bauteile aus Mauerwerk, Sicht- und Verblendmauerwerk		deren Maße zugrunde legen
	Bodenbeläge	m²	Fläche bis zu den begrenzenden, ungeputzten bzw. unbekleideten Bauteilen
	Bodenbeläge ohne begrenzende Bauteile		deren Maße zugrunde legen
	Fassaden mit mehrschaligem Aufbau: — für das Sicht- und Verblendmauerwerk — für die Dämmschicht		Maße der Außenseite der Außenschale zugrunde legen
	Verfugung		Maße der zu verfugenden Fläche
5.1.2	Fugen		übermessen
5.1.3	Öffnungen und Nischen		deren Maße zugrunde legen
	bogenförmige Öffnungen und Nischen		Höhe um $1/3$ der Stichhöhe verringern

Fortsetzung s. nächste Seite

Tafel 7.12, Fortsetzung

VOB/C	Leistung	Einheit[1])	Maßgabe für die Abrechnung
5.1.4	Mauerwerk, das bis Oberfläche Rohdecke durchgeht		Höhe von Oberfläche Rohdecke (bzw. OK Fundament im KG) bis Oberfläche Rohdecke
	anderes Mauerwerk		tatsächliche Höhe
5.1.5	oben abgeschrägtes Mauerwerk	m^2	bis zur höchsten Kante rechnen
5.1.6	Wanddurchdringungen		nur eine Wand durchrechnen, ggf. die dickere
5.1.7	in Wänden durchbindende, einbindende und einliegende, gemauerte Schornsteine	Wandlänge	Schornstein: $s \times d$ w: erforderliche Mindestdicke der Wange Wand ⊢ s ⊣ Wand ... d ... ⊢ w ⊣ ⊢ w ⊣
5.1.8	aus Einzelteilen zusammengesetzte Bauteile, z.B. Fenster- und Türumrahmungen, Fenster- und Türstürze, Rolladenkästen	m^2, m^3	gelten bei Abzügen als ein Bauteil
5.1.9	Rahmen, Riegel, Ständer, Deckenbalken, Vorlagen und Fachwerkteile aus Holz, Beton oder Metall		bis zu 30 cm Einzelbreite: übermessen
5.1.10	Gewölbe mit Stichhöhe unter $^1/_6$ der Spannweite	m^2	überwölbte Grundfläche abrechnen
	Gewölbe mit größerer Stichhöhe		abgewickelte Untersicht abrechnen
5.1.11	Stürze, Überwölbungen und Entlastungsbögen		gesondert messen, auch wenn die Öffnung o. Nische abgezogen wird
5.1.12	Leibungen von Öffnungen über 2,5 m^2 Einzelgröße		werden bei Sicht- und Verblendmauerwerk gesondert abgerechnet
	Leibungen von Nischen, soweit für das dahinterliegende Mauerwerk besondere Ansätze in Leistungsbeschreibung vorgesehen sind		
5.1.13	Leibungen bei Sicht- und Verblendmauerwerk, Sohlbänke, Gesims, Bänder, Stürze, Überwölbungen, Entlastungsbögen, Auskragungen, Rollschichten, Mauerwerksschrägen, gemauerte Stufen u.ä.	m	in ihrer größten Länge gemessen
	geschnittene Vormauersteine	m	in der Ansichtsfläche sichtbare Schnittlängen
	Abfangungen für Mauerwerksschalen	m	größte Länge des abgefangenen Bauteils
5.1.14	Tür- und Fensterpfeiler im Wandmauerwerk		nur gesondert abrechnen, wenn sie schmaler als 50 cm sind und die beiderseits dieser Pfeiler liegenden Öffnungen abgezogen werden
5.1.15	Gemauerte Schornsteine		Höhe in der Achse von Oberfläche Fundament bis Oberfläche Dachhaut, Breite und Dicke nach 5.1.7
	Züge, Reinigungs-, Rohröffnungen und dgl.		übermessen
	Verwahrungen (Auskragungen)		nicht mitrechnen

Fortsetzung s. nächste Seite

Tafel 7.12, Fortsetzung

VOB/C	Leistung	Einheit[1])	Maßgabe für die Abrechnung
5.1.16	Schornsteine aus Formstücken	m	Höhe in Achse bis Oberkante Formstücke messen
5.1.17	Auffüllungen von Decken	m²	Fläche des jeweils darüberliegenden Raumes, Balken oder Träger übermessen
5.2.1			Aussparungen über 0,5 m² Einzelgröße abziehen
5.1.18	Bewehrungsstahl liefern, schneiden, biegen und einbauen	kg, t	Nenngewicht bei genormten Stählen, bei anderen Stählen nach Profilbuch der Hersteller
5.2.1	Öffnungen	m²	über 2,5 m² Einzelgröße abziehen
5.2.1	durchbindende Bauteile (Deckenplatten udgl.)	m²	über je 0,5 m² Einzelgröße abziehen
5.2.1	Nischen und Aussparungen	m²	abziehen, soweit für das dahinterliegende Mauerwerk besondere Ansätze in Leistungsbeschreibung vorgesehen sind
5.2.1	Aussparungen bei Bodenbelägen aus Flach- oder Rollschichten	m²	über 0,5 m² Einzelgröße abziehen
5.2.2	Öffnungen und Nischen	m³	über 0,5 m³ Einzelgröße abziehen
5.2.2	einbindende, durchbindende und eingebaute Bauteile	m³	über 0,5 m³ Einzelgröße abziehen
5.2.2	Schlitze für Rohrleitungen u. dgl.	m³	über 0,1 m³ Querschnittsgröße abziehen

2.7 Beton- und Stahlbetonarbeiten
Abrechnungsregeln nach ATV DIN 18331 (06.96)

Gelten nicht für
— Einpreßarbeiten (DIN 18309)
— Schlitzwandarbeiten (DIN 18313)
— Spritzbetonarbeiten (DIN 18314)
— Oberbauschichten mit hydraulischen Bindemitteln (DIN 18316)
— Betonwerksteinarbeiten (DIN 18333)
— Estricharbeiten (DIN 18353).

Tafel 7.13 **Abrechnungsregeln** nach ATV DIN 18331 (06.96)

VOB/C	Leistung	Einheit[1])	Maßgabe für die Abrechnung
4.2 Besondere Leistungen			
4.2.7	Aussparungen (z. B Öffnungen, Nischen, Schlitze, Kanäle) herstellen	—	abrechnen
4.2.8	Profilierungen herstellen	—	abrechnen
4.2.9	Aussparungen u. dgl. schließen	—	abrechnen
4.2.10	Vouten, Auflagerschrägen, Konsolen herstellen	—	abrechnen
4.2.11	Einbauteile (z. B. Lager, Zargen, Anker, Verbindungselemente, Rohre, Dübel) liefern und einsetzen	—	abrechnen
4.2.12	Fugendichtungen, Bewegungs- und Scheinfugen herstellen	—	abrechnen

[1]) Hinweise auf im Leistungsverzeichnis vorzusehende Abrechnungseinheiten; diese werden nur durch ausdrückliche Vereinbarung zu Vertragsbestandteilen.

Tafel 7.13, Fortsetzung

VOB/C	Leistung	Einheit[1])	Maßgabe für die Abrechnung
4.2.15	Betonoberflächen	–	Zusätzliche Maßnahmen zur Erzielung einer bestimmten Betonoberfläche: abrechnen

5.1 Beton- und Stahlbeton mit oder ohne Schalung

VOB/C	Leistung	Einheit	Maßgabe für die Abrechnung
5.1.1.1	Werksteinmäßige Bearbeitung von Bauteilen	–	Maße, die die Bauteile vor der Bearbeitung hatten
5.1.1.2 a)	Verdrängte Betonmengen durch Bewehrung (z. B Betonstabstähle, Profilstähle, Spannbetonbewehrungen mit Zubehör, Ankerschienen)	m^3	nicht abziehen
b)	Einbetonierte Pfahlköpfe, Walzprofile und Spundwände	–	nicht abziehen
5.1.1.3	Bauteile mit abgeschrägten bzw. profilierten Kopf- und Stirnflächen (z. B. Bauteile mit Ausklinkungen)	–	mit den größten Maßen abrechnen
5.1.1.4	Schräge oder gekrümmte Bauteile (z. B. Decken)	–	mit den größten Maßen abrechnen
5.1.1.5	Decken einschl. Auskragungen	–	zwischen den äußeren Begrenzungsflächen abrechnen
5.1.1.6	Bauteile, die durch vorgegebene Betonierfugen oder sonstwie baulich voneinander abgegrenzt sind	–	jedes Bauteil mit seinen tatsächlichen Maßen abrechnen
5.1.1.7 a)	Durchdringen bei Wänden	–	nur eine Wand durchrechnen, bei ungleicher Dicke die dickere
b)	Durchdringung bei Unterzügen und Balken	–	nur einen Unterzug bzw. Balken durchrechnen, bei ungleicher Höhe den höheren, bei gleicher Höhe den breiteren
c)	Einbindungen von Wänden, Pfeilervorlagen und Stützen in Decken	–	Höhe von Oberfläche Rohdecke bzw. Fundament bis Unterfläche Rohdecke rechnen
d)	Einbindungen von Stürzen und Unterzügen in Decken	–	Höhe von Unterfläche Sturz bzw. Unterzug bis Unterfläche Deckenplatte rechnen
e)	Einbindungen von Stützen in Unterzüge oder Balken	–	Unterzüge und Balken durchmessen, wenn sie breiter als die Stützen sind; in diesem Fall werden die Stützen nur bis Unterfläche Unterzug bzw. Balken gerechnet
5.1.1.8	Nischen, Schlitze, Kanäle, Fugen	m^2	nicht abziehen, bei Abrechnung von Bauteilen nach Flächenmaß
5.1.1.9	Fugenbänder, Fugenbleche u. ä.		maßgebend ist die größte Länge (z. B. bei Schrägschnitten), Formteile, Knoten und Ecken übermessen
5.1.1.10	Betonpfähle	–	von planmäßiger Oberseite des Pfahlkopfes bis zur vorgeschriebenen Unterseite Pfahlfuß bzw. Pfahlspitze rechnen

Tafel 7.13, Fortsetzung

VOB/C	Leistung	Einheit[1])	Maßgabe für die Abrechnung
5.1.2.1 a)	Öffnungen, Nischen, Kassetten, Hohlkörper u.ä.	m^3	über 0,5 m^3 Einzelgröße abziehen
b)	Schlitze, Kanäle, Profilierungen u.ä.	m^3	über 0,1 m^3 je m Länge abziehen
c)	Durchdringungen und Einbindungen von Bauteilen (z.B. Einzelbalken, Balkenstege bei Plattenbalkendecken, Stützen, Einbauteile, Betonfertigteile, Stahl- oder Steinzeugrohre)	m^3	über 0,5 m^3 Einzelgröße abziehen, wenn sie durch vorgegebene Betonierfugen oder sonstwie baulich abgegrenzt sind: aus Einzelteilen zusammengesetzte Bauteile (z.B. Fenster-, Türumrahmungen, Fenster-, Türstürze, Gesimse) gelten als ein Bauteil
5.1.2.2	Öffnungen, Durchdringungen, Einbindungen	m^2	über 2,5 m^2 Einzelgröße abziehen

5.2 Schalung

VOB/C	Leistung	Einheit	Maßgabe für die Abrechnung
5.2.1.1 a)	Schalung von Bauteilen	m^2	in der Abwicklung der geschalten Flächen abrechnen
b)	Nischen, Schlitze, Kanäle, Fugen u.ä.	m^2	werden bei der Abrechnung der Schalung für die zugehörigen Bauteile übermessen
5.2.1.2 a)	Deckenschalung	m^2	geschalte Flächen der Deckenplatten zwischen Wänden, Unterzügen, Balken
b)	Schalung von freiliegenden Begrenzungsseiten der Deckenplatte	–	gesondert abrechnen
5.2.1.3	Schalung für Aussparungen (z.B. für Öffnungen, Nischen, Hohlräume, Schlitze, Kanäle, Profilierungen)	m^2	in der Abwicklung der geschalten Betonfläche abrechnen
5.2.2	Öffnungen, Durchdringungen, Einbindungen, Anschlüsse von Bauteilen u.ä.	m^2	über 2,5 m^2 Einzelgröße abziehen

5.3 Bewehrung

VOB/C	Leistung	Einheit	Maßgabe für die Abrechnung
5.3.1.1 a)	Gewicht der Bewehrung	kg, t	nach Stahllisten abrechnen
b)	Unterstützungen (z.B. Stahlböcke, Abstandhalter aus Stahl, Spiralbewehrungen, Verspannungen, Auswechselungen, Montageeisen)	kg, t	gehören zur Bewehrung; zugehöriges Gewicht abrechnen
c)	Zubehör zur Spannbewehrung gem. 4.1.7	–	gehört nicht zur Bewehrung, sondern ist Nebenleistung
5.3.1.2	Maßgebendes Gewicht	kg, t	bei genormten Stählen die Gewichte der DIN-Normen (Nenngewichte), bei anderen Stählen die Gewichte des Profilbuches des Herstellers
5.3.1.3	Bindedraht, Walztoleranzen, Verschnitt	kg, t	bei der Ermittlung des Abrechnungsgewichtes nicht berücksichtigen

[1]) Hinweise auf im Leistungsverzeichnis vorzusehende Abrechnungseinheiten; diese werden nur durch ausdrückliche Vereinbarung zu Vertragsbestandteilen.

3 Toleranzen im Hochbau

sind in folgenden DIN-Normen geregelt:

DIN 18201	(04.97)	Begriffe, Grundsätze, Anwendung, Prüfung
DIN 18202	(04.97)	Toleranzen im Hochbau, Bauwerke
DIN 18203-1	(04.97)	Toleranzen im Hochbau, Vorgefertigte Teile aus Beton, Stahlbeton und Spannbeton
DIN 18203-2	(05.86)	Toleranzen im Hochbau, Vorgefertigte Teile aus Stahl
DIN 18203-3	(08.84)	Toleranzen im Hochbau, Bauwerke aus Holz und Holzwerkstoffen.

3.1 Begriffe und Grundsätze der DIN 18201 (04.97)

Diese Norm gilt für die in DIN 18202 und 18203 festgelegten Toleranzen. Sie gilt für die Herstellung von Bauteilen und auch für die Ausführung von Bauwerken.

Durch die Einhaltung dieser Norm soll das Zusammenfügen von Bauteilen des Roh- und Ausbaus ohne Anpaß- und Nacharbeiten ermöglicht werden.

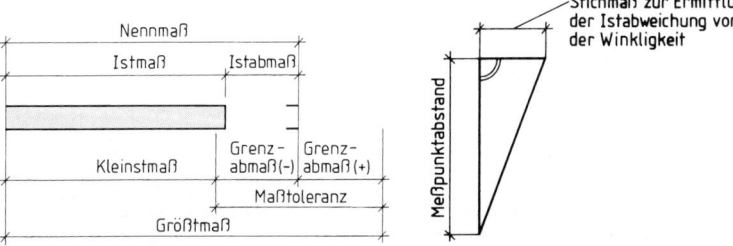

Bild 7.30   Anwendung der Begriffe   Bild 7.31   Stichmaße (Beispiele)

— Toleranzen sollen die Abweichungen von den Nennmaßen der Größe, Gestalt und der Lage von Bauteilen begrenzen.

— Für zeit- und lastabhängige Verformungen gilt die Begrenzung der Abweichungen durch diese Norm nicht.

— Die in DIN 18202 und 18203 festgelegten Toleranzen stellen die im Rahmen üblicher Sorgfalt zu erreichende Genauigkeit dar; sie gelten stets, soweit nicht andere Genauigkeiten vereinbart werden.

Maße in mm

- Werden andere Genauigkeiten vereinbart, so müssen sie in den Vertragsunterlagen (z. B. Leistungsverzeichnis, Zeichnungen) angegeben werden.
- Die Einhaltung von Toleranzen soll nur geprüft werden, wenn es erforderlich ist. Die Prüfungen sind so früh wie möglich durchzuführen, um die zeit- und lastabhängigen Verformungen weitgehend auszuschalten.
- Die Wahl des Prüfverfahrens bleibt dem Prüfer überlassen.

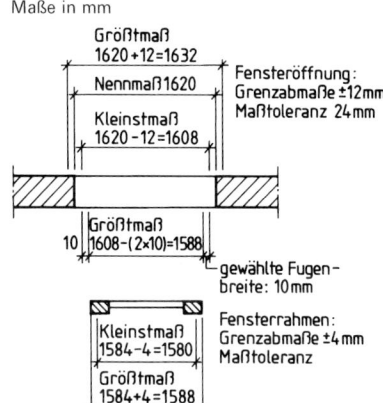

Bild 7.32

Tafel 7.14

Nennmaß (Sollmaß)	Wird zur Kenzeichnung von Größe, Gestalt und Lage eines Bauteils oder Bauwerks angegeben und in Zeichnungen eingetragen
Istmaß	Ein durch Messung festgestelltes Maß
Abmaß (Istabmaß)	Differenz zwischen Ist- und Nennmaß
Größtmaß	Ist das größte zulässige Maß
Kleinstmaß	Ist das kleinste zulässige Maß
Grenzabmaß	Differenz zwischen Größtmaß und Nennmaß oder Kleinstmaß und Nennmaß
Maßtoleranz	Differenz zwischen Größtmaß und Kleinstmaß
Ebenheitstoleranz	Bereich für die zulässige Abweichung einer Fläche von der Ebene
Winkeltoleranz	Bereich für die zulässige Abweichung eines Winkels vom Nennwinkel
Stichmaß	Hilfsmaß zur Ermittlung der Istabweichungen von der Ebenheit und der Winkligkeit. Das Stichmaß ist der Abstand eines Punktes von einer Bezugslinie

3.2 Toleranzen für die Ausführung von Bauwerken im Hochbau nach DIN 18202 (04.97)

Die in dieser Norm festgelegten Toleranzen gelten baustoffunabhängig für die Ausführung von Bauwerken unter Berücksichtigung von DIN 18201.

3.2.1 Grenzabmaße für Bauwerksmaße

Die in Tafel 7.15 festgelegten Grenzabmaße gelten für

- Längen, Breiten, Höhen, Achs- und Rastermaße
- Öffnungen, z. B. für Fenster, Türen, Einbauelemente an den festgelegten Meßpunkten.

Bauabrechnung und Mengenermittlung

Tafel 7.15   Grenzabmaße

Spalte	1	2	3	4	5	6
Zeile	Bezug	Grenzabmaße in mm bei Nennmaßen in m bis 3	über 3 bis 6	über 6 bis 15	über 15 bis 30	über 30
1	Maße im Grundriß, z. B. Längen, Breiten, Achs- und Rastermaße	± 12	± 16	± 20	± 24	± 30
2	Maße im Aufriß, z. B. Geschoßhöhen, Podesthöhen, Abstände von Aufstands-flächen und Konsolen	± 16	± 16	± 20	± 30	± 30
3	Lichte Maße im Grundriß, z. B. Maße zwischen Stützen, Pfeilern usw.	± 16	± 20	± 24	± 30	–
4	Lichte Maße im Aufriß, z. B. unter Decken und Unterzügen	± 20	± 20	± 30	–	–
5	Öffnungen, z. B. für Fenster, Türen, Einbau-elemente	± 12	± 16	–	–	–
6	Öffnungen wie vor, jedoch mit oberflächen-fertigen Leibungen	± 10	± 12	–	–	–

Durch Ausnutzen der Grenzabmaße der Tafel 7.15 dürfen die Grenzwerte für Stichmaße der Tafel 7.16 nicht überschritten werden.

Zu Zeile 1 der Tafel 7.15

Meßpunkte für Maße im Grundriß:

Die Maße werden zwischen Gebäude-ecken und/oder Achsschnittpunkten an der Deckenoberfläche gemessen.

Siehe untenstehendes Bild 7.33

Zu Zeile 2 der Tafel 7.15

Meßpunkte für Maße im Aufriß (Höhe):

Die Maße werden an übereinanderlie-genden Meßpunkten an markanten Stellen des Bauwerks gemessen, z. B. Deckenkanten, Brüstungen, Unterzü-gen usw.

Siehe untenstehendes Bild 7.34

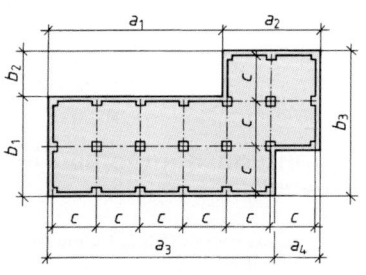

a, b   Maße des Bauwerks
c   Achsmaße der Stützen und Pfeiler

Bild 7.33   **Bild 7.34**

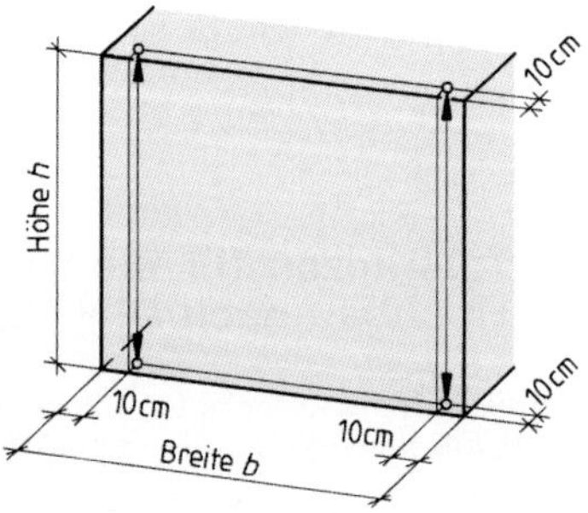

434

Zu Zeile 3 der Tafel 7.15

Meßpunkte für lichte Maße im Grundriß:

Die Maße sind jeweils in 10 cm Abstand von den Ecken zu nehmen. Bei der Prüfung von Winkeln wird von den gleichen Meßpunkten ausgegangen. Bei nicht rechtwinkligen Räumen ist die Meßlinie senkrecht zu einer Bezugslinie anzuordnen. Die Messungen sind in 2 Höhen vorzunehmen, in 10 cm Abstand vom Fußboden und in 10 cm Abstand von der Decke.
Siehe Bild 7.35.

Zu Zeile 4 der Tafel 7.15

Meßpunkte für lichte Maße im Aufriß:

Die Maße sind jeweils in 10 cm Abstand von den Ecken zu nehmen. Bei der Prüfung von Winkeln wird von den gleichen Meßpunkten ausgegangen.

Bei nicht lotrechten Wänden oder Stützen ist die Meßlinie senkrecht zu einer Bezugslinie anzuordnen.

Die Messungen eines Raumes sind für jede Wandseite an 2 Stellen in 10 cm Abstand von der Wand vorzunehmen.

Lichte Höhen unter Unterzügen sind an beiden Kanten in 10 cm Abstand von der Auflagerkante zu messen.

Siehe nebenstehendes Bild 7.35.

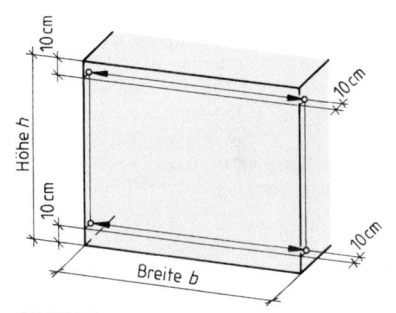

Bild 7.35

Zu Zeilen 5 und 6 der Tafel 7.15

Meßpunkte für Öffnungen:

Die Messungen sind entsprechend den Angaben zu den Zeilen 3 und 4 an den Kanten in 10 cm Abstand von den Ecken vorzunehmen.

3.2.2 Winkeltoleranzen

Die in Tafel 7.16 festgelegten Stichmaße als Grenzwerte für Winkeltoleranzen gelten für vertikale, horizontale und geneigte Flächen, auch für Öffnungen.

Tafel 7.16 Winkeltoleranzen

Spalte	1	2	3	4	5	6	7
Zeile	Bezug	Stichmaße als Grenzwerte in mm bei Nennmaßen in m					
		bis 1	von 1 bis 3	über 3 bis 6	über 6 bis 15	über 15 bis 30	über 30
1	Vertikale, horizontale und geneigte Flächen	6	8	12	16	20	30

Durch Ausnutzen der Grenzwerte für Stichmaße der Tafel 7.16 dürfen die Grenzabmaße der Tafel 7.15 nicht überschritten werden.

Für die Lage der Meßpunkte gelten die Angaben zu 3.2.1.

3.2.3 Ebenheitstoleranzen

In Tafel 7.17 sind Stichmaße als Grenzwerte für Ebenheitstoleranzen festgelegt; diese gelten für Flächen von Decken (Ober- und Unterseite), Estrichen, Bodenbelägen und Wänden, unabhängig von ihrer Lage.

Sie gelten nicht für Spritzbetonoberflächen.

Werden nach Tafel 7.17, Zeile 2, 4 oder 7 „erhöhte Anforderungen" an die Ebenheit von Flächen gestellt, so ist dies im Leistungsverzeichnis zu vereinbaren.

Bei Mauerwerk, dessen Dicke gleich einem Steinmaß ist, gelten die Ebenheitstoleranzen nur für die bündige Seite.

Bei flächenfertigen Wänden, Decken, Estrichen und Bodenbelägen sollten Sprünge und Absätze vermieden werden. Hierunter ist aber nicht die durch Flächengestaltung bedingte Struktur zu verstehen.

Absätze und Höhensprünge zwischen benachbarten Bauteilen sind gesondert zu regeln.

Die bei Baustoffen für die Ebenheit zulässigen Abweichungen sind in den Ebenheitstoleranzen nicht enthalten und daher zusätzlich zu berücksichtigen.

Tafel 7.17 Ebenheitstoleranzen

Spalte	1	2	3	4	5	6
Zeile	Bezug	Stichmaße als Grenzwerte in mm bei Meßpunktabständen in m bis				
		0,1	1[1])	4[1])	10[1])	15[1])[2])
1	Nichtflächenfertige Oberseiten von Decken, Unterbeton und Unterböden	10	15	20	25	30
2	Nichtflächenfertige Oberseiten von Decken, Unterbeton und Unterböden mit erhöhten Anforderungen, z. B. zur Aufnahme von schwimmenden Estrichen, Industrieböden, Fliesen- und Plattenbelägen, Verbundestrichen. Fertige Oberflächen für untergeordnete Zwecke, z. B. in Lagerräumen, Kellern	5	8	12	15	20
3	Flächenfertige Böden, z. B. Estriche als Nutzestriche, Estriche zur Aufnahme von Bodenbelägen. Bodenbeläge, Fliesenbeläge, gespachtelte und geklebte Beläge	2	4	10	12	15
4	Wie Zeile 3, jedoch mit erhöhten Anforderungen	1	3	9	12	15
5	Nichtflächenfertige Wände und Unterseiten von Rohdecken	5	10	15	25	30
6	Flächenfertige Wände und Unterseiten von Decken, z.B. geputzte Wände, Wandbekleidungen, untergehängte Decken	3	5	10	20	25
7	Wie Zeile 6, jedoch mit erhöhten Anforderungen	2	3	8	15	20

[1]) Zwischenwerte sind geradlinig zu interpolieren und auf ganze mm zu runden.
[2]) Die Ebenheitstoleranzen der Spalte 6 gelten auch für Meßpunktabstände über 15 m.

Die Ebenheit wird durch Einzelmessungen, z. B. durch Stichprobenprüfung oder durch Messen der Abstände zwischen rasterförmig angeordneten Meßpunkten und einer Bezugsfläche geprüft; das Raster ist einzumessen.

Die Richtlatte wird auf den Hochpunkten der Fläche aufgelegt und das Stichmaß an der tiefsten Stelle gemessen.

Die Meßpunktabstände werden nach den untenstehenden Bildern **7**.36 und **7**.37 zugeordnet.

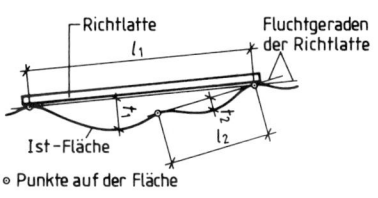

Bild 7.36 Zuordnung der Stichmaße zum Meßpunktabstand bei Überprüfung, z. B. durch Meßlatte und Meßkeil

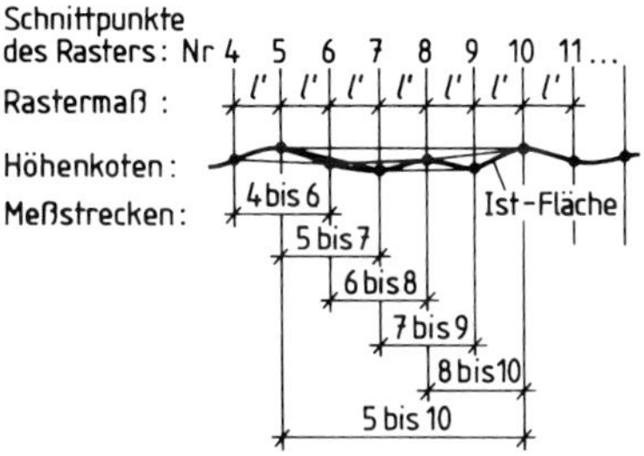

Bild 7.37 Ermittlung der Istabweichungen durch ein Flächennivellement

3.2.4 Istabmaße für Bauwerksmaße (Anhang A zur DIN 18202)

Das vermessungstechnische Bezugssystem des Gebäudes kann von Festpunkten nach Lage und Höhe festgelegt werden. Damit sich die damit verbundenen vermessungstechnischen Abweichungen nicht auf das Koordinationssystem des Bauwerkes und die bauwerksbedingten Istabmaße auswirken, muß ein Punkt des vermessungstechnischen Bezugssystems als absoluter Ausgangspunkt mit 0 in Grundriß und Höhe vereinbart werden. Dieser Punkt sollte in der Regel ein Schnittpunkt sein.

In jedem Fall muß seine Lage so gewählt werden, daß er auch nach Fertigstellung des Bauwerkes noch vermessungstechnisch eindeutig vermarkt, gesichert und zugänglich ist. Die Orientierung des vermessungstechnischen Bezugssystems wird durch einen zweiten vereinbarten Punkt festgelegt, der möglichst auf einer durch den Ausgangspunkt verlaufenden Linie des vermessungstechnischen Bezugssystems liegen sollte (s. Bild 7.38). An ihn sind die gleichen Anforderungen wie an den Ausgangspunkt zu stellen. Für die Messung der Istabmaße des Gebäudes und seiner Teile sind der Ausgangspunkt und die Orientierung des vermessungstechnischen Bezugssystems maßgebend.

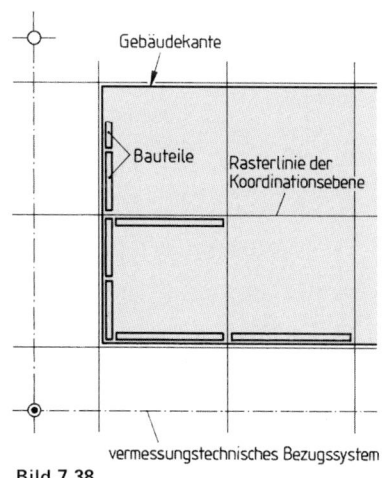

Bild 7.38

437

4 Abzüge bei Nichteinhaltung von Grenzwerten für die Ausführung im Straßenbau

Einzelheiten hierzu s. Abschnitt „Baustoffe".

4.1 Fahrbahndecken aus Asphalt

Kapitel 1.21:
Grenzwerte für Einbaugewicht und Einbaudicke

Kapitel 1.22:
Abzüge bei Nichteinhaltung von Anforderungen nach ZTV Asphalt-StB 94 und ZTVT-StB 95

— Unterschreitung des vereinbarten Einbaugewichtes
— Unterschreitung der Einbaudicke
— Unterschreitung des Bindemittelgehaltes
— Unterschreitung des Verdichtungsgrades
— Unterschreitung des Grenzwertes für die Ebenheit der obersten Schicht.

4.2 Fahrbahndecken aus Beton

Kapitel 2.10.6.2:
Prüfungen nach ZTV Beton-StB 93

Kapitel 2.11:
Abzüge bei Über- oder Unterschreitung von Grenzwerten der ZTV Beton-StB 93

— Unterschreitung der Betondruckfestigkeit
— Unterschreitung der Einbaudicke
— Überschreitung des Grenzwertes für die Ebenheit der Deckenoberfläche.

Arbeitsvorbereitung und Ablaufplanung

Bearbeitet von Prof. Dr.-Ing. Ulrich Olk

Inhalt

8

1   Arbeitsvorbereitung, Allgemeines

Ziel jeder Arbeitsvorbereitung ist die Durchführung der gestellten Bauaufgabe unter den gegebenen Bedingungen mit den geringstmöglichen Kosten.

Anzustreben ist die technisch und wirtschaftlich optimale Lösung, die in der Regel durch einen geordneten und stetigen Bauablauf erreicht wird.

Die produktiven Faktoren einer Bauunternehmung (das Potential) — Arbeitskräfte, Betriebsmittel und Baustoffe (Mensch, Maschine, Material) — müssen

- zur richtigen Zeit,
- in der notwendigen Menge und Qualität
- am richtigen Ort

verfügbar sein.

Zu einer gründlichen Arbeitsvorbereitung sind die systematische Analyse des Bauvorhabens sowie die Kenntnis **aller** Randbedingungen erforderlich.

Im einzelnen sind zu berücksichtigen:

- Projektunterlagen (Ausführungszeichnungen, Baubeschreibung)
- Leistungsverzeichnis (Umfang, Art und Qualität aller Bauleistungen, ggf. mit Nebenarbeiten)
- Bauvertrag und Schriftverkehr (Auftraggeber — Bauunternehmer), insbesondere die besonderen Vertragsbedingungen des Auftraggebers (incl. Terminangaben und Ausführungsfristen, ggf. Vertragsstrafen)
- Angebotskalkulation
- Lieferung der Ausführungspläne (Schal- und Bewehrungspläne)

- Nach- oder Subunternehmer, deren Leistungen und Termine
- besondere Auflagen von Behörden oder Auftraggeber für die Baudurchführung
- Unfallverhütungsvorschriften
- Standortbedingungen der Baustelle (verfügbarer Arbeitsraum, Lager- und Verkehrsflächen, Zufahrtsmöglichkeiten, Anschlüsse für Wasser, Telefon, Strom und Abwasser)
- Boden- und Grundwasserverhältnisse
- besondere Witterungsbedingungen
- Sondermaßnahmen (z.B. für Winterbau)
- verfügbares Potential der Baufirma (Arbeits- und Führungskräfte, Maschinen, Geräte und Einrichtungen) etc.

Erst die Berücksichtigung aller Randbedingungen kann zu einer umfassenden Arbeitsvorbereitung, der Abschätzung aller Risiken der Baumaßnahmen und zu einem optimalen Bauablauf führen.

Maßnahmen der Arbeitsvorbereitung im einzelnen:

- Auswahl des optimalen Bauverfahrens
- Planung des Bauablaufs
- Bereitstellungsplanung des erforderlichen Potentials
- Planung der Baustelleneinrichtung
- Aufstellen der Arbeitskalkulation
- Durchführen der Nachkalkulation

Die ersten vier Maßnahmen stehen in direkter Wechselbeziehung zueinander und sind i.a. gemeinsam zu bearbeiten.

Die beiden letzten sind dem Bereich Kostenplanung zuzuordnen.

2 Auswahl des optimalen Bauverfahrens

Grundlage der Verfahrensauswahl ist der methodische Verfahrensvergleich, der

- alle maßgebenden Einflußfaktoren berücksichtigt und möglichst
- alle Varianten hinsichtlich ihrer technischen, organisatorischen und wirtschaftlichen Eignung

für den vorgesehenen Anwendungszweck vergleichend untersucht.

Allgemeiner Wirtschaftlichkeitsvergleich zweier Bauverfahren (A und B)

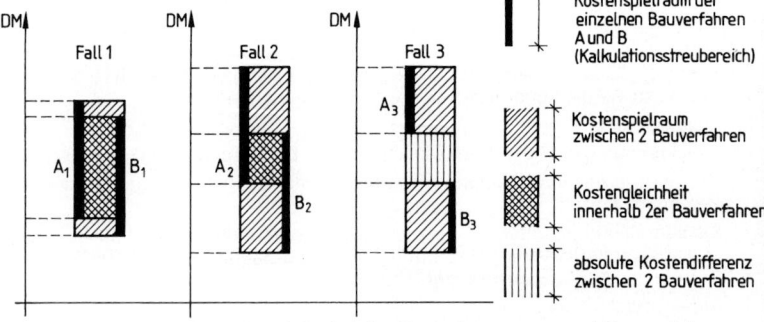

Bild 8.1 Kostenvergleichsbereiche bei der Betrachtung von zwei Bauverfahren

Fall 1: Kostengleichheit beider Verfahren ist bis auf wenig Spielraum gegeben → Gewähltes Verfahren muß nach anderen Kriterien ausgesucht werden, da kein Vergleich möglich.

Fall 2: Deutliche Überlappung beider Verfahren → Eindeutiger Verfahrensunterschied ist nicht gegeben; weitere Kriterien zur Verfahrenswahl müssen gesucht werden.

Fall 3: Keinerlei Überlappung der kalkulatorischen Streubereiche beider Verfahren. Eine eindeutige Aussage zur Verfahrenswahl ist vorhanden.

Bei vergleichenden Kalkulationen sind zu beachten:

— Grundsätzliche Unterschiede der Bauverfahren,
— verschiedene Wahl der Baustoffe oder Bauteile, einschließlich deren Herstellung und Anordnung,
— örtliche Baustellengegebenheiten, wie Witterungsbedingungen, Hochwasser, Regenzeiten, Geländekennzeichen, Wegenetze bzw. -verhältnisse, Versorgungsmöglichkeiten,
— Einsatzbedingungen des Unternehmens durch Menschen, Material und Maschinen, vorhandene Reservekapazitäten (Überstunden- oder Mehrschichtarbeit) sowie Kapital- und Finanzierungsgrundlagen,
— besondere Forderungen des Bauherrn hinsichtlich Bauzeit (mit Zwischenterminen), Abnahmebedingungen sowie konstruktive Gegebenheiten,
— spezielle Möglichkeiten durch zusätzliche Angebote des Unternehmens hinsichtlich Konstruktion (Alternativangebot), Materialverwendung oder zeitlichen Ablauf des Bauvorhabens.

Je nach Grad der quantifizierten Erfassung der verschiedenen Einflußfaktoren zur Verfahrensauswahl unterscheidet man zwei Methoden:

— den kalkulatorischen Verfahrensvergleich
— den differenzierten Verfahrensvergleich

Beim **kalkulatorischen Verfahrensvergleich** werden für jedes der untersuchten Bauverfahren vergleichende Kostenermittlungen durchgeführt.

Die Kostendifferenz D zweier Bauverfahren A und B mit den dazugehörigen Kosten K_A und K_B beträgt in **absoluter Form**

$$D = K_A - K_B \,[\text{DM} \quad \text{bzw.} \quad \text{DM/Einheit}]$$

Die auf jeweils eine Verfahrensgröße bezogene Differenz ergibt sich zu

$$D_A = \frac{K_A - K_B}{K_A} \times 100 \,[\%] \quad \text{bzw.} \quad D_B = \frac{K_B - K_A}{K_B} \times 100 \,[\%]$$

Beim Kostenvergleich zweier Verfahren ergibt sich in Abhängigkeit von einer veränderlichen Einflußgröße (z.B. Produktionsmenge, Bauzeit) der Verlauf der anteiligen Kosten.

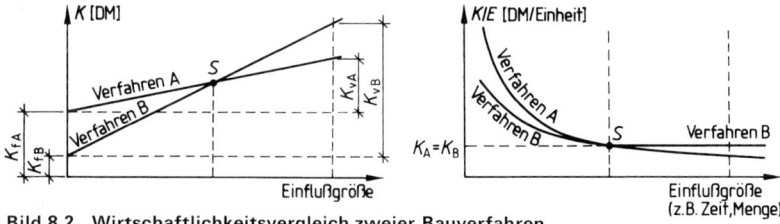

Bild 8.2 Wirtschaftlichkeitsvergleich zweier Bauverfahren
S Grenzkosten, $D = K_A - K_B = 0$
   Nutzengrenze für Verfahren B, Nutzenschwelle für Verfahren A
K_f Fixe Kosten (von der Einflußgröße unabhängig)
K_v Variable Kosten (von der Einflußgröße abhängig)

Außer dem linearen Beispiel (Bild 8.2) ist für bestimmte Bereiche auch ein stufenweiser Kostenverlauf bestimmbar.

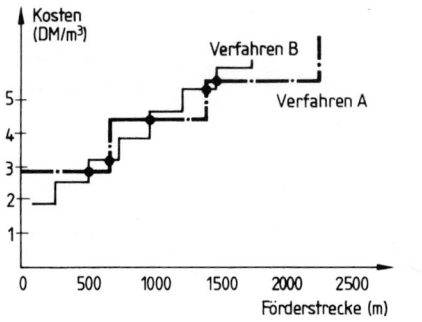

● mehrfache Überschneidung der Verfahrenskosten von A und B

Bild 8.3
Stufenweiser Kostenverlauf in Abhängigkeit von der Förderstrecke; z.B. im Erdbau und verschiedenen Bauverfahren A und B

Differenzierter Verfahrensvergleich
Neben den rein wirtschaftlichen Kriterien werden hier auch

— technische und
— organisatorische Kriterien

formuliert und in die Bewertung einbezogen.

Dient der Entscheidungsvorbereitung bei großen Bauvorhaben mit einer Vielzahl unterschiedlicher Einflüsse und Interessen.

Erforderliche Schritte:

— Erfassung der für die Verfahrensauswahl maßgebenden Einflußfaktoren
— Festlegung und Gewichtung der angestrebten Ziele (Maßstab!)
— Entwicklung von quantifizierbaren Kriterien für die Beurteilung der Verfahren
— Entwicklung einer praktisch anwendbaren Technik für die Verfahrensauswahl, Matrix aufstellen.

Ziele:

— technische Anforderungen des Bauwerks erfüllt
— Kosten der Bauausführung minimiert
— Auftraggeber zufriedengestellt
— innerbetriebliche Schwierigkeiten vermieden
— Umweltbelastung und Unfallrisiken minimiert.

3 Ablaufplanung

Die Aufgabe der Ablaufplanung besteht in der Ermittlung

— des Bauzeitminimums,
— eines rationellen, termingerechten, d.h. störungsfreien Bauablaufs sowie
— des Minimums an Potentialeinsatz bei kontinuierlicher Potentialverteilung (Arbeitskräfte und Betriebsmittel).

Anhand der maßgebenden Projektunterlagen ist zunächst ein Arbeitsverzeichnis zu erstellen, in dem alle zu erbringenden Teilleistungen nach Art, Umfang und Reihenfolge einschl. Personal-, Geräte- und Materialaufwand erfaßt sind.

8

Nr.	Menge	Bauteil und Arbeitsvorgang	Produkt.-mittel	Aufwand b. Person	Leistung b. Gerät	Gesamtstunden	Tagewerke 8 h/AT	Zahl d. Produkt.mittel	Arbeitstage erf.	Arbeitstage gew.	Bemerkungen
	Einh.		Pers./Gerät	h/Einh.	Einh./h	h	T.W	—	AT	AT	—
		Decke konventionell									
	107,8 m²	einschalen	Arb.	0,60		64,70	8,10	6	1,4	1,4	Takt 1
	1,90 t	bewehren	Arb.	26,0		49,40	6,20	6	1,1	1,1	
	18,95 m³	betonieren	Arb.	0,45		8,50	1,10	6	0,2	0,2	
	107,8 m²	ausschalen	Arb.	0,20		21,60	2,70	6	0,5	0,5 / 3,2	
	100,0 m²	einschalen	Arb.	0,60		60,00	7,50	6	1,3	1,3	Takt 2
	1,85 t	bewehren	Arb.	26,0		48,10	6,05	6	1,0	1,0	
	18,50 m³	betonieren	Arb.	0,45		8,33	1,05	6	0,2	0,2	
	100,0 m²	ausschalen	Arb.	0,20		20,00	2,50	6	0,4	0,4 / 3,0	Takt 3 siehe Takt 1 / Takt 4 siehe Takt 2

Bild 8.4 Arbeitsverzeichnis

Arbeitsvorbereitung und Ablaufplanung

Vorgehensweise:
- Gliederung eines Bauwerks in möglichst gleiche Bauteile (Bauprodukte), Bauabschnitte
- Ermittlung der dazugehörigen Teilmengen
- Festlegung der Teilprozesse nach Art, Reihenfolge und Folgezeit (evtl. Taktablauf)
- Ermittlung der Dauer der einzelnen Teilprozesse
- Ermittlung des erforderlichen Potentials an Arbeitskräften bzw. Maschinen.

Trendkurven müssen bei der Ablaufplanung mit Werten, die im allgemeinen aus der Betriebsstatistik bzw. Nachkalkulation des Unternehmers stammen, einbezogen werden. Sie beziehen sich auf verschiedene Abhängigkeiten:

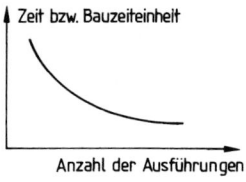

Bild 8.5
Schematischer Verlauf einer Einarbeitungskurve

Einarbeitungskurven können in ihrem Effekt durch Bauwerks- oder Baustellengegebenheiten teilweise wieder aufgehoben werden:

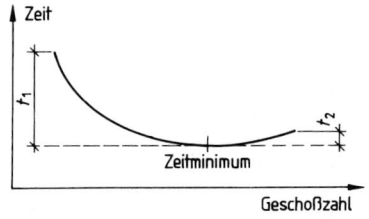

Bild 8.6
Einarbeitungskurve bei einer Hochbaustelle
t_1 = mögl. max. Zeitgewinn durch Einarbeitung
t_2 = Zeitverlust durch zunehmende Geschoßhöhe

Für gleiche Arbeitsvorgänge mit unterschiedlichem Schwierigkeitsgrad müssen bei der Berechnung entsprechende Abstufungen getroffen werden.

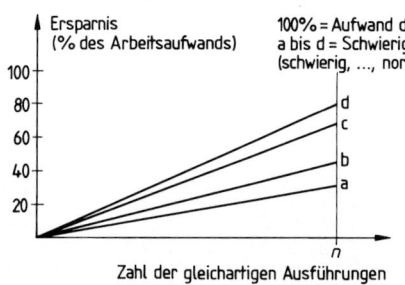

Bild 8.7
Ersparnis des Arbeitsaufwandes bei gleichartigen Ausführungen unterschiedlicher Schwierigkeitsgrade

Weitere Trendkurven, die bei der Arbeitsvorbereitung berücksichtigt werden müssen, werden jeweils betriebsintern festgelegt, z.B.:
- Kapazitätsbeschränkungen in Abhängigkeit von Bauzeit und Kosten,
- Taktplanungen von Einzelarbeiten und Bauwerken,
- Fließfertigung mit kritischen Distanzen,
- Überlappung von Arbeitsabläufen,
- optimale Potentialverteilung auf den einzelnen Baustellen.

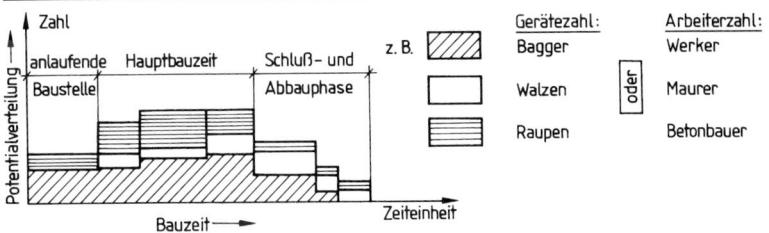

Bild 8.8 Potentialverteilung während der Bauzeit

3.1 Aufwand und Leistung

Aufwandswerte geben an, welcher Aufwand an Arbeitsstunden erforderlich ist, um eine bestimmte Produkteinheit zu erstellen (z.B. 0,8 h/m² Schalung, 1,0 h/m³ Beton).
Aufwandswerte lassen sich ermitteln durch
— Nachkalkulation   — Schätzen des Arbeitsablaufs (Näherung)
— Arbeitsstudien   — Literaturangaben (allgemein).

Nachkalkulation und Arbeitsstudien ergeben die relativ sichersten Werte.
allgemein gilt:

$$\text{Aufwandswert } w_A = \frac{\text{Gesamtstunden}}{\text{geleistete Gesamtmenge}} \left[\frac{h}{\text{Einheit}} \right]$$

Aufwandswerte werden für die Berechnung von personalintensiven Arbeiten herangezogen.

Leistungswerte geben an, wieviel Produkteinheiten pro Zeiteinheit durch eine bestimmte Maschine unter Betriebsbedingungen geleistet werden (z.B. 100 m³ Bodenaushub/h, 30 m³ Beton/h). Sie werden i.a. durch Berechnung der Baumaschinenleistung unter Berücksichtigung der betrieblichen Randbedingungen ermittelt. Leistungswerte werden für die Berechnung von maschinenintensiven Arbeiten herangezogen.

3.2 Dauer der Teilprozesse, erforderliches Potential

Für die Erstellung eines Bauwerks nach einem bestimmten Verfahren ist eine bestimmte Anzahl von Stunden aufzuwenden.
Es gilt:
$A \cdot Z = \Sigma h = \text{const.}$
$A = $ Anzahl der Arbeitskräfte
$Z = $ Bauzeit in Arbeitstagen ($\times$ tägl. Arbeitszeit in h)

In der Praxis ist der Geltungsbereich dieser Funktion durch Randbedingungen wie z.B.
— die verfügbare Bauzeit (Termine)
— die vorhandene Kapazität der Firma und
— den verfügbaren Bauraum (Platzverhältnisse) begrenzt.

Bei optimaler Ausnutzung des erforderlichen Potentials und optimaler Bauzeit führt die Durchführung einer Baumaßnahme zum Kostenminimum.

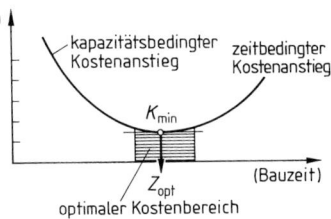

Bild 8.9 Kostenverlauf in Abhängigkeit von der Bauzeit

Arbeitsvorbereitung und Ablaufplanung

Das absolute Kostenminimum wird in der Praxis wegen der dynamischen Verhaltensweise der Randbedingungen selten zu erreichen sein.
Der immer anzustrebende optimale Kostenbereich kann durch Verfahrensvergleiche gut eingegrenzt werden.

Ermittlung der Dauer eines Teilprozesses

$$Z_A = \frac{V \cdot w_A}{A \cdot T_A} \,[\text{AT}]$$

Z_A = Arbeitstage [AT]
V = Produktmenge [Einheiten]
A = Anzahl der Arbeiter
T_A = tägliche Arbeitszeit [h]

Ermittlung des erforderlichen Potentials an Arbeitskräften

$$A = \frac{V \cdot w_A}{Z_A \cdot T_A} \,[\text{Arbeiter}]$$

Der Einsatz des Potentials soll über eine bestimmte Bauzeit möglichst gleichmäßig erfolgen (s. Bild 8.8).

Der Bauablauf ergibt sich durch die Aneinanderreihung der unterschiedlichen Teilprozesse zu einer Prozeßgruppe. Dabei ergibt sich das Bauzeitminimum durch die optimale Koordinierung der Teilbetriebe:

— Abstimmung auf einen Leitprozeß
— Ablauf in räumlicher Folge
— geringstmögliche Folgezeiten
— Synchronablauf
— kontinuierlicher Ablauf ohne Unterbrechung.

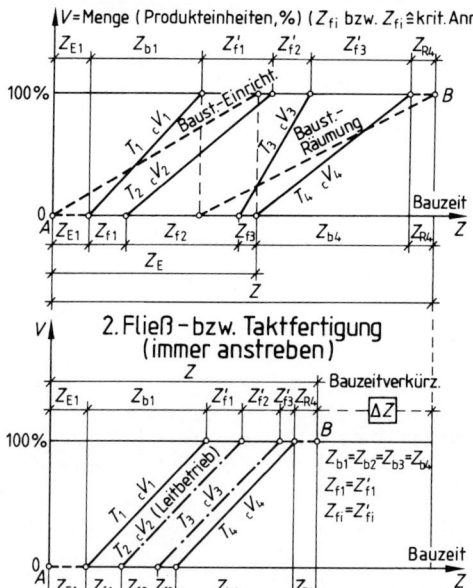

Z = Bauzeit (Arbeitstage) für den Gesamtbetrieb
Z_{Ei} = Zeitspanne für die Baustellen-Einrichtung für den Teilbetrieb i
Z_{Ri} = Zeitspanne für die Baustellen-Räumung für den Teilbetrieb i
Z_{bi} = Betriebszeit des Teilbetriebes i
Z_{fi} = Folgezeit zwischen dem Beginn der Teilbetriebe i und $i+1$
Z'_{fi} = Folgezeit zwischen dem Ende der Teilbetriebe i und $i+1$

Bild 8.10
Koordinierung der Teilprozesse im Bauprozeß nach [61]

Grundsätzlich ist auf diese Art der Ablaufplanung die wirtschaftlichste Bauausführung zu erreichen.

446

3.3 Darstellung des Bauablaufs

Im wesentlichen werden drei verschiedene Formen der Darstellung von Bauabläufen verwendet:

— Balkenplan
— Weg-Zeit-Diagramm (Volumen-Zeit-Diagramm, Liniendiagramm)
— Netzplan.

Balkenplan

Beim Balkenplan (s. Bild 8.11) werden unter einer Zeitachse (x-Achse) auf der Ordinate (y-Achse) die Arbeitsabschnitte aufgetragen. Dabei ist es zweckmäßig, die den Ablauf bestimmenden Arbeiten in ihrer natürlichen zeitlichen Reihenfolge zu belassen. Arbeits- oder Zeitvorgänge, die nicht fest einzuordnen sind, werden am Schluß aufgetragen. Für die Zeitdauer der einzelnen Arbeitsprozesse wird ein Balken eingezeichnet. Die Zeitdauer, d.h. die Länge des Balkens, wird den Ermittlungen des Arbeitsverzeichnisses entnommen.

Der Balkenplan wird sowohl für die Planung der einzelnen Arbeitsprozesse auf der Baustelle, als auch für die Einsatzplanung der Arbeitskräfte (Personaleinsatz) und Maschinen (Geräteeinsatz) in anschaulicher Form verwendet. Der Balkenplan ist die übliche Darstellung von Bauabläufen im Hochbau, selbst dann, wenn die Ablaufplanung z.B. mit Hilfe der Netzplantechnik durchgeführt wurde.

Vorteile:

— leicht verständliche Darstellung
— gute Übersichtlichkeit
— gute Kontrollmöglichkeit des zeitl. Ablaufs.

Nachteil:

— unterschiedliche Leistungen innerhalb eines Teilprozesses sind nicht darzustellen.

8

Weg-Zeit-Diagramm

Das Weg-Zeit-Diagramm, auch Volumen-Zeit-Diagramm, Liniendiagramm oder Geschwindigkeitsplan (Streckenplan) genannt, ermöglicht die Darstellung von Arbeitsprozessen innerhalb der Koordinaten Zeit und Weg (bzw. Volumen). Hierbei lassen sich unterschiedliche Arbeitsgeschwindigkeiten darstellen.

Es erlaubt sowohl die Darstellung von Arbeitsvorgängen und Bauzeit als auch die Aufzeichnung des zurückgelegten Weges.

Das Weg-Zeit-Diagramm entspricht dem graphischen Fahrplan, wie er bei der Planung des Schienenverkehrs angewandt wird. Es eignet sich besonders für Bauprojekte in Längs- oder Höhenerstreckung mit einer ausgesprochenen Fertigungsrichtung, wie z.B. für Stollen, Rohrleitungen, Brücken; U-Bahnbauten oder Schornsteine und Türme. Bei Bauwerken mit Längserstreckung wird die Wegachse als Horizontale aufgetragen, bei Bauwerken mit Höhenerstreckung als Vertikale. Längeneinheit ist der Meter (m) oder der Kilometer (km), selten ein Raum- (m^3), Flächen- (m^2) oder Gewichtsmaß (t). Häufig wird zur Veranschaulichung über bzw. neben der Wegachse das Bauprojekt im Längsschnitt maßstäblich dargestellt.

Die senkrechte Richtung zur Wegachse dient als Zeitachse, unterteilt in der gewünschten Zeiteinheit. Fixtermine und Randbedingungen werden zweckmäßigerweise auch hier gleich eingetragen.

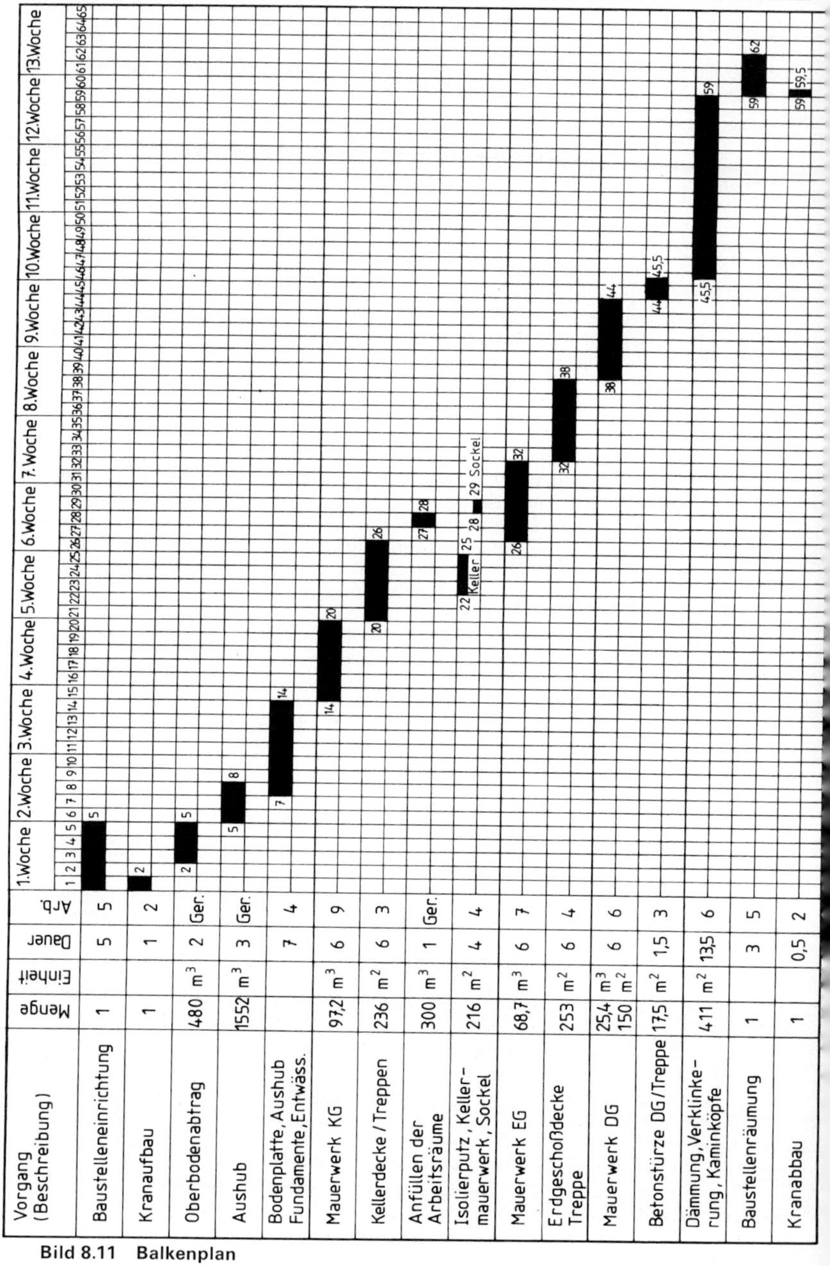

Vorgang (Beschreibung)	Menge	Einheit	Dauer	Arb.	Balkenlage (Woche/Tag)
Baustelleneinrichtung	1		5	5	1–5
Kranaufbau	1		1	2	2
Oberbodenabtrag	480	m³	2	Ger.	5
Aushub	1552	m³	3	Ger.	5–8
Bodenplatte, Aushub Fundamente, Entwäss.			7	4	7–14
Mauerwerk KG	97,2	m³	6	9	14–20
Kellerdecke / Treppen	236	m²	6	3	20–26
Anfüllen der Arbeitsräume	300	m³	1	Ger.	27–28
Isolierputz, Kellermauerwerk, Sockel	216	m²	4	4	22 Keller – 25 / 28–29 Sockel
Mauerwerk EG	68,7	m³	6	7	26–32
Erdgeschoßdecke Treppe	253	m²	6	4	32–38
Mauerwerk DG	25,4 / 150	m³ / m²	6	6	38–44
Betonstürze DG / Treppe	17,5	m²	1,5	3	44–45,5
Dämmung, Verklinkerung, Kaminköpfe	411	m²	13,5	6	45,5–59
Baustellenräumung	1		3	5	59–62
Kranabbau	1		0,5	2	59–59,5

Bild 8.11   Balkenplan

Die in Bild 8.12 eingetragenen Linien stellen den Zusammenhang her zwischen der Längen- und der Zeitangabe. Die Neigung der Linien gegen die Zeitachse gibt die Vortriebsgeschwindigkeit (*v*) an.

Je kleiner die Neigung, desto kleiner ist auch die Vortriebsgeschwindigkeit.

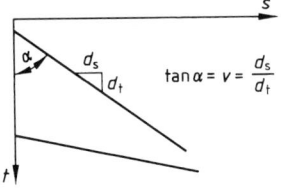

$$\tan\alpha = v = \frac{d_s}{d_t}$$

Bild 8.12   Weg-Zeit-Diagramm

Teile von Bauprojekten, die an einem Ort (z.B. Schächte im Straßenbau oder Plattformen im Turmbau) herzustellen sind, werden im Liniendiagramm als vertikale bzw. horizontale Balken parallel zur Zeitachse wie im Balkenplan dargestellt.

Anschaulicher als in jeder anderen Darstellungsform lassen sich hierbei sogenannte kritische Abstände (kritische Annäherung) erkennen und darstellen.

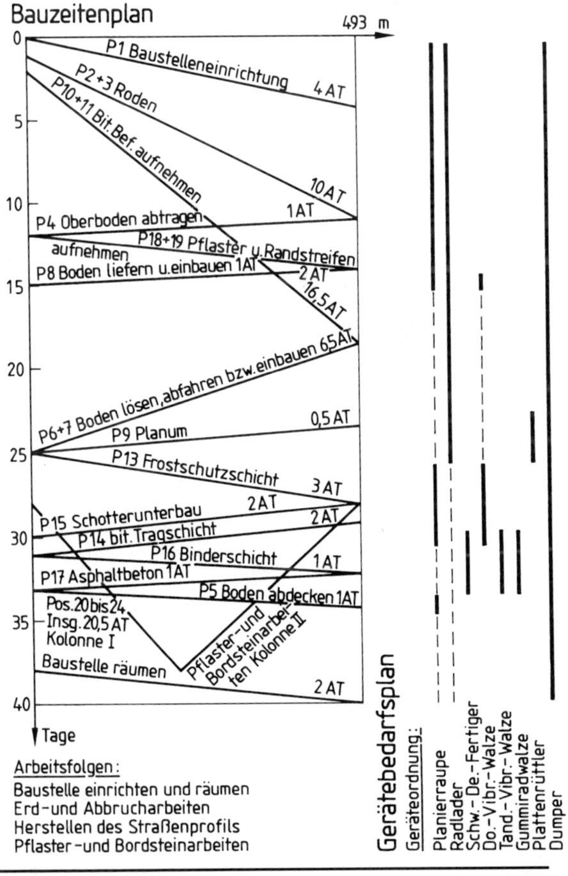

Bauzeitenplan

493 m

P1 Baustelleneinrichtung 4 AT
P2 +3 Roden
P10 +11 Bit. Bef. aufnehmen 10 AT
1 AT
P4 Oberboden abtragen
P18+19 Pflaster u. Randstreifen aufnehmen 2 AT
P8 Boden liefern u. einbauen 1AT 16,5 AT
P6+7 Boden lösen, abfahren bzw. einbauen 65AT
P9 Planum 0,5 AT
P13 Frostschutzschicht 3 AT
P15 Schotterunterbau 2 AT 2 AT
P14 bit. Tragschicht
P16 Binderschicht 1 AT
P17 Asphaltbeton 1AT
P5 Boden abdecken 1AT
Pos.20 bis 24.
Insg. 20,5 AT
Kolonne I
Pflaster- und Bordsteinarbeiten Kolonne II
Baustelle räumen 2 AT
Tage

Gerätebedarfsplan

Geräteordnung:
Planierraupe
Radlader
Schw.-De.-Fertiger
Do.-Vibr.-Walze
Tand.-Vibr.-Walze
Gummiradwalze
Plattenrüttler
Dumper

Bild 8.13
Weg-Zeit-Diagramm
mit Gerätebedarfsplan
einer Straßenbaustelle
(Teilstück)

Arbeitsfolgen:
Baustelle einrichten und räumen
Erd-und Abbrucharbeiten
Herstellen des Straßenprofils
Pflaster-und Bordsteinarbeiten

8

449

Arbeitsvorbereitung und Ablaufplanung

Einen anschaulichen Vergleich zwischen einem Balken- und Liniendiagramm am Beispiel eines Hochbauprojektes bieten die beiden folgenden Abbildungen.

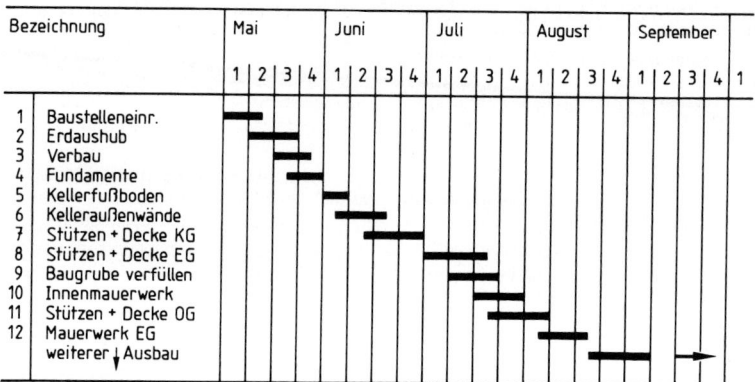

Bild 8.14 Balkenplan für den Beginn der Rohbauarbeiten eines Hochbaus

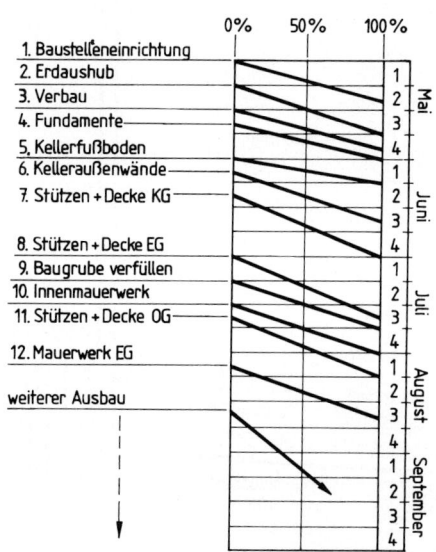

Bild 8.15
Liniendiagramm mit gleichem
Aussagewert wie der Balkenplan

Netzplantechnik

Die Netzplantechnik ist die intensivste, aber auch zeitaufwendigste Form der Bauzeitenplanung. Sie hat gegenüber den anderen Verfahren den Vorteil, daß im Netzplan die gegenseitige Abhängigkeit von Arbeiten dargestellt werden kann, wobei die zeitliche, nicht aber die räumliche Folge angegeben wird, und daß sich sowohl die zeitliche Lage der einzelnen Vorgänge wie die Auswirkungen ihrer zeitlichen Verschiebungen berechnen lassen (bei großen Netzen auf EDV-Anlagen). Ergebnisse der Berechnungen sind die Terminierung der einzelnen Vorgänge, die Berechnung des Endtermins der Bauarbeiten, die Findung des kritischen Weges, die Kenntnis von Pufferzeiten sowie eine evtl. Optimierung des Bauablaufs hinsichtlich der Nutzung von Kapazitäten oder des Zusammenhangs zwischen Bauzeit und Kosten. Die Netzplantechnik ist ein Teilgebiet des Operations Research und ist in der Zuordnung den anderen Methoden des Operations Research gleichzusetzen.

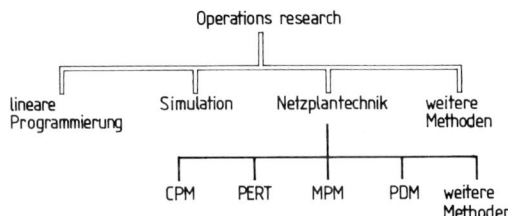

Bild 8.16
Methoden des
Operations Research

In der Effektivität ihrer praktischen Anwendung übertrifft die Netzplantechnik sicherlich alle anderen Methoden des Operations Research. Die rasche Einführung dieser Methode der Planungstechnik in den Industriestaaten beweist die Vorteile und die praktische Anwendbarkeit dieser Technik. Das Spektrum ihres Einsatzes reicht von der Projektierung über Fertigungsvorbereitung, Forschung bis zur volkswirtschaftlichen Gesamtplanung.

Die Erarbeitung eines Netzplanes ist erst ab einer gewissen Objektgröße und Komplexität der Bauarbeiten vorteilhaft und auch nur für bestimmte Bauprojekte, wie z.B. schlüsselfertige Bauvorhaben. Häufig werden die Ergebnisse der Netzplantechnik in Listen und Balkendiagrammen dargestellt, da diese für die Gesamtheit der am Bau Beteiligten anschaulicher und leichter lesbar sind.

Im Laufe der vergangenen 40 Jahre sind verschiedene Verfahren der Netzplantechnik entwickelt worden. DIN 69900, Blatt 1 legt deutschsprachige Begriffe fest.

Einige wichtige sind:

Allgemeine Begriffe

Netzplantechnik (NPT)	Alle Verfahren zur Analyse, Beschreibung, Planung, Steuerung und Überwachung von Abläufen auf der Grundlage der Graphentheorie, wobei Zeit, Kosten, Einsatzmittel und weitere Einflußgrößen berücksichtigt werden können.
Netzplan	Graphische oder tabellarische Darstellung von Abläufen und deren Abhängigkeiten
Ablaufstruktur	Gesamtheit der Anordnungsbeziehungen eines Netzplanes.
Knoten	Verknüpfungspunkt im Netzplan.
Ereignis	Eintreten eines definierten Zustandes im Ablauf.
Vorgang	Zeit erforderndes Geschehen mit definiertem Anfang und Ende.
Scheinvorgang	Sonderfall einer Anordnungsbeziehung in Vorgangspfeilnetzen mit dem Zeitabstand Null.

Vorgänger	Einem Vorgang unmittelbar vorgeordneter Vorgang.
Nachfolger	Einem Vorgang unmittelbar nachgeordneter Vorgang.
Startvorgang	Vorgang, zu dem es im betrachteten Netzplan keinen Vorgänger gibt.
Zielvorgang	Vorgang, zu dem es im betrachteten Netzplan keinen Nachfolger gibt.
Anordnungsbeziehung (s. Bild 8.17)	Quantifizierbare Abhängigkeit zwischen Ereignissen oder Vorgängen, die Gesamtheit der Anordnungsbeziehungen des Netzplanes bildet die Ablaufstruktur.
Normalfolge	Anordnungsbeziehungen vom Ende eines Vorganges zum Anfang seines Nachfolgers.
Anfangsfolge	Anordnungsbeziehung vom Anfang eines Vorganges bis zum Anfang seines Nachfolgers.
Endfolge	Anordnungsbeziehung vom Ende eines Vorganges bis zum Ende seines Nachfolgers.
Sprungfolge	Anordnungsbeziehung vom Anfang eines Vorganges zum Ende seines Nachfolgers.

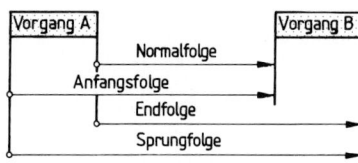

Bild 8.17
Folgen (Anordnungsbeziehungen)

Vorgangsknoten-Netzplan (VKN)	Netzplan, in dem die Vorgänge beschrieben und durch Knoten dargestellt sind.
Vorgangspfeil-Netzplan (VPN)	Netzplan, in dem die Vorgänge beschrieben und durch Pfeile dargestellt sind.

Zeitbegriffe

Dauer (D)	Zeitspanne vom Anfang bis zum Ende eines Vorganges.
Zeitabstand (Z)	Zeitwert einer Anordnungsbeziehung. Er kann größer, kleiner oder gleich Null sein. In den Kurzzeichen ist bei Verwendung von „Z" für Zeitabstand eine Gleichheit zu Zeitpunkt gegeben.
Minimaler Zeitabstand (MINZ)	Mindesterforderlicher Zeitwert einer Anordnungsbeziehung
Maximaler Zeitabstand (MAXZ)	Höchstzulässiger Zeitwert einer Anordnungsbeziehung.

Zeitpunkt, Termin, zeitliche Lage

Zeitpunkt (Z)	Festgelegter Punkt im Ablauf, der durch Zeiteinheiten (z.B.: Minuten, Tage, Wochen) beschrieben und auf einen Nullpunkt bezogen ist.
Termin (T)	Durch Kalenderdatum und/oder Uhrzeit ausgedrückter Zeitpunkt.

Lage (im zeitlichen Ablauf)	Ergebnis der Einordnung von Ereignissen bzw. Vorgängen in den Zeitablauf unter Beachtung aller gegebenen Bedingungen.
Vorwärtsrechnung	Berechnung der frühesten Lage von Ereignissen bzw. Vorgängen.
Rückwärtsrechnung	Berechnung der spätesten Lage von Ereignissen bzw. Vorgängen.
Früheste Netzlösung	Ergebnis der Vorwärtsrechnung für den betrachteten Netzplan.

Zeitliche Lagen

	Ereignis		Vorgang	
			Anfang	Ende
Früheste Lage (im zeitlichen Ablauf)	Frühester Zeitpunkt $\quad$ FZ Frühester Termin $\quad$ FT		Frühester Anfang $\quad$ FA Frühester Anfangszeitpunkt $\quad$ FAZ Frühester Anfangstermin $\quad$ FAT	Frühestes Ende $\quad$ FE Frühester Endzeitpunkt $\quad$ FEZ Frühester Endtermin $\quad$ FET
Späteste Lage (im zeitlichen Ablauf)	Spätester Zeitpunkt $\quad$ SZ Spätester Termin $\quad$ ST		Spätester Anfang $\quad$ SA Spätester Anfangszeitpunkt $\quad$ SAZ Spätester Anfangstermin $\quad$ SAT	Spätestes Ende $\quad$ SE Spätester Endzeitpunkt $\quad$ SEZ Spätester Endtermin $\quad$ SET

Späteste Netzlösung	Ergebnis der Rückwärtsrechnung für den betrachteten Netzplan.
Bestimmender Vorgänger	Derjenige Vorgänger, der die früheste Lage eines Vorganges bestimmt.
Bestimmender Nachfolger	Derjenige Nachfolger, der die späteste Lage eines Vorganges bestimmt.

Pufferzeit, kritischer Weg

Pufferzeit	Zeitspanne, um die die Lage eines Ereignisses bzw. Vorganges verändert werden kann.
Gesamte Pufferzeit (GP)	Zeitspanne zwischen frühester und spätester Lage eines Ereignisses bzw. Vorganges. Bei Ereignissen ist $GP = SZ - FZ$ Bei Vorgängen ist $GP = SAZ - FAZ = SEZ - FEZ$.
Freie Pufferzeit (FP)	Zeitspanne, um die ein Ereignis bzw. Vorgang gegenüber seiner frühesten Lage verschoben werden kann, ohne die früheste Lage anderer Ereignisse bzw. Vorgänge zu beeinflussen.
Freie Rückwärtspufferzeit (FRP)	Zeitspanne, um die ein Ereignis bzw. Vorgang gegenüber seiner spätesten Lage verschoben werden kann, ohne die späteste Lage anderer Ereignisse bzw. Vorgänge zu beeinflussen.
Unabhängige Pufferzeit (UP)	Zeitspanne, um die ein Ereignis bzw. Vorgang verschoben werden kann, wenn sich seine Vorereignisse bzw. Vorgänger in spätester und seine Nachereignisse bzw. Nachfolger in frühester Lage befinden.
Kritischer Vorgang	Vorgang auf dem kritischen Weg.
Kritischer Weg	Weg mit ausschließlich solchen Ereignissen bzw. Vorgängen, deren gesamte Pufferzeit GP ein Minimum ist (Normalfall: $GP = 0$)

8

Die zeitliche Differenz zwischen frühesten und spätesten Zeitpunkten wird als Pufferzeit bezeichnet. Je nach Lage seiner Vorgänger und Nachfolger ergeben sich für einen Vorgang unterschiedliche Pufferzeiten.

Tabellarische Zusammenstellung der Pufferzeiten

Pufferzeit	Vorgänger in:	Nachfolger in:
gesamte Pufferzeit	frühester Lage	spätester Lage
freie Pufferzeit	frühester Lage	frühester Lage
freie Rückwärtspufferzeit	spätester Lage	spätester Lage
unabhängige Pufferzeit	spätester Lage	frühester Lage

a)	frühestes Ende von i	e)	frühestes Ende von j
b)	frühester Anfang von j	f)	frühester Anfang von k
c)	spätestes Ende von i	g)	spätestes Ende von j
d)	spätester Anfang von j	h)	spätester Anfang von k

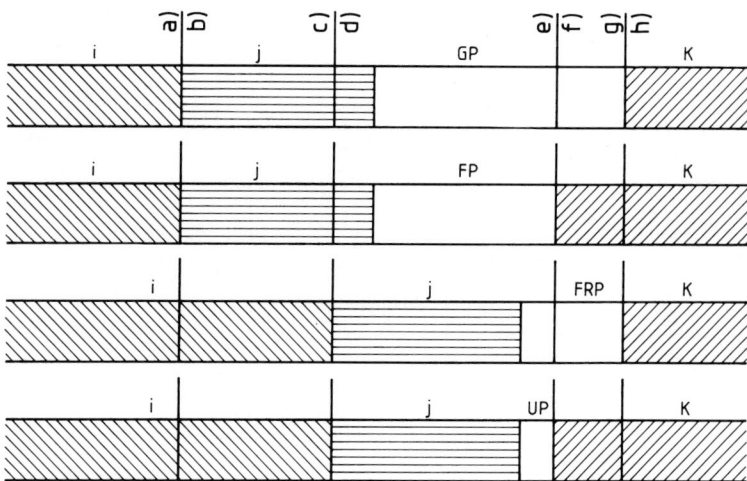

Bild 8.18 Pufferzeiten

Vorgänge, deren früheste und späteste Zeitpunkte identisch sind, besitzen keine Pufferzeit. Sie werden als kritische Vorgänge bezeichnet, da ihre zeitliche Verschiebung oder die Veränderung ihrer Dauer Auswirkungen auf die nachgeordneten Vorgänge und den Endzeitpunkt haben. Die Reihenfolge der kritischen Vorgänge bildet den kritischen Weg. Er beginnt am Startknoten, endet am Zielknoten und durchläuft den gesamten Netzplan, wobei er sich auch verzweigen kann.

Berechnung der gesamten Pufferzeit (GP)

Die gesamte Pufferzeit eines Vorganges ist die Zeitspanne, um die der frühestmögliche Anfangszeitpunkt eines Vorganges höchstens verschoben werden kann, ohne daß der Endzeitpunkt des Projektes beeinflußt wird.

Die errechnete gesamte Pufferzeit eines Vorganges ist damit der spätest zulässige Anfangszeitpunkt minus frühestmöglichem Anfangszeitpunkt eines Vorganges.

$$GP_j = SE_j - (FA_j + D_j) \qquad \text{oder}$$
$$= SE_j - FA_j - D_j \qquad \text{oder}$$
$$= SE_j - FE_j \qquad \text{oder}$$
$$= SA_j - FA_j$$

Berechnung der freien Pufferzeit (FP)

Die freie Pufferzeit ist die Zeitspanne, um die ein Vorgang, ausgehend von seinem frühestmöglichen Anfangszeitpunkt, verschoben werden kann, ohne den frühestmöglichen Anfang seiner Nachfolger zu beeinflussen.

Die freie Pufferzeit eines Vorganges ist damit die kleinste Differenz zwischen den frühesten Anfangszeitpunkten aller Nachfolger und dem frühesten Anfangszeitpunkt des Vorganges.

$$FP_j = \min FA_k - FE_j \qquad \text{oder}$$
$$= \min FA_k - FA_j - D_j \qquad \text{oder}$$
$$= \min FA_k - \max FE_i - D_j$$

Berechnung der freien Rückwärtspufferzeit (FRP)

Die freie Rückwärtspufferzeit ist die Zeitspanne, um die ein Vorgang, ausgehend von seinem spätest zulässigen Anfangszeitpunkt, vorverlegt werden kann, ohne den spätest zulässigen Anfang seiner Vorgänger zu beeinflussen.

Die freie Rückwärtspufferzeit ist damit die kleinste Differenz zwischen dem spätest zulässigen Anfangszeitpunkt des Vorganges und den spätest zulässigen Anfangspunkten aller Vorgänger.

Die freie Rückwärtspufferzeit ist ohne praktische Bedeutung.

$$FRP_j = \min SA_k - SE_j \qquad \text{oder}$$
$$= \min SA_k - SA_j - D_j \qquad \text{oder}$$
$$= \min SA_k - \max SE_i - D_j$$

Berechnung der unabhängigen Pufferzeit (UP)

Die unabhängige Pufferzeit ist die Zeitspanne, um die ein Vorgang verschoben werden kann, wenn alle seine Vorgänger zum spätest zulässigen Zeitpunkt und alle seine Nachfolger zum frühestmöglichen Zeitpunkt beginnen. Bei der Berechnung der unabhängigen Pufferzeit muß man den frühesten und spätesten Anfangszeitpunkt des betrachteten Vorganges ermitteln und erhält dann mit dem Abstand zwischen dem frühest- und spätestmöglichen Anfangszeitpunkt die unabhängige Pufferzeit.

In einem Netzplan müssen zur Bestimmung der unabhängigen Pufferzeit diese Abstände zwischen den frühest- und spätestmöglichen Anfangszeitpunkten für alle Kombinationen zwischen den Vorgängern und Nachfolgern ermittelt werden. Der kleinste der ermittelten Werte ist dann die unabhängige Pufferzeit des betrachteten Vorganges.

$$UP_j = \min FA_k - SE_j \qquad \text{oder}$$
$$= \min FA_k - SA_j - D_j \qquad \text{oder}$$
$$= \min FA_k - \max SE_i - D_j$$

Die Anfangs- und Endfolge zweier Prozesse ist von der Geschwindigkeit des Vorgangsfortschrittes abhängig.

Die drei Möglichkeiten
- gleiche Geschwindigkeit
- Vorgang 1 schneller
- Vorgang 1 langsamer

werden nachfolgend dargestellt.

8

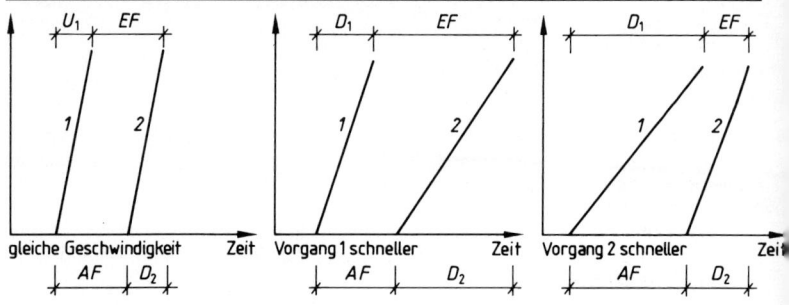

Bild 8.19 Geschwindigkeiten zweier Vorgänge

Vorgangspfeil- (CPM) und Vorgangsknotennetze (MPM)

Beim Vorgangspfeilnetz (CPM) sind die Vorgänge den Pfeilen zugeordnet, und es ergeben sich folgende Beziehungen zwischen Knoten (Ereignisse) und Pfeilen (Kanten):

Ein Pfeil kann nur mit zwei Knoten inzidieren. Ein Knoten dagegen kann mit einem, zwei oder auch mehreren Pfeilen inzidieren.

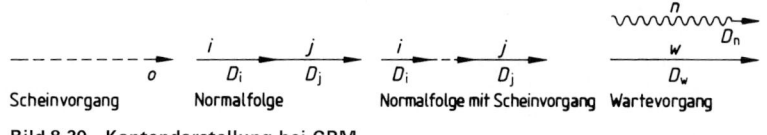

Bild 8.20 Kantendarstellung bei CPM

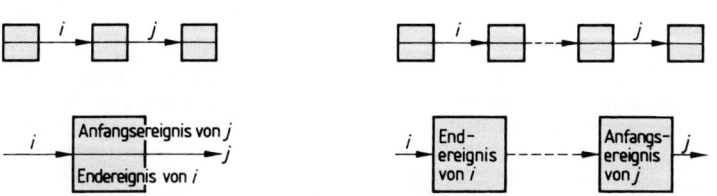

Bild 8.21 Bedeutung der Ereignisknoten bei CPM

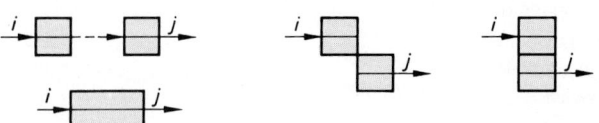

Bild 8.22 Gleichartige Ereignisdarstellungen bei CPM

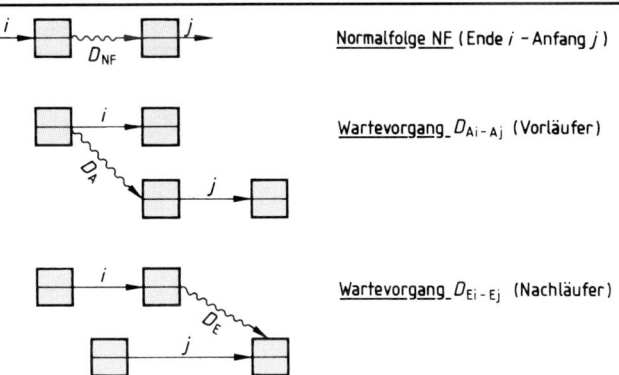

Bild 8.23 Anordnungsbeziehungen — Folgedarstellungen (CPM)

Beim Vorgangsknotennetz (MPM) sind die Vorgänge den Knoten zugeordnet und die Anordnungsbeziehungen als Pfeile dargestellt. Gestaltung und Inhalt des Knotens ist beliebig.

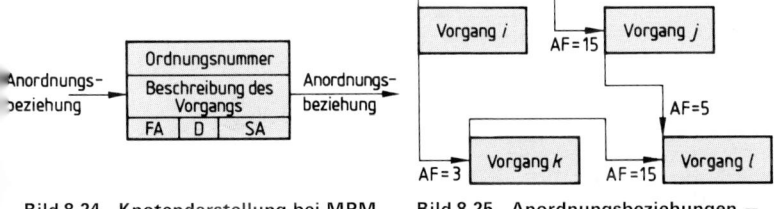

Bild 8.24 Knotendarstellung bei MPM   **Bild 8.25 Anordnungsbeziehungen —**
                                             Folgedarstellungen (MPM)

Minimaler Zeitabstand = Abstand, der zumindest eingehalten werden muß, aber auch überschritten werden kann.

Maximaler Zeitabstand = Abstand, der nicht überschritten werden kann.

Gebräuchlich ist die Verwendung von minimalen Zeitabständen. Sie können für alle vier Arten der Anordnungsbeziehung benutzt werden. Die Abstände werden dadurch gekennzeichnet, daß Art und Dauer an den Pfeil geschrieben werden.

Eine Normalfolge mit der Dauer 0 wird in der Regel nicht gekennzeichnet.

Um nun Termine, Pufferzeiten und den kritischen Weg zu finden, muß der Netzplan berechnet werden. Die **Vorwärtsrechnung**, die beim Startknoten beginnt und in Pfeilrichtung durchgeführt wird, liefert den frühesten Anfang (*FA*) und das früheste Ende (*FE*) der Vorgänge nach bestimmten Rechenregeln. Die Rechnung liefert den frühestmöglichen Termin. Bei mehreren Vorgängen und/oder Anordnungsbeziehungen ist die höchste der Summen maßgebend. Der früheste Endzeitpunkt eines Vorganges errechnet sich aus der Summe der Anfangszeitpunkte plus der Dauer des Vorgangs, z.B.

$$FE_A = FA_A + D_A \qquad FA_B = FE_A + NF_{AB} \qquad FA_C = FA_A + AF_{AC}$$

$$FA_D = \max \begin{Bmatrix} FE_A + NF_{AD} \\ FE_C + NF_{CD} \end{Bmatrix}$$

Weiter muß gelten die **Maschenregel**: $D_A + EF_{AC} = AF_{AC} + D_C$.

Ggf. ist auf dem kürzeren Weg die Anordnungsbeziehung zu erhöhen.

Arbeitsvorbereitung und Ablaufplanung

Die **Rückwärtsrechnung** geht vom ermittelten Ende des Zielvorganges aus, der Netzplan wird entgegen der Pfeilrichtung durchlaufen. Durch Subtraktion werden die spätest zulässigen Anfangs- und Endzeitpunkte der Vorgänge ermittelt. Bei mehreren Nachfolgern ist stets die niedrigste Differenz maßgebend.

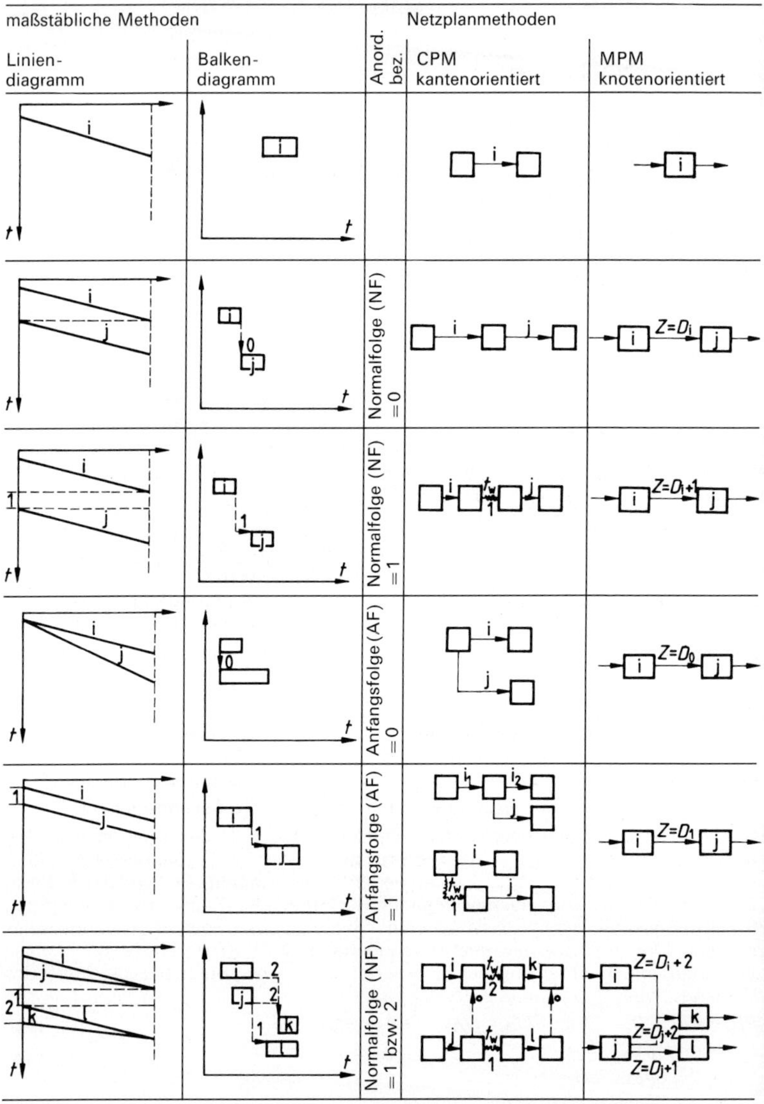

Bild 8.26 Gegenüberstellung der Darstellungsformen verschiedener Ablauftechniken

Beispiel Die nachstehend abgebildete Dreifeldbrücke soll in drei verschiedenen Darstellungsformen der Ablaufplanung (CPM, MPM, Balkendiagramm) dargestellt werden.

Bedingungen

1. Der Baubeginn ist der Pfeiler 2.
2. Der Aushub wird mit nur einem Bagger vorgenommen.
3. Für die anderen Arbeiten steht jeweils nur eine Kolonne zur Verfügung.
4. Das Auflegen der Fertigträger erfolgt mit Hilfe eines Autokranes.

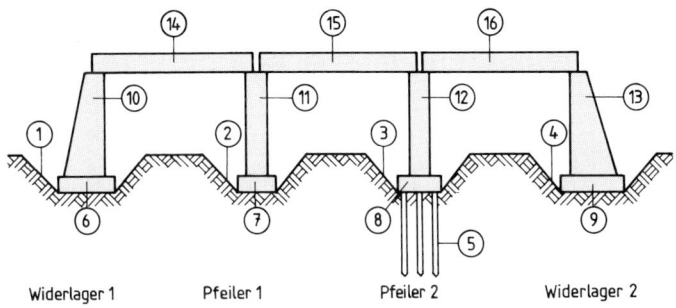

Pos.-Nr.	Beschreibung	Menge	Einheit
1	Aushub	1000	m³
2	Aushub	500	m³
3	Aushub	500	m³
4	Aushub	1250	m³
5	Pfahlgründung	12	St
6	Betonierung der Fundamente	100	m³
7	Betonierung der Fundamente	50	m³
8	Betonierung der Fundamente	50	m³
9	Betonierung der Fundamente	125	m³
10	Betonwiderlager herstellen	400	m²
11	Betonpfeiler herstellen	200	m²
12	Betonpfeiler herstellen	200	m²
13	Betonwiederlager herstellen	500	m²
14	Auflegen der Fertigträger	24	St
15	Auflegen der Fertigträger	24	St
16	Auflegen der Fertigträger	24	St

Bild 8.27 Dreifeldbrücke

AV-Nr.	Pos.-Nr.	Beschreibung der Leistung	Menge	Einheit	h/Einh.	Σ h	h/Tag	Σ Tagewerke	Gewählte Anzahl der Arbeiter	Tage	Bemerkung
103	3	Aushub P2	500	m³	0,032	16	8	2	1	2	Bagger
102	2	Aushub P1	500	m³	0,032	16	8	2	1	2	Bagger
101	1	Aushub W1	1000	m³	0,032	32	8	4	1	4	Bagger
104	4	Aushub W2	1250	m³	0,032	40	8	5	1	5	Bagger
203	5	Pfahlgründung	12	Stck.	34	408	8	51	3	17	
302	7	Fundament P1	50	m³	2,55	128	8	16	4	4	
301	6	Fundament W1	100	m³	2,55	255	8	32	4	8	
304	9	Fundament W2	125	m³	2,55	319	8	40	4	10	
303	8	Fundament P2	50	m³	2,55	128	8	16	4	4	
402	11	Betonpfeiler P1	200	m²	2,55	510	8	64	8	8	
401	10	Betonpfeiler W1	400	m²	2,55	1020	8	128	8	16	
403	12	Betonpfeiler P2	200	m²	2,55	510	8	64	8	8	
404	13	Betonpfeiler W2	500	m²	2,55	1275	8	160	8	20	
501	14	Überbau W1 – P1	24	Stck.	16	384	8	48	4	12	Autokran
502	15	Überbau P1 – P2	24	Stck.	16	384	8	48	4	12	Autokran
503	16	Überbau P2 – W2	24	Stck.	16	384	8	48	4	12	Autokran

Bild 8.28 Arbeitsverzeichnis

Critical Path Methode (CPM)

CPM-Netzpläne sind **kantenorientiert.** Es werden also Vorgangs-Pfeil-Netzpläne dargestellt.

Die grundlegende Anordnungsbeziehung ist bei CPM eine Ende-Anfang-Beziehung (Normalfolge).

VN	Vorgangsnummer
VD	Vorgangsdauer
NR	Ereignisnummer
FZ	Frühester Zeitpunkt
SZ	Spätester Zeitpunkt
GP	Gesamtpufferzeit
⟶	Vorgang
⇢	Scheinvorgang
●●●●	Kritischer Weg

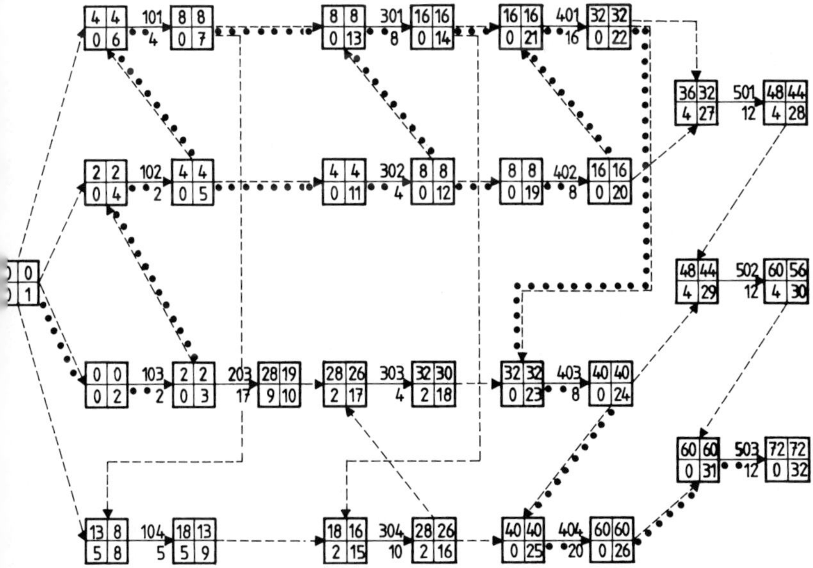

8

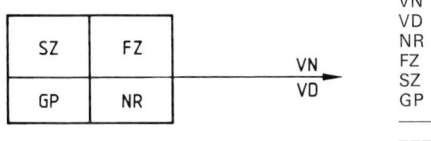

Bild 8.29   CPM-Netzplan

461

Teil-Prozeß AV-Nr.	Kurzbeschreibung	Dauer	Zeitpunkt von Ereignis-Nr.	bis Ereignis-Nr.	Scheinvorgang von Ereignis-Nr.	bis Ereignis-Nr.	Frühester(s) Beginn	Ende	Spätester(s) Beginn	Ende	Gesamt-pufferzeit
103	Aushub P2	2	2	3	1	2	0	2	0	2	0
102	Aushub P1	2	4	5	1 und 3	4	2	4	2	4	0
101	Aushub W1	4	6	7	1 und 5	6	4	8	4	8	0
104	Aushub W2	5	8	9	1 und 7	8		13	13	18	5
203	Pfahlgründung	17	3	10			2	19	11	28	9
302	Fundament P1	4	11	12	5	11	4	8	4	8	0
301	Fundament W1	8	13	14	7 und 12	13	8	16	8	16	0
304	Fundament W2	10	15	16	9 und 14	15	16	26	18	28	2
303	Fundament P2	4	17	18	10 und 16	17	26	30	28	32	2
402	Betonpfeiler P1	8	19	20	12	19	8	16	8	16	0
401	Betonpfeiler W1	16	21	22	14 und 20	21	16	32	16	32	0
403	Betonpfeiler P2	8	23	24	18 und 22	23	32	40	32	40	0
404	Betonpfeiler W2	20	25	26	16 und 24	25	40	60	40	60	0
501	Überbau W1-P1	12	27	28	20 und 22	27	32	44	36	48	4
502	Überbau P1 – P2	12	29	30	24 und 28	29	44	56	48	60	4
503	Überbau P2 – W2	12	31	32	26 und 30	31	60	72	60	72	0

Bild 8.30 Vorgangsliste (CPM)

Metra Potential Methode (MPM)

MPM-Netzpläne sind **knotenorientiert**. Es werden also Vorgangsknoten-Netzpläne dargestellt.

Die grundlegende Anordnungsbeziehung ist bei MPM die Anfang-Anfang-Beziehung (Anfangsfolge).

FA	FE	SA	SE
VN			
NR	VD	GP	

VN	Vorgang (ev AV-Nr.)
VD	Vorgangsdauer
NR	Knotennummer
FA	Frühester Anfang
FE	Frühestes Ende
SA	Spätester Anfang
SE	Spätestes Ende
GP	Gesamtpufferzeit
———→	Anordnungsbeziehung
●●●●	Kritischer Weg

8

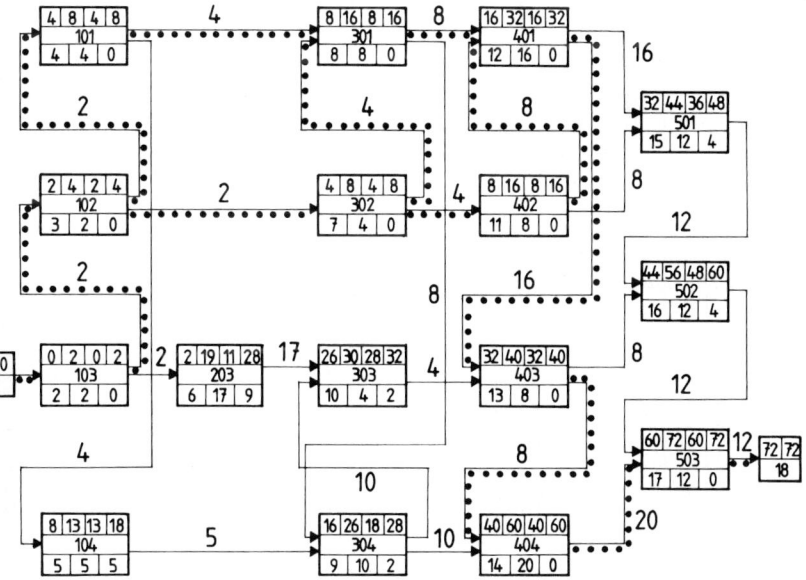

Bild 8.31   MPM-Netzplan

AV-Nr.	Beschreibung der Leistung	Dauer	Vorlieger	Frühester(s) Beginn	Frühester(s) Ende	Spätester(s) Beginn	Spätester(s) Ende	Gesamt-pufferzeit
103	Aushub P2	2		0	2	0	2	0
102	Aushub P1	2	103	2	4	2	4	0
101	Aushub W1	4	102	4	8	4	8	0
104	Aushub W2	5	101	8	13	13	18	5
203	Pfahlgründung	17	103	2	19	11	28	9
302	Fundament P1	4	102	4	8	4	8	0
301	Fundament W1	8	101, 302	8	16	8	16	0
304	Fundament W2	10	104, 301	16	26	18	28	2
303	Fundament P2	4	203, 304	26	30	28	32	2
402	Betonpfeiler P1	8	302	8	16	8	16	0
401	Betonpfeiler W1	16	301, 402	16	32	16	32	0
403	Betonpfeiler P2	8	303, 401	32	40	32	40	0
404	Betonpfeiler W2	20	304, 403	40	60	40	60	0
501	Überbau W1 – P1	12	401, 402	32	44	36	48	4
502	Überbau P1 – P2	12	403, 501	44	56	48	60	4
503	Überbau P2 – W2	12	404, 502	60	72	60	72	0

Bild 8.32 Vorgangsliste (MPM)

AV-Nr.	Beschreibung der Leistung	Anzahl der Arb.	Tagewerke
103	Aushub P2	1	2
102	Aushub P1	1	2
101	Aushub W1	1	4
104	Aushub W2	1	5
203	Pfahlgründung	3	17
302	Fundament P1	4	4
301	Fundament W1	4	8
304	Fundament W2	4	10
303	Fundament P2	4	4
402	Betonpfeiler P1	8	8
401	Betonpfeiler W1	8	16
403	Betonpfeiler P2	8	8
404	Betonpfeiler W2	8	20
501	Überbau W1 – P1	4	12
502	Überbau P1 – P2	4	12
503	Überbau P2 – W2	4	12

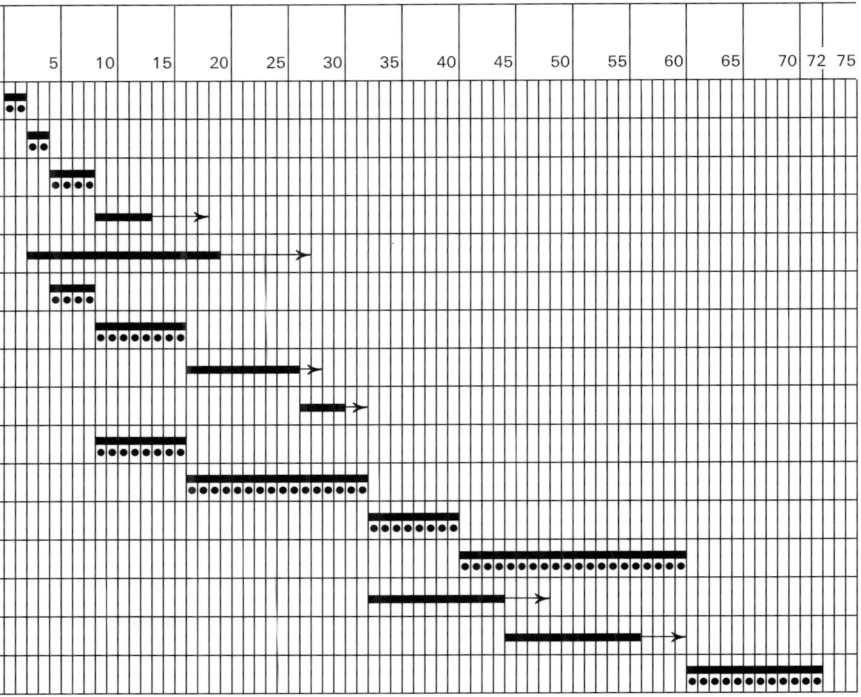

●●●● Kritischer Weg

Bild 8.33 Balkenplan

4 Bereitstellungsplanung des erforderlichen Potentials (s. auch Abschn. „Betriebsorganisation")

Die Bereitstellungsplanung ist eine firmeninterne Aufgabe, sie bezieht sich im wesentlichen auf
— Personalplanung
— Geräteplanung und
— Materialplanung (Baustoffe).
Hinzuzurechnen wäre noch im Bedarfsfalle die Beschaffung von Nachunternehmerleistungen. Die Abwicklung dieser Maßnahme erfolgt in der Baufirma analog der Materialbeschaffung und wird hier nicht gesondert aufgeführt.

4.1 Personalplanung

Die Organisation der Baustellen hinsichtlich des einzusetzenden Führungspersonals ist eine Aufgabe der technischen Leitung in Abstimmung mit der Personalabteilung und der Oberbauleitung.
Die für die betreffende Baustelle benötigten Angestellten werden namentlich unter Berücksichtigung ihres Einsatzgrades bezogen auf die Bauzeit aufgelistet, z.B. Bauleiter AB (50%), Bauführer CD (100%).
Zweckmäßig ist dazu die Festlegung der zuständigen Sachbearbeiter in den firmeninternen Abteilungen für die Betreuung einer bestimmten Baumaßnahme.
Die Organisation der Baustelle hinsichtlich der einzusetzenden gewerblichen Arbeitnehmer ist eine Aufgabe der technischen Leitung in Abstimmung mit der Abteilung Arbeitsvorbereitung, dem Lohnbüro und der Oberbauleitung. Der Personalbedarf ist aus den entsprechenden Unterlagen der Arbeitsvorbereitung ersichtlich, z.B. Arbeitsverzeichnis oder Terminplan mit Potentialverteilung (s. Bild 8.8).
Die gewerblichen Arbeitnehmer werden kolonnenweise, namentlich unter Berücksichtigung der Einsatzdauer aufgelistet. Sinnvoll ist auch die Gliederung nach Anzahl und Art der einzelnen Facharbeiter, Bauhelfer, Baumaschinenführer, etc.
Die Gesamtkoordination über alle Baustellen wird von der Abteilung Arbeitsvorbereitung durchgeführt.

4.2 Geräteplanung

Der Gerätebedarf für eine bestimmte Baumaßnahme wird durch die Arbeitsvorbereitung ermittelt (Gerätebedarfsliste). Hierbei muß den Gegebenheiten der Baufirma Rechnung getragen werden, d.h. zunächst kann nur mit dem vorhandenen Gerätepotential disponiert werden. Kapazitätserweiterungen durch Neukauf bzw. Anmietung bedürfen der Entscheidung durch die Geschäftsführung.
Die Abstimmung bezüglich des Geräteeinsatzes erfolgt zwischen der Abteilung Arbeitsvorbereitung, der Bauleitung und der Maschinentechnischen Abteilung (MTA). Der Geräteabruf der Baustelle erfolgt mittels Formular zum bestimmten Termin, ebenfalls die Gerätefreimeldung nach Beendigung der entsprechenden Arbeiten.
Während der Bauzeit erhält die Baustelle monatlich die Gerätekartei (Mietgeräteliste), aus der die der Baustelle belasteten Gerätekosten sowie Einsatzdauern ersichtlich sind.
Die Gerätekartei wird von der Maschinentechnischen Abteilung geführt. Dort wird für jedes einzelne Gerät der Firma auch die Gerätestammkartei (intern) geführt, aus der sämtliche technischen Daten des Gerätes, dessen Alter, Lebenslauf mit Reparaturen sowie die Gerätemiete, Stand der Abschreibung etc. ersichtlich sind.
Die Gesamtkoordination aller Geräte einer Baufirma wird von der Maschinentechnischen Abteilung in Abstimmung mit der technischen Leitung durchgeführt.

4.3 Materialplanung

Grundlage der Materialplanung ist die Materialbedarfsliste, die im Rahmen der Arbeitsvorbereitung aufgestellt wird. Die Abteilung Einkauf der Baufirma übernimmt in Abstimmung mit der Bauleitung der Baustelle die Beschaffung der benötigten Materialien.

Grundsätzlich soll die Beschaffung zentral erfolgen, um alle Möglichkeiten einer breiten Angebotspalette ausschöpfen zu können. Zweckmäßig sind einheitliche Bestellformulare mit ,,Einkaufsbedingungen'' der Firma.

Für Massenbaustoffe (Beton, Zement, Stahl, Steine etc.) werden i.a. ,,Rahmenlieferverträge'' über größere Liefermengen (unabhängig von einzelnen Baustellen) und für größere Zeiträume abgeschlossen. Die speziellen Anforderungen der Baustelle werden dann im Einzelvertrag festgelegt (z.B. Umfang der einzelnen Lieferungen, Termine, Abrufzeiten und -dauern, Sonderlieferungen etc.).

Die Verträge mit den Baustofflieferanten sind rechtzeitig vor Baubeginn abzuschließen. Während der Bauausführung erfolgt analog Baufortschritt der Materialabruf durch die Bauleitung über die Abteilung Einkauf.

Die eingebauten Baustoffe werden gemäß erfolgten Lieferungen fortgeschrieben und kontrolliert (Lieferscheine). Rechnungen der Lieferanten werden erst nach Anerkennung durch die Bauleitung angewiesen.

Die Gesamtmenge der benötigten Baustoffe ermöglicht zum Ende einer Baustelle Aussagen über die Richtigkeit der kalkulatorischen Ansätze bezüglich Abladeverluste, Schwund etc.

5 Planung der Baustelleneinrichtung
(s. auch Abschn. ,,Baumaschinen'')

Aufgabe: Optimale Einrichtung der zur Durchführung einer bestimmten Baumaßnahme vor Ort notwendigen
— Betriebsmittel
— ortsfesten Anlagen und Ausstattungen
— Lager- und Verkehrsflächen.

Dazu erforderlich:
— optimale Anordnung der notwendigen Maschinen und Geräte (im Hochbau, im wesentlichen Krane)
— Optimierung des Materialflusses durch
    — Lagerung am richten Platz
    — kürzeste Wege für Baustellentransporte
    — Einsatz optimaler Transportmittel.

Die Planung der Baustelleneinrichtung ist immer in direkter Abhängigkeit von der Ablaufplanung zu sehen.

Die Anordnung der Baustelleneinrichtung und damit der Materialfluß auf der Baustelle hängt von folgenden Randbedingungen ab:
— Standortbedingungen der Baustelle (verfügbarer Arbeitsraum, Lager- und Verkehrsflächen, Zufahrtsmöglichkeiten, Anschlüsse für Ver- und Entsorgung, Grundstücksgrenzen, Bodenart, spezielle Auflagen)
— Art und Größe des Bauvorhabens (Stahlbeton-Skelettbau, Mauerwerksbau, Fertigteilbau, Kanalbau, Straßenbau, Abmessungen der Bauteile, Mengen der Baustoffe)
— Fertigungstechnik, Fördertechnik (Fertigungsverfahren, Einzelfertigung, Taktfertigung, Parallelfertigung, Art der Fördergüter, Gewicht und Lagerung der Fördergüter)
— Bauzeit (Anfangs- und Endtermin, Hauptbauzeit, Zwischentermine).

Arbeitsvorbereitung und Ablaufplanung

Bei der Einrichtung von Baustellen sind die Arbeitsstättenverordnung (ArbStättV) und die ergänzenden Arbeitsstätten-Richtlinien (ASR) zu beachten.

Das Ergebnis der Planung der Baustelleneinrichtung ist der Baustelleneinrichtungsplan.

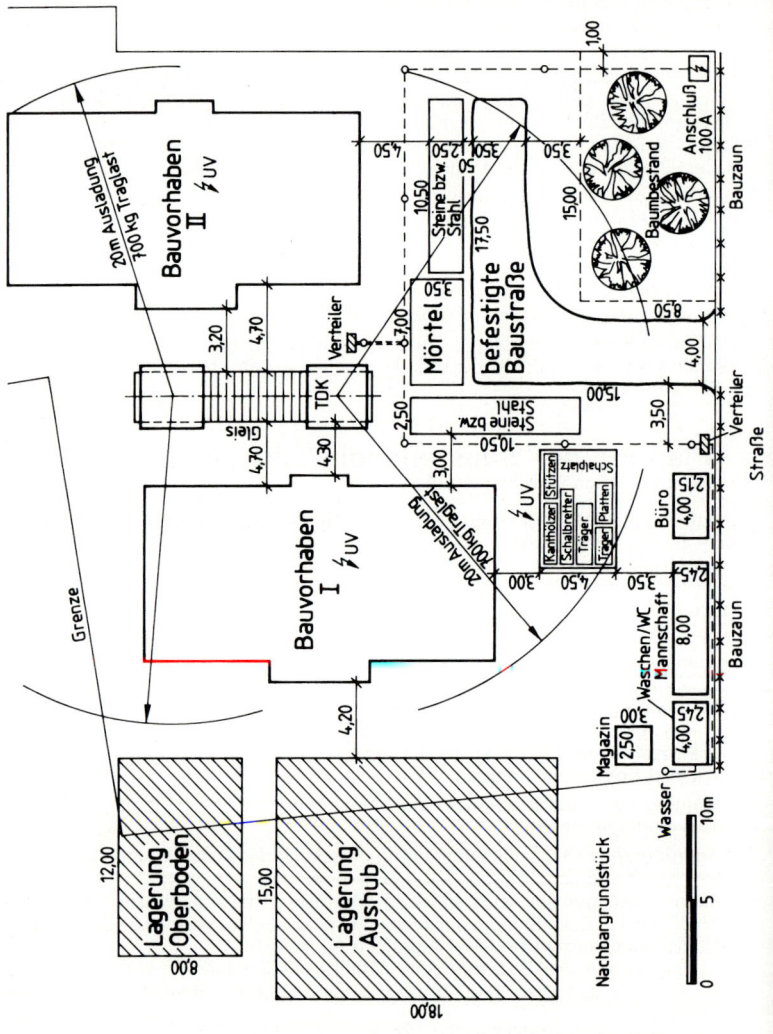

Bild 8.34   Baustelleneinrichtungsplan

6 Arbeitskalkulation, Soll-Ist-Vergleiche

Die Arbeitskalkulation wird aufgestellt, wenn durch die Arbeitsvorbereitung

— das Bauverfahren festgelegt worden ist,

— die Planung des Bauablaufs,

— die Bereitstellungsplanung des erf. Potentials und

— die Planung der Baustelleneinrichtung

abgeschlossen worden sind, und

— die Hauptbaustoffe sowie

— die wichtigsten Fremdleistungen

vergeben worden sind.

Sie ist als Weiterführung und Modifizierung der Angebots- bzw. Auftragskalkulation zu sehen und wird (umlagefrei) für die Baustelle als Soll-Vorgabe herangezogen.

Die Differenz zwischen diesen Herstellkosten und der Auftragssumme läßt unter Berücksichtigung der Gemeinkosten Aussagen über das voraussichtliche Baustellenergebnis zu.

Voraussetzung für eine gründliche Arbeitskalkulation ist die Umformung der Positionen des Leistungsverzeichnisses in die einzelnen Arbeitsschritte, z.B. 1 Stck. Stütze in m^2 Stützenschalung, t Bewehrung und m^3 Beton. Dazu sind die betreffenden Teilmengen möglichst genau zu ermitteln. Insbesondere bei Pauschalaufträgen bzw. Pauschalierungen von Teilleistungen ist Wert auf eine exakte Mengenermittlung zu legen.

Die für die Ermittlung des Stundenbedarfs anzusetzenden Aufwandswerte bzw. Leistungswerte sind neu abzuwägen und mit der Bauleitung abzustimmen.

Die Arbeitskalkulation dient der laufenden Erfolgskontrolle der Baustelle und wird zur Vereinfachung des damit verbundenen Aufwandes zweckmäßigerweise mit einem speziellen EDV-Programm durchgeführt. Sinnvoll ist dabei die Abstimmung mit dem Buchhaltungssystem der Baufirma, damit eine einheitliche Gliederung der Kostenarten verwendet werden kann.

Mögliche Kontrollen sind

— der Stunden-Soll-Ist-Vergleich,

— der Kosten-Soll-Ist-Vergleich,

— die Leistungsermittlung zum Stichtag,

— Soll-Ist-Vergleich Bauablauf (Bild 8.35).

In der Leistungsmeldung werden durch den Bauleiter alle bis zu einem bestimmten Termin erbrachten und nach Vertrag abrechenbaren Bauleistungen erfaßt. Die Leistungsmeldung ist die Grundlage für die Ergebnismeldung zum Stichtag, für alle Prognosen bezüglich der Entwicklung der Baustelle sowie für alle Kontrollen.

Bei fast allen Baustellen ist der Lohnaufwand der entscheidende Kostenfaktor. Für die Ergebniskontrolle ist somit der Stundenverbrauch von großer Bedeutung, zumal dieser von der Bauleitung direkt zu beeinflussen ist.

Um die Kontrolle des Stundenverbrauchs durchführen zu können, werden die einzelnen in sich geschlossenen Arbeitsschritte sogenannten Bauarbeitsschlüsseln (BAS) zugeordnet. Die Bauarbeitsschlüssel sind Nummern, die für bestimmte Arbeitsschritte festgelegt und im BAS-Katalog aufgelistet worden sind, Bild 8.36 nach [47]. Jeder Stundenansatz in der Arbeitskalkulation ist nur einer BAS-Nummer zugeordnet. Die Gesamt-Sollstunden für die Bauausführung lassen sich nach BAS-

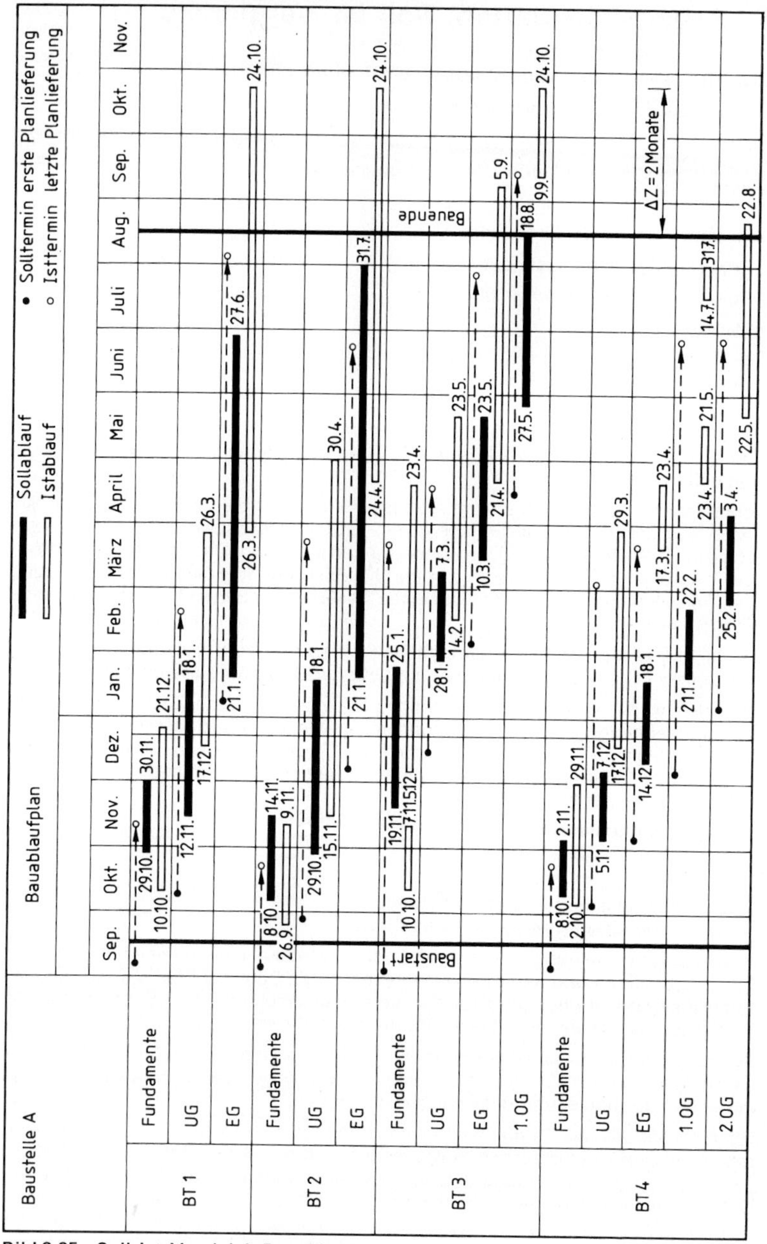

Arbeitsvorbereitung und Ablaufplanung

Bild 8.35 Soll-Ist-Vergleich Bauablauf

0 Baustelleneinrichtungs- und Randarbeiten

00 Aufsichtsstunden
01 Baugelände erschließen, sichern, unterhalten, abräumen
02 Baracken und Buden aufbauen, einrichten, unterhalten, abbauen
03 Geräte auf-, umbauen, unterhalten, abbauen
04 Reparaturen an Geräten
05 Hilfslohnstunden, Vermessung, Baustellenwartung, Baureinigung
06 Verlustzeiten durch Geräteausfall, Materialmangel, höhere Gewalt
07 Fahrstunden
08 Sonstige Stunden
09 —————————————

1 Transport- und Umschlagarbeiten

10 Hauptstoffe (Geräte Schalmaterial, Bauhilfs- und Betriebsstoffe) abladen, lagern
11 Hauptstoffe bei Baustellenräumung aufladen, abtransportieren, abladen
12 Schutzmaterial laden, transportieren, entladen
13 Gerätestunden
14 —————————————
15 —————————————
16 —————————————
17 —————————————
18 —————————————
19 —————————————

2 Erd-, Entwässerungs- und Abbrucharbeiten

20 Mutterbodenarbeiten
21 Erdarbeiten nach Profilen
22 Erdarbeiten für Baugruben
23 Erdarbeiten für Fundamente
24 Erdarbeiten für Leitungsgräben
25 Sicherungsarbeiten
26 Rohr- und Kabelverlegungsarbeiten
27 Kontrollschächte, Einbauteile
28 Abbruch- und Rodungsarbeiten
29 —————————————

3 Schal- und Rüstarbeiten

30 Fundamente und Wände einschalen, ausrichten, abstützen bzw. abspannen, ausschalen
31 Decken, Balkonplatten und Podeste einschalen, ausrichten, abstützen bzw. abspannen, ausschalen
32 Stützen, Balken, Unterzüge, Stürze, Ringanker einschalen, ausrichten, abstützen bzw. abspannen, ausschalen
33 Treppen einschalen, abstützen bzw. abspannen, ausschalen
34 Schwierige Konstruktionen, Zusatzarbeiten und Sonderschalungen ein- und ausschalen
35 Leichte Gerüste herstellen, auf- und abbauen, entnageln, stapeln, aufladen (Leiter-, Schutz- und Fanggerüste)
36 Schwere Gerüste herstellen, auf- und abbauen, entnageln, stapeln, aufladen (Arbeitsgerüste)
37 Lehr- und Sondergerüste herstellen, auf- und abbauen, entnageln, stapeln, aufladen
38 —————————————
39 —————————————

4 Beton- und Stahlbetonarbeiten

40 Vorarbeiten, Baustoffe vorrichten
41 Stahlarbeiten (I, IIIb, IVb, Formstahl)
42 Beton herstellen, fördern, einbauen, verdichten und abgleichen einschließlich herstellen und einbauen der erforderlichen Lehren
43 Fertigbeton fördern, einbauen, verdichten, und abgleichen einschließlich herstellen und einbauen der erforderlichen Lehren
44 Oberflächenarbeiten (abreiben, Besenstrich, Riffelwalze)
45 Fertigteile verlegen einschließlich der erforderlichen Abstützungen und Vermörtelungen
46 Sonder- und Spezialarbeiten
47 —————————————
48 —————————————
49 —————————————

5 Mauerarbeiten

50 Tragende Außen- und Innenwände herstellen (ab 17^5 cm Dicke)
51 Nichttragende Wände (auch tragende 1/2 Stein dicke Wände)
52 Plattenwände herstellen
53 Verblendungen herstellen
54 Schornsteine, Be- und Entlüftungen herstellen
55 Versatz- und Einbauarbeiten (Stahlzargen, Türen, Fenster, Zählerkasten, Gurtkästen, Fensterbänke, Lüftungssiebe, Konsolen usw.)
56 Stemm- und Schließarbeiten an Stützen und Durchbrüchen
57 Sonstige Mauerwerksarbeiten
58 —————————————
59 —————————————

6 Putz-, Estrich-, Außenanlagen- und Dichtungsarbeiten

60 Isolierputz herstellen
61 Innenputzarbeiten
62 Außenputzarbeiten
63 Putzeinbauteile und Vorarbeiten
64 Verschiedene Innenausbauteile
65 Estricharbeiten
66 Außenanlagen
67 Dichtungsarbeiten
68 —————————————
69 —————————————

7 Sonstige Arbeiten

70 Zäune und Geländer auf- und abbauen
71 Spundwände
72 Wasserschaltungsarbeiten
73 Schall- und Wärmedämmungsarbeiten
74 Winterbaumaßnahmen
75 Zimmererarbeiten
76 Stahlbauarbeiten
77 —————————————
78 —————————————
79 —————————————

8

Bild 8.36 BAS-Nummern, Muster nach [47]

Nummern geordnet ausweisen (Gesamt-Soll). Ebenso läßt sich über die entsprechenden Mengen (Leistungsmeldung) zu einem bestimmten Stichtag die Soll-Stunden-Vorgabe für die einzelnen BAS-Arbeitsschritte berechnen.

Die Ist-Stunden können aus den Tagesberichten des Poliers bis zum Stichtag entnommen werden unter der Voraussetzung, daß die Stunden entsprechend den BAS-Arbeitsschritten verteilt worden sind.

Der Vergleich der Soll- und der Ist-Stunden ergibt den absoluten Stundenmehr- oder -minderverbrauch, der multipliziert mit dem Mittellohn Aussagen über das zu erwartende Ergebnis der Baustelle zuläßt.

Der Kosten-Soll-Ist-Vergleich ist die umfassendste und aufwendigste Ergebniskontrolle der Baustelle. Neben den Stunden werden auch alle anderen Kostenanteile systematisch erfaßt und den Ist-Kosten der Buchhaltung gegenübergestellt.

7 Nachkalkulation

In der Nachkalkulation wird der Ablauf einer Baustelle nach Fertigstellung der Baumaßnahme ausgewertet und analysiert. Von besonderer Bedeutung hierbei ist die Stundennachkalkulation, die aktuelle Aufwandswerte für

— Kalkulation und

— Arbeitsvorbereitung

zukünftiger Projekte liefert.

Der Schlußbericht der Baustelle ist die Bestandsaufnahme der erbrachten Leistung, er enthält

— die wesentlichen Aufwandswerte mit Erläuterung der Randbedingungen,

— Hinweise auf Besonderheiten, außergewöhnliche Schwierigkeiten,

— eine Analyse der benötigten Stoffmengen (z.B. Beton, Schalung, Stahl bezogen auf den m^2 Decke oder m^3 BRI),

— eine Analyse der Kostenverteilung (z.B. DM/m^2 BGF, DM/m^3 BRI),

— eine Auswertung des Stundenverbrauchs, vor allem des Anteils der unproduktiven Stunden.

Er soll alle Erfahrungen, die während der Bauausführung gewonnen wurden, für zukünftige Baumaßnahmen der Firma nutzbar machen.

Baumaschinen

— Leistungsermittlung und Bemessung —

Bearbeitet von Prof. Dr.-Ing. Jürgen Pick

Inhalt

9

1 Grundlagen der Leistungsberechnung von Baumaschinen

1.1 Formelzeichen und Begriffe

Tafel 9.1 **Formelzeichen und Begriffe** (in Anlehnung an DIN ISO 9245 und DIN 459)

Formel-zeichen	Einheit	Begriff	Definition
Q	Einh./h	Leistung	Je Zeiteinheit bearbeitete Menge (z.B. Masse, Volumen, Fläche)
Q_B	Einh./h	Grundleistung	kurzzeitig mögliche Leistung
Q_A	Einh./h	Nutzleistung	praktische Dauerleistung
V_R	m³	Nenninhalt	Fassungsvermögen des Misch-, Grab- oder Fördergefäßes nach Angabe z.B. ISO-Norm
$f_1...$	–	Einsatzfaktoren	Berücksichtigung der Einsatzbedingungen
f_E	–	Nutzleistungs-faktor	Verhältnis von Q_A zu Q_B, Berücksichtigung der Baustellenverhältnisse
ρ	t/m³	Dichte	Lagerungsdichte des Bodens
f_S	–	Auflockerungs-faktor	Verhältnis des Volumens nach dem Lösen zum Volumen vor dem Lösen
f_F	–	Füllungsfaktor	Verhältnis des Volumens je Arbeitsspiel nach dem Lösen bzw. Aufnehmen zum Nenninhalt des Gefäßes
f_L	–	Ladefaktor	Verhältnis des Füllungsfaktors zum Auflockerungsfaktor
n	1/h	Spiel- oder Umlaufzahl	Zahl der Arbeitsspiele oder Umläufe je Stunde
t	min, s	Spiel- oder Umlaufzeit	Dauer eines Arbeitsspiels bzw. eines Umlaufes
t_H	s	Hauptspielzeit	Reine Leistungszeit bei vorhandenen Baustellen- und Betriebsbedingungen
Δt	s	Zusatzzeit	Spielzeiterhöhung für Nebennutzung
t_F	s	Füllzeit	Zeit für das Füllen des Gefäßes
t_E	s	Entleerzeit	Zeit für das Entleeren des Gefäßes
t_{FA}	s	Gesamtfahrzeit	Zeit für Hin- und Rückfahrt
v	m(km)/h	Geschwindigkeit	Arbeits- oder Fahrgeschwindigkeit

1.2 Leistungsermittlung und Bemessung

1.2.1 Vorbemerkung

Leistungen von Baumaschinen werden benötigt für **Leistungsgeräte** (z.B. Erdbaugeräte, Mischer)

1. zur Planung des Arbeitsablaufs,

2. zur Ermittlung der Einzelkosten einer Teilleistung in der Kalkulation.

Die Bemessung von Baumaschinen nach Zahl und Größe ist erforderlich für **Bereitstellungsgeräte** (Krane, Baustelleneinrichtung)

1. zur Planung der Baustelleneinrichtung,

2. zur Ermittlung der Gemeinkosten der Baustelle in der Kalkulation.

Die Berechnung der Leistung einer Baumaschine erfolgt nach DIN ISO 9245 in zwei Schritten:
1. Grundleistung
2. Nutzleistung.

Anmerkung Die Berechnungsvorgaben der Literatur halten sich nicht immer exakt an die Definitionen von Grund- und Nutzleistung.

1.2.2 Grundleistung Q_B

ist nach DIN ISO 9245 „Erdbaumaschinen, Leistung der Maschinen" die Leistung, die mit der jeweiligen Arbeitseinrichtung bei einer bestimmten Einsatz- und Materialart kurzzeitig erreichbar ist. Unberücksichtigt bleiben leistungsmindernde Einflüsse aus Gerätezustand, Betriebs- und Baustellenorganisation sowie Witterung. Vorausgesetzt wird ein eingearbeiteter Baumaschinenführer.
Intermittierend arbeitende Geräte (z.B. Bagger, Lader):

$$Q_B = V_R \cdot f_L \cdot n \cdot f_1 \dots \quad \left[\frac{m^3 \text{ feste Masse}}{h} \right]$$

Kontinuierlich arbeitende Geräte (z.B. Rüttelplatten, Förderbänder):

$$Q_B = A \cdot v \cdot f_1 \dots \quad \left[\frac{m^3 \text{ feste Masse}}{h} \right] \quad A = \text{Arbeitsquerschnitt in } m^2$$

Die **Einsatzfaktoren f_1** ... berücksichtigen folgende Einflußgrößen:

Maschine
— Art und Größe (Bauart und Kenngröße nach BGL)
— Motorleistung
— Arbeitsausrüstung, z.B. Ausleger, Löffelart
— Gefäßgröße, z.B. Löffel- oder Trommelinhalt.

Material
— Materialart, z.B. Bodenart
— Materialzustand, z.B. Lagerungsdichte.

Einsatz
— Einsatzart, z.B. Grabenaushub
— Einsatzbedingungen, z.B. Grabtiefe, Einbaudicke, Transportweg.

Die Einsatzfaktoren werden gerätespezifisch in den folgenden Abschnitten behandelt.

1.2.3 Nutzleistung Q_A

ist die unter den gegebenen Baustellen- und Betriebsbedingungen im speziellen Fall tatsächlich auf Dauer erreichbare durchschnittliche Leistung.

$$Q_A = Q_B \cdot f_E \quad \left[\frac{m^3 \text{ feste Masse}}{h} \right]$$

Der Nutzleistungsfaktor f_E ist das Verhältnis von Nutzleistung zu Grundleistung. Er berücksichtigt folgende Einflußgrößen:

Betriebsbedingungen
— Technischer Zustand der eingesetzten Baumaschine. Er wird normalerweise als gut angesehen, also ohne leistungsmindernden Einfluß.

— Qualifikation des Maschinenführers:
gut, eingearbeitet: 100% Leistung
ungeübt: 80 bis 90% Leistung.

Normalerweise wird von gutem, eingearbeitetem Bedienungspersonal ausgegangen.
— Persönliche Verteil- und Erholungszeiten.

Baustellenbedingungen

— Baustellenorganisation
— Umfang der Arbeiten
— Störungsbedingte Unterbrechungen
— Wartungs- und Reparaturzeiten
— Witterung: Jahreszeit, Temperatur, Niederschläge.

Die Berücksichtigung der Betriebs- und Baustellenbedingungen durch den **Nutzleistungsfaktor** f_E erfordert genauere Kenntnisse der örtlichen Verhältnisse, praktische Erfahrung und laufende Kontrolle der Baustelleneinsätze. Dies ist für eine gründliche Arbeitsvorbereitung unerläßlich.

Grundsätzlich wird zur Berücksichtigung der Verteil- und Erholungszeiten erfahrungsgemäß mit einer Verfügbarkeit der Baumaschine von $50\,\text{min}/\text{Stunde} = 0{,}84$ gerechnet. Anhaltswerte für die Kalkulation können von diesem Wert ausgehend anhand der folgenden Tafel abgeschätzt werden:

Tafel 9.2 Nutzleistungsfaktor f_E

Baustellen- bedingungen	Betriebsbedingungen			
	sehr gut	gut	mittelmäßig	schlecht
sehr gut	**0,84**	0,81	0,76	0,70
gut	0,78	0,75	0,71	0,65
mittelmäßig	0,72	0,69	0,65	0,60
schlecht	0,63	0,60	0,57	0.52

1.2.4 Leistung von Arbeitsketten

Eine Arbeitskette liegt vor, wenn mehrere Geräte zusammenwirken, z. B. Bagger lädt Lkw, Walze verdichtet vom Radlader schichtweise aufgetragenen Boden.

Die Leistung einer Arbeitskette entspricht bei optimalen Bedingungen theoretisch der Nutzleistung des schwächsten Gliedes der Kette. Der ungünstigste Fall wird berücksichtigt, wenn die Nutzleistungsfaktoren aller Geräte der Kette multipliziert werden.

In der Praxis liegt die tatsächliche Nutzleistung zwischen diesen Werten. Daher wird die Leistung einer Arbeitskette durch einen zusätzlichen Faktor korrigiert, z. B. den Transportbetriebsfaktor beim Lade-/Transportbetrieb (s. unter 4.8.2).

1.2.5 Berücksichtigung zusätzlicher Arbeiten

Werden die Geräte nur zu einem Teil der Gesamtzeit für die berechneten Arbeiten eingesetzt, so darf die Durchschnittsleistung über die Gesamtzeit nicht durch einen Faktor ermittelt werden. Dies muß durch einen entsprechenden Abzug erfolgen [62].

Beispiel Baggerarbeiten im Kanalbau

50% der Zeit Erdaushub aus einem verbauten Graben, ermittelt mit $30\,\text{m}^3/\text{h}$

30% der Zeit für Umsetzen des Verbaus

→ Abminderung $1 - 0{,}30 = 0{,}70$

20% der Zeit für Rohrverlegung

→ Abminderung $1 - 0{,}20 = 0{,}80$

Durchschnittsleistung:

falsch: $Q_A = 0{,}70 \cdot 0{,}80 \cdot 30\,\text{m}^3/\text{h} \quad\quad = 17\,\text{m}^3/\text{h}$
richtig: $Q_A = (1 - 0{,}30 - 0{,}20) \cdot 30\,\text{m}^3/\text{h} = 15\,\text{m}^3/\text{h}$

2 Maschinen für den Betonbau

2.1 Betonmischer

2.1.1 Technische Daten

Kenngröße nach Baugeräteliste 1991 [26]: Volumen des Mischgefäßes in Litern (Trockenfüllmenge).

Nenninhalt nach DIN 459 (11.95): Volumen des mit einem Arbeitsspiel herstellbaren Frischbetons im verdichteten Zustand (Verdichtungsmaß $v = 1,45$) in m^3. (In der Baugeräteliste ist noch die Definition der alten DIN 459 enthalten.)

Bevorzugte Größen in m^3 sind:

0,05; 0,075; 0,1; 0,15; 0,25; 0,333; 0,5; 0,75; 1,0; 1,25; 1,5; 2,0; 2,5; 3,0; 4,0; 5,0; 6,0; 7,0; 8,0; 9,0; 10,0; 12,0

Anmerkung Das Volumen der Trockenfüllmenge ist für Kiesbeton mit dem 1,5fachen und für Splittbeton mit dem 1,62fachen des Nenninhaltes anzunehmen.

Tafel 9.3 Frischbetoneigenschaften nach DIN 1045 und ENV 206

Ausbreitmaß a in mm	Konsistenzbereich DIN 1045	Ausbreitklasse ENV 206	Verdichtungsmaß v DIN 1045	Verdichtungsklasse ENV 206
≤ 340	KS (steif)	(F1)	$\geq 1,20$	C0, C1
350 bis 410	KP (plastisch)	F2	1,19 bis 1,08	C2
420 bis 480	KR (weich)	F3	1,07 bis 1,02	C3
490 bis 600	KF (fließfähig)	F4	–	–

Anmerkung Die Zuordnung der Konsistenz zwischen DIN 1045 und ENV 206 ist nur für das Ausbreitmaß eindeutig, für das Verdichtungsmaß nur annäherungsweise.

9

Mischerbezeichnung

Nenninhalt/Kenngröße [Liter]: z.B. **Tellermischer 500/750**

Bauarten

Trommelmischer: Mischgefäß als Trommel mit feststehenden Schaufeln, Vermischen der Komponenten im freien Fall durch Drehen der Trommel (Freifallmischer). Unterscheidung nach der Entleerung: Kipptrommelmischer (Kippen der Trommel), Umkehrmischer (Umkehr der Drehrichtung) und Gleichlaufmischer (Einschwenken einer Auslaufschurre).

Tellermischer: Mischgefäß als flacher Teller mit um eine senkrechte Achse umlaufenden Rührwerkzeugen: Zwangsweise Vermischung der Komponenten (Zwangsmischer). Entleerung durch Bodenöffnung.

Trogmischer: Mischtrog mit einer oder zwei gegenläufigen horizontalen Mischwellen (Zwangsmischer). Entleerung durch Kippen (Einwellentrogmischer) oder durch Bodenöffnung.

Stetig arbeitende Mischer

Die Größe eines stetig arbeitenden Mischers ist durch die theoretische Mischleistung I_{th} gekennzeichnet.

Baumaschinen

Trommelmischer

Das Mischgefäß in Form einer Trommel, an deren Innenwand Schaufeln angebracht sind, dreht sich beim Mischen um eine waagerechte oder eine geneigte Achse.

Nach Art der Entleerung werden unterschieden:

durch Neigen der Trommelachse

Kipptrommelmischer

durch Umkehr der Drehrichtung

Umkehrmischer

durch Einschwenken einer Auslaufschurre bei gleichbleibender Drehrichtung

Gleichlaufmischer

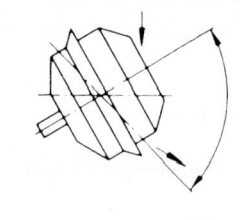
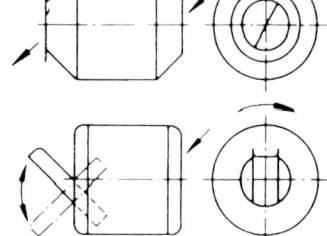

Tellermischer

In einem feststehenden oder umlaufenden kreisförmigen Mischteller mit senkrechter Achse sind feststehende oder umlaufende Mischschaufeln angeordnet.

Umlaufende Mischschaufeln sind als zentrische oder exzentrische Rührwerke ausgebildet, Ein- oder Mehrstern.

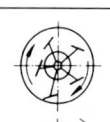

Trogmischer

In einem feststehenden oder kippbaren Mischtrog sind 1 oder 2 waagerechte Mischwellen angeordnet.

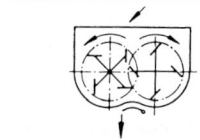

Bild 9.1   Betonmischer: Bauarten nach DIN 459 (Betonmischer: Begriffe, Größen, Anforderungen)

2.1.2   Leistungsermittlung

Tafel 9.4   Leistungsdaten

Bauart	Mischzeit[1]) t_M in s	Spielzahl n in 1/h	spezifische Leistung in kW/m³	Verwendung als
Trommelmischer	60 bis 180	15 bis 30	15	mobile Baustellenanlagen
Tellermischer	30 bis 60	45 bis 60	30 bis 40	mobile Baustellenanlagen
Trogmischer	30 bis 60	45 bis 60	30 bis 40	im Hoch- und Straßenbau, Großanlagen, stat. Mischwerke

[1]) Mischzeit $\geq 30\,\text{s}$ bei Mischern mit besonders guter Mischwirkung, $\geq 1\,\text{min}$ bei den übrigen Mischern

478

Tafel 9.5 Schätzung der Leistung

Maximale Anlagenleistungen in m³/h Festbeton (Voraussetzung: moderne Komplettanlagen mit automatischem Ablauf aller Einzelvorgänge und optimale Betriebsbedingungen)

Kenngröße = Mischgefäß- inhalt in l	Nenninhalt = Festbeton- volumen je Spiel in l	übliche Bezeichnung	Leistung in [m³/h] verdichteter Beton bei reiner Mischzeit von			
			30 s	60 s	120 s	180 s
Trommelmischer						
180	125	125/180		4	2,5	2
560	375	375/560		11	7,5	5,5
750	500	500/750		15	10	7,5
Trog- und Tellermischer						
560	375	375/560	20	14		
750	500	500/750	27	19		
1125	750	750/1125	40	28		
1500	1000	1000/1500	53	37		
1875	1250	1250/1875	65	45		
2250	1500	1500/2250	75	52		
3000	2000	2000/3000	90	66		

Berechnung der Leistung

Grundleistung Q_B

überschläglich mit Verdichtungsmaß $v = 1{,}45$

$$Q_B = V_{Nenn} \cdot n \cdot f_1 \quad [\text{m}^3 \text{ verd. Beton/h}]$$

genauer mit Berücksichtigung des tatsächlichen Verdichtungsmaßes v

$$Q_B = \frac{V_{Kenn}}{1000} \cdot \frac{n}{f_F} \cdot f_1 \quad [\text{m}^3 \text{ verd. Beton/h}]$$

V_{Nenn} = Nenninhalt (Festbeton/Arbeitsspiel) [m³]
V_{Kenn} = Kenngröße (Mischgefäßinhalt) [l]
n = Spielzahl [1/h]
f_F = Füllungsfaktor zur Berücksichtigung der Mischgefäßfüllung in Abhängigkeit von der Betonkonsistenz

Tafel 9.6 Füllungsfaktor f_F

Ausbreit- maß a in mm	Konsistenz- bereich DIN 1045	Ausbreit- klasse EVN 206	Verdichtungs- maß v DIN 1045	Verdichtungs- klasse EVN 206	Füllungs- faktor f_F
490 bis 600	KF (fließfähig)	F4	1,00	–	1,32
450 bis 480	KR (weich)	F3	1,02	–	1,33
420 bis 440	KR (weich)	F3	1,05	C3	1,35
390 bis 410	KP (plastisch)	F2	1,08	C3	1,37
350 bis 380	KP (plastisch)	F2	1,15	C2	1,39
≥ 380	KS (steif)	(F1)	1,20	C2	1,43
	KS (steif)	(F1)	1,25	C1	1,45
	KS (steif)	(F1)	1,30	C1	1,49
	KS (steif)	(F1)	1,35	C1	1,52
	KS (steif)	(F1)	1,40	C1	1,56
	KS (steif)	(F1)	1,45	C1	1,59
	KS (steif)	(F1)	1,46	C0	1,60

Tafel 9.7 Einsatzfaktor f_1

Mischanlage	Stundenleistung	Dauerleistung
große Mischanlage	0,90	0,80
mittlere Mischanlage	0,85	0,60
kleine Mischanlage	0,80	0,50

9

Baumaschinen

Nutzleistung Q_A

$$Q_A = Q_B \cdot f_E \quad [\text{m}^3 \text{ verd. Beton/h}]$$

f_E **Nutzleistungsfaktor**, s. Tafel 9.2.

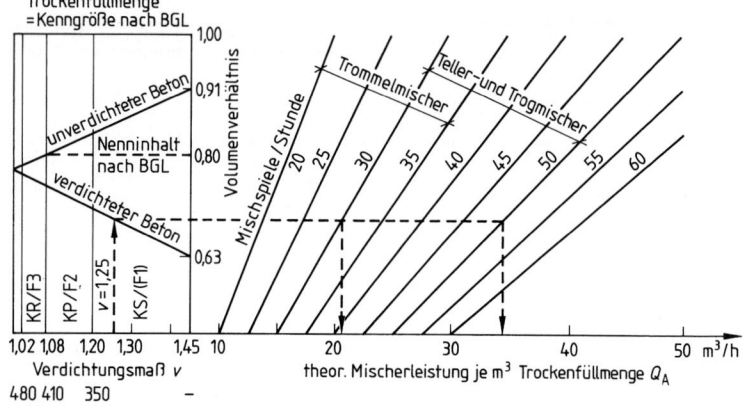

Beispiel Leistung eines Mischers 500/750 bei einem Beton KS mit $v = 1,25$

bei 30 Arbeitsspiele/h (Trommelmischer):
21 m³/h · 750/1000 = 16 m³/h verdichteter Beton

bei 50 Arbeitsspiele/h (Teller-/Trogmischer):
34 m³/h · 750/1000 = 25 m²/h verdichteter Beton

Bild 9.2 Betonmischer: Nomogramm zur Leistungsermittlung

2.2 Zuschlaglagerung

Horizontalanlagen

Auf Baustellen können die Zuschläge in Sternanlagen mit Schrapper und in offenen Silos (Taschensilos und Reihensilos) gelagert werden. Für die Silofüllung von den Seitendeponien aus ist ein Radlader erforderlich.

Vertikalanlagen

Diese sogenannten Mischtürme werden nur bei stationären Großanlagen (Lieferwerke, Fertigteilwerke, Talsperrenbau) verwendet.

Tafel 9.8 Übersicht über die Zuschlaglagerung auf Baustellen

Bauart und Einsatzbereich der Anlage	Lagervolumen in m³	Aktivvolumen in m³	Anlagenleistung in m³/h fest
Sternanlage Hochbaustellen	300 500 bis 800	50 60 bis 75	bis 15 20 bis 30
Sternanlage Ingenieurbau (Straßenbau)	1000 1500 2000 3500	90 110 150 150	bis 30 45 bis 60 60 bis 90 90 bis 120
Taschensilo Ingenieurbau		30 bis 40 30 bis 40 40 bis 60	15 30 bis 60 60 bis 90
Reihensilo Straßenbau		40 bis 80 80 bis 120 120 bis 150	60 bis 90 90 bis 120 120 bis 180

Zuteilstern

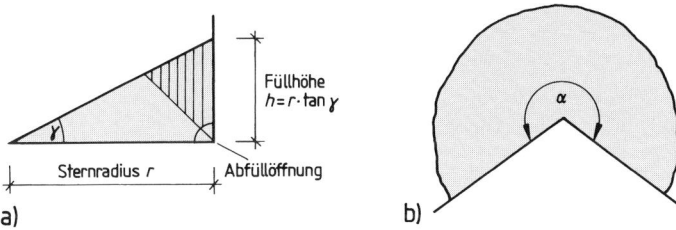

Bild 9.3   Berechnung des Lagervolumens eines Zuteilsterns
a) Querschnitt, b) Grundriß

$\gamma =$ Schüttwinkel der Zuschlagsstoffe
$\sim 30°$ bis $40°$

$\alpha =$ Öffnungswinkel des Zuteilsterns
(Für Vollkreis $\alpha = 2\pi = 360°$
Für Halbkreis $\alpha = \pi = 180°$)

Die Lagerkapazität eines Zuteilsterns beträgt:

$$V_{ST} = \frac{1}{3}\,\pi \cdot r^2 \cdot \frac{\alpha}{360°} \cdot h\,[\text{m}^3] \quad \text{oder} \quad V_{ST} = \frac{1}{3}\,\pi \cdot r^3 \cdot \frac{\alpha}{360°} \cdot \tan\gamma\,[\text{m}^3]$$

Außer dem Gesamtvorrat V_{ST} ist der aktive Vorrat V_A von Wichtigkeit. Dieser Vorrat kann durch Schwerkraft abfließen und auch bei Schrapperausfall entnommen werden. Die Ermittlung dieser Menge empfiehlt sich auf der Baustelle und ist von verschiedenen Faktoren abhängig, wie Schüttwinkel, Kornform, Korngröße, Oberflächenfeuchte, Schütthöhe usw.

9

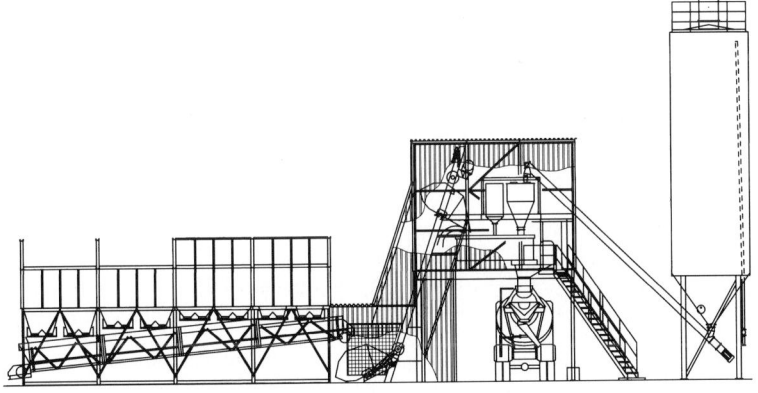

Bild 9.4   Betonmischanlage Mobilmix 2,0 mit Reihensilo (Liebherr)

2.3   Transportbetonmischer

DIN 1045, Abschn. 5.4.6: Beton der Konsistenz KS (F1) darf in Muldenfahrzeugen transportiert werden. Einbau max. 45 min nach Wasserzugabe. Betone mit den Konsistenzen KP (F2), KR (F3) und KF (F4) dürfen nur in Mischfahrzeugen (Transportbetonmischer) transportiert werden und müssen spätestens 90 min nach Wasserzugabe eingebaut sein (oder Zugabe von Verzögerer).

Baumaschinen

Bild 9.5 Transportbetonmischer (Stetter)

Tafel 9.9 Transportbetonmischer

Lkw-Typ	zul. Gesamt-gewicht in t	Trommel-volumen in m³	Fest-beton-inhalt in m³
3-Achser	26	10 bis 12,5	6 bis 7
4-Achser	32	14 bis 16	8 bis 9
Sattelzug	40	16 bis 21	9 bis 12

2.3.1 Technische Daten

Kenngröße nach Baugeräteliste [26]: Füllung in m³ Festbeton

Nenninhalt nach DIN 459: Das 0,95-fache des Wasservolumens bei in Mischrichtung drehender Trommel.

Bauart: Transportbetonmischer sind Trommelmischer mit Umkehraustragung. Sie sind zum Transport fertig gemischten Betons (werksgemischter Beton) konzipiert. Für die Mischung im Fahrzeug (fahrzeuggemischter Beton) sind besondere Auflagen und Mischzeiten von ca. 10 min (DIN 1045) oder Sonderkonstruktionen erforderlich.

Drehzahlen: Mischen 4 bis 12 min^{-1}, Rühren 2 bis 6 min^{-1}
Mischdauer: ≥50 Umdrehungen, d.h. ca. 5 bis 13 min

2.3.2 Leistungsermittlung

Die Leistung der Transportmischer hängt im wesentlichen von der Ladezeit (Mischergröße des Lieferwerkes), der Entleerzeit auf der Baustelle, der Fahrstrecke und der Fahrzeit ab. Alle diese Zeiten müssen im Einzelfall abgeschätzt werden.

Hier muß sich der Bauleiter auf die Erfahrung des Disponenten im Lieferwerk verlassen.

2.4 Betonpumpen
2.4.1 Technische Daten

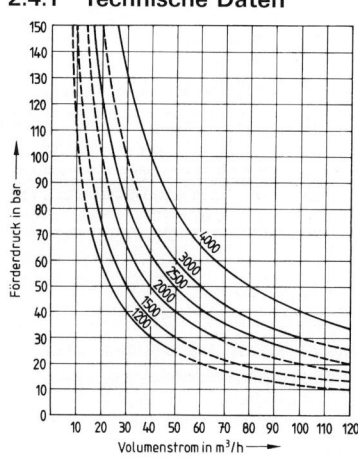

Bauarten: 2-Zylinder-Kolbenpumpe mit ölhydraulischem Antrieb (Sonderbauart: Rotor-Betonpumpe).

Kenngröße [26]

bei stationären und Anhänger-Betonpumpen:
stündlicher Volumenstrom [m³/h] · Druck [bar]

bei Autobetonpumpen mit Verteilermast:
maximaler stündlicher Volumenstrom [m³/h] und maximale horizontale Reichweite [m] bei DN 125

Bild 9.6
Betonpumpen: Kennlinien [26]

Bild 9.7 Baustellenbetonpumpe (Reich)   Bild 9.8 Auslegerpumpe (Putzmeister)

Die Betonpumpen werden als stationäre Pumpen, als Anhängerpumpen mit Diesel-
oder Elektroantrieb und als Autobetonpumpen mit Antrieb vom Fahrzeugmotor angeboten. Diese sind meist mit einem Verteilermast ausgerüstet.

Baustellenbetonpumpen

Sie sind mit einem Einachs-Anhängerfahrwerk ausgerüstet und werden auf der
Baustelle mit fest angeschlossenen Förderleitungen stationär eingesetzt. Zur Verteilung des Betons am Ende der Förderleitung werden Rundverteiler, versetzbare Ver-
teilermaste oder Schalungsstutzen (Tunnelbau) angeschlossen. Es sind Förderwei-
ten bis 2000 m und Förderhöhen bis 400 m erreichbar.

Tafel 9.10   Baustellenbetonpumpen: Beispiele

Kenngröße in m³/h · bar	Motor- leistung in kW	Zylinder- durchmesser in mm	Hub in mm	max. Hubzahl in 1/min	max. Druck in bar	max. Förderleistung in m³/h[1])
1 000	33	120	1 000	30	75	20
1 200	37	180	1 000	30	44	40
3 300	132	200	1 600	30	110	90
4 000	160	230	2 100	26	100	120
6 000	240	200	2 100	26	200	110
14 000	370	180 bis 280	2 100	26	260	200

[1]) unverdichteter Frischbeton

Autobetonpumpen

Zum schnellen Einsatzwechsel sind bei diesen Geräten eine Betonpumpe und ein
Verteilermast auf einem Lkw aufgebaut. Lediglich große Baufirmen halten einige
Autobetonpumpen in ihrem Gerätebestand. Hauptsächlich werden diese Geräte für
Kurzeinsätze im Zusammenhang mit Transportbetonlieferungen angemietet.

Tafel 9.11   Autobetonpumpen mit Verteilermast: Beispiele

Typ	Fahrgestell	Zylinderdurch- messer/Hub in mm	Fördermenge bis in m³/h	Betondruck bis in bar	Ausleger Höhe/Weite/Tiefe in m
27.06	2-Achs-Lkw	20/1400	66	105	23/26/17
36.16	3-Achs-Lkw	23/2100	160	130	36/42/25
42.20	4-Achs-Lkw	28/2100	200	85	42/38/29
62.20	6-Achser- Sonderfahrzeug	28/2100	200	85	62/58/47

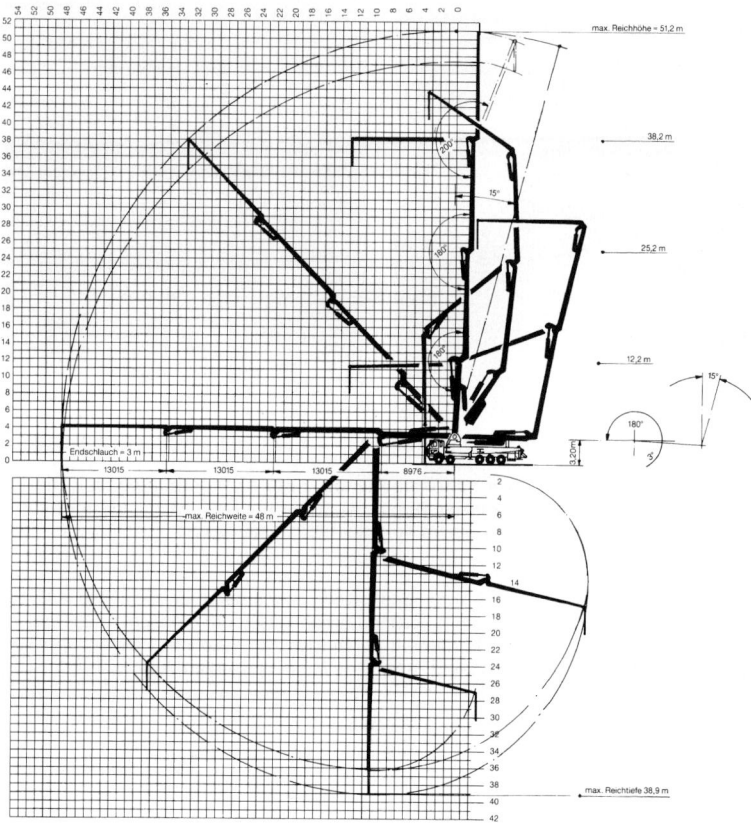

Bild 9.9 Betonpumpen: **Auslegerpumpe** (Schwing)

Leistungsermittlung

Da die Förderleistung von den technischen Randbedingungen (geometrische Förderhöhe, Rohrdurchmesser, Rohrlänge) und der Betonkonsistenz abhängt, bietet sich die graphische Methode an:

Grundleistung Q_B: Das folgende Nomogramm (Bild 9.10) gestattet sowohl die Ermittlung der Leistung einer Pumpe bei vorgegebenen Bedingungen wie auch die Auswahl der geeigneten Pumpe und Rohrleitung für eine vorgegebene Förderleistung.

Die Pumpenhersteller stellen genauere Nomogramme für ihre Geräte zur Verfügung.

Der **Leitungswert L** ist die Summe aus der gesamten geometrischen Rohrlänge in m und den Zuschlägen für Rohrwiderstände aus Rohrbögen: je 30° = 1 m, z. B. für 2 Bögen à 90° 6 m

Für Autobetonpumpe mit Verteilermast: L = Ausladung in m + 10 m.
Die Reichweite des Mastes wird in die **Förderhöhe** eingerechnet.

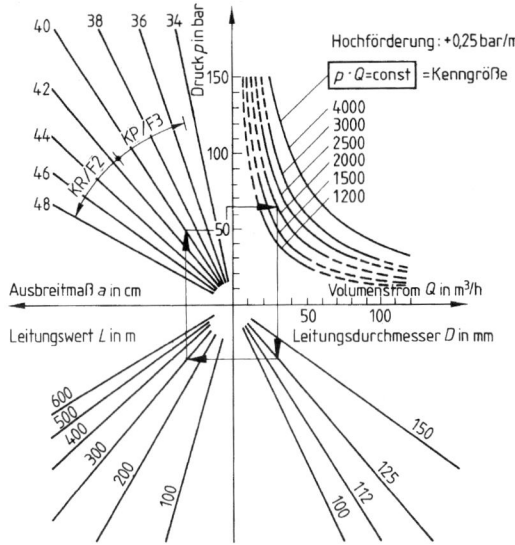

Bild 9.10
Betonpumpen: Nomogramm zur Ermittlung der Grundleistung
(Schwing)

Erforderliche Antriebsleistung P in kW

$$P = \frac{Q_B \text{ in m}^3/\text{h} \cdot p \text{ in bar}}{25} \text{ [kW]}$$

Die Konstante 25 enthält die Dimensionsumrechnung und einen Anlagenwirkungsgrad von ca. 0,7.

Nutzleistung $Q_A = Q_B \cdot f_E$ [m³ unverdichteter Beton/h]

f_E Nutzleistungsfaktor, s. Tafel 9.2

Die Baustellen- und Betriebsbedingungen einer Baustelle, insbesondere die Kontinuität der Anlieferung und die Einbauleistung der Kolonne, wirken sich erheblich auf die erzielbare Nutzleistung aus. Vielfach sind diese Einflüsse sogar leistungsbestimmend, so daß die Leistungsermittlung der Betonpumpe lediglich eine Kontrollfunktion hat.

Beispiel Vorgaben:

gewünschte Einbauleistung	$Q_A = 20 \text{ m}^3/\text{h}$
erforderliche Grundleistung	$Q_B = Q_A/f_E$
mit $f_N = 0,65$ aus Tafel 9.2:	$20/0,65 = 30 \text{ m}^3/\text{h}$
geometrische Förderhöhe	$H = 60 \text{ m}$
Durchmesser der Förderleitung	$D = 125 \text{ mm}$
Leitungswert = Länge der Förderleitung + Zulagen für Formstücke	$L = 300 \text{ m}$
Ausbreitmaß des Betons	$a = 40 \text{ cm}$

Pumpenkenngröße aus Nomogramm (Bild 9.10):
erforderlicher Förderdruck $p = 50 \text{ bar} + 60 \text{ m} \cdot 0,25 \text{ bar/m} = 65 \text{ bar}$
Pumpenkenngröße $Q_B \cdot p = 30 \text{ m}^3/\text{h} \cdot 65 \text{ bar} \cong 2000 \text{ m}^3/\text{h} \cdot \text{bar}$
erforderliche Antriebsleistung $P = \dfrac{Q_B \cdot p}{25} = \dfrac{2000 \text{ m}^3/\text{h} \cdot \text{bar}}{25} = 80 \text{ kW}$

3 Hebezeuge

3.1 Turmkrane

3.1.1 Technische Daten

Turmkrane für den Baustelleneinsatz sind nach DIN 15018 in Hubklasse H1 und Beanspruchungsgruppe B3 einzustufen.

Kenngröße nach Baugeräteliste [26]: Nenn-Lastmoment in tm

Für Turmkrane mit einer bestimmten Ausleger- und Kranhakenausrüstung gilt:

Lastmoment = Traglast · Ausladung = konstant (s. Bild 9.13 und 9.14).

Bauarten und übliche Größen

Untendreher		Lastmoment	Ausladung	Hakenhöhe
	Faltkrane	10 bis 30 tm	13 bis 25 m	12 bis 35 m
	Schnelleinsatzkrane	22 bis 100 tm	20 bis 50 m	19 bis 35 m

Die Falt- und Schnelleinsatzkrane werden ohne Ballast als komplette Einheit transportiert und sind selbstaufrichtend und selbstballastierend. Faltkrane werden selten mit Fahrwerken ausgerüstet, Schnelleinsatzkrane können mit und ohne Schienenfahrwerk arbeiten.

Obendreher		Lastmoment	Ausladung	Hakenhöhe freisteh./abgestützt
	Citykrane	45 bis 240 tm	60 bis 100 m	30 bis 85 m
	Kletterkrane	100 bis 500 tm	60 bis 100 m	15 bis 135 m/bis ca. 250 m

Die obendrehenden Krane werden in Bauteilen transportiert und mit Hilfe eines Autokrans montiert und ballastiert. Die Citykrane können mit verschiedenen Turmhöhen montiert werden, die Kletterkrane passen sich durch schrittweises Klettern mit Hilfe eines Kletterwerks dem Baufortschritt an. Die Bauteile sind meist austauschbar, so daß ein Kran wahlweise mit fester Turmhöhe oder mit einem Kletterwerk versehen werden kann. Für größere Hakenhöhen kann der Kranturm am Bauwerk abgestützt werden. Allerdings sind dann spezielle Hubwerke notwendig.

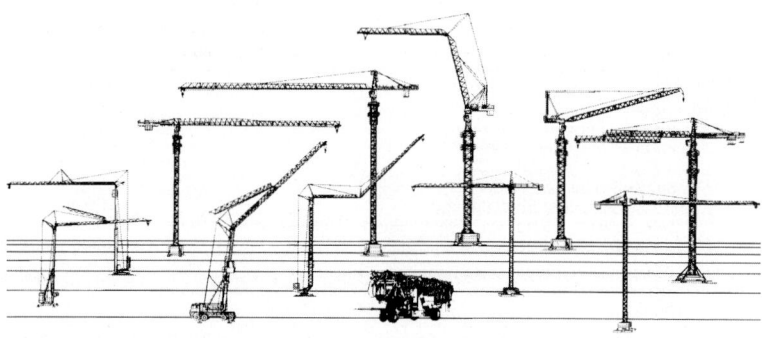

Bild 9.11 Turmkrane: Bau- und Auslegerformen (Liebherr)

Auslegerformen
- Verstellausleger, auch Wipp- oder Nadelausleger genannt (nur noch selten)
- Horizontal- oder Laufkatzausleger
- Laufkatz-Teleskopausleger
- Laufkatz-Knickausleger

Zubehör
Schienenfahrwerke, auch kurvengängig, Funkfernsteuerung

Einsatz
Turmkrane werden für Hub- und Transportarbeiten im Hoch- und Ingenieurbau bei mittel- und langfristiger Bauzeit als Bereitstellungsgerät und ab ca. 200 tm Lastmoment für die Montage von Fertigteilen im Geschoßskelett- und Großtafelbau als Leistungsgerät eingesetzt.

Stromverbrauch
- 0,10 bis 0,25 kWh je kW installierte Leistung und Stunde, stark abhängig von der Auslastung
- Schmier- und Pflegestoffe 5 bis 10% der Stromkosten.

Bild 9.12 Turmkrane: Aufrichten und Ballastieren eines Faltkrans (Liebherr)

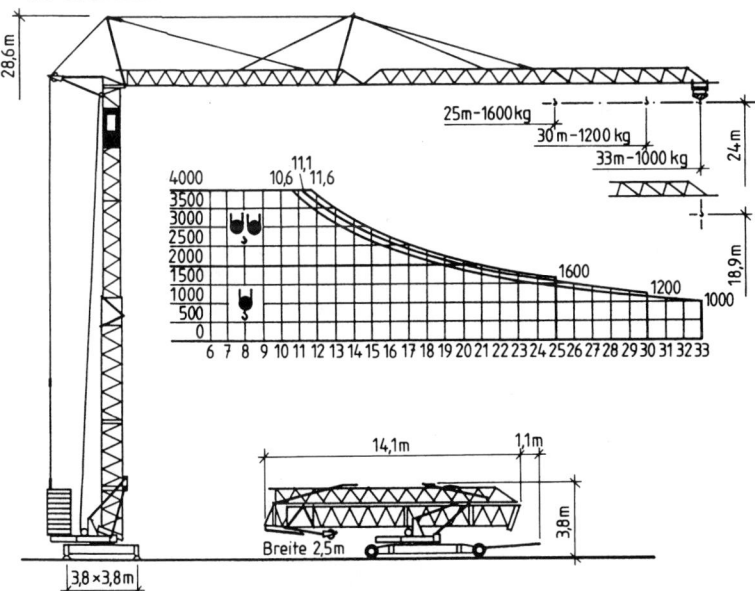

Bild 9.13 Turmkrane: Schnelleinsatzkran (Untendreher) mit Lastmomentverlauf (Pekazett)

487

Baumaschinen

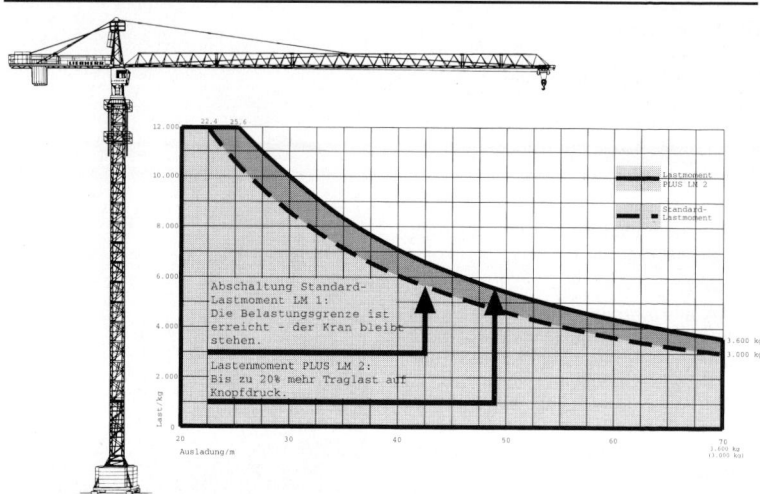

Bild 9.14 Turmkrane: Kletterkran (Obendreher) mit Lastmomentkurven (Liebherr)

Tafel 9.12 Turmkrane: Beispiele

Typ	max. Last-mo-ment in tm	Aus-ladung (von–bis) in m	zugehörige Tragkräfte in t	max. Haken-höhe freist. in m	Mo-tor-lei-stung in kW	Drehen in 1/min	Katz-fahren in m/min	Heben in m/min	Schie-nen-fahrt in m/min
Faltkrane									
ZSR14	6	2,3 bis 14	0,8 bis 0,40	13	5	0,9	30	8 30	–
CK2006	12	2,3 bis 20	1,2 bis 0,60	17	6	0,9	30	8 32	–
FK20	20	2,8 bis 23	2,0 bis 0,70	30	15	1,0	30	5 22 45	30
Schnelleinsatzkrane									
SMK203	25	2,4 bis 25	3,0 bis 1,00	20	14	0 bis 0,8	30	7 20 40	25
45K	45	3,3 bis 36	4,0 bis 1,25	26	25	0 bis 0,9	20 40	6 25 50	25
102K	102	4,0 bis 50	8,0 bis 1,00	31	48	0 bis 0,8	8 28 64	6 25 50	25
Obendreher									
30LC	30	2,3 bis 30	2,5 bis 1,00	31	30	0,8	9 30 60	6 26 48	25
E10/14C	63	2,3 bis 45	4,0 bis 1,40	43	35	0,8	14 bis 42	11 bis 60	25
140EC-H	140	2,8 bis 60	10,0 bis 1,25	68	50	0,7	10 34 67	8 bis 95	25
180EC-H	180	2,2 bis 60	12,0 bis 2,05	68	91	0,8	12 40 80	1,7 bis 80	27
380EC-H	355	3,2 bis 75	16,0 bis 3,00	86	115	0,6	0 bis 96	1,3 bis 166	25

3.1.2 Bemessung (s. unter 1.2.1)

Der Turmkran ist in der Regel kein Leistungs-, sondern ein Bereitstellungsgerät. Entsprechend ist sein Einsatzfaktor maximal 50%:

Turmkraneinsatz auf Baustellen mit Beton- und Mauerarbeiten:

— Betonieren	20%
— Mauerarbeiten	15%
— Schalen und Bewehren	10%
— Sonstiges	5%
— Wartezeiten	50%

Ermittlung der notwendigen Kranzahl

Tafel 9.13 Richtwerte für die Zahl der Arbeiter/Kran

Bauweise	Belegschaft (gewerblich)		
	Produktive Arbeiter	mit Aufsicht und Kranführer	mit Urlaub und Krankenanteil
Ortbeton	14	18	20
Ortbeton und Mauerwerk	16	19	22
Fertigteilmontage	3	5	6

Tafel 9.14 Richtwerte für die Bauleistung/Kran

Monatliche Leistung		Hauptbauzeit	Gesamtbauzeit
Baustoffe	in kN	10000	5000
BRI	in m³	2000	1000
Stunden	in h	4000	2000

Richtwerte für Einzelleistungen

— Konventionelle Schalung	0,13 Kran-h/m²
— Betoneinbau mit Kübel	0,12 Kran-h/m³
— Mauerarbeiten	0,08 Kran-h/m³

Leistungsermittlung

Für bestimmte Arbeiten, z.B. Betonieren mit dem Kübel, kann es notwendig sein, die Transportleistung des Krans zu ermitteln:

Grundleistung

$$Q_B = \frac{V_R \cdot 60}{t} \quad \text{[Einheit/h]}$$

Nutzleistung

$$Q_A = Q_B \cdot f_E \quad \text{[Einheit/h]}$$

V_R	Transportmenge je Arbeitsspiel [m³, t, Stück]
t	Gesamtspielzeit $= t_{fix} + t_{var} - t_{üb}$ [min]
f_E	Nutzleistungsfaktor (s. Tafel 9.2)

Ermittlung der Teilspielzeiten

Fixzeiten t_{fix}

— Kübel füllen	0,7 bis 0,8 · V [min]
— Kübel entleeren	0,6 bis 0,8 · V [min]
— Lasten anschlagen	0,7 bis 2,0 [min]
— Lasten abschlagen	0,4 bis 1,0 [min]

Ermittlung der Einzelzeiten aus dem folgenden Diagramm (Bild 9.15)[33]

Überlappungszeiten $t_{üb}$. Zu ihrer Ermittlung ist es notwendig, ein auf die speziellen Bedingungen der Baustelle abgestimmtes Spielzeitdiagramm aufzustellen:

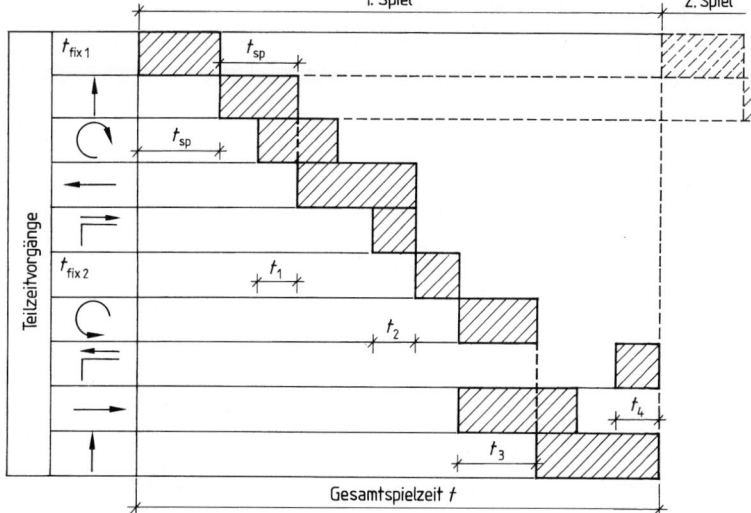

t_1 bis $t_4 \cong$ Überlappungszeiten

▨ $\cong$ Einzelkranspielzeiten t

t = $\Sigma t_{sp} - \Sigma t_{1 \text{ bis } 4}$

Bild 9.15 Turmkrane: Spielzeitdiagramm (Beispiel)

3.2 Fahrzeugkrane

3.2.1 Technische Daten

Fahrzeugkrane für den Baustelleneinsatz sind nach DIN 15018 in Hubklasse H 2 und Beanspruchungsgruppe B 3 und B 4 einzustufen, die angegebenen Traglasten überschreiten nicht 75% der Kipplast.

Kenngröße nach Baugeräteliste [26] : max. Lastmoment bei angeg. Ausladung

Das bei Turmkranen als Kenngröße gewählte Lastmoment hängt bei Fahrzeugkranen vom jeweils wechselnden Betriebszustand ab. Die Vielzahl möglicher Betriebszustände ergibt entsprechend viele Lastmomentkurven. Die Lastmomentkurven bei Fahrzeugkranen fallen außerdem mit zunehmender Ausladung steil ab, d.h. die maximale Traglast ist in der Praxis kaum nutzbar. Daher ist das Lastmoment als Kenngröße ungeeignet. Auch die Angabe der maximalen Traglast stellt keine allgemein vergleichbare Aussage dar.

Betriebszustände (Beispiele)

— Last nur heben/heben und verfahren
— Kran abgestützt/nicht abgestützt
— Last heben vor Kopf oder Last drehen
— Drehbereich unbegrenzt/begrenzt
— Gegengewicht montiert/nicht montiert
— Gegengewicht ausgefahren/
  nicht ausgefahren
— Zusatz-Gegengewicht montiert/
  nicht montiert
— Länge und Art des Auslegers
— Zahl der ausgefahrenen Teleskope
— Klappspitze aufgesetzt/nicht aufgesetzt
— Hakenflasche ein-/mehrsträngig
— Art und Gewicht des Lastaufnahmemittels

Bauarten

Fahrwerke: Raupen, Reifen bis 40 km/h (Mobilkran) und über 60 km/h (Autokran).
Ausleger: Gitter (für hohe Lasten, aber aufwendige Montage), Teleskop (schwer, aber schnell aufrüstbar), Laufkatzausleger (selten).

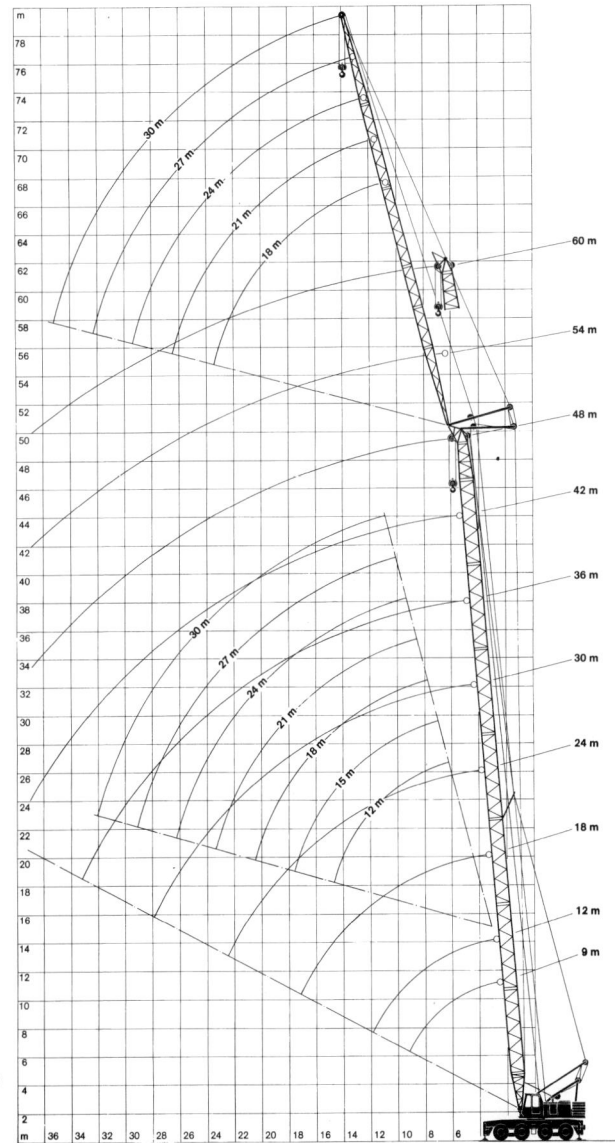

**Bild 9.16
Fahrzeugkrane:
Mobilkran mit
Gitterausleger**
(DEMAG)

Raupenkrane. Seilbagger bzw. Seilträgergeräte mit Gitterausleger.
Einsatz: Schwieriges Gelände, Rohrleitungsbau.

Mobilkrane selbstfahrend mit 25 bis 40 km/h, die Motorleistung ist für den Kranbetrieb bemessen.
Ausleger: meistens Gitterausleger

Einsatz: mittel- bis langfristig als mobiles Baustellengerät, größere Krane als Montagekrane im Fertigteilbau, meist im Bauunternehmen.

Autokrane mit autobahntauglichem Unterwagen, über 60 km/h, die Motorleistung ist für den Fahrbetrieb bemessen (ca. dreimal so hoch wie für den Kranbetrieb).
Ausleger: kleine und mittlere Autokrane mit Teleskopausleger, große Geräte für Schwerlastbetrieb auch Gitterausleger.

Einsatz: kurzfristig an wechselnden Einsatzorten, meist im Kranverleih.

Allterrainkrane. Sonderform der Mobil- oder Fahrzeugkrane mit Allradantrieb, kurzen Radständen, großvolumigen Reifen und (veränderbarer) großer Bodenfreiheit zum Einsatz in schwierigem Gelände und auf der Straße.

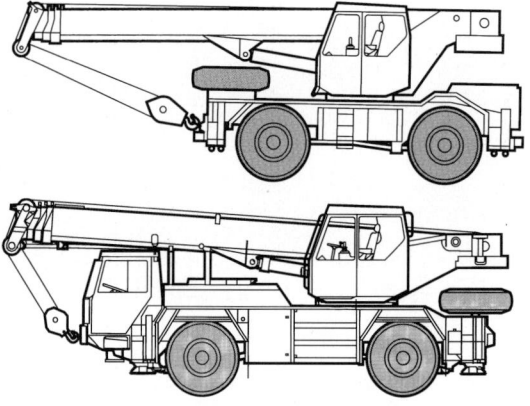

**Bild 9.17
Fahrzeugkrane:
Mobil- und Autokran
mit Teleskopausleger**
(Liebherr)

Tafel 9.15   Fahrzeugkrane: Beispiele

Typ[1]), [2])	maximale Traglast	maximale Höhe/Ausladung	Fahrgeschwindigkeit	Motorleistung
	in t	in m	in km/h	in kW
612R (R, G)	9	20/18	5	52
LTM 1025 (A, T)	25	41/30	71	170
AMK 46-22 (AT, T)	30	32/26	72	204
MC 300 (M, G)	100	80/40	18	112
CC 600 (R, G)	140	110/72	5	196
LG 1550 (A, G)	550	165/116	66	300 + 390
AMK 800-103 (A, T)	800	142/80	72	186 + 450

[1]) R = Raupenkran, M = Mobilkran, A = Autokran, AT = Allterrainkran
[2]) T = Teleskopausleger, G = Gitterausleger

Kraftstoffverbrauch

— Fahrbetrieb: 0,16 bis 0,19 Liter/kWh
— Kranbetrieb: 0,05 bis 0,10 Liter/kWh
— Schmier- und Pflegestoffe 10 bis 12% der Kraftstoffkosten.

3.2.2 Leistungsermittlung

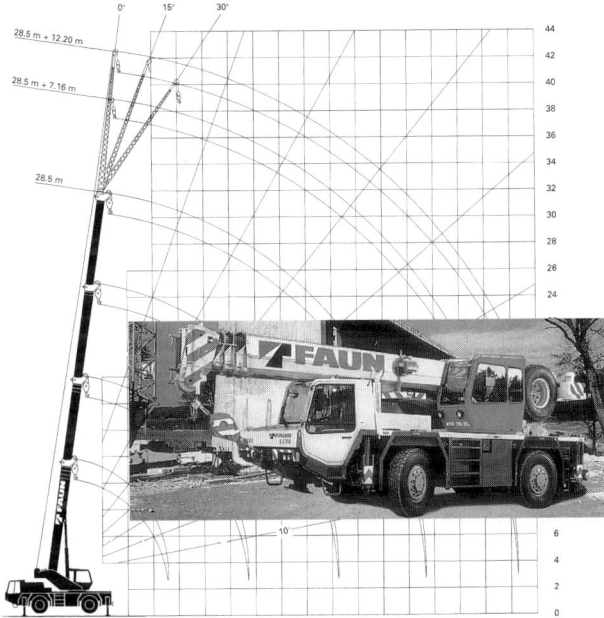

**Bild 9.18
Fahrzeugkrane:
Allterrain-Auto-
kran mit Teles-
kop- und
Spitzen-
ausleger** (Faun)

Die **technische Bemessung** zur Ermittlung der erforderlichen Geräteart und -grö-
ße ist nur mit Hilfe der vom Hersteller zur Verfügung gestellten Traglast-Tabellen
oder -kurven für die verschiedenen Be-
triebszustände möglich. Dabei ist neben
dem Gewicht und der Abmessung der
zu hebenden Last der mögliche Kran-
standort in Grundriß (Ausladung) und
Aufriß (Hubhöhe) darzustellen.

Die **kapazitive Bemessung** zur Ermittlung der Kranzahl und der Einsatzdauer entspricht der Bemessung der
Turmkrane. Es ist jedoch zu berücksichtigen, daß Fahrzeugkrane, insbesondere
bei Montagearbeiten mit erhöhter Ge-
nauigkeitsanforderung, deutlich langsamer arbeiten.

Bei kurzfristigen Einsätzen spielt die
Dauer der An- und Abfahrt sowie des
Auf- und Abrüstens des Krans eine wesentlich größere Rolle als der Einsatz
selbst.

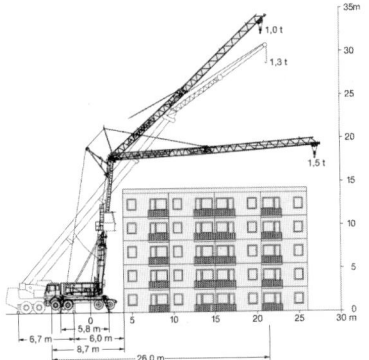

**Bild 9.19
Fahrzeugkrane: Vergleich Autokran
mit Teleskopausleger und mit
TK-Aufsatz** (Liebherr)

493

3.3 Teleskopstapler

Teleskopstapler haben sich aus den in der stationären Industrie bekannten Gabelstaplern entwickelt. Sie werden heute zunehmend im Baubetrieb eingesetzt, und zwar dort, wo sich der Aufbau eines Krans nicht lohnt. Die Geräte können auf eigener Achse zur Baustelle fahren, Fahrgeschwindigkeit 20 bis 25 km/h.

Neben dem Einsatz als Hubgerät mit Hubgabel können sie durch Anbauteile universell eingesetzt werden:

Ladeschaufel, Planierschild, Anbaubagger, Betonkübel, Steingreifer, Spitzenausleger mit Kranwinde, Hubkorb (Hängegondel), Arbeitsbühne (mit Steuerung von oben für Einmannbetrieb).

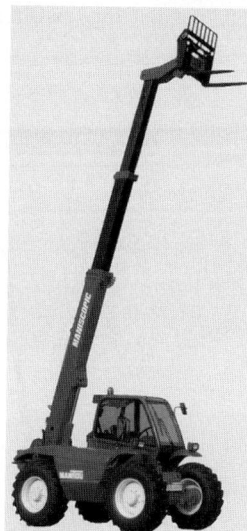

Tafel 9.16 Teleskopstapler: Beispiele

Hersteller/Modell	Leistung in kW	Gewicht in t	Max. Hubhöhe/ Tragkraft in m/t	Max. Reichweite/ Tragkraft in m/t
Teleskopstapler mit Allradlenkung				
JCB Loadall 530-70	79	6,8	7,00/2,4	3,70/1,0
Manitou MVT 935	67	7,8	9,00/1,8	6,50/0,5
Caterpillar TH 83	75	10	12,50/2,0	8,10/1,5
Sambron 30180	78	12,4	18,00/1,0	13,70/0,5
Teleskopstapler mit drehbarem Oberwagen, Werte abgestützt				
Manitou MRT 1840	78	14,2	18,00/2,0	14,80/0,2

Bild 9.20 Stapler: Teleskopstapler (Manitou)

3.4 Aufzüge

3.4.1 Technische Daten

Kenngröße: Traglast [kg]

Bauarten

Schrägaufzug (Leiteraufzug mit Seilantrieb) als Anlegeaufzug oder auf Anhänger

— Tragkraft	50 bis 200 kg
— Förderhöhe (Standard)	12 bis 25 m
— Förderhöhe senkrecht	57 m
— Förderhöhe schräg	20 bis 30 m
— Fördergeschwindigkeit	25 bis 30 m/min
— Antrieb	3 bis 5 kW

(s. Bild 9.21 auf S. 495)

Material-Senkrechtaufzug (mastgeführt) Seilantrieb oder Zahnstangenantrieb

— Tragkraft	200 bis 1200 kg
— Förderhöhe freistehend	9 bis 12 m
— Förderhöhe abgestützt	75 bis 120 m
— Fördergeschwindigkeit	20 bis 300 m/min
— Antrieb	5 bis 10 kW

(s. Bild 9.22 auf S. 495)

Personen- und Material-Senkrechtaufzug (mastgeführt) Zahnstangenaufzug

— Tragkraft	320 bis 4500 kg
— Förderhöhe (Standard)	100 bis 150 m
— Förderhöhe maximal	>250 m
— Fördergeschwindigkeit	30 bis 90 m/min
— Antrieb	20 kW

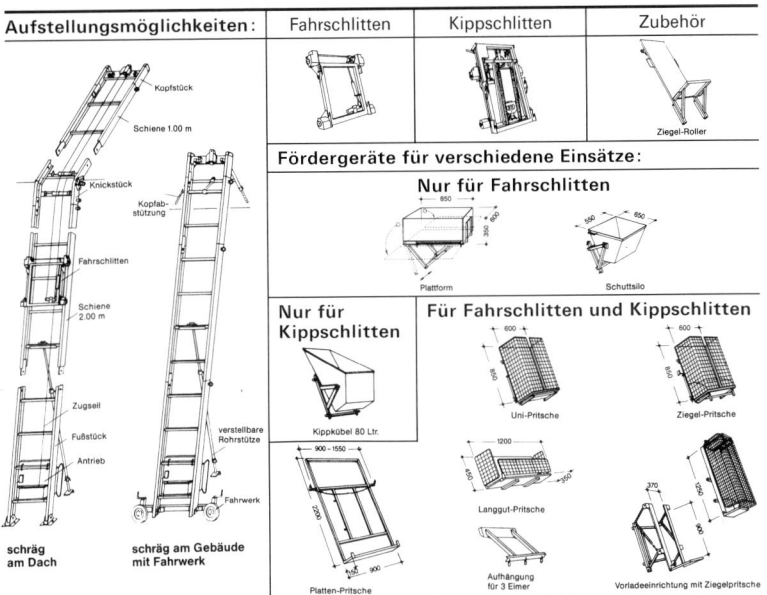

Aufstellungsmöglichkeiten:	Fahrschlitten	Kippschlitten	Zubehör

Fördergeräte für verschiedene Einsätze:

Nur für Fahrschlitten

Nur für Kippschlitten

Für Fahrschlitten und Kippschlitten

Bild 9.21 Aufzüge: Schrägaufzug mit Zubehör (Steinweg)

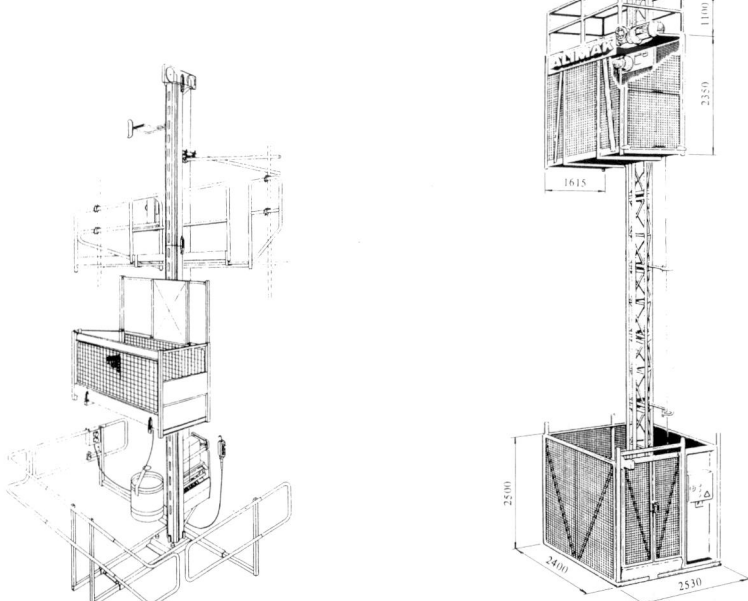

Bild 9.22 Aufzüge: Senkrechtaufzüge für Material und für Personen (Geda/Alimak)

Baumaschinen

Hersteller/Typ	System	Trag-fähigkeit in kg	Bühnen-maß in m	Hubge-schwin-digkeit in m/min	max. Höhe in m
Schienengeführte Schrägaufzüge					
Böcker Astro ES13	Anstellschiene 60 bis 90°	200		32	40
Steinweg Maxilift ML30	Anhänger, Knickschiene 60 bis 80°	200		30	30
Böcker HD36K/1-7	Anhänger, Knickschiene 60 bis 80°	200		30/60	57
Mastgeführte Senkrechtaufzüge für Material					
Geda Eurosky 200	Seil	200	1,40 × 0,75	30	40
AZO L200	Seil	200	1,45 × 0,95	30	90
Alimak Skando M500	Zahnstange	500	1,50 × 1,40	26	100
Steinweg Unilift UL1200	Zahnstange	1200	1,50 × 1,80	30	75
Mastgeführte Personen- und Materialaufzüge					
Steinweg Superlift 4/320	Zahnstange	320/4 Pers.	0,90 × 1,40	40	100
Alimak Skando P400	Zahnstange	400/5 Pers.	1,00 × 1,50	26	100
Geda 15P	Zahnstange	1200/15 Pers.	1,70 × 2,40	15/30	100
Alimak Skando 20/32	Zahnstange	2000/24 Pers.	1,50 × 3,20	40	240
Mastgeführte Arbeitsbühnen					
Geda 500ZP	Zahnstange	500/3 Pers.	1,60 × 1,40	12	100
Steinweg Worklift	Zahnstange	1000/5 Pers.	4,0 bis 7,20 × 1,30	12	100

3.4.2 Leistungsermittlung

Der Aufzug ist wie der Turmkran ein Bereitstellungsgerät, so daß eine Leistungs-ermittlung selten notwendig ist.

Grundleistung

$$Q_\text{B} = \frac{V_\text{R} \cdot 60}{t} \quad \text{[Einheit/h]}$$

Nutzleistung

$Q_\text{A} = Q_\text{B} \cdot f_\text{E}$ [Einheit/h]

V_R Transportmenge je Arbeitsspiel [m³, t, Stück]
t Gesamtspielzeit $= t_\text{fix} + t_\text{var}$ [min]
f_E Nutzleistungsfaktor (s. Tafel 9.2)

Ermittlung der Teilspielzeiten

Fixzeiten t_fix

− Kübel füllen	0,7 bis 0,8 · V [min]
− Kübel entleeren	0,6 bis 0,8 · V [min]
− Lasten aufladen	0,5 bis 4,0 [min]
− Lasten abladen	0,3 bis 1,0 [min]

Variable Zeiten t_var

− Heben und Senken: Geschwindigkeit nach Angaben des Herstellers bzw. aus 3.4.1

3.5 Mauerhilfen

Rationelle Mauerwerkstechniken mit großformatigen Steinen über 25 kg und Plan-blöcken erfordern maschinelle Hilfsmittel:

3.5.1 Minikrane

Diese Geräte (auch Steinversetzgeräte oder Manipulatoren genannt) nehmen in Kombination mit Greifzangen große Planblöcke oder mehrere Steine gleichzeitig auf und versetzen so 0,5 bis 1,0 m² Mauerwerk in einem Arbeitsgang.

Tafel 9.18 Mauerhilfen: Beispiele für Minikrane

Hersteller/Modell	Tragfähigkeit in t	Ausladung in m	Hubhöhe in m
Steinweg MK150	0,15	8,00	4,50
Steinweg MK400	0,40	5,00	4,50 bis 6,00
Baumann David	0,30	5,00	3,63

Bild 9.23 Mauerhilfen: Minikran MK300 zum Versetzen von großformatigem Mauerwerk (Steinweg)

3.5.2 Hub-Arbeitsbühnen

Hydraulisch verstellbare Hubarbeitsbühnen passen sich dem Arbeitsfortschritt an. Hubhöhen bis 1,65 m bzw. 3,65 m erlauben bei Breiten bis 5,00 m und Tragfähigkeiten von 4,0 bis 5,0 t zwei Arbeitsplätze und nehmen 2 Steinpaletten und Mörtelkübel auf. Auch mit Radsatz und Fahrantrieb lieferbar.

3.5.3 Mauermaschinen

Sie stellen eine Kombination von Hubarbeitsbühne und Steinversetzgeräten dar. Sie werden mit einem oder zwei Manipulatoren geliefert. Auch die Mörtelversorgung vom Silo über Schneckenpumpen mit Verteilung über Schwenkarme kann angeschlossen werden. Kosten etwa 50000,– DM.

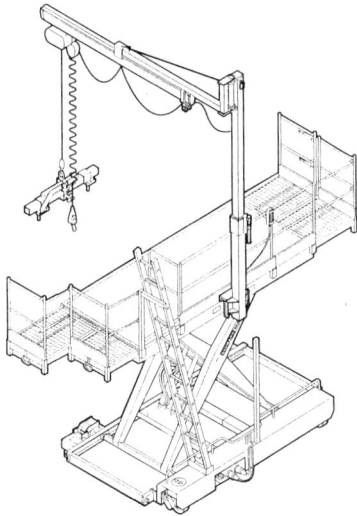

Bild 9.24 Mauerhilfen: Mauermaschine =Hubarbeitsbühne mit Minikran (Baumann)

497

4 Maschinen für den Erdbau

4.1 Ladefaktoren

Der **Ladefaktor f_L** drückt das Verhältnis des Füllungsfaktors f_F zum Auflockerungsfaktor f_S aus (s. Tafel 9.1):

$$f_L = f_F / f_S.$$

Vorsicht: Der Auflockerungsfaktor f_A der alten DIN 24095, die 1995 durch die DIN ISO 9245 „Erdbaumaschinen, Leistung der Maschinen" ersetzt wurde, ist der Reziprokwert des Faktors f_S, also kleiner als 1,00. Der Ladefaktor f_L berechnete sich nach alter DIN zu $f_L = f_F \cdot f_A$. Diese verwirrende Umstellung muß bei der Berechnung des Ladefaktors f_L sorgfältig beachtet werden.

Die Faktoren f_F und f_S können in Abhängigkeit von der Bodenart und dem Erdbaugerät aus den Tafeln 9.20 und 9.21 entnommen werden.

Tafel 9.20 Bodenklassen und Auflockerungsfaktor f_S
Die Zahlenangaben sind mittlere Richtwerte. Neben der Korngröße und -verteilung ist der Wassergehalt der Böden von Einfluß auf den Auflockerungsfaktor. Genauere Werte sind jeweils durch Versuche zu ermitteln.

Bodenklasse nach DIN18300 Klassifizierung nach Lösbarkeit (in Klammern Beispiele)	Lagerung	Lagerungsdichte ϱ in t/m³	Auflockerungsfaktor f_S
1 Oberboden (Mutterboden) Oberste Schicht des Bodens, die neben anorganischen Stoffen, z.B. Kies-, Sand-, Schluff- und Tongemischen, auch Humus und Bodenlebewesen enthält. (Oberboden wird wegen der besonderen Behandlung getrennt aufgeführt)	locker	0,95	1,00
	mitteldicht	1,13	1,19
	dicht	1,37	1,45
2 Fließende Bodenarten Bodenarten, die von flüssiger bis breiiger Beschaffenheit sind und die das Wasser schwer abgeben.	— keine Angaben möglich —		
3 Leicht lösbare Bodenarten Nichtbindige bis schwachbindige Sande, Kiese und Sand-Kies-Gemische mit bis zu 15% Beimengungen an Schluff und Ton (Korngröße kleiner als 0,06 mm) und mit höchstens 30% Steinen von über 63 mm Korngröße bis zu 0,01 m³ Rauminhalt*) (z.B. Grobkies, Geröll, Gesteinsschotter)	locker	1,51	1,00
	mitteldicht	1,72	1,14
	dicht	1,86	1,23
Organische Bodenarten mit geringem Wassergehalt (z.B. feste Torfe, Schluffe und Tone mit organischen Beimengungen, Mudden, weich, schnittfest wie z.B. Seekreide, Kleie, Faulschlamm)	locker	0,95	1,00
	mitteldicht	1,13	1,19
	dicht	1,37	1,45

Fortsetzung und Fußnoten s. nächste Seite

Tafel 9.20, Fortsetzung

Bodenklasse nach DIN 18300 Klassifizierung nach Lösbarkeit (in Klammern Beispiele)	Lagerung	Lagerungs- dichte ϱ in t/m^3	Auf- lockerungs- faktor f_S
4 Mittelschwer lösbare Bodenarten			
Gemische von Sand, Kies, Schluff und Ton mit mehr als 15% der Korngröße kleiner als 0,06 mm (wie z.B. Auelehm, Geschiebe-	locker	1,34	1,00
	mitteldicht	1,70	1,27
lehm, Geschiebemergel mit <30 Gew.% Steinen 63/100 mm ⌀)	dicht	1,92	1,43
Bindige Bodenarten von leichter bis mittle- rer Plastizität, die je nach Wassergehalt	locker	1,47	1,00
weich bis halbfest sind und die höchstens 30% Steine von über 63 mm Korngröße bis	mitteldicht	1,75	1,19
zu 0,01 m^3 Rauminhalt*) enthalten (z.B. Hochflutlehm, Seeton, Geschiebemergel, Bänderton, Lößlehm, Keupermergel)	dicht	1,84	1,25
5 Schwer lösbare Bodenarten			
Bodenarten nach den Klassen 3 und 4, je- doch mit mehr als 30% Steinen von über	locker	1,45	1,00
63 mm Korngröße bis zu 0,01 m^3 Raum- inhalt*) und	mitteldicht	1,73	1,19
nichtbindige und bindige Bodenarten mit höchstens 30% Steinen von über 0,01 m^3 bis 0,1 m^3 Rauminhalt*) (z.B. Moräne- geschiebe, Felsgerölle)	dicht	2,11	1,45
Ausgeprägt plastische Tone, die je nach	locker	1,66	1,00
Wassergehalt weich bis halbfest sind (z.B.	mitteldicht	1,87	1,12
steife und zähe Schluffe und Tone)	dicht	2,02	1,22
6 Leicht lösbarer Fels und vergleich- bare Bodenarten			
Felsarten, die einen inneren, mineralisch	locker	1,55	1,00
gebundenen Zusammenhalt haben, jedoch stark klüftig, brüchig, bröckelig, schiefrig, weich oder verwittert sind, sowie ver- gleichbare feste oder verfestigte bindige oder nichtbindige Bodenarten (z.B. durch Austrocknung, Gefrieren, chemische Bin- dungen) (z.B. Tone sehr hoher Trocken- festigkeit, stark mit Steinen durchsetzt)	dicht	2,60	1,67
Nichtbindige und bindige Bodenarten mit mehr als 30% Steinen von über 0,01 m^3 bis	locker	1,70	1,00
0,1 m^3 Rauminhalt*) (z.B. gesprengter oder gerissener Fels)	dicht	2,26	1,33
7 Schwer lösbarer Fels			
Felsarten, die einen inneren, mineralisch gebundenen Zusammenhalt und hohe Ge- fügefestigkeit haben und die nur wenig klüftig oder verwittert sind und			
festgelagerter, unverwitterter Tonschiefer, Nagelfluhschichten, Schlackenhalden der Hüttenwerke und dgl.	$\geqq 2,26$	1,33 bis 2,00
Steine von über 0,1 m^3 Rauminhalt*).			

*) 0,01 m^3 Rauminhalt entspricht einer Kugel mit ca. 30 cm Durchmesser,
0,1 m^3 Rauminhalt entspricht einer Kugel mit ca. 60 cm Durchmesser

9

Baumaschinen

Tafel 9.21 Füllungsfaktor f_F für Erdbaugeräte

Bodenklasse nach DIN 18300 / Bodenarten nach DIN 18196	Hydr.-bagger	Seilbagger trok-ken	Seilbagger erd-feucht[5]	Seilbagger naß	Radlader trok-ken	Radlader erd-feucht[5]	Radlader naß	Pla-nier-raupe	Scraper	Transport-fahrzeuge trok-ken	Transport-fahrzeuge erd-feucht[5]	Transport-fahrzeuge naß
1 Oberboden (Mutterboden)	1,20	1,00	1,10	1,07	0,90	1,00	1,00	1,00	1,20	1,00	1,10	1,10
3 Leicht lösbare Bodenarten												
Sand, Kiessand (nicht bindig)	1,13	0,90	1,05	1,18	0,73	0,86	0,86	1,00	0,85 bis 0,95	0,92	1,08	1,10
Kies, Schotter (nicht bindig)	1,13	0,90	0,90	0,90	0,77	0,87	0,87	1,00	–	0,95	1,05	1,03
Sand, Kies (schwach bindig)	1,13	0,97	1,05	1,15	0,91	0,97	0,95	1,00	0,85 bis 0,95	0,98	1,12	1,10
Torf, Mudden (schnittfest)	–	1,15	1,05	0,85	–	–	–	–	–	–	–	–
4 Mittelschwer lösbare Bodenarten												
Sand-Kies-Gemisch (bindig) mit kleinen Steinen[1]	1,20	0,86	1,05	1,24	0,90	0,98	1,02	0,95	1,20 bis 1,40	1,02	1,12	1,10
Mergel, Schutt, lehm- und ton-haltige Böden mit kleinen Steinen[1]	1,20	–	0,82	0,78	–	0,93	0,99	0,95	1,20 bis 1,40	–	1,08	1,05
5 Schwer lösbare Bodenarten												
Gesteinsschotter, Geröll[2]	1,15	0,78	0,78	0,78	0,87	0,87	–	0,85	–	0,89	1,00	1,00
fest zusammen-hängende Böden mit Geröll und großen Steinen[3]	1,15	0,55	0,55	0,55	–	0,89	0,89	0,85	1,15 bis 1,25	1,00	1,05	1,02
6 Leicht lösbarer Fels und ver-gleichbare Bodenarten												
Gesprengter oder gerissener feinstückiger Fels[4]	0,95	0,55	0,55	0,55	0,80	0,80	0,80	0,80		1,00	1,06	1,06
grobstückiger Fels[4]	0,92	–	–	–	0,72	0,72	0,72	0,60		0,95	0,95	0,95

[1]) höchstens 30 Gew.% Steine bis 0,01 m³ nach DIN 18300
[2]) mehr als 30 Gew.% Steine bis 0,01 m³ nach DIN 18300
[3]) höchstens 30 Gew.% Steine zwischen 0,01 und 0,1 m³ nach DIN 18300
[4]) Steine mit mehr als 0,1 m³ nach DIN 18300 (0,01 m³ entspricht etwa 25 cm, 0,1 m³ ca. 50 cm Kantenlänge)
[5]) Feuchtigkeit: trocken = 0 bis 5%, erdfeucht = 5 bis 10%, naß = 10 bis 15%

4.2 Hydraulikbagger

4.2.1 Technische Daten

Kenngröße nach Baugeräteliste [26]: Motorleistung in kW
Fahrwerke
– Raupenfahrwerk
– Reifenfahrwerk (Mobilbagger)

Kraftstoffverbrauch
– 0,15 bis 0,18 Liter/kWh
– Schmier- und Pflegestoffe 10 bis 12% der Kraftstoffkosten

Einsatz

Hydraulikbagger — auch Universalbagger genannt — werden als Standgerät eingesetzt für Aushub und Laden von Boden aus Baugruben und Gräben. Üblich sind als Grabwerkzeug der Tieflöffel mit Verstell- oder Monoblockausleger für hohe Leistungen und der Greiflöffel mit Greiferstielen verschiedener Längen für den punktuellen Einsatz in engen Gräben. Die Ladeschaufelausrüstung wird im Baubetrieb selten eingesetzt.

Bagger mit Raupenfahrwerk eignen sich für schwere und nasse Böden und wenn eine hohe Standfestigkeit gefordert ist. Fahrgeschwindigkeiten 2 bis 5 km/h.

Mobilbagger mit Reifenfahrwerk sind auf trockenem und festem Untergrund beweglicher, richten weniger Schaden an und können auf der Straße mit 20 bis 25 km/h zu ihrem Einsatzort fahren, im Gelände werden 2 bis 8 km/h erreicht.

Bild 9.25 Hydraulikbagger: Mobilbagger mit Gelenkausleger und Tieflöffel (Caterpillar/ Zeppelin)

Bild 9.26 Hydraulikbagger: Raupenbagger mit Monoblockausleger und Ladeschaufel

Ausleger

— mehrfach knickbare Kurzausleger für beengte Verhältnisse, z. B. Tunnelbau
— seitlich am Fuß drehbare Ausleger für Arbeiten neben Hindernissen
— Kranausleger mit hydraulischer Seiltrommel

Werkzeuge

— Tieflöffel (TL)
— Lade-(Klapp-)Schaufel (KS)
— Zwei- und Mehrschalengreifer (GR)
— Verbaulöffel
— Grabenräum- und Profillöffel
— Sonderzubehör, z. B. Hydraulikhämmer und hydraulische Abbruchscheren

Anbaugeräte

— Bohrlafetten am Löffelstiel
— Teleskop- und Universalmäkler für den Einsatz von Bohrgeräten und Rammarbeiten
— Ramm-Bohreinrichtung

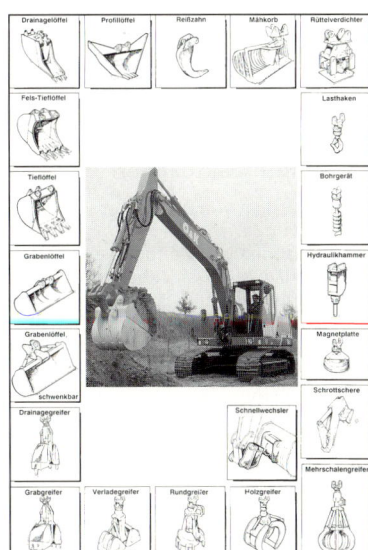

Bild 9.27 Hydraulikbagger: Arbeitsausrüstungen

9

Baumaschinen

Tafel 9.22 Hydraulikbagger: Beispiele

Leistung in kW	Gewicht[1] in t	max. TL in m³	max. GR in m³	max. LS, KS in m³	Neuwert[2] in DM
Raupenbagger					
40	8	0,3	0,3	–	160 000,–
50	10	0,4	0,4	–	200 000,–
60	14	0,5	0,5	–	250 000,–
70	16	0,7	0,7	–	290 000,–
80	18	0,9	0,9	1,2	325 000,–
90	19	1,2	1,0	1,4	350 000,–
100	20	1,4	1,2	1,6	385 000,–
125	25	1,6	1,5	1,8	500 000,–
150	34	1,9	1,8	2,0	650 000,–
200	44	2,3	2,0	2,5	800 000,–
250	55	3,5	3,0	3,4	950 000,–
300	65	5,0	3,5	5,1	1 100 000,–
Mobilbagger					
40	6	0,3	0,3	–	140 000,–
50	8	0,5	0,5	–	200 000,–
60	12	0,6	0,6	–	250 000,–
70	14	0,7	0,8	–	300 000,–
80	16	0,8	0,9	–	330 000,–
90	17	0,9	1,0	1,0	360 000,–
100	18	1,0	1,2	1,4	390 000,–
125	22	1,5	1,6	2,0	480 000,–
150	30	1,8	2,0	2,3	600 000,–
200	40	2,2	2,2	2,5	800 000,–

(TL=Tieflöffel, GR=Greifer, LS=Ladeschaufel, KS=Klappschaufel)
[1]) Gewicht des Gerätes mit Ausleger und Tieflöffel
[2]) Mittlerer Listenpreis mit Standardausrüstung Basis 1998 ohne Mehrwertsteuer

Bild 9.28 Hydraulikbagger mit Universalmäkler zum Rammen, Ziehen und Bohren (Krupp GfT)

4.2.2 Kompaktbagger

Mit Gewichten von 0,3 t bis etwa 6 t und Gerätebreiten von 0,60 bis 1,50 m sind die Kompakt- oder Minibagger für den Einsatz auf engstem Raum – auch innerhalb von Gebäuden – und für kleine Baggerarbeiten geeignet. Mit diversen Auslegern (z. B. horizontal abknickbar) und Zusatzgeräten wie zum Beispiel verschiedenen Löffeln, Planierschild, Hydraulikhämmern und Erdbohrern können sie vielfältige Arbeiten ausführen. Die Kompaktbagger sind mit einem Gummiketten-Raupenfahrwerk ausgerüstet, die Fahrgeschwindigkeit liegt bei 1,7 bis 5 km/Stunde. Die Leistungsberechnung ist nicht nach dem Schema des Abschnitts 4.2.3 möglich.

Tafel 9.23 Kompaktbagger: Beispiele

Hersteller, Typ	Gewicht in t	Leistung in kW	Breite in m	Löffelinhalt in m³	Reichweite/-tiefe in m
Komatsu PC01-1	0,3	3	0,58	0,01	1,05/1,93
Kubota KH21	0,7	6	0,90	0,02	1,50/2,66
JCB 8014	1,4	12	0,97	0,04	2,00/3,60
O & K RH1.15	1,5	13	0,98	0,06	2,30/3,80
Zeppelin ZR15	1,6	13	1,00	0,07	2,20/3,90
Gehl MB358	3,5	20	1,62	0,10	5,40/3,40
Bobcat X334	3,2	30	1,54	0,12	3,60/3,40

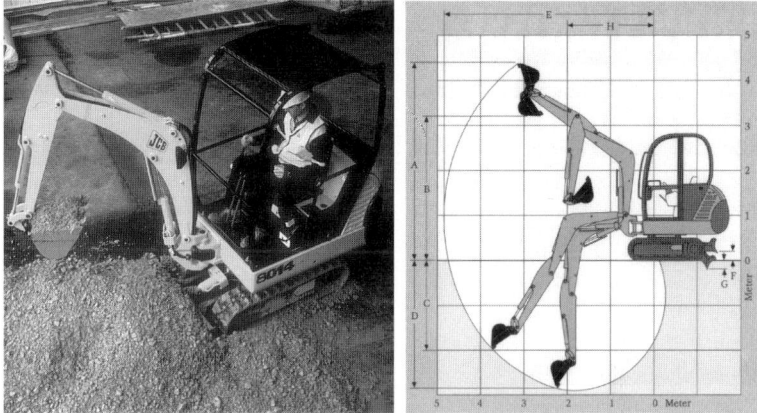

Bild 9.29   Hydraulikbagger: Kompaktbagger (JCB)

4.2.3   Leistungsermittlung

Schätzung der Leistung

Überschlagsformel für alle baggerfähigen Bodenarten bei einem mittleren Schwenkwinkel von 90°:

$Q = 100 \cdot V_R$ [m³/h] V_R = Löffelinhalt in m³

Berechnung der Leistung [43] für Tieflöffel, Lade- und Klappschaufel

Grundleistung $Q_B = V_R \cdot f_L \cdot n \cdot f_1 \cdot f_2 \cdot f_3 \cdot f_4$ $\left[\dfrac{\text{m}^3 \text{ feste Masse}}{\text{h}}\right]$

Nutzleistung $Q_A = Q_B \cdot f_E$ $\left[\dfrac{\text{m}^3 \text{ feste Masse}}{\text{h}}\right]$

Ladefaktor f_L (s. unter 4.1)
Nutzleistungsfaktor f_E (s. Tafel 9.2)

 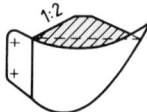

Bild 9.30
Hydraulikbagger: Schaufelfüllung V_R
nach CECE gehäuft 1:2 in m³
(nach DIN ISO 7546 gehäuft 1:1)

Baumaschinen

Tafel 9.24 Spielzahl n [1/h]

V_R in m³	Bodenklasse nach DIN 18300											
	3			4			5			6		
	TL	LS	KS	TL	LS	KS	TL	LS	KS	TL	LS	KS
0,5	238	–	–	212	–	–	212	liegen bisher keine Werte vor	–	liegen bisher keine Werte vor	–	–
0,75	225	217	–	198	217	–	198		–		–	–
1,0	215	209	–	192	205	–	192		–		157	–
1,25	205	200	200	184	193	200	184		200		155	160
1,5	196	194	194	177	183	191	177		191		152	155
1,75	190	188	188	172	175	182	172		182		150	151
2,0	185	183	183	165	168	175	165		175		148	150
2,25	–	178	178	159	162	168	159		168		145	148
2,5	–	174	172	154	155	162	154		162		142	148

Einsatzfaktoren f_1 bis f_4

Tafel 9.25 f_1 = Berücksichtigung des Schwenkwinkels

Schwenkwinkel	30°	45	60°	90°	120°	150°	180°
f_1	1,12	1,08	1,05	1,00	0,96	0,92	0,88

Tafel 9.26 f_2 = Berücksichtigung der Grabtiefe bzw. -höhe

Grabtiefe in m*) — Bodenklasse nach DIN 18300	1	2	3	4	5
3 bis 4	1,0	0,93	0,87	0,84	0,82
5 bis 6	1,0	0,95	0,91	0,87	0,85

Werte gelten nur für Grabgefäße mit V_R = 0,5 bis 1,0 m³. Bei Grabgefäßen >1,0 m³ Leistung nur abmindern, wenn die vorhandene Grabtiefe bzw. -höhe die günstige Grabtiefe bzw. -höhe unter- oder überschreitet.

Günstige Grabtiefe bzw. -höhe [m] = (1 bis 2) $\cdot V_R$, z.B. Grabtiefe: 2,5 m, V_R = 1,6 m³

$1 \cdot 1,6 < 2,5 < 2 \cdot 1,6 \Rightarrow$ günstiger Bereich f_2 = 1,0

*) Bei Grabtiefen unter 1 m nimmt die Leistung stark ab. Hierzu liegen keine Werte vor.

Tafel 9.27 f_3 = Berücksichtigung der Entleerung

ungezieltes Entleeren (z.B. Halde) f_3 = 1,0
gezieltes Entleeren in Lkw auf Baggerplanum:

Volumenverhältnis Lkw zu Baggerlöffel	2	3	4	5	6	>6
f_3	0,69	0,73	0,76	0,79	0,81	0,83

Tafel 9.28 f_4 = Berücksichtigung der Einsatzart

behinderungsfreies Arbeiten f_4 = 1,00
Aushub mit häufigem Umsetzen des Gerätes f_4 = 0,73
Grabenaushub, unverbauter Graben f_4 = 0,90
Grabenaushub, verbauter Graben (ohne Verbauarbeiten) f_4:

Grabentiefe in m	2,00	2,50	3,00	3,50	4,00
Boden kurzfristig standfest	0,55	0,51	0,49	0,46	0,44
Boden nicht standfest	0,47	0,45	0,43	0,41	0,39

| Leistungsberechnung nach BML | | | | | |
| Hydraulik-Universalbagger mit Tieflöffel | | | | | |

| Hersteller/Typ: | Liebherr / R 922 | Kenngröße: | 100 kW | BGL-Nr.: 3150-0100 | |
| Fahrwerk: | Raupen | Werkzeug: | Tieflöffel | Füllung V_R: 1,25 m³ | |

Art der Arbeit:		Bodenaushub Baugrube, Verladen auf Lkw			
Bodenart/Bodenklasse:		DIN 18 300	Sand-Kies-Gemisch / Klasse:	3	-
Auflockerungsfaktor	f_S	aus Tafel 9.20	Lagerung mitteldicht	1,14	-
Füllungsfaktor	f_F	aus Tafel 9.21		1,13	-
Ladefaktor	f_L	f_A / f_S		0,99	-
Spielzahl	n	aus Tafel 9.24		205	1/h
Faktoren für:					
- Schwenkwinkel	f_1	aus Tafel 9.25	Schwenkwinkel 45 Grad	1,08	
- Grabtiefe/ -höhe	f_2	aus Tafel 9.26	2,50 m = günstiger Bereich	1,00	-
- Art der Entleerung	f_3	aus Tafel 9.27	Volumenverhältnis Lkw/Löffel > 6	0,83	-
- Einsatzart	f_4	aus Tafel 9.28	behinderungsfreies Arbeiten	1,00	-
Grundleistung	Q_B	$V_R \cdot f_L \cdot n \cdot f_1 \ldots \ldots f_4$		228	m³/h f.M.
Nutzungsfaktor	f_E	aus Tafel 9.2	Baust./Betr.bedgg.: mittel/mittel	0,65	-
Nutzleistung	Q_A	$Q_B \cdot f_E$		148	m³/h f.M.
Bei der Preisbildung oder Bauablaufplanung ist zu beachten, daß unvorhersehbare Einflüsse (z.B. Transportschwierigkeiten; Arbeiterausfall) sowie Witterungseinflüsse und beengte Baustellenverhältnisse **nicht** berücksichtigt sind; daher				gewählt:	
				140	m³/h f.M.

9

Anmerkung: Bei Laden auf Transportfahrzeuge ist die Leistung der Arbeitskette Ladegerät - Transportfahrzeug maßgebend, s. Abschnitt 4.8

Einsatzskizze:

Bild 9.31 Hydraulikbagger: Beispiel zur Leistungsberechnung

4.3 Seilbagger

4.3.1 Technische Daten

Die Geräte sind vorzugsweise für Schürfkübel- und Greiferarbeiten sowie als Universalträgergeräte zum Rammen und Bohren ausgelegt. Nach entsprechendem Umbau (Sicherheitseinrichtungen) können sie auch als Hebezeuge (Raupenkrane) eingesetzt werden.

Kenngröße nach Baugeräteliste [26]
— Motorleistung in kW.

Antrieb
— dieselmechanisch
— dieselhydraulisch.

Fahrwerke
— Raupenfahrwerk (Raupenbagger)
— Reifenfahrwerk (Mobilbagger).

Werkzeuge
— Hochlöffel (HL) (selten)
— Schürfkübel (SK)
— Greifer (GR)
— Sonderzubehör.

Kraftstoffverbrauch
— 0,15 bis 0,18 Liter/kWh
— Schmier- und Pflegestoffe 10 bis 12% der Kraftstoffkosten.

Tafel 9.29 Seilbagger: Übersicht

Leistung in kW	Antrieb*)	Gewicht in t	Schürfkübel in m³	Greifer in m³	Traglast in t
bis 30	dm	9	—	0,40	7
31 bis 52	dm	14	—	0,50	9
53 bis 74	dm	20	0,60	0,60	10
39 bis 52	dh	15	0,80	0,80	12
53 bis 74	dh	17	0,90	0,90	20
75 bis 90	dh	19	1,00	1,00	30
91 bis 120	dh	33	1,50	1,00	38
121 bis 150	dh	46	2,00	1,10	45
151 bis 200	dh	58	2,50	1,25	50
201 bis 250	dh	75	3,00	1,75	70
250 bis 300	dh	93	4,20	2,50	80

*) dm = dieselmechanisch, dh = dieselhydraulisch (jeweils Standardausrüstung)

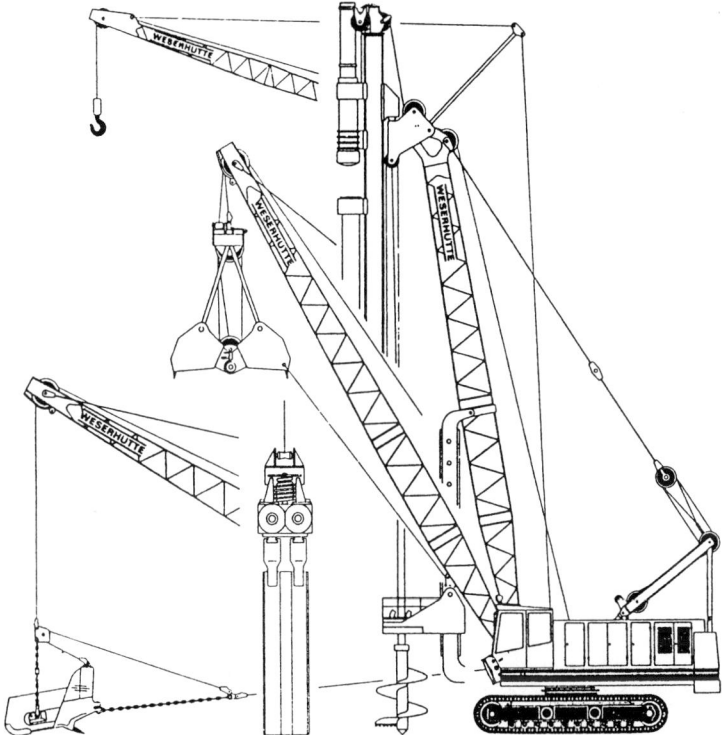

Bild 9.32 Seilbagger: Universalträgergerät, Anbaugeräte (Kran, Mäkler, Greifer, Schürfkübel, Drehbohrgerät) (Weserhütte)

4.3.2 Leistungsermittlung

Schätzung der Leistung

Überschlagsformel für alle baggerfähigen Bodenarten bei einem mittleren Schwenkwinkel von 90°.

Seilbagger mit Schürfkübel: $Q = 100 \cdot V_R \ [\text{m}^3/\text{h}]$

Seilbagger mit Greifer: $Q = 60 \cdot V_R \ [\text{m}^3/\text{h}]$

Berechnung der Leistung [43]

Grundleistung $Q_B = V_R \cdot f_L \cdot n \cdot f_1 \cdot f_2 \cdot f_3 \cdot f_4 \quad \left[\dfrac{\text{m}^3 \text{ feste Masse}}{\text{h}}\right]$

Nutzleistung $Q_A = Q_B \cdot f_E \quad \left[\dfrac{\text{m}^3 \text{ feste Masse}}{\text{h}}\right]$

V_R Schürfkübel- bzw. Greiferinhalt in m^3 (gestrichen)
f_L Ladefaktor (s. unter 4.1)
f_E Nutzleistungsfaktor (s. Tafel 9.2)

Baumaschinen

Tafel 9.30 Spielzahl n [1/h] bei leichtem Boden (Sand locker gelagert)

V in m³	0,75	1,0	1,25	1,5	1,75	2,0	2,25	2,5
n	135	128	120	115	111	109	109	110

Tafel 9.31 Abminderungswerte je m Auslegerverlängerung

Grabgefäß-Nenninhalt in m³	1,0	1,5	2,0	2,5
Normalausleger in m	10	11	12	13
Verringerung der Spielzahl je m Auslegerverlängerung [1/h]	8	7	6	5

Einsatzfaktoren f_1 bis f_4

Tafel 9.32 $f_1 =$ Berücksichtigung des Schwenkwinkels

Schwenkwinkel	45°	60	90°	120°	150°	180
f_1	1,20	1,12	1,00	0,93	0,86	0,80

Tafel 9.33 $f_2 =$ Berücksichtigung der Abbautiefe

Grabgefäß- inhalt V in m³	optimale Abbautiefe h_{opt} in m körnige und leicht lösbare Böden	Mischböden, schwer lösbare Böden	Faktor f_2 für h/h_{opt}				
—	—	—	0,2	0,6	1,0	1,5	2,0
1,0	2,8	3,2	0,88	0,98	1,00	0,95	0,88
1,5	3,2	3,6	0,82	0,96	1,00	0,94	0,86
2,0	3,6	4,0	0,76	0,94	1,00	0,93	0,84
2,5	4,0	4,6	0,70	0,92	1,00	0,92	0,82

Tafel 9.34 $f_3 =$ Berücksichtigung der Entleerung

ungezieltes Entleeren (z.B. Halde) $f_3 = 1,00$
gezieltes Entleeren in Trichter $f_3 = 0,95$

gezieltes Entleeren in Lkw auf Baggerplanum

Volumenverhältnis Lkw/Baggerlöffel	2	3	4	5	6	>6
f_3	0,60	0,67	0,71	0,74	0,76	0,80

Tafel 9.35 $f_4 =$ Berücksichtigung der Einsatzart

Schürfkübeleinsatz $f_4 = 1,0$

Greifereinsatz

mittlere Hubhöhe in m	bis 5	10	15	20
f_4	0,60	0,52	0,44	0,35

4.4 Ladegeräte

4.4.1 Technische Daten

Kenngröße nach Baugeräteliste [26]: Motorleistung in kW

Bauarten
- Radlader
- Baggerlader
- Raupenlader
- Kompaktlader.

Kraftstoffverbrauch
- 0,15 bis 0,18 Liter/kWh
- Schmier- und Pflegestoffe 10 bis 12% der Kraftstoffkosten.

Radlader

Radlader werden zum Laden von Schüttgütern und losen Böden verwendet. Für Felseinsatz werden die Reifen durch Ketten geschützt, bei schweren Böden können die Reifen zur Tragkrafterhöhung mit Wasser gefüllt werden. Durch Allrad- oder Knicklenkung sind Radlader sehr beweglich, auch auf engem Raum. Sie können unter Beachtung der Maße und Gewichte der StVO mit entsprechender Ausrüstung auf eigener Achse zum Einsatzort fahren.

Fahrgeschwindigkeiten: Im Ladebetrieb 15 km/h, Leerfahrt Gelände/Straße 25/ 40 km/h

Werkzeuge und Anbaugeräte (Beispiele)
- Ladeschaufel, Klappschaufel, Seitenkippschaufel, Steinschaufel, Siebtrommel, Betonmischschaufel
- Staplergabel, Greifgabel
- Räumschild, Kranausleger, Betonkübel
- Heckbagger, Kehrmaschine, Fräse, Pflastermaschine.

9

Bild 9.33 Radlader mit Zubehör: Gabeln, Schaufeln, Schild, Kehrmaschine, Anbau-bagger (Volvo)

Baumaschinen

Tafel 9.36 Radlader: Übersicht

Leistung in kW	Gewicht[1]) in t	Schaufelinhalt V_R in m³	Tragkraft in t	Neuwert[2]) in DM
15	1,3	0,25	0,4	60 000,−
20	2,5	0,4	0,8	80 000,−
30	3,3	0,5	1,0	100 000,−
40	4,5	0,8	1,4	120 000,−
50	6,0	1,0	2,0	150 000,−
75	9,0	1,5	3,0	190 000,−
100	12,5	2,4	4,0	250 000,−
125	14,0	3,0	5,0	280 000,−
150	18,5	3,5	6,5	350 000,−
175	22,0	4,0	7,5	420 000,−
200	25,0	4,5	8,5	475 000,−

[1]) Gewicht des Gerätes mit Standardausrüstung ohne Wasserfüllung der Reifen
[2]) Mittlerer Listenpreis mit Standardausrüstung Basis 1998 ohne Mehrwertsteuer

Baggerlader

Baggerlader stellen eine Kombination aus Radladern und Baggern dar. Ihr Einsatz ist dadurch universeller, jedoch ist ihre Leistung sowohl als Lader wie auch besonders als Bagger erheblich niedriger als bei den entsprechenden Sologeräten. Das muß bei der Leistungsberechnung berücksichtigt werden. Auch die Kosten sind deutlich höher als bei Baggern oder Ladern mit gleichen Leistungsmerkmalen.

Bild 9.34 Baggerlader (Schaeff)

Tafel 9.37 Baggerlader: Beispiele

Hersteller/Typ	Leistung in kW	Gewicht[1]) in t	Schaufel-inhalt V_R in m³	Kipphöhe in m	Löffel-inhalt in m³	Grabtiefe/Reichweite in m
Schaeff SKB900	50	6,8	0,85	2,70	0,02	3,90/5,35
Caterpillar 438C	65	8,5	1,0	2,60	0,02	5,90/6,70
JCB 4CX	69	8,1	1,1	2,65	0,02	5,55/6,35
Kramer 416S	75	7,2	0,9	2,60	0,02	4,60/4,50
Volvo EL70	84	10,9	1,5	2,80	0,04	4,60/6,35

[1]) Gewicht des Gerätes mit Standardausrüstung

Raupenlader

Raupenlader, auch Laderaupen genannt, sind für den Einsatz im schweren Gelände konzipiert. Ihre Leistung liegt deutlich unter der der Radlader, ihre Anschaffungs- und Betriebskosten sind höher.

Fahrgeschwindigkeit:
— Leerfahrt 7 bis 11 km/h
— Lastfahrt 3 bis 7 km/h

Tafel 9.38 Raupenlader: Beispiele

Hersteller/Typ	Leistung in kW	Gewicht[1]) in t	Schaufelinhalt V_R in m³	Kipphöhe in m
Komatsu D215-7	30	4,5	0,40	2,13
Liebherr LR611	66	12,0	1,20	2,71
Caterpillar 953B	89	16,3	1,75	2,73
Caterpillar 963	112	18,4	2,00	3,14
Liebherr LR641	161	24,5	2,90	3,20

[1]) Gewicht des Gerätes mit Standardausrüstung

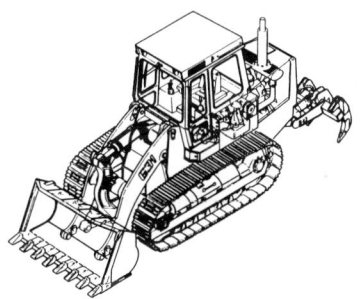 

Bild 9.35 Raupenlader mit Heckauf- **Bild 9.36 Kompaktlader** (Bobcat)
reißer (Liebherr)

Kompaktlader

Kompaktlader sind — ähnlich wie die Kompaktbagger — durch geringe Abmessungen und Gewichte für kleinere Aufgaben und vor allem für beengte Verhältnisse geeignet. Die Breiten der Geräte liegen bei 0,90 bis 1,75 m, die Gewichte bei 0,9 bis 3 t. Die Geräte sind mit Reifen ausgestattet, die Lenkung erfolgt bei den kleinen Geräten wie bei Raupen über Einzelbremsung beider Seiten.

Die Leistung kann nicht nach den gängigen Verfahren berechnet werden.

Werkzeuge und Anbaugeräte

verschiedene Schaufeln, Gabeln, Greifer, Anbaubagger, Hydraulikhammer, Baumverpflanzer, Kehrmaschinen, Schilde, Grabenfräsen, Erdbohrer, Fugensäge und Bodenfräsen, sogar ein Anbaugrader wird angeboten.

Tafel 9.39 Kompaktlader: Beispiele

Hersteller/Typ	Leistung in kW	Gewicht[1]) in t	Breite in m	Schaufelinhalt V_R in m³	Kipphöhe in m
Pel-Job ES515	9,5	0,9	0,90	0,13	1,73
Gehl SL1625	16	1,4	0,91	0,13	1,86
Bobcat 751	28	2,4	1,40	0,33	2,15
Komatsu SK09L	34	3,2	1,75	0,53	2,41

[1]) Gewicht des Gerätes mit Standardausrüstung

4.4.2 Leistungsermittlung

Schätzung der Leistung

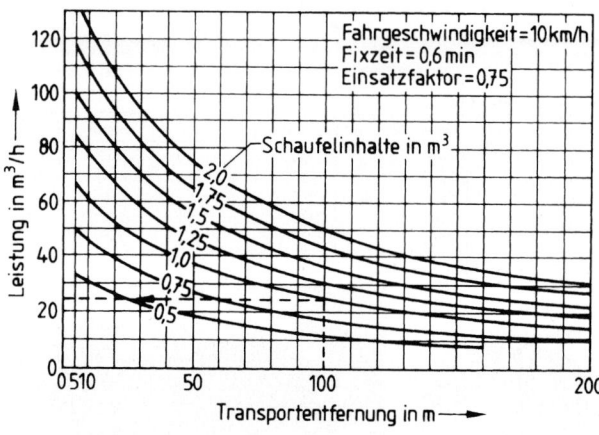

Bild 9.37
Radlader:
Nomogramm
zur Leistungs-
schätzung

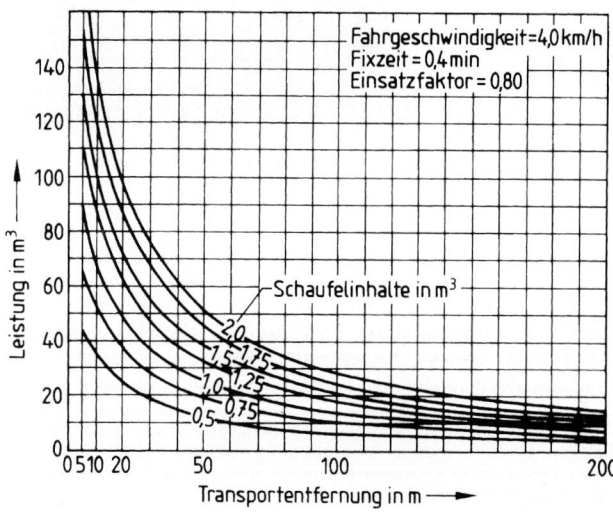

Bild 9.38
Raupenlader:
Nomogramm
zur Leistungs-
schätzung

Berechnung der Leistung [43] für Radlader mit Lade- oder Klappschaufel

Grundleistung
$$Q_B = V_R \cdot f_L \cdot \frac{3600}{t_H + \Delta t} \cdot f_1 \quad \left[\frac{m^3 \text{ feste Masse}}{h}\right]$$

Nutzleistung
$$Q_A = Q_B \cdot f_E \quad \left[\frac{m^3 \text{ feste Masse}}{h}\right]$$

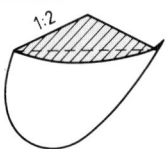 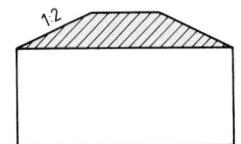

Bild 9.39
Ladegeräte
Schaufelfüllung V_R in m³, gehäuft 1 : 2
[nach CECE/DIN ISO 7546]

Ladefaktor f_L (s. unter 4.1)

Spielzahl n [1/h] $= \dfrac{3600 \ [\text{s/h}]}{t_H + \Delta t \ [\text{s}]}$

Hauptspielzeit t_H [s] = Füllzeit t_F + Entleerzeit t_E + Fahrzeit t_{FA}
Nutzleistungsfaktor f_E (s. Tafel 9.2)

Tafel 9.40 Füllzeit t_F [s]

Bodenklasse nach DIN 18300		Ladeschaufel-Nenninhalt V_R in m³					
		bis 1,0	2,0	3,0	4,0	5,0	6,0
1 und 3	fest	7,1	8,4	9,7	11,0	12,3	13,6
	mittelfest	5,3	6,2	7,1	8,0	8,9	9,8
	locker	4,2	4,5	4,8	5,1	5,4	5,7
4	fest	9,6	10,3	11,0	11,7	12,4	13,1
	mittelfest	7,0	7,5	8,0	8,5	9,0	9,5
	locker	5,1	5,4	5,7	6,0	6,3	6,6
5	fest	14,1	14,8	15,5	16,2	16,9	17,6
	mittelfest	7,0	7,5	8,0	8,5	9,0	9,5
	locker	5,1	5,4	5,7	6,0	6,3	6,6
6	gelöst, feinstückig LZ[1]) und FS[2])	8,5	8,0	7,5	7,0	6,5	6,0
7	gelöst, grobstückig LZ[1])	18,9	17,9	16,9	15,9	14,9	13,9
	FS[2])	16,3	15,3	14,3	13,3	12,3	11,3
	gelöst, feinstückig LZ[1])	14,3	13,3	12,3	11,3	10,3	9,3
	FS[2])	11,7	10,9	10,1	9,3	8,5	7,7

[1]) LZ = Ladeschaufel mit Zähnen
[2]) FS = Felsschaufel

Tafel 9.41 Entleerzeit t_E [s]

Bodenklasse nach DIN 18300	Entleerungsstelle	Ladeschaufel-Nenninhalt V_R in m³ bis					
		1,0	2,0	3,0	4,0	5,0	6,0
1 und 3	Halde	1,2	1,4	1,6	1,8	2,0	2,2
	Muldenkipper (10 bis 15 m³)	2,0	2,7	3,4	4,1	4,8	5,5
	LKW (6 bis 8 m³)	2,7	4,1	5,5	6,9	8,3	9,7
4 und 5	Halde	1,3	1,5	1,7	1,9	2,1	2,3
	Muldenkipper (10 bis 15 m³)	1,8	2,5	3,2	3,9	4,6	5,3
	LKW (6 bis 8 m³)	2,5	4,0	5,5	7,0	8,5	10,0
6 und 7	Halde	1,8	1,9	2,0	2,1	2,2	2,3
	Muldenkipper (10 bis 15 m³)	3,0	3,6	4,2	4,8	5,4	

9

Baumaschinen

Tafel 9.42 Gesamtfahrzeit t_{FA} [s]

mittlere[1] Transport-entfernung	Fahrwegzustand			
	glatt fest	leicht wellig fest	wellig mittelfest	wellig weich
5 m	8	9	10	12
10 m	12	14	16	18
15 m	15	17	20	23
20 m	17	20	23	27
30 m	22	26	29	32
40 m	27	31	35	41
60 m	34	39	44	55
80 m	42	48	54	69
100 m	50	56	63	84

[1]) Mittlere Transportentfernung = Abstand Ladestelle − Entladestelle

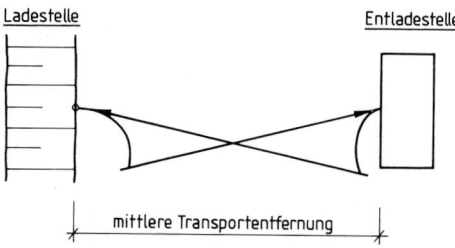

Bild 9.40
Radlader:
Mittlere Transportentfernung

Tafel 9.43 Zeitzuschlag Δt [s] zur Berücksichtigung der Einsatzart: Baustellenbetrieb, Sand- und Kiesgrube

Fahrwegzustand	Entleerung auf Halde oder in Übergabetrichter	Entleerung in Fahrzeuge
glatt, fest	3 s	7,5 s
leicht wellig, fest	3 s	7 s
wellig, mittelfest	3 s	6,5 s
wellig, weich	3 s	6 s

Steinbruchbetrieb

Zusätzliche Erhöhung der Spielzeit bei Entleerung	
auf Halde oder in Übergabeeinrichtung	+1 s
in Fahrzeug	+2 s

Tafel 9.44 Berücksichtigung der Entleerungsart f_1

Halde oder Übergabetrichter:	$f_1 = 1,00$
Fahrzeug:	$f_1 = 0,93$

Leistungsberechnung nach BML					
Radlader					

Hersteller/Typ:	Kramer 312 SE	Kenngröße: 36 kW		BGL-Nr.: 3330-0036	
		Werkzeug: Ladeschaufel		Füllung V_R: 0,70 m³	

Art der Arbeit:		Oberboden von Miete auf Lkw laden			
Bodenart/Bodenklasse:		DIN 18 300	Sand-Kies-Gemisch / Klasse	3	-
Auflockerungsfaktor	f_S	aus Tafel 9.20	Lagerung locker	1,00	-
Füllungsfaktor	f_F	aus Tafel 9.21	erdfeucht	1,05	-
Ladefaktor	f_L	f_F / f_S		1,05	-
Füllzeit	t_F	aus Tafel 9.40	lose	4,2	s
Entleerzeit	t_E	aus Tafel 9.41	auf Lkw	2,7	s
Fahrzeit	t_{FA}	aus Tafel 9.42	Entfernung 15 m Fahrwegzustand wellig / weich	23,0	s
Hauptspielzeit	t_H	$t_F + t_E + t_{FA}$	.	29,9	s
Zeitzuschlag	Δt	aus Tafel 9.43	wellig, weich	6,0	s
Entleerungsart	f_1	aus Tafel 9.44	auf Lkw	0,93	-
Grundleistung	Q_B	$V_R \cdot f_L \cdot \dfrac{3600}{t_H + \Delta t} \cdot f_1$		69	m³/h
Nutzungsfaktor	f_E	aus Tafel 9.2	Baust.u.Betriebsbed.: mittel/mittel	0,65	-
Nutzleistung	Q_A	$Q_B \cdot f_E$		45	m³/h f.M.
Bei der Preisbildung oder Bauablaufplanung ist zu beachten, daß unvorhersehbare Einflüsse (z.B. Transportschwierigkeiten; Arbeiterausfall) sowie Witterungseinflüsse und beengte Baustellenverhältnisse **nicht** berücksichtigt sind; daher				gewählt: 40	m³/h f.M.

Anmerkung: Bei Laden auf Transportfahrzeuge ist die Leistung der Arbeitskette Ladegerät - Transportfahrzeug maßgebend, s. Abschnitt 4.8

Einsatzskizze:

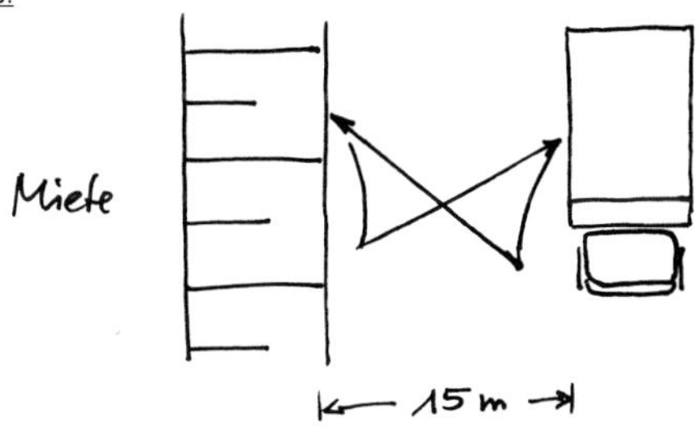

Miete

|← 15 m →|

9

Bild 9.41 Radlader: Beispiel zur Leistungsberechnung

4.5 Planierraupen

4.5.1 Technische Daten

Kenngröße nach Baugeräteliste [26]: Motorleistung in kW

Bild 9.42   Bulldozer mit S-Schild
(Caterpillar/Zeppelin)

Tafel 9.45   Planierraupen: Übersicht

Leistung in kW	Gewicht [1]) in t	Schild-breite in m	Schild-füllung V_R in m³	Neuwert [2]) in DM
45 bis 55	7	2,40	1,2	150 000,−
60 bis 70	10	2,50	1,7	180 000,−
80 bis 90	12	2,80	2,5	225 000,−
100 bis 110	15	3,00	3,0	275 000,−
150 bis 170	20	3,50	4,5	400 000,−
240 bis 260	36	4,00	9,0	700 000,−
280 bis 300	42	4,50	12,5	900 000,−

[1]) Gewicht des Grundgerätes ohne Anbaugeräte
[2]) Mittlerer Listenpreis mit Standardausrüstung Basis 1998 ohne Mehrwertsteuer

Kraftstoffverbrauch

− 0,15 bis 0,18 Liter/kWh
− Schmier- und Pflegestoffe 10 bis 12% der Kraftstoffkosten

Schildformen

S-Schild (engl.: Straight blade)

− Brustschild, Querschild, Standard-schild
− Schildenden schmal nach vorn ab-gewinkelt oder mit Seitenblechen

U-Schild (engl.: Universal blade)

− Universalschild
− Schildflügel breit nach vorn abge-winkelt

A-Schild (engl.: Angle blade)

− Schwenkschild
− beidseitig schwenkbar; keine abge-winkelten Schildenden; große Schildbreite; geringe Schildhöhe

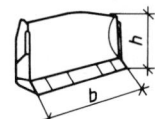

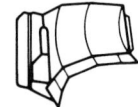

Bild 9.43
Planierraupen: Schildformen

Fahrgeschwindigkeiten

− Leerfahrt   7 bis 11 km/h
− Schubfahrt 2 bis 6 km/h

Einsatz

Planierraupen werden für hohe Leistungen beim flächigen Auf- und Abtrag von Böden, z.B. Oberboden, und zur Herstellung von ebenen Flächen eingesetzt. Die Genauigkeit ist allerdings nicht sehr hoch.

Anbaugeräte und Zubehör

− Aufreißzähne für leichten bis mittleren Fels
− Seitenausleger für Rohrverlegung und Führungsgerät für Böschungsarbeiten
− Grabenfräsen
− Laser-Nivellierautomatik.

4.5.2 Leistungsermittlung

Schätzung der Leistung

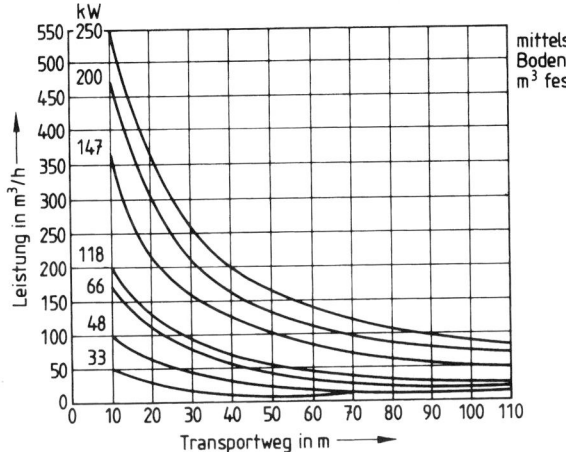

Bild 9.44
Planierraupen:
Nomogramm zur
Leistungsschätzung

Berechnung der Leistung [43]

Grundleistung $\quad Q_B \cdot V_R \cdot f_L \cdot n \cdot f_1 \cdot f_2 \quad \left[\dfrac{m^3 \text{ feste Masse}}{h}\right]$

Nutzleistung $\quad Q_A = Q_B \cdot f_E \quad \left[\dfrac{m^3 \text{ feste Masse}}{h}\right]$

f_L Ladefaktor (s. unter 4.1)

f_E Nutzleistungsfaktor (s. Tafel 9.2)

Tafel 9.46 Spielzahl n [1/h]

mittlere Förderweite[1]) in m	20	30	40	50	60	70	80	90	100
Spielzahl n in 1/h	100	78	63	50	42	36	31	27	24

[1]) mittlere Förderweite = Mitte Abtragstelle − Mitte Auftragsstelle

Einsatzfaktoren f_1 und f_2

Tafel 9.47 f_1 Berücksichtigung der Schildform

Schildform	f_1
U-Schild	1,10 bis 1,25
S-Schild	1,00
A-Schild	0,70 bis 0,85

Tafel 9.48 f_2 Berücksichtigung der Neigung des Schürf- und Förderweges

Neigung + Steigung / - Gefälle	f_2
+30%	0,40
+20%	0,65
+10%	0,85
0%	1,00
−10%	1,15
−20%	1,22
−30%	1,25

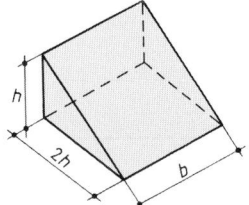

Bild 9.45 Planierraupen:
Schildfüllung $V_R = b \cdot h^2$
b Schildbreite [m]
h mittlere Schildhöhe [m]

Baumaschinen

	Leistungsberechnung nach BML Planierraupe				
Hersteller/Typ:	Hanomag D 680 E	Kenngröße: 130 kW		BGL-Nr.: 3301-0130	
		Werkzeug: S-Schild		Füllung V_R: 4,00 m³	

Art der Arbeit:		Oberboden abschieben und auf Mieten lagern			
Bodenart/Bodenklasse:		DIN 18 300	Oberboden / Klasse:	1	-
Auflockerungsfaktor	f_S	aus Tafel 9.20	Lagerung mitteldicht	1,19	-
Füllungsfaktor	f_F	aus Tafel 9.21		1,00	-
Ladefaktor	f_L	f_A / f_S		0,84	-
Spielzahl	n	aus Tafel 9.46	mittl. Förderweite 50 m	50	1/h
Faktoren für:					
- Schildform	f_1	aus Tafel 9.47	S-Schild	1,00	
- Neigung	f_2	aus Tafel 9.48	ebenes Gelände	1,00	-
Grundleistung	Q_B	$V_R \cdot f_L \cdot n \cdot f_1 \cdot f_2$		168	m³/h f.M.
Nutzungsfaktor	f_E	aus Tafel 9.2	Baust.u.Betriebsbed.: gut/gut	0,75	-
Nutzleistung	Q_A	$Q_B \cdot f_E$		126	m³/h f.M.
Bei der Preisbildung oder Bauablaufplanung ist zu beachten, daß unvorhersehbare				gewählt:	
Einflüsse (z.B. Transportschwierigkeiten; Arbeiterausfall) sowie Witterungseinflüsse					
und beengte Baustellenverhältnisse **nicht** berücksichtigt sind; daher				120	m³/h f.M.

Einsatzskizze:

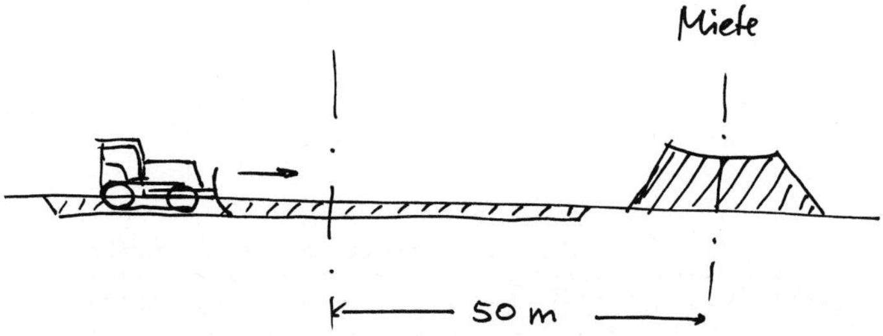

Bild 9.46   Planierraupen: Beispiel zur Leistungsberechnung

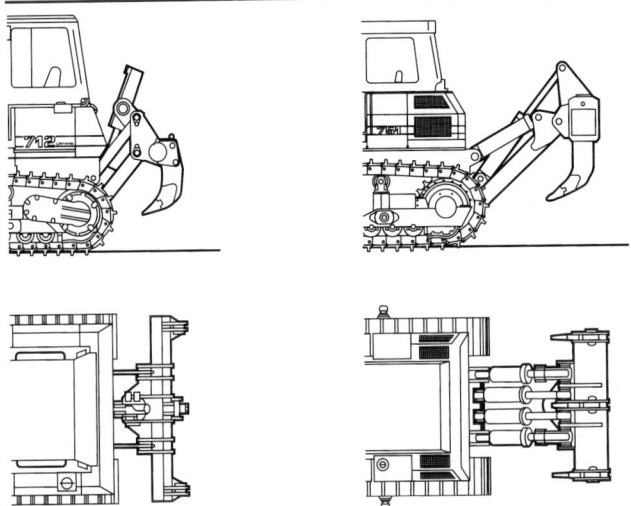

Bild 9.47 Planierraupen: Parallelogrammaufreißer und Radialaufreißer mit hydraulischer Schnittwinkelverstellung (Liebherr)

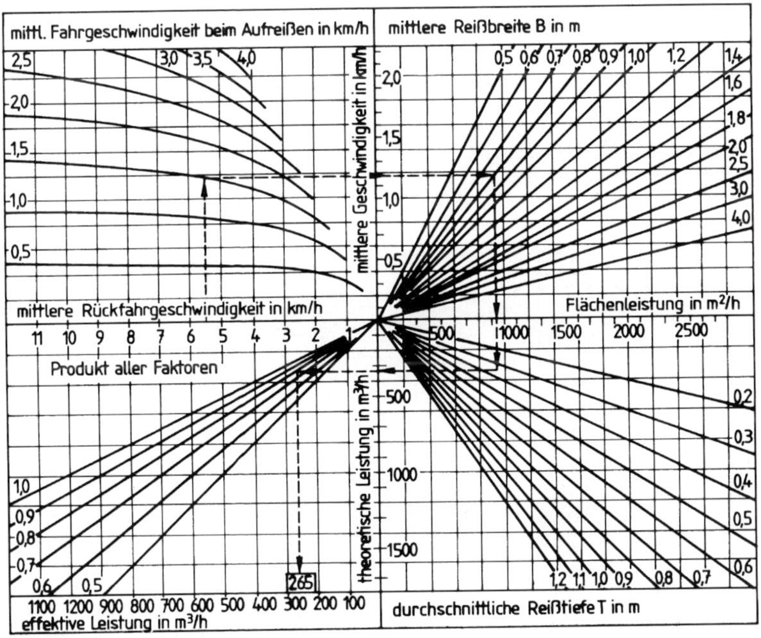

Bild 9.48 Planierraupen: Nomogramm zur Ermittlung der Reißleistung [33]

4.6 Grader

4.6.1 Technische Daten

Kenngröße nach Baugeräteliste [26] : Motorleistung in kW

Bauarten:
— Zweiachs-Grader
— Dreiachsgrader
  (Tandem-Hinterachse)

Tafel 9.49 Grader: Übersicht

Hersteller	Typ	Leistung in kW	Schar-breite in m	Gewicht in t
MBU	G50A	49	2,52	6,8
O & K	F106	84	3,36	10,8
Caterpillar	120H	107	3,65	12,5
O & K	F156	112	3,36	15,2
Caterpillar	160H	164	4,27	18,8
Komatsu	GD825A	209	4,93	25,8

Kraftstoffverbrauch
— 0,15 bis 0,18 Liter/kWh
— Schmier- und Pflegestoffe
  10 bis 12% der Kraftstoffkosten

Fahrgeschwindigkeiten
— Leerfahrt   bis 40 km/h
— Unterhaltung von Straßen   10 bis 20 km/h
— Baustellenstraßen im Erdbaubetrieb   8 bis 10 km/h

Einsatz

Grader werden eingesetzt für die Herstellung exakt planer Flächen, zur Materialverteilung in dünnen Schichten und zu Unterhaltungsarbeiten an Baustraßen und wassergebundenen öffentlichen Straßen. Arbeitswerkzeug ist die Schar. Zusammen mit der Knickmöglichkeit des Rahmens ergeben sich vielfältige Scharstellungen und Arbeitsmöglichkeiten: Schnittwinkel, Drehung im Grundriß (Normalstellung 30 Grad), seitlich verschiebbar zur Arbeit neben der Fahrspur, seitlich herausschwenkbar zur Bearbeitung von Böschungen. Die mittige Anordnung der Schar unter der Brücke und Tandemachsen nivellieren kleine Unebenheiten aus.

Anbaugeräte

— Frontplanier- und Räumschild
— Aufreißer (Front-, Heck- und Scharaufreißer)
— Bodenfräse und Wassertank
— Laser-Nivellierautomatik.

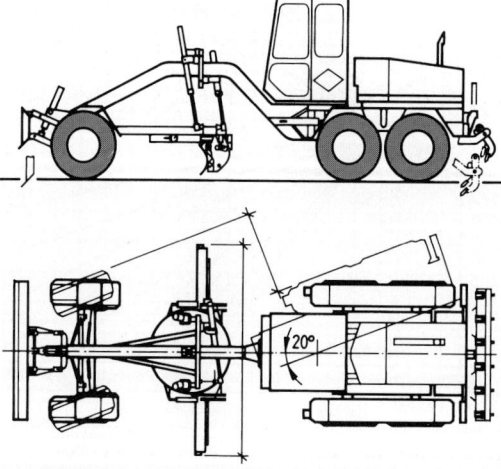

Bild 9.49
Grader mit Tandemachse und Knickgelenk (O & K)

4.6.2 Leistungsermittlung

Grundleistung $\quad Q_B = b \cdot v \cdot 1000 \cdot f_1 \quad \left[\dfrac{m^2}{h}\right]$

Nutzleistung $\quad Q_A = Q_B \cdot f_E \quad \left[\dfrac{m^2}{h}\right]$

b wirksame Scharbreite [m]
v Arbeitsgeschwindigkeit [km/h]
v ist   abhängig von der Art der Arbeit:
      Pflege von Baustraßen: $v = 15$ bis 25 km/h
      Feinplanieren $v = 10$ bis 15 km/h
f_1 Faktor für die Überlappung, etwa 0,9
f_E Nutzleistungsfaktor (s. Tafel 9.2)
Bei Arbeiten mit Zurücksetzen halbiert sich die Flächenleistung.

4.7 Schürfgeräte (Scraper)

4.7.1 Technische Daten

Kenngröße nach Baugeräteliste [26]:   Motorleistung in kW

Bauarten
— Anhängeschürfwagen (mit Rad- oder Raupenschlepper)
— Motorschürfwagen mit Einachsschlepper
    — Einmotorenscraper
    — Doppelmotorenscraper
    — Elevatorscraper
— Schürfkübelraupe.

Fahrgeschwindigkeiten (Motorschürfwagen)
— Leerfahrt   20 bis 40 km/h
— Lastfahrt   10 bis 25 km/h
— Schürfen   4 bis 8 km/h

Kraftstoffverbrauch
— 0,15 bis 0,18 Liter/kWh
— Schmier- und Pflege-
    stoffe 10 bis 12% der
    Kraftstoffkosten

Bild 9.50
Schürfgeräte: Scraper
mit Einachsschlepper
im Schubbetrieb
(Zeppelin/Caterpillar)

9

Tafel 9.50   Schürfgeräte: Übersicht

Leistung	Gewicht	Schneidbreite	Kübelinhalt V_R nach SAE gestrichen/gehäuft
in kW	in t	in m	in m^3
Einmotorenscraper			
246	26,0	3,00	11,4 / 16,0
322	41,0	3,40	17,2 / 23,5
368	43,0	3,50	19,1 / 26,2
410	49,0	3,50	21,4 / 29,0
Elevatorscraper			
368	46,5	3,50	19,1 / 26,2
Doppelmotorenscraper			
332 + 188	44,0	3,50	16,5 / 22,5
360 + 243	60,0	3,30	24,5 / 33,6
Schürfkübelraupe			
211	27,0	2,50	9,5

4.7.2 Leistungsermittlung

Grundleistung $\quad Q_B = V_R \cdot f_L \cdot n \cdot f_1 \qquad \left[\dfrac{\text{m}^3 \text{ feste Masse}}{\text{h}}\right]$

Nutzleistung $\quad Q_A = Q_B \cdot f_E \qquad \left[\dfrac{\text{m}^3 \text{ feste Masse}}{\text{h}}\right]$

Kübelinhalt V_R [m³]
Ladefaktor f_L (s. unter 4.1)
Nutzleistungsfaktor f_E (s. Tafel 9.2)

Spielzahl $n = \dfrac{60 \; [\text{min/h}]}{t \; [\text{min}]}$

Spielzeit t [min]

$t = t_{\text{fix}} + t_{\text{var}}$ $\qquad\qquad\qquad t_{\text{var}} = t'_s \cdot f_t + t_f$

t_{fix}: Wenden: 0,25 bis 0,5 min $\qquad t'_s$ Schürfzeitrichtwert [min]
  Entladen: 0,5 min $\qquad\qquad f_t$ Einsatzfaktor
  Warten: 0,5 bis 1,0 min $\qquad t_f$ Fahrzeiten für Transport- und Rückfahrt [min]

$$t_f = 0,06 \cdot \left(\frac{d}{v_1} + \frac{d}{v_2}\right) \quad [\text{min}]$$

Roll- und Neigungswiderstand wird in der Formel vernachlässigt!

d = Transportentfernung [m]
v_1 = Geschwindigkeit bei der Lastfahrt [km/h]
v_2 = Geschwindigkeit bei der Leerfahrt [km/h]

Schürfzeitrichtwerte t'_s (nach Bodenart und Gerätekonstruktion)
— Motorschürfwagen mit Schubraupe $\quad = 0,8$ bis 2,0 min
— Motorschürfwagen mit Einachsschlepper $\quad = 1,1$ bis 1,8 min
— Motorschürfwagen mit Zweiachsschlepper $=$ 1,2 bis 1,9 min
— Motorschürfwagen mit Elevatoreinrichtung $=$ 1,0 bis 1,7 min

Tafel 9.51 Einsatzfaktor f_t

Einsatzstelle (geländebezogen)	f_t
Eben	1,0
Abwärts	0,65 bis 0,75
Quer	1,3 bis 1,5

Tafel 9.52 Berücksichtigung des Fahrbahnzustandes (Witterung) f_1

Bodenart	Sand, Kies	Lehm/lehmiger Sand/Ton/Mergel	Geröll in Lehm oder Ton/fetter Ton/fester Mergel
Schwache Niederschläge	0,75 bis 0,95	0,50 bis 0,90	0,30 bis 0,70
Starke Niederschläge	0,70 bis 0,90	0,30 bis 0,75	0,10 bis 0,25

4.8 Transportfahrzeuge

4.8.1 Technische Daten

Kenngröße nach Baugeräteliste [26]: Gesamtgewicht in t bei Lkw, Nutzlast in t bei Muldenkipper, Dumper und Skw

Bauarten
— Lastkraftwagen (Lkw) für Straßen- und Baustellenverkehr
— Dumper mit Knicklenkung für Baustellenverkehr
— Schwerlastwagen (Skw) für Baustellenverkehr.

Kraftstoffverbrauch
— Straße 0,12 bis 0,14, Baustelle 0,16 bis 0,19 Liter/kWh
— Schmier- und Pflegestoffe 10 bis 12% der Kraftstoffkosten.

Tafel 9.53 Abmessungen und Achslasten für Straßenfahrzeuge nach StVZO §32 und §34
Die Werte gelten für Lkw und für selbstfahrende Baumaschinen wie z. B. Mobilbagger oder Radlader

Abmessungen	maximale Breite		2,50 m
	maximale Höhe		4,00 m
	maximale Länge	Einzelfahrzeug	12,00 m
		Sattelfahrzeug	16,50 m
		Zug (Lkw + Anhänger)	18,35 m
Achslasten	Einzelachse		10,0 t
	Einzelachse angetrieben		11,5 t
	Doppelachse Achsabstand	bis 1,00 m	11,5 t
		bis 1,00 m für Anhänger	11,0 t
		1,00 bis 1,29 m	16,0 t
		1,30 bis 1,79 m	18,0 t*)
		1,80 m oder mehr	20,0 t
	Dreifachachse Achsabstand	bis 1,30 m	21,0 t
		über 1,30 bis 1,40 m	24,0 t

*) bei straßenschonender Bauweise (z. B. Luftfederung) 19,0 t.

Tafel 9.54 Übersicht Transportfahrzeuge mit Mehrachsantrieb

Fahrzeugtyp	Motor-leistung	Gesamt-gewicht	Nutzlast	Gesamt-gewicht	Nutzlast	Volumen 1:2 (SAE)
		öffentl. Straße		Baustelle		ca.
	in kW	in t	in t	in t	in t	in m³
Dreiseitenkipper						
Zweiachser	180 bis 230	18¹⁾	9 bis 10¹⁾	18	10	8 bis 9
Dreiachser	180 bis 315	25¹⁾	13 bis 14¹⁾	26	14	12
Vierachser	215 bis 315	32	17 bis 18	36	22	14
Lkw + Anhänger	250 bis 315	40	23	44	27	22
Hinterkipper						
Dreiachser	215 bis 315	25¹⁾	12¹⁾	26	14	17
Vierachser	250 bis 315	32	17	36	22	18
Sattelzug	250 bis 315	40	25 bis 27	44	25 bis 27	18 bis 22
Muldenhinterkipper						
Dreiachser	215 bis 315	25¹⁾	12¹⁾	26	13	10 bis 12
Vierachser	250 bis 315	32	17	41	24	15 bis 17
Dumper						
Dumper 25 t	177 bis 194			53	25	16
Dumper 35 t	240 bis 254			60	32	19
Dumper 36 t	213 bis 298			64	36	22
Schwerlastkraftwagen (Skw)						
Skw 37 t	336 bis 370			54	37	24
Skw 54 t	485 bis 496			95	54	35
Skw 91 t	730			154	91	72
Containerfahrzeuge						
Absetzcontainer						
Zweiachser	180 bis 215	18¹⁾	7¹⁾			4
Dreiachser	215 bis 260	25¹⁾	11¹⁾			10
Abrollcontainer						
Dreiachser	215 bis 260	25¹⁾	11¹⁾			
Vierachser	250 bis 260	32	16			

¹) mit Luft- statt Blattfederung 1,0 t mehr

9

Baumaschinen

Bild 9.51
Allrad-Dreiseitenkipper
mit Tandemanhänger
(MB/Meiller)

Bild 9.52 Dumper mit Knickgelenk
und Allradantrieb (Volvo)

Bild 9.53 Schwerlastkraftwagen (Skw)
(Zeppelin/Caterpillar)

Bild 9.54 LKW mit Absetz- und Abrollcontainer (MAN/Meiller)

4.8.2 Leistungsermittlung

Berechnung der Leistung der Arbeitskette „Laden und Transportieren" [43]

Grundleistung eines Lkw: $Q_B = V_R \cdot f_L \cdot n \left[\dfrac{\text{m}^3\text{ f.M.}}{\text{h}}\right]$

Nutzleistung des gesamten Transportbetriebes:

$$Q_{Ages} = Q_B \cdot \frac{t}{t_B} \cdot f_T \cdot f_E \quad \left[\frac{\text{m}^3\text{ f.M.}}{\text{h}}\right]$$

f_E Nutzleistungsfaktor (s. Tafel 9.2)
f_T Transportbetriebsfaktor (s. Tafel 9.55)
V_R Nenninhalt der Mulde [m³]

oder $\dfrac{\text{zulässige Nutzlast}}{\text{Lagerungsdichte } \varrho \cdot f_L}$ [m³]

Der kleinere Wert ist maßgebend.

f_L Ladefaktor (s. unter 4.1)

n Umlaufzahl $= \dfrac{60\,[\text{min/h}]}{t\,[\text{min}]}$

t Umlaufzeit $= t_B + t_V + t_K + t_W + t_L\,[\text{min}]$

t_B Beladezeit $= \dfrac{V_R \cdot f_L \cdot 60}{Q_G \text{ des Ladegerätes}}$ [min]

t_V Dauer der Lastfahrt $= \dfrac{L \cdot 60}{v_V}$ [min]

L Transportentfernung [km]

v_V mittlere Geschwindigkeit beladen [km/h]

t_K Kippzeit (0,5 bis 0,7 min)

t_W Wagenwechselzeit am Ladegerät (0,3 bis 0,5 min)

t_L Dauer der Leerfahrt $= \dfrac{L \cdot 60}{v_L}$ [min]

v_L mittlere Geschwindigkeit leer

Nutzleistung eines Transportfahrzeugs der Arbeitskette:

$$Q_{Ai} = \frac{Q_{Ages}}{\text{Fahrzeugzahl } z} \quad \left[\frac{\text{m}^3\text{ f.M.}}{\text{h}}\right]$$

Tafel 9.55 Transportbetriebsfaktor f_T berücksichtigt das Zusammenwirken mehrerer Transportfahrzeuge mit einem Ladegerät [43]

Anzahl der Fahrzeuge	Beladungsrate $= \dfrac{\text{Umlaufzeit } t}{\text{Beladezeit } t_B}$								
	2	3	4	5	6	7	8	9	10
2	0,89	0,75	0,55	0,45	—	—	—	—	—
3	0,98	0,88	0,74	0,61	0,51	0,46	—	—	—
4	1,00	0,96	0,87	0,75	0,65	0,58	0,51	0,47	0,41
5		0,99	0,94	0,86	0,77	0,68	0,61	0,55	0,50
6		1,00	0,98	0,92	0,86	0,77	0,70	0,63	0,58
7			1,00	0,96	0,91	0,85	0,78	0,71	0,65
8				0,98	0,95	0,90	0,85	0,79	0,72
9				1,00	0,97	0,94	0,89	0,85	0,79
10					0,99	0,96	0,93	0,89	0,84
11					1,00	0,98	0,95	0,92	0,88
12						1,00	0,97	0,94	0,91

Der Transportbetriebsfaktor f_T ist abhängig von der **Beladungsrate** t/t_B, die die Zahl der je Stunde möglichen Beladungsvorgänge angibt. Außerhalb der Tabellenwerte ist Tafel 9.55 nicht anwendbar.

Wahl der Fahrzeuganzahl

Fahrzeugzahl < Beladungsrate: Verlust durch Warten des Ladegerätes

Fahrzeugzahl > Beladungsrate: Verlust durch Warten der Fahrzeuge.

Die günstigste Fahrzeugzahl kann nur durch Kostengegenüberstellung gefunden werden; in den meisten Fällen ist es wirtschaftlicher, die Fahrzeugzahl geringer als die Beladungsrate zu wählen.

Baumaschinen

	Leistungsberechnung nach BML Transportbetrieb Ladegerät - Lkw					

Lkw - Hersteller/Typ:	MB / 3838 AK	Kenngröße:	32 t		BGL-Nr.: 2912-0320
Fahrwerk:	4-Achs-Allrad	Aufbau:	Kipper	Füllung V_R: 16,00 m³
Motorleistung:	260 kW			Nutzlast: 17,0 t
Ladegerät:	R-Bagger mit TL	Kenngröße:	100 kW	Füllung V_R: 1,25 m³

Art der Arbeit:	Bodenaushub Baugrube, Verladen auf Lkw		
Transportentfernung:			L 5 km
Fahrgeschwindigkeiten:	beladen v_V 30 km/h		leer v_L 40 km/h

Bodenart/Bodenklasse:		DIN 18 300	Sand-Kies-Gemisch / Klasse:	3	-
Lagerungsdichte	ρ	aus Tafel 9.20		1,72	t/m³
Auflockerungsfaktor	f_S	aus Tafel 9.20	Lagerung mitteldicht	1,14	-
Füllungsfaktor Lkw	f_F	aus Tafel 9.21		1,08	-
Ladefaktor	f_L	f_F / f_S		0,95	-
Nenninhalt der Mulde	V_R		16,00 m³		
oder					
Inhalt aus Nutzlast	V_M	$\dfrac{\text{Nutzlast}}{\rho * f_L}$	10,43 m³		
			kleinerer Wert maßgebend:	10,4	m³
Dauer der Lastfahrt	t_V	L . 60 / v_V		10,0	min
Dauer der Leerfahrt	t_L	L . 60 / v_L		7,5	min
Beladezeit	t_B	$V_R . f_L . 60 / Q_{BL}$	Ladegerät: Q_{BL} = 228 m³/h	2,6	min
Kippzeit	t_K	0,5 bis 0,7 min		0,6	min
Wagenwechselzeit	t_W	0,3 bis 0,5 min		0,4	min
Umlaufzeit	t	$t_V + t_L + t_B + t_K + t_W$		21,1	min
Grundleistung je Lkw	Q_B	$V_R . f_L * 60 / t$		28,0	m³/h f.M.
Beladungsrate	t/t_B		Umlaufzeit / Beladezeit	8,1	s. unten *)
Nutzleistungsfaktor	f_E	aus Tafel 9.2	Baust.u.Betriebsbed. mittel/mittel	0,65	-

Anzahl Lkw	z	Auswahl *):	6 Lkw	7 Lkw	8 Lkw	**7 Lkw**	<-- gewählt
Transportbetriebsfaktor	f_T	aus Tafel 9.55	0,69	0,77	0,84	**0,77**	s. unten *)
Nutzleistung des Transportbetriebs	Q_A	$Q_B * f_T * f_E * t / t_B$	102	114	124	**114**	m³/h f.M.

Bei der Preisbildung oder Bauablaufplanung ist zu beachten, daß unvorhersehbare Einflüsse (z.B. Transportschwierigkeiten; Arbeiterausfall) sowie Witterungseinflüsse und beengte Baustellenverhältnisse **nicht** berücksichtigt sind; daher	gewählt:	
	110	m³/h f.M.

*) Die wirtschaftlichste Gerätekombination ergibt sich meistens bei einer Lkw-Zahl unter der Beladungsrate.

Bild 9.55   Transportbetrieb: Beispiel zur Leistungsberechnung

4.9 Verdichtungsgeräte

4.9.1 Technische Daten

Wirkungsweise
- statisch (s)
- dynamisch (d)

Tafel 9.56 Bauarten und Kenngrößen

Bauarten	Wirkungsweise	Kenngröße [26]	
Explosionsstampfer	(d)	Schlagenergie	in Nm
Vibrostampfer	(d)	Betriebsgewicht	in kg
Vibrationsplatten	(d)	Fliehkraft und Arbeitsbreite	in kN
handgeführte Walzen	(d)	max. Betriebsgewicht	in kg
Anhängewalzen	(s + d)	max. Betriebsgewicht	in kg
Dreiradwalzen	(s)	max. Betriebsgewicht	in kg
Tandemwalzen	(s + d)	max. Betriebsgewicht	in kg
Walzenzüge	(s + d)	max. Betriebsgewicht	in kg
Gummiradwalzen	(s)	max. Betriebsgewicht	in kg

Kraftstoffverbrauch
- 0,15 bis 0,18 Liter/kWh
- Schmier- und Pflegestoffe 10 bis 12% der Kraftstoffkosten.

4.9.2 Leistungsermittlung

Berechnung der Leistung

Grundleistung
Flächenleistung $\quad Q_{BA} = b' \cdot v \cdot 1/z \quad [m^2/h]$

Mengenleistung $\quad Q_{BV} = Q_{BA} \cdot h \quad [m^3$ feste Masse/h]

b' wirksame Arbeitsbreite [m], etwa $0,8 \times$ Platten- bzw. Walzenbreite
h Schichthöhe des verdichteten Bodens [m]
v Arbeitsgeschwindigkeit [m/h]
z Zahl der Übergänge

Nutzleistung
Flächenleistung $\;Q_{AA} = Q_{BA} \cdot f_E \quad [m^2/h]$
Mengenleistung $\;Q_{AV} = Q_{BV} \cdot f_E \quad [m^3$ feste Masse/h]

f_E Nutzleistungsfaktor (s. Tafel 9.2)

Bild 9.56 Verdichtungsgeräte: Rüttelplatte, Grabenwalze und Walzenzug (BOMAG)

Tafel 9.57 Verdichtungsgeräte: Einsatzwerte für die Leistungsberechnung im Erdbau [43]

Verdichtungsart	Geräteart	Arbeitsgewicht in t	Arbeitsgeschwindigkeit in m/min	Schütthöhe in cm	Empfohlene Übergänge Anzahl	Geeignet für Bodenart			
						Sand + Kies	Schluff + Ton	Gemisch	Fels
Statisch	Glattwalzen	6 bis 16	50 bis 100	10 bis 20	7 bis 15	○	+	○	–
	Schaffußwalze, gezogen	5 bis 25	50 bis 100	15 bis 25	7 bis 20	–	+	○	–
	Schaffußwalze, selbstfahr.	7 bis 28	50 bis 300	15 bis 25	7 bis 15	–	+	○	–
	Gummiradwalzen, gezogen	25 bis 95	50 bis 100	35 bis 75	5 bis 10	+	+	+	○
	Gummiradwalzen, selbstfahr.	15 bis 50	100 bis 170	50 bis 100	5 bis 10	+	+	+	○
	Gürtelradwalzen	17	100	20 bis 30	5 bis 10	○	+	+	–
	Gitterradwalzen	6 bis 15	50 bis 170	20 bis 30	7 bis 15	+	–	○	+
Dynamisch	Anhängervibrationswalzen, leicht	4 bis 8	17 bis 35	20 bis 75	4 bis 6	+	○	+	○
	Anhängervibrationswalzen, schwer	8 bis 16	17 bis 35	20 bis 130	3 bis 5	+	○	+	+
	Tandemvibrationswalzen, leicht	2 bis 5	17 bis 35	20 bis 75	4 bis 6	+	○	+	○
	Tandemvibrationswalzen, schwer	6 bis 15	17 bis 35	20 bis 130	3 bis 5	+	○	+	+
	Schaffußvibrationswalze	6 bis 13	35 bis 85	20 bis 75	4 bis 7	+	+	+	–
	Explosionsstampfer	0,07 bis 0,15	10 bis 16	20 bis 50	3 bis 5	○	+	○	–
	Vibrationsstampfer	0,03 bis 0,20	10 bis 16	15 bis 40	2 bis 4	+	–	+	–
	Vibrationsplatten, leicht	0,2 bis 1,0	18 bis 22	15 bis 25	5 bis 10	+	–	○	–
	Vibrationsplatten, schwer	1,0 bis 2,8	20 bis 40	20 bis 50	4 bis 7	–	○	○	○

+ gut bis sehr gut geeignet   ○ geeignet   – Nicht geeignet

5 Straßenbaumaschinen

5.1 Deckenfertiger

5.1.1 Schwarzdeckenfertiger

Kenngrößen nach Baugeräteliste [26]
— max. Arbeitsbreite in m
— Motorleistung in kW

Leistungsdaten

Fertiger auf Raupenfahrwerk
— Arbeitsbreite 0,60 bis 16 m
— Motorleistung 25 bis 225 kW
— Kübelinhalt 6 bis 18 t
— Einbaustärke bis 30 cm,
— Großgeräte bis 40 cm
— Arbeitsgeschwindigkeit max.
  18 m/min, üblich 2,0 bis 8,0 m/min
— Durchschnittliche Einbauleistung
  100 bis 600 t/h

Fertiger auf Reifenfahrwerk
— Arbeitsbreite 2,50 bis 8,50 m
— Motorleistung 25 bis 120 kW
— Kübelinhalt 6 bis 15 t
— Einbaustärke bis 30 cm
— Arbeitsgeschwindigkeit max.
  20 m/min, üblich 2,0 bis 8,0 m/min
— Durchschnittliche Einbauleistung
  100 bis 600 t/h

Gußasphalt-Fertiger
— Arbeitsbreite 1,5 bis 5,0 m
— Einbaustärke ca. 40 mm

Gußasphalt-Einbauzug
— Arbeitsbreite 7,50 bis 15,00 m
— Einbaustärke   ca. 40 mm
— Motorleistung ca. 70 kW

Kraftstoffverbrauch
0,15 bis 0,18 Liter/kWh

— Schmier- und Pflegestoffe 15 bis
  20% der Kraftstoffkosten, zusätzlich
  Heizgas

9

Tafel 9.58   Schwarzdeckenfertiger, Beispiele

max. Arbeits-breite	Motor-leistung	Geschwindigkeit		Kübel-inhalt	theor. max. Einbau-leistung	Gewicht ca.
		Einbau	Transport			
in m	in kW	in m/min	in km/h	in t	in t/h	in t
Fertiger mit Reifenfahrwerk						
5,0	50	0 bis 20	20	13	300	14
6,5	80	0 bis 20	20	13	400	16
8,0	120	0 bis 20	20	13	600	18
Fertiger mit Raupenfahrwerk						
5,0	50	0 bis 17	2,8	13	300	11
6,0	60	0 bis 18	3,6	13	400	15
8,0	80	0 bis 18	4,5	13	500	17
10,0	120	0 bis 18	4,5	13	600	20
12,5	160	0 bis 18	3,6	15	800	23
15,0	210	0 bis 18	3,2	17	1500[1])	27
Gehweg- und Randstreifenfertiger						
1,1 bis 2,6	28		2,8		50	
Gußasphalt-Deckenfertiger						
5,0	70				35	

[1]) bei 40 cm Einbaustärke

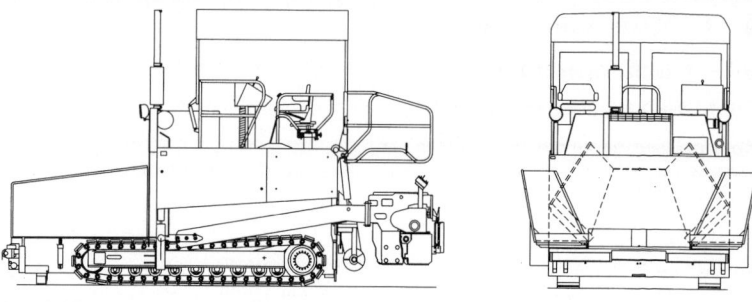

Bild 9.57 Schwarzdeckenfertiger auf Raupen (Vögele)

5.1.2 Betoneinbauzüge und -fertiger

Kenngrößen nach Baugeräteliste [26]
— max. Arbeitsbreite in m
— Motorleistung in kW

Leistungsdaten
— Arbeitsbreite 2,5 bis 22,5 m

— Arbeitsgeschwindigkeit
  max. 1,5 bis 18 m/min
  üblich 2,5 bis 6 m/min
— Einbaustärke bis 40 cm
— Einbauleistung ca. 130 bis 640 m³/h
  (abhängig von Zulieferung)

Bauelemente

Verteiler

— Kübelverteiler 2,5 bis 12,0 m/3,0 bis 4,6 m³/50 kW
— Schaufelverteiler 2,5 bis 14,0 m/30 kW.

Fertiger
— 1,5 bis 9,0 m/22 kW
— 2,5 bis 14,0 m/32 kW.

Kraftstoffverbrauch
— 0,15 bis 0,18 Liter/kWh
— Schmier- und Pflegestoffe
  10 bis 12% der Kraftstoffkosten.

Glätter/Nivellierbohlen
— 2,5 bis 14,0 m/20 kW

Bild 9.58
Gleitschalungsfertiger
für Betonstraßen
(Wirtgen)

5.1.3 Leistungsermittlung

Die Einbauleistungen aller Straßenbaumaschinen sind in den meisten Fällen von der Anlieferungsleistung, d.h. von der Kapazität der Mischanlagen und der Fahrzeuge abhängig. Mit den folgenden Ansätzen kann die maximal mögliche Leistung des Einbaugerätes jedoch kontrolliert werden.

Grundleistung

Flächenleistung $Q_{BA} = b \cdot v$ $[m^2/h]$

Volumenleistung $Q_{BV} = Q_{BA} \cdot h$ $[m^3$ feste Masse/h]

Mengenleistung $Q_{BM} = Q_{BV} \cdot \varrho$ $[t/h]$

b Arbeitsbreite [m],
h Schichthöhe des verdichteten Materials [m]
v Arbeitsgeschwindigkeit [m/h]
ϱ Dichte des Einbaumaterials $[t/m^3]$

Nutzleistung

Flächenleistung $Q_{AA} = Q_{BA} \cdot f_E$ $[m^2/h]$

Volumenleistung $Q_{AV} = Q_{BV} \cdot f_E = Q_{BA} \cdot h \cdot f_E$ $[m^3/h]$

Mengenleistung $Q_{AM} = Q_{BM} \cdot f_E = Q_{BA} \cdot h \cdot \varrho \cdot f_E$ $[t/h]$

f_E Nutzleistungsfaktor (s. Tafel 9.2)

5.2 Bodenvermörtelungsgeräte (Stabilisierer)

5.2.1 Technische Daten

— **Kenngröße nach Baugeräteliste** [26]   max. Arbeitstiefe in cm

Bodenvermörteler werden eingesetzt zur Homogenisierung und Verbesserung anstehender Böden durch Zerkleinern und durch Untermischen von Bindemittel (Kalk, Zement, Bitumen).

Bindemittel und Wasser werden vorab aufgebracht, dann fräst der Stabilisierer das Material mit der Mischwelle ein. Bei Kaltrecycling von Straßenbefestigungen mit Emulsion oder Schaumbitumen wird das Bindemittel in das Fräswerk eingesprüht.

Sie werden als Anbaugeräte und als selbstfahrende Maschinen angeboten, üblich ist Reifenfahrwerk mit Allradantrieb und Allradlenkung.

Tafel 9.59   Selbstfahrende Bodenstabilisierer auf Luftreifen, Beispiele

Hersteller/Typ	Max. Arbeitstiefe h in cm	Arbeitsbreite b in m	Gewicht in t	Leistung in kW	Fahrgeschwindigkeit in km/h	Arbeitsgeschwindigkeit v in m/min
Bomag MPH120	40	2,10	19	263	0 bis 17	0 bis 15
Hamm RACO250	42	2,35	19	339	0 bis 18	0 bis 15
Caterpillar SM350	47	2,44	20	305	0 bis 18	0 bis 15
Hamm RACO550	52	2,35	25	440	0 bis 15	0 bis 15
Wirtgen WR2500	50	2,44	30	448	0 bis 12	0 bis 15

Bild 9.59
Bodenstabilisierer
und Asphaltrecycler
RACO 250 (Hamm)

Maschine ausgerüstet mit Sonderzubehör

5.2.2 Leistungsermittlung

Die Leistung ist abhängig vom Material (Boden, Bindemittel, Feuchtigkeit) und von der Arbeitstiefe.

Grundleistung

— Flächenleistung	$Q_{BA} = b \cdot v \cdot 60$	$[m^2/h]$	mit b = Arbeitsbreite [m],
— Volumenleistung	$Q_{BV} = Q_{BA} \cdot h$	$[m^3 f \cdot M/h]$	h = Arbeitstiefe [m]

v = Arbeitsgeschwindigkeit nach Tafel 9.60 [m/min]

Nutzleistung

— Flächenleistung	$Q_{AA} = Q_{BA} \cdot f_E$	$[m^2/h]$	f_E = Nutzleistungsfaktor
— Volumenleistung	$Q_{AV} = Q_{BV} \cdot f_E$	$[m^3/h]$	(s. Tafel 9.2)

Tafel 9.60 Arbeitsgeschwindigkeit v in m/min

Schichtdicke in cm	20	30	40	50
Bodenverfestigung mit Zement und Kalk bei sandigen und kiesigen Böden	10 bis 13	5 bis 10	4 bis 8	3 bis 6
Bodenverbesserung mit Kalk bei feinkörnigen Böden	7 bis 10	4 bis 7	3 bis 6	2 bis 4
Zerkleinern von Ton im Deponiebau	6 bis 8	3 bis 6	3 bis 5	2 bis 3

5.3 Straßenfräsen

5.3.1 Technische Daten

Kenngröße nach Baugeräteliste [26]   max. Fräsbreite in mm

Straßenfräsen (Kaltfräsen) werden eingesetzt zum flächigen Abbau von Asphalt- und Betonfahrbahndecken. Das Material wird von der Fräswalze gelöst, granuliert, über ein Austragsband auf Lkw verladen und zur Recyclinganlage gefahren. Die Geräte haben Vollgummireifen-Fahrwerk mit Allradantrieb und Allradlenkung oder Fahrschemel mit Raupenkette.

Großgeräte eignen sich für den ungestörten Abbau kompletter Fahrbahnen in mehreren Schichten, bei ausreichender Leistung in voller Dicke. Kleinfräsen bis 1,00 m Breite sind für kleine Reparaturen, Randstreifen, Geh- und Radwege, Anschlußarbeiten und bei Leitungsarbeiten unter der Fahrbahn konzipiert.

Tafel 9.61 Kaltfräsen, Beispiele

Hersteller/Typ	Max. Arbeits-tiefe h^*) in cm	Arbeits-breite b in m	Gewicht in t	Leistung in kW	Fahrwerk	Arbeitsge-schwindigkeit v in m/min
Wirtgen W35	10	0,35	4,4	32	Vollgummi-reifen	0 bis 10
Wirtgen W1000	25	1,00	16,4	149	Vollgummi-reifen	0 bis 22
Wirtgen W1300DC	30	1,30	24,0	297	Raupen	0 bis 26
Wirtgen W2000DC	30	2,00	24,9	297	Raupen	0 bis 26
Wirtgen W2100DC	30	2,00	38,0	448	Raupen	0 bis 26

*) Die Werte gelten für Asphaltdecken mittlerer Härte. Bei Betondecken ist die Arbeitstiefe auf 30% zu reduzieren.

Bild 9.60
Kaltfräse W100F
(Wirtgen)

5.3.2 Leistungsermittlung

Die Leistung ist abhängig vom Material (harter oder weicher Asphalt, Beton) und von der Arbeitstiefe.

Grundleistung
— Flächenleistung $\quad Q_{BA} - b \cdot v \cdot 60 \quad [m^2/h]$
— Volumenleistung $\quad Q_{BV} = Q_{BA} \cdot h \quad [m^3 \ f \cdot M/h]$
— Mengenleistung $\quad Q_{BM} = Q_{BV} \cdot \varrho \quad [t/h]$

Nutzleistung
— Flächenleistung $\quad \boldsymbol{Q_{AA} = Q_{BA} \cdot f_E} \quad [m^2/h]$
— Volumenleistung $\quad \boldsymbol{Q_{AV} = Q_{BV} \cdot f_E} \quad [m^3/h]$
— Mengenleistung $\quad \boldsymbol{Q_{AM} = Q_{BM} \cdot f_E} \quad [t/h]$

mit b = Arbeitsbreite [m],
h = Arbeitstiefe [m]
v = Arbeitsgeschwindigkeit nach Tafel 9.62 [m/min]
ϱ = Dichte des Materials [t/m³]
f_E = Nutzleistungsfaktor (s. Tafel 9.2)

Beim Ansatz des Nutzleistungsfaktors sind vor allem die Einflüsse aus Verkehrsbehinderung zu berücksichtigen

Tafel 9.62 Arbeitsgeschwindigkeit v in m/min

Schichtdicke in cm	2	5	10	15	20	30
Arbeitsbreite 0,50 m bei 80 kW	10 bis 20	6 bis 12	2 bis 6	1 bis 3	—	—
Arbeitsbreite 1,00 m bei 150 kW	16 bis 22	11 bis 22	6 bis 14	4 bis 8	2 bis 6	—
Arbeitsbreite 2,00 m bei 300 kW	18 bis 22	12 bis 22	7 bis 12	4 bis 7	2 bis 4	0,5 bis 2,5
Arbeitsbreite 2,00 m bei 450 kW	20 bis 25	15 bis 25	9 bis 14	6 bis 10	4 bis 6	1,5 bis 3,5

Die niedrigen Werte gelten für harten Asphalt, die hohen für weichen Asphalt. Zwischenwerte können interpoliert werden. Für Beton sind die Werte auf 50% des niedrigen Wertes zu reduzieren.

6 Baustelleneinrichtung (Bemessung der Elemente)

6.1 Sozialeinrichtungen

6.1.1 Vorschriften

Gewerbeordnung: grundsätzliche Forderung
Arbeitsstättenverordnung (ArbStättV) §§ 44 bis 49: Bemessung
Arbeitsstättenrichtlinien (ASR): Details.

6.1.2 Tagesunterkünfte

Erforderlich ab 5 Arbeiter länger als 1 Woche:
Wärmedämmung, lichte Höhe mind. 2,30 m
Je Arbeiter 0,75 m^2 Freifläche
Je Arbeiter: Tisch, Stuhl, Schrank, Kochgelegenheit.
Im Winter (15.10. bis 30.4.) Heizung, Windfang, Trockenplatz für Arbeitskleidung.
Bemessung: 1,25 m^2/Arbeiter + 1,25 m^2/Unterkunft für Windfang usw.

6.1.3 Waschgelegenheit

Bis 9 Arbeiter bis 2 Wochen:
Je 5 Arbeiter 1 Waschgelegenheit
Ab 10 Arbeiter länger als 2 Wochen:
Separate Waschräume mit
je 5 Arbeiter 1 Waschstelle
je 20 Arbeiter 1 Dusche.

6.1.4 Toiletten

Bis 15 Arbeiter bis 2 Wochen:
1 Toilette (z.B. Toilettenzelle mit Entleerservice)
Über 15 Arbeiter bzw. länger als 2 Wochen:

Tafel 9.63 Toiletten

Arbeiter	Toiletten	Urinale	Arbeiter	Toiletten	Urinale
bis 5	1	–	bis 75	4	4
bis 10	1	1	bis 100	5	5
bis 25	2	2	über 100		
bis 50	3	3	je 30 Arbeiter zusätzlich	1	1

6.1.5 Erste-Hilfe-Einrichtungen

Bis 20 Arbeitnehmer: Erste-Hilfe-Mittel, Aushang über zuständige Rettungsstellen (Notarzt)
über 20 Arbeitnehmer: Krankentrage zusätzlich
über 50 Arbeitnehmer: Sanitätsraum mit Einrichtungen und Mitteln für die ärztliche Erstversorgung.

Gewicht des leeren Containers ca. 2000 kg

Außenmaße: $L = 6058$ mm
$B = 2438$ mm
$H = 2591$ mm

Innenmaße: $l = 5924$ mm
$b = 2304$ mm
$h = 2310$ mm
$A = 13,65$ m^2
$V = 31,53$ m^3

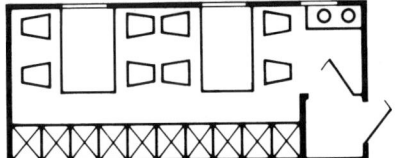

Tagesunterkunft für 8 bis 10 Personen

Vorschrift für Tagesunterkünfte laut § 45 ArbStättV:

Netto-Fläche 0,75 m^2/Pers.
+ Schrank + Tisch

Praktischer Bemessungswert:
ca. 1,25 m^2/Pers. + 1,25 m^2 für Kocher und Windfang

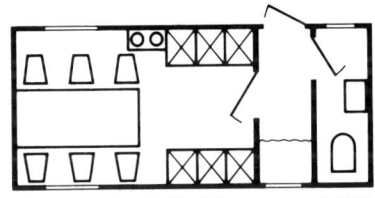

Tagesunterkunft für 6 Personen mit WC und Trockenraum

Vorschrift für Wasch- und Toilettenräume:

Toiletten s. Tafel 9.63
1 Dusche auf 20 Arbeiter
1 Waschstelle auf 5 Arbeiter

Wasch- und WC-Container für 20 Personen

9

Vorschrift für Schlafunterkünfte:

max. 4 Pers./Raum
netto-Fläche mind. 1 m^2/Pers.
netto-Luftraum mind. 10 m^3/Pers.

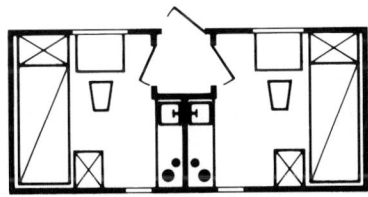

Schlafunterkunft für 2 Personen

Bild 9.61
Baustelleneinrichtung: Beispiele für die vorschriftsmäßige Einrichtung des ISO-1CC-Normcontainers als Baustellenunterkunft

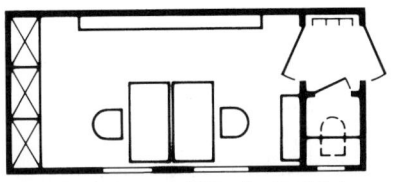

Büro-Container mit WC oder Teeküche

6.2 Stromversorgung

6.2.1 Vorschriften

- VDE-Vorschriften
- Unfallverhütungsvorschriften (UVV, VBG)
- Technische Anschlußbedingungen (TAB) der Energieversorgungsunternehmen (EVU).

6.2.2 Begriffe und Gesetze

- Stromstärke I [A]
- Spannung U [V]
- Widerstand R [Ω]
- Ohmsches Gesetz $U = R \cdot I$ [V]
- Arbeit $W = U \cdot I \cdot t$ [Wh]
- Leistung $P = U \cdot I$ [W]

6.2.3 Wechselstromkreis

Stromart	Einphasen-Wechselstrom	Dreiphasen-Wechselstrom
übliche Bezeichnung	Lichtstrom	Dreh-/Kraftstrom
Spannung U [V]	220 bis 240	380
Scheinleistung P_s [VA]	$U \cdot I$	$\sqrt{3} \cdot U \cdot I$
Wirkleistung P_w [W]	$U \cdot I \cdot \cos\Phi$	$\sqrt{3} \cdot U \cdot I \cdot \cos\Phi$
Blindleistung P_b [var]	$U \cdot I \cdot \sin\Phi$	$\sqrt{3} \cdot U \cdot I \cdot \sin\Phi$
Gesamtstrom I [A]	P_s/U	$P_s/\sqrt{3} \cdot U$

- Leistungsfaktor $\cos\Phi = P_w/P_s$ (belastungsabhängig)
- Gleichzeitigkeitsfaktor a berücksichtigt, daß nicht alle Verbraucher gleichzeitig unter Vollast laufen

6.2.4 Dimensionierung des Baustellenanschlusses

Leistungsaufnahme (Anschlußwert)
Induktive Verbraucher (Motoren, Leuchtröhren)

Wirkleistung $\quad P_{wM} = \dfrac{P_M \, [\text{kW}] \cdot a_M}{\eta}$ [kVA]

Scheinleistung $\quad P_{sM} = P_{wM}/\cos\Phi$

- Leistungsabgabe P_M [kW] = Motorleistungen gemäß Typenschild bzw. techn. Angaben [26]
- Gleichzeitigkeitsfaktor $a_M = 0,4$ bis $0,6$
- Wirkungsgrad $\eta = 0,6$ bis $0,9$, i.M. $= 0,8$
- Leistungsfaktor $\cos\Phi = 0,6$ (Mittelwert)

Ohmsche Verbraucher (Glühlampen, Heizung)
$\Phi = 0 \Rightarrow \cos\Phi = 1 \qquad P_{wL} = P_L \cdot a_L$ [kW]
- Leistungsaufnahme aller Ohmscher Verbraucher P_L
- Gleichzeitigkeitsfaktor $a_L = 0,2$ bis $0,4$

Ermittlung des Gesamt-Anschlußwertes

Exakte Ermittlung über graphische Addition:

$P = \sqrt{(P_{sM} \cdot \cos\Phi + P_{wL})^2 + (P_{sM} \cdot \sin\Phi)^2}$ [kVA]

In der Praxis ist meistens die algebraische Addition hinreichend genau:

Anschlußleistung $\quad P = P_{sM} + P_{wL}$ [kVA]

Stromaufnahme $\quad I = \dfrac{P \, [\text{kVA}] \cdot 10^3}{\sqrt{3} \cdot U \, [\text{V}]}$
(bei Drehstrom)

Leistungsfaktor $\cos\Phi_{ges} = (P_{wM} + P_{wL})/P$

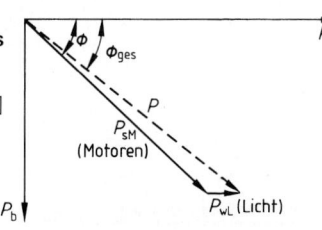

Bild 9.62 Baustellenanschluß: Exakte Ermittlung über grafische Addition

6.2.5 Dimensionierung der Anschlußelemente

Tafel 9.64 Anschlußschrank, Verteilerschrank

genormte Größen in A	25	63	100	250
Cu-Leitung A_{min} in mm²	10	16	35	120

Tafel 9.65 Leitungsquerschnitte (genormt) in mm²

1,5	10	50	150
2,5	16	70	185
4,0	25	95	240
6,0	35	120	300

Anschlußkabel

— für Elektrowerkzeuge und Leuchten z.B. NMHöu
  (N-Norm/MH = mittl. Gummischlauch/ö = ölbeständig/u = vermindert brennbar)
— für die übrigen Betriebsmittel z.B. NSHöu
— (SH = schwere Gummischlauchleitung)
— unterirdische Kabel z.B. NYCY
  (Y = Kunststoffisolierung innen/außen, C = konzentrischer Leiter).

Steckverbindungen

220 bis 240 V: Schutzkontaktstecker (Schuko); 380 V: Rundstecker (CEE)

Bemessung der Leitungen

Begrenzung des Spannungsabfalls

$$A = \frac{l \cdot I \cdot \cos \Phi}{\varkappa \cdot \Delta U} \, [\text{mm}^2]$$

A = Leitungsquerschnitt [mm²]
l = Leitungslänge [m]
I = Gesamtstrom, abh. von Stromart (s. 6.2.3)
$\varkappa$ = Leitfähigkeit [m/Ω mm²], für Cu = 57, für Al = 35
ΔU = Spannungsabfall zwischen Einspeisung und Verbraucher in V bei Begrenzung auf 6%:
bei Lichtstrom (220 V) $U = 6\%$ von $220/2 = 6,6$ [V]
bei Drehstrom (380 V) $U = 6\%$ von $380/\sqrt{3} = 13,2$ [V]

Thermische Belastbarkeit (s. auch Abschn. „Unfallverhütung")

Tafel 9.66 Strombelastung von Kabeln bis 1 kW nach VDE 0255/5.62

Nennquer-schnitt	Papierbleikabel und bleimantellose Kunststoffkabel mit Kupferleiter			Papierbleikabel und bleimantellose Kunststoffkabel mit Aluminiumleiter		
	Einleiter-kabel	Zweileiter-kabel	Drei- und Vierleiter-kabel	Einleiter-kabel	Zweileiter-kabel	Drei- und Vierleiter-kabel
	Belastbarkeit in Ampere					
1,5	35	30	25	—	—	—
2,5	50	40	35	—	—	—
4	65	50	45	50	40	35
6	85	65	60	70	50	45
10	110	90	80	90	70	65
16	155	120	110	125	95	90
25	200	155	135	160	125	110
35	250	185	165	200	150	130
50	310	235	200	250	190	160
70	380	280	245	305	225	195
95	460	335	295	370	270	235
120	535	380	340	430	305	270
150	610	435	390	490	350	310
185	685	490	445	550	390	355
240	800	570	515	640	455	410
300	910	640	590	730	510	470

Tafel 9.67 Abminderung der Belastbarkeit bei mehreren nebeneinander verlegten Kabeln

Anzahl der Kabel	2	3	4	5
Belastbarkeit in %	90	80	75	70

Tafel 9.68 Abminderung der Belastbarkeit bei Verlegung eines Kabels in der Luft

Umgebungs-temperatur in °C	5	10	15	20	25	30
Belastbarkeit in %	92	88	84	80	75	70

9

6.3 Wasserversorgung

6.3.1 Bedarfsermittlung

Je Arbeiter bei Tagesunterkunft   24 bis   40 l/Tag
Je Arbeiter bei Wohnlager   50 bis   80 l/Tag
Betonherstellung   120 bis 180 l/m³
Kleinbedarf   5 bis   10 m³/Tag

Der stündliche Spitzenbedarf kann 50 bis 70% über dem nach dem Tagessatz errechneten Stundenmittel liegen.

Mitbestimmend für die Bedarfsermittlung ist die benötigte Wassermenge für die Betonmischanlage, die, gemäß DIN 459, 1/5 des Nenninhaltes des Mischers innerhalb von maximal 20 s zuteilen muß. Dies bedeutet für einen 1000-l-Mischer z.B.

$$Q = \frac{1000}{5 \cdot 20} = 10\,[l/s] = 36\ m^3/h$$

Diese Größe ist bei vielen Baustellen größer als die Summe des gesamten anderen Bedarfs und bei der Bedarfsermittlung zu berücksichtigen. Bei großem Betonwasserbedarf empfiehlt sich die Anordnung eines Zwischenspeichers für die Wasserversorgung der Mischanlage.

6.3.2 Leitungsbemessung

$$Q = \frac{\pi \cdot d^2}{4} \cdot v$$

Q Durchfließmenge [l/s]
d Nenndurchmesser des Rohres [dm]
v Fließgeschwindigkeit [dm/s]

Bei einer normalen $v \cong 0{,}8$ m/s $= 8$ dm/s ist

$$d = \sqrt{\frac{4 \cdot Q}{8 \cdot \pi}} \approx \frac{2}{5}\sqrt{Q}\ [dm]$$

$d = 40 \cdot Q$ [mm], wobei Q in l/s als Wert einzusetzen ist.

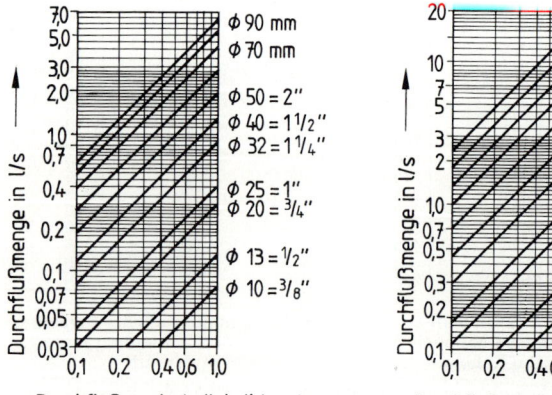

Bild 9.63 Wasserversorgung: Leistung von Wasserrohrquerschnitten

Boden, Baugrube, Verbau

Bearbeitet von Prof. Dipl.-Ing. Manfred Hoffmann und Dipl.-Ing. Norbert Kremer

Inhalt

IO

1 Boden und Baugrund

1.1 Bodenkennwerte

Jede Bodenart ist ein Gemisch unterschiedlicher Korngrößen, die nach der **DIN 4022**-1 [09.87] in die Korngrößenbereiche entsprechend der Einteilung der Körnungslinie gegliedert werden.

Boden, Baugrube, Verbau

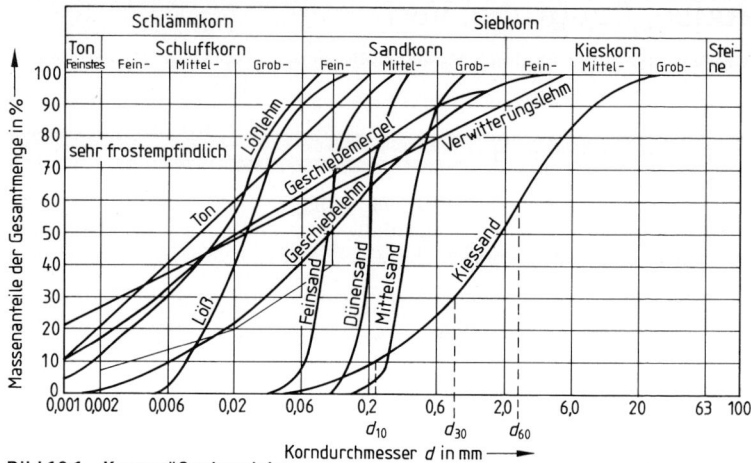

Bild 10.1 Korngrößenbereiche

DIN 1054 [11.76] unterteilt Baugrund wegen seines unterschiedlichen Verhaltens in gewachsenen Boden (Lockergestein), Fels (Festgestein) und geschütteten Boden.

Hauptgruppen des gewachsenen Bodens

— nichtbindige Böden (Gewichtsanteil der Bestandteile mit $\varnothing$ 0,06 mm $\leq$ 15%)
— bindige Böden (Gewichtsanteil der Bestandteile mit $\varnothing$ 0,06 mm $>$ 15%)
— organische Böden (Gewichtsanteil organischer Beimengungen $>$ 3% bei nichtbindigen Böden und $>$ 5% bei bindigen Böden).

Ungleichförmigkeitszahl $U = \dfrac{d_{60}}{d_{10}}$; **Krümmungszahl** $C_{c} = \dfrac{(d_{30})^2}{d_{10} \cdot d_{60}}$

d_{10}, d_{30}, d_{60} sind die Korngrößen, bei den Ordinaten 10, 30, 60% Massenanteil der Körnungslinie.

$U \leq 5$ gleichförmig, $5 < U \leq 15$ ungleichförmig, $U > 15$ sehr ungleichförmig
Verdichtung bei gleichförmigen Böden schwer, bei ungleichförmigen Böden leicht

Beispiel (im Bild 10.1): Kiessand $d_{10} = 0{,}22$ mm, $d_{30} = 0{,}8$ mm, $d_{60} = 2{,}4$ mm
$U = 2{,}4/0{,}22 = 10{,}9$ $C_{c} = 0{,}8^2/0{,}22 \cdot 2{,}4 = 1{,}2$

Der Bodenzustand ist bei grobkörnigem Boden die Lagerungsdichte und bei feinkörnigem die Konsistenz.

Lagerungsdichte $D = \dfrac{\max n - n}{\max n - \min n}$ (bei nichtbindigen Böden)

$n =$ Porenanteil, $\max n$ bei lockerster, $\min n$ bei dichtester Lagerung

Tafel 10.1 Lagerungsdichte D und entsprechender Verdichtungsgrad D_{pr}

	sehr locker	locker	mitteldicht	dicht
$U \leq 3$ gleichförmig	$D < 0{,}15$	$0{,}15 \leq D < 0{,}30$	$0{,}3 \leq D \leq 0{,}5$ $D_{pr} \geq 95\%$	$D > 0{,}5$ $D_{pr} \geq 98\%$
$U > 3$ ungleichförmig	$D < 0{,}20$	$0{,}20 \leq D \leq 0{,}45$	$0{,}45 \leq D \leq 0{,}65$ $D_{pr} \geq 98\%$	$D > 0{,}65$ $D_{pr} \geq 100\%$

Konsistenzzahl $I_{c} = \dfrac{w_{L} - w}{w_{L} - w_{P}}$ (bindige Böden) **Plastizitätszahl** $I_{P} = w_{L} - w_{P}$

Konsistenzgrenzen: $w_{S} =$ Schrumpfgrenze $w_{P} =$ Ausrollgrenze $w_{L} =$ Fließgrenze
Die Zustandsform eines bindigen Bodens kann im Feldversuch nach **DIN 4022-1 [09.87]** wie folgt ermittelt werden:

Tafel 10.2

		$I_c =$	flüssig	
	w_L	0,00	breiig	ist ein Boden, der beim Pressen in der Faust zwischen den Fingern hindurchquillt.
plastischer Bereich		0,50	weich	ist ein Boden, der sich leicht kneten läßt.
	w_P	0,75	steif	ist ein Boden, der sich schwer kneten, aber in der Hand zu 3 mm dicken Walzen ausrollen läßt, ohne zu reißen oder zu zerbröckeln.
		1,00	halbfest	ist ein Boden, der beim Versuch, ihn zu 3 mm dicken Walzen auszurollen, zwar bröckelt und reißt, aber doch noch feucht genug ist, um ihn erneut zu einem Klumpen formen zu können.
	w_S		fest (hart)	ist ein Boden, der ausgetrocknet ist und dann meist hell aussieht. Er läßt sich nicht mehr kneten, sondern nur zerbrechen. Ein nochmaliges Zusammenballen der Einzelteile ist nicht mehr möglich.

Tafel 10.3 Kurzzeichen der Bodengruppen nach DIN 18196 [10.88]

Haupt- und Nebenbestandteile		bodenphysikalische Eigenschaften	
G	Kieskorn (Grant)	E	enggestufte Korngrößenverteilung ($U < 6$, C_c beliebig)
S	Sandkorn	W	weitgestufte Korngrößenverteilung ($U \geq 6$, $1 \leq C_c \leq 3$)
U	Schluff	I	intermittierend gestufte K. ($U \geq 6$, $C_c < 1$ oder > 3)
T	Ton	L	leichtplastisch ($w_L < 35$ Gew.-%)
H	Humus (Torf)	M	mittelplastisch ($35 \leq w_L \leq 50$ Gew.-%)
F	Faulschlamm (Mudde)	A	ausgeprägt plastisch ($w_L > 50$ Gew.-%)
K	Kalk	N	nicht bis mäßig zersetzter Torf
O	Organische Beimengungen	Z	zersetzter Torf

Der erste Kennbuchstabe gibt den Hauptbestandteil an, der zweite den Nebenbestandteil oder eine bestimmte kennzeichnende bodenphysikalische Eigenschaft, z.B. SE = Sand, enggestuft

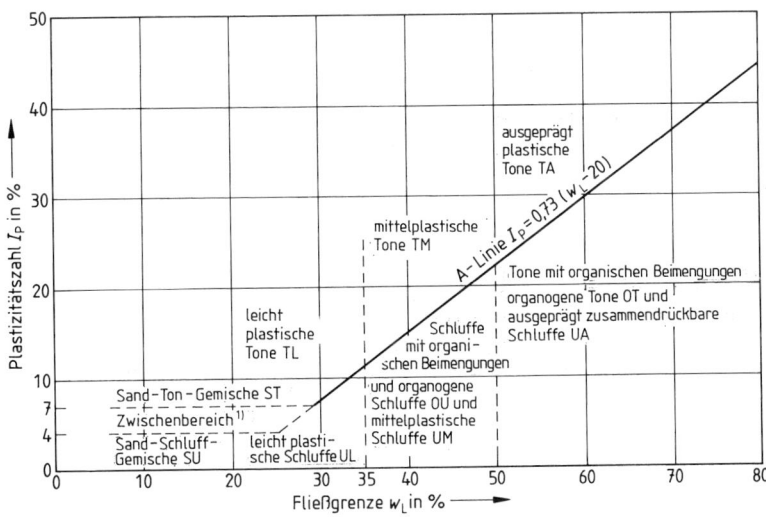

Bild 10.2 Plastizitätsdiagramm nach DIN 18196 [10.88]

[1] Bei Böden mit niedriger Fließgrenze ist die Plastizitätszahl versuchsmäßig nur ungenau zu ermitteln. In den Zwischenbereich fallende Böden müssen daher nach anderen Verfahren, z.B. Trockenfestigkeits-, Schüttel-, Knet-, Reibe- und Schneideversuch (DIN 4022-1 [09.87]), dem Ton- und Schluffbereich zugeordnet werden.

Boden, Baugrube, Verbau

Bodenkenngrößen (Rechenwerte) nach DIN 1055-2 [02.76]

Tafel 10.4 Nichtbindige Böden

Bodenart	Kurzzeichen nach DIN 18196 [10.88]	Lagerung	Wichte			Reibungs- winkel
			erdfeucht	wasser- gesättigt	unter Auftrieb	
			γ	γ_r	γ'	φ'
			kN/m³	kN/m³	kN/m³	Grad
Sand, schwach schluffiger Sand, Kies-Sand, eng gestuft	SE sowie SU mit U≤6	locker mitteldicht dicht	17,0 18,0 19,0	19,0 20,0 21,0	9,0 10,0 11,0	30,0 32,5 35,0
Kies, Geröll, Steine, mit geringem Sandanteil, eng gestuft	GE	locker mitteldicht dicht	17,0 18,0 19,0	19,0 20,0 21,0	9,0 10,0 11,0	32,5 35,0 37,5
Sand, Kies-Sand, Kies, weit oder intermittierend gestuft	SW, SI, SU, GW, GI mit 6<U≤15	locker mitteldicht dicht	18,0 19,0 20,0	20,0 21,0 22,0	10,0 11,0 12,0	30,0 32,5 35,0
Sand, Kies-Sand, Kies, schwach schluffiger Kies, weit oder intermittierend gestuft	SW, SI, SU, GW, GI mit U>15 sowie GU	locker mitteldicht dicht	18,0 20,0 22,0	20,0 22,0 24,0	10,0 12,0 14,0	30,0 32,5 35,0

Tafel 10.5 Bindige und organische Böden

Bodenart	Kurzzeichen nach DIN 18196 [10.88]	Zustandsform	Wichte		Reibungs- winkel	Kohäsion	
			über Wasser	unter Wasser			
			γ	γ'	φ'	c'	c_u
			kN/m³	kN/m³	Grad	kN/m²	kN/m²
Anorganische bindige Böden mit ausgeprägt plastischen Eigenschaften ($w_L>50\%$)	TA	weich steif halbfest	18,0 19,0 20,0	8,0 9,0 10,0	17,5 17,5 17,5	0 10 25	15 35 75
Anorganische bindige Böden mit mittelplastischen Eigenschaften ($35\%\leq w_L\leq50\%$)	TM und UM	weich steif halbfest	19,0 19,5 20,5	9,0 9,5 10,5	22,5 22,5 22,5	0 5 10	5 25 60
Anorganische bindige Böden mit leicht plastischen Eigenschaften ($w_L<35\%$)	TL und UL	weich steif halbfest	20,0 20,5 21,0	10,0 10,5 11,0	27,5 27,5 27,5	0 2 5	0 15 40
Organischer Ton organischer Schluff	OT und OU	weich steif	14,0 17,0	4,0 7,0	15,0 15,0	0 0	10 20
Torf ohne Vorbelastung Torf unter mäßiger Vorbelastung	HN und HZ		11,0 13,0	1,0 3,0	15,0 15,0	2 5	10 20

1.2 Bodenklassifikation nach DIN 18196 [10.88]

Tafel 10.6 Gruppeneinteilung für bautechnische Zwecke

H*)	Definition und Bezeichnung				K*)	Erkennungsmerkmale	Beispiele
	Korngrößenanteile in Gew.-%		Gruppen				
	≤0,06 mm	>2 mm					
Grobkörnige Böden	<5	>40	Kies	enggestufte Kiese	GE	steile Körnungslinie infolge Vorherrschens eines Korngrößenbereichs	Fluß- und Strandkies Terrassen-Schotter Moränenkies vulkanische Schlacke und Asche
				weitgestufte Kies-Sand-Gemische	GW	über mehrere Korngrößenbereiche kontinuierlich verlaufende Körnungslinie	
				intermittierend gestufte Kies-Sand-Gemische	GI	treppenartig verlaufende Körnungslinie infolge Fehlens eines oder mehrerer Korngrößenbereiche	
		≤40	Sand	enggestufte Sande	SE	steile Körnungslinie infolge Vorherrschens eines Körnungsbereiches	Dünen-, Flug-, Tal- (Berliner Sand), Becken-, Tertiärsand
				weitgestufte Sand-Kies-Gemische	SW	über mehrere Korngrößenbereiche kontinuierlich verlaufende Körnungslinie	Moränensand Terrassensand Granitgrus
				intermittierend gestufte Sand-Kies-Gemische	SI	treppenartig verlaufende Körnungslinie infolge Fehlens eines oder mehrerer Korngrößenbereiche	
Gemischtkörnige Böden	≤5 bis ≤40	>40	Kies-Schluff-Gemische	5 bis 15 Gew.-% ≤0,06 mm	GU	weit oder intermittierend gestufte Körnungslinie Feinkornanteil ist schluffig	Moränenkies Verwitterungskies Hangschutt lehmiger Kies Geschiebelehm
				15 b. 40 Gew.-% ≤0,06 mm	GŪ		
			Kies-Ton-Gemische	5 bis 15 Gew.-% ≤0,06 mm	GT	weit oder intermittierend gestufte Körnungslinie Feinkornanteil ist tonig	
				15 b. 40 Gew.-% ≤0,06 mm	GT̄		
		≤40	Sand-Schluff-Gemische	5 bis 15 Gew.-% ≤0,06 mm	SU	weit oder intermittierend gestufte Körnungslinie Feinkornanteil ist schluffig	Tertiärsand
				15 b. 40 Gew.-% ≤0,06 mm	SŪ		Auelehm Sandlöß
			Sand-Ton-Gemische	5 bis 15 Gew.-% ≤0,06 mm	ST	weit oder intermittierend gestufte Körnungslinie Feinkornanteil ist tonig	Terrassensand Schleichsand
				15 b. 40 Gew.-% ≤0,06 mm	ST̄		Geschiebelehm, -mergel

*) H = Hauptgruppen, K = Kurzzeichen, Gruppensymbol

Fortsetzung s. nächste Seite

IO

Boden, Baugrube, Verbau

Tafel 10.6, Fortsetzung

H	Feinkornanteile in Gew.-% ≥ 0.06 mm VII	Definition und Bezeichnung Gruppen		W_L in Gew.-%	K	Trocken-festigkeit	Reaktion beim Schüttel-versuch	Plastizi-tät beim Knetver-such	Beispiele
feinkörnige Böden	>40	Schluff	leicht plastische Schluffe	<35	UL	niedrige	schnelle	keine bis leichte	Löß Hochflutlehm
			mittelplastische Schluffe	35 bis 50	UM	niedrige bis mittlere	lang-same	leichte bis mittlere	Seeton Beckenschluff
			ausgeprägt zusammendrück-barer Schluff	>50	UA	hohe	keine bis lang-same	mittlere bis aus-geprägte	vulkanische Böden Bimsböden
		Ton	leicht plastische Tone	<35	TL	mittlere bis hohe	keine bis langsame	leichte	Geschiebemergel Bänderton
			mittelplastische Tone	35 bis 50	TM	hohe	keine	mittlere	Lößlehm Beckenton Keupermergel Seeton
			ausgeprägt plastische Tone	>50	TA	sehr hohe	keine	aus-geprägte	Tarras Lauenburger Ton Beckenton
organogene[1]) und Böden mit organischen Beimengungen	>40	nicht brenn- oder nicht schwelbar	Schluffe mit orga-nischen Beimen-gungen und orga-nogene[1]) Schluffe	35 bis 50	OU	mittlere	langsame bis sehr schnelle	mittlere	Seekreide Kieselgur Mutterboden
			Tone mit orga-nischen Beimen-gungen und orga-nogene[1]) Tone	>50	OT	hohe	keine	aus-geprägte	Schlick Klei tertiäre Kohle-tone
	≦40		grob- bis gemischtkörnige Böden mit Beimengungen humoser Art		OH	Beimengungen pflanzlicher Art, meist dunkle Färbung, Modergeruch, Glühverlust bis etwa 20 Gew.-%			Mutterboden Paläoboden
			grob- bis gemischt-körnige Böden mit kalki-gen, kieseligen Bildungen		OK	Beimengungen nicht pflanzli-cher Art, meist helle Färbung, leichtes Gewicht, große Porosität			Kalksand Tuffsand Wiesenkalk
organische Böden		brenn- oder schwelbar	nicht bis mäßig zersetzte Torfe (Humus)		HN	an Ort und Stelle aufge-wachsene (sedentäre) Humusbil-dungen	Zersetzungsgrad 1 bis 5, faserig, holzreich, hell-braun bis braun		Niedermoortorf Hochmoortorf Bruchwaldtorf
			zersetzte Torfe		HZ		Zersetzungsgrad 6 bis 10, schwarzbraun bis schwarz		
			Schlamme (Sammelbegriff für Faul-schlamm, Mudde, Gyttja, Dy, Sapropel)		F	unter Wasser abgesetzte (sedi-mentäre) Schlamme aus Pflan-zenresten, Kot und Mikroorga-nismen, oft von Sand, Ton und Kalk durchsetzt, blauschwarz oder grünlich bis gelbbraun, ge-legentlich dunkelgraubraun bis blauschwarz, federnd, weich-schwammig			Mudde Faulschlamm
Auffüllung			Auffüllung aus natürlichen Böden; jeweiliges Gruppensymbol in eckigen Klammern		[ ]				
			Auffüllung aus Fremdstoffen		A				Müll Schlacke Bauschutt Industrieabfall

[1]) Unter Mitwirkung von Organismen gebildete Böden

1.3 Frostempfindlichkeit nach ZTVE-StB 94

Tafel 10.7 Klassifikation der Frostempfindlichkeit von Bodenarten

	Frostempfindlichkeit	Bodenarten (DIN 18196 [10.88])
F1	nicht frostempfindlich	GW, GI, GE, SW, SI, SE
F2	gering bis mittelfrostempfindlich	TA, OT, OH, OK, ST[1]), GT[1]), SU[1]), GU[1])
F3	sehr frostempfindlich	TL, TM, UL, UM, UA, OU, S̄T̄, ḠT̄, S̄Ū, ḠŪ

[1]) zu F1, wenn Anteil Korn unter 0,063 mm von 5,0 Gew.-% bei $U \geqq 15{,}0$ oder 15,0 Gew.-% bei $U \leqq 6{,}0$

1.4 Boden- und Felsklassen nach VOB/C

Tafel 10.8 Boden- und Felsklassen, eingeteilt entsprechend ihrem Zustand beim Lösen (DIN 18300 [6.96])

Klasse	Bezeichnung	Beschreibung
1	Oberboden (Mutterboden)	oberste Schicht des Bodens, die neben anorganischen Stoffen, z.B. Kies-, Sand-, Schluff- und Tongemische, auch Humus und Bodenlebewesen enthält.
2	Fließende Bodenarten	Bodenarten von flüssiger bis breiiger Beschaffenheit, die das Wasser schwer abgeben.
3	Leicht lösbare Bodenarten	nicht- bis schwachbindige Sande, Kiese und Sand-Kies-Gemische mit $\leqq 15$ Gew.-% Beimengungen an Schluff und Ton (Korngröße $<0{,}06$ mm) und mit $\leqq 30$ Gew.-% Steinen von >63 mm Korngröße bis zu 0,01 m^3 Rauminhalt[1]). Organische Bodenarten mit geringem Wassergehalt (z.B. feste Torfe).
4	Mittelschwer lösbare Bodenarten	Gemische von Sand, Kies, Schluff und Ton mit >15 Gew.-% Korngröße $<0{,}06$ mm. Bindige Bodenarten von leichter bis mittlerer Plastizität, die je nach Wassergehalt weich bis halbfest sind und mit $\leqq 30$ Gew.-% Steine von über 63 mm Korngröße bis zu 0,01 m^3 Rauminhalt[1]) enthalten.
5	Schwer lösbare Bodenarten	Bodenarten nach 3 und 4, jedoch mit >30 Gew.-% Steinen von >63 mm Korngröße bis zu 0,01 m^3 Rauminhalt[1]). Nichtbindige und bindige Bodenarten mit $\leqq 30$ Gew.-% Steinen von 0,01 m^3 bis 0,1 m^3 Rauminhalt[1]). Ausgeprägte plastische Tone, die je nach Wassergehalt weich bis fest sind.
6	Leicht lösbarer Fels und vergleichbare Bodenarten	Felsarten, die einen inneren, mineralisch gebundenen Zusammenhalt haben, jedoch stark klüftig, brüchig, bröckelig, schiefrig, weich oder verwittert sind, sowie vergleichbare verfestigte nichtbindige und bindige Bodenarten. Nichtbindige und bindige Bodenarten mit >30 Gew.-% Steinen von über 0,01 m^3 bis 0,1 m^3 Rauminhalt.
7	Schwer lösbarer Fels	Felsarten, die einen inneren, mineralisch gebundenen Zusammenhalt und hohe Gefügefestigkeit haben und die nur wenig klüftig oder verwittert sind. Festgelagerter, unverwitterter Tonschiefer, Nagelfluhschichten, Schlackenhalden der Hüttenwerke und dgl. Steine von über 0,1 m^3 Rauminhalt

[1]) 0,01 (0,1) m^3 Rauminhalt entspricht einer Kugel mit $\sim 0{,}30$ (0,60) m Durchmesser

IO

2 Erddruck nach DIN 4085 [02.87]

Aktiver Erddruck (E_a) entsteht hinter einem Stützbauwerk, wenn sich dieses im erforderlichen Maße vom Erdreich weg bewegt.

Passiver Erddruck (E_p) tritt vor einem Stützbauwerk auf, wenn sich dieses im erforderlichen Maße gegen das Erdreich bewegt.

Erdruhedruck (E_0) tritt auf, wenn die stützende Wand keine Bewegung zuläßt.

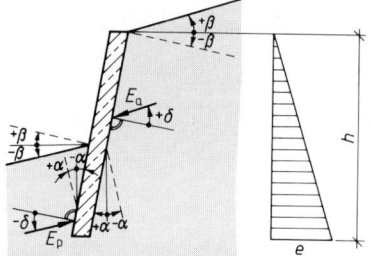

α	= Neigungswinkel der Wand	(°)
β	= Neigungswinkel der Geländeoberfläche	(°)
δ	= Wandreibungswinkel	(°)
φ'	= innerer Reibungswinkel des dränierten (entwässerten) Bodens	(°)
γ	= Wichte des Bodens	(kN/m³)
$E_{a,p}$	= aktive bzw. passive Erddrucklast	(kN/m)
c'	= Kohäsion des dränierten (entwässerten) Bodens	(kN/m²)

Bild 10.3

Indizes: g Bodeneigenlast   h horizontal
          c Kohäsion   v vertikal
          p Auflast (Verkehrslast)

Aktiver Erddruck bei ebener Gleitfläche

Erddruckbeiwerte

$$K_{agh} = \frac{\cos^2(\varphi'+\alpha)}{\cos^2\alpha\left[1+\sqrt{\dfrac{\sin(\varphi'+\delta_a)\cdot\sin(\varphi'-\beta)}{\cos(\alpha-\delta_a)\cdot\cos(\alpha+\beta)}}\right]^2}$$

$$K_{ach} = \frac{2\cdot\cos\varphi'\cdot\cos\beta\,(1-\tan\alpha\cdot\tan\beta)\cdot\cos(\alpha-\delta_a)}{1+\sin(\varphi'+\delta_a-\alpha-\beta)}$$

$$K_{ag,ac} = \frac{K_{agh,ach}}{\cos(\alpha-\delta_a)}$$

Erddrucklasten

$$E_{agh} = \frac{h^2}{2}\cdot\gamma\cdot K_{agh} \qquad\qquad E_{agv}=E_{agh}\cdot\tan(\delta_a-\alpha)$$

$$E_{ach} = -h\cdot c'\cdot K_{ach} \qquad\qquad E_{acv}=E_{ach}\cdot\tan(\delta_a-\alpha)$$

$$E_{aph} = p\cdot h\cdot K_{agh}\cdot\frac{\cos\alpha\cdot\cos\beta}{\cos(\alpha+\beta)}$$

$$E_{ag,ac,ap} = \frac{E_{agh,ach,aph}}{\cos(\alpha-\delta_a)}$$

Erddruckordinaten

$$e_{agh} = \gamma\cdot h\cdot K_{agh}$$

$$e_{ach} = -c'\cdot K_{ach}$$

$$e_{aph} = p\cdot K_{agh}\cdot\frac{\cos\alpha\cdot\cos\beta}{\cos(\alpha+\beta)}$$

Gültigkeit

$\delta_a \geqq 0°$ $+20°\geqq\alpha>10°$ für $0\leqq\beta\leqq\varphi'$

           $+10°\geqq\alpha\geqq\alpha_{min}$ für $-\varphi'\leqq\beta\leqq\varphi'$

$\delta_a < 0°$ $+20°\geqq\alpha\geqq\alpha_{min}$ für $-\varphi\leqq\beta\leqq\frac{2}{3}\varphi'$

Grenzwinkel $\alpha_{min}=\tan\alpha_{min}=-\dfrac{\cos\varphi'}{\sin\varphi'+\sqrt{\dfrac{\sin(\varphi'+\beta)}{\sin(\varphi'-\beta)}}}$

Passiver Erddruck bei ebener Gleitfläche

Erddruckbeiwerte $K_{pgh} = \dfrac{\cos^2(\varphi' - \alpha)}{\cos^2\alpha \left[1 - \sqrt{\dfrac{\sin(\varphi' - \delta_p) \cdot \sin(\varphi' + \beta)}{\cos(\alpha - \delta_p) \cdot \cos(\alpha + \beta)}}\right]^2}$

$K_{pch} = \dfrac{2 \cdot \cos\varphi' \cdot \cos\beta\,(1 - \tan\alpha \cdot \tan\beta) \cdot \cos(\alpha - \delta_p)}{1 - \sin(\varphi' - \delta_p + \alpha + \beta)}$

$K_{pg,ac} = \dfrac{K_{pgh,pch}}{\cos(\alpha - \delta_p)}$

Erddrucklasten $E_{pgh} = \dfrac{h^2}{2} \cdot \gamma \cdot K_{pgh}$ $\qquad E_{pgv} = E_{pgh} \cdot \tan(\delta_p - \alpha)$

$E_{pch} = h \cdot c' \cdot K_{pch}$ $\qquad E_{pcv} = E_{pch} \cdot \tan(\delta_p - \alpha)$

$E_{pph} = p \cdot h \cdot K_{pgh} \cdot \dfrac{\cos\alpha \cdot \cos\beta}{\cos(\alpha + \beta)}$

$E_{pg,pc,pp} = \dfrac{E_{pgh,pch,pph}}{\cos(\alpha - \delta_p)}$

Erddruckordinaten $e_{pgh} = \gamma \cdot h \cdot K_{pgh}$ $\qquad e_{pch} = c' \cdot K_{pch}$

$e_{pph} = p \cdot K_{pgh} \cdot \dfrac{\cos\alpha \cdot \cos\beta}{\cos(\alpha + \beta)}$

Gültigkeit $\delta_p \leq 0°$ $\quad \varphi' \leq 30°$ bei Wandflächen aus Beton oder Stahl

$\varphi' \leq 35°$ bei verzahnten Wandflächen,
bei lotrechter oder negativ geneigter Wand und
bei waagerechten oder negativ geneigtem
Gelände

$\delta_p > 0°$ $\quad \varphi'$ ohne Einschränkung
bei lotrechter oder negativ geneigter Wand und
bei waagerechten oder positiv geneigtem
Gelände

Erdruhedruck

$K_{0g} = 1 - \sin\varphi'$ $\quad$ bei $\alpha = \beta = 0$

$K_{0g} = \cos\varphi'$ $\quad$ bei $\delta = \beta$ $\quad \alpha = 0°$ $\quad \beta \neq 0°$ (ansteigendes Gelände)

$E_{0g} = \dfrac{h^2}{2} \cdot \gamma \cdot K_{0g}$

$E_{0p} = p \cdot h \cdot K_{0g} \cdot \dfrac{\cos\alpha \cdot \cos\beta}{\cos(\alpha + \beta)}$

10

Tafel 10.9 Maximale Wandreibungswinkel

Wandbeschaffenheit	ebene Gleitfläche	gekrümmte Gleitfläche
verzahnt	$\delta = \tfrac{2}{3}\varphi'$	$\delta = \varphi'$
rauh	$\delta = \tfrac{2}{3}\varphi'$	$27{,}5° \geq \delta \leq \varphi' - 2{,}5°$
weniger rauh	$\delta = \tfrac{1}{3}\varphi'$	$\delta = \tfrac{1}{2}\varphi'$
glatt	$\delta = 0$	$\delta = 0$

Bei lotrechter Wand ($\alpha = 0$), glatter Mauerrückwand ($\delta = 0$) und waagerechtem Gelände vereinfachen sich die Erddruckbeiwerte zu:

Tafel 10.10

φ'°)	10	15	20	25	30	35	40	45
$K_{ag} = \tan^2(45° - \varphi'/2)$	0,70	0,59	0,49	0,41	0,33	0,27	0,22	0,17
$K_{pg} = \tan^2(45° + \varphi'/2)$	1,42	1,70	2,04	2,46	3,00	3,69	4,60	5,83
$K_{ac} = 2 \cdot \tan(45° - \varphi'/2)$	1,68	1,53	1,40	1,27	1,15	1,04	0,93	0,83
$K_{pc} = 2 \cdot \tan(45° + \varphi'/2)$	2,38	2,61	2,86	3,14	3,46	3,84	4,29	4,83
$K_{0g} = 1 - \sin\varphi'$	0,83	0,74	0,66	0,58	0,50	0,43	0,36	0,29

Boden, Baugrube, Verbau

Beispiel (nur Erddruckermittlung)

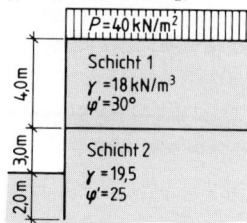

$$\delta_a = \frac{2}{3}\varphi' = \frac{2\cdot 30}{3} = +20°$$

$$\delta_a = \frac{2}{3}\varphi' = \frac{2\cdot 25}{3} = +16,67°$$

$$\delta_p = \qquad\qquad -16,67°$$

Bild 10.4

Schicht 1	Schicht 2
$K_{agh} = \dfrac{\cos^2 30°}{\left[1+\sqrt{\dfrac{\sin(30°+20°)\cdot\sin 30°}{\cos(-20°)}}\right]^2} = 0,28$	$K_{agh} = \dfrac{\cos^2 25°}{\left[1+\sqrt{\dfrac{\sin(25°+16,67°)\cdot\sin 25°}{\cos(-16,67°)}}\right]^2} = 0,35$
	$K_{pgh} = \dfrac{\cos^2 25°}{\left[1-\sqrt{\dfrac{\sin(25°+16,67°)\cdot\sin 25°}{\cos 16,67°}}\right]^2} = 3,91$
$e_{ah} = 40,0\cdot 0,28\cdot 1,0 = \mathbf{11,20\,kN/m^2}$	$q = g+p = 4,0\cdot 18+40,0 = 112\,kN/m^2$
$e_{ah} = 11,2+18,0\cdot 4,0\cdot 0,28 = \mathbf{31,36\,kN/m^2}$	$e_{ah} = 112,0\cdot 0,35\cdot 1,0 = \mathbf{39,20\,kN/m^2}$
$E_{ah} = \dfrac{11,20+31,36}{2}\cdot 4,0 = 85,12\,kN/m$	$e_{ah} = 39,2+19,5\cdot 5\cdot 0,35 = \mathbf{73,33\,kN/m^2}$
	$E_{ah} = \dfrac{39,2+73,33}{2}\cdot 5,0 = 281,33\,kN/m$
	$e_{ph} = 19,5\cdot 0\cdot 3,91 = 0$
	$e_{ph} = 19,5\cdot 2,0\cdot 3,91 = \mathbf{152,49\,kN/m^2}$
	$E_{ph} = \dfrac{0+152,49}{2}\cdot 2 = 152,49\,kN/m$

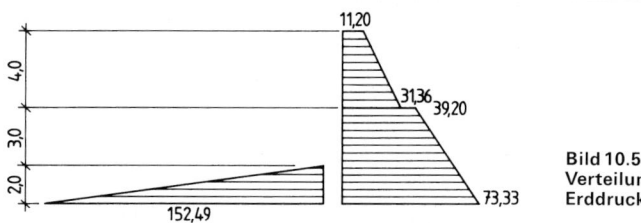

**Bild 10.5
Verteilung der
Erddrucklasten**

3 Fundamente in Regelfällen

3.1 Zulässige Belastung von Flächengründungen
nach DIN 1054 [11.76]

Voraussetzungen: Frostsichere Gründungssohle ($\geqq 80$ cm unter Gelände).

Abweichungen hiervon sind nur zulässig bei kleinen Bauwerken und geringer Flächenbelastung und bei Gründungen auf nicht angewittertem Fels in gleichmäßig fest gelagertem Verband. Der Baugrund muß gegen Auswaschen oder Verringerung seiner Lagerungsdichte D durch strömendes Wasser gesichert sein und bindiger Boden während der Bauzeit auch gegen Aufweichen und Auffrieren (Standsicherheit s. DIN 1054 [11.76] Abschn. 4.1.3).

Zulässige mittlere Bodenpressung in kN/m²

Tafel 10.11 Nichtbindiger Baugrund ($D \geq 0{,}3$ bei $U \leq 3$ bzw. $D \geq 0{,}45$ bei $U > 3$)

Ein binde-tiefe t in m	Tabelle 1 Setzungsempfindliche Bauwerke bei Streifenfundamenten mit Breiten b bzw. $b'^{3)}$ von						Tabelle 2 Setzungsunempfindliche Bauwerke			
	0,5 m	1 m	1,5 m	2 m	2,5 m	3 m[1]	0,5 m	1 m	1,5 m	2 m[2]
0,5	200	300	330	280	250	220	200	300	400	500
1	270	370	360	310	270	240	270	370	470	570
1,5	340	440	390	340	290	260	340	440	540	640
2	400	500	420	360	310	280	400	500	600	700

[1]) Diese Werte sind für $b > 3$ bis 5 m um 10% je m zusätzlicher Breite zu verringern.
[2]) Diese Werte für $b = 2$ m dürfen auch bei größeren Breiten angewendet werden.
[3]) Bei ausmittigem Lastangriff ist b' die kleinere reduzierte Seitenlänge einer Teilfläche A', deren Schwerpunkt der Lastangriffspunkt ist.

Zwischenwerte dürfen geradlinig eingeschaltet werden. Bei kleinen Bauwerken ($b \geq 0{,}3$ m und $t \geq 0{,}3$ m) ist eine mittlere Bodenpressung von 150 kN/m² zulässig.
Setzungen können auftreten bei Fundamenten mit $b \leq 1{,}5$ m bis zu 1 cm (Tabelle 1) bzw. bis zu 2 cm (Tabelle 2) und mit $b > 1{,}5$ m bis zu 2 cm (Tabelle 1) bzw. wesentlich darüber (Tabelle 2). Bei wesentlicher gegenseitiger Beeinflussung benachbarter Fundamente können sich die Werte für die Setzungen erhöhen.
Erhöhung der Tabellenwerte (s. DIN 1054 [11.76]) möglich bei:
— Rechteck-(Seitenverhältnis unter 2) und Kreisfundamenten (20%)
— Nachweis der Bodentragfähigkeit auch in größeren Tiefen (bis 50%)
Herabsetzung der Tabellenwerte (s. DIN 1054 [11.76]) erforderlich bei:
— Grundwasserspiegel in Fundamentunterkante (40%)
— Wirken von waagerechten Kräften auf das Fundament.

Tafel 10.12 Bindiger Baugrund (bei Streifenfundamenten mit Breiten b bzw. $b' = 0{,}5$ bis 2,0 m)

Ein-binde-tiefe t in m	Tab. 3 Reiner Schluff	Tabelle 4 Gemischtkörniger Boden (Ton- bis Kiesbereich)			Tabelle 5 Toniger Schluff von der Konsistenz			Tabelle 6 Ton von der Konsistenz		
	halbfest	steif	halbfest	fest	steif	halbfest	fest	steif	halbfest	fest
0,5	130	150	220	330	120	170	280	90	140	200
1	180	180	280	380	140	210	320	110	180	240
1,5	220	220	330	440	160	250	360	130	210	270
2	250	250	370	500	180	280	400	150	230	300

Zwischenwerte für andere Einbindetiefen dürfen geradlinig eingeschaltet werden. Bei kleinen Bauwerken ($b \geq 0{,}2$ m, $t \geq 0{,}5$ m) ist eine mittlere Bodenpressung von 80 kN/m² zulässig. Bei Fundamentbreiten $b > 2$ bis 5 m sind Tabellenwerte um 10% je m zusätzlicher Breite zu verringern. Setzungen können sich mittig belasteten Fundamenten in einer Größenordnung von 2 bis 4 cm auftreten. Bei wesentlicher gegenseitiger Beeinflussung benachbarter Fundamente können sich die Werte für die Setzungen erhöhen.

Tafel 10.13 Fels

Zustand des Gesteins	nicht brüchig, nicht oder nur wenig angewittert	brüchig oder m. deutlichen Verwitterungsspuren
in gleichmäßig festen Verband	4000	1500
in wechselnder Schichtung oder klüftig	2000	1000

Zwischenwerte dürfen entsprechend den örtlichen Erfahrungen eingeschaltet werden.

3.2 Abmessungen unbewehrter Fundamente

Tafel 10.14

Beton-güte	Bodenpressung (kN/m²)				
	100	200	300	400	500
B 5	1,6	2,0	2,0	unzulässig	
B 10	1,1	1,6	2,0	2,0	2,0
B 15	1,0	1,3	1,6	1,8	2,0
B 25	1,0	1,0	1,2	1,4	1,6
B 35	1,0	1,0	1,0	1,2	1,3

Die Tabellenwerte geben das kleinste zulässige Verhältnis d/a an. **Bild 10.6**

4 Böschungen und Arbeitsräume bei Baugruben

4.1 Böschungen von Baugruben und Gräben

Für die **Ausführung** gelten nach DIN 4124 [08.81] folgende Regelfälle:

Tafel 10.15

Tiefe in m	Boden	Ausbildung der Baugrubenwand
bis 1,25	–	ohne Sicherung mit senkrechten Wänden, sofern die anschließende Geländeoberfläche: a) bei nichtbindigen Böden nicht stärker als 1:10, b) bei bindigen Böden nicht stärker als 1:2 geneigt ist.
1,25 bis 1,75	mindestens steifer Boden und Fels	Geländeoberfläche nicht steiler 1:10 ansteigt
	fester Straßen- oberbau	
1,75 bis 5,00	nichtbindig bindig weich steif halbfest Fels	$\beta=45°$ $\beta=45°$ $\beta=60°$ $\beta=60°$ $\beta=80°$
>5,00	Standsicherheitsnachweis erforderlich	

Geringere Wandhöhen bzw. geringere Böschungsneigungen sind vorzusehen, wenn besondere Einflüsse wie z.B.
— Störungen des Bodengefüges (Klüfte oder Verwerfungen),
— zur Einschnittsohle hin einfallende Schichtung oder Schieferung,
— nicht oder nur wenig verdichtete Verfüllungen oder Aufschüttungen,
— Grundwasserabsenkung durch offene Wasserhaltungen,
— Zufluß von Schichtenwasser,
— nicht entwässerte Fließsandböden, bzw. starke Erschütterungen
die Standsicherheit gefährden.

Die **Standsicherheit** nicht verbauter Wände ist nach DIN 4084 **nachzuweisen**, wenn
— bei senkrechten Wänden die Bedingungen nicht erfüllt sind,
— die Böschung mehr als 5,0 m hoch ist oder der Böschungswinkel überschritten wird (>80° unzulässig),
— einer der vorgenannten Einflüsse vorliegt und nach vorliegenden Erfahrungen die Wandhöhe bzw. Böschungsneigung nicht zuverlässig festgelegt werden kann,

— vorhandene Leitungen oder bauliche Anlagen gefährdet werden können,
— die anschließende Geländeoberfläche mehr als 1:10 ansteigt oder neben dem Schutzstreifen ein stärker als 1:2 geneigte Erdaufschüttung bzw. Stapellast von mehr als 10 kN/m² zu erwarten sind,
— Straßenfahrzeuge sowie Bagger oder Hebezeuge bis zu 12 t Gesamtgewicht ein Abstand von mindestens 1,0 m bzw. von mehr als 12 t Gesamtgewicht 2,0 m zwischen der Außenkante der Aufstandsfläche und der Graben- bzw. Böschungskante einhalten.

Bermen sind erforderlich, wenn

a) abrutschende Erdbrocken aufgefangen werden müssen
b) eine Wasserhaltungsanlage es erfordert
c) Böschungen begangen werden müssen.

Die für die **Abrechnung** zwischen AG und AN maßgebenden Böschungsneigungen ergeben sich nach DIN 18300 [06.96] (VOB/C).

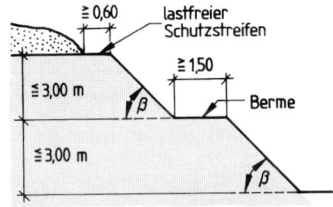

Bild 10.7 Bermen gemäß a) nach DIN 4124 [08.81]

Tafel 10.16 Gegenüberstellung der Böschungswinkel β

	für die **Ausführung** (DIN 4124 [08.81])	für die **Abrechnung** (DIN 18300) [06.96]	
nichtbindiger oder weicher bindiger Boden	45° (1:1)	40°	Bodenklassen 3 und 4
steifer oder halbfester bindiger Boden	60° (1:0,58)	60°	Bodenklasse 5
Fels	80° (1:0,18)	80°	Bodenklassen 6 und 7

4.2 Mindestbreiten betretbarer Arbeitsräume

s. Abschnitt „Bauabrechnung und Mengenermittlung"

4.3 Grabenbreiten

s. Abschnitt „Bauabrechnung und Mengenermittlung"

I0

5 Verbau

5.1 Waagerechter Grabenverbau nach DIN 4124 [08.81]

nur zulässig bei Böden, die wenigstens auf die Tiefe einer Bohlenbreite frei stehen bleiben. Sofern die folgenden Voraussetzungen erfüllt sind, darf der dargestellte Normverbau ohne besonderen statischen Nachweis verwendet werden:
a) Die Geländeoberfläche verläuft annähernd waagerecht.
b) Es steht ein nichtbindiger Boden oder ein bindiger Boden an, der von Natur aus eine steife oder halbfeste Konsistenz aufweist oder durch eine geeignete Wasserhaltung, z.B. durch eine Vakuumanlage, in einen solchen Zustand versetzt wird.
c) Bauwerkslasten üben keinen Einfluß auf Größe und Verteilung des Erddruckes aus.
d) Straßenfahrzeuge sowie Bagger und Hebezeuge bis 12 t Gesamtgewicht halten einen Abstand von mindestens 0,60 m zur Hinterkante der Bohlen ein. Ein Abstand braucht nicht eingehalten zu werden, wenn die Bohlen auf eine Tiefe von 0,50 m unterhalb Gelände beidseitig doppelt eingebaut werden, wenn ein fester Straßenoberbau von mindestens 0,15 m Dicke bis an den Verbau reicht, wenn

unabhängig der tatsächlichen Tiefe der Verbau für $h = 5{,}00$ m verwendet wird oder wenn durch Baggermatratzen eine ausreichende Lastverteilung erzielt wird.

e) Baufahrzeuge sowie Bagger und Hebezeuge von 12 bis 18 t Gesamtgewicht halten einen Abstand von 1,00 m zur Hinterkante der Bohlen ein. Der Abstand verringert sich auf 0,60 m, wenn ein fester Straßenoberbau von mindestens 0,15 m Dicke bis an den Verbau reicht, Baggermatratzen eine ausreichende Lastverteilung gewährleisten oder die Stützweite l_1 um 0,20 m verringert wird.

Tafel 10.17 **Waagerechter Normverbau** mit Brusthölzern 8 cm × 16 cm mit Rundholzsteifen $\varnothing$ 10 cm.
(Klammerwerte für Brusthölzer 12 cm × 16 cm mit Rundholzsteifen $\varnothing$ 12 cm) [1]

Bemessungsgröße			Größte Wandhöhe				
			3 m	3 m	4 m	5 m	5 m
Bohlendicke	s	in cm	5	6	6	6	7
größte Stützweite der Bohlen	l_1	in m	1,90 (1,90) [2]	2,10 (2,10)	2,00 (2,00)	1,90 (1,90)	2,10 (2,10)
größte Kraglänge der Bohlen	l_2	in m	0,50 (0,50)	0,50 (0,50)	0,50 (0,50)	0,50 (0,50)	0,50 (0,50)
größte Stützlänge der Brusthölzer	l_3	in m	0,70 (1,10)	0,70 (1,10)	0,65 (1,00)	0,60 (0,90)	0,60 (0,90)
größte Kraglänge der Brusthölzer	l_4	in m	0,30 (0,40)	0,30 (0,40)	0,30 (0,40)	0,30 (0,40)	0,30 (0,40)
größte Kraglänge der Brusthölzer	l_u	in m	0,60 (0,80)	0,60 (0,80)	0,55 (0,75)	0,50 (0,70)	0,50 (0,70)
größte Knicklänge der Steifen	s_k	in m	1,65 (1,95)	1,55 (1,85)	1,50 (1,80)	1,45 (1,75)	1,35 (1,65)
größte Steifenkraft	P	in kN	31 (49)	34 (54)	37 (57)	40 (59)	43 (64)

[1] Holz der Güteklasse II nach DIN 4074-1 [09.89]
[2] Darf bei Baugrubentiefen bis zu 2,00 m auf $l_1 = 2{,}10$ m vergrößert werden.

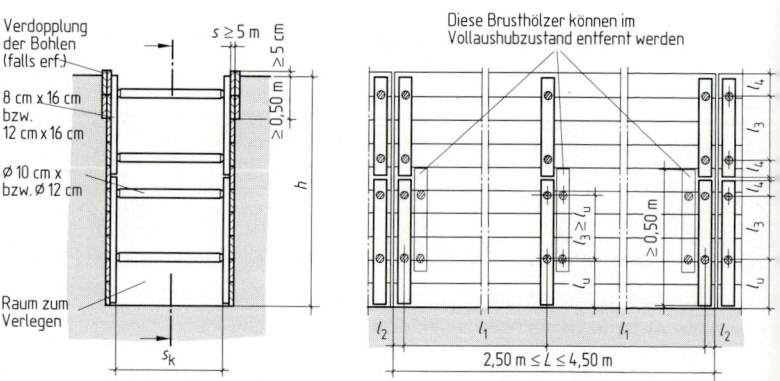

Bild 10.8 **Waagerechter Normverbau** (ohne Darstellung der Befestigungsmittel)

5.2 Senkrechter Grabenverbau nach DIN 4124 [08.81]

nur zulässig, wenn Voraussetzungen a) bis c) von 5.1 gegeben sind und
d) Straßenfahrzeuge einen Abstand von mind. 0,60 m zur Hinterkante der Bohlen einhalten
e) Baufahrzeuge sowie Bagger und Hebezeuge von 12 bis 18 t einen Abstand von 1,00 m zur Hinterkante der Bohlen halten.

Kleiner Abstand ist ausreichend, wenn
1. Stützweiten l_1 um 20 cm verringert werden
2. mindestens 15 cm dicker fester Straßenoberbau bis an den Verbau reicht
3. durch Baggermatratzen eine ausreichende Lastverteilung erzielt wird
4. Kraglängen l_0 um 20 cm verringert werden.
Falls eine Bedingung 1. bis 3. erfüllt ist, genügt ein Abstand von 0,60 m.
Wenn Bedingung 1. und zusätzlich eine von 2. bis 4. erfüllt ist, dann ist kein Abstand nötig.

Tafel 10.18 **Senkrechter Normverbau** mit Gurthölzer 16 cm × 16 cm und Rundholzsteifen ∅ 12 cm. (Klammerwerte für Gurthölzer 20 × 20 cm und Rundholzsteifen ∅ 14 cm.)[1]

Bemessungsgröße			größte Wandhöhe h				
			3 m	3 m	4 m	5 m	5 m
Bohlendicke	s	in cm	5	6	6	6	7
größte Krag-länge der Bohlen	l_0	in m	0,50 (0,50)	0,60 (0,60)	0,60 (0,60)	0,60 (0,60)	0,70 (0,70)
größte Stütz-weite der Bohlen	l_1	in m	1,80 (1,80)	2,00 (2,00)	1,90 (1,90)	1,80 (1,80)	2,00 (2,00)
größte Krag-länge der Bohlen	l_u	in m	1,20 (1,20)	1,40 (1,40)	1,30 (1,30)	1,20 (1,20)	1,40 (1,40)
größte Stützweite der Gurthölzer	l_2	in m	1,60 (2,30)	1,50 (2,20)	1,40 (2,00)	1,30 (1,80)	1,20 (1,70)
größte Kraglänge der Gurthölzer	l_3	in m	0,80 (1,15)	0,75 (1,10)	0,70 (1,00)	0,65 (0,90)	0,60 (0,85)
größte Knicklänge der Holzsteifen	s_k	in m	1,70 (1,90)	1,65 (1,85)	1,50 (1,65)	1,30 (1,45)	1,25 (1,40)
Größte Steifenkraft	P	in kN	61 (88)	62 (91)	70 (100)	79 (111)	80 (114)

[1] Holz der Güteklasse II nach DIN 4074-1 [09.89]

IO

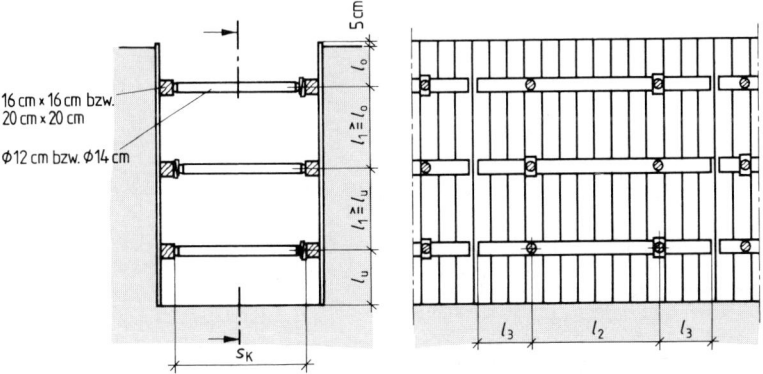

16 cm × 16 cm bzw. 20 cm × 20 cm
∅ 12 cm bzw. ∅ 14 cm

Bild 10.9 Senkrechter Normverbau mit Verbauteilen aus Holz (ohne Darstellung der Befestigungsmittel)

Boden, Baugrube, Verbau

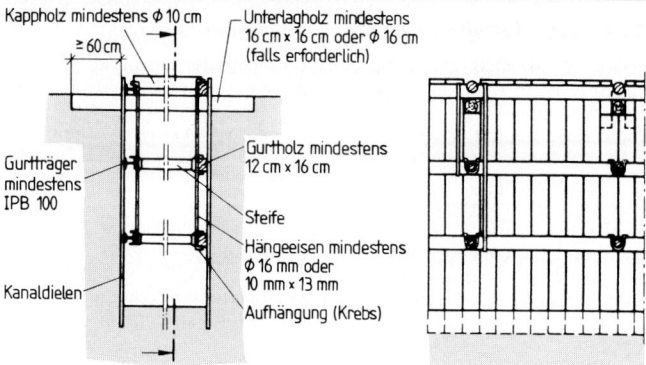

Bild 10.10 Senkrechter Verbau mit Kanaldielen (Beispiel)

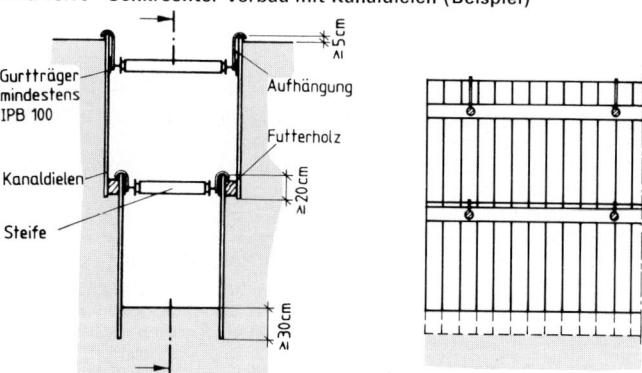

Bild 10.11 Gestaffelter senkrechter Verbau (Beispiel)

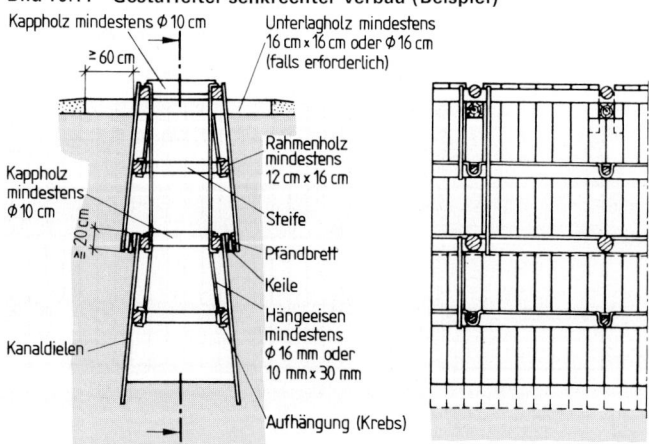

Bild 10.12 Gepfändeter Verbau mit Kanaldielen (Beispiel)

5.3 Großflächige Verbauplatten

Sie müssen von der Prüfstelle des Fachausschusses „Tiefbau" beim Hauptverband der gewerblichen Berufsgenossenschaften in sicherheitstechnischer Hinsicht überprüft und als geeignet beurteilt worden sein (federführend ist die Tiefbau-Berufsgenossenschaft, Am Knie 6, 81241 München).

Man unterscheidet:

a) mittig gestützte Platten (Mittelträgerplatten, Bild 10.13)
b) randgestützte Platten (Randträgerplatten, Bild 10.14)
c) in Gleitschienen (Bild 10.15)
d) Doppelgleitschienen (Bild 10.16) bzw.
e) Dreifachgleitschienen geführte Platten (Bild 10.17).

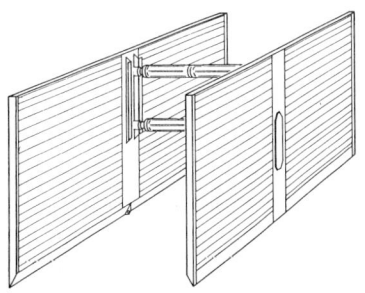
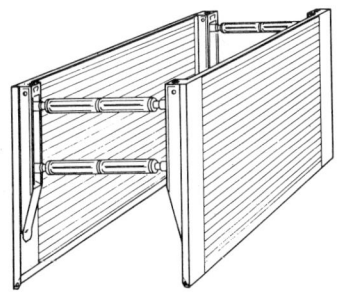

Bild 10.13   Typ Standard-M
(Emunds + Staudinger, Hückelhoven)

Bild 10.14   Typ Extra/Magnum
(Emunds + Staudinger, Hückelhoven)

IO

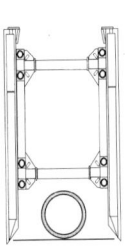
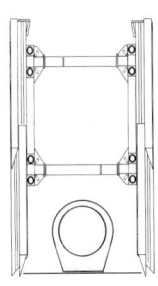
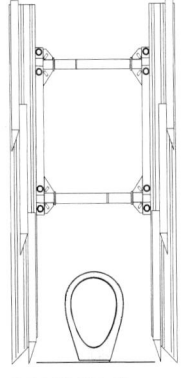

Bild 10.15 ¹)   **Bild 10.16** ¹)   **Bild 10.17** ¹)

In Abhängigkeit von der Standfestigkeit des Bodens wird der Verbau entweder im Einstell- oder im Absenkverfahren eingebracht.

¹) Krings, Heinsberg

Boden, Baugrube, Verbau

Einstellverfahren (Bild 10.18). Wenn der Boden vorübergehend standfest ist, wird ein Grabenabschnitt auf der ganzen Tiefe maschinell ausgehoben und das auf ungefähre Grabenbreite eingestellte Verbauelement durch den Bagger in den Graben gestellt. Der Graben kann nun betreten werden und das Verbauelement durch die Streben an die Erdwände gepreßt werden.

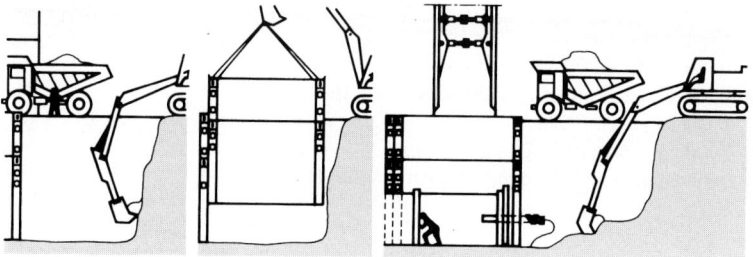

Bild 10.18   Einstellverfahren (Krings, Heinsberg)

Absenkverfahren (Bild 10.19). Der Graben wird bis auf die Tiefe ausgeschachtet, wie die Grabenwände noch standfest sind. Dann wird das Verbauelement eingestellt und im Zuge des weiteren Erdaushubs (Ausschachtung max. 50 cm tiefer als Unterkante Verbauplatte) abgesenkt.

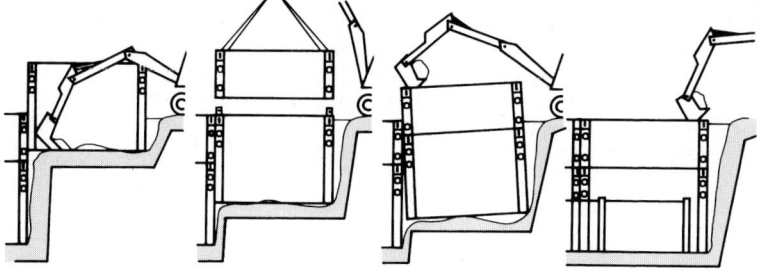

Bild 10.19   Absenkverfahren (Krings, Heinsberg)

Dielenkammerbau (Bild 10.20). Voraushub des Grabens auf Höhe der Kammerplatte. Einstellen des Elements und gegen die Grabenwände spindeln. Einstellen der Kanaldielen und entsprechend dem Aushubfortschritt die Dielen mit dem Baggerlöffel nachdrücken bzw. einvibrieren oder rammen.
Rückbau: Verfüllen und verdichten bis Unterkante Kammerplatte, ziehen der Kanaldielen und Ausbau des Elements, Restverfüllung und Verdichtung.

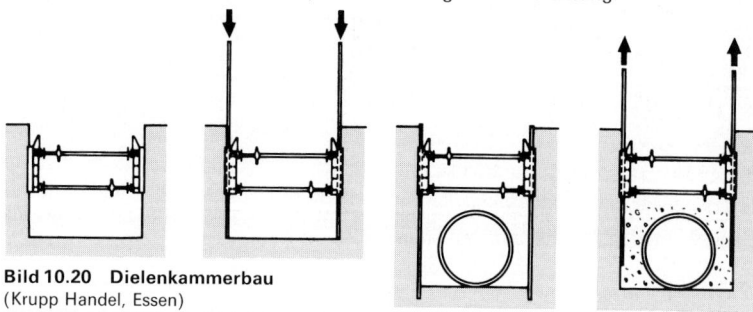

Bild 10.20   Dielenkammerbau
(Krupp Handel, Essen)

Tafel 10.19 Stahlverbauplatten nach BGL 91 [26]

monatlicher Satz für A + V	2,6 bis 2,9%		
monatlicher Satz für Rep	1,8%		
Bezeichnung	Abmessung	Gewicht kg/Stück	Mittlerer Neuwert DM/Stück[1])
Platte mit Schiene 300 Platte mit Schiene 400	3,0 × 2,6 4,0 × 2,4	1140 971	6070, – 6580, –
Platte ohne Schiene 300 Platte ohne Schiene 400	3,0 × 1,3 4,0 × 1,3	640 691	4080, – 4790, –
Verbauplatte 300 Verbauplatte 400	3,0 × 1,0 4,0 × 1,0	315 387	1320, – 1660, –
Schneidenplatte 300 Schneidenplatte 400	3,0 × 1,5 4,0 × 1,5	515 635	2520, – 3100, –

[1]) Preisbasis 1990

5.4 Baugrubenverbau

DIN 4124 [08.81] beschreibt folgende Verbauarten:

Spundwand

Mit Hilfe von statisch oder dynamisch wirkenden Kräften werden Spundbohlen in den Boden eingebracht.

Spundwände können als freistehend, im Boden eingespannt (bei geringer Höhe), als ausgesteift oder als einfach oder mehrfach verankert hergestellt werden.

Spundwände sind wieder ausbaubar, bedingt druckwasserdicht und baugrundabhängig.

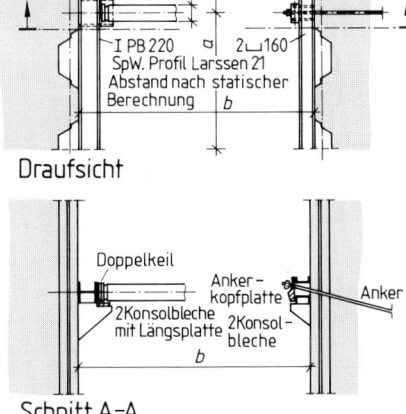

Draufsicht

Schnitt A-A

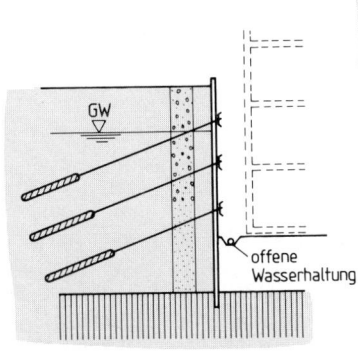

Bild 10.21
Beispiel (Bauer, Schrobenhausen)

Bild 10.22
Abgestützte und verankerte Spundwand Details [20]

Boden, Baugrube, Verbau

Trägerbohlwand

Trägereinbau durch Rammen, Rütteln oder Einstellen in vorgebohrte Löcher (Trägerabstand ca. 1,50 bis 3,00 m).

Ausfachung durch waagerechte Holzbohlen, Kant- oder Rundhölzer, Kanaldielen, Stahlbetonfertigteile oder Ortbeton.

Anstelle von Stahlträgern können auch Bohrrohre oder Bohrpfähle treten, wenn bei der Herstellung oder beim Ausschachten entsprechende Vorrichtungen zur Auflagerung der Ausfachung vorgesehen werden.

Trägerbohlwände sind wieder ausbaubar, baugrundunabhängig und nicht druckwasserdicht.

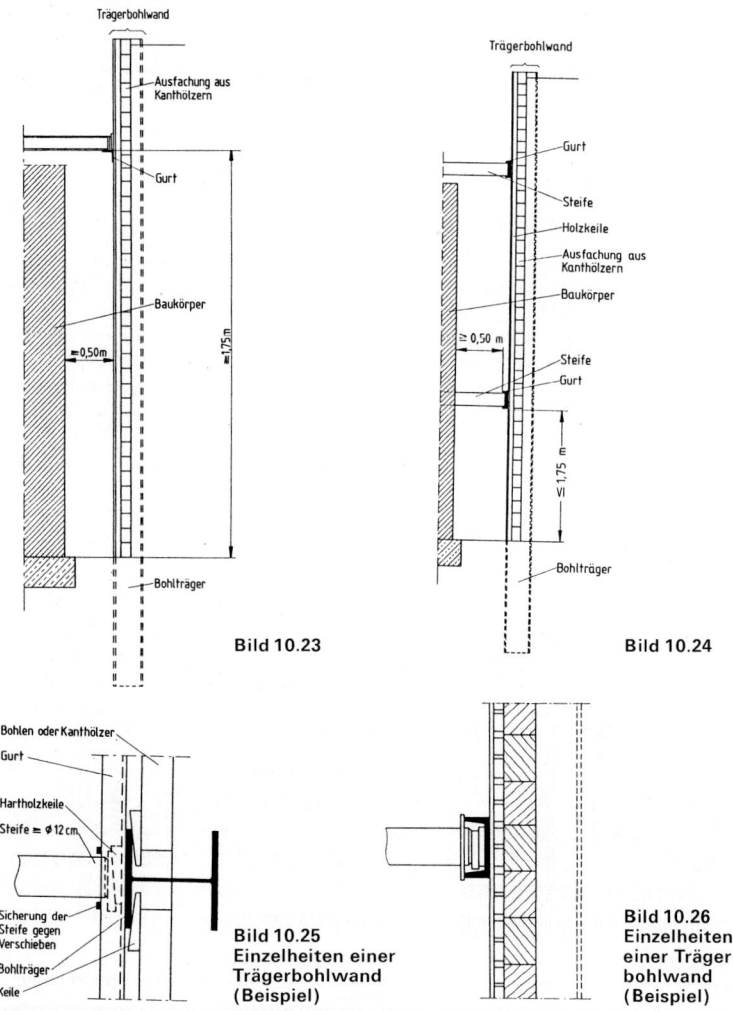

Bild 10.23

Bild 10.24

Bild 10.25
Einzelheiten einer
Trägerbohlwand
(Beispiel)

Bild 10.26
Einzelheiten
einer Träger-
bohlwand
(Beispiel)

Massive Verbauarten

Schlitzwand. Schlitzwände sind verformungsarm, druckwasserdicht und können als belastete Bauwerkswand verwendet werden.

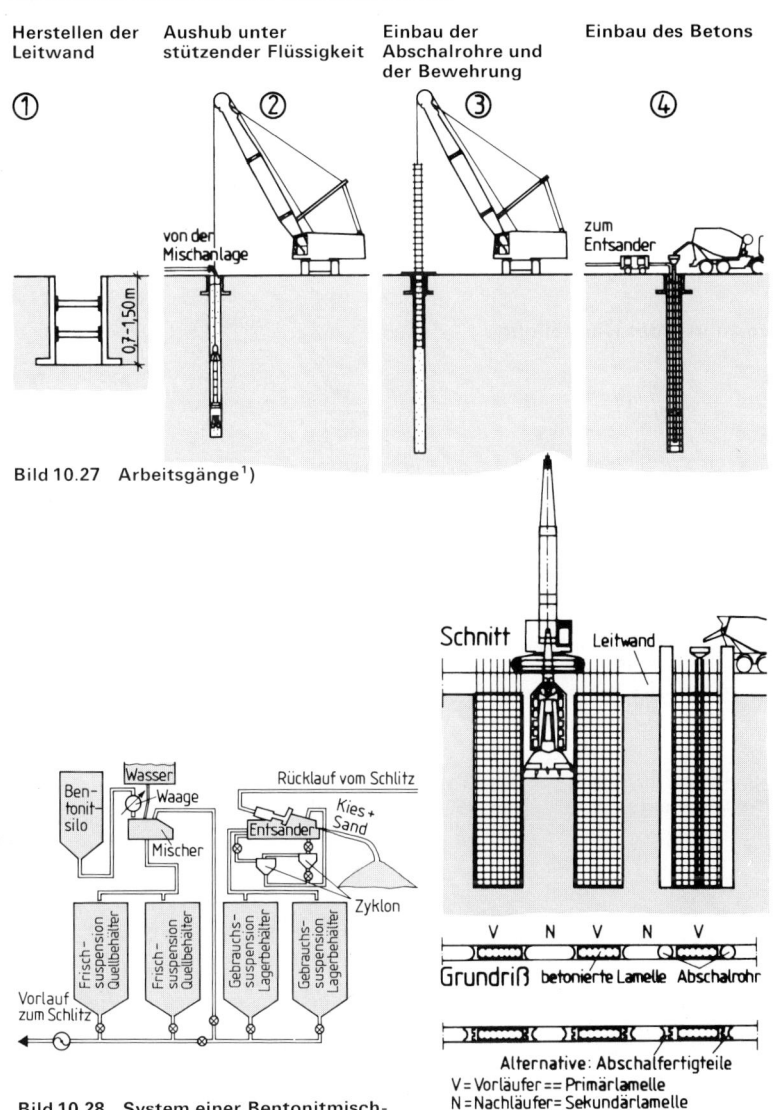

| Herstellen der Leitwand | Aushub unter stützender Flüssigkeit | Einbau der Abschalrohre und der Bewehrung | Einbau des Betons |

Bild 10.27 Arbeitsgänge[1]

Bild 10.28 System einer Bentonitmisch- und Regenerieranlage[1]

Grundriß betonierte Lamelle Abschalrohr

Alternative: Abschalfertigteile
V = Vorläufer == Primärlamelle
N = Nachläufer = Sekundärlamelle

Bild 10.29 Herstellung[1]

[1] Brückner Grundbau, Essen

Boden, Baugrube, Verbau

Pfahlwand

Herstellung von Bohrpfählen (Merkheft „Baugruben und Gräben" Bau-GB)

Bild 10.30
Überschneidende Pfähle

verformungsarm
druckwasserdicht
Verwendung als Bauwerksteil
Neigung bis 1:5

Bild 10.31
Tangierende Pfähle

verformungsarm
Verwendung als Bauwerksteil,
wenn kein Grundwasser
vorhanden
Neigung bis 1:5

Bild 10.32
Aufgelöste Pfähle mit Zwischengewölbe

verformungsarm
Verwendung als Bauwerksteil, wenn kein Grundwasser
vorhanden
Neigung bis 1:5

Verfahren der Herstellung

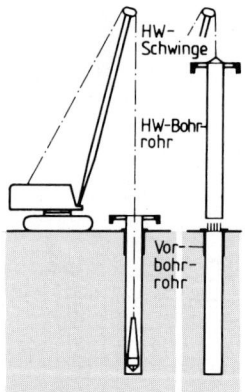 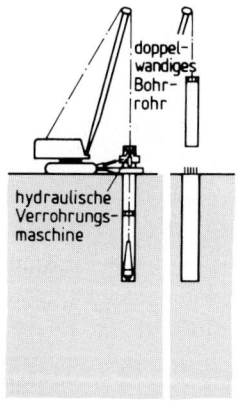 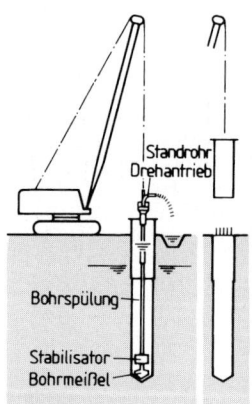

Bild 10.33
HW-Verfahren[1]

Bild 10.34
Hydraulisch arbeitende
Verrohrungsmaschine[1]

Bild 10.35
Lufthebebohrverfahren[1]

---

[1] Bilfinger + Berger, Mannheim

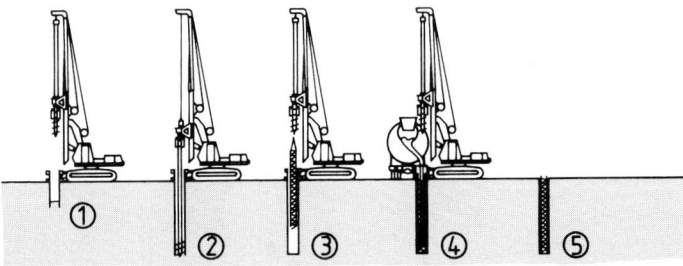

① Abteufen der Bohrrohre mittels Verrohrungsmaschine oder Drehknopf. Bohrgutförderung mit Schnecke und Kellystange.
② Bohren bis zur geforderten Gründungstiefe
③ Einsetzen des Bewehrungskorbes
④ Betonieren des Pfahles unter gleichzeitigem Ziehen der Bohrrohre
⑤ Fertigstellung und Kappen des Pfahles

Bild 10.36 Drehbohrverfahren (Brückner Grundbau, Essen)

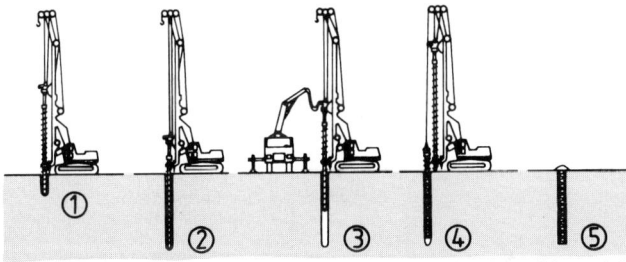

① Bohren des erforderlichen Pfahldurchmessers im Endlosschneckenverfahren mit Hohlbohrschnecke
② Abteufen der Bohrung bis zur geforderten Gründungstiefe. Stützung der Bohrlochwandung durch Endlosschnecke
③ Einpressen des Betons durch das Schneckenrohr, gleichzeitiges Ziehen der Schnecke in Abhängigkeit vom Einpreßdruck
④ Einrütteln des Bewehrungskorbes in den Frischbeton
⑤ Fertigstellen und Kappen des Pfahles

Bild 10.37 Schraubbohrverfahren (Brückner Grundbau, Essen)

IO

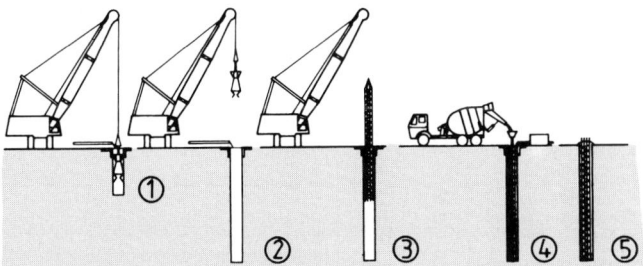

① Abteufen der Pfahlbohrung bei gleichzeitiger Stützung der Bohrlochwandung durch Betonitsuspension. Exakte Einhaltung der gewünschten Querschnittsform durch Leitwand
② Bohren bis zur gewünschten Endteufe. Lösen und Fördern des Bohrgutes mittels Schlitzwandgreifer
③ Einbau des Bewehrungskorbes
④ Betonieren im Kontraktorverfahren bei gleichzeitigem Abpumpen der verdrängten Suspension
⑤ Fertigstellung des Pfahles, Kappen des Pfahlkopfes

Bild 10.38 Schlitzwandverfahren (Brückner Grundbau, Essen)

Injektionen

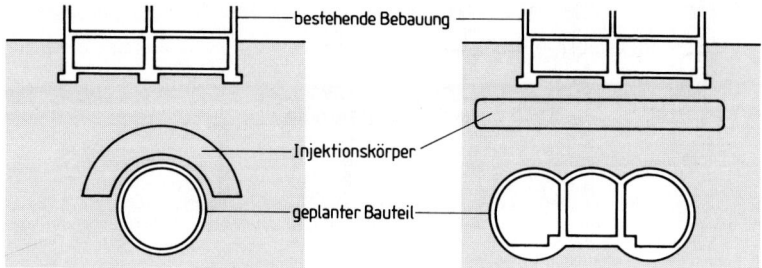

Bild 10.39 Schirminjektion (Bilfinger + Berger, Mannheim)

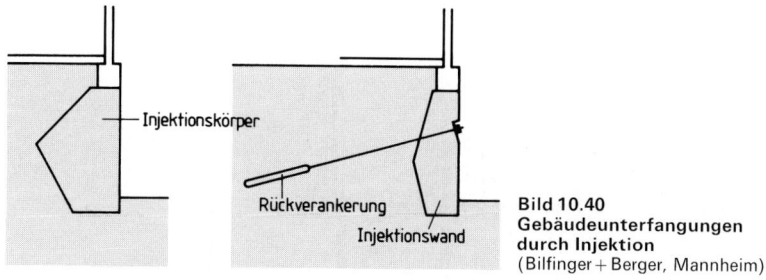

**Bild 10.40
Gebäudeunterfangungen
durch Injektion**
(Bilfinger + Berger, Mannheim)

5.5 Auswahl von Verbaumaterialien

Tafel 10.20 Kanalstreben nach BGL 91 [26]
monatlicher Satz für A + V 2,1 bis 2,3%, monatlicher Satz für Rep 1,8%

⌀ in mm	Bezeichnung	Auszugslänge min.	max.	zul. Belastung	Gewicht	Mittlerer Neuwert
		cm	cm	t	kg/Stück	DM/Stück[1])
Kanalstrebe leicht ⌀ 42 und 44	Kanalstrebe L 50	50	80	3,8 bis 3,0	4	29,—
	Kanalstrebe L 80	80	110	3,4 bis 2,9	5	30,—
	Kanalstrebe L 140	140	170	2,6 bis 2,2	7	34,—
Kanalstrebe mittel ⌀ 57 und 60	Kanalstrebe M 70	70	120	6,3 bis 4,8	8	61,—
	Kanalstrebe M 90	90	150	6,1 bis 4,5	10	68,—
	Kanalstrebe M 120	120	210	6,0 bis 3,8	13	79,—
Kanalstrebe schwer I ⌀ 70	Kanalstrebe SI 90	90	150	10,0 bis 9,9	17	113,—
	Kanalstrebe SI 140	140	200	10,0 bis 9,3	20	132,—
	Kanalstrebe SI 240	240	300	8,5 bis 7,2	26	168,—
Kanalstrebe schwer II ⌀ 80 bis 140	Kanalstrebe SII 100	100	130	21,0 bis 17,7	20	193,—
	Kanalstrebe SII 185	185	250	18,4 bis 15,6	32	232,—
	Kanalstrebe SII 335	335	400	14,0 bis 12,0	54	403,—

[1]) Preisbasis 1990

Kanaldielenprofile

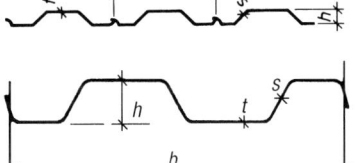

Bild 10.41
Hoesch (HKD VI/6)

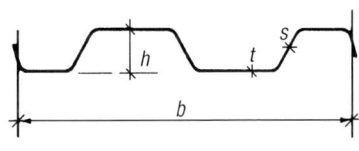

Bild 10.42
Krupp (KD VI/6)

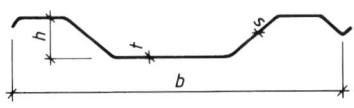

Bild 10.43
ABI (KD 750/8,0)

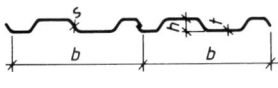

Bild 10.44
MGF (FKD 375/6,5)

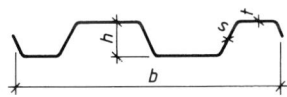

Bild 10.45
Krings (KD VI/8,0)

Tafel 10.21

Hersteller/Profil	b mm	h mm	t mm	s mm	Gewicht kg/m	Gewicht kg/m²	Wider- stands- moment cm³/m
Krupp/KD III S; Krings/KD 3; MGF/FKD 375/6,5; ABI/KD 300/6,5	375	40	6,5	6,5	23,3	62,0	80
Krings/KD IV/6,0; MGF/FKD 400/6; ABI/KD 400/6,0	400	50	6,0	6,0	22,1	55,0	102
Hoesch/HKD VI/6; Krupp/KD VI/6,0; MGF/FDK 600/6	600	80	6,0	6,0	37,5	62,0	182
Hoesch/HKD VI/8; Krupp/KD VI/8,0; Krings/KD VI/8,0; MGF/FKD 600/8	600	80	8,0	8,0	50,0	83,0	242
MGF/FKD 750/8; ABI/KD 750/8,0; Krings/KD 750/8,0; SBH/KD 750/8	750	92	8,0	8,0	55,3	74,5	260

ABI   Anlagentechnik · Baumaschinen · Industriebedarf
        Maschinenfabrik und Vertriebsgesellschaft
MGF Maschinen- und Geräte-Fabrik
SBH Tiefbautechnik

IO

Leichtprofile und Tafelprofile

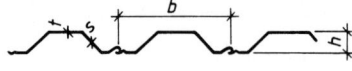

Bild 10.46
Hoesch-Leichtprofil (HL 3/6)

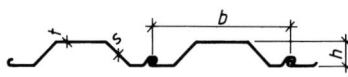

Bild 10.47
Krupp-Leichtprofil (KL 3/8)

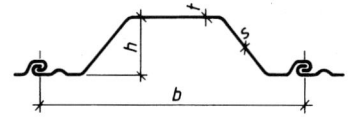

Bild 10.48
Krings-Leichtprofil (LP 2/6)

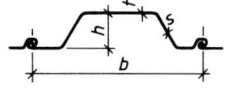

Bild 10.49
MGF-Leichtprofil (FLP 450/4,5)

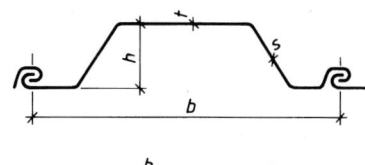

Bild 10.50
ABI-Leichtprofil (LP 76/7)

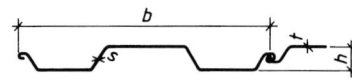

Bild 10.51
Hoesch-Tafelprofil (HT 50)

Tafel 10.22

Hersteller/Profil	b	h	t	s	Gewicht		Wider-stands-moment
	mm	mm	mm	mm	kg/m	kg/m^2	cm^3/m
MGF/FLP 400/5,0	400	50	5,0	5,0	20,3	50,7	94
MGF/FLP 450/4,5	450	80	4,5	4,5	20,2	45,0	140
Krings/LP 2/6	600	130	6,0	6,0	37,8	63,0	338
Krupp/KL 2/7; Hoesch/H 2/7; Krings/LP 2/7	600	131	7,0	7,0	45	75,0	388
ABI/LP 66/6; Krings/LP 76/6; Krupp/KL 3/6	700	150	6,0	6,0	46,2	66,0	420
ABI/LP 76/7; Krings/LP 76/7; SBH/LP 76/7	700	150	7,0	7,0	53,3	76,0	478
Krupp/KL 3/8; SBH/LP 88/8	700	150	8,0	8,0	61,6	88,0	540
Hoesch/HT 45	1000	90	4,5	4,5	45	45,0	159
Hoesch/HT 50	1000	90	5,0	5,0	50	50,0	175
Hoesch/HT 60	1000	90	6,0	6,0	60	60,0	208
Hoesch/HT 70	1000	90	7,0	7,0	70	70,0	240

Spundwandprofile

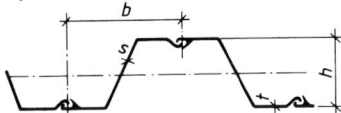

Bild 10.52
System Hoesch

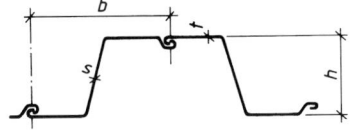

Bild 10.53
System Arbed (Krupp) Z-Form

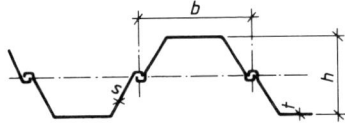

Bild 10.54
System Larssen

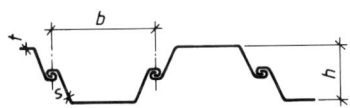

Bild 10.55
System Arbed (Krupp) U-Form

Tafel 10.23

System	Profil	b	h	t	s	Gewicht		Wider-standsmoment
		mm	mm	mm	mm	kg/m	kg/m²	cm³/m
Hoesch	95	525	190	8,0	8,0	49,9	95	750
	122	525	190	11,0	10,7	64,1	122	940
	134	525	300	10,0	9,5	70,4	134	1700
	155	525	300	12,8	9,8	81,4	155	2000
	175	525	340	14,0	10,0	91,9	175	2600
	215	525	340	18,8	12,0	113,0	215	3150
Larssen	20	500	220	7,0	6,0	39,5	79	600
	21	500	220	8,2	8,0	47,5	95	700
	22	500	340	10,0	9,0	61,0	122	1250
	23	500	420	11,5	10,0	77,5	155	2000
	24	500	420	15,6	10,0	87,5	175	2500
	25	500	420	20,0	11,5	103,0	206	3040
	32	450	250	10,5	10,5	54,9	122	850
	III	400	247	14,2	9,2	62,0	155	1350
	43	500	420	12,0	12,0	83,0	166	1660
	430	708	750	12,0	12,0	83,0	235	6450
Arbed (Krupp) U-Profile	PU 6	600	226	7,5	6,4	45,3	75,5	600
	PU 8	600	280	8,0	8,0	54,5	90,8	830
	PU 12	600	360	9,8	9,0	65,9	110,0	1200
	PU 16	600	380	12,0	9,0	74,7	125,0	1600
	PU 20	600	400	12,4	9,7	84,7	141,0	2000
	PU 25	600	452	14,2	10,0	94,1	157,0	2500
	PU 32	600	452	19,5	11,0	114,6	191,0	3200
Arbed (Krupp) Z-Profile	AZ 13	670	303	9,5	9,5	72,0	107,0	1300
	AZ 18	630	380	9,5	9,5	74,4	118,0	1800
	AZ 26	630	427	13,0	12,2	97,8	155,0	2600
	AZ 36	630	460	18,0	14,0	122,2	194,0	3600
	AZ 48	580	482	19,0	15,0	139,6	240,6	4800

10

6 Sicherung bestehender Gebäude im Bereich von Ausschachtungen, Gründungen und Unterfangungen nach DIN 4123 [05.72]

6.1 Grundsätze

Ausschachtungen und Gründungsarbeiten neben bestehenden Gebäuden, sowie Unterfangungen von Gebäudeteilen sind genehmigungspflichtige Bauvorhaben.

DIN 4123 [05.72], auf die sich die nachstehenden Angaben beziehen, gilt nur für einfache Fälle, wenn

— die zu sichernden Gebäude Wohn- oder Bürogebäude mit max. 5 Vollgeschossen (oder vergleichbare Gebäude) sind,
— die bestehenden Gebäude auf Streifenfundamenten gegründet sind und die zu unterfangenden Wände als Scheiben wirken,
— der Baugrund im Einflußbereich der geplanten Baugrube aus der bestehenden Gründung überwiegend lotrechte Lasten aufzunehmen hat,
— die neue Baugrube nicht tiefer als 5 m unter der bestehenden Geländefläche ausgeschachtet wird.

Sind die Voraussetzungen nicht erfüllt oder wird von der Ausführung gemäß Abschn. 6.2 bis 6.3 abgewichen, dann ist ein Standsicherheitsnachweis erforderlich.

Bauleiter oder ein fachkundiger Vertreter muß während der Arbeiten auf der Baustelle anwesend sein.

Vor Ausführung erkunden und beachten:

— wechselnde oder schräg verlaufende Bodenschichten, Bodenschichten mit ungenügender Tragfähigkeit oder Neigung zur Gleitflächenbildung,
— schlecht verfüllte Baugruben,
— Grundwasser- und Schichtwasserverhältnisse,
— Lage von Versorgungs- und Abwasserleitungen,
— statische Aufgaben des auszuhebenden Erdkörpers für bestehendes Bauwerk (z.B. Erdanker, Winkelstützmauer).

Wegen möglicher Rißbildung empfiehlt es sich, zur Beweissicherung, vor Beginn der Arbeiten unter Mitwirkung aller Beteiligten den Zustand des Gebäudes festzustellen (Fotos, Gipsmarken auf vorh. Risse).

Evtl. Sicherungsmaßnahmen am vorhandenen Gebäude vornehmen:

— Verbund zwischen der zu unterfangenden Wand und deren Querwänden und Decken,
— Rückverankerung gefährdeter Gebäudteile,
— Versteifen von Wänden, z.B. Ausmauern von Öffnungen oder Anbringen von Zangen,
— Abstützen gefährdeter Gebäudeteile durch Steifen in Höhe von Massivdecken oder aussteifenden Querwänden,
— Aussteifen oder Verankern des bestehenden Gebäudes gegen bereits fertiggestellte Teile des neuen Gebäudes.

Der Grundwasserstand muß während der Ausführung mindestens 0,5 m unter der geplanten Gründungssohle liegen.

Im Einflußbereich der Gründungsarbeiten müssen Bodenarten anstehen, für die in DIN 1054 [11.76] zulässige Bodenpressungen festgelegt sind.

Während der Unterfangungsarbeiten dürfen keine größeren Erschütterungen auf das Gebäude einwirken.

Mit den Arbeiten ist an dem am höchsten belasteten Abschnitten des bestehenden Gebäudes zu beginnen.

6.2 Ausschachtungen und Gründungen

Ohne Sicherungsmaßnahmen darf ein Bauwerk nicht bis zu seiner Fundamentunterkante oder tiefer freigeschachtet werden.

Neue Fundamente unmittelbar neben bestehenden Fundamenten müssen ebenso tief wie diese gegründet werden.

Einzelheiten der Ausführung s. Bild 10.56 und 10.57.

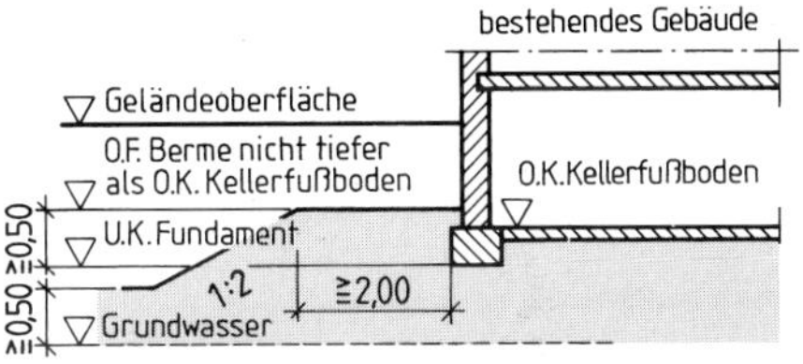

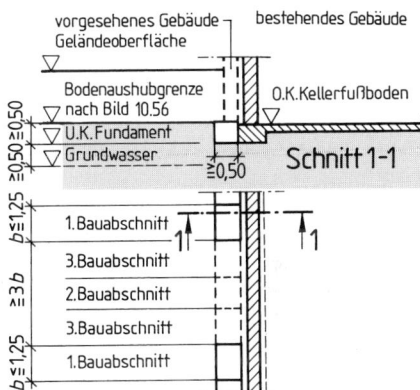

**Bild 10.56
Bodenaushubgrenzen**

**Bild 10.57
Herstellung der Fundamente
des neuen Bauwerks**

6.3 Unterfangungen

Entweder Mauerwerk aus Vollsteinen (Druckfestigkeit größer als $15\,\mathrm{kN/cm^2}$) oder Beton B 15 oder höherwertig verwenden.

Wanddicke mindestens in der Dicke des zu unterfangenden Fundamentes. Hohlräume zwischen der Unterfangung und dem anstehenden Boden unter dem Altbau mit Magerbeton ausfüllen.

Gleichzeitig mit der Unterfangung ist auch das Fundament des neuen Gebäudes herzustellen.

Kraftübertragung in die Unterfangung durch großflächige Stahldoppelkeile, hydraulische Anpressung oder ähnliches. Anschließend Fuge haftschlüssig ausfüllen. Einzelheiten der Ausführung s. Bild 10.58.

Boden, Baugrube, Verbau

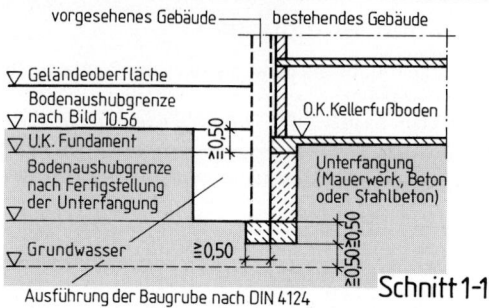

Schnitt 1-1

Ausführung der Baugrube nach DIN 4124

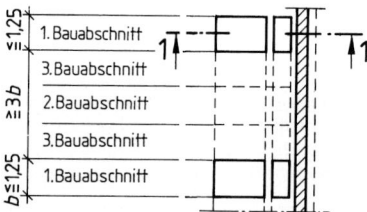

Bild 10.58 Unterfangung und Herstellung der neuen Fundamente

Für neue Fundamente mit durchgehender Längsbewehrung ist gleichzeitig mit der Unterfangung ein zusätzliches unbewehrtes Fundament herzustellen. Auf dem unbewehrten Fundament ist dann auf ganzer Länge das Stahlbetonfundament herzustellen.

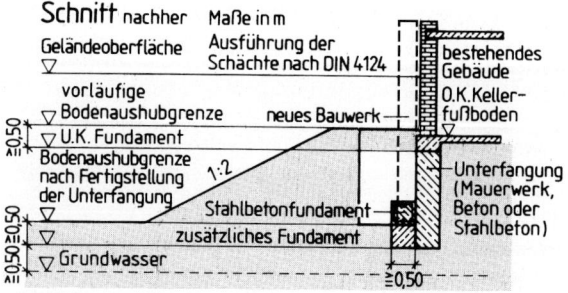

Bild 10.59 Stahlbetonfundamente und Unterfangung
Info-Blatt C15.1 Tiefbau-Berufsgenossenschaft

7 Wasserhaltung

7.1 Arten der Wasserhaltung

Man unterscheidet zwischen offener Wasserhaltung und Grundwasserabsenkung.
Die Art der Wasserhaltung ist abhängig vom angeschnittenen Boden und dem Wasserdurchlässigkeitskoeffizienten k in m/s.

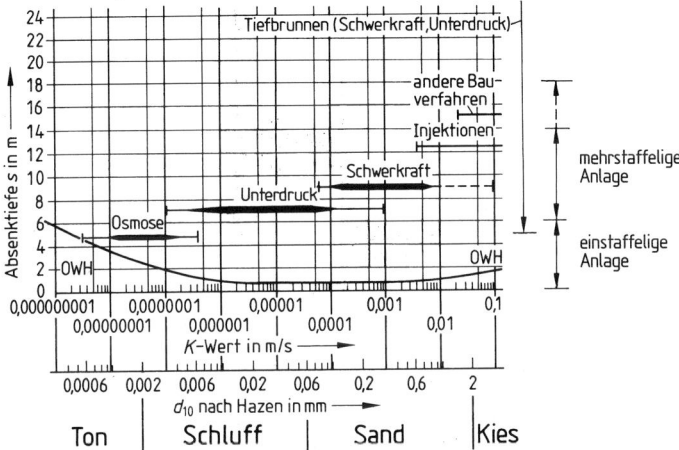

Bild 10.60 Anwendungsbereiche der Wasserhaltung nach Herth und Arndts [24]

7.2 Brunnen und Brunnenanlagen im Bohrlochverfahren

Über die **Größenordnung des k-Wertes** lassen sich aus den Untersuchungen
von *Hazen* und *Beyer* aus Siebanalysen folgende Anhalte gewinnen:

$$k = 100 \cdot C \cdot d_w^2 \text{ in m/s}$$

Tafel 10.24 Wirksamer Durchmesser d_w = Korndurchmesser mit der Ordinate 10%
der Sieblinie

$u = d_{60}/d_{10}$	1	2	3 bis 5	6 bis 10	10 bis 20
C = Beiwert	120	104	96 bis 84	80 bis 75	75 bis 65

Die **Dupuit-Thiemsche Brunnenformel** ist die theoretische Grundlage für die
Berechnung der Ergiebigkeit und des Absenktrichters eines Einzelbrunnens. Sie gilt
allerdings nur streng für „vollkommene Brunnen", d.h. wenn die Brunnensohle auf
einer undurchlässigen, waagerechten Schicht steht.

$$Q = \frac{\pi \cdot k \, (H^2 - h^2)}{\ln R - \ln r} \text{ in m}^3/\text{s}$$

R kann nach *Sichardt* geschätzt werden:

$$R = 3000 \cdot s \cdot \sqrt[3]{k}$$

s, H, h, R, r in m
k in m/s

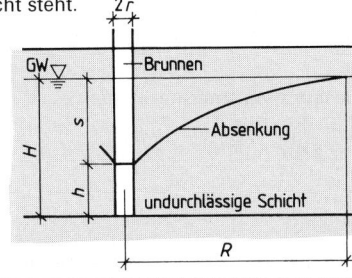

Bild 10.61 Vollkommener Brunnen

10

569

Boden, Baugrube, Verbau

Fassungsvermögen eines Brunnens

$$q = \frac{2}{15} \cdot \pi \cdot r \cdot h \cdot \sqrt{k} \quad \text{im m}^3/\text{s}$$

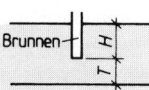

Bild 10.62
Unvollkommener
Brunnen

Für „**unvollkommene Brunnen**" (undurchlässige Schicht ist tiefer als die Brunnensohle oder gar nicht feststellbar) ist ein Zuschlag erforderlich:

Tafel 10.25

T	Zuschlag
$\leq H$	10%
$> 2H$	30%

Überschlägliche Ermittlung der Fördermenge bei Brunnenanlagen (nach Grundbautaschenbuch Bd. I. Berlin 1980)

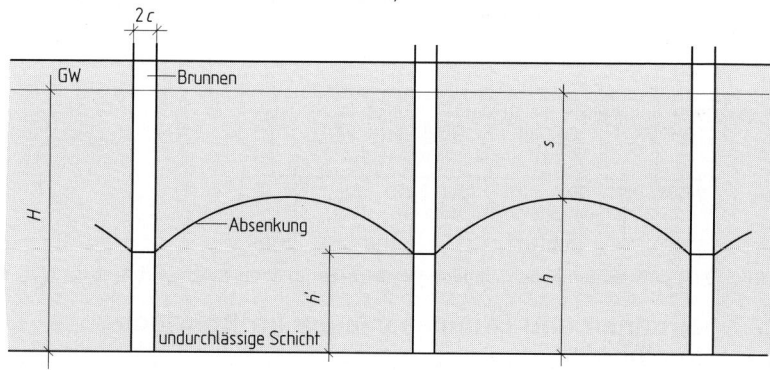

Bild 10.63 Brunnenanlage

Wasserandrang

$$Q = \frac{\pi \cdot k (H^2 - h^2)}{\ln R - \ln A} \quad \text{in m}^3/\text{s} \qquad A = \text{Radius einer kreisförmig angeordneten Brunnenanlage}$$

Für rechteckförmig angeordnete Brunnenanlagen kann idealisiert werden

$$A = \sqrt{\frac{F}{\pi}} \qquad F = \text{von der Brunnenanlage umschlossene Fläche}$$

Im allgemeinen hat die Größe und Form der trockenzulegenden Fläche einen nur geringen Einfluß auf die Fördermenge; ausschlaggebend ist die Absenktiefe.
Bei Brunnenreihen mit der Länge (z.B. Baugruben für den Leitungsbau) wird für
$A = \frac{L}{3}$ eingesetzt und für h der Wasserstand am Ende der Reihe.

Fassungsvermögen

$$q' = \frac{2}{15} \cdot \pi \cdot r \cdot h \cdot \sqrt{k} \quad \text{im m}^3/\text{s}$$

Anzahl Brunnen

$$n = Q/q'$$

Aus der Anzahl der gewählten Brunnen wird q' und damit h' ermittelt ($h' < h$).

Die Fördermenge bei offener Wasserhaltung beträgt nur etwa 20 bis 40% der Fördermenge, die unter gleichen Verhältnissen bei einer Absenkung durch Brunnen anfallen würde.

Bei Baugruben, die von Spundwänden umschlossen sind und bei denen die Brunnen innerhalb der Spundwand stehen, ermäßigt sich die zu fördernde Wassermenge wie folgt:

Tafel 10.26

t/T	0,10	0,20	0,30	0,40	0,50	0,60	0,70	0,80	0,90	1,00
Ermäßigung in %	5	10	15	20	27	32	40	49	64	100

t = Abstand GW-Spiegel bis Spundwandfuß
T = Abstand GW-Spiegel bis undurchlässige Schicht

Bild 10.64 gibt die zu erwartende Fördermenge einer Brunnenanlage an, wobei für R und H gemittelte Annahmen getroffen wurden.

Beispiel $A = 21$ m, $S = 4$ m, $k = 0,002$ m/s $\Rightarrow q = 140$ l/s

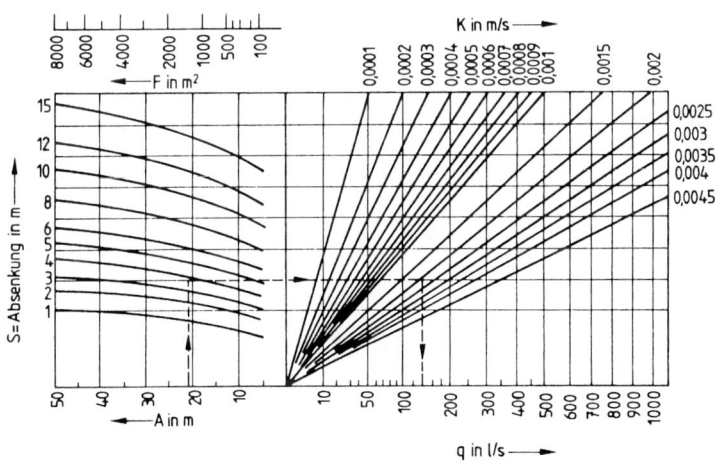

Bild 10.64   Zu erwartende Fördermenge einer Brunnenanlage

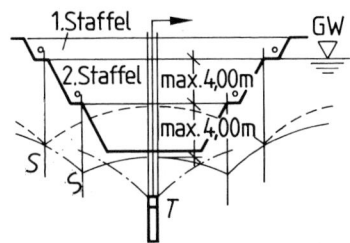

Bild 10.65   Brunnenstaffel

Mit einer **Brunnenstaffel** läßt sich der GW-Stand in Baugrubenmitte durch Saugpumpen nur bis zu 4 m absenken. Bei größeren Absenktiefen sind mehrere Staffeln oder Tauchpumpen in Tiefbrunnen erforderlich.

S = Rohrbrunnen mit Saugpumpe
T = Tiefbrunnen mit Tauchpumpen

7.3 Spülfilterverfahren

Tafel 10.27 Bodenarten und Entwässerungsmöglichkeiten und anfallende Wassermengen bei Spülfiltern [49]

Bodenarten	Ton	Schluff			Sand			Kies		
		fein	mittel	grob	fein	mittel	grob	fein	mittel	grob
Korngröße von/bis in mm	<0,002	0,002 0,005	0,005 0,02	0,02 0,05	0,05 0,2	0,2 0,5	0,5 2,0	2 6	6 20	20 60
Durchlässigkeitsziffer k in cm/s	10^{-8} bis 10^{-6}	10^{-5}	10^{-4}	10^{-3}	10^{-2}	10^{-1}	1	>1	>1	>1
in m/s	10^{-10} bis 10^{-8}	10^{-7}	10^{-6}	10^{-5}	10^{-4}	10^{-3}	10^{-2}	10^{-1}		
Fließgeschwindigkeit in cm/s	0,000001	0,00001	0,0001	0,001	0,01	0,1	1	>1	>1	>1
Wasseranfall in m³/h je lfd. m Filtergalerie *) bei Wasser-Absenkung von ... m 1		0,03	0,3	0,4	0,9	2,2	3,0	6,3		
2			0,3	0,45	1,1	2,5	3,6	7,1		
3			0,4	0,5	1,3	2,8	4,4	8,1		
4			0,4	0,6	1,5	3,2	5,2	9,3		
5			0,4	0,6	1,7	3,7	6,5	10,8		
6			0,4	0,6	1,9	4,3	8,0	12,5		
7			0,4	0,6	2,1	5,0	9,4	14,5		
8			0,4	0,6	2,3	5,8	11,1	17,0		
9		0,2	0,4	0,6	2,5	6,7	13,0	20,0		

C. Spülfilter-Verfahren

1. Vakuumverfahren
2″-Filter beidseitig einspülen, 0,6 bis 1 m Abstand (bei Ton und bei eingelagerten Schichten mit Sandschüttung). Max. Absenktiefe 8,5 m.

A. Offene Wasserhaltung

1. Wenn der Boden stabil ist.

*) Der Wasserandrang tritt bei einseitig abgesaugten Gräben auf. Bei beidseitiger Absaugung oder allseitig mit Filtern umgebenen Baugruben vermindert sich die Wassermenge wegen der gegenseitigen Beeinflussung auf das 0,7fache.

C. Spülfilter-Verfahren

2. Schwerkraftverfahren
Je nach Wasseranfall und Filterkapazität ein- oder beidseitig einspülen, 1 bis 4 m Abstand, 5 bis 30 m³/h je Filter (bei eingelagerten Schichten mit Sandschüttung). Max. Absenkungstiefe 7,5 m.

B. Bohrloch-Verfahren

1. Gebohrte Brunnen mit Schlitzbrückenfiltern, als Flachbrunnen mit Absaugung für Absenkungstiefen bis zu 7 m, als Tiefbrunnen mit Unterwasserpumpen für größere Absenkungstiefen

A. Offene Wasserhaltung

2. Wenn nur max. 0,5 m abzusenken sind.

A. Offene Wasserhaltung

3. Bei entsprechendem Verbau.

Tafel 10.28 Richtwerte über Wassermenge und Druck zum Einspülen von Filtern [49]

Bodenarten		Ton	Schluff			Sand			Kies		
			fein	mittel	grob	fein	mittel	grob	fein	mittel	grob
weich bzw. locker gelagert	m³/h	10	10	15	20	30	40	50	80 bis 100		
	bar	3 bis 4	3 bis 4			4 bis 5			5 bis 6		
hart bzw. fest gelagert	m³/h	10	10	15	20	30	40	50	80 bis 100		
	bar	8 bis 12	5 bis 6			8 bis 10			6 bis 8		

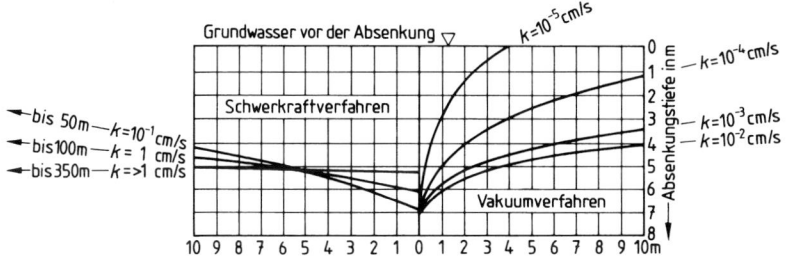

Bild 10.66 Absenkungskurven für verschiedene Bodenarten [49]

7.4 Dränung

Filterregel nach Terzaghi

Es darf der Durchmesser der mit 15% vertretenen Korngrößen des Filtermaterials nicht größer als der vierfache Durchmesser der mit 85% vertretenen Korngrößen der abzufilternden Schicht sein. Das Filtermaterial soll gleichkörnig gestuft und der Verlauf der Körnungskurve der des zu filternden Bodens ähnlich sein. Als Filter kommen Mischfilter (kornabgestuftes Material nach der Filterregel zusammengesetzt) oder Stufenfilter (in einzelnen getrennten Schichten eingebracht) zum Einbau. Der Einbau eines Mehrstufenfilters ist in der Praxis oft nur schwer möglich. In einfachen Fällen genügt dann ggf. ein Einstufenfilter und Einbau eines Filtertuches (Filtervlies).

Dränung zum Schutz baulicher Anlagen nach DIN 4095 [06.90] (Regelausführungen für definierte Voraussetzungen, keine weiteren Nachweise erforderlich)

Die Entscheidung über Art und Ausführung von Dränung und Bauwerksabdichtung ist entsprechend den Ergebnissen der Untersuchungen (Einzugsgebiet, Art und Beschaffenheit des Baugrunds, chemische Beschaffenheit des Wassers, Vorflut und Wasseranfall und Grundwasserstände) festzustellen.

Für die Entscheidung, ob eine Dränung an der Wand erforderlich ist, ist von den Fällen nach Bild **10.**67 auszugehen.

Fall a) liegt vor, wenn nur Bodenfeuchtigkeit in stark durchlässigen Böden auftritt (Abdichtung ohne Dränung).

Fall b) liegt vor, wenn das anfallende Wasser über eine Dränung beseitigt werden kann und wenn damit sichergestellt ist, daß auf der Abdichtung kein Wasserdruck auftritt (Abdichtung mit Dränung).

Fall c) liegt vor, wenn drückendes Wasser, in der Regel in der Form von Grundwasser, ansteht oder wenn eine Ableitung des anstehenden Wassers über eine Dränung nicht möglich ist (Abdichtung ohne Dränung).

Der Regelfall liegt vor, wenn die erforderlichen Untersuchungen die in den Tafeln 10.29, 10.30 und 10.31 gestellten Anforderungen erfüllen.

Die Planung von Dränanlagen erfolgt nach DIN 4095 Abschn. 5. Die Bilder 10.68 und 10.69 stellen mögliche Ausführungen von Dränanlagen vor Wänden dar.

Für den Regelfall ist für den Wasserabfluß bei nichtmineralischen verformbaren Dränelementen mit der Abflußspende q' vor Wänden bzw. q auf Decken oder unter Bodenplatten nach den Werten nach Tafel 10.32 zu rechnen.

Für die Dränschicht aus mineralischen Baustoffen ergeben sich für den Regelfall die Beispiele für die Ausführungen nach Tafel 10.33. Für Dränsteine aus haufwerksporigem Beton muß der Durchlässigkeitsbeiwert mindestens $4 \cdot 10^{-3}$ m/s betragen.

10

Bei der Bauausführung ist DIN 4095 Abschn. 8 zu beachten. Die Funktionsfähigkeit der Dränleitungen muß nach der endgültigen Verfüllung, z. B. durch Spiegelung, überprüft werden. Das Ergebnis ist in einem Protokoll niederzuschreiben.

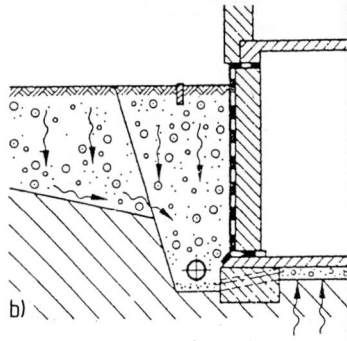

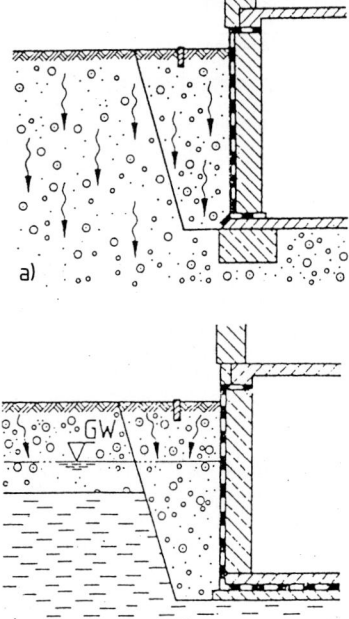

Bild 10.67
Fälle zur Festlegung der Dränung
a) Abdichtung ohne Dränung (Bodenfeuchtigkeit in stark durchlässigen Böden)
b) Abdichtung mit Dränung (Stau- und Sickerwasser in schwach durchlässigen Böden)
c) Abdichtung ohne Dränung (mit Grundwasser (GW))

Tafel 10.29   Richtwerte vor Wänden

Einflußgröße	Richtwert
Gelände	eben bis leicht geneigt
Durchlässigkeit des Bodens	schwach durchlässig
Einbautiefe	bis 3 m
Gebäudehöhe	bis 15 m
Länge der Dränleitung zwischen Hochpunkt und Tiefpunkt	bis 60 m

Tafel 10.30   Richtwerte auf Decken

Einflußgröße	Richtwert
Gesamtauflast	bis 19 kN/m^2
Deckenteilfläche	bis 150 m^2
Deckengefälle	ab 3%
Länge der Dränleitung zwischen Hochpunkt und Dacheinlauf/Traufkante	bis 15 m
Angrenzende Gebäudehöhe	bis 15 m

574

Tafel 10.31   Richtwerte unter Bodenplatten

Einflußgröße	Richtwert
Durchlässigkeit des Bodens Bebaute Fläche	schwach durchlässig bis 200 m²

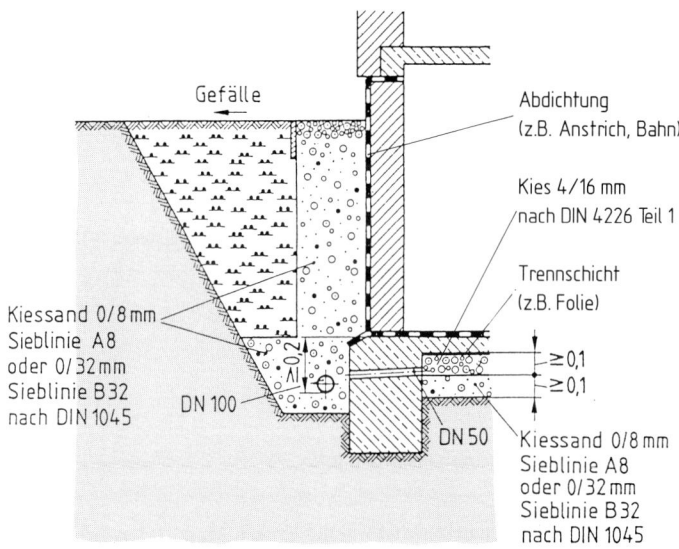

Bild 10.68   Beispiele einer Dränanlage mit mineralischer Dränschicht

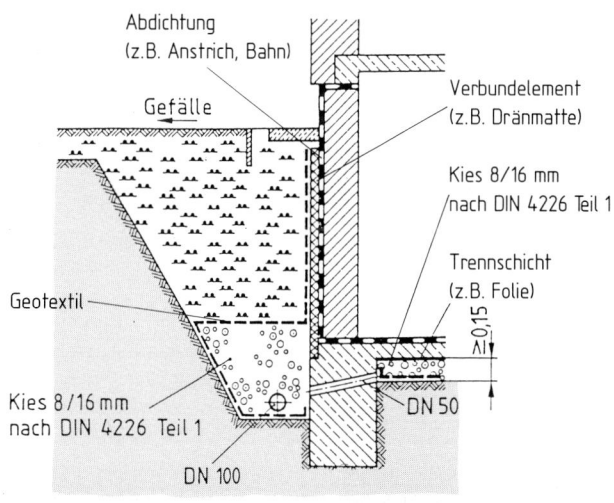

Bild 10.69   Beispiel einer Dränanlage mit Dränelementen

Tafel 10.32 Abflußspende zur Bemessung nichtmineralischer verformbarer Dränelemente

Lage	Abflußspende
vor Wänden	0,30 l/(s·m)
auf Decken	0,03 l/(s·m²)
unter Bodenplatten	0,005 l/(s·m²)

Tafel 10.33 Beispiele für die Ausführung und Dicke der Dränschicht mineralischer Baustoffe für den Regelfall

Lage	Baustoff	min Dicke in m
vor Wänden	Kiessand, z.B. Körnung 0/8 mm (Sieblinie A8 oder 0/32 mm Sieblinie B32 nach DIN 1045)	0,50
	Filterschicht, z.B. Körnung 0/4 mm (0/4a nach DIN 4226-1) und Sickerschicht, z.B. Körnung 4/16 mm (nach DIN 4226-1)	0,10 0,20
	Kies, z.B. Körnung 8/16 mm (nach DIN 4226-1) und Geotextil	0,20
auf Decken	Kies, z.B. Körnung 8/16 mm (nach DIN 4226-1) und Geotextil	0,15
unter Bodenplatten	Filterschicht, z.B. Körnung 0/4 mm (0/4a nach DIN 4226-1) und Sickerschicht, z.B. Körnung 4/16 mm (nach DIN 4226-1)	0,10 0,10
	Kies z.B. Körnung 8/16 mm (nach DIN 4226-1) und Geotextil	0,15
um Dränrohre	Kiessand, z.B. Körnung 0/8 mm (Sieblinie A8 oder 0/32 mm Sieblinie B32 nach DIN 1045)	0,15
	Sickerschicht, z.B. Körnung 4/16 mm (nach DIN 4226-1) und Filterschicht, z.B. Körnung 0/4 mm (0/4a nach DIN 4226-1)	0,15 0,10
	Kies, z.B. Körnung 8/16 mm (nach DIN 4226-1) und Geotextil	0,10

Tafel 10.34 Richtwerte für Dränleitungen und Kontrolleinrichtungen im Regelfall

Bauteil	Richtwert (min)
Dränleitung	Nennweite DN 100 Gefälle 0,5%
Kontrollrohr	Nennweite DN 100
Spülrohr	Nennweite DN 300
Übergabeschacht	Nennweite DN 1000

Tafel 10.35   Beispiele von Baustoffen für Dränelemente

Bauteil	Art	Baustoff
Filterschicht	Schüttung	Mineralstoffe (Sand und Kiessand)
	Geotextilien	Filtervlies (z. B. Spinnvlies)
Sickerschicht	Schüttung	Mineralstoffe (Kiessand und Kies)
	Einzelelemente	Dränsteine (z. B. aus haufwerksporigem Beton); Dränplatten (z. B. aus Schaumkunststoff); Geotextilien (z. B. aus Spinnvlies)
Dränschicht	Schüttungen	Kornabgestufte Mineralstoffe Mineralstoffgemische (Kiessand, z. B. Körnung 0/8 mm, Sieblinie A8 oder Körnung 0/32 mm, Sieblinie B 32 nach DIN 1045)
	Einzelelemente	Dränsteine (z. B. aus haufwerksporigem Beton, ggf. ohne Filtervlies); Dränplatten (z. B. aus Schaumkunststoff, ggf. ohne Filtervlies)
	Verbundelemente	Dränmatten aus Kunststoff (z. B. aus Höckerprofilen mit Spinnvlies, Wirrgelege mit Nadelvlies, Gitterstrukturen mit Spinnvlies)
Dränrohr	gewellt oder glatt	Beton, Faserzement, Kunststoff, Steinzeug, Ton mit Muffen
	gelocht oder geschlitzt	allseitig (Vollsickerrohr) seitlich und oben (Teilsickerrohr)
	mit Filtereigenschaften	Kunststoffrohre mit Ummantelung Rohre aus haufwerksporigem Beton

10

7.5   Rohrdimensionierung

Rohrdimensionierung für normale Abwasserkanäle nach [21]

Bemessung von Kreisprofilen mit voller Füllung, $k_b = 1,5$ mm[1]) nach Prandtl-Colebrook

Ablesebeispiel: Geg.: $Q = 2150$ l/s, DN 1000,

① — · — · → $I_E = 8,4$‰ $v = 2,75$ m/s

---

[1]) Grobe Anhaltswerte für den betrieblichen Rauhigkeitswert:
$k_b = 1,5$ mm
$\triangleq$ Stahlrohr mit mittelstarker Verkrustung
$\triangleq$ gewelltes Kunststoffdränrohr
$\triangleq$ Steinzeugrohr (Abwasserkanal) im ungünstigsten Fall
$\triangleq$ Betonrohr mittelrauh (neu)

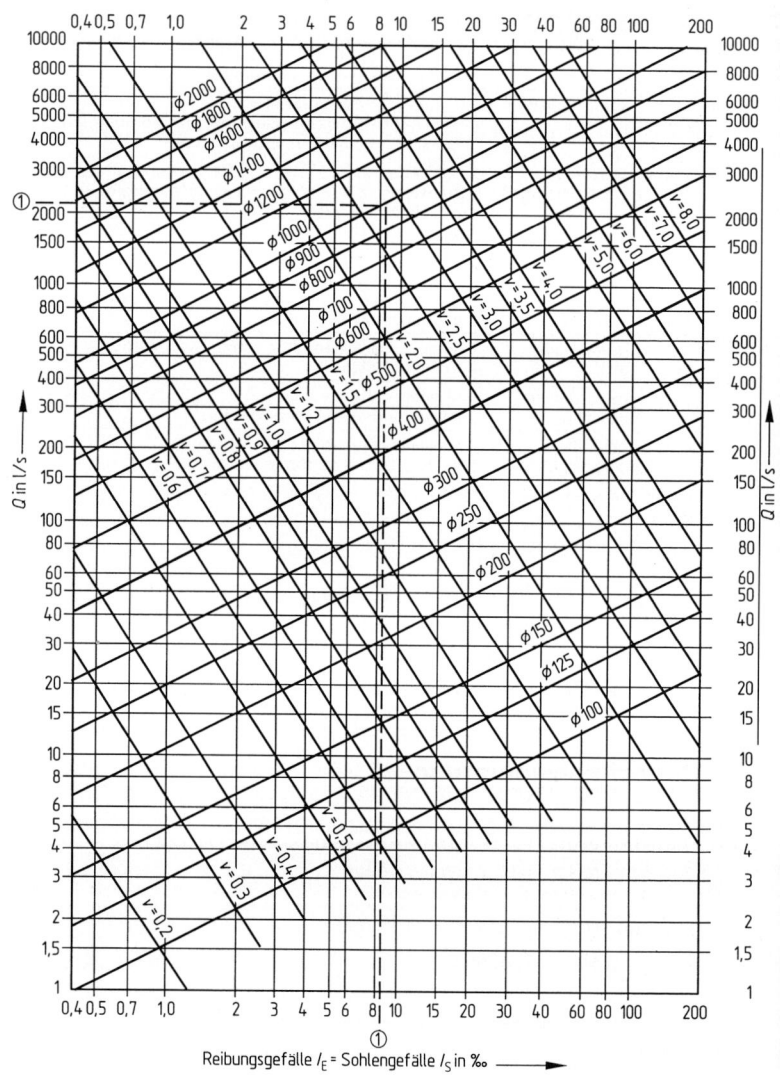

Bild 10.70

7.6 Pumpen

Förderhöhe h [m]

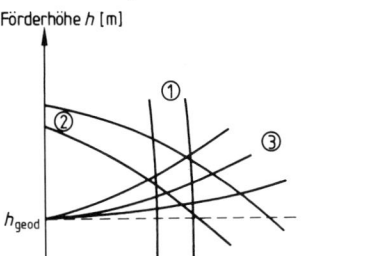

h_{geod}

Fördermenge Q [l/s]

Bild 10.71
Kennlinien
① Verdrängerpumpen
② Kreiselpumpen
③ Rohrkennlinien

Betriebspunkt = Schnittpunkt zwischen Pumpen- und Rohrkennlinie

manometrische Förderhöhe

$$h = h_{geod} + h_v + h_w$$

Geschwindigkeitshöhe

$$h_v = \frac{v^2}{2g}$$

Reibungsverlusthöhe (zusätzliche Verluste aus Formstücken, Ventilen etc.)

$$h_w = \lambda \frac{l}{d} \cdot \frac{v^2}{2g}$$

v = Fließgeschwindigkeit ($v = 1$ bis 3 m/s für Wasser)
λ = Strömungsbeiwert

Leistungsbedarf der Pumpe

$$P_P = \frac{Q \cdot g \cdot h \cdot \varrho}{102 \cdot \eta} \ [kW]$$

mit
Q = Förderstrom [l/s]
η = Wirkungsgrad der Pumpe
    für Kreiselpumpen   = 0,50 bis 0,85
    für Kolbenpumpen   = 0,80 bis 0,95
ϱ = Dichte des Fördergutes [kg/dm³] für Wasser = 1 kg/dm³
g = Fallbeschleunigung (9,81 m/s²)
h = Förderhöhe in m

Bemessung des E-Motors

$$P_M = a \cdot \frac{P_P}{\eta} \ [kW]$$

mit
η = Wirkungsgrad des Motors = 0,80 bis 0,95
a = Zuschlag zum berechneten Leistungsbedarf
    bis 7,7 kW $\approx$ 20%
    7,7 bis 40 kW $\approx$ 15%
    > 40 kW $\approx$ 10%

10

Raum für Notizen

Schalung und Gerüste

Bearbeitet von Prof. Dipl.-Ing. Manfred Hoffmann und Dipl.-Ing. Norbert Kremer

Inhalt   Seite

1 Traggerüste nach DIN 4421 [08.82]

Nachfolgend wird nur eine auszugsweise Übersicht gegeben, die sich vor allem auf die Bedingungen der Gerüstgruppe I konzentriert. Für die detaillierten Nachweise der Gruppen II und III s. DIN 4421 [08.82].

1.1 Anwendungsbereich

— Stützung von Massiv-Tragwerken, bis diese ausreichende Tragfähigkeit erreicht haben,
— Aufnahme der beim Herstellen, Instandhalten, Ändern oder Beseitigen von baulichen Anlagen auftretenden Lasten von Bauteilen, Geräten und Transportmitteln,
— vorübergehende Lagerung von Baustoffen, Bauteilen und Geräten.

1.2 Begriffe

Traggerüste sind Baukonstruktionen, die im allgemeinen an der Verwendungs-stelle aus Einzelteilen zusammengesetzt und wieder auseinandergenommen wer-den können; deren Gründungen gehören auch dazu.

Gerüstbauteile sind Kupplungen, Trägerklemmen, Baustützen, Rahmenstützen, Schrägstützen, Tragkonsolen, Schalungsträger, auch die Schalhaut, wenn sie für das Traggerüst stützende Aufgaben hat.

Traggerüstgruppen I, II und III je nachdem, wie die (für alle Gruppen gleichen) Sicherheitsanforderungen erfüllt werden. Um ein ausreichendes Sicherheitsniveau zu gewährleisten, sind bei den Gruppen I und II größere Sicherheiten erforderlich als bei Gruppe III, die mit den Sicherheiten berechnet werden darf, die sonst bei Baukonstruktionen üblich sind.

Die Bemessung der Gruppen I und II muß der γ_T-fachen Beanspruchung P der Tafel 11.1 erfolgen.

Tafel 11.1

Traggerüstgruppe	I	II	III
Gruppenfaktor γ_T	1,25	1,15	1,00

Die Wahl der Traggerüstgruppe bleibt den Ausführenden überlassen.

1.3 Konstruktive Anforderungen

Holzbauteile müssen nach DIN 68800-2 [05.96] und -3 [04.90] (Bauteile zur Verwendung im Freien) einen Holzschutz erhalten, wenn sie serienmäßig für wie-derholte Verwendung in Traggerüsten hergestellt werden.

Korrosionsschutz bei Stahlbauteilen
Stahlbauteile müssen mindestens 2 mm dick sein.
Rohre, die an Kupplungen angeschlossen werden sollen, müssen eine Wanddicke von 3,2 mm haben.
Serienmäßig hergestellte Gerüstbauteile mit Wanddicken bis zu 3 mm müssen bei der Herstellung mindestens einen Korrosionsschutz erhalten.

Schalungsträger dürfen auf Mauerwerk nur aufgelegt werden, wenn dieses
— mindestens 24 cm dick ist,
— vor der Belastung ausreichend erhärtet ist,
— in seinen oberen 3 Schichten unter dem Trägerauflager Steine mit einer Min-destdruckfestigkeit von 6 N/mm^2 in MG II hat.

Stützen mit Ausziehvorrichtung sind am Kopf und Fuß seitlich unverschieblich zu halten. Platten für Nagelanschlüsse von Verschwertungen sind nicht zulässig. Verbän-de dürfen z. B. mit Kupplungen oder Verschwertungsklammern angeschlossen werden.

Kopf- und Fußspindeln. Die Gewinde der Spindeln sind konstruktiv so zu be-grenzen, daß die Rohre die Spindeln, die in ihnen stecken, um mind. 150 mm über-greifen.

Tragkonsolen müssen Einrichtungen aufweisen, die das Anbringen eines Seiten-schutzes nach DIN 4420-1 [12.90] ermöglichen. Die Aufhängevorrichtungen müs-sen Einrichtungen besitzen, die ein unbeabsichtigtes Lösen ausschließen.

Zugglieder aus Spannstahl sind nur erlaubt, wenn die Bedingungen der DIN 4421 (5.1.1.7) [08.82] erfüllt sind.

Schalungsanker sind in Übereinstimmung mit DIN 18216 [12.86] zu verwenden.

Spindeln bei Holzgerüsten, welche nicht mit dem Traggerüst verbunden sind, dürfen keine Ausmittigkeit haben.

Verbindungen

— stahlbaumäßige Verbindungen

— brückenähnliche Konstruktionen (z.B. Vorschub- und Vorbaugeräte)

— Holzverbindungen

Vertikale Steckverbindungen gelten als gegen unbeabsichtigtes Lösen gesichert, wenn die Übergreiflänge mindestens 150 mm beträgt.

Schrauben und Bolzen Verbindungen mit einem Bolzen oder einer Schraube sind zulässig. Zulässige Spannungen s. Tab. 5 der DIN 4421 [08.82]. In Holzbauteilen sind Schrauben und Bolzen vor dem Aufbringen der Belastungen nachzuziehen.

Verschwertungsklammern dürfen in Traggerüsten der Gruppe I allgemein, bei Gruppe II und III nur zum Anschluß von Aussteifungen an Baustützen aus Stahl mit Ausziehvorrichtung verwendet werden.

Verformungsfähigkeit von statisch unbestimmt gelagerten Stützkonstruktionen ist begrenzt, s. DIN 4421 (5.1.3) [08.82].

Auf einen Nachweis darf bei Traggerüsten der Gruppe I verzichtet werden.

Gründungen von Traggerüsten dürfen abweichend von DIN 1054 [11.76] ohne Einbindetiefe ausgeführt werden, wenn

— Ausspülen des umgebenden Bodens und Unterspülen des Fundamentes verhindert wird (z.B. durch Dränage, Entwässerungsgräben, Oberflächenbefestigung durch Zementmilch, Geländeabgleich);

— bei bindigen Böden unter der Fundamentfläche mindestens 10 cm dick wasserdurchlässiges Material eingebracht wurde und in die Nutzungszeit des Gerüstes keine Frostperiode fällt;

— bei nichtbindigen Böden der Grundwasserspiegel nicht höher als 1,0 m unter der Gründungssohle ansteht oder in die Nutzungszeit keine Frostperiode fällt;

— die Neigung der Geländeoberfläche (ausg. bei Fels) weniger als 8% beträgt.

Auf Fels sind Flächengründungen ohne oder mit geringer Einbindetiefe zulässig, falls keine Beeinträchtigung durch Frost oder Oberflächenwasser zu befürchten ist.

Mehrlagige Kantholzunterlagen zum Höhenausgleich sind kreuzweise auszuführen. Bei mehr als 2 übereinanderliegenden Kanthölzern und bei Kreuzstapeln mit mehr als 40 cm Höhe ist die Standsicherheit nachzuweisen.

Zusätzliche Anforderungen für Traggerüste der Gruppe I

— Horizontal unverschiebliche Lagerung am Fuß und Kopf des Gerüstes. Die Lagerung am Kopf darf entfallen, wenn die Ableitung der Horizontallasten durch die Stütze selbst sichergestellt werden kann. Als Aussteifung sind Dreiecksverbände mit etwa 45° Neigung der Diagonalstäbe anzuordnen (Biegebeanspruchung der Stützen vermeiden!).

— Dreiecksverbände dürfen in solchen Stützenfeldern unterbleiben, die durch benachbarte, ausgesteifte Felder oder standfeste Bauteile unverschieblich gehalten sind.

— Für Holzstützen gilt: Kantenlänge bei Kanthölzern mindestens 8 cm, Zopfdurchmesser bei Rundhölzern mindestens 7 cm, nur jede 3. Stütze darf einmal gestoßen sein (nicht im mittleren Drittel der Stütze).

— Grundplatten stählerner Kopf- und Fußspindeln müssen mindestens 150 × 150 × 8 mm messen.

1.4 Lastannahmen

Soweit nachfolgend keine besonderen Regelungen getroffen sind, gilt DIN 1055-1 bis -4 [07.78], [02.76], [06.71], [08.86]. Lastgruppenfaktor γ_T gemäß Tafel 11.1 berücksichtigen!

Ständige Einwirkungen

— Eigenlast des planmäßigen Frischbetons einschl. Bewehrung, Eigenlast der Schalungs- und Rüstelemente.

— Horizontallast aus Frischbetondruck nach DIN 18218 [09.80].

— Setzungsunterschiede ≤ 5 mm brauchen bei Gruppe I nicht berücksichtigt zu werden.

— Horizontale Ersatzlast für nicht planmäßige horizontale Beanspruchungen in Höhe der Schalungsunterkante: 1/100 der örtlich wirkenden lotrechten Last.

Einwirkungen mit begrenzter Dauer

— sind wie Verkehrslasten nur dann zu berücksichtigen, wenn die Standsicherheit ungünstig beeinflußt wird.

— Ersatzlast aus Arbeitsbetrieb ist zusätzlich zur Eigenlast des Betons bzw. der Schalungskonstruktion wie folgt zu berücksichtigen:

    — auf einer Fläche von 3 m × 3 m 20% der aufzubringenden Frischbetoneigenlast, mindestens 1,5 kN/m², maximal 5,0 kN/m²,

    — auf der restlichen Betonierfläche 0,75 kN/m².

— Windlasten nach DIN 1055-4 [08.86]. (Ausnahme bei Vorschubgerüsten)

— Temperatureinfluß braucht bei Traggerüsten der Gruppe I nicht berücksichtigt werden, bei Gruppe II und III ggf. doch.

— Schneelasten brauchen im allgemeinen nicht in Rechnung gestellt werden.

— Absenken von Traggerüsten nach festzulegendem Programm, nur bei größeren Tragwerken.

1.5 Traggerüstgruppe I

1.5.1 Anwendungsbereich ist wie folgt beschränkt:

Senkrecht wirkende Last

— Einbauhöhen $\leq 5,0$ m — Stützweiten $\leq 6,0$ m — Flächenlast $\leq 8,0$ kN/m²

— Gleichstreckenlast von Balken, Unterzügen und dgl. $\leq 15,0$ kN/m

Senkrechte[1]), geankerte Schalungskonstruktionen

— Höhen $\leq 5,0$ m — senkrechter Ankerabstand $\leq 3,0$ m

— Schalungen für Stützen, Säulen, Pfeiler mit Querschnitten $\leq 1,5$ m²

1.5.2 Standsicherheitsnachweis

— Die Standsicherheit braucht nur nachgewiesen zu werden, wenn die fachliche Erfahrung zur Beurteilung nicht ausreicht.

— Wenn die fachliche Erfahrung nicht zur Beurteilung der Standsicherheit ausreicht, genügt es bei bewährten Bauarten in der Regel, nur die Biege- und Druckglieder nachzuweisen. γ_T-fache Belastung gemäß Tafel 11.1 ansetzen!

— Auf Zeichnungen darf verzichtet werden.

---

[1]) gilt auch für Abweichungen von der Lotrechten von $\pm 10°$

1.6 Traggerüstgruppe II

Alle wesentlichen, für die Standsicherheit erforderlichen Tragglieder und Anschlüsse sind nachzuweisen, es gelten allerdings bestimmte Vereinfachungen (DIN 4421 [08.82], 6.4.2).
Übersichtszeichnungen und Darstellung wesentlicher Details erforderlich.

1.7 Traggerüstgruppe III

stellen hohe Anforderungen an die rechnerische Erfassung des tatsächlichen Tragverhaltens. Übersichtszeichnungen und Darstellung wesentlicher Details erforderlich. Weitere Angaben s. DIN 4421 [08.82].

2 Schalung

s. auch Kapitel „Holzbauwerke" im Abschn. „Größen, Formeln, Bemessung".

2.1 Lastannahmen für die Bemessung

Grundlage sind DIN 4421 [08.82] (s. unter 3) und DIN 1055-1 bis -4 [07.82], [02.76], [06.71], [08.86].

2.1.1 Lotrechte Lasten

Berechnungsgewicht des Frischbetons
(Normalbeton aus Kies, Splitt), mit Stahleinlagen: $25 \, kN/m^3$, ohne Stahleinlagen: $24 \, kN/m^3$. $25 \, kN/m^3$ ist auch der Berechnung seitlich wirkender Betondrücke zugrunde zu legen.

Ersatzlast aus Arbeitsbetrieb
— auf einer Fläche von $3 \, m \times 3 \, m$ 20% der aufzubringenden Frischbetoneigenlast, mindestens $1,5 \, kN/m^2$, maximal $5,0 \, kN/m^2$
— auf der restlichen Betonierfläche $0,75 \, kN/m^2$.

Tafel 11.2   Eigengewicht von Großflächenschalungen

	System	Gewicht in kN/m^2
Wandschalung	Holzschalungsträger mit Stahlgurten[1])	0,52 bis 0,65
	Stahlschalungsträger[1])	0,50 bis 1,20
	Stahlschalung mit Stahlschalhaut	0,70 bis 0,90
Deckenschalung	Schalungsträger mit Schalplatten	0,32 bis 0,40
	Schaltische aus Holz oder Stahl	0,45 bis 0,60
Raumschalung	Halbtunnel aus Stahl	0,65 bis 0,90
	Volltunnel aus Stahl	0,65 bis 1,00
	Volltunnel aus Holz	0,45 bis 0,55

[1]) ohne Schalhaut, Schalhaut $g = 6 \, kN/m^3$

2.1.2 Waagerechte Lasten bei Schalungsgerüsten

Ersatzlasten für unbeabsichtigte Schrägstellung der Stützen in Höhe der Schalungsunterkante:
$1/100$ der auf das Gerüst wirkenden lotrechten Lasten.
Wind nach DIN 1055-4 [08.86], als Lastfall *H*.
Sonstige: Seilzug, Pumpenstöße, Schub durch Schrägstützen, seitlicher Betondruck auf Absperrungen.

2.1.3 Frischbetondruck auf lotrechte Schalungen
nach DIN 18218 [09.80]

Begriffe

Der Frischbetondruck p_b wirkt waagerecht auf die dem Beton zugewandte Schalungsoberfläche.

Die Steiggeschwindigkeit v_b ist der Anstieg der Frischbetonoberfläche während des Betonierens in m/h.

Die Hydrostatische Druckhöhe h_s ist der Höhenunterschied in m zwischen der Frischbetonoberfläche und der Stelle, an der der Frischbetondruck den Wert p_b erreicht.

Die Konsistenz kennzeichnet die Verformbarkeit und Beweglichkeit des Frischbetons. Konsistenzbereiche nach DIN 1045 [07.88]:

— KS = steifer Beton   — KR = weicher Beton (Regelkonsistenz)
— KP = plastischer Beton   — KF = Fließbeton.

Die Rütteltiefe h_r ist der Höhenunterschied in m zwischen der Frischbetonoberfläche und dem unteren Ende der Rüttelflasche.

Die Frischbetonrohwichte ist der Quotient aus der Eigenlast G und dem Volumen V des verdichteten Frischbetons: $\gamma = G/V$ in kN/m³.

Bestimmung der Größe des Frischbetondruckes
Aus dem folgenden Diagramm kann in Abhängigkeit von der Steiggeschwindigkeit und der Konsistenz des Frischbetons der Frischbetondruck p_b und die zugehörige hydrostatische Druckhöhe h_s abgelesen werden.

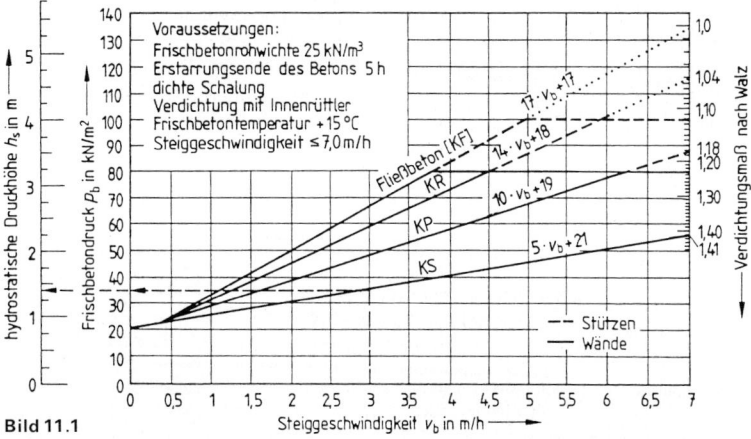

Bild 11.1

Beispiel Steiggeschwindigkeit $v_b = 3$ m/h, Frischbetonkonsistenz KS
Ablesung: Frischbetondruck $p_b = 35$ kN/m², Hydrostatische Druckhöhe $h_s = 1,4$ m.

Verlauf des Frischbetondruckes über die Höhe
Verteilung des Frischbetondruckes entsprechend Bild 11.2 und 11.3.
Wenn die Höhe der belasteten Schalung (h) kleiner oder größer als 5 v_b ist, ist die ungünstigste Laststellung gemäß Bild 11.3 maßgebend:

— im Falle a) entfällt ein Teil der Belastung
— im Falle b) tritt die Belastung als Wanderlast auf.

Betonoberfläche

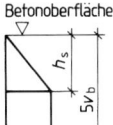

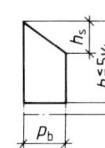

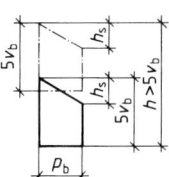

Bild 11.2 Verteilung des   **Fall a)**   **Fall b)**
        Frischbetondruckes   **Bild 11.3 Ansatz des Frischbetondruckes**

Einflüsse auf die Größe des Frischbetondruckes

Rütteltiefe: Wenn bei Verwendung von Innenrüttlern die Rütteltiefe h_r größer als h_s ist, dann ist bei Einhaltung der sonstigen Voraussetzungen des Diagramms der Frischbetondruck zu erhöhen auf $p_b = 25\,h_r$, ebenfalls bei der Verwendung von Außen- bzw. Schalungsrüttler.

Frischbetontemperatur: Übersteigt (unterschreitet) die Frischbetontemperatur beim Einbringen des Betons $+15\,°C$, dann darf (muß) p_b und h_s für je 1 °C um 3% vermindert (vergrößert) werden. Die Abminderung darf höchstens 30% betragen.

Außentemperatur braucht bei wärmedämmenden Maßnahmen, die den Frischbeton vor einer Veränderung seiner Eigentemperatur bewahren, nicht berücksichtigt werden. Wenn ohne wärmedämmende Maßnahmen während der Frischbetontemperatur die Frischbetontemperatur unter $+15\,°C$ sinkt, müssen p_b und h_s für je 1 °C um 3% vergrößert werden; sinngemäß muß der Einfluß durch Kühlen des Betons berücksichtigt werden. Der Einfluß von Außentemperaturen über $+15\,°C$ darf nicht berücksichtigt werden, auch nicht der Einfluß bei Beheizen der Schalung.

Betonverflüssiger, Luftporenbildner sind entsprechend der von ihnen ausgelösten Veränderung der Konsistenz des Betons zu berücksichtigen.

Erstarrungsverzögerer: p_b und h_s sind mit den Faktoren der Tafel 11.3 (gilt nur für Betonierhöhen $\leq 10\,m$) zu multiplizieren. Zwischenwerte dürfen geradlinig eingeschaltet werden. Der druckmindernde Einfluß von Frischbetontemperaturen über $+15\,°C$ darf bei Verwendung von Erstarrungsverzögerern nicht berücksichtigt werden.

Tafel 11.3

Konsistenzbereich	Faktoren bei Erstarrungsverzögerung in Stunden	
	5	15
KS	1,15	1,45
KP	1,25	1,80
KR, KF	1,40	2,15

Erschütterungen: Kann der eingebaute Frischbeton während der Erstarrungszeit Erschütterungen erfahren, deren Wirkung der von Außenrüttlern entspricht, so ist mit dem hydrostatischen Frischbetondruck $p_b = \gamma \cdot h$ zu rechnen.

Leichtbeton und Schwerbeton: Weicht die Rohdichte des Frischbetons von dem Wert $\gamma = 25\,kN/m^3$, der dem Diagramm (Bild 11.1) zugrunde liegt, ab, so sind die p_b-Werte des Diagramms mit den folgenden Faktoren α umzurechnen. h_s verändert sich nicht.

Tafel 11.4

γ_b in kN/m³	α	γ_b in kN/m³	α
10	0,40	24	0,96
12	0,48	25	1,00
14	0,56	26	1,04
16	0,64	28	1,12
18	0,72	30	1,20
20	0,80	35	1,40
22	0,88	40	1,60

2.2 Durchbiegung und Momente bei Schalungen

s. auch Abschn: „Größen, Formeln, Bemessung"

Tafel 11.5

	$\overset{q}{\underset{l}{\triangle\!\!\!\!\!\!\!\!\smash{\underline{}}\!\!\!\!\!\!\!\!\triangle}}$	$\overset{q}{\underset{0{,}4\,l \quad 0{,}4\,l}{\triangle\,l\,\triangle}}$	$\overset{q}{\underset{l\,\triangle\,l}{\triangle\quad\triangle}}$	$\overset{q}{\underset{l\,\triangle\,l\,\triangle}{\geqq 3\ \text{Felder}}}$
	k	k	k	k
max $M=k \cdot q \cdot l^2$ (kNm)	0,125	0,080	0,125	0,107
Schalhaut[1]) max $f=k \cdot \dfrac{q \cdot l^4}{d^3}$ (mm)	15,6	3,6	6,5	8,1
Holzträger[1]) max $f=k \cdot \dfrac{q \cdot l^4}{I}$ (mm)	130,0	30,0	55,0	70,0
Stahlträger[2]) max $f=k \cdot \dfrac{q \cdot l^4}{I}$ (mm)	6,2	1,5	2,6	3,3

[1]) Nadelholz Güteklasse II, $E=10000$ N/mm², $f_{\text{Sperrholz}}=f \cdot \dfrac{10000}{E_{\text{Sperrholz}}}$

[2]) St 37, $E=210000$ N/mm²

q bei Trägern in kN/m, bei Schalhaut in kN/m², für M ist Gesamtbelastung beim Betonieren, für f ist die bleibende Last maßgebend. Prüfen, ob q tatsächlich gleichzeitig wirkt (beachte: Abbindebeginn und Betoniergeschwindigkeit bei Wänden)

d in cm, I in cm⁴

l in m

2.3 Schalhaut

Tafel 11.6 Elastizitätsmodul für Sperrholz (nach Angaben der Hersteller)

Fabrikat	Dicke	E-Modul in N/mm²		Biegebruchfestigkeit in N/mm²	
	in mm	II	$\perp$	II	$\perp$
Westaboard	21	4700	6800	32	46
Magnoplan S	21	6200	7400	45	47
Betoplan	21	5800	5600	44	42
Betoplan S	21	7400	6100	60	51
Ageplan-Planox-F 330	21	5000	7000	37	55
Ageplan-Planox-5X	21	9000	4200	80	50
Doplan Standard	21	5900	4500	45	38
Gigant-univers	21	5800	5900	46	66

$\parallel$ und $\perp$ bezieht sich auf Faserrichtung der Deckfurniere.

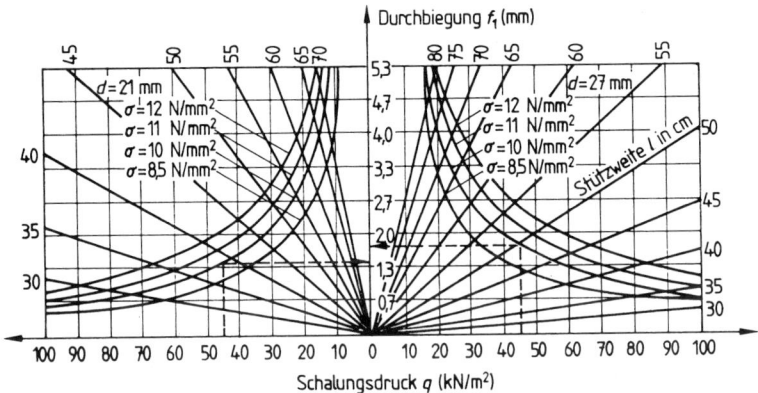

Bild 11.4   Durchbiegung der Schalhaut

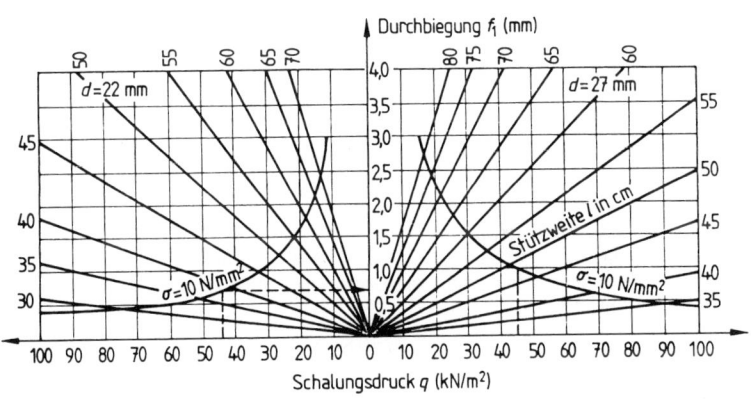

Bild 11.5
Durchbiegung von Sperrholzschalung mit E-Modul = 6000 N/mm²

Umrechnung für andere E-Moduln E_a: $f_a = \dfrac{f_1 \cdot 6000}{E_a}$

Durchbiegung von Dreischichtenplatten Fichte/Tanne mit E-Modul = 10000 N/mm²

$f_1 = \dfrac{0{,}0065 \cdot q \cdot l^4}{E \cdot I}$

$f_0 = 2{,}00\, f_1$
$f_3 = 1{,}05\, f_1$
$f_2 = 0{,}29\, f_1$
$f_4 = 0{,}08\, f_1$

Die Indizes 0 bis 4 beziehen sich
auf die nebenstehenden Felder.

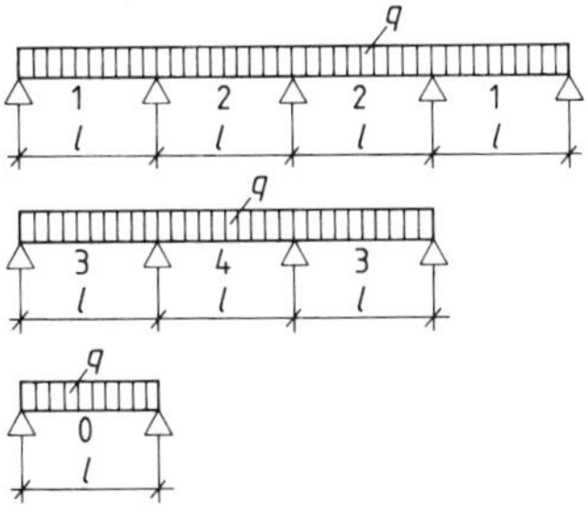

Bild 11.6   Statisches System

589

Tafel 11.7 Anschaffungskosten und Einsatzzahl von Schalhäuten nach [23]

	Anschaffungskosten bezogen auf den Preis für sägerauhe Schalbretter	Mögliche Einsatzzahl
Schalbretter, sägerauh	1,00	3 bis 5
Schalbretter, gehobelt	1,10	8 bis 10
Schalbretter, gespundet	1,90	gering
Schalplatten, Vollholz nach DIN 18125	1,8 bis 7,0	15 bis 30
Schalungsplatten aus 3 Schichten verleimten Brettern	3,4 bis 4,0	
Sperrholzplatten mit Oberflächenvergütung bei 21 bis 22 mm Dicke[1]): SFU	9,0 bis 11,0	
SST	4,7 bis 5,5	15 bis 50[2])
SSTAE	6,0 bis 7,0	
GFK-Sperrholzplatten, polyesterbeschichtet in Verbindung mit Glasfasern	2,5 bis 3,0 bezogen auf eine vergleichbare, unvergütete Platte	150 und mehr
Holzspanplatten nach DIN 68760 bis 68765	1,00	kleiner als 10[3])
Holzfaserplatten nach DIN 68750, 4 bis 6 mm dick, ölgehärtet	0,6 bis 0,7	kleiner als 5
Kunststoffschalung, 5 bis 12 mm dick[4])	15 bis 36	60 bis 100

[1]) SFU = Furniersperrholz nach DIN 68792 [03.79], SST = Stabsperrholz nach DIN 68791 [03.79], SSTAE = Stäbchensperrholz nach DIN 68791 [03.79]
[2]) ohne Oberflächenvergütung: 10 bis 15
[3]) mit Filmbeschichtung größere Einsatzzahl
[4]) Sonderschalung, nach den Regeln des Modellbaus hergestellt, meist nur in Fertigteilwerken

Bindehölzer aus 2 Kanthölzern

Zulässige Stützweite in Abhängigkeit vom Schalungsdruck bei Ausnutzung von $\sigma_{zul} = 11 \, N/mm^2$ und die sich dabei ergebende maximale Durchbiegung ist direkt aus Bild 11.7 abzulesen.

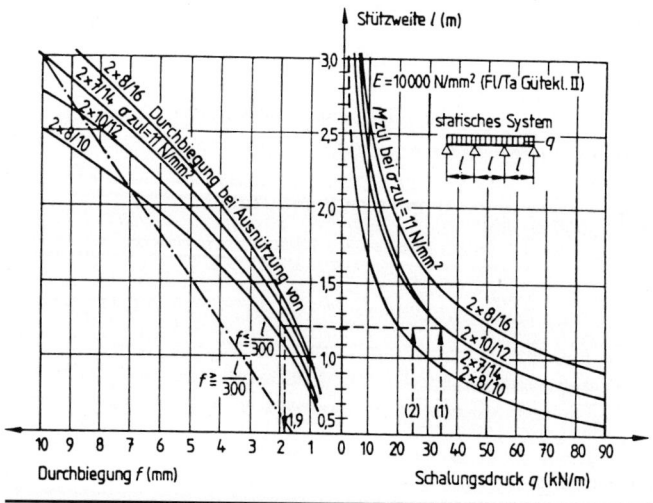

Bild 11.7

Beispiel 1 Hölzer 2 × 10/12, Schalungsdruck $q = 35$ kN/m.
Die zulässige Stützweite (wenn $\sigma_{zul} = 11$ N/mm² eingehalten wird) ergibt sich zu 1,20 m. Die maximale Durchbiegung (bei Ausnutzung von $\sigma_{zul} = 11$ N/mm²) ist abzulesen mit $f_{(1)} = 1,9$ mm.

Beispiel 2 Hölzer 2 × 10/12, Schalungsdruck $q = 25$ kN/m, Stützweite $l = 1,20$ m.
σ_{zul} ist bei Stützweite 1 = 1,20 m nicht ausgenutzt, die Durchbiegung verringert sich linear zur Belastung q: $f_{(2)} = f_{(1)} \times 25/35 = 1,4$ mm.

2.4 Schalungsträger

Träger aus Holz, Stahl oder Aluminium als Vollwand- oder Fachwerkträger, die für Decken-, Wand- oder Stützenschalung verwendet werden.
Längenverstellbare Schalungsträger dürfen nur verwendet werden, wenn sie ein Prüfzeichen haben.
Einzelheiten über Bauart, zul. Belastung und Einsatzmöglickeiten regeln die Zulassungsbescheide.

Tafel 11.8 Kenndaten von Schalungsträgern nach [23]

Trägerart	Bauhöhe in cm	Masse in kg/m	zul M in kNm	zul Q in kN	rel. Anschaffungskosten[2])
Stahlträger[1])	10 bis 27	7,0 bis 14,0	2 bis 17	27 bis 47	2,6-fach
Holzträger	18 bis 36	5,0 bis 9,0	5 bis 17	11 bis 23	1,6-fach
Aluminiumträger	16 oder 19	5,5 bis 7,7	8 bis 18	21 bis 46	5,0-fach

[1]) ausziehbare Deckenträger
[2]) bezogen auf einen ersatzweise erforderlichen Kantholzquerschnitt, unter Berücksichtigung der unterschiedlichen Tragfähigkeit

Tafel 11.9 Verschiedene Schalungsträger

Firma Bezeichnung	Trägerhöhe in cm	Werkstoff[1])/ Konstruktion [2])	Gewicht in kg/m	zul M in kNm	zul Q in kN	Standardlänge in m	$A + V^3$)/ Rep in %
Doka H 16	16	H/V	3,5	2,7	7,5	2,45/2,90/3,30/3,60/3,90/ 4,90/5,90	2,8/1,5
H 20	20	H/V	5,0	5,0	11,0	⎱ 2,45/2,90/3,60/3,90/	2,8/1,5
H 30	30,5	H/V	8,0	13,5	15,0	⎰ 4,90/5,90	2,8/1,5
H 36	36	H/V	9,0	17,0	17,0		2,8/1,5
Ische- Titan 120	12	A/V	2,9	3,3	17,0	2,25	2,7/1,8
beck Titan 160	16	A/V	5,3	15,6	40,0	2,75/3,20/3,65/4,30/4,90/ 5,50/6,40/11,90	2,7/1,8
Peri GT 24	24	H/F	5,9	7,0	14,0	2,10 bis 6,00 alle 30 cm	2,8/1,5
T 70 V	36	H/F	7,8	15,0	23,0	2,43 bis 6,15 alle 31 cm	2,8/1,5
Thyssen Hünnebeck System Steidle R 36	36	H/F	7,8	14,0	16,0	0,96/1,28/1,92/2,56/2,88/ 3,20/3,84/4,48/5,44/6,08	2,8/1,5
Compact C 20/8	20	H/V	6,7	5,5	10,0	2,40 bis 4,20 alle 30 cm 4,80/6,00	2,8/1,5
Noe Combi 20 S	20	S/C-Profil	10,0	7,6	30,0	0,50 bis 6,00 alle 25 cm	2,7/1,8
Combi 10	10	S/C-Profil	6,7	2,6	27,0	0,50 bis 6,00 alle 25 cm	2,7/1,8

[1]) H = Holz, A = Aluminium, S = Stahl
[2]) V = Vollwandträger, F = Fachwerkträger
[3]) Für A + V wurde die untere Prozentzahl der BGL 91 eingesetzt

2.5 Schalungsanker nach DIN 18216 [12.86]

Konstruktion zum gegenseitigen oder einseitigen Halten von Schalung

Bestandteile

Ankerplatte muß so groß sein, daß weder für die Ankerplatte noch für die Unterstützungskonstruktion die zulässigen Spannungen überschritten werden.
Druckspannung 3 N/mm^2 bei Auflagerung auf Holz (Abweichung von DIN 1052-1 [04.88]), Spreizung der Gurtung aus Holz ≤ 25 mm/aus Stahl ≤ 50 mm

Mindestbreite der Ankerplatte bei Schalungsanker mit Schraubverschluß mindestens 110 mm in beide Richtungen.

Öffnungen bis 1 cm^2 in der Ankerplatte brauchen für die Auflagerfläche nicht abgezogen werden.

Ankerverschluß Keil-, Exzenter-, Keil-Exzenter- oder Schraubverschluß

Ankerstab Rund-, Flach- oder Formstäbe aus St 37-2 oder St 37-3

Abstandhalter sichert den Abstand der Schalung bei Spannen.

Kennzeichnung

Keil-, Exzenter- oder Keil-Exzenterverschlüsse müssen mit den Maßen der Ankerstäbe gekennzeichnet werden (z.B. 8 – 12 DIN); Ankerstäbe bleiben ungekennzeichnet. Schraubverschlüsse mit Ankerstäben aus St 37-2 und St 37-3 brauchen keine Kennzeichnung, mit anderen Ankerstäben müssen mit der Lastgruppe gekennzeichnet werden (z.B. 20-DIN, d.h. zul $F = 20$ kN).

Tafel 11.10 Zulässige Belastung

mit Keil- und/oder Exzenterverschluß			mit Schraubverschluß aus St 37-2 oder St 37-3	
Stabdurchmesser in mm	Querschnitt in cm^2	Belastung zul F in kN	Gewindedurchmesser in mm	Belastung zul F in kN
6	0,28	3	10	6
8	0,50	6	12	8
10	0,79	10		
12	1,13	14	16	16
14	1,54	20		
16	2,01	25	20	25
Nichtkreisförmige Stabquerschnitte sind entsprechend ihrer kleinsten tragenden Querschnittsfläche der nächst niedrigeren Zeile zuzuordnen			24	35
			27	45

2.6 Holzstützen

Tragfähigkeit einteiliger Holzstützen für den Lastfall H^1)
aus europäischen Nadelhölzern mit zul $\sigma_{D\parallel} = 8,5 \, \text{N/mm}^2$
Stützen aus Eichen- und Buchenholz haben die $10/8,5 = 1,176$-fache Tragfähigkeit.

maximale Tragfähigkeit: $\max N = \dfrac{A \cdot \text{zul} \, \sigma_{D\parallel}}{\omega}$ $\quad A = \text{Querschnittsfläche}$

Tafel 11.11 Tragfähigkeit von Rundholzstützen
Für Rundholz mit ungeschwächter Randzone ist: zul $\sigma_{D\parallel} = 1,2 \cdot 8,5 = 10,2 \, \text{N/mm}^2$

d^3)	max N in kN bei einer Knicklänge s_K in m											
in cm	2,00	2,50	3,00	3,50	4,00	4,50	5,00	5,50	6,00	6,50	7,00	8,00
10	36,4	26,6	18,5	13,6	10,4	8,24	6,72	5,52	4,68	–	–	–
12	64,3	49,7	38,4	28,2	21,6	17,0	13,8	11,4	9,60	8,18	7,08	–
14	101	81,8	65,2	52,3	40,1	31,7	25,7	21,2	17,9	15,2	13,1	9,96
16	144	121	101	82,7	68,4	54,0	43,8	36,1	30,4	25,9	22,3	17,0
18	196	169	145	122	102	86,4	69,8	57,8	48,5	41,4	35,6	27,4
20	254	226	198	170	146	124	107	88,2	74,2	63,2	54,5	41,6²)
22	320	289	256	227	198	171	148	129	108	92,5	79,6	61,1
24	391	360	325	290	258	227	199	174	154	131	113	86,3
26	467	435	401	361	326	291	258	228	203	181	156	119
28	552	519	483	442	403	363	327	292	261	234	209	160
30	638	611	572	530	484	445	403	364	328	294	266	211
35	892	861	825	779	732	677	629	581	533	488	446	372
40	1187	1155	1115	1070	1018	964	903	843	791	737	682	583

Tafel 11.12 Tragfähigkeit von quadratischen Holzstützen (mit zul $\sigma_{D\parallel} = 8,5 \, \text{N/mm}^2$)

s^3)	max N in kN bei einer Knicklänge s_K in m											
in cm	2,00	2,50	3,00	3,50	4,00	4,50	5,00	5,50	6,00	6,50	7,00	8,00
10	45,7	34,8	26,3	19,3	14,8	11,7	9,47	7,83	6,57	5,60	4,83	–
12	77,5	62,8	50,0	39,9	30,5	24,1	19,5	16,1	13,6	11,6	9,97	7,63
14	118	100	83,0	68,0	56,5	44,8	36,3	30,0	25,2	21,4	18,5	14,2
16	166	145	125	106	89,2	75,3	61,8	51,2	43,0	36,6	31,6	24,2
18	222	200	175	152	131	113	97,3	82,0	68,9	58,8	50,6	38,8²)
20	283	260	233	209	183	160	139	122	105	89,2	77,1	58,9
22	353	329	301	271	243	215	191	169	149	131	113	86,4
24	429	405	374	342	311	281	252	224	201	179	160	122
26	508	487	456	423	386	355	321	290	261	235	212	169
28	600	574	546	509	473	436	399	366	332	302	272	226
30	695	671	638	607	567	523	484	447	411	377	345	285

[1]) Bei Gerüsten aus Hölzern, die zum Zeitpunkt der Belastung noch nicht halbtrocken sind (Feuchtigkeitsgehalt $> 30\%$), und bei dauernd im Wasser stehenden Stützen sind die Tafelwerte auf 2/3 zu ermäßigen.

[2]) Die Werte oberhalb der Stufenlinie ($\lambda > 150$) sind nur für fliegende Bauten nach DIN 4112 [03.83] zulässig.

[3]) $d = $ Durchmesser, $s = $ Kantenlänge

2.7 Ausziehbare Stahlrohrstützen

Nach DIN 4424 [06.87] Baustützengrößen in Abhängigkeit von der Auszugslänge:

Tafel 11.13

Baustützengröße	1	2	3	4	5	6	7	8
maximale Auszugslänge max l in m	2,6	3,0	3,5	4,1	4,5	4,9	5,5	6,0

Nach der **Nenn-Traglast** werden unterschieden:

normale Ausführung (Kurzzeichen N)   schwere Ausführung (Kurzzeichen G)

$$F_N = 68{,}0 \cdot \frac{\max l}{l^2} \leqq 51 \text{ kN} \qquad\qquad F_G = 102{,}0 \cdot \frac{\max l}{l^2} \leqq 59{,}5 \text{ kN}$$

Nutzbare Widerstände (zulässige Lasten):

normale Ausführung   schwere Ausführung

$$\text{zul } F_N = 40 \cdot \frac{\max l}{l^2} \leqq 30 \text{ kN} \qquad\qquad \text{zul } F_G = 60 \cdot \frac{\max l}{l^2} \leqq 35 \text{ kN}$$

Bisherige Baustützen aus Stahl mit Ausziehvorrichtung, die ein Prüfzeichen haben, dürfen auch weiterhin verwendet werden.

Tafel 11.14   Einteilung in Größenklassen

Größenklasse	1	2	3	4	4a	5	6	7
L in m	2,60	3,00	3,50	4,10	4,50	4,90	5,50	6,00

Zulässige Belastung   mit Kennbuchstabe G

$$\text{zul } N = 30 \cdot \frac{\max l}{l^2} \text{ in kN} \qquad\qquad \text{zul } N = 45 \cdot \frac{\max l}{l^2} \text{ in kN}$$

Die zulässige Belastung richtet sich nach den folgenden Einsatzbedingungen:

A Eingeschossige Schalungsgerüste, an Kopf und Fuß gegen seitliches Ausweichen gesichert.

B Sorgfältige Bauvorbereitung, Ermittlung der aufzunehmenden Lasten, genauer Einschalplan mit Standortangabe der Stützen, Festlegung der Stützenklassen und -typen.

C Ausbildung des Stützenkopfes derart, daß nahezu mittige Lasteintragung gewährleistet ist (Ausmittigkeit max. 0,5 cm).

D Sorgfältige Bauüberwachung, schriftliche Abnahme des Gerüstes durch Bauleiter.

E Vorlage einer statischen Berechnung mit exakter Lastermittlung und Nachweis der Einleitung in andere Gerüstteile, Nachweis der erforderlichen Aussteifungen, Prüfung durch einen Prüfingenieur und Abnahme vor Gebrauch.

Tafel 11.15   Zulässige Belastung von ausziehbaren Stahlrohrstützen

Bez. in Bild 11.8	zul. Belastung zul. S (kN)	Prüfzeichen[4]	Einsatzbedingungen
I	zul. $S = 20/l$	ohne	A
II	zul. $S = 30/l$	mit	A
III	zul. $S = 45/l$	mit Kennbuchstaben G[1]	A
IV	zul. $S = 30 \cdot L/l^2$	mit	A + B
V	zul. $S = 45 \cdot L^3)/l^2$	mit	A + B + C + D
VI	zul. $S = 45 \cdot L/l^2$	mit Kennbuchstaben G[1]	A + B
VII	zul. $S = 67{,}5 \cdot L^3)/l^2$	mit Kennbuchstaben G[1]	A + B + C + D
VIII	höhere Belastung	mit[2]	A + B + C + D + E

[1] Kopf- und Fußplatte haben achteckige Form
[2] bei ingenieurmäßigem Einsatz
[3] nur bis zur zulässigen Tragkraft der Bolzenverbindung, l = tatsächlich eingestellte Stützenlänge (m), L = Nennlänge der Stützenklasse = max. mögliche Stützenlänge (m)
[4] z.B. PA VIII 2/: Die Ziffer bedeutet „Stützenklasse 2"

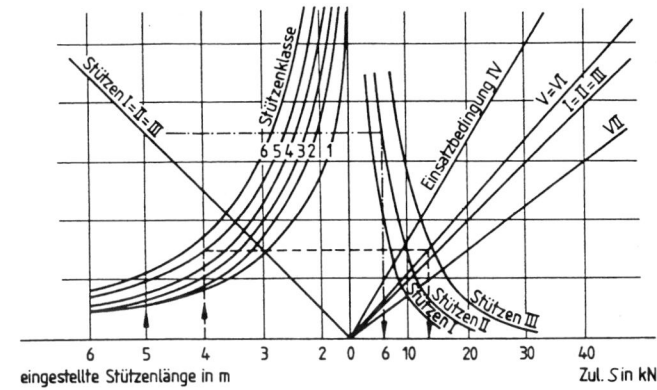

Bild 11.8 Lastdiagramm für ausziehbare Stahlrohrstützen

Beispiel Stütze mit Prüfzeichen und Kennbuchstabe G, Stützenklasse 5, eingestellte Länge 4,0 m, Einsatzbedingung IV
Ablesung: zul. $S \cong 13{,}8$ kN
Rechnerisch: zul. $S = \dfrac{45 \cdot 4{,}90}{4^2} = 13{,}78$ kN

2.8 Rahmenschalung für Wände

Einsatzbereite Schalelemente, bestehend aus Stahl- oder Aluminiumrahmen, auf denen die Schalhaut auswechselbar befestigt ist. Die Verbindung der Elemente untereinander erfolgt durch Klemmen oder Steckbolzen, die einfach zu montieren sind. Die Anker werden entweder durch vorgesehene Bohrungen im Rahmen oder durch halbkreisförmige Öffnungen an der Außenkante der Rahmen (Verbindung vor zwei Elementen ergibt eine Durchführung) geführt. Die Einzelelemente haben eine Höhe von 0,90 bis 2,70 und eine Breite von 0,30 bis 1,35 m. Das Gewicht beträgt je nach Elementgröße bei Stahlrahmen zwischen 30 und 80 kg/m² und bei Aluminiumrahmen zwischen 15 und 40 kg/m².

Aufgrund der Größe und des Gewichtes der Elemente zum kranunabhängigen Einsatz verwendbar.

2.9 Ausführung und Einsatz

2.9.1 Betonflächen und Schalungshaut

Die gleichnamige DIN 18217 [12.81] hat folgenden Wortlaut:

(1) Anwendungsbereich

Diese Norm gilt für Ortbeton- und Betonierfertigteilflächen. Ästhetische Hinweise werden durch diese Norm nicht gegeben.

(2) Betonflächen

(2.1) Allgemeines

Betonflächen sind das Spiegelbild der Schalungshaut oder das Ergebnis nachträglicher Bearbeitung (s. (2.3.3)) und/oder Behandlung (s. (2.3.4)).

Die Schalungshaut ist entsprechend den Anforderungen an die Betonfläche zu wählen.

(2.2) Betonflächen ohne besondere Anforderungen

Die Art der Herstellung und der Schalung für diese Flächen bleibt dem Auftragnehmer überlassen. Eine Oberflächenbearbeitung und -behandlung wird nicht verlangt. Ausbesserungen sind zulässig.

(2.3) Betonflächen mit Anforderungen an das Aussehen.

(2.3.1) Allgemeines. Dies sind sichtbar bleibende Betonflächen, für die eine eindeutige und praktisch ausführbare Beschreibung vorliegen muß.

Der Vergleich mit ausgeführten Bauten kann dabei eine wirkungsvolle Hilfe sein. Musterstücke können vereinbart und der Ausführung zugrunde gelegt werden.

Bei einem Vergleich mit Musterstücken oder bestehenden Bauwerken ist zu berücksichtigen, daß die geforderte Ansichtsfläche dem gewählten Muster nur bei gleichen Ausgangsbedingungen (Abmessungen, Ausgangsstoffe, Betonzusammensetzung, Schalung, Verarbeitung, Nachbehandlung, Witterung, Betonalter usw.) entsprechen wird.

Soweit Fugenanordnungen, -ausbildung und Ankerstellen Einfluß auf die Betonfläche haben, sind entsprechende Angaben erforderlich.

Material- und fachgerechte Ausbesserungen sind zulässig.

(2.3.2) Mit Schalungshaut gestaltete Betonflächen. Unter Beachtung des Abschn. (2.3.1) ergeben sich Gestaltungsmöglichkeiten durch den Einsatz entsprechender Schalungshaut. In der Ausschreibung sind die Betonflächenstrukturen zu nennen. Weitere Möglichkeiten ergeben sich unter Beachtung des Abschn. (2.3.1) durch Einfärben (Pigmente) oder Verwendung farbiger Ausgangsstoffe.

(2.3.3) Bearbeitete Betonflächen. Dies sind Betonflächen nach Abschn. (2.3.2) und ungeschalte Flächen, die zusätzlich bearbeitet werden.

Bearbeitungsarten sind z.B. Waschen, Spalten, Spitzen, Stocken, Scharrieren, Sandstrahlen, Absäuern, Schleifen, Flammstrahlen, Walzen, Glätten, Besenstrich.

(2.3.4) Nachträglich behandelte Betonflächen. Dies sind Betonflächen nach Abschn. (2.3.2) und (2.3.3), die bei besonderen Anforderungen zusätzlich behandelt werden, z.B. durch Fluatieren, Polieren, Versiegeln, Beschichten.

(2.4) Betonflächen mit technischen Anforderungen

Die Flächen haben bestimmte technische Funktionen zu erfüllen und/oder dienen Nachfolgegewerken. Die jeweils zu berücksichtigenden Anforderungen sind in der Leistungsbeschreibung zweifelsfrei zu formulieren.

Material- und fachgerechte Ausbesserungen sind zulässig.

2.9.2 Trennmittel für Betonschalungen nach [23]

Tafel 11.16

		Stoffgruppen						
	Mineralöle	Öle mit Trennzusätzen	Chem.-physikalisch wirkende Trennmittel		Öl-Emulsionen		Wachs	
			Lösungen	Emulsionen	Öl-in-Wasser	Wasser-in-Öl	Lösungen	Pasten
Eigenschaften								
Viskosität:								
– dünnflüssig	×	×	×	×	×		×	
– dickflüssig						×		
– pastös								×
Mischbarkeit mit Wasser:								
– mischbar				×	×			
– nicht mischbar	×	×	×				×	×
Wirkungsweise:								
– physikalisch	×	×	×	×	×	×	×	×
– chem.-physikalisch		×	×	×	×	×		
Eignung								
Schalhaut mit saugfähiger Oberfläche:								
– Holz, rauhe Oberfläche	+		+		○		−	
– Holz, glatte Oberfläche	+		+		○		+	
Schalhaut mit nichtsaugfähiger Oberfläche – Sperrholz mit Oberflächenvergütung	+		+		−		+	
– Metallschalungen	+		+		−		+	
Eignung für								
– Rohbeton	+	+	+		+		−	
– Sichtbeton	−	+	+		+		−	
Bemerkungen			Lösungen sind feuergefährlich		Können nicht bei Regen und nicht bei Frost verarbeitet werden		Müssen gleichmäßig dünn aufgetragen werden; können Putzhaftung beeinträchtigen	

+ geeignet   − nicht geeignet   ○ geeignet, aber nicht bei Frost verwendbar

2.9.3 Ausrüsten und Ausschalen nach DIN 1045 [07.88]

(12.3.1) Ausschalfristen

Ein Bauteil darf erst dann ausgerüstet oder ausgeschalt werden, wenn der Beton ausreichend erhärtet (s. Abschn. 7.4.4), bei Frost nicht etwa nur hartgefroren ist und wenn der Bauleiter des Unternehmens das Ausrüsten und Ausschalen angeordnet hat. Der Bauleiter darf das Ausrüsten oder Ausschalen nur anordnen, wenn er sich von der ausreichenden Festigkeit des Betons überzeugt hat.

Als ausreichend erhärtet gilt der Beton, wenn das Bauteil eine solche Festigkeit erreicht hat, daß es alle zur Zeit des Ausrüstens oder Ausschalens angreifenden Lasten mit der in dieser Norm vorgeschriebenen Sicherheit (s. Abschn. 17.2.2) aufnehmen kann.

Besondere Vorsicht ist geboten bei Bauteilen, die schon nach dem Ausrüsten nahezu die volle rechnungsmäßige Last tragen (z.B. bei Dächern oder Geschoßdecken, die durch noch nicht erhärtete obere Decken belastet sind).

Das gleiche gilt für Beton, der nach dem Einbringen niedrigen Temperaturen ausgesetzt war.

War die Temperatur des Betons seit seinem Einbringen stets mindestens $+5\,°C$, so können für das Ausschalen und Ausrüsten im allgemeinen die Fristen der Tafel 11.17 als Anhaltswerte angesehen werden. Andere Fristen können notwendig bzw. angemessen sein, wenn die nach Abschn. 7.4.4 ermittelte Festigkeit des Betons noch gering ist. Die Fristen der Zeilen 3 und 4 dieser Tafel gelten — bezogen auf das Einbringen des Ortbetons — als Anhaltswerte auch für Montagestützen unter Stahlbetonfertigteilen, wenn diese Fertigteile durch Ortbeton ergänzt werden und die Tragfähigkeit der so zusammengesetzten Bauteile von der Festigkeitsentwicklung des Ortbetons abhängig ist (s. z.B. Abschnitt 19.4 und 19.7.6).

Tafel 11.17   Ausschalfristen (Anhaltswerte)

Zementfestigkeitsklasse		32,5	32,5 R 42,5	42,5 R 52,5 52,5 R
Für die seitliche Schalung der Balken und für die Schalung der Wände und Stützen	(Tage)	3	2	1
Für die Schalung der Deckenplatten	(Tage)	8	5	3
Für die Rüstung (Stützung) der Balken, Rahmen und weitgespannten Platten	(Tage)	20	10	6

Ausschalfristen sind gegenüber Tafel 11.17 zu vergrößern, u.U. zu verdoppeln, wenn die Betontemperatur in der Erhärtungszeit überwiegend unter $+5\,°C$ lag. Tritt während des Erhärtens Frost ein, sind die Ausschal- und Ausrüstfristen für ungeschützten Beton mindestens um die Dauer des Frostes zu verlängern (s. Abschn. 11).

Für eine Verlängerung der Fristen kann außerdem das Bestreben bestimmend sein, die Bildung von Rissen — vor allem bei Bauteilen mit sehr verschiedener Querschnittsdicke oder Temperatur — zu vermindern oder zu vermeiden oder die Kriechverformung zu vermindern, z.B. auch infolge verzögerter Festigkeitsentwicklung. Bei Verwendung von Gleit- oder Kletterschalungen kann in der Regel von kürzeren Fristen, als in der Tafel 11.17 angegeben, ausgegangen werden.

Stützen, Pfeiler und Wände sollen vor den von ihnen gestützten Balken und Platten ausgeschalt werden. Rüstungen, Schalungsstützen und frei tragende Deckenschalungen (Schalungsträger) sind vorsichtig durch Lösen der Ausrüstvorrichtungen abzusenken. Es ist unzulässig, diese ruckartig wegzuschlagen oder abzuzwängen. Erschütterungen sind zu vermeiden.

(12.3.2)   Hilfsstützen

Um die Durchbiegung infolge von Kriechen und Schwinden klein zu halten, sollen Hilfsstützen stehenbleiben oder sofort nach dem Ausschalen gestellt werden. Das gilt auch für die im 5. Absatz des Abschnitts (12.3.1) genannten Bauteile aus Fertigteilen und Ortbeton.

Hilfsstützen sollen möglichst lange stehen bleiben, besonders bei Bauteilen, die schon nach dem Ausschalen einen großen Teil ihrer rechnungsmäßigen Last erhalten oder die frühzeitig ausgeschalt werden. Die Hilfsstützen sollen in den einzelnen Stockwerken übereinander angeordnet werden.

Bei Platten und Balken mit Stützweiten bis etwa 8 m genügen Hilfsstützen in der Mitte der Stützweite. Bei größeren Stützweiten sind mehr Hilfsstützen zu stellen. Bei Platten mit weniger als 3 m Stützweite sind Hilfsstützen in der Regel entbehrlich.

(12.3.3)   Belastung frisch ausgeschalter Bauteile

Läßt sich eine Benutzung von Bauteilen, namentlich von Decken, in den ersten Tagen nach dem Herstellen oder Ausschalen nicht vermeiden, so ist besondere Vorsicht geboten. Keineswegs dürfen auf frisch hergestellten Decken Steine, Balken, Bretter, Träger usw. abgeworfen oder abgekippt oder in unzulässiger Menge gestapelt werden.

2.10 Materialbedarf für Schalungen

2.10.1 Anhaltswerte für konventionelle, systemlose Schalung bei einmaligem Holzeinsatz

Tafel 11.18

Schalung für	Holzbedarf in m³ je m² geschalte Fläche			Holzverlust je Einsatz in %	Nagel-bedarf[1]) in kg/m²
	Bretter	Kantholz	Rundholz		
Fundamente	0,030	0,025	—	25	0,10
Wände bis 4 m Höhe	0,035	0,025	—	25	0,10
Wände bis 8 m Höhe	0,040	0,045	—	25	0,10
Volldecken in 3 m Höhe	0,035	0,025	0,025	22	0,08
Volldecken in 5 m Höhe	0,035	0,025	0,050	22	0,08
Treppenläufe, gerade	0,035	0,035	0,050	40	0,15
Treppenläufe, gewendelt	0,040	0,040	0,060	80	0,25
Balken in 3 m Höhe	0,035	0,030	0,035	50	0,25
Balken in 5 m Höhe	0,035	0,030	0,060	50	0,25
Stützen	0,040	0,040	—	50	0,25

[1]) Nagelgröße je nach Verwendungszweck:

Nagelbezeichnung in mm	Verwendungszweck (Nagellänge etwa 2fache Brettdicke)
10/13; 14/25	Hartfaser- und Sperrholzplatten
25/50	Dreikantleisten
25/55	Schalbretter, Wand- und Deckenschalung
28/65	Schalungsplatten
31/80; 38/90	Bohlen- und Großflächenschalung
46/100; 48/130	Schwere Holzkonstruktionen

2.10.2 Rüst-, Schal- und Verbaustoffe nach [9]

Tafel 11.19 Mittelwerte verschiedener Bauwerke mit rund 100 000 m² Schalfläche S

Material	Holzmengen			
	Anlieferung		Holzverlust	
	in m²/m² S	in m³/m² S	in %	in m³/m² S
Schalholz				
Schalbretter 24 mm, rauh	0,52	0,012	73	0,009
Schaltafeln 24 mm verleimt	0,20	0,005	18	0,001
Kantholz 10/10 oder 7/14 cm	—	0,014	28	0,004
Dielen 5 cm dick	—	0,008	22	0,002
Rundholz	—	0,005	27	0,001
Summe	0,72	0,044	39	0,017
Hilfsstoffe				Verbrauch/m² S
für Sichtschalung				
— Nägel				0,34 kg
— Schalpaste und Schalöl				0,07 l
— Kunststoffrohre				0,15 m
— Spannstäbe und -Konen				0,09 St
— Endstäbe				0,03 St
für rauhe Schalung				
— Nägel				0,26 kg
— Schalöl				0,05 l
— Rödeldraht				0,18 kg
Miete und Reparatur				
— genormte Schalungsträger	0,17	m/m² S		
— genormte Schalstützen	0,03	St/m² S		

2.11 Schalungskosten

2.11.1 Durchschnittliche Verteilung der Herstellkosten bei typischen Stahlbetonarbeiten

Tafel 11.20

	Schalung in %	Stahl in %	Beton in %	Sonstige in %	Summe in %
Lohnkostenanteil	22	6	8	9	45
Stoffkostenanteil	6	19	12	18	55
Anteil an Gesamtkosten	28	25	20	27	100

2.11.2 Einfluß der Einarbeitung auf den Stundenaufwand

Wenn in den nachfolgenden Abschnitten Stundenaufwand für Schalungen angegeben wird, dann beziehen sich die Lohnstunden immer auf den Grundwert nach Einarbeitung.
Der Einarbeitungseffekt kann für die ersten Einsätze als Zuschlag entsprechend der folgenden Kurven berücksichtigt werden.

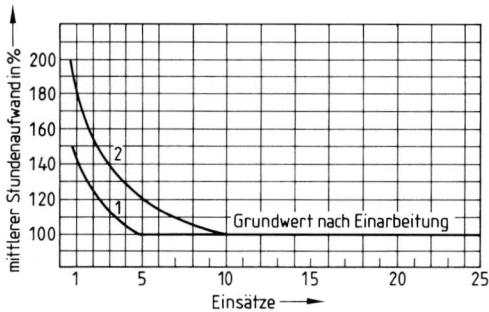

1 herkömmliche Schalung
2 vorgefertigte Großflächenschalung

Bild 11.9

2.11.3 Aufgliederung der Schalungsanteile nach Anwendungsbereichen (Bauteilen)

Die Werte sind Durchschnittswerte aus der Nachkalkulation von rund 100 Bauten der Schwierigkeitsklassen 1 bis 4 nach [25].

Tafel 11.21

Schalungen für die Anwendungsbereiche (Bauteile)	Anteile der Mengen in %			Anteil der Stunden in %		
	min.	i.M.	max.	min.	i.M.	max.
Fundamente, Sohlen, Platten und Seiten (Kanten, Fugen)	3	7	20	5	8,5	25
Wände, Überzüge, Stützmauern, Widerlager, Brüstungen	10	41	90	10	43	80
Stützen (Pfeiler und Säulen)	0	7	20	0	8,5	25
Decken (mit und ohne Unterzüge) geschoßhohe Überbauten	0	38	60	0	26	50
Balken, Binder, Träger	0	2	20	0	3	25
Treppen und Podeste	0	2	6	0	4	10
Gesimse, Konsolen, Radabweiser u.ä.	0	1	15	0	3	30
Aussparungen, Nischen, Köcher, Schlitze u.ä.	1	2	8	2	4	15
		100			100	

2.11.4 Gemittelte Werte für den Schalungsaufwand nach [25]

Die Werte sind Durchschnittswerte aus der Nachkalkulation von rd. 100 Bauten unter unterschiedlichsten Schwierigkeitsgraden. Kostenbasis ist 1979/1980.

Tafel 11.22

Schwierigkeitsklasse bezogen auf die Schalungsarbeiten	Bauwerke 1	Bauwerke 2	Bauwerke 3	Bauwerke 4
Aufwand bezogen auf die Schalung	gering	normal	hoch	außergewöhnlich
Charakteristik der Bauwerke	Wohn- und Hochbauten (Schottenbauweise) mit – geometrisch klaren Formen – gleichbleibender Geschoßhöhe ≤ 3,25 m – gleichbleibendem Betonquerschnitt – gleichbleibenden GF- bzw. Raumschalungselementen	a) Hochbauten mit gering veränderlichen Geschoßhöhen und Betonquerschnitten b) Langgestreckte, querschnittsgleiche U-Bahn- und Unterführungsbauten, Stützmauern, einfache Industriebauten	aufwendige U-Bahn- und Unterführungsbauten, Brückenbauwerke, Industrie- und Skelettbauten mit z.T. unterschiedlichen Geschoßhöhen und wechselnden Konstruktionsquerschnitten	Sonderbauten und Rundbehälter, Faulbehälter, Turmbauwerke, Wetterkanäle, Lüfter u.a. meistens mit hohem Anteil an Traggerüsten
Einsatz der GF-Schalungselemente, Rahmenschalungen und Schalungen	mehr als 10-fach	a) mindestens 7-fach b) mehr als 10-fach	mindestens 5-fach	2- bis 4-fach
Stundenaufwand über alles i.M.[1]) (über alle Anwendungsbereiche gemessen)	0,75 bis 1,15 h/m² i.M. 0,95 h/m²	1,20 bis 1,60 h/m² i.M. 1,40 h/m²	1,30 bis 2,20 h/m² i.M. 1,75 h/m²	2,00 bis 3,00 h/m² i.M. 2,50 h/m²
Sonstige Kosten je m² Schalung – Materialien – Gerätemieten – Verbrauchsstoffe – Transporte – Kleingeräte Werkzeuge	100% 7,50 DM 57% 4,30 DM 20% 1,50 DM 8% 0,65 DM 10% 0,70 DM 5% 0,35 DM	100% 10,50 DM 57% 6,00 DM 19% 2,00 DM 9% 1,00 DM 10% 1,00 DM 5% 0,50 DM	100% 15,00 DM 60% 9,00 DM 17% 2,55 DM 8% 1,20 DM 10% 1,50 DM 5% 0,75 DM	100% 25,00 DM 56% 14,00 DM 16% 4,00 DM 8% 2,00 DM 16% 4,00 DM 4% 1,00 DM
Erforderliche Arbeits-, Schutz- und Traggerüste nach DIN 4420 [12.90] und 4421 [08.82] (Gruppe II und III)	sind zusätzlich anzusetzen	sind zusätzlich anzusetzen	sind zusätzlich anzusetzen	sind zusätzlich anzusetzen

[1]) Mittelwerte über alles (vom Fundament bis zum Gesims) für Haupt- und Nebenleistungen, einschl. eventueller Akkordüberschüsse

II

2.11.5 Gliederung der Aufwandsstunden für Schalungen nach [25]

Tafel 11.23 Prozentangaben für Bauten der Schwierigkeitsklasse 2 (normaler Aufwand)

Kurzbezeichnung der Leistung	nähere Beschreibung	Stundenaufwand bezogen auf die	
		gesamte Schalungsfläche des Bauwerks	Haupt- u. Neben-leistungen
A. Hauptleistungen			
1. Einschalen	einschl. Abloten, Ölen, Ab-stützen, Abbinden, Ankern		48%
2. Ausschalen	und für den nächsten Einsatz vorbereiten		26%
3. Vorbereitung	für die Schalungsarbeiten (keine Montage oder Demon-tage von Großflächenschalung)	0,1 bis 0,2 h/m²	
4. Einmessen	und Anlegen der Schalungen von vorgegebenen Meßpunkten		
5. Drängleisten	und Zwangsbretter usw. an-bringen und entfernen		15%
6. Hilfsgerüste	und Bockgerüste auf-, ab- und umbauen, bis 2 m Höhe für normalgeschoßhohe Schal-arbeiten (keine Außengerüste)	0,05 bis 0,10 h/m²	
7. Zwischentransporte	einschließlich Stapeln und Ver-laden innerhalb der betreffenden Kranradien oder Geschosse		
8. Grobreinigung	des Arbeitsplatzes (z.B. mit Rechen)		
B. Nebenleistungen			
1. Schalplatz	auf der Baustelle einrichten, wenn kein zentraler Schalplatz in der Nähe verfügbar ist	0,02 bis 0,03 h/m²	6%
2. Großflächenschalung	montieren und demontieren der Schalelemente, Schaltische, Raumschalungen	0,05 bis 0,10 h/m²	
3. Auf- und Abladen	von Schalungsmaterial, Geräten, Elementen bei Baubeginn und -ende	0,04 bis 0,10 h/m²	4%
4. An- und Abtransport	von Schalungsmaterialien	0,60 bis 1,50 DM/m² (1980)	–
5. Schlußreinigung	der Schalung	0,01 bis 0,03 h/m²	1%
C. Zusatz- und Sonderleistungen			100%
1. Gerüste (außer A6)	als Arbeits- und Schutzgerüst		
2. Winterbaumaßnahmen	auf- und abbauen		
3. Traggerüste DIN 4421 [08.82]	auf-, ab- und umbauen		
4. Betonkosmetik	Betonnacharbeiten gehören zu Betonarbeiten	0,03 bis 0,07 h/m²	2 bis 4%
5. Einbauteile	montieren	0,02 bis 0,05 h/m²	1,5 bis 3%
6. Aussparungen	Nischen und Schlitze herstellen		5 bis 10%

(Spalte rechts bei A, durchgehend: Randstunden)

D. Leistungen im Rahmen der Baustelleneinrichtungs- und Gemeinkosten
1. Vorhalten genügender Krankapazität und Bedienung
2. Vorhaltung genügender Unterkünfte und Magazine
3. Vorhaltung genügender Energie (Wasser, Strom, Heizung usw.)
4. Hauptvermessungsarbeiten, Schnurgerüste, Kontrollmessungen
5. Abdeckung von Deckenöffnungen jeder Art, Absperrungen gemäß UVV
6. Anfertigen von Schalungs- und Gerüstplänen

2.11.6 Arbeitszeitbedarf für Einschalarbeiten s. Abschn. „Kalkulation"

2.11.7 Kosten der Rüst-, Schal- und Verbaustoffe nach [9]

ausgedrückt im Wert neuer 24 mm dicker Schalbretter (z.B. 7,20 DM/m²)

Beispiel Aufwandswert 0,9 m², bei 7,20 DM/m² entspricht dieser Wert Stoffkosten von
0,9 m² × 7,20 DM/m² = 6,50 DM/m²

Tafel 11.24

Bezeichnung der Arbeiten	Einsatz- häufigkeit	Schalbrett $d = 24$ mm in m²
Ingenieurhochbau		
Stahlbetonhochbauten (Verwaltungsgebäude, Schulen, Kaufhäuser, Lagerhäuser u.a.)	normal	0,9
Industriebauten **Mittelwert**	gering	**1,2**
– Industriehallen in Rahmenkonstruktion	gering	1,4
– Kraftwerksbauten	normal	1,0
– Silobauten	normal	1,0
– Hallenbauten in Schalenbauweise	gering	1,4
Turmartige Konstruktionen **Mittelwert**	gering	**1,2**
Sonderschalungen des Ingenieurhochbaus		
– Kletterschalung der Aufzugs- und Treppenhauskerne von Hochhäusern	15-fach	0,8
– Gleitschalung der Wände von Hochhäusern	30-fach	0,7
– Gleitschalung von Silozellen	30-fach	0,6
Ingenieurtiefbau		
Kläranlagen **Mittelwert**	normal	**1,1**
Wasserbehälter **Mittelwert**	normal	**1,0**
Innerstädtische Verkehrsbauten **Mittelwert**	gering	**1,1**
Senkbrunnen	gering	1,3
Hauptsammler mit Rechteckquerschnitt	15-fach	0,5
Sonderschalungen des Ingenieurtiefbaus		
– Verschiebbare Deckenschalgerüste für Straßen- und U-Bahn-Tunnel	18-fach	1,0
– Frei gespannter Schalwagen für U-Bahn-Tunnel	18-fach	1,2
– Schleusenkammerschalung in Holzkonstruktion	15-fach	1,3
Brückenbau		
Balkenbrücken auf Lehrgerüst		
– Unterbauten und Überbauten	normal	1,1
– Bogenrippen mit aufgeständerter Fahrbahn	gering	1,3
Fahrbahnplatten von Verbundträgerbrücken	gering	1,0
Sonderschalungen des Brückenbaus		
– Kletterschalung von Einzelpfeilern mit Anlauf	8-fach	1,2
– Kletterschalung von Pfeilerpaaren ohne Anlauf	8-fach	1,0
– Gleitschalung von Brückenpfeilern	60-fach	0,6
– Hohlkastenschalung von Brückenüberbauten,		
– feldweise eingesetzt	7-fach	0,9
– Abschalungen von Koppelstellen und Querträgerschalung	gering	1,5
Fertigteile (Feldfabrik)		
Balken, Pfetten, Stützen	20-fach	0,4
Fachwerkträger, Rahmen	20-fach	0,6
Platten	30-fach	0,3

2.11.8 Kenndaten von Großflächen- und Raumschalungen (Anhaltswerte)

Tafel 11.25

System	Preis[1]) in DM/m²	Erstmontage + Decken- montage verakkordiert in h/m²	Ein- und Ausschal- zeit ver- akkordiert in h/m²	Gewicht in kg/m²	Untere Wirtschaft- lichkeits- grenze[2]) Einsätze
Großflächenschalungen					
Wandschalungen					
Holzschalungsträger[3]) mit Stahlgurten	200 bis 240	0,5	0,3 bis 0,5	52 bis 65	ab 3
Stahlschalungsträger[3]) (Systeme)	210 bis 270	0,9 bis 2,5	0,3 bis 0,4	50 bis 120	ab 6
Stahlschalung mit Stahlschalhaut	270 bis 330	1,2 bis 1,5	0,3 bis 0,4	70 bis 90	ab 10[4])
Deckenschalungen					
Schalungsträger mit Schalplatten	110 bis 150	–	0,7 bis 1,0	32 bis 40	ab 1
Deckenschaltische (Holz oder Stahl)	140 bis 190	1,2 bis 2,5	0,3 bis 0,4	45 bis 60	ab 7
Schubkastenschalung (Holz und Stahl)	100 bis 140	0,8 bis 1,2	0,4 bis 0,6	40 bis 50	ab 4
Raumschalungen					
Halbtunnelschalungen aus Stahl	610 bis 680	1,0 bis 3,0	0,2 bis 0,25	65 bis 90	ab 40
Volltunnelschalungen aus Stahl aus Holz	550 bis 690 440 bis 530	1,5 bis 3,0 1,2 bis 1,6	0,15 bis 0,2 0,15 bis 0,2	65 bis 100 45 bis 55	ab 38 ab 30

[1]) Preisbasis 1998
[2]) Die untere Wirtschaftlichkeitsgrenze ergibt sich bei der genannten Mindesteinsatzzahl.
[3]) Ohne Schalhaut; diese kostet zusätzlich 30 bis 50 DM/m² [1]).
[4]) Bei standisierten, demontierbaren Einzelelementen.

2.11.9 Reparatur- und Abschreibungskosten nach BGL 1991

Tafel 11.26 Mittlere Neuwerte auf Preisbasis **1990**

Schalungselement	Gewicht	Mittlerer Neuwert	Monatlicher Satz für	
			Reparatur in %	Abschreibung und Verzinsung in %
Stahlschalungsträger ausziehbar zul. $M=2$ bis $17\,kNm$ zul. $Q=8$ bis $13\,kN$	5,5 bis 12,0 kg/m	32,0 bis 48,0 DM/m	1,8	2,7 bis 3,0
Stahlschalungsträger nicht ausziehbar zul. $M=2,6$ bis $64\,kNm$ zul. $Q=27$ bis $270\,kN$	7,0 bis 23,0 kg/St	31,0 bis 171,0 DM/St	1,8	2,7 bis 3,0
Holzschalungsträger zul. $M=2,7$ bis $17\,kNm$	4,0 bis 9,0 kg/St	14,0 bis 34,0 DM/St	1,5	2,8 bis 3,2
Rüstungsträger für das Einrüsten von Brücken, u.a. zul. $M=150$ bis $4700\,kNm$ zul. Auflagerkraft$=150$ bis $840\,kN$	60,0 bis 285,0 kg/St	390,0 bis 1950,0 DM/St	1,4	3,2 bis 3,6
Stahlrohrstützen max $L=260$ bis $600\,cm$ min $L=150$ bis $330\,cm$ max $S=20,0$ bis $13,6\,kN$ min $S=11,5$ bis $7,5\,kN$	16,0 bis 38,0 kg/St	69,0 bis 184,0 DM/St	1,8	2,7 bis 3,0
Rahmenstützen (Lasttürme), Stieltragkraft 40 bis 60 kN			1,8	2,7 bis 3,0
Unterkonstruktion für Deckenschaltische			1,8	2,7 bis 3,0
Schwerlaststützen, Stieltragkraft 200 bis 450 kN			1,4	3,2 bis 3,6
Lehrgerüsttürme, Stieltragkraft 400 bis 600 kN			1,4	3,2 bis 3,6
Zubehör für Großflächenschalung aus Stahlträgern			1,8	3,0 bis 3,4
Zubehör für Großflächenschalung aus Holzträgern			1,8	2,8 bis 3,0
Tafelschalung aus Stahlkonstruktion mit Schalhaut			3,5	2,7 bis 3,0
Deckenschalung aus Stahl- oder Aluminium mit Schalhaut			3,0	2,2 bis 2,4

3 Arbeits- und Schutzgerüste nach DIN 4420-1 bis -4 [12.90]

Nachstehend werden nur Regelausführungen behandelt, entsprechend

DIN 4420-1 [12.90]   Arbeits- und Schutzgerüste (Allgemeine Regelungen, Sicherheitstechnische Anforderungen, Prüfungen)

DIN 4420-2 [12.90]   Arbeits- und Schutzgerüste (Leitergerüste, Sicherheitstechnische Anforderungen)

DIN 4420-3 [12.90]   Arbeits- und Schutzgerüste (Gerüstbauarten ausgenommen Leiter- und Systemgerüste, Sicherheitstechnische Anforderungen und Regelausführungen)

DIN 4420-4 [12.88]   Arbeits- und Schutzgerüste (aus vorgefertigten Bauteilen (Systemgerüste), Werkstoffe, Gerüstbauteile, Abmessungen, Lastannahmen und sicherheitstechnische Anforderungen)

Für Arbeitsgerüste ist der Standsicherheitsnachweis (Trag- und Lagesicherheit) zu führen.

Ausnahmen:

— Regelausführungen nach DIN 4420-2 bis -4 [12.90] (Nachweis der Standsicherheit gilt als erbracht).

— bei Abweichungen, wenn diese nach fachlicher Erfahrung beurteilt werden können.

— Konsolgerüste, die den „Sicherheitsregeln für Turm- und Schornsteinarbeiten" (ZH 1/601) entsprechen.

— Gerüstbauarten, die nicht in der DIN, aber durch berufsgenossenschaftliche „Sicherheitsregeln für Arbeits- und Schutzgerüste" (ZH 1/534) geregelt sind.

Verantwortlichkeit für Gerüste

Der Unternehmer der Gerüstbauarbeiten ist für den betriebssicheren Auf- und Abbau verantwortlich.

Jeder Unternehmer, der die Gerüste benutzt, ist für die Einhaltung der Betriebssicherheit und die bestimmungsgemäße Verwendung verantwortlich.

Einteilung nach Verwendungszweck

— Arbeitsgerüst (AG)   muß neben Beschäftigten und Werkzeug auch Material tragen
— Schutzgerüst (FG)   als Fanggerüst oder
— Dachfanggerüst (DG)   zur Sicherung gegen Absturz
— Schutzdach (SD)   Schutz gegen herabfallende Teile

Gerüstbauart wird unterschieden nach

Tragsystem   und   Ausführungsart

— Standgerüst (S)   — Stahlrohr-Kupplungsgerüst (SR)
— Hängegerüst (H)   — Leitergerüst (LG)
— Auslegergerüst (A)   — Rahmengerüst (RG)
— Konsolgerüst (K)   — Modulsystem (MS)

Gerüstlage

— längsorientierte Gerüstlagen (L)
— flächenorientierte Gerüstfläche (F)

3.1 Bezeichnung der Gerüstbauteile nach DIN 4420 [12.90]

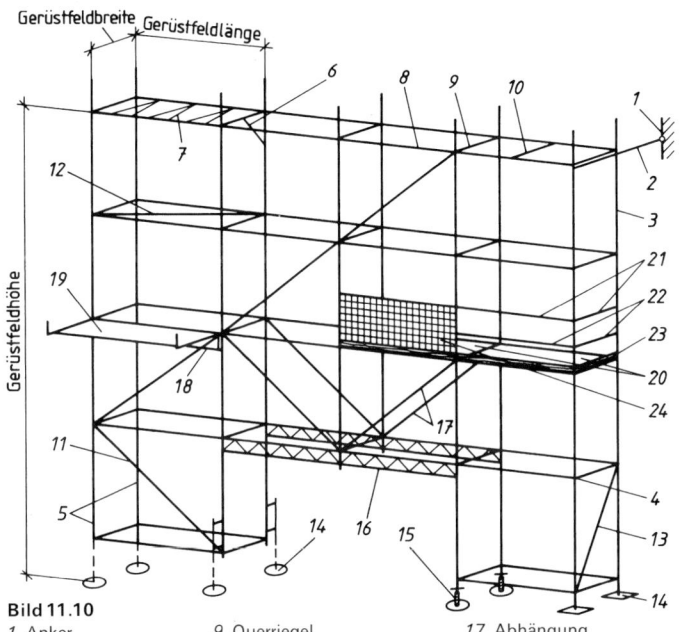

Bild 11.10

1 Anker	9 Querriegel	17 Abhängung
2 Gerüsthalter	10 Zwischenquerriegel	18 Konsole
3 Ständer	11 Längsverstrebung	19 Konsolbelagfläche
4 Knoten	12 Horizontalverstrebung	20 Belagflächen
5 Vertikalrahmen	13 Querverstrebung	21 Geländerholm
6 Eckstrebe	14 Fußplatte	22 Zwischenholm	Seitenschutz
7 Horizontalrahmen	15 Fußspindel	23 Bordbrett
8 Längsriegel	16 Überbrückungsträger	24 Geflecht

3.2 Gruppeneinteilung der Arbeitsgerüste

Tafel 11.27

Gerüstgruppe	Mindestbreite der Belagfläche[1]) in m	flächenbezogenes Nutzgewicht in kg/m²	Flächenpressung[3]) in kg/m²
1	0,50[2])	− [4])	−
2	0,60[2])	150	−
3	0,60[2])	200	−
4	0,90	300	500
5	0,90	450	750
6	0,90	600	1000

[1]) Freie Durchgangsbreite bei Materiallagerung mindestens 0,20 m
[2]) Bordbrettdicke darf mitgerechnet werden
[3]) Flächenpressung = Nutzgewicht durch dessen tatsächliche Grundrißfläche
[4]) zulässiges Nutzgewicht beträgt 150 kg, Materiallagerung ist unzulässig

Unabhängig davon:
— bei Gerüstgruppen 2 und 3. Belagteile, die schmaler als 0,35 m sind, innerhalb ihrer zulässigen Stützung mit 150 kg beansprucht werden
— bei Gerüstgruppen 4,5 und 6 die erzeugte Flächenpressung einzelner Massen nicht größer als in Tafel 11.27 ist.

Tafel 11.28 Beispiele für das Ermitteln des Nutzgewichtes
(Für je Person ist ein Gewicht von 100 kg anzusetzen.)

Art der Arbeit	vorhandene Belastung P in kg		gewählte l in m $\times$ b in m	flächen-bezogenes Nutzgewicht in kg/m²	Flächen-pressung in kg/m²	erforder-liche Gerüst-gruppe
Schweiß-arbeit im Hochbau	1 Schweißer Werkzeug 3 Pakete Elektroden 1 Lucas-Presse	100 25 9 <u>10</u> 144	3,00 $\times$ 0,50	—	—	1
Fassaden-verkleidung mit Werkstein-platten	1 Steinmetz Werkzeug 6 St. Platten	100 30 <u>138</u> 268	3,00 $\times$ 0,60	268 $\overline{3,0 \times 0,60}$ $=148,9$	—	2
Verputz-arbeiten (Spritzputz)	2 Verputzer Mörtelkübel Werkzeug	200 100 <u>40</u> 340	3,00 $\times$ 0,60	340 $\overline{3,0 \times 0,60}$ $=188,9$	—	3
Aufmauern von Wänden (KSV, $d=24$ cm)	1 Maurer 80 St. Steine Mörtelkübel Werkzeug	100 320 150 <u>20</u> 590	2,00 $\times$ 1,00	590 $\overline{2,0 \times 1,0}$ $=295$	Grundriß-fläche der Steine 1,20 × 0,60 320 1,20 × 0,60 $=444,4$	4
Spannarbeiten im Spannbeton	3 Personen 2 Spindeln 1 Stützbock 1 Presse 1 Dynamometer 1 Gegenmutter 1 Pumpe Werkzeug	300 90 22 105 35 10 80 <u>20</u> 662	2,00 $\times$ 0,90	662 $\overline{2,0 \times 0,9}$ $=367,8$	Grundriß-fläche Pumpe 0,40 × 0,30 80 0,4 × 0,3 $=666,7$	5
Montage von Stahlbeton-fertigteilen	3 Monteure 1 Brüstungselement 1,2[1]) × 800 Werkzeug	300 960 <u>40</u> 1300	3,00 $\times$ 0,90	1300 $\overline{3,0 \times 0,9}$ $=481,5$	Grundriß-fläche Element 2,50 × 0,35 800 2,5 × 0,35 $=914,3$	6

[1]) Das mit Hebezeug auf das Gerüst abgesetzte Gewicht ist um 20% zu erhöhen.

3.3 Bauliche Durchbildung der Gerüste

3.3.1 Aussteifung

Gerüste sind ausreichend auszusteifen.

Aussteifung kann durch Diagonalen, Rahmen, Verankerungen oder gleichwertige Maßnahme geschehen.

An den Knotenpunkten sind die Diagonalen mit den vertikalen oder horizontalen Haupttraggliedern zu verbinden.

Jedem Strebenzug (Diagonalen) dürfen höchstens 5 Gerüstfelder zugeordnet werden.

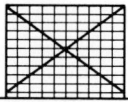 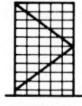 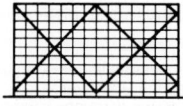 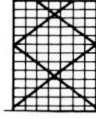

Bild 11.11   **Bild 11.12**   **Bild 11.13**   **Bild 11.14**

3.3.2 Verankerung

Freistehend nicht standsichere Gerüste müssen verankert werden. Bei Regelausführung richten sich der vertikale und horizontale Höchstabstand nach den angegebenen Maßen, sonst nach der statischen Berechnung. Gerüsthalter sind an Knotenpunkten anzubringen.

3.3.3 Belegteile

Breite ergibt sich aus der Mindestbreite entsprechend der Gerüstgruppe

Tafel 11.29 Zulässige Stützweiten für Gerüstbretter und -bohlen

Gerüstgruppe	Brett- oder Bohlenbreite in cm	Zulässige Stützweite in m bei Brett- oder Bohlendicke in cm				
		3,0	3,5	4,0	4,5	5,0
1, 2, 3	20	1,25	1,50	1,75	2,25	2,50
	24 und 28	1,25	1,75	2,25	2,50	2,75
4	20	1,25	1,50	1,75	2,25	2,50
	24 und 28	1,25	1,75	2,00	2,25	2,50
5	20, 24, 28	1,25	1,25	1,50	1,75	2,00
6	20, 24, 28	1,00	1,25	1,25	1,50	1,75

Auflagerung

gestoßen

überlappt

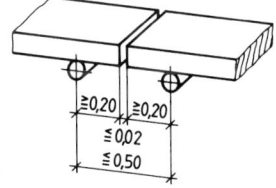

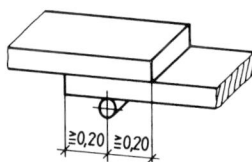

Bild 11.15

Bild 11.16

3.3.4 Seitenschutz

erforderlich, wenn die genutzte Gerüstlage $\geq 2,0$ m über dem Boden, über Verkehrswegen oder an oder über Wasser liegt.
Ist der Abstand zwischen Gerüstbelag und Bauwerk $> 0,3$ m, ist auch hier ein Seitenschutz notwendig.
Werden Netze oder Geflechte mit höchstens 100 mm Maschenweite verwendet, kann auf den Zwischenholm verzichtet werden.[1]

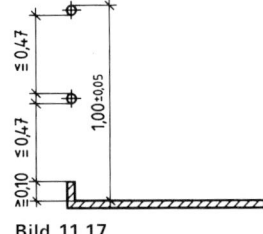

---

[1]) Siehe auch „Sicherheitsregeln für Seitenschutz und Schutzwänden als Absturzsicherungen bei Bauarbeiten" der Berufsgenossenschaften.

Bild 11.17

Vereinfachungen

— Kein Zwischenboden an den Einstiegstellen von Außenleiteraufstiegen
— Kein Bordbrett bei Belagflächen, die ausschließlich als Zwischenpodest für Innenleiteraufstiege dienen
— Kein Stirnbordbrett, wenn Belag und Längsbordbrett den Stirnseitenschutz um mindestens 30 cm überragen.

Geländer- und Zwischenholme müssen für eine Einzellast von 0,3 kN bemessen werden, wobei die elastische Durchbiegung nicht größer als 35 mm betragen darf. Außerdem darf unter einer Einzellast von 1,25 kN keine Verformung oder Verschiebung von mehr als 200 mm auftreten. Bordbretter für eine horizontale Einzellast von 0,2 kN bemessen.

3.3.5 Zugang

Leitern, Treppen, Stege gegen Rutschen, Kippen, Schwanken befestigen bzw. unterstützen.

Leitern mindestens 1,0 m über den Austritt hinausragen (oder andere Haltevorrichtung schaffen).
Außenleitern außerhalb der äußeren Ständerreihe sind unzulässig.
Ausnahme: Bei Leitergerüsten und Aufstieghöhe $\leq 5,0$ m. Aufstellung parallel unter 68° bis 75° zur Gerüstlängsrichtung.
Innenleitern bei Aufstieghöhe $> 5,0$ m. Nicht mehr als zwei Belagflächen miteinander verbinden.
Bei Belagbreite $< 0,95$ m Durchstiege in serienmäßig hergestellten Belagtafeln mit Klappen, die fest mit Belag verbunden, versehen und bei genutzten Gerüstlagen geschlossen halten.
Besteht der Gerüstbelag aus Bohlen oder Brettern, sind die Durchstiege zu umwehren.

Stege: Mindestbreite 0,50 m, Trittleisten erforderlich, wenn Neigung $> 1,5$, Stufen erforderlich, wenn Neigung $> 1 : 1,75$.

Anmerkung s. auch Unfallverhütungsvorschrift „Bauarbeiten" (VBG 37) und „Leitern und Tritte" (VBG 74).

3.3.6 Eckausbildung

Der Belag ist in voller Breite um eine Bauwerksecke herumzuführen. Wenn an der Ecke nicht gearbeitet wird, genügt ein 0,50 m breiter Belag.

3.4 Schutzgerüste

Soweit nichts anderes angegeben ist, gelten die Regelungen von 3.3.

3.4.1 Fanggerüste

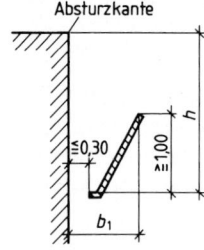

Bild 11.18

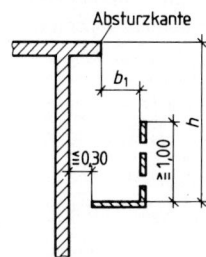

Bild 11.19

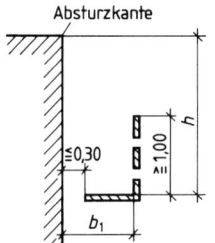

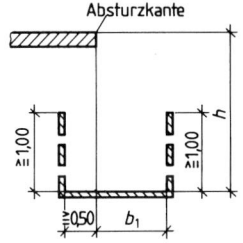

Bild 11.20   **Bild 11.21**

Tafel 11.30 Belagbreite von Fanggerüsten

vertikaler Abstand h in m	bis	2,00	3,00
Mindestabstand b_1 in m	min.	0,90	1,30

Bei Standgerüsten ist ein vertikaler Abstand über 2,0, bei allen übrigen Gerüstbauarten über 3,0 m **unzulässig**.

Tafel 11.31 Zulässige Stützweiten für Gerüstbohlen aus Holz als Belagteile von Fanggerüsten

max. Absturz- höhe h in m	Bohlen- breite in cm	Zulässige Stützenweite in m							
						Doppelbelegung[1]			
		Bohlen-/Bretterdicke in cm				Bohlen-/Bretterdicke in cm			
		3,5	4,0	4,5	5,0	3,5	4,0	4,5	5,0
1,0		–	1,1	1,2	1,4	1,5	1,8	2,1	2,6
1,5		–	1,0	1,1	1,3	1,3	1,6	1,9	2,2
2,0[2]	20	–	–	1,0	1,2	1,2	1,5	1,7	2,0
2,5		–	–	1,0	1,1	1,2	1,4	1,6	1,8
3,0		–	–	–	1,1	1,1	1,3	1,5	1,7
1,0		1,0	1,2	1,4	1,6	1,7	2,1	2,5	2,7
1,5		–	1,1	1,2	1,4	1,5	1,8	2,2[3]	2,5[3]
2,0[2]	24	–	1,0	1,2	1,3	1,4	1,6	2,0	2,2
2,5		–	1,0	1,1	1,2	1,3	1,5	1,9	2,1
3,0		–	–	1,0	1,2	1,2	1,4	1,8	1,9
1,0		1,1	1,3	1,5	1,7	1,9	2,4	2,7	2,7
1,5		1,0	1,3	1,4	1,6	1,7	2,0	2,5[3]	2,7[3]
2,0[2]	28	1,0	1,1	1,3	1,4	1,5	1,8	2,2	2,5
2,5		–	1,0	1,2	1,4	1,4	1,7	2,0	2,3
3,0		–	1,0	1,1	1,3	1,3	1,6	2,0	2,1

[1] Unter Doppelbelegung wird auch die Verwendung von Gerüstbohlen in zwei Gerüstlagen im Abstand bis 0,50 m verstanden.
[2] Bei Stahlrohr-Kupplungsgerüsten und bei Systemgerüsten sind Absturzhöhen >2,0 m unzulässig.
[3] Für Fanggerüste mit einer maximalen Absturzhöhe von 1,50 m darf, sofern der Abstand der Gerüstlagen 0,25 bis 0,50 m beträgt, die Stützweite erhöht werden und zwar bei
Bohlen 24 · 4,5 auf 2,50 m
Bohlen 24 · 5,0 auf 2,75 m
Bohlen 28 · 4,5 auf 2,75 m
Bohlen 28 · 5,0 auf 2,75 m.

3.4.2 Dachfanggerüste

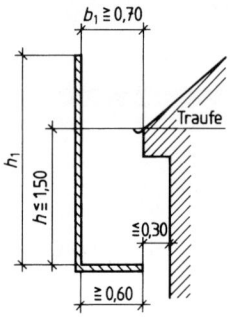

Senkrechte und waagerechte Begrenzungen bei Dachfanggerüsten

Schutzwand aus dichter oder unterbrochener Verbretterung oder aus Netzen oder Geflechten.

$$h_1 \geqq h + 1,5 - b_1 \,[\mathrm{m}]$$
$$h_1 \geqq 1,0\ \mathrm{m}$$

Bild 11.22

3.4.3 Schutzdächer

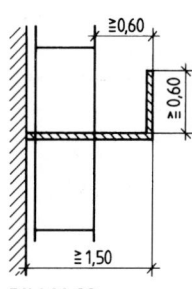

Bild 11.23

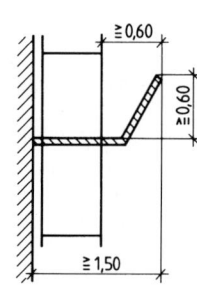

Bild 11.24

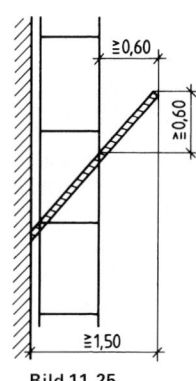

Bild 11.25

3.5 Stahlrohr-Kupplungsgerüste

3.5.1 Allgemeine Anforderungen

Regelausführung darf für Arbeitsgerüste der Gerüstgruppen 1 bis 6 sowie für Fanggerüste eingesetzt werden.

Ständer:	vertikal auf Fußplatten oder Fußspindeln stellen und am Fußpunkt in zwei Richtungen mit Riegeln verbinden. Stöße in der Höhe der Knotenpunkte, mit Zentrierbolzen und Stoßkupplung, versetzt anzuordnen.
Längsriegel:	an jeden Ständer anschließen, Stöße feldversetzt anordnen
Querriegel:	an jeder Verbindung Ständer/Längsriegel anschließen
Zwischenquerriegel:	dürfen zur Verringerung der Stützweite angeordnet werden
Beläge:	dürfen nur auf Quer- und Zwischenquerriegel aufgelegt werden.

Tafel 11.32 Stahlrohre für Gerüste

Stahlrohr	Außendurchmesser in mm	Nennwanddicke in mm	Stahlsorte
Typ 3		3,2	St 37-2; St 35
Typ 4	48,3	4,0	St 34-2; St 55
Alter Bestand	(48,25)	(4,25)	(St 00)
ohne Kennzeichen	48,3	4,5	St 33

Tafel 11.33 Zulässige Lasten für Kupplungen an Stahlrohren nach DIN 4421-1 [08/82]

Art der Kupplung	Zulässige Belastung in kN		
	Klasse A	Klasse B	Klasse BB
Normalkupplung als:			
Einzelkupplung	6	9	9
Einzelkupplung mit untersetzter Kupplung	x	x	15
Stoßkupplung	3	6	x
Drehkupplung	6		
Parallelkupplung	3		

x = nicht zulässig

3.5.2 Regelausführung als Standgerüst mit längenorientierten Gerüstlagen

Bedingungen

Gerüsthöhe max. 30 m
Gerüstbreite max. 1 m
Vertikalabstand
der Gerüstlagen
bis zu 2,0 m

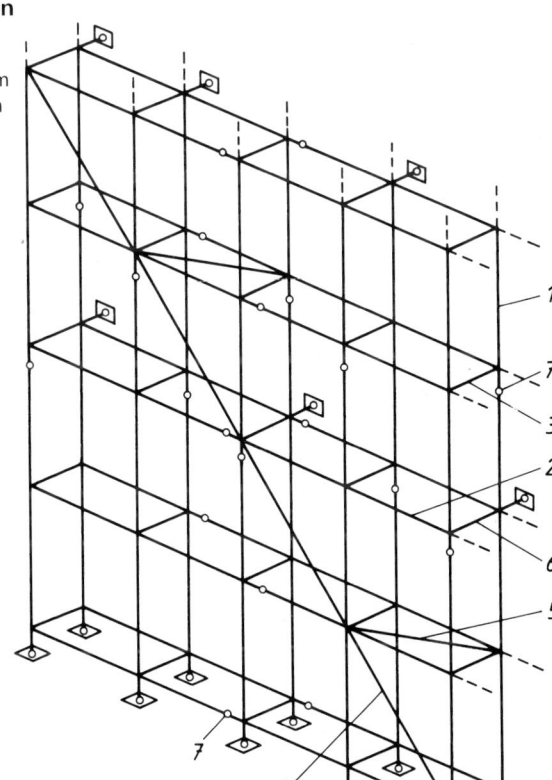

Bild 11.26

1 Ständer
2 Längsriegel
3 Querriegel
4 Längsverstrebung
5 Horizontal-
   verstrebung
6 Gerüsthalter
7 Stoß

Tafel 11.34 Ständerabstand

Gerüstgruppe	1, 2	3, 4	5	6[1]
Ständerabstand l in m	2,5	2,0	1,5	1,2

[1] zusätzliche Zwischenquerriegel erforderlich

Tafel 11.35 Verankerungsraster und erforderliche Ankerbeanspruchung

Verankerungsmuster[1]	Gerüsthöhe h in m	Nicht bekleidete Gerüste		Bekleidete Gerüste[2]	
		$F \perp$ in kN	$F \parallel$ in kN	$F \perp$ in kN	$F \parallel$ in kN
	$h \leq 10$	2,7	0,9	–	–
	$h \leq 20$	3,1	1,0	–	–
	$h \leq 30$	3,3	1,2	–	–
	$h \leq 10$	1,4	0,5	7,5	0,7
	$h \leq 20$	1,7	0,5	8,0	0,9
	$h \leq 30$	1,9	0,6	8,3	1,2
	$h \leq 10$	–	–	3,7	0,3
	$h \leq 20$	–	–	3,9	0,5
	$h \leq 30$	–	–	4,1	0,6

[1] zusätzliche Horizontal- oder Vertikalverstrebungen, wenn einzelne Knoten nicht verankert werden können; Ständerabstand $l = 2,0$ m, bei anderem Ständerabstand dürfen die angegebenen Kräfte linear umgerechnet werden.

[2] Mit aerodynamischem Kraftbeiwert $c_f = 0,76$ (s. DIN 4420-1 [12.90])

3.5.3 Regelausführung Stahlrohr-Kupplungsgerüst mit flächenorientierten Gerüstlagen

Tafel 11.36 Voraussetzungen

	Verwendung	
	in geschlossenen Räumen	im Freien
Gerüsthöhe	≤ 20 m	≤ 12 m
Gerüsthöhe / kleinster Breite	4:1	3:1
Vertikalabstand Quer- und Längsriegel	≤ 2 m	
Verstrebung Quer- und Längsrichtung	mindestens jede zweite Ständerreihe	

Tafel 11.37 Riegelabstand

Gerüstgruppe	maximaler Abstand Längsriegel in m	maximaler Abstand Querriegel in m
1	1,75	2,50
2	1,50	2,25
3	1,50	2,00
4	1,00	1,75
5 und 6	0,75	1,75

3.6 Auslegergerüste

Regelausführung darf für Arbeitsgerüste der Gerüstgruppen 1 bis 3 sowie für Fanggerüste eingesetzt werden.

Bügel aus BSt 420 S (III S),
BSt 500 S (IV S) oder St 37-2

$\varnothing \geqq 10$ mm
(nach DIN 488-1 [09/84])

Biegerollendurchmesser
$\geqq 4 \times$ Durchmesser des Stahles

Verwendbare Stahlprofile I 80, IPE 80,
I 100 oder IPE 100 aus ST 37-2 oder
St 37-3

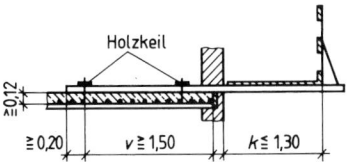

Bild 11.27 Auslegerbefestigung

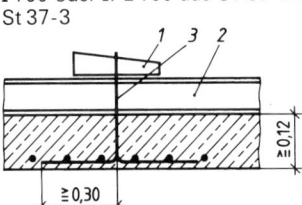

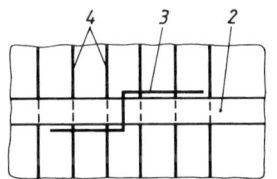

1 Holzkeil 3 Ankerbügel $d_s \geqq 10$ mm
2 Ausleger 4 Bewehrung

Bild 11.28 Auslegerverankerung

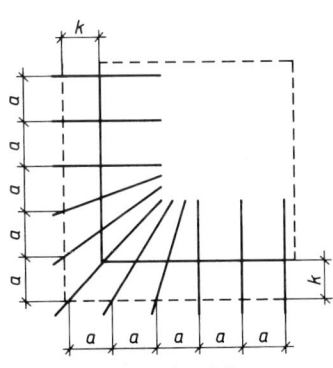

Auslegerendabstand $a \leqq 1,5$ m

Bild 11.29 Eckausbildung

3.7 Konsolgerüste

Regelausführung der Verankerung darf für Arbeitsgerüste der Gerüstgruppen 1 bis 3 sowie für Fanggerüste eingesetzt werden.

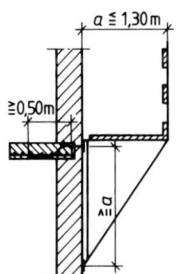

— Belagbreite $a \leqq 1,30$ m
— Konsolenhöhe $\geqq a$
— Konsolabstand horizontal $\leqq 1,50$ m

Tafel 11.38 Überbrückung von Wandöffnungen

Über-brückungs-träger	zu überbrückende Öffnung	
	$\leqq 1,0$ m	$\leqq 2,25$ m
Holz[1])	□10 × 10 cm	2□10 × 12 cm
Stahl		I 100 IPE 100

[1]) Sortierklasse S 10 oder MS 10 nach DIN 4074-1 [09.89]

**Bild 11.30
Konsolbefestigung
ohne statischen Nachweis**

Einhängeschlaufen $\varnothing \geqq 10$ mm,
Biegerollendurchmesser $\geqq 4 \times$ Durchmesser des Stahls

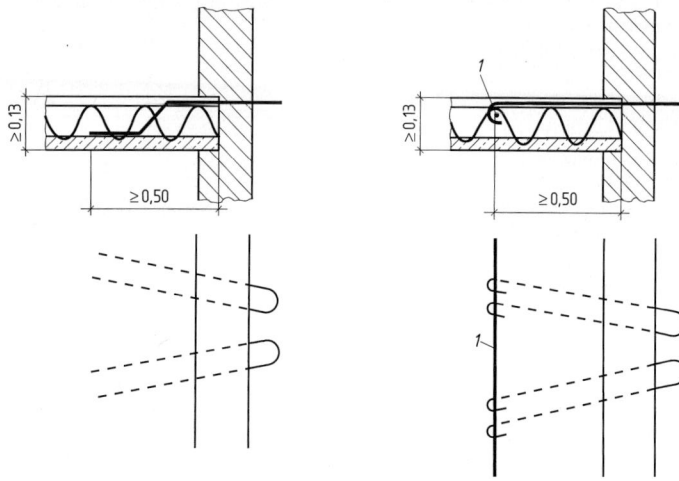

Bild 11.31
Einhängeschlaufen aus BSt 420 S (III S)
bzw. BSt 500 S (IV S)

1 zusätzliche Bewehrung

Bild 11.32
Einhängeschlaufen aus St 37-2

Die Einhängeschlaufen dürfen erst belastet werden, wenn der Beton eine Mindestdruckfestigkeit von 10 MN/m² (10 N/mm²) erreicht hat.

3.8 Hängegerüste

Regelausführung der flächenorientierten oder längenorientierten Hängegerüste darf für Arbeitsgerüste der Gerüstgruppen 1 bis 3 eingesetzt werden.

Die Werte bei Stahlrohr-Kupplungsgerüst (s. unter 3.5.3) für den maximalen Abstand der Riegel bei den Gerüstgruppen 1 bis 3 gelten für die Ausführung aus Stahlrohr sinngemäß.

Tafel 11.39 Regelausführung aus Rundholzstangen $\varnothing \geqq 11$ cm, Auskragung $\leqq 0,60$ m

Gerüst-gruppe	Maße der Gerüst-bohlen	Abstand der Riegel	Stützweite der Riegel	erforderliche zulässige Last jeder Aufhängung	
	min	max l	max a	längs-orientiert	flächen-orientiert
	in cm × cm	in m	in m	in min. kN	
1	20 × 4,5 24 × 4,0	2,25	2,00	2,5	5,0
	24 × 5,0	2,75	1,75	3,0	6,0
2	20 × 4,5 24 × 4,0	2,25	1,50	3,5	7,0
	24 × 5,0	2,75	1,25	3,5	7,0
3	20 × 4,5 24 × 4,0	2,25	1,25	3,5	7,0
	24 × 5,0	2,75	1,25	4,5	9,0

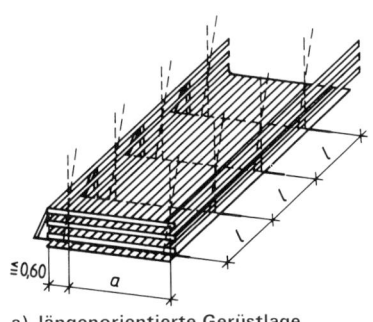

a) längenorientierte Gerüstlage
   (Bohlen längsgespannt)

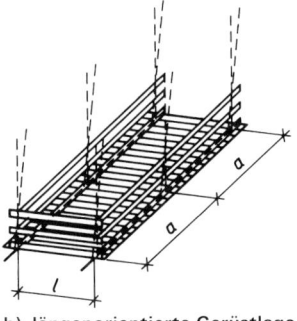

b) längenorientierte Gerüstlage
   (Bohlen quergespannt)

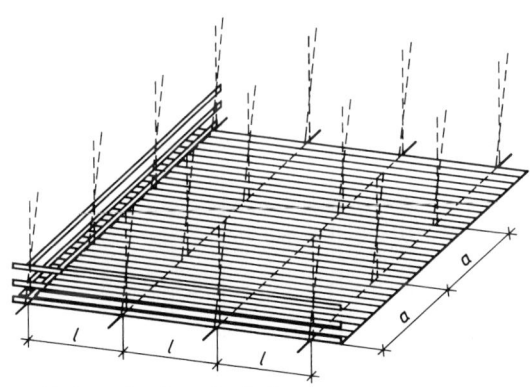

c) flächenorientierte Gerüstlage

Bild 11.33   Hängegerüste

3.9   Leitergerüste

Regelausführung als Fassaden- oder Raumgerüst darf als Arbeits- und Schutzgerüst der Gerüstgruppen 1 bis 3 eingesetzt werden.

Soweit keine abweichende Regelungen angegeben sind, gelten die allgemeinen
Festlegungen nach 3.3.

Bezeichnung der Gerüstleitern

L1 (S) : Einsprossige Gerüstleitern mit stahlunterstützten Sprossen
L2   : Zweisprossige Gerüstleitern

Schalung und Gerüste

Leitergerüst als Fassadengerüst

Gerüsthöhe

18,0 m, wenn alle Gerüstlagen in 2,0 m Abstand ausgelegt, davon nur eine Gerüstlage mit Nutzlast belegt.

24,0 m, wenn höchstens 3 Gerüstlagen ausgelegt, davon nur eine Gerüstlage je Gerüstfeld mit Nutzlast belegt (Montagebohlen in Abstand von 4,0 m dürfen verbleiben).

Erhöhung der Gerüste um max. 6 m, wenn Belagbreite ≦0,65 m.

Tafel 11.40   Gerüstfeldlänge

Breite und Dicke der Gerüstbohlen mindestens in cm	Zulässige Gerüstfeldweite in m
24 × 5	2,75
28 × 4,5; 24 × 4,5; 20 × 5	2,50
28 × 4; 20 × 4,5	2,25
24 × 4	2,00
20 × 4	1,75[1])

[1]) Bei über 2 Gerüstfelder durchlaufende Gerüstbohlen 20 × 4 cm darf auf 2,00 m erhöht werden

Belagbreite $0,5 \leqq b \leqq 0,90$ m

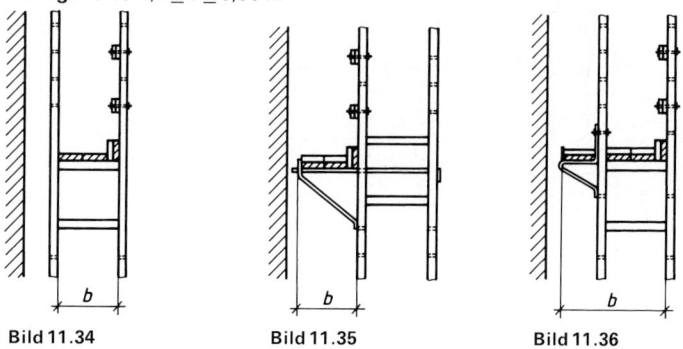

Bild 11.34   Bild 11.35   Bild 11.36

Verstrebung

in den Endfeldern (an den Fußpunkten beginnen) und in jedem 2. Gerüstfeld (Beginn ≦5,25 m über Standfläche) bis Geländerholm der obersten Gerüstlage.

Verankerung

jeden Leiterzug mit Bauwerk verankern, vertikaler Abstand ≦4,0 m.

Gerüstleitern ≦7,0 m über oberster Verankerung, wobei oberster Gerüstbelag ≦2,0 m über oberster Verankerung.

Tafel 11.41   Verankerungskräfte

Kraft parallel zum Bauwerk in kN	Kraft rechtwinklig zum Bauwerk	
	geschlossene Bauwerke in kN	offene Bauwerke in kN
1,0	1,5	3,0

Seitenschutz wie in 3.3.4

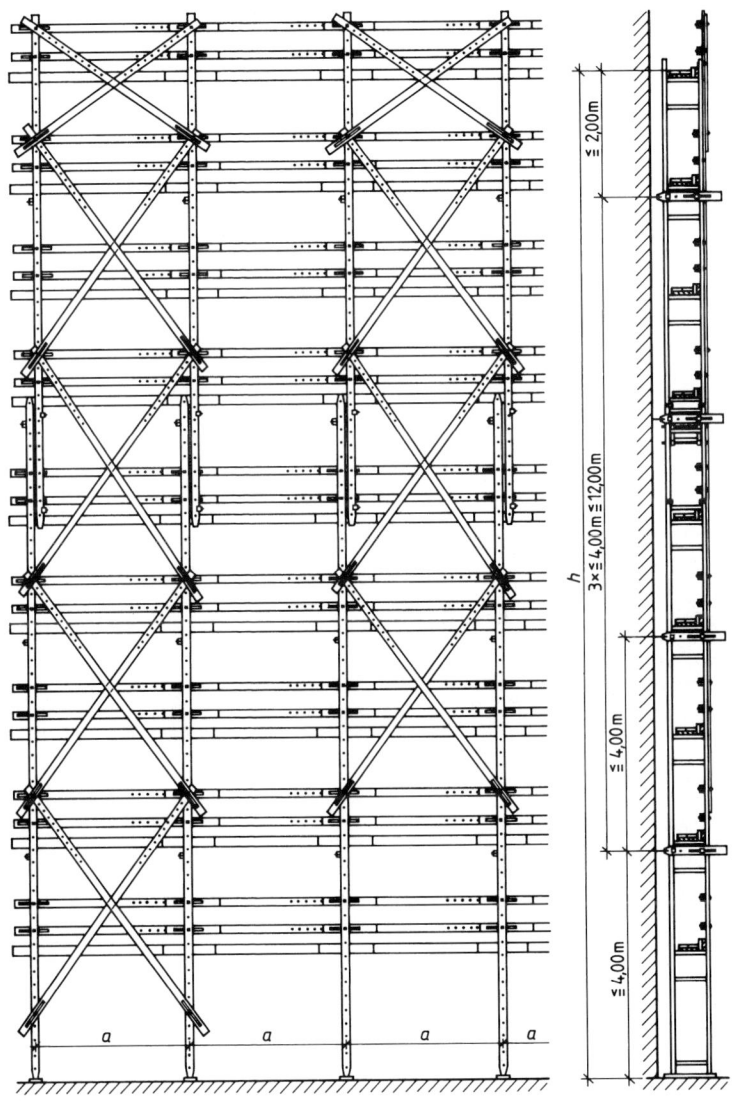

Bild 11.37   Leitergerüst

3.10 Systemgerüste nach DIN 4420-4 [12.88]

Gerüst, in dem einige oder alle Abmessungen durch Verbindungen oder durch fest an Bauteilen angebrachte Verbindungsmittel vorbestimmt sind.

DIN 4420-4 [12.88] bezieht sich auf unverkleidete, verankerte und vorgefertigte Arbeitsgerüste für Fassaden, die unter den Belastungsbedingungen bis zu einer Höhe von 30 m (von Geländeoberfläche) errichtet werden dürfen.

Tafel 11.42 Verkehrslasten für Belagflächen

Alle drei bzw. vier Lastanforderungen müssen einzeln erfüllt werden

Gruppe	Gleichmäßig verteilte Last in kN/m²	Konzentrierte Last auf einer Fläche[1] von 500 × 500 mm in kN	Konzentrierte Last auf einer Fläche[1] von 200 × 200 mm in kN	Teilflächenlast[1] in kN/m²	Teilfläche A_c in m²
1	0,75	1,50	1,00	nicht erforderlich	
2	1,50	1,50	1,00	nicht erforderlich	
3	2,00	1,50	1,00	nicht erforderlich	
4	3,00	3,00	1,00	5,00	$0,4 \cdot A$
5	4,50	3,00	1,00	7,50	$0,4 \cdot A$
6	6,00	3,00	1,00	10,00	$0,5 \cdot A$

[1] Lage der Last ist so zu wählen, daß sie die ungünstigste Belastung für die Belagfläche ergibt

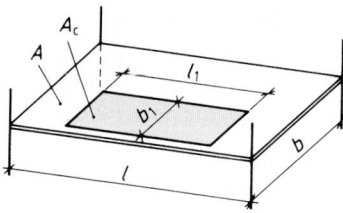

Bild 11.38
Abmessung der Belagflächen (A)
und der Teilflächen (A_c)

3.11 Bockgerüste

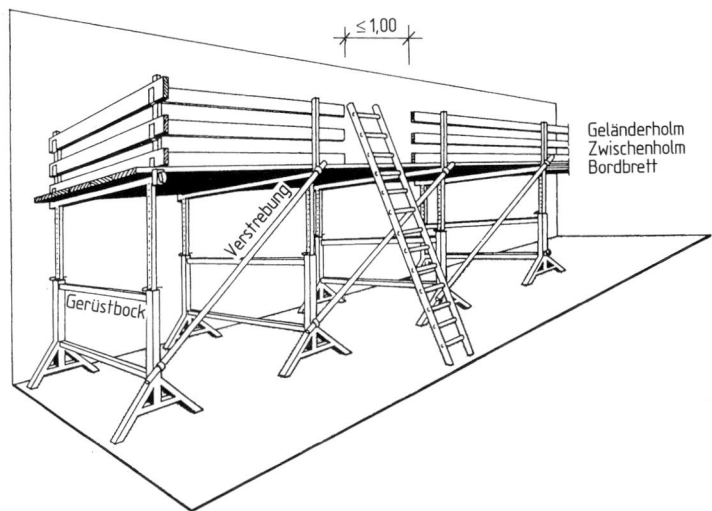

Bild 11.39 Bockgerüst

Anforderungen an Gerüstböcke

Bauteile aus Holz min. Sortierklasse S10 oder MS10 (Güteklasse II) nach DIN 4074-1 [09.89]

Bauteile aus Stahl min. 2,0 mm Wanddicke

Ohne Verankerung und Belaghöhe $\leq 2,0$ m ohne Verstrebung bzw. Belaghöhe $\leq 4,0$ m mit Verstrebung standsicher sein.

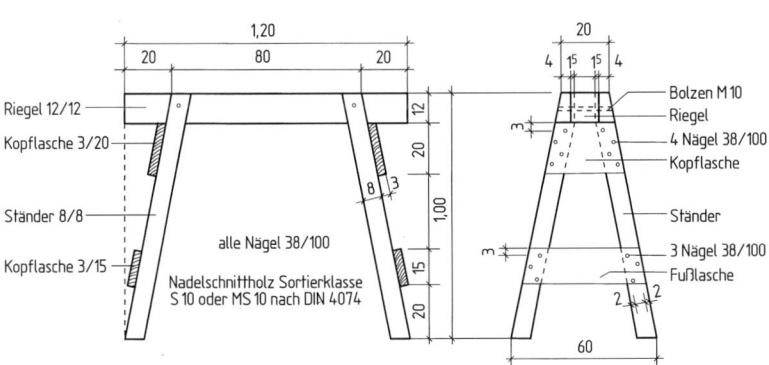

Bild 11.40 Gerüstbock aus Holz, Tragfähigkeit 8 kN

Raum für Notizen

Betriebsorganisation

Bearbeitet von Prof. Dipl.-Ing. Manfred Hoffmann
Kapitel „Qualitätsmanagement" bearbeitet von Dipl.-Ing. Dipl.-Kfm. Joachim Martin

Inhalt

12

1 Grundlagen des betrieblichen Rechnungswesens

1.1 System des betrieblichen Rechnungswesens

Unternehmensrechnung (externes Rechnungswesen)		Kosten- und Leistungsrechnung (internes Rechnungswesen)	
Finanzbuchhaltung	Jahresabschluß	Baubetriebsrechnung	Bauauftragsrechnung
– Lohnbuchhaltung	– Bilanz	– Kostenrechnung	– Vorkalkulation
– Materialbuchhaltung	– GV	– Leistungsrechnung	– Arbeitskalkulation
– Anlagenbuchhaltung	– Geschäftsbericht	– Ergebnisrechnung	– Nachkalkulation

1.1.1 Unternehmensrechnung

Aufgabe. Abbildung von Wertbewegungen zwischen Unternehmung und Umwelt zur Information Außenstehender (z.B. Kapitalgeber, Finanzamt, Lieferanten, Auftraggeber).

Finanzbuchhaltung. Chronologische, systematische Erfassung aller Zahlungen, Forderungen und Verbindlichkeiten. Sinnvoll ist eine Gliederung der Finanzbuchhaltung in Lohn-, Material- und Anlagenbuchhaltung. Die Buchhaltung liefert alle Zahlenwerte für den Jahresabschluß.

Jahresabschluß. Die Zahlen der laufenden Buchhaltung werden im Jahresabschluß zusammengefaßt. Dieser besteht aus Erfolgsrechnung[1]) und Bilanz[2]).
Die GV weist die Art des Zustandekommens und die Höhe des Erfolgs der Abrechnungsperiode durch Gegenüberstellung von Aufwand und Ertrag aus.
Die Bilanz zeigt stichtagbezogen die Herkunft und die Verwendung des Kapitals und des Vermögens des Unternehmens.

1.1.2 Kosten- und Leistungsrechnung

Aufgabe. Die Kosten- und Leistungsrechnung dient zur Erfassung und Darstellung der mit den betrieblichen Aktivitäten verbundenen Wertbewegungen.

Die Kostenrechnung ermittelt den Wert der bei der Produktion verbrauchten Güter und Dienste. Die Leistungsrechnung ermittelt den Wert der Produktion.

Die Differenz zwischen Kosten und Leistung ist das Ergebnis. Ist der Wert der Leistung höher als der der verbrauchten Güter und Dienste, so wird Gewinn, andernfalls Verlust ausgewiesen.

Die **Baubetriebsrechnung** sammelt alle im Baubetrieb entstehenden Kosten und Leistungen und bereitet diese Daten so auf, daß sie für unterschiedliche betriebswirtschaftliche Auswertungen verwendet werden können.

Die **Bauauftragsrechnung** ermittelt die Kosten für die Leistung eines Bauauftrags.

Die **Vorkalkulation** (= Angebotskalkulation) ermittelt vor Auftragserteilung den für die Bauleistung erforderlichen Preis.

Nach Auftragserteilung werden in der **Arbeitskalkulation** exakter die erwarteten Kosten für die Durchführung des Bauauftrags zusammengestellt. Die **Nachkalkulation** ermittelt nach der Bauausführung die tatsächlich durch den Bauauftrag verursachten Kosten. Dabei werden Soll-Ist-Abweichungen festgestellt, als Information für künftige Vorkalkulationen.

---

[1]) Erfolgsrechnung = Gewinn- und Verlustrechnung = GV
[2]) bei größeren Unternehmen zusätzlich Geschäftsbericht

1.2 Grundbegriffe des Rechnungswesens

1.2.1 Unternehmensrechnung

Einzahlung: Bar- oder Buchgeld wird dem Betrieb zugeführt.

Auszahlung: Bar- oder Buchgeld verläßt den Betrieb.

Einnahme: Einzahlung + Forderungszugang + Schuldenabgang

Ausgabe: Auszahlung + Forderungsabgang + Schuldenzugang

Aufwand: Wertverzehr einer Abrechnungsperiode

Ertrag: Wertzuwachs einer Abrechnungsperiode

Aktiva (Vermögen): Wert aller im Betrieb vorhandener Wirtschaftsgüter und Geldmittel. Die Aktiva stehen auf der linken Seite der Bilanz, sie zeigen die Verwendung der Geldmittel.

Das Bilanzrichtliniengesetz (BiRiLiG) unterscheidet:

— Anlagevermögen (Sachanlagen, Finanzanlagen)
— Umlaufvermögen (Vorräte, Forderungen, kurzfristige Wertpapiere, Zahlungsmittel)
— Rechnungsabgrenzungsposten, Bilanzverlust.

Passiva (Kapital). Die Gesamtheit der Schulden des Betriebes gegenüber Gläubigern und Inhabern. Die Passiva stehen auf der rechten Seite der Bilanz, sie zeigen die Herkunft der Geldmittel.

Das BiRiLiG unterscheidet:

— Eigenkapital (Grundkapital, offene Rücklagen)
— Fremdkapital (Rückstellungen, Verbindlichkeiten)
— Rechnungsabgrenzungsposten, Bilanzgewinn.

1.2.2 Kosten- und Leistungsrechnung[1])

Kosten: Bewerteter Verbrauch von Gütern und Diensten zum Zwecke der betrieblichen Leistungserstellung.

Kostenarten: Die Gesamtheit der Kosten sollte nach Art der verbrauchten Produktionsfaktoren unterteilt werden:

— Lohn- und Gehaltskosten
— Kosten der Baustoffe
— Kosten des Gerüst- und Schalungsmaterials
— Gerätekosten
— Allgemeine Kosten
— Fremdarbeitskosten usw.

Kostenstellen: Es ist sinnvoll, bestimmte Kosten den Bereichen des Betriebes zuzuordnen, die sie verursacht haben. Kostenstellen können sein:

— die Baustellen
— die Verwaltung
— die Hilfsbetriebe
— die Nebenbetriebe usw.

[1]) s. auch Abschn. „Kalkulation", unter 1

Kostenträger: Letztlich müssen alle Kosten vom Ergebnis der betrieblichen Aktivität getragen werden.

Kostenträger sind die Bauleistungen, z.b. die Positionen des Leistungsverzeichnisses eines Bauauftrages.

Einzelkosten sind Kosten, die von einem Kostenträger oder sonstigen Kalkulationsobjekten verursacht werden und diesen ohne weiteres zugerechnet werden können.

Gemeinkosten sind Kosten, die von mehreren Kalkulationsobjekten gemeinsam verursacht werden. Ihre Zurechnung ist schwierig; oft behilft man sich deshalb mit Schlüsselung oder mit Verrechnungssätzen.

Variable Kosten ändern sich in Abhängigkeit vom Beschäftigungsgrad des Betriebes.

Fixe Kosten bleiben, bei sich ändernder Auslastung des Betriebes, in unveränderter Höhe bestehen.

Herstellkosten = Einzelkosten + Gemeinkosten der Baustelle

Selbstkosten = Herstellkosten + anteilige Gemein- und Fixkosten der Unternehmung (Allgemeine Geschäftskosten).

Kalkulatorische Kosten: Kostenbestandteile, deren Wert nicht von Ausgaben abgeleitet wird (Kalkulatorischer Unternehmerlohn, kalkulatorisches Wagnis, kalkulatorische Zinsen usw.).

Leistungen sind das bewertete Resultat der betrieblichen Tätigkeit.

Erlöse sind Entgelt für Leistungen des Betriebes. Die Begriffe „Leistung" und „Erlös" werden oft synonym verwendet.

Vollkostenrechnung: Sämtliche Kosten der Leistungserstellung werden den einzelnen Kostenträgern zugeordnet, nämlich

— direkte Zurechnung der Einzelkosten nach dem Verursacherprinzip,

— indirekte Zurechnung der Gemeinkosten mit Hilfe von Schlüssel- bzw. Verrechnungssätzen.

Teilkostenrechnung (z.B. Deckungsbeitragsrechnung): Dem Kostenträger (Bauauftrag) werden nur die direkt durch die Erstellung der Bauleistung verursachten Kosten zugerechnet. Der Deckungsbeitrag sagt aus, wieviel der einzelne Auftrag darüber hinaus zur Abdeckung der nicht auftragsabhängigen Kosten (z.B. allgemeine Geschäftskosten, fixe Kosten der Betriebsbereitschaft) und zur Erzielung eines Gewinns beiträgt.

1.2.3 Der Baukontenrahmen (BKR) nach [1]

Der Baukontenrahmen ist ein Organisationsschema für das Rechnungswesen einer Bauunternehmung. Er kann entweder nur für das externe Rechnungswesen (Unternehmensrechnung = Kreis I) oder auch gleichzeitig für das interne Rechnungswesen (Baubetriebsrechnung = Kreis II) verwendet werden.

Der Berechnungskreis II wird benutzt, wenn die Betriebsabrechnung nicht in den Klassen 5, 6, 7 geführt wird.

Grundkonzeption des BKR

Tafel 12.1   Rechnungskreis I (Externer Rechnungskreis)

Konten-klasse	Inhalt	Gruppierungsbereiche	
0	Sachanlagen und immaterielle Anlagewerte		
1	Finanzanlagen und Geldkonten	Aktivkonten	Bestands-konten (Bilanz)
2	Vorräte, Forderungen und aktive Rechnungs-abgrenzungsposten		
3	Eigenkapital, Wertberichtigungen und Rück-stellungen	Passivkonten	
4	Verbindlichkeiten und passive Rechnungs-abgrenzungsposten		
5	Erträge	Ertragskonten	Erfolgskonten (Gewinn- und Verlust-rechnung)
6	Betriebliche Aufwendungen − Kostenarten	Aufwands-konten	
7	Sonstige Aufwendungen		
8	Abgrenzungen und Abschluß		

Tafel 12.2   Rechnungskreis II (Interner Rechnungskreis mit Vorschlag für Gliederung der Klasse 9)

Konten-klasse	Inhalt	Gruppierungsbereich
9	Aus der Unternehmungsrechnung übernommene Aufwendungen und Erträge	
90	Unternehmensbezogene Abgrenzungen	Übernahmekreis
91	Unternehmensbezogene Abgrenzungen	Abgrenzungsrechnung
92	Betriebsbezogene Abgrenzungen	
93	Kosten- und Leistungsarten	
94	Schlüsselkosten	
95	Verwaltung	
96	Hilfsbetriebe und Verrechnungskostenstellen	Baubetriebsrechnung
97	Baustellen	
98	Übergangskostenstellen zu Gemeinschaftsbaustellen (z.B. ARGEN)	
99	Ergebnisrechnung	

1.2.4   Aufbau und Inhalt der Bilanz

Bilanz stammt vom italienischen „Bilancia" und heißt Waage. Dabei werden gedanklich Vermögen und Kapital in Form einer Waage gegenübergestellt. Die Bilanz ist nur dann ausgeglichen, wenn die Summe des Vermögens der Summe des Kapitals entspricht.

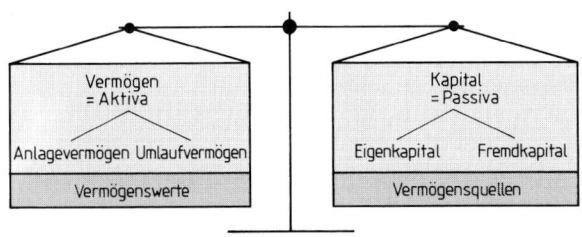

Bild 12.1

Einen detaillierten Einblick in die Bilanzinhalte gibt die folgende Bilanzgliederung in Kontenform.

Tafel 12.3

Aktiva	Passiva
1. Anlagevermögen	4. Eigenkapital
1.1 Immaterielle Vermögensgegenstände	4.1 Gezeichnetes Eigenkapital
1.2 Sachanlagen	4.2 Kapitalrücklage
1.3 Finanzanlagen	4.3 Gewinnrücklage
	4.4 Gewinn-/Verlustvortrag
2. Umlaufvermögen	4.5 Jahresüberschuß
2.1 Vorräte	
2.2 Forderungen	5. Rückstellungen
2.3 Wertpapiere	
2.4 Kasse/Bank	6. Verbindlichkeiten
3. Rechnungsabgrenzungsposten	7. Rechnungsabgrenzungsposten
3.1 Ausstehende Steuern	
3.2 Sonstige	
Bilanzsumme	Bilanzsumme

Tafel 12.4 Erläuterungen zu vorstehender Bilanzgliederung

Pos.	Bilanzkonto	Erläuterung zum Inhalt
1.1	Immaterielle Vermögen	– entgeltlich erworbene Rechte (z. B. Konzessionen, Lizenzen)
1.2	Sachanlagen	– nicht abnutzbare (z. B. Grundstücke) – abnutzbare (z. B. Maschinen, Geräte, Fuhrpark, Büroausstattung)
1.3	Finanzanlagen	– Anteilsrechte (z. B. Dividenden- oder Bezugsrechte) – Gläubigerrechte (z. B. auf Verzinsung eines bestimmten Geldbetrages)
2.1	Vorräte	– Roh-, Hilfs-, Betriebsstoffe – Fertige Erzeugnisse, Waren, Anzahlungen – Unfertige Erzeugnisse (z. B. Bauten)
2.2	Forderungen	– Finanzielle Ansprüche an Dritte
2.3	Wertpapiere	– z. B. Aktien anderer Unternehmen
2.4	Kasse/Bank	– liquide Mittel (z. B. Bankguthaben)
3.1	Ausstehende Steuern	– z. B. Unterschied zwischen vorausbezahlten u. tatsächlich zu zahlenden
3.2	Sonstige	– z. B. Versicherungsprämie, die nicht per Kalenderjahr abgerechnet wird
4.	Eigenkapital	hat Eigentümer des Unternehmens bis zum Bilanzstichtag dem Unternehmen zugeführt
4.1	Gezeichnetes Eigenkapital	– konstantes Nominalkapital, das die Eigentümer eingebracht haben – Grundkapital bei Aktiengesellschaften – Stammkapital bei GmbH
4.2	Kapitalrücklage	Beträge die dem Unternehmen von außen zugeflossen sind (z. B. Zuzahlungen der Gesellschafter)
4.3	Gewinnrücklage	Beträge, die aus dem Gewinn gebildet wurden (z. B. zur Finanzierung künftiger Investitionen)

Fortsetzung s. nächste Seite

Tafel 12.4, Fortsetzung

Pos.	Bilanzkonto	Erläuterung zum Inhalt
4.4	Gewinn-/Verlustvortrag	— Gewinnvortrag: wenn die im Vorjahr ausgeschüttete Dividende nicht den gesamten Bilanzgewinn umfaßte — Verlustvortrag: stellt den Bilanzverlust des Vorjahres dar
4.5	Jahresüberschuß	Unternehmenserfolg
5.	Rückstellungen	Aufwendungen, die zu einem späteren Zeitpunkt wahrscheinlich auftreten, aber in ihrer Höhe und Fälligkeit noch nicht feststehen, z.B. für drohende Verluste, Pensionsrückstellungen, Großreparaturen, Steuerzahlungen
6.	Verbindlichkeiten	Langfristige (z.B. Darlehen) oder kurzfristige (z.B. Warenlieferungen) Verpflichtungen, deren Höhe und Fälligkeit feststehen
7.	Rechnungs-abgrenzungen	wenn z.B. das Unternehmen Miete am 1.10. für ein Jahr im voraus erhält

1.2.5 Gewinn- und Verlustrechnung (GV-Rechnung)

— Ist Bestandteil des Jahresabschlusses.

— Im Gegensatz zur stichtagbezogenen Bilanz (*Zeitpunkt*betrachtung) beinhaltet die GV-Rechnung eine Zusammenstellung der Aufwendungen (Werteverzehr) innerhalb einer Geschäftsperiode, meist eines Jahres (*Zeitraum*betrachtung).

— GV gibt Auskunft über das Zustandekommen des Erfolges (Gewinn oder Verlust) der Unternehmertätigkeit (Differenz zwischen Ertrag und Aufwand).

1.3 Buchungstechnik

1.3.1 Grundlagen

Die Anfangsbilanz (AB) ist die Aufstellung aller Vermögenswerte und deren Finanzierung am Beginn einer Geschäftsperiode (z.B. zum 1.1.1999). Beim Beispiel 1.3.2 sieht die Anfangsbilanz wie folgt aus:

Aktiva			Passiva
Kasse	200	34650	Eigenkapital
Bank	28800		
Geräte	4000		
Material (Bestand)	1500		
Betriebsstoffe (Bestand)	150		
	34650	34650	

Durch die betriebliche Geschäftstätigkeit verändert sich die Bilanz laufend. Um diese Veränderungen übersichtlich und nachvollziehbar dokumentieren zu können, wird die Bilanz in Konten aufgelöst.

Die Notierung der Geldwerte der Geschäftsvorgänge erfolgt zunächst auf den **Konten**.

Aktivkonten sind die Konten, die auf der Aktivseite der Bilanz eingehen.

In die Aktivkonten werden die Anfangsbestände der Bilanz (AB) auf die Soll-Seite übernommen.

Zugänge, die den Bestand erhöhen, werden auf der Soll-Seite, Abgänge werden auf der Haben-Seite gebucht.

Passivkonten sind die Konten, die auf der Passivseite der Bilanz eingehen.

Anfangsbestände (AB) und Zugänge werden auf die Haben-Seite, Abgänge werden auf die Soll-Seite gebucht.

	Geräte				Eigenkapital	
Soll		Haben	Soll			Haben
AB	4000				34650	AB

Soll und Haben sind eigentlich unpassende Begriffe, man sollte sie ohne weitere Deutung als Eigennamen der beiden Seiten eines Kontos auffassen.

Doppelte Buchführung (= Doppik) nennt man die übliche Methode, jeden Geschäftsvorgang zweimal zu buchen. Dadurch ergibt sich automatisch eine Kontrollrechnung. Jeder Vorgang wird mit dem gleichen Betrag sowohl im Soll als auch (auf einem anderen Konto) im Haben gebucht.

z. B. Vorgang (9) des Beispieles 1.3.2:

,,Zur Tilgung von Schulden werden vom eigenen Bankkonto 4000 DM überwiesen.''

Das Aktivkonto ,,Bank'' erfährt einen Abgang von 4000 DM; dieser wird auf der **rechten** Seite im HABEN gebucht. Das Passivkonto ,,Verbindlichkeiten'' erfährt einen Abgang (Abnahme von Schulden) in Höhe von 4000 DM; dieser wird auf der **linken** Seite im SOLL gebucht.

	Bank				Verbindlichkeiten	
Soll		Haben	Soll			Haben
	4000	(9)	(9)	4000		

Zur Buchungstechnik s.a. 1.3.3 ,,Schema der Buchungstechnik''.

Der Buchungssatz ist die eingeführte Form, einen Geschäftsvorgang in Kurzfassung buchungstechnisch zu fixieren. Beim Vorgang (9) heißt der Buchungssatz ,,Verbindlichkeiten an Bank 4000 DM''. An erster Stelle wird immer die Sollbuchung genannt; in dieser Reihenfolge wird auch gebucht.

Den gesetzlichen Bestimmungen (z.B. Handelsrecht, Steuerrecht, Aktiengesetz) genügt die Finanzbuchhaltung, die nur die Geschäftsvorgänge mit der Umwelt des Betriebes festhält.

Beim Vorgang (5) des Beispiels 1.3.2 würde hier die Buchung a) ,,Löhne an Bank 6000,— DM'' genügen:

	Löhne			Bank	
(5a)	6000			6000	(5a)

Für **betriebsinterne Verrechnungen** benötigt man meistens eine weitergehende Gliederung (Kostenträgerrechnung, Kostenartenrechnung, Kostenstellenrechnung), die die Buchhaltung gleichzeitig liefern kann. Dazu gibt es zwei Möglichkeiten:
— Entweder Finanzbuchhaltung um entsprechende Konten erweitern
— oder eigenen Buchungskreis für interne Konten (Betriebsbuchhaltung) anlegen.

Der Vorgang (5) kann dann folgendermaßen der Reihe nach gebucht werden:

	Bank		
a) Löhne an Bank 6000 DM		6000	(5a)

	Löhne		
b) Baustelle an Löhne 4000 DM	(5a) 6000	4000	(5b)
		2000	(5c)

	Baustelle		
c) Bauhof an Löhne 2000 DM	(5b) 4000		

	Bauhof		
	(5c) 2000		

Das hat den Vorteil, daß jetzt die Lohnaufwendungen, für alle Betriebsteile jeweils getrennt, aus der Buchhaltung direkt ablesbar sind.

Anmerkung Die Darstellung der Konten in T-Form dient nur der Erläuterung. In der Regel wird heute maschinell oder über EDV gebucht; die Konten erhalten dann Listenform.

Zum Abschluß der Geschäftsperiode (z.B. zum 31.12.1999) werden die Konten abgeschlossen.

Der Saldo (= Differenz zwischen Soll- und Habenseite) wird in die Schlußbilanz (SB) bzw. in die Gewinn- und Verlustrechnung (GV) übernommen.

Wenn die SB und die GV jeweils als ein Konto aufgefaßt werden und die Übertragung der Salden nach den Regeln der Doppik (also wie bei allen anderen Konten) vorgenommen wird, dann ergibt sich die SB und GV automatisch.

Die Schlußbilanz (SB) ergibt sich aus den Salden der Vermögenskonten und der Kapitalkonten, das sind die **Bestandskonten**. Da die Aktiva und die Passiva in der Bilanz (bilancia = Waage) gleichgroß sein müssen, wird sich im allgemeinen zum Ausgleich ein Differenzbetrag ergeben. Dieser Differenzbetrag, der das „Gleichgewicht" zwischen Aktiva und Passiva herstellt, ist der Gewinn oder der Verlust, der in der Geschäftsperiode erzielt worden ist.

Die Gewinn- und Verlustrechnung (GV) ergibt sich aus den Salden der Aufwandskonten und der Ertragskonten, das sind die **Erfolgskonten.**

Die Differenz zwischen Aufwendungen und Erträgen sind Gewinn oder Verlust, die sich gleichgroß wie in der Bilanz ergeben müssen (Rechnungskontrolle).

12

1.3.2 Vereinfachtes Beispiel zur Buchführung

Ausgehend von der Anfangsbilanz (AB) nach 1.3.1 werden die Geschäftsvorgänge (1) bis (12) nach den Regeln der Doppik gebucht und in Schlußbilanz (SB) und Gewinn- und Verlustrechnung (GV) zusammengefaßt.

Die Gliederung der Konten wurde so gewählt, daß die prinzipiellen Ansätze für eine Betriebsabrechnung erkennbar werden.

Betriebsorganisation

Geschäftsvorgang			Buchungssatz
Nr.	DM	Beschreibung	Beträge in DM
1	2000	Miete für Bauhof von Bank bezahlt	a) Miete an Bank 2000 b) Bauhof an Miete 2000
2	4200	Kies für Baustelle geliefert, aber noch nicht bezahlt	a) Material an Verbindl. 4200 b) Kies an Material 4200 c) Baustelle in Kies 4200
3	35000	Turmdrehkran gekauft und von Bank bezahlt	Geräte an Bank 35000
4	7000	Abschreibung des Turm-drehkranes	a) Abschreibung an Geräte 7000 b) Turmdrehkran an Abschreib. 7000
5	6000	bargeldlose Lohnzahlung für Baustelle 4000 DM für Bauhof 2000 DM	a) Löhne an Bank 6000 b) Baustelle an Löhne 4000 c) Bauhof an Löhne 2000
6	20000	Rechnungsausgang an Bauherrn	Forderung an Bauerlös-Konto 20000
7	20000	Bauherr zahlt per Scheck	Bank an Forderungen 20000
8	150	Barkauf von Büromaterial für Verwaltung	a) Büromaterial an Kasse 150 b) Verwaltung an Büromaterial 150
9	4000	Banküberweisung zur Tilgung von Schulden	Verbindlichkeiten an Bank 4000
10	500	Barabhebung von Bank	Kasse an Bank 500
11	400	Betriebsstoffe für Baustelle für 400 DM gekauft und bar bezahlt	a) Betriebsstoffe-Bestand an Kasse 400 b) Betriebsstoffe an Betriebsstoffe-Bestand 400 c) Baustelle an Betriebsst. 400
12	5100	Kosten des Turmdrehkranes an Baustelle verrechnet	Baustelle an Turmdrehkran 5100

Bestandskonten (Saldo geht in Bilanz ein)

Vermögenskonten (Aktiva)

	Kasse				Bank		
AB	200	150	(8a)	AB	28800	2000	(1a)
(10)	500	400	(11a)	(7)	20000	35000	(3)
		150	SB			6000	(5a)
	700	700				4000	(9)
						500	(10)
						1300	SB
					48800	48000	

	Material-Bestand				Betriebsstoffe-Bestand		
Ab	1500	4200	(2b)	AB	150	400	(11b)
(2a)	4200	1500	SB	(11a)	400	150	SB
	5700	5700			550	550	

	Forderungen				Geräte		
(6)	20000	20000	(7)	AB	4000	7000	(4a)
	20000	20000		(3)	35000	32000	SB
					39000	39000	

Kapitalkonten (Passiva)

	Eigenkapital				Verbindlichkeiten		
SB	34650	34650	AB	(9)	4000	4200	(2a)
	34650	34650		SB	200		
					4200	4200	

Erfolgskonten (Saldo geht in GV-Rechnung ein)

Kostenartenkonten

	Löhne				Abschreibung		
(5a)	6000	4000	(5b)	(4a)	7000	7000	(4b)
		2000	(5c)		7000	7000	
	6000	6000					

	Büromaterial				Miete		
(8a)	150	150	(8b)	(1a)	2000	2000	(1b)
	150	150			2000	2000	

	Betriebsstoffe				Kies		
(11b)	400	400	(11c)	(2b)	4200	4200	(2c)
	400	400			4200	4200	

Kostenstellenkonten (Aufwandskonten)

	Baustelle				Verwaltung		
(2c)	4200	13700	(I)	(8b)	150	150	GV
(5b)	4000				150	150	
(11c)	400						
(12)	5100						
	13700	13700					

	Bauhof				Turmdrehkran		
(1b)	2000	4000	GV	(4b)	7000	5100	(12)
(5c)	2000					1900	GV
	4000	4000			7000	7000	

Betriebsertragskonten (Ertragskonten)

	Baustellenerlöskonto		
(II)	20000	20000	(6)
	20000	20000	

I2

Bilanz nach der 12. Buchung

Bilanzkonto wird buchungstechnisch wie ein sonstiges Konto behandelt.

Bilanz-(konto)

Aktiva			Passiva
Kasse	150	34650	Eigenkapital
Bank	1300	200	Verbindlichkeiten
Material	1500	250	Gewinn
Betriebsstoffe	150		
Geräte	32000		
	35100	35100	

Gewinn- und Verlust-Rechnung (GV)

Hier wird erst das Baustellenergebnis (bei mehreren Baustellen: Baustellenergebnisse) und daraus das Gesamtergebnis des Betriebes ermittelt. Das Gesamtergebnis des Betriebes läßt sich auch direkt, ohne vorherige Ermittlung der Baustellenergebnisse, aus der GV gewinnen.

Baustellen-Erfolgskonto

Aufwand			Ertrag
(I)	13700	20000	(II)
(III)	6300		
	20000	20000	

(III) ist der Rohgewinn der Baustellen, der in die GV als Ertrag übernommen wird.

GV-(konto)

Aufwand			Ertrag
Bauhof	4000	6300	(III) Baustelle
Verwaltung	150		
Turmdrehkran	1900		
Gewinn	250		
	6300	6300	

1.3.3 Schema der Buchungstechnik

Grundmuster der Buchungstechnik

Aktiva	Eröffnungsbilanz zum 1.1.1999		Passiva
Ver-mögen	Anlage-vermögen	Eigen-kapital[2]	Kapital
	Umlauf-vermögen	Fremd-kapital	

[1]) In der Praxis bucht man nicht unter Berührung der Bilanz selbst, sondern schaltet ein „Eröffnungsbilanzkonto" bzw. ein „Schlußbilanzkonto" zwischen.

[2]) Eigenkapital gegliedert nach Grundkapital, Gesetzliche Rücklagen und Freie Rücklagen.

Bestandskonten

Aktivkonten			Passivkonten
Anfangs-bestand	Abgänge	Abgänge	Anfangs-bestand
Zugänge	Saldo = End-bestand	Saldo = End-bestand	Zugänge

Erfolgskonten

Aufwandkonten		Ertragskonten	
Aufwen-dungen	Saldo	Saldo	Erträge

Aktiva	Schlußbilanz[1]) zum 31.12.1999		Passiva
Ver-mögen	Anlage-vermögen	Eigen-kapital[2]	Kapital
	Umlauf-vermögen	Fremd-kapital	
		Gewinn	

Gewinn- und Verlustrechnung

Aufwand		Ertrag
Aufwendungen		Erträge
Gewinn	=	Gewinn

Grundlegende Buchungssätze

I. Eröffnungsbuchungen

1.	alle Aktivkonten	/	Eröffnungsbilanzkonto[3])
2.	Eröffnungsbilanzkonto	/	alle Passivkonten

II. Buchungen der Geschäftsvorfälle

1. erfolgsneutrale Vorfälle

	Bestandskonto x	/	Bestandskonto y
a) Aktivtausch:	Aktivkonto x	/	Aktivkonto y
b) Passivtausch:	Passivkonto x	/	Passivkonto y
c) Aktiv-Passiv-Mehrung:	Aktivkonto x	/	Passivkonto y
d) Aktiv-Passiv-Minderung:	Passivkonto x	/	Aktivkonto y

2. erfolgswirksame Vorfälle

a)	Aufwandskonto	/	Bestandskonto
b)	Bestandskonto	/	Ertragskonto

III. Abschlußbuchungen

1. Abschluß der Erfolgskonten

a)	GV	/	alle Aufwandkonten
b)	alle Ertragskonten	/	GV

2. Abschluß der Bestandskonten

a)	Schlußbilanzkonto	/	alle Aktivkonten
b)	alle Passivkonten	/	Schlußbilanzkonto

3. Abschluß des Schlußbilanzkontos und der GV

bei Gewinn:	GV	/	Schlußbilanzkonto
bei Verlust:	Schlußbilanzkonto	/	GV

[3]) Lies: alle Aktivkonten an Eröffnungsbilanzkonto oder Soll an Haben

I2

1.3.4 Betriebsabrechnung

Verrechnungstechnik bei Einzelkosten (Beispiel)

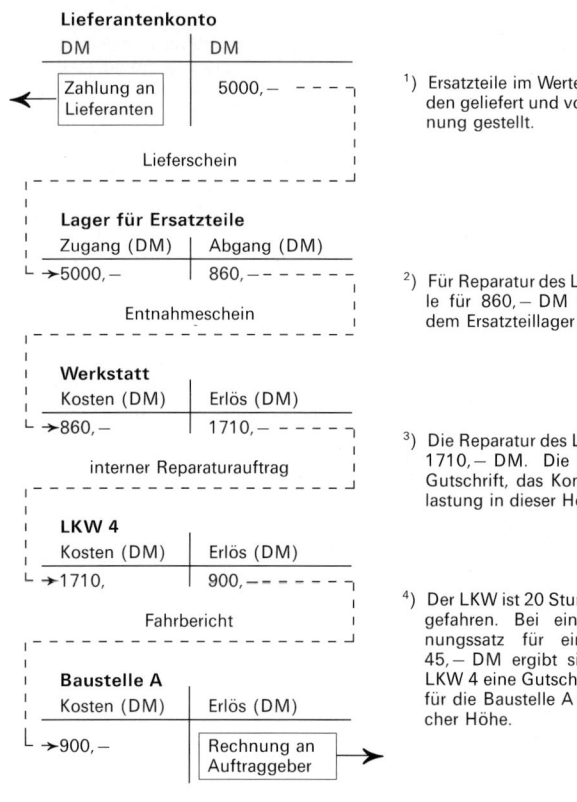

Lieferantenkonto

DM	DM
Zahlung an Lieferanten	5000,—

Lieferschein

[1]) Ersatzteile im Werte von 5000,— DM werden geliefert und vom Lieferanten in Rechnung gestellt.

Lager für Ersatzteile

Zugang (DM)	Abgang (DM)
5000,—	860,—

Entnahmeschein

[2]) Für Reparatur des LKW 4 werden Ersatzteile für 860,— DM von der Werkstatt aus dem Ersatzteillager entnommen.

Werkstatt

Kosten (DM)	Erlös (DM)
860,—	1710,—

interner Reparaturauftrag

[3]) Die Reparatur des LKWs kostete insgesamt 1710,— DM. Die Werkstatt erhält eine Gutschrift, das Konto des LKWs eine Belastung in dieser Höhe.

LKW 4

Kosten (DM)	Erlös (DM)
1710,	900,—

Fahrbericht

[4]) Der LKW ist 20 Stunden für die Baustelle A gefahren. Bei einem internen Verrechnungssatz für eine LKW-Stunde von 45,— DM ergibt sich für das Konto des LKW 4 eine Gutschrift von 900,— DM und für die Baustelle A eine Belastung in gleicher Höhe.

Baustelle A

Kosten (DM)	Erlös (DM)
900,—	Rechnung an Auftraggeber

Ergebnis eines Bauauftrages

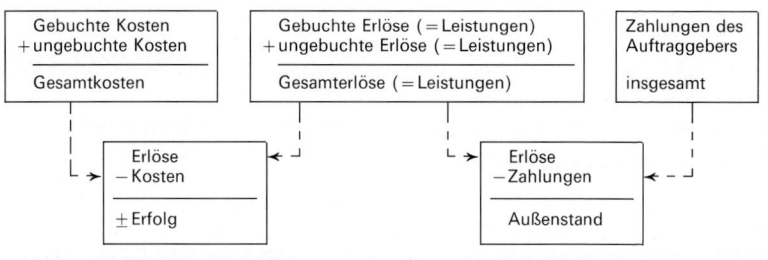

Gebuchte Kosten + ungebuchte Kosten	Gebuchte Erlöse (= Leistungen) + ungebuchte Erlöse (= Leistungen)	Zahlungen des Auftraggebers
Gesamtkosten	Gesamterlöse (= Leistungen)	insgesamt

Erlöse − Kosten
± Erfolg

Erlöse − Zahlungen
Außenstand

Tafel 12.5 Beispiel für einen Kostenstellenplan nach [1]

Es wird beispielhaft gezeigt, welche Kostenarten den einzelnen Kostenstellen zugeordnet werden können.

Kostenarten \ Kostenstellen		Allgemeine Verwaltung	Bauleitung	Soziallasten	Kleingeräte, Werkzeuge	Bauhof	Werkstatt	Leistungsgeräte	Bereitstellungsgeräte	Fuhrpark-LKW	Fuhrpark-Busse	Schalung und Rüstung	Baustellen (Baukonto)
		9550	9551	9560	9570	9610	9615	9620	9640	9670	9680	9690	9700
61	**Personalkosten für gewerbliche Arbeitnehmer, und kaufmännische Angestellte sowie Auszubildende**												
6111	Bruttolöhne A/P	●			●	●	●	●	●				●
6120	Feiertagslöhne A/P			●									
6121	Bezahlte Fehlzeiten A/P			●									
6122	Lohnfortzahlung A/P			●									
6123	Urlaub nicht ZVK-pflichtig P/L			●									
6124	Vermögensbildung A/P			●									
6125	Sozialversicherung-AG einschl. Rückerstattung ZVK, ULAK			●									
6126	Beiträge ZVK und ULAK			●									
6127	Berufsgenossenschaft, Schwerbeschädigtenablösung			●									

usw.

Code	Kostenart	9550	9551	9560	9570	9610	9615	9620	9640	9670	9680	9690	9700
65	**Kosten für Baustellen-, Betriebs- und Geschäftsausstattung**												
6501	Baracken, Bauwagen, Baucontainer, Baustellen-Installationen					●							
6502	Kleingeräte und Werkzeuge					●		●	●	●	●	●	
6503	Vermessungs-, Labor- und Prüfgeräte					●							
6504	Werkstatteinrichtungen						●						
6505	Kleingerät- und Werkzeugreparaturen einschl. Baracken					●							
6508	Kalkulatorische Miete Bauhof						●						
6511	Betriebsausstattung, Büroausstattung	●	●										
6512	Büromaschinen, EDV-Geräte, Organisationsmaterial	●											
6513	Büromiete	●	●										
6514	Kalkulatorische Mieten	●											
6515	Kalkulatorische AfA und Verzinsung Betriebs- und Geschäftsausstattung	●	●		●	●							
6516	Leasingaufwand Baustellen-, Betriebs- und Geschäftsausstattung einschließlich PKW	●	●						●	●	●	●	
6517	Sonstige Kosten	●	●		●			●	●	●	●	●	●
6591	Werkstatt (Verrechnungssatz)						●						
66	**Kosten für bezogene Leistungen**												
6601	Nachunternehmerleistungen												●
6610	Technische Bearbeitung		●										●
6611	Statik		●										●
6612	Konstruktion		●										●
6613	Entwicklung		●										
6614	Planung		●										●
6640	Transportkosten												●

12

Betriebsorganisation

Tafel 12.6   Ergebnis der Kostenstellen

9550	Kostenstelle Allgemeine Verwaltung einschließlich techn. und kfm. Leitung	lfd. Monat	lfd. Jahr
6111	Löhne		
6195	Sozialabgaben Löhne gesamt		
6130	Lohnnebenkosten		
6141	Bruttogehälter T/K		
6152	Gehälter bei Krankheit T/K		
6153	Urlaub und Zusatzurlaub		
6154	Vermögensbildung T/K		
6155	Sozialversicherung AG-Anteil T/K		
6157	Berufsgenossenschaft, Schwerbeschädigtenausgleich T/K		
6158	Sozialleistungen steuerpflichtig		
6159	Teil eines 13. Monatsgehaltes		
6161	Gehaltsnebenkosten steuerfrei T/K		
6163	Sozialleistungen steuerfrei		
6181	Sonstige Personalkosten		
6182	Schulung und Weiterbildung		
6250	Hilfsstoffe		
6260	Betriebs- und Schmierstoffe		
6401	Reparaturkosten eigene		
6402	Reparaturkosten fremde		
6405	Kalkulatorische Abschreibung und Verzinsung Fahrzeuge		
Gesamtkosten			
6998	Gutschriften		
6999	Gutschriften		
Ergebnis			

9700	Kostenstelle Baustelle (Baukonto)	lfd. Monat	lfd. Jahr	von Beginn an
6111	Lohn			
6319	Genormte Schalung und Rüstung			
6491	Leistungsgerät			
6492	Bereitstellungsgerät			
Arbeitskosten				
6195	Lohngebundene Kosten			
6196	Lohnabhängige Kosten			
6197	Buskosten			
6199	Bauleitungskosten			
Fertigungskosten				
6130	Lohnnebenkosten			
6200	Hauptstoffe			
6150	Hilfsstoffe			
6320	Verbrauchsschalung			
eigene Herstellkosten				
6601	Nachunternehmer			
Herstellkosten gesamt				
6998	Verwaltungskosten auf eigene Herstellkosten			
6999	Verwaltungskosten auf Nachunternehmer			
Selbstkosten				
Bewertung/Bauleistung				
Ergebnis				

Tafel 12.7 Beispiel für einen Betriebsabrechnungsbogen (BAB) nach [1]

Der Betriebsabrechnungsbogen zeigt anschaulich, wie die Umlagekosten und die Hilfsbetriebs- und Verrechnungskostenstellen auf die Kostenträger (Baustellen) verrechnet werden.

Kosten- und Leistungsarten	Gesamtkosten TDM	Umlagekosten			Hilfsbetriebs- und Verrechnungskostenstellen			Baustellen			Ergebnisrechnung
		Sozialkosten	Kleingerät/ Werkzeug	Verwaltung	Werkstatt	Geräte	Gerüste und Schalung	Baustelle A	Baustelle B	Baustelle C	
Summe Bauleistungen	1622,00							876,00	586,00	160,00	1622,00
Löhne und Gehälter AP	440,00				10,00		6,00	204,00	164,00	56,00	
Sozialkosten AP	392,00	392,00			2,00		1,00				
Lohn- und Gehaltsnebenkosten AP	18,00							8,00	5,00	2,00	
Baustoffe	270,00							140,00	90,00	40,00	
Rüst- und Schalmaterialkosten	50,00						30,00	10,00	7,00	3,00	
Gerätekosten	59,00					59,00					
Hilfs- und Betriebsstoffkosten	43,00			10,00	10,00			13,00	5,00	5,00	
Kleingeräte/Werkzeug	18,00		18,00								
Gehaltskosten TK	85,00			70,00				10,00	5,00		
Allgemeine Kosten	110,00			100,00				5,00	3,00	2,00	
Fremdleistungen	30,00							20,00	10,00		
Summe	1515,00	392,00	18,00	180,00	22,00	59,00	37,00	410,00	289,00	108,00	
Verrechnung:		−392,00	−18,00	−180,00	8,91	0,00	5,35	181,75	146,11	49,89	
					0,41	0,00	0,25	8,35	6,71	2,29	
					31,32 −31,32	31,32 → 90,32 −87,32 →	42,59 −43,59 →	−20,00 → 44,30	17,30 → 37,30	6,29 → 5,72	
Hilfsbetriebs- und Verrechnungskostenstellen		0,00	0,00	0,00	0,00	+ 3,00 *)	− 1,00 *)				
Herstellkosten:						+ 3,00	− 1,00	664,39	496,42	172,18	1332,99
Verwaltungskosten:								89,72	67,03	23,25	180,00
= Selbstkosten:								754,11	563,45	195,43	1512,99
Übertrag Σ Bauleistungen:								876,00	586,00	160,00	1622,00
= Baustellenergebnisse:								121,89	22,55	−35,43	109,01

Verrechnung:

$$\frac{\text{Sozialkosten}}{\text{Löhne + Gehälter}} \times 100 = \frac{392,00}{440,00} \times 100 = 89,09\%$$

$$\frac{\text{Kleingeräte/Werkzeug}}{\text{Löhne + Gehälter}} \times 100 = \frac{18,00}{440,00} \times 100 = 4,09\%$$

$$\frac{\text{Verwaltungskosten}}{\text{Herstellkosten}} \times 100 = \frac{180,00}{1332,99} \times 100 = 13,50\%$$

Bauleistungen − Selbstkosten = Baustellenergebnisse

Σ Unter- und Überdeckungen aus den Hilfsbetriebs- und Verrechnungskostenstellen: 2,00

Betriebsergebnis: 107,01

*) + Unterdeckung
   − Überdeckung

12

639

1.4 Bilanzanalyse

1.4.1 Bilanz einer Bau-Aktiengesellschaft

Aktiva

	31.12.1998 TDM	31.12.1998 TDM	31.12.1997 TDM
Anlagevermögen			
Immaterielle Vermögensgegenstände	687		
Sachanlagen	192137		193399
Finanzanlagen	893943		859251
		1086767	1052650
Umlaufvermögen			
Vorräte			
Nicht abgerechnete Bauarbeiten und zum Verkauf bestimmte Grundstücke und Gebäude	1697518		1848573
Erhaltene Abschlagszahlungen	−1264728		−1140346
	432790		708227
Übrige Vorräte	32655		35559
		465445	743786
Forderungen und sonstige Vermögensgegenstände		2229480	1766335
Wertpapiere		196585	203667
Liquide Mittel		619494	417304
Bilanzsumme		4597771	4183742

Passiva

	31.12.1998 TDM	31.12.1998 TDM	31.12.1997 TDM
Eigenkapital			
Gezeichnetes Kapital	159495		140625
Kapitalrücklage	719286		492080
Gewinnrücklagen	359847		319848
Bilanzgewinn	43064		33750
		1281692	986303
Sonderposten mit Rücklageanteil		7630	5022
Rückstellungen		1099404	1007015
Verbindlichkeiten		2209045	2185402
Bilanzsumme		4597771	4183742

1.4.2 Gewinn- und Verlustrechnung einer Bau-Aktiengesellschaft für das Geschäftsjahr 1998

	1998		1997
	TDM	**TDM**	TDM
Umsatzerlöse	3177415		3145168
Verminderung des Bestandes an nicht abgerechneten Bauarbeiten und zum Verkauf bestimmten Grundstücken und Gebäuden	− 151055		− 149385
Andere aktivierte Eigenleistungen	1020		1691
Sonstige betriebliche Erträge	167650		58304
Materialaufwand	−1998847		−1998223
Personalaufwand	− 708277		− 681171
Abschreibungen auf immaterielle Vermögensgegenstände des Anlagevermögens und Sachanlagen	− 67021		− 78594
Sonstige betriebliche Aufwendungen	− 392838		− 370884
Beteiligungsergebnis	97495		236563
Zinsergebnis	53465		317
Abschreibungen auf Finanzanlagen und auf Wertpapiere des Umlaufvermögens	− 2418		− 42356
Ergebnis der gewöhnlichen Geschäftstätigkeit		176589	121430
Steuern		− 93525	− 70680
Jahresüberschuß		83064	50750
Einstellung in andere Gewinnrücklagen		− 40000	− 17000
Bilanzgewinn		43064	33750

1.4.3 Bilanzkennzahlen von Unternehmen des Baugewerbes

Kennzahlen für kleine bis mittlere (mittelständische) Baufirmen [47]

(1) Vermögensstruktur sollte etwa folgende Relation haben:

Anlagevermögen	40%	(davon ca. 30% als mobile Anlagegüter)
Umlaufvermögen	60%	
Bilanzsumme	100%.	

(2) Eigenkapitalquote in % = Eigenkapital × 100/Gesamtkapital (Bilanzsumme). Liegt bei veröffentlichungspflichtigen Unternehmen oft unter 10% (schlecht). Sollte bei kleinen bis mittleren Unternehmen 20 bis 30% betragen.

(3) Kapitalumschlag = Gesamtleistung/Bilanzsumme. Beträgt = ca. 3,0 lt. durchgeführten Betriebsvergleichen.

(4) Anlagedeckung = Eigenkapital/Anlagevermögen = mind. 1 Das Anlagevermögen soll durch Eigenkapital gedeckt sein. Zumindest soll (Eigenkapital + langfristiges Fremdkapital) = Anlagevermögen sein. Mit kurzfristigem Fremdkapital finanziertes Anlagevermögen ist gefährlich.

(5) Forderungsbestand aus Bauleistungen (Bauleistung ist nicht gleich Umsatz!) = Forderung aus Bauleistungen + Bestand unfertiger Bauleistungen ./. erhaltene Abschlagszahlungen.
Der Forderungsbestand sollte im durchschnittlichen mittelständischen Unternehmen etwa 15% der Gesamtleistung nicht überschreiten; er sollte kleiner als 15% sein, wenn das Unternehmen viele Tagelohnarbeiten oder viele Kleinaufträge ausführt.

(6) Leistungsrentabilität = Gewinn ./. neutrale Erträge ./. ggf. Unternehmerlohn. Muß positiv sein. Sonst lebt das Unternehmen von der Substanz.

(7) Eigenkapitalrentabilität in % = Nettogewinn × 100/Eigenkapital.

I2

(8) Cash-flow

Der Cash-flow gibt Auskunft über die Ertragskraft des Unternehmens. Er wird nach folgendem Schema ermittelt:

Jahresüberschuß bzw. Jahresfehlbetrag

+Aufwendungen ohne Ausgaben in der Abrechnungsperiode[1])

./.Erträge ohne Einnahmen in der Abrechnungsperiode[2])

= Brutto-Cash-flow

./.Ausschüttungen und Entnahmen

= Netto-Cash-flow.

[1]) Bestandsminderungen bei fertigen und unfertigen Erzeugnissen. Abschreibungen und Wertberichtigungen auf das Anlagevermögen. Verluste aus dem Abgang von Gegenständen des Anlagevermögens. Verluste aus Wertminderungen oder Abgang von Gegenständen des Umlaufvermögens. Einstellung in die Pauschalwertberichtigung zu Forderungen. Zuweisungen zu Rückstellungen.

[2]) Bestandserhöhungen bei fertigen und unfertigen Erzeugnissen aktivierte Eigenleistungen. Erträge aus Zuschreibungen zu Gegenständen des Anlagevermögens. Erträge aus Herabsetzung der Pauschalwertberichtigungen. Erträge aus der Auflösung von Rückstellungen.

Bilanz- und Erfolgsrechnung im westdeutschen Baugewerbe (Verhältniszahlen)

Quelle: Monatsbericht der Deutschen Bundesbank November 1997

Tafel 12.8 Ergebnisrechnung des westdeutschen Baugewerbes in % der Gesamtrechnung

Position	1994	1995[1])
Gesamtleistung[2])	100,0	100,0
./. Material- und Wareneinsatz	49,4	50,0
=Rohertrag aus dem operativen Geschäft	50,6	50,0
+Zinserträge	0,6	0,5
+übrige Erträge	2,9	3,0
=erweiteter Rohertrag	54,1	53,5
./. gesamte Aufwendungen	52,6	52,6
=Jahresüberschuß laut Bilanz	1,5	0,9

[1]) vorläufig
[2]) Umsatz einschl. Bestandsveränderungen und anderer aktivierter Eigenleistungen ohne Material- und Wareneinsatz

Tafel 12.9 Bilanzstruktur des westdeutschen Baugewerbes in % der Bilanzsumme

Vermögen	1994	1995[1])	Kapital	1994	1995[1])
Anlagevermögen	17,9	19,0	Eigenmittel[3])	5,9	5,9
Sachanlagen[2])	13,4	14,6	Verbindlichkeiten	83,1	83,3
Finanzanlagen	4,5	4,4	langfristig	11,9	11,9
Umlaufvermögen	80,8	79,8	kurzfristig	71,4	71,4
Kassenmittel	6,1	5,3	Rückstellungen	10,8	10,7
Forderungen	28,6	29,2	dar.: Pensionsrückst.	2,4	2,4
kurzfristig	26,9	27,5			
langfristig	1,7	1,8			
Vorräte[4])	46,1	45,3			
Bilanzsumme	100	100	Bilanzsumme[5])	100	100

[1]) vorläufig
[2]) wertberichtigt; einschl. immaterieller Vermögensgegenstände
[3]) einschl. anteiliger Sonderposten mit Rücklageanteil
[4]) einschl. nicht abgerechneter Leistungen
[5]) bereinigt um die Rechnungsabgrenzungsposten; Rundungsdifferenzen

Hinweise zu den Bilanzkennzahlen der Deutschen Bundesbank

Die Angaben über Jahresabschlüsse von Unternehmen basieren auf Bilanzen und Erfolgsrechnungen, die den Zweigstellen der Bundesbank im Zusammenhang mit dem Rediskontgeschäft eingereicht werden. Zu 90% handelt es sich bei den ausgewerteten Abschlüssen um Steuerbilanzen; Handelsbilanzen werden im wesentlichen nur von Aktiengesellschaften und größeren Gesellschaften mbH vorgelegt.

Unternehmen die den Bonitätsanforderungen der Bundesbank gerecht werden sind in den Auswertungen besser repräsentiert als Unternehmen, deren Wechsel nicht bundesbankfähig sind.

Auch haben größere Unternehmen (vor allem Aktiengesellschaften) in dem verfügbaren Bilanzmaterial ein größeres Gewicht, als ihrer Bedeutung im gesamten Unternehmensbereich entspricht.

Die „rechtsformtypischen" und „größentypischen" Abstufungen der Verhältniszahlen kommen jedoch den Gegebenheiten bei der Gesamtheit aller Firmen relativ nahe.

Für die folgenden Tafeln gilt außerdem:

— **Langfristige Verbindlichkeiten** haben Laufzeit über 4 Jahre; Hypotheken gehören dazu.

— **Bilanzsumme bereinigt:** ergibt sich durch Kürzung der ausgewiesenen Bilanzsumme um die Berichtigungsposten zum Eigenkapital und um die Wertberichtigungen.

— **Kurzfristige Forderungen:** sind auch erbrachte, aber noch nicht abgerechnete Bauten.

— **Liquide Mittel:** Kassenmittel + Wertpapierbestände + kurzfristige Forderungen nach Abzug der Wertberichtigungen.

— **Eigenkapital:** bei Aktiengesellschaften = Grundkapital, bei Gesellschaften mbH = Stammkapital. Bei Unternehmen anderer Rechtsformen werden die Kapitalkonten aller Inhaber bzw. Gesellschafter und die Darlehen persönlich haftender Gesellschafter an die Gesellschaft als Eigenkapital ausgewiesen.

— **Eigenmittel:** Eigenkapital ./. Berichtigungsposten + Rücklagen.

— **Umsatz:** ist um Erlösschmälerungen (z.B. Kundenskonti, Rabatte) gekürzt.

— **Gesamtleistung:** Umsatz + Bestandsveränderungen bei fertigen und unfertigen Erzeugnissen + aktivierte Eigenleistungen.

— **Zinsaufwendungen netto:** Saldo aus Zinsaufwendungen und Zinserträgen.

— **Jahresüberschuß:** bei Kapitalgesellschaften **nach** Zahlung der Körperschaftssteuer, bei Unternehmen anderer Rechtsformen **vor** Abzug der Einkommenssteuer. Die Kosten der Unternehmensführung sind bei Kapitalgesellschaften im Personalaufwand enthalten, bei Personengesellschaften und Einzelfirmen ist der „Unternehmerlohn" (bei vom Inhaber selbst geführten Unternehmen) im Jahresüberschuß enthalten.

12

Betriebsorganisation

Tafel 12.10 Bilanzkennzahlen von Unternehmen des Baugewerbes im Jahre 1990

	Alle Unternehmen, hochgerechnete Ergebnisse	Alle Unternehmen				
		Unternehmen mit Umsätzen von ... Mio DM				
		weniger als 5	5 bis unter 10	10 bis unter 25	25 bis unter 100	100 und mehr
Bilanzstrukturzahlen						
Vermögen	% der Bilanzsumme (bereinigt)					
Sachanlagen (wertberichtigt)	14,7	17,8	15,4	14,1	14,9	9,0
darunter: Grundstücke und Gebäude	5,7	6,3	5,6	5,3	7,0	3,8
Vorräte	15,2	18,6	16,7	15,6	14,9	7,6
darunter: geleistete Anzahlungen	0,9	0,5	0,8	1,0	1,7	1,2
Kassenmittel	5,6	4,1	5,1	5,3	6,6	8,8
Forderungen (wertberichtigt)	59,4	57,4	60,4	61,3	60,3	58,1
kurzfristige	57,6	55,1	58,3	59,8	59,5	56,4
darunter: aus Lieferungen und Leistungen	17,0	19,0	18,5	18,8	15,8	10,8
nicht abgerechnete Leistungen	32,6	29,2	33,8	33,4	35,0	32,8
langfristige	1,8	2,3	2,1	1,5	0,8	1,8
Wertpapiere	2,0	0,1	0,2	0,2	0,7	10,5
Beteiligungen	1,8	0,4	0,7	1,8	1,5	5,9
Kapital						
Eigenmittel (berichtigt)	5,5	0,5	4,0	5,1	7,2	15,2
Verbindlichkeiten	83,6	93,8	88,0	83,9	78,5	63,4
kurzfristige	71,8	77,1	74,7	72,9	68,6	59,7
darunter: gegenüber Kreditinstituten	8,6	13,4	9,3	8,6	5,3	2,4
erhaltene Anzahlungen	37,0	32,0	38,5	39,9	41,7	35,8
aus Lieferungen und Leistungen	13,7	17,9	14,8	12,5	10,6	8,8
langfristige	11,8	16,7	13,3	11,0	9,9	3,7
darunter: gegenüber Kreditinstituten	7,6	12,1	8,4	6,4	4,9	2,2
Rückstellungen	10,8	5,6	7,9	11,0	14,2	21,2
darunter: Pensionsrückstellungen	2,7	1,2	1,7	2,6	3,1	6,6
Nachrichtlich: Umsatz	123,2	134,6	135,1	126,5	122,1	87,4
Strukturzahlen Erfolgsrechnung						
Erträge	% der Gesamtleistung					
Umsatz	94,6	92,3	94,6	95,1	98,6	96,5
Bestandsveränderung an Erzeugnissen und andere aktivierte Eigenleistungen	5,4	7,7	5,4	4,9	1,4	3,5
Gesamtleistung	100,0	100,0	100,0	100,0	100,0	100,0
Zinserträge	0,5	0,2	0,3	0,4	0,5	1,9
Übrige Erträge	2,6	2,0	2,0	3,1	3,1	4,3
Gesamte Erträge	103,0	102,2	102,2	103,5	103,6	106,2
Aufwendungen						
Materialaufwand, Wareneinsatz	47,3	43,6	46,9	48,7	51,3	54,2
Personalaufwand	35,2	36,5	35,0	34,7	33,3	34,2
Abschreibungen auf Sachanlagen	3,3	3,6	3,3	3,2	3,0	2,9
Sonstige Abschreibungen	0,4	0,3	0,4	0,4	0,5	0,4
Zinsaufwendungen	1,7	2,2	1,6	1,6	1,1	1,0
Steuern	1,2	1,2	1,2	1,3	1,3	1,4
darunter vom Einkommen und Ertrag	1,0	0,9	1,0	1,0	1,0	1,1
Übrige Aufwendungen	11,6	11,9	11,5	11,3	10,7	10,7
Gesamte Aufwendungen	100,7	99,2	100,0	101,2	101,2	104,8
Jahresüberschuß	2,4	3,0	2,2	2,3	2,4	1,4
	% des Umsatzes					
Jahresüberschuß	2,5	3,3	2,3	2,4	2,5	1,4
Jahresüberschuß vor Gewinnsteuern	3,6	4,3	3,4	3,4	3,5	2,5
Sonstige Verhältniszahlen	% des Umsatzes					
Vorräte	12,4	13,8	12,4	12,3	12,2	8,7
Kurzfristige Forderungen	46,7	40,9	43,1	47,3	48,7	64,5
	% der Sachanlagen (wertberichtigt)					
Eigenmittel (berichtigt)	37,6	2,6	26,0	35,9	48,0	169,9
Langfristig verfügbares Kapital	137,6	103,7	125,1	133,4	137,0	286,9
	% des Anlagevermögens (wertberichtigt)					
Langfristig verfügbares Kapital	108,3	89,7	105,4	107,1	116,7	141,4
	% der kurzfristigen Verbindlichkeiten					
Liquide Mittel und kurzfristige Forderungen	90,4	76,8	84,9	89,5	97,0	124,1
Liquide Mittel, kurzfristige Forderungen und Vorräte	111,6	100,9	107,3	110,9	118,7	136,9
	% der Bilanzsumme (bereinigt)					
Jahresüberschuß und Zinsaufwendungen	5,3	7,6	5,5	5,1	4,4	2,1
Nachrichtlich: Anzahl der Unternehmen	5083	2735	1003	829	430	86

Grundlage des betrieblichen Rechnungswesens

Quelle: Deutsche Bundesbank

Kapitalgesellschaften					Personengesellschaften					Einzelkaufleute		
Unternehmen mit Umsätzen von ... Mio DM					Unternehmen mit Umsätzen von ... Mio DM					Unternehmen mit Umsätzen von ... Mio DM		
weniger als 5	5 bis unter 10	10 bis unter 25	25 bis unter 100	100 und mehr	weniger als 5	5 bis unter 10	10 bis unter 25	25 bis unter 100	100 und mehr	weniger als 5	5 bis unter 10	10 und mehr
13,0	12,7	12,2	15,2	8,5	17,7	16,9	15,4	14,7	11,2	26,2	23,0	18,5
2,6	3,7	3,9	8,0	3,6	7,0	6,8	6,2	6,3	4,7	12,1	10,6	9,3
19,8	18,0	17,2	16,9	7,3	17,7	15,7	14,4	13,1	9,2	17,4	14,4	16,4
0,5	0,8	1,2	1,1	0,8	0,5	0,9	0,9	2,1	2,6	0,4	0,4	0,8
5,0	5,8	5,7	7,2	9,0	3,9	4,5	5,3	6,2	7,6	2,5	3,7	3,0
60,3	61,2	60,4	57,6	55,8	58,0	60,2	62,0	62,6	68,7	51,8	56,3	59,6
58,2	60,0	59,3	56,8	53,9	53,1	56,7	59,9	61,7	67,8	51,4	55,6	59,1
20,5	20,5	20,2	17,2	9,9	16,1	16,7	17,4	14,8	14,7	19,0	16,2	18,3
29,7	32,8	30,4	29,2	29,9	29,7	34,4	35,8	39,5	46,0	27,9	36,1	34,0
2,0	1,2	1,1	0,7	1,9	4,9	3,5	2,1	0,9	0,9	0,5	0,7	0,4
0,1	0,3	0,3	0,4	12,6	0,1	0,2	0,2	0,9	0,8	0,2	0,0	0,1
0,3	0,8	2,9	1,8	6,7	0,7	0,6	1,0	1,4	2,3	0,5	0,5	0,4
4,0	6,2	8,3	11,0	17,3	−0,9	1,8	2,3	4,4	6,0	−4,5	2,4	1,8
89,1	84,0	78,8	72,8	60,1	95,5	91,8	87,9	82,6	78,5	100,7	92,0	90,6
77,2	74,7	71,2	64,4	56,7	76,2	74,7	74,0	71,7	73,4	77,9	74,7	76,2
11,9	9,1	8,7	4,3	2,3	12,6	9,0	7,8	6,0	2,9	16,8	11,7	13,1
32,3	36,7	37,2	36,8	32,9	33,6	40,8	43,3	45,5	49,1	30,5	36,8	36,2
17,9	15,4	12,7	10,9	8,1	16,2	13,7	11,8	10,4	12,0	19,2	16,7	15,2
11,9	9,3	7,6	8,4	3,4	19,4	17,1	13,9	10,9	5,1	22,8	17,3	14,4
8,1	6,0	5,3	5,4	2,2	11,2	9,7	6,6	4,5	1,9	19,8	15,0	13,0
6,9	9,7	12,8	16,2	22,4	5,1	6,3	9,7	12,8	15,5	3,7	5,5	7,5
1,9	2,5	3,4	3,9	7,2	0,7	1,1	1,9	2,5	3,6	0,2	0,7	1,4
140,0	143,6	131,2	126,7	81,8	120,7	124,0	122,8	118,9	113,3	137,3	141,8	115,7
92,0	94,4	94,8	100,4	96,0	91,0	94,1	95,2	97,2	98,2	94,1	97,8	96,7
8,0	5,6	5,2	−0,4	4,0	9,0	5,9	4,8	2,8	1,8	5,9	2,2	3,3
100,0	100,0	100,0	100,0	100,0	100,0	100,0	100,0	100,0	100,0	100,0	100,0	100,0
0,3	0,3	0,5	0,5	2,3	0,3	0,2	0,3	0,4	0,5	0,1	0,1	0,2
1,9	1,7	3,1	2,9	4,4	2,3	2,2	3,2	3,4	3,9	1,9	2,3	2,5
102,2	102,0	103,5	103,4	106,7	102,6	102,5	103,5	103,8	104,4	101,9	102,3	102,7
45,2	49,5	50,5	52,2	54,4	41,7	43,9	46,7	50,7	53,2	42,2	45,0	48,9
36,9	33,3	33,1	32,4	34,2	38,2	37,4	36,7	33,9	34,4	34,5	34,7	32,7
2,9	2,7	2,7	2,4	2,9	4,1	3,8	3,6	3,5	2,9	4,5	4,3	4,6
0,3	0,4	0,5	0,5	0,3	0,4	0,3	0,4	0,5	0,4	0,3	0,5	0,4
1,8	1,4	1,5	1,1	1,0	2,2	1,8	1,6	1,2	0,9	2,9	2,1	2,4
1,3	1,6	1,6	1,9	1,7	1,0	0,9	0,9	0,8	0,5	1,0	0,9	0,7
1,1	1,3	1,4	1,6	1,3	0,8	0,6	0,7	0,6	0,3	0,8	0,7	0,5
12,8	11,8	12,3	11,4	10,9	11,0	11,3	10,4	10,1	10,2	10,9	10,7	10,5
101,1	100,7	102,3	101,8	105,5	98,5	99,4	100,2	100,7	102,5	96,3	98,2	100,2
1,1	1,3	1,3	1,6	1,2	4,0	3,0	3,3	3,1	1,8	5,6	4,1	2,6
1,2	1,3	1,3	1,6	1,3	4,4	3,2	3,5	3,2	1,9	6,0	4,2	2,7
2,4	2,7	2,8	3,2	2,6	5,3	3,9	4,2	3,8	2,2	6,8	4,9	3,1
14,2	12,5	13,1	13,4	8,9	14,6	12,7	11,7	11,0	8,1	12,6	10,2	14,2
41,6	41,8	45,2	44,9	65,9	43,9	45,7	48,7	51,9	59,8	37,4	39,2	51,1
30,5	49,1	68,4	71,9	203,9	−4,9	10,5	14,7	29,7	53,3	−17,1	10,4	9,6
136,9	144,2	159,0	153,4	332,2	110,2	118,9	119,6	124,3	131,6	71,3	89,1	99,0
115,9	123,9	118,4	130,4	148,0	83,3	95,5	99,5	106,0	102,1	68,6	84,6	94,5
82,0	88,3	91,4	99,7	129,9	74,9	82,1	88,3	95,5	103,7	69,3	79,3	81,7
107,7	112,4	115,5	126,0	142,7	98,1	103,2	107,8	113,8	116,2	91,6	98,6	103,2
4,4	4,1	3,8	3,3	1,9	8,3	6,4	6,3	5,2	3,2	12,4	8,9	5,9
1293	527	415	183	51	480	376	359	244	35	946	99	57

12

2 Organisation der Bauunternehmung

Ziel organisatorischer Maßnahmen ist, die Beziehungen zwischen Stellen bzw. Stelleninhabern zu regeln.

– Die Aufbauorganisation (statischer Organisationsrahmen) beschreibt:
  – Leitungsbeziehungen (Über- und Unterordnung)
  – Stabbeziehungen (Assistenzzuordnung)
  – Kommunikationsbeziehungen usw.
– Die Ablauforganisation legt den räumlichen und zeitlichen Vollzug der Arbeiten fest.

2.1 Aufbauorganisation

2.1.1 Traditionelle Strukturtypen

der Aufbauorganisation sind:

– tätigkeitsbezogene Gliederung oder
– objektbezogene Gliederung,

je nachdem, ob das Unternehmen auf der ersten Gliederungsebene in Geschäftsbereiche (Sparten) oder Tätigkeitsbereiche untergliedert ist.

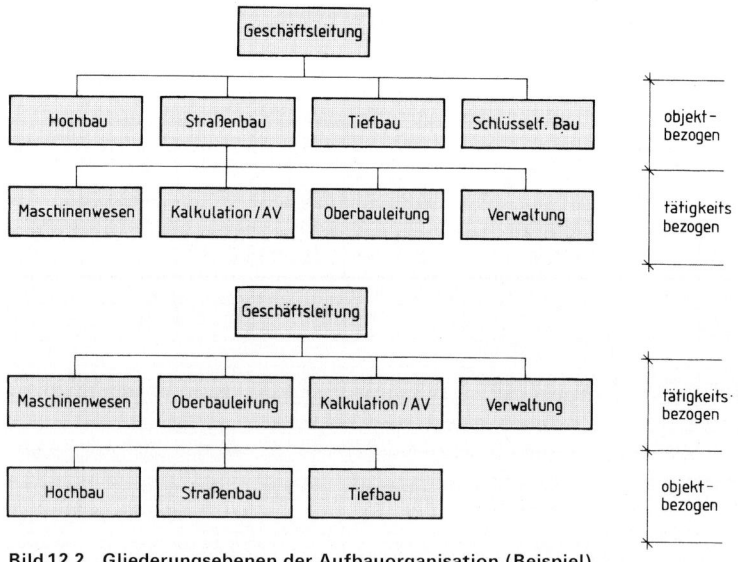

Bild 12.2   Gliederungsebenen der Aufbauorganisation (Beispiel)

2.1.2 Die Art der Über- und Unterordnung der Stellen

ist ein grundlegendes Merkmal von Organisationsstrukturen.

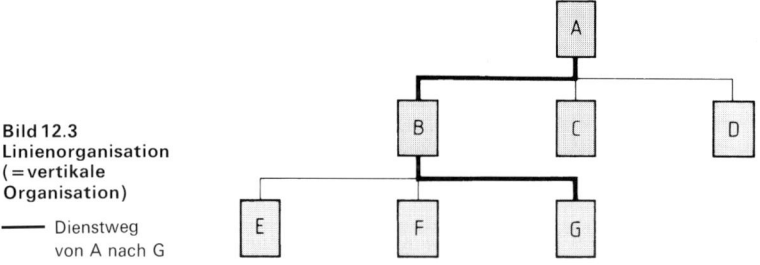

**Bild 12.3
Linienorganisation
(=vertikale
Organisation)**

—— Dienstweg
von A nach G

Aufgaben und Zuständigkeiten werden eindeutig von oben nach unten delegiert. Jeder Untergebene erhält nur von einem Vorgesetzten Weisungen.

Vorgesetzter kann Weisungen nur an die ihm direkt unterstellte Abteilung erteilen.

Der Dienstweg zwischen gleichrangigen Stellen führt über den gemeinsamen Vorgesetzten.

Der Informationsaustausch zwischen den Abteilungen kann direkt erfolgen.

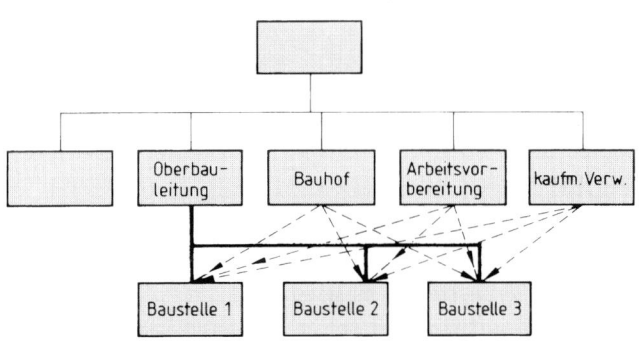

**Bild 12.4
Funktionale Organisation**

– – ►funktionale Weisungsbefugnisse

Qualifizierte Spezialisten sollen Überbeanspruchung der Linieninstanzen beheben (Arbeitsteilung).

Freie Verkehrswege zwischen allen Stellen.

Kompetenzüberschneidungen, unklare Verantwortlichkeiten.

Einheitliche Führung und Koordination schwierig.

Betriebsorganisation

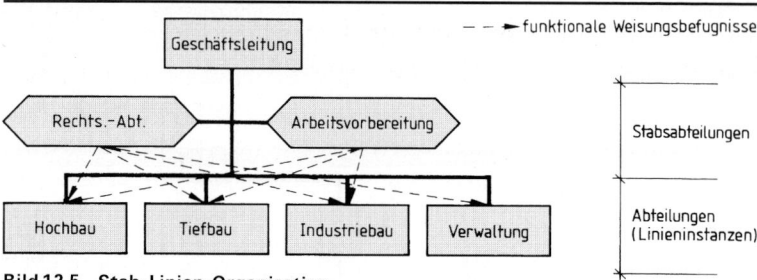

Bild 12.5 Stab-Linien-Organisation

Stababteilungen für Sonder- oder Grundsatzfragen stehen den Linienstellen beratend zur Verfügung, können jedoch auch funktionale Weisungsbefugnis erhalten.

Verantwortung bleibt bei Linieninstanz, dadurch problematische Stellung der Stabsabteilung.

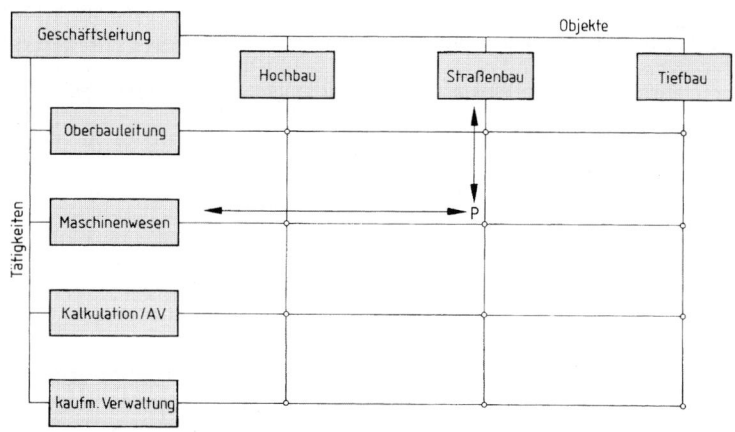

Bild 12.6 Matrix-Organisation

Ist ein Sonderfall der funktionalen Organisation.

Koordination der unterschiedlichen Aufgaben, die sich aus dem Objekt und der Tätigkeit ergeben, erforderlich.

Objektbezogene Stellen bestimmen Objektart und Termin.

Tätigkeitsbezogene Stellen entscheiden über Ausführungsmethode und Kapazitätseinsatz.

Aufgaben und Zuständigkeiten sind durch Stellenbeschreibungen genau festzulegen, da Spannungen durch viele Berührungspunkte möglich.

Beispiel   Der Projektleiter P des Straßenbauvorhabens X benötigt zur Bearbeitung des Bauvorhabens X Leistungen der Abteilung „Maschinenwesen".
P muß die Absichten der Abteilungen „Straßenbau" (z. B. Termine) mit den Möglichkeiten der Abteilung „Maschinenwesen" koordinieren. Es entsteht hier eine Angebots-Nachfrage-Situation, wie auf einem „Markt".

2.1.3 Vergleich verschiedener Organisationsformen

Organisationsform	größter Vorteil	größter Nachteil	Beweglichkeit	Motivation der Mitarbeiter
Autoritäre Linienorganisation	einheitlicher Wille	patriarchalisch, autoritär	hängt nur von Beweglichkeit des „Autokraten" ab	sehr gering
Linienorganisation	klare Führung und Weisungen	langsam, förmlich	gering	gering
Funktionale Organisation	Spezialisten in allen Bereichen	Kompetenzüberschneidungen, unklare Verantwortlichkeit	mittel	mittel
Stab-Linien-Organisation	Spezialberatung der Linienstellen bei eindeutiger Weisungskompetenz	aufwendig, bei kleineren Firmen ist Stab nicht ausgelastet	mittelgroß	groß
Teamwork	Lösung spezieller Probleme	lange Diskussionen, zeitaufwendig	groß	sehr groß
Matrix-Organisation	Spezialisten wirken zusammen	Spannungen durch viele Berührungspunkte	mittel	mittel

12

2.1.4 Beispiele für eine Aufbauorganisation in Bauunternehmen

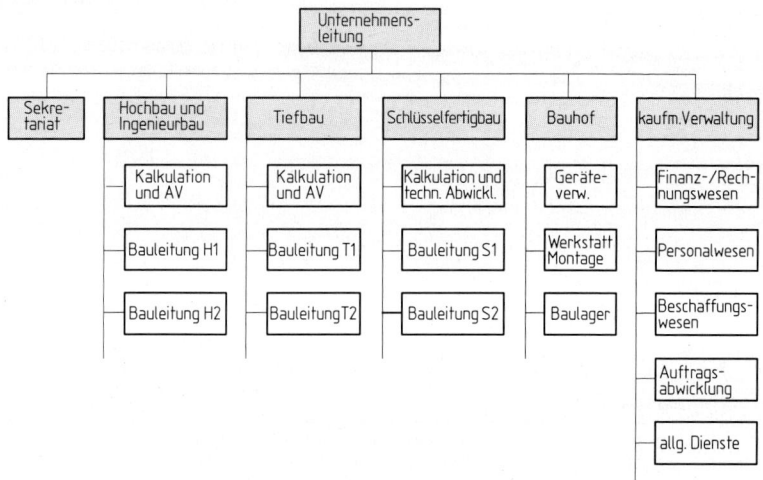

Bild 12.7 Organisation eines regional arbeitenden Bauunternehmens
(Linien-Organisation)

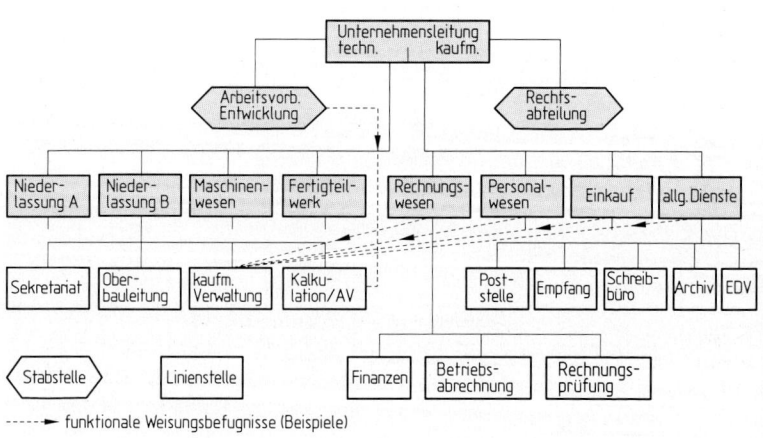

------► funktionale Weisungsbefugnisse (Beispiele)

Bild 12.8 Organisationsplan einer Bauunternehmung mit Niederlassungen
(Stab-Linien-Organisation)

2.2 Ablauforganisation

2.2.1 Ablaufplanung von Baustellen, s. Abschn. „Ablaufplanung"

2.2.2 Ablaufdiagramm für Einzelvorgänge

Interne Arbeitsabläufe lassen sich durch Einzelbeschreibung und/oder durch Ablaufdiagramme darstellen.

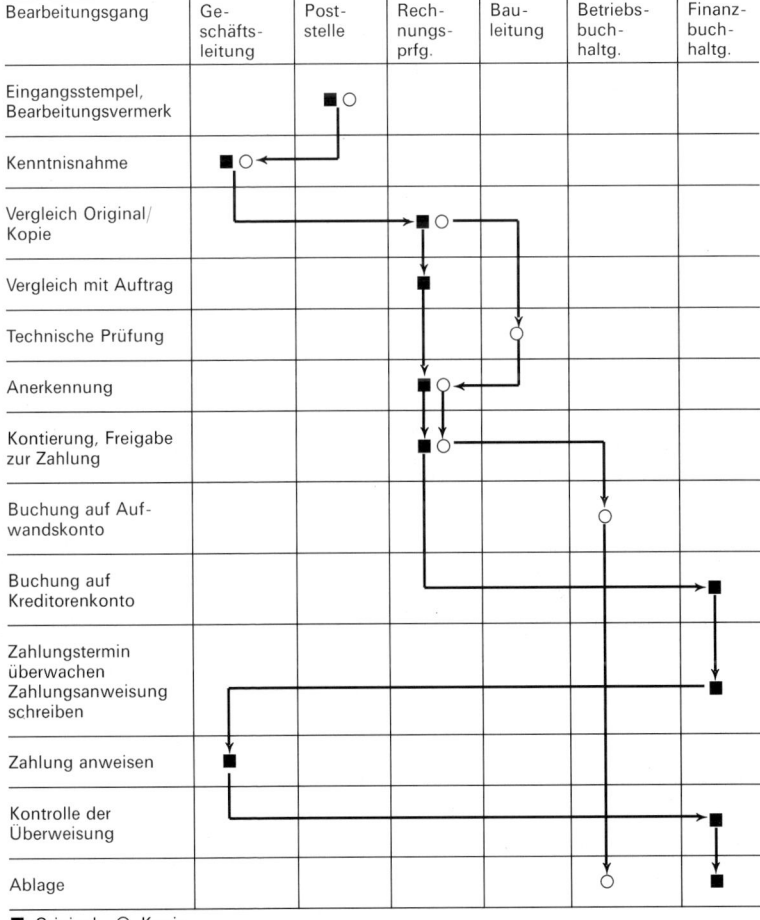

Bearbeitungsgang	Ge-schäfts-leitung	Post-stelle	Rech-nungs-prfg.	Bau-leitung	Betriebs-buch-haltg.	Finanz-buch-haltg.
Eingangsstempel, Bearbeitungsvermerk		■ ○				
Kenntnisnahme	■ ○					
Vergleich Original/ Kopie			■ ○			
Vergleich mit Auftrag			■			
Technische Prüfung				○		
Anerkennung			■ ○			
Kontierung, Freigabe zur Zahlung			■ ○			
Buchung auf Auf-wandskonto					○	
Buchung auf Kreditorenkonto						■
Zahlungstermin überwachen Zahlungsanweisung schreiben						■
Zahlung anweisen	■					
Kontrolle der Überweisung						■
Ablage					○	■

■ Original   ○ Kopie

Bild 12.9   Arbeitsablaufdiagramm für die Bearbeitung einer Rechnung (Beispiel)

Betriebsorganisation

Koordinierung verschiedener Zuständigkeiten läßt sich übersichtlich tabellarisch zusammenfassen. Eine solche Darstellung kann auch als „Verteilerplan" für Information dienen.

Tafel 12.11   Koordinierung von Planungsabläufen

Zusammenarbeit bzw. Information zwischen den Verantwortlichen für	Bodenmechanik	Vermessung	Statik	Prüfstatik	Heizung	Lüftung – Klima	Entwässerung	Gas u. Wasser	Starkstrom	Schwachstrom	Masch.-Anlagen	Bauphysik	Akustik	Außenanlagen	Vertragsgest./Termine	Einrichtung
Bodenmechanik		•	•	•			•								•	•
Vermessung	•		•	•			•								•	•
Statik	•	•		•	•	•	•	•	•	•	•	•	•		•	•
Prüfstatik	•	•	•									•			•	
Heizung			•			•	•	•	•	•	•	•	•		•	•
Lüftung – Klima			•		•		•	•	•	•	•	•			•	•
Entwässerung	•	•	•		•	•		•	•		•	•	•		•	•
Gas u. Wasser			•		•	•	•		•	•	•	•	•	•	•	•
Starkstrom			•		•	•	•	•		•	•		•		•	•
Schwachstrom			•		•	•		•	•		•		•		•	•
Masch.-Anlagen			•		•	•	•	•	•	•		•	•		•	•
Bauphysik			•	•	•	•	•	•			•		•		•	•
Akustik			•		•	•	•	•	•	•	•	•			•	•
Außenanlage	•	•					•	•	•						•	
Vertragsgest./Termine	•	•	•	•	•	•	•	•	•	•	•	•	•	•		•
Einrichtung	•	•	•	•	•	•	•	•	•	•	•	•	•	•	•	

Tafel 12.12   Zuständigkeit für Verwaltungsvorgänge auf einer Großbaustelle

Vorgang / Zuständigkeit	Bauleiter	Bauführer bzw.	Abrechner	Akkordabrechner	Baukaufmann	Schreibkraft	Polier
Nachtragsrechnung stellen	E	P	V	K	ER	H	
Materialbestellung		P/E			ER	H	V
Zahlungseingang	K	K			P		
Lohnabrechnung				V	ER		V
Subunternehmer-abrechnung	E	P			ER		

E = Entscheiden   K = Kenntnisnahme
ER = Erledigen   V = Vorbereitung
H = Hilfsdienste   P = Prüfen

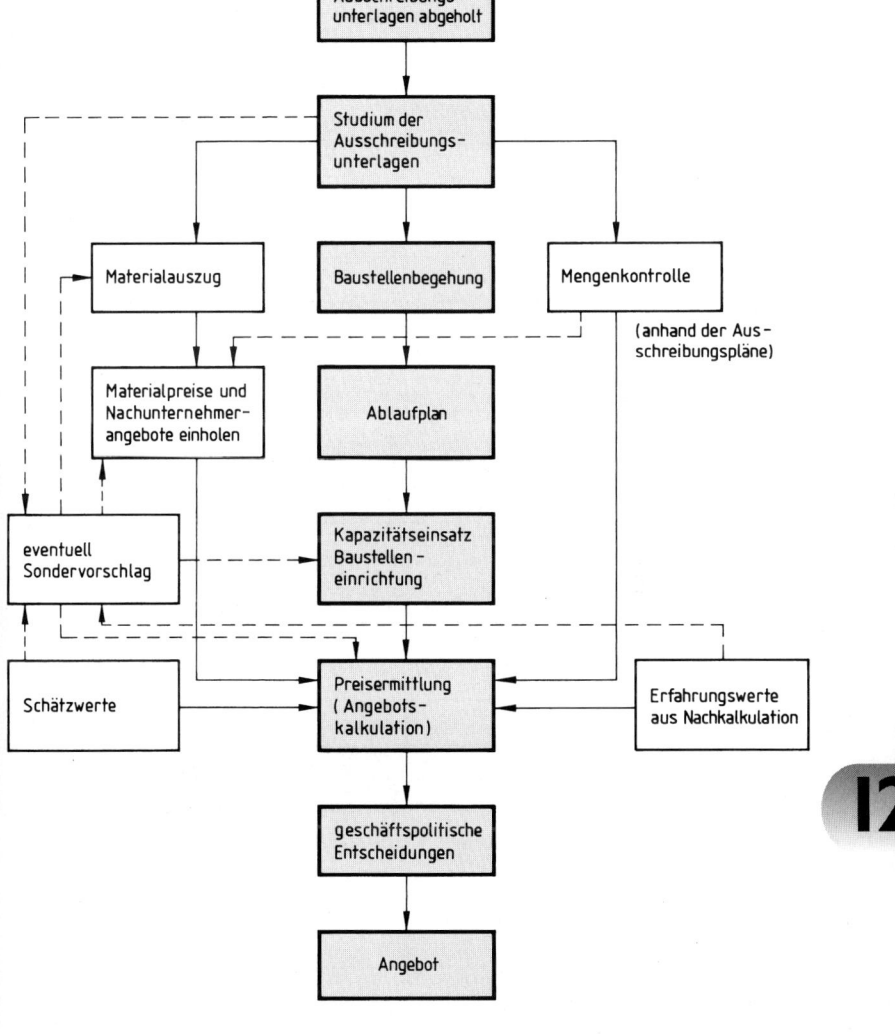

Bild 12.10 Ablauf der Angebotsbearbeitung in einer Bauunternehmung (Beispiel)

Betriebsorganisation

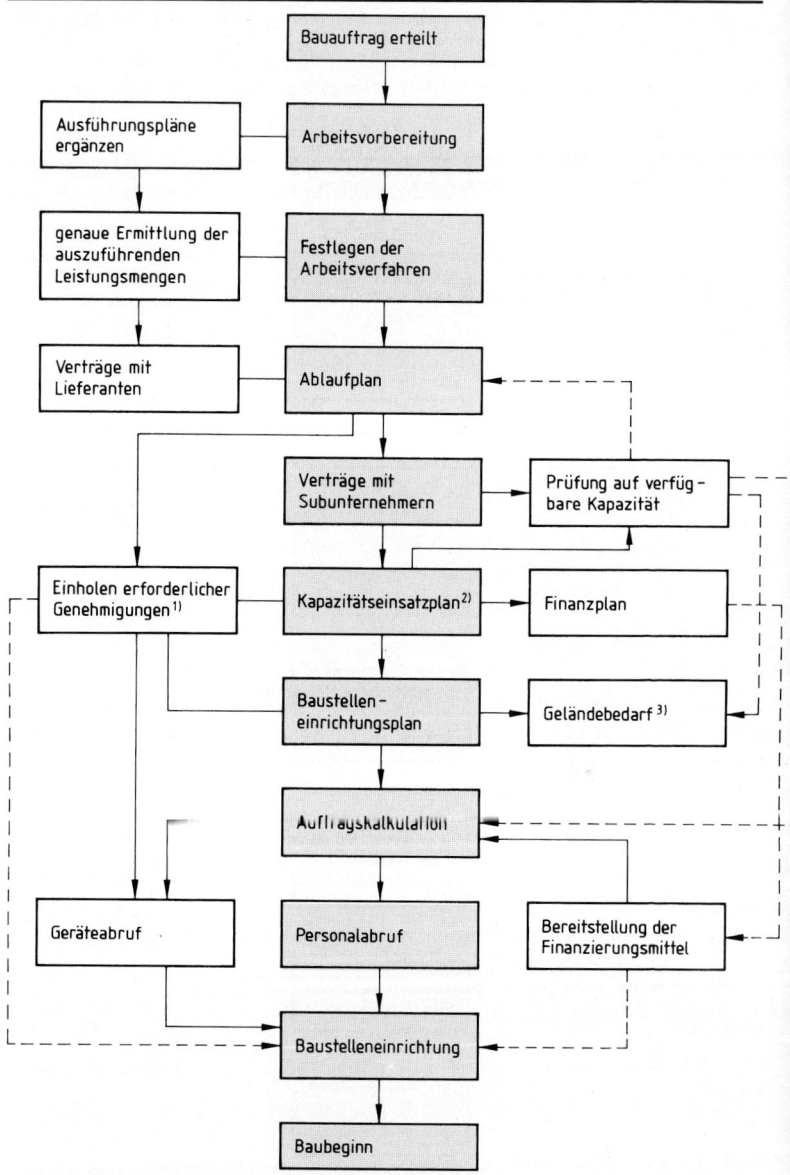

¹) für Transporte, Wassergewinnung, Stromentnahme usw.
²) Arbeitskräfte, Führungskräfte, Maschinen, Geräte
³) für Baustelleneinrichtung, Zufahrtsstraße, Kippe usw.

Bild 12.11 Ablauf der Arbeitsvorbereitung in einer Bauunternehmung (Beispiel) [47]

2.3 Projektorganisation

DIN 69 901 (12.80) definiert Begriffe des Projektmanagements.

2.3.1 Reine Projektorganisation

wird bei großen Projekten mit langer Dauer angewendet.

Es werden dabei alle für die Durchführung eines Projektes notwendigen Funktionen für die Dauer des Projektes aus der bestehenden Unternehmensorganisation herausgelöst; eine ausschließlich projektorientierte eigenständige Parallelorganisation wird gebildet.

2.3.2 Matrix-Projektorganisation

Hierbei wird einer eindimensionalen Linienorganisation eine zweite Organisationsstruktur überlagert.

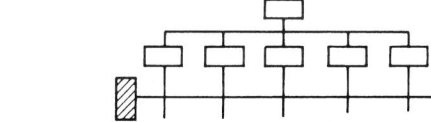

Bild 12.12

Das Prinzip der strengen Einlinienführung ist unterbrochen, d.h. die Weisungsbefugnis der jeweiligen Linienstelle wird mit dem Projektleiter geteilt. Überall dort, wo der Projektleiter gegenüber Stellen, die ihm nicht unterstellt sind, weisungsberechtigt sein soll, muß genau geregelt werden, wie bei Entscheidungen vorzugehen ist.

2.3.3 Einfluß-Projektorganisation

ist die schwächste Organisationsform zur Durchführung von Projekten.

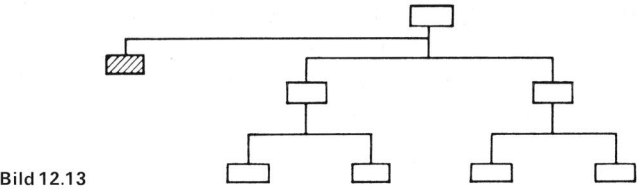

Bild 12.13

Es wird hierbei ein Projektkoordinator(-manager) eingesetzt, der jedoch i. allg. keine Weisungsbefugnis gegenüber anderen Stelleninhabern hat (Stabfunktionstätigkeit).

Der Projektkoordinator plant und überwacht das Projekt bezüglich Termin und Kosten, er berät die beteiligten Stellen, übernimmt jedoch nur eine Teilverantwortung.

2.4 Kapazitäts- und Kostenplanung

2.4.1 Kapazitätsmessung

als Leistungsmenge (z.B. m³, t, Stück)
Angabe nur für Spezialbetriebe sinnvoll:

z.B.: m³ Beton bei Transportbetonwerk
    m³ Bodenaushub bei Baggerbetrieb[1])
    t Betonfertigteile bei Fertigteilwerk[1])

als technischer Leistungsaufwand (z.B. Std.)
Angabe nur für gleichartige Leistungen und Bereiche sinnvoll.

z.B.: Zahl der verfügbaren Arbeitskräfte bzw. Maschinen
    Arbeitsstunden und/oder Maschinenstunden

als Umsatz oder Aufwand (DM)

Mehr oder weniger große Nachunternehmerleistungen, Materiallieferungen usw. verfälschen die Angabe.

als Wertschöpfung (DM)

Sehr geeigneter Maßstab für die Kapazität.
Wertschöpfung = Erlös ./. „eingekaufte" Fremdleistungen bzw. Fremdlieferungen.

2.4.2 Einsatzplanung für das Einzel-Bauvorhaben

Ergibt sich aus dem Bauablaufplan. Auf stetigen Einsatz und gleichmäßige Auslastung der Kapazität ist zu achten.

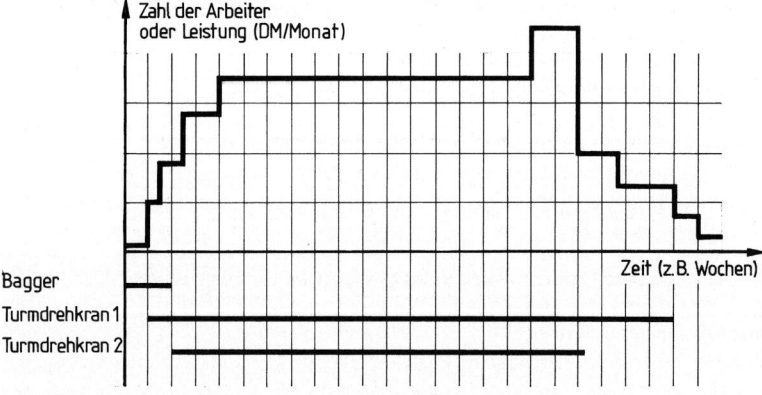

Bild 12.14 Einsatzplan für Arbeitskräfte und Maschinen

---

[1]) Unterschiedliche Leistungen (Bodenarten, Transportentfernungen) müssen durch Äquivalenzzahlen vergleichbar umgerechnet werden.

2.4.3 Kapazitätsplanung für den Gesamtbetrieb

—————— einsetzbare Kapazität unter Berücksichtigung der Schlechtwettermonate
—— · —— verfügbare Durchschnittskapazität
— — — — Summe der durch Einzelaufträge gebundenen Kapazität

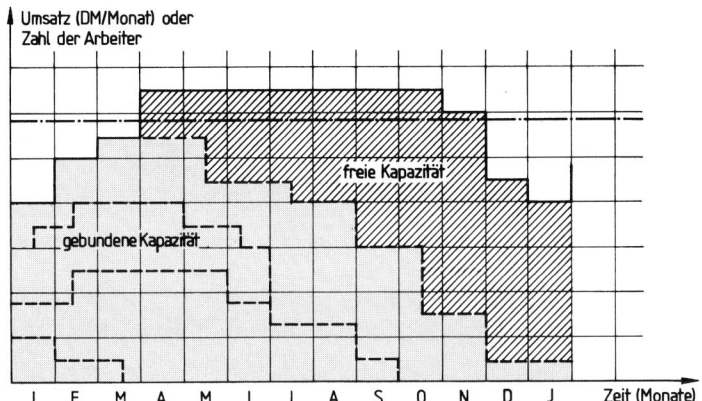

Bild 12.15 Beispiel der Kapazitätsplanung einer Bauunternehmung

Kapazitätsplan monatlich überarbeiten.

Rechtzeitig um neue Aufträge zur Vermeidung freier Kapazitäten bemühen.

Unterschiedliche Inanspruchnahme der Kapazität bei Arbeitsgemeinschaftsaufträgen beachten.

Detaillierter läßt sich Kapazitätsplanung auf einzelne Betriebseinheiten, Gerätegruppen oder Spezialkolonnen beziehen.

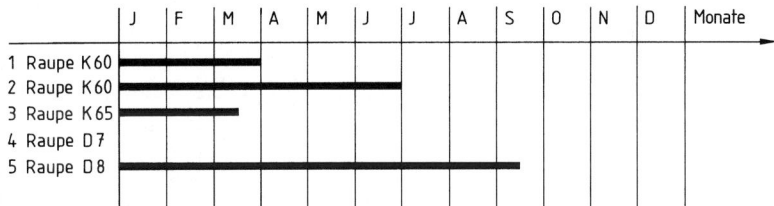

Bild 12.16 Beispiel der Kapazitätsausnutzung der Raupen

2.4.4 Kostenplanung und Finanzierung in der Bauunternehmung

wird hier am Beispiel eines Bauauftrags durch Gegenüberstellung der Ausgaben und Einnahmen behandelt.

Je nach Methodik der internen Betriebsabrechnung gibt es zwei Möglichkeiten:

(1) Nur die direkten Ausgaben für die Baustelle (z.B. Löhne, Stoffe, Nachunternehmer) werden den Einnahmen (Zahlungen des Auftraggebers) gegenübergestellt. Die Differenz wird dann in der Finanzrechnung für das Gesamtunternehmen übernommen.

(2) Die Baustelle wird zusätzlich zu den direkten Ausgaben laufend durch interne Verrechnungen belastet (z.B. für Geräte, Geschäftskosten).

Im folgenden Beispiel wird entsprechend (2) verfahren.
Der Bauablauf soll dem folgenden Bauablaufplan entsprechen.
(Zahlen = Leistungen zu Vertragspreisen o. MwSt. in TDM/Monat)

Tafel 12.13 Bauablaufplan

	TDM	1	2	3	4	5	6	7	8	9	10	11	Monate
Erdarbeiten	80	40	40										
Maurer, Stahlbet.	1150		100	150	200	200	200	200	100				
Fertigteile	100								50	50			
Restarbeiten	90									50	30	10	
	1420	40	140	150	200	200	200	200	150	100	30	10	
Bauleistungen (Summe)		40	180	330	530	730	930	1130	1280	1380	1410	1420	

Aus der Kalkulation und aus internen Verrechnungssätzen ergibt sich die nachstehende

Tafel 12.14 Kostenartenverteilung

Kostenart	Betrag	Erdarbeiten (Nachuntern.)		Maurer/Stahlb.		Fertigteile		Restarb.		Zeitpunkt der Ausgabe
	TDM	%	TDM	%	TDM	%	TDM	%	TDM	Monate[1]
(1) Lohnkosten	544	–	–	40	460	30	30	60	54	0,25
(2) Stoffkosten	397	–	–	30	345	40	40	13	12	0,50
(3) Leistungsgerät	45	–	–	3	35	10	10	–	–	0[2])
(4) Nachunterneh.	69	86	69	–	–	–	–	–	–	1
(5) Baustellengemeinko.	168	–	–	13	150	6	6	13	12	0[2])
(6) Allg. Geschäftsko.	142	10	8	10	115	10	10	10	9	0[2])
(7) Wagnis und Gewinn	55	4	3	4	45	4	4	4	3	–
Vertragspreis o. MwSt.	1420	100	80	100	1150	100	100	100	90	

[1]) Monate nach dem Zeitpunkt der Leistungserstellung auf der Baustelle, s. KFP
[2]) Interne Verrechnungen werden im Zeitpunkt der Leistungserstellung als ausgabenwirksam angenommen. Da gleichzeitig Gutschrift in der Finanzrechnung des Gesamtunternehmens erfolgt, korrigiert sich die Ungenauigkeit dieser Annahme.

Aus dem Bauablaufplan und der Kostenartenverteilung ergeben sich die Zeitpunkte, zu denen der **Aufwand** auf der Baustelle zu **Ausgaben** des Unternehmens führt.

Tafel 12.15 Aufwand und Ausgaben

		1	2	3	4	5	6	7	8	9	10	11	12	Summe
Lohnkosten	Aufwand TDM	–	40[3])	60	80	80	80	80	55	45	18	6		544
	Ausgaben TDM	–	30[4])	55	75	80	80	80	61	48	25	9	1	544
Stoffkosten	Aufwand TDM	–	30	45	60	60	60	60	50	27	4	1		397
	Ausgaben TDM	–	15	38	52	60	60	60	55	39	15	2	1	397
Leistungsgerät	Aufwand TDM	–	3	5	6	6	6	6	8	5	–	–		45
	Ausgaben TDM	–	3	5	6	6	6	6	8	5	–	–		45
Nachunterneh.	Aufwand TDM	34[1])	35	–										69
	Ausgaben TDM		34[2])	35	–									69
Baustellen-	Aufwand TDM	–	13	20	26	26	26	26	16	10	4	1	–	168
gemeinkosten	Ausgaben TDM	–	13	20	26	26	26	26	16	10	4	1	–	168
Allgemeine	Aufwand TDM	4	14	15	20	20	20	20	15	10	3	1	–	142
Geschäftsko.	Ausgaben TDM	4	14	15	20	20	20	20	15	10	3	1	–	142
Summe	Aufwand TDM	38	135	145	192	192	192	192	144	97	29	9	–	1365
Summe	Ausgaben TDM	4	109	168	179	192	192	192	155	112	47	13	2	1365
Summenlinie	Ausgaben TDM	4	113	281	460	652	844	1036	1191	1303	1350	1363	1365	

z.B.: [1]) Aufwand 34 TDM = 86% von 40 TDM
[2]) 34 TDM werden im Monat 2 (einen Monat später) zu Ausgaben.
[3]) Aufwand = 0% von 40 TDM + 40% von 100 TDM
[4]) Vom Aufwand „Lohnkosten" werden 40 TDM × 0,25 = 10 TDM erst im Monat 3 zu Ausgaben; Ausgaben im Monat 2 also 40 − 10 = 30 TDM

Dem folgenden **Kosten- und Finanzierungsplan** ist zu entnehmen:

1) Der höchste für diese Baustelle zu finanzierende Betrag ergibt sich mit rd. 379000 DM.

2) Aus der Dauer der Finanzierungszeit lassen sich die Bauzinsen, die der AN zur Finanzierung der Baustelle aufbringen muß, errechnen. Bei einem Zinssatz von 8% p.a. ergeben sich bei diesem Beispiel rd. 14900 DM Zinsen während der Bauzeit; ca. 1% des Nettoumsatzes.

3) Monatliche Ausstellung der Rechnungen 2 Wochen nach Leistungserstellung in Höhe der jeweiligen Leistungen.

4) Eingang der Abschlagszahlungen des AG abzügl. 10% Sicherheitseinbehalt 2 Wochen nach Rechnungsstellung; Schlußzahlung 6 Wochen nach Schlußrechnung.

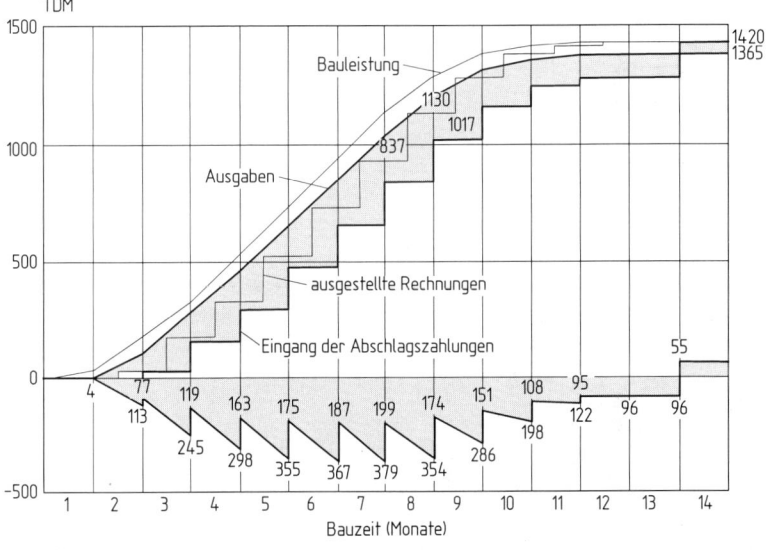

Bild 12.17 **Kosten- und Finanzierungsplan für eine Baustelle**

3 Organisation auf der Baustelle

3.1 Aufbauorganisation

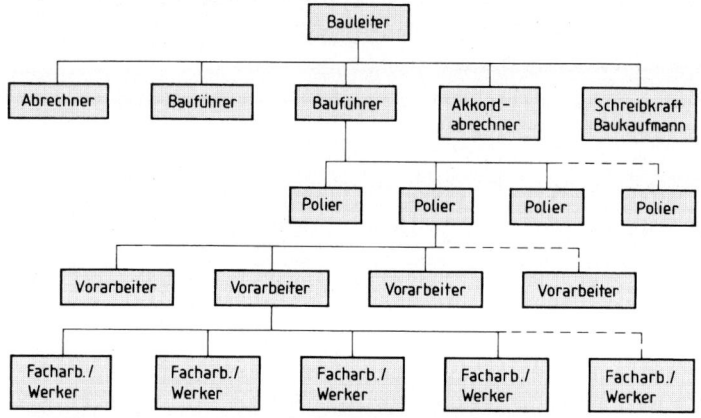

Bild 12.18 Aufbauorganisation einer Großbaustelle (Beispiel)

3.2 Liste der Baubeteiligten

gegliedert nach:
Name/Dienststelle Anschrift Bearbeiter/Stellvertreter Telefon/Telefax
z.B.: für Bauherr, Architekt, Statiker, Sonderfachleute, Versorgungsunternehmen (Strom, Wasser usw.), Post, Berufsgenossenschaft, Gewerbeaufsichtsamt, Bauordnungsamt, Feuerwehr, Ärzte, Nachunternehmer, Lieferanten usw.

3.3 Aktenplan für eine Baustelle

sollte sich in das Ordnungsprinzip des Aktenrahmens der Gesamtunternehmung einpassen. Selbst bei kleinen Verhältnissen und ohne Bezug auf einen Gesamtaktenplan empfiehlt sich die Vereinheitlichung der Bauakten innerhalb der Bauunternehmung. Zweckmäßig ist es, der Bauleitung vorbereitete Register (evtl. auch die Ordner) durch die Unternehmensverwaltung bei Baubeginn zur Verfügung zu stellen.

Beispiel für eine mögliche Gliederung der Bauakten:

Bauherr (Auftraggeber)

Bauvertrag, LV
Zusatzaufträge
Nachtragsangebote
Schriftwechsel
Baubesprechungen
Abnahmeprotokolle
Aufträge von Dritten

Schriftverkehr

Stammfirma
Bauhof, Geräteverwaltung
Argepartner
Behörden
Sonstiger

Fremdleistungen, Nachunternehmer

Angebote
Bestellungen
Abrechnung
Rechnungen (Kopie)
Schriftverkehr

Abrechnung

Aufmaße
Mengenermittlung
Abschlagsrechnungen
Schlußrechnungen
Tagelohnrechnungen
Aufträge von Dritten

Arbeitsvorbereitung

Arbeitsblätter
Baustelleneinrichtung
Terminplanung
Auftragskalkulation
Nachkalkulation
  (Soll-Ist-Vergleich)

Beschaffung

Angebote
Bestellungen
Lieferscheine
Rechnungen (Kopie)
Schriftverkehr

Baustellenverwaltung	Personalwesen	Technische Unterlagen
Baukasse	Arbeitspapiere	Statik, Konstruktion
Leistungsmeldungen	Akkordverträge	Gutachten
Ergebnisübersicht	Lohnlisten	Baustoffprüfungen
Gerätekartei	Krankenkassen	Tagesberichte
Bauhilfsstoffe	Berufsgenossenschaft	
	Arbeitsamt	
	Arbeitnehmervertretung	

3.4 Checklisten zur Baustellenorganisation

Aus Platzgründen sei hier nur auf die detaillierten Arbeitsblätter in [4] hingewiesen:

A1	Auswertung der Vorbemer- kungen vom Leistungsverzeichnis	A6	Baustoff-Disposition
A2	Baustoffbedarf	A7	Verbrauchsübersicht für Baustoffe
A3	Auswertung des Leistungs- verzeichnisses	A8	Kleingeräte- und Werkzeug- Aufstellung
A4	Baustelleneinrichtung	A9	Orientierungsskizze
A5	Personalbedarf	A10	Sparten-Untersuchung
		A11	Fragen-Blatt.

Zur Vereinfachung der Bestellung empfiehlt sich das Zusammenstellen von „Ausstattungspaketen" für die Erstausstattung, z.B.: Hochbaustelle.

Ausstattung, Vermessung und Schnurgerüst

… Fluchtstäbe	… Maßband, … m
… Fluchtstabhalter	… Wasserwaage, Teak, 70 cm
… Holzpflöcke, h = … m, gespitzt	… Zollstock
… Gerüstbohlen, l = … m	… Hacken
… kg Nägel, 65er	… Spaten
… Zimmererhammer	… Schaufeln
… Axt	… Lot, 1000 g
… Beil	… Maurerschnur
… Fäustel	… verzinkter Draht
… Vorschlaghammer	… Signierkreide
… Zange	… Bogensäge

Erstausstattung Baustelleneinrichtung

… Verbandskasten	… Brechstange
… Schaufeln mit Stiel	… Putzwolle
… Hacken mit Stiel	… Eisenschere
… Handsäge	… Bauklammern
… Pakete Nägel, 55er	… Paar Handschuhe
… Pakete Nägel, 65er	… Regenschutzjacken
… Pakete Nägel, 80er	… Regenschutzhosen
… Pakete Nägel, 100er	… Gummistiefel, Gr. …
… Pakete Dachpappenstifte	… Gummistiefel, Gr. …
… Leitern, … m lang	… Gummistiefel, Gr. …
… Leitern, … m lang	… Planhäuschen
… kg Handwaschpaste	… Schilder „Betreten der Baustelle verboten"
… Fäustel	… Absperrschnur
… Spitzmeißel	… Firmenschild
… Flachmeißel	… Heizölfaß
… Piassavabesen	… UVV-Aushänge
… Wassereimer	… Wasserschlauch
… Nageleisen	…

I2

3.5 Berichtswesen

Das Berichtswesen im Bauunternehmen spiegelt den Organisationsstand des Unternehmens wider; es ist sehr unterschiedlich und vor allem von der Firmengröße abhängig.

In der Literatur und Praxis wird eine Fülle von Formblättern für die verschiedensten Berichtsthemen verwendet. Beispielhaft wird hier nur wiedergegeben:

— Bautagebuch, wie es für den Bericht an den AG verwendet wird
— Leistungsmeldung für eine Baustelle

Firma   **Bautagebuch**

Baustelle: _____   Blatt Nr. _____
Ort: _____   Tag: _____

Wetter	Vormittag	Nachmittag	Arbeitskräfte	1. Schicht	2. Schicht
Beschreibung			Aufsicht		
Temperatur °C			Facharbeiter		
Uhrzeit			Werker		
Max. Temperatur °C			Maschinisten		
Min. Temperatur °C			Sonstige		
			Insgesamt		

Baugeräteeinsatz:

Behinderungen: Außervertragliche Leistungen:

Ausgeführte vertragliche Leistungen:

Eingang von Zeichnungen: Besuche und Anordnungen:
Nr. | Bezeichnung

Besondere Vorkommnisse:

Aufgestellt: _____   Gesehen: _____

Bis zum 6. jeden Monats an HV schicken

Leistungsmeldung per _____
(alle Beträge ohne Mehrwertsteuer)

für Baustelle _____   Konto-Nr. _____

I. Auftragsübersicht	Betrag (DM)	Betrag (DM)
1. Ursprüngliche Auftragssumme		
2. Zusatzaufträge, genehmigte Nachträge		
3. Ausgeführte außervertragliche Leistungen		
4. Summe 1 bis 3		+
5. Ausgeführte Gesamtleistung bis Ende Berichtszeitr.		
6. Auftragsminderung (+), Auftragsmehrung (−)		
7. Summe 5 bis 6		−
8. Voraussichtlich noch auszuführender Auftragsumfang		

II. Künftige Entwicklung der Leistung und Belegschaft

Monat						Restleistung
Leistung (TDM)						
Belegschaft (Mann)						

III. Leistungen (Bauherrnpreise)	Forderungen berechnet + unberechnet − Vorgriff[1] =			Leistungen insgesamt
1. Eigenleistung				
2. Nachunternehmer				
3. Tagelohnarbeiten				
4. Leistungen für Dritte				
5. _____				
6. Summe 1 bis 5				
7. ./.Leistung gemäß letzter Meldung per _____				
8. Leistung im Berichtszeitraum				

IV. Abgrenzung der Kosten	Baustelle	Verwaltung
1. Lagernde Baustoffe		−
2. Lagernde Betriebsstoffe u. Sonstige Stoffe		−
3. Vorhandene Hilfsstoffe (z.B. Schalung) zum Restwert		−
4. Gelieferte aber noch nicht berechnete Baustoffe	−	
5. wie 4. jedoch Betriebsstoffe und Sonstige Stoffe	−	
6. Noch unberechnete Leistungen der Nachunternehmer		−
7. Noch unberechnete Kosten für Fremdgeräte		−
8. _____		

I2

[1] oder andere Leistungsberichtigungen, z.B. Rechnungsabstriche, Nacharbeiten

3.6 Beweissicherung auf der Baustelle

Bei der Planung und Ausführung von Bauwerken werden laufend Beweismittel geschaffen, vernichtet bzw. unzugänglich gemacht. Diese Beweismittel erfahren meistens erst im nachhinein ihre volle Bedeutung, wenn gegenseitige Ansprüche der Vertragspartner abgerechnet werden oder wenn Haftungsfragen zu klären sind.

Deshalb sollten die Vertragspartner während der gemeinsamen Tätigkeit für das Bauobjekt ständig bemüht sein, Beweise zu dokumentieren und zu sichern. Dazu folgende Hinweise:

1. Bautagebuch führen	Formulare verwenden, z.B. gem. 3.5
2. Abnahmeprotokolle	beide Partner (AN und AG) unterschreiben
3. Fotografien	sind nur gute Beweismittel, wenn durch Unterschrift der Betroffenen, Ort und Datum der Aufnahme bestätigt ist
4. Vertragspläne	festlegen, welche Pläne das sind: Baugenehmigungspläne, Ausführungspläne
5. Planbedarfsliste	mit Planlieferungsterminen
6. Planeingangsbuch	Daten der Planeingänge, auch der „Indexpläne", festhalten
7. Aktennotizen	Verteiler darauf angeben
8. Persönliche Aufzeichnungen	haben nur begrenzten Beweiswert, dienen jedoch als Gedächtnisstütze
9. Zeugenaussagen	in Aktennotizen festhalten und unterschreiben lassen
10. Normaler Brief	da der Nachweis des Empfanges fehlt, ist das ein schwacher Beweis
11. Einschreibe-Brief	sollte mit Rückschein verschickt werden
12. Bestätigungsschreiben	mündlicher oder telefonischer Vereinbarungen
13. Durchschrift an Vertragspartner, von allen Vorgängen, die diese berühren.	

4 Arbeitsorganisation

4.1 Arbeitsbewertung (AB)

Als AB werden Verfahren zur Bestimmung und Beurteilung der Schwierigkeit von Arbeiten oder Arbeitsbereichen verstanden. Ziel der AB ist es, möglichst objektive Maßstäbe zum Vergleich aller Arbeiten zu bestimmen.

Bewertet werden Arbeitsanforderungen und Inhalte, nicht die persönliche Eignung oder die individuelle Leistung des arbeitenden Menschen.

4.1.1 Aufgabenbereiche der Arbeitsbewertung

Ermittlung eines anforderungsgerechten Arbeitsentgeltes: Arbeitswerte dienen als Richtwerte zur Differenzierung der Grundentgelte. Der individuelle Leistungsbeitrag des arbeitenden Menschen wird darüber hinaus durch Leistungszulagen abgegolten.

Menschengerechte Arbeitsgestaltung: Mit Hilfe der Arbeitsbeschreibung und Arbeitsanalyse lassen sich arbeitsgestalterische Schwachpunkte erkennen.

Personalplanung und Personalführung: Aus der genauen Kenntnis der Arbeitsschwierigkeit lassen sich Anforderungsprofile für den Arbeitsplatzinhaber erarbeiten. Gezielte Auswahl der Mitarbeiter und Weiterbildung wird dadurch ermöglicht.

Organisation und Rationalisierung: Durch Analyse und Ordnung der Arbeitsabläufe lassen sich Erkenntnisse über funktionsgerechte Organisation der Arbeitsabläufe gewinnen.

4.1.2 Merkmale der Arbeitsschwierigkeit

Arbeitsschwierigkeit ist die Gesamtheit der bei einer Arbeit auftretenden Anforderungen an den arbeitenden Menschen. Anforderungsarten oder Merkmale der Arbeitsschwierigkeit sollen die Arbeit möglichst vollständig und eindeutig charakterisieren.

Aus der Vielzahl der Arbeitsbewertungssysteme sind nachstehend beispielhaft gebräuchliche Systeme aufgeführt.

Tafel 12.16   Arbeitsbewertungssysteme (Beispiele)

Haupt-anforde-rungsarten	REFA	Nordwürtt.-Nordbaden Tarifvertrag vom 8.11.67 Metallind. (Lohnempf.)	Wirtschaftsvereinigung Eisen- u. Stahlind. (1971) (Gehaltsempfänger)
Können	1. Kenntnisse 2. Geschicklich-keit	1. Kenntnisse, Ausbildung und Erfahrung 2. Geschicklichkeit, Handfertigkeit	1. Fachkenntnisse 2. körperliche Geschicklichkeit
Verant-wortung	3. Verantwortung	3. Verantwortung für die eigene Arbeit 4. Verantwortung für die Arbeit anderer 5. Verantwortung für die Sicherheit anderer	3. Verantw. für Arbeits-ausführung und -ablauf 4. Verantwortung für Arbeitssicherheit 5. Verantwortung für Personalführung 6. Verantwortung für Kontakte
Belastung	4. geistige Belastung 5. muskelmäßige Belastung	6. Belastung der Sinne und Nerven 7. Zus. Denkprozeß 8. Belastung der Muskeln	7. Nachdenken, Gestalten und Planen 8. Aufmerksamkeit 9. Muskelbelastung
Umge-bungs-einflüsse	6. Umgebungs-einflüsse	9. Schmutz 10. Staub 11. Öl/Fett 12. Temperatur 13. Nässe, Säure, Lauge 14. Gase, Dämpfe 15. Lärm 16. Erschütterung 17. Blendung/Lichtmangel 18. Erkältungsgefahr 19. Unfallgefahr 20. Hinderliche Schutz-kleidung	10. Umgebungseinflüsse/ Unfallgefährdung

12

4.1.3 REFA-Methode der Arbeitsbewertung

1. Stufe Arbeitsbeschreibung: Beschreibung des Arbeitssystems und der Arbeitssituation.

2. Stufe Anforderungsanalyse: Ermitteln von Daten für die einzelnen Anforderungsarten

3. Stufe Quantifizierung der Anforderung: Bewerten der Anforderungen und Errechnen von Anforderungswerten.

4.1.4 Entlohnungsarten

Zeitlohn. Der Lohn ist unabhängig von der erbrachten Leistung, die Höhe des Lohnes ist ausschließlich abhängig von der Arbeitszeit.

Anwendung bei qualitativ hochwertigen Arbeiten, bei Tagelohnarbeiten, bei Arbeitsvorgängen, für die nur schwer Vorgabewerte festgelegt werden können.

Akkordlohn. Mehrlohn und Mehrleistung sind proportional zueinander. Bei Normalleistung wird der Akkordrichtsatz bezahlt, bei Mehrleistung entsprechend mehr, bei Minderleistung jedoch nicht weniger.

Anwendung, wenn Arbeitsablauf vorausbestimmbar, wenn Vorgabezeit eindeutig feststellbar, wenn Leistungsergebnisse direkt zurechenbar, wenn Arbeitsergebnis von dem Betreffenden beeinflußbar ist.

Beachten: Bei Akkordarbeit oft erhöhter Materialverbrauch und verminderte Qualität.

Prämienlohn. Die Höhe des Lohnes kann durch verschiedenartige Beziehungen zur Sachleistung bestimmt werden: z.B. Leistung, Pünklichkeit, Betriebszugehörigkeit, Materialverbrauch, Qualität, Ausschuß usw.

Prämie ist das Entgelt für die erbrachte Leistung.

4.2 Arbeitsstudien nach REFA

Arbeitsstudium ist die methodische Untersuchung und Darstellung der Arbeit zum Zwecke der Arbeitsverbesserung:

— Verringerung des Aufwandes an Zeit, Anstrengung, Material, Energie, Kosten
— Steigerung der Arbeitsgüte, Arbeitssicherheit, Arbeitszufriedenheit.

In Deutschland hat vor allem REFA (Reichsausschuß für Arbeitszeitermittlung e.V.) die systematische Weiterentwicklung des aus dem Angelsächsischen stammenden industrial engineering betrieben.

Schwerpunkte der Arbeitsstudien

Arbeitsgestaltung. Gestaltung der Arbeit derart, daß Menschen, Betriebsmittel und Arbeitsgegenstände optimal zusammenwirken. Bildung von Arbeitssystemen.

6 Stufen zur Gestaltung von Arbeitssystemen:

— Ablaufanalyse
— Gestaltung des Arbeitsplatzes
— Gestaltung des Arbeitsvorganges
— Gestaltung des Arbeitsablaufes zwischen mehreren Arbeitsplätzen
— Erzeugnisgestaltung
— Arbeitssicherheit.

Datenermittlung. Bestimmung von Zeiten für Ablaufabschnitte zur Planung und Kontrolle des betrieblichen Geschehens und als Entlohnungsbasis.

Teilgebiete der Datenermittlung:

— Systeme vorbestimmter Zeiten
— Zeitaufnahmetechniken
— Leistungsgradbeurteilung
— Auswertung von Zeitaufnahmen
— Ermittlung der Erholungszeit
— Ermittlung der Prozeßzeit

— Gruppenarbeit, Mehrstellenarbeit
— Planzeiten
— Multimomentaufnahmen
— Verteilzeitaufnahmen
— Gruppenzeitaufnahmen nach IfA
— Kennzahlen.

Arbeitsbewertung. Bewertung der Anforderungen einer bestimmten Arbeit an den Menschen und Beurteilung seiner Leistungsintensität:

— Lohngestaltung
— Summarische oder analytische Arbeitsbewertung
— Arbeitszeit-Richtwerte.

Arbeitsunterweisung. Vermittlung von Fertigkeiten und Kenntnissen an Arbeitspersonen für eine ordnungsgemäße, systematische und rationelle Ausführung von Arbeitsabläufen:

— Lernhilfen
— Festlegung des Ausbildungszieles
— Schaffung der sachlichen und persönlichen Voraussetzungen.

4.3   Stellenbeschreibung

Eine Stelle ist die kleinste organisatorische Einheit des Betriebes. Die Stellenbeschreibung gibt für Angehörige des Betriebes die Aufgaben, Befugnisse und Verantwortung der Stelle an, die er einnimmt. Die Stellenbeschreibung ist ein ergänzendes Detail der Aufbauorganisation eines Betriebes.

Eine Stellenbeschreibung enthält i.d.R. folgende Aufgaben:

(1) Bezeichnung der Stelle

(2) Rangstufe
    — direkter Vorgesetzter des Stelleninhabers
    — direkt unterstellte Mitarbeiter

(3) Stellvertretung
    — der Stelleninhaber wird vertreten durch ...
    — der Stelleninhaber vertritt ...

(4) Hauptaufgabe der Stelle

(5) Teilaufgaben der Stelle

(6) Sonderaufgaben
    — fachbezogene
    — personenbezogene

(7) Befugnisse des Stelleninhabers
    — rechtliche Vertretungsbefugnis
    — Unterschriftsbefugnis

(8) — Informationen und Zusammenarbeit mit anderen Stellen
    — nach oben bzw. unten
    — nach außen bzw. quer

(9) Sonstiges
    — Anforderungen an den Stelleninhaber
    — Bewertungsmaßstab für die Stelle

I2

4.4 Arbeitsbeschreibung

Die Arbeitsbewertung für Angestelltentätigkeit ist besonders schwierig. Grundlage dazu ist eine ausführliche Arbeitsbeschreibung.

Tafel 12.18 Beispiel für eine Arbeitsbeschreibung im Angestelltenbereich nach [13]

Arbeitsbeschreibung	Fertigungsleiter		Ordnungsnummer: 4711
Unternehmen	Arbeitsplatz Fertigteilwerk		Kostenstelle: 6199
	Abteilung		Gültig ab: 1.10.95

Arbeitsaufgaben	%-Anteil	Detaillierte Beschreibung
Disponieren, Organisieren, Vorbereiten, Anordnen	25%	Einteilung der Schichten, Festlegen von Qualitätsnormen. Ermittlung des Personalbedarfs, Arbeitsplatzbelegung, Überstundenplanung, Urlaubs- und Vertretungsplanung, Disponieren der Instandhaltungsarbeiten
Überwachen, Kontrollieren	55%	Terminkontrolle, Kostenüberwachung, Personaleinsatz, Überwachung des Arbeitsfortschritts und der planmäßigen Instandhaltung
Berichten, Beraten	20%	Lohnveränderungen, Neuanschaffung (Maschinen, Vorrichtungen etc.). Beratung der Konstrukteure in fertigungstechnischen Fragen, Rationalisierungsmaßnahmen.

Unterstellung	**Überstellung**	**Vertretung**
Fachlich und disziplinarisch dem Werksleiter	Meister, Vorarbeiter	Disziplinarisch: durch den Werksleiter, fachlich: durch die Meister

Arbeitszeiten: 7.00 Uhr bis 16.00 Uhr: Rufbereitschaft

Kompetenzen:
Er entscheidet über Einteilung und Veränderungen des Arbeitsablaufes in Abstimmung mit der Arbeitsvorbereitung. Er bestellt Werkzeuge und Materialien. Er entscheidet zusammen mit dem Werksleiter über die Anschaffung neuer Maschinen, Vorrichtungen etc. Er stellt ein und entläßt Mitarbeiter für den Fertigungsbereich in Abstimmung mit der Personalabteilung. Er legt in Abstimmung mit der Konstruktionsabteilung Qualitätsnormen fest.

Vorschriften, Richtlinien und Arbeitsunterlagen:
Fertigungshandbuch, Unfallverhütungsvorschriften, Betriebsverfassungsgesetz, Personalrichtlinien, Einkaufsvorschriften, Abnahmerichtlinien, Kostenstellenverzeichnis, Instandhaltungspläne, Arbeitszeitordnung, einschlägige gesetzliche Regelungen.

Arbeitsort, technischer Bereich und Arbeitsgeräte:
Büro in der Fertigungshalle, schallgeschützt. Bei Kontrollgängen, gesamter Fertigungsbereich einschließlich Freianlagen.

Bemerkungen/Änderungsvermerke:

Unterschriften:

Datum				
Unterschrift	Arbeitsplatzinhaber	Vorgesetzter	Sachbearbeiter	Belegschaftsvertreter

4.5 Leistungsbeurteilung

Soll nach objektiven Gesichtspunkten erfolgen. Um subjektive Beurteilungen des Beurteilenden zu mildern, sollten

— Kollegen des Beurteilenden mitwirken
— die Beurteilten das Ergebnis erfahren (Gespräch und ggf. Stellungnahme).

Leistungsbeurteilungen können auch der Lohnfindung dienen. Der nachstehende Beurteilungsbogen ist 1975 von den Tarifvertragsparteien in der Bayerischen Metallindustrie eingeführt worden. Die Höhe der erreichten Punktzahl (max. sind 100 Punkte erreichbar) ist das Maß für die Leistungszulage.

Tafel 12.19 Beurteilungsbogen für die Leistungsbeurteilung gem. Anhang 6 MTV/gewerbliche Arbeitnehmer und Anhang 3 MTV/Angestellte Bayerische Metallindustrie

Beurteilungsmerkmale	Zu beurteilen zum Beispiel an Hand von:	Beurteilungsstufen — Zutreffendes bitte ankreuzen = ⊗				
		A Die Leistung ist für eine Leistungszulage nicht ausreichend	B Die Leistung entspricht im allgemeinen den Anforderungen	C Die Leistung entspricht in vollem Umfang den Anforderungen (mittleres Leistungsniveau)	D Die Leistung übertrifft die Anforderungen erheblich	E Die Leistung übertrifft die Anforderungen in hohem Maße
I Arbeitsquantität	— Umfang des Arbeitsergebnisses — Arbeitsintensität — Zeitnutzung	0 ◯	7 ◯	14 ◯	21 ◯	28 ◯
II Arbeitsqualität	— Fehlerquote — Güte	0 ◯	7 ◯	14 ◯	21 ◯	28 ◯
III Arbeitseinsatz	— Initiative — Belastbarkeit — Vielseitigkeit	0 ◯	4 ◯	8 ◯	12 ◯	16 ◯
IV Arbeitssorgfalt	— Verbrauch und Behandlung von Arbeitsmitteln aller Art — Zuverl., rationell., kostenbewußtem Verhalten	0 ◯	4 ◯	8 ◯	12 ◯	16 ◯
V Betriebliches Zusammenwirken	— Gemeinsamer Erledigung von Arbeitsaufgaben — Informationsaustausch	0 ◯	3 ◯	6 ◯	9 ◯	12 ◯
Erreichte Punktsumme:				LZ in %:		
Unterschrift des Beurteilenden:				Datum:		

12

Tafel 12.20   Muster eines Beurteilungsbogens nach [47]

Name ———————————————————— geb. —————————
Betriebseintritt am ——————— als ——————————————
Derzeitige Tätigkeit als ——————————————————

lfd. Nr.	Beurteilungsgebiet/Sparte	Beurteilung I	II	III
1.1	Fachkenntnisse im Einsatzbereich			
1.2	Auffassungsgabe und Beweglichkeit			
1.3	Selbständigkeit und Verantwortungsbereitschaft			
1.4	Gedächtnis und Urteilsfähigkeit			
1.5	Zuverlässigkeit			
	Erreichte Punkte von möglichen 30 =			
2.1	Arbeitsqualität			
2.2	Einsatz- und Leistungsbereitschaft			
2.3	Eigeninitiative			
2.4	Belastbarkeit/Krankheitsausfall			
2.5	Kostenbewußtsein/Wirtschaftlichkeit			
	Erreichte Punkte von möglichen 30 =			
3.1	Persönliches Auftreten			
3.2	Zusammenarbeit mit Kollegen			
3.3	Zusammenarbeit mit Vorgesetzten			
3.4	Autorität, Durchsetzungsvermögen			
3.5	Umgang mit den Kunden			
	Erreichte Punkte von möglichen 30 =			
4.1	Mitarbeiterauswahl/Menschenkenntnis			
4.2	Mitarbeiterbehandlung			
4.3	Arbeitsplanung/Arbeitsvorbereitung			
4.4	Organisationsvermögen			
4.5	Flexibilität			
	Erreichte Punkte von möglichen 30 =			
	Gesamtpunkte von möglichen 120 =	☐	☐	☐

Es sind alle Sparten einzeln mit Punkten zu bewerten, wobei folgender Schlüssel anzuwenden ist:

Erreichter Durchschnitt = Gesamtpunkte/20   ☐   ☐   ☐

ungenügend = 0 Punkte   ausreichend = 2 Punkte   gut   = 4 Punkte
mangelhaft = 1 Punkt   befriedigend = 3 Punkte   sehr gut   = 5 Punkte
                                                     hervorragend = 6 Punkte

Unterschrift des Beurteilers:

Datum I: ———————————————   I: ——————————————
Datum II: ———————————————   II: ——————————————
Datum III: ———————————————   III: ——————————————

4.6 Menschliche Leistungsfähigkeit

Natürliche Leistungsbereitschaft in Abhängigkeit von der Tageszeit (nach O. Graf)

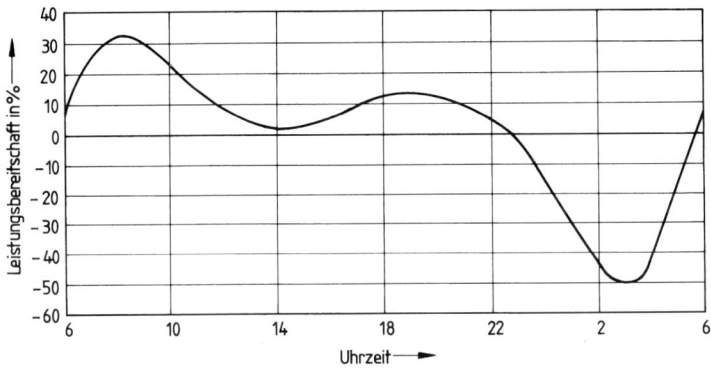

Bild 12.19

Tafel 12.21 Arbeitspausen und Arbeitsleistung nach [13]

Art der Pause	Erholungswirkung
— Gesetzlich vorgeschriebene Pausen z.B. gem. Arbeitszeitordnung	groß
— Erholungszuschläge (s. Tabelle nach W. Rohmert) bei besonders schwerer Arbeit z.B. bei Hitze, schweres Tragen	groß
— Ablaufbedingte Arbeitsunterbrechungen z.B. Warten auf Kran — gelegentlich auftretend — regelmäßig auftretend	gering größer
— Willkürliche Unterbrechungen der Arbeit — Kürzestpausen (einige Sekunden bis etwa 30 Sekunden) — Kurzpausen (30 Sekunden bis 5 Minuten)	groß als „getarnte" Pause: gering als „offene" Pause: groß

12

Tafel 12.22 Erholungszuschläge in Abhängigkeit von der Dauer der ununterbrochenen Tätigkeit und schwerer dynamischer Muskelkraft (nach W. Rohmert)

Dauer der ununterbrochenen Tätigkeit in Minuten	Erholungszuschläge in % (s. unten) bei Beanspruchungsstufe					
	sehr gering	gering	mittel-schwer	schwer	sehr schwer	außergewöhnl.
1	0	0	7	23	50	100
1 bis 3	0	1	8	26	60	120
3 bis 5	0	2	9	30	65	140
5 bis 10	0	3	10	32	70	
10 bis 30	0	4	12	37		
30 bis 60	0	5	14			
60 bis 120	0	6	Überbeanspruchung			

Durchschnittliche **Muskelkraft** in Abhängigkeit von Alter und Geschlecht nach Hettinger in [13]

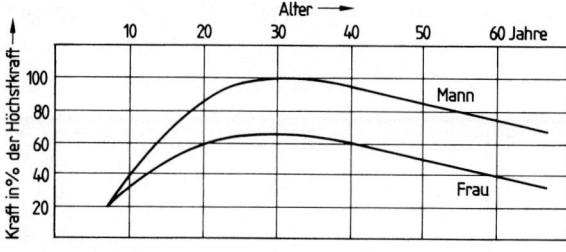

Bild 12.20

Tafel 12.23 Änderungen der psychischen Funktionen im Alter
nach Poeverlein in [13]

Positive Wirkung	Änderung der psychischen Funktionen	Negative Wirkung
	Wille	
Güte	Spannkraft ↓	Nachgiebigkeit
Besonnenheit	Entschlußfähigkeit ↓	{ Wankelmut { Eigensinn
	Denken	
Besinnlichkeit	Kombinationsfähigkeit ↓	Mangel an Phantasie
Beharrlichkeit	Umstellungsfähigkeit ↓	Schwerfälligkeit
	Gedächtnis	
Sinn für Zusammenhänge ⎫	Aufnahmefähigkeit ↓	Rückwärtsgewandtheit
Sinn für Wesentliches ⎭	Behaltensfähigkeit ↓	„schlechtes Gedächtnis"
	Wahrnehmung	
Ruhe	Reaktionsgeschwindigkeit ↓	{ Langsamkeit { Schwerfälligkeit
Verinnerlichung ⎫ Beschaulichkeit ⎭	Aufmerksamkeit ↓	{ Trugwahrnehmungen { Phantasmen
	Gefühle	
Beständigkeit ⎫	Ansprechbarkeit ↓	Stumpfheit
Gelassenheit ⎭	Stärke ↓	Nachlässigkeit
	Antriebe	
Abgeklärtheit ⎫ Güte ⎭	Stärke der vitalen Antriebe ↓	{ Gleichgültigkeit { Resignation
Verantwortung ⎫ Berufsethos ⎭	ethische u. religiöse Strebungen ↑	{ Prüderie { Bigotterie

5 Qualitätsmanagement

5.1 Begriffe

Der Begriff „Qualität" hat sich in den letzten 50 Jahren erheblich gewandelt. Während früher die Sicherstellung bzw. die Ausweitung der Produktion im Vordergrund stand, ist es heute entscheidend, daß sich der Kunde umfassend und kompetent beraten fühlt, daß ein Bauvorhaben mängelfrei, zum vereinbarten Preis/Leistungs-Verhältnis und insbesondere termingerecht durchgeführt wird. Eine hohe Kunden-zufriedenheit zu erreichen, ist Voraussetzung, um erfolgreich am Markt tätig zu sein.

Tafel 12.24 Der Wandel des Begriffs „Qualität" in den vergangenen 50 Jahren

1.	Der Kunde muß nehmen, was er bekommt.	Was Qualität ist, legt der Lieferant fest. Fehler werden durch Sortierung beseitigt. Der Lieferant sieht seine Aufgabe darin, die Produktion mengenmäßig zu sichern bzw. zu steigern. Die Kosten bestimmen den Preis.
2.	Der Kunde muß nehmen, was vereinbart ist.	Der Kunde setzt erste, einfache Qualitätsanforderungen durch. Eine festgelegte Fehlerhäufigkeit darf nicht über-schritten werden, so daß Endprüfungen für den Lieferanten erforderlich werden (sog. „statistische Qualitätskontrolle").
3.	Der Kunde muß nichts, sondern der Lieferant muß fehlerfrei liefern.	Der Kunde erwartet mängelfreie Produkte, so daß an die Stelle der nachträglichen Fehlererkennung und -beseitigung die vorbeugende Fehlerverhütung tritt (Qualitätsmanage-ment). Die Mitarbeiter müssen den Produktionsprozeß be-herrschen und Fehlern vorbeugen.
4.	Der Lieferant muß die Erwartungen des Kunden erfüllen.	Die Produktqualität wird vom Kunden als selbstverständlich vorausgesetzt, so daß der Service im weitesten Sinne immer wichtiger wird. Um eine hohe Kundenzufriedenheit zu er-reichen, müssen sich die Mitarbeiter mit ihrer Aufgabe und deren Bedeutung für den Kunden identifizieren („Total Quality Management").
5.	Die Lieferant muß die Erwartungen des Kunden übertreffen.	Wer sich vom Wettbewerb abheben will, muß bessere Ideen haben, um den Kunden von seiner Leistungsfähigkeit zu überzeugen. Der Kunde erwartet innovative Problemlösun-gen.

Die aktuelle Fassung der Norm definiert den Begriff „Qualität" wie folgt: „Qualität ist ... die Gesamtheit von Eigenschaften und Merkmalen eines Produktes oder einer Dienstleistung, die sich auf deren Eignung zur Erfüllung festgelegter oder vorausge-setzter Erfordernisse beziehen (DIN 55350-11)".

Davon zu unterscheiden ist das Qualitätsniveau. Produkte mit hohem Qualitäts-anspruch können von nicht zufriedenstellender Qualität sein, d.h. Qualität ist nicht der Unterschied zwischen VW und Mercedes, sondern die Erfüllung der Kunden-anforderungen.

I2

Ziel der Qualitätsmanagementsysteme ist deshalb, Kundenzufriedenheit zu erreichen durch:

— Vermeiden von Mängeln
— Kosteneinhaltung
— Termineinhaltung

Durch die Einführung eines QM-Systems, das Qualität vom Entwurf bis zur Ausführung gezielt plant und organisiert, sollen

— Fehler nach dem Motto „Mach's gleich richtig!" vermieden werden
— Ersatzleistungen und Vertragsstrafen vermieden werden
— zufriedene Kunden geschaffen werden
— die Wettbewerbsfähigkeit eines Unternehmens gestärkt
— und letztendlich Arbeitsplätze gesichert werden.

Grundlagen für die Einführung eines Qualitätsmanagementsystems sind die Normen der DIN EN ISO 9000 ff.

Tafel 12.25   Normen DIN EN ISO 9000 ff.

DIN EN ISO 9000-1	Normen zum Qualitätsmanagement und zur Qualitätssicherung/QM-Darlegung — Teil 1: Leitfaden zur Auswahl und Anwendung (8/94)
DIN EN ISO 9001	Qualitätsmanagementsysteme — Modell zur Qualitätssicherung/QM-Darlegung in Design, Entwicklung, Produktion, Montage und Wartung (8/94)
DIN EN ISO 9002	Qualitätsmanagementsysteme — Modell zur Qualitätssicherung/QM-Darlegung in Produktion, Montage und Wartung (8/94)
DIN EN ISO 9003	Qualitätsmanagementsysteme — Modell zur Qualitätssicherung/QM-Darlegung bei der Endprüfung (8/94)
DIN EN ISO 9004	Qualitätsmanagement und Elemente eines Qualitätsmanagementsystems — Teil 1: Leitfaden (8/94)

Die Normen DIN EN ISO 9001, 9002 und 9003 dienen der Darlegung des Qualitätsmanagementsystems.

Tafel 12.26 Qualitätsmanagement-Elemente nach DIN EN ISO 9001

	QM-Element	Wesentliche Inhalte
1	Verantwortung der Leitung	– Qualitätspolitik – Organigramm, Mittel und Personal, Qualitätsbeauftragter – Bewertung des QM-Systems (Review)
2	Qualitätsmanagement-system	– Dokumentationsstruktur – QMH, VA, AA, MU, QM-Plan
3	Vertragsprüfung	– Kundenanforderungen eindeutig erkennen – Machbarkeitsprüfung – Vorgehen bei Nichterfüllung, Änderungen
4	Designlenkung (Beherrschung der Planungsvorgänge)	– Planung, Schnittstellen, Vorgaben, Änderungen – Prüfung und Dokumentation der Planungsergebnisse – Projektierung und Erarbeiten von Sondervorschlägen
5	Lenkung der Dokumente und Daten	– Erstellen, prüfen, freigeben, verteilen systembezogener Dokumente (Soll-Zustand) – Pflege der Dokumente, Änderungswesen
6	Beschaffung (Einkauf)	– Beschaffung von Material und Dienstleistungen – Beurteilung von Lieferanten und Nachunternehmern
7	Lenkung der vom Kunden beigestellten Produkte	– Identifikation, Prüfung, Lagerung und Instandhaltung der vom Kunden beigestellten Produkte – Vorgehen bei Verlust, Beschädigung oder Mängeln
8	Identifikation und Rückverfolgbarkeit von Produkten	– Nachweis des Werdegangs von Produkten und technischen Unterlagen – Rückverfolgbare Kennzeichnung (Begleitpapiere)
9	Prozeßlenkung	– Planung des Bauablaufs, Arbeitsvorbereitung, QM-Plan – Überwachung der Baudurchführung
10	Prüfungen	– Nachweis der Erfüllung vereinbarter Anforderungen – Dokumentation von Eingangs-, Zwischen- und End-prüfungen
11	Prüfmittelüberwachung	– Beschaffung, regelmäßige Überprüfung und Instand-haltung der eingesetzten Prüfmittel – Kalibrierung und Kennzeichnung der Prüfmittel
12	Prüfstatus	– Kennzeichnung des Prüfzustandes – Kennzeichnungsmittel
13	Lenkung fehlerhafter Produkte	– Umgang mit fehlerhaften Lieferungen und Leistungen – Dokumentation des Ist-Zustandes
14	Korrektur- und Vor-beugemaßnahmen	– Fehlerursachen erkennen und ausschalten – Beurteilen der Wirksamkeit von Korrekturmaßnahmen
15	Handhabung, Lage-rung, Verpackung, Schutz und Versand	– Festlegungen für die Handhabung und den Transport, Lagerung und Schutz der Produkte und Leistungen – Beschädigungen vermeiden
16	Lenkung von Qualitäts-aufzeichnungen	– Durchgängige Dokumentation des Ist-Zustandes – Organisation der Archivierung
17	Interne Qualitätsaudits	– Interne Überprüfung der Wirksamkeit und ständige Ver-besserung des QM-Systems – Auditplanung, -durchführung, -bericht, Korrekturen
18	Schulung	– Qualifikation des Personals – Bedarfsermittlung, Schulungsplanung, Dokumentation
19	Wartung (Kunden-dienst)	– Kundenbetreuung, Service
20	Statistische Methoden	– Festlegung der statistischen Methoden

12

DIN EN ISO 9001 ist mit 20 QM-Elementen die umfassendste dieser Normen und trifft für die Bauunternehmen zu, die Planungsleistungen erbringen. Ist dies nicht der Fall, kann auf das QM-Element „Designlenkung" verzichtet werden und ein QM-System nach DIN EN ISO 9002 aufgebaut, dargestellt und nachgewiesen werden. Bei einer Zertifizierung nach DIN EN ISO 9003 entfallen zusätzlich die QM-Elemente Beschaffung, Prozeßlenkung und Wartung.

5.2 Aufbau eines Qualitätsmangementhandbuches

Das Qualitätsmanagementhandbuch (QMH) enthält die Beschreibung des QM-Systems. Es gibt sowohl über die Qualitätspolitik als auch über die Aufbau- und Ablauforganisation, über die Festlegung der Zuständigkeiten für die Qualität sowie über alle Maßnahmen und Regelungen zur Dokumentation und Überwachung des Qualitätsmanagements durch interne Audits in einem Unternehmen hinreichend Auskunft. Das QMH ist somit eine komprimierte Darstellung der betrieblichen Abläufe aus Sicht des Qualitätsmanagements.

Der Aufbau eines QM-Handbuches erfolgt z. B. entsprechend folgender Struktur:

1. Einführung
2. Benutzerhinweise
3. Systembegleitende Dokumente
4. Darstellung der Qualitätselemente
5. Begriffserklärung
   nur für den firmeninternen Gebrauch
6. Verfahrensanweisungen
7. Arbeitsanweisungen
8. Mitgeltende Unterlagen.

Das QMH beschreibt allgemein das QM-System und bildet als „Dach" die Grundlage für die Erstellung von Verfahrens- und Arbeitsanweisungen. In Verfahrensanweisungen (VA) werden konkret die arbeitsplatzübergreifenden Abläufe im Unternehmen dargestellt, während Arbeitsanweisungen (AA) die arbeitsplatzbezogenen Abläufe und Tätigkeiten regeln. Die mitgeltenden Unterlagen (MU) beinhalten die abteilungs- und funktionsspezifischen Angaben.

VA, AA und MU sind projektunabhängige Unterlagen. Dagegen gehört der QM-Plan zu den projektabhängigen Unterlagen, da er Vorgaben und Regelungen für ein bestimmtes Bauprojekt bzw. eine bestimmte Bauleistung trifft. Er ist erforderlich, wenn:

— der Kunde es fordert,

— notwendige Vorgaben im firmeneigenen QM-System nicht oder nicht zutreffend geregelt sind,

— die Komplexität des Projektes es fordert.

Der klassische Aufbau des QM-Handbuches wird anhand des Qualitätselementes 6 „Beschaffung (Einkauf)" beispielhaft dargestellt auf den nachfolgenden Tafeln

Tafel 12.27   QMH — 4.6 Beschaffung (Einkauf)

Tafel 12.28   VA — 6.6.1 Preisermittlung bei Anfragen

Tafel 12.29   AA — 7.6.1 Beurteilungsgrundlagen für die Lieferantenauswahl

Tafel 12.30   MU — 8.3.6 Funktionsbeschreibung Einkauf.

Tafel 12.27 QMH − 4.6 Beschaffung (Einkauf)

Revision: A	Seite: 1/1	**Qualitätsmanagementhandbuch**	Firma
		4.6 Beschaffung (Einkauf)	

4.6.1. Zweck

Es soll sichergestellt werden, daß nur Material und Dienstleistungen beschafft werden, die die an sie gestellten Anforderungen erfüllen. Es kommt insbesondere auf die Eindeutigkeit der Bestellunterlagen und die Auswahl der Unterlieferanten (Materiallieferanten, Nachunternehmer) an.

4.6.2 Anwendungsbereich

Die hier getroffene Regelung betrifft alle Beschaffungsmaßnahmen, die zur Erfüllung eines Projektes notwendig sind.

4.6.3 Zuständigkeiten

Für die Beschaffung von Material und Dienstleistungen ist der Einkauf zuständig. Der Kalkulator bzw. die Projektleiter haben dafür Sorge zu tragen, daß der Einkauf die für die Anfrage erforderlichen Spezifikationen erhält. Der Einkauf ist für die Beurteilung der Lieferanten und Nachunternehmer verantwortlich.

Die Beschaffung von Investitionsgütern erfolgt auf Basis des genehmigten Investitionsplanes durch den Einkauf.

4.6.4 Vorgehensweise

Der Ablauf in der Angebotsphase ist in der VA 6.6.1 ,,Preisermittlung bei Anfragen'' dargestellt. Die Beschaffungsphase ergibt sich aus der VA 6.6.2 ,,Preisermittlung und Einkauf bei Bauprojekten''.

Die Lieferantenauswahl erfolgt auf Basis der AA 7.6.1 ,,Beurteilungsgrundlagen für die Lieferantenauswahl''.

4.6.5 Dokumentation

− Bedarfsmeldungen
− Preisanfragen
− Angebote der Lieferanten
− Preis- und Qualitätsspiegel
− Lieferantendatei
− Bestellungen
− Rechnungen
− Lieferscheine
− Referenznachweise
− Auftragsbestätigungen

4.6.6 Mitgeltende Unterlagen

− VA 6.6.1 Preisermittlung bei Anfragen
− VA 6.6.2 Preisermittlung und Einkauf bei Bauprojekten
− AA 7.6.1 Beurteilungsgrundlagen Lieferantenauswahl
− AA 7.6.2 Inhalte einer Bestellung

I2

Betriebsorganisation

Tafel 12.28 VA — 6.6.1 Preisermittlung bei Anfragen

Revision: A	Seite: 1/1	Verfahrensanweisung	Firma
		6.6.1 Preisermittlung bei Anfragen	

Ablauf   QM-Elemente

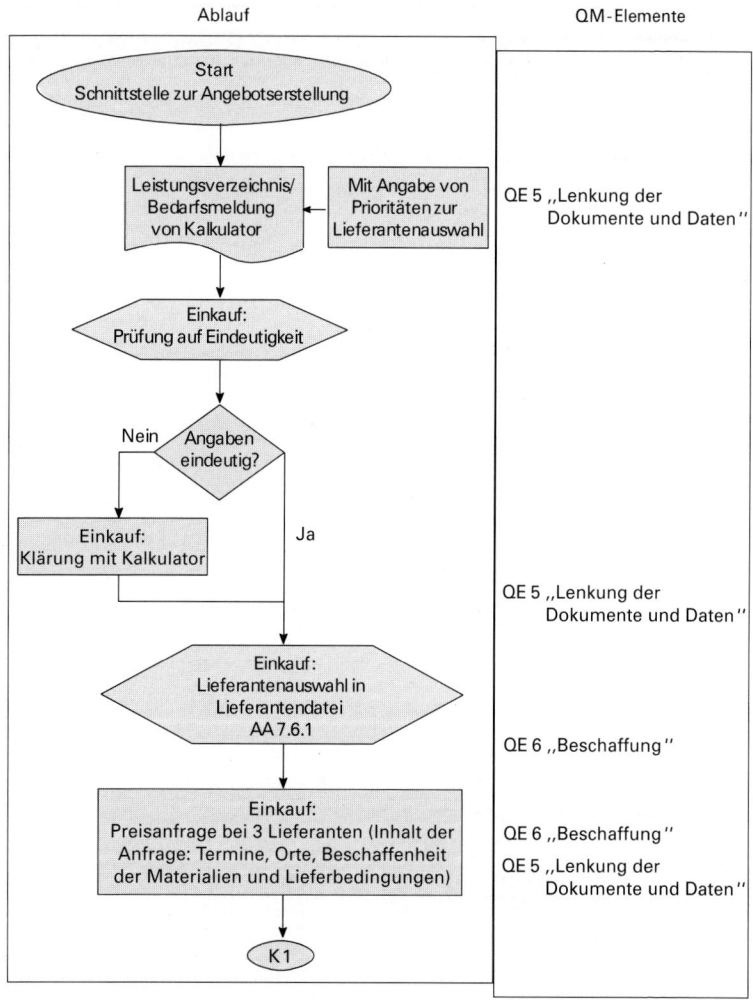

Tafel 12.29   AA – 7.6.1 Beurteilungsgrundlagen für die Lieferantenauswahl

Revision: A	Seite: 1/1	Arbeitsanweisung	Firma
		7.6.1 Beurteilungsgrundlagen für die Lieferantenauswahl	

Lieferanten, von denen Material oder Dienstleistungen beschafft werden, müssen systematisch beurteilt werden, ob sie die an sie gestellten Forderungen erfüllen können. Die Beurteilung hat nach folgenden Kriterien zu erfolgen:

- Preis
- termingerechte Lieferung
- Güte des Materials oder der Leistung (Qualität)
- Umweltverträglichkeit und Rücknahme von Restmaterial (Entsorgung)
- Kulanz des Lieferanten
- Zeit von Bestellung bis Lieferung
- Kompetenz und Erfahrung des Lieferanten
- Zuverlässigkeit
- Wartezeiten bei Selbstabholung
- Service und Flexibilität
- Zertifizierter Lieferant
- Nähe zur Baustelle
- Zahlungskonditionen

Wie wird die Lieferantendatei mit Daten versorgt?
- durch nachprüfbare Referenzen und Zertifikate
- durch Muster und Arbeitsproben
- durch laufende Rückmeldung (Lieferscheineintrag) von den Baustellen

Bei mehreren negativen Einträgen bei einem Lieferanten ist dieser Lieferant für 6 Monate zu sperren. Nach Ablauf der 6 Monate ist der Lieferant auf seine Lieferqualität neu zu überprüfen.

Was ist zu tun, wenn sich ein neuer Lieferant bewirbt?
- Referenzen überprüfen.
- Im Kollegenkreis nachfragen, ob über den neuen Lieferanten Informationen vorliegen.
- Lieferantenaudit durchführen.

12

Betriebsorganisation

Tafel 12.30 MU − 8.3.6 Funktionsbeschreibung Einkauf

Revision: A	Seite: 1/1	Mitgeltende Unterlagen	Firma
		8.3.6 Funktionsbeschreibung Einkauf	

Stelle: Einkauf

Aufgaben: − Kontakt zu Lieferanten halten
− Einkaufspreise einholen
− Lieferbedingungen einholen
− Preise vergleichen
− Verkaufspreise ermitteln
− Preis- und Qualitätsspiegel erstellen
− Bestellungen durchführen
− Preise auf Eingangsrechnungen überprüfen
− Führen der qualifizierten Lieferantendatei

Informationsfluß:

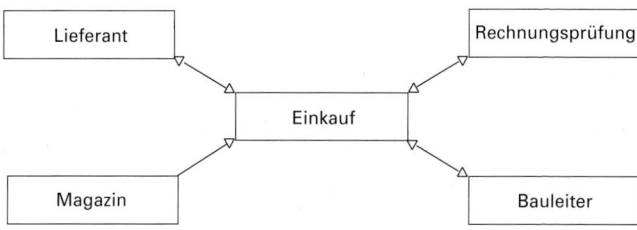

Eingänge:

Ausschreibungen	von Bauleiter
Material- und Gerätebedarf	von Bauleiter
Preise und Lieferbedingungen	von Lieferanten
Eingangsrechnungen	von Rechnungsprüfung
Material- und Gerätebedarf	von Magazin
Informationsbroschüren	von Lieferanten

Abgänge:

Preisanfragen	an Lieferanten
Verkaufspreise	an Bauleiter
Eingangsrechnungen	an Rechnungsprüfung
Bestellungen	an Lieferanten

Tafel 12.31 Prozeßorientiertes QM-System (Beispiel)

	Qualitätselement	Wesentliche Inhalte
1	Leitsätze der Geschäftsführung	Zielsetzung des QM-Systems, Bewertung durch die Geschäftsführung, Mitarbeitergespräche (Ziele setzen)
2	Organisationsstruktur	Organigramm, Stellenbeschreibung, Zuständigkeitsmatrix, Qualitätsbeauftragter
3	Auftragsbeschaffung	Marktbeobachtung, Vertriebsinformationssystem, Angebotsbearbeitung
4	Vertragsprüfung	Vertrag auf Vollständigkeit, Eindeutigkeit, Risikobehaftung, Änderungen prüfen
5	Steuerung der Planung	Terminplanung, Schnittstellenfestlegung, Koordinierungsgespräche, Planänderung, Freigabe dokumentieren
6	Arbeitsvorbereitung	Übergabegespräch, Auftragskalkulation, Bauzeitenplan, Baustelleneinrichtung, QM-Plan
7	Beschaffung und Logistik	Beschaffungsangaben, Abrufliste für die Baustelle, Abnahme von Material und NU-Leistung, Rückverfolgbarkeit von Material, Beschädigungen
8	Baustellensteuerung	Ausführungsunterlagen prüfen, Terminüberwachung, Disposition von Personal, Gerät, Material und NU-Leistung, Bautagebuch, Leistungsmeldung, Nachträge, Bauüberwachung, Abnahme, Mängelbeseitigung, Projektabschlußbericht
9	Abrechnung	prüffähiges Aufmaß, zeitnahe Abschlags-, Teilschluß- und Schlußrechnung, Debitorenliste, Mahnung
10	Kundendienst	Nachbetreuung, Wartungsverträge, Reaktion auf Beschwerden, Service
11	Schriftverkehr, Ablage	Dokumentenmatrix, Postein- und -ausgang, Bauakte, Ablage, Aufbewahrungsfristen
12	Aus- und Weiterbildung	Nachwuchsförderung, Schulungsbedarf, -planung und -maßnahmen, Rückmeldung über Aus- und Weiterbildungsmaßnahmen
13	Qualitätsgrundlagen	Interne Audits, Korrekturmaßnahmen aufgrund von Abweichungen, Lieferantenbeurteilung, Auswertung Projektabschlußberichte, Bewertung und Weiterentwicklung des QM-Systems
14	Arbeits- und Umweltschutz	Sicherheitsvorschriften, Gefährdungsanalyse, Gesundheitsvorsorge, Erste-Hilfe, Pflege und Wartung der Geräte, Prüfmittel

Neben dem elementeorientierten Aufbau eines QM-Handbuches entsprechend der Norm setzt sich immer mehr eine prozeßorientierte Darstellung des Qualitätsmanagement in den Bauunternehmen durch. Das heißt, die Gliederung des QM-Handbuches orientiert sich stark an den jeweiligen Betriebsabläufen und Arbeitsprozessen im Unternehmen. Der Vorteil einer prozeßorientierten Gliederung liegt in der höheren Akzeptanz bei den Mitarbeitern, da diese Darstellung praxisnäher ist. Die Norm läßt die Gestaltung und den Aufbau des QM-Handbuches offen.

5.3 Audits und Zertifizierungsverfahren

Ein Qualitätsaudit ist eine unabhängige, systematische Untersuchung, ob qualitätsbezogene Tätigkeiten und deren Ergebnisse geeignet sind, Ziele zu erreichen, geplanten Anordnungen entsprechen und wirkungsvoll verwirklicht sind. Bei internen Audits ist in erster Linie die Verbesserung der Qualitätsfähigkeit das Ziel, also das Erkennen von Schwachstellen. Bei externen Audits steht vorwiegend der Nachweis der Qualitätsfähigkeit im Vordergrund.

Das Vorgehen bei beiden Auditarten ist weitgehend identisch. Zunächst wird ein Auditplan aufgestellt. Dieser nennt u. a.

— Ziele
— Umfang
— Verantwortliche
— Auditteam
— Zeitplan
— Verteiler.

Der Auditplan sollte vom Auditleiter erstellt, vom Auftraggeber genehmigt und sowohl den Auditoren als auch dem auditierten Unternehmensteil vorliegen.

Anhand einer Audit-Fragenliste (Tafel 12.32) werden Feststellungen über die Dokumentation und die Anwendung des QM-Systems getroffen. Durch Befragung und Beobachtung von Tätigkeiten stellt der Auditor den jeweiligen Sachverhalt fest (Auditprotokoll).

In einem Abweichungsbericht werden Differenzen zwischen dem Soll- und Ist-Zustand dokumentiert, z. B. wenn Normforderungen nicht erfüllt werden oder eine Anweisung nicht wirkungsvoll umgesetzt wurde. Zusammengefaßt werden die Ergebnisse in einem Auditbericht, der vom Auditor mit den verantwortlichen Gesprächspartnern abgestimmt wird und von allen Beteiligten zu unterschreiben ist.

Die Zertifizierung ist eine externe Auditierung des QM-Systems durch eine dritte, neutrale Stelle. Die bekanntesten Zertifizierungsstellen sind die Deutsche Gesellschaft zur Zertifizierung von Qualitätsmanagementsystemen (DQS) und der Technische Überwachungsverein Zertifizierungsgesellschaft (TÜV-CERT).

Der Ablauf eines Zertifizierungsverfahrens erfolgt in vier Schritten:

— Bearbeitung einer Kurzfragenliste, in der checklistenartig die Erfassung der wesentlichen Punkte im QM-System abgefragt wird.
— Prüfung des QMH durch die Zertifizierungsstelle auf Übereinstimmung mit der beantragten Darlegungsnorm (DIN EN ISO 9001, 9002 oder 9003).
— Auditierung durch die Zertifizierungsstelle vor Ort (u. a. Besuch von Baustellen).
— Erteilung des Zertifikates für drei Jahre (jedoch jährlich Überwachungsaudit).

5.4 Vorgehensweise zur Einführung eines QM-Systems

Bevor mit der Einführung eines QM-Systems begonnen wird, muß der Geschäftsführung bewußt sein, daß Qualitätsmanagement ein ständiger Prozeß ist, der nicht mit der Zertifizierung endet. Vielmehr muß ein kontinuierlicher Verbesserungsprozeß angestrebt werden, was voraussetzt, daß auch die Mitarbeiter bereit sind, offen mit Fehlern umzugehen und daraus Korrekturmaßnahmen abzuleiten.

Insofern sind die Mitarbeiter nach der Grundsatzentscheidung der Geschäftsführung für die Einführung eines QM-Systems so früh wie möglich zu informieren. Es sollte ein Arbeitskreis mit engagierten Mitarbeitern gebildet werden, der einen zu bestellenden Qualitätsbeauftragten bei seiner Arbeit unterstützt (Teamarbeit).

Tafel 12.32   Audit-Frageliste (Beispiel)

QM-Norm DIN EN ISO 9001	Audit-Frageliste	Datum:
	4.6 Beschaffung (Einkauf)	

Nr.	Fragen zum QM-System	Dokumentation	B*	Anwendung	B*
1	Beschreiben Sie bitte den Ablauf des Einkaufs an einem Beispiel, *einschließlich:* wie erfolgt die Bedarfsfeststellung, Auswahl der in Frage kommenden Lieferanten, und Nachunternehmer Form der anzufragenden Positionen *(z.B. Kopie des LV oder eindeutige Beschreibung),* Form der Bestellung *(schriftl./mündl.)*		4		
2	Gibt es ein dokumentiertes Verfahren zur Beurteilung von — Materiallieferanten, — Nachunternehmern, — Dienstleistern (z.B. Ingenieurbüro)?				
3	Erfolgt deren Beauftragung nach der gültigen Verfahrensanweisung?				
4	Nach welchen Kriterien beurteilen Sie Lieferanten/Nachunternehmer? *in welchen Zeitabständen?*				
5	Auf welchen Grundlagen *(z.B. Audits, Referenzen, Erfahrungen)* beurteilen Sie Lieferanten/Nachunternehmer?				
6	Existiert eine Lieferantendatei?				
7	Wie erfolgt eine Aufnahme in die Lieferantendatei?				
8	Können Sie einzelne Lieferanten oder Artikel sperren?				
9	Wer entscheidet über die Aufnahme/ Sperrung von Lieferanten und Nachunternehmer?				
10	Werden die Bestellunterlagen überprüft, ob alle notwendigen Daten *(Typ, Menge, Preis, Lieferbedingungen, Gewährleistung)* enthalten sind?				
11	Ist eine Zuordnung der Bestellung zur Baustelle gegeben?				
12	Wie ist die Beschaffenheit von qualitätsrelevanten Investitionsgütern geregelt? *(z.B. Festlegung der techn. Anforderungen)*				

* *Bewertung:* 1 = *erfüllt*   2 = *teilweise erfüllt, aber akzeptabel*
               3 = *nicht erfüllt*   4 = entfällt

I2

Tafel 12.33 Aufgaben des Qualitätsbeauftragten

— Erstellung und Einführung eines Qualitätsmanagementsystems
— Festlegen der Zielsetzung hinsichtlich Zeit, Mittel und Absichten
— Regelung des laufenden Informationsflusses an die Geschäftsleitung
— Änderungsdienst Qualitätsmanagement-Handbuch
— Archivierung der systembezogenen Dokumente
— Information und Schulung der Mitarbeiter
— Organisation und Durchführung von internen Audits
— Bereitstellen von Grundlagen für die Bewertung des Qualitätsmanagementsystems durch die Geschäftsleitung (Aufbereitung des Managementreviews)
— Weiterentwicklung des Qualitätsmanagementsystems

Der Qualitätsbeauftragte (QB) trägt die Verantwortung für die Erstellung, Fortschreibung, Überwachung und Änderung des QM-Systems. Dies kostet Geld. Daher sollte vor Beginn des Projektes eine Kostenermittlung durchgeführt werden, um auf dieser Basis ein Budget für die Einführung des QM-Systems festzulegen.

Tafel 12.34 QM-Ausbildung in der Bauwirtschaft

1. Stufe	Qualitätsbeauftragter Bau	unterstützt beratend die Einführung und Aufrechterhaltung eines QM-Systems
2. Stufe	Qualitätsmanager Bau	ist in der Lage, selbständig ein firmenspez. QM-System aufzubauen und aufrechtzuerhalten
3. Stufe	Fachauditor	ist zusätzlich befähigt, auch als Auditor an Zertifizierungsverfahren mitzuwirken

Sofern noch keine Dokumentation der Aufbau- und Ablauforganisation im Unternehmen vorliegt, ist vor Einführung eines QM-Systems der Ist-Zustand zu erfassen und zu beschreiben. Als Hilfsmittel bieten sich z. B. Fragebögen an, die von den Mitarbeitern zu bearbeiten sind, ergänzt durch Interviews und Beobachtungen am Arbeitsplatz. Diese Unterlagen sind vom QB auszuwerten. Im Ergebnis sollten vorliegen:

— die Aufbau- und Ablauforganisation in Form von Organigrammen und Flußdiagrammen,
— die Beschreibung von Funktionen im Unternehmen mit Darstellung des Informationsflusses zwischen den Stellen,
— eine Zusammenstellung verwendeter Formulare und sonstiger Unterlagen.

Im nächsten Schritt erfolgt eine Gegenüberstellung des Ist-Zustandes zu den Forderungen der ISO-Norm und daraus abgeleitet ein Maßnahmenkatalog bezogen auf die Qualitätselemente (z. B. wo sind Verfahrens- und Arbeitsanweisungen notwendig). Auf dieser Basis sollte der QB mit seinem Team QM-Element für QM-Element abarbeiten und den ersten Entwurf für ein QMH einschließlich notwendiger Verfahrens- und Arbeitsanweisungen erstellen. Grundsätzlich empfiehlt sich, bereits verabschiedete Anweisungen für gültig zu erklären und den Mitarbeitern durch Schulungen, Rundschreiben, Mitarbeiterzeitung oder in turnusmäßigen Besprechungen wie Bauleiter- oder Poliertreffen bekannt zu machen.

Wenn das QMH fertiggestellt und von der Geschäftsführung in Kraft gesetzt ist, alle Verfahrens- und Arbeitsanweisungen eingeführt sind, kann mit dem internen Audit begonnen werden und die Anmeldung zur Zertifizierung bei einer akkreditierten Zertifizierungsgesellschaft wie TÜV CERT oder DQS erfolgen.

5.5 Einbindung von Umweltschutz und Arbeitsschutz (Integrierte Managementsysteme)

Durch die Zusammenfassung der verschiedenen betrieblichen Managementsysteme für Qualität, Umweltschutz und Arbeitssicherheit in ein umfassendes Managementsystem sollen sich ergänzende und sich überlappende Anforderungen genutzt werden. Die Integration ist sinnvoll, um insbesondere den Dokumentationsaufwand im Unternehmen so gering wie möglich zu halten.

Im Herbst 1996 trat die Umweltschutznorm EN ISO 14001 in Kraft, die ohne Branchenbeschränkung deutliche Parallelen zu den bestehenden Qualitätsmanagementnormen der DIN EN ISO 9000ff. aufweist und in weiten Teilen mit der EG-Öko-Audit-Verordnung kompatibel ist.

Tafel 12.35 Gegenüberstellung EN ISO 14001 und EG-Öko-Audit-Verordnung

	EN ISO 14001	EG-Öko-Audit-Verordnung
Geltungsbereich:	weltweit	Europa
Status:	privatrechtliche Norm (Anlehnung an DIN EN ISO 9000ff.)	öffentlich-rechtliche Verordnung mit freiwilliger Beteiligung
Teilnahme-berechtigung:	Anwendung auf die Baubranche möglich	Anwendung auf die Baubranche frühestens ab 1998
Anwendungs-bereich:	auf die gesamte Organisation oder auf einen Teil der Organisation	zur Zeit nur auf Standorte möglich
Zertifizierung, Validierung:	akkreditierter Zertifizierer	Validierung durch Umweltgutachter, Registrierung durch die IHK

Die Gliederung der EN ISO 14001 orientiert sich an den typischen Managementaufgaben:

— Ziele setzen
— Planen
— Organisieren
— Kontrollieren.

Die Aufgaben werden durch jeweilige Unterkapitel präzisiert. In Anlehnung an den Sprachgebrauch der EN ISO 9000ff. werden die Kapitel als Umweltmanagement-Elemente bezeichnet.

Tafel 12.36 Elemente der EN ISO 14001

	UM-Element
1	Umweltpolitik
2	Umweltaspekte
3	Gesetzliche und andere Forderungen
4	Zielsetzungen und Einzelziele
5	Umweltmanagementprogramme
6	Organisationsstruktur und Verantwortung
7	Schulungen
8	Kommunikation
9	Dokumentation
10	Lenkung der Dokumente
11	Ablauflenkung
12	Notfallvorsorge und Maßnahmenplanung
13	Überwachung
14	Abweichungen, Korrektur- und Vorsorgemaßnahmen
15	Aufzeichnungen
16	Umweltmanagement-Audit
17	Bewertung durch die oberste Leitung

12

Ein SCC-Zertifikat verlangen Betriebe der Mineralöl- und Chemischen Industrie von ihren technischen Dienstleistern. SCC ist ein Managementsystem für Sicherheit, Gesundheit und Umweltschutz, das auf Basis einer Checkliste (Fragenkatalog mit Bewertung) von einem unabhängigen Zertifizierer (z. B. TÜV, DQS) auditiert wird. Wenn die Anforderungen erfüllt sind, erhält das auditierte Unternehmen das SCC-Zertifikat, das eine Gültigkeit von 3 Jahren hat.

In Abhängigkeit von der Beschäftigtenzahl eines Unternehmens wird entweder ein:

- eingeschränktes Zertifikat* (10 bis 35 Mitarbeiter) oder ein
- uneingeschränktes Zertifikat** (>35 Mitarbeiter) erteilt.

Die Zertifikate unterscheiden sich dahingehend, daß bei der eingeschränkten Zertifizierung die direkten Arbeitssicherheitsaktivitäten am Arbeitsplatz beurteilt werden und bei der uneingeschränkten Zertifizierung zusätzlich die Arbeitssicherheitsstruktur im Unternehmen.

Beim SCC-System handelt es sich im Grunde um eine Checkliste mit 10 sicherheitsrelevanten Elementen, zu denen 64 Fragen gestellt werden. Die Prüfung erfolgt anhand vorgegebener Kriterien und die Bewertung nach einem festgelegten Punktschema. Insgesamt können 349 Punkte erzielt werden, wobei die Gewichtung der einzelnen Elemente unterschiedlich ist (Tafel 12.37).

Tafel 12.37 Struktur der SCC-Checkliste

	SCC-Elememt	Fragen	Kriterien	Punkte
1	SGU-Politik/-Organisation	15	36	71
2	Auswahl der Mitarbeiter	4	16	24
3	Information/Schulung	8	42	40
4	Einkauf/Kontrolle von Material/Leistungen	6	20	36
5	SGU-Inspektionen/Beobachtungen	4	16	22
6	Regeln/Vorschriften	4	18	24
7	Meldung/Untersuchung von Ereignissen	5	12	37
8	Risikoerfassung	5	12	35
9	Vorbereitung auf Notsituationen	6	17	19
10	SGU-Kommunikation	7	22	41
	Summe	64	211	349

Kleine Unternehmen mit mehr als 10 und weniger als 35 Mitarbeitern erlangen die eingeschränkte Zertifizierung bei positiver Beantwortung von 11 Schlüsselfragen, alle anderen Unternehmen mit mehr als 35 Mitarbeitern müssen zur Erlangung der uneingeschränkten Zertifizierung 17 Schlüsselfragen *(im Prinzip sind dies Pflichtfragen)* positiv beantworten und mindestens 70% der möglichen Gesamtpunktzahl erreichen.

Unabhängig davon, ob SCC*-Zertifikat oder SCC**-Zertifikat, muß zusätzlich nachgewiesen werden, daß die Anzahl der Unfälle ab einem Ausfalltag pro Tausend Mitarbeiter kleiner als 100 ist. Nach 3 Jahren muß die Tausend-Mann-Quote (TMQ = Arbeitsunfälle × 1000/Zahl der im Unternehmen versicherten Personen) auf mindestens 80 gesunken sein. Für das Bauwesen gilt die Ausnahmeregelung, daß ein Bauunternehmen das SCC-Zertifikat auch erhält, wenn es nachweist, daß seine nach Berufsgenossenschafts-Kriterien ermittelte Tausend-Mann-Quote unter dem Durchschnitt der von seiner BG zuletzt ermittelten und veröffentlichten TMQ liegt. Dies bedeutet für Bauunternehmen, die der TBG zugehörig sind, daß sie für 1997 eine TMQ von 97 unterschreiten müssen.

Anmerkung:

Das Arbeitsschutzgesetz verpflichtet jeden Arbeitgeber, sich intensiver mit der Einbeziehung des Arbeitsschutzes in die Unternehmensorganisation zu befassen.

Wichtigste Neuerung des Gesetzes ist die Pflicht des Arbeitgebers, die mit der Arbeit verbundenen Gefährdungen zu ermitteln und die Arbeitsbedingungen zu beurteilen *(§ 5)*. Auf der Grundlage dieser Beurteilung soll dann festgestellt werden, welche Arbeitsschutzmaßnahmen erforderlich sind. Betriebe mit mehr als 10 Beschäftigten müssen seit dem 21.08.1997 das Ergebnis der Gefährdungsbeurteilung dokumentieren *(§ 6)*. Hierzu haben die Berufsgenossenschaften Checklisten und Arbeitsblätter erstellt.

Tafel 12.38   Ablauf der Zertifizierung

1.	Projektgespräch	Das Projektgespräch dient dazu, dem SCC-Auditor einen Überblick über den Status des zu auditierenden Unternehmens zu verschaffen. Er prüft stichprobenartig die Erfüllung der wichtigsten Fragen der SCC-Checkliste. Es werden die erforderlichen Dokumente festgelegt und der Auditzeitplan erarbeitet.
2.	Prüfung des Sicherheitshandbuches (SGU-Unterlagen)	Anhand des Sicherheitshandbuches und seiner mitgeltenden Unterlagen *(z.B. Betriebsanweisungen, Formblätter)* überzeugt sich der Auditor, ob das zu auditierende Unternehmen die Forderungen erfüllt. Auf jeden Fall werden die Schlüsselfragen untersucht. Für das **-Zertifikat werden alle Fragen abgearbeitet. Das Ergebnis wird in einem Bericht dokumentiert.
3.	Zertifizierungsaudit	Das Audit umfaßt den Standort des Unternehmens und eine Auswahl von Projekten in Abhängigkeit von der durchschnittlichen Anzahl der Baustellen. Die Bewertung erfolgt nach den Anforderungen und Kriterien der SCC-Checkliste. Die Punkte werden nur dann vergeben, wenn die Frage in ihrer Gesamtheit positiv beantwortet wurde. Das Audit wird mit einem Bericht abgeschlossen.
4.	Zertifizierung	Der Auditbericht ist die Grundlage für die Zertifikatserteilung. Vorher wird der Bericht jedoch von einem unabhängigen Zertifizierungsausschuß geprüft. Das Zertifikat ist dann drei Jahre gültig.
5.	Überwachungsaudit	In den drei Jahren der Gültigkeit des Zertifikates muß jährlich ein Überwachungsaudit durchgeführt werden. Für diese Audits wird ebenfalls ein Auditplan erstellt.
6.	Wiederholungsaudit	Zur Erneuerung des Zertifikats findet nach Ablauf der Gültigkeit ein Wiederholungsaudit statt, das ähnlich dem Zertifizierungsaudit abläuft.

Zwischen einem QM-System nach DIN EN ISO 9001, einem Umweltschutzmanagement-System nach EN ISO 14001 und einem SCC-System bestehen folgende grundsätzliche Gemeinsamkeiten (ausgehend vom QM):

— Grundsatzerklärung der Geschäftsführung (QE1)
   positive Haltung, Verantwortungsbewußtsein der Geschäftsleitung
— Dokumentationslenkung (QE5)
   zielgerichteten Informationsfluß sicherstellen
— Korrektur- und Vorbeugungsmaßnahmen (QE14)
   Ursachenanalyse, z.B. aufgrund von Unfallanzeigen
— Interne Audits (QE17)
   Überwachung der Effektivität des Systems
— Qualifikation der Mitarbeiter durch Schulungen (QE18)
   systematische Fort- und Weiterbildung, Schulungsplan.

12

Betriebsorganisation

Beim Aufbau eines integrierten Managementsystems wird in der Regel das bestehende QM-System auf seine Eignung für das Umweltschutz- und Sicherheitsmanagement überprüft. Die QM-Elemente werden genutzt und um die Anforderungen des Umwelt- und Arbeitsschutzes ergänzt, ebenso bestehende Verfahrens- und Arbeitsanweisungen. Nur Umweltschutz- und Sicherheitsaspekte, die nicht im bestehenden QM-System eingebunden werden können, sind in zusätzlichen Elementen bzw. VA und AA zu beschreiben.

Eigenständige Umweltschutz- und Arbeitsschutzmanagementsysteme sind auf Dauer unwirtschaftlich, da Insellösungen Doppelarbeit bedeuten und organisatorisch uneffektiv sind. Insofern wird den integrierten Managementsystemen, die auch prozessorientiert aufgebaut sind, die Zukunft gehören.

Kalkulation

Bearbeitet von Prof. Dr.-Ing. Jürgen Pick

Inhalt

I3

689

1 Grundzüge der Kosten- und Leistungsrechnung der Bauunternehmen (KLR) [1]

1.1 Einordnung in das betriebliche Rechnungswesen

Extern: Unternehmensrechnung
Geschäftsbuchführung nach HGB (s. Abschn. „Betriebsorganisation")

Intern: Kosten- und Leistungsrechnung (KLR)
Wertmäßige Erfassung der bei der Produktionstätigkeit voraussichtlich und tatsächlich entstehenden Kosten und Leistungen (in DM).

1.2 Aufgaben der KLR

1.2.1 Unternehmensinterne Aufgaben

Mit der KLR wird die Wirtschaftlichkeit der Leistungserstellung der Bauunternehmung geplant, kontrolliert und gesteuert:

Preisermittlung und -beurteilung
Bereitstellung von Werten für die objektbezogene Kostenermittlung

Überwachung und Steuerung
Ständige Überwachung der Kosten, Leistungen und Ergebnisse der einzelnen Kostenstellen/Abteilungen und daraus abgeleitet die Steuerung der betrieblichen Leistungserstellung.

Innerbetriebliches Berichtswesen und Sonderrechnungen
z.B. Verfahrensvergleiche, Investitionsrechnung.

Kurzfristige Erfolgsrechnung
Bestandsbewertung (unfertige Leistungen) für die kurzfristige Erfolgsrechnung.

1.2.2 Unternehmensexterne Aufgaben

Jahresabschluß
Bestandsbewertung zum Jahresabschluß nach den Vorschriften des Handels- und Steuerrechts.

Sonstiges
Statistische Zwecke (Verbände), Unterlagen für die Baupreisprüfung.

1.3 Bereiche der KLR

Bauauftragsrechnung = auftragsbezogene Kostenermittlung
- Vorkalkulation
- Arbeitskalkulation
- Nachkalkulation

Baubetriebsrechnung = auf Kostenstellen des Baubetriebs bezogene
- Kostenrechnung
- Leistungsrechnung
- Ergebnisrechnung

Soll-Ist-Vergleichsrechnung = Nachkalkulation von Mengen und Werten zur
- Analyse von Abweichungen
- Kontrolle und Steuerung der baubetrieblichen Abläufe
- Bildung von Kennzahlen

Kennzahlenrechnung = Darstellung des Datenmaterials aus den baubetrieblichen Abläufen in Form von betriebswirtschaftlichen Kennzahlen zur
- Beurteilung,
- Kontrolle und
- Disposition

für den Gesamtbetrieb, einzelne Bereiche (z.B. Baustellen) oder Kostenarten (z.B. Löhne). Die Kennzahlen des eigenen Betriebes sollten laufend entsprechenden externen Kennzahlen gegenübergestellt werden.

1.4 Grundbegriffe der KLR

1.4.1 Kosten

sind der in DM bewertete Verbrauch von Gütern und Diensten zum Zwecke der betrieblichen Leistungserstellung.

Kosten in Abhängigkeit von der Ermittlungsbasis

Plankosten werden ermittelt aus geplanten Mengen und erwarteten Preisen, z.B. bei der Angebotskalkulation,

Sollkosten werden gebildet aus vorab ermittelten Mengen und vorgegebenen Preisen, z.B. bei der Arbeitskalkulation,

Istkosten werden ermittelt aus tatsächlich verbrauchten Mengen und tatsächlichen Preisen, z.B. bei der Nachkalkulation,

Normalkosten sind der Mittelwert der Istkosten in einem größeren Zeitraum, z.B. als Basis zur Bildung der Plan- und Sollkosten.

Kosten in Abhängigkeit vom Beschäftigungsgrad

Variable Kosten verändern sich abhängig vom Beschäftigungsgrad im gleichen Verhältnis (proportional), schneller (progressiv) oder langsamer (degressiv).

Fixe Kosten sind vom Beschäftigungsgrad unabhängig.

Kosten in Abhängigkeit von der Bauzeit

Zeitabhängige Kosten ändern sich bei Verlängerung oder Verkürzung der Bauzeit.

Zeitunabhängige Kosten ändern sich nicht bei Bauzeitänderungen.

Kosten in Abhängigkeit von der Zurechnung

Einzelkosten sind Kosten, die ein Kostenträger (z.B. eine Leistungsposition oder Baustelle) verursacht und die ihm somit direkt zugeordnet werden können, z.B. Betonlieferung für Fundamente.

Gemeinkosten sind Kosten, die nur für mehrere Kostenträger gemeinsam entstehen und diesen nur gemeinsam zugerechnet werden können (z.B. Kosten des Bauleiters für alle Leistungen einer Baustelle = Teil der **Baustellengemeinkosten** oder die Kosten der Verwaltung für alle Baustellen = **Allgemeine Geschäftskosten**).

Herstellkosten sind die Summe aus Einzelkosten und Gemeinkosten der Baustelle

Selbstkosten sind die Summe aus Herstellkosten und Allgemeinen Geschäftskosten.

Kalkulatorische Kosten

Kalkulatorische Abschreibungen dienen dazu, die **Wiederbeschaffungskosten** eines Gerätes oder einer Anlage − auf die voraussichtlichen wirtschaftlichen Nutzungsjahre verteilt − als **Aufwand** zu erfassen. Das Unternehmen muß deshalb bei der Preisgestaltung dafür sorgen, daß die kalkulatorischen Abschreibungen ebenso wie andere Aufwendungen verdient werden, damit nach Ablauf der Nutzungsdauer die Wiederbeschaffung eines technisch und leistungsmäßig gleichwertigen Produktionsmittels möglich wird. Die kalkulatorische Abschreibung wird mit gleichbleibenden Raten (lineare Abschreibung) angesetzt.

13

Anmerkung Die kalkulatorische Abschreibung darf nicht mit der bilanziellen oder steuerlichen Abschreibung, der „Absetzung für Abnutzung" (AfA), verwechselt werden, die der steuerlichen Erfassung der Betriebsausgaben dient. Die Nutzungsdauern der AfA-Tabellen der Finanzverwaltung beruhen auf den Erfahrungen der steuerrechtlichen Außenprüfungen und sind nicht identisch mit der tatsächlichen wirtschaftlichen Nutzungsdauer eines Gerätes oder einer Anlage. Die bilanzielle Abschreibung geht vom **Anschaffungswert** aus und wird meist degressiv, also mit fallenden Raten, gewählt.

Kalkulatorische Zinsen werden in der KLR auf das gesamte für die Leistungserstellung eingesetzte Kapital angesetzt, während die Unternehmensrechnung die tatsächlichen Zinsen enthält.

Kalkulatorische Einzelwagnisse der Baustellen, z.B. Lohn- und Stoffpreiswagnisse oder besondere Gewährleistungsrisiken, werden in der KLR durch entsprechende Ansätze objektspezifisch berücksichtigt.

Dagegen wird das **allgemeine Unternehmenswagnis** im Gesamtzuschlag für „Wagnis und Gewinn" angesetzt.

1.4.2 Leistungen

Leistungen sind das in DM bewertete Resultat der betrieblichen Tätigkeit. Das sind bei Bauunternehmungen die Leistungen auf eigenen Baustellen, für Arbeitsgemeinschaften sowie für Dritte. Sie verursachen die Kosten.

Mit der Abrechnung gegenüber dem Auftraggeber wird die Leistung zum Umsatz.

1.4.3 Kalkulatorisches Ergebnis

Das kalkulatorische Ergebnis ist die Differenz aus dem Wert der Leistungen und der dafür verbrauchten Kosten innerhalb eines Abrechnungszeitraumes, z.B. monatliches Baustellenergebnis oder kumuliert seit Beginn der Baustelle zu einem Stichtag:

Leistungen ./. Kosten = Ergebnis

Ergebnisse von Kostenstellenbereichen (z.B. Abteilung Tiefbau) oder des gesamten Betriebes werden immer periodenbezogen, z.B. für ein Jahr, aus den Ergebnissen der einzelnen Kostenstellen ermittelt.

1.5 Elemente der KLR

Die Durchführung der KLR erfordert eine einheitliche, durchgängige Festlegung der
— Kostenarten,
— Kostenstellen und
— Kostenträger.

Sie sind in der Bauauftragsrechnung, der Betriebsrechnung und im Soll-Ist-Vergleich einheitlich festgelegt.

1.5.1 Kostenarten

dienen der Zuordnung der Kosten, d.h. der Feststellung, **welche** Kosten entstanden sind.

Kostenarten nach KLRBau [1]

1. Lohnkosten für Arbeiter (und Gehaltskosten für Poliere und Meister)
1.1 Löhne (und Gehälter) einschl. Zuschläge, Löhne der gewerblichen Arbeitnehmer (Gehälter der Poliere und Meister), Vergütung für gewerblich Auszubildende
1.2 Gesetzliche und tarifliche Sozialkosten
1.3 Sonstige Sozialkosten
1.4 Lohn- und Gehaltsnebenkosten.

Anmerkung Poliere und Meister können sowohl zusammen mit den Lohnkosten für Arbeiter im Mittellohn (AP) wie auch in Kostenart 6 „Allgemeine Kosten" zusammen mit den Gehaltskosten der Techniker und Kaufleute (TK) erfaßt werden. Die Wahl ist dem Unternehmen überlassen.

2. Kosten der Baustoffe und der Fertigungsstoffe

Die Baustoffkosten setzen sich zusammen aus dem Einkaufspreis nach Abzug aller Rabatte, aber ohne Skontoabzug, sowie den Bezugskosten (Transport, Laden etc.).

2.1 Binde- und Zusatzmittel
2.2 Zuschlagstoffe
2.3 Straßenbaustoffe
2.4 Fertigmischgut
2.5 Beton- und Profilstahl
2.6 Spannstahl und Zubehör
2.7 Steine
2.8 Ausbaustoffe
2.9 Sonstige Stoffe einschließlich Fertigteile

3. Kosten des Rüst-, Schal- und Verbaumaterials einschl. Hilfsstoffe

3.1 Rüst- und Schalmaterial
3.2 Verbaumaterial
3.3 Genormte Schalung
3.4 Hilfsstoffe für Rüstung, Schalung und Verbau.

4. Kosten der Geräte einschl. Betriebsstoffe

4.1 Kalkulatorische Abschreibung und Verzinsung
4.2 Reparaturkosten
4.3 Fremdmieten für Geräte
4.4 Betriebsstoffe

5. Kosten der Geschäfts-, Betriebs- und Baustellenausstattung

5.1 Grundstücke und Gebäude
5.2 Feste Betriebsausstattung
5.3 Geschäfts- und Büroausstattung
5.4 Baracken, Bauwagen, einschl. Ausstattung
5.5 Baustelleninstallation
5.6 Kleingeräte, Werkzeuge und sonstige Verbrauchsstoffe
5.7 An- und Abtransport einschl. Ladekosten.

6. Allgemeine Kosten

6.1 Gehaltskosten (TK) (+P)
6.2 Gesetzliche und tarifliche Sozialkosten (TK) (+P)
6.3 Sonstige Sozialkosten (TK) (+P)
6.4 Gehaltsnebenkosten (TK) (+P)
6.5 Fremdgehaltskosten (TK)
6.6 Kosten der technischen Bearbeitung
6.7 Büro- und Verkehrskosten
6.8 Rechts-, Beratungs-, Finanzierungs-, Versicherungs- und Werbekosten
6.9 Sonstige allgemeine Kosten

(T = Techniker, K = Kaufmann, P = Polier/Meister)

7. Fremdarbeitskosten

Fremdarbeiten sind Leistungen aus dem Tätigkeitsbereich des Hauptunternehmers, die dieser an einen Fremdunternehmer weitergibt, z.B. Erdarbeiten, Schal- und Bewehrungsarbeiten. Der Fremdunternehmer übernimmt dabei keine Gewährleistung.

13

8. **Kosten der Nachunternehmerleistungen**

Der Nachunternehmer übernimmt als Fachunternehmer im Auftrag des Hauptunternehmers komplette Leistungen, die dieser nicht ausführen kann. Er gewährleistet auch im Rahmen des Hauptvertrages für seine Leistung. Dies ist z.B. beim Generalunternehmervertrag im schlüsselfertigen Bauen üblich.

Die Kostenarten **Fremdarbeitskosten** und **Nachunternehmerleistungen** werden oft zur Kostenart **Fremdleistung** zusammengefaßt.

1.5.2 Kostenstellen

Die Kostenstellen geben an, **wo** die Kosten entstanden sind

Übliche Kostenstellen der Bauunternehmung:

Verwaltungskostenstellen, z.B.
- Geschäftsleitung
- Lohnbüro
- Buchhaltung
- Rechtsabteilung
- Steuern und Versicherungen
- Einkauf
- Technisches Büro
- Geräteverwaltung
- Kalkulation
- Arbeitsvorbereitung.

Hilfsbetriebe

als eigenständige Betriebsteile, die für andere Kostenstellen tätig werden, z.B.
- zentraler Lagerplatz
- Werkstätten
- Gerätepark
- Fuhrpark
- Biegebetrieb
- Schalbetrieb.

Verrechnungskostenstellen

die keine eigenständigen Betriebsteile sind, sondern der Verrechnung von Kosten und Leistungen dienen, z.B.
- Geräte
- Lkw
- Kleingerät und Werkzeug.

Baustellen

- eigene Baustellen
- Gemeinschaftsbaustellen (z.B. ARGE-Baustellen).

1.5.3 Kostenträger

Die Kostenträger geben Auskunft, **wem** die Kosten zugeordnet werden.

Dies sind in der Regel die Bauleistungen, also die Positionen des Vertrags-Leistungsverzeichnisses. Die Zuordnung ist nicht immer direkt möglich. Dann geschieht dies über den Umweg der Verrechnungskostenstellen.

2 Kalkulation (Bauauftragsrechnung)

2.1 Stufen der Kalkulation

2.1.1 Vorkalkulation

ist die Kostenermittlung für die voraussichtlichen Bauleistungen **vor** der Auftragserteilung:
— Angebotskalkulation
— Auftragskalkulation
— Nachtragskalkulation.

Die **Angebotskalkulation** auf der Basis der Leistungsbeschreibung des Bauherrn, z.B. eines in Positionen gegliederten Leistungsverzeichnisses, dient der Preisfindung für das Angebot zur Beschaffung des Auftrags im Wettbewerb mit anderen Bietern. Dabei ist der Kalkulator bezüglich der Bauverfahren, des Arbeitsablaufs und der Baustoffpreise auf vorläufige Annahmen und Erfahrungen aus ausgeführten Vergleichsbauten angewiesen. Genaue Planungen und Recherchen sind aus Informationsmangel und aus Zeit- und Kostengründen kaum möglich.

Die **Auftragskalkulation** (Vertragskalkulation) begleitet die Verhandlungen zwischen dem Bauherrn und dem anbietenden Unternehmer vor der Erteilung des Auftrages. Sie ist in Form einer Überarbeitung der Angebotskalkulation erforderlich, wenn Abweichungen vom Bauvertrag oder von der Leistungsbeschreibung nach Umfang oder Qualität verhandelt wurden. Das Ergebnis wird im Bauauftrag als Vertragssumme vereinbart.

Nachtragskalkulationen sind während der Bauausführungsphase notwendig für die Kostenermittlung und Nachbeauftragung nachträglich gewünschter oder notwendiger Bauleistungen, die im Hauptauftrag nicht vertraglich vereinbart wurden. Sie werden auch dann erforderlich, wenn sich die Grundlagen der Preisermittlung verändert haben, z.B. durch Verlängerung der Vorhaltezeit für Baustelleneinrichtungen. Vor Erteilung der Nachtragsaufträge dürfen die Arbeiten in der Regel nicht ausgeführt werden (VOB Teil B, § 2 Zi. 5 und 8).

2.1.2 Arbeitskalkulation (Ausführungskalkulation)

Sie ist Bestandteil der **Arbeitsvorbereitung**, d.h. der Planung der wirtschaftlichen Erstellung des Bauwerkes unter den vorgegebenen Bedingungen. Sie berücksichtigt
— geänderte Abläufe und Verfahren,
— verbindliche Angebote für Baustoffe und Nachunternehmerleistungen.

Gliederungsbasis ist nicht mehr allein das vom Bauherrn vorgegebene nach Leistungsgruppen/Gewerken (z.B. Mauerwerk 24 cm dick, Mauerwerk 17,5 cm dick ...) gegliederte Leistungsverzeichnis, sondern vorrangig das am Arbeitsablauf orientierte Arbeitsverzeichnis (z.B. Mauerwerk des Kellers, Mauerwerk des Erdgeschosses ...). Die Gliederung der Arbeitsvorgänge sollte zweckmäßig nach einem betriebsintern einheitlichen

Bauarbeitsschlüssel (BAS) erfolgen. Dieser dient gleichzeitig als Ordnungsschlüssel zur Sammlung von Erfahrungswerten für zukünftige Kalkulationen (BAS-Stammdatei).

Die Zuordnung der Kosten nach Kostenarten muß in der Arbeitskalkulation und im Rechnungswesen identisch sein.

Verfahren. Die Ermittlung der Herstellkosten ist identisch mit der Vorgehensweise bei der Vorkalkulation. In der Vorkalkulation als Baustellen-Gemeinkosten umgelegte Kosten werden jedoch nach Möglichkeit als Leistungspositionen aufgeführt, z.B. Vorhalten der Baustelleneinrichtung oder Gehälter der Baustelle.

I3

Die Differenz zwischen den so ermittelten Herstellkosten und der vertraglichen Auftragssumme ist der Deckungsbeitrag zu den Allgemeinen Geschäftskosten und zu Gewinn oder Verlust.

Die in der Arbeitskalkulation ermittelten Kosten werden zusammen mit den Vorgabeterminen zu **Leistungsvorgaben** für die Bauausführung und somit zur Grundlage für die monatliche Stunden-, Leistungs- und Kostenkontrolle (Soll-Ist-Vergleichsrechnung).

2.1.3 Nachkalkulation

Die Nachkalkulation dient der Feststellung der tatsächlich entstandenen Ansätze und Kosten während und nach Beendigung der Leistungserstellung, und zwar zur

Überprüfung der Vorgaben der Arbeitskalkulation in Form von Soll-Ist-Vergleichen,

Sammlung von Erfahrungswerten für zukünftige Kalkulationen (BAS-Stammdatei),

Ermittlung von Selbstkostenerstattungspreisen (z.b. Stundenlohnabrechnungspreisen) und Kennzahlen.

2.2 Gliederung der Kostenermittlung

2.2.1 Kostengruppen (s. unter 1.4.1)

Die Kosten eines Bauwerks werden nach ihrer Verursachung und Zurechnung übergeordnet in die folgenden **Kostengruppen** gegliedert und zur Angebotssumme aufaddiert:

Tafel 13.1 Kostengruppen

Einzelkosten der Teilleistungen (EKT)
+ Gemeinkosten der Baustelle (GK)
= Herstellkosten
+ Allgemeine Geschäftskosten (AGK)
= Selbstkosten
+ Wagnis + Gewinn (W + G)
= Angebotsendsumme ohne Umsatzsteuer
+ Umsatzsteuer
= Angebotssumme mit Mehrwertsteuer

2.2.2 Kostenarten (KOA)

Die EKT und die GK werden getrennt nach **Kostenarten** ermittelt (s. unter 1.5.1). In der Praxis haben sich folgende Kostenartengliederungen durchgesetzt.

- KOA 1 Lohn
- KOA 2 Sonstige Kosten
- KOA 3 Geräte
- KOA 4 Fremdleistung.

oder bei Einsatz hochwertiger Schal- und Verbaugeräte

- KOA 1 Lohn
- KOA 2 Material
- KOA 3 Geräte
- KOA 4 Schalung, Gerüste, Verbau
- KOA 5 Fremdleistung.

Bei Erstellung schlüsselfertiger Gebäude kann eine weitere Kostenart **Nachunternehmerleistungen** zugefügt werden. Werden in eine Kostenermittlung bereits mit den Endzuschlägen beaufschlagte Kosten anderer Betriebs- oder Konzernbereiche, z.B. Spezialgründungen, aufgenommen, so sind diese als getrennte Kostenart ohne weitere Zuschläge aufzuführen. In manchen Unternehmen werden die Kostenarten Lohn, Geräte, Schalung-Rüstung-Verbau und Fremdarbeitskosten zu den „Arbeitskosten" aufsummiert, um sie mit einem einheitlichen, vom Material abweichenden Zuschlag versehen zu können.

2.3 Verfahren der Kalkulation

2.3.1 Kalkulation von Einheitspreisangeboten

Basis der Kostenermittlung ist das vom Bauherrn erstellte **Leistungsverzeichnis** (Beispiel: Bild 13.6). Die Bauleistung wird nach Gewerken gegliedert in Einzelpositionen beschrieben, für die die voraussichtlichen Mengen vorgegeben sind. Die Angebotssumme ergibt sich aus der Multiplikation der Mengen mit den Einheitspreisen der einzelnen Positionen. Die Abrechnung erfolgt nach Aufmaß mit den tatsächlich geleisteten Mengen. Das Risiko der richtigen Mengenermittlung liegt beim Bauherrn.

Bei den in der Bauwirtschaft üblichen Kalkulationsverfahren zur Bildung von Einheitspreisen werden die Gemeinkosten den Einzelkosten als Zuschlag zugerechnet. Es handelt sich also um Verfahren der **Zuschlagskalkulation**. Dabei werden zwei Varianten unterschieden:

Kalkulation mit Zuschlagsermittlung über die Endsumme (auch Umlagekalkulation genannt).

Ablauf

1. Berechnungsschritt: Zunächst werden für alle Positionen des Leistungsverzeichnisses die Einzelkosten der Teilleistungen (EKT) ermittelt und aufaddiert, getrennt nach den vorgegebenen Kostenarten.

Die Gemeinkosten der Baustelle (GK) werden dann bei jedem Angebot objektspezifisch errechnet.

Die Summe aus den EKT, den GK und den vorbestimmten Zuschlägen für die Allgemeinen Geschäftskosten (AGK) und für Wagnis und Gewinn (W+G) ergibt dann die **Angebotsendsumme.**

2. Berechnungsschritt: Ermittlung eines gemeinsamen „Zuschlagsatzes" für GK, AGK und W+G auf die EKT. Hierbei werden in der Regel den einzelnen Kostenarten der EKT unterschiedliche Anteile zugewiesen, woraus sich entsprechend unterschiedliche Zuschlagssätze ergeben.

3. Berechnungsschritt: Bildung der Einheitspreise (EP) aus EKT und Zuschlag.

Vorteil: Universelle Anwendungsmöglichkeit und Unabhängigkeit von Besonderheiten des Leistungsverzeichnisses und von den Baustellengegebenheiten.

Nachteil: Das Verfahren erfordert einen doppelten Rechendurchgang und somit hohen Aufwand. Dies wiederholt sich bei jeder Änderung einer Menge oder eines Ansatzes. Außerdem entsteht der EP erst beim zweiten Rechenlauf, so daß eine sofortige Kontrolle der Endpreise beim Kalkulieren nicht möglich ist. Bei Anwendung eines EDV-Programms ist der hohe Rechenaufwand jedoch nicht spürbar.

Anwendung: Das Verfahren sollte für alle größeren und insbesondere komplexe Bauobjekte eingesetzt werden.

13

Kalkulation mit vorberechneten Zuschlägen (auch Zuschlagskalkulation genannt)

Ablauf

Dieses Verfahren ist eine verkürzte und vereinfachte Form der Kalkulation über die Endsumme. Die Zuschläge werden nicht objektspezifisch, sondern aus dem Gesamtbetrieb (z.B. einmal jährlich) oder aus vergleichbaren Bauvorhaben ermittelt. Die Gemeinkosten der Baustelle, Allgemeine Geschäftskosten und Wagnis + Gewinn werden als **vorberechneter Zuschlag** einheitlich oder nach Kostenarten getrennt den Einzelkosten der Teilleistungen bei der Kostenermittlung direkt zugeschlagen.

Vorteil: Der Zuschlag muß nicht für jede Kalkulation neu ermittelt werden und der EP jeder Position wird sofort im Zuge der Kalkulation gebildet. Mengen- und Ansatzänderungen erfordern keinen neuen Rechendurchgang.

Nachteil: Es besteht die Gefahr, daß Leistungsverzeichnisse mit unterschiedlicher Aufschlüsselung der Leistungen, z.B. mit oder ohne Position für die Baustelleneinrichtung, durch den „Standardzuschlag" nicht richtig beurteilt werden. Auch unterschiedliche Baustellenbedingungen, z.B. Tiefbaustellen mit Leistungsgeräten und Hochbaustellen mit einem Kran als Bereitstellungsgerät ergeben völlig andere Zuschläge.

Anwendung: Dieses Verfahren eignet sich nur für vergleichbare Bauobjekte mit ähnlichen Baustellengemeinkosten. Ansonsten birgt es die Gefahr unrichtiger Gemeinkostenzurechnung und somit falscher Angebotspreise.

2.3.2 Kalkulation von Pauschalpreisangeboten

Beim Pauschalpreisangebot werden keine Einheitspreise ermittelt, sondern nur ein Preis für die gesamte Bauleistung. Die Leistungsbeschreibung des Bauherrn liegt z.B. als funktionale Beschreibung ohne Mengenangaben vor. Dieses Verfahren der Ausschreibung und Vergabe ist im **Schlüsselfertigen Bauen** üblich.

Die Leistungsmengen sind vom Bieter zu ermitteln. Da die Mengen nicht exakt vorberechnet werden können und der Bieter das Risiko von Mengenfehlern trägt, ist ein entsprechender Wagniszuschlag angebracht.

Ablauf

Der Ablauf beschränkt sich auf den 1. Berechnungsschritt der Umlagekalkulation. Da nur eine Angebotssumme verlangt ist, entfällt die Umlage der Gemeinkosten und die Bildung von Einheitspreisen.

3 Ermittlung der Kosten

3.1 Ansätze zur Aufwandsermittlung [1]

3.1.1 Lohnkosten: Stundenansatz

Zur Erfassung des Lohnaufwands je Mengeneinheit wird der „Stundenansatz" (auch „Aufwandswert") verwendet:

$$\text{Stundenansatz} = \frac{\text{aufgewendete Arbeitsstunden}}{\text{Mengeneinheit}} \quad \text{z.B.} \quad \frac{\text{Arbeitsstunden}}{\text{m}^3 \text{ Mauerwerk}} = 5,6 \frac{\text{h}}{\text{m}^3}$$

Er geht als Multiplikator in die Kostenberechnung ein:

Aufwand = Positionsmenge · Stundenansatz [h]

Der Aufwand wird zur Ermittlung der Kosten mit den Lohnkosten je Arbeitsstunde (z.B. Mittellohn) bewertet.

3.1.2 Kosten von Geräten und Leistungsgruppen: Leistungsansatz

Leistungsgruppen können Gerätekombinationen (z.B. Bagger + Lkw) oder Kolonnen mit leistungsbestimmendem Gerät (z.B. Ankerbohrkolonne) sein. Zur Erfassung des Aufwands je Mengeneinheit wird der „Leistungsansatz" verwendet:

$$\text{Leistungsansatz} = \frac{\text{ausgeführte Menge}}{\text{Zeiteinheit}} \qquad \text{z.B.} \quad \frac{\text{m}^3 \text{ Erdaushub}}{\text{Stunde}} = 80 \, \frac{\text{m}^3}{\text{h}}$$

(Berechnung der Werte s. Abschnitt „Baumaschinen")

Er geht als Divisor in die Kostenberechnung ein:

$$\text{Aufwand} = \frac{\text{Positionsmenge}}{\text{Leistungsansatz}} \, [\text{h}]$$

Der Aufwand wird zur Ermittlung der Kosten mit den Geräte- und Bedienungskosten je Betriebsstunde bzw. den Kosten einer Kolonnenstunde bewertet.

3.2 Lohn- und Gehaltskosten

3.2.1 Lohnformen

Zeitlohn

Beim Zeitlohn wird die Dauer des Arbeitseinsatzes vergütet, unabhängig von der geleisteten Menge und Qualität. Bezahlt wird der vereinbarte Stundenlohn.

Leistungslohn

Arbeiten, die sich nach übereinstimmender Auffassung von Arbeitgeber und Betriebsvertretung dafür eignen, können im Leistungslohn durchgeführt werden. Basis ist der **Rahmentarifvertrag für Leistungslohn im Baugewerbe.** Der Leistungslohn orientiert sich an der tatsächlich erbrachten Leistung. Er soll dem Unternehmer eine bessere Abschätzung der zu erwartenden Lohnaufwendungen ermöglichen und die Arbeiter zu höherer und besserer Leistung anspornen.

Der Leistungslohn wird vor Ausführung der Leistung in Form von Vorgabewerten ausgehandelt. Dies kann mit jedem einzelnen Arbeiter, einer Gruppe bzw. Kolonne oder der gesamten Belegschaft erfolgen. Die Ermittlung der Vorgabewerte erfolgt durch den Arbeitgeber nach einer von ihm im Einvernehmen mit der Betriebsvertretung zu bestimmenden Methode, und zwar auf der Grundlage von zwischen den Tarifvertragsparteien (s. unter 3.2.2) erarbeiteten Richtwerten.

Die Vergütung errechnet sich aus den vereinbarten Vorgabewerten und den geleisteten Mengen. Übersteigen die benötigten Stunden die Summe der Leistungslohn-Stunden, so sind die tatsächlichen Stunden mit dem anrechnungsfähigen Tarifstundenlohn zu zahlen.

Beim **Prämienlohn,** einer Sonderform des Leistungslohns, wird zusätzlich zum Zeitlohn bei Verbesserung einer Vorgabe (z.B. Menge, Qualität, Zeit) eine von der Leistungssteigerung abhängige Prämie gezahlt. Dieses Verfahren ist in stationären Betrieben, z.B. in Betonfertigteilwerken, üblich. Es setzt gleichbleibende Tätigkeiten und langfristige Erfassungen voraus.

3.2.2 Rahmen- und Lohntarifvertrag [58]

Tarifpartner

Arbeitgeber: Zentralverband des Deutschen Baugewerbes e.V. Bonn
Hauptverband der Deutschen Bauindustrie e.V. Wiesbaden

Arbeitnehmer: Industriegewerkschaft Bauen-Agrar-Umwelt (IG-BAU), Frankfurt/Main.

Der **Bundesrahmentarif (BRTV)** für gewerbliche Arbeitnehmer regelt u.a. die
— Berufsgruppen
— Arbeitszeit
— Zuschlagssätze für Überstunden, Nacht- und Feiertagsarbeit
— Erschwerniszuschläge für besondere Arbeiten
— Urlaub
— Auswärtsbeschäftigung (Auslösungsanspruch)
— Unterkünfte
— Arbeitssicherheit.

Der **Lohntarifvertrag** wird normalerweise jährlich zum 1. April neu ausgehandelt.
Er regelt die **Löhne der gewerbliche Arbeitnehmer** auf der Basis des **Bundes-ecklohns** = Tarifstundenlohn der Berufsgruppe III, z.B. Maurer. Ausgewiesen wird
der Tarifstundenlohn ohne Bauzuschlag, der Bauzuschlag und der Gesamtstunden-lohn = Tarifstundenlohn + Bauzuschlag.

Der **Bauzuschlag** in Höhe von 5,9% des Tarifstundenlohns wird für die besonderen
Belastungen der Bauarbeiter durch ständigen Wechsel der Arbeitsstätte und die
Witterungseinflüsse gewährt. Er ist auf alle tatsächlichen Arbeitsstunden, nicht aber
auf Leistungslohn-Mehrstunden zu zahlen.

3.2.3 Lohnbedingte Zuschläge

Alle Zuschläge, die aufgrund freiwilliger Vereinbarungen (z.B. Stammarbeiterzula-ge) oder tariflicher Forderung (z.B. Zuschläge für Überstunden, Nachtarbeit und
Sonn- und Feiertagsarbeit, Erschwerniszuschläge) zu zahlen sind. Auch die Lei-stungen des Arbeitgebers gemäß **Tarifvertrag über die Gewährung vermö-genswirksamer Leistungen** zugunsten der gewerblichen Arbeitnehmer im Bau-gewerbe zählen hierzu.

3.2.4 Lohnzusatzkosten

Die Lohnzusatzkosten umfassen alle anteiligen Leistungen des Arbeitgebers, die
über die an die Arbeitnehmer ausgezahlten direkten Arbeitslöhne hinaus gezahlt
werden:

Soziallöhne für bezahlte, aber nicht geleistete Arbeitszeit (z.B. Feiertage)

Gesetzliche Sozialkosten für Renten-, Arbeitslosen-, Kranken- und Pflegever-sicherung anteilig, Unfallversicherung usw.

Tarifliche Sozialkosten gemäß Tarifvertrag über die Aufteilung des an die tarifli-chen Sozialkassen des Baugewerbes abzuführenden Gesamtbetrages für Urlaubs-geld, Lohnausgleich, Erstattung von Kosten der Berufsausbildung und Zusatzver-sorgung.

Der Gesamtzuschlag auf den Lohn für lohnbedingte Zuschläge und Lohnzusatzko-sten errechnet sich für 1998 bei 9 Krankheitstagen mit Lohnfortzahlung, 4 gesetzli-chen Ausfalltagen und 13 Ausfalltagen mit Anspruch auf Winterausfallgeld (WAG)
zu ca. 95% (Tafel 13.3 und 13.4).

In der Praxis ist der richtige Wert jeweils firmenspezifisch zu ermitteln. Je nach
Firmenstruktur und Bundesland kann er zwischen 95 und 110% liegen.

3.2.5 Lohnnebenkosten

Die Lohnnebenkosten enthalten die dem Arbeitgeber zusätzlich durch außerhalb
liegende Baustellen entstehenden Kosten:

Arbeitsstellen mit täglicher Heimfahrt
— Fahrtkosten (Fahrgelderstattung oder Firmenbus)
— Wegzeitvergütung
— Verpflegungskostenzuschuß

Arbeitsstellen ohne tägliche Heimfahrt
— Auslösung
— Reisegeld-/Reisezeitvergütung
— Fahrtkosten für Wochenendheimfahrten

Leistungen der Arbeitgeber aus tarifvertraglichen Vereinbarungen
— Auszug aus Bundesrahmentarifvertrag (BRTV) [58] — (Stand 01.01.1999)

§3 Tarifliche Arbeitszeit

13. bis 43. Kalenderwoche (ca. 01.04. bis 31.10.) = 40 Stunden/Woche
übrige Zeit (ca. 01.11. bis 31.03.) = 37,5 Stunden/Woche
Mittelwert = 39,0 Stunden/Woche = 7,8 Stunden/Tag
Höchstarbeitszeit nach Arbeitszeitgesetz: 10 Stunden/Tag und 60 Stunden/Woche
Beginn und Ende der Arbeitszeit: An der Baustelle

§3 Flexibilisierung der Arbeitszeit

Sie ermöglicht den Ausgleich von Mehr- und Minderarbeit ohne Mehrarbeitszuschläge und dadurch eine bessere Anpassung an schwankende Auslastung des Betriebs. Ihre Anwendung erfordert eine Betriebsvereinbarung. Folgende Modelle sind möglich:
1. Arbeitszeitausgleich innerhalb von 2 Wochen: Durch Betriebsvereinbarung kann die betriebliche Arbeitszeit innerhalb von 2 Wochen ohne Mehrarbeitszuschlag (Überstunden) ausgeglichen werden.
2. Arbeitszeitausgleich über 12 Monate („Monatslohn"): Durch Betriebsvereinbarung kann die betriebliche Arbeitszeit in einem Ausgleichszeitraum von 12 Monaten verteilt werden. Bis zu 150 Stunden können ohne Mehrarbeitszuschlag angespart werden, bis zu 50 Stunden können geschuldet werden (Ausgleichskonto). Ausgezahlt wird ein gleichmäßiger „Monatslohn": April bis Oktober 174, November bis März 162 Gesamttarifstundenlöhne.

§3 Überstunden

Bei tariflicher nicht flexibilisierter Arbeitszeitregelung alle über die Tarifstunden geleisteten Stunden.
Bei Arbeitszeitausgleich über 2 Wochen die jeweils innerhalb der 2 Wochen über die vereinbarte werktägliche Arbeitszeit hinausgehenden Stunden.
Bei Arbeitszeitausgleich über 12 Monate die über die ersten 150 Mehrarbeitsstunden hinausgehenden geleisteten Stunden.

§3 Lohnzuschläge für

Überstunden (Mehrarbeit)	25%
Nachtarbeit (20.00 bis 5.00 Uhr)	20%
Arbeit an Sonntagen sowie an Feiertagen, die auf Sonntage fallen	75%
Arbeit am Oster- und Pfingstsonntag, 1. Mai, 1. Weihnachtstag, auch auf Sonntag, und an den übrigen Feiertagen, wenn sie nicht auf Sonntage fallen	200%

§4 Schlechtwetterregelung

Das gesetzlich geregelte Zuschuß-Wintergeld (ZWG) ist ab 11/97 entfallen.
Wintergeld (WG) = 2,00 DM/Stunde wird vom 15. Dezember bis Ende Februar für alle geleisteten tariflichen Stunden (ohne Überstunden) gezahlt. Finanzierung durch die Winterbau-Umlage der Betriebe.

Winterausfallgeld (WAG)
Bezugszeitraum: 01. November bis 31. März (Schlechtwetterzeit), Höhe 67% bzw. 60% (mit/ohne Kinder). WAG wird frühestens ab der 51. und höchstens bis zur 120. Ausfallstunde gezahlt, finanziert aus der Winterbau-Umlage der Betriebe.
1. bis 50. Ausfallstunde: Der Lohnanspruch für die Ausfallstunden entfällt, es besteht kein Anspruch auf WAG. Ist kein Arbeitszeitausgleich über 12 Monate (Ausgleichskonto) vereinbart, kann der Arbeitgeber die ausgefallenen Stunden vom Urlaub

I3

abziehen oder er kann 50 Stunden vorarbeiten lassen. Für diese Stunden ist Überstundenzuschlag zu zahlen.

51. bis 120. Ausfallstunde: Bei vereinbartem Arbeitszeitausgleich über 2 Wochen können die Stunden auch in den folgenden 24 Werktagen nachgeholt werden. Bei Arbeitszeitausgleich über 12 Monate werden die Stunden über das Ausgleichskonto ausgeglichen.

Über 120 Ausfallstunden: Für die über 120 hinausgehenden Ausfallstunden wird grundsätzlich WAG gewährt, finanziert aus der Arbeitslosenversicherung.

§4 Lohnfortzahlung im Krankheitsfall

Bis 6 Wochen 100% des regulären Arbeitsentgeltes ohne Überstunden. Darüber hinaus Zahlung des Krankengeldes durch die Krankenkassen.

§5 Berufsgruppen (Einteilung und Zuordnungsmerkmale: Kurzfassung nach BRTV-Anhang)

I	**Werkpoliere:** Arbeitnehmer (AN) mit Werkpolierprüfung
II	**Bauvorarbeiter:** Spezialbaufacharbeiter nach mind. 2 Jahren, die eine kleine Mitarbeitergruppe führen
III	**Spezialbaufacharbeiter:** Absolventen der 2. Stufe der Stufenausbildung nach mind. 1 Jahr, geprüfte Facharbeiter nach 1 jähriger Tätigkeit (z. B. Maurer, Betonbauer, Zimmerer, Straßenbauer)
IV	**Gehobene Baufacharbeiter:** Absolventen der 2. Stufe der Stufenausbildung im 1. Jahr, geprüfte Facharbeiter, Absolventen der 1. Stufe der Stufenausbildung nach 2 Jahren
V	**Baufacharbeiter:** Absolventen der 1. Stufe der Stufenausbildung und angelernte Arbeiter (z. B. Eisenflechter, Einschaler, Rohrleger, Magaziner)
VI	**Baufachwerker:** Bauwerker über 18 Jahre nach 6 Monaten als Bauwerker
VII/1	**Bauwerker:** AN, die 18 Monate als Bauwerker tätig waren
VII/1a	AN, die 6 Monate als Bauwerker tätig waren
VII/2	AN, die einfache Bauarbeiten verrichten, in den ersten 6 Monaten (Mindestlohn nach Mindestlohnvertrag)
VIII	**Hilfskräfte:** Boten, Küchenhilfen, Reinigungspersonal, Wächter und Wärter
M I	**Baumaschinenfachmeister:** AN mit Baumaschinenfachmeisterprüfung
M II	**Baumaschinenvorarbeiter:** besonders qualifizierte Baumaschinenführer mit i. d. R. 2 Jahren Tätigkeit
M III	**Baumaschinenführer und Berufskraftfahrer:** AN mit Facharbeiterprüfung oder Berufskraftfahrerprüfung nach 2 Jahren
M IV	**Baumaschinenwarte und Kraftfahrer:** AN mit Facharbeiterprüfung oder Berufskraftfahrerprüfung in den ersten 2 Jahren
M V	**Baumaschinisten:** AN mit Baumaschinistenlehrgang in den ersten 2 Jahren und Maschinenfachwerker nach 2 Jahren
M VI	**Maschinenfachwerker:** AN ohne Berufsabschluß für einfache Wartungs- und Pflegearbeiten

§6 Erschwerniszuschläge (Beispiele)

Arbeiten mit Schutzkleidung	0,75 bis	8,00 DM/Std.
Arbeiten mit Atemschutzgerät	1,25 bis	4,00 DM/Std.
Wasserarbeiten	0,65 bis	9,40 DM/Std.
Schmutzarbeit	1,55 bis	7,20 DM/Std.
Hohe Arbeiten	2,75 bis	3,90 DM/Std.
Heiße Arbeiten	2,10 bis	3,25 DM/Std.
Erschütterungsarbeiten	0,50 bis	1,75 DM/Std.
Schacht- u. Tunnelarbeiten	1,35 bis	2,70 DM/Std.
Druckluftarbeiten	3,25 bis	23,80 DM/Std.
Taucherarbeiten	35,40 bis	140,00 DM/Std.

§7 Auswärtsbeschäftigung

1. Baustellen mit täglicher Heimfahrt

Fahrtkostenabgeltung bei täglicher Heimfahrt und mehr als 6 km Entfernung von der Wohnung:

Entfernung	6 bis 20 km	21 bis 50 km	über 50 km
Pkw	0,44 DM/km	0,52 DM/km	25,00 DM psch.
Zweirad	0,24 DM/km	0,29 DM/km	14,50 DM psch.
öff. Verkehrsmittel	nach tatsächlichem Aufwand		

Verpflegungszuschuß bei mehr als 10 Stunden Abwesenheit von der Wohnung: 8,00 DM/Arbeitstag (neue Bundesländer 5,00 DM)

2. Baustellen ohne tägliche Heimfahrt

Arbeitsstelle mehr als 25 km vom Betrieb entfernt und mehr als 1,25 Stunden Anfahrt von der Wohnung

Auslösung (Bundesgebiet ohne Hamburg) je Kalendertag (KT) ab 01.04.1998
gewerbliche Arbeitnehmer:
bei Abwesenheit vom Wohnort

bis 7 Kalendertage:	73,80 DM/KT
über 7 Kalendertage:	61,50 DM/KT
Poliere und Schachtmeister:	65,70 DM/KT
Angestellte T1 bis T5 und K1 bis K5:	65,50 DM/KT
Angestellte T6, T7, TH, K6 und K7:	74,10 DM/KT

Reisegeld- und Reisezeitvergütung für die An- und Abreise

Wochenendheimfahrten nach jeweils 4 Wochen: Fahrtkosten und Freistellung, bei mehr als 250 km Entfernung auch Lohnfortzahlung

§8 Urlaub

Urlaubsanspruch:	bezahlter Jahresurlaub für alle Arbeiter ab 18 Jahre: 30 Arbeitstage.
Urlaubsentgelt:	11,4% des Jahres-Bruttolohnes (130 GTL)
zusätzliches Urlaubsgeld:	25% des regulären Urlaubsentgeltes
zusammen:	14,25% des Jahres-Bruttolohnes

Weitere Tarifverträge (TV)

TV Berufsbildung regelt die Kostenverteilung der Ausbildung in der Bauwirtschaft.

TV Lohnausgleich (zur Förderung durchgehender Beschäftigung im Winter): Im Lohnausgleichszeitraum 24. bis 26.12. sowie 31.12. und 01.01. erfolgt die Abgeltung der Vergütung durch einen Pauschalbetrag. Vom 27. bis 30.12. kann gearbeitet werden oder Betriebsurlaub unter Anrechnung auf den Jahresurlaub vereinbart werden.

Zusatzversorgung

TV Alters- und Invalidenbeihilfe (TVA)

Beihilfe zur Alters-, Berufs- oder Erwerbsunfähigkeitsrente:
ab 60. Lebensjahr 60,00 DM, bis zum 65. Lebensjahr steigend auf 75,00 DM.

TV Ergänzungsbeihilfe für langjährige Zugehörigkeit (TVE)

Beihilfe zur Alters-, Berufs- oder Erwerbsunfähigkeitsrente:
beginnend bei 40,00 DM/Monat nach 180 Monaten Betriebszugehörigkeit bis maximal 101,00 DM/Monat nach 440 Monaten.

13

Kalkulation

TV über das Sozialkassenverfahren im Baugewerbe (VTV)

Die Urlaubs- und Lohnausgleichskasse der Bauwirtschaft (ULAK) erbringt Leistungen im Urlaubs-, Lohnausgleichs-, Winterausgleichs- und Berufsbildungsverfahren.

Die Zusatzversorgungskasse des Baugewerbes (ZVK-Bau) gewährt zusätzliche Leistungen zu den gesetzlichen Renten und erbringt Vorruhestandsleistungen. Sie zieht den Sozialkassenbeitrag (außer den eigenen Beiträgen die der ULAK) in einer Gesamthöhe von 19,0% der Bruttolöhne in den alten, 17,95% in den neuen Bundesländern ein, außerdem im Auftrag der Bundesanstalt für Arbeit die gesetzliche Winterbau-Umlage, die 1,7% der Bruttolohnsumme beträgt. Hieraus erhalten die Arbeitnehmer das **Wintergeld**: 2,00 DM je geleistete Arbeitsstunde in der Zeit vom 15. Dezember bis Ende Februar (außer Lohnausgleichszeitraum).

TV Vermögensbildung

Arbeitgeberzulage = 0,25 DM/geleistete Arbeitsstunde.
Voraussetzung: Eigenleistung des Arbeitnehmers 0,03 DM/Std.

TV 13. Monatseinkommen (gilt nur in den alten Bundesländern, in den neuen Bundesländern keine tarifliche Vereinbarung)

10,7% des Arbeitsentgelts vom 1.12. bis 30.11 (ab 1.4.1999 gekürzt).

TV zur Regelung der Löhne und Ausbildungsvergütungen

Dieser Vertrag wird jährlich zum 1. April gekündigt und neu verhandelt.
Für einzelne Berufsgruppen wie z.B. Asphaltierer, Mineure und Schweißer gelten andere Tariflöhne, ebenso für einzelne Bundesländer wie z.B. Hamburg.

Tafel 13.2 Lohntabelle

Lohnanteile[1])	Alte Bundesländer Stand 01.04.1999[2])			Neue Bundesländer Stand 01.10.1998[3])		
	TL	BZ	GTL	TL	BZ	GTL
Berufsgruppe	DM/h	DM/h	DM/h	DM/h	DM/h	DM/h
I Werkpolier	28,63	1,64	30,31	26,10	1,53	27,63
II Bauvorarbeiter	26,24	1,54	27,78	23,91	1,41	25,32
III Spezialbaufacharbeiter	24,92	1,47	**26,39**	22,71	1,33	**24,04**
IV Gehobener Baufacharbeiter	22,86	1,35	24,21	20,84	1,22	22,06
V Baufacharbeiter	22,23	1,31	23,54	20,26	1,19	21,45
VI Baufachwerker	21,35	1,26	22,61	19,46	1,14	20,60
VII/1 Bauwerker nach 18 Monaten	20,60	1,22	21,82	18,78	1,10	19,88
VII/1a Bauwerker nach 6 Monaten	18,74	1,10	19,84	17,08	1,01	18,09
VII/2 Mindestlohn nach Mindestlohntarifvertrag (einf. Arb. i.d. ersten 6 Monaten)	17,47	1,03	18,50	14,30	0,84	15,14
VIII Hilfskräfte (Boten, Wächter etc.)	18,56	1,10	19,66	16,91	0,99	17,90
M I Baumaschinenfachmeister	28,63	1,68	30,31	26,10	1,53	27,63
M II Baumaschinenvorarbeiter	26,24	1,54	27,78	23,91	1,41	25,32
M III Baumaschinenführer, Berufskraftfahrer	25,38	1,49	26,87	23,13	1,36	24,49
M IV Baumaschinenwart, Kraftfahrer	22,86	1,35	24,21	20,84	1,22	22,06
M V Baumaschinist	22,23	1,31	23,54	20,26	1,19	21,45
M VI Maschinenfachwerker	21,35	1,26	22,81	19,46	1,14	20,60

Ausbildungsvergütungen	DM/Monat			DM/Monat		
im 1. Ausbildungsjahr	989,90			894,70		
im 2. Ausbildungsjahr	1535,40			1387,70		
im 3. Ausbildungsjahr	1939,49			1752,80		
im 4. Ausbildungsjahr	2181,70			1971,80		

Poliere und Meister (angestellt)	DM/Monat			DM/Monat		
ab 1. Berufsjahr als Polier/Meister	5869,00			5350,00		
ab 4. Berufsjahr als Polier/Meister	6092,00			5552,00		
ab 7. Berufsjahr als Polier/Meister	6316,00			5757,00		

[1]) Tarifstundenlohn TL + Bauzuschlag BZ (5,9%) = Gesamttarifstundenlohn GTL.
   Vorschläge der Tarifrunden für 1. April 1999 bis 31. März 2000:
[2]) Westdeutschland und Berlin: Lohnerhöhung um 2,9% und Mindestlohn (GTL) v. 18,50 DM/h
[3]) Ostdeutschland: Festschreibung der Löhne und Kürzung der Ausbildungsvergütung.
   Eine Absenkung bis zu 10% durch eine Beschäftigungssicherungsklausel ist möglich

Tafel 13.3   Tatsächliche Arbeitstage in Bauunternehmen
(Beispiel für NW 1999, die Werte können regional und firmenbezogen abweichen)

	Arbeiter	Poliere tatsächlich	Poliere Aufsicht führend	Angestellte
1. Ausfalltage				
Sonntage und Samstage	104	104	104	104
Lohnausgleichszeitraum[1]) soweit nicht Samstage, Sonntage oder Feiertage (für Arbeiter)	3	–	–	–
Gesetzliche Feiertage, soweit nicht Samstage, Sonntage oder Lohnausgleichszeitraum[2])	4	5	5	5
Regionale Feiertage, soweit nicht Samstage oder Sonntage[3])	3	2	2	2
Urlaubstage nach Tarif	30	30	30	30
Ausfalltage nach Tarif (§ 4 BRTV), Betriebsverfassungs-, Arbeitsförderungs- und Arbeitnehmerweiterbildungsgesetz NW sowie UVV u.a.	4	4	4	3
Ausfalltage durch Schlechtwetter im SW-Zeitraum[4]) 20 Ausgleich durch Vor- und Nacharbeit (1. bis 50. Std.) $\frac{-7}{13}$ davon mit Anspruch auf umlagefinanz. WAG (51. bis 120. Std.) davon mit Anspruch auf beitragsfin. WAG (ab 120. Std.)	9 4	–	20	–
SW im Sommer 2 Ausgleich durch Vor- und Nacharbeit -2	0	–	–	–
Kurzarbeit 0 Ausgleich durch Vor- und Nacharbeit -0	0	–	–	–
Krankheitstage mit Lohn-/Gehaltsfortzahlung	9	8	8	8
Krankheitstage ohne Lohn-/Gehaltsfortzahlung	5	4	4	4
Summe der Ausfalltage	175	157	177	156
2. Tatsächliche Arbeitstage 365 Kalendertage − Ausfalltage =	**190**	**208**	**188**	**209**

[1]) 1. Jan., 24. bis 26. Dez., und 31. Dez. (nur für Arbeiter)
[2]) Karfreitag, Ostermontag, (Tag der Arbeit), Himmelfahrt, Pfingstmontag, (Tag der Einheit) Poliere und Angestellte zusätzlich: (1. Weihnachtstag), (2. Weihnachtstag), Neujahr
[3]) In NW z.B. Rosenmontag, Fronleichnam, Allerheiligen
[4]) Schlechtwetterzeitraum 1. Nov. bis 31. März

13

Kalkulation

Tafel 13.4 Ermittlung der Lohn- und Gehaltszusatzkosten, Stand 01.01.1999
(Beispiele, die Werte können regional und firmenbezogen abweichen)

	Arbeiter alte BL in %	Arbeiter neue BL in %	Poliere[4] + Meister in %	Poliere[5] Aufsichtszeit in %	Angestellte[4] T+K in %
1. Grundlohn/-gehalt	100,0	100,0	100,0	100,0	100,0
Arbeitstage 1999	190	190	208	188	209
2. Soziallöhne/-gehälter					
bezahlte Feiertage (alte BL 7, neue BL 6)	3,7	3,1		3,7	
bezahlte Feiertage (Arb. 4/Angest. 3)	2,1	2,1		2,1	
Krankheitstage mit LFZ (Arb. 9/Angest. 8)[1]	4,7	4,7		4,7	
Urlaubstage (30) Poliere und Angest.				15,9	
Schlechtwettertage (20) Poliere, Aufsicht				10,6	
Teil eines 13. Monatseinkommens	5,9	–	5,9	5,9	6,2
zusätzliches Urlaubsgeld (Angest.)			2,1	2,1	2,0
betriebliche Soziallöhne/-gehälter	1,0	1,0	0,8	0,7	1,5
	17,4	10,9	8,8	45,7	9,7
3. Gesetzliche Sozialkosten[2]					
(Berechnungsbasis = Bruttolohn/-gehalt)	(144,0)	(134,0)	(108,8)	(148,4)	(109,7)
Sozialversicherung:					
Rentenversicherung	16,0	14,6[3]	11,0	15,1	10,6
Arbeitslosenversicherung	4,7	4,4	3,5	4,8	3,4
Krankenversicherung	10,8	9,8	6,7	9,2	6,0
Pflegeversicherung	1,3	1,2	0,8	1,2	0,7
Berufsgenossenschaft:					
Unfallversicherung	8,8	8,2	6,7	9,1	0,8
Insolvenzgeld	0,4	0,4	0,3	0,4	0,3
Rentenlast-Ausgleichsverfahren	0,1	0,1	0,1	0,1	0,1
Arbeitsmedizinischer Dienst	0,1	0,1	0,1	0,1	0,1
Sozialkassen:					
Winterbau-Umlage	2,5	2,3	–	–	–
Schwerbehindertenausgleich	0,6	0,5	0,2	0,3	0,2
Arbeitsschutz und Arbeitssicherheit	1,9	1,5	0,7	1,0	0,3
	47,2	43,1	30,1	41,3	22,5
4. Tarifliche Sozialkosten (Sozialkassen)[2]					
Urlaub und Lohnausgleich	20,3	18,6	–	–	–
Zusatzversorgung mit Pauschalsteuer	3,0	0	1,3	1,8	1,3
Berufsausbildung	3,3	3,8	–	–	–
Vorruhestand	–	–	–	–	–
Betriebliche Sozialkosten	1,0	1,0	2,2	3,0	2,2
	27,6	23,4	3,5	4,8	3,5
5. Lohn-/gehaltsbezogene Kosten					
Haftpflichtversicherung	2,1	2,0	1,6	2,2	1,6
Beiträge zu Berufsverbänden	0,9	0,8	0,7	0,9	0,7
	3,0	2,8	2,3	3,1	2,3
Lohn-/Gehaltszusatzkosten (gerundet)	**95**	**80**	**45**	**95**	**38**

[1]) LFZ = Lohn-/Gehaltsfortzahlung im Krankheitsfall
[2]) Die Sozialkosten und die lohn-/gehaltsbezogenen Kosten sind auf die Basis des Grundlohnes bzw. Grundgehaltes umgerechnet
[3]) Die Sozialkosten sind für die neuen Bundesländer in % des Bruttolohnes gleich, jedoch bezogen auf den Grundlohn niedriger, da der Bruttolohn geringer ist als in den neuen Bundesländern.
[4]) Berechnung der Zusatzkosten auf der Basis des auf die Kalenderzeit bezogenen Gehalts
[5]) Berechnung der Zusatzkosten auf der Basis des auf die aufsichtsführende Arbeitszeit bezogenen Gehalts

Tafel 13.5 Anstieg der Lohn- und Lohnzusatzkosten seit 1980 mit Indexwerten 1974 = 100 (14)

Grundlohn			Lohnzusatzkosten		Grundlohn			Lohnzusatzkosten	
Bezug:	Index	Vorjahr	Grundlohn	Index	Bezug:	Index	Vorjahr	Grundlohn	Index
Jahr	%	%	%	%	Jahr	%	%	%	%
1974	100		65,5	100	1994	279,7	2,5	97,9	149,5
1980	158,7	9,1	79,0	120,6	1995	290,4	3,8	99,4	151,8
1985	187,3	2,2	90,6	138,1	1996	295,8	1,9	99,8	152,4
1990[1])	232,0	8,9	96,4	147,2	1997	299,6	1,3	99,1	151,3
1991	248,3	7,0	98,8	150,8	1998	304,2	1,5	88,8	135,6
1992	262,6	6,0	99,4	151,8	1999	313,0	2,9	86,0	131,3
1993	272,8	3,8	100,5	153,4	2000				

[1]) einschließlich Arbeitszeitverkürzung von 40 auf 39 Wochenstunden

Tafel 13.6 Kostenverteilung im Bauhauptgewerbe 1995 (Angaben in Prozent) [14]

Beschäftigte	20 bis 49	50 bis 99	100 bis 199	200 bis 499	500 bis 999	> 999	Mittel	Änderung seit 1987
Löhne	26	23	21	19	16	13	20	−3
Gehälter	6	6	7	7	8	10	7	+2
Sozialkosten	9	10	9	9	8	7	9	−1
Summe Personalkosten	41	39	37	35	32	30	36	−2
Material	31	28	24	23	24	17	25	−1
Fremd- und NU-Leistung	10	16	22	27	30	38	22	+4
Sonstiges	18	17	17	15	14	15	17	+1

3.2.6 Gehaltskosten

Gehaltskosten entstehen für Techniker (T) und Kaufleute (K) sowie für den Aufsicht führenden angestellten Polier oder Meister (P).

Durchschnittsgehälter (1999)

T + K = 6 700, − DM/Monat + 38% Zusatzkosten
P = 6 250, − DM/Monat + 45% Zusatzkosten

Gehaltskosten einer Aufsichtsstunde (Beispiel)

Auf die Aufsichtsstunde bezogenes Gehalt einschließlich Gehaltszusatzkosten ohne GK der Baustelle, AGK, W + G:

Annahmen: Tarifgehalt eines Poliers ab 7. Jahr (Basis 1.4.1999) = 6 316, − DM/Monat
Tariferhöhung ab 1.4.1999 = 2,9%
Zulagen 100, − DM/Monat
188 Aufsichtstage (s. Tafel 13.3)
Lohnzusatzkosten 98% (s. Tafel 13.4)
Gehaltszusatzkosten 45% (s. Tafel 13.4)

$$= \frac{(6\,316, - + 100, -)\ \text{DM/Monat} \cdot 12\ \text{Monate}}{188\ \text{Aufsichtstage} \cdot 7,8\ \text{Stunden/Tag}} = 52,50\ \text{DM/Stunde}$$

Zuschlag 45% von 52,50 DM = 23,63 DM/Stunde
Summe **76,16 DM/Stunde**

Für die Mittellohnberechnung AP (mit Aufsichtsanteil) muß der Polier/Meister um den Lohnzuschlag reduziert mit
76,16/(1 + 0,95) = ca. **39,00 DM/Stunde** eingesetzt werden.

13

707

3.2.7 Mittellohn

Der Mittellohn stellt die gemittelten Kosten einer Arbeitsstunde für eine Kolonne, eine Baustelle, eine Firmensparte oder eine ganze Baufirma dar.

Der Mittellohn setzt sich zusammen aus:

— Durchschnittliche Tariflohnkosten	A	(3.2.2)
— mit oder ohne Aufsichtsanteil	P	(3.2.6)
— Lohnbedingte Zuschläge		(3.2.3)
— Lohnzusatz-(Sozial-)kosten	S	(3.2.4)
— Lohnnebenkosten	L	(3.2.5)
— Sonstiges, z.B. erwartete Lohnerhöhung.		

Der **Mittellohn (A)** berücksichtigt nur die Kosten der gewerblichen Arbeiter ohne Aufsicht. Die Kosten der Aufsicht werden in den Gemeinkosten der Baustelle erfaßt.

Vorteil: Der Mittellohn ist unabhängig von der Kolonnengröße je Aufsichtsperson und somit können einheitliche Sparten- oder Betriebsmittellöhne gebildet werden. Über die Umlage wird der Aufsichtsanteil auch auf weniger lohnintensive Arbeiten wie Geräteleistungen oder Fremdarbeiten verteilt.

Voraussetzung: Der Polier/Meister führt ausschließlich Aufsicht und arbeitet nicht produktiv mit.

Beim **Mittellohn (AP)** werden die Kosten der Aufsicht mit erfaßt.

Vorteil: Die Rechnung reduziert den umzulegenden Gemeinkostenblock und die produktive Mitarbeit von Polieren/Meistern, wie sie in kleinen Firmen üblich ist, kann einfacher anteilig erfaßt werden.

Nachteil: Die Aufsichtskosten werden ausschließlich auf Löhne verteilt, was bei geräteintensiven Arbeiten oder Fremdleistungen zu Verzerrungen führt.

Bei schwankender Kolonnengröße, wie sie bei verschiedenen Baustellen und auch im Verlauf einer Baustelle fast immer vorkommen, müssen für eine Kalkulation u.U. viele verschiedene Mittellöhne gebildet werden: Die Gefahr einer fehlerhaften Vorhersage ist groß.

3.2.8 Stundenverrechnungssatz und Angebotslohn

Der **Stundenverrechnungssatz** dient als Kostenansatz für Stundenlohnaufträge eines Betriebes oder einer Baustelle. Er setzt sich zusammen aus dem jeweiligen Tariflohn ASL oder APSL, dem Zuschlag für die Baustellen- und Betriebsgemeinkosten und den Endzuschlägen für Allgemeine Geschäftskosten und Wagnis + Gewinn. Die Zuschläge sind betriebsspezifisch zu ermitteln.

Beispiel für einen Spezialbaufacharbeiter ab 1.4.1999:

Tarifstundenlohn mit Bauzuschlag Stand 1.4.1998	25,64 DM
Lohnerhöhung ab 1.4.1999: 2,9%	0,74 DM
Vermögensbildung	0,25 DM
Lohnbasis	26,63 DM
Lohnzusatzkosten: 95%	25,30 DM
Baustellen- und Betriebsgemeinkosten, AGK: 85%	21,50 DM
Selbstkosten	73,43 DM
Wagnis u. Gewinn: 5% der Selbstkosten	3,67 DM
Stundenverrechnungssatz	77,10 DM
Mehrwertsteuer 16%	12,34 DM
Stundenverrechnungssatz mit Mwst.	89,44 DM

Wird als Basis der Baustellen- oder Betriebsmittellohn angesetzt, so erhält man den **Angebotslohn.** Er wird als Kalkulationslohn für die Kalkulation mit vorberechneten Zuschlägen angesetzt.

3.3 Gerätekosten [26]

3.3.1 Ansätze für die Gerätekosten

Gliederung der Gerätekosten
— Kosten der Vorhaltung
— Energie- und Pflegestoffe
— Bedienungskosten
— Versicherungen und Steuern
— Lagern, Laden, Transportieren, Auf- und Abbau.

Grundlagen der Gerätekosten
Kauf: Der volle Kaufpreis wird sofort (Barkauf) oder in monatlichen Finanzierungsraten (Zinsen und Tilgung) gezahlt.
Die Berechnung der internen Verrechnungssätze erfolgt auf der Basis der **Baugeräteliste (BGL)**. Die Nutzungsdauern und die Reparaturkosten der BGL sollten betriebsintern laufend überprüft und angepaßt werden.
Nach der BGL werden auch Geräteüberstellungen der Partner an Arbeitsgemeinschaften verrechnet.

Leasing (Mietkauf): Es werden der Wertverzehr und die Finanzierungskosten während der Vertragszeit gezahlt. Bei Teilamortisation wird ein Restwert vereinbart, zu dem der Leasinggeber oder der Leasingnehmer das Gerät nach Ablauf der Frist übernehmen kann, bei Vollamortisation ist der Restwert = 0. Die Kosten setzen sich aus den monatlichen Leasingraten abzüglich dem Restwert nach Vertragsablauf zusammen.

Vorteile: Geringere Kapitalbindung und immer technisch aktuelle Geräte, da die Leasingdauer normalerweise bei nur 40 bis 90 % der Nutzungsdauer nach BGL liegt. Steuerlich sind die Leasingraten in voller Höhe als Betriebsaufwendungen absetzbar.

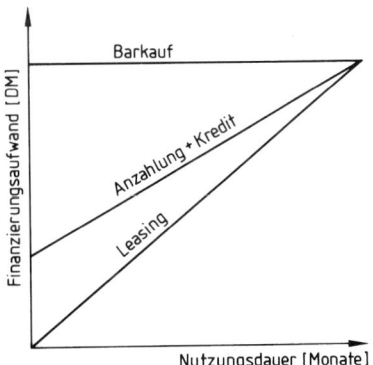

Bild 13.1
Kapitalbindung bei verschiedenen Modellen der Gerätefinanzierung

Leihen: Für mittel- und kurzfristigen Einsatz bieten Baumaschinenverleiher Baugeräte tage-, wochen- und monatsweise an. Fahrer und Betriebsstoffe muß der Ausleiher selbst stellen. Der Unternehmer kann so kurzfristigen Gerätebedarf decken.

Mieten (mit Fahrer): Wenn ein Gerät, z.B. ein Autokran oder eine Betonpumpe, nur stundenweise benötigt wird, so bieten z.B. die Kranverleiher und Transportbetonwerke diese Leistung komplett mit Anfahrt, Rüstkosten, Fahrer und Betriebsstoff an.

Tafel 13.7   Berechnung der Gerätekosten

Beschaffungsart	Kostenberechnung
Barkauf	interne Verrechnung nach BGL
Finanzierung	Anzahlung + Tilgung/Zinsen
Leasing (Mietkauf)	Leasingrate, Restwert
Leihen	Leihgebühr
Mieten mit Fahrer	Mietsatz/Stunde
ARGE-Geräte	externe Verrechnung nach BGL

I3

3.3.2 Kostenerfassung von Leistungs- und Bereitstellungsgeräten

Leistungsgeräte sind im Rahmen der EKT direkt bestimmten Positionen des Leistungsverzeichnisses zuzuordnen, z.B. der Bagger der Position „Baugrubenaushub". Die Gerätekosten dieser Geräte bzw. Gerätegruppen werden in der Kalkulation durch den Leistungsansatz (s. unter 3.1.2) erfaßt.

Bereitstellungsgeräte können nicht direkt bestimmten Positionen des Leistungsverzeichnisses zugeordnet werden. Ein typisches Beispiel ist der Turmkran auf einer normalen Baustelle (auf einer Montagebaustelle kann er auch Leistungsgerät sein).

Die Kosten der Bereitstellungsgeräte werden über die gesamte Vorhaltezeit den Gemeinkosten der Baustelle oder den EKT der Einrichtung zugerechnet. Die Betriebsstoffe sind entsprechend dem Geräteeinsatzgrad reduziert anzusetzen. Auch die Bedienung sollte nur mit ihrem wirklichen Aufwand kalkuliert und eingesetzt werden.

3.3.3 Die Baugeräteliste 1991 (BGL) [26]

Die BGL enthält für die im Baubetrieb eingesetzten Geräte und Einrichtungen

Technische Daten
— Kenngröße für die technische Leistung
— Motorleistung
— Gewicht.

Kalkulationswerte
— durchschnittliche Neuwerte 1990
— durchschnittliche Nutzungsjahre
— durchschnittliche Vorhaltemonate
— Werte für Abschreibung und Verzinsung
— Werte für Reparaturkosten.

3.3.4 Zeitbegriffe der BGL

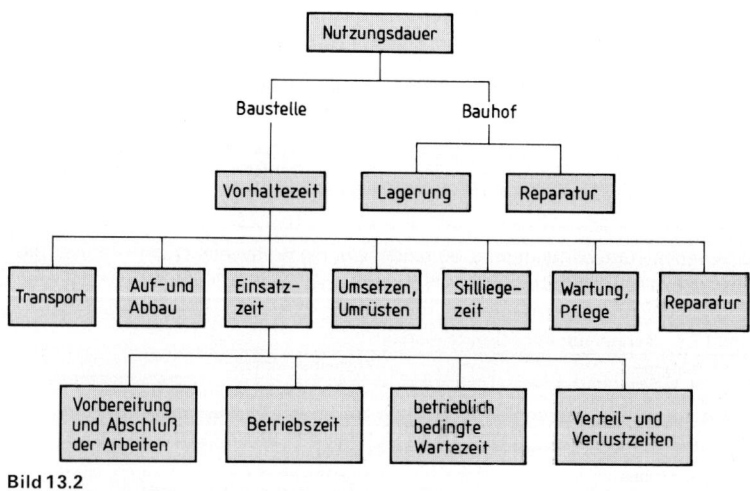

Bild 13.2

Lebensdauer
Zeitspanne zwischen Beschaffung und Ausmusterung des Gerätes.

Nutzungsdauer
Zeitspanne, in der das Gerät erfahrungsgemäß wirtschaftlich eingesetzt werden kann, ausgedrückt in **Nutzungsjahren**. Die Nutzungsjahre der BGL stimmen überein mit den AfA-Tabellen der Finanzverwaltung (s. unter 1.4.1).

Vorhaltezeit
Zeit, in der das Gerät einer Baustelle zur Verfügung steht und dieser zugerechnet wird:
— Lade- und Transportzeiten
— Auf- und Abbauzeit
— Umrüstungs- und Umsetzzeiten
— Stilliegezeit auf der Baustelle infolge höherer Gewalt
— Wartungs- und Pflegezeit und Reparaturzeit auf der Baustelle
— Einsatzzeit.

Vorhaltemonate
Durchschnittliche Gesamtvorhaltezeit eines Baugerätes für Baustellen in einem Unternehmen. Aus den Nutzungsjahren und der durchschnittlichen Vorhaltezeit pro Jahr ergibt sich aufgrund geräte- und firmenspezifischer Erfahrungswerte die Anzahl der Vorhaltemonate eines Gerätes. Sie ist in der BGL als Von-bis-Wert angegeben und sollte im Unternehmen laufend geprüft und gegebenenfalls durch eigene Werte ersetzt werden.

Einsatzzeit
ist die Zeit, in der das Gerät für eine bestimmte Arbeit zur Verfügung steht:
— Vorbereitung und Abschluß der Arbeiten
— baubetrieblich bedingte Wartezeiten
— Verteil- und Verlustzeiten
— Betriebszeit.

Betriebszeit
ist die Zeit, in der das Gerät unter Last eine bestimmte Arbeit ausführt.

3.3.5 Gerätevorhaltekosten nach BGL

Die Gerätevorhaltungskosten werden der Baustelle für die Vorhaltezeit als fiktive Miete berechnet:

Abschreibung und Verzinsung (A + V)
+
Reparaturkosten nach BGL
+
Lohnzusatzkosten der Reparaturlöhne
=
Gerätevorhaltungskosten

Basis der Ermittlung der Vorhaltekosten ist der **mittlere Neuwert** = Wiederbeschaffungskosten einschließlich aller Nebenleistungen ohne Mehrwertsteuer auf der Preisbasis 1990 zuzüglich Anpassung mit Hilfe des „**Erzeugerpreisindex für Baumaschinen**" auf der Basis 1985 = 100.
Umrechnung für 1999: Index (1985 = 100)/114.

Tafel 13.8   Erzeugerpreisindex für Baumaschinen

	1990	1995	1996	1997	1998	1999*)	2000	2001
1985 = 100	**114**	128	130	130	129	128		
1990 = 100	100	112	114	114	113	112		

*) geschätzt

I3

711

Abschreibung = kalkulatorischer Ansatz zur Erfassung der Wertminderung der Geräte und ihre Verrechnung als Kosten. Basis ist der aktuelle Neuwert eines technisch und leistungsmäßig gleichwertigen Gerätes (s. unter 1.4.1).

Verzinsung = kalkulatorischer Ansatz für die Verzinsung des in die Baugeräte investierten, kalkulatorisch noch nicht abgeschriebenen Kapitals. Die BGL setzt einen Zinssatz von 6,5% an.

Die Abschreibung und Verzinsung werden — abhängig von den angesetzten Vorhaltemonaten — als monatlich anzusetzende Anteile des Neuwertes in Prozent und als DM-Beträge angegeben.

Reparaturkosten = durchschnittliche monatliche Aufwendungen zur Erhaltung und Wiederherstellung der Betriebsbereitschaft am Einsatzort sowie in eigenen und fremden Werkstätten. Sie gliedern sich in

— 40% Lohnkosten (ohne Lohnzusatz- und Lohnnebenkosten)
— 60% Stoffkosten (ohne Mehrwertsteuer).

Nicht enthalten sind hierin laufende Wartung und Pflege sowie Folgen von Gewaltschäden.

Berechnung der Vorhaltekosten

1 Vorhaltemonat = 30 Kalendertage = 170 Vorhaltestunden

Stündliche Vorhaltekosten = 1/170 der monatlichen Vorhaltekosten

Die Vorhaltekosten je Vorhaltetag werden mit 7,8/170 des Monatsbetrages errechnet (7,8 Arbeitsstunden je Tag).

Geräteüberstunden werden mit 1/170 des Monatsbetrages angesetzt. Dies geschieht normalerweise nur für Leistungsgeräte.

Stilliegezeiten auf der Baustelle durch höhere Gewalt: Bei bis zu 10 aufeinanderfolgenden Kalendertagen werden der Baustelle die vollen Vorhaltekosten berechnet. Ab dem 11. Kalendertag werden 75% der Abschreibung und Verzinsung und für Wartung und Pflege 8% der Abschreibung und Verzinsung und keine Reparaturkosten angesetzt.

Da die BGL mittlere Werte für Kaufpreis, Nutzungsdauer, Vorhaltezeit, Einsatzzeit und Einsatzbedingungen zugrunde legt, wird jedes Unternehmen auf der Berechnungsweise der BGL 91 eigene Werte ermitteln:

Ermittlung der Vorhaltekosten für den im Beispiel (Abschn. 5) eingesetzten Turmkran (Beispielrechnung, alle Kosten ohne Mehrwertsteuer)

Schnellaufbaukran Fabrikat Zeppelin, Typ ZSR 30
Technische Daten: Turmkran fahrbar, untendrehend, starrer Turm mit Schnellaufbaumechanik, Laufkatzaufleger, Kenngröße 30 tm Lastmoment, BGL-Nr. 2102-0030.

1. Berechnung der Vorhaltekosten nach BGL 91 (26) (s. Tafel 13.9)
Da in der BGL nur die Größen 22 und 40 tm aufgeführt sind, muß für 30 tm entsprechend interpoliert werden. Fahrwerk und obere Bedienkabine müssen vom Grundgerät abgezogen werden, Schnellmontage-Ausrüstung, Fernsteuerpult und Ballast hinzugerechnet werden (jeweils interpoliert).

Ergebnis: (s. Bild 13.3):   7202,— DM/Monat

2. Berechnung mit dem aktuellen Kaufpreis 1999, ansonsten nach den Vorgaben der BGL:
(60 Vorhaltemonate in 8 Nutzungsjahren = 7,5 Monate/Jahr, 1,1% Reparatur und 6,5% Zinssatz)

Ergebnis: (ermittelt wie vor):   3632,— DM/Monat

Tafel 13.9 Auszug aus der Baugeräteliste 1991 [26]

2102 **Turmkrane fahrbar, untendrehend, starrer Turm, Laufkatzausleger**
TURMKR FB UD STARR L
Werte einschließlich nicht kurvengängigem Schienenfahrwerk.

Nutzungsjahre	**8**
Vorhaltemonate	**60 bis 55**
Monatlicher Satz für Abschreibung und Verzinsung	**2,1 bis 2,3 %**
Monatlicher Satz für Reparaturkosten	**1,1%**
Kenngröße: Nennlastmoment (tm)	

Nr.	Nennlastmoment tm	Traglast lt. Diagramm kg	zugehörige Ausladung m	Auslegeranlenkpunkt m	Spurweite normal m	Hubwerksleistung kW	Gesamtmotorenleistung kW	Gewicht ohne Ballast kg	Mittlerer Neuwert DM	Monatliche Reparaturkosten DM	Monatlicher Abschreibungs- und Verzinsungsbetrag von DM	bis
2102-												
0020	20,0	835	24	16	3,0	8	14	11000	130000,-	1430,-	2730,-	2990,-
22	22,4	895	25	18	3,2	9	18	12000	140000,-	1540,-	2940,-	3220,-
40	40,0	1330	30	18	3,8–4,2	15	32	18000	240000,-	2640,-	5040,-	5520,-
50	50,0	1560	32	20	4,0–4,5	16	34	20000	280000,-	3080,-	5880,-	6440,-

A1 Zusatzausrüstungen:
Unterwagen mit Abstützplatten und Spindeln, jedoch **ohne** Fahrwerk und **ohne** Kabeltrommel
UW STUETZPL

		Gewicht ohne Ballast	Mittlerer Neuwert	Monatliche Reparaturkosten	von	bis
Wertminderung	Nr. 0006	bis 230	bis 8000,-	bis 96,-	bis 176,-	bis 200,-
	0010 bis 0012	bis 380	bis 9000,-	bis 108,-	bis 198,-	bis 225,-
	0014 bis 0016	bis 420	bis 10000,-	bis 120,-	bis 220,-	bis 250,-
	0020 bis 0022	bis 600	bis 11500,-	bis 127,-	bis 242,-	bis 265,-
	0040	bis 700	bis 12800,-	bis 141,-	bis 269,-	bis 294,-
	0050	bis 900	bis 14000,-	bis 154,-	bis 294,-	bis 322,-

H1 Ausführung mit knickbarem Turm und Ausleger (Schnellmontage-Ausrüstung)
KNICKTURM

		Mittlerer Neuwert	Monatliche Reparaturkosten	von	bis
Werterhöhung	Nr. 0006	2500,-	30,-	55,-	63,-
	0010 bis 0012	3000,-	36,-	66,-	75,-
	0014 bis 0016	3500,-	42,-	77,-	88,-
	0020 bis 0022	4000,-	44,-	84,-	92,-
	0040 bis 0050	5000,-	55,-	105,-	115,-

I1 Ausführung **ohne** obere Bedienungskabine
OB BEDIENKABINE OHNE

		Mittlerer Neuwert	Monatliche Reparaturkosten	von	bis
Wertminderung	Nr. 0006 bis 0016	bis 5500,-	bis 66,-	bis 121,-	bis 138,-
	0020 bis 0022	bis 7000,-	bis 77,-	bis 147,-	bis 161,-
	0040 bis 0050	bis 8000,-	bis 88,-	bis 168,-	bis 184,-

03 Zusatzgeräte:
Fernsteuerpult mit 20 m Steuerkabel
STEUERPULT F KABEL

	Gesamtmotorenleistung	Mittlerer Neuwert	Monatliche Reparaturkosten	von	bis
Nr. 0006 bis 0016	15	2200,-	26,50	48,50	55,-
0020 bis 0050	20	2500,-	27,50	53,-	58,-

13

Ermittlung des monatlichen Satzes *k* für die Abschreibung und Verzinsung (A + V) nach BGL in %:

$$k = \frac{100}{v} \cdot \left(1 + \frac{p \cdot n}{2}\right) \%$$

mit

v Vorhaltemonate
n Nutzungsjahre
p kalkulatorischer Zinssatz von 6,5% = 0,065

Kalkulation

Gerätestammkarte

Stand: BGL 1991

Kurzbezeichnung:	**TURMKRAN DU STARR L**	BGL-Nr.:	2102-0030
Hersteller/ Typ:	ZEPPELIN / ZSR 30	Nutzungsjahre:	8
	Schnellaufbaukran	Vorhaltemonate:	60-55
Arbeitswerkzeuge/Zubehör:	ohne Fahrwerk	Monatl. Satz für A+V:	2,10%
	Auslegerlänge 30m	Monatl. Satz für Reparatur	1,10%
		Kenngröße:	30 tm

Vorhaltekosten (nach BGL)	Gewicht t	mittl. Neuwert DM	A+V DM / Monat	Reparatur DM/Monat
Grundgerät :	12,00	184.400,-	3.872,-	2.028,-
abzüglich Fahrwerk		-12.100,-	-254,-	-133,-
Schnellmontage-Ausrüstg.		4.500,-	95,-	50,-
abzüglich obere Kabine		-4.500,-	-95,-	-50,-
Fernsteuerung		2.500,-	53,-	28,-
Ballast	12,00	5.000,-	105,-	
Summen	24,00	179.800,-	3.776,-	1.923,-
Steuer und Versicherung:				
Vorhaltekosten / Monat:	(A+V) + Reparatur + Steuer u.Versicherung =			**5.699,-**

Betriebsstoffkosten :	Diesel / Benzin	Baustrom
Motorleistung :	kW	24 kW
mittlerer Verbrauch l/kWh:	Liter	0,25 kWh
Energiepreis (ohne Mwst) :	DM / Liter	0,50 DM / kWh
Wartungs- und Pflegestoffe :		10%
Kosten je Betriebsstunde:	DM/Stunde	3,30 DM/Stunde
Betriebskosten je Monat	DM/Monat	(170 Std./Monat) 560,- DM/Monat

Rüstkosten (ohne Transport)	Stundenaufwand	Sonstige Kosten
Auf + Abladen (je 1 x)		
Auf + Abbauen	22 h	
Summe Rüstkosten:		

Ansatz für das aktuelle Projekt:	16 Einfamilienhäuser Bayernallee		Datum:	1. Feb. 1999
Lohnanteil der Rep.kosten	40%		170,00	Std./Monat
Vorhaltekosten	100%	5.699,- DM/Monat	33,52	DM/Stunde
LZK auf Reparaturlöhne	95%	731,- DM/Monat	4,30	DM/Stunde
Vorhaltekosten mit LZK		6.430,- DM/Monat	37,82	DM/Stunde
Indexsteigerung	12%	772,- DM/Monat	4,54	DM/Stunde
Gesamte Vorhaltekosten	100%	7.202,- DM/Monat	42,36	DM/Stunde
Interner Kalkulationsansatz:	100%	7.202,- DM/Monat	42,36	DM/Stunde
gewählter Ansatz für Vorhaltung		**3.100,00 DM/Monat**		

Bild 13.3   **Berechnung der Gerätevorhaltekosten nach BGL mit dem mittleren Neuwert**

Gerätestammkarte

		Stand:	BGL 1991

	TURMKRAN DU STARR L	BGL-Nr.:	2102-0030
Hersteller/ Typ:	ZEPPELIN / ZSR 30	Nutzungsjahre:	10
	Schnellaufbaukran	Vorhaltemonate:	80
Arbeitswerkzeuge/Zubehör:	ohne Fahrwerk	Monatl. Satz für A+V:	1,66%
	Auslegerlänge 30m	Monatl. Satz für Reparatur	1,00%
		Kenngröße:	30 tm

Vorhaltekosten (nach BGL)	Gewicht t	Kaufpreis 1998 DM	A+V DM / Monat	Reparatur DM/Monat
Grundgerät :	12,00	86.000,-	1.428,-	860,-
Schnellmontage-Ausrüstg.		enthalten		
Fernsteuerung		4.000,-	66,-	40,-
Ballast	12,00	2.000,-	33,-	
Summen	24,00	92.000,-	1.527,-	900,-
Steuer und Versicherung:				

Vorhaltekosten / Monat:	(A+V) + Reparatur + Steuer u.Versicherung =	**2.427,-**

Betriebsstoffkosten :	Diesel / Benzin	Baustrom
Motorleistung :	kW	24 kW
mittlerer Verbrauch l/kWh:	Liter	0,25 kWh
Energiepreis (ohne Mwst) :	DM / Liter	0,50 DM / kWh
Wartungs- und Pflegestoffe :		10%
Kosten je Betriebsstunde:	DM/Stunde	3,30 DM/Stunde
Betriebskosten je Monat	DM/Monat	(170 Std./Monat)	560,- DM/Monat

Rüstkosten (ohne Transport)	Stundenaufwand	Sonstige Kosten
Auf + Abladen (je 1 x)		
Auf + Abbauen	22 h	
Summe Rüstkosten:		

Ansatz für das aktuelle Projekt:		16 Einfamilienhäuser Bayernallee	Datum:	1. Feb. 1999
Lohnanteil der Rep.kosten	40%		170,00	Std./Monat
Vorhaltekosten	100%	2.427,- DM/Monat	14,28	DM/Stunde
LZK auf Reparaturlöhne	95%	342,- DM/Monat	2,01	DM/Stunde
Vorhaltekosten mit LZK		2.769,- DM/Monat	16,29	DM/Stunde
Indexsteigerung	12%	332,- DM/Monat	1,95	DM/Stunde
Gesamte Vorhaltekosten	100%	3.101,- DM/Monat	18,24	DM/Stunde
Interner Kalkulationsansatz:	100%	3.101,- DM/Monat	18,24	DM/Stunde
gewählter Ansatz für Vorhaltung		**3.100,00 DM/Monat**		

Bild 13.4 Berechnung der Gerätevorhaltekosten nach BGL mit dem aktuellen Kaufpreis und firmeninternen Ansätzen

13

Kalkulation

3. Berechnung mit dem aktuellen Kaufpreis und aktuellen firmeninternen Werten:
(80 Vorhaltemonate in 10 Nutzungsjahren = 8 Monate/Jahr, 1,0% Reparatur und 5,5% Zinssatz)

Abschreibung	100%/80 Monate	= 1,25%
Verzinsung	5,5% × 10 Jahre/2 × 80 Monate	= 0,41%
Reparatur		= 1,00%

Ergebnis (s. Bild 13.4): 3101,— DM/Monat

4. Leasing 54 Monate mit Vollamortisierung (keine Restwertvereinbarung):
Leasingrate 2050,— DM/Monat, Vorhaltezeit 8 Monate/Jahr: 3075,— DM/Monat

5. Der Kran wird beim Hersteller für die Dauer der Baustelle geliehen (Vorhaltezeit = Leihdauer):
Angebot für 5 Monate einschließlich Versicherung: 2890,— DM/Monat

3.3.5 Transport-, Lade- und Rüstkosten

Kosten für Transporte

An- und Abtransport des Gerätes. Wird das Gerät am Ende der Vorhaltezeit direkt zu einer anderen Baustelle gefahren, so trägt diese die Transportkosten.

Kosten für Verladen

fallen beim Laden und Entladen jeweils im Bauhof und auf der Baustelle an.

Auf-, Um- und Abbaukosten

können sowohl am Bauhof wie auf der Baustelle anfallen.

3.3.6 Kosten für Betriebs- und Schmierstoffe

Verbrennungsmotoren

Der theoretische Verbrauch eines Dieselmotors bei Vollast beträgt 315 g/kWh. Im praktischen Betrieb ergeben sich umgerechnet folgende Durchschnittswerte:

— Erdbaugeräte	0,15 bis 0,24 Liter/kWh
— Lastkraftwagen (Baustelle)	0,16 bis 0,19 Liter/kWh
— Lastkraftwagen (Straße)	0,12 bis 0,14 Liter/kWh

Der tatsächliche Verbrauch ist abhängig vom Arbeitseinsatz, der der Maschine abverlangten Leistung, der tatsächlichen Betriebszeit und der Bedienung. Er wird normalerweise für einzelne Gerätegruppen betriebsintern laufend erfaßt und entsprechend kalkuliert.
Der Preis für Dieselkraftstoff ohne Mehrwertsteuer liegt (1999) bei ca. 1,00 DM/Liter.

Elektrische Motoren

Der theoretische Wert von 1 kWh je kW installierte Leistung reduziert sich durch Teillast und Gleichzeitigkeitsfaktor. Z.B. arbeiten voll ausgelastete Turmkrane nur zu 50% der Zeit und in dieser Zeit laufen nicht alle Motoren gleichzeitig und unter Vollast. Der durchschnittliche Verbrauch liegt in diesem Falle höchstens bei 20% der installierten Leistung (Einsatzfaktor = 0,2). Zum tatsächlichen Verbrauch gilt die Aussage oben.
Baustrom ist 1999 einschließlich aller Umlagen für Zähler, Anschlußkosten des EVU etc. mit 0,50 DM/kWh ohne Mehrwertsteuer anzusetzen.

Schmier- und Pflegestoffe werden in der Größenordnung von 10% (Elektromotoren) bis 12% (Verbrennungsmotoren) der Betriebsstoffkosten angesetzt.
Bei Leistungsgeräten ergeben sich die Betriebsstoffkosten aus dem Produkt

,,**Betriebszeit · Verbrauch/Stunde**", bei Bereitstellungsgeräten aus

,,**Vorhaltezeit · Einsatzfaktor · installierte Leistung**", jeweils zuzüglich Schmier- und Pflegestoffanteil.

3.3.7 Kosten für Steuern und Versicherungen

Hierunter fallen die obligatorischen Kosten für die Kfz-Steuer und die Haftpflicht-versicherung für alle zugelassenen Straßenfahrzeuge. Auch selbstfahrende Bauma-schinen müssen haftpflichtversichert sein, was jedoch normalerweise im Rahmen der allgemeinen Betriebshaftpflicht abgedeckt wird und somit in den AGK kalkula-torisch zu erfassen ist.

Kaskoversicherungen gegen Brand-, Wasser-, Unwetter- und Transport- und Mon-tageschäden sind möglich, Kosten etwa 1,5%/Jahr mit 10% Selbstbeteiligung im Schadensfall. Versicherungen gegen Diebstahl der Baumaschinen werden von den Versicherungen nicht angeboten.

3.3.8 Kosten für Bedienung und Pflege

= Lohnkosten des Bedienungspersonals, im Regelfall = Einsatzstunden · Bau-stellenmittellohn. Meist wird die Pflege in einsatzbedingten Betriebspausen durch-geführt, oft werden zusätzliche Pflegearbeiten jedoch mit einem Zuschlag von 10% auf den Bedienungslohn erfaßt.

3.3.9 Baustellenausstattungs- und Werkzeugliste (BAL) **1990** [59]

Ergänzung zur BGL, enthält Gebrauchs- und Vorhaltestoffe, Baustellenausstattung sowie Kleingeräte und Werkzeuge: Mit wenigen Ausnahmen sogenannte gering-wertige Wirtschaftsgüter, deren Anschaffung ohne Mehrwertsteuer 800,– DM nicht übersteigt und die deshalb im Jahr der Anschaffung voll abgeschrieben wer-den können. Die BAL dient vorrangig der innerbetrieblichen Verrechnung zwischen den Betriebsstellen sowie bei Arbeitsgemeinschaften (§ 13 ARGE-Vertrag).

3.4 Sonstige Kosten

— Baustoffe
— Bauhilfsstoffe
— Verbrauchsstoffe
— Schalung, Rüstung, Verbau (s. unter ,,Schalung, Gerüste'')
— Betriebsstoffe (falls nicht bei Geräten)
— Sonstige Stoffe.

3.4.1 Stoffkosten

Alle Stoffe werden mit ihren Einkaufspreisen ohne Umsatzsteuer ,,frei Baustelle'' — d.h. einschließlich Antransport — abzüglich Rabatte, jedoch ohne Berücksichti-gung von Skontoabzügen — in die Kalkulation eingesetzt.

Verluste aus Abladen (Bruch, Streuverlust) oder Verschnitt, Verhau und Mehrver-brauch (z.B. Stahlverschnitt, Betonmehrverbrauch bei Bodenplatten) sind bei der Kalkulation zu berücksichtigen.

3.4.2 Gerüst-, Schal- und Verbaukosten

Die Kosten für Gerüste, Schalungen und Verbau können sich aus folgenden drei Bereichen zusammensetzen:

13

Gerüst, Schal- und Verbaugeräte

Dies sind meist genormte Elemente wie z.B. Stahlrohrgerüste, Gerüsttürme, Schalstützen und -träger, Systemschalungen, Verbausteifen und -elemente.

Ähnlich wie bei den Geräten (s. unter 3.3) werden die Kosten entweder aus den **Vorhaltekosten** (kalkulatorische Abschreibung und Verzinsung sowie Reparaturkosten) nach der BGL [26] oder bei Fremdgeräten aus der **Miete** ermittelt:

Kostenansatz je m² geschalte Fläche

$$= \frac{\text{Vorhaltekosten/Monat} \cdot \text{Vorhaltemonate für die Baustelle}}{\text{gesamte geschalte Fläche}} \; [DM/m^2]$$

Schal- und Verbaustoffe

Kanthölzer, Bretter und Mehrschichtplatten für die Schalung sowie Bohlen, Rundhölzer und Stahldielen für Verbauarbeiten werden über eine bestimmte **Einsatzzahl** abgeschrieben, d.h. die Kosten werden aus dem Kaufpreis, bezogen auf 1 m² Schalung, und der durchschnittlich erreichbaren Einsatzzahl ermittelt:

Kostenansatz je m² geschalte Fläche

$$= \frac{\text{Kaufpreis der Stoffe je m}^2 \text{ Schalung (mit Verschnitt)}}{\text{gesamte erwartete Einsatzzahl}} \; [DM/m^2]$$

Die Einsatzzahl z.B. einer Schalhaut hängt sehr stark von der Qualität der Platte und der geforderten Oberflächengüte des Betons ab. Allgemein gültige Werte sind kaum anzugeben (s. Abschn. „Schalung und Gerüste").

Verbrauchsmaterial für Schalung und Verbau

Dies sind Stoffe, die für jeden Rüst-, Schal- und Verbauvorgang einmalig anfallen, wie z.B. Nägel, Leisten, Keile, Spanndraht und -hülsen und Schalöl. Die Kosten sind als Erfahrungswert je m² geschalte Fläche anzusetzen.

3.5 Fremdleistungen

3.5.1 Fremdarbeitskosten

Kosten für Leistungen aus dem Arbeitsbereich des Hauptunternehmers, die dieser an Fremdunternehmer weitergibt, z.B.:
— Erdaushub und Erdtransport
— Baugrubenumschließung
— Schalarbeiten
— Bewehrungsverlegung
— Fertigteilmontage.

Der Fremdunternehmer übernimmt hierfür meist keine Gewährleistung. Ein Beispiel sind die Transporte durch Fuhrunternehmer:

Transportkosten im Erdbaubetrieb bei Vergabe an einen Fuhrunternehmer nach KURT (Kostenorientierte unverbindliche Richtpreis-Tabellen) Stand Juli 1998 [60] (s. Tab. 13.10 und 13.11).

Anwendung: Bei Einsätzen mit hohem Zeitaufwand und geringer Kilometerleistung. Preistafel II bis 10 km je Stunde, Preistafel I über 10 km je Stunde.

Abrechnung: Nach Gesamtnutzlast des Lkw bzw. Zuges gemäß Zulassung für öffentliche Straßen, unabhängig von der tatsächlichen Last. Bei Einsätzen innerhalb von Baustellen mit höherer Auslastung wird nach der tatsächlichen Transportleistung bzw. der maximal zulässigen Nutzlast im Baustellenverkehr abgerechnet. Zeitberechnung nach Einsatz- bzw. Benutzungsdauer. Mindestberechnung 3 Stunden je Tag.

Tafel 13.10 Tages- und Stundensätze (Auszug aus KURT [60], Preistabellen I und II)

Fahrstrecke je Stunde[1]) Berechnung nach KURT:		mehr als 10 km: Tages- und km-Sätze Preistabelle I			bis 10 km Preistabelle II
Fahrzeug	Ges.-Gewicht/ Nutzlast[2]) in t	Tagessatz in DM/Tag	Stunden- satz[3]) in DM/Std	+km-Satz in DM/km	Stundensatz in DM/Std
Dreiseitenkipper mit Mehrachsantrieb[4])					
— 2-Achser	18/ 9	736,00	92,00	0,91	101,00
— 3-Achser	26/13	764,00	95,50	1,08	106,50
— 4-Achser	32/18	793,00	99,00	1,25	112,00
— Zug	40/23	828,00	103,50	1,37	117,00
Hinterkipper mit Mehrachsantrieb[4])					
— 3-Achser, Mulde	26/12	760,00	95,00	1,02	105,00
— 4-Achser, Mulde	32/17	786,00	98,50	1,23	111,00
— Sattelzug, Mulde	40/26	849,00	106,00	1,44	120,50
Tieflader/Sattel[5])	40/28	863,00	108,00	1,48	123,00
Tieflader/Anhänger[5]) (Sondertransport)	56/38	932,00	116,50	1,71	133,50

[1]) Summe aus Hin- und Rückfahrt
[2]) Maßgebend: Zulässige Nutzlast. Innerhalb von Baustellen Nutzlast mindestens 2 t höher (siehe unter „Baumaschinen")
[3]) Stundensatz = $1/8$ Tagessatz, anzusetzen bei weniger als 6 Stunden je Tag
[4]) Zuschlag für Kipper und Mehrachsantrieb (10% + 5%) ist eingerechnet
[5]) Zuschlag für Sonderfahrzeug und Mehrachsantrieb (10% + 5%) ist eingerechnet.

Frachtsätze für schüttbare Güter

Für Schüttguttransporte mit Kipperfahrzeugen werden die Frachtkosten nach KURT, Preistafel IV „**Frachtsätze für schüttbare Güter**" in DM/t berechnet. Abrechnung nach Gewicht der Ladung und Kilometer der Laststrecke. Für die Umrechnung von Volumen auf Gewicht ist KURT „**Umrechnungsgewichte**" maßgebend.

Tafel 13.11 **Frachtkosten für schüttbare Güter** nach KURT [60] Preistabelle IV, Leistungssätze für Schüttgüter in DM je Tonne einschließlich 5% Zuschlag für den baustellenüblichen Mehrachsantrieb

Entfernungen in km bis einschl.	Abteilung A (Solosätze)	Abteilung B (Zugsätze)	Entfernungen in km bis einschl.	Abteilung A (Solosätze)	Abteilung B (Zugsätze)
0,25	2,03	1,54	16	13,67	8,03
0,50	2,42	1,76	18	14,76	8,64
0,75	2,79	1,97	20	15,86	9,24
1,00	3,18	2,19	22	16,95	9,85
1,50	3,62	2,44	24	18,03	10,45
2,00	4,05	2,69	26	19,12	11,05
2,50	4,49	2,93	28	20,21	11,66
3,00	4,94	3,17	30	21,30	12,25
3,50	5,37	3,42	35		13,76
4,00	5,81	3,66	40		15,27
4,50	6,25	3,91	45		16,78
5,00	6,68	4,16	50		18,29
6,00	7,42	4,57	55		19,61
7,00	8,17	4,99	60		20,92
8,00	8,91	5,40	65		22,24
9,00	9,65	5,82	70		23,57
10,00	10,40	6,23	75		24,89
12,00	11,49	6,84	80		26,20
14,00	12,58	7,43			

13

Tafel 13.12   Schüttgüter: Schüttgewichte und Schüttwinkel

Ladegut		Schüttgewicht in t/m³	Schüttwinkel in Grad
Aushub und Erdbaustoffe			
Oberboden	trocken	1,2	25
	feucht	1,4	25
	naß	1,6	25
Kies	trocken	1,7	25
	feucht	1,8	25
Kiessand	trocken	1,6	25
	feucht	1,7	25
Sand	trocken	1,5	25
	feucht	1,6	25
	naß	2,0	20
Lehm, Mergel	trocken	1,6	40
	feucht	1,7	40
	naß	2,1	40
Ton		1,8 bis 2,0	40
Felsaushub	Kalkstein	1,2 bis 1,6	35
Straßenbaustoffe			
Basalt-Lava	gebrochen	1,2	35
	ungebrochen	1,8	35
Schotter	Basalt	1,6	35
	Kalkstein	1,3 bis 1,4	35
Splitt	Basalt	1,5	30
	Kalkstein	1,3	30
Abbruchmaterial			
Abbruchmaterial	Beton grob	1,5	35
	Beton fein	1,8	35
Mauerwerk-Abbruch, Ziegel			
Bauschutt,	gemischt	1,6	35

3.5.2   Nachunternehmerleistungen

In sich abgeschlossene Leistungen (Gewerke), die der Hauptunternehmer nicht selbst ausführen kann. Der Nachunternehmer tritt gegenüber dem Hauptunternehmer in die Gewährleistungsverpflichtungen des Hauptvertrages ein. Typische Beispiele sind die Ausbauleistungen beim schlüsselfertigen Bauen. Der Hauptunternehmer wird zum **Generalunternehmer**.

3.6   Baustellengemeinkosten

Anmerkung: Verschiedene Baustellengemeinkosten, z.B. die Kosten für das Einrichten und Räumen und das Vorhalten der Baustelleneinrichtung, können je nach Vorgabe durch das Leistungsverzeichnis entweder in den EKT oder in den GK erfaßt werden.

3.6.1   Baustelleneinrichtung

Einmalige Kosten

— An- und Abtransport der Einrichtungen, Büros und Unterkünfte einschließlich Ladekosten
— Auf-, Um- und Abbau der Einrichtungen und Unterkünfte einschl. Autokran
— An- und Abtransport der Hilfsstoffe, Schalungen und Gerüste einschließlich Ladekosten
— Herstellen und Beseitigen der befestigten Flächen, Gleisanlagen, Einzäunungen, Sicherungsanlagen und Schutzgerüste

- Verkehrslenkung
- Versorgungsanschlüsse einrichten und abbauen
- Bauschild
- Ausstattung der Büros und Unterkünfte.

Zeitproportionale Kosten

- Vorhalten der Einrichtungen, Büros und Unterkünfte
- Unterhalten der Einrichtungen, Büros und Unterkünfte
- Betriebsstoffe der Einrichtung
- Vorhalten der Gleis- und Sicherungsanlagen und Schutzgerüste
- Unterhalten der befestigten Flächen, der Gleisanlagen, Einzäunungen, Sicherungsanlagen und Schutzgerüste
- Versorgungsanschlüsse vor- und unterhalten.

3.6.2 Gerätekosten

Einmalige Kosten

- An- und Abtransport der Geräte einschließlich Ladekosten und evtl. Autokran
- Auf-, Ab- und Umbau der Geräte.
- Vorhaltekosten der Leistungsgeräte für Transport- und Auf- und Abbauzeit

Zeitproportionale Kosten

- Vorhaltekosten der Bereitstellungsgeräte
- Bedienungs- und Pflegelöhne und Betriebsstoffe der Bereitstellungsgeräte.

3.6.3 Allgemeine Baukosten

Baustellengehälter (mit gehaltsgebundenen Kosten)

- Bauleiter
- Baukaufmann
- Aufsicht: Polier/Meister (falls nicht im Mittellohn).

Techn. Bearbeitung, Kontrolle

- Konstruktive Bearbeitung
- Arbeitsvorbereitung
- Baustoffprüfungen
- Baugrunduntersuchung
- Beweissicherungen.

Abrechnung und Vermessung

Kleingerät und Werkzeug

Baustellenversicherungen

- Bauwesen
- Haftpflicht
- Sonstige.

Verkehrskosten der Baustelle

Kosten des Bürobedarfs

- Verbrauchsmaterial
- Porto, Telefon, Telefax
- Reisekosten
- Bewirtung und Werbung.

Sonstige allgemeine Baukosten

- Schuttcontainer
- Bewachung durch Fremdunternehmen
- Sonstiges.

3.6.4 Allgemeine Hilfslöhne

- Magaziner und Elektriker
- Vermessungs- und Laborgehilfen
- Boten und Fahrer

- Bewachung durch Eigenpersonal
- laufende Baureinigung
- Sonstige Hilfslöhne.

13

3.6.5 Nebenstoffe und Nebenfrachten

– Transporte zur Baustellenversorgung
– Sonstige Frachtkosten.

3.6.6 Sonderkosten

Pachten, Mieten

Lizenzkosten

Winterbau

Besondere Finanzierungskosten

Besondere Wagnisse (objektspezifisch), z.B.

– Witterung und Wasserstände
– Kostenerhöhungen
– neue, nicht erprobte Bauverfahren.

– Terminrisiko und Vertragsstrafe
– besondere Gewährleistungsrisiken

3.6.7 Außergewöhnliche Bauzinsen

entstehen bei besonderen Zahlungsvereinbarungen und bei säumiger Zahlung durch den Bauherrn.

Bauzinsen für den üblichen Zeitraum zwischen Leistungserstellung und Zahlung (6 bis 8 Wochen) sind in den Allgemeinen Geschäftskosten (AGK) enthalten.

(VOB: Abschlagszahlungen binnen 18 Werktagen, Schlußzahlung spätestens 2 Monate nach Eingang)

3.6.8 Bauschlußreinigung

3.6.9 Sonstiges

3.7 Endzuschläge

3.7.1 Allgemeine Geschäftskosten (AGK)

entstehen dem Unternehmen nicht durch einen bestimmten Bauauftrag, sondern durch den Betrieb als Ganzes.

Ziel einer möglichst genauen Kostenerfassung ist die Zuweisung aller direkt zuzuordnenden Kosten zu den einzelnen Baustellen. Es verbleiben jedoch als AGK nicht oder nur mit größerem Aufwand verrechenbare Anteile aus den Bereichen

– Geschäftsführung
– Allgemeine Verwaltung
– Personalbüro
– Rechtsabteilung
– Rechnungslegung
– Buchhaltung
– Einkauf
– Betriebliche Ausbildung
– Angebotsbearbeitung

– Arbeitsvorbereitung
– Technisches Büro
– Bauhof und Fuhrpark
– Werbung und Imagepflege
– Forschung und Entwicklung
– Betriebsversicherungen
– Verbandsbeiträge.

Die AGK werden den Baustellen durch einen Zuschlagsatz, meist bezogen auf den Umsatz, zugerechnet. Er ist wegen der unterschiedlichen Zuordnungsmöglichkeiten der Kosten stark betriebsabhängig und liegt etwa zwischen 8 und 15% des Umsatzes.

3.7.2 Wagnis + Gewinn (W+G)

berücksichtigt

— die Absicherung des allgemeinen Unternehmenswagnisses
— die Erzielung des Unternehmensgewinns.

Das allgemeine Unternehmenswagnis sind die nicht auf das einzelne Bauvorhaben zu beziehenden Risiken des Gesamtbetriebes. Hierzu gehören u.a.

— Konjunkturschwankungen
— Abhängigkeit vom Vergabe- und Investitionsverhalten eines beherrschenden Auftraggebers, z.B. öffentliche Hand.

Der Kostenansatz für Wagnis und Gewinn wird ähnlich den AGK als Prozentsatz des Umsatzes ermittelt und den Herstellkosten zugeschlagen.

3.7.3 Zuschlag auf Herstellkosten

Zur korrekten Umrechnung der in Prozent des Umsatzes (= Angebotsendsumme) angegebenen Zuschlagsätze für AGK und W + G auf die Herstellkosten ist folgender Rechengang erforderlich:

$$\text{Zuschlag auf Herstellkosten} = \frac{(\text{AGK, W+G}) \, [\%] \cdot 100}{100 - (\text{AGK, W+G}) \, [\%]} \, [\%]$$

3.8 Kalkulation von Sonderpositionen

3.8.1 Alternativ- oder Wahlpositionen

Zur Zeit der Ausschreibung steht noch nicht fest, ob die Leistung entsprechend der Beschreibung der zugehörigen Normalposition oder der Alternativposition zur Ausführung gelangt.

Alternativpositionen werden nur mit dem Einheitspreis angeboten, sie werden bei der Bildung der Angebotssumme nicht berücksichtigt. Der Einheitspreis muß alle Beträge für die Gemeinkosten der Baustelle, Allgemeine Geschäftskosten und Wagnis + Gewinn enthalten, die in der zugehörigen Normalposition enthalten sind.

3.8.2 Eventual- oder Bedarfspositionen

Zur Zeit der Ausschreibung steht noch nicht fest, ob die beschriebene Teilleistung zur Ausführung gelangt.

Wenn die Menge bekannt ist, sollte diese eingesetzt werden, ansonsten wird nur die Einheit angegeben. Eventualpositionen werden bei der Bildung der Angebotssumme nicht berücksichtigt. In den Einheitspreis werden keine Gemeinkosten der Baustelle, wohl aber der Zuschlag für Allgemeine Geschäftskosten und Wagnis + Gewinn eingerechnet.

3.8.3 Zulagepositionen

Sie berücksichtigen Zulagen oder Erschwernisse bei der Ausführung der zugehörigen (im Leistungstext angegeben) Normalposition. Sie werden wie Normalpositionen beaufschlagt und voll in die Angebotssumme eingerechnet.

3.9 Kalkulation von Leistungsänderungen nach Auftragserteilung

3.9.1 Anspruchsbasis

Änderungen der vertraglich vereinbarten Vergütung werden nicht immer einvernehmlich zu regeln sein. Bei gerichtlichen Auseinandersetzungen wird die Ermittlung von Nachforderungen oder Vergütungsminderungen auf der Basis der ursprünglichen Angebotskalkulation verlangt. Ansonsten kann die Klage abgewiesen werden.

I3

3.9.2 Mengenänderung (VOB-B § 2.3)

Bis 10% Mengenüber- oder -unterschreitung einer Position bleibt der vertraglich vereinbarte Einheitspreis unverändert.

Mengenüberschreitung: Für die über 10% hinausgehende Menge kann ein neuer Einheitspreis verlangt werden.

In der Kalkulation ändern sich die Einzelkosten nur, wenn sie tatsächlich erforderliche Maßnahmen berücksichtigen, z. B. Auswechseln eines Bohrgerätes bei tieferen Bohrungen oder zusätzliche Geräte. Auch Gemeinkosten der Baustelle (GK) werden nur eingerechnet, wenn sie nachweislich zusätzlich durch die Ausführung der Mehrmenge entstehen, z. B. lohnbezogene GK oder aus Bauzeitverlängerung zeitabhängige GK. Die umsatzbezogenen Zuschläge für Allgemeine Geschäftskosten (AGK) und Wagnis und Gewinn (W + G) werden unverändert zugerechnet.

Mengenunterschreitung: Im Bereich der Einzelkosten sind Änderungen möglich, z. B. wenn Geräte infolge der Mengenminderung geringer ausgelastet werden. In der Regel ergibt sich ein höherer Einheitspreis, da die in der entfallenden Menge enthaltenen Umlagen für Gemeinkosten der Baustelle, AGK und W + G auf die verbleibende Menge zusätzlich umgelegt werden müssen. Der Anspruch auf den entfallenden Gewinnanteil wird oft abgestritten, jedoch ist er unter dem Aspekt von VOB-B 2.4 (s. 3.9.3) zu bejahen.

3.9.3 Wegfall oder Übernahme von Leistungen durch den Bauherrn (Teilkündigung, VOB-B § 2.4 und § 8.1)

Dem Unternehmer steht die vertraglich vereinbarte Vergütung zu, abzüglich der eingesparten Kosten. Dies sind — falls nicht schon Lieferungen und Vorleistungen erfolgten — die Einzelkosten und eventuell Anteile der GK. AGK und W + G sind in jedem Fall voll zu zahlen.

3.9.4 Zusätzliche oder geänderte Leistungen (VOB-B § 2.5)

Auf der Basis der Vertragspreise (Angebotskalkulation) sind neue Einheitspreise unter Berücksichtigung der Mehr- und Minderkosten zu bilden. Geänderte GK sind einzurechnen, AGK und W + G werden mit dem kalkulierten Zuschlag berücksichtigt.

3.9.5 Behinderung und Unterbrechung (VOB-B § 6)

Die Behinderung muß vom Unternehmer rechtzeitig und schriftlich angezeigt werden (Anspruchsvoraussetzung). Der Unternehmer hat Anspruch auf Ersatz des nachweislich entstandenen Schadens, des entgangenen Gewinns aber nur bei Vorsatz oder grober Fahrlässigkeit. An den Nachweis des Schadens werden strenge Anforderungen gestellt. Daher sind eine detaillierte und nachvollziehbare Dokumentation (Bautagebuch) und Kalkulation auf der Basis der Angebotskalkulation zwingend erforderlich.

4 Erfolgskontrolle der Baustelle

4.1 Soll-Ist-Vergleiche (SIV)

4.1.1 Aufgaben der Soll-Ist-Vergleiche

während der Leistungserstellung:

— laufende Kontrolle zur Steuerung der Baustellenabläufe, z. B. Termine, Kosten und Verfahren.

nach der Leistungserstellung:

— Nachkalkulation zur Bildung und Kontrolle der Kalkulationsansätze für künftige Vorkalkulationen,
— Bildung von Kennzahlen, z. B. Stunden/m³ BRI, Leistung [DM]/Arbeitsstunde (= Produktivität).

4.1.2 Arten der Soll-Ist-Vergleiche

— Mengenvergleiche, z. B. Arbeitsstunden, Baustoffe, Gerätestunden
— Wertevergleiche, z. B. Kosten, Ergebnisse.

Die Soll-Ist-Vergleiche werden auf die wichtigsten Kostenfaktoren beschränkt.

Beispiele:
— Lohnstunden als Hauptrisikofaktor,
— Hauptbaustoffe wie Beton, Stahl, Steine,
— Hauptleistungsgeräte.

Bezugsbereiche der Soll-Ist-Vergleiche sind

— die gesamte Baustelle,
— Bauabschnitte oder Bauteile,
— bestimmte Stundenarten nach BAS,
— bestimmte Kostenarten nach BKR.

4.1.3 Übliche Soll-Ist-Vergleiche

kurzfristig: bauteilbezogen ohne feste Termine

— Stunden-SIV, z. B. für das Einschalen einer Geschoßdecke
— Baustoffe-SIV, z. B. Betonverbrauch für eine Geschoßdecke.

mittelfristig: monatlich für die gesamte Baustelle

— Stunden-SIV nach BAS (s. unter 6.2),
— Kostenarten-SIV, z. B. Lohnkosten (Stunden × tatsächlichem Mittellohn),
— Gesamtkosten-SIV.

Üblich sind der kurzfristige Stunden-SIV für alle Baustellen und der monatliche BAS-Stunden- und Kostenarten-SIV für Baustellen ab ca. 1 Mio DM Auftragssumme oder 6 Monate Bauzeit.

4.2 Arbeitskalkulation

4.2.1 Zweck

Zur Durchführung der mittelfristigen SIV benötigt man ablaufstrukturierte Vorgaben: Plantermine, Plankosten und Planstunden. Die Vorkalkulation bzw. die Auftragskalkulation als Vertragsbasis ist hierfür nur bedingt geeignet, da sie wie das Leistungsverzeichnis gewerkeweise strukturiert sind. Daher ist die Umsetzung in eine Arbeitskalkulation erforderlich. Die Arbeitskalkulation wird aus der Angebotskalkulation (falls vorhanden aus der Auftrags- bzw. Ausführungskalkulation) entwickelt. Sie ist Bestandteil der AV (Arbeitsvorbereitung) und dient der **Planung und Kontrolle der technischen und wirtschaftlichen Optimierung der Bauausführung unter den vorgegebenen Bedingungen.** Wegen des erheblichen Aufwands wird sie heute durchweg mit EDV erstellt.

4.2.2 Inhalt

Die Arbeitskalkulation berücksichtigt gegenüber der Angebotskalkulation

— Änderungen aus der Auftragsverhandlung: Vertrag, Leistungsumfang, Qualität (Nachlässe aus Herstellkosten, Alternativpositionen, Sondervorschläge)
— tatsächliche, vom LV abweichende Ausführungsmengen,

- geänderte Bauverfahren,
- zur Verfügung stehendes eigenes Personal und Fremdvergabe bei Engpässen, z. B. Schalung, Bewehrung,
- die tatsächlich zur Verfügung stehenden Geräte,
- verhandelte Baustoffkosten,
- verbindliche Angebote für Fremdleistungen,
- tatsächliche Ausführungstermine und -fristen.

4.2.3 Vorgaben

- Sollwerte für die Gesamtstunden, z. B. als Basis für die Personalplanung,
- Sollmengen und Sollpreise für alle Hauptbaustoffe z. B. Beton, Steine, Stahl für die Materialwirtschaft (Vorratshaltung, Einkauf, Liefertermine),
- Vorgabewerte für die kurzfristige Erfolgskontrolle, z. B. Stunden je Bauteil oder Stunden je Woche,
- Vorgabewerte für die mittelfristige Erfolgskontrolle der Baustelle: monatliche Stunden und Leistung zur Ablauf- und Ergebniskontrolle und zur Steuerung,
- Vorgabewerte für die Gesamtleistung und den erwarteten Deckungsbeitrag der Baustelle zu den AGK und zu W + G, z. B. für die Gewinnbeteiligung der Mitarbeiter, für den Zahlungsplan und für die Umsatzplanung des Gesamtunternehmens.

4.2.4 Struktur (Unterschied zur Angebotskalkulation)

- die Arbeitskalkulation wird während der Bauausführung den sich ändernden Bedingungen (Termin- und Mengenänderungen, Nachträge, Fremdvergaben etc.) angepaßt,
- die Aufteilung der Arbeiten erfolgt nicht mehr nach dem LV des BH, sondern nach dem Arbeitsverzeichnis auf der Basis von
  - Ablauf (Reihenfolge) der Arbeit
  - Ort der Arbeit (Arbeitsabschnitt)
  - Art der Arbeit
  z. B. wird die Pos. „Einrichten und Räumen" in „Einrichten" (ca. $^2/_3$ der Pos. des LV) und das zeitlich später liegende „Räumen" ($^1/_3$) zerlegt,
- die Gemeinkosten, die in der Angebotskalkulation auf die LV-Positionen umgelegt wurden, werden zu normalen Positionen,
- nicht baustellenbezogene Kosten, also AGK, W + G und Mehrwertsteuer, werden vorab abgezogen und sind nicht Bestandteil der Arbeitskalkulation,
- die Kostenarten (KOA) der Arbeitskalkulation können bei Bedarf erweitert werden, z. B. KOA „Schalung und Rüstung",
- die Zuordnung der Kosten zu den Konten der Buchführung (BKR) muß gegeben sein.

4.3 Ergebnisrechnung der Baustelle

4.3.1 Verfahren

Das Ergebnis der Baustelle wird monatlich (Stichtag = Monatsende) und — fortgeschrieben — als Schlußergebnis aus der Differenz von Leistung und Kosten ermittelt.

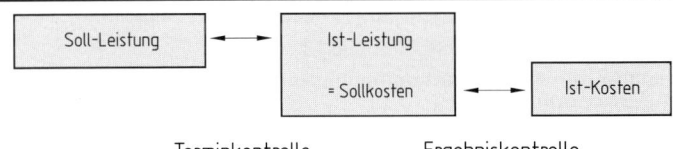

Bild 13.5 Übersicht Ergebnisrechnung

4.3.2 Ermittlung der Leistung

Die Soll-Leistung zum Stichtag wird aus der Arbeitskalkulation und dem Soll-Ablaufplan ermittelt (s. unter 5.10).

Die Ist-Leistung zum Stichtag erhält man aus der Bewertung der tatsächlich geleisteten Mengen (Aufmaß, Schätzung) mit den Sollkosten-Ansätzen der Arbeitskalkulation oder — falls keine Arbeitskalkulation vorliegt — mit den Einheitspreisen des Leistungsverzeichnisses (LV). Neben den Leistungen des Vertrags-LV sind auch Leistungen aus beauftragten Nachträgen zu erfassen.

Die monatliche Leistungsmeldung der Baustelle enthält die Leistung des vergangenen Monats, die bis zum Stichtag aufgelaufene Leistung und die voraussichtliche Leistungsentwicklung bis zum Bauende (s. Bild 13.29).

4.3.3 Ermittlung der Kosten

Die Soll-Kosten zum Stichtag sind identisch mit der Ist-Leistung zum Stichtag.

Die Ist-Kosten ergeben sich aus den tatsächlich für die erbrachte Leistung verbrauchten Kosten (Löhne, Material usw.). Die Erfassung erfolgt aus den Stundenrapporten, Rechnungen, Lieferscheinen, Geräte-Tagesberichten und Nachunternehmerverträgen. Dabei ist sorgfältig darauf zu achten, daß nur solche Kosten bewertet werden, die der Erstellung der in der vergangenen Periode bzw. bis zum Stichtag tatsächlich erbrachten und abrechenbaren Leistung zuzuordnen sind (Abgrenzung). Die richtige Abgrenzung der Kosten erfordert eine intensive Zusammenarbeit zwischen Bauleiter und Baukaufmann. Z. B. werden gelieferte, aber noch nicht eingebaute Baustoffe nicht bewertet, da sie keiner beim Bauherrn abrechenbaren Leistung zugeordnet werden können. Ob eine Lieferung oder Nachunternehmerleistung in Rechnung gestellt oder bezahlt ist oder nicht, spielt bei der Ist-Kosten-Ermittlung keine Rolle.

5 Kalkulationsablauf [*])

In den folgenden Beispielen werden bei der Darstellung der Zahlenwerte die in der Praxis üblichen Schreibweisen verwendet:

— Stunden mit hochgestelltem h, auch wenn über der Spalte
die Dimension „Stunden'' steht, um Verwechslungen
mit DM sicher auszuschließen,   z. B. $17,5^h$

— DM-Beträge auf Pfennige ausgeschrieben immer mit 2 Stellen   z. B. 258,00

— DM-Beträge auf volle Mark gerundet (nicht zulässig bei Einträgen im LV)   z. B. 258,—

13

5.1 Beispiel zur Umlagekalkulation

Das Verfahren mit Zuschlagsermittlung über die Endsumme (Umlagekalkulation) soll an einem kleinen Rechenbeispiel erläutert werden:

---

[*]) Das im folgenden herangezogene Beispiel läßt sich im Internet über die Adresse
http://www.teubner.de/cgi-bin/teubner-anzeige.sh?buch_no=506
abrufen und mittels des Tabellenkalkulationsprogrammes Excel auf eigene Verhältnisse anwenden

Kalkulation

Basis der Kalkulation ist das vom Bauherrn als Blankett (ohne Preise) erstellte (hier vereinfachte) Leistungsverzeichnis (s. Bild 13.6).

Rohbauarbeiten für 16 Einfamilienhäuser in 4 Blöcken mit insgesamt 8800 m³ Bruttorauminhalt.

Leistungsverzeichnis (verkürzt)

16 Einfamilienhäuser Bayernallee

LV-Nr.	Menge	Einh.	Leistungsbeschreibung	Einh.Preis	Ges.Preis
01	1	psch	Einrichten und Räumen der Baustelle für sämtliche in der Leistungsbeschreibung aufgeführten Leistungen	37.663,67	37.663,67
02	1	psch	Vorhalten der Baustelleneinrichtung für sämtliche in der Leistungsbeschreibung aufgeführten Leistungen	139.011,85	139.011,85
03	800	m³	Oberboden DIN 18300 abtragen, Boden wird Eigentum des AN und ist zu beseitigen, Abtragdicke im Mittel 20 cm	12,68	10.144,00
04	3.600	m³	Boden für Baugruben profilgerecht lösen, Boden wird Eigentum des AN und ist zu beseitigen, Aushub nach Abtrag des Oberbodens, Aushubtiefe bis 2,50 m, Bodenklasse 3	43,94	158.184,00
05	900	m³	Verfüllen und Anschütten von Arbeitsräumen mit vom AN zu lieferndem Boden, verdichten, Verdichtungsgrad DPr 100 %, Einbauhöhe bis 2,50 m	34,11	30.699,00
06	320	m³	Ortbeton der Bodenplatten, aus Stahlbeton als Normalbeton DIN 1045 B35 wasserundurchlässig, Dicke 30 cm, einschließlich Randschalung	268,78	86.009,60
07	2.048	m²	Schalung der Deckenplatten, Höhe der Betonunterseite 2,50 bis 3,00 m, Bauteildicke 18 cm	57,62	118.005,76
08	370	m³	Ortbeton der Deckenplatten, aus Stahlbeton als Normalbeton DIN 1045 B25, Dicke 18 cm	235,97	87.308,90
09	6,000	t	Betonstabstahl DIN 488 BSt 500 S, alle Durchmesser, alle Längen, liefern, schneiden, biegen und verlegen	1.612,06	9.672,36
10	24,000	t	Betonstahlmatten DIN 488 BSt 500 M, als Lagermatten liefern, schneiden und verlegen	1.824,24	43.781,76
11	196	m³	Mauerwerk der Kelleraußenwände, Hohlblocksteine aus Beton DIN 18153 Hbn 4 - 1,2 - Zweikammerstein 10 DF, MG II, Mauerwerksdicke 30 cm	372,22	72.955,12
12	3.680	m²	Mauerwerk der Außen- und Innenwände, Kalksandsteine ohne Stoßfugenvermörtelung, DIN 106-KSL-R - 12 -1,6 - 17,5, 7,5DF (175 x 300 x 238), MG II, Mauerwerksdicke 17,5 cm	99,76	367.116,80
			ANGEBOTSSUMME OHNE MEHRWERTSTEUER		1.160.552,82
			Mehrwertsteuer, z.Zt. 16 %		185.688,45
			ANGEBOTSSUMME MIT MEHRWERTSTEUER		**1.346.241,27**
			Stempel/Datum/Unterschrift:		

Bild 13.6 Leistungsverzeichnis (hier bereits mit Angebotspreisen)

5.2 Vorarbeiten

5.2.1 Vorermittlungen

Prüfung der Vertrags- und Ausführungsbedingungen (s. Bild 13.7 und 13.8)

Bauzeit: 1 Monat/Block·4 Blöcke+Vor- und Nachlauf=5 Monate

Arbeitszeit: 40 Stunden/Woche (39 Tarifstunden+1 Überstunde)

Vorermittlungen

Projekt: 16 Einfamilienhäuser Bayernallee

Stand: 1. Februar 1999

Allgemeine Angaben

Auftraggeber	*Hausbau KG*	Angebotseingang: *5. Januar 1999*
Ausführungsort	*Bayernallee Aachen*	Angebotsabgabe: *8. Februar 1999*
Ausschreibende Stelle	*Hausbau KG*	Zuschlagsfrist: *6 Wochen*
Ausschreibungsart	*beschränkt*	

Ausschreibungsbedingungen

Vertragsbasis (BGB/VOB)	*VOB-B*
Baufristen:	*01.04.1999 bis 31.08.1999*
Vertragsstrafen für	*Terminüberschreitung*
Höhe Vertragsstrafe	*1000,- DM/Kalendertag, maximal 50.000,- DM*
Sicherheiten/Bürgschaften:	*Gewährleistungsbürgschaft 5%*
Gewährleistungsdauer:	*VOB 2 Jahre*
Zahlungsbedingungen:	*gemäß beizufügendem Zahlungsplan leistungsabhängig*
Gleitklauseln:	*keine*
Besondere Auflagen:	*keine*

Bauleistung

Sparte (Hoch-/Tiefbau...)	*Hochbau*
Art des Bauwerks:	*Mauerwerksbau*
Bauwerkskenngrößen:	*Einfamilienwohnhäuser, 8.800 m³ BRI, 1.000 m² WF*
Mauerwerk/Kenngröße:	*840 m³ / 8.800 m³ BRI = 0,10 m³ / m³ BRI*
Beton/Kenngröße:	*690 m³ / 8.800 m³ BRI = 0,08 m³ / m³ BRI*
Stahl/Kenngröße:	*30 t / 8.800 m² = 3,4 kg/m³*
Stahl/m³ Beton:	*30 t / 690 m³ = 43,5 kg/m³ Beton*

Kostenvorschätzung:

Kosten/Kenngröße	*125,00 DM/m³ BRI*	
Angebotssumme o. Mwst.	8.800 m³ BRI x 125,- DM/m³ =	1.100.000,- DM
Bauzeit		5 Monate
Personalbedarf	8.800 Std. / 5 Monate x 175 Std. =	10 Arbeiter

13

Bild 13.7 Vorermittlung zur Kalkulation, Fortsetzung s. nächste Seite

Kalkulation

Bild 13.8 Vorermittlung, Fortsetzung

```
▟   Vorermittlungen, Seite 2
```

Baustellenverhältnisse:

Besichtigung durch:	*Bauleiter Dipl.-Ing. Meier* am: *1. Februar 1999*
Zufahrtsmöglichkeiten	*ausgebaute Straße bis zum Baugelände,*
	im Baubereich Straßenunterbau vorhanden
Stromanschluß (Art, Lage)	*400 V / 100 kW, 50 m entfernt*
Wasseranschluß	*Hydrant vor Baustelle*
Bodenverhältnisse	*Wiese, eben, Baugrundgutachten liegt vor*
Grundwasser (Stand)	*kein GW*
Baustraße	*nur für Baustelleneinrichtung erforderlich, ca.300 m²*
Bauzaun	*an Straßenseite, ca.80 m*
Verkehrsführung	*keine Einschränkung*
Kippe, Recycling	*Kippe Alsdorf-Warden, RCL Dohmen, Geilenkirchen*

Für Begleitschreiben:

Bauzeitenplan	*zum Angebot gefordert*	*Vorbehalte*	*keine*
Geräteverzeichnis	*nicht gefordert*		
Empfehlungen	*Beweissicherung des Bürgersteigs erforderlich*		
Sonstige Unterlagen	*keine*		

Kalkulationsergebnis:

Angebotssumme o. Mwst.	1.160.552,82 DM
Mehrwertsteuer	185.688,45 DM
Angebotssumme mit Mwst.	1.346.241,27 DM

Unterschriften: Kalkulator..   Oberbauleiter:.......................

5.2.2 Gerätekosten (s. unter 3.3)

Die Kosten der Geräte sind firmenintern in Gerätestammkarten vorermittelt (Beispiel: Bagger s. Bild 13.9, Turmkran s. Bild 13.4).

Alle Geräte für eine Baustelle werden in der Geräteliste zusammengefaßt (s. Bild 13.15). Die Vorhaltedauer enthält bei Leistungsgeräten neben der in den EKT kalkulierten Einsatzzeit auch Warte- und Rüstzeiten.

Gerätestammkarte

		Stand:	BGL 1991

Kurzbezeichnung:	**RAUPENBAGGER HYD**	BGL-Nr.:	3150-0100
Hersteller/ Typ:	LIEBHERR / R922	Nutzungsjahre:	7
		Vorhaltemonate:	60-55
Arbeitswerkzeuge/Zubehör:	Tieflöffel 1,25 m³	Monatl. Satz für A+V:	2,10%
		Monatl. Satz für Reparatur	1,60%
		Kenngröße:	100 kW

Vorhaltekosten (nach BGL)	Gewicht t	mittl. Neuwert DM	A+V DM / Monat	Reparatur DM/Monat
Grundgerät :	17,00	283.000,-	5.943,-	4.528,-
Ausleger-Unterteil	1,00	16.500,-	347,-	264,-
Ausleger-Oberteil	1,20	16.500,-	347,-	264,-
Löffelstiel	0,90	16.500,-	347,-	264,-
LC-Laufwerk	0,80	12.400,-	260,-	198,-
Tieflöffel	0,75	10.000,-	210,-	160,-
Summen	21,65	354.900,-	7.454,-	5.678,-

Steuer und Versicherung:				
Vorhaltekosten / Monat:	(A+V) + Reparatur + Steuer u.Versicherung =			**13.132,-**

Betriebsstoffkosten :	Diesel / Benzin	Baustrom
Motorleistung :	100 kW	kW
mittlerer Verbrauch l/kWh:	0,18 Liter	kWh
Energiepreis (ohne Mwst) :	1,00 DM / Liter	DM / kWh
Wartungs- und Pflegestoffe :	12%	
Kosten je Betriebsstunde:	20,16 DM/Stunde	DM/Stunde

Rüstkosten ohne Transport	Stundenaufwand	Sonstige Kosten
Auf + Abladen (je 1 x)	0,2 h/t	
Auf + Abbauen		
Summe Rüstkosten:		

Ansatz für das aktuelle Projekt:	16 Einfamilienhäuser Bayernallee		Datum:	1. Feb. 1999
Lohnanteil der Rep.kosten	40%		170,00	Std./Monat
Vorhaltekosten	100%	13.132,- DM/Monat	77,25	DM/Stunde
LZK auf Reparaturlöhne	95%	2.158,- DM/Monat	12,69	DM/Stunde
Vorhaltekosten mit LZK		15.290,- DM/Monat	89,94	DM/Stunde
Indexsteigerung	12%	1.835,- DM/Monat	10,79	DM/Stunde
Gesamte Vorhaltekosten	100%	17.125,- DM/Monat	100,73	DM/Stunde
Interner Kalkulationsansatz:	75%	12.844,- DM/Monat	75,55	DM/Stunde
gewählter Ansatz für Vorhaltung			**75,00 DM/Stunde**	

I3

Bild 13.9   Gerätestammkarte und Ansatz für das aktuelle Projekt

Kalkulation

Tafel 13.13 Ermittlung der Vorhaltezeit der Leistungsgeräte

	kalkulierte Einsatzzeit	Warte- u. Rüstzeit	Vorhaltezeit
Bagger mit Führer	45,0 Std.	3,0 Std.	48 Std.
Raupenlader mit Führer	23,0 Std.	1,0 Std.	24 Std.
Radlader mit Führer	39,0 Std.	9,0 Std.	48 Std.
Wartezeiten der Geräteführer:		13,0 Std.	

Die Kosten für diese Zeiten ergeben sich als „Restumlage" aus der Geräteliste (Bild 13.15). Sie werden zusammen mit den Wartezeiten der Geräteführer in den Gemeinkosten als zeitproportionale Gerätekosten berücksichtigt.

5.2.3 Kosten der Schalung

Es sind 32 gleiche Decken à 64 m^2 zu schalen. Um die vorgesehene Bauzeit einzuhalten, müssen 4 Schalsätze vorgehalten werden.

Tafel 13.14 Vorhaltekosten eines Schalsatzes je Monat

Träger H 16:	143 m	· 0,91 DM/m =	130,– DM/Mon.
Joche H 20:	14 St × 2,90 m	· 1,15 DM/m =	47,– DM/Mon.
Stützen GR 1:	35 St	· 4,10 DM/St =	144,– DM/Mon.
Dreibeine:	21 St	· 4,59 DM/St =	96,– DM/Mon.
Kopfgabeln:	21 St	· 1,48 DM/St =	31,– DM/Mon.
			448,– DM/Mon.
4 Schalsätze kosten			1792,– DM/Mon.

Weitere Ermittlung s. Bild 13.10

5.3 Einzelkosten der Teilleistungen (Bilder 13.11 bis 13.14)

Alle den Positionen direkt zuzuordnenden Kosten werden hier — getrennt nach betriebsintern vorgegebenen Kostenarten — erfaßt.

Aus den Mengen des Leistungsverzeichnisses und den Kostenansätzen für die einzelnen Kostenarten werden die Einzelkosten der Positionen je Mengeneinheit und je Position entwickelt. Hierzu wird die Position in Einzelelemente oder Unterpositionen aufgegliedert. Bezugsgröße aller Einzelelemente der Einzelkosten ist die Mengeneinheit der Position.

Die Einzelkostenentwicklung ist die Hauptarbeit des Kalkulators. Basis einer „richtigen" Kostenermittlung ist die möglichst wirklichkeitsgetreue Wahl der Kostenansätze. Sie erfordert solides bautechnisches Fachwissen und große praktische Erfahrung in der Bauausführung. Computerprogramme und Datenbanken (Stammdaten, Stammpositionen u. ä.) können und sollen nur eine Hilfe sein, ihre Anwendung birgt bei EDV-Gläubigkeit große Gefahren. Da jede Kalkulation unabhängig geprüft werden sollte, ist die Kostenentwicklung so klar und ausführlich aufzubauen, daß sie leicht nachvollziehbar ist und daß zu ihrem Verständnis nicht auf mehr oder weniger geordnete Konzeptblätter zurückgegriffen werden muß. Insbesondere sind alle technischen Zahlen mit Dimensionen zu versehen. Für Stunden hat sich [h] eingebürgert, DM-Beträge werden dimensionslos eingetragen.

Aus der spaltenweisen Gesamtaddition der Einzelkosten ergibt sich die Summe der Einzelkosten, getrennt nach den vorgegebenen Kostenarten.
Die Werte für Angebotslohn/Zuschläge und die Spalten für den Einheits- und Gesamtpreis bleiben zunächst frei. Sie dienen der Einzelpreisermittlung.

Ermittlung der Schalkosten

Projekt: **16 Einfamilienhäuser Bayernallee**

Bauwerksdaten
Bauteil:	Decken D = 18 cm
Oberflächenqualität:	keine besonderen Anforderungen
zu schalende Fläche:	2048 m² gesamt
je Arbeitstakt:	4 Decken = 4 x 64 m²
Einsätze:	8 x

Kosten der Schalung				Stunden	SoKo	Gerät
1. Systemschalung (Schalgerät)				Std/m²	DM/m²	DM/m²
Miete (=Soko) oder Vorhaltekosten nach BGL		hier:	**75 % BGL**			
Hersteller/Typ:	DOKA - Flex Trägerschalung					
Vorzuhaltende Menge:	4 Decken x 64 m² =	256 m²				
Vorhaltedauer:		4 Monate				
Projektkosten:	entfällt hier	m² gesamt				
Transport- und Ladekosten:	In EKT enthalten	m² gesamt				
Vor- und Demontage:	entfällt hier	m² gesamt				
Vorhaltekosten lt. Einzelermittlung:	DM/Monat	DM/Monat/m²				
Schalsystem: Querrräger H16	520,-	2,03				
Unterstützung: Jochträger H20+Stützen	1.272,-	4,97				
	1.792,-	7,00				
Vorhaltekosten oder Miete:	1.792,- x	4,00 Monate				
		2048 m² gesamt				3,50
Stundensatz für Ein- und Ausschalen				0,65 h		
Stunden- und Kostenansatz je m² zu schalende Fläche:				0,65 h		3,50
2. Schalholz						
(Abschreibung über durchschnittliche Einsätze)						
	Einh.	Einh./m² x	DM/Einh. / Einsätze			
Schalhaut:	m²	x				
Schaltafeln 50x150cm	St	1,33 x	15,00 25		0,80	
Bretter (zum Flicken)	m²	0,10 x	10,00 10		0,10	
Bohlen	m³	x				
Kantholz	m³	x				
Randschalung lt. Vorerm.	m	x				
Stunden- und Kostenansatz je m² zu schalende Fläche:					0,90	
3. Verbrauchsstoffe je Einsatz						
Nägel, Leisten, Trennmittel etc. je m²					0,25	
Spannanker je m²						
Sonstiges						
4. Gesamt-Stunden und Kostenansätze je m² zu schalende Fläche:				0,65 h	1,15	3,50

I3

Bild 13.10   Ermittlung der Schalkosten

Kalkulation

Einzelkosten der Teilleistungen und Einzelpreisermittlung

Projekt: 16 Einfamilienhäuser Bayernallee Seite: 1

Angebotslohn/Zuschlagsfaktoren: 80,06 DM | 1,20 | 1,20 | 1,10

Rechts-Notizen:
- betriebsinterner Verrechnungssatz für eine Bauhofstunde 70,00 DM/h
- interner Verrechnungssatz Lkw-Pritsche als Zugwagen je Stunde mit Fahrer 115,- DM
- interner Verrechnungssatz Tieflader mit Fahrer 150,- DM
- jeweils am Bauhof und auf der Baustelle

Pos.	Menge	Einzelkostenentwicklung	je Einheit Stunden	je Einheit SoKo	je Einheit Gerät	je Einheit Fremdlst.	zusammen Stunden	zusammen SoKo	zusammen Gerät	zusammen Fremdlst.	Angebot Einh.preis	Angebot Gesamtpreis
01	1 psch	**Einrichten und Räumen der Baustelle**										
		Faktoren / Div x (Std. + SoKo + Gerät + Fremdlst.)										
		Container am Bauhof laden u.abladen x Verrechnungssatz 70,00 4 * 2 * 6,50 h		560,00								
		Container an Baustelle abladen,aufst.+abbauen,aufladen je 6,5h 4 * 2 * 6,50 h	52,000 h									
		Container transp.:Lkw (3h hin+3h zurück)/2 St/Fahrt x Verr.satz 115,00 4 * 6 / 2 *		1.380,00								
		Autokran für Cont.-aufstellung(4St x 0,5h+1h Anfahrt) x2 (hin+zurück) 170,00 3 * 2 *				1.020,00						
		Großgeräte auf/abladen (Bagger+Raupenlader=21,65+8,35t) x 0,2h/t 30 * 0,2 * 1,00 h + 70,00	6,000 h	420,00								
		Großgerätetransporte:Tieflader x (3h hin+3h zur.)Fahr+Ladezeit 150,00 3 * 2 *		900,00								
		12t Schalung + Gerüst laden u. abladen (hin+zurück) x 0,4h/t 12 * 0,4 * 1,00 h + 70,00	4,800 h	336,00								
		12t Schalung + Gerüst: 2 Fahrten x 6h Lkw-Ladekran x Verr.satz 2 * 6 * 120,00		1.440,00								
		10t Kleingerät + Hilfsstoffe laden u. abladen (hin+zurück) x 0,4h/t 10 * 0,4 * 1,00 h + 70,00	4,000 h	280,00								
		10t Kleingerät + Hilfsstoffe:2Fahrten x 6h Lkw-Ladekran x Verr.satz 2 * 6 * 120,00		1.440,00								
		Anschlüsse (Wasser,Abwasser,Elektro,Telefon) herst. u. abbauen 65,00 h + 1270,00	65,000 h	1.270,00								
		300m³ Baustraße: 0,20m Schotter liefern (18.000DM/t; 1,8t/m³) 60 * 1,8 + 18,00		1.944,00								
		300m³ Baustraße einbauen mit Raupenlader 100m³/h + 1 Helfer 300 / 100 * (2,00 h + 52,00)	6,000 h	29,64	156,00							
		300m³ Baustraße abbauen mit Radlader 100m³/h 300 / 100 * 1,00 h + 33,00	3,000 h	21,78	99,00							
		Schotterabfuhr (KURT-IV) u. Recycling:300m³ x 0,20m x 1,8t/m³ + 13,67 60 * 1,8 * 12,50		1.350,00		1.476,36						
		80m Bauzaun aus Elementen auf- und abbauen 80 * 0,30 h	24,000 h									
		Bauschild auf- und abbauen 30,00 h + 500,00	30,000 h	500,00								
		TK-Transport: Lkw mit Ladekran als Zugwagen 4 Fahrten x 3 Std. 4 * 3 * 120,00		1.440,00								
		TK-Montage u. Demontage: 12h Aufbau+10h Abbau 22 * 1,00 h	22,000 h									
		TK auf Baustelle 1x umsetzen: 16,00 h	16,000 h									
			232,80 h	13.311,42	255,00	2.496,36	232,8 h	13.311,-	255,-	2.496,-	37.663,67	37.663,67
		Solofahrzeug, Entfernung zur Kippe 16km										

zu übertragen bzw. Titelsumme: 37.663,67

Bild 13.11 Einzelkosten der Teilleistungen und Einzelpreisermittlung

Einzelkosten der Teilleistungen und Einzelpreisermittlung

Projekt: 16 Einfamilienhäuser Bayernallee
Seite: 2

Einzelkostenentwicklung: Faktoren / Div. x (Std. + SoKo + Gerät + Fremdlst.)
Angebotslohn/Zuschlagsfaktoren: 80,06 DM | 1.20 | 1.20 | 1.10

Übertrag: Stunden 232,8 h | SoKo 13.311,- | Gerät 255,- | Fremdlst. 2.496,- | Gesamtpreis 37.663,67

Pos.	Menge	Teilleistung / Faktoren	je Einheit Stunden	je Einheit SoKo	je Einheit Gerät	je Einheit Fremdlst.	zus. Stunden	zus. SoKo (1.20)	zus. Gerät (1.20)	zus. Fremdlst. (1.10)	Angebot Einh.preis	Angebot Gesamtpreis
02	1	**psch Vorhalten der Baustelleneinrichtung**										
		1 Unterkunftscontainer mit Einrichtung für 10 Pers x 5 Monate 5 * 555,00			2.775,00							
		1 Bürocontainer mit Einrichtung und WC x 5 Monate 5 * 580,00			2.900,00							
		1 Sanitärcontainer mit Einrichtung für 10 Personen x 5 Monate 5 * 1060,00			5.300,00							
		1 Magazincontainer mit Einrichtung und Inhalt "Hochbau" x 5 Monate 5 * 1865,00			9.325,00							
		80m Bauzaun/3,5m je Elemente x 6,00 DM/Elem. u. Monat x 5 Monate 5 * 80 / 3,5 * 6,00		685,71	1.450,00							
		Baustromverteiler: 1 St AV125A + 4 St UV63A x 5 Monate 5 * 290,00										
		1 Schnellaufbaukran Zeppelin ZSR 30 x 5 Monate 5 * (560,00 + 3100,00)		2.800,00	15.500,00							
		1 Kranführer zu ca 60% x 175 h/Monat x 5 Monate 5 * 0,6 * 175,000 h	525,000 h									
		Wasser + Abwasser = 10,0m³/Tag x 22 Tage/Monat x 5 Monate 5 * 110 * 8,50		4.675,00								
		Allgem. Stromverbrauch der Baustelle = 5 Mon. x 5kW/h x 175h/Mon. 5 * 875 * 0,55		2.406,25								
		Schuttabfuhr: 1 Container unsortierter Bauschutt / Woche 5 * 4 * 1800,00				36.000,00						
		(Summe Pos. 02)	525,00 h	10.566,96	37.250,00	36.000,00	525,0 h	10.567,-	37.250,-	36.000,-	139.011,85	139.011,85
03	800	**m³ Oberboden abtragen, beseitigen**										
		Abschieben: Raupenlader 40m³/h: 52,00 1 / 40 (1,00 h + 9,88 + 52,00) 6,68										
		Abfuhr: 1,2m³/m³ nach KURT-IV: 5km, Solo/Allrad 1,2 * 6,68 = 8,02										
		(Summe Pos. 03)	0,025 h	0,25	1,30	8,02	20,0 h	200,-	1.040,-	6.416,-	12,68	10.144,00
04	3600	**m³ Boden Baugrube lösen, beseitigen**										
		Arbeitskette Bagger+Lkw 80m³/h, 1 Helfer: 75,00 1 / 80 (2,00 h + 20,16 + 75,00) 8,03										
		Abfuhr: 1,7m³/m³ nach KURT-IV: 16km, Zug/Mehrachsantrieb 1,7 = 13,65										
		Kippgebühr Deponie 12,50 DM/t, 1,7 t/m³ 1,7 * 12,50 = 21,25										
		(Summe Pos. 04)	0,025 h	21,50	0,94	13,65	90,0 h	77.400,-	3.384,-	49.140,-	43,94	158.184,00

zu übertragen bzw. Titelsumme: Stunden 867,8 h | SoKo 101.478,- | Gerät 41.929,- | Fremdlst. 94.052,- | Gesamtpreis 345.003,52

13

Bild 13.12   Einzelkosten der Teilleistungen und Einzelpreisermittlung

Kalkulation

Einzelkosten der Teilleistungen und Einzelpreisermittlung

Projekt: **16 Einfamilienhäuser Bayernallee**
Angebotslohn/Zuschlagsfaktoren: **80,06 DM**
Seite: **3**

Einzelkostenentwicklung:
Faktoren / Div. x (Std + SoKo + Gerät + Fremdlst.)

Pos.	Menge	Einzelkostenentwicklung	je Einheit Stunden	je Einheit SoKo	je Einheit Gerät	je Einheit Fremdlst.	zusammen Stunden	zusammen SoKo (1.20)	zusammen Gerät (1.20)	zusammen Fremdlst. (1.10)	Angebot Einh.preis	Angebot Gesamtpreis
		Übertrag:					867,8 h	101.478,-	41.929,-	94.052,-		345.003,52
05	900 m³	**Verfüllen Arbeitsraum**										
		Füllboden frei Baustelle: 11,00 DM/t; 1,7 t/m³ 1,7 · 11,00		18,70								
		Arbeitskette Radlader + Verdichter: 25m³/h, Radlader 1 / 25 · (1,00 h + 7,26 + 33,00)	0,040 h	0,29	1,32							
		Rüttelplatte (Leistung maßgebend) + 2 Arbeiter 1 / 25 · (2,00 h + 0,81 + 2,00)	0,080 h	0,03	0,08							
			0,120 h	19,02	1,40		108,0 h	17.118,-	1.260,-		34,11	30.699,00
06	320 m³	**Bodenplatte Stahlbeton B35WU, d=30cm**										
		368m Randschalung laut Voreinstellung: 368 / 320 · (0,15 h + 2,26)	0,173 h	2,60								
		Folie auslegen als Sauberkeitsschicht 1 / 0,3 · (0,01 h + 0,25)	0,033 h	0,83								
		Beton (10% Mehrverbrauch bei Bodenplatten): 1,1 · 135,00		148,50								
		Betonieren mit Ausleger-Betonpumpe: 0,50 h	0,500 h									
		Oberfläche abgleichen: 1 / 0,3 · 0,01 h	0,033 h									
		Betonpumpe: 8 Einsätze für 330m³ abrechenbare Betonmenge: 8 / 320 · 250,00		6,25								
		Betonpumpe je tatsächlich gepumpte m³: 1,1 · 15,00		16,50								
			0,739 h	174,68			236,5 h	55.898,-			268,78	86.009,60
07	2048 m²	**Schalung der Deckenplatte d=18 cm**										
		Schalung DOKA-Flex laut Voreinstellung: 0,65 h + 1,15 + 3,50	0,650 h	1,15	3,50							
			0,650 h	1,15	3,50		1.331,2 h	2.355,-	7.168,-		57,62	118.005,76
08	370 m³	**Ortbeton der Deckenplatte B25, d=18 cm**										
		Betonieren mit Ausleger-Betonpumpe: 0,60 h	0,600 h									
		Beton (5% Mehrverbrauch bei Deckenplatten): 1,05 · 125,00		131,25								
		Oberfläche abgleichen: 1 / 0,2 · 0,01 h	0,063 h									
		Betonpumpe: 8 Einsätze für 370m³: 8 / 370 · 250,00		5,41								
		Betonpumpe je tatsächlich gepumpte m³: 1,05 · 15,00		15,75								
			0,663 h	152,41			245,3 h	56.392,-			235,97	87.308,90
		zu übertragen bzw. Titelsumme:					2.788,8 h	233.241,-	50.357,-	94.052,-		667.026,78

Bild 13.13 Einzelkosten der Teilleistungen und Einzelpreisermittlung

736

Einzelkosten der Teilleistungen und Einzelpreisermittlung

Projekt: **16 Einfamilienhäuser Bayernallee** Seite: 4

Angebot: Gesamtpreis 667.026,78

Einzelkostenentwicklung: Faktoren / Div x (Std. + SoKo + Gerät + Fremdlst.)

Angebotslohn/Zuschlagsfaktoren: 80,06 DM | 1,20 | 1,20 | 1,10

Pos.	Menge	Einzelkostenentwicklung / Faktoren	je Einh. Stunden	je Einh. SoKo	je Einh. Gerät	je Einh. Fremdlst.	zus. Stunden	zus. SoKo	zus. Gerät	zus. Fremdlst.	Einh.preis	Gesamtpreis
		Übertrag:					2.788,8 h	233.241,-	50.357,-	94.052,-		667.026,78
09	6,000 t	**Betonstabstahl BSt 500 S**										
		Liefern und abladen 1,00 h + 500,00	1,000 h	500,00								
		Schneiden, Biegen und positionieren (im Werk) 250,00		250,00								
		Verlegen einschl. Abstandhalter 50,00 + 520,00		50,00		520,00						
			1,000 h	800,00		520,00	6,0 h	4.800,-		3.120,-	1.612,06	9.672,36
10	24,000 t	**Betonstahlmatten BSt 500 M**										
		Liefern und abladen (15% Verschnitt angenommen) 1,15 * (0,60 h + 800,00)	0,690 h	920,00								
		Verlegen einschl. Abstandhalter 50,00 + 550,00		50,00		550,00						
			0,690 h	970,00		550,00	16,6 h	23.280,-		13.200,-	1.824,24	43.781,76
11	196	**m³ Mauerwerk der Kelleraußenwände Hbn d=30cm**										
		Steine: 56 St/m³ Hbn 4-1,2-10DF(300), MGII, 5% Verhau 1,05 * 56 1,38		81,14								
		Mörtel: Werk-Frischmörtel, 70 Liter/m³ 10% Verlust 1,1 * 0,07 150,00		11,55								
		Stundenaufwand Mauern 2,90 h	2,900 h									
		Stundenaufwand Zulagen laut Vorermittlung 0,30 h + 4,00	0,300 h	4,00								
			3,200 h	96,69			627,2 h	18.951,-			372,22	72.955,12
12	3680	**m² Mauerwerk der Wände KSL-R, d=17,5cm**										
		Steine: KSL-R 12-1,6-7,5DF(175) Blockstein, Spez-Lieferung/m² 1,05 * 30,00		31,50								
		Mörtel: Werk-Frischmörtel, nur Lagerfuge, 12 Liter/m², 10% Verlust 1,1 * 0,012 150,00		1,98								
		Stundenaufwand Mauern Ratio-Steine ohne Stoßfugenvermörtelung 3,90 h	0,683 h									
		Stundenaufwand Zulagen laut Vorermittlung 0,2 * 0,05 h + 0,75	0,050 h	0,75								
			0,733 h	34,23			2.697,4 h	125.996,-			99,76	367.116,80
		zu übertragen bzw. Titelsumme:					6.136,0 h	406.238,-	50.357,-	110.372,-		1.160.552,82

13

Bild 13.14   Einzelkosten der Teilleistungen und Einzelpreisermittlung

5.4 Gemeinkosten der Baustelle (3.6) (Bild 13.16)

Alle den Positionen nicht direkt zuzurechnenden Kosten der Baustelle werden hier erfaßt (Checkliste s. unter 3.6).

Wenn das Leistungsverzeichnis eine allgemein formulierte Position oder einen Titel „Baustelleneinrichtung" enthält, ist es dem Bieter überlassen, welchen Anteil der in der Checkliste enthaltenen Kosten er dieser Position zuweist. Hier sind unter Umständen „stategische" Gesichtspunkte zu beachten.

Die Rüst- und Wartezeiten der Geräte werden in der Geräteliste (Bild 13.15) ermittelt und in die Gemeinkosten übernommen. Außerdem dient die Geräteliste der Auslastungskontrolle der Leistungsgeräte.

5.5 Mittellohn (3.2.7) (Bild 13.17)

Ermittelt wird der Mittellohn A (Arbeiter ohne Aufsichtsanteil), da der Polier nicht mitarbeitet. Es wird angenommen, daß 80% der Belegschaft die Vermögensbildung nutzen und 5 Arbeiter einen Verpflegungskosten-Zuschuß erhalten. 100% der Bauzeit sollen in die nächste Tarifperiode fallen. Die nächste Lohnerhöhung wird im Beispiel auf 1,50% geschätzt.

5.6 Kalkulationsschlußblatt (Bild 13.18)

Die Angebotssumme und die Kalkulationszuschläge werden im Kalkulations-Schlußblatt (Ermittlung der Herstellkosten, der Angebotssumme und des Kalkulationslohnes) ermittelt.

5.6.1 Herstellkosten

Die Summen der Einzelkosten der Teilleistungen und der Gemeinkosten der Baustelle ergeben die Herstellkosten, nach Kostenarten getrennt und gesamt (Zeilen 1 bis 3).

5.6.2 Angebotssumme

Die Herstellkosten zuzüglich der Kosten für Allgemeine Geschäftskosten (3.7.1) und für Wagnis und Gewinn (3.7.2) ergeben die Angebotssumme ohne Umsatzsteuer (Zeile 9). Die Anteile zur Deckung dieser Kosten werden von der Geschäftsleitung als ein Zuschlagsatz auf den Umsatz bzw. die Angebotssumme bezogen vorgegeben und sollten nicht im Ermessen des Kalkulators liegen (Zeilen 4 bis 6).

Die Angebotssumme ist jedoch noch nicht ermittelt. Daher ist eine Umrechnung der Zuschlagsätze auf die Herstellkosten nach 3.7.3 erforderlich (Zeile 7).

Zuschläge auf Fremdleistungen werden oft − insbesondere im schlüsselfertigen Bauen − als direkter Zuschlag auf die Kosten der Fremdleistung vorgegeben und werden daher nicht umgerechnet.

5.6.3 Zuschlagsätze und Angebotslohn (Kalkulationslohn)

Basis für die Ermittlung der Zuschlagsätze für die einzelnen Kostenarten sind die Einzelkosten der Teilleistungen (Zeile 10).

Alle übrigen Kosten (Zeile 11) werden nach einem Schlüssel (=Zuschlagsätze) umgelegt, sie werden deshalb oft „Schlüsselkosten" genannt. Die Zuschläge können im Formular für alle Kostenarten außer für Lohn als Vorabumlage **vorgewählt** (Zeile 12) oder aber **errechnet** werden (Zeile 15). So ist sowohl eine

Geräteliste

Projekt: **16 Einfamilienhäuser Bayernallee**

BGL-Nr.	Gerätebezeichnung	Stück oder m²	Motorleistg. elektrisch kW einz.	Motorleistg. elektrisch kW ges. (3)x(4)	Gewicht t einz.	Gewicht t ges. (3)x(6)	Einsatzzeit Monate od.Std. Anzahl Gerät / Fahrer	Rüst- u. Wartezeit Stunden Gerät / Fahrer	Vorhaltezeit je Einheit Mon./Std. einzeln	Vorhaltezeit je Einheit Mon./Std. gesamt (3)x(10)	Vorhaltekosten DM/Einh. einzeln	Vorhaltekosten DM gesamt (11)x(12)
1	2	3	4	5	6	7	8	9	10	11	12	13
	Bereitstellungsgeräte:						Monate		Monate			
2102-0063	Turmkran Zeppelin ZSR 30	1	24	24	24,00	24,0	5,0 / 0,6	/	5,0	5,0	3.300,00	16.500,-
7701-2063	Verteilerschrank UV	4			0,03	0,1	5,0 /	/	5,0	20,0	35,00	700,-
7701-5125	Verteilerschrank AV	1			0,05	0,1	5,0 /	/	5,0	5,0	150,00	750,-
9412-0060	Container Unterkunft	1			2,50	2,5	5,0 /	/	5,0	5,0	555,00	2.775,-
9413-0060	Container Büro	1			2,50	2,5	5,0 /	/	5,0	5,0	580,00	2.900,-
9415-0060	Cont. Magazin Hochbau	1			3,50	3,5	5,0 /	/	5,0	5,0	1.865,00	9.325,-
9423-0060	Container Sanitär	1			3,00	3,0	5,0 /	/	5,0	5,0	1.060,00	5.300,-
9638-0000	Deckenschalung FF20	256			0,03	7,7	4,0 /	/	4,0	1024,0	7,00	7.168,-
	Leistungsgeräte:						Tage		Tage			
3150-0100	R-Bagger Liebherr R922	1			21,65	21,7	45,0 / 1	3,0 / 3,0h	48,0	48,0	75,00	3.600,-
3301-0123	Raupenlader Fiatallis FL5	1			8,35	8,4	23,0 / 1	1,0 / 1,0h	24,0	24,0	52,00	1.248,-
3330-0036	Radlader Kramer 312 SE	1	Selbstfahrer				39,0 / 1	9,0 / 9,0h	48,0	48,0	33,00	1.584,-
3522-1748	Rüttelplatte DELMAG SVV	1			0,14	0,1	36,0 /	12,0 /	48,0	48,0	2,00	96,-
	Gesamtsummen:			24		73,6		/ 13,0h				51.946,-
	./. Einzeltransporte (Großgeräte u. Container):					65,5		/	← ./.in EKT+GK erfaßt →			51.357,-
	Resttransporte:					8,1		/ 13,0h	← Restumlage →			589,-

Bild 13.15 Geräteliste

Kalkulation

Gemeinkosten der Baustelle (GK)

Projekt: **16 Einfamilienhäuser Bayernallee**

Bauzeit   5 Monate

Netto-Lohnsumme der EKT ca.   6136 h   x 25,00 = 150.000,-

	Kostenart					Stunden	Soko	Geräte	Frmdlstg.
						h	DM	DM	DM
1	Baustelleneinrichtung					in EKT enthalten			
1.1	einmalige Kosten								
1.2	zeitproportionale Kosten								
2	Gerätekosten								
2.1	einmalige Kosten					in EKT enthalten			
2.2	zeitproportionale Kosten					13,0 h		589,-	
3	Allgemeine Baukosten								
3.1	Baustellengehälter	%	Monate	DM/Mon.					
	Bauleiter	25	5,0	12.500,-			15.625,-		
	Baukaufmann	10	5,0	9.500,-			4.750,-		
	Polier/Meister		im ML erfaßt						
3.2	Planbearbtg.,AV, Vermessg.,Baustoffprüfung						2.500,-		
3.3	Abrechnung						Bauleiter		
3.4	Kleingeräte und Werkzeug								
	4,0 % der Netto-Lohnsumme						6.000,-		
3.5	Baustellenversicherungen								
	1,2 % der Netto-Lohnsumme						1.800,-		
3.6	Verkehrskosten der Baustelle								
	2,0 % der Netto-Lohnsumme						3.000,-		
3.7	Kosten des Bürobedarfs								
	2,0 % der Netto-Lohnsumme						3.000,-		
3.8	Sonstige allgem. Baukosten								
	2,5 % der Netto-Lohnsumme						3.750,-		
4	Allgemeine Hilfslöhne								
	1 Arb. x 2h/Tag x 22 Tage x 5 Monate					220,0 h			
5	Nebenstoffe und Nebenfrachten								
	0,20 % der Lohnsumme						300,-		
6	Sonderkosten								
6.1	Pachten, Mieten								
6.2	Winterbau								
6.3	Lizenzkosten								
6.4	Besondere Wagnisse								
7	Außergewöhnliche Bauzinsen								
8	Bauschlußreinigung: 4 Blöcke x 2 Arb. je 8h					64,0 h			
	4 Cont. Bauschutt unsort. à 1.800,- + 800,-						8.000,-		
	Gemeinkosten der Baustelle					297,0 h	48.725,-	589,-	

Bild 13.16   Gemeinkosten der Baustelle (GK)

Berechnung des Mittellohnes (ML)   Stand: 01.04.1998

Projekt: **16 Einfamilienhäuser Bayernallee**

Bauzeit: 01.04.99   bis   31.08.99   =   5,0 Monate

$$\frac{6136\ h}{5\ Monate} + \frac{297\ h}{175\ Std./Monat} = 7,4\ Arbeiter$$

Kennziff	Berufsgruppe		Arbeits-kräfte Anzahl	Gesamttarif-stundenlohn GSTL DM/h	Gesamt-lohn DM/h	Tarif-h/Wo.:40 Über-h/Wo.:
Gehalt	Polier/Schachtmstr.	50 % Aufsicht	0,5	38,00	38,00	
I	Werkpolier	% Aufsicht		29,46		
II	Bauvorarbeiter	% Aufsicht		27,00		
III	Spezialbaufacharbeiter		4	25,64	102,56	
IV	Gehob. Baufacharbeiter			23,53		
V	Baufacharbeiter		1	22,87	22,87	
VI	Baufachwerker		1	21,97	21,97	
VII	Bauwerker			21,20		
MIII	Baumaschinenführer/Kraftfahrer		1	26,11	26,11	
	Produktive Arbeitskräfte:		7,5	Gesamtlohn	211,51	DM/h

$$\text{Mittellohn A/AP} = \frac{\text{Gesamtlohn} \quad 211,51\ DM/h}{\text{Produkt. Arbeitskräfte} \quad 7,5} \qquad 28,20$$

Lohngebundene Zuschläge				
Lohnzulagen	:	% x durchschnittl.GSTL x	% der Std.	
Sonstiges	:	% x durchschnittl.GSTL x	% der Std.	
Überstd.Zuschlag	:	25 % x durchschnittl.GSTL x	% der Std.	s.unten
Nacht- Zuschlag	:	% x durchschnittl.GSTL x	% der Std.	
..........- Zuschlag	:	% x durchschnittl.GSTL x	% der Std.	
Erschw.- Zuschlag	:	DM/h x	% der Std.	
..........- Zuschlag	:	DM/h x	% der Std.	
Vermögensbildung	: 0,25	DM/h x 80	% der Belegsch.	0,20
Mittellohn A				28,40
Lohnzusatzkosten		95%	vom Mittellohn A(AP)	26,98
Mittellohn AS/APS				55,38

Lohnnebenkosten	Art	DM je Arb.-Tag	An-zahl	Gesamt DM	
	Wegezeitvergütung				
	Fahrtkosten				
	Verpflegungskostenzuschuß	8,00	7	56,00	
	Auslösung				
	Reisegeld und Zeitvergütung				
	Sonstiges:				
		Summe LNK:		56,00	

$$\text{Anteilige Lohnnebenkosten} = \frac{\text{Summe LNK} \quad 56,00}{\text{Prod. Arb.kräfte x Std./Tag} \quad 7,5 \times 8,0} = 0,93$$

Sonstiges: Lohnerhöhung ab 1.4.1999:		Zwischensumme:	56,31
2,90%	x	56,31 DM/h	1,63

Mittellohn ASL/APSL		**DM/h**	**57,94**

Anmerkung zu Überstunden: Vereinbarung eines Ausgleichskontos

13

Bild 13.17   Berechnung des Mittellohnes (ML)

Kalkulation

Schlußblatt: Ermittlung der Herstellkosten, der Angebotssumme und des Kalkulationslohnes

Projekt: 16 Einfamilienhäuser Bayernallee Bauzeit: 5,0 Monate

I. Ermittlung der Herstellkosten

Mittellohn ASL (APSL):		Stunden	Lohn	SoKo	Geräte	Fremdlstg.		
57,94 DM/h		h	DM	DM	DM	DM	DM	%
Kostenarten			1	2	3	4		
(1) Einzelkosten der Teilleistungen	EKT	6.136,0 h	355.520,-	406.238,-	50.357,-	110.372,-	922.487,-	79
(2) Gemeinkosten der Baustelle	GK	297,0 h	17.208,-	48.725,-	589,-		66.522,-	6
(3) Gesamtstunden / Herstellkosten	HK	6.433,0 h	372.728,-	454.963,-	50.946,-	110.372,-	989.009,-	85
in % der HK			38	46	5	11		

II. Ermittlung der Angebotssumme

(4) Allgemeine Geschäftskosten in % der Angebotssumme	AGK	10,00	10,00	10,00	8,00		
(5) Wagnis und Gewinn in % der Angebotssumme	W+G	5,00	5,00	5,00	5,00		
(6) Gesamtzuschlag in % der Angebotssumme	(4)+(5)	15,00	15,00	15,00	13,00		
(7) Gesamtzuschlag in % der Herstellkosten	% x 100 / 100 - %	17,65	17,65	17,65	14,94		
(8) Gesamtzuschlag auf HK in DM		65.786,-	80.301,-	8.992,-	16.490,-	171.569,-	15
(9) Angebotssumme ohne Umsatzsteuer						1.160.578,-	100

III. Ermittlung der Zuschlagssätze und des Angebotslohnes

(10) Abzüglich Einzelkosten der Teilleistungen				922.487,-
(11) Umzulegende Kosten (Schlüsselkosten) (9) - (10)				238.091,-
(12) Gewählte Zuschläge auf Einzelkosten der Teilleistung	20%	20%	10%	
(13) Summe der Vorabumlage (DM)	81.248,-	10.071,-	11.037,-	102.356,-
(14) Restumlage (11) - (13)				135.735,-
(15) Zuschlag auf Mittellohn ASL (APSL) = Restumlage / EKT	38,1793%			
(16) Angebotslohn = Mittellohn + Zuschlag	**80,06 DM**			

Kennwerte: Bruttorauminhalt (BRI) = 8800 m³   Nutzfläche (NF) = 1600 m³

$$\frac{\text{Stunden}}{\text{m}^3 \text{ BRI}} = \frac{6433 \text{ h}}{8800 \text{ m}^3} = \frac{0,7 \text{ h}}{\text{m}^3} \qquad \frac{\text{Kosten}}{\text{m}^3 \text{ BRI}} = \frac{1.160.578,-}{8800 \text{ m}^3} = \frac{132,- \text{ DM}}{\text{m}^3}$$

$$\frac{\text{Leistung}}{\text{Arbeitsstunde}} = \frac{989.009,-}{6433 \text{ h}} = \frac{154,- \text{ DM}}{\text{h}} \qquad \frac{\text{Kosten}}{\text{m}^2 \text{ NF}} = \frac{1.160.578,-}{1600 \text{ m}^2} = \frac{725,- \text{ DM}}{\text{m}^2}$$

Bild 13.18   Schlußblatt der Kalkulation

gleichmäßige Verteilung wie auch eine gezielte Umlage möglich. Üblich ist die Verwendung errechneter Zuschläge nur für die Lohnkosten (lohnintensive Baustellen, z. B. Hochbau) oder für Lohn- und Gerätekosten (geräteintensive Baustellen im Tiefbau). Auf die weniger risikobehafteten übrigen Kostenarten werden dann niedrigere Vorabumlagen von üblicherweise 15 bis 25% umgelegt. Die Höhe hängt u. a. von der Struktur des Leistungsverzeichnisses ab. Da im Beispiel für die Baustelleneinrichtung gesonderte Positionen vorhanden sind, ergeben sich insgesamt niedrige Schlüsselkosten und entsprechend sind niedrige Vorabumlagen sinnvoll.

Die nach der Vorabumlage verbleibenden Schlüsselkosten (= Restumlage, Zeile 14) werden auf die übrigen Kostenarten (im Beispiel der Lohn) verteilt (Zeile 15) und als Zuschlagsatz errechnet.

Der **Angebotslohn** ergibt sich dann aus Mittellohn + Zuschlag auf Lohn (Zeile 16).

Die **Kennwerte** im Formular können frei gewählt werden. Sie dienen der globalen Kontrolle der Kalkulation, wenn sie für gleichartige Bauvorhaben im Betrieb langfristig gesammelt und verglichen werden. Auch die %-Werte dienen dem Vergleich und der Kontrolle.

5.7 Angebotspreise

Zur Ermittlung der Einheitspreise für das Angebot werden zunächst der Angebotslohn und die Zuschlagsfaktoren in die Formulare ,,Ermittlung der Einzelkosten der Teilleistungen und Einzelpreisermittlung'' übertragen.

Dann werden Position für Position die Einzelkosten je Einheit mit dem Angebotslohn bzw. den ermittelten Zuschlagsätzen multipliziert. Manche Formulare weisen für die Aufzeichnung der Zwischenwerte gesonderte Spalten auf. Auf eine solche Aufschreibung kann jedoch verzichtet werden, wenn die Ergebnisse jeweils in den Speicher des Tisch- oder Taschenrechners übernommen und für die Position als Summe ausgeworfen werden (s. Beispiel). Diese Summe ist nach Rundung auf 2 Stellen (Pfennige) der Einheitspreis der Position.

Das Produkt Einheitspreis × Menge ist der Gesamtpreis der Position. Dabei ist darauf zu achten, daß mit dem auf 2 Stellen gerundeten Einheitspreis weiter gerechnet wird, da sich sonst ,,kaufmännische'' Ungenauigkeiten ergeben.

Die Summe aller Positions-Gesamtpreise ergibt den Angebotspreis ohne Umsatzsteuer für das Leistungsverzeichnis. Er weicht um Rundungsfehler von der kalkulierten Angebotssumme des Schlußblattes ab.

Die Einheitspreise und die Angebotssumme werden zum Schluß in das Leistungsverzeichnis des Bauherrn übertragen. Bei Berechnung mit EDV-Anlagen kann stattdessen ein EDV-Ausdruck beigefügt werden, jedoch ist die Zusage des Bieters notwendig, daß der Leistungsinhalt des EDV-Ausdrucks den ausführlichen Leistungsbeschreibungen des Bauherrn entspricht.

I3

5.8 Kalkulation mit vorberechneten Zuschlägen

Die Vorberechnung der Zuschläge erfolgt jährlich auf der Basis des Vorjahres für das Planjahr für das gesamte Unternehmen oder Teilbereiche. Die Zuschläge basieren also auf Erfahrungswerten und stellen Mittelwerte dar.

Ein Beispiel zeigt Bild 13.19.

Vorberechnung der Zuschläge

Aus Betriebsabrechnung   Stand: 01.01.1999

Hochrechnung (Jahresrechnung) für das Planjahr   **1999**

Der Hochrechnung liegt der Jahresabschluß des Vorjahres zugrunde.

Gewerbliche Arbeitnehmer des Unternehmens	48 Arbeiter
davon <u>produktive</u> Arbeiter (auf Baustellen)	44 Arbeiter
Mittellohn A (ohne Aufsicht)	25,00 DM/h
tatsächliche Arbeitstage im Planjahr	190 Tage
mittlere Arbeitszeit je Tag im Planjahr	8,0 h/Tag

Mittlere jährliche Lohnkosten je produktiver Arbeiter: % vom Grundlohn:

Grundlohn A =	190 Tage x	8,0 h/Tag x	25,00 DM/h =	38.000,- DM	**100%**
Soziallöhne	17%	vom Grundlohn A	=	6.460,- DM	17%
Summe: ausgezahlte Bruttolöhne	=			44.460,- DM	117%
abgeführte Sozialkosten	75%	vom Grundlohn A	=	28.500,- DM	75%
Lohnbezogene Kosten	3%	vom Grundlohn A	=	1.140,- DM	3%
Lohnkosten ASL je produktiver Arbeiter				74.100,- DM	195%

Einzelkosten der Baustellen (EKT):   % vom Umsatz:

Lohnkosten ASL	44 prod. Arbeiter x	74.100,- =	3.260.400,- DM	28%
Sonstige Kosten	110% der gesamten Lohnkosten ASL	=	3.586.400,- DM	31%
Gerätekosten	25% der gesamten Lohnkosten ASL	=	815.100,- DM	7%
Fremdleistungen	20% der gesamten Lohnkosten ASL	=	652.100,- DM	6%
Summe der EKT aller Baustellen			8.314.000,- DM	71%

Gemeinkosten der Baustellen (GK):

Ansatz = Mittelwert aller Baustellen	20% der EKT	=	1.662.800,- DM	14%

Herstellkosten (HK):   9.976.800,- DM   85%

Allgemeine Geschäftskosten (AGK):

Ansatz bez. auf Umsatz	10,00% =	11,76% der HK	=	1.173.300,- DM	10%

Selbstkosten: 11.150.100,- DM   95%

Wagnis u.Gewinn

Ansatz bez. auf Umsatz	5,00% =	5,26% der HK	=	586.500,- DM	5%

Umsatz: Für das Planjahr erwarteter Jahresumsatz   **11.736.600,- DM**   **100%**

Umzulegende Kosten: GK + AGK + W+G   3.422.600,- DM   29%

Betriebsmittellohn ASL   74.100,- /   190 Tage /   8,0 h/Tag =   **48,75 DM/h**

Vorbestimmte Zuschläge (frei wählbar)

auf Soko	30% x	3.586.400,-	1.075.920,- DM
auf Geräte	25% x	815.100,-	203.775,- DM
auf Fremdleistung	10% x	652.100,-	65.210,- DM
Summe			1.344.905,- DM

Vorberechneter Zuschlag (auf Lohn)

Restumlage	3.422.600,- -	1.344.905,- =	2.077.695,- DM

$$\text{Zuschlag auf Lohn} \quad \frac{2.077.695,-}{44 \text{ Arb. x} \quad 190 \text{ Tage x} \quad 8,0 \text{ h/Tag}} = 31,07 \text{ DM/h}$$

Betriebs-Angebotslohn   48,75 +   31,07 =   79,82 DM/h

$$\text{oder:} \quad \frac{3.260.400,- + 2.077.695,-}{44 \text{ Arb. x} \quad 190 \text{ Tage x} \quad 8,0 \text{ h/Tag}} = 79,82 \text{ DM/h}$$

Kalkulationsansatz für 1999 (gewählt)   **80,00 DM/h**

Bild 13.19   Auszug aus der Betriebsabrechnung

Aus der Betriebsabrechnung ergibt sich der Betriebsmittellohn zu 48,75 DM/Stunde und der Betriebs-Angebotslohn mit 79,82 DM/Stunde. Als Kalkulationsansatz wird 80,00 DM/Stunde gewählt.

Der Ablauf ist bis zur Einzelkostenermittlung (5.3) mit der Kalkulation über die Endsumme identisch. Im Formular für die Ermittlung der Einzelkosten wird der Einheitspreis direkt durch Einrechnen der Zuschläge gebildet. Die Zuschlagsberechnung und Umlage der Schlüsselkosten im Schlußblatt entfallen.

Die Angebotssumme des Beispiels ergibt sich mit diesen Zuschlägen zu

$6.136 \text{ h} \times 80,00 \text{ DM/h} + 1,30 \times 406.238,- + 1,25 \times 50.357,- + 1,10 \times 110.372,- = 1.203.345,- \text{ DM}$

Die Summe ist gegenüber der exakten Kalkulation mit Zuschlagsermittlung über die Endsumme um 31.717,— DM oder ca. 3% höher. Das ist im Wettbewerb nachteilig.

5.9 Kalkulation schlüsselfertiger Leistungen

5.9.1 Leistungsbeschreibung

Der Bereich des schlüsselfertigen Bauens ist durch folgende Besonderheiten gekennzeichnet:

— Der Bauherr verlangt einen Pauschalfestpreis für das komplette schlüsselfertige Bauwerk.

— Der Bauherr gibt keine Mengen vor und übernimmt kein Mengenrisiko.

— Die Leistungsbeschreibung des Bauherrn ist kein detailliertes Leistungsverzeichnis mit vorgegebenen Mengen. Der Bauherr stellt vielmehr eine funktionale Leistungsbeschreibung auf, die nur die Funktion des Bauwerks beschreibt, oder er gibt Entwurfspläne und eine exakte technische Beschreibung mit Ausführungsart und -qualität vor. Die Praxis liegt immer irgendwo zwischen diesen Extremen.

— Die Leistungsmengen sind eigenverantwortlich vom Bieter zu ermitteln. Hierzu muß er entweder selbst Entwürfe nach den funktionalen Anforderungen des Bauherrn anfertigen oder der Bauherr stellt Entwurfspläne (keine Ausführungspläne) zur Verfügung.

Eine gute Möglichkeit der Leistungsbeschreibung für ein Pauschalangebot im Schlüsselfertigbau ist die Erstellung eines **Raumbuchs** mit **Elementekatalog**. Diese Art der Leistungsbeschreibung erlaubt vor und während der Ausführung eine exakte kalkulatorische und vertragliche Leistungfixierung, sowohl nach Art wie auch nach Qualität. Das Raumbuch kann Mengenspalten enthalten. Die Mengen werden aber nur zur Kalkulation schlüsselfertiger Leistungen vom Bieter eingetragen, sie haben keine vertragliche Relevanz. Je ein Beispiel für ein Raumbuch- und ein Bauelementeblatt zeigen die Bilder 13.20 und 13.21.

13

Kalkulation

Raumbuch: Schlafzimmer

Objekt: 16 Einfamilienhäuser Bayernallee	**Gebäude:** Wohnhaus

Bauteil	Menge	Ausführung	Bauel.
Boden	Aufbau: Belag:	Jeweils nach Zeichnung	Betondecke, schwimmender Estrich Teppichboden	16 18
Decke	Aufbau: Oberfläche:		Holzbalken, Windsperre, Dämmung, Dampf- sperre, Gipskartonplatte 12,5 mm Raufasertapete gestrichen	11
Wände	Bauart: Bekleidung:		Außenwände Mauerwerk + Putz Innenwände GK-Ständerwände Rauhfaser gestrichen	08 12
Türen	Zarge: Blatt: Beschlag/Schloß:		Stahl-U-Zarge (Trockenbauzarge) gestrichen Wabenkern mit Kunststoffdeck, weiß HEWI-Kunststoffgarnitur, Buntbartschloß	17
Fenster	Teilung: Rahmen: Verglasung: Innenbank: Rolladen: Sonnenschutz:		2 Flügel DK Kunststoff weiß Isolierglas 12 mm LZR Naturstein (Jura) Kunststoff wärmegedämmt . / .	16 17
Installation	Heizung: Lüftung/Klima: Sanitär: Elektr. Anschlüsse: Beleuchtung: Tel./FS/ELA: sonst. Medien:		1 Platten-HK mit Thermostatventil . / . . / . 1 Kreuzschaltung, 4 Steckdosen 1 Decken-, 2 Wandauslässe Telefon- und Fernsehanschluß . / .	27
Einbauten		. / .	
Sonstiges		. / .	

Aufgestellt: .... genehmigt: .... Datum: ....

Bild 13.20   Raumbuch: Beispiel-Blatt

Blatt:

Bauelement: Nicht tragende Innenwand   12

Objekt: 16 Einfamilienhäuser Bayernallee | **Menge:** (vom Bieter einzusetzen)

Vom BH geforderte Qualität	Vom GU angebotene Ausführung
Keine besonderen Anforderungen	Gipskarton-Ständerwand CW75/100, d= 100mm

Metallständerwand CW 75/100 bestehend aus einfachem Ständerwerk aus verzinkten CW-Profilen 75/50 und UW-Profilen 75/40/06, einschließlich umlaufende Anschlüsse, starr befestigt mit geeigneten Dübeln sowie Verwendung von Dichtungsband und Trennwandkitt, Montage auf dem schwimmenden Estrich, Zwischenraum mit Mineralfaserdämmstoff 40mm. Baustoffklasse A1, Gewicht 40 kg/m³, abgleitsicher eingebaut, Beplankung beidseitig mit einer Lage Gipskartonplatten d = 12,5 mm, Befestigung mit Schnellschrauben, Plattenfugen und Schraubköpfe verspachtelt.

Wandgewicht: 25 kg/m²
Wanddicke: 100 mm
Wandhöhe: ca. 2,50 m
Montage: auf Estrich
Fabrikat: Knauf, Rigips oder gleichwertig

Mehr-/Minderpreis je Einheit (o.Mwst):	85,00 DM/Einheit
Mustervorlage erforderlich?	Nein ~~Ja:~~ zum Angebot /zum Vertrag / vor Ausführung

Zusätze, z.B. Bewertung durch Bauherrn oder zusätzliche Vereinbarungen.

Aufgestellt: ....   genehmigt: ....   Datum: ....

Bild 13.21   Bauelementekatalog: Beispiel-Blatt

5.9.2 Angebotskalkulation

Kalkulation der Eigenleistung des Hauptunternehmers

Der **Generalunternehmer (GU)** erstellt einen Teil der Arbeiten selbst als Hauptunternehmer (HU), meist die Hauptgewerke des Rohbaus.

Für die Durchführung der Kalkulation muß der Bieter aus den Unterlagen des Bauherrn Leistungsverzeichnisse erstellen und die zugehörigen Mengen eigenverantwortlich ermitteln. Auf der Basis des LV werden die Herstellkosten (Einzelkosten der Teilleistungen und Gemeinkosten der Baustelle) kalkuliert.

Kalkulation der Nachunternehmerleistungen

Der zumeist überwiegende Teil der Leistung liegt im Ausbau- und Haustechnikbereich. Er wird unter der Regie des als Generalunternehmer (GU) agierenden Bauunternehmens von Fachfirmen als **Nachunternehmer (NU)** erbracht.

Für die Kalkulation dieser Leistungen muß für jedes Gewerk ein Leistungsverzeichnis mit Mengenvorgaben erstellt werden. Dies können leicht 30 verschiedene Gewerke werden. Die Leistungen werden für die preisbestimmenden Hauptgewerke objektbezogen ausgeschrieben, für die kleineren Gewerke werden Erfahrungswerte als Einheitspreise eingesetzt. Die Ergebnisse werden zu den Summen für Ausbau und Haustechnik zusammengefaßt.

Die Kalkulationsansätze werden in eine Kosten- und Vergabeübersicht eingetragen, die im Auftragsfall als **Kostenkontrollblatt** weitergeführt wird (Bild 13.22).

Gemeinkosten des Hauptunternehmers für Nachunternehmerleistungen

Dann werden die Gemeinkosten für die Bauleitung und Kontrolle der Ausführung der Nachunternehmerleistungen ermittelt. Hinzu kommen noch Ansätze für besondere Risiken (Mengenrisiko, Vertragsstrafen) und für die Gewährleistungsverfolgung samt Ausfallrisiko für den Fall, daß der NU in Konkurs geht.

Ermittlung des Angebotspreises

Im **Schlußblatt** werden die Allgemeinen Geschäftskosten (AGK) und Wagnis und Gewinn (W + G) zugeschlagen.

Das Ergebnis ist ein Pauschalfestpreis für die schlüsselfertige Erstellung des Bauwerks (Bild 13.23).

Kosten- und Vergabeübersicht / Kostenkontrollblatt Nachunternehmer

Projekt: 16 Einfamilienhäuser Bayernallee

Stand: 30.06.1999

(Alle Beträge ohne Mwst.) Gewerk	Kalkulationsansatz			Auftragsstand			Stand der		Erwartet zum Ende	Differ. v.Ansatz
	Betrag DM	je m³ BRI DM/m³	anteilig %	Auftrag DM	Nachträge DM	Summe DM	Leistung DM	Abrechnung DM	DM	%
Gerüste	8.000,-	1,-	0,4	7.500,-		7.500,-			7.500,-	-0,1
Grundleitungen, Hausanschluß	41.000,-	5,-	1,8	60.000,-		60.000,-	64.000,-		60.000,-	0,5
Abdichtung Keller	32.000,-	4,-	1,4	45.000,-		45.000,-	40.000,-		54.000,-	0,7
Zimmerer	175.000,-	20,-	7,7	210.000,-	15.000,-	225.000,-	56.000,-		225.000,-	0,3
Dachdecker/Klempner	156.000,-	18,-	6,8	220.000,-		220.000,-		27.000,-	220.000,-	0,4
Dämmfassade	62.000,-	7,-	2,7					41.000,-	75.000,-	0,2
Rohbauarbeiten	474.000,-	55,-	20,8	542.500,-	15.000,-	557.500,-	160.000,-	68.000,-	641.500,-	2,0
Putz, Trockenbau	262.000,-	30,-	11,5						300.000,-	0,1
Fenster, Außentüren	225.000,-	26,-	9,9						300.000,-	0,3
Schreiner, Innentüren	62.000,-	7,-	2,7						70.000,-	0,1
Metallbau/Treppen	175.000,-	20,-	7,7						225.000,-	0,3
Estrich	50.000,-	6,-	2,2						60.000,-	0,2
Werkstein, Fliesen	81.000,-	9,-	3,6						100.000,-	0,2
Oberböden:Teppich/Parkett	120.000,-	14,-	5,3						150.000,-	0,3
Anstrich/Tapeten	125.000,-	14,-	5,5						150.000,-	0,2
Schutzmaßnahmen	16.000,-	2,-	0,7						20.000,-	0,3
Baureinigung	10.000,-	1,-	0,4						8.000,-	-0,2
Ausbauarbeiten	1.126.000,-	129,-	49,5						1383000,-	1,8
Heizung, Warmwasser	240.000,-	27,-	10,5	300.000,-					300.000,-	0,3
Sanitär	216.000,-	25,-	9,5	300.000,-					300.000,-	0,4
Elektro	144.000,-	16,-	6,3	210.000,-					210.000,-	0,5
Haustechnik	600.000,-	68,-	26,3	810.000,-					810.000,-	1,2
Entwurfsplanung										
Tragwerksplanung										
HT-Planung	50.000,-	6,-	2,2	45.000,-					45.000,-	-0,1
Bauleitung Ausbau										
Bauleitung HAT	30.000,-	3,-	1,3	30.000,-					35.000,-	0,2
Genehmigungskosten										
Nebenkosten	80.000,-	9,-	3,5	75.000,-					80.000,-	0,1
Gesamtsumme	2.280.000,-	261,-	100,1	1.427.500,-	15.000,-			68.000,-	2.914.500,-	5,1

I3

Bild 13.22   Kostenkontrollblatt Nachunternehmer

Kalkulation

	Schlußblatt Schlüsselfertiger Hochbau Projekt: **16 Einfamilienhäuser Bayernallee**		
	Bauzeit:	**5 + 3 Monate**	
	Kenndaten:	BRI: **8800 m³**	WF: **1600 m³**

	Mittellohn ASL: Der Polier arbeitet nicht mit, er beaufsichtigt auch die Ausbauarbeiten	**Rohbau**	**Ausbau**	**Gesamt**
1	53,30 DM/h			
2	Stunden aus EKT	6136 h		
3	Stunden aus GK	297 h		
4	Kranführer für NU-Leistungen: 3 Monate x 50%		262 h	
5	Beihilfen für NU-Leistungen: 10 h/Haus		160 h	
6	Summe Stunden	6433 h	422 h	6855 h
7	Arbeitslöhne	342.879,-	22.493,-	365.372,-
8	Gehalt Poliere und Meister: 5 + 3 Monate x 9.000,-	45.000,-	27.000,-	72.000,-
9	Gehalt Angestellte: 5 + 3 Monate x 4.065,-	20.375,-	12.195,-	32.570,-
10	Fachbauleiter für HAT: 3 Monate x 10.000,-		30.000,-	30.000,-
11	**Personalkosten:** Zeilen 7 bis 10	**408.254,-**	**91.688,-**	**499.942,-**
12	Sonstige Kosten (Rohbau u. Beihilfestoffe Ausbau)	406.238,-	10.000,-	416.238,-
13	Geräte (Ausbau: 3 Monate Kran)	51.946,-	9.300,-	61.246,-
14	**Eigenleistung Soko + Geräte**	**458.184,-**	**19.300,-**	**477.484,-**
15	Fremdarbeitskosten Rohbau	110.372,-		110.372,-
16	Rohbauarbeiten NU: Dach und Fassade	474.000,-		474.000,-
17	AllgemeinerAusbau		1.126.000,-	1.126.000,-
18	Haustechnik		600.000,-	600.000,-
19	Außenanlagen: Nicht im Auftrag enthalten			
20	Summe Fremdleistungen	584.372,-	1.726.000,-	2.310.372,-
21	Kostenanstieg während Bauzeit: 1,00%	5.844,-	17.260,-	23.104,-
22	**Fremdleistungen** mit Kostenanstieg	**590.216,-**	**1.743.260,-**	**2.333.476,-**
23	Baustelleneinrichtung	in EKT	5.000,-	5.000,-
24	Schuttabfuhr: 4 + 2 Container	8.000,-	4.000,-	12.000,-
25	Allg. Baukosten (Abrechng., Bürokost.,Versicherg.)	17.850,-	13.000,-	30.850,-
26	**Allgemeine Baukosten:** Zeilen 23 bis 25	**25.850,-**	**22.000,-**	**47.850,-**
27	Projektkosten (Architekt, Statiker, Fachingenieur)		50.000,-	50.000,-
28	Arbeitsvorbereitung,Vergabe		50.000,-	50.000,-
29	Gebühren (Prüfstatik, TÜV etc.)		5.000,-	5.000,-
30	Finanzierung, Bürgschaften			
31	Gewährleistungsrisiko für NU-Leistung 1,00%	4.740,-	17.433,-	22.173,-
32	besondere Risiken (z.B. Mengen, Vertragsstrafe)		10.000,-	10.000,-
33	**Sonderkosten:** Zeilen 27 bis 32	**4.740,-**	**132.433,-**	**137.173,-**
34	**Herstellkosten:** Zeilen 11+14+22+26+33	**1.487.244,-**	**2.008.681,-**	**3.495.925,-**
35	Endzuschläge Eigenleistung: 10+5% 15,00%	158.299,-	46.839,-	205.138,-
36	Endzuschläge Fremdleistung: 5+5% 10,00%	65.580,-	193.696,-	259.276,-
37	**Zuschläge für AGK und W+G**	**223.879,-**	**240.535,-**	**464.414,-**
38	**Angebotssumme** ohne Mwst.	**1.711.123,-**	**2.249.216,-**	**3.960.339,-**
39	Kosten je m³ BRI	194,-	256,-	450,-
40	Kosten je m² WF	1.069,-	1.406,-	2.475,-

Bild 13.23 Schlußblatt Schlüsselfertiger Hochbau

5.10 Erfolgskontrolle der Baustelle

5.10.1 Arbeitskalkulation als Leistungsvorgabe

Nach Auftragserteilung wird zur Vorgabe von Terminen und Leistungen die Arbeitskalkulation (s. Abschn. 4.2) erstellt. Es wurde im Beispiel davon ausgegangen, daß das Angebot dem Auftrag entspricht.

Die Leistungsvorgabe für die Baustelle entspricht daher hier — entgegen dem Normalfall der Praxis — den kalkulierten Herstellkosten: Zeile (3) des Kalkulationsschlußblattes (Bild 13.18).

5.10.2 Stunden- und Leistungsermittlung je Arbeitsabschnitt

Das Bauvorhaben wird in Arbeitsabschnitte unterteilt, die dem Arbeitsablauf entsprechen. Alle kalkulierten Herstellkosten werden, getrennt nach Kostenarten, anteilig den Arbeitsabschnitten zugeordnet. Die Gemeinkostenpositionen werden in die Arbeitsabschnitte ,,Baustelle einrichten'', ,,Baustelle vorhalten'' und ,,Baustelle räumen'' eingebaut (s. Bilder 13.24 und 13.25).

5.10.3 Bauzeitenplan mit Stunden- und Leistungsvorgabe

Die Soll-Stunden und die Soll-Leistung werden als Vorgabewerte für die Baustelle in einen Bauzeitenplan sowohl je Monat wie auch kumuliert eingetragen (Soll-Kurven). Dieser Plan wird auf der Baustelle im Rahmen der Leistungsmeldung monatlich in Form von Ist-Kurven aktualisiert. Er dient der Kontrolle und Steuerung der Baustellenabläufe (s. Abschn. 4.3, s. Bild 13.26).

5.10.4 Leistungsermittlung der Baustelle

Die Ermittlung der Ist-Stunden und der Ist-Leistung zum Monatsende erfolgt durch Multiplikation der geleisteten Mengen mit den Ansätzen der Arbeitskalkulation. Dies geschieht bei Einsatz von EDV in einem Tabellenkalkulations-Formular, in das der Bauleiter lediglich die tatsächlich geleisteten Mengen einträgt (Spalte 4 in den Bildern 13.27 und 13.28). Im Beispiel zum 30.06.1999 ist angenommen, daß die Baustelle eingerichtet ist, der Erdaushub abgeschlossen und 2 Bauabschnitte fertiggestellt sind.

Es ist ausreichend, die Mengen zu schätzen, wenn nicht wegen der Abrechnung ein Aufmaß erstellt werden muß.

5.10.5 Leistungsmeldung der Baustelle

In der monatlichen Leistungsmeldung der Baustelle werden die Auftragsfortschreibung, der Leistungsstand und das Ergebnis vor Geschäftskosten (Rohergebnis) erfaßt (s. Bild 13.29). Die für den Unternehmer wichtigste Informationen zur Steuerung seiner Baustellen sind neben dem Stand der Baustelle die zum Bauende erwarteten Werte für Auftrag, Leistung und Ergebnis. In einem Sammelblatt werden die Werte monatlich für alle Aufträge aufgelistet.

Die Differenz zwischen Ist-Leistung und Soll-Leistung gibt die Abweichung vom Terminplan an. Das Ergebnis der Baustelle zum Stichtag ergibt sich aus der Differenz zwischen der Ist-Leistung (= Soll-Kosten) und den tatsächlich für die Herstellung der abrechenbaren Leistung aufgewendeten Kosten (s. Bild 13.5).

13

Arbeitskalkulation: Stunden- u. Leistungsermittlung je Arbeitsabschnitt

Projekt: 16 Einfamilienhäuser Bayernallee — Mittellohn: 57,94 DM/h — Seite: 1

Arbeits-Abschn.	LV-Pos.	BAS Nr.	anteilige Menge	Bezeichnung	je Einheit Stunden	je Einheit SoKo	je Einheit Gerät	je Einheit Fremdlst.	zusammen Lohn	zusammen SoKo	zusammen Gerät	zusammen Fremdlst.	Vorgabe Stunden	Vorgabe Leistung
1	2	3	4	5	6	7	8	9	10	11	12	13	14	15
001	01	01	0,6	**EINRICHTEN** psch Einrichten u. Räumen	232,8 h	13.311,-	255,-	2.496,-	8.093,-	7.987,-	153,-	1.498,-	139,7 h	17.731,-
									8.093,-	7.987,-	153,-	1.498,-	139,7 h	17.731,-
002	02	11	1	**VORHALTEN** psch Vorhalten d.Einrichtg.	525,0 h	10.567,-	37.250,-	36.000,-	30.419,-	10.567,-	37.250,-	36.000,-	525,0 h	114.236,-
	GK 2.2		1	zeitprop. Gerätekosten	13,0 h		589,-		753,-		589,-		13,0 h	1.342,-
	GK 3.1		1	Baustellengehälter		20.375,-				20.375,-				20.375,-
	GK 3.2		1	Baustoffprüfung		2.500,-				2.500,-				2.500,-
	GK 3.4		1	Kleingerät u.Werkzeug		6.000,-				6.000,-				6.000,-
	GK 3.5		1	Baustellenversicherungen		1.800,-				1.800,-				1.800,-
	GK 3.6		1	Verkehrskosten		3.000,-				3.000,-				3.000,-
	GK 3.7		1	Bürobedarf der Baustelle		3.000,-				3.000,-				3.000,-
	GK 3.8		1	Sonstige allg. Baukosten		3.750,-				3.750,-				3.750,-
	GK 4	09	1	Allgemeine Hilfslöhne	220,0 h				12.747,-				220,0 h	12.747,-
	G K 5		1	Nebenstoffe u. -frachten		300,-				300,-				300,-
									43.919,-	51.292,-	37.839,-	36.000,-	758,0 h	169.050,-
003	01	01	0,4	**RÄUMEN** psch Einrichten u. Räumen	232,8 h	13.311,-	255,-	2.496,-	5.395,-	5.324,-	102,-	998,-	93,1 h	11.819,-
	GK 8	09	1	Bauschlußreinigung	64,0 h	8.000,-			3.708,-	8.000,-			64,0 h	11.708,-
									9.103,-	13.324,-	102,-	998,-	157,1 h	23.527,-
004	03	20	800 m³	**ERDAUSHUB** Oberboden abtragen	0,025 h	0,25	1,30	8,02	1.159,-	200,-	1.040,-	6.416,-	20,0 h	8.815,-
	04	20	3600 m³	Baugrubenaushub	0,025 h	21,50	0,94	13,65	5.215,-	77.400,-	3.384,-	49.140,-	90,0 h	135.139,-
									6.374,-	77.600,-	4.424,-	55.556,-	110,0 h	143.954,-
													1.164,8 h	354.262,-

Bild 13.24 Arbeitskalkulation: Stunden- und Leistungsermittlung je Arbeitsabschnitt

Arbeitskalkulation: Stunden- u. Leistungsermittlung je Arbeitsabschnitt

Projekt: 16 Einfamilienhäuser Bayernallee Mittellohn: 57,94 DM/h Seite: 2

Arbeits-Abschn.	LV-Pos.	BAS Nr.	anteilige Menge	Bezeichnung	Stunden	je Einheit SoKo	je Einheit Gerät	je Einheit Fremdlst	zusammen Lohn	zusammen SoKo	zusammen Gerät	zusammen Fremdlst	Vorgabe: Stunden	Vorgabe: Leistung
1	2	3	4	5	6	7	8	9	10	11	12	13	14	15
				Übertrag									1.164,8 h	354.262,-
100				**1. ABSCHNITT**										
101				**KELLER**										
	06	43	80 m³	Beton Bodenplatte	0,739 h	174,68			3.425,-	13.974,-			59,1 h	17.399,-
	10	41	2 t	Betonstahlmatten BSt500M	0,690 h	970,00		550,00	80,-	1.940,-		1.100,-	1,4 h	3.120,-
	07	33	256 m²	Schalung Decke	0,650 h	1,15	3,50		9.641,-	294,-	896,-		166,4 h	10.831,-
	08	43	46,25 m³	Beton der Kellerdecke	0,663 h	152,41			1.777,-	7.049,-			30,7 h	8.826,-
	09	41	0,75 t	Betonstahl BSt500S	1,000 h	800,00		520,00	43,-	600,-		390,-	0,8 h	1.033,-
	10	41	2 t	Betonstahlmatten BSt500M	0,690 h	970,00		550,00	80,-	1.940,-		1.100,-	1,4 h	3.120,-
	11	51	49 m²	Außenwände mauern	3,200 h	96,69			9.085,-	4.738,-			156,8 h	13.823,-
	12	51	120 m²	Innenwände mauern	0,733 h	34,23			5.096,-	4.108,-			88,0 h	9.204,-
	05	20	225 m³	Verfüllen Arbeitsraum	0,120 h	19,02	1,40		1.564,-	4.280,-	315,-		27,0 h	6.159,-
									30.791,-	38.923,-	1.211,-	2.590,-	531,6 h	73.515,-
102				**EG + DG**										
	07	33	256 m²	Schalung EG-Decke	0,650 h	1,15	3,50		9.641,-	294,-	896,-		166,4 h	10.831,-
	08	43	46,25 m³	Beton EG-Decke	0,663 h	152,41			1.777,-	7.049,-			30,7 h	8.826,-
	09	41	0,75 t	Betonstabstahl BSt500S	1,000 h	800,00		520,00	43,-	600,-		390,-	0,8 h	1.033,-
	10	41	2 t	Betonstahlmatten BSt500M	0,690 h	970,00		550,00	80,-	1.940,-		1.100,-	1,4 h	3.120,-
	12	51	800 m²	Mauerwerk der Wände	0,733 h	34,23			33.976,-	27.384,-			586,4 h	61.360,-
									45.517,-	37.267,-	896,-	1.490,-	785,7 h	85.170,-
200				**2. ABSCHNITT** KELLER					30.791,-	38.923,-	1.211,-	2.590,-	531,6 h	73.515,-
201														
202				EG + DG					45.517,-	37.267,-	896,-	1.490,-	785,7 h	85.170,-
200				**3. ABSCHNITT** KELLER					30.791,-	38.923,-	1.211,-	2.590,-	531,6 h	73.515,-
201				EG + DG					45.517,-	37.267,-	896,-	1.490,-	785,7 h	85.170,-
202														
200				**4. ABSCHNITT** KELLER					30.791,-	38.923,-	1.211,-	2.590,-	531,6 h	73.515,-
201				EG + DG					45.517,-	37.267,-	896,-	1.490,-	785,7 h	85.170,-
202														
													6.434,0 h	989.002,-

I3

Bild 13.25 Arbeitskalkulation: Stunden- und Leistungsermittlung je Arbeitsabschnitt

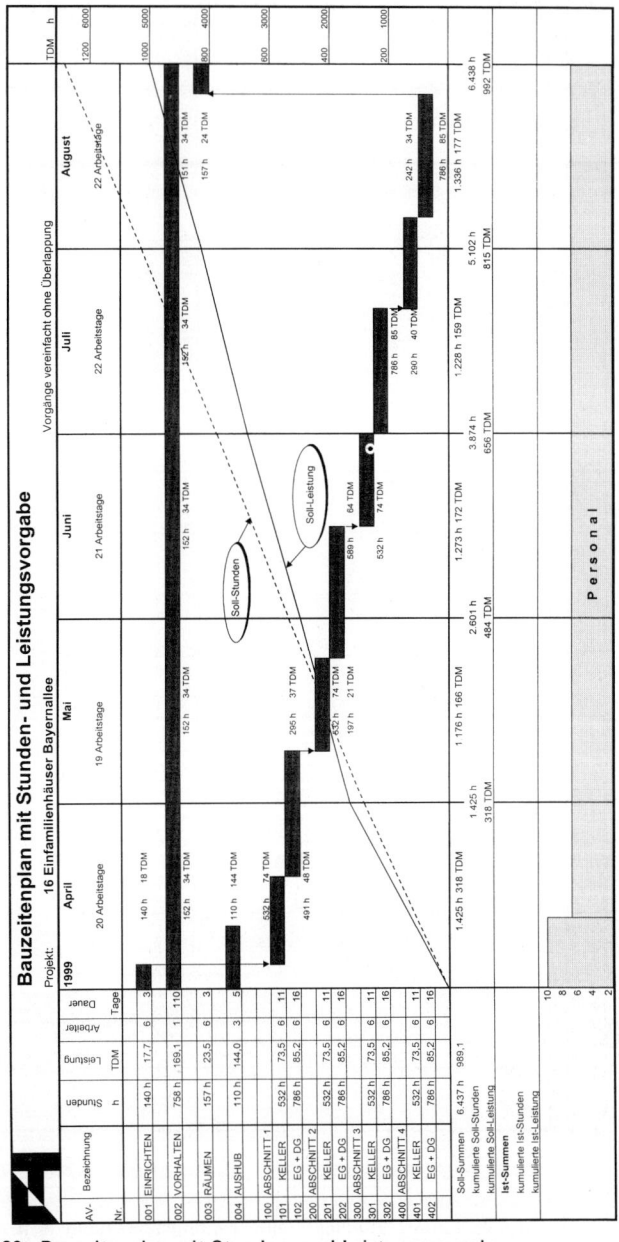

Bild 13.26 Bauzeitenplan mit Stunden- und Leistungsvorgabe

Leistungsermittlung zum Stichtag: 30.06.99

Projekt 16 Einfamilienhäuser Bayernallee Mittellohn (Vorgabe): 57,94 DM/h Seite: 1

Arbeits-Abschn.	LV-Pos.	BAS Nr.	gesamte Menge	geleistete Menge	Bezeichnung	Vorgabe je Einheit Stunden	SoKo	Gerät	Fremdlst.	Leistung je Einheit Lohn	SoKo	Gerät	Fremdlst.	Vorgabe-Stunden	Ist-Leistung
1	2	3	4	5	6	7	8	9	10	11	12	13	14	15	15
001	01	01	0,6	0,6	**EINRICHTEN** psch Einrichten u.Räumen	232,8 h	13.311,-	255,-	2.496,-	8.093,-	7.987,-	153,-	1.498,-	139,7 h	17.731,-
										8.093,-	7.987,-	153,-	1.498,-	139,7 h	17.731,-
002	02	11	1	0,5	**VORHALTEN** psch Vorhalten d.Einrichtg	525,0 h	10.567,-	37.250,-	36.000,-	15.209,-	5.284,-	18.625,-	18.000,-	262,5 h	57.118,-
	GK 3.1		1	0,5	zeitprop. Gerätekosten	13,0 h		589,-		377,-	10.188,-	295,-		6,5 h	672,-
	GK 3.2		1	0,5	Baustellengehälter		20.375,-				10.188,-				10.188,-
	GK 3.4		1	0,5	Baustoffprüfung		2.550,-				1.250,-				1.250,-
	GK 3.5		1	0,5	Kleingerät u.Werkzeug		6.000,-				3.000,-				3.000,-
	GK 3.6		1	0,5	Baustellenversicherungen		1.800,-				900,-				900,-
	GK 3.7		1	0,5	Verkehrskosten		3.000,-				1.500,-				1.500,-
	GK 3.8		1	0,5	Bürobedarf der Baustelle		3.000,-				1.500,-				1.500,-
	GK 4		1	0,5	Sonstige allg. Baukosten		3.750,-				1.875,-				1.875,-
	GK 4	09	1	0,5	Allgemeine Hilfslöhne	220,0 h				6.373,-				110,0 h	6.373,-
	G K 5		1	0,5	Nebenstoffe u.-frachten		300,-				150,-					150,-
										21.959,-	25.647,-	18.920,-	18.000,-	379,0 h	84.526,-
003	01	01	0,4	0,4	**RÄUMEN** psch Einrichten u.Räumen	232,8 h	13.311,-	255,-	2.496,-	1.159,-	200,-	1.040,-	6.416,-	20,0 h	8.815,-
	GK 8	09	1	1	Bauschlußreinigung	64,0 h	8.000,-			5.215,-	77.400,-	3.384,-	49.140,-	90,0 h	135.139,-
										6.374,-	77.600,-	4.424,-	55.556,-	110,0 h	143.954,-
101	03	20	800	800	**ERDAUSHUB** m³ Oberboden abtragen	0,025 h	0,25	1,30	8,02						
	04	20	3600	3600	m³ Baugrubenaushub	0,025 h	21,50	0,94	13,65						
										36.426,-	111.234,-	23.497,-	75.054,-	628,7 h	246.211,-

Bild 13.27 Leistungsermittlung zum Stichtag

Kalkulation

Leistungsermittlung zum Stichtag: 30.06.99

Projekt 16 Einfamilienhäuser Bayernallee   Mittellohn (Vorgabe): 57,94 DM/h   Seite: 2

Arbeits-Abschn.	LV-Pos.	BAS Nr.	gesamte Menge	geleistete Menge	Bezeichnung	Stunden	Vorgabe je Einheit – SoKo	Vorgabe je Einheit – Gerät	Vorgabe je Einheit – Fremdlst.	Leistung je Einheit – Lohn	Leistung je Einheit – SoKo	Leistung je Einheit – Gerät	Leistung je Einheit – Fremdlst.	Vorgabe-Stunden	Ist-Leistung
1	2	3	4	5	6	7	8	9	10	11	12	13	14	15	2 / 15
					Übertrag	628,7 h				36.426,-	111.234,-	23.497,-	75.054,-	628,7 h	246.211,-
100					**1. ABSCHNITT**										
101					**KELLERGESCHOSS**										
	06	43	80	80	m² Bodenplatte	0,739 h	174,68			3.425,-	13.974,-			59,1 h	17.399,-
	10	41	2	2	t Betonstahlmatten BSt500M	0,690 h	970,00		550,00	80,-	1.940,-		1.100,-	1,4 h	3.120,-
	07	33	256	256	m² Schalung Decke	0,650 h	1,15	3,50		9.641,-	294,-	896,-		166,4 h	10.831,-
	08	43	46,25	46,25	m² Beton der Kellerdecke	0,663 h	152,41			1.777,-	7.049,-			30,7 h	8.826,-
	09	41	0,75	0,75	t Betonstabstahl BSt500S	1,000 h	800,00		520,00	43,-	600,-		390,-	0,8 h	1.033,-
	10	41	2,00	2,00	t Betonstahlmatten BSt500M	0,690 h	970,00		550,00	80,-	1.940,-		1.100,-	1,4 h	3.120,-
	11	51	49	49	m² Außenwände	3,200 h	96,69			9.085,-	4.738,-			156,8 h	13.823,-
	12	51	120	120	m² Innenwände	0,733 h	34,23			5.096,-	4.108,-			88,0 h	9.204,-
	05	20	900	225	m² Verfüllen Arbeitsraum	0,120 h	19,02	1,40		1.564,-	4.280,-	315,-		27,0 h	6.159,-
102										30.791,-	38.923,-	1.211,-	2.590,-	531,6 h	73.515,-
					EG + DG										
	07	33	256	256	m² Schalung EG-Decke	0,650 h	1,15	3,50		9.641,-	294,-	896,-		166,4 h	10.831,-
	08	43	46,25	46,25	m² Beton EG-Decke	0,663 h	152,41			1.777,-	7.049,-			30,7 h	8.826,-
	09	41	0,75	0,75	t Betonstabstahl BSt500S	1,000 h	800,00		520,00	43,-	600,-		390,-	0,8 h	1.033,-
	10	41	2,00	2,00	t Betonstahlmatten BSt500M	0,690 h	970,00		550,00	80,-	1.940,-		1.100,-	1,4 h	3.120,-
	12	51	800	800	m² Mauerwerk der Wände	0,733 h	34,23			33.976,-	27.384,-			586,4 h	61.360,-
200					**2. ABSCHNITT** *hier vereinfacht*					45.517,-	37.267,-	896,-	1.490,-	785,7 h	85.170,-
201				1	KELLER					30.791,-	38.923,-	1.211,-	2.590,-	531,6 h	73.515,-
202				1	EG + DG					45.517,-	37.267,-	896,-	1.490,-	785,7 h	85.170,-
300					**3. ABSCHNITT**										
301					KELLER										
302					EG + DG										
400					**4. ABSCHNITT**										
401					KELLER										
402					EG + DG										
						3.263,3 h				189.042,-	263.614,-	27.711,-	83.214,-	3.263,3 h	563.581,-

Bild 13.28   Leistungsermittlung zum Stichtag

LEISTUNGSMELDUNG (Rohbauarbeiten)

zum Stichtag: **30.06.99**

Kostenstelle: **16 Einfamilienhäuser Bayernallee**   Ko.St.Nr.: 12.4711.99

Baubeginn: Vertrags-Bauende: Erwartetes Bauende:

April 1999   August 1999   30.August 1999

	bis Vor-monat	bis Berichts-monat	Änderung	erwartet bis Ende
	TDM	TDM	TDM	TDM
1 Beauftragte Gesamtleistung				
1.1 Hauptauftrag	1.160,6	1.160,6		1.160,6
1.2 beauftragte Nachträge				
1.3 Stundenlohnarbeiten				
1.4 Aufträge von Dritten				
1.5 Auftrag ohne Mehrwertsteuer	1.160,6	1.160,6		1.160,6
1.6 ./. AGK und W+G	171,6	171,6		171,6
1.7 Summe = beauftragte Gesamtleistung	989,0	989,0		989,0

	bis Vor-monat	bis Berichts-monat	Änderung	erwartet bis Ende
2 Leistungsstand				
2.1 aus Hauptauftrag	435,0	563,6	128,6	989,0
2.2 aus beauftragten Nachträgen				
2.3 aus Stundenlohnarbeiten				
2.4 aus Aufträgen von Dritten				
2.5 ./. Rückstellungen für erwartete Rechnungsabstriche				
2.6 Summe = Ist-Leistung	435,0	563,6	128,6	989,0
2.7 Soll-Leistung (Bauzeitenplan)	488,0	656,0	168,0	989,0
2.8 Leistungsdifferenz	-53,0	-92,4	-39,4	
2.9 Restleistung = (1.7)-(2.6)	554,0	425,4	-128,6	

	bis Vor-monat	bis Berichts-monat	Änderung	erwartet bis Ende
3 Rohergebnis				
3.1 Ist-Leistung = Soll-Kosten	435,0	563,6	128,6	989,0
3.2 Ist-Kosten (abgegrenzt)	440,0	560,0	120,0	960,0
3.2 Rückstellungen				
3.3 Ergebnis	-5,0	3,6	8,6	29,0
3.4 in % der Leistung	-1,15%	0,64%	6,69%	2,93%

4 Noch nicht beauftragte Nachträge				

Bild 13.29   Leistungsmeldung zum Stichtag

6 Richtwerte für Stundenansätze und Baustoffbedarf

6.1 Stundenansätze (Tafel 13.15)

Der Stundenansatz für die Kalkulation von Bauleistungen ist von vielen Faktoren abhängig. Insbesondere sind dies die auszuführende Menge (Einarbeitungseffekt), die Fähigkeiten des Personals, die zur Verfügung stehenden Hilfsmittel und die Randbedingungen des Bauobjektes wie z.b. Bauwerkshöhe, Gliederung der Baukörper, Transportwege, Lagerplätze etc. Die in Tafel 13.15 angeführten Stundenansätze gelten für ausgebildetes und eingearbeitetes Fachpersonal und den üblichen technischen Standard der Baustellenausstattung. Die niedrigen Werte setzen optimale Verhältnisse, wenig gegliederte Bauteile und größere Ausführungsmengen voraus.

Notwendige Aufwendungen für Gerüste über 2,0 m Höhe und Hebezeuge sind entsprechend VOB-C in den Ansätzen nicht enthalten.

Für die Kalkulation und Arbeitsvorbereitung sollten die angegebenen Ansätze in der Praxis mit eigenen Erfahrungswerten verglichen und gegebenenfalls korrigiert werden. Hierfür ist in Tafel 13.15 die Spalte „eigene Werte" vorgesehen.

6.2 Bauarbeitsschlüssel (BAS)

Der Bauarbeitsschlüssel (BAS) ist eine betriebsinterne Codierung des Stundenaufwandes nach fertigungstechnischen Merkmalen. Er dient der Vorgabe (Arbeitskalkulation), Erfassung (Stundenzettel), Kontrolle (Stunden-Soll-/Ist-Vergleich, Nachkalkulation) und Sammlung (BAS-Datei) der Stundenansätze. Die BAS-Datei kann bei fortgesetzter Aktualisierung für die Angebotskalkulation verwendet werden.

Der BAS-Schlüssel kann völlig frei den jeweiligen Bedürfnissen eines Betriebes angepaßt werden. Für die Richtwerte der Stundenansätze ist beispielhaft in Spalte 1 ein BAS-Schlüssel in Anlehnung an den Bauarbeitsschlüssel für das Bauhauptgewerbe [63] gewählt worden (s. Abschn. AV, Ablaufplanung, Bild 8.36):

0 Baustelleneinrichtungs- und Randarbeiten
1 Transport- und Umschlagarbeiten, Stundenlohnarbeiten und Gerätebedienstunden
2 Erd- und Entwässerungsarbeiten
3 Schal- und Gerüstarbeiten
4 Beton- und Stahlbetonarbeiten
5 Mauer- und Putzarbeiten
6 Straßenunterbau- und Deckenarbeiten
7 Straßennebenbauarbeiten an Nebenanlagen
8 Grundbau- und Wasserbauarbeiten
9 Sonder- und Spezialarbeiten

Der BAS wird in mehreren Ebenen gegliedert, wobei sich eine mehr als dreistellige BAS-Nummer in der Praxis als unhandlich erwiesen hat.

Die Gliederung in Tafel 13.15 ist so gewählt, daß die BAS-Nummer sowohl für die Angebotskalkulation wie auch für die Vorgabe und Erfassung des Stundenaufwands der Baustelle verwendet werden kann, z.B. im Rahmen einer BAS-Stammdatei. Deshalb sind die BAS-Nummern zwar für die Erfassung auf der Baustelle auf 2 Stellen begrenzt, eine 3. Stelle und eine Indexstelle erlaubt jedoch bei der Kalkulation und Stundenvorgabe die getrennte Ermittlung von Zulagen oder eine feinere Gliederung.

Richtwerte für Stundenansätze und Baustoffbedarf

Tafel 13.15 Stundenansätze gegliedert nach Bauarbeitsschlüssel (BAS)

BAS	Vorgang	Einheit	Stundenansatz	eigene Werte
0	**Baustelleneinrichtungs- und Randarbeiten**			
00	**Aufsichtsstunden**			
01	**Baustellenunterkünfte auf- und abbauen**			
011	Baracken Büro/Unterkunft	m²	2,0 bis 2,5	
012	Bauwagen Büro/Unterkunft	St	2 bis 5	
013	Container Büro/Unterkunft	St	3 bis 6	
014	Magazin-/Werkstattschuppen	m²	1,5 bis 2,0	
015	Magazin-/Werkstattcontainer	St	5 bis 10	
016	Sanitärwagen mit Anschluß	St	8 bis 15	
017	Sanitärcontainer mit Anschluß	St	10 bis 20	
018	(evtl. erforderliche Fundamente nach Aufwand)			
02	**Ver-/Entsorgungsanschlüsse herstellen und abbauen**			
020	Stromanschlußschrank mit Kabel	St	20 bis 30	
021	Unterverteilung mit Kabel	St	7 bis 10	
022	Elektrokabel hängend verlegen	m	0,25 bis 0,3	
023	Wasseranschluß	St	20 bis 25	
024	Wasserleitung im Graben verlegen	mm	0,3 bis 0,5	
025	Abwasseranschluß: nach örtlichen Verhältnissen			
026	Gastank mit Installation	St	25 bis 50	
03	**Baustellen- und Verkehrssicherung auf- und abbauen**			
030	Bauzaun als Bretterzaun	m	1 bis 2	
031	Bauzaun aus Gitterelementen	m	0,25 bis 0,5	
032	Bauzaun: Tor als Zulage	St	10 bis 20	
033	Bauschild ca. 20 m² mit Gerüst	St	25 bis 40	
034	Verkehrsschild nach StVO aufstellen	St	0,25 bis 0,30	
035	Absperrbake aufstellen	St	0,25 bis 0,30	
036	Beleuchtungskörper montieren	St	0,50 bis 1,00	
037	Ampelanlage (ferngesteuert) aufstellen	St	2 bis 4	
04	**Betonmisch- und -förderanlagen auf- und abbauen**			
040	Kleinmischer bis 250 L	St	5 bis 10	
041	Kompaktanlagen 30 m³/h mit Zuteilstern	St	60 bis 100	
042	Mobilanlage 60 m³/h m. Stern- o. Reihensilo	St	150 bis 300	
043	Großanl. Straßenbau 120 m³/h m. Reihensilo	St	200 bis 400	
044	Zementsilos je t Inhalt	t	1 bis 1,2	
045	Zuschlagsilos je m³ Inhalt	m³	8 bis 10	
046	Betonpumpe (Anhänger, 20 m³/h)	St	25 bis 30	
047	Förderrohre für Beton	m	0,25 bis 0,3	
048	Verteilermast ohne Fundament	St	20 bis 25	
05	**Aufzüge auf- und abbauen**			
050	Anlegeaufzug 150 kg bis 12 m	St	6 bis 10	
051	Anstellaufzug 600 kg bis 9 m	St	10 bis 15	
052	Personenaufzug 1000 kg, 2 Haltestellen	St	40 bis 60	
052.1	jede weitere Haltestelle	St	20	
06	**Baukrane auf- und abbauen** (ohne Schienen und Fundamente)			
060	Faltkran bis 20 tm	St	10 bis 25	
061	Schnellmontagekran 25 bis 90 tm	St	30 bis 50	
062	Citykran (Obendreher) 60 bis 125 tm	St	40 bis 80	
063	Kletterkran bis 80 tm, Grundmontage	St	50 bis 60	
063.1	Zulage zur Grundmontage je tm Lastmoment	tm	1,0 bis 1,2	
063.2	Zulage für Klettern in Arbeitshöhe je m	m	1,0 bis 1,2	
064	Mobilgittermastkran 8 t/20 m	St	16 bis 24	
064.1	Mobilgittermastkran, Zulage je t Tragkraft	tm	0,6 bis 1,0	
066	TK-Fundament a unbew. Beton herstellen und abbauen	m³	4 bis 6	
067	TK-Gleis verlegen und abbauen	m²	0,6 bis 1,0	

13

Kalkulation

Tafel 13.15, Fortsetzung

BAS	Vorgang	Einheit	Stundenansatz			eigene Werte
07	**Geräte für den Straßenbau auf-**					
	und abbauen					
070	Schwarzdeckenfertiger, Raupen,	St	10	bis	20	
	$b = 5{,}0$ bis 7,5 m					
071	Betondeckenfertiger m. Verteiler,	St	30	bis	50	
	$b = 3{,}75$ m					
072	Betondeckenfertiger m. Verteiler,	St	50	bis	90	
	$b = 7{,}5$ m					
073	Randstreifenfertiger, $b = 1{,}5$ m	St	5	bis	15	
074	Randstreifenfertiger, $b = 2{,}5$ bis 3,5 m	St	20	bis	30	
08	**Sonstige Geräte auf- und abbauen**					
080	Kompressor fahrbar 5 m³/min	St	1	bis	3	
081	15 m³/min	St	4	bis	6	
082	Baustellen-Stahlverarb.-anlage bis 2 t/h	St	50	bis	100	
09	**Sonst. Baustelleneinrichtungsarbeiten**					
090	Vermessung					
091	Baustellenwartung					
092	Baureinigung					
099	Sonstige allg. Hilfslöhne					
1	**Transport- und Umschlagarbeiten**					
10	**Auf- und Abladen von Geräten,**					
	Einrichtungen und Hilfsstoffen					
100	Großgeräte	t	0,1	bis	0,2	
101	Container (Unterkunft/Büro)	St	2,0	bis	4,0	
102	Kleingeräte und Zubehör	t	0,6	bis	1,0	
103	Schalung und Rüstung	t	0,4	bis	0,6	
104	Hilfsstoffe, Baracken	t	1,0	bis	1,5	
11	**Geräteführerstunden**					
110	Aufzugführer					
111	Kranführer					
112	Lader-Fahrer					
113	Mischanlagenführer					
114	Betonpumpenführer					
115	Lkw-Fahrer					
2	**Erd- und Entwässerungsarbeiten**					
	(Geräteleistungen s. Abschnitt					
	,,Baumaschinen'')					
20	**Erdarbeiten** (Handarbeit ohne					
	Gerätehilfe)					
	Aushub bis 2,0 m ohne Verbauarbeiten:					
200	leichter Boden	m³	1,3	bis	1,5	
201	mittlerer Boden	m³	2,6	bis	3,3	
202	schwerer Boden	m³	2,8	bis	3,8	
203	leichter Fels	m³	3,8	bis	4,5	
204	Verfüllen von Gräben ohne Verdichten	m³	1,0	bis	1,5	
205	Einbau von Filterkies	m³	1,0	bis	1,5	
206	Oberboden andecken, ca. 20 cm	m³	0,8	bis	1,0	
21	**Verbauarbeiten**					
210	Normverbau ein- u. ausbauen					
210.1	Tiefe 1,25 bis 2,00 m	m²	0,40	bis	0,80	
210.2	Tiefe 2,00 bis 3,00 m	m²	0,45	bis	0,90	
210.3	Tiefe 3,00 bis 4,50 m	m²	0,50	bis	1,00	
210.4	Tiefe 4,50 bis 6,00 m	m²	0,80	bis	1,40	
211	Kanaldielenverbau ein- u. ausbauen	m²	0,15	bis	0,25	
	+ Bagger mit Vibrobär	m²	0,06	bis	0,10	
212	Spundbohlenverbau ein- u. ausbauen	m²	0,24	bis	0,36	
	+ Bagger mit Vibrobär	m²	0,08	bis	0,12	
213	Plattenverbau und Verbauboxen	m²	0,15	bis	0,25	
	ein- u. ausbauen					
	+ Bagger	m²	0,04	bis	0,06	
214	Kammerplattenverbau	m²	0,15	bis	0,25	
	+ Bagger, evtl. Vibrobär	m²	0,05	bis	0,08	
215	Bohlträgerverbau: Träger einstellen o. Bohren	m²	0,5	bis	0,7	
216	Bohlträgerverbau: Holzausfachung					
	ein- u. ausbauen					
216.1	Boden standfest	m²	1,2	bis	1,6	
216.2	Boden nicht standfest	m²	1,8	bis	2,2	

Richtwerte für Stundenansätze und Baustoffbedarf

Tafel 13.15, Fortsetzung

BAS	Vorgang	Einheit	Stundenansatz	eigene Werte
217	Verbau-Gurtung ein- u. ausbauen	m	1,5 bis 2,5	
218	Verbau-Anker ein- u. ausbauen	m	0,9 bis 1,5	
	+ Ankerbohrgerät	m	0,3 bis 0,5	
22	**Rohrverlegung:**			
	Vorbereitung und Nebenarbeiten			
220	Rohrbettung Sand/Kies	m³	1,00 bis 1,20	
221	Sandauflager bis DN 250	m	0,05 bis 0,10	
222	Sandauflager DN 250 bis DN 500	m	0,10 bis 0,15	
223	Sandauflager > DN 500	m	0,20 bis 0,30	
264	Rohrbettung Beton	m³	1,00 bis 1,20	
225	Betonauflager bis DN 250	m	0,05 bis 0,10	
226	Betonauflager DN 250 bis DN 500	m	0,10 bis 0,15	
227	Betonauflager > DN 500	m	0,15 bis 0,20	
228	Betonummantelung	m³	3,00 bis 5,00	
229	Kanalhaltung: Druckprobe	St	10,0 bis 30,0	
23	**PVC-Rohre verlegen**			
230	PVC-Rohre DN 100	m	0,15 bis 0,20	
231	DN 150	m	0,20 bis 0,25	
232	DN 200	m	0,25 bis 0,30	
23_.1	Zuschlag für Formstücke	St	0,10 bis 0,20	
24	**Steinzeugrohre verlegen**			
240	Steinzeugrohre L DN 100 bis DN 150	m	0,25 bis 0,30	
241	K DN 200	m	0,35 bis 0,40	
242	K DN 300	m	0,45 bis 0,50	
243	K DN 400	m	0,55 bis 0,60	
24_.1	Zuschlag für Formstücke	St	0,25 bis 0,50	
25	**Betonrohre verlegen**			
250	Betonrohre, l=1,00 m DN 300	m	0,30 bis 0,40	
251	l=1,00 m DN 400	m	0,40 bis 0,50	
252	l=1,00 m DN 500	m	0,50 bis 0,60	
253	l=1,00 m DN 600	m	0,60 bis 0,80	
254	l=1,00 m DN 800	m	0,90 bis 1,10	
25_.1	Zuschlag für Formstücke	St	0,60 bis 1,00	
26	**Stahlbetonrohre verlegen**			
260	Stahlbetonrohre, l=2,5 m DN 600	m	0,50 bis 0,70	
261	l=2,5 m DN 800	m	0,70 bis 0,80	
262	l=2,5 m DN 1000	m	0,80 bis 1,00	
263	l=2,5 m DN 1200	m	1,00 bis 1,25	
264	l=2,5 m DN 1400	m	1,25 bis 1,50	
265	l=2,5 m DN 1600	m	1,40 bis 1,60	
266	l=2,5 m DN 1800	m	1,50 bis 1,70	
267	l=2,5 m DN 2000	m	1,60 bis 1,80	
26_.1	Zuschlag für Formstücke	St	1,00 bis 1,50	
27	**Schächte und Einläufe** (ohne Erdarbeiten)			
270	Schachtsohle Ortbeton	m²	0,80 bis 1,00	
271	Schachtunterteil 1000 mm	St	2,50 bis 3,00	
272	Schachtring 0,5 m 1000 mm	St	1,40 bis 1,80	
273	Schachthals 0,5 m 1000 mm	St	1,50 bis 2,00	
274	Schachtabdeckung 625 mm	St	2,00 bis 2,50	
275	Straßenablauf, normale Höhe	St	3,00 bis 4,00	
276	Straßenablauf-Aufsatz	St	1,00 bis 1,50	
277	Entwässerungsrinne (z.Z. Aco-Drän) einbauen	m	0,35 bis 0,75	
28	**Kanalbau, sonstige Arbeiten**			
281	Entwässerungs-/Hausanschluß herstellen bis	St	1,0 bis 1,5	
283	Druckprobe für eine Haltung	St	20 bis 25	
286	Druckprobe für eine Muffe, > DN 800	St	0,5 bis 0,6	
29	**Dränagearbeiten**			
291	Dränrohr PVC verlegen	m	0,05 bis 0,10	
292	Dränage-Revisionsschacht D 32 cm/T 215 cm	St	2,0 bis 3,0	
293	Dränage-Kiespackung im Arbeitsraum	m³	0,5 bis 0,6	
294	Dränage-Filtervlies um Kiespackung	m²	0,01 bis 0,02	
295	Dränage-Filter-/Porwand setzen	m²	0,10 bis 0,12	
3	**Schal- und Rüstarbeiten**			
	Die Werte für Großflächenschalungen (z.B. geschoßhohe Wandschalungen oder Schaltische) hängen stark von der Elementgröße und der Einsatzhäufigkeit ab. Sie stellen daher nur grobe Anhaltswerte dar.			

13

Kalkulation

Tafel 13.15, Fortsetzung

BAS	Vorgang	Einheit	Stundenansatz	eigene Werte
30	**Gerüstarbeiten** (bis 20 m Höhe)			
300	Stahlrohrgerüst	m^3	0,20 bis 0,30	
301	Rahmengerüst $b = 0,70$ m/200 kg	m^2	0,15 bis 0,25	
302	Rahmengerüst $b = 1,00$ m/300 kg	m^2	0,20 bis 0,30	
303	Ausleger-Fanggerüst $b = 1,0$ m	m	0,20 bis 0,30	
304	Schutzgeländer	m	0,30 bis 0,50	
31	**Fundamente schalen**			
310	Streifenfundamente konventionell schalen	m^2	0,60 bis 0,80	
311	Streifenfundament, Systemschalung	m^2	0,30 bis 0,50	
312	Einzelfundamente konventionell schalen	m^2	0,90 bis 1,10	
313	Einzelfundamente, Systemschalung	m^2	0,40 bis 0,60	
314	Plattenfundamente schalen ($h > 30$ cm)	m^2	0,60 bis 1,00	
315	Bodenplatten, Randschalung (h bis 30 cm)	m	0,10 bis 0,15	
316	Köcherschalung umsetzen	St	0,40 bis 0,60	
32	**Wände schalen** (Höhe bis 3,0 m)			
320	Wände konventionell schalen	m^2	0,70 bis 1,20	
321	Wände schalen, Rahmenschalung	m^2	0,30 bis 0,60	
322	Wände schalen, Großflächenschalung	m^2	0,20 bis 0,50	
323	Wände schalen, Kleinflächen	m^2	1,25 bis 1,75	
32_.1	Zulage für Höhen größer 3,0 m	m^2	0,20 bis 0,40	
32_.2	Zulage für einseitige Schalung	m^2	0,25 bis 0,45	
32_.3	Zulage für geneigte Schalung	m^2	0,20 bis 0,40	
32_.4	Zulage für gewölbte Schalung	m^2	0,70 bis 1,10	
32_.5	Zulage für Sichtbeton	m^2	0,10	
33	**Decken schalen** (Höhe bis 3,0 m, Dicke bis 25 cm)			
331	Decken konventionell schalen	m^2	0,80 bis 1,00	
332	Decken schalen, Holzträgersystemschalung	m^2	0,45 bis 0,65	
333	Decken schalen, Rahmentafeln + Fallkopf	m^2	0,40 bis 0,60	
334	Decken schalen, Schaltische (Richtwert)	m^2	0,25 bis 0,35	
335	Decken, Rand schalen	m^2	0,15 bis 0,25	
336	Decken schalen, Kleinflächen u. Aussparungen	m^2	2,0 bis 10,0	
33_.1	Zulage für Höhen größer 3,0 m	m^2	0,10 bis 0,30	
33_.2	Zulage für Dicke größer 25 cm, je cm	m^2	0,01	
33_.3	Zulage für Sichtbeton	m^2	0,10	
34	**Unterzüge und Balken schalen** (Querschnitt $> 0,15$ m^2)			
341	Unterzüge + Balken konventionell schalen	m^2	1,50 bis 2,00	
342	Unterzüge + Balken schalen, Systemschalung	m^2	0,90 bis 1,30	
34_.1	Zulage für Querschnitt 0,05 bis 0,15 m^2	m^2	0,10 bis 0,20	
34_.2	Zulage für Querschnitt kleiner 0,05 m^2	m^2	0,25 bis 0,55	
34_.3	Zulage für Vouten	m^2	0,40 bis 0,70	
34_.4	Zulage für einseitige Schalung	m^2	0,15 bis 0,30	
34_.5	Zulage für Sichtbeton	m^2	0,10	
35	**Überzüge und Brüstungen schalen** (Höhe 0,50 bis 1,40 m)			
351	Überzüge + Brüstung konventionell schalen	m^2	1,10 bis 1,30	
352	Überzüge + Brüstung schalen, Systemschalung	m^2	0,70 bis 1,05	
353	Ringbalken auf Mauerwerk schalen	m^2	1,20 bis 1,50	
35_.1	Zulage für Höhe bis 0,50 m	m^2	0,25 bis 0,40	
35_.2	Zulage für einseitige Schalung	m^2	0,15 bis 0,30	
35_.3	Zulage für Sichtbeton	m^2	0,10	
36	**Stützen schalen** (Querschnitt $> 0,25$ m^2)			
361	Stützen konventionell schalen	m^2	1,30 bis 1,80	
362	Stützen schalen, rechteckig, Systemschalung	m^2	0,90 bis 1,40	
363	Stützen schalen, Vieleckquerschnitt	m^2	1,80 bis 2,50	
364	Stützen schalen, rund	m^2	2,00 bis 2,70	
365	Stützen schalen, runde Papierschalung	m	0,80 bis 1,50	
36_.1	Zulage für Querschnitt $< 0,10$ m^2	m^2	0,35 bis 0,70	
36_.2	Zulage für Sichtbeton	m^2	0,10	
37	**Treppen schalen**			
371	Treppen konventionell schalen ohne Stufenschalung	m^2	2,00 bis 2,50	
372	Treppen konventionell schalen mit Stufenschalung	m^2	2,90 bis 3,50	
373	Treppen schalen, Systemschalung	m^2	1,40 bis 1,80	
37_.1	Zulage für gewendelten Lauf	m^2	1,00 bis 1,40	
37_.2	Zulage für Sichtbeton	m^2	0,20	
38	**Schächte schalen**			
380	Schächte konv. schalen, Querschn. innen < 4 m^2	m^2	1,40 bis 1,90	
381	Schächte mit Systemschalung schalen, < 4 m^2	m^2	1,20 bis 1,60	

Richtwerte für Stundenansätze und Baustoffbedarf

Tafel 13.15, Fortsetzung

BAS	Vorgang	Einheit	Stundenansatz		eigene Werte
39	**Sonstige Schalarbeiten**				
390	Aussparungen schalen, alle Größen	St	0,25 bis	0,65	
391	Leibungen schalen, alle Größen	m^2	0,30 bis	0,50	
4	**Beton- und Stahlbetonarbeiten**				
	Bewehrungsarbeiten				
40	**Betonstahl laden u. verarbeiten**				
400	Auf- und Abladen unbearbeiteter Stahl	t	0,5 bis	0,7	
401	bearbeitet und positioniert	t	0,9 bis	1,1	
402	Schneiden u. Biegen von Stabstahl auf mittleren				
	bis großen Anlagen für alle Durchmesser	t	4 bis	11	
402.1	Durchmesser < 10 mm	t	9 bis	11	
402.2	Durchmesser 10 bis 20 mm	t	6 bis	8	
402.3	Durchmesser > 20 mm	t	4 bis	6	
403	Bewehrungsanschlüsse einbauen	m	0,25 bis	0,40	
41	**Betonstahl verlegen**				
	Beton-Stabstahl einbauen				
410	in Fundamenten, alle Durchmesser	t	8 bis	21	
410.1	Durchmesser < 10 mm	t	18 bis	21	
410.2	Durchmesser 10 bis 20 mm	t	11 bis	15	
410.3	Durchmesser 22 bis 28 mm	t	8 bis	10	
411	in Platten, alle Durchmesser	t	10 bis	25	
411.1	Durchmesser < 10 mm	t	22 bis	25	
411.2	Durchmesser 10 bis 20 mm	t	16 bis	20	
411.3	Durchmesser 22 bis 28 mm	t	9 bis	12	
412	in Wänden, alle Durchmesser	t	12 bis	27	
412.1	Durchmesser < 10 mm	t	24 bis	27	
412.2	Durchmesser 10 bis 20 mm	t	18 bis	21	
412.3	Durchmesser 22 bis 28 mm	t	12 bis	15	
	in Balken und Unterzügen, alle Durchmesser	t	14 bis	28	
413.1	Durchmesser < 10 mm	t	26 bis	28	
413.2	Durchmesser 10 bis 20 mm	t	19 bis	22	
413.3	Durchmesser 22 bis 28 mm	t	14 bis	17	
414	in Stützen, alle Durchmesser	t	15 bis	30	
414.1	Durchmesser < 10 mm	t	28 bis	30	
414.2	Durchmesser 10 bis 20 mm	t	21 bis	24	
414.3	Durchmesser 22 bis 28 mm	t	15 bis	18	
	Betonstahlmatten schneiden und verlegen				
415	in Platten, alle Mattengewichte	t	14 bis	20	
415.1	Mattengewicht < 3 kg/m^2	t	16 bis	20	
415.2	Mattengewicht > 3 kg/m^2	t	14 bis	20	
416	in Wänden, alle Mattengewichte	t	16 bis	22	
416.1	Mattengewicht < 3 kg/m^2	t	19 bis	22	
416.2	Mattengewicht > 3 kg/m^2	t	16 bis	19	
	Einbau und Spannen von Spanngliedern				
417	Ingenieurhochbau, alle Längen	t	55 bis	100	
417.1	bis 20 m Länge	t	65 bis	100	
417.2	über 20 bis 30 m Länge	t	55 bis	75	
418	im Brückenbau, alle Längen	t	40 bis	50	
418.1	bis 20 m Länge	t	40 bis	60	
418.2	über 10 m Länge	t	30 bis	50	
	Einbau von Beton (KR) mit				
	Auslegerpumpe (Einbau mit Krankübel				
	ca. 25% Mehraufwand)				
42	**Gründungen betonieren**				
420	Sauberkeitsschicht bis 10 cm	m^2	0,08 bis	0,10	
421	Füllbeton	m^3	0,30 bis	0,50	
422	Fundamente unbewehrt	m^3	0,30 bis	0,50	
423	Fundamente bewehrt	m^3	0,40 bis	0,80	
424	Bohrpfähle betonieren mit Pumpe	m^3	0,50 bis	0,70	
425	Bohrpfähle betonieren mit Trichter u. Fallrohr	m^3	1,00 bis	1,50	
43	**Platten und Decken betonieren**				
431	waagerecht, alle Dicken	m^3	0,30 bis	0,80	
432	$d = 10$ bis 15 cm > 100 m^2	m^3	0,60 bis	0,80	
433	$d = 16$ bis 20 cm > 100 m^2	m^3	0,50 bis	0,70	
434	$d = 21$ bis 30 cm > 200 m^2	m^3	0,40 bis	0,60	
435	$d = 31$ bis 50 cm > 200 m^2	m^3	0,35 bis	0,55	
436	$d > 50$ cm > 500 m^2	m^3	0,30 bis	0,50	

13

Kalkulation

BAS	Vorgang	Einheit	Stundenansatz	eigene Werte
44	**Wände betonieren**			
441	Wände bis 5 m Höhe, alle Dicken	m^3	0,35 bis 1,40	
442	$d = 10$ bis 15 cm	m^3	1,00 bis 1,40	
443	$d = 16$ bis 25 cm	m^3	0,80 bis 1,20	
444	$d = 26$ bis 40 cm	m^3	0,60 bis 1,00	
445	$d = 41$ bis 60 cm	m^3	0,40 bis 0,80	
446	$d > 60$ cm	m^3	0,35 bis 0,60	
45	**Balken und Unterzüge betonieren**			
450	alle Querschnitte	m^3	0,50 bis 1,00	
451	bis 0,1 m^2	m^3	0,70 bis 1,00	
452	$> 0,1$ m^2	m^3	0,50 bis 0,80	
46	**Stützen betonieren** (mit Krankübel)			
461	alle Querschnitte	m^3	1,20 bis 2,80	
462	bis 0,1 m^2	m^3	2,00 bis 2,80	
462	$> 0,1$ m^2	m^3	1,20 bis 2,00	
47	**Sonderbauteile betonieren**			
471	Treppenlaufplatten mit Stufen	m^3	1,60 bis 2,00	
48	**Oberflächen- und Randarbeiten**			
481	Abgleichen (Tatsche)	m^2	0,01 bis 0,02	
482	Abziehen (Bohle)	m^2	0,05 bis 0,10	
483	Abreiben/Glätten	m^2	0,15 bis 0,25	
484	Nacharbeiten bei Sperrbeton	m^2	0,05 bis 0,50	
485	Nacharbeiten bei Sichtbeton	m^2	0,10	
486	Nacharbeiten bei Profilbeton	m^2	0,40 bis 0,60	
487	Fugenband innen einbauen, alle Größen	m	0,10 bis 0,25	
487.1	$b = 100$ bis 200 mm	m	0,10 bis 0,15	
487.2	$b > 200$ mm	m	0,20 bis 0,25	
488	Fugenband außen oder Fugenblech einbauen	m	0,05 bis 0,08	
49	**Stahlbetonfertigteile montieren** Ansätze mit Kranführerstunden, einschließlich Verguß			
	Großtafelbau, mittleres Elementgewicht 5 t mit geschoßhohen und raumbreiten Elementen,			
490	bis 2 Geschosse (z.B. Reihenhausbau)			
490.1	mit Turmkran	t	0,50 bis 0,70	
490.2	mit Fahrzeugkran	t	0,75 bis 0,90	
491	über 2 Geschosse (Hochhausbau)			
491.1	mit Turmkran	t	0,40 bis 0,50	
491.2	mit Fahrzeugkran	t	0,60 bis 0,80	
	Skelettbau, mittleres Elementgewicht 5 t			
492	Geschoßbau			
492.1	mit Turmkran	t	0,35 bis 0,50	
492.2	mit Fahrzeugkran	t	0,50 bis 0,65	
493	Hallenbau, mittleres Elementgewicht 10 t mit Fahrzeugkran	t	0,25 bis 0,40	
	Fassadenplatten montieren, Elementfläche 3 bis 8 m^2			
494	Vorhangplatten	m^2	0,60 bis 1,00	
495	tragende Elemente	m^2	0,40 bis 0,60	
	Standardisierte Deckenplatten verlegen z.B. Porenbetonplatten, Spannbeton-Hohlplatten Ansätze ohne Kranführerstunden, mit Verguß			
496	alle Größen	m^2	0,25 bis 0,50	
496.1	Breite bis 0,75 m	m^2	0,30 bis 0,50	
496.2	Breite bis 2,50 m	m^2	0,25 bis 0,40	
	Teilfertigteile verlegen (Filigran u.ä.) Ansätze ohne Kranführerstunden, ohne Ortbeton			
497	Deckenplatten mit Unterstützung u. Randschlg.	m^2	0,25 bis 0,35	
497.1	Platten verlegen	m^2	0,10 bis 0,15	
497.2	Joche und Randschalung	m^2	0,15 bis 0,20	
498	Wandplatten versetzen, je m^2 Wand mit Fugenschalung und Absteifung	m^2	0,35 bis 0,45	
497	Treppenlaufplatten u. Podeste montieren	St	1,00 bis 2,00	
5	**Mauerarbeiten** (mit Turmkraneinsatz) Aufwendungen für Arbeitsgerüste über 2,75 m Höhe sind nicht enthalten.			

Richtwerte für Stundenansätze und Baustoffbedarf

Tafel 13.15, Fortsetzung

BAS	Vorgang	Einheit	Stundenansatz	eigene Werte
50	**Wände aus Steinen NF bis 5DF** Lager- und Stoßfugen vermörtelt Mauerziegel DIN 105, Kalksandsteine DIN 106, Hüttensteine DIN 398 und Betonsteine DIN 18152			
500	Wand $d=11,5$ cm NF	m²	1,0 bis 1,3	
501	$d=11,5$ cm 2 DF	m²	0,7 bis 1,0	
502	$d=17,5$ cm 3 DF	m²	0,8 bis 1,1	
503	$d=17,5$ cm 3 DF	m³	4,5 bis 6,0	
504	$d=24$ cm NF	m³	5,0 bis 7,3	
505	$d=24$ cm 2 DF	m³	4,0 bis 6,0	
506	$d=24$ cm 3 DF	m³	3,5 bis 5,4	
507	$d=30$ cm 2 DF + 3 DF	m³	3,8 bis 5,5	
508	$d=36,5$ cm 2 DF + 3 DF	m³	3,6 bis 5,2	
509	$d=30$ bis 36,5 cm 5 DF	m³	3,2 bis 4,8	
51	**Wände aus großformatigen Steinen >5DF** **ohne Stoßfugenvermörtelung:** Einbau von Hand im Mörtelbett Hochlochziegel DIN 105 (POROTON, UNIPOR o.ä.) Hohlblocksteine aus Beton (Hbn) Leichtbetonsteine DIN 18153 (KLB, Bisotherm o.ä.) Porenbetonblocksteine (GSB), (Hebel, Ytong o.ä.) KS-Ratio-Blöcke mit Grifftaschen[1]			
510	Wand $d=11,5$ cm 8 DF	m²	0,5 bis 0,8	
511	$d=17,5$ cm 6 bis 9 DF	m³	3,5 bis 4,1	
512	$d=17,5$ cm 12 bis 15 DF	m³	2,9 bis 3,8	
513	$d=24$ cm 8 bis 12 DF	m³	2,8 bis 3,8	
514	$d=24$ cm 16 bis 20 DF	m³	2,4 bis 3,4	
515	$d=30$ cm 10 bis 12 DF	m³	2,7 bis 3,3	
516	$d=30$ cm 16 bis 20 DF	m³	2,4 bis 3,1	
517	$d=36,5$ cm 9 bis 12 DF	m³	2,7 bis 3,5	
518	$d=36,5$ cm 18 bis 24 DF	m³	2,3 bis 3,0	
	[1]) Bei Mörtelfüllung der Grifftaschen 10% Mehraufwand			
519	Einbau mit Versetzgerät: ab 10 DF möglich, ab 25 kg/Stein gefordert, im Mörtelbett ohne Stoß- fugenvermörtelung, unabhängig von der Wanddicke	m²	0,6 bis 0,8	
52	**Mauerwerk geklebt (Dünnbettmörtel)** **Plansteine (GSB, KLB, KS, Poroton)** **über 25 kg Steingewicht mit Versetzgerät**			
521	Wand $d=17,5$ cm 12 bis 15 DF	m²	0,35 bis 0,45	
522	$d=20$ cm 14 bis 16 DF	m²	0,40 bis 0,50	
523	$d=24$ cm 16 bis 20 DF	m²	0,45 bis 0,55	
524	$d=30$ cm 20 DF	m²	0,50 bis 0,60	
525	$d=36,5$ cm 15 bis 24 DF	m²	0,55 bis 0,65	
	Planelemente (GSB, KLB, KS) im Werk positioniert und auf Paletten angeliefert, Einbau mit Versetzgerät nach nach Verlegeplan. Die Werte gelten nur für Flächen ohne Öffnungen und Anschlüsse.			
526	Wand $d=11,5$ cm $l/h=99,8/49,8$	m²	0,30 bis 0,40	
527	$d=17,5$ cm $l/h=99,8/49,8$	m²	0,33 bis 0,43	
528	$d=24$ cm $l/h=99,8/49,8$	m²	0,37 bis 0,47	
529	$d=30$ cm $l/h=99,8/49,8$	m²	0,40 bis 0,50	
52_.1	Ausgleichsschicht	m	0,25 bis 0,30	
53	**Sonstiges Mauerwerk** **Wände aus Wandbauplatten:** Leichtbeton, Porenbeton, Kalksandstein, Gips			
530	Wand $d=5$ bis 7 cm $l/h=99/32$ cm	m²	0,3 bis 0,6	
531	Wand $d=8$ bis 12 cm $l/h=99/32$ cm	m²	0,5 bis 0,8	
	Trockenmauerwerk ohne Mörtel			
535	KLB-Trockenmauerwerk 12 DF, $d=17,5$ cm	m²	0,4 bis 0,5	
536	KLB-Trockenmauerwerk 16 DF, $d=24$ cm	m²	0,5 bis 0,6	
537	KLB-Trockenmauerwerk 20 DF, $d=30$ cm	m²	0,6 bis 0,7	
	Unterfangungen			
539	Unterfangungsmauerwerk mit Preßfuge	m²	10 bis 20	
54	**Schornsteine**			
540	Schornstein aus Mauerwerk je Zug	m	2,0 bis 2,5	

13

Kalkulation

Tafel 13.15, Fortsetzung

BAS	Vorgang	Einheit	Stundenansatz	eigene Werte
541	Schornstein aus Formstücken, Grundbausatz	St	12 bis 16	
542	Schornstein aus Formstücken, einzügig	m	1,0 bis 1,5	
543	Schornstein aus Formstücken, zweizügig	m	1,2 bis 1,7	
544	Schornstein aus geschoßhohen Elementen	m	0,8 bis 1,0	
55	**Verblend- und Sichtmauerwerk**			
	Läuferverband (Kreuzverband ca. 8% Zuschlag)			
	gültig bis 2,75 m Höhe, Zuschlag 3%			
	je m zusätzliche Höhe			
550	d = 11,5 cm DF	m^2	1,4 bis 2,0	
551	d = 11,5 cm NF	m^2	1,0 bis 1,6	
552	d = 11,5 cm 2DF	m^2	0,8 bis 1,4	
550.1	Fugenglattstrich DF	m^2	0,15 bis 0,30	
551.1	(beim Aufmauern) NF	m^2	0,20 bis 0,25	
552.1	2DF	m^2	0,10 bis 0,15	
550.2	Ausfugen DF	m^2	0,60 bis 0,80	
551.2	(nachträglich) NF	m^2	0,40 bis 0,60	
552.2	2DF	m^2	0,30 bis 0,50	
55_3	Luftschichtanker einlegen	m^2	0,05 bis 0,10	
55_4	Dämmplatten einbauen (beim Aufmauern)	m^2	0,10 bis 0,15	
56	**Öffnungen im Mauerwerk**			
	Öffnungen im Mauerwerk anlegen			
	Wand Spannweite			
560	d = 5 bis 10 cm 1,0 bis 2,0 m	m^2	0,3 bis 0,5	
561	11,5 cm 1,0 bis 2,0 m	m^2	0,4 bis 0,6	
562	17,5 cm 1,0 bis 2,0 m	m^2	0,5 bis 0,7	
563	17,5 cm 1,0 bis 2,0 m	m^3	2,6 bis 3,0	
564	24 cm 1,0 bis 2,0 m	m^3	2,5 bis 2,9	
565	30 cm 1,0 bis 2,0 m	m^3	2,4 bis 2,8	
566	36,5 cm 1,0 bis 2,0 m	m^3	2,3 bis 2,7	
	Öffnungen im Mauerwerk mit Fertigsturz überdecken			
567	d = 11,5 cm	m	0,10 bis 0,15	
568	d = 17,5 cm	m	0,15 bis 0,20	
57	**Bauelemente einsetzen**			
570	Rolladenkasten	m	1,0 bis 1,5	
571	Gurtwicklerkasten	St	0,2 bis 0,3	
572	Stahlumfassungszarge	St	2,0 bis 3,0	
573	Eckzarge	St	1,5 bis 2,0	
574	T30/T90-Tür mit Eckzarge	St	3,0 bis 3,5	
575	Kellerfenster Stahl/Kunststoff	St	0,8 bis 1,5	
576	Lichtschacht PVC mit Rost	St	1,5 bis 2,5	
577	Revisionsschachtabdeckung	St	2,0 bis 2,5	
58	**Mauern: Zulagen u. sonstige Arbeiten**			
580	Horizontalabdichtung auf 1. Schicht	m	0,03 bis 0,05	
581	Abdichtung Verblendfuß nach DIN 18195	m	0,30 bis 0,40	
59	**Putz- und Estricharbeiten**			
	(kleine Flächen ohne Maschineneinsatz)			
590	Spritzbewurf	m^2	0,05 bis 0,10	
591	Zementputz 2 cm, einlagig, rauh	m^2	0,30 bis 0,40	
592	Zementputz 2 cm, einlagig, geglättet	m^2	0,50 bis 0,80	
593	Kalkzementputz 2-lagig	m^2	0,60 bis 1,00	
595	Putz: Schlitze überspannen u. schließen	m^2	0,40 bis 0,80	
599	Zementverbundestrich ca. 3 cm, geglättet	m^2	0,50 bis 0,80	
6	**Straßenunterbau- und Deckenarbeiten**			
	Diese Arbeiten sind von der Geräteleistung abhängig			
61	**Planum herstellen**	m^2		
62	**Unterbau herstellen**	m^2		
65	**Schwarzdeckenarbeiten**	m^2		
66	**Betondeckenarbeiten**	m^2		
7	**Straßenbauarbeiten an Nebenanlagen**			
70	**Pflastern, Planum u. Unterbau herstellen**			
700	Planum vorbereiten	m^2	0,05 bis 0,10	
701	Unterbeton 10 bis 12 cm dick	m^2	0,15 bis 0,20	

766

Richtwerte für Stundenansätze und Baustoffbedarf

Tafel 13.15, Fortsetzung

BAS	Vorgang	Einheit	Stundenansatz	eigene Werte
71	**Pflastern, Fugen u. Nebenarbeiten**			
710	Bitu-Fugenverguß Kleinpflaster	m^2	0,4 bis 0,6	
711	Bitu-Fugenverguß Großpflaster	m^2	0,1 bis 0,3	
72	**Pflastern** (masch. = maschinell, ansonsten von Hand)			
720	Mosaikpflaster, Kleinflächen	m^2	2,80 bis 3,50	
721	Gehwegplatten 30/30 (masch.)	m^2	0,25 bis 0,35	
722	Gehwegplatten 30/30	m^2	0,45 bis 0,50	
723	Gehwegplatten 15/15	m^2	0,50 bis 0,60	
724	Kleinsteinpflaster 10/10	m^2	0,60 bis 0,80	
725	Ziegelpflaster (flach)	m^2	0,30 bis 0,50	
726	Ziegelpflaster (hochkant)	m^2	0,60 bis 0,80	
727	Verbundsteinpflaster 8 bis 10 cm	m^2	0,30 bis 0,40	
728	Rinnenpflaster 16/16 1 Reihe	m	0,25 bis 0,30	
728.1	Betonbett dazu B10 0,3 m^3/m	m	0,03 bis 0,05	
73	**Rand- und Formsteine setzen**			
730	Hochbordsteine H 15 × 30 × 100	m	0,50 bis 0,60	
730.1	Betonbett B10, 0,15 m^3/m	m	0,20 bis 0,25	
730.2	Zulage Bogen/Formstück	m	0,10 bis 0,15	
731	Rundbordstein R 18 × 22 × 100	m	0,60 bis 0,70	
731.1	Betonbett B10, 0,15 m^3/m	m	0,20 bis 0,25	
731.2	Zulage Bogen/Formstück	m	0,10 bis 0,15	
732	Flachbordstein F 20 × 20 × 100	m	0,60 bis 0,70	
732.1	Betonbett B10 0,20 m^3/m	m	0,20 bis 0,25	
732.2	Zulage Bogen/Formstück	m	0,10 bis 0,15	
733	Tiefbordstein T 10 × 30 × 100	m	0,40 bis 0,50	
733.1	Betonbett B10 0,08 m^3/m	m	0,12 bis 0,16	
733.2	Zulage Bogen/Formstück	m	0,10 bis 0,15	
734	Tiefbordstein T 8 × 20 × 100	m	0,30 bis 0,40	
734.1	Betonbett B10 0,05 m^3/m	m	0,08 bis 0,12	
75	**Schwarzdeckenarbeiten an Nebenanlagen**			
76	**Bodendeckenarbeiten an Nebenanlagen**			
79	**Sonstige Straßenbauarbeiten**			
8	**Grundbau- und Wasserbauarbeiten**			
81	**Wasserhaltungsarbeiten**			
810	Pumpensumpf in Baugrube anlegen	St	20 bis 30	
811	Sickergräben in Baugrube anlegen	m	0,15 bis 0,20	
812	Saugbrunnen (well-points) einspülen u. rückbauen	St	2,0 bis 3,0	
813	Bohrbrunnen bis 25 m Tiefe herstellen u. rückbauen	St	50 bis 70	
814	Tauchpumpe ein- u. ausbauen	St	2,0 bis 3,0	
815	Saugrohrleitung ein- u. ausbauen	m	0,3 bis 0,4	
82	**Bohr- und Rammarbeiten** Diese Arbeiten sind von der Geräteleistung abhängig			
9	**Sonder- und Spezialarbeiten, Abbrucharbeiten**			
90	**Abdichtungsarbeiten**			
901	Voranstrich bituminös	m^2	0,04 bis 0,06	
	Senkrechter Deckaufstrich je Lage:			
902	Kaltbitumen/bitum. Dichtungsmasse	m^2	0,08 bis 0,10	
903	Heißbitumen	m^2	0,10 bis 0,13	
904	Dichtungsschlämme	m^2	0,16 bis 0,20	
905	Dichtungsbahn bitum. heiß kleben	m^2	0,20 bis 0,25	
906	Schutzschicht (Noppenfolie o. ä.)	m^2	0,05 bis 0,08	
907	Folie lose auslegen	m^2	0,005	
91	**Fugenabdichtung**			
910	Fugenband (Compriband o. ä.) einbauen	m	0,20 bis 0,30	
915	Fugen elastisch versiegeln, B < 25 mm	m	0,08 bis 0,12	
92	**Wärmedämmarbeiten** Wärmedämmung aufbringen aus 2 bis 5 cm dicken HWL-, Schaumstoff- und Mineralwollplatten			
920	senkrecht andübeln	m^2	0,20 bis 0,30	
921	senkrecht anmörteln/kleben	m^2	0,15 bis 0,25	
922	senkrecht in Schalung befestigen	m^2	0,15 bis 0,30	
923	waagerecht lose auflegen	m^2	0,02 bis 0,05	

13

Kalkulation

Tafel 13.15, Fortsetzung

BAS	Vorgang	Einheit	Stundenansatz	eigene Werte
924	Perimeterdämm-/Porwandplatten einstellen	m²	0,08 bis 0,12	
925	Dämmplatten zw. Wänden einlegen je Lage	m²	0,03 bis 0,06	
926	Dämmplatten hinter Verblendung einbauen	m²	0,10 bis 0,15	
97	**Abbrucharbeiten, Mauerwerk**			
980	Mauerwerk von Hand abreißen (Kleinmengen)	m³	2,0 bis 4,0	
981	Durchbrüche in Mauerwerk stemmen	m³	2,0 bis 4,0	
982	Schlitze in Mauerwerk stemmen	m³	2,0 bis 4,0	
983	Mauerwerk mit Abbauhammer abreißen	m³	0,5 bis 0,7	
984	Mauerwerk mit Bagger und Hydraulikmeißel	m³	0,3 bis 0,5	
985	Mauerwerk mit Bagger einreißen	m³	0,1 bis 0,2	
98	**Abbrucharbeiten, Beton**			
980	Durchbrüche in unbewehrtem Beton	m³	1,5 bis 6,0	
981	Schlitze in unbewehrtem Beton	m³	2,0 bis 4,0	
982	Beton unbewehrt mit Abbauhammer abbrechen	m³	0,8 bis 1,5	
983	Beton unbewehrt mit Bagger abreißen	m³	0,2 bis 0,3	
984	Betonböden u. -decken mit Abbauhammer abreißen	m³	1,0 bis 2,5	
985	Betonböden u. -decken mit Bagger abreißen	m³	0,3 bis 0,5	
986	Betonwände mit Abbauhammer abreißen	m³	1,5 bis 3,0	
987	Betonwände mit Bagger abreißen	m³	0,5 bis 0,8	
99	**Abbrucharbeiten, sonstige Baustoffe**			
990	Holzbalkendecken komplett ausbauen	m³	0,40 bis 0,80	
991	Abgehängte Decken ausbauen	m³	0,20 bis 0,25	
993	Leichte Trennwände ausbauen	m³	0,25 bis 0,30	

6.3 Baustoffbedarf

6.3.1 Baustoffkennwerte

Baustoffkennwerte im Sinne der Kostenrechnung sind auf Gebäudekennwerte (z. B. Geschoßfläche = GF, Bruttorauminhalt = BRI) bezogene Baustoffmengen. Sie dienen der Vorermittlung für Kostenschätzungen und zur Kontrolle der im Leistungsverzeichnis vom Bauherrn vorgegebenen Mengen der Hauptbaustoffe.

Tafel 13.16   Betonbedarf im Hochbau

Wohnungsbau (Mauerwerk mit Betondecken)	0,05 bis 0,08 m³ je m³ BRI
Skelettbau allgemein	0,06 bis 0,12 m³ je m³ BRI
bei mittleren Spannweiten 5,0 bis 7,5 m	0,07 bis 0,09 m³ je m³ BRI

Tafel 13.17   Stahlbedarf im Hochbau

Fundamente Mittelwert	2 bis 3 kg je m² Gebäudefläche	25 bis 60 kg je m³ Beton 40 kg je m³ Beton
Bodenplatten	5 bis 7 kg je m²	25 bis 35 kg je m³ Beton
Wände		
Geschoßwände größere Scheiben	3 bis 4 kg je m² 4 bis 6 kg je m²	15 bis 20 kg je m³ Beton 20 bis 30 kg je m³ Beton
Stützen mittlere Werte	10 bis 80 kg je m 30 bis 60 kg je m	100 bis 800 kg je m³ Beton 300 bis 400 kg je m³ Beton
Decken		
Wohnungsbau: Plattendecken		
ohne Trennwände mit Trennwänden	4,5 bis 6,5 kg je m² 5,5 bis 10 kg je m²	37 bis 45 kg je m³ Beton 40 bis 55 kg je m³ Beton

oder nach folgender Ermittlung

Stützweite in m	3,0	4,0	5,0	6,0
Plattendicke in cm	12 bis 13	13 bis 15	14 bis 18	16 bis 20
Stahl in kg/m² — ohne Trennwände — mit Trennwänden	4,0 bis 4,5 5,5 bis 6,0	4,5 bis 5,0 6,5 bis 7,0	6,0 bis 6,5 7,5 bis 8,0	7,5 bis 8,0 8,5 bis 9,5

Tafel 13.17, Fortsetzung

Skelettbau (Büro): Plattenbalkendecken

Balken-/Plattenstützweite in m	$5,0 \times 5,0$	$7,5 \times 5,0$	$7,5 \times 7,5$	
Stahl je m^2 Deckenfläche	22	26	34	kg/m^2
Beton je m^2 Deckenfläche	0,18	0,20	0,30	m^3/m^2
Stahl je m^3 Beton	125	130	115	kg/m^3

Gesamtkonstruktion (Durchschnittswerte)
Mauerwerksbau (Wohnhaus):

Stahl je m^3 Beton	30 bis 55 kg/m^3 Beton
Stahl je m^3 BRI	2 bis 5 kg/m^3 BRI

Stahlbetonskelettbau als Büro- und Geschäftshaus:

Stahl je m^3 Beton	80 bis 90 kg/m^3 Beton
Stahl je m^3 BRI	8 bis 10 kg/m^3 BRI

6.3.2 Stein- und Mörtelbedarf für Mauerwerk[1])
ohne Verhau und Verluste

Tafel 13.18

Zeile	Stein-format	Wand-dicke in cm	je m^2		je m^3	
			Steine[2]) in St	Mörtel[3]) in l	Steine[2]) in St	Mörtel[3]) in l
1	DF	11,5	66	26		
2	NF	11,5	50	24		
3		24	98	60	408	250
4	2 DF	11,5	33	20		
5		24	66	50	273	200
6		36,5	98	80	268	220
7	3 DF	17,5	33	30	187	160
8		24	45	43	184	180
9	2+3 DF	30	33+33	60	110+11	200
10	4 DF	11,5	16	15		
11	5 DF	24	26	34	110	140
12		30	32	44	110	150
13	6 DF	11,5	11	10		
14		17,5	16	10	92	80
15		24	22	28	93	120
16	7,5 DF	17,5	14	18	77	110
17	8 DF	11,5	8	10		
18		24	16	17	64	70
19	9 DF	24	15	17	62	70
20		30	19	21	62	70
21		36,5	23	26	62	70
22	10 DF	24	14	17	56	70
23		30	17	21	56	70
24	12 DF	17,5	8	12	46	70
25		24	11	17	46	70
26		36,5	16	26	46	70
27	15 DF	30	11	21	36	70
28		36,5	13	26	36	70
29	16 DF	24	8	17	33	70
30	20 DF	30	8	21	27	70

GSB-Blocksteine mit/ohne Stoßfugenvermörtelung: 75/50 Liter Mörtel je m^3 Mauerwerk

[1]) Weitere Angaben über Baustoffbedarf s. [21]
[2]) Für gegliederte Wände ist ein Zuschlag von 2 bis 4% für Verhau anzusetzen
[3]) Bei unvermörtelten Stoßfugen Mörtelbedarf 40% geringer, bei verfüllten Mörteltaschen 25% höher (ab 8 DF/Zeile 17 bis 30).

13

6.3.3 Baustoffbedarf für 1 m³ Mörtel

Tafel 13.19

Mörtelgruppe	Nr	Bestandteile	Rohdichte in kg/dm³	Mischungsanteile für 1 m³		
				RT	in kg	in l
I	1	Kalkteig	1,25	1	380	305
		Sand	1,30	4	1585	1220
	2	Kalkhydrat	0,50	1	200	400
		Sand	1,30	3	1585	1200
	3	Hydraul. Kalk	0,80	1	310	390
		Sand	1,30	3	1520	1170
	4	Hochhydr. Kalk, Putz- u. Mauerbinder	1,00	1	270	270
		Sand	1,30	4,5	1575	1210
II	5	Kalkteig	1,25	1,5	275	220
		Zement	1,20	1	188	150
		Sand	1,30	8	1530	1180
	6	Kalkhydrat	0,50	2	140	280
		Zement	1,20	1	170	140
		Sand	1,30	8	1500	1150
	7	Hochhydr. Kalk, Putz- u. Mauerbinder	1,00	1	390	390
		Sand	1,30	3	1520	1150
IIa	8	Kalkhydrat	0,50	1	100	200
		Zement	1,20	1	240	200
		Sand	1,30	6	1560	1200
	9	Kalkhydrat	0,50	1	70	140
		Hochhydr. Kalk, Putz- u. Mauerbinder	1,00	2	280	280
		Sand	1,30	8	1500	1150
III, IIIa	10	Zement	1,20	1	370	310
		Sand	1,30	4	1480	1140

Sand mit etwa 2 bis 5 Masse-% Feuchtigkeit

Lohnstunden-Tagesbericht
Datum: *Mo. 28.06.1999*

Kostenstelle: **16 Einfamilienhäuser Bayernallee**   Ko.St. 12.4711.99

Baubeginn: Vertrags-Bauende: Erwartetes Bauende:

April 1999   August 1999   30.August 1999

Ausgeführte Arbeiten: *Abschnitt 3, Kellerdecke Mauerwerk KG*   Unterschrift: *Mk.*

Nr.	Name	BAS:	00	11	09	33	41	51	Summe
1	Reines	P	4	4					8
2	Schulze	D			8				8
3	Schneider	B			4	4			8
4	Keller	M					8	8	
5	Radovic	M					8	8	
6	Möller	H					8	8	
7	Roger	H			4	4			8
	Summe		4	4	4	16	4	24	56

Bild 13.30 **Stundenerfassung der Baustelle nach BAS aufgeschlüsselt**

Unfallverhütung

Bearbeitet von Prof. Dr.-Ing. Ulrich Olk
(Zusammenfassung aus Unfallverhütungsvorschriften, DIN-Normen, Verordnungen, Erlassen usw.)

Inhalt   Seite

14

1 Allgemeines zur Arbeitssicherheit

1.1 Sicherheitstechnische Maßnahmen bei Planung, Vergabe und Bauleitung nach [34]

Die Verhütung von Arbeitsunfällen ist eine volkswirtschaftlich bedeutende Aufgabe, die nur dann erfolgreich gelöst werden kann, wenn sich alle Beteiligten gemeinsam der Lösung annehmen und sich dabei gegenseitig unterstützen.

Jedes Bauvorhaben erfordert analog seiner spezifischen Gegebenheiten besondere Maßnahmen bezüglich der Organisation des Arbeitsablaufs und der Baustelleneinrichtung. Dabei treten je nach Art der Baustelle oft sehr unterschiedliche sicherheitstechnische Probleme auf.

Auf Baustellen wirkt sich die menschliche Unzulänglichkeit im Gegensatz zu ortsfesten Betrieben, wo sie i.w. auf die eigentliche Arbeitsleistung beschränkt bleibt, in hohem Grade auch auf die Betriebssicherheit der technischen Einrichtungen aus. Maschinen, Geräte und Hilfsmittel müssen bei fortschreitenden Arbeiten oftmals aus-, um- oder abgebaut werden. Diese ständigen Veränderungen und Ortswechsel erhöhen die Betriebsgefahren sowohl durch größeren Verschleiß, als auch durch die Vielzahl der Montagevorgänge mit den ihnen eigenen Fehlerquellen. Es ist auf Baustellen somit ungleich schwerer als in stationären Betrieben, ausreichende Schutzmaßnahmen gegen Unfälle zu ergreifen.

Hier kommt es vielmehr auf das Verständnis und das richtige Verhalten der gefährdeten Personen gegenüber den immer neu entstehenden Gefahrenquellen an.

Weitere Erschwernisse ergeben sich aus den Einflüssen der Witterung, denen Baustellen weitgehend ausgesetzt sind. Kälte, Glätte, Niederschläge und auch große Hitze beeinträchtigen die Arbeiten und erhöhen die Unfallgefahr.

Von Baustelle zu Baustelle wird der Arbeiter mit unterschiedlichen Arbeitsabläufen, Arbeitsweisen und Arbeitsbedingungen konfrontiert, er hat sich ständig neuen Situationen anzupassen. Hier ist eine besonders wirksame, ständige Beaufsichtigung notwendig, die allerdings oft durch die Weiträumigkeit und Unübersichtlichkeit der Baustelle sowie die räumliche Trennung der Arbeitsstellen voneinander zusätzlich erschwert wird.

Den Mittelpunkt aller Maßnahmen zur Unfallverhütung bildet die Arbeit der Berufsgenossenschaften, die in der Rechtsform von Körperschaften des öffentlichen Rechts die Träger der gesetzlichen Unfallversicherung sind. Ihre Gremien (Vorstand, Vertreterversammlung) sind paritätisch mit Vertretern der Arbeitgeber und Arbeitnehmer besetzt. Die Aufgaben der nach Wirtschaftszweigen gegliederten Berufsgenossenschaften sind die Unfallverhütung sowie die Heilbehandlung, Umschulung und Entschädigung der durch Berufsunfälle oder -krankheiten geschädigten pflichtversicherten Arbeitnehmer. Die Durchführung der von den Berufsgenossenschaften erlassenen Vorschriften wird von Technischen Aufsichtsbeamten überwacht.

Die Grundlage der berufsgenossenschaftlichen Arbeit sind die allgemeinen und speziellen Unfallverhütungsvorschriften (UVV), die durch Richtlinien und Sicherheitsregeln ergänzt sowie durch Merkblätter und Merkhefte näher erläutert werden. Darüber hinaus sind das Sozialgesetzbuch (SGB), insb. SGB VII, das Bürgerliche (BGB) und das Strafgesetzbuch (STGB), das Arbeitsschutzgesetz (ArbSchG) zur Umsetzung der EG-Rahmenrichtlinie Arbeitsschutz, das Arbeitssicherheitsgesetz (ASiG), das Gerätesicherheitsgesetz (GSG), die Gewerbeordnung (GewO), die EG-Baustellenrichtlinie, die Baustellenverordnung, die Arbeitsstättenverordnung (ArbStättV), der DIN-Normen sowie die anerkannten Regeln der Bautechnik (z.B. VDE-Richtlinien, Technische Vorschriften der Länder und Gemeinden) zu beachten.

1.1.1 Verantwortliche für Arbeitssicherheit

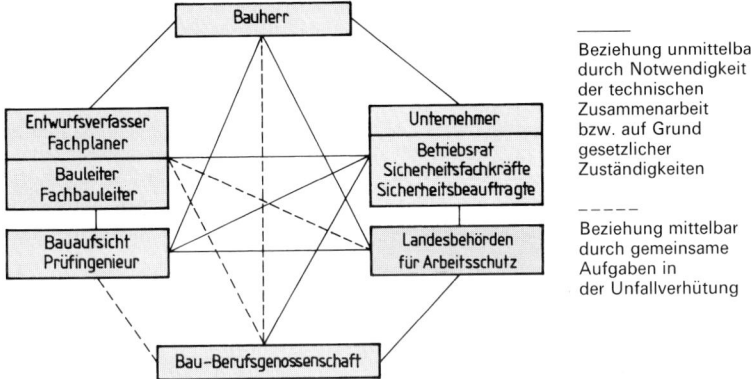

Beziehung unmittelbar durch Notwendigkeit der technischen Zusammenarbeit bzw. auf Grund gesetzlicher Zuständigkeiten

Beziehung mittelbar durch gemeinsame Aufgaben in der Unfallverhütung

Bild 14.1
Schematische Darstellung der Wechselbeziehungen zwischen den für die Unfallver-
hütung am Bau wichtigsten Beteiligten bzw. zuständigen aufsichtsführenden Stel-
len im Sinne der Landesbauordnungen

1.1.2 Hinweise für die Planung

Bei der Festlegung von Form und Konstruktion des Bauwerkes, der Auswahl der Werkstoffe und der Ausarbeitung der Details Gesichtspunkte der Sicherheit berücksichtigen. Gleiche Überlegungen auch im Hinblick auf eine gefahrlose Bauunterhaltung und -reinigung nach Fertigstellung des Bauwerkes treffen.

1.1.3 Hinweise für Leistungsbeschreibung und Vergabe

Die wichtigsten Maßnahmen zur Durchführung der Unfallverhütung in besonderen Ansätzen vorsehen. Dabei gegebenenfalls Vorhaltung und Instandhaltung besonderer Einrichtungen berücksichtigen.

Bei der Aufstellung von Bauzeitplänen die notwendige Zeit für Sicherheitsmaßnahmen einplanen.

Termine für die einzelnen Arbeiten so bemessen, daß zusätzliche Gefährdungen durch Zeitverlust vermieden werden.

Aufträge nur fachlich qualifizierten Unternehmen erteilen.

1.1.4 Hinweise für die Bauleitung

Zur Vermeidung von gegenseitigen Gefährdungen die Zusammenarbeit aller am Bau Beschäftigten koordinieren.

Die Verantwortlichkeiten für die einzelnen Arbeitsvorgänge regeln.

Vorsorge für die rechtzeitige Aufstellung, Vorhaltung und Überlassung von Gerüsten, Geräten und Schutzeinrichtungen in den einzelnen Arbeitsbereichen treffen.

Bei der Begehung der Baustelle auf das Vorhandensein und den Zustand der Einrichtungen, Gerüste und Geräte achten.

14

1.2 EG-Baustellenrichtlinie

Die Errichtung eines gemeinsamen europäischen Marktes und Sozialraumes erfordert die Harmonisierung der Anforderungen an die Arbeitsumwelt, Arbeitssicherheit sowie die technischen Regelwerke. Die Mitgliedstaaten müssen ein Mindestmaß an gemeinsamen Regelungen akzeptieren, wenn es einen Binnenmarkt ohne Grenzen geben soll.

Maßgebende Rechtsgrundlage für die Angleichung der Rechts- und Verwaltungsvorschriften in den Bereichen Gesundheit, Sicherheit, Umwelt- und Verbraucherschutz auf einem hohen Niveau sind die Artikel 100 und 100a des EG-Vertrages.

Im Gegensatz zum Rechtsbereich des Artikels 100a enthalten die Richtlinien nach Artikel 118 bzw. 118a nur Mindestvorschriften; es soll also keine totale Harmonisierung auf höchstem Niveau erreicht werden.

Die wichtigste Richtlinie nach Artikel 118a EG-Vertrag ist die „Rahmen-Richtlinie über die Durchführung von Maßnahmen zur Verbesserung der Sicherheit und des Gesundheitsschutzes der Arbeitnehmer bei der Arbeit" (89/391/EWG).

Sie enthält die grundlegenden Pflichten von Arbeitgebern und Arbeitnehmern im betrieblichen Arbeitsschutz.

Ergänzt wird die Rahmen-Richtlinie 89/391/EWG durch zahlreiche Einzelrichtlinien, wobei hier die achte Einzelrichtlinie für Baustellen von besonderer Bedeutung ist:

„Richtlinie 92/57/EWG des Rates über die auf zeitlich begrenzte oder ortsveränderliche Baustellen anzuwendenden Mindestvorschriften für die Sicherheit und den Gesundheitsschutz".

Diese Richtlinie ist durch das Arbeitsschutzgesetz (ArbSchG) vom 21.8.1997 in nationales Recht umgesetzt worden.

Gem. zugeordneter Verordnung über Sicherheit und Gesundheitsschutz auf Baustellen hat der Bauherr für Baustellen bestimmter Größenordnung den für Sicherheit und Gesundheitsschutz zuständigen Behörden vor Beginn der Arbeiten eine Vorankündigung zu übermitteln und für die Planungsphase und für die Ausführungsphase Koordinatoren zu bestimmen. Bemerkenswert ist die Verpflichtung zum Aufstellen eines Sicherheits- und Gesundheitsschutzplanes für das Bauvorhaben.

Vorankündigung

Art und Umfang des Bauwerks
Termine, Ausführungsdauer
Anzahl der Beschäftigten
Auftragswert etc.
Koordinatoren für Sicherheit und Gesundheit für die

— Planungsphase

— Ausführungsphase

Sicherheits- und Gesundheitsschutzplan

Koordinator Planung

Ausarbeitung des Sicherheits- und Gesundheitsschutzplans für die Baustelle
Aufstellen einer Unterlage mit den Merkmalen des Bauwerkes
Sicherheit für spätere Arbeiten am Bauwerk

Koordinator Ausführung

Überwachung der Umsetzung des Sicherheits- und Gesundheitsschutzplanes
Überwachung des Bauablaufs bez. des Ausschlusses gegenseitiger Gefährdungen
Anpassung aller Unterlagen an den Baufortschritt
Information der Firmen, die zeitgleich oder nacheinander Arbeiten ausführen
Kontrolle aller sicherheitstechnischer Belange der Baustelle

Sicherheits- und Gesundheitsschutzplan

Bestimmungen, die die Arbeiten auf der Baustelle betreffen, aufführen

Gefährdungen aufzeigen

Lösungen ausarbeiten

Bes. sicherheitstechnische Leistungen beschreiben

Bemerkenswert ist, daß in Zukunft auch für die Phase „Entwurf des Bauwerks" ein
für die Sicherheit Verantwortlicher tätig werden muß mit den Konsequenzen, daß

— bereits in der Planungsphase sicherheitstechnische Probleme behandelt und
  einbezogen werden

— ein umfassendes Sicherheitskonzept für die Baustelle erarbeitet wird

— eigene Leistungspositionen für sicherheitstechnische Maßnahmen beschrieben
  werden

— auch Planer sich konsequent mit der Arbeitssicherheit auseinandersetzen müssen.

Die EG-Baustellenrichtlinie verpflichtet den Bauherrn, ein sicherheitstechnisches
Gesamtkonzept von der Planung bis zur Ausführung und Fertigstellung eines Bauprojektes aufzustellen und alle Maßnahmen zu Arbeitssicherheit und Gesundheitsschutz konsequent durchzusetzen.

2   Abdeckungen

Bei Abdeckungen von Luken, Gruben,
Kanälen, Schächten und sonstigen Vertiefungen und Öffnungen auf Wegen, in
Fußböden und anderen Stellen zur Sicherung gegen Hineinstürzen von Personen ist folgendes zu beachten:
Die verwendeten Deckel, Bleche, Bohlen, Roste u. dgl. müssen

— genügend widerstandsfähig sein,
  d.h. der Belastung beim Begehen
  oder Darüberfahren standhalten;

— sie dürfen sich nicht verschieben
  können, dürfen also nicht einfach
  lose aufliegen;

— sie müssen möglichst bündig aufliegen.

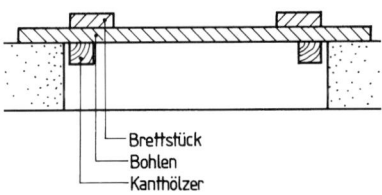

Bild 14.2
**Abdeckungen von Öffnungen, die
nur vorübergehend bestehen**

Klappbare Abdeckungen müssen abgeklappt
gegen unbeabsichtigtes Zuschlagen gesichert
sein.

14

3   Arbeits- und Schutzgerüste, Dacharbeiten

s. Abschn. „Schalung und Gerüste"

4 Bolzensetzwerkzeuge nach [35]

Bolzensetzen

— Bolzensetzwerkzeuge werden in Bolzenschub- und Bolzentreibwerkzeuge unterschieden. Bolzentreibwerkzeuge dürfen seit dem 1.4.1990 nicht mehr verwendet werden.

— Bolzenschubwerkzeuge müssen mit Zulassungszeichen und gültigem Prüfzeichen versehen sein und alle zwei Jahre vom Hersteller bzw. einer Fachfirma überprüft werden.

— Nur vorgeschriebene Munition verwenden, die mit Herstellerzeichen und Stärkegrad der Ladung gekennzeichnet ist.

— Nur Setzbolzen mit Herstellerzeichen verwenden.

— Beim Bolzensetzen sind Schutzhelm, Schutzbrille und Gehörschutz zu tragen.

— Bolzenschubwerkzeuge dürfen nur von zuverlässigen, umsichtigen und mindestens 18 Jahre alten Personen bedient werden, die in der Benutzung unterwiesen sind. (Jugendliche über 16 Jahre nur unter Aufsicht eines Fachkundigen zu Ausbildungszwecken.)

Bolzen dürfen nicht gesetzt werden

— In ungeeignete Bauteile wie z. B. Leichtbauwände, Mauerwerk aus Hohlblocksteinen, Lochziegeln etc.

— In Beton oder Mauerwerk mit weniger als 10 cm Dicke bzw. weniger als der dreifachen Schaftlänge des Setzbolzens.

— Wenn die Mindestabstände gem. Tafel 14.1 unterschritten werden.

Bild 14.3   Prüfzeichen

Tafel 14.1   Mindestabstände von Setzbolzen

	Werkstoff		
	Mauerwerk	Beton, Stahlbeton	Stahl
Mindestabstände der Setzbolzen untereinander	10facher Bolzenschaft-$\varnothing$	10facher Bolzenschaft-$\varnothing$	5facher Bolzenschaft-$\varnothing$
Mindestabstände zu freien Kanten	5 cm	5 cm	3facher Bolzenschaft-$\varnothing$

5 Elektrischer Strom und Anlagen nach [36]

5.1 Allgemeines

Elektrische Anlagen dürfen nur von Elektrofachkräften errichtet, geprüft, geändert oder instandgesetzt werden.

Elektrische Anlagenteile (Stecker, Schalter, Leitungen usw.) müssen den VDE-Bestimmungen entsprechen und sollen das VDE-Prüfzeichen tragen.

Anschluß- und Verteilerschränke (auch Unterverteilungen innerhalb der Baustelle) müssen metall- oder schwer entflammbar kunststoffgekapselt sein (keine Holzschränke o.ä.).

Jeder Baustellenanschluß (auch bei Stromentnahme aus einem benachbarten Haus- oder Werkstattanschluß) muß einen Fehlerstrom-Schutzschalter (FI-Schutzschalter) als Schutzmaßnahme gegen zu hohe Berührungsspannung im Fehlerfalle haben (Auslösestrom-Grenzwerte 0,3 bis 0,5 A). Der Schutzschalter muß sachgemäß geerdet sein. Die Fehlerstrom-Schutzschaltung ist sorgfältig zu prüfen:

1. Vor Inbetriebnahme durch den Errichter (Elektrofachkraft): durch Betätigung der Prüftaste am Schutzschalter und durch Messung des Erdwiderstandes der Erde (Prüfergebnis schriftlich bestätigen lassen).
   Künstlicher Kurzschluß durch Überbrückung zweier Anschlußleitungen ist keine ausreichende Prüfung.
2. Während des Betriebes durch den Benutzer: täglich durch Betätigen der Prüftaste am Schutzschalter
3. Prüfung der FI-Schutzschaltung monatlich.

Schmelzsicherungen dürfen nicht geflickt werden. Glasplättchen in den Schraubfassungen der Sicherungen nicht entfernen (Gefahr der Berührung stromführender Teile!).

Elektrische Gummischlauchleitungen müssen den mechanischen Beanspruchungen und Witterungseinflüssen gewachsen sein. Für Elektrowerkzeuge und Leuchten sind schwere Gummischlauchleitungen H07RN-F zu verwenden. Bei Maschinen und Geräten werden bis einschließlich 6 mm^2 Leiterquerschnitt NSSHÖU-Leitungen und ab 10 mm^2 H07RN-F-Leitungen benötigt. Gummischlauchleitungen vor mechanischen Beschädigungen schützen: Leitung hochlegen.

Bei dem Verlegen von Gummischlauchleitungen in den Erdboden zusätzliche Sicherung (Kasten, Rohr o.ä.) vorsehen (Leitungen nie ohne besonderen Schutz in den Boden eingraben). Die Gummiumhüllung muß bis in das Stecker- oder Schaltergehäuse reichen.

Gummischlauchleitungen müssen in oder am Anschluß zug- und schubentlastet sein.

Gummischlauchleitungen nicht behelfsmäßig flicken oder verlängern (Zusammenwürgen der Drähte und Umwickeln mit Isolierband).

Keine Doppelstecker o.ä. (auch keine Schuko-Stecker) weder in 220- noch 380-V-Leitungen verwenden.

Zur Beleuchtung nur vorschriftsmäßige Handleuchten (strahlwassergeschützt) schutzisoliert oder mit Schutzkleinspannung und Leuchten (regengeschützt) verwenden, keine offenen Fassungen o.ä.

Als Zuleitung keine Stegleitungen oder Einzeldrähte benutzen. Bei Handleuchten nicht Schutzglas oder Schutzkorb entfernen.

Stromführende blanke und umhüllte Leitungen (Freileitungen, Hausanschlüsse o.ä.) dürfen von Gerüsten und Bauwerksteilen aus nicht berührbar sein. Leitungen durch E-Werk abschalten oder abdecken lassen.

Bild 14.4   Die wichtigsten Sinnbilder an elektrischen Geräten

14

5.2 Erdungsanlagen

Erforderlicher Widerstandswert richtet sich nach der Auslösestromstärke des FI-Schutzschalters. Die Formel

$$\text{Widerstandswert des Erders} = \frac{50}{\text{Auslösestrom des FI-Schutzschalters}}$$

ergibt für die Erdungsanlagen folgende Höchstwerte:

für 0,03 Ampere FI-Schalter = 1660 Ohm   für 0,5 Ampere FI-Schalter = 100 Ohm
für 0,3 Ampere FI-Schalter = 166 Ohm   für 1,0 Ampere FI-Schalter = 50 Ohm.

Um diese Werte zu erreichen, sind in Abhängigkeit von der Bodenart erfahrungsgemäß folgende Staberderlängen erforderlich.

Diese Werte dienen lediglich als Anhaltspunkt. Vor Inbetriebnahme der Anlage ist die Erdung vom Fachmann durch Messung zu prüfen! Er weiß, daß Frost und Trockenheit den Widerstandswert ungünstig beeinflussen können. Vorsorglich bleibt er deshalb entsprechend weit unter der Grenze des unbedingt erforderlichen Erdungswiderstandes.

Tafel 14.2

Staberder	Moorboden	Lehm-, Ton- und Ackerboden	feuchter Sand	feuchter Kies	trockener Sand und trockener Kies	steiniger Boden
Länge	Ausbreitungswiderstand Ω					
1 m	21	70	140	350	700	2100
2 m	12	40	80	200	400	1200
3 m	9	30	60	150	300	900
5 m	6	20	40	100	200	600

(Mittelwerte)

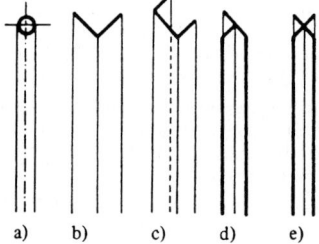

a) b) c) d) e)

Bild 14.5
Mindestquerschnitte für Staberder auf feuerverzinkten Stahlprofilen
a) **Flußstahl 1″**
b) **Winkelstahl 65/65/7**
c) **U-Stahl 6 ¹/₂**
d) **T-Stahl 6**
e) **Kreuzstahl 50/3**

Vorhandene Einzelerdungen von Maschinen, beispielsweise die Erdung von Krangleisen bei Turmdrehkranen, sind bei Anwendung der Fehlerstromschutzschaltung als zusätzliche Erdung immer erwünscht und verbessern die Gesamterdung. Doch muß die FI-Erdung allein die erforderlichen Werte aufweisen. Daher sind vor einer Prüfung der FI-Erdung alle Nebenerdungen zu unterbrechen.

Fristen für regelmäßige Prüfungen (gem. VBG 4)

Mindestens arbeitstäglich:

— Funktion der FI-Schutzschalter durch Betätigen der Prüfeinrichtung des Schalters in nichtstationären Anlagen, z.B. Baustellen.

Mindestens einmal im Monat:

— Wirksamkeit der FI-Schutzeinrichtung in nichtstationären Anlagen, z.B. Baustellen.

Prüfungen durch Elektrofachkraft oder unterwiesene Person (nur bei Verwendung geeigneter Prüfgeräte).

5.3 Steckvorrichtungen, Kabel und Leitungen

Bei Steckvorrichtungen keine Improvisatorien auf Baustellen herrichten. Auf ein und derselben Baustelle für eine bestimmte Polzahl und Stromstärke nur Steckverbindungen derselben Bauart nehmen.

Als geeignete Behandlung von Leiterenden gilt zum Beispiel das Verwenden von Kabelschuhen oder Aderendhülsen. Das Löten und Schweißen und das Verwenden von Lötkabelschuhen ist nur an Anschlußstellen zulässig, die keinen betrieblichen Erschütterungen ausgesetzt sind. Derartige Installationen kann nur der Fachmann und nicht der Mann vom Bau ordnungsgemäß ausführen.

Tafel 14.3
Beispiele von Steckerverbindungen auf Baustellen

	DIN	Bauart-skizze
zweipolige Steckvorrichtung mit Schutzkontakt (Schuko), druckwasserdicht, 10 und 16 A 250 V	49442 und 49443	
dreipolige Steckvorrichtung mit Mp- und mit Schutzkontakt, 16 und 25 A/380/220 V	49445, 49446, 49447 und 49448	
dreipolige Kragensteckvorrichtung mit Winkelprofilstiften und Schutzkontakt, 15 A/380 V	49449	
Mehrpolige Kragensteckvorrichtungen mit Schutzkontakt 16, 32, 63, 125 A	49462 und 49463	

Es ist verboten, Leitungen zu verknoten. Sie müssen an den Anschlußstellen von Zug und Schub entlastet sein. An den Einführungsstellen, z.B. bei Maschinengehäusen, sind die Zuleitungen durch Abrunden vorhandener Kanten, durch Tüllen usw. vor Beschädigung und Knicken zu schützen.

Unsachgemäß gefertigte Leitungsverbindungen und Leitungsanschlüsse in Steckvorrichtungen und Schaltern, an Motoren und Verteilertafeln, sind wiederkehrende Ursache für elektrische Unfälle.

Tafel 14.4
Belastbarkeit von Kabeln
(nach VDE 0271 a)

Kunststoffisolierung und Kunststoffmantel nach VDE 0271

(andere Kabel: VDE 0255 und 0265)

Einzelanordnung bei 70 cm Bettungstiefe und 20 °C Umgebungstemperatur

Anzahl der Leiter: 3 oder 4				
Verlegung in	Erde		Luft	
Querschnitt in mm^2	Cu in A	Al in A	Cu in A	Al in A
1,5	27	—	18	—
2,5	36	—	25	—
4	45	36	34	26
6	58	45	44	34
10	77	60	60	46
16	100	78	80	62
25	130	100	105	82
35	155	120	130	100
50	185	145	160	125
70	230	175	200	155
95	275	215	245	190
120	315	245	285	220
150	355	275	325	250
185	400	310	370	285
240	465	360	435	340
300	520	410	500	390
400	600	470	600	460

Herabsetzung der Werte ist notwendig bei Anhäufung in Erde (Zwischenraum etwa 7 cm)

| auf | 85 | 75 | 68 | 64 | 60 | 56 | 53 | % |
| bei | 2 | 3 | 4 | 5 | 6 | 8 | 10 | Kabeln |

in Luft (ohne Zwischenraum)

| auf | 84 | 80 | 75 | 73 | | % |
| bei | 2 | 3 | 6 | 9 | | Kabeln |

14

5.4 Schutzmaßnahmen gegen zu hohe Berührungs-spannung

Von besonderer Bedeutung ist der Sicherheitsabstand bei Hochspannungsleitungen. Richtwerte enthält die VDE 0105, Teil 1.

Nennspannung	Sicherheitsabstand
bis 1 kV	1,0 m
über 1 kV bis 110 kV	3,0 m
über 110 kV bis 220 kV	4,0 m
über 220 kV bis 380 kV	5,0 m

Je nach Zweckmäßigkeit stehen für Baustellen folgende zusätzliche Schutzmaßnahmen gegen zu hohe elektrische Berührungsspannung der Auswahl:

Schutzisolierung   Fehlerstrom-(FI-)Schutzschaltung
Schutzkleinspannung   Schutztrennung.

Schutzkleinspannung darf eine Nennspannung von höchstens 42 Volt besitzen. Diese Schutzmaßnahme macht die Zwischenschaltung eines Schutztransformators oder eines Umformers erforderlich. Ihre Verwendung beschränkt sich hauptsächlich auf Elektrowerkzeuge und Leuchten. Stecker dürfen bei Schutzkleinspannung nicht in Dosen eingesetzt werden können, die in derselben Anlage für höhere Spannungen, z.B. 110 oder 220 Volt, verwendet werden. Außerdem dürfen Geräte zum Anschluß an Kleinspannung keine Schutzleiterklemme besitzen.

Schutzisolierung von Betriebsmitteln ist durch das Zeichen der Schutzisolierung kenntlich gemacht. Dadurch, daß bei Anwendung der Schutzisolierung alle der Berührung zugänglichen leitfähigen Teile fest und dauerhaft mit Isolierstoff umpreßt oder durch Einbau von Isolierzwischenstücken von allen Teilen getrennt sind, die im Fehlerfalle unmittelbar Spannung annehmen können, ist diese Schutzmaßnahme hervorragend für die Sicherheit auf Baustellen geeignet. Doch bleibt ihre Verwendung aus konstruktiven Gründen aber fast nur auf Leitungen, Elektrowerkzeug, Transformatoren, Kleingeräte und Baustromverteiler beschränkt.

Die **Fehlerstrom-(FI-)Schutzschaltung** gelangt im Regelfall zur Anwendung. Beim Auftreten eines Fehlerstromes, der die Auslösestromstärke des Schalters erreicht, wird innerhalb 0,2 Sekunden die Anlage allpolig abgeschaltet. Die FI-Schutzschaltung hat sich auf Baustellen bewährt. Sie setzt jedoch eine einwandfreie Installation voraus, die durch eine Prüfung vor Inbetriebnahme nachzuweisen ist.

Die **Schutztrennung** trennt den Stromverbraucher durch einen Trenntransformator oder Motorgenerator vom speisenden Netz. An einen Trenntransformator oder Motorengenerator darf nur ein Verbrauchsmittel mit höchstens 16 A Nennstrom angeschlossen werden. Die Schutztrennung wird wirkungslos, wenn auf der Geräteseite ein Erdschluß vorliegt und ein zweiter auftritt, weshalb ein besonderes Augenmerk auf Beschädigungen an Leitungen und Steckern zu legen ist.

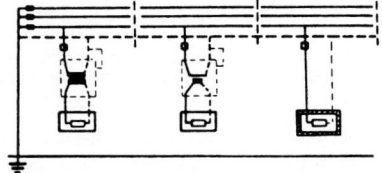

Bild 14.6
Schutztrennung, Kleinspannung, Schutzisolierung

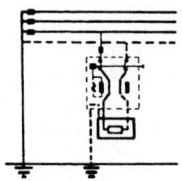

Bild 14.7
FI-Schutzschaltung

6 Erdarbeiten s. Abschnitt „Boden, Baugrube, Verbau"

7 Erste Hilfe bei Unfällen

Rettungsdienst (Krankentransport)

_____ Tel.: _____

Ersthelfer: _____ Tel.: _____

Verbandskasten bei _____

Betriebliche Unfallstation:

_____ Tel.: _____

Nächste Ärzte für Erste Hilfe:

_____ Tel.: _____

_____ Tel.: _____

_____ Tel.: _____

Berufsgenossenschaftliche Durchgangsärzte:

_____ Tel.: _____

_____ Tel.: _____

_____ Tel.: _____

Nächstes berufsgenossenschaftlich
zugelassenes Krankenhaus:

_____ Tel.: _____

Grundsatz: Erste Hilfe durch Laien, auch durch Ersthelfer ist kein Ersatz für ärztliche Hilfe, sondern nur Notbehelf, bis der Arzt eingreift.

**Bild 14.8
Aushängeschild an jeder Bau- und Arbeitsstelle**

8 Gefahrensymbole und Gefahrenbezeichnungen

(schwarzer Aufdruck auf orangegelbem Grund)

E

Explosionsgefahr

F

leicht entzündlich

O

Brandfördernd

C

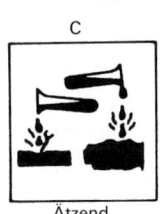

Ätzend

T

Giftig

X_n oder X_i

Gesundheitsschädlich oder reizend

Bild 14.9 Gefahrensymbole

14

9 Großflächenschalungen

An der Baustelle muß eine Montageanweisung vorliegen, die jeden Teilschritt für eine sichere Ausführung der Arbeiten vorgibt:
— Logische Reihenfolge der Arbeitsabläufe
— Größe und Gewicht der Schalelemente
— Anschlagpunkte für den Transport
— Ausführung der Abstützungen und Verankerungen
— Ausführung der Arbeitsbühnen und Absturzsicherungen

Die Elemente beim Krantransport mit Doppel- oder Viererstropp anschlagen. Wenn erforderlich, mit Leitseil führen. Bei starkem Wind Transport einstellen: Umsturzgefahr für Kran! Wenn Schalung nicht am Hebezeug hängt, muß sie standsicher aufgestellt oder gegen Umsturz sicher gelagert sein. Element erst abhängen, wenn Abstützung und Abspannung wirksam — beim Abtransport Abstützung und Abspannung erst lösen, wenn Schalung bereits am Lastseil hängt. Kleine und lose Zubehörteile nicht unmittelbar auf Kanthölzer Aussteifungen usw. legen. Sie fallen beim Transport unkontrolliert runter! An jedem Schalelement kleines Holzkästchen für die Einzelteile anbringen.

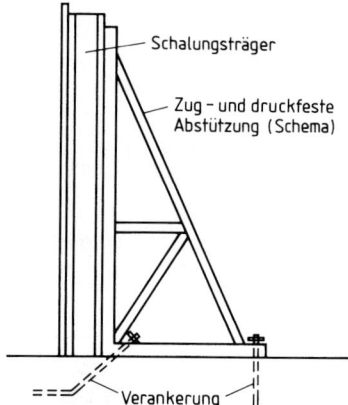

Schalungsträger

Zug – und druckfeste
Abstützung (Schema)

Verankerung

Bild 14.10
Einhäuptige Wandschalung

Standsicherheit beim Aufbau bedeutet Sicherheit gegen Umkippen nach beiden Seiten. Stützkonsolen verhindern Umfallen nur nach einer; deshalb unbedingt notwendig auch zugfeste Verankerung am Boden gem. Darstellung bzw. Abspannung mit am Boden verankerten Spannketten. Nur so werden die vielen Unfälle vermieden, bei denen Wind, Anstoßen, Zurechtrücken mit Hebeeisen usw. Elemente zum Umsturz brachten.

Auch bei Zwischenlagerungen und beim Reinigen sind Maßnahmen gegen Umkippen zu treffen.

Beim Einsatz muß in ein- und zweihäuptige Wandschalung unterschieden werden. Bei zweihäuptigen Schalungen werden die H-Kräfte von den Schalungsankern aufgenommen. Bei einhäuptigen Wandschalungen (s. Bild 14.10) müssen die H-Kräfte, insbes. aus Frischbetondruck und Wind durch zug- und druckfeste Abstützungen aufgenommen werden. Der Fußpunkt ist gegen Anheben zu sichern.

Zur Betonseite hin geneigte Schalungen sind zusätzlich gegen Auftrieb zu sichern.

10 Hebezeuge — Rollen und Aufzüge

10.1 Allgemeines [37], [38]

Bei allen Arbeiten, für die Fanggerüste erforderlich sind, muß innerhalb des Fanggerüstes ein mindestens ebenso breites Fördergerüst errichtet werden.

Dieses Gerüst (Standgerüst) ist entsprechend den Bestimmungen für Maurergerüste auszubilden. Im Förderbereich ist vor dem Gerüst eine dichte Gleitwand anzubringen, wenn die Lasten nicht mit Leitseilen gezogen werden.

Die Fördergeräte von Hebezeugen sind so auszubilden, daß das zu ziehende Ladegut nicht abstürzen oder abrollen kann: Kübel und Karren dürfen nicht über den Rand beladen werden.

Plattformen für Karrentransport sind gegen Abrollen der Karren zu sichern (Anschlag vor dem Karrenrad, Klappbügel über den Karrenholmen).

Anhängen der Lasten oder Fördergeräte an das Hubseil nur mit Sicherheitshaken oder anderen festen Verbindungen (Seilklemmen o.ä.). Keine offenen oder Ringhaken verwenden.

Anhängen von Karren an das Hubseil nur mit mehrteiligen Ketten- oder Seilgehängen und Sicherheitshaken in geschlossenen, an der Karre befestigte Ringe (Kettenring o.ä. nicht über die Karrenholme schieben).

Anschlagen von Lasten mit dem Hubseil nur bei Faserseilen zulässig (nicht bei Drahtseilen). An der unteren Ladestelle sind erforderlich:

Allseitige Abzäunung in ausreichendem Abstand oder bei Platzmangel ein Schutzdach, mindestens 1,5 m breit mit einer 0,6 m hohen Schutzwand sowie Absperrung des gefährdeten Raumes (Zugang zur Ladestelle nur von einer Seite her offen halten). Warnungsschild mit Angabe der höchstzulässigen Tragkraft:

Verkleidung der im Verkehrsbereich liegenden Seilführung zur Hochbauwinde einschl. der unteren Seilrollen.

An der oberen Ladestelle sind erforderlich:

Brustwehr (notfalls geteilt) mit 1,0 m lichter Höhe über Gerüstboden.

Fußleiste an der Vorderkante, 5 cm hoch. Ggf. kann die Gleitwand bis zur Höhe der Brustwehr durchgeführt werden. Die Hochbauwinde muß der UVV. entsprechen (z.B. eine Sicherung gegen unbeabsichtigtes Zurücklaufen haben).

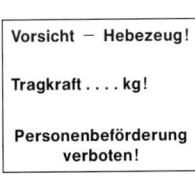

Vorsicht — Hebezeug!

Tragkraft . . . . kg!

Personenbeförderung
verboten!

Bild 14.11

10.2 Einfache Seilrollen (Seilrollenaufzug) [39]

Auf den Ausleger wirkt eine Kraft, die doppelt so groß ist wie die aufzuziehende Last (Zugkraft $W =$ Last P und damit $A = 2 \times P$). Die höchste Beanspruchung für die Bemessung des Auslegers ($M_{max} = 2 P \times a$) ist außerdem mit einem Hublastbeiwert 1,3 zu vervielfältigen, der sich aus der schlagartigen Beanspruchung insbesondere beim Absenken der Last ergibt.

Wesentlich für den sicheren Einsatz eines Seilrollen-Hebezeuges ist die Befestigung des Kragträgers gegen Abkippen und seitliches Ausweichen. Zum Schutz gegen Hineingreifen sind Sicherheitsrollen zu verwenden oder die Seilrollen außerhalb des Handbereiches anzubringen.

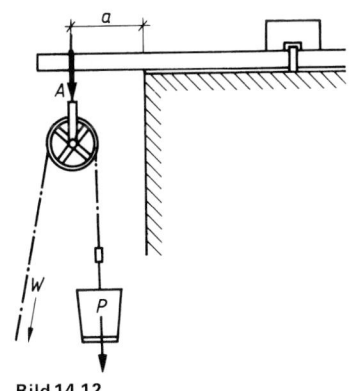

Bild 14.12

Beispiele
Für den Durchmesser des Auslegers (Holz) am Zopfende ergeben sich folgende Werte:

Höchstlast P	Kragarm a		
	0,5 m	1,0 m	1,5 m
50 kg	⌀ 9 cm	⌀ 11 cm	⌀ 13 cm
75 kg	⌀ 10 cm	⌀ 13 cm	⌀ 15 cm

10.2.1 Seilrollen − Hebezeugkonstruktion

1 Ausleger für S-fache Sicherheit berechnen, für S ist anzusetzen:
bei Handbetrieb 1,3, bei Kraftbetrieb 2,6.
2 Ballast für dreifache Kippsicherheit bemessen. Gegen Verschieben oder Abrollen sichern (keine losen Papprollen o.ä. auflegen).
3 Ausleger im Scherenkopf gegen Herausschieben und -heben sichern.
4 Scherenfußpunkte gegen Verschieben sichern:
Am Boden der oberen Ladestelle festlegen oder durch Zangen mit rückwärtigem Aus-

legerende verbinden (Zangen mindestens 4/20 cm oder ⌀ 10 cm).
5 Brustwehr (1 m lichte Höhe). Bei niedrigen Dreiböcken evtl. zweiteilig ausbilden.
6 Seilrollen mindestens 2,5 m über der Ladestelle oder außerhalb des Handbereiches anbringen oder verkleiden und immer gegen Verschieben und Aushaken sichern.
7 Lasten mit Sicherheitshaken anhängen. Anschlagen mit dem Hubseil nur bei Faserseilen zulässig.
8 Leitseil verwenden, wenn sich die Lasten verfangen können.

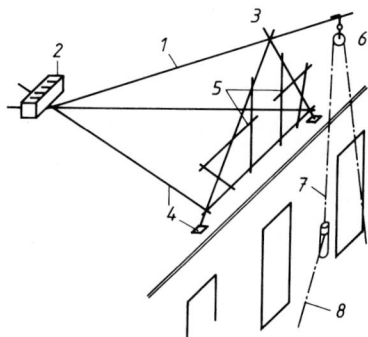

Bild 14.13 Seilrollenaufzug

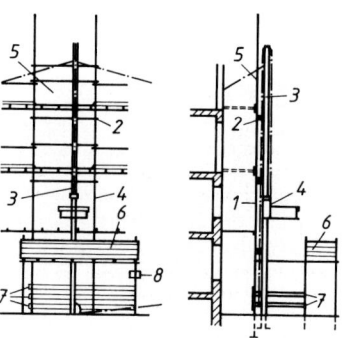

Bild 14.14 Schnellbauaufzug

10.3 Schnellbauaufzug [40]

1 Fördergerüst nach statischer Berechnung.
2 Querhölzer mit verschraubten Stahlbügeln o.ä., Abstand nach Anweisung des Herstellers.
3 Fahrmast mit durchgehenden Schraubenbolzen, Kopfstück nach 2 Seiten abspannen. Obere Umlenkrolle mindestens 2,5 m über oberstem Gerüstboden.
4 Fördergerät, Fangvorrichtung und Klapp-

bügel, gegebenenfalls dichte, 0,80 m hohe Umwehrung erforderlich.
5 Obere Ladestelle, Brustwehr und Fußleiste.
6 Schutzdach mit Bordwand über der unteren Ladestelle.
7 Absperrung des gefährdeten Raumes, Zugang zur unteren Ladestelle nur von einer Seite her offen halten.
8 Warnschild.

10.4 Anstellaufzug [40]

1 Fördergerüst nach statischer Berechnung.
2 Aufzugsgestell gegen Einsinken sichern. Gerüstabstand so wählen, daß das Fördergerät nach dem Eindrehen an der oberen Ladestelle mindestens 10 cm breit aufsitzt.
3 Fahrmast lotrecht stellen. Bei mehr als 9 m Mastlänge alle 3 m an festen Bauteilen verankern (vgl. Montageanweisung des Herstellers).
4 Fördergerät an der oberen Ladestelle aufsetzen. Wenn dies nicht möglich ist, zusätz-

lich eine Fang- oder Aufsetzvorrichtung notwendig.
Klappbügel, gegebenenfalls dichte, 0,80 m hohe Umwehrung.
5 Obere Ladestelle, Brustwehr und Fußleiste.
6 Schutzdach mit Bordwand über der unteren Ladestelle.
7 Absperrung des gefährdeten Raumes, Zugang zur unteren Ladestelle nur von einer Seite her offen halten.
8 Warnschild.

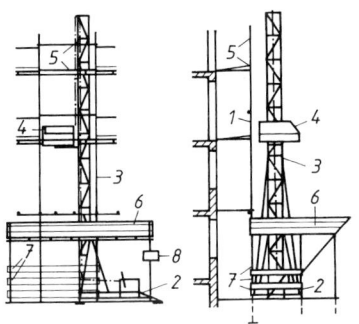

Bild 14.15 Anstellaufzug

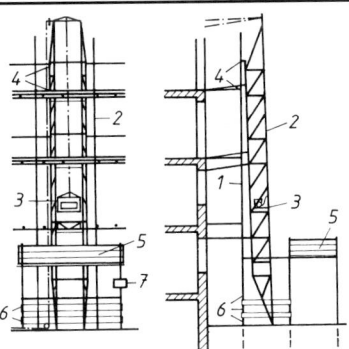

Bild 14.16 Anlegeaufzug

10.5 Anlegeaufzug [40]

1 Fördergerüst nach statischer Berechnung.
2 Aufzugsgestell gegen Einsinken sichern.
Bei mehr als 14 m Gesamtlänge alle 2 m an festen Bauteilen verankern (vgl. Montageanweisung des Herstellers).
Verbindungsstücke an jeder zweiten Horizontalstrebe.
3 Fördergerät (Bühne mit Karrenwagen) mit Klappbügel (auf Karrenhöhe einstellen), gegebenenfalls dichte, 0,80 m hohe Umwehrung erforderlich.

4 Obere Ladestelle, Aufsetzvorrichtung mit Ablaufbrett sowie Brustwehr.
5 Schutzdach mit Bordwand über der unteren Ladestelle.
6 Absperrung des gefährdeten Raumes, Zugang zur unteren Ladestelle nur von einer Seite her offen halten.
7 Warnschild.

10.6 Schrägaufzug (Fahrbahn parallel zum Bauwerk) [40]

1 Fördergerüst nach statischer Berechnung.
2 Aufzugsgestell gegen Einsinken sichern, stockwerksweise auf Gerüst oder Stützstreben abstützen.
3 Aufzugs-Kopfstück mindestens 2,5 m über den obersten Gerüstboden hochführen, gegen Überkippen sichern.
4 Fördergerät: a) Kippkübel, b) Plattform mit Klappbügel, gegebenenfalls dichte, 0,80 m hohe Umwehrung erforderlich.

5 Obere Ladestelle: Bei Transport mit der Plattform Brustwehr und Fußleiste notwendig.
6 Schutzdach mit Bordwand über der unteren Ladestelle.
7 Absperrung des gefährdeten Raumes unterhalb der gesamten Fahrbahn. Zugang zur unteren Ladestelle nur von einer Seite her offen halten.
8 Warnschild.

I4

10.7 Schrägaufzug (Fahrbahn senkrecht zum Bauwerk) [40]

1 Fördergerüst nach statischer Berechnung.

2 Aufzugsgestell gegen Einsinken sichern und entsprechend der Montageanweisung des Herstellers abstützen.

3 Aufzugskopfstück mindestens 2,5 m über den obersten Gerüst- oder Arbeitsboden hochführen, gegen Überkippen sichern.

4 Fördergerät: a) Kippkübel, b) Plattform mit Klappbügel, gegebenenfalls dichte, 0,80 m hohe Umwehrung erforderlich.

5 Obere Ladestelle: Bei Transport mit der Plattform Brustwehr und Fußleiste not-wendig. Bei Transport mit Kippkübeln unter der Fahrbahn 10 cm hohes Kantholz als Fußleiste anbringen.

Beide Seiten 1,80 m hoch gegen Hinein-beugen in die Fahrbahn sichern. Gerüstsei-tenschutz bis an diese Verkleidungen her-anführen.

6 Absperrung des gefährdeten Raumes oder im Durchgangsbereich Schutzdach unter-halb der Fahrbahn.

7 Warnschild.

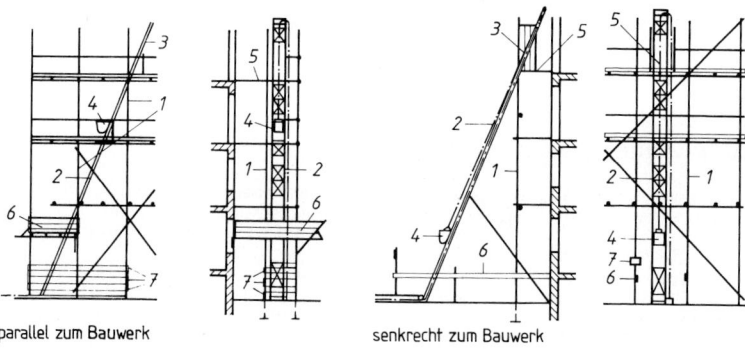

parallel zum Bauwerk   senkrecht zum Bauwerk

Bild 14.17   Schrägaufzüge

11   Ketten- und Seilgeschirre, Drahtseile [41]

(zum Anschlagen von Lasten an Kranhaken usw.)

11.1   Allgemein

Lasten so anschlagen, daß sie nicht herabfallen oder sich aus dem Geschirr heraus-lösen können. Schwerpunkt der Last mittig legen.

Ketten- und Drahtseilgeschirr nicht durch Knoten oder Schrauben verlängern oder verkürzen.

Seile und Ketten nicht über scharfe Kanten spannen (ggf. Futterstücke einlegen).

Bei mehrteiligen Geschirren nur 2 Stränge als tragend rechnen: höchstzulässige Belastung vom Neigungswinkel über der angeschlagenen Last abhängig (Nei-gungswinkel über 60° sind verboten).

Bei Frost verringert sich die zul. Belastung von Ketten (z.B. bei −20 °C um etwa die Hälfte). Ketten und Seilgeschirre regelmäßig prüfen. Sie sind abzulegen, wenn

1. bei Ketten einzelne Glieder um 1/10 ihrer Stärke abgeschliffen, die Ketten steifgezogen oder durch Reckung um 1/20 verlängert sind;

2. bei Drahtseilen Seilschäden nach DIN 15020, Blatt 2 festgestellt werden (vgl. „Ablegereife von Drahtseilen", Abschn. 11.5);

3. bei Hanfseilen eine Litze oder Garne in größerer Zahl gebrochen sind, sich im Innern Faser-mehlstaub zeigt oder das Seil stockig geworden ist.

11.2 Zulässige Belastung von Ketten- und Seilgeschirren

Tafel 14.5

Geschirrart und -stärke	Tragfähigkeit in kg			
	Einsträngig	Zweisträngig		
		0°	bis 45°	über 45° bis 60°
Ketten nach DIN 695 Nenngliedstärke in mm				
5	250	500	350	250
6	350	700	490	350
7	450	900	630	450
8	630	1260	880	630
10	1000	2000	1400	1000
13	1600	3200	2250	1600
16	2500	5000	3500	2500
Drahtseile nach DIN 3088 Seil-⌀ in mm				
8	458	916	648	458
10	715	1430	1010	715
12	1030	2060	1460	1030
14	1400	2800	1980	1400
16	1830	3660	2590	1830
18	2310	4620	3270	2310
20	2860	5720	4040	2860
Manilaseile dreilitzig in Trossenschlag nach DIN 83 321 Seil-⌀ in mm				
16	220	440	320	220
20	350	700	500	350
24	500	1000	720	500
28	650	1300	940	650
32	850	1700	1200	850
36	1050	2100	1500	1050
40	1300	2600	1800	1300

14

11.3 Seilverbindungen [41]

Seilendverbindungen. Bei Endverbindungen immer Kausche einlegen!

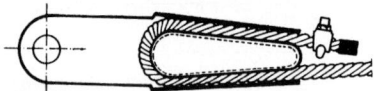

Bild 14.18
Seilschloß DIN 15315, jedoch mit
Seilklemme nur auf dem losen Ende

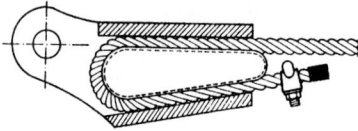

Bild 14.21
Bei Seilschlössern darf die Seilklemme
nur auf dem freien Seilende liegen.
Auf eindeutige Zuordnung von Keil und
Schloß achten!

Bild 14.19 Preßklemme

Bild 14.20
Kauschenspleiß DIN 83318
5 Rundstiche für stehendes Gut
6 Rundstiche für laufendes Gut

Bild 14.22
Seilhülse DIN 83313 mit vergossenem
Seilende DIN 3092

Drahtseilklemmen. Nicht für Hub- und Verstellseile im Kranbetrieb.

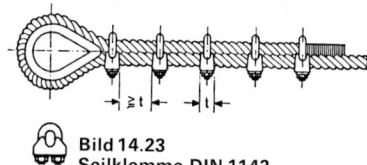

Bild 14.23
Seilklemme DIN 1142

Tafel 14.6
Erförderliche Drahtseilklemmen:
DIN 1142 — Drahtseilklemmen

Seil-Nenn-durch-messer		
bis	6,5 mm	3 Seilklemmen
über 6,5 bis	19 mm	4 Seilklemmen
über 19 bis	26 mm	5 Seilklemmen
über 26 bis	40 mm	6 Seilklemmen

Seil-Längsverbindungen.
Nur in Abspannseilen zulässig!

Bild 14.24 Drahtseilklemmen

Bild 14.25 Spannschloß

Seilklemmen nach DIN 741 dürfen
nicht verwendet werden.

Die Drahtseilklemme nach DIN 1142
darf nicht verwechselt werden mit der
Klemme nach DIN 741! Sie hat Bund-
muttern anstelle von Sechskantmuttern
zur Befestigung der Klemmbacke.

Bild 14.26 Schäkel
(Nur vorübergehend und höchstens
für die Dauer einer Schicht zulässig)

**Drahtseile dürfen nicht geknotet
werden!**

11.4 Seilbetrieb

Seile nicht über zulässige Belastung beanspruchen. Starke Seilbiegungen und
Knicke vermeiden (Rollendurchmesser im Aufzugsbetrieb 25facher Seildurchmes-
ser. Bei Umlegen des Seiles um Gegenstände scharfe Kanten durch untergelegte
Zwischenanlagen brechen.) Seile regelmäßig einfetten (Spezialfett verwenden!).
Seile regelmäßig prüfen (Stichproben am Seil mit Benzin (kein Rohöl) reinigen).

11.5 Ablegereife von Drahtseilen

Drahtseile sind sofort abzulegen, wenn:
— eine Litze gebrochen ist, Doldungen und Quetschungen aufgetreten sind,
— Knicke und Kinken (Klanken) erkennbar sind,
— starker Rostansatz erkennbar ist,
— Beschädigungen oder starke Abnutzung der Seil-Endverbindungen erkennbar sind, der Seildurchmesser gegenüber dem Nennmaß um 10% oder mehr vermindert ist.

Drahtseile sind ablegereif, wenn an der schlechtesten Stelle eine der beiden nachstehend genannten Zahlen sichbarer Drahtbrüche festgestellt wird (nach DIN 15020 Blatt 2).

Tafel 14.7

Anzahl der tragenden Drähte in den Außenlitzen des Drahtseiles[1]	Anzahl sichtbarer Drahtbrüche bei Ablegreife							
	Triebwerkgruppen 1 E_m, 1 D_m, 1 C_m, 1 B_m, 1 A_m				Triebwerkgruppen 2$_m$, 3$_m$, 4$_m$, 5$_m$			
	Kreuzschlag		Gleichschlag		Kreuzschlag		Gleichschlag	
	auf einer Länge von		auf einer Länge von		auf einer Länge von		auf einer Länge von	
n	6 d	30 d	6 d	30 d	6 d	30 d	6 d	30 d
bis 50	2	4	1	2	4	8	2	4
51 bis 75	3	6	2	3	6	12	3	6
76 bis 100	4	8	2	4	8	16	4	8
101 bis 120	5	10	2	5	10	19	5	10
121 bis 140	6	11	3	6	11	22	6	11
141 bis 160	6	13	3	6	13	26	6	13
161 bis 180	7	14	4	7	14	29	7	14
181 bis 200	8	16	4	8	16	32	8	16
201 bis 220	9	18	4	9	18	35	9	18
221 bis 240	10	19	5	10	19	38	10	19
241 bis 260	10	21	5	10	21	42	10	21
261 bis 280	11	22	6	11	22	45	11	22
281 bis 300	12	24	6	12	24	48	12	24
über 300[2]	0,04 $\cdot n$	0,08 $\cdot n$	0,02 $\cdot n$	0,04 $\cdot n$	0,08 $\cdot n$	0,16 $\cdot n$	0,04 $\cdot n$	0,08 $\cdot n$

Bei Seilkonstruktionen mit besonders dicken Drähten in der Außenlage der Außenlitzen, z.B. Rundlitzenseil 6 × 19 Seale nach DIN 3058 oder Rundlitzenseil 8 × 19 Seale nach DIN 3062, ist die Anzahl sichtbarer Drahtbrüche bei Ablegereife um 2 Zeilen niedriger als nach den Tabellenwerten anzunehmen.

Triebwerkgruppen nach DIN 15020 Blatt 1. d Drahtseildurchmesser

[1] Fülldrähte werden nicht als tragend angesehen.
Bei Drahtseilen mit mehreren Litzenlagen gelten nur die Litzen der äußersten Litzenlage als „Außenlitzen". Bei Drahtseilen mit Stahleinlage ist die Einlage wie eine innere Litze anzusehen.
[2] Die errechneten Zahlen sind aufzurunden.

14

12 Kreissägen [42]

Auf diese 14 Sicherheitspunkte kommt es bei einer Baukreissäge an:

1 Abmessung des Sägetisches
2 Sägeblatt
3 Spaltkeil
4 Schutzhaube
5 Verdeckung des Sägeblattes unter dem Tisch
6 Querschneidevorrichtung
7 Längsanschlag

8 Schnitthöhenverstellung
9 Schiebestock
10 Keillade
11 Antriebsabdeckung
12 Hinweisschild
13 Schutzdach
14 Ordnung am Arbeitsplatz

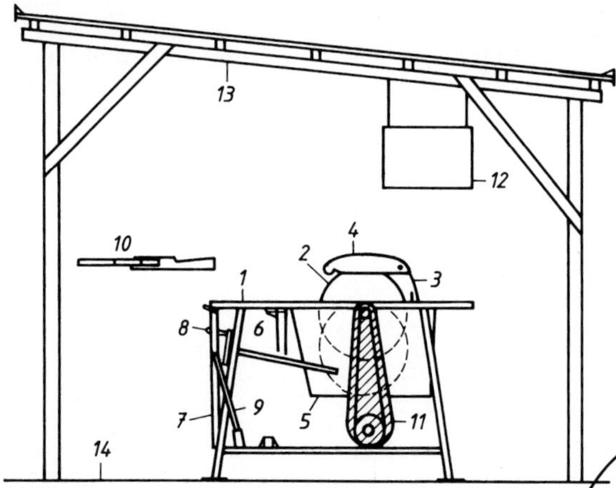

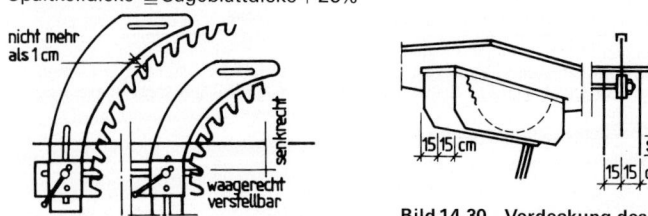

Bild 14.27

Tischgröße

Sägeblattdurchmesser (cm)	Tischgröße (cm)
bis 25	50/40
bis 31,5	66/50
bis 50	100/66
bis 63	125/85

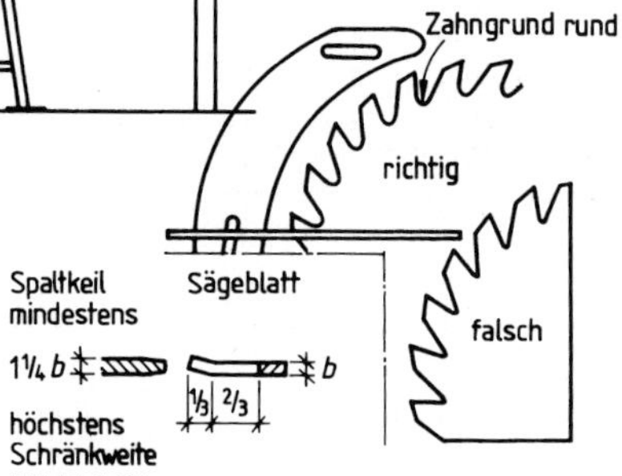

Bild 14.28

Sägeblatt

Schutzhaubenhalterung getrennt vom Spaltkeil

— bei Sägeblattdurchmesser >250 mm ab Baujahr 1.9.1979
— sonst bei Sägeblattdurchmesser >450 mm

Spaltkeildicke ≧ Sägeblattdicke + 25%

Bild 14.29 Spaltkeil

Bild 14.30 Verdeckung des Sägeblattes unter dem Tisch

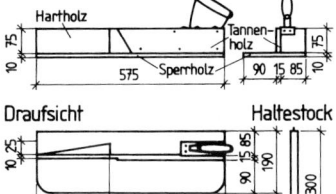

Längsansicht   Seitenansicht

Bild 14.31
Selbstherstellbare Keilschneideladen

Draufsicht   Haltestock

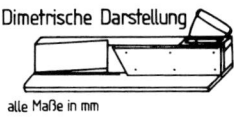

Dimetrische Darstellung

alle Maße in mm

13   Lärmschutz [66], [67]

Der auf Baustellen auftretende Lärm ist in erster Linie eine Belästigung und Gefährdung für die am Bau Beschäftigten, darüber hinaus aber auch für die betroffenen Personen in der Nachbarschaft.

Lärm führt zu irreparablen Gehörschäden!

Die Leistungsfähigkeit des Menschen wird durch Lärm negativ beeinflußt. Es entsteht Schaden für Kreislauf und Nerven. In Lärmbereichen steigt die Unfallgefahr deutlich an.

Der Lärmpegel wird in Dezibel dB(A) gemessen.

Der Beurteilungspegel ist die durchschnittliche Lärmbelastung für eine Wirkzeit von 8 Stunden.

Gehörschäden können bereits bei einem Beurteilungspegel ab 85 dB(A) auftreten.

Ein Beurteilungspegel von 85 dB(A) wird auch erreicht bei einem Schallpegel von 88 dB(A) über eine Wirkzeit von 4 Std. bzw. von 91 dB(A) über 2 Stunden; d.h. die Halbierung der Wirkzeit führt zu einer Erhöhung des Schallpegels von 3 dB(A).

Grundlagen für Schutzmaßnahmen am Arbeitsplatz sind:

— Unfallverhütungsvorschrift „Lärm" (VBG 121)
— VDI-Richtlinie „Lärmminderung in Betrieben" (VDI 2570)
— Unfallverhütungsvorschrift „Arbeitsmedizinische Vorsorge" (VBG 100)

Schutz gegen Lärm:

1. Technische Lärmschutzmaßnahmen
    — Einsatz lärmarmer Bauverfahren
    — Einsatz lärmgeminderter Baumaschinen (GS-Zeichen)
    — Kapselung von Lärmquellen
    — Abschirmung durch Lärmschutzwände

2. Organisatorische Lärmschutzmaßnahmen
    — Änderung bzw. Verlagerung von Maschineneinsatzzeiten
    — Abstellen von Maschinen in Pausen
    — Spezielle Arbeitszeiten für die Beschäftigten

3. Persönliche Lärmschutzmaßnahmen
    — Nur geprüfte Gehörschutzmittel (GS-Zeichen) verwenden
    — Gehörschutzmittel auf Belastung und Dauer des Einsatzes abstimmen
    — Gehörschutzmittel auch im Nahbereich lärmintensiver Baumaschinen benutzen

Der Unternehmer muß ab einem Beurteilungspegel von 85 dB(A) den Beschäftigten persönliche Gehörschutzmittel zur Verfügung stellen. Ab 90 dB(A) müssen die persönlichen Gehörschutzmittel von den Beschäftigten benutzt werden.

14

Lärmbereiche müssen ab einem Lärmpegel von 90 dB (A) gekennzeichnet werden. Gehörüberwachung für alle Beschäftigte, die gesundheitsschädigendem Lärm ausgesetzt sind (UVV Lärm).

Grundlagen für Lärmschutzmaßnahmen in der Nachbarschaft von Baustellen:
— Bundes-Immissionsschutzgesetz (BImSchG)
— Allg. Verwaltungsvorschrift zum Schutz gegen Baulärm-Geräuschimmission
— Regionale Lärmschutzverordnungen

Wirkungsvolle Maßnahmen gegen Baulärm sind bereits in der Ausschreibungsphase eines entsprechenden Bauprojektes vom Auftraggeber in Ansatz zu bringen. Die Berücksichtigung von Sondervorschlägen qualifizierter Baufirmen sowie die frühzeitige Beteiligung der Behörden an der Entscheidungsfindung können für alle Betroffenen von großem Nutzen sein.

14 Laufbrücken und Laufstege (waagerecht und geneigt) [37], [68]

Mindestbreiten für Personenverkehr 0,50 m, für Lastenbeförderung (Karrentransport u.ä.) 1,25 m Seitenschutz (Geländerholm in 1 m Höhe, Zwischenholm und Bordbrett) beiderseits ab 2 m Höhe über dem Boden, bei jeder Höhe über Verkehrswegen und Wasserläufen.

Neigungen (Verhältnis der Höhe zur Grundlinie):
a) Neigung unter 1:5 (ca. 11°), je 7 m Höhe ist ein ausreichend breiter waagerechter Absatz erf.
b) Neigung über 1:5, Trittleisten in 0,50 m Abstand über ganze Breite aufbringen (Bild 14.32)
c) Neigung über 1:1,75 (ca. 30°), Trittstufen aufbringen (Bild 14.33)
d) größte zul. Steigung 1:1,4 (35°) — entspricht 0,7 m Höhe auf 1 m Länge, waagerecht gemessen.

Laufstege und Brücken gegen Durchbiegen, Kippen, Abrutschen usw. sichern.

Ausreichend standfeste Mittelunterstützung vorsehen, Abstände, Abmessungen und Ausbildung wie bei Standgerüsten wählen:

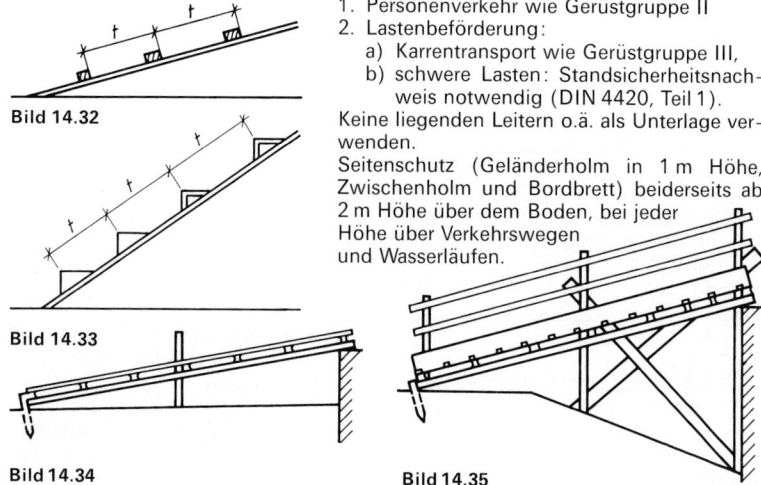

Bild 14.32

Bild 14.33

Bild 14.34

Bild 14.35

1. Personenverkehr wie Gerüstgruppe II
2. Lastenbeförderung:
   a) Karrentransport wie Gerüstgruppe III,
   b) schwere Lasten: Standsicherheitsnachweis notwendig (DIN 4420, Teil 1).

Keine liegenden Leitern o.ä. als Unterlage verwenden.

Seitenschutz (Geländerholm in 1 m Höhe, Zwischenholm und Bordbrett) beiderseits ab 2 m Höhe über dem Boden, bei jeder Höhe über Verkehrswegen und Wasserläufen.

15 Leichtbau-Elektrozüge [37]

1 Aufzugsbock standsicher aufstellen (evtl. Standsicherheitsnachweis der Aufstandsfläche notwendig).

2 Ballast ausreichend groß bemessen (vgl. Bedienungsanweisung des Herstellers),
gegen Verschieben oder Herabfallen sichern.

3 Seitenschutz

4 Schutzdach mindestens 1,50 m breit mit 0,60 m hoher Bordwand ausführen.

5 Absperrung des gefährdeten Raumes, Zugang dann nur von einer Seite her offen
halten. Warnschild.

6 Hub-Notendschalter an der Winde. Funktionsprüfung bei Arbeitsbeginn erforderlich, da Schalter oft nur 2polig geschaltet ist.

7 Sicherheitshaken am Seil.

8 Förderplattform zum Karrentransport. Anschlag vor dem Karrenrad, Klappbügel
über den Karrenholmen erforderlich.

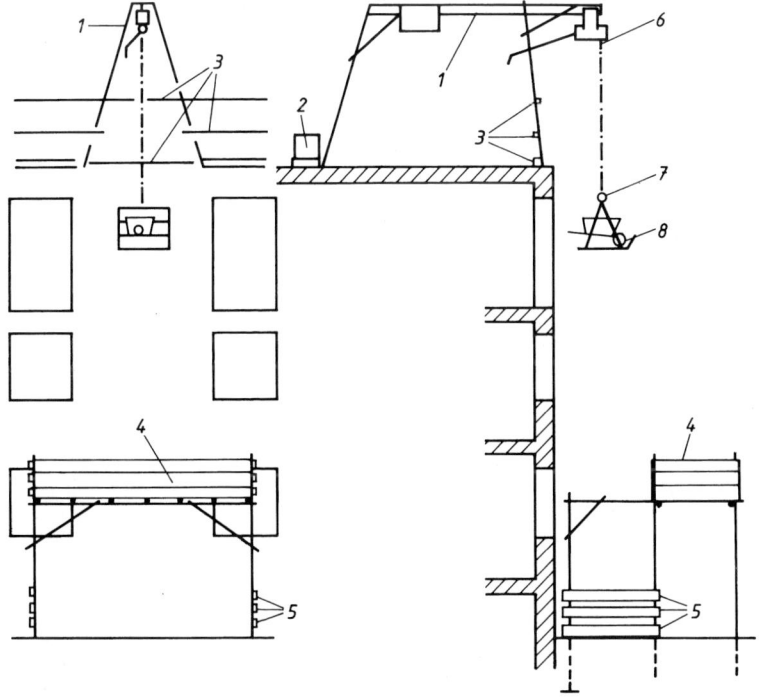

Bild 14.36

16 Leitern [37], [68]

16.1 Allgemeines

Nur Metalleitern, oder Holzleitern aus gesundem, gerade gewachsenem und möglichst astfreiem Holz verwenden (vgl. auch DIN 4565 und 4566).

Sprossen sind in Zapfenlöchern zu verkeilen und zu verleimen. Rundsprossen dürfen sich nicht drehen.

16.2 Bauleitern

Für die Abmessungen von Bauleitern gelten folgende Regelmaße:

Tafel 14.8 Holmabmessungen

Leiterlänge in m	Holmdurchmesser in Leitermitte in mm	
	Rund-holme	Halbrund-holme
4,00	65	80
6,00	70	90
8,00	75	100
10,00	85	110

Tafel 14.9 Sprossenabmessungen

Leiterlänge in m	Leiterbreite in mm	Sprossen-querschnitt in mm
4,00	450	30/50
6,00	500	35/50
8.00	650	40/60

Die Sprossen sind in einem etwa 2 cm tiefen Versatz mit je 2 Drahtstiften von mindestens 75 mm Länge zu befestigen.

Zum Anstrich von Leitern keine deckenden Anstrichfarben verwenden.

Schadhafte Leitern bis zur Instandsetzung aus dem Verkehr ziehen. Angebrochene Holme und Wangen nicht flicken. Schadhafte oder fehlende Sprossen durch fehlerfreie Sprossen der gleichen Art ersetzen (auf gleiches Trittmaß achten!).

Leitern standsicher aufstellen (gegen Ausgleiten, Umkanten, Abrutschen, Einsinken usw. sichern). Ggf. Leiter von Hilfskräften festhalten lassen.

Leitern im Verkehrsbereich besonders sichern (Absperrungen o.ä.).

16.3 Stehleitern (Doppelleitern)

Zweischenklige Leitern, die freistehend benutzt werden.

Möglichst nur Leitern nach DIN 4565 (Holzleitern) oder DIN 4566 (Metalleitern) verwenden.

An beiden Seiten durch fest angebrachte Spannketten oder -gelenke in halber Arbeitshöhe gegen Auseinandergleiten sichern.

Holme oder Wangen und Scharniere (Gelenke) dürfen keine Widerlager bilden.

Stehleitern dürfen nicht als Anlegeleitern verwendet werden.

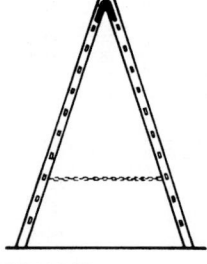

Bild 14.37

Bild 14.38

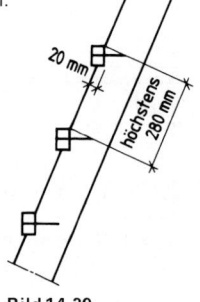

Bild 14.39

16.4 Behelfsgerüste aus Stehleitern

Gesamthöhe (Belagoberkante) nicht mehr als 2 m.

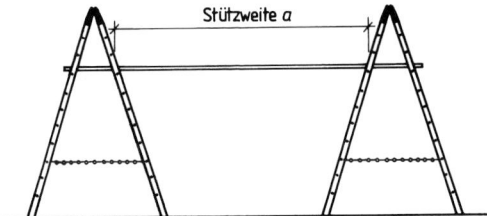

Bild 14.40

Tafel 14.10
Bohlenbreite 28 cm

Brett- bzw. Bohlenstärke mm	Stützweite des Belages (a) (m)
40	2,75
45	3,00
50	3,50

Behelfsgerüste aus Stehleitern nur für Arbeiten geringen Umfangs verwenden.
Gerüstbelag auf den Sprossenpaaren beider Leitern und nicht höher als auf der dritten Sprosse von oben auflegen. Der Belag muß mindestens 10 cm über die äußeren Sprossen überstehen.

16.5 Anlegeleitern

Anlegeleitern werden zu ihrer Benutzung an einen Gegenstand (Bau, Gerüst o.ä.) angelehnt.

Richtigen Anstellwinkel (etwa 68 bis 75°) einhalten. Dazu Leiter so aufstellen, daß die waagerechte Entfernung zwischen Anlegepunkt und Fußpunkt der Leiter ein Drittel bis ein Viertel der Anstellänge der Leiter beträgt.

Leiter gegen Durchbiegen sichern.

Mindestens 1 m über den Austritt hinausragen lassen (Holme oder Wange nicht behelfsmäßig verlängern).

Leiter mit Wangen oder Holmen (nicht mit den Sprossen) und nur an sichere Stützpunkte anlehnen (Glasscheiben, Türen, Ecken usw. sind ungeeignet).

Anlegeleitern dürfen nicht verwendet werden:
1. für umfangreiche Arbeiten (Fassadenanstrich u.ä.),
2. zum Steine- und Ziegelhanteln,
3. als Gerüstunterlagen,
4. als Laufstegunterlagen.

16.6 Hängeleitern

Einhakbare, senkrecht aufgehängte Sprossenleitern.
Leitern nur an standfeste Bau- oder Gerüstteilen einhängen (Leitern dürfen nicht nur angebunden sein!).
Leitern gegen Schwanken und Pendeln sichern!
Hängeleitern, die in andere Leitern eingehakt werden, müssen den gleichen Sprossenabstand wie diese Leitern haben.
Bei Arbeiten von Hängeleitern Sicherheitsgurt mit Sicherheitsleine benutzen. Die Sicherheitsgurte müssen den Richtlinien für Sicherheitsgeschirre entsprechen.

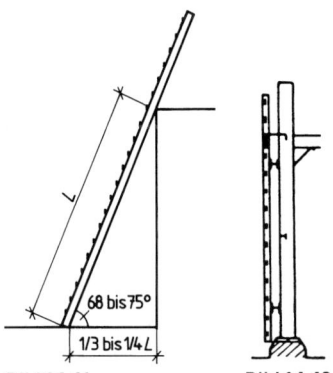

Bild 14.41   Bild 14.42

14

16.7 Steigleitern (Leitergänge)

Mit dem Bau oder Gerüst oder ä. fest verbunden, senkrecht oder schräg angebrachte Leitern.

Gegen Durchbiegen sichern (Abstand der Befestigungspunkte am Bauwerk, Gerüst o.ä. nicht mehr als 2 m). Mindestens 1 m über den Austritt hinausragen lassen (Holme oder Wangen nicht behelfsmäßig verlängern).

Nach jeweils 6,0 m Höhenunterschied sind mit Haltevorrichtungen versehene Podeste einzubauen.

Leitergänge im Verkehrsbereich vor dem Besteigen durch Unbefugte sichern (nach Arbeitsschluß Leiter hochklappen, abdecken o.ä.).

Steigleitern (Leitergänge) dürfen nicht verwendet werden: zum Steine- und Ziegelhanteln.

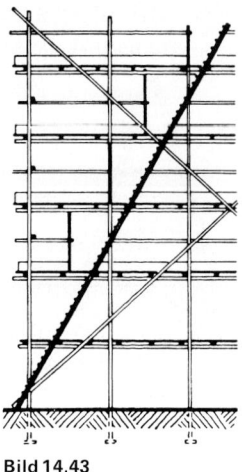

Bild 14.43

16.8 Fahrbare Maschinenleitern

Leiter beim Aufstellen gegen Einsinken, Umkippen, Fortrollen usw. sichern.

Leiter nicht verfahren, wenn sich jemand auf ihr befindet.

Die Winden zum Aufrichten und Ausfahren der Leiter müssen der UVV „Winden, Hub- und Zuggeräte" entsprechen (z.B. Kurbelrückschlagsicherungen haben).

Leitern jährlich einmal durch einen Sachkundigen prüfen lassen. (Prüfergebnis in das Prüfbuch eintragen!)

Fahrbare Maschinenleitern dürfen verwendet werden für

1. Ausbesserungsarbeiten,
2. Reinigungsarbeiten,
3. Arbeiten an Leitungen, Masten und dgl.

Hierbei die Arbeiten nur von umwehrter Plattform oder mit angelegtem Sicherheitsgurt mit Sicherheitsleine ausführen. Die Sicherheitsgurte müssen den Richtlinien für Sicherheitsgeschirre entsprechen.

Fahrbare Maschinenleitern dürfen nicht verwendet werden:

1. zum Übersteigen auf den Bau, das Gerüst o.ä.,
2. für Abbrucharbeiten.

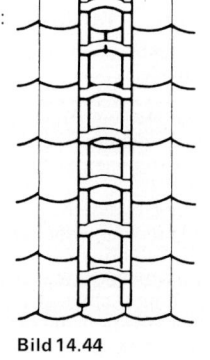

16.9 Dachleitern

Dachleitern sind auf der Dachfläche liegende, in Dachhaken eingehängte Sprossenleitern.

Dachleitern nur in fachgerecht befestigte Dachhaken und nicht mit der obersten Sprosse einhängen. (Dachleitern dürfen nicht in die Dachrinne gestellt werden.)

Bei Arbeiten von Dachleitern Sicherheitsgurt mit Sicherheitsleine benutzen (s. 16.8).

Bild 14.44

17 Leitungsgrabenbau und -bauarbeiten

s. Abschnitt „Boden, Baugrube, Verbau"

18 Schleif- und Trennmaschinen [38], [69]

Schleifkörper (Trennscheiben) dürfen nur auf Schleif- bzw. Trennmaschinen aufgespannt werden. (Kreissägewellen dürfen nicht zum Aufspannen von Schleifkörpern verwendet werden.)

Die höchstzulässige Umfangsgeschwindigkeit der Schleifkörper darf nicht überschritten werden. Die Angaben auf dem Klebezettel des Schleifkörpers über höchstzulässige Umdrehungszahl müssen mit der Drehzahl der Maschine lt. Typenschild übereinstimmen. Schleifkörper, die nicht durch Klebezettel gekennzeichnet sind, dürfen nicht verwendet werden.

Der Spannflanschdurchmesser beträgt in der Regel 1/3 des Scheibendurchmessers.

Ausnahmen:

1. Bei Schleifkörpern zum Schneiden und Trennen mit höchstens 60 m/s Umfangsgeschwindigkeit:
Spannflanschdurchmesser = 1/5 des Scheibendurchmessers.

2. Bei Arbeiten ohne Schutzhaube:
a) Bei geraden Scheiben und Verwendung von Sicherheits-Zwischenlagen: Spannflanschdurchmessr = 2/3 des Scheibendurchmessers.
b) Bei konischen Scheiben nach DIN 190: Spannflanschdurchmesser = 1/2 des Scheibendurchmessers.

Vor dem Aufspannen sind die Schleifkörper einer Klangprobe zu unterziehen. Schadhafte Schleifkörper dürfen nicht verwendet werden.

Zwischen Schleifkörper und Spannflansch sind Zwischenlagen aus elastischem Stoff (Gummi, Pappe o.ä.) zu legen.

Beim Aufspannen ist der Spannflansch mit einem Schlüssel von Hand anzuziehen (nicht Dorn und Hammer benutzen).

Schutzhauben für Werkstattschleifmaschinen müssen den Schleifkörper allseitig bis auf eine Öffnung an der Arbeitsstelle von 65° umfassen.

Schutzhauben für Handschleifmaschinen müssen den Schleifkörper mit 180° umfassen, bei Trennscheiben auch an der Vorderseite. (Ausnahme: Ausgesparte Schleifscheiben zum Flachschliff müssen einen geschlossenen Ring als Schutzhaube haben.)

Bei dem Arbeiten mit Schleif- und Trennmaschinen immer Schutzbrille benutzen.

Bei Entwicklung von gesundheitsschädigenden Stauben (Schleifen und Trennen von ff. Material o.ä.) geeignete Atemschutzgeräte (Filter oder Frischluftmaske) benutzen, auch wenn eine Absaugevorrichtung an der Maschine vorhanden ist. (Der nasse Schwamm ist ungeeignet!)

19 Treppenhäuser [37]

19.1 Allgemein

In jedem Treppenhaus sind Sicherungen gegen Absturz von Personen und Material zu treffen.

14

19.2 Treppenhäuser mit betonierten Treppenläufen

mit Trittstufen

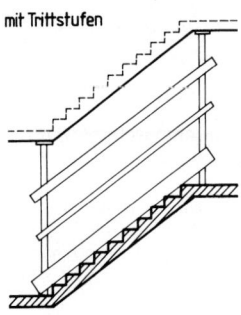

ohne Trittstufen

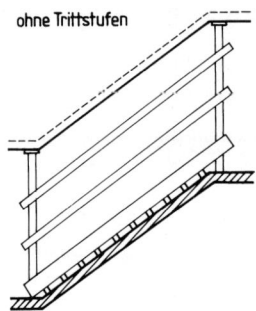

Seitenschutz
(Geländer und Zwischenlehne)
anbringen
Bordbrett kann entfallen.

1. Trittleisten 80 cm breit im Trittmaß
   anbringen oder käufliche Bau-
   treppen auflegen
2. Seitenschutz
   (Geländer und Zwischenlehne)
   anbringen

Bild 14.45   mit Trittstufen

Bild 14.46   ohne Trittstufen

19.3 Treppenhäuser ohne betonierte Treppenläufe

19.3.1 Kein Personenverkehr im Treppenhaus

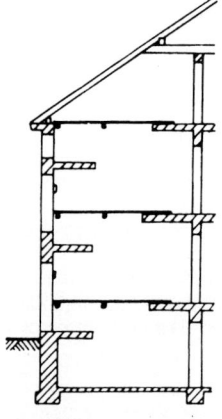

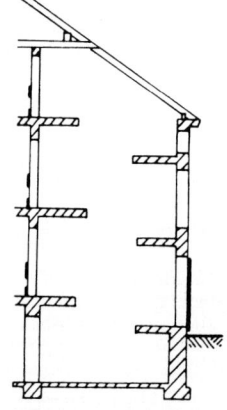

Bild 14.47
Stockwerksweise Abdeckung

Bild 14.48
Absperrung aller Zugänge

Während des Rohbaues Treppenhaus stockwerksweise dicht abdecken (links).
Nach Fertigstellung des Rohbaues dichte Abdeckung belassen oder
dichte Absperrung aller Zugänge zum Treppenhaus (rechts).

19.3.2 Mit Personenverkehr im Treppenhaus

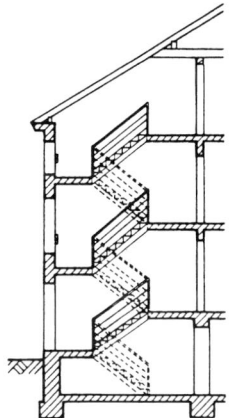

Bild 14.49
Bautreppe

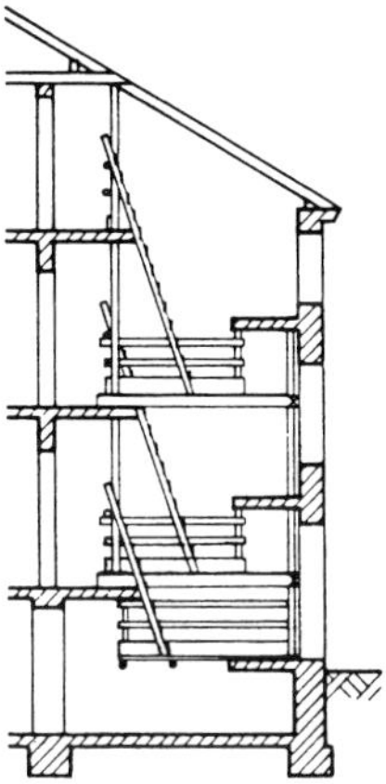

Bild 14.50
Leitergang

Bauhilfstreppen mit Trittstufen **oder** und Seitenschutz (Geländer und Zwischenlehne einbringen) (Mindestbreite wie eine Bauleiter!)

Leitergänge (möglichst geschoß-weise), im Treppenhaus anordnen. Dabei Treppenhaus geschoßweise bis auf den Leiteraustritt mit Geländer und Bordbrett umwehren.

20 Turmdrehkrane [37], [70]

20.1 Übersichtsskizze

Bild 14.51
Nadelausleger

Bild 14.52
Biegebalkenausleger

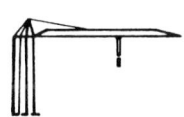

Bild 14.53
Laufkatzenausleger

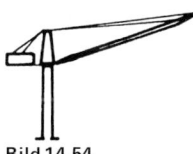

Bild 14.54
Obendreher

Je nach der Art des Auslegersystems spricht man beim Turmdrehkran von:

a) **Nadelauslegerkran.** Der Nadelauslegerkran hat einen am Turm angelenkten, vertikal beweglichen Ausleger, der durch ein Seil verstellbar ist, das über die senk-recht oder schräg stehende Turmspitze läuft.

b) **Biegebalkenkran.** Der Biegebalkenkran hat einen an der obersten Spitze des Turmes angelenkten Auslegerbalken, der am kleineren Hebelarm durch Seilzug ver-stellbar ist.

14

c) Laufkatzenkran. Der Laufkatzenkran hat einen horizontalen Ausleger, an dem eine Laufkatze läuft, über die das Hubseil geführt wird. Die angehobene Last kann horizontal durch Laufkatzenverstellung bewegt werden.

d) Obendrehender Kran. Der obendrehende Kran ist nicht unten, sondern oben in der Turmspitze drehbar. Drehbar sind in der Regel der Ausleger — seltener die Turmspitze —, über die das Hubseil läuft, und ein den Gegenballast tragender Gegenausleger.

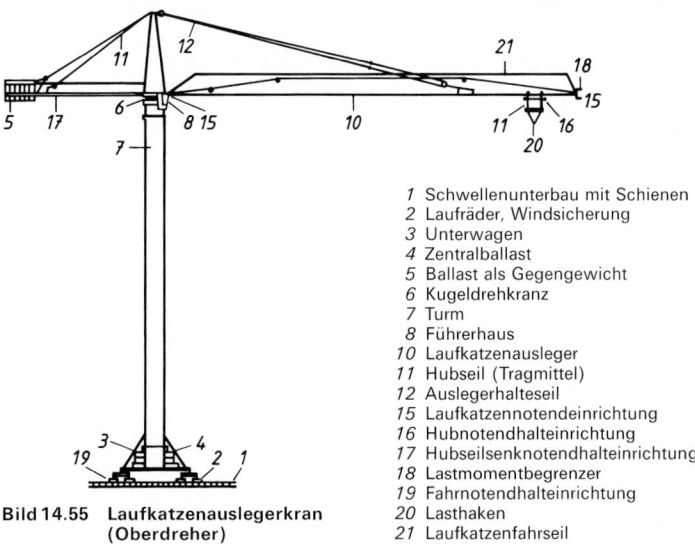

1 Schwellenunterbau mit Schienen
2 Laufräder, Windsicherung
3 Unterwagen
4 Zentralballast
5 Ballast als Gegengewicht
6 Kugeldrehkranz
7 Turm
8 Führerhaus
10 Laufkatzenausleger
11 Hubseil (Tragmittel)
12 Auslegerhalteseil
15 Laufkatzennotendeinrichtung
16 Hubnotendhalteinrichtung
17 Hubseilsenknotendhalteinrichtung
18 Lastmomentbegrenzer
19 Fahrnotendhalteinrichtung
20 Lasthaken
21 Laufkatzenfahrseil

Bild 14.55 Laufkatzenauslegerkran
(Oberdreher)

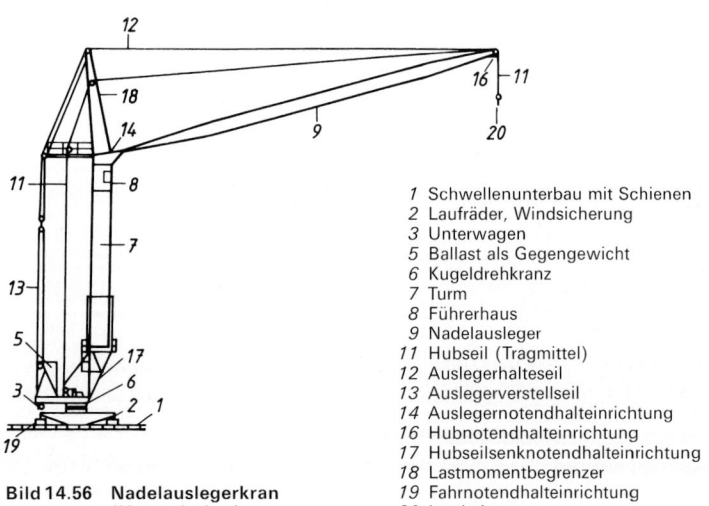

1 Schwellenunterbau mit Schienen
2 Laufräder, Windsicherung
3 Unterwagen
5 Ballast als Gegengewicht
6 Kugeldrehkranz
7 Turm
8 Führerhaus
9 Nadelausleger
11 Hubseil (Tragmittel)
12 Auslegerhalteseil
13 Auslegerverstellseil
14 Auslegernotendhalteinrichtung
16 Hubnotendhalteinrichtung
17 Hubseilsenknotendhalteinrichtung
18 Lastmomentbegrenzer
19 Fahrnotendhalteinrichtung
20 Lasthaken

Bild 14.56 Nadelauslegerkran
(Untendreher)

20.2 Aufstellung

a = Abstand von der Baugrube

Baugrubenböschung entsprechend der
Standfestigkeit des Bodens (vgl. Erdarbei-
ten – „Böschungen"). Notfalls müssen
Spundwände geschlagen werden.

Bis 12 t Gesamtgewicht (Eigengewicht + Ballast + Last) *a* = 1,0 m, über
12 t *a* = 2,0 m.

Bei verbauten Baugruben mit Normverbau
bis 18 t *a* = 1,0 m von Hinterkante Verbau
bis Gleiskörper. Bei verringertem Abstand
ist die Standsicherheit der Böschung
durch Berechnung nachzuweisen.

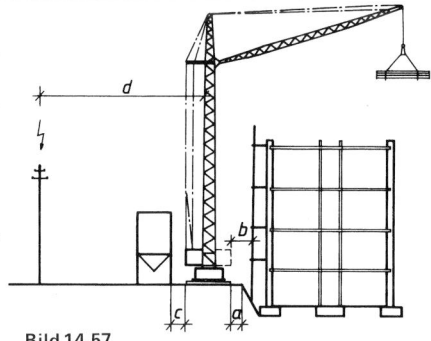

Bild 14.57

b = Abstand vom Bauwerk bzw. Gerüst

Zwischen dem Drehbereich des Turmdrehkranes und dem Bau bzw. Gerüst mindestens 0,50 m
Sicherheitsabstand einhalten. Die erforderlichen Fanggerüste (vgl. Gerüste – „Das Fanggerüst") sind auch im Kranfahrbereich in voller Breite um das Bauwerk herumzuführen.

c = Abstand von Mischmaschinen, Steinstapel usw.

Zwischen dem Drehbereich des Turmdrehkranes und diesen stehenden Anlagen oder vorübergehend gelagerten Baustoffen mindestens 0,50 m Sicherheitsabstand einhalten.

d = Abstand von elektrischen Freileitungen

Stromführende Freileitungen müssen außerhalb des Schwenkbereiches des Turmdrehkranes
verbleiben.

Das zuständige Elektrizitätswerk ist zu verständigen, um notwendige Maßnahmen anzuordnen,
damit eine Berührung der Freileitung durch Kranteile einschl. Hubseil verhindert wird.

Lasten dürfen nicht schräg gezogen bzw. aus dem Schwenkbereich des Kranes hinausgerückt
oder -gependelt werden. Festsitzende Lasten (Schalung o.ä.) dürfen mit dem Kran nicht losge-
rissen werden.

Die allseitig geschlossenen Steinkästen oder -kübel dürfen nicht über den Rand beladen werden.
Handgriffe der Steinkörbe sind gegen unbeabsichtigtes Öffnen zu sichern.

Lange oder gebündelte Lasten (Gerüstriegel und -bretter, Schalungsträger und -stützen o.ä.)
sind nur mit zweiteiligen Lastaufnahmemitteln (Doppelschlupp) zu ziehen.

Personenbeförderung mit der Last, dem Lastaufnahmemittel (Steinkorb, Betonkübel o.ä.) oder
auf dem Lasthaken ist verboten.

Wenn die Kranlast vom Kranführer nicht beobachtet werden kann, sind besondere Winkerposten
aufzustellen (Signale genau festlegen), vorzugsweise Funkverbindung.

Bild 14.58 Halt	**Bild 14.59** Abfahren	**Bild 14.60** Langsam	**Bild 14.61** Heben	**Bild 14.62** Senken

Maßnahmen vor dem Verlassen des Bedienungsstandes (auch während der Arbeitszeit bei kurzen Pausen):
Last absetzen, Lastflasche hochziehen, Steuergeräte und Kranschalter ausschalten.

Weitere Maßnahmen nach Arbeitsschluß und bei starkem Sturm:
Windsicherungen (Schienenzangen oder Radsperren) festlegen. (Bremsen sollen nicht angezo-
gen werden!)
Ausleger möglichst in untere Endstellung bringen.
Lastflasche in höchste Endstellung ziehen.

14

20.3 Gleisanlage

Die Gleisanlage ist auf einen tragfähigen Unterbau zu verlegen (Schotterbett, Betonfundamentbalken o.ä.).

Schwellen- und Schienenprofile sowie Schwellenabstände entsprechend der Bedienungsanleitung des Herstellers wählen.

Die Schienen sind mit Unterlagsplatten und Schwellenschrauben auf den Holzschwellen zu befestigen.

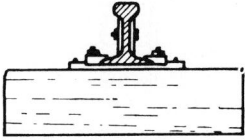

Bild 14.63
Schienenbefestigung

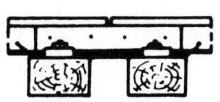

Bild 14.64
Schienenstoß

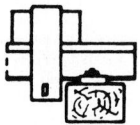

Bild 14.65
Gleisendsicherung

An den Schienenstößen sind Doppelschwellen zu legen oder Spezialunterlagsplatten zu verwenden.

Die Gleisenden sind gegen Überfahren zu sichern:

1. Fahrbahnbegrenzungen (Prellböcke o.ä.) an jeder Schiene in gleicher Höhe,
2. Anschläge (z.B. Auflaufhölzer) für den Fahr-Notendschalter.

20.4 Kranbetrieb

Die Betriebsanweisung muß (bei ausländischen Turmdrehkranen auch in deutscher Sprache) auf der Baustelle bereit liegen.

Kranführung darf nur durch einen über 18 Jahre alten ausgebildeten Kranführer von den Bedienungsständen aus erfolgen (Ausnahme: Fernbedienung). Bei Kranen ohne eingebauten Bedienungsstand ist nur Fernbedienung möglich.

Im Bedarfsfall ist eine lauttönende Warnungseinrichtung zu benutzen, die von jedem Bedienungsstand aus erreichbar sein muß.

20.5 Prüfungen

Durch den Kranführer: täglich

Wirksamkeit der Notendschalter

1. Fahr-Notendschalter (2 Anschläge)
2. Höchste Lastflaschenstellung
3. Höchste Auslegerendstellung
4. Tiefste Auslegerendstellung
   (Die tiefste Lastflaschenstellung
   braucht nicht überprüft zu werden.)

Wirksamkeit der Bremsen

1. Fahrwerkbremsen
2. Drehwerkbremsen
3. Auslegerverstellwerk
4. Hubwerk

Wirksamkeit der Überlastsicherung Gleisanlage

1. Gleisanlage
2. Schienen- und Schwellenzustand
3. Schienenbefestigung
4. Fahrbahnbegrenzungen (Prellböcke)

Elektrische Anlage

1. FI-Schutzschalter (Prüftaste bestätigen)

nach etwa 150 Betriebsstunden: Lastmomentbegrenzer (gewichtsmäßig)

Die Überprüfungen sind durch den Kranführer in das Krankontrollbuch einzutragen.

Bei **festgestellten Mängeln,** die die Betriebssicherheit gefährden, ist der Kranbetrieb bis zur Behebung der Mängel einzustellen.

Durch Sachkundige (Masch.-Ing., Masch.-Meister, Kran-Monteur)

bei jeder Aufstellung (jedoch jährlich mindestens einmal)
Die Überprüfungen sind durch den Sachkundigen in das Kranprüfbuch einzutragen.

Durch Sachverständige (Techn. Überwachungsverein, Techn. Überwachungsämter bzw. vom Hauptverband der Berufsgenossenschaften ermächtigte Sachverständige)

mindestens alle 4 Jahre und bei konstruktiven Änderungen.
Die Überprüfungen sind durch den Sachverständigen in das Kranprüfbuch einzutragen.

21 Unterfangung bestehender Bauteile

s. Abschnitt „Boden, Baugrube, Verbau''

22 Fertigteilbau [37], [41], [70]

22.1 Begriffe

Fertigteilbau. Unter dem Begriff „Fertigteilbau'' werden Bauverfahren verstanden, bei denen — zumindest für die tragende Konstruktion — überwiegend vorgefertigte, meist großformatige Bauteile mittels bestimmter Montagetechniken zu Bauwerken montiert werden. Die Einrichtung von Fertighäusern üblicher Art und Größe fällt nicht unter diesen Begriff.

Fertigteile (Fertigbauteile) sind Bauteile, die nicht an der Einbaustelle hergestellt werden. Sie werden ohne weitere Bearbeitung zusammengefügt oder mit örtlich hergestellten Bauteilen verbunden. Die Bezeichnung „Fertigteil'' gilt unabhängig vom Baustoff. Die Bezeichnung des Baustoffs kann dem Wort „Fertigteil'' vorangestellt werden.

Großtafelbau. Bauwerke, deren tragende Konstruktion aus vorgefertigten, großformatigen Wand- und Deckenelementen besteht, die an der Baustelle zusammengefügt werden.

Skelettbau. Bauwerke, deren tragende Konstruktionen aus nicht flächenfüllenden Bauteilen bestehen. Sie können durch Verbände, Wandscheiben oder Deckenplatten stabilisiert werden.

Transportanker sind technische Hilfsmittel zur Lastaufnahme, die einbetoniert sind. Sie können Bestandteil eines Transportankersystems oder so geformt sein, daß ein unmittelbares Einhängen eines Lasthakens oder Schäkels möglich ist.

Transportankersysteme sind technische Hilfsmittel zur Lastaufnahme bei Fertigteilen. Sie bestehen aus einem Transportanker und einem lösbaren, dem Transportanker zugeordneten Verbindungselement, in das ein Lasthaken eingehängt werden kann.

Montagezustände sind die Bauzustände einer Baukonstruktion, die aus Fertigteilen montiert wird.

I4

Montageverbände bestehen aus Elementen die auf Zug und/oder Druck beansprucht werden und Dreieck-Verbände bilden. Sie dienen der Stabilisierung der Baukonstruktion während der Montagezustände und bestehen in der Regel aus Stahl.

Montagestützen sind auf Druck (Knicken) beanspruchte Hilfsstützen für be stimmte Montagezustände.

Montagestreben sind Schrägstäbe, die auf Zug und/oder Druck beansprucht werden können und die Standsicherheit von Fertigteilen während der Montagezustände gewährleisten.

22.2 Arbeitsvorbereitung

Sorgfältige Planung und Organisation sind wichtige Voraussetzungen für einen reibungslosen und sicheren Ablauf der Arbeiten in der Produktion dem Transport und der Montage der Fertigteile. Bei der Planung ist Vorsorge zu treffen, daß gefährliche Improvisationen vermieden werden.

Die Wahl des statischen Systems ist nicht nur bedeutend für die Standsicherheit während aller Montagezustände, sondern auch mitbestimmend für den Ablauf des Montagevorganges. Möglichst soll nicht ein Bauteil allein die Standsicherheit eines größeren Teiles der Konstruktion gewährleisten. Den mit den Montagezuständen wechselnden statischen Systemen und Stabilitätsbedingungen muß Rechnung getragen werden.

Die Fertigteile sind so zu gestalten und auszustatten, daß sie sicher transportiert und montiert werden können. Aus sicherheitstechnischer Sicht können folgende Anschluß- und Befestigungsmöglichkeiten erforderlich werden:

1. für Lastaufnahmemittel,
2. für Montagestreben, Montageverbände und andere Hilfskonstruktionen,
3. für Laufstege und Laufbrücken,
4. für Gerüste,
5. für Absturzsicherungen wie Seitenschutz und Abdeckungen,
6. für Auffangeinrichtungen wie Fangnetze, Anseilschutz.

An der Baustelle muß eine **schriftliche Montageanweisung** vorliegen, die alle sicherheitstechnischen Angaben enthält. Auf die Schriftform kann verzichtet werden, wenn keine sicherheitstechnischen Angaben erforderlich sind. Je nach Art und Schwierigkeit der Montagearbeiten muß die Montageanweisung u.a. folgendes beinhalten:

1. Unter Berücksichtigung der Anweisungen des Herstellers der Bau- und Fertigbauteile Angaben über die Gewichte der Teile, das Lagern der Teile, die Anschlagpunkte der Teile, das Anschlagen der Teile an Hebezeuge, das Transportieren und die beim Transport einzuhaltende Transportlage, den Einbau der zur Montage erforderlichen Hilfskonstruktionen, die Reihenfolge der Montage und des Zusammenfügens der Bauteile, die Tragfähigkeit der einzusetzenden Hebezeuge.

2. Angaben erforderlicher Maßnahmen zur Gewährleistung der Tragfähigkeit und Standsicherheit von Bauwerk und Bauteilen, auch während der einzelnen Montagezustände, zur Erstellung von Arbeitsplätzen und deren Zugänge, gegen Abstürzen oder Abrutschen Beschäftigter bei der Montage, gegen Herabfallen von Gegenständen, zur Prüfung der Fertigteile auf sichtbare Beschädigungen und Risse, die die Sicherheit beeinträchtigen können.

3. Übersichtszeichnungen oder -skizzen mit den vorzusehenden Arbeitsplätzen und deren Zugänge.

22.3 Lastaufnahme

Lastaufnahmeeinrichtungen im Fertigteilbau müssen unter Berücksichtigung von Größe und Richtung der bei der Lastaufnahme auftretenden Kräfte bemessen und konstruktiv sorgfältig ausgebildet sein.

Das aufzunehmende Fertigteil muß entsprechend seiner Beanspruchung ausreichende Festigkeit aufweisen.

Transportanker. Für einbetonierte Stahlbügel ist die Stahlsorte BSt 420 S (III S) bzw. St 37-2, die bei plastischer Verformung weniger bruchgefährdet ist, zu verwenden.

Stahlbügel sind unter Einhaltung der Biegeradien nach DIN 1045 herzustellen. Die zulässigen Stahlspannungen dürfen jedoch nur zu 2/3 ausgenutzt werden. Wegen ihrer Empfindlichkeit bei Schrägzug sollten Stahlbügel nur in Ausnahmefällen verwendet werden.

Bei der Verwendung von Drahtseilschlaufen anstelle von Stahlbügeln besteht der Nachteil, daß diese schneller beschädigt werden können und gegen Schrägzug empfindlicher sind.

Der Einbau von Drahtseilen als Transportanker für Fertigteile ist daher nicht zu empfehlen.

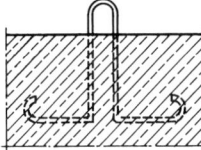

Bild 14.66　　　　**Bild 14.67**

Transportankersysteme. Gewindehülsen dienen zur Aufnahme von Schraubenbolzen, die mit Ösen oder eingepreßten Drahtseilschlaufen versehen sind.

Die Hülsen müssen vor dem Betonieren wirksam verschlossen werden, um Sauberkeit und Gängigkeit des Gewindes sicherzustellen.

Systeme mit einbetonierten Gewindebolzen, die an ihrem aus dem Beton herausragenden Ende mit einem Gewinde versehen sind.

Dies ist zweckmäßig, wenn die Gewindebolzen nicht über die Fertigteile hinausragen, sondern vertieft in Betonaussparungen angeordnet sind. Die Anschlußschrauben sollen in die konisch geformten Aussparungen genau hineinpassen und an den Betonwandungen satt anliegen.

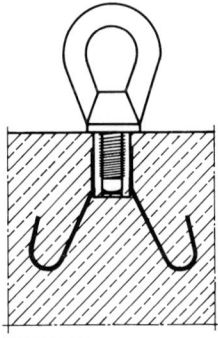
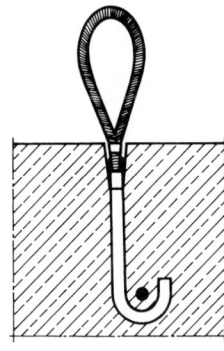

Bild 14.68　　　　**Bild 14.69**

Die Betonaussparung muß von Verschmutzung frei sein, um die zur Kraftübertragung notwendige Verschraubungstiefe zu gewährleisten. Hierzu dienen aufgeschraubte oder aufgesteckte Schutzkappen.

Andere Lastaufnahmemittel. Die einfachste Anschlagmöglichkeit besteht darin, in den Fertigteilen Aussparungen und Öffnungen vorzusehen, durch welche Seile oder andere Greifvorrichtungen geführt werden. Bei Verwendung von Drahtseilen sind die Kanten der Aussparungen zu brechen oder gerundete Zwischenlagen zu benutzen.

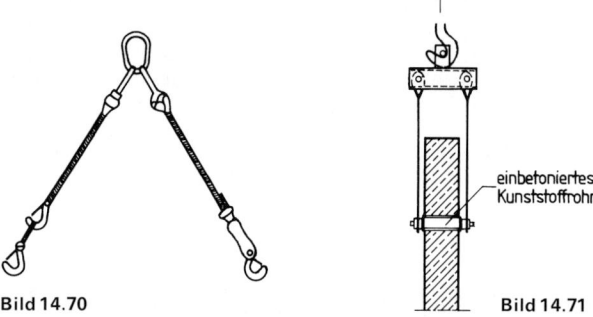

einbetoniertes
Kunststoffrohr

Bild 14.70   **Bild 14.71**

Stahlbolzen, welche durch Öffnungen im Beton gesteckt und mit dem Anschlagmittel verbunden werden, haben sich in der Praxis gut bewährt. Sie werden meist durch einbetonierte Kunststoffrohre gesteckt und an beiden Bolzenenden mit einem Anschlagmittel verbunden. Bolzen und Anschlagmittel müssen gegen Verschieben und unbeabsichtigtes Aushängen gesichert werden. Die Öffnungsweite der Endschlaufe bzw. des Ringes am Anschlagmittel darf nicht größer sein als die am Steckbolzen vorhandene Sicherungsplatte (Kopfplatte).

In Ausnahmefällen ist der Einsatz von Bändern zum Heben von Fertigteilen zweckmäßig. Ihr Einsatz muß stets paarweise erfolgen, damit das Bauteil so geführt werden kann, daß es nicht herausrutscht.

An C-Haken muß das aufgenommene Bauteil durch Einlegen einer Sicherungskette gegen Abrutschen und Herabfallen gesichert werden.

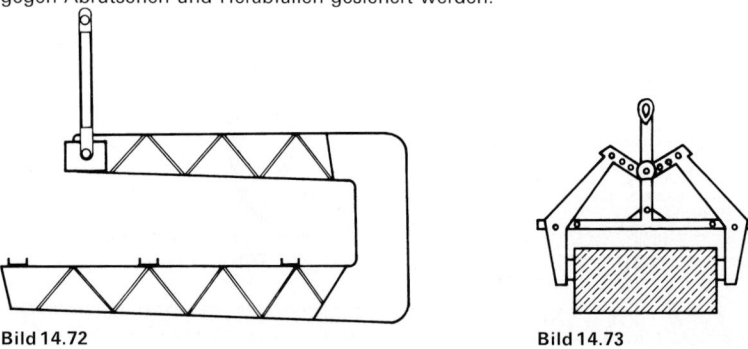

Bild 14.72   **Bild 14.73**

Lastschließende Zangen müssen mit Einrichtungen versehen sein, die verhindern, daß die Zangen bei Entlastung sich selbsttätig vom Bauteil lösen. Durch Unterhaken oder Anstoßen des Lastaufnahmemittels oder des Bauteils darf ein unbeabsichtigtes Lösen des Bauteils nicht möglich sein.

Beim Einsatz von Vakuumhebern dürfen sich außer dem Anschläger keine Personen im Gefahrenbereich aufhalten. Vakuumheber sind daher nicht für den Transport zur Einbaustelle, sondern z.b. zum Be- und Entladen in Bodennähe einsetzbar.

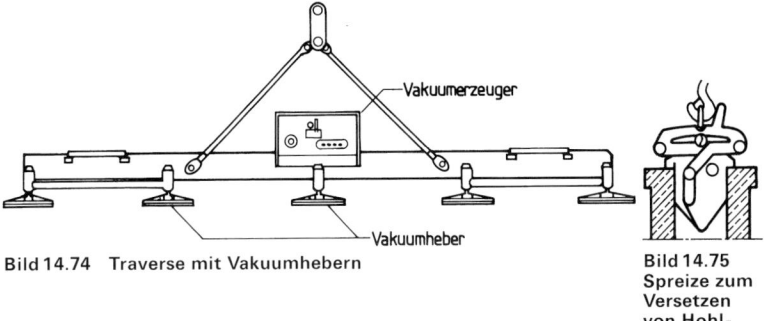

Bild 14.74   Traverse mit Vakuumhebern

Bild 14.75
Spreize zum
Versetzen
von Hohl-
stützen

22.4 Transport

Hebezeuge. Als Hebezeuge für Fertigteile werden in der Regel Krane verwendet. Die Hubwerkswinde muß so steuerbar sein, daß geringe Hub- und Senkgeschwindigkeiten erreicht werden können.

Hilfsmittel im Hebezeugbetrieb. Traversen ermöglichen infolge der Verschieblichkeit der Aufhängepunkte eine den Transportankern entsprechende Kraftübertragung. Dadurch kann unnötiger Schrägzug vermieden werden. Außerdem bewirken die Traversen eine montagegerechte Lage der Fertigteile.

Bei großflächigen und bei langen Fertigteilen sind Leitseile zur Führung zu verwenden. Mit ihrer Hilfe wird vermieden, daß die Bauteile beim Hochziehen anstoßen oder unterhaken.

Fahrzeuge müssen nach Art und Tragfähigkeit für den vorgesehenen Einsatz geeignet sein. Sie sind nötigenfalls mit besonderen Aufbauten und Halterungen zu versehen, um Beschädigungen oder Umstürzen der Fertigteile beim Transport auszuschließen.

22.5 Lagerung

Allgemeines. Grundsätzlich sind Fertigteile kipp- und rutschsicher unter Vermeidung unzulässiger Beanspruchung zu lagern, möglichst in der gleichen Lage wie im Bauwerk vorgesehen. Lagerplätze müssen waagerecht hergestellt, eben und ausreichend tragfähig sein. Auf ausreichenden Abstand zu bewegten Teilen (Kran) ist zu achten.

Waagerechte Lagerung. Werden Fertigteile waagerecht übereinander gelagert, bedarf es hierzu geeigneter, tragfähiger und rutschsicherer Zwischenlagen, die übereinander anzuordnen sind.

Senkrechte Lagerung. Lagervorrichtungen dienen zur vertikalen Lagerung tafelförmiger Fertigteile. Die Fertigteile müssen senkrecht aufgestellt und gegen Umkippen gesichert werden. Dazu ist erforderlich, daß sie an wenigstens zwei Punkten ihrer Aufstandfläche und zusätzlich an mindestens einem Punkt oberhalb ihres Schwerpunktes gehalten werden, z.B. durch Verkeilen. Bei geschoßhohen Tafeln mit außergewöhnlichen Längen ($l : h > 2$) können weitere Sicherungsmaßnahmen erforderlich sein.

14

Bei der Bemessung dieser Lagervorrichtung ist auch die Windlast auf die eingelagerten Fertigteile nach DIN 1055 Bl. 4 zu berücksichtigen.

Lagerrechen bestehen aus waagerechten Schwellen mit senkrechten Pfosten, die so bemessen sein müssen, daß auch ungünstige Belastungen nicht zum Umkippen führen.

Geneigte Lagerung. Bei geneigter Lagerung von Fertigteilen ist der Einsatz von Aufstellböcken (A-Böcken) notwendig. Die gelagerten Elemente müssen durch Verkeilung am Fuß oder gleichwertige Vorkehrungen in ihrer vorgesehenen Lage gehalten werden. Bei der Verwendung von A-Böcken ist darauf zu achten, daß diese durch die angelehnten Fertigteile von beiden Seiten annähernd gleichmäßig belastet werden.

Lagerung an und auf Bauwerken. Grundsätzlich sollte eine Zwischenlagerung von Fertigteilen an und auf Bauwerken nur in zwingenden Ausnahmefällen erfolgen.

Wenn Fertigteile an und auf bereits vorhandenen Bauwerksteilen gelagert werden sollen, ist vorher deren Tragfähigkeit zu prüfen. Überlastungen sind zu vermeiden, nötigenfalls durch zusätzliche Abstützungen. Keinesfalls dürfen Fertigteile an Baukonstruktionen angelehnt werden, die aufgrund ihres Montagezustandes noch nicht genügend standsicher sind.

22.6 Arbeitsplätze und Verkehrswege

Allgemeines. Montagearbeiten dürfen an übereinanderliegenden Stellen nicht gleichzeitig ausgeführt werden, sofern nicht die untenliegenden Arbeitsplätze und Verkehrswege gegen herabfallende, abgleitende oder abrollende Gegenstände geschützt sind. Diese Forderung ist erfüllt, wenn über den unteren Arbeitsplätzen und Verkehrswegen Abdeckungen, Gerüstbeläge, Fangwände, Fanggitter, Fangnetze, Schutzdächer vorhanden sind oder auf den oberen Arbeits- bzw. Montageplätzen Werkzeuge und Kleinmaterial in geeigneten Behältern geführt und aufbewahrt werden.

Bereiche, in denen Personen durch herabfallende, abgleitende oder abrollende Gegenstände gefährdet werden können, dürfen nicht betreten werden. Sie sind zu kennzeichnen und erforderlichenfalls abzusperren oder durch Warnposten — die nicht gleichzeitig mit anderen Arbeiten beschäftigt werden dürfen — zu sichern.

Begehen von Bauteilen. Für Tätigkeiten, die üblicherweise in wenigen Minuten erledigt werden können, dürfen als Zugang zu Arbeitsstellen eingebaute Bauteile von mindestens 0,20 m Breite benutzt werden.

Leitern s. 16.

Laufstege s. 14.

Hochziehbare Personenaufnahmemittel. Als hochziehbare Personenaufnahmemittel zur Durchführung von Montagearbeiten können Arbeitskörbe, Arbeitsbühnen und Arbeitssitze verwendet werden.

Fahrbare Hubarbeitsbühnen. Der Einsatz fahrbarer Hubarbeitsbühnen bei Montagearbeiten ist u.U. vorteilhaft. An der Bühne muß eine Kurzfassung der Betriebsanleitung mit den für einen sicheren Betrieb wichtigsten Angaben dauerhaft und leicht erkennbar angebracht sein.

Absturzsicherungen. An Arbeitsplätzen ab 2,00 m Höhe müssen Einrichtungen vorhanden sein, die ein Abstürzen von Personen verhindern. Diese Forderung ist erfüllt, wenn Seitenschutz angebracht ist. Der Seitenschutz besteht aus Geländerholm, Zwischenholm und Bordbrett. Geländerholm und Zwischenholm sind gegen unbeachtsichtigtes Lösen, das Bordbrett gegen Kippen zu sichern. Der lichte Abstand zwischen jeweils zwei Teilen des Seitenschutzes darf nicht größer als 0,47 m sein. Die Oberkante des Seitenschutzes muß mindestens 1 m über dem Arbeitsplatz liegen.

Wirtschaftliche Lösungen der Absturzsicherung sind bei geeigneter Ausbildung der Baukonstruktion möglich, z. B. durch bis in Brüstungshöhe reichende Wandtafeln und Attikaplatten. Zusätzlicher Seitenschutz kann hier entfallen.

Absturzsicherungen brauchen nicht hergestellt zu werden, wenn deren Bereitstellung oder Aufbau mit größeren Gefahren verbunden ist als die durchzuführende Arbeit. Die gilt z.B. für das Lösen von Anschlagmitteln und das Festlegen von Montagebauteilen.

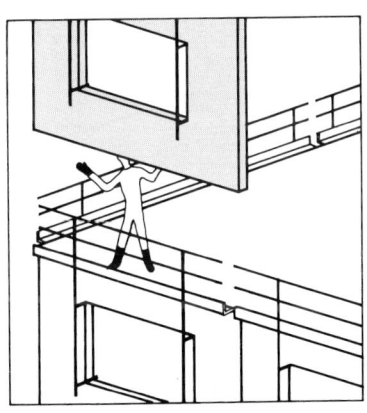

Bild 14.76
Seitenschutz außerhalb, an den
Wandtafeln befestigt

Bild 14.77
Seitenschutz innerhalb, an den
Deckenplatten befestigt

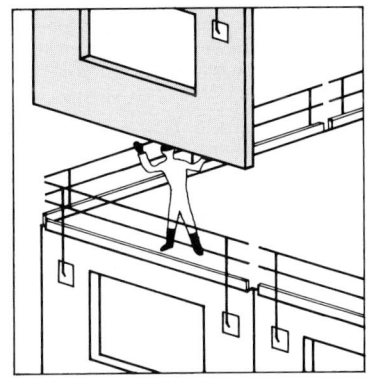

Bild 14.78
Ungünstige Seitenschutz-Befestigung
im Bereich der Wandtafeln

Auffangeinrichtungen. Sind Einrichtungen, die ein Abstürzen von Personen verhindern, nicht möglich, so sind ab 5 m Absturzhöhe Maßnahmen zum Auffangen abstürzender Personen durchzuführen. Diese Forderung ist erfüllt, wenn Fanggerüste, Schutzwände oder Fangnetze verwendet werden oder die Beschäftigten angeseilt sind. Fanggerüste müssen DIN 4420 entsprechen.

Bild 14.79 Anschlußmöglichkeiten für die Halteseile der Sicherheitsgeschirre

22.7 Standsicherheit

Allgemein. Während der Montagezustände ist die Standsicherheit aller Fertigteile und der gesamten Baukonstruktion jederzeit zu gewährleisten. Fertigteile müssen vor dem Lösen der Lastaufnahmemittel so gesichert sein, daß sie nicht umkippen, abstürzen oder sonst wie ihre Lage ändern können (s. hierzu auch DIN 1045 Abschn. 19).

Montagestreben müssen die Standsicherheit von Fertigteilen während des Montagezustandes gewährleisten und nach den Regeln der Technik hergestellt sein. Die Zahl der erforderlichen Montagestreben ist durch statischen Nachweis zu ermitteln. Soweit nicht eine ausreichende Befestigung an angrenzenden, genügend belastbaren Bauteilen möglich ist, sind je Fertigteil mindestens zwei Streben vorzusehen. Die Neigung der Montagestreben soll zwischen 30° und 60° zur Lotrechten liegen.

Montageverbände. Evtl. erforderliche Montageverbände müssen nach der Montageanweisung hergestellt und eingebaut werden. Dabei ist auf einwandfreie Kraftübertragung zu achten. Solche Verbände haben nicht nur Windkräfte aufzunehmen, sondern auch diejenigen Horizontalkräfte, die z.B. aus ungewollten Schrägstellungen der Stützen entstehen.

Andere Stabilisierungsmittel. Als Hilfsmittel zur Sicherung von Montagezuständen können auch seitliche Abspannungen dienen, die mit Drahtseilen und Spannschlössern hergestellt werden. Fertigteile, die erst durch spätere Baumaßnahmen, wie z.B. durch Aufbringen von Ortbeton, ihre volle Belastbarkeit erhalten, müssen entsprechend der Montageanweisung bzw. der allgemein bauaufsichtlichen Zulassung unterstützt werden.

23 Verkehrssicherung von Baustellen [37], [71]

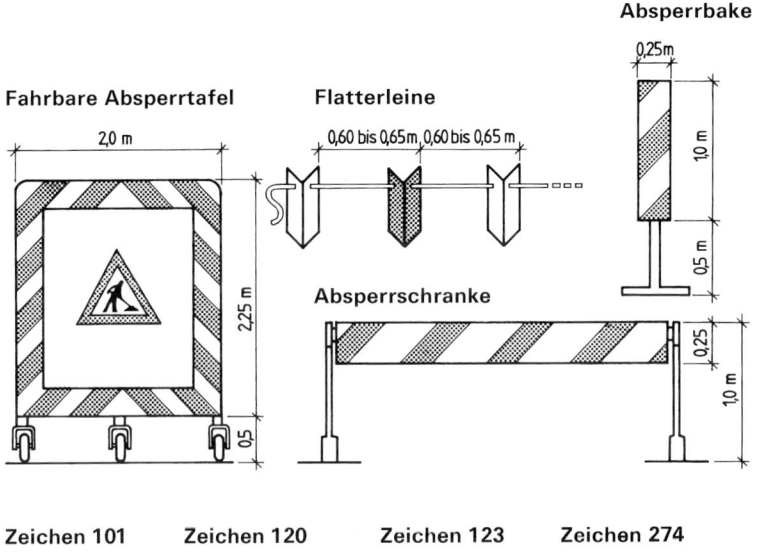

Absperrbake

Fahrbare Absperrtafel   Flatterleine

Absperrschranke

Zeichen 101   Zeichen 120   Zeichen 123   Zeichen 274

Zeichen 308   Zeichen 222   Zeichen 278   Zeichen 280

Zeichen 131   Zeichen 282

 454

 457

Bild 14.80   Absperrgeräte und einzelne Verkehrsschilder

Genehmigter Verkehrszeichenplan einer Verkehrsbehörde

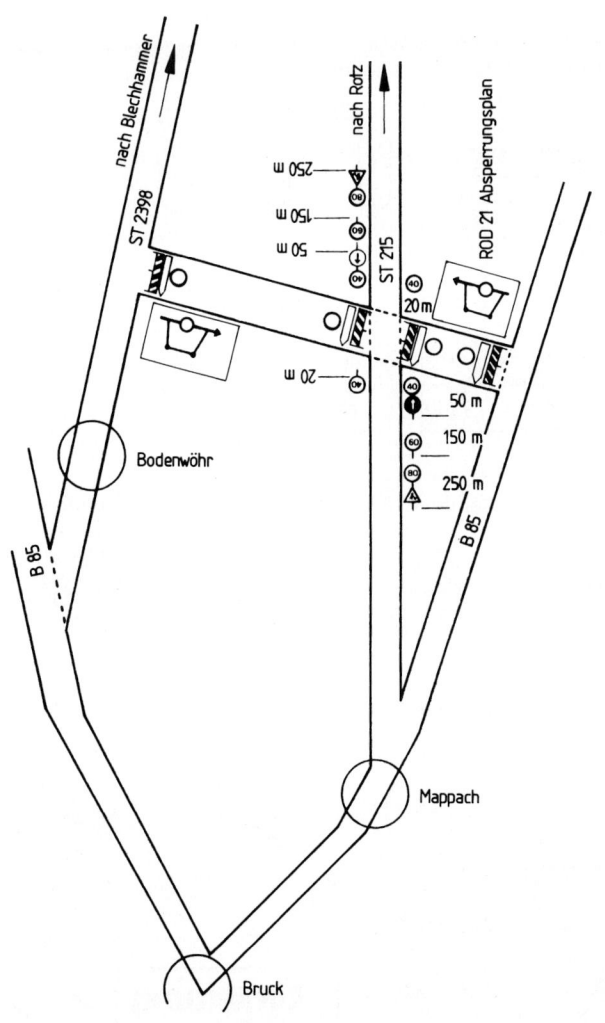

Bild 14.81

Langsam befahrene Straßen

Beispiel für die Sicherungsmaßnahmen. Zusätzliche Anbringung der Verkehrszeichen auf der linken Straßenseite entfällt.

Längsabsperrung: Baken, Leitkegel, Flatterleinen.

Beleuchtung: Für Querabsperrung mindestens je drei gelbe Warnleuchten.

Entlang der Arbeitsstelle bei Baken und Flatterleinen alle 18 m, bei Leitkegeln alle 12 m gelbe Warnleuchten.

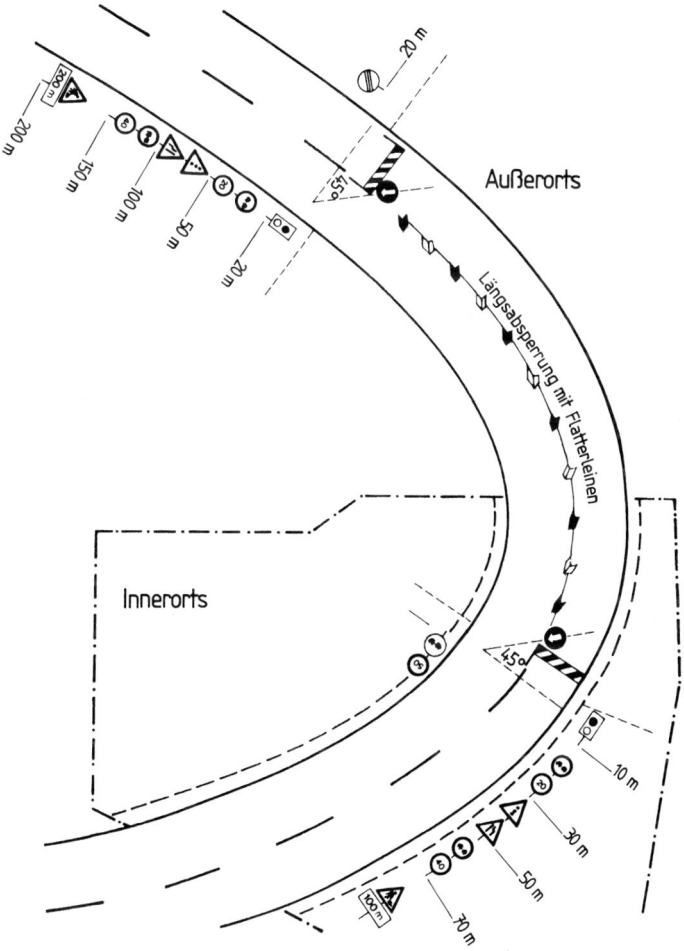

Bild 14.82

14

Straßen mit schnellerem Verkehr

Beispiel für die Sicherungsmaßnahmen. In Abhängigkeit von den örtl. Verhältnissen können die Verkehrszeichen zusätzlich auch auf der linken Straßenseite angebracht werden.

Längsabsperrung: Schranken, Baken, wenn erforderlich zusätzlich an Flatterleinen.

Beleuchtung: Querabsperrung mindestens je drei gelbe Warnleuchten, Längsabsperrung alle 18 m gelbe Warnleuchten.

Warnleuchten können höhenmäßig in Zick-Zack-Form aufgestellt werden.

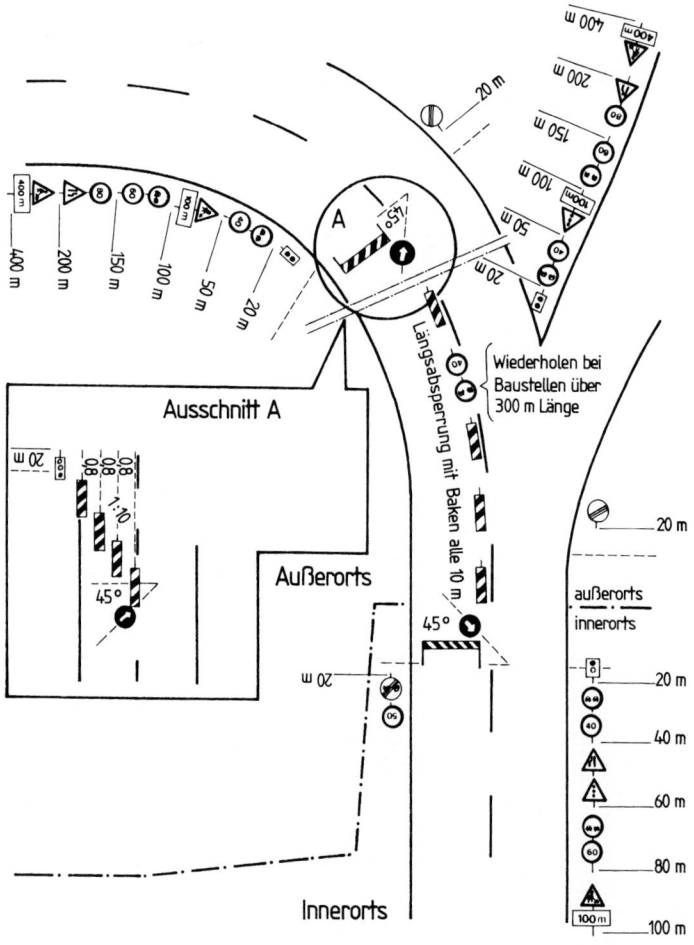

Bild 14.83

Straßen mit schnellem Verkehr

Beispiel für die Sicherungsmaßnahmen. Verkehrszeichen sind an beiden Straßen- bzw. Fahrbahnseiten anzubringen.

Wiederholen bei Baustellen über 300 m Länge

Querabsperrung: Spitzwinklig mit Schranken oder Baken.

Längsabsperrung: Schranken, Baken, zusätzlich Flatterleinen.

Beleuchtung: Querabsperrung an jeder zweiten Bake eine gelbe Warnleuchte, jedoch mindestens drei gelbe Warnleuchten je gesperrtem Fahrstreifen. Längsabsperrung alle 18 m gelbe Warnleuchten. Warnleuchten können höhenmäßig in Zick-Zack-Form aufgestellt werden.

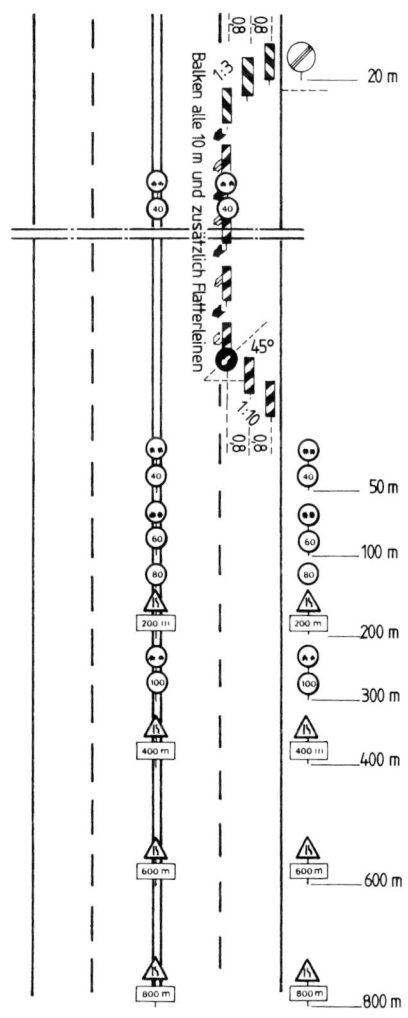

Bild 14.84

815

Wandernde oder kurzfristige Arbeitsstellen geringen Umfanges

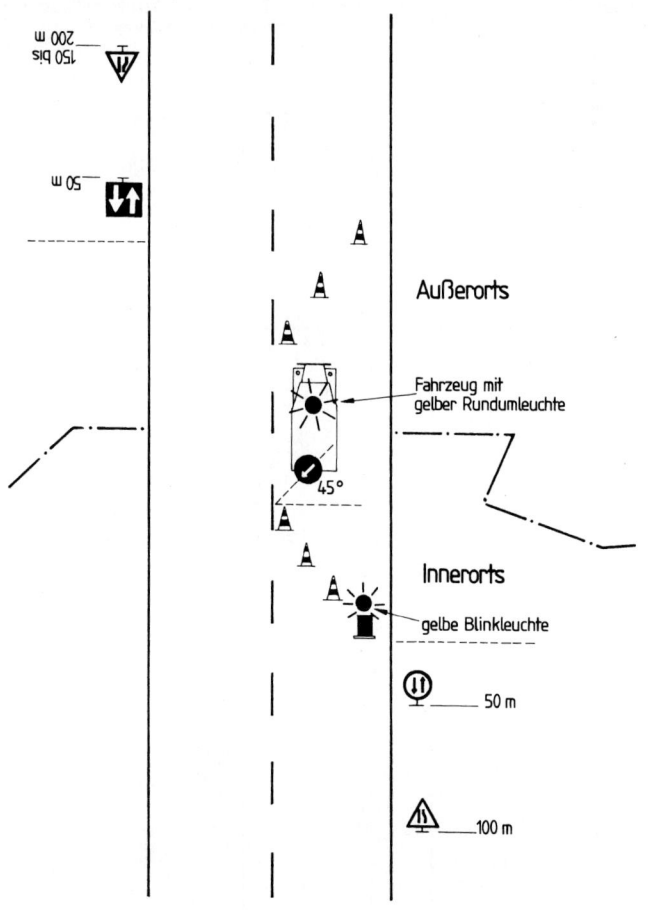

Bild 14.85

Arbeiten an Gehwegen oder an Baustellen außerorts mit geringer Einschränkung der Fahrbahnbreite und möglichem Gegenverkehr

Beispiel für Sicherungsmaßnahmen

Querabsperrung: Schranken oder Baken.

Längsabsperrung: Baken, Flatterleinen oder Leitkegel.

Beleuchtung: An den Stirnseiten je eine gelbe Warnleuchte straßenseitig anbringen. Entlang der Arbeitsstelle sind bei Baken und Flatterleinen alle 18 m, bei Leitkegeln alle 12 m gelbe Warnleuchten aufzustellen.

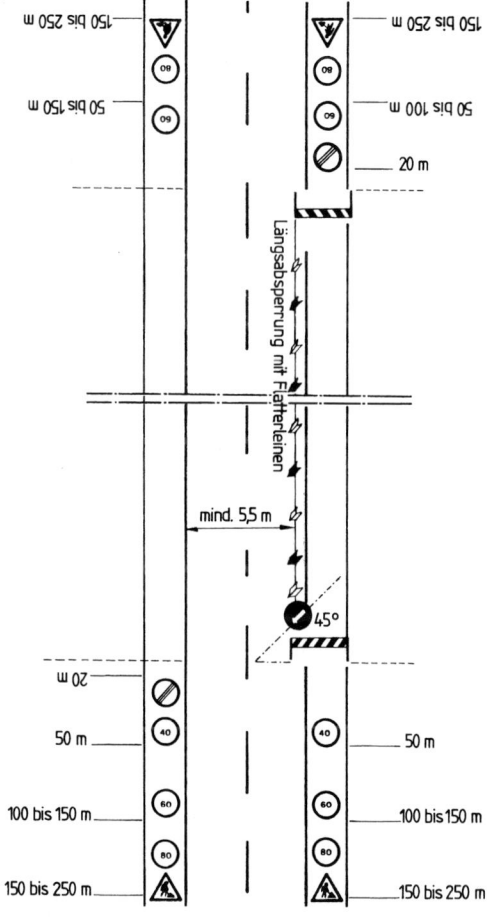

Bild 14.86

Umleitungen

Umleitungen sind anzukündigen:

1. In Ortschaften allgemein vor der Ablenkstelle.
2. Auf langsam befahrenen Straßen lediglich mit (1) vor der Ablenkstelle.
3. Auf Straßen mit schnellerem Verkehr mit (2), bei großen Umleitungen zusätzlich mit (4) und (5), vor der Ablenkstelle.
4. Auf Straßen mit schnellem Verkehr auf beiden Straßenseiten mit (3), bei großen Umleitungen außerdem mit (4) und (5) vor der Ablenkstelle.

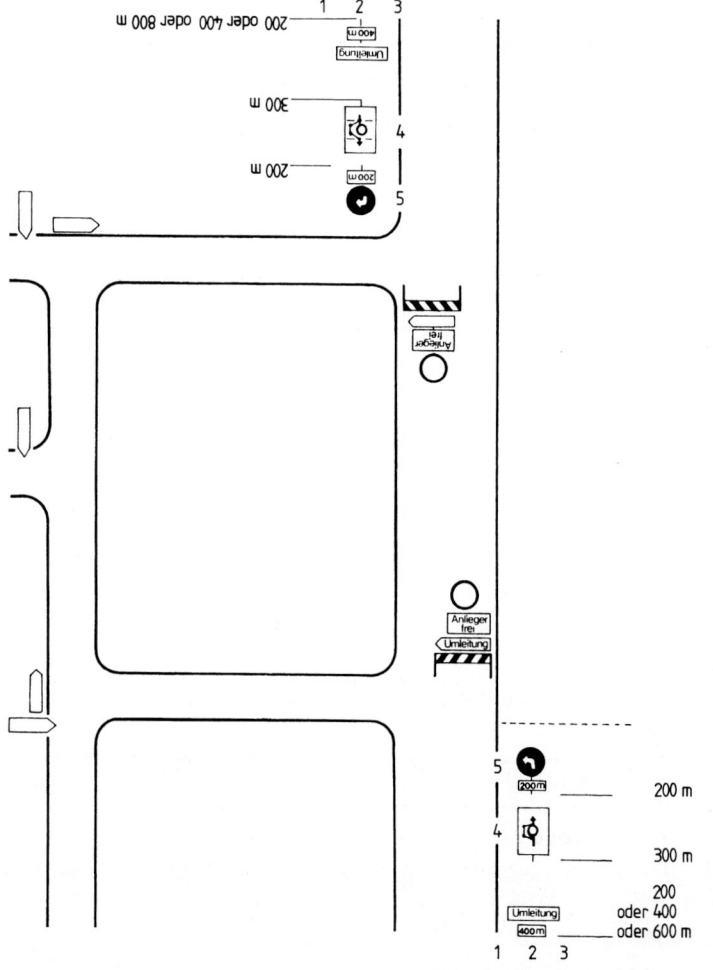

Bild 14.87

Literatur

Dieses Verzeichnis enthält in zweckmäßiger Auswahl weiterführende Literatur, die im Text durch Bezugsziffer als Quelle zitiert ist.

[1] KLR-Bau. Kosten- und Leistungsrechnung der Bauunternehmen. Wiesbaden: Bauverlag, Köln: Verlagsges. Rudolf Müller, Düsseldorf: Werner-Verlag, 1995

[2] *Hasselmann, W.*: Projektionskontrollen beim Planen und Bauen. Köln: Verlagsges. Rudolf Müller, 1984

[3] *Brachmann, R.*: Bauwert von Industriebauten. Hannover: Theodor Oppermann Verlag, 1987, 1991

[4] *Mahler, H.*: Stichwort Bauleitung. Wiesbaden: Bauverlag, 1983, 1993

[5] *Möckel, R.; Gerardy, Th.*: Praxis der Grundstückbewertung. München: Verlag moderne industrie, 1975, 1983, 1991

[6] *Roß/Brachmann*: Ermittlung des Bauwertes von Gebäuden und des Verkehrswertes von Grundstücken. Hannover: Theodor Oppermann Verlag, 1989, 1991, 1993

[7] Bauwirtschaft im Zahlenbild 1995. Hrsg. Hauptverband der Deutschen Bauindustrie

[8] Modernisierung als Architektenleistung. Hrsg. Rationalisierungs-Gemeinschaft „Bauwesen" im RKW, Eschborn, 1981

[9] *Drees, G.; Kurz, Th.*: Aufwandstafeln von Lohn- und Gerätestunden im Ingenieurbau. Wiesbaden: Bauverlag, 1979

[10] *Drees, G.; Kurz, Th.*: Ingenieurbauwerke. Wiesbaden: Bauverlag, 1982

[11] *Winter, K.*: Veranschlagungen von Brückenbauwerken. (Bauingenieurpraxis Heft 40) Berlin: Wilhelm Ernst & Sohn, 1965

[12] *Rössler, R.; Langner, J.; Simon, J.*: Schätzung und Ermittlung von Grundstückswerten. Darmstadt: Hermann Luchterhand Verlag, 1986, 1996

[13] Taschenbuch Mensch und Arbeit. München: Robert Pfützner, 1977, 1992

[14] Jahrbuch des Deutschen Baugewerbes, Baujahr 1997, Ausgabe 1998

[15] Kleiber, Simons, Weyers: Verkehrswertermittlung von Grundstücken. Bundesanzeiger Verlag, 1998

[16] *Paschen, H.; Wolff, H.M.*: Funktionale Leistungsbeschreibung. Wiesbaden: Bauverlag, Köln: Verlagsges. Rudolf Müller, Düsseldorf: Werner-Verlag, 1982

[17] *Rüping*, Ingenieurgesellschaft mbH: Jahresbericht 1975

[18] *Glisczynski, G.v.; Glisczynski, B.v.*: Die VOB im Baustellenbetrieb. Köln: Verlagsges. Rudolf Müller, 1981

[19] *Osterloh, H.*: Erdmassen-Berechnung. Wiesbaden: Bauverlag, 1985

[20] *Voth, B.*: Tiefbaupraxis. Wiesbaden: Bauverlag, 1984, 1994

[21] *Wendehorst, R.*: Bautechnische Zahlentafeln. Stuttgart: B.G. Teubner, 1998

[22] *Rybicki, R.*: Faustformeln und Faustwerte für Konstruktionen im Hochbau. Düsseldorf: Werner-Verlag, 1988, 1993

[23] *Schmitt, O.M.*: Einführung in die Schaltechnik des Betonbaus. Düsseldorf: Werner-Verlag, 1981, 1993

[24] *Simmer, K.*: Grundbau 2. Stuttgart: B.G. Teubner, 1992

I5

Literaturverzeichnis

[25] *Hoffmann, F.*: Aufwand und Kosten zeitgemäßer Schalverfahren. Frankfurt: Zeittechnik-Verlag, 1980, 1997

[26] Baugeräteliste 1991. Hrsg. Hauptverband der Deutschen Bauindustrie. Wiesbaden: Bauverlag, 1991

[27] *Locher, H.*: Das private Baurecht. München: C.H. Beck, 1988, 1996

[28] Tabellen und Übersichten zur Anwendung von Shell-Bitumen

[29] Merkblatt über die Verwendung von industriellen Nebenprodukten im Straßenbau. Forschungsgesellschaft, 1985

[30] Merkblatt für die Lieferung von Asphaltgranulat. Forschungsgesellschaft, 1990

[31] Merkblatt für die Erhaltung von Asphaltstraßen. Forschungsgesellschaft, 1989

[32] Empfehlungen für die Ausführung von Asphaltarbeiten im Wasserbau EAAW 83/96. Deutsche Gesellschaft für Geotechnik e.V.

[33] *Dressel, G.*: Arbeitstechnische Merkblätter für den Baubetrieb (atm). Stuttgart

[34] *Berufsgenossenschaften der Bauwirtschaft*: Planen, Ausschreiben, Leiten. Sicherheit am Bau. Frankfurt/Main, 1990

[35] Unfallverhütungsvorschrift (UVV) „Arbeiten mit Schußapparaten" (VBG 45)

[36] Unfallverhütungsvorschrift (UVV) „Elektrische Anlagen und Betriebsmittel" (VBG 4)

[37] Unfallverhütungsvorschrift (UVV) „Bauarbeiten" (VBG 37)

[38] Unfallverhütungsvorschrift (UVV) „Kraftbetriebene Arbeitsmittel" (VBG 5)

[39] Unfallverhütungsvorschrift (UVV) „Winden, Hub- und Zuggeräte" (VBG 8)

[40] Unfallverhütungsvorschrift (UVV) „Bauaufzüge" (VBG 35)

[41] Unfallverhütungsvorschrift (UVV) „Lastaufnahmeeinrichtungen im Hebezeugbetrieb" (VBG 9a)

[42] Unfallverhütungsvorschrift (UVV) „Maschinen und Anlagen zur Be- und Verarbeitung von Holz und ähnlichen Werkstoffen (VBG 7j)

[43] Handbuch BML. Hrsg. Bundesausschuß Leistungslohn Bau, Fachgruppe Erdbau. Frankfurt: Zeittechnik-Verlag, 1983

[44] *Heuer, H.; Gubany, J.; Hinrichsen, G.*: Baumaschinen-Taschenbuch. Wiesbaden: Bauverlag, 1984, 1993

[45] *Skiba, R.*: Taschenbuch Arbeitssicherheit. Berlin-Bielefeld-München: Erich Schmidt Verlag, 1985, 1994

[46] Betontechnische Berichte. Düsseldorf: Beton-Verlag, 1966, 1986

[47] BAUORG Unternehmer-Handbuch für Bauorganisation. Hrsg. Zentralverband des Deutschen Baugewerbes. Bonn: Köllen Druck & Verlag GmbH, 1994, 1998

[48] *Vogels, M.*: Grundstück- und Gebäudebewertung. Wiesbaden: Bauverlag, 1991, 1997

[49] *Mertzenich, H.*: Erfahrung bei der Grundwasserabsenkung mit Spülfiltern. Hrsg. Hammelrath & Schwenzer Pumpenfabrik KG, Düsseldorf

[50] Beton: Herstellung nach Norm. Bauberatung Zement

[51] Richtlinie zur Nachbehandlung von Beton. Berlin: Deutscher Ausschuß für Stahlbeton, 1984

[52] Manuel sur les routes dans les zones tropicales et désertiques, tome 2. République Française, Ministère de la Cooperation, 1975

[53] *Pelzer, H.*: Ingenieurvermessung. Stuttgart: Verlag Konrad Wittwer, 1987, 1988

[54] *Witte, B.; Schmidt, H.*: Vermessungskunde und Grundlagen der Statistik für das Bauwesen. Stuttgart: Verlag Konrad Wittwer, 1991, 1995

[55] *Matthews, K.*: Vermessungskunde. 2 Teile. Stuttgart: B.G. Teubner T.1 1996, T.2 1997

[56] *Hässler, J.; Wachsmuth, H.*: Formelsammlung für den Vermessungsberuf. Korbach: Wilhelm-Bing-Verlag, 1994

[57] REB Sammlung der Regelungen für die Elektronische Bauabrechnung. Köln: Forschungsgesellschaft für das Straßenwesen, 1979/88, Ergänzung 1997

[58] Bau-Tarifverträge. Düsseldorf: Werner-Verlag, 1998

[59] BAL Baustellenausstattungs- und Werkzeugliste. Wiesbaden: Bauverlag 1995

[60] KURT, Kostenorientierte unverbindliche Richtpreistabellen. München: Verlag Heinrich Vogel, 1998

[61] *Bauer, H.; Olk, U.*: Handbuch für Städtisches Ingenieurwesen, Band III. Hrsg. *O. Sill.* Darmstadt, 1984

[62] *Hüster, F.*: Leistungsbeschreibung der Baumaschinen. Düsseldorf: Werner-Verlag, 1997

[63] Bauarbeitsschlüssel für das Bauhauptgewerbe (BAS). Arbeitskreis Hochbau: Ifa Verlag Dressel KG, Aufl. 1971

[64] Straßenbau mit Shell-Bitumen, 1994

[65] Der Elsner, Handbuch für Straßen- und Verkehrswesen. Dieburg: Otto Elsner Verlagsgesellschaft, 1999

[66] Unfallverhütungsvorschrift (UVV) „Lärm" (VBG 121)

[67] Unfallverhütungsvorschrift (UVV) „Arbeitsmedizinische Vorsorge" (VBG 100)

[68] Unfallverhütungsvorschrift (UVV) „Leitern und Tritte" (VBG 74)

[69] Unfallverhütungsvorschrift (UVV) „Schleif- und Bürstwerkzeuge" (VBG 49)

[70] Unfallverhütungsvorschrift (UVV) „Krane" (VBG 9)

[71] Straßenverkehrsordnung (StVO)

I5

Sachverzeichnis

Sachverzeichnis

Sachverzeichnis

16

Sachverzeichnis

16

Sachverzeichnis

16

Sachverzeichnis

16

Sachverzeichnis

Sachverzeichnis

16

Sachverzeichnis

Sachverzeichnis